非线性与量子光学

(第三版)

谭维翰　著

科 学 出 版 社

北 京

内 容 简 介

本书从光与物质相互作用的非线性与量子性出发，对多年来在非线性与量子光学领域中的最新研究成果给予从实验到理论的系统介绍. 第1~5章主要偏重基础，包括非线性介质中的波，光与非线性介质相互作用的经典与量子理论，二能级、三能级系统的密度矩阵求解，原子缀饰态，激光振荡理论等；第6~10章主要介绍最新发展，包括辐射的相干统计性质，原子的共振荧光与吸收，激光偏转原子束，超短光脉冲的传输与锁定，以及光学噪声、分岔与混沌。

本书可供高等学校物理与激光专业的研究生阅读，也可供从事物理基础理论研究和应用的科研人员参考。

图书在版编目(CIP)数据

非线性与量子光学/谭维翰著. —3 版. —北京: 科学出版社，2018.5
ISBN 978-7-03-057370-4

Ⅰ. ①非… Ⅱ. ①谭… Ⅲ. ①非线性光学 ②量子光学
Ⅳ. ①O437②O431.2

中国版本图书馆 CIP 数据核字(2018) 第 094279 号

责任编辑：刘凤娟／责任校对：彭 涛
责任印制：赵 博／封面设计：无极书装

科 学 出 版 社 出版
北京东黄城根北街 16 号
邮政编码：100717
http://www.sciencep.com
三河市春园印刷有限公司印刷
科学出版社发行 各地新华书店经销
*
2018 年 5 月第 一 版 开本：720 × 1000 1/16
2025 年 2 月第六次印刷 印张：40 1/2
字数：800 000
定价：268.00 元
(如有印装质量问题，我社负责调换)

第三版前言

本书第三版对第二版内容有较多的修订和充实。但总的框架没有变。内容增添之处主要有 3.7 节光脉冲自聚的多焦点现象，3.8 节光束传输的 ABCD 定理，3.9 节光脉冲的"超光速传输"，6.7.6 节违背 Bell 不等式的几何推导，6.11 节简并四波混频实验，7.12 节薛定谔 (Schrödinger) 猫态的实验观测，8.8 节激光冷却原子与原子的玻色–爱因斯坦凝聚，9.13 节光脉冲在光纤波导与光微环中的传输与相互作用等。

在第三版的写作过程中，得到上海大学物理系领导、老师和同学多方面帮助与支持 (含国家自然科学基金 (项目编号 61271163) 资助)。对此作者表示衷心的感谢。

上海大学物理系　谭维翰

2017 年 5 月

第二版前言

本书再版对第一版内容进行了修订、充实，个别处有删节，但总的框架没有变。如增加了第 2 章的单原子与多原子辐射理论，第 5 章的微 maser 理论，第 6 章的原子纠缠态及 Bell 不等式、相位算符，第 7 章的不取旋波近似的共进荧光、有阻尼情形的 JC 模型解，第 8 章的中性原子的玻色–爱因斯坦凝聚，第 9 章的超短脉冲的小尺度自聚，第 10 章的光折变晶体环形腔的时空混沌等。

最后作者十分感谢共同工作并对本书作出贡献的刘仁红等同志。

谭维翰

2000 年 5 月

第一版前言

自从 1960 年第一台激光器在实验室诞生以来，激光技术已经历了一个迅猛的发展时期，对非热平衡辐射量子统计、非线性光学、光与原子相互作用等一些基本物理问题的研究带来了一次次的冲击并促进了它们的发展，使我们在实验室里观察到激光具有的非热平衡辐射的 Poisson 分布，并用强光通过非线性介质，观察到二次与高次谐波等；使我们认识到原子的自发辐射跃迁概率会随微腔的尺寸而变化。自 1960 年到现在的 30 多年间，这种对基本物理问题研究的冲击并未随时间的增长而逐渐减弱，相反却越来越频繁。例如，压缩态光和群聚、反群聚光等非经典光场的产生与应用，激光冷却原子技术与原子光学，微微秒、飞秒脉冲和光孤子的产生与应用，激光的不稳定性、光学双稳态、光学混沌、时间及空间分岔与混沌现象等。早期 Sargent 等的《激光物理》、Louisell 的《辐射的量子统计性质》、Haken 的《激光理论》，还有 Bloembergen 的《非线性光学》、沈元壤的《非线性光学原理》等著作对非线性光学与量子光学的研究起了很大的促进与推动作用，但如何从包括非线性与量子光学在内更为广泛而基础的角度去概括与论述上述各种物理现象，并从方法上予以统一的描述，将是一个很有趣的问题。本书就是这样一种尝试。全书分为两部分，前五章偏重基础，后五章主要阐述最新的发展。第 1 章主要从数学方面讨论非线性介质波传播的性质、几种典型的非线性方程以及孤立波理论等。第 2 章讨论光与物质相互作用的经典与量子理论，包括光学波波相互作用、非线性极化展开、量子力学微扰论及密度矩阵等。第 1、2 章给出必要的数学准备和物理基础，也包含了非线性光学中光谐波的主要内容。第 3、4 章为二能级、三能级密度矩阵方程的解，是第 2 章理论的发展与应用，包含了二能级原子矢量模型、面积演化定理，以及近年无反转激光最新研究成果。第 4 章为原子的缀饰态，在介绍评述已有的原子缀饰模型的基础上，主要叙述原子的部分缀饰态及其在强场微扰论中的应用。第 5 章为激光振荡理论，包括激光振荡半经典理论、热库模型理论、全量子理论等内容。第 6 章为光的相干统计性质，包括相干态、群聚、反群聚态和压缩态等实验物理背景、理论处理及其在物理测量中的应用。第 7 章为共振荧光与微腔的量子电动力学实验与理论。第 8 章为激光偏转原子束，包括激光冷却与原子光学等内容。第 9 章为超短光脉冲的传播与锁定，包括染料锁模激光、碰撞锁模、啾啾效应及快饱和吸收锁模激光。第 10 章为激光噪声、分岔与混沌，包括激光噪声的随机过程理论、决定性混沌理论、光学双稳态、分岔混沌和时空混沌等。在叙述这些内容的同时，每章后面均附有大量参考文献。包括非线性与量子效应在内的光学现象，是一个内容丰富，但又交错在一起的物理现象，非经典光场的产生离不开光学参量或四波混频等非线性相互作用。将这些内容放在一起来叙述，可能会有些好处，但难度大为增加了。由于作者水平有限，书中疏漏之处在所难免，请广大读者批评指正。

作者在写完初稿后，承蒙曹昌棋教授审阅了全书，并对修改提出宝贵意见，对此作者表示衷心的感谢。还有李青宁、许文沧、刘仁红、马国彬等同志在书稿的打印方面花费了很多精力，作者也在此表示感谢。

谭维翰

1994 年 12 月

目　　录

第1章　非线性介质中的波

光学中的非线性相互作用，主要表现为波波相互作用或波粒相互作用。作为描述光学非线性相互作用的准备与基础，我们在本章中将一般性地讨论非线性介质中的波 [1]，包括波的传播、波追赶、线性波、非线性波、耗散波、激波与色散波、波的自聚与非线性 Schrödinger 方程、自感透明现象与 sine-Gordon 方程、三波相互作用、非线性相互作用中的孤立波理论。

1.1　波的传播与波追赶

波动现象给人的直观感觉是一特定波形 w 随时间 t 的推移沿空间 x 方向的传播，波形函数 w 为

$$w = w(x - vt) \tag{1.1.1}$$

波的传播方程为

$$\frac{\mathrm{d}w}{\mathrm{d}t} = \left(\frac{\partial}{\partial t} + v\frac{\partial}{\partial x}\right)w = 0 \tag{1.1.2}$$

式中 v 为传播速度。如果一个观察者以 v 的速度向前运动，则他观察到的波幅将是不变的。这就是 (1.1.1) 和 (1.1.2) 式的含义。引进路径参量 ξ：

$$\xi = x - vt, \quad x = \xi + vt \tag{1.1.3}$$

实际上 ξ 确定了 w 上每一点的运动路径。参见图 1.1，ξ 即 $t = 0$ 时的 x 值。注意到将波的传播表述为 (1.1.1)~(1.1.3) 式是有条件的，即波的传播速度 v 是一与 (x, t) 无关的常数；如果不是这样，则路径参量应写为

$$\xi = \xi(x, t), \quad v = v(\xi, t) \tag{1.1.4}$$

波及波的传播方程为

$$w = w(\xi) \tag{1.1.5}$$

$$\frac{\mathrm{d}w}{\mathrm{d}t} = \left(\frac{\partial \xi}{\partial t} + v\frac{\partial \xi}{\partial x}\right)\frac{\mathrm{d}w}{\mathrm{d}\xi} = 0 \tag{1.1.6}$$

(1.1.5) 与 (1.1.6) 式表明波上某固定点的波幅是不随时间而变的，因 $\frac{\mathrm{d}w}{\mathrm{d}\xi} \neq 0$，这就要求

$$\frac{\partial}{\partial t}\xi + v\frac{\partial \xi}{\partial x} = 0 \tag{1.1.7}$$

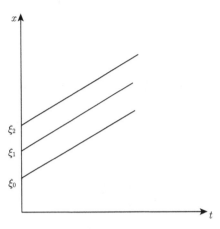

图 1.1 路径参量 $\xi = (x - vt)$

由 v 的函数形式 $v = v(\xi, t)$ 可见，不同 ξ 点的速度 v 可能是不一样的。图 1.1 所示的各条路径相互平行的情况已不复存在了。不平行就可能相交，如图 1.2 所示的路径，初值为 ξ_0, ξ_1, ξ_2 各点的速度是不一样的。这就导致 $t_0 = 0$ 的连续波在 t_1 时为间断波，在 t_2 时已为波破裂了。这是因为在波后面的点 ξ_0 运动得比前面的点 ξ_1, ξ_2 快而发生了波追赶现象。波破裂的情形很复杂，我们主要讨论前面两种情况。故实际上可假定 w 是 x 的单值函数。由于耗散的存在，间断波的陡峭部分会被抹平。

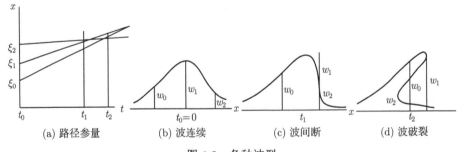

| (a) 路径参量 | (b) 波连续 | (c) 波间断 | (d) 波破裂 |

图 1.2 各种波型

1.2 线 性 波

上面讨论的波是沿 x 方向传播的行波。一般来说，波可同时沿 $\pm x$ 方向传播，这时波函数 w 及传播方程 (1.1.1) 和 (1.1.2) 可推广为

$$w = g(x - v't) + h(x + v't) \tag{1.2.1}$$

$$\left(\frac{\partial}{\partial t} - v'\frac{\partial}{\partial x}\right)\left(\frac{\partial}{\partial t} + v'\frac{\partial}{\partial x}\right)w = \left(\frac{\partial^2}{\partial t^2} - v'^2\frac{\partial^2}{\partial x^2}\right)w = 0 \tag{1.2.2}$$

这就是我们常见的线性波, 路径方程 (1.1.3) 也被称为特征线方程, 在目前情形下可推广为

$$\begin{aligned}\xi &= x - v't \\ \eta &= x + v't\end{aligned} \tag{1.2.3}$$

波动方程 (1.2.2) 为二阶的, 但可化为两个一阶方程。事实上, 令

$$u = \frac{\partial w}{\partial t}, \quad v = v'\frac{\partial w}{\partial x} \tag{1.2.4}$$

将 (1.2.4) 式代入 (1.2.2) 式, 并将 $\dfrac{1}{v'}\dfrac{\partial}{\partial t}$ 记为 $\dfrac{\partial}{\partial t}$, 则得

$$\begin{aligned}\left(\frac{\partial}{\partial t} + \frac{\partial}{\partial x}\right)(v - u) &= \frac{\partial}{\partial \eta}(v - u) = 0 \\ \left(\frac{\partial}{\partial t} - \frac{\partial}{\partial x}\right)(v + u) &= \frac{\partial}{\partial \xi}(v + u) = 0\end{aligned} \tag{1.2.5}$$

故 (1.2.5) 式的通解可写为

$$\begin{cases} v - u = r(\xi) = v_0(\xi) - u_0(\xi) \\ v + u = s(\eta) = v_0(\eta) + u_0(\eta) \end{cases} \tag{1.2.6}$$

$$\begin{cases} u = -\dfrac{1}{2}[r(\xi) - s(\eta)] = -\dfrac{1}{2}[v_0(\xi) - u_0(\xi) - v_0(\eta) - u_0(\eta)] \\ v = +\dfrac{1}{2}[r(\xi) + s(\eta)] = +\dfrac{1}{2}[v_0(\xi) - u_0(\xi) + v_0(\eta) + u_0(\eta)] \end{cases} \tag{1.2.7}$$

(1.2.6) 式中 $r(\xi), s(\eta)$ 称为 Riemann 不变量, 因在特征线 ξ, η 上, $r(\xi), s(\eta)$ 分别不变。(1.2.7) 式的几何意义可通过图 1.3 来表示, 即 (x, t) 点的函数值 u, v 可通过特征线 ξ, η 与 x 轴的交点的初值 $v_0(\xi), u_0(\xi), v_0(\eta), u_0(\eta)$ 来表示。注意到 (1.2.5) 式是方程

$$\frac{\partial U}{\partial t} + A\frac{\partial U}{\partial x} = 0 \tag{1.2.8}$$

的一个特例, 当将

$$A = \begin{pmatrix} 0 & -1 \\ -1 & 0 \end{pmatrix}, \quad U = \begin{pmatrix} u \\ v \end{pmatrix} \tag{1.2.9}$$

代入 (1.2.8) 式便得 (1.2.5) 式。设 A 的特征根为 λ, 所对应的特征矢量为 R, 即

$$AR = \lambda R \tag{1.2.10}$$

易证

$$\lambda = \pm 1 \ , \quad R_\pm = \begin{pmatrix} 1 \\ \mp 1 \end{pmatrix} \tag{1.2.11}$$

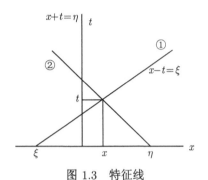

图 1.3　特征线

U 的解可表示为

$$U = \varphi R \tag{1.2.12}$$

将 (1.2.12) 式代入 (1.2.8) 式, 并注意到 (1.2.10) 式, 便得

$$\frac{\partial \varphi}{\partial t} + \lambda \frac{\partial \varphi}{\partial x} = 0 \tag{1.2.13}$$

由此得 (1.2.9) 式二分量波 U 的通解为

$$U = \varphi_+(x - t)R_+ + \varphi_-(x + t)R_- \tag{1.2.14}$$

一般情形 U 具有 n 个分量, 即

$$U = \begin{pmatrix} u_1 \\ u_2 \\ \vdots \\ u_n \end{pmatrix} \tag{1.2.15}$$

A 的特征根 $\lambda_1, \lambda_2, \cdots, \lambda_n$ 为实的, 且相异; 特征矢量 $R_1, R_2, \cdots, R_n$ 为独立的。这时方程 (1.2.8) 称为双曲线方程组, 有

$$AR_i = \lambda_i R_i, \quad i = 1, 2, \cdots, n \tag{1.2.16}$$

U 的通解为

$$U = \sum_{i=1}^{n} \varphi_i(x - \lambda_i t)R_i \tag{1.2.17}$$

很明显, 任意函数 φ_i 由初值 $U(x,0)$ 唯一确定。引进特征参量 $\xi_i = x - \lambda_i t$, 则由 (1.2.17) 式得

$$U = \sum_{i=1}^{n} \varphi_i(\xi_i) R_i \tag{1.2.18}$$

参照 (1.2.7) 式的几何意义, (x,t) 点的函数值 $U(x,t)$ 由通过 (x,t) 点的特征线 $\xi_1, \xi_2, \cdots, \xi_n$ 与 x 轴的交点的初值 $U_0(\xi_1), U_0(\xi_2), \cdots, U_0(\xi_n)$ 来确定。

1.3　非　线　性　波

对于非线性波, 系数矩阵 A 不再是常数, 相应的本征值 λ 也不再是常数。对于一维气体的等熵运动的连续与运动方程可通过密度 ρ 及速度 u 表示为 [1]

$$\begin{cases} \dfrac{\partial \rho}{\partial t} + u\dfrac{\partial \rho}{\partial x} + \rho\dfrac{\partial u}{\partial x} = 0 \\[3mm] \dfrac{\partial u}{\partial t} + u\dfrac{\partial u}{\partial x} + \dfrac{a^2}{\rho}\dfrac{\partial \rho}{\partial x} = 0 \end{cases} \tag{1.3.1}$$

式中 $a \propto \rho^{\frac{\gamma-1}{2}}$ 为声速, γ 为气体的绝热指数。令

$$U = \begin{pmatrix} \rho \\ u \end{pmatrix}, \quad A = \begin{pmatrix} u & \rho \\ \dfrac{a^2}{\rho} & u \end{pmatrix} \tag{1.3.2}$$

则方程 (1.3.1) 可改写为

$$\frac{\partial U}{\partial t} + A\frac{\partial U}{\partial x} = 0 \tag{1.3.3}$$

A 的特征根 $\lambda_\pm$ 为

$$\lambda_\pm = u \pm a \tag{1.3.4}$$

对应的本征矢量 $L_\pm$ 为

$$L_\pm = \left(\frac{a}{\rho}, \ \pm 1 \right), \quad L_\pm A = \lambda_\pm L_\pm \tag{1.3.5}$$

用 $L_\pm$ 左乘 (1.3.3) 式, 并应用 (1.3.5) 式, 便得

$$L_\pm \left(\frac{\partial}{\partial t} + \lambda_\pm \frac{\partial}{\partial x} \right) U = \left(\frac{a}{\rho}, \ \pm 1 \right) \left[\frac{\partial}{\partial t} + (u \pm a)\frac{\partial}{\partial x} \right] \begin{pmatrix} \rho \\ u \end{pmatrix}$$

$$= \left[\frac{\partial}{\partial t} + (u \pm a)\frac{\partial}{\partial x} \right] \left(\frac{2a}{\gamma - 1} \pm u \right) = 0 \tag{1.3.6}$$

(1.3.6) 式给出特征线 $\xi = \xi(x, t)$ 上的 Riemann 不变量 $r(\xi)$ 为

$$r(\xi) = \frac{2a}{\gamma - 1} + u \tag{1.3.7}$$

特征线 $\xi = \xi(x, t)$ 由 $\dfrac{\mathrm{d}x}{\mathrm{d}t} = u + a$ 积分得出。同样沿特征线 $\eta = \eta(x, t)$ 上的 Riemann 不变量 $s(\eta)$ 为

$$s(\eta) = \frac{2a}{\gamma - 1} - u \tag{1.3.8}$$

特征线 $\eta = \eta(x, t)$ 由 $\dfrac{\mathrm{d}x}{\mathrm{d}t} = u - a$ 给出。由 (1.3.7) 和 (1.3.8) 式易于得出解 a, u，可通过 Riemann 不变量 $r(\xi), s(\eta)$ 表示为

$$a = \frac{\gamma - 1}{4}(r(\xi) + s(\eta)) \tag{1.3.9}$$

$$u = \frac{1}{2}(r(\xi) - s(\eta)) \tag{1.3.10}$$

如果两个 Riemann 不变量中一个为常数，例如 $s(\eta) = s_0$，这样的波称为简单波 (simple wave)。(1.1.1) 式给出的沿 x 方向传播的行波 $w(x - vt)$ 即为简单波的一例。对于 $s(\eta) = s_0$ 的简单波情形，由 (1.3.9) 和 (1.3.10) 式看出，a, u 或 U 仅是 ξ 的函数，与 η 无关。利用这一点，可讨论 (1.3.3) 式的一般问题

$$U = \begin{pmatrix} u_1 \\ u_2 \end{pmatrix}, \quad \frac{\partial}{\partial t}U + A(U)\frac{\partial}{\partial x}U = \left[\frac{\partial \xi}{\partial t} + A(U)\frac{\partial \xi}{\partial x}\right]\frac{\mathrm{d}U}{\mathrm{d}\xi} = 0 \tag{1.3.11}$$

另一方面，在特征线 $\xi = \xi(x, t)$ 上

$$\frac{\mathrm{d}\xi}{\mathrm{d}t} = \frac{\partial \xi}{\partial t} + \frac{\mathrm{d}x}{\mathrm{d}t}\frac{\partial \xi}{\partial x} = \frac{\partial \xi}{\partial t} + \lambda_\xi \frac{\partial \xi}{\partial x} = 0 \tag{1.3.12}$$

比较 (1.3.11) 和 (1.3.12) 式，便得知 U 的解应满足常微分方程

$$\frac{\mathrm{d}U}{\mathrm{d}\xi} \propto R_\xi, \quad R_\xi = \begin{pmatrix} r_1(u_1, u_2) \\ r_2(u_1, u_2) \end{pmatrix} \tag{1.3.13}$$

其中 R_ξ 为对应于本征值 λ_ξ 的右乘本征矢量，即

$$AR_\xi = \lambda_\xi R_\xi \tag{1.3.14}$$

这就证明了特征线 (1.3.11) 的解也是 (1.3.10) 式的解。当然，要求出 U，还要解常微分方程 (1.3.13)，即

$$\begin{cases} \dfrac{\mathrm{d}u_1}{\mathrm{d}\xi} = r_1(u_1, u_2) \\[2mm] \dfrac{\mathrm{d}u_2}{\mathrm{d}\xi} = r_2(u_1, u_2) \end{cases} \tag{1.3.15}$$

这可写为以 u_1 为自变量的常微分方程

$$\frac{\mathrm{d}u_2}{\mathrm{d}u_1} = \frac{r_2(u_1, u_2)}{r_1(u_1, u_2)} \tag{1.3.16}$$

由此解出 $u_2 = u_2(u_1, C), C$ 为积分常数, 将其代入 (1.3.15) 式的第一式, 得出 u_1 以 ξ 为自变量的微分方程

$$\frac{\mathrm{d}u_1}{\mathrm{d}\xi} = r_1[u_1, u_2(u_1, C)] \tag{1.3.17}$$

将这个简单波解记为 $U^{(\xi)}$, 因为它是对应于本征值 λ_ξ。同样对于本征值 η, 也可得

到简单波 $U^{(\eta)}$。这种求解方法可推广到多分量 $U = \begin{pmatrix} u_1 \\ \vdots \\ u_n \end{pmatrix}$ 情形, 当然也是求简单

波, 否则是不适用的。图 1.4 给出两分量波的时间空间分布图, 初始 $t = 0$ 时扰动限制在 $|x| \leqslant x_0$ 的直线上, 传播速度 $v = \pm 1$, 于是有 $|x-t| = |\xi| > x_0, |x+t| = |\eta| > x_0$ 的扰动无法到达的①,③,⑤区; $|x-t| = |\xi| \leqslant x_0, |x+t| = |\eta| > x_0$ 与 $|x-t| = |\xi| > x_0, |x+t| = |\eta| \leqslant x_0$ 分别对应于行波区②与④; $|x-t| = |\xi| \leqslant x_0, |x+t| = |\eta| \leqslant x_0$ 的两行波交叠区⑥。简单波解仅适用于②与④。

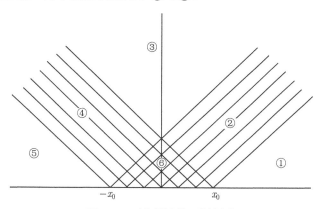

图 1.4 两分量波的区域划分

作为一个例子, 我们用特征线方法求两分波区⑥方程 (1.3.9) 的解。注意在特征线 $r(\xi)$ 上, $\frac{\mathrm{d}x}{\mathrm{d}t} = u + a$, $r(\xi)$ 为常数, 但 $s(\eta)$ 是变的, 故有

$$\frac{\partial x}{\partial s} = (u+a)\frac{\partial t}{\partial s}$$

即

$$x_s = (u+a)t_s \tag{1.3.18}$$

同样在特征线 $s(\eta)$ 上, $\dfrac{\mathrm{d}x}{\mathrm{d}t} = u - a$, $r(\xi)$ 是变的, 即有

$$x_r = (u-a)t_r \tag{1.3.19}$$

由 (1.3.18), (1.3.19) 式消去 x, 得

$$2at_{rs} + (u+a)_r t_s - (u-a)_s t_r = 0 \tag{1.3.20}$$

由 (1.3.9) 式消去上式中的 u, a, 得

$$t_{rs} + \frac{\mu}{r+s}(t_r + t_s) = 0$$

$$\mu = \frac{1}{2}\frac{\gamma+1}{\gamma-1} \tag{1.3.21}$$

一般称 (1.3.21) 式为 Poisson-Euler-Darboux(PED) 方程. 当 $\gamma = \dfrac{2N+1}{2N-1}, N = 0,1,2,\cdots$ 时, 代入 μ 的表示式得 $\mu = N$, 这时 (1.3.21) 式有解析解. 当 $\mu = N = 0$ 时, (1.3.21) 式的解为

$$t = f(r) + g(s) \tag{1.3.22}$$

当 $\mu = N = 1$ 时, (1.3.21) 式的解为

$$t(r,s) = \frac{1}{r+s}\left[f(r) + g(s)\right] \tag{1.3.23}$$

易证 (1.3.23) 式满足 $\mu = N = 1$ 的 PED 方程. 一般情况 $\mu = N$, PED 方程为

$$t_{rs} + \frac{N}{r+s}(t_r + t_s) = 0 \tag{1.3.24}$$

令

$$t = \frac{\partial^{N-1}}{\partial r^{N-1}}\left[\frac{f(r)}{(r+s)^N}\right] \tag{1.3.25}$$

代入 (1.3.24) 式, 得 (1.3.24) 式的左端为

$$-N\frac{\partial^N}{\partial r^N}\frac{f(r)}{(r+s)^{N+1}} + \frac{N}{r+s}\left\{\frac{\partial^N}{\partial r^N}\frac{f(r)}{(r+s)^N} - N\frac{\partial^{N-1}}{\partial r^{N-1}}\frac{f(r)}{(r+s)^{N+1}}\right\} \tag{1.3.26}$$

因

$$\frac{f(r)}{(r+s)^N} = \frac{f(r)}{(r+s)^{N+1}}(r+s)$$

所以

$$\frac{\partial^N}{\partial r^N}\left[\frac{f(r)}{(r+s)^N}\right] = (r+s)\frac{\partial^N}{\partial r^N}\left[\frac{f(r)}{(r+s)^{N+1}}\right] + N\frac{\partial^{N-1}}{\partial r^{N-1}}\left[\frac{f(r)}{(r+s)^{N+1}}\right] \tag{1.3.27}$$

故 (1.3.26) 式为 0，证明了由 (1.3.25) 式给出的 t 是 (1.3.24) 式的解。(1.3.24) 式的通解为

$$t(r,s) = k + \frac{\partial^{N-1}}{\partial r^{N-1}}\left[\frac{f(r)}{(r+s)^N}\right] + \frac{\partial^{N-1}}{\partial r^{N-1}}\left[\frac{g(s)}{(r+s)^N}\right] \tag{1.3.28}$$

其中 k 为常数。

1.4 耗散波、激波与色散波

在一维非线性波中，一个很有代表性的含耗散项的耗散波方程为 Burgers 方程

$$\frac{\partial u}{\partial t} + u\frac{\partial u}{\partial x} - \mu\frac{\partial^2 u}{\partial x^2} = 0 \tag{1.4.1}$$

其前两项为非线性波，第三项为耗散项，μ 为耗散系数。这个方程有一个形状不变的稳态解

$$u = v + (u_\infty - v)\tanh\left[-\frac{(u_\infty - v)(x - vt)}{2\mu}\right] \tag{1.4.2}$$

(1.4.2) 式所描写的是一个以速度 v 运动的波。设 $u_\infty - v < 0$，则当 $x - vt \to \infty$ 时，$u \to u_\infty < v$；而当 $x - vt \to -\infty$ 时，$u \to v - (u_\infty - v) > v$；在 $x - vt = 0$ 处，$u = v$。有一个由高速 $2v - u_\infty$ 向低速 u_∞ 的过渡区，其宽度为 $\dfrac{2\mu}{u_\infty - v}$，当耗散系数 μ 很小时，几乎是很陡的，其极限便是激波。u 与 $x - vt$ 的关系曲线如图 1.5 所示。

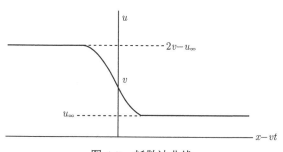

图 1.5　耗散波曲线

若将 Burgers 方程 (1.4.1) 的耗散项换成色散项，便得熟知的 Korteweg-de Vries(KdV) 方程

$$\frac{\partial u}{\partial t} + u\frac{\partial u}{\partial x} + \mu\frac{\partial^3 u}{\partial x^3} = 0 \tag{1.4.3}$$

将上式在常数速度 u_0 附近线性化，并求其色散关系，便得

$$\omega = u_0 k - \mu k^3 \tag{1.4.4}$$

相速度 ω/k 为

$$\frac{\omega}{k} = u_0 - \mu k^2 \tag{1.4.5}$$

这个关系表明, 对长波来说, 色散 $-\mu k^2$ 是弱的, 但对短波来说, 色散项 $-\mu k^2$ 就显得很重要了。像 Burgers 方程一样, KdV 方程也存在一个以常速度向前运动的稳态解

$$u = u_\infty + \varepsilon\, \mathrm{sech}^2 \left\{ \frac{1}{(12\mu)^{1/2}} \left[\varepsilon^{1/2}(x - u_\infty t) - \frac{1}{3}\varepsilon^{3/2}t \right] \right\} \tag{1.4.6}$$

这就是熟知的 sech^2 孤立波, 当 $x \to \pm\infty, u \to u_\infty$ 时, 波峰向前运动的速度为 $u_\infty + \varepsilon/3$。

现从波的非线性与色散进一步讨论 KdV 方程 (1.4.3) 及定态解 (1.4.6) 的物理意义。在 1.1 节中我们介绍了波追赶, 那里由于 v 是 x 的初值 ξ 的函数, 即 $v = v(\xi)$, 又设波的初始形状为

$$w = u(\xi) \tag{1.4.7}$$

不同的初值位置 ξ 具有不同的幅度 $u(\xi)$, 故波的传播速度 v 依赖于初值 ξ。从物理意义来说便是波的传播速度 v 依赖于波的幅度 $u(\xi)$。最简单的情形, 即波的相速 v 线性地依赖于 u, 有

$$v = v_0 + \delta u \tag{1.4.8}$$

由 (1.1.2) 式得

$$\frac{\mathrm{d}u}{\mathrm{d}t} = \frac{\partial u}{\partial t} + (v_0 + \delta u)\frac{\partial}{\partial x}u = 0 \tag{1.4.9}$$

作变换 $v_0 + \delta u \to u, (1.4.9)$ 式变为

$$\frac{\partial u}{\partial t} + u\frac{\partial u}{\partial x} = 0 \tag{1.4.10}$$

(1.4.10) 式即 KdV 方程的前两项, 其中非线性项导致图 1.2 所示的间断与破裂。但由于波的相速 $v = \omega/k$ 的色散关系 (1.4.5), 存在色散项 $-\mu k^2$, 即波数 k 很大, 相当于在波破裂之前, 空间变化剧烈, 相速度也随之减慢。这在方程 (1.4.10) 中增添了 $-\mu k^2 \dfrac{\partial u}{\partial x} \Rightarrow \mu \dfrac{\partial^3}{\partial x^3}u$ 项, 便得 KdV 方程。正是由于色散项的存在, 波弥散了, 抵消了非线性项 $u\dfrac{\partial u}{\partial x}$ 的变陡, 最后会达到一种由孤立波体现的波弥散与非线性变陡间的平衡, 即解 (1.4.6) 式。

1.5　波的自聚与非线性 Schrödinger 方程

波在均匀介质中的传播可用推广的三维线性或非线性波来描述。参照 (1.2.2)

式，便得三维线性波 E 满足方程

$$-\left(\frac{1}{v}\frac{\partial}{\partial t}-\nabla\right)\left(\frac{1}{v}\frac{\partial}{\partial t}+\nabla\right)E=\left(\nabla^2-\frac{\epsilon}{c^2}\frac{\partial^2}{\partial t^2}\right)E=0 \tag{1.5.1}$$

式中 $\epsilon=c^2/v^2=n_0^2$，n_0 为波在均匀媒介中的折射率，是一个仅依赖于传播媒介的常数。这个模型对弱振幅波 w 的传播，应该与实际情况相符。但对于强振幅波的传播，就需要仔细研究。通常的现象是，起始时是一理想的平面波，但经过传播后，表现为有一定程度自聚或发散的球面波。究其原因，可归结为波在介质中传播速度与折射率 n 不再是与光强度无关的常数，而是除了依赖于介质性质的 n_0 外，还要附加一小量 $n_2E^2/(2n_0)$。这一项称为非线性折射率，因它依赖于 E^2，n_2 依赖于介质的性质。这样，介质常数 ϵ 可表示为

$$\epsilon=\left(n_0+\frac{n_2}{2n_0}|E|^2\right)^2\simeq\epsilon_0+n_2|E|^2 \tag{1.5.2}$$

将 ϵ 的表示式 (1.5.2) 代入 (1.5.1) 式，便得波在介质传播的非线性方程

$$\left[\nabla^2-\left(\frac{\epsilon_0}{c^2}+\frac{n_2|E|^2}{c^2}\right)\frac{\partial^2}{\partial t^2}\right]E=0 \tag{1.5.3}$$

一个很重要的情形，即 E 波可表示为沿 x 方向振幅缓慢变化的波

$$E=\varphi(x,y,z)\mathrm{e}^{\mathrm{i}(kx-\omega t)} \tag{1.5.4}$$

式中波矢 k 与频率 ω 满足关系 $k^2-n_0^2\dfrac{\omega^2}{c^2}=0$。因振幅 $\varphi(x,y,z)$ 沿着传播方向 x 是慢变的，以致

$$\left|\frac{\partial^2\varphi}{\partial x^2}\right|\ll\left|\frac{\partial^2\varphi}{\partial y^2}+\frac{\partial^2\varphi}{\partial z^2}\right|,\quad\left|\frac{\partial^2\varphi}{\partial x^2}\right|\ll 2\left|k\frac{\partial\varphi}{\partial x}\right|$$

将 (1.5.4) 式代入 (1.5.3) 式，得

$$\mathrm{i}\frac{\partial\varphi}{\partial x}+\frac{1}{2k}\left(\frac{\partial^2}{\partial y^2}+\frac{\partial^2}{\partial z^2}\right)\varphi+\frac{k}{2}\frac{n_2}{n_0^2}|\varphi|^2\varphi=0 \tag{1.5.5}$$

这就是二维非线性 Schrödinger 方程。若 φ 仅依赖于 y，则得一维非线性 Schrödinger 方程

$$\begin{cases}\mathrm{i}\dfrac{\partial\varphi}{\partial x}+\dfrac{1}{2k}\dfrac{\partial^2}{\partial y^2}\varphi+\dfrac{k}{2}\dfrac{n_2}{n_0^2}|\varphi|^2\varphi=0\\[2mm]\varphi=\varphi(x,y)\end{cases} \tag{1.5.6}$$

方程 (1.5.6) 也存在如下的稳态解：

$$\varphi=\varphi_0\mathrm{sech}\left(\frac{y}{y_0}\right)\mathrm{e}^{\mathrm{i}Kx} \tag{1.5.7}$$

将 (1.5.7) 式代入 (1.5.6) 式, 得

$$K = \frac{1}{2ky_0^2}, \quad \frac{k}{2}\frac{n_2}{n_0^2}\varphi_0^2 = \frac{1}{ky_0^2} \tag{1.5.8}$$

1.6   自感透明现象与 sine-Gordon 方程

光在无损介质中传输, 条件适合时会产生一种自感透明的稳态脉冲传输现象。以二能级原子介质为例, 当光脉冲前沿经过时, 光被吸收, 原子由基态跃迁到激发态, 能量被存储起来。等到光脉冲的后沿经过时, 由于受激辐射, 原子又由激发态跃迁到基态, 辐射出能量, 增强了后沿, 这样光脉冲能量就等效地由前沿移至后沿。如图 1.6 虚线所示, 光脉冲波形未发生变化, 好像经过透明介质一样。可以证明光在含二能级原子介质中的传输, 其电场 $\mathcal{E}$, 极化强度 P, 反转粒子 Δ 满足如下的非线性传输方程 [2]:

$$\begin{cases} \dfrac{\partial \mathcal{E}}{\partial x} = GP \\[2mm] \dfrac{\partial P}{\partial \tau} = \mathcal{E}\Delta, \quad \tau = x - ct \\[2mm] \dfrac{\partial \Delta}{\partial \tau} = -\mathcal{E}P \end{cases} \tag{1.6.1}$$

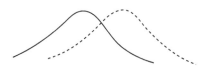

图 1.6   光脉冲的自感透明示意图

设初始条件为 $P = 0, \Delta = 1$, 可将 P, Δ 的解表示为

$$P = \sin\xi, \quad \Delta = \cos\xi \tag{1.6.2}$$

代入 (1.6.1) 式, 得

$$\begin{cases} \dfrac{\partial \mathcal{E}}{\partial x} = G\sin\xi \\[2mm] \dfrac{\partial \xi}{\partial \tau} = \mathcal{E} \\[2mm] \dfrac{\partial^2 \xi}{\partial x \partial \tau} = G\sin\xi \end{cases} \tag{1.6.3}$$

(1.6.3) 式的第三个方程, 即为 sine-Gordon 方程。同样, sine-Gordon 方程也存在稳

态传输脉冲解。替换变量，则方程 (1.6.3) 可化为

$$\begin{cases} \dfrac{\mathrm{d}^2\xi}{\mathrm{d}\zeta^2} = \dfrac{G}{u}\sin\xi = \dfrac{1}{1-u^2}\sin\xi \\[2mm] \zeta = x + u\tau = (1+u)x - cut \end{cases} \tag{1.6.4}$$

(1.6.4) 式的解为

$$\xi = 4\arctan\{\exp[\pm(x+u\tau)/(1-u^2)^{1/2}]\} \tag{1.6.5}$$

括号中的"+"号对应于 $x \to -\infty, \xi \to 0; x \to \infty, \xi \to 2\pi$，这就意味着当 x 由 $-\infty \to +\infty$ 时，ξ 相当于摆的幅角沿顺时针方向转了一周。同样，括号中的"−"号对应于当 x 由 $-\infty \to +\infty$ 时，摆的幅角沿逆时针转了一周。将 (1.6.5) 式代入 (1.6.3) 式，得

$$\mathcal{E} = \pm\frac{u}{(1-u^2)^{1/2}}\operatorname{sech}\left[\frac{x+u\tau}{(1-u^2)^{1/2}}\right] \tag{1.6.6}$$

这就是自感透明介质的光脉冲孤立波解。

1.7 三波相互作用

波波耦合在非线性相互作用中是常见的，在非线性光学中也是一种常见的相互作用形式。三波耦合更是波波耦合中重要的，且有代表性的一种。设有频率为 $\omega_0, \omega_1, \omega_2$，波矢为 $\boldsymbol{k}_0, \boldsymbol{k}_1, \boldsymbol{k}_2$ 的三个波，它们满足共振与相位匹配条件

$$\begin{aligned} \omega_0 &= \omega_1 + \omega_2 \\ \boldsymbol{k}_0 &= \boldsymbol{k}_1 + \boldsymbol{k}_2 \end{aligned} \tag{1.7.1}$$

这些条件也是由三个波中的两个波拍频相互作用产生第三个波所必须遵从的能量、动量守恒关系。三波相互作用方程，就是在线性波传播方程的基础上加上波的耦合项得到的。例如

$$\begin{cases} \left(\dfrac{\partial}{\partial t} + v_{g0}\dfrac{\partial}{\partial x}\right)\varphi_0 = \beta_0\varphi_1\varphi_2 \\[3mm] \left(\dfrac{\partial}{\partial t} + v_{g1}\dfrac{\partial}{\partial x}\right)\varphi_1 = -\beta_1\varphi_0\varphi_2^* \\[3mm] \left(\dfrac{\partial}{\partial t} + v_{g2}\dfrac{\partial}{\partial x}\right)\varphi_2 = -\beta_2\varphi_0\varphi_1^* \end{cases} \tag{1.7.2}$$

式中 v_{gj} 为传播速率，$\beta_j > 0$ 为耦合常数，一般来说它们是不一致的。可以证明，形如 (1.7.2) 式的三波耦合方程也存在以 $\xi = x - \lambda t$ 为宗量的孤立波解。令

$$\tilde{\beta}_j = \frac{\beta_j}{v_{g0} - \lambda}, \quad \tilde{\beta} = |\tilde{\beta}_0\tilde{\beta}_1\tilde{\beta}_2|^{1/2} \tag{1.7.3}$$

并作变换

$$\frac{\varphi_j}{|\tilde{\beta}_j|^{1/2}} \to \varphi_j \tag{1.7.4}$$

则 (1.7.2) 式可化为

$$\begin{cases} \dfrac{\mathrm{d}\varphi_0}{\mathrm{d}\xi} = \mp \tilde{\beta}\varphi_1\varphi_2 \\[2mm] \dfrac{\mathrm{d}\varphi_1}{\mathrm{d}\xi} = \pm \tilde{\beta}\varphi_0\varphi_2^* \\[2mm] \dfrac{\mathrm{d}\varphi_2}{\mathrm{d}\xi} = \pm \tilde{\beta}\varphi_0\varphi_1^* \end{cases} \tag{1.7.5}$$

当 $\lambda > \max(v_{gi})$ 时, 取 $(-, +, +)$ 号; 当 $\lambda < \min(v_{gi})$ 时, 取 $(+, -, -)$ 号。设 $\varphi_1, \varphi_1, \varphi_2$ 为实数, $n_j = \varphi_j^2$, 积分 (1.7.5) 式, 得

$$\begin{cases} m_1 = n_0 + n_1 = 常数 \\ m_2 = n_0 + n_2 = 常数 \\ m_3 = n_1 - n_2 = 常数 \end{cases} \tag{1.7.6}$$

又设

$$m_1 \gg m_2, \quad n_0(\xi_0) = 0, \quad m = (m_2/m_1)^{1/2}$$

将 (1.7.6) 式代入 (1.7.5) 式, 得

$$\frac{\mathrm{d}n_0}{\mathrm{d}\xi} = \mp \beta \sqrt{n_0(m_1 - n_0)(m_2 - n_0)} \tag{1.7.7}$$

n_0 的解可用 Jacobi 椭圆函数来表示, 通解为

$$n_0(\xi) = m_2 sn^2\left[\mp\beta m_1^{1/2}(\xi - \xi_0), m\right] \tag{1.7.8}$$

又设 $m = 1$, 则 $m_1 = m_2 = \bar{n}_0$, φ_j 的通解为

$$\begin{cases} \varphi_0 = \alpha_0 \tanh[\gamma(x - \lambda t)] \\ \varphi_1 = \alpha_1 \mathrm{sech}[\gamma(x - \lambda t)] \\ \varphi_2 = \alpha_2 \mathrm{sech}[\gamma(x - \lambda t)] \end{cases} \tag{1.7.9}$$

$\varphi_0, \varphi_1, \varphi_2$ 满足关系

$$\begin{aligned} (v_{g0} - \lambda)\frac{\alpha_0^2}{\beta_0} &= (v_{g1} - \lambda)\frac{\alpha_1^2}{\beta_1} = (v_{g2} - \lambda)\frac{\alpha_2^2}{\beta_2} \\ &= \gamma^2 \frac{(v_{g0} - \lambda)(v_{g1} - \lambda)(v_{g2} - \lambda)}{\beta_0\beta_1\beta_2} = \mp\bar{n}_0 \end{aligned} \tag{1.7.10}$$

φ_i^2 与 ξ 的变化曲线如图 1.7 所示 [3]。有意义的是, 当 $|\xi| = |x - \lambda t|$ 稍大时, $\varphi_1(\xi)$, $\varphi_2(\xi)$ 均趋于零, 而泵浦波 $|\varphi_0| \to \alpha_0$, 对 φ_1, φ_2 未提供能量。只有当 $|\xi| = |x - \lambda t| \to$ 很小时, 泵浦波 $|\varphi_0|$ 下降到零, 能量被转换到 φ_1, φ_2 波, 使之具有孤立波形。

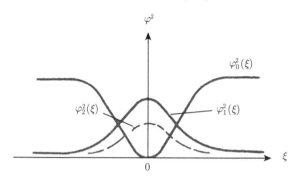

图 1.7　三波相互作用的能量转换曲线示意图 (参照 Nogaki 等 [3])

上面的解适用于 $\lambda > \max(v_{gi})$ 或 $\lambda < \min(v_{gi})$ 情形, 其耦合项取 $(-, +, +)$ 或 $(+, -, -)$。通过变换 $\varphi_i \to -\varphi_i$, 这后一种情况 $(+, -, -)$ 变为前一种情况 $(-, +, +)$, 故只需讨论前一种情况就可以了。"$-$" 号对应于泵浦波, 其解为 tanh 型, 当 $|\xi| \to \infty$ 时, $\varphi_0^2 \to \alpha_0^2$; "$+$" 号对应于孤立波, 是被泵浦波激发起来的, 为 sech 型, 当 $|\xi| \to \infty$ 时, $\varphi_{1,2}^2 \to 0$。如果 λ 不满足上述条件, 例如 $v_{g2} > \lambda > (v_{g1}, v_{g0})$, 则原来的耦合符号 $(-, +, +)$ 将乘以因子 $\mathrm{sgn}\left(\dfrac{1}{v_{g0} - \lambda}, \dfrac{1}{v_{g1} - \lambda}, \dfrac{1}{v_{g2} - \lambda}\right) = (-, -, +)$ 而变为 $(+, -, +)$, 这时 φ_1 变为泵浦波 $\varphi_1 \propto \tanh[\gamma(x - \lambda)]$, 而 φ_0, φ_2 变为孤立波 $\varphi_1, \varphi_2 \propto \mathrm{sech}[\gamma(x - \lambda)]$。其他情形类推。

1.8　非线性相互作用中的孤立波理论

1.8.1　关于孤立波的记载

1834 年, John Scott Russell[4,5] 以其亲身经历描述了孤立波现象:"······ 水浪呈现出一个滚圆而平滑、轮廓分明的孤立波峰, 以巨大速度向前滚动, 在行进中形状和速度没有明显的改变······"; 1895 年, Korteweg 与 de Vrice 从数学上得出孤立波方程及其 sech^2 的解析解 [6]。到 1955 年, Fermi, Pasta, Ulam 进行了一维 N 个分子链非简谐运动的数值模拟 [7], 原意在于研究"初始存在于最低模式振动, 是否会由于分子间的非线性相互作用传递到其他模式, 最后达到能量均分的统计平衡状态"(FPU 问题)。但模拟结果完全出人意料, 初始存在于最低模式的振动能, 总是在较少的几个模式来回地传递着, 最后又几乎完全回到最低模式, 并没能观察到在各个模式间的均分或热化现象。1965 年，Zabusky 与 Kruskal 又重新研究了 FPU 问题 [8,4]，主要是将 FPU 的 N 个分子非简谐运动方程

$$my_{i,tt} = k(y_{i+1} - 2y_i + y_{i-1})[1 + \alpha(y_{i+1} - y_{i-1})]$$

采用 Taylor 级数展开，使之连续化，最后得出

$$q_t + 6qq_\xi + \delta^2 q_{\xi\xi\xi} = 0 \tag{1.8.1}$$

解析解为 (当 $\delta^2 = 1$ 时)

$$q = 2\eta^2 \mathrm{sech}^2[\eta(\xi - v\tau)] \tag{1.8.2}$$

对应于 Russell 所观察到的孤立波。ZK 还研究了如下 KdV 方程随时间的演化问题：

$$\frac{\partial u}{\partial t} + u\frac{\partial u}{\partial x} - \mu\frac{\partial^3 u}{\partial x^3} = 0 \tag{1.8.3}$$

式中色散系数 $\mu = 0.022^2$，解的初值为 $u(x,0) = \cos(\pi x)$。又设边界为周期的，$L = 2$。图 1.8 给出解的振幅分布随时间的演化以及孤立波峰的运动轨迹 [8]。因色散系数 μ 很小，对应于初始分布的 $\max\left(\left|\mu\dfrac{\partial^3 u}{\partial x^3}\right|\right) / \max\left(\left|u\dfrac{\partial u}{\partial x}\right|\right) = 0.005$。故初始时，色散项可略去。这样 (1.8.3) 式的隐式解 $u = \cos\pi(x - ut)$。这个解对应的曲线，随时间的推移会变得愈来愈陡。在 $x = 1/2$ 点，当 $t = t_B = 1/\pi$ 时，解会变得不连续，但是当到达或超过这个点时，色散项增大，再也不能被略去。这就起到了抹平变陡的作用 (图 1.8(a) 曲线 B)。当 $t = 3.6t_B$ 时，有 8 个孤立波出现 (图 1.8(b))，每一孤立波均以各自的速度向前运动。非常重要而有趣的现象是孤立波的碰撞，碰撞时速度改变，但碰撞后，仍以碰撞前的速度向前运动，且孤立波不破坏，具有粒子相碰的特点。正因为如此，ZK 称之为孤子。

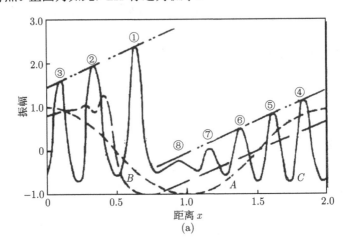

(a)

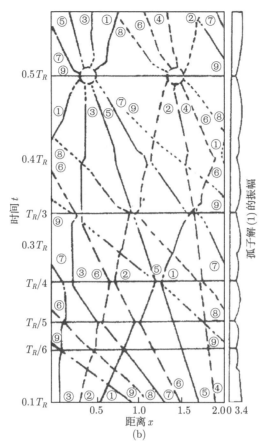

图 1.8 (a) 孤立波随时间的演化曲线 $(A:t=0;B:t=1/\pi;C:t=3.6/\pi)$;(b) 孤立波峰的
运动轨迹 $(T_R=30.4t_B,t_B=1/\pi)$(参照 Zabusky 与 Kruskal[8])

1.8.2 逆散射方法

KdV 方程与 Burgers 方程有某种相似。Burgers 方程可通过 Cole-Hopf 变换

$$u=-\frac{2\mu}{\alpha}\frac{\partial\psi}{\partial x}\frac{1}{\psi} \tag{1.8.4}$$

线性化为扩散方程

$$\frac{\partial\psi}{\partial t}=\mu\frac{\partial^2\psi}{\partial x^2} \tag{1.8.5}$$

人们猜想是否也存在类似的变换,使 KdV 方程线性化呢?虽然这个猜想并不成功,但是 1967 年 Gardner 等找到了 KdV 方程的解与线性的 Schrödinger 方程本征值问题间的关联 [9],并导致用逆散射方法解孤立波方程的方法的提出。这是孤子理论的重要突破。

逆散射方法的要点是不去直接解 KdV 方程中的函数 u，而是先解以 u 为势函数的 Schrödinger 方程

$$\left(-\frac{\partial^2}{\partial x^2} + u\right)\psi = \lambda\psi \tag{1.8.6}$$

的谱 λ(本征值)。由于 $u = u(x,t)$ 是 t 的函数，那么由 (1.8.6) 式确定的谱 λ 是否也是 t 的函数呢？这是很关键的。由 (1.8.6) 式得

$$u = \lambda + \frac{\psi_{xx}}{\psi} \tag{1.8.7}$$

应用 (1.8.7) 式对 t 进行偏微分

$$u_t\psi^2 = \lambda_t\psi^2 + (\psi_{xt}\psi - \psi_x\psi_t)_x \tag{1.8.8}$$

应用 (1.8.7) 式对 x 进行多次偏微分，并经直接而冗长的计算可得

$$(-6uu_x + u_{xxx})\psi^2 = \{[(\psi_{xxx} - 3(u+\lambda)\psi_x]_x\psi - [\psi_{xxx} - 3(u+\lambda)\psi_x]\psi_x\}_x \tag{1.8.9}$$

(1.8.8) 式与 (1.8.9) 式相加，并设 u 满足 KdV 方程 $u_t - 6uu_x + u_{xxx} = 0$，则得

$$\lambda_t\psi^2 + [\psi R_x - \psi_x R]_x = 0 \tag{1.8.10}$$

$$R = \psi_t + \psi_{xxx} - 3(u+\lambda)\psi_x \tag{1.8.11}$$

考虑势垒 u 在 $|x| \to \infty$ 时，$u \to 0$，故 Schrödinger 方程的谱有负能的束缚态 $\lambda = -K_n^2(n = 1, 2, \cdots, N)$ 及正能的连续态 $\lambda = k^2$ 解。对于负能束缚态，当 $|x| \to \infty$ 时，$\psi, \psi_x \to 0$，故由 (1.8.10) 式，得

$$\lambda_t \int_{-\infty}^{\infty} \psi^2\mathrm{d}x = 0 \tag{1.8.12}$$

由归一化条件 $\displaystyle\int_{-\infty}^{\infty} \psi^2\mathrm{d}x = 1$，(1.8.12) 式成立就证明了 $\lambda_t = 0$，亦即谱 $\lambda = -K_n^2$ 是不随时间而变的。由势垒 $u(x,0)$ 确定的谱，也适用于势垒 $u(x,t)$。将 $\lambda_t = 0$ 代入 (1.8.10) 式，得

$$\psi R_x - \psi_x R = 常数 \tag{1.8.13}$$

R 的通解为

$$R = \psi_t + \psi_{xxx} - 3(u+\lambda)\psi_x = C\psi + D\psi\int_0^x \frac{\mathrm{d}x}{\psi^2} \tag{1.8.14}$$

考虑到 $|x| \to \infty$ 处，$\psi \to 0$，第二项发散，故应取 $D = 0$。又将 (1.8.14) 式中的 u 用 (1.8.7) 式消去，便得

$$\left(\frac{\psi^2}{2}\right)_t + (\psi\psi_{xx} - 3\lambda\psi^2 - 2\psi_x^2)_x = C\psi^2 \tag{1.8.15}$$

将上式对 x 由 $-\infty \to \infty$ 积分, 并应用归一化条件 $\int_{-\infty}^{\infty} \psi^2 \mathrm{d}x = 1$, 得 $C = 0$。于是随时间的演化方程为

$$\psi_t + \psi_{xxx} - 3(u+\lambda)\psi_x = 0 \tag{1.8.16}$$

在 $|x| \to \infty$ 点, $u \to 0$, 应用 (1.8.6) 式, 得

$$3(u+\lambda)\psi_x \simeq 3\lambda\psi_x \simeq -3\psi_{xxx}$$

代入 (1.8.16) 式得

$$\psi_t + 4\psi_{xxx} \simeq 0$$

$$\psi_n = C_n(t)\mathrm{e}^{-K_n x} = C_n(0)\mathrm{e}^{4K_n^3 t - K_n x} \tag{1.8.17}$$

对于连续谱 $\lambda = k^2$, 为保证 $\lambda_t = 0$, 仍令 $\psi R_x - \psi_x R = $ 常数, $D = 0$, 故演化方程为

$$\psi_t + \psi_{xxx} - 3(u+\lambda)\psi_x = C\psi \tag{1.8.18}$$

连续谱的边界条件取为

$$\begin{cases} \psi \to \mathrm{e}^{-\mathrm{i}kx} + r(k,t)\mathrm{e}^{\mathrm{i}kx}, & x \to \infty \\ \psi \to a_\mathrm{T}(k,t)\mathrm{e}^{-\mathrm{i}kx}, & x \to -\infty \end{cases} \tag{1.8.19}$$

上式的物理意义为, 在 $x = \infty$ 处入射的振幅为 1 的平面波, 经过势垒 u 反射后的反射波又回到 $x = \infty$ 处, 反射系数为 $r(k,t)$, 沿与入射波相反的方向传播。透过势垒的部分透射波, 到达 $x = -\infty$ 处, 透射系数为 $a_\mathrm{T}(k,t)$, 且 $r^2(k,t) + a_\mathrm{T}^2(k,t) = 1$。将 (1.8.19) 式代入 (1.8.18) 式, 并注意到当 $x \to \pm\infty$ 时, $u \to 0$, 便得当 $x \to -\infty$ 时,

$$\frac{\partial}{\partial t}a_\mathrm{T} + 4\mathrm{i}k^3 a_\mathrm{T} = Ca_\mathrm{T}$$

当 $x \to \infty$ 时, 由于

$$4\mathrm{i}k^3 \mathrm{e}^{-\mathrm{i}kx} + \left(\frac{\partial}{\partial t}r - 4\mathrm{i}k^3 r\right)\mathrm{e}^{\mathrm{i}kx} = C(\mathrm{e}^{-\mathrm{i}kx} + r\mathrm{e}^{\mathrm{i}kx})$$

得出

$$\frac{\partial}{\partial t}r - 4\mathrm{i}k^3 r = Cr, \quad 4\mathrm{i}k^3 = C \tag{1.8.20}$$

故有

$$r(k,t) = r(k,0)\mathrm{e}^{8\mathrm{i}k^3 t}$$
$$a_\mathrm{T}(k,t) = a_\mathrm{T}(k,0) \tag{1.8.21}$$

(1.8.17) 式和 (1.8.21) 式给出了散射数据 $S(0)($ 指 $C_n(0), K_n, r(k,0), a_T(k,0))$ 随时间的演化规律 $S(t)($ 指 $(C_n(t), r(k,t), a_T(k,t)))$, 在此基础上可构造出散射函数

$$B(x+y,t) = \frac{1}{2\pi} \int_{-\infty}^{\infty} r(k,t)\mathrm{e}^{\mathrm{i}k(x+y)}\mathrm{d}k + \sum_{n=1}^{N} C_n^2(t)\mathrm{e}^{-K_n(x+y)} \tag{1.8.22}$$

并解 GLM 方程

$$K(x,y;t) + B(x+y;t) + \int_x^{\infty} B(y+z;t)K(z,y;t)\mathrm{d}z = 0 \tag{1.8.23}$$

以确定核函数 $K(x,y;t)$(参见附录 1A)。可以证明, 我们所要求的势函数 $u(x,t)$ 就是通过核函数确定的, 即

$$u(x,t) = -2\frac{\mathrm{d}}{\mathrm{d}x}K(x,x;t) \tag{1.8.24}$$

这最后一步便是逆散射方法, 即由散射数据 $S(t) \rightarrow$ 势函数 $u(x,t)$。上面逆散射法可用图 1.9 概括。

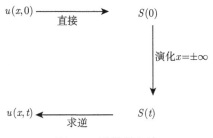

图 1.9   逆散射方法

对于单个孤子的情形 $N=1, r(k,0)=0$。离散谱为 $\lambda = -K^2$ 与 $C(0)$, 可直接写出 GLM 方程

$$K(x,y;t) + C^2(0)\mathrm{e}^{8K^3t-K(x+y)} + C^2(0)\mathrm{e}^{8K^3t}\int_x^{\infty}\mathrm{e}^{-K(y+z)}K(z,y;t)\mathrm{d}z = 0 \tag{1.8.25}$$

这个积分方程的核是退化的, 可将 $K(x,y;t)$ 写为

$$K(x,y;t) = \mathrm{e}^{-Ky}h(x,t) \tag{1.8.26}$$

代入 (1.8.25) 式, 易于解出

$$K(x,y;t) = \frac{C^2(0)\mathrm{e}^{8K^3t-K(x+y)}}{1 + C^2(0)(2K)^{-1}\mathrm{e}^{8K^3t-2Kx}} \tag{1.8.27}$$

$$u(x,t) = -2K^2\mathrm{sech}^2\left[K(x-4K^2t)-\delta\right], \quad \delta = 2^{-1}\lg\left[\frac{C^2(0)}{2K}\right] \tag{1.8.28}$$

对于 N 个孤子的情形。$\lambda_i = -K_i^2, i = 1, 2, \cdots, N, r(k,0) = 0, C_i^2(0) = m_i$，GLM 方程为

$$K(x,y;t) + \sum m_i \mathrm{e}^{8K_i^3 t - K_i(x+y)} + \sum m_i \mathrm{e}^{8K_i^3 t} \int_x^\infty \mathrm{e}^{-K_i(z+y)} K(z,y;t) = 0 \quad (1.8.29)$$

$K(x,y;t)$ 仍可分离变量

$$K(x,y;t) = \sum \mathrm{e}^{-K_i y} h_i(x,t) \tag{1.8.30}$$

代入 (1.8.29) 式，得

$$\left(1 + \frac{m_i}{2K_i} \mathrm{e}^{8K_i^3 t - 2K_i x}\right) h_i + \sum_{j \neq i} \frac{m_i}{K_i + K_j} \mathrm{e}^{8K_i^3 t - (K_i + K_j)x} h_j$$
$$= -m_i \mathrm{e}^{8K_i^3 t - K_i x}, \quad i = 1, 2, \cdots, N \tag{1.8.31}$$

很明显，(1.8.31) 式是关于 h_i 的联立方程组，求解并无任何困难。这两个例子均是只有离散谱，如果同时有连续谱 $r(k,0) \neq 0$，求解就困难多了。

1.8.3　二分量孤立波方程

上面是就 KdV 方程，简要地介绍了逆散射方法的求解。但逆散射方法的应用，不仅限于 KdV 方程，其他如非线性 Schrödinger 方程，sine-Gordon 方程均可以按此法求解。不同的非线性方程，主要体现在不同的演化式 (1.8.17) 和 (1.8.21) 式上。当然也不是所有的非线性方程均能用逆散射方法求解。注意到 Schrödinger 方程为二阶的，故谱方程及其演化方程一般地可用二分量一阶方程来表示 [10~13] 为

$$\frac{\partial v}{\partial x} = Qv, \quad \frac{\partial v}{\partial t} = Bv$$

$$v = \begin{pmatrix} v_1 \\ v_2 \end{pmatrix}, \quad Q = \begin{pmatrix} -\mathrm{i}\zeta & q \\ r & \mathrm{i}\zeta \end{pmatrix}, \quad B = \begin{pmatrix} -\mathrm{i}a & -\mathrm{i}b \\ -\mathrm{i}c & +\mathrm{i}a \end{pmatrix} \tag{1.8.32}$$

由 (1.8.32) 式，得

$$\frac{\partial Qv}{\partial t} = \frac{\partial}{\partial x}(Bv) \tag{1.8.33}$$

$$\left(\frac{\partial Q}{\partial t} - \frac{\partial B}{\partial x}\right) v = B\frac{\partial v}{\partial x} - Q\frac{\partial v}{\partial t} = (BQ - QB)v$$

即

$$\frac{\partial Q}{\partial t} - \frac{\partial B}{\partial x} = BQ - QB \tag{1.8.34}$$

将 B,Q 的定义式代入上式, 便得谱方阵 Q 与演化方阵 B 各矩阵元的如下关系:

$$\begin{cases} a_x = cq - br \\ b_x + 2\mathrm{i}\zeta b = \mathrm{i}q_t - 2aq \\ c_x - 2\mathrm{i}\zeta c = \mathrm{i}r_t + 2ar \end{cases} \tag{1.8.35}$$

包括在 (1.8.35) 式中的非线性方程, 均能用逆散射方法求解。下面列出熟知的各种可用逆散射方法求解的非线性方程。

(1) 取方程

$$\begin{cases} a = 4\zeta^3 + 2\zeta rq + \mathrm{i}rq_x - \mathrm{i}qr_x \\ a_x = (2\zeta r_x - \mathrm{i}r_{xx} + 4\mathrm{i}\zeta^2 r + 2\mathrm{i}r^2 q)q \\ \qquad -(2\zeta q_x - \mathrm{i}q_{xx} + 4\mathrm{i}\zeta^2 q + 2\mathrm{i}rq^2)r = cq - br \end{cases} \tag{1.8.36}$$

由 (1.8.35) 式得出变形的 KdV 方程

$$\begin{cases} q_t - 6rqq_x + q_{xxx} = 0 \\ r_t - 6rqr_x + r_{xxx} = 0 \end{cases} \tag{1.8.37}$$

当 $r = -1$ 时, (1.8.37) 式过渡到 KdV 方程。

(2) 若取

$$a = -\frac{1}{4\zeta}\begin{pmatrix} \cos\phi \\ \cosh\phi \end{pmatrix}, \quad r = -q = \frac{1}{2}\phi_x \tag{1.8.38}$$

则得

$$a_x = \frac{1}{4\zeta}\begin{pmatrix} -\sin\phi \\ \sinh\phi \end{pmatrix}\left(\frac{-\phi_x}{2}\right) - \frac{1}{4\zeta}\begin{pmatrix} -\sin\phi \\ \sinh\phi \end{pmatrix}\left(\frac{\phi_x}{2}\right)$$

$$\phi_{xt} = \begin{pmatrix} \sin\phi \\ \sinh\phi \end{pmatrix} \tag{1.8.39}$$

此即 sine(sinh)-Gordon 方程。

(3) 取定

$$a = \zeta^2 + rq/2, \quad b = \mathrm{i}\zeta q - q_x/2, \quad c = \mathrm{i}\zeta r + r_x/2 \tag{1.8.40}$$

便得

$$\begin{cases} \mathrm{i}q_t + \dfrac{1}{2}q_{xx} - q^2 r = 0 \\ \mathrm{i}r_t - \dfrac{1}{2}r_{xx} + qr^2 = 0 \end{cases} \tag{1.8.41}$$

当 $r = \pm q^*$ 时, (1.8.41) 式便过渡到非线性 Schrödinger 方程。

1.8.4 直接解孤立波方程法

上面讨论的逆散射方法, 是一种间接求解非线性方程的方法。近年来对直接求解孤立波方程也有很多研究, Bäcklund 变换便是其中之一。1883 年, 几何学家 Bäcklund 得到了 sine-Gordon 方程的一个有趣的性质。设 u' 是 sine-Gordon 方程的解

$$u'_{\xi\eta} = \sin u' \tag{1.8.42}$$

则满足方程

$$\begin{cases} u_\xi = u'_\xi + 2\beta\sin\dfrac{u'+u}{2} \\[2mm] u_\eta = -u'_\eta - \dfrac{2}{\beta}\sin\dfrac{u'-u}{2} \end{cases} \tag{1.8.43}$$

的 u 也是 sine-Gordon 方程 (1.8.42) 的解。事实上 (1.8.43) 式的第一式对 η 求偏导, 应用第二式消去 $u'_{\xi\eta}$, $u'_\eta + u_\eta$, 易证 u 也是满足 sine-Gordon 方程的。如果取定 u' 为一平凡解 $u' = 0$, 则 (1.8.43) 式化为

$$u_\xi = 2\beta\sin(u/2), \qquad u_\eta = \frac{2}{\beta}\sin(u/2) \tag{1.8.44}$$

从而可以直接求得 sine-Gordon 方程的孤立子解

$$u = 4\arctan[\exp(\beta\xi + \beta^{-1}\eta + \alpha)] \tag{1.8.45}$$

这里 α 是一积分常数。

在一般情况下, (1.8.43) 式是不易解出来的。但 Bianchi 在 Bäcklund 变换的基础上找到了一个在某些场合下可能有用的非线性叠加公式。从 sine-Gordon 方程的解 u_0 出发, 通过以 β_1 为参量的 Bäcklund 变换, 得到解 u_1, 通过以 β_2 为参量的 Bäcklund 变换, 得到解 u_2, 则由 u_1, u_2 可得出新的解 u_{12}

$$u_{12} = 4\arctan\left(\frac{\beta_1 + \beta_2}{\beta_1 - \beta_2}\tan\frac{u_1 - u_2}{4}\right) + u_0 \tag{1.8.46}$$

证明 [14] 甚长, 这里不给出。值得指出的是, Bäcklund 变换与叠加公式, 不仅 sine-Gordon 方程有, KdV 方程也有 [14]。

1.9 非线性 Schrödinger 方程的逆散射解

用逆散射方法解非线性方程 (1.8.41), 采用二分量表达式 (1.8.32), 先求谱

$$\frac{\partial}{\partial x}\begin{pmatrix} v_1 \\ v_2 \end{pmatrix} = \begin{pmatrix} -\mathrm{i}k & q \\ q^* & \mathrm{i}k \end{pmatrix}\begin{pmatrix} v_1 \\ v_2 \end{pmatrix} \tag{1.9.1}$$

式中 q, q^* 为逆散射势。当 $|x| \to \infty$, 散射势 $q \to 0$ 时, v 的满足特定边界条件 [10~12] 的解为

$$
\begin{cases}
\phi(x, k) = \begin{pmatrix} 1 \\ 0 \end{pmatrix} e^{-ikx}, & x \to -\infty \\[2mm]
\psi(x, k) = \begin{pmatrix} 0 \\ 1 \end{pmatrix} e^{ikx}, & x \to \infty \\[2mm]
\bar{\psi}(x, k) = \begin{pmatrix} 1 \\ 0 \end{pmatrix} e^{-ikx}, & x \to \infty
\end{cases}
\tag{1.9.2}
$$

$\phi(x, k), \psi(x, k)$ 分别为 $x = -\infty, \infty$ 处振幅为 1 的平面波。$\bar{\psi}(x, k)$ 为 $\psi(x, k)$ 的共轭波。满足 (1.9.1) 式并以 (1.9.2) 式为边界条件的解就可写为

$$
\phi = \begin{pmatrix} 1 \\ 0 \end{pmatrix} e^{-ikx} + \int_{-\infty}^{x} dy \begin{pmatrix} 0 & q e^{-ik(x-y)} \\ q^* e^{ik(x-y)} & 0 \end{pmatrix} \phi(y)
\tag{1.9.3}
$$

$$
\psi = \begin{pmatrix} 0 \\ 1 \end{pmatrix} e^{ikx} - \int_{x}^{\infty} dy \begin{pmatrix} 0 & q e^{-ik(x-y)} \\ q^* e^{ik(x-y)} & 0 \end{pmatrix} \psi(y)
\tag{1.9.4}
$$

参照 (1.8.19) 和 (1.9.2) 式, 写出在 $x \to -\infty$ 处入射的平面波与反射波及透射波的关系:

$$
\begin{cases}
\phi \to \begin{pmatrix} 1 \\ 0 \end{pmatrix} e^{-ikx} + r(k, t) \begin{pmatrix} 0 \\ 1 \end{pmatrix} e^{ikx}, & x \to -\infty \\[2mm]
\phi \to a(k, t) \begin{pmatrix} 1 \\ 0 \end{pmatrix} e^{-ikx}, & x \to \infty
\end{cases}
\tag{1.9.5}
$$

注意到 (1.8.34) 式, 当 B 加上对角矩阵 C 也是满足的, 故 (1.8.32) 式随时间的演化关系一般地可写为

$$
\frac{\partial v}{\partial t} = (B + C)v, \quad C = \begin{pmatrix} c & 0 \\ 0 & c \end{pmatrix}
$$

当 $x \to \pm\infty$ 时, $r, q \to 0$, 参照 (1.8.40) 式, 得

$$
\begin{cases}
B = \begin{pmatrix} -ia & \\ & ia \end{pmatrix} \to \begin{pmatrix} -ik^2 & \\ & ik^2 \end{pmatrix} \\[3mm]
\dfrac{\partial v}{\partial t} = \begin{pmatrix} -ik^2 + c & 0 \\ 0 & ik^2 + c \end{pmatrix} v
\end{cases}
\tag{1.9.6}
$$

将 v 用 (1.9.5) 式的 ϕ 代入, 得

$$\frac{\partial}{\partial t}r(k,t) = (\mathrm{i}k^2 + c)r(k,t), \quad (-\mathrm{i}k^2 + c)\mathrm{e}^{-\mathrm{i}kx} = 0$$

$$\frac{\partial}{\partial t}a(k,t) = (-\mathrm{i}k^2 + c)a(k,t)$$

故有

$$c = \mathrm{i}k^2, \quad r(k,t) = r(k,0)\mathrm{e}^{\mathrm{i}2k^2 t}, \quad a(k,t) = a(k,0)$$

对于束缚态, 参照 (1.8.17) 式, 同样有

$$c_n(k,t) = c_n(k,0)\mathrm{e}^{\mathrm{i}k_n^2 t} \tag{1.9.7}$$

参照 (1.8.22) 式, 便可构造出非线性 Schrödinger 方程的散射函数 (注: 为方便起见, 下式的 C_n 即 c_n^2)

$$B(x+y,t) = \frac{1}{2\pi}\int_{-\infty}^{\infty} r(k,t)\mathrm{e}^{\mathrm{i}k(x+y)}\mathrm{d}k + \sum_{n=1}^{N} C_n \mathrm{e}^{\mathrm{i}k_n(x+y)}$$

$$\begin{cases} C_n(k,t) = C_n(0)\mathrm{e}^{\mathrm{i}2k_n^2 t} \\ r(k,t) = r(k,0)\mathrm{e}^{\mathrm{i}2k^2 t} \end{cases} \tag{1.9.8}$$

等式右端第一项为连续谱, 第二项为离散谱. 又参照附录 1A 的做法将 (1.9.4) 式写为

$$\psi(k,x) = \begin{pmatrix} 0 \\ 1 \end{pmatrix}\mathrm{e}^{\mathrm{i}kx} + \int_x^{\infty} \begin{pmatrix} K_1(x,,y) \\ K_2(x,,y) \end{pmatrix}\mathrm{e}^{\mathrm{i}ky}\mathrm{d}y \tag{1.9.9}$$

则可证明 $K_1(x,y), K_2(x,y)$ 满足如下的 GLM 方程, 并可求出位势 q:

$$\begin{cases} K_1(x,y) = B^*(x+y,t) + \int_x^{\infty} B^*(y+z,t)K_2^*(x,z)\mathrm{d}z \\ K_2^*(x,y) = -\int_x^{\infty} B(y+z,t)K_1(x,z)\mathrm{d}z \end{cases} \tag{1.9.10}$$

以及位势 q

$$q = -2K_1(x,x) \tag{1.9.11}$$

满足方程 (1.9.9) 和 (1.9.10) 的 $K_1(x,y), K_2(x,y)$ 为

$$\begin{cases} K_1(x,y) = \sum_{n=1}^{N} C_n^*\psi_{n2}^*(x)\mathrm{e}^{-\mathrm{i}k_n^* y} + \frac{1}{2\pi}\int_{-\infty}^{\infty} r^*(k,t)\psi_2^*(k,x)\mathrm{e}^{-\mathrm{i}ky}\mathrm{d}k \\ K_2(x,y) = -\sum_{n=1}^{N} C_n^*\psi_{n1}^*(x)\mathrm{e}^{-\mathrm{i}k_n^* y} - \frac{1}{2\pi}\int_{-\infty}^{\infty} r^*(k,t)\psi_1^*(k,x)\mathrm{e}^{-\mathrm{i}ky}\mathrm{d}k \end{cases} \tag{1.9.12}$$

事实上, 将 (1.9.8) 式代入 (1.9.10) 式, 并注意到 (1.9.9) 式, 便得

$$-\int_x^\infty B(y+z;t)K_1(x,z)\mathrm{d}z$$

$$=-\int_x^\infty \left\{\frac{1}{2\pi}\int_{-\infty}^\infty r(k,t)\mathrm{e}^{\mathrm{i}ky}\mathrm{e}^{\mathrm{i}kz}\mathrm{d}k + \sum C_n \mathrm{e}^{\mathrm{i}k_n y}\mathrm{e}^{\mathrm{i}k_n z}\right\}K_1(x,z)\mathrm{d}z$$

$$=-\frac{1}{2\pi}\int_{-\infty}^\infty \mathrm{d}k r(k,t)\mathrm{e}^{\mathrm{i}ky}\psi_1(k,x) - \sum C_n \mathrm{e}^{\mathrm{i}k_n y}\psi_{n1}(x)$$

$$=K_2^*(x,y) \tag{1.9.13}$$

上式即 (1.9.10) 式的第二式, 同样可证 (1.9.10) 式的第一式也成立.

现证明 (1.9.11) 式, 先由 (1.9.4) 式, 得

$$\psi_1(k,x) = -\int_x^\infty \mathrm{d}y q \mathrm{e}^{-\mathrm{i}k(x-y)}\psi_2(k,y)$$

$$= -\mathrm{e}^{-\mathrm{i}kx}\int_x^\infty \mathrm{d}y q \mathrm{e}^{\mathrm{i}ky}\left(\mathrm{e}^{\mathrm{i}ky} + \int_{-\infty}^y \mathrm{d}y' \mathrm{e}^{\mathrm{i}k(y-y')}q^*\psi_1(k,y')\right)$$

$$= \frac{1}{2\mathrm{i}k}\mathrm{e}^{\mathrm{i}kx}q + O\left(\frac{1}{k^2}\right) \tag{1.9.14}$$

另一方面, 由 (1.9.9) 式, 得

$$\psi_1(k,x) = -\frac{1}{\mathrm{i}k}\mathrm{e}^{\mathrm{i}kx}K_1(x,x) + O\left(\frac{1}{k^2}\right) \tag{1.9.15}$$

比较 (1.9.14) 和 (1.9.15) 式, 便得 (1.9.11) 式.

当散射数据给定后, 散射函数 $B(x+y;t)$ 也就定了. 待求的为 $K_1(x,y)$, $K_2(x,y)$ 的展开系数 $\psi_{n1}^*(x)$, $\psi_{n2}^*(x)$, $\psi_1^*(k,x)$, $\psi_2^*(k,x)$ 等. 将 (1.9.12) 式代入 (1.9.10) 式中, 并比较 $\mathrm{e}^{-\mathrm{i}k_n y}$, $\mathrm{e}^{-\mathrm{i}ky}$ 的系数, 便得出 $\psi_{n1}^*(x)$, $\psi_{n2}^*(x)$, $\psi_1^*(k,x)$, $\psi_2^*(k,x)$ 等的方程组. 当只存在离散谱时, 方程就更为简单. 下面将 $\psi_{n1}^*(x)$, $\psi_{n2}^*(x)$ 简写为 ψ_{n1}^*, ψ_{n2}^*. 又令 (1.9.8) 和 (1.9.12) 式中的 $r(k,t) = 0$, 将得到的 $B(x+y,t)$, $K_1(x,y)$, $K_2(x,y)$ 等代入 (1.9.10) 式, 比较 $\mathrm{e}^{-\mathrm{i}k_n y}$ 的系数就得

$$\begin{cases} C_n^*\psi_{n2}^* = C_n^*\mathrm{e}^{-\mathrm{i}k_n^* x} + C_n^*\int_x^\infty \mathrm{e}^{-\mathrm{i}k_n^* z}\sum_{n'=1}^N C_{n'}\psi_{n'1}\mathrm{e}^{\mathrm{i}k_{n'} z}\mathrm{d}z \\ C_n\psi_{n1} = C_n\int_x^\infty \mathrm{e}^{\mathrm{i}k_n z}\sum_{n'=1}^N C_{n'}^*\psi_{n'2}^*\mathrm{e}^{-\mathrm{i}k_{n'}^* z}\mathrm{d}z \end{cases} \tag{1.9.16}$$

即

$$\begin{cases} \psi_{n2}^* = \mathrm{e}^{-\mathrm{i}k_n^* x} + \mathrm{i} \sum_{n'=1}^{N} C_{n'} \psi_{n'1} \dfrac{\mathrm{e}^{-\mathrm{i}k_n^* x}}{k_{n'} - k_n^*} \mathrm{e}^{\mathrm{i}k_{n'} x} \\[3mm] \psi_{n1} = \mathrm{i} \sum_{n'=1}^{N} C_{n'}^* \psi_{n'2}^* \dfrac{1}{k_n - k_{n'}^*} \mathrm{e}^{-\mathrm{i}k_{n'}^* x + \mathrm{i}k_n x} \end{cases} \tag{1.9.17}$$

作变换

$$\psi_{n2}^* \mathrm{e}^{\mathrm{i}k_n^* x} \to \psi_{n2}^*, \quad \psi_{n1}^* \mathrm{e}^{-\mathrm{i}k_n^* x} \to \psi_{n1}^* \tag{1.9.18}$$

并令

$$\begin{cases} \lambda_n^2 = \mathrm{i}C_n \mathrm{e}^{-\mathrm{i}2k_n x} = \mathrm{i}C_n(0)\mathrm{e}^{\mathrm{i}(2k_n^2 t - 2k_n)x} \\[3mm] \lambda_n^{*2} = \mathrm{i}C_n^* \mathrm{e}^{\mathrm{i}2k_n^* x} = \mathrm{i}C_n^*(0)\mathrm{e}^{-\mathrm{i}(2k_n^2 t - 2k_n)x} \end{cases} \tag{1.9.19}$$

则 (1.9.17) 式化为

$$\begin{cases} \psi_{n2}^* = 1 + \sum_{n'=1}^{N} \dfrac{\lambda_{n'}^2}{k_{n'} - k_n^*} \psi_{n'1} \\[3mm] \psi_{n1} = \sum_{n'=1}^{N} \dfrac{\lambda_{n'}^{*2}}{k_n - k_{n'}^*} \psi_{n'2}^* \end{cases} \tag{1.9.20}$$

关于分立态系数 $C_n(0)$ 的决定, 在 1.10 节讨论.

由 (1.8.32) 式所表示的两分量的孤立波被推广到 n 分量即 n 阶孤立波理论, 在文献 [13], [15] 中已经获得解决.

1.10 非线性 Schrödinger 方程逆散射解的初值问题

在逆散射解非线性方程时, 我们需要知道散射数据 $r(k,t), C_n$, 才能确定散射函数 $B(x+y,t)$, 进一步解 GLM 方程. 但是如何得到这些散射数据呢? 通过孤立波的初值来确定散射数据是重要途径之一. 本节就非线性 Schrödinger 方程的初值, 来求解这个问题 [16,17].

设势函数具有初值 $u(x, t=0) = A\operatorname{sech} x$, 代入 (1.8.32) 式的谱方程

$$\frac{\partial}{\partial x} \begin{pmatrix} v_1 \\ v_2 \end{pmatrix} = \begin{pmatrix} -\mathrm{i}\zeta & \mathrm{i}u \\ \mathrm{i}u^* & \mathrm{i}\zeta \end{pmatrix} \begin{pmatrix} v_1 \\ v_2 \end{pmatrix} \tag{1.10.1}$$

由这个方程消去 v_2, 便得

$$\left(-u\frac{\partial}{\partial x}\frac{1}{u}\frac{\partial}{\partial x} - u^2 - \zeta^2 + \mathrm{i}\zeta\frac{1}{u}\frac{\partial u}{\partial x} \right) v_1 = 0 \tag{1.10.2}$$

代入 $u = A\operatorname{sech} x$，并换变量 $s = (1 - \tanh x)/2$。根据这个变换，$x = \infty, -\infty$ 分别对应于 $s = 0, 1$，而且

$$
\begin{cases}
\dfrac{\mathrm{d}}{\mathrm{d}x} = -\dfrac{1}{2}\operatorname{sech}^2 x \dfrac{\mathrm{d}}{\mathrm{d}s} \\[2mm]
-u\dfrac{\mathrm{d}}{\mathrm{d}x}\dfrac{1}{u}\dfrac{\mathrm{d}}{\mathrm{d}x} = -\dfrac{1}{2}\operatorname{sech}^2 x \tanh x \dfrac{\mathrm{d}}{\mathrm{d}s} - \dfrac{1}{4}\operatorname{sech}^4 x \dfrac{\mathrm{d}^2}{\mathrm{d}s^2} \\[2mm]
-\dfrac{1}{u}\dfrac{\mathrm{d}u}{\mathrm{d}x} = -\tanh x \\[2mm]
\operatorname{sech}^2 x = 4s(1-s) = \dfrac{u^2}{A^2}
\end{cases}
\tag{1.10.3}
$$

于是 (1.10.2) 式化为

$$
\left[s(1-s)\frac{\mathrm{d}^2}{\mathrm{d}s^2} + \left(\frac{1}{2} - s\right)\frac{\mathrm{d}}{\mathrm{d}s} + A^2 + \frac{\zeta^2 + \mathrm{i}\zeta(1 - 2s)}{4s(1-s)} \right] v_1 = 0
\tag{1.10.4}
$$

现作进一步变换 $v_1 = s^\alpha (1-s)^\beta w_1$，上式化为超几何方程，其解可用超几何函数 $\mathrm{F}(\alpha', \beta', \gamma'; s)$ 来表示如下：

$$
\begin{cases}
v_1^{(1)}(s) = s^{\mathrm{i}\zeta/2}(1-s)^{-\mathrm{i}\zeta/2}\mathrm{F}(-A, A, \mathrm{i}\zeta + 1/2; s) \\[2mm]
v_1^{(2)}(s) = s^{1/2 - \mathrm{i}\zeta/2}(1-s)^{-\mathrm{i}\zeta/2}\mathrm{F}(1/2 - \mathrm{i}\zeta + A, 1/2 - \mathrm{i}\zeta - A, 3/2 - \mathrm{i}\zeta; s)
\end{cases}
\tag{1.10.5}
$$

将其中 ζ 换为 $-\zeta$，便得出

$$
\begin{cases}
v_2^{(1)}(s) = s^{-\mathrm{i}\zeta/2}(1-s)^{\mathrm{i}\zeta/2}\mathrm{F}(-A, A, -\mathrm{i}\zeta + 1/2; s) \\[2mm]
v_2^{(2)}(s) = s^{1/2 + \mathrm{i}\zeta/2}(1-s)^{\mathrm{i}\zeta/2}\mathrm{F}(1/2 + \mathrm{i}\zeta + A, 1/2 + \mathrm{i}\zeta - A, 3/2 + \mathrm{i}\zeta; s)
\end{cases}
\tag{1.10.6}
$$

在 (1.10.5) 和 (1.10.6) 式的基础上，作满足边界条件 (1.9.2) 式的函数 $\psi(x, \xi)$ 及其共轭波 $\bar{\psi}(x, \xi)$

$$
\psi(x, \xi) = \begin{pmatrix} A(\xi + \mathrm{i}/2)^{-1} v_1^{(2)} \\ v_2^{(1)} \end{pmatrix}, \quad
\bar{\psi}(x, \xi) = \begin{pmatrix} v_2^{(1)*} \\ -A(\xi - \mathrm{i}/2)^{-1} v_1^{(2)*} \end{pmatrix}
\tag{1.10.7}
$$

式中 $v_2^{(1)*}, v_1^{(2)*}$ 分别为 $v_2^{(1)}, v_1^{(2)}$ 的共轭复函数。$\psi, \bar{\psi}$ 为独立的，在 $\psi, \bar{\psi}$ 的基础上，作满足边界条件 (1.9.2) 式的 $\phi(x, \xi)$

$$
\phi = a(\xi)\bar{\psi} + b(\xi)\psi
\tag{1.10.8}
$$

式中 $a(\xi), b(\xi)$ 分别为透射、反射参量，并满足

$$
|a(\xi)|^2 + |b(\xi)|^2 = 1
\tag{1.10.9}
$$

而满足 (1.10.8) 和 (1.10.9) 式及边界条件 (1.9.2) 的 $a(\xi), b(\xi)$ 为

$$\begin{cases} a(\xi) = \dfrac{[\Gamma(-\mathrm{i}\xi + 1/2)]^2}{[\Gamma(-\mathrm{i}\xi + A + 1/2)\Gamma(-\mathrm{i}\xi - A + 1/2)]} \\[3mm] b(\xi) = \dfrac{\mathrm{i}\,[\Gamma(\xi + 1/2)]^2}{[\Gamma(A)\Gamma(1-A)]} = \mathrm{i}\dfrac{\sin(\pi A)}{\cosh(\pi \xi)} \end{cases} \qquad (1.10.10)$$

参照 (1.9.8) 式, $b(\xi)/a(\xi)$ 即我们定义的反射系数 $r(\xi)\mathrm{d}\xi$(当 $a(\xi) \neq 0$ 时); 或 $C_n = \lim\limits_{\Delta\xi \to 0} \dfrac{b(\xi_n + \Delta\xi)}{a(\xi_n + \Delta\xi)}, \Delta\xi = \dfrac{b(\xi_n)}{a'(\xi_n)}$(当 $a(\xi_n) = 0$ 时)。前者为连续谱, 后者为离散谱。由 (1.10.10) 式, 当 $A = N(N$ 为正整数) 时, $a(\xi)$ 有 N 个零点:

$$\xi_r = \mathrm{i}(N - 1/2), \mathrm{i}(N - 3/2), \cdots, \mathrm{i}/2$$

又由于 $a(\xi) \to 1$(当 $\xi \to \infty$ 时), 故极点数和零点数是一样的, 且极点即零点 $\xi_r(r = 1, 2, \cdots, N)$ 的共轭 ξ_r^*。这样, $a(\xi)$ 可写为

$$a(\xi) = \prod_{r=1}^{N} \frac{(\xi - \xi_r)}{(\xi - \xi_r^*)} \qquad (1.10.11)$$

另一方面, 当 $A = N(N$ 为正整数) 时, 由 (1.10.10) 式可看出 $b(\xi) = 0$。这就意味着 $A=$ 正整数 N 时的连续谱为 0, 只存在离散谱。当 $\xi = \xi_k(k = 1, 2, \cdots, N; \xi_k$ 为 $a(\xi)$ 的零点) 时, 代入 $b(\xi)$ 的表示式, 分子、分母取极限, 即为

$$b(\xi_k) = (-1)^{k-1}\mathrm{i}$$

$$a'(\xi_k) = \frac{1}{\xi_k - \xi_k^*} \prod_{r \neq k} \frac{\xi_k - \xi_r}{\xi_k - \xi_r^*} = \frac{1}{\mathrm{i}(2N - 2k + 1)} \prod_{k \neq r} \frac{r - k}{2N - k - r + 1}$$

$$\lambda_k^2 = \frac{b(\xi_k)}{a'(\xi_k)} \mathrm{e}^{\mathrm{i}(2\xi_k x - 2\xi_k^2 t)}$$

$$= (-1)^{k-1}(2N - 2k + 1)\left[\prod_{r \neq k} \frac{k - r}{2N - k - r}\right]^{-1} \mathrm{e}^{\mathrm{i}(2\xi_k x - 2\xi_k^2 t)} \qquad (1.10.12)$$

代入 (1.9.20) 式, 求解 ψ_{n2}^*, ψ_{n1}。代入 (1.9.12) 式, 并应用关系 (1.9.11) 式, 得出 $u = -2K_1(x, x)$。应用这个方法计算了 $N = 2 \sim 5$ 的孤立波形与解析表达式 $u(x, t)$[17]。下面给出 $N = 2 \sim 5$ 的孤立波波形 (图 1.10) 及 $N = 1 \sim 4$ 的解析表达式: 图中的参数 η 即 t。$N = 1$ 的孤立波波形即 $u = \mathrm{sech}\, x$。

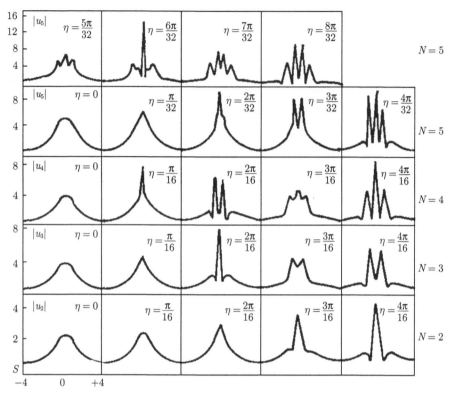

图 1.10　$N = 2 \sim 5$ 的孤立波波形 (取自文献 [17])

$N = 1$:

$$u(x,t) = \mathrm{e}^{-\mathrm{i}0.5t}\mathrm{sech}(x)$$

$N = 2$:

$$u(x,t) = 4\mathrm{e}^{-\mathrm{i}0.5t}\left[\mathrm{ch}(4x) + 4\mathrm{ch}(2x) + 3\cos(4t)\right]^{-1}\left[\mathrm{ch}(3x) + 3\mathrm{e}^{-\mathrm{i}4t}\mathrm{ch}(x)\right]$$

$N = 3$:

$$\begin{aligned}
u(x,t) = {}& 2\mathrm{e}^{-\mathrm{i}0.5t}[\mathrm{ch}(9x) + 9\mathrm{ch}(7x) + 64\mathrm{ch}(3x) + 36\mathrm{ch}(x) \\
& + 90\mathrm{ch}(x)\cos(8t) + 20\mathrm{ch}(3x)\cos(12t) + 36\mathrm{ch}(5x)\cos(4t)]^{-1} \\
& \times [3\mathrm{ch}(8x) + 24\mathrm{e}^{-\mathrm{i}4t}\mathrm{ch}(6x) + 54\mathrm{e}^{-\mathrm{i}4t}\mathrm{ch}(4x) + 30\mathrm{e}^{-\mathrm{i}12t}\mathrm{ch}(4x) \\
& + 120\mathrm{e}^{-\mathrm{i}12t}\mathrm{ch}(2x) + 48\mathrm{ch}(2x) + 60\mathrm{e}^{-\mathrm{i}12t}\cos(4t) + 15\cos(8t) + 30\mathrm{e}^{-\mathrm{i}8t}]
\end{aligned}$$

$N = 4$:

$$\begin{aligned}
u(x,t) = {}& 2\mathrm{e}^{-\mathrm{i}0.5t}[\mathrm{ch}(16x) + 16\mathrm{ch}(14x) + 120\mathrm{ch}(12x)\cos(4t) + 160\mathrm{ch}(10x)\cos(12t) \\
& + 400\mathrm{ch}(10x) + 70\mathrm{ch}(8x)\cos(24t) + 1350\mathrm{ch}(8x)\cos(8t) + 400\mathrm{ch}(8x)
\end{aligned}$$

$$+ 672\mathrm{ch}(6x)\cos(20t) + 2400\mathrm{ch}(6x)\cos(8t) + 1296\mathrm{ch}(6x)$$

$$+ 1512\mathrm{ch}(4x)\cos(20t) + 2400\mathrm{ch}(4x)\cos(12t) + 4096\mathrm{ch}(4x)$$

$$+ 1120\mathrm{ch}(2x)\cos(24t) + 5600\mathrm{ch}(2x)\cos(12t) + 4320\mathrm{ch}(2x)\cos(4t)$$

$$+ 400\mathrm{ch}(2x) + 105\cos(32t) + 2625\cos(16t) + 1680\cos(8t) + 2025]^{-1}$$

$$\times [4\mathrm{ch}(15x) + 60\mathrm{ch}(13x)\mathrm{e}^{-\mathrm{i}4t} + 240\mathrm{ch}(11x)\mathrm{e}^{-\mathrm{i}4t} + 180\mathrm{ch}(11x)\mathrm{e}^{-\mathrm{i}12t}$$

$$+ 400\mathrm{ch}(9x) + 1280\mathrm{ch}(9x)\mathrm{e}^{-\mathrm{i}12t} + 140\mathrm{ch}(9x)\mathrm{e}^{-\mathrm{i}24t} + 300\mathrm{ch}(7x)\mathrm{e}^{\mathrm{i}8t}$$

$$+ 2700\mathrm{ch}(7x)\mathrm{e}^{-\mathrm{i}8t} + 1200\mathrm{ch}(7x)\mathrm{e}^{-\mathrm{i}16t} + 1260\mathrm{ch}(7x)\mathrm{e}^{-\mathrm{i}24t} + 84\mathrm{ch}(5x)\mathrm{e}^{\mathrm{i}24t}$$

$$+ 2304\mathrm{ch}(5x) + 4500\mathrm{ch}(5x)\mathrm{e}^{-\mathrm{i}12t} + 3024\mathrm{ch}(5x)\mathrm{e}^{-\mathrm{i}20t} + 2100\mathrm{ch}(5x)\mathrm{e}^{-\mathrm{i}28t}$$

$$+ 4860\mathrm{ch}(3x)\mathrm{e}^{-\mathrm{i}4t} + 1400\mathrm{ch}(3x)\cos(24t)\mathrm{e}^{-\mathrm{i}12t} + 4800\mathrm{ch}(3x)\mathrm{e}^{-\mathrm{i}12t}$$

$$+ 8960\mathrm{ch}(3x)\mathrm{e}^{-\mathrm{i}24t} + 1680\mathrm{ch}(x)\mathrm{e}^{\mathrm{i}8t} + 900\mathrm{ch}(x) + 3840\mathrm{ch}(x)\mathrm{e}^{-\mathrm{i}4t}$$

$$+ 10500\mathrm{ch}(x)\mathrm{e}^{-\mathrm{i}16t} + 5040\mathrm{ch}(x)\mathrm{e}^{-\mathrm{i}24t} + 3780\mathrm{ch}(x)\mathrm{e}^{-\mathrm{i}32t}] \tag{1.10.13}$$

图中每一波形横坐标 x 的变化范围为 $(-4,4)$，纵坐标为 $|u_i|(i{=}2,3,4,5)$。参数 η 即时间 $t, 0 \leqslant \eta \leqslant \pi/4$。由图看出，孤立波的传播过程是由起始端 $(\eta = 0)$ 的sech波形逐渐分裂为一个尖峰，两个尖峰，$\cdots$，在 $\eta = \pi/4$ 时，为 $N-1$ 个尖峰。又在 $\eta = \pi/4 \sim \pi/2$，经过相反顺序，合并为sech波，完成一个周期，然后再分裂，再合并。

1.11 周期的孤立波解的初期问题

1.10 节求得的非线性 Schrödinger 解，其边值在 $|x| \to \infty$ 处给出。如用来描述在一谐振腔内孤立波的产生与传播，只有当腔长 $L \gg$ 孤立波的宽度，且孤立波远离腔面的情形，1.10 节结果才适用。对有限腔长 L，将 1.10 节的解推广到具有空间周期 L，边值在腔面给出是完全必要的。仍从标准的非线性 Schrödinger 方程出发，有

$$\mathrm{i}u_t = \frac{1}{2}u_{xx} + |u|^2 u \tag{1.11.1}$$

并设 $u = \mathrm{e}^{-\mathrm{i}\frac{A^2}{2}t}\rho(x)$，代入 (1.11.1) 式，得

$$\rho_{xx} - A^2\rho + 2\rho^3 = 0 \tag{1.11.2}$$

用 $2\rho_x$ 乘 (1.11.2) 式并积分，便得

$$\rho_x^2 - A^2\rho^2 + \rho^4 - C = 0 \tag{1.11.3}$$

由此得

$$x = \int_{\rho_0}^{\rho} \frac{\mathrm{d}\rho}{\sqrt{C + A^2\rho^2 - \rho^4}} = \int_{\rho_0}^{\rho} \frac{\mathrm{d}\rho}{\sqrt{(\rho^2 - a^2)(b^2 - \rho^2)}} \tag{1.11.4}$$

式中

$$a^2 = \frac{A^2}{2} - \sqrt{C + (A^2/2)^2}, \qquad b^2 = \frac{A^2}{2} + \sqrt{C + (A^2/2)^2} \tag{1.11.5}$$

作变换 $\rho = b\tilde{\rho}$，$bx = \xi$，$a^2/b^2 \to a^2$，则 (1.11.4) 式为

$$\xi = \int_{1}^{\tilde{\rho}} \frac{\mathrm{d}\tilde{\rho}}{\sqrt{(1 - \tilde{\rho}^2)(\tilde{\rho}^2 - a^2)}} \tag{1.11.6}$$

在得出上式时取定 (1.11.4) 式的 $\rho_0 = b$。当 $C \to 0, a \to 0$ 时，令 $\tilde{\rho} = \sin\phi$，积分式 (1.11.6)[18] 为

$$\xi = \int_{\pi/2}^{\phi} \frac{\mathrm{d}\phi}{\sin\phi} = \ln\left(\tan\frac{\phi}{2}\right) \tag{1.11.7}$$

由 (1.11.7) 式，得

$$\tan(\phi/2) = \mathrm{e}^{\xi}$$

$$\tilde{\rho} = \sin\phi = \frac{2\mathrm{e}^{\xi}}{1 + \mathrm{e}^{2\xi}} = \mathrm{sech}\,\xi \tag{1.11.8}$$

即

$$\rho = b\,\mathrm{sech}(bx)$$

(1.11.8) 式即通常的周期为 ∞ 的孤立波解。一般的 $C \neq 0$，其解 (1.11.6) 可表示为 Jacobi 椭圆函数 [19]。取 $a^2 = 1 - 1/k^2$，并将 (1.11.6) 式写为

$$\frac{\xi}{k} = \int_{1}^{\tilde{\rho}} \frac{\mathrm{d}\tilde{\rho}}{\sqrt{(1 - \tilde{\rho}^2)(k^2\tilde{\rho}^2 - k^2 + 1)}} \tag{1.11.9}$$

则 $\tilde{\rho} = \mathrm{cn}(\xi/k), \rho = b\,\mathrm{cn}(bx/k)$，为简单起见，将 bx 记为 x，则 $\rho = b\,\mathrm{cn}(x/k)$。当 $a \to 0, k \to 1$ 时，有

$$\mathrm{sn}\,x \to \tanh x, \quad \mathrm{cn}\,x \to \mathrm{sech}\,x, \quad \mathrm{dn}\,x \to \mathrm{sech}\,x \tag{1.11.10}$$

现将 (1.10.1) 式化简，令

$$\begin{cases} \tilde{u} = u\mathrm{e}^{\mathrm{i}2\int \zeta\mathrm{d}x}, & \tilde{u}^* = u\mathrm{e}^{-\mathrm{i}2\int \zeta\mathrm{d}x} \\ \tilde{v}_1 = v_1\mathrm{e}^{\mathrm{i}\int \zeta\mathrm{d}x}, & \tilde{v}_2 = v_2\mathrm{e}^{-\mathrm{i}\int \zeta\mathrm{d}x} \end{cases} \tag{1.11.11}$$

则 (1.10.1) 式可写为

$$\mathrm{i}\frac{\partial}{\partial x}\tilde{v}_1 + \tilde{u}\tilde{v}_2 = 0$$

$$\mathrm{i}\frac{\partial}{\partial x}\tilde{v}_2 + \tilde{u}^*\tilde{v}_1 = 0 \tag{1.11.12}$$

于是

$$-\frac{\partial^2}{\partial x^2}\tilde{v}_1 + \mathrm{i}\frac{\partial}{\partial x}(\tilde{u}\tilde{v}_2) = 0 \tag{1.11.13}$$

式中

$$\begin{aligned}
\mathrm{i}\frac{\partial}{\partial x}(\tilde{u}\tilde{v}_2) &= \tilde{u}(-\tilde{u}^*\tilde{v}_1) + \mathrm{i}\frac{\partial\tilde{u}}{\partial x}\left(\frac{-1}{\tilde{u}}\mathrm{i}\frac{\partial\tilde{v}_1}{\partial x}\right) \\
&= -u^2\tilde{v}_1 + \left(\frac{1}{u}\frac{\partial u}{\partial x} + \mathrm{i}2\zeta\right)\frac{\partial\tilde{v}_1}{\partial x}
\end{aligned} \tag{1.11.14}$$

代入 (1.11.13) 式, 得

$$-u\frac{\partial}{\partial x}\frac{1}{u}\frac{\partial\tilde{v}_1}{\partial x} - u^2\tilde{v}_1 + \mathrm{i}2\zeta\frac{\partial\tilde{v}_1}{\partial x} = 0 \tag{1.11.15}$$

现取

$$u(x,0) = A\mathrm{cn}(x/k), \qquad s = \frac{1}{2}(1 - k\mathrm{sn}(x/k)) \tag{1.11.16}$$

则

$$\frac{\mathrm{d}}{\mathrm{d}x} = -\frac{1}{2}\mathrm{cn}\left(\frac{x}{k}\right)\mathrm{dn}\left(\frac{x}{k}\right)\frac{\mathrm{d}}{\mathrm{d}s}$$

$$u\frac{\mathrm{d}}{\mathrm{d}x}\frac{1}{u}\frac{\mathrm{d}}{\mathrm{d}x} = \frac{1}{4}\mathrm{cn}^2\left(\frac{x}{k}\right)\mathrm{dn}^2\left(\frac{x}{k}\right)\frac{\mathrm{d}^2}{\mathrm{d}s^2} + \frac{k}{2}\mathrm{sn}\left(\frac{x}{k}\right)\mathrm{cn}^2\left(\frac{x}{k}\right)\frac{\mathrm{d}}{\mathrm{d}s} \tag{1.11.17}$$

将 (1.11.17) 式代入 (1.11.15) 式, 便得

$$\left[s(1-s)\frac{\partial^2}{\partial s^2} + \left(\frac{1}{2} - s\right)\frac{\mathrm{d}}{\mathrm{d}s} + \mathrm{i}\zeta\frac{\mathrm{dn}(x/k)}{\mathrm{cn}(x/k)}\frac{\mathrm{d}}{\mathrm{d}s} + A^2\right]\tilde{v}_1 = 0 \tag{1.11.18}$$

由 (1.11.18) 式明显看出, 当 (1.10.1) 式中的 ζ 取为 $\zeta = \bar{\zeta}\dfrac{\mathrm{cn}(x/k)}{\mathrm{dn}(x/k)}$ 时, $\bar{\zeta}$ 为常数。(1.11.18) 式便具有非周期孤立波满足的超几何方程同样的形式:

$$\left[s(1-s)\frac{\partial^2}{\partial s^2} + \left(\frac{1}{2} + \mathrm{i}\bar{\zeta} - s\right)\frac{\mathrm{d}}{\mathrm{d}s} + A^2\right]\tilde{v}_1 = 0 \tag{1.11.19}$$

与超几何方程

$$\left\{s(1-s)\frac{\mathrm{d}^2}{\mathrm{d}s^2} + [\gamma - (\alpha+\beta+1)s]\frac{\mathrm{d}}{\mathrm{d}s} - \alpha\beta\right\}\mathrm{F}(\alpha,\beta,\gamma;s) = 0 \tag{1.11.20}$$

比较, 得

$$\alpha = -A, \quad \beta = A, \quad \gamma = 1/2 + i\bar{\zeta} \tag{1.11.21}$$

$$\tilde{v}_1^{(1)} = F(-A, A, 1/2 + i\bar{\zeta}; s) \tag{1.11.22}$$

$$\tilde{v}_1^{(2)} = s^{1/2 - i\bar{\zeta}} F(A - 1/2 - i\bar{\zeta}, A + 1/2 - i\bar{\zeta}, 3/2 - i\bar{\zeta}; s) \tag{1.11.23}$$

将 ζ 取为 $\bar{\zeta}\dfrac{\mathrm{cn}}{\mathrm{dn}}$, 这表明在周期孤立波情形, 其边值不再用平面波 ($\zeta = $ 常数) 来描述, 而应改为准平面波 $\zeta = \bar{\zeta}\mathrm{cn}/\mathrm{dn}$, 波矢 ζ 不是常数, 而是空间坐标 x 的椭圆函数。参照文献 [20], 得

$$\exp\left(i\int \zeta \mathrm{d}x\right) = \exp\left(i\bar{\zeta}\int \frac{\mathrm{cn}(x/k)}{\mathrm{dn}(x/k)}\mathrm{d}x\right) = \exp\left(i\bar{\zeta}k\int \frac{\mathrm{cn}(x/k)}{\mathrm{dn}(x/k)}\mathrm{d}x/k\right)$$

$$= \exp\left[i\bar{\zeta}k\ln\left(\frac{1 + k\mathrm{sn}(x/k)}{1 - k\mathrm{sn}(x/k)}\right)\right] = \left(\frac{1 + k\mathrm{sn}(x/k)}{1 - k\mathrm{sn}(x/k)}\right)^{i\bar{\zeta}/k} \tag{1.11.24}$$

当 $a \to 0$, 即 $k \to 1$ 时, $\mathrm{sn}(x/k) \to \tanh(x/k)$。(1.11.24) 式过渡到 $e^{i\bar{\zeta}x}$, 即 "准平面波" 过渡到 "平面波"。而 $s = \dfrac{1}{2}[1 - k\mathrm{sn}(x/k)] \to s = \dfrac{1}{2}(1 - \tanh x)$, 此即 (1.10.3) 式的 $\mathrm{sech}^2 x = 4s(1-s)$。

上面我们求解了非线性 Schrödinger 方程周期解的初值问题, 用同样的方法也可求解 KdV 方程周期解的初值问题。首先是非周期解, 参照 (1.8.32) 和 (1.8.37) 式将 KdV 方程的谱方程用两分量

$$\begin{cases} i\dfrac{\partial v_1}{\partial x} - iqv_2 = \zeta v_1 \\[2mm] i\dfrac{\partial v_2}{\partial x} - iv_1 = -\zeta v_2 \end{cases} \tag{1.11.25}$$

来表示, 即

$$\left(\frac{\partial}{\partial x} + i\zeta\right)\left(\frac{\partial}{\partial x} - i\zeta\right)v_2 = -qv_2 \tag{1.11.26}$$

令 $v_2 = \tilde{v}_2 e^{i\int \zeta \mathrm{d}x}$, 则 (1.11.26) 式可写为

$$\left(\frac{\partial^2}{\partial x^2} + 2i\zeta\frac{\partial}{\partial x} + q\right)\tilde{v}_2 = 0 \tag{1.11.27}$$

令初值 $q(x,0)$ 及 s 为

$$q(x,0) = A^2\mathrm{sech}^2 x, \quad s = \frac{1}{2}(1 - \tanh x) \tag{1.11.28}$$

则

$$\frac{\partial}{\partial x} = -\frac{1}{2}\mathrm{sech}^2 x\frac{\mathrm{d}}{\mathrm{d}s} \tag{1.11.29}$$

代入 $\tilde{v}_2$ 满足的方程，得

$$\left\{ s(1-s)\frac{\mathrm{d}^2}{\mathrm{d}s^2} + (1-2s-\mathrm{i}\zeta)\frac{\mathrm{d}}{\mathrm{d}s} + A^2 \right\}\tilde{v}_2 = 0 \tag{1.11.30}$$

解出 $\tilde{v}_2$ 为

$$\begin{cases} v_2^{(1)} = \mathrm{F}(1/2 + \sqrt{1/4 + A^2}, 1/2 - \sqrt{1/4 + A^2}, 1 - \mathrm{i}\zeta; s) \\ v_2^{(2)} = \mathrm{e}^{\mathrm{i}\zeta}\mathrm{F}(1/2 - \sqrt{1/4 + A^2} + \mathrm{i}\zeta, 1/2 + \sqrt{1/4 + A^2}, 1 + \mathrm{i}\zeta; s) \end{cases} \tag{1.11.31}$$

现讨论边值取在 x 为有限的周期的孤立波解。参照 (1.11.16) 和 (1.11.28) 式，取定初值与 s 为

$$q(x,0) = A^2\mathrm{cn}^2(x/k), \quad s = \frac{1}{2}[1 - k\mathrm{sn}(x/k)] \tag{1.11.32}$$

$$\begin{cases} \dfrac{\partial}{\partial x} = -\dfrac{1}{2}\mathrm{cn}(x/k)\mathrm{dn}(x/k)\dfrac{\mathrm{d}}{\mathrm{d}s} \\ \dfrac{\partial^2}{\partial x^2} = \dfrac{1}{4}\mathrm{cn}^2(x/k)\mathrm{dn}^2(x/k)\dfrac{\mathrm{d}^2}{\mathrm{d}s^2} + \dfrac{1}{2k}(2k^2\mathrm{cn}^2(x/k) - k^2 + 1)\mathrm{sn}(x/k)\dfrac{\mathrm{d}}{\mathrm{d}s} \end{cases} \tag{1.11.33}$$

代入 (1.11.32) 式，得

$$\left\{ s(1-s)\frac{\mathrm{d}^2}{\mathrm{d}s^2} + (1-2s)\frac{\mathrm{d}}{\mathrm{d}s} + \left(\frac{(k^2-1)\mathrm{sn}(x/k)}{2\mathrm{cn}^2(x/k)} - \mathrm{i}\zeta\frac{\mathrm{dn}(x/k)}{\mathrm{cn}(x/k)}\right)\frac{\mathrm{d}}{\mathrm{d}s} + A^2 \right\}\tilde{v}_2 = 0 \tag{1.11.34}$$

令

$$\zeta = \bar{\zeta}\frac{\mathrm{cn}(x/k)}{\mathrm{dn}(x/k)} - \mathrm{i}\frac{k^2-1}{2}\frac{\mathrm{sn}(x/k)}{\mathrm{cn}(x/k)\mathrm{dn}(x/k)} \tag{1.11.35}$$

便得

$$\left\{ s(1-s)\frac{\mathrm{d}^2}{\mathrm{d}s^2} + (1-2s-\mathrm{i}\bar{\zeta})\frac{\mathrm{d}}{\mathrm{d}s} + A^2 \right\}\tilde{v}_2 = 0 \tag{1.11.36}$$

(1.11.36) 式与 (1.11.30) 式同，其解即 (1.11.31) 式。但 s 是通过 (1.11.32) 式来定义的，而且是由下式表示的"准平面波"：

$$\begin{aligned} \exp\left(\mathrm{i}\int\zeta\mathrm{d}x\right) &= \exp\left\{ \mathrm{i}\bar{\zeta}\int\frac{\mathrm{cn}(x/k)}{\mathrm{dn}(x/k)}\mathrm{d}x - \frac{k^2-1}{2}\int\frac{\mathrm{sn}(x/k)}{\mathrm{cn}(x/k)\mathrm{dn}(x/k)}\mathrm{d}x \right\} \\ &= \exp\left\{ \mathrm{i}\bar{\zeta}\frac{1}{2}\ln\frac{1+k\mathrm{sn}(x/k)}{1-k\mathrm{sn}(x/k)} + \frac{1}{2}\ln\frac{\mathrm{dn}(x/k)}{\mathrm{cn}(x/k)} \right\} \\ &= \left(\frac{\mathrm{dn}(x/k)}{\mathrm{cn}(x/k)}\right)^{1/2}\left(\frac{1+k\mathrm{sn}(x/k)}{1-k\mathrm{sn}(x/k)}\right)^{\mathrm{i}\bar{\zeta}/2} \end{aligned} \tag{1.11.37}$$

当 $a \to 0, k \to 1$ 时，$\exp\left(\mathrm{i}\int\zeta\mathrm{d}x\right) \to \left(\dfrac{1+\tanh x}{1-\tanh x}\right)^{\mathrm{i}\zeta/2} = \mathrm{e}^{\mathrm{i}\zeta x}$。这后一积分是应用

积分表 [18] 求得的。

最后对周期的孤立波解还要补充一点，关于谱不变及散射数据的演化是利用了 $|x| \to \infty$, $u \to 0$ 这个条件的。若将谐振腔的腔面选择为 $\mathrm{cn}(x/k)$ 的驻波波节，即 $\mathrm{cn}(x/k)\,|_{x=L_1,L_2} = 0$，则由 (1.11.16) 和 (1.11.32) 式，条件 $u \to 0$ (或 $q \to 0$) 是仍然成立的，故谱不变及演化在周期孤立波解情形也是成立的。图 1.11 给出 $\mathrm{sn}x$, $\mathrm{cn}x$, $\mathrm{dn}x$ 随 x 的变化曲线。

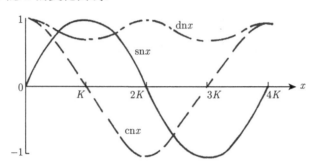

图 1.11 椭圆函数 $\mathrm{sn}x$, $\mathrm{cn}x$, $\mathrm{dn}z$ 曲线 $(m = 1/2)$(参照文献 [18])

附录 1A   GLM 方程的证明

可以证明由下式定义的两个独立解：

$$\begin{cases} \psi^+(x,k) = \mathrm{e}^{ikx} - \displaystyle\int_x^\infty \frac{\sin k(x-s)}{k} u(s)\psi^+(s,k)\mathrm{d}s \\ \psi^-(x,k) = \mathrm{e}^{-ikx} - \displaystyle\int_x^\infty \frac{\sin k(x-s)}{k} u(s)\psi^-(s,k)\mathrm{d}s \end{cases} \tag{1A.1}$$

它们满足 Schrödinger 方程

$$\frac{\mathrm{d}^2\psi}{\mathrm{d}x^2} + u\psi = \lambda\psi, \quad \lambda = k^2 \tag{1A.2}$$

而且当 $x \to \infty$ 时

$$\begin{pmatrix} \psi^+(x,k) \\ \psi^-(x,k) \end{pmatrix} \to \begin{pmatrix} \mathrm{e}^{ikx} \\ \mathrm{e}^{-ikx} \end{pmatrix} \tag{1A.3}$$

$\mathrm{e}^{\pm ikx}$ 为 $u \to 0$ 时的平面波解，$\psi^\pm(x,k)$ 为 $u \neq 0$ 时的解，也称之为 Jost 解。一个很明显的问题是，能否将 $\psi^\pm$ 与 $\mathrm{e}^{\pm ikx}$ 用某种积分变换关联起来。为方便起见，下面主要讨论 ψ^+(对 ψ^- 的讨论类似)。

设

$$\psi^+(x,k) = \mathrm{e}^{ikx} + \int_x^\infty K(x,s)\mathrm{e}^{iks}\mathrm{d}s \tag{1A.4}$$

或

$$\bar{\psi}^+(x,k) = \psi^+(x,k)\mathrm{e}^{-\mathrm{i}kx} = 1 + \int_x^\infty K(x,s)\mathrm{e}^{\mathrm{i}k(s-x)}\mathrm{d}s \tag{1A.5}$$

令 $s - x = 2y$, $\quad s \geqslant x$, $\quad y \geqslant 0$, 则

$$\bar{\psi}^+(x,k) = 1 + \int_0^\infty 2K(x,x+2y)\mathrm{e}^{\mathrm{i}2ky}\mathrm{d}y$$

$$= 1 + \int_0^\infty D(x,y)\mathrm{e}^{\mathrm{i}2ky}\mathrm{d}y \tag{1A.6}$$

$$D(x,y) = 2K(x,x+2y)$$

另一方面, 由 (1A.1) 式得

$$\bar{\psi}^+(x,k) = 1 - \int_x^\infty \frac{1 - \mathrm{e}^{-\mathrm{i}2k(x-s)}}{2\mathrm{i}k} u(s)\bar{\psi}^+(s,k)\mathrm{d}s \tag{1A.7}$$

将 (1A.6) 式代入 (1A.7) 式, 得

$$\int_0^\infty D(x,y)\mathrm{e}^{\mathrm{i}2ky}\mathrm{d}y = \int_x^\infty \frac{\mathrm{e}^{\mathrm{i}2k(s-x)} - 1}{2\mathrm{i}k} u(s)\mathrm{d}s$$

$$+ \int_x^\infty \frac{\mathrm{e}^{\mathrm{i}2k(s-x)} - 1}{2\mathrm{i}k} u(s)\mathrm{d}s \int_0^\infty D(s,z)\mathrm{e}^{\mathrm{i}2kz}\mathrm{d}z$$

$$= J_1 + J_2 \tag{1A.8}$$

注意到 $\dfrac{\mathrm{e}^{\mathrm{i}2k(s-x)} - 1}{2\mathrm{i}k} = \displaystyle\int_0^{s-x} \mathrm{e}^{\mathrm{i}2ky}\mathrm{d}y$, 并变换积分次序

$$J_1 = \int_x^\infty \mathrm{d}s \int_0^{s-x} \mathrm{d}y\,\mathrm{e}^{\mathrm{i}2ky}u(s) = \int_0^\infty \mathrm{e}^{\mathrm{i}2ky}\mathrm{d}y \int_{x+y}^\infty u(s)\mathrm{d}s \tag{1A.9}$$

$$J_2 = \int_0^\infty \mathrm{d}z \int_x^\infty \mathrm{d}s \int_z^{s-x+z} \mathrm{e}^{\mathrm{i}2ky}u(s)D(s,z)\mathrm{d}y$$

$$= \int_0^\infty \mathrm{d}z \int_z^\infty \mathrm{d}y \int_{y+x-z}^\infty \mathrm{d}s\,u(s)\bar{D}(s,z)\mathrm{e}^{\mathrm{i}2ky}$$

$$= \int_0^\infty \mathrm{e}^{\mathrm{i}2ky}\mathrm{d}y \int_0^y \mathrm{d}z \int_{x+y-z}^\infty \mathrm{d}s\,u(s)D(s,z) \tag{1A.10}$$

由 Fourier 变换的唯一性, 得

$$D(x,y) = \int_{x+y}^\infty u(s)\mathrm{d}s + \int_0^y \mathrm{d}z \int_{x+y-z}^\infty u(s)D(s,z)\mathrm{d}s \tag{1A.11}$$

即

$$D(x,0) = \int_x^\infty u(s)\mathrm{d}s$$

$$u(x) = -\frac{\mathrm{d}}{\mathrm{d}x}D(x,0) = -2\frac{\mathrm{d}}{\mathrm{d}x}K(x,x) \tag{1A.12}$$

现在的问题是应怎样取定 (1A.4) 和 (1A.5) 式中的 $K(x,y)$ 才能得出 GLM 方程。事实上，按下面公式：

$$K(x,y) = -\sum_{n=1}^N C_n^2 \psi_n^+(x)\mathrm{e}^{-K_n y} - \frac{1}{2\pi}\int_{-\infty}^\infty r(k)\psi^+(x,k)\mathrm{e}^{\mathrm{i}ky}\mathrm{d}k \tag{1A.13}$$

取定 $K(x,y)$ 时，便能得出 GLM 方程。由 $B(x+y,t)$ 的定义式 (1.8.22) 及 (1A.13) 式得

$$\int_x^\infty B(y+z,0)K(x,z)\mathrm{d}z$$

$$= \sum C_n^2 \mathrm{e}^{-K_n y}\int_x^\infty K(x,z)\mathrm{e}^{-K_n z}\mathrm{d}z + \frac{1}{2\pi}\int_{-\infty}^\infty r(k)\mathrm{d}k\mathrm{e}^{\mathrm{i}ky}\int_x^\infty K(x,z)\mathrm{e}^{\mathrm{i}kz}\mathrm{d}z$$

$$= \sum C_n^2 \mathrm{e}^{-K_n y}\left[\psi_n^+(x) - \mathrm{e}^{-K_n x}\right] + \frac{1}{2\pi}\int_{-\infty}^\infty r(k)\mathrm{e}^{\mathrm{i}ky}\left[\psi^+(x,k) - \mathrm{e}^{\mathrm{i}kx}\right]\mathrm{d}k$$

$$= -K(x,y) - B(x+y,0), \quad y > x \tag{1A.14}$$

(1A.14) 式即 GLM 方程，注意在得出 (1A.14) 式中已用了 (1A.4) 式

$$\int_x^\infty K(x,z)\mathrm{e}^{-K_n z}\mathrm{d}z = \psi_n^+(x) - \mathrm{e}^{-K_n x}$$

$$\int_x^\infty K(x,z)\mathrm{e}^{\mathrm{i}kz}\mathrm{d}z = \psi^+(x,k) - \mathrm{e}^{\mathrm{i}kx}$$

及 (1A.13) 式

$$\sum_{n=1}^N C_n^2 \mathrm{e}^{-K_n y}\psi_n^+(x) + \frac{1}{2\pi}\int_{-\infty}^\infty r(k)\mathrm{e}^{\mathrm{i}ky}\psi^+(x,k)\mathrm{d}k = -K(x,y)$$

故是自洽的。

参 考 文 献

[1] Taniti T, Nishihara K. Nonlinear Waves. Boston, London,Melbourne: Pitman Advanced Publishing Program, 1977.

Ames W F. Nonlinear Partial Differential Equations in Engineering. New York, London: Academic Press, 1965.

[2] 固体激光导论编写组. 固体激光导论. 上海: 上海人民出版社, 1974: 430.

[3] Nogaki K, Taniuti T. J. Phys. Soc. Japan, 1973, (34): 796.

[4] Newell A C. Solitons in Mathematics and Physics. Philadelphia Pennsylvania: Society for Industry and Applied Math., 1985.

[5] Russell J S. Report on Waves Rept Fourteenth Meeting of the British Association for the Advancement of Science. Lonton: John Murray, 1844: 311-390.

[6] Korteweg D J, de Vries G. On the change of form of long waves advancing in a rectangular canal and a new type of stationary waves. Phil. Mag., 1895, 39: 422-443.

[7] Fermi E, Pasta J, Ulam S. Studies of nonlinear problems. Los Alamos Report LA (1955), 1940.

[8] Zabusky N J, Kruskal M D. Interaction of "Solitons" in a collisionless plasma and the recurrence of initial states. Phys. Rev. Lett., 1965, 15(6): 240.

[9] Gardner C S, Greene J M, Kruskal M D, et al. Method for solving the Kerteweg-de Vries equation. Phys. Rev. Lett., 1967, 19: 1095.

[10] Scott A C, Chu F Y F, Mclaughlin D W. The soliton: a new concept in applied science. Proe. IEEE, 1973, 61(10): 1443.

[11] Ablowitz M J, Kaup D J, Newell A C. The inverse scattering transform-Fourier analysis for nonlinear problems. Studies in Appl. Math., 1974, 53(4): 249.

[12] Kaup D J. Method for solving the Sine-Gordon equation in laboratory coordinates. Studies in Appl. Math., 1975, 54(2): 165.

[13] 谭维翰. n 阶波相互作用理论. 中国激光, 1986, (3): 129-140.

[14] 谷超豪. 孤子理论与应用//应用数学丛书. 杭州: 浙江科学技术大学出版社, 1990.

[15] 谭维翰, 顾敏. 光与二能级原子系统相互作用孤立波方程的精确解. 中国激光, 1984, (9): 522-526.

[16] Satsuma J, Yajima N. Supplement of the Progress of Theoretical Physics, 1974, 55: 284.

[17] 谭微思. 孤立波在理想单模光纤中的传播. 中国激光, 1987, 14: 625.
Tan W S. Optical soliton propagation in ideal monomode fiber. Chinese Phys. Lasers, 1988, 14: 715.

[18] Grdshteyn I S, Ryzhik I M. Table of Integrals, Series, and Products. Academic Press, Inc., 1980: 136, 630, 631.

[19] 阿希泽尔 H U. 椭圆函数纲要. 北京: 商务印书馆, 1956: 234.

[20] 王竹溪, 郭敦仁. 特殊函数概论. 北京: 北京大学出版社, 2000: 632.

第2章 光与非线性介质相互作用的经典与量子理论

光波在非线性介质中的传播、通过非线性介质的波波相互作用及非线性介质极化率计算，均属非线性光学研究的重要内容 [1~3]。本章首先讨论在给定非线性极化率情况下的波波耦合问题，着重讨论三波耦合及四波耦合，其中涉及了很多我们所关心的非线性光学现象，理论基础是 Maxwell 方程，属经典理论；然后讨论非线性介质的极化率计算，理论基础是 Maxwell 方程与 Schrödinger 方程，属半经典理论；最后简要讨论粒子表象、场的量子化规则，原子辐射的线宽与能级移位，Berry 相位及自离化态等，为以后做理论准备。

2.1 非线性相互作用的经典理论

2.1.1 电磁波在非线性介质中的传播

我们从电磁波传播所满足的 Maxwell 方程出发 (高斯单位 $\epsilon_0 = \mu_0 = 1$)

$$\begin{cases} \nabla \cdot \boldsymbol{D} = 4\pi\rho \\ \nabla \cdot \boldsymbol{B} = 0 \end{cases} \tag{2.1.1}$$

$$\begin{cases} \nabla \times \boldsymbol{E} = -\dfrac{1}{c}\dfrac{\partial \boldsymbol{B}}{\partial t} \\ \nabla \times \boldsymbol{H} = \dfrac{1}{c}\dfrac{\partial \boldsymbol{D}}{\partial t} + \dfrac{4\pi}{c}\boldsymbol{J} \end{cases} \tag{2.1.2}$$

式中 ρ, $\boldsymbol{J}$ 为自由电荷密度、自由电流密度；$\boldsymbol{E}$, $\boldsymbol{H}$ 为电场强度、磁场强度，$\boldsymbol{B}$ 为磁感应强度，$\boldsymbol{D}$ 为电位移。Maxwell 方程组是描述电磁波在介质 (包括非线性介质) 中传播和相互作用的基础。在非线性光学介质中通常遇到的情形是自由电荷密度 ρ、自由电流密度 $\boldsymbol{J}$ 均为 0，而且介质是非磁性的，$\boldsymbol{B} = \boldsymbol{H}$。电位移 $\boldsymbol{D}$ 可通过电场强度 $\boldsymbol{E}$ 与极化矢量 $\boldsymbol{P}$ 表示出来，故有

$$\begin{cases} \nabla \cdot \boldsymbol{D} = \nabla \cdot \boldsymbol{H} = 0 \\ \nabla \times \boldsymbol{E} = -\dfrac{1}{c}\dfrac{\partial \boldsymbol{H}}{\partial t} \\ \nabla \times \boldsymbol{H} = \dfrac{1}{c}\dfrac{\partial \boldsymbol{D}}{\partial t} \end{cases} \tag{2.1.3}$$

$$\boldsymbol{D} = \boldsymbol{E} + 4\pi\boldsymbol{P} \tag{2.1.4}$$

非线性光学介质的性质, 主要从 (2.1.4) 式中的极化矢量 P 体现出来。如果略去 P 亦即略去感生极化对电磁波传播的影响, 便得真空中的传播方程

$$\begin{cases} \nabla \times \boldsymbol{E} = -\dfrac{1}{c}\dfrac{\partial \boldsymbol{H}}{\partial t} \\ \nabla \times \boldsymbol{H} = \dfrac{1}{c}\dfrac{\partial \boldsymbol{E}}{\partial t} \end{cases} \tag{2.1.5}$$

或者用二分量表示 $\boldsymbol{u} = \begin{pmatrix} \boldsymbol{E} \\ \boldsymbol{H} \end{pmatrix}$, 则 (2.1.5) 式可写为

$$\frac{1}{c}\frac{\partial}{\partial t}\begin{pmatrix} \boldsymbol{E} \\ \boldsymbol{H} \end{pmatrix} + \begin{pmatrix} 0 & -1 \\ 1 & 0 \end{pmatrix}\nabla \times \begin{pmatrix} \boldsymbol{E} \\ \boldsymbol{H} \end{pmatrix} = 0 \tag{2.1.6}$$

由此易于得出 $\begin{pmatrix} \boldsymbol{E} \\ \boldsymbol{H} \end{pmatrix}$ 的二阶波动方程

$$\frac{1}{c}\frac{\partial^2}{\partial t^2}\begin{pmatrix} \boldsymbol{E} \\ \boldsymbol{H} \end{pmatrix} = \begin{pmatrix} -1 & 0 \\ 0 & -1 \end{pmatrix}\nabla \times \nabla \times \begin{pmatrix} \boldsymbol{E} \\ \boldsymbol{H} \end{pmatrix} \tag{2.1.7}$$

如果考虑到极化矢量 P 的影响, 则 (2.1.6) 式应写为

$$\frac{1}{c}\frac{\partial}{\partial t}\begin{pmatrix} \boldsymbol{E} \\ \boldsymbol{H} \end{pmatrix} + \begin{pmatrix} 0 & -1 \\ 1 & 0 \end{pmatrix}\nabla \times \begin{pmatrix} \boldsymbol{E} \\ \boldsymbol{H} \end{pmatrix} = -\frac{4\pi}{c}\frac{\partial}{\partial t}\begin{pmatrix} \boldsymbol{P} \\ 0 \end{pmatrix} \tag{2.1.8}$$

从波动方程 (2.1.8) 消去 H 分量便得 E 分量的含非线性耦合项 P 的传播方程, 即

$$\nabla \times \nabla \times \boldsymbol{E} + \frac{1}{c^2}\frac{\partial^2}{\partial t^2}\boldsymbol{E} = -\frac{4\pi}{c^2}\frac{\partial^2}{\partial t^2}\boldsymbol{P} \tag{2.1.9}$$

现将极化强度 P 写成线性部分 $\boldsymbol{P}^{(1)}(\propto \boldsymbol{E})$ 与非线性部分 $\boldsymbol{P}^{\mathrm{NL}}$ 之和, 并令

$$\boldsymbol{E} + 4\pi\boldsymbol{P}^{(1)} = \check{\epsilon} \cdot \boldsymbol{E} \tag{2.1.10}$$

式中 $\check{\epsilon}$ 为并矢。如果介质为各向同性的, 则并矢 $\check{\epsilon}$ 可写为标量 ϵ, (2.1.10) 式可用下式代替:

$$\boldsymbol{E} + 4\pi\boldsymbol{P}^{(1)} = \epsilon\boldsymbol{E} \tag{2.1.11}$$

于是 (2.1.9) 式可写为

$$\nabla \times \nabla \times \boldsymbol{E} + \frac{\epsilon}{c^2}\frac{\partial^2}{\partial t^2}\boldsymbol{E} = -\frac{4\pi}{c^2}\frac{\partial^2}{\partial t^2}\boldsymbol{P}^{\mathrm{NL}} \tag{2.1.12}$$

这式子右边为波动方程的驱动项, 亦即介质对场响应的非线性部分, 而线性部分已包括在左边电介质系数 ϵ 中了, $\epsilon = n^2$, $n = n' + in''$。而 n', $\alpha = 2n''\omega/c$ 分别为波在

介质中传播的折射率与吸收系数。一般来说，电介函数 ϵ 是场 $E(r,t)$ 的振动频率的函数。故 (2.1.11)、(2.1.12) 式中的 ϵ 应理解为作用于振动 $E(r,t)$ 的算子 $\epsilon\left(i\dfrac{\partial}{\partial t}\right)$，若 $E(r,t)$ 可表示为主振动 $e^{-i\omega t}$ 与慢变振幅 $\mathcal{E}(r,t)$ 之积，即 $E(r,t)=\mathcal{E}(r,t)e^{-i\omega t}$，则有 $\epsilon\left(i\dfrac{\partial}{\partial t}\right)E(r,t)\simeq\epsilon(\omega)E(r,t)$。由于 $\nabla\times\nabla\times E=\nabla(\nabla\cdot E)-\nabla^2 E$，对于各向同性介质，$\nabla\cdot E=\dfrac{1}{\epsilon}\nabla\cdot D=0$，在一般情形，前一项 $\nabla(\nabla\cdot E)$ 的贡献是很小的，可以略去。于是 (2.1.12) 式可写为

$$\nabla^2 E-\frac{\epsilon}{c^2}\frac{\partial^2}{\partial t^2}E=\frac{4\pi}{c^2}\frac{\partial^2}{\partial t^2}P^{\mathrm{NL}} \tag{2.1.13}$$

为便于表现波波相互作用，将波动方程 (2.1.13) 按波数 k_n、频率 ω_n 作慢变振幅展开

$$E=\sum_n{}'E_n e^{-i\omega_n t}+c.c$$

$$=\sum_n{}'A_n(r,t)e^{-i(\omega_n t-k_n\cdot r)}+c.c \tag{2.1.14}$$

上式左端和式 $\sum'$ 上的一撇表示只对正频求和；没有一撇表示对正、负频求和，即

$$P^{\mathrm{NL}}=\sum_n{}'P_n(r,t)_n(r,t)e^{-i\omega_n t}+c.c. \tag{2.1.15}$$

$$-k_n^2+\frac{\epsilon(\omega_n)}{c^2}\omega_n^2=0 \tag{2.1.16}$$

注意因子 $\exp[-i(\omega_n t-k_n\cdot r)]$ 虽代表平面波，但 $A_n(r,t)$ 为 (r,t) 的慢变函数，$P_n(r,t)$ 为 t 的慢变函数，故 E,P 展开的每一项均可偏离于平面波。将 (2.1.14) 和 (2.1.15) 式代入 (2.1.13) 式，并注意到色散关系 (2.1.16) 式及慢变近似 $\dfrac{\partial^2}{\partial t^2}A_n\simeq 0$，$\nabla^2 A_n\simeq 0$，$\dfrac{\partial^2}{\partial t^2}P_n\simeq 0$，$\dfrac{\partial}{\partial t}P_n\simeq 0$ 等，得

$$\left(\frac{\partial}{\partial t}A_n+v_n\frac{k_n}{k_n}\cdot\nabla A_n\right)e^{ik_n\cdot r}=\frac{i2\pi\omega_n}{\epsilon(\omega_n)}P_n(\omega_n),\quad v_n=\frac{c}{\sqrt{\epsilon(\omega_n)}} \tag{2.1.17}$$

非线性极化 P^{NL} 的展开可写为

$$P_n=P_n^{(2)}+P_n^{(3)}+\cdots \tag{2.1.18}$$

$\boldsymbol{P}_n^{(2)}, \boldsymbol{P}_n^{(3)}, \cdots$ 分别为二波, 三波, $\cdots$ 展开项, 其分量为 $(\boldsymbol{E}_n, \boldsymbol{P}_n^{(2)}, \boldsymbol{P}_n^{(3)}, \cdots$ 均依赖于 $\boldsymbol{r}$, 下面为书写方便, 不写出与 $\boldsymbol{r}$ 的依赖关系)

$$\begin{cases} P_{ni}^{(2)}(\omega_n = \omega_p + \omega_q) = \sum_{j,k} \chi_{ijk}^{(2)}(\omega_p + \omega_q, \omega_p, \omega_q) E_j(\omega_p) E_k(\omega_q) \\ P_{ni}^{(3)}(\omega_n = \omega_p + \omega_q + \omega_r) = \sum_{j,k,l} \chi_{ijkl}^{(3)}(\omega_p + \omega_q + \omega_r, \omega_p, \omega_q, \omega_r) E_j(\omega_p) E_k(\omega_q) E_l(\omega_r) \end{cases}$$

$$(2.1.19)$$

注意 (2.1.17) 式中 A_i 也可以是其共轭项 A_i^*, 相应地, $(\omega_i, \boldsymbol{k}_i)$ 用 $(-\omega_i, \boldsymbol{k}_i)$ 来代替, A_j, A_k 也是这样。(2.1.19) 式中的极化率张量 $\chi_{ijk}^{(2)}$, $\chi_{ijkl}^{(3)}$ 是唯象引进的, 如何在量子力学微扰论的基础上计算这些张量, 是下面要讨论的问题。

2.1.2 极化率张量的对称性

本节我们主要讨论二阶极化张量, 向三阶或更高阶极化张量推广是容易的。二阶极化张量与场的各分量间的关系为

$$P_i^{(2)}(\omega_p + \omega_q) = \sum_{jk} \chi_{ijk}^{(2)}(\omega_p + \omega_q, \omega_p, \omega_q) E_j(\omega_p) E_k(\omega_q) \tag{2.1.20}$$

二阶极化张量是描述三波相互作用的, 包括和频、倍频、差频及参量放大等过程。当三个波的频率 ω_1, ω_2, ω_3 给定后, 通过 ω_1, ω_2, ω_3 的重排, 有 $\chi_{ijk}^{(2)}(\omega_1, \omega_2, \omega_3)$, $\chi_{ijk}^{(2)}(\omega_1, \omega_3, \omega_2)$, $\chi_{ijk}^{(2)}(\omega_2, \omega_1, \omega_3)$ 等六个分量, 又通过 i, j, k 的重排列, 有 $3^3 = 27$ 个分量, 还有 $\chi_{ijk}^{(2)}(-\omega_1, -\omega_2, -\omega_3), \cdots$, 又增加一倍, 故共有 $6 \times 3^3 \times 2 = 324$ 个分量, 但并非所有的这些分量都是独立的。考虑到极化强度 P_i 及场强 E_j 均为实函数, 要求

$$\begin{cases} P_i(-\omega_p - \omega_q) = P_i^*(\omega_p + \omega_q) \\ E_j(-\omega_p) = E_j^*(\omega_p), \qquad E_k(-\omega_q) = E_k^*(\omega_q) \end{cases} \tag{2.1.21}$$

由 (2.1.20) 和 (2.1.21) 式易于看出

$$\chi_{ijk}^{(2)}(\omega_p + \omega_q, \omega_p, \omega_q) = \chi_{ijk}^{(2)*}(-\omega_p - \omega_q, -\omega_p, -\omega_q) \tag{2.1.22}$$

再注意到 (2.1.20) 式中的 $\chi_{ijk}^{(2)}(\omega_p + \omega_q, \omega_p, \omega_q) E_j(\omega_p) E_k(\omega_q)$ 可写成 $\chi_{ijk}^{(2)}(\omega_p + \omega_q, \omega_p, \omega_q) E_k(\omega_q) E_j(\omega_p)$ 形式, 对 $P^{(2)}(\omega_p + \omega_q)$ 的贡献应是一样的, 应有

$$\chi_{ijk}^{(2)}(\omega_p + \omega_q, \omega_p, \omega_q) = \chi_{ikj}^{(2)}(\omega_q + \omega_p, \omega_q, \omega_p) \tag{2.1.23}$$

而且对无损介质来说，极化率张量 $\chi_{ijk}^{(2)}$ 应是实数，各种频率重排后，相应的指标 (i,j,k) 也随之重排，极化张量的值不变，即

$$
\begin{cases}
\chi_{ijk}^{(2)}(\omega_3 = \omega_1 + \omega_2) = \chi_{jki}^{(2)}(-\omega_1 = \omega_2 - \omega_3) \\
\chi_{ijk}^{(2)}(\omega_3 = \omega_1 + \omega_2) = \chi_{kji}^{(2)}(\omega_1 = -\omega_2 + \omega_3) \\
\chi_{ijk}^{(2)}(\omega_3 = \omega_1 + \omega_2) = \chi_{kij}^{(2)}(\omega_2 = \omega_3 - \omega_1)
\end{cases}
\tag{2.1.24}
$$

更进一步有

$$
\begin{aligned}
\chi_{ijk}^{(2)}(\omega_3 = \omega_1 + \omega_2) &= \chi_{jki}^{(2)}(\omega_3 = \omega_1 + \omega_2) = \chi_{kij}^{(2)}(\omega_3 = \omega_1 + \omega_2) \\
&= \chi_{ikj}^{(2)}(\omega_3 = \omega_1 + \omega_2) = \chi_{jik}^{(2)}(\omega_3 = \omega_1 + \omega_2) \\
&= \chi_{kji}^{(2)}(\omega_3 = \omega_1 + \omega_2)
\end{aligned}
\tag{2.1.25}
$$

(2.1.25) 式一般称为 Kleiman 猜想，只有当 $\omega_1, \omega_2, \omega_3$ 远小于非线性介质的共振频率时才成立。这时极化率张量基本与频率无关。

　　如 Kleiman 猜想成立，即在二阶极化率与频率 ω 无关的情形下，实用中还常用张量缩写记号

$$
d_{ijk} = \frac{1}{2}\chi_{ijk}^{(2)}
\tag{2.1.26}
$$

l 与 jk 间的对应关系为

$$
\begin{array}{llllll}
jk: & 11 & 22 & 33 & 23,32 & 31,13 & 12,21 \\
l: & 1 & 2 & 3 & 4 & 5 & 6
\end{array}
$$

d_{il} 有 18 个分量，但并非全是独立的。通过重排还有关系

$$
\begin{cases}
d_{12} = d_{122} = d_{212} = d_{26} \\
d_{14} = d_{123} = d_{213} = d_{25}
\end{cases}
\tag{2.1.27}
$$

同样可证

$$
\begin{cases}
d_{16} = d_{21}, & d_{31} = d_{15}, & d_{32} = d_{24} \\
d_{34} = d_{23}, & d_{35} = d_{13}, & d_{36} = d_{14}
\end{cases}
\tag{2.1.28}
$$

故 18 个分量中只有 10 个是独立的。

倍频与和频的极化率张量可表示为

$$\begin{pmatrix} P_x(2\omega) \\ P_y(2\omega) \\ P_z(2\omega) \end{pmatrix} = 2 \begin{pmatrix} d_{11} & \cdots & d_{16} \\ d_{21} & \cdots & d_{26} \\ d_{31} & \cdots & d_{36} \end{pmatrix} \times \begin{pmatrix} E_x(\omega)^2 \\ E_y(\omega)^2 \\ E_z(\omega)^2 \\ 2E_y(\omega)E_z(\omega) \\ 2E_x(\omega)E_z(\omega) \\ 2E_x(\omega)E_y(\omega) \end{pmatrix} \tag{2.1.29}$$

$$\begin{pmatrix} P_x(\omega_3) \\ P_y(\omega_3) \\ P_z(\omega_3) \end{pmatrix} = 4 \begin{pmatrix} d_{11} & \cdots & d_{16} \\ d_{21} & \cdots & d_{26} \\ d_{31} & \cdots & d_{36} \end{pmatrix} \times \begin{pmatrix} E_x(\omega_1)E_x(\omega_2) \\ E_y(\omega_1)E_y(\omega_2) \\ E_z(\omega_1)E_z(\omega_2) \\ E_y(\omega_1)E_z(\omega_2) + E_z(\omega_1)E_y(\omega_2) \\ E_z(\omega_1)E_x(\omega_2) + E_x(\omega_1)E_z(\omega_2) \\ E_x(\omega_1)E_y(\omega_2) + E_y(\omega_1)E_x(\omega_2) \end{pmatrix}$$
$$\tag{2.1.30}$$

比较 (2.1.29) 式与 (2.1.30) 式便看出和频比倍频多了一个因子 2，这是由交换 ω_p, ω_q 引起的。

非线性极化张量所反映的非线性介质的空间对称性，实际上已包含在 $\chi^{(2)}_{ijk}$ 对空间分量 i, j, k 的依赖中了。例如，我们考虑一晶体，它关于 x, y 方向为对称的，亦即沿 z 方向转 $90°$，晶体将自身重合。对于这样的晶体，光场沿 x 方向偏振或 y 方向偏振的响应用极化分量 $\chi^{(2)}_{zxx}$ 与 $\chi^{(2)}_{zyy}$ 来表示是一样的。总之，晶体的各种空间对称性均反映到极化张量 $\chi^{(2)}_{ijk}$ 中来。特别是空间反演对称，即具有反演中心对称晶体，可证二阶张量为 $0(\chi^{(2)} = 0)$。以二次谐波的产生为例，当作用于晶体的场强为 $E(t) = \varepsilon \cos \omega t$ 时，产生的非线性极化为

$$P(t) = \chi^{(2)} E^2(t) \tag{2.1.31}$$

现在改变 $E(t)$ 的符号，使之为 $-E(t)$。按反演中心特征，感生的极化 $P(t)$ 也改变为 $-P(t)$，于是有

$$-P(t) = \chi^{(2)}[-E(t)]^2 \tag{2.1.32}$$

比较 (2.1.31) 式与 (2.1.32) 式，必然有 $P(t) = 0$，亦即 $\chi^{(2)} = 0$。

对于非中心对称晶体，Miller 还给出经验公式 [4]

$$\frac{\chi^{(2)}(\omega_1 + \omega_2, \omega_1, \omega_2)}{\chi(\omega_1 + \omega_2)\chi(\omega_1)\chi(\omega_2)} = \frac{ma}{N^2 e^3}, \quad a = \frac{\omega_0^2}{d} \tag{2.1.33}$$

它差不多是一个常数。ω_0, d 分别为晶体的共振频率与晶格常数，而

$$\chi = -\frac{Ne^2}{m}\frac{1}{\omega_0^2 - \omega^2 - 2\mathrm{i}\omega\gamma} \simeq -\frac{Ne^2}{m}\frac{1}{\omega_0^2} \tag{2.1.34}$$

将 (2.1.34) 式代入 (2.1.33) 式，并令 $N = 1/d^3$，得

$$\chi^{(2)} = -\frac{Ne^3}{m^2}\frac{a}{\omega_0^6} = -\frac{Ne^3}{m^2}\frac{1}{\omega_0^4}\frac{1}{d} = -\frac{e^3}{m^2\omega_0^4 d^4} \tag{2.1.35}$$

将典型参量 $\omega_0 = 1 \times 10^{16}$ rad/s，$d = 3$Å，$e = 4.8 \times 10^{-10}$ esu(esu 为静电单位)，$m = 9.1 \times 10^{-28}$ g 代入，最后得 $|\chi^{(2)}| \simeq 3 \times 10^{-8}$ esu，这与实际测定数值的量级相近。用同样方法可估算出三阶极化率为

$$\chi^{(3)} \simeq \frac{Nbe^4}{m^3\omega_0^8} = \frac{e^4}{m^3\omega_0^6 d^5} \simeq 3 \times 10^{-15} \text{ esu} \tag{2.1.36}$$

2.2　光学中的波波相互作用

2.2.1　三波耦合

对于三波相互作用，如果满足共振条件及相位匹配条件，则应用 (2.1.17) 和 (2.1.19) 式，易于导出三波相互作用方程。事实上，令 $n = 0, 1, 2$，则得

$$\begin{cases} \left(\dfrac{\partial}{\partial t} + v_0\dfrac{\boldsymbol{k}_0}{k_0}\cdot\nabla\right)A_0 = \mathrm{i}\dfrac{4\pi\omega_0}{\epsilon(\omega_0)}\chi^{(2)}(\omega_0, \omega_1, \omega_2)A_1 A_2\mathcal{K} \\[3mm] \left(\dfrac{\partial}{\partial t} + v_1\dfrac{\boldsymbol{k}_1}{k_1}\cdot\nabla\right)A_1 = \mathrm{i}\dfrac{4\pi\omega_1}{\epsilon(\omega_1)}\chi^{(2)}(\omega_1, \omega_0, -\omega_2)A_0 A_2^* \\[3mm] \left(\dfrac{\partial}{\partial t} + v_2\dfrac{\boldsymbol{k}_2}{k_2}\cdot\nabla\right)A_2 = \mathrm{i}\dfrac{4\pi\omega_2}{\epsilon(\omega_2)}\chi^{(2)}(\omega_2, \omega_0, -\omega_1)A_0 A_1^* \end{cases} \tag{2.2.1}$$

当 $\omega_1 \neq \omega_2$ 时，$\mathcal{K} = 1$；当 $\omega_1 = \omega_2$ 时，$\mathcal{K} = 1/2$，理由在推导 (2.1.29) 和 (2.1.30) 式时已提到过了。如 $A_0 \sim A_2$ 不明显地依赖于时间 t，且 $\dfrac{\boldsymbol{k}_i}{k_i}\cdot\nabla = \dfrac{\mathrm{d}}{\mathrm{d}x}$，$i = 0 \sim 2$，当相位不完全匹配时，引进参数 $\tilde{\beta}_0$, $\tilde{\beta}_1$, $\tilde{\beta}_2$，则三波耦合方程可由 (2.2.1) 式写为 [5]

$$\begin{cases} \dfrac{\mathrm{d}A_0}{\mathrm{d}x} = \mathrm{i}\tilde{\beta}_0 A_1 A_2 \mathrm{e}^{-\mathrm{i}\Delta kx}, \quad \tilde{\beta}_0 = \dfrac{4\pi\omega_0}{\epsilon(\omega_0)v_0}\chi^{(2)}(\omega_0, \omega_1, \omega_2)\mathcal{K} \\[3mm] \dfrac{\mathrm{d}A_1}{\mathrm{d}x} = \mathrm{i}\tilde{\beta}_1 A_0 A_2^* \mathrm{e}^{\mathrm{i}\Delta kx}, \quad \tilde{\beta}_1 = \dfrac{4\pi\omega_1}{\epsilon(\omega_1)v_1}\chi^{(2)}(\omega_1, \omega_0, -\omega_2) \\[3mm] \dfrac{\mathrm{d}A_2}{\mathrm{d}x} = \mathrm{i}\tilde{\beta}_2 A_0 A_1^* \mathrm{e}^{\mathrm{i}\Delta kx}, \quad \tilde{\beta}_2 = \dfrac{4\pi\omega_2}{\epsilon(\omega_2)v_2}\chi^{(2)}(\omega_2, \omega_0, -\omega_1) \end{cases} \tag{2.2.2}$$

式中 $\Delta k = k_0 - k_1 - k_2$。因子 $\mathrm{e}^{-\mathrm{i}\Delta kx}, \mathrm{e}^{\mathrm{i}\Delta kx}$ 是考虑到相位不完全匹配而引进的。形如 (2.2.2) 式的三波耦合方程，包括了非线性光学和频 $(\omega_0 = \omega_1 + \omega_2)$、倍频 $(\omega_0 = \omega_1 + \omega_1)$、差频 $(\omega_0 = \omega_1 - \omega_2)$。作变换

$$\frac{A_i \mathrm{e}^{-\mathrm{i}\Delta kx}}{\tilde{\beta}_i^{1/2}} \Rightarrow C_i, \qquad i = 0, 1, 2 \tag{2.2.3}$$

并令

$$\zeta = x\sqrt{\tilde{\beta}_0 \tilde{\beta}_1 \tilde{\beta}_2} \ , \quad \Delta s = \frac{\Delta k}{\sqrt{\tilde{\beta}_0 \tilde{\beta}_1 \tilde{\beta}_2}} \tag{2.2.4}$$

则 (2.2.2) 式可化为

$$\begin{cases} \left(\dfrac{\mathrm{d}}{\mathrm{d}\zeta} + \mathrm{i}\Delta s\right) C_0 = \mathrm{i}C_1 C_2 \\[2mm] \left(\dfrac{\mathrm{d}}{\mathrm{d}\zeta} + \mathrm{i}\Delta s\right) C_1 = \mathrm{i}C_0 C_2^* \\[2mm] \left(\dfrac{\mathrm{d}}{\mathrm{d}\zeta} + \mathrm{i}\Delta s\right) C_2 = \mathrm{i}C_0 C_1^* \end{cases} \tag{2.2.5}$$

令 $C_i = |C_i|\mathrm{e}^{\mathrm{i}\theta_i}$, $\theta = \theta_0 - \theta_1 - \theta_2$, 则 (2.2.5) 式的实部与虚部为

$$\begin{cases} \dfrac{\mathrm{d}|C_0|}{\mathrm{d}\zeta} = |C_1||C_2|\sin\theta \\[2mm] \dfrac{\mathrm{d}|C_1|}{\mathrm{d}\zeta} = -|C_0||C_2|\sin\theta \\[2mm] \dfrac{\mathrm{d}|C_2|}{\mathrm{d}\zeta} = -|C_0||C_1|\sin\theta \\[2mm] \dfrac{\mathrm{d}\theta}{\mathrm{d}\zeta} = \Delta s + \left(\dfrac{|C_1||C_2|}{|C_0|} - \dfrac{|C_0||C_2|}{|C_1|} - \dfrac{|C_0||C_1|}{|C_2|}\right)\cos\theta \end{cases} \tag{2.2.6}$$

积分 (2.2.6) 式, 得

$$\begin{cases} |C_0|^2 + |C_1|^2 = n_0 + n_1 = m_1 \\ |C_0|^2 + |C_2|^2 = n_0 + n_2 = m_2 \\ |C_1|^2 - |C_2|^2 = n_1 - n_2 = m_3 \\ |C_0||C_1||C_2|\cos\theta - \dfrac{1}{2}|C_0|^2\Delta s = m_0 \end{cases} \tag{2.2.7}$$

将 (2.2.7) 式代入 (2.2.6) 式的第一式, 得

$$\frac{\mathrm{d}n_0}{\mathrm{d}\zeta} = 2\sqrt{n_0(m_1 - n_0)(m_2 - n_0) - \left(m_0 + \frac{1}{2}n_0\Delta s\right)^2} \tag{2.2.8}$$

(2.2.8) 式的积分, 即 Weierstrass 积分, 可通过 Jacobi 椭圆函数sn来表示。设 n_a, n_b, n_c 为

$$n_0(m_1 - n_0)(m_1 - n_0) - \left(m_0 + \frac{1}{2}n_0\Delta s\right)^2 = 0$$

的三个根, 且 $n_a \geqslant n_b \geqslant n_c \geqslant 0$, 则 $n_0(\zeta)$ 可表示为

$$\begin{cases} n_0(\zeta) = n_c + (n_a - n_c)\left\{\operatorname{sn}^2\left[(n_a - n_c)^{1/2}(\zeta - \zeta_0), m\right]\right\}^{-1} \\ m = \left(\dfrac{n_b - n_c}{n_a - n_c}\right)^{1/2}, \quad n_0(\zeta_0) = n_c \end{cases} \tag{2.2.9}$$

1. 二次谐波

将解 (2.2.9) 应用到二次谐波情形 [6], 如图 2.1(a) 所示, 频率为 ω_1 的基波进入非线性晶体, 经过波波相互作用, 就会产生频率二倍于基波的二次谐波。应用上面公式处理这问题, 便是 $|C_1| = |C_2| = u_1$ 为基波振幅, $|C_0| = u_2$ 为二次谐波振幅。(2.2.6) 式化为

$$\begin{cases} \dfrac{\mathrm{d}u_2}{\mathrm{d}\zeta} = u_1^2 \sin\theta \\[2mm] \dfrac{\mathrm{d}u_1}{\mathrm{d}\zeta} = -u_1 u_2 \sin\theta \\[2mm] \dfrac{\mathrm{d}\theta}{\mathrm{d}\zeta} = \Delta s + \left(\dfrac{u_1^2}{u_2} - 2u_2\right)\cos\theta \end{cases} \tag{2.2.10}$$

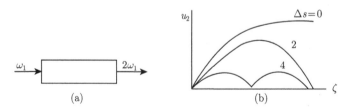

图 2.1　二次谐波的产生

设初始时二次谐波 $|C_0| = u_2 = 0$, 由 (2.2.7) 式, 故有

$$|C_0|^2 + |C_1|^2 = u_2^2 + u_1^2 = m_1, \quad m_0 = 0 \tag{2.2.11}$$

代入 (2.2.8) 式, 得

$$\frac{\mathrm{d}n_0}{\mathrm{d}\zeta} = 2\sqrt{n_0(m_1 - n_0)^2 - \left(\frac{1}{2}n_0\Delta s\right)^2} \tag{2.2.12}$$

经归一化

$$n_0/m_1 \to n_0, \quad \Delta s/m_1^{1/2} \to \Delta s, \quad m_1^{1/2}\zeta \to \zeta \tag{2.2.13}$$

(2.2.12) 式可写为

$$\frac{\mathrm{d}n_0}{\mathrm{d}\zeta} = 2\sqrt{n_0(1 - n_0)^2 - \left(\frac{1}{2}n_0\Delta s\right)^2} \tag{2.2.14}$$

图 2.1(b) 给出 $u_2 = n_0^{1/2}$ 随 ζ 的变化曲线, 只有在相位完全匹配 ($\Delta s = 0$) 的情况下, u_2 随 ζ 单调增长, 并达到饱和; 当相位不匹配时, $\Delta s \neq 0$, u_2 随 ζ 周期变化, 其最大幅度随 Δs 的增大而递减。

在完全相位匹配的情形 ($\Delta s = 0$), n_0 的 Jacobi 椭圆函数解将退化到可用初等函数来表示。因 $u_2 = n_0^{1/2}$, 方程 (2.2.14) 可写为

$$\frac{\mathrm{d}u_2}{\mathrm{d}\zeta} = 1 - u_2^2, \quad u_2 = \tanh(\zeta + \zeta_0), \quad n_0 = \tanh^2(\zeta + \zeta_0) \tag{2.2.15}$$

注意到上述结果是在采用归一化 (2.2.13) 式后得到的, 在未归一化前

$$m_1 = u_1^2 + u_2^2 = \frac{A_1^2}{\dfrac{4\pi\omega_1}{n_1 c}\chi^{(2)}} + \frac{A_2^2}{\dfrac{4\pi\omega_2}{n_2 c}\chi^{(2)}/2}$$

$$= \frac{1}{2d}\left(\frac{I_1}{2\omega_1} + \frac{I_2}{\omega_2}\right) = \frac{I}{2d\omega_2} \tag{2.2.16}$$

式中 $d = \frac{1}{2}\chi^{(2)}$ 为二阶非线性系数; $I_1 = \dfrac{n_1 c}{2\pi}A_1^2$, $I_2 = \dfrac{n_2 c}{2\pi}A_2^2$ 分别为基波与谐波的光强。(2.2.11) 式表明总光强 I 是一常量。归一化后的 u_1, u_2 满足

$$u_1^2 + u_2^2 = 1, \quad u_1 = \sqrt{1 - u_2^2} = \mathrm{sech}[\zeta], \quad \zeta = x\sqrt{\beta_0}\beta_1 m_1^{1/2} = x/l \tag{2.2.17}$$

$$l = \frac{1}{\sqrt{\dfrac{4\pi\omega_2}{n_2 c}d\,\dfrac{8\pi\omega_1}{n_1 c}d}}\,\frac{1}{\sqrt{\dfrac{I}{2d\omega_2}}} = \frac{(n_1^2 n_2 c^3)^{1/2}}{\sqrt{2\pi I}8\pi\omega_1 d} = \frac{(n_1 n_2)^{1/2}c}{8\pi\omega_1 d|A_1(0)|} \tag{2.2.18}$$

又设基波光斑半径为 w_1, 焦深为 b, 入射激光功率为 P, 并将非线性介质厚度 L 取为 b, 即

$$I_1 = \frac{n_1 c}{2\pi}A_1^2 = \frac{P}{\pi w_1^2}$$

$$b = \frac{2\pi w_1^2 n_1}{\lambda_1} = L$$

由此消去 w_1, 得

$$A_1 = \left(\frac{4\pi P}{c\lambda_1 L}\right)^{1/2} \tag{2.2.19}$$

将 (2.2.19) 式代入 (2.2.17) 式, 得 $\zeta = L/l$ 为

$$\zeta = \left(\frac{1024\pi^5 d^2 L P}{n_1 n_2 c \lambda_1^3}\right)^{1/2} \tag{2.2.20}$$

典型的参量取值为 $d = 1 \times 10^{-8}$ esu, $L = 1$ cm, $P = 1\text{W} = 1 \times 10^7$ erg/s, $\lambda_1 = 0.5 \times 10^{-4}$ cm, $n_1 = n_2 = 2$, 则按 (2.2.20) 式算得 $\zeta = 0.14$, 由基波至谐波的转换效率为

$$\eta = \frac{u_2^2(\zeta)}{u_1^2(0)} = 0.02 \tag{2.2.21}$$

η 的计算应用了 (2.2.15) 式和 (2.2.18) 式。u_1, u_2 随 ζ 的变化如图 2.2 所示。

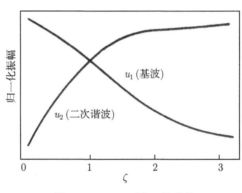

图 2.2　u_1, u_2 随 ζ 的变化

2. 参量过程

以弱的信号光 ω_1, 强的泵浦光 ω_0 送入非线性介质, 通过波波相互作用的差频效应, 我们可以获得参量波 $\omega_2 = \omega_0 - \omega_1$, 如图 2.3 所示。考虑到泵浦光很强, 可以略去由相互作用而导致的泵浦光的减弱。故 (2.2.2) 式中的 A_0 可看成常数, 而 A_1, A_2 的耦合方程可写成

$$\begin{cases} \dfrac{\mathrm{d}A_1}{\mathrm{d}x} = \dfrac{\mathrm{i}8\pi\omega_1 d}{n_1 c} A_0 A_2^* \mathrm{e}^{\mathrm{i}\Delta kx} = \mathrm{i}\kappa_1 A_2^* \mathrm{e}^{\mathrm{i}\Delta kx} \\[3mm] \dfrac{\mathrm{d}A_2}{\mathrm{d}x} = \dfrac{\mathrm{i}8\pi\omega_2 d}{n_2 c} A_0 A_1^* \mathrm{e}^{\mathrm{i}\Delta kx} = \mathrm{i}\kappa_2 A_1^* \mathrm{e}^{\mathrm{i}\Delta kx} \end{cases}, \quad \Delta k = \boldsymbol{k}_0 - \boldsymbol{k}_1 - \boldsymbol{k}_2 \tag{2.2.22}$$

明显的解是

$$A_1 = \tilde{A}_1 e^{i\Delta kx/2}, \qquad A_2 = \tilde{A}_2 e^{i\Delta kx/2}$$

代入 (2.2.22) 式, 并消去 $\tilde{A}_1$(或 $\tilde{A}_2$), 可得

$$\frac{\mathrm{d}^2 \tilde{A}_i}{\mathrm{d}x^2} + \left(\frac{\Delta k}{2}\right)^2 \tilde{A}_i^2 = \kappa_1 \kappa_2 \tilde{A}_i, \quad i = 1, 2$$

即

$$\begin{cases} \tilde{A}_1(x) = A_1(0)\left(\cosh gx - \dfrac{i\Delta k}{2g}\sinh gx\right) + \dfrac{\kappa_1}{g}A_2^*(0)\sinh gx \\ \tilde{A}_2(x) = A_2(0)\left(\cosh gx - \dfrac{i\Delta k}{2g}\sinh gx\right) + \dfrac{\kappa_2}{g}A_1^*(0)\sinh gx \end{cases}, \quad g = \sqrt{\kappa_1 \kappa_2 - (\Delta k/2)^2}$$

$$(2.2.23)$$

式中 g 为增益系数, 相位完全匹配时, $\Delta k = 0$, g 最大, 相位不匹配时, g 随 Δk 的增大而下降。

图 2.3 参量波相互作用

2.2.2 四波耦合

在光学非线性波相互作用中, 除了上述三波耦合外, 四波耦合也是很重要的, 因为它包括了三波和频、三次谐波、四波混频、简并四波混频、光束自聚效应、相位自调制等。前两者为三波和频 $\omega_0 = \omega_1 + \omega_2 + \omega_3$, $\boldsymbol{k}_0 = \boldsymbol{k}_1 + \boldsymbol{k}_2 + \boldsymbol{k}_3$; 后四者为三波差频 $\omega_0 = \omega_1 - \omega_2 + \omega_3$, $\boldsymbol{k}_0 = \boldsymbol{k}_1 - \boldsymbol{k}_2 + \boldsymbol{k}_3$。参照三波耦合方程 (2.2.5)~(2.2.9) 式, 可得四波耦合方程及其解:

$$\begin{cases} \left(\dfrac{\mathrm{d}}{\mathrm{d}\zeta} + i\Delta s\right)C_0 = iC_1 C_2 C_3 \\[2mm] \left(\dfrac{\mathrm{d}}{\mathrm{d}\zeta} + i\Delta s\right)C_1 = iC_0 C_2^* C_3^* \\[2mm] \left(\dfrac{\mathrm{d}}{\mathrm{d}\zeta} + i\Delta s\right)C_2 = \pm iC_0 C_1^* C_3^* \\[2mm] \left(\dfrac{\mathrm{d}}{\mathrm{d}\zeta} + i\Delta s\right)C_3 = iC_0 C_1^* C_2^* \end{cases} \qquad (2.2.24)$$

式中 $\Delta s = k_0 - k_1 \mp k_2 - k_3$ 分别对应于三波和频 $\omega_0 = \omega_1 + \omega_2 + \omega_3$ 与三波差频 $\omega_0 = \omega_1 - \omega_2 + \omega_3$。又设 $C_i = |C_i| \mathrm{e}^{-\mathrm{i}\theta_i}$，$i = 0, 1, 2, 3$，$\theta = \theta_0 - \theta_1 - \theta_2 - \theta_3$，便得

$$\begin{cases} \dfrac{\mathrm{d}|C_0|}{\mathrm{d}\zeta} = |C_1 C_2 C_3| \sin\theta \\[2mm] \dfrac{\mathrm{d}|C_1|}{\mathrm{d}\zeta} = -|C_0 C_2 C_3| \sin\theta \\[2mm] \dfrac{\mathrm{d}|C_2|}{\mathrm{d}\zeta} = \mp|C_0 C_1 C_3| \sin\theta \\[2mm] \dfrac{\mathrm{d}|C_3|}{\mathrm{d}\zeta} = -|C_0 C_1 C_2| \sin\theta \\[2mm] \dfrac{\mathrm{d}\theta}{\mathrm{d}\zeta} = 2\Delta s + \left(\dfrac{|C_1 C_2 C_3|}{|C_0|} - \dfrac{|C_0 C_2 C_3|}{|C_1|} \mp \dfrac{|C_0 C_1 C_3|}{|C_2|} - \dfrac{|C_0 C_1 C_2|}{|C_3|} \right) \cos\theta \end{cases} \tag{2.2.25}$$

积分 (2.2.25) 式，得

$$\begin{cases} |C_0|^2 + |C_1|^2 = m_1, \quad |C_0|^2 - |C_3|^2 = m_4 \\ |C_0|^2 + |C_3|^2 = m_3, \quad |C_0|^2 \pm |C_2|^2 = m_2 \\ |C_0 C_1 C_2 C_3| \cos\theta - |C_0|^2 \Delta s = m_0 \end{cases} \tag{2.2.26}$$

代入 (2.2.25) 式的第一式得

$$\frac{\mathrm{d}n_0}{\mathrm{d}\zeta} = 2\sqrt{\pm n_0 (m_1 - n_0)(m_2 - n_0)(m_3 - n_0) - (m_0 + n_0 \Delta s)^2} \tag{2.2.27}$$

这可通过线性分式变换公式化为 Weiertrass 椭圆积分，用 Jacobi 函数表示 [7,8]（见附录 2A）。

1. 简并四波混频

对于一些特殊情况，(2.2.24) 式的积分也可用初等函数来表示。例如，$C_2 = C_0$，$C_3^* = C_1$，$\Delta s = 0$，$\theta = \theta_0 - \theta_1 + \theta_2 - \theta_3 = 2(\theta_0 - \theta_1)$。图 2.4 所示的简并四波混频就是这种情形。$C_0$，$C_1$ 为泵浦波，$\boldsymbol{k}_0 = \boldsymbol{k}_1$，$\omega_0 = \omega_1 = \omega_2 = \omega_3$。由于泵浦波 $|C_0|$，$|C_1|$ 远大于信号波及其复共轭波 $|C_2|$，$|C_3|$，故在考虑 C_0, C_1 的波波相互作用时，可略去信号波及其复共轭波，主要考虑 C_0, C_1 自身的四波相互作用就可以了。这就相当于在 (2.2.25) 式中取 $C_2 = C_0$，$C_3^* = C_1$。又由于 $\Delta s = 0$，故有

$$\begin{aligned} \frac{\mathrm{d}\theta}{\mathrm{d}\zeta} &= \left(\frac{|C_1 C_0 C_1^*|}{|C_0|} - \frac{|C_0 C_0 C_1^*|}{|C_1|} + \frac{|C_0 C_1 C_1^*|}{|C_0|} - \frac{|C_0 C_1 C_0|}{|C_1^*|} \right) \cos\theta \\ &= 2(|C_1|^2 - |C_0|^2) \cos\theta \end{aligned} \tag{2.2.28}$$

如 θ 随 ζ 的增加而变化，就会影响到相位匹配，故完全相位匹配应有 $\dfrac{\mathrm{d}\theta}{\mathrm{d}\zeta} = 0$。由 (2.2.28) 式得出 $|C_1|^2 = |C_0|^2$，即两个光泵强度相等是完全相位匹配的必要条件。当满足此条件时，有 $\dfrac{\mathrm{d}\theta}{\mathrm{d}\zeta} = 0$。如果 θ 的初值也是 0，则有 $\theta \equiv 0$。由 (2.2.25) 式得 $\dfrac{\mathrm{d}|C_0|}{\mathrm{d}\zeta} = \dfrac{\mathrm{d}|C_1|}{\mathrm{d}\zeta} = 0$，故泵浦波的振幅是不变的，将这一结果应用到 (2.2.24) 式，便得 C_2，C_3 信号波方程

$$\begin{cases} \dfrac{\mathrm{d}C_2}{\mathrm{d}\zeta} = -\mathrm{i}C_0^2 C_3^* \\[3mm] \dfrac{\mathrm{d}C_3}{\mathrm{d}\zeta} = \mathrm{i}C_0^2 C_2^* \end{cases} \qquad (2.2.29)$$

令 $n_0 = |C_0|^2$，C_2，C_3 的通解可写为

$$\begin{cases} C_3 = B\sin n_0\zeta + C\cos n_0\zeta \\[3mm] C_2^* = -\dfrac{\mathrm{i}}{n_0}\dfrac{\mathrm{d}}{\mathrm{d}\zeta}C_3 = -\mathrm{i}B\cos\zeta + \mathrm{i}C\sin n_0\zeta \end{cases} \qquad (2.2.30)$$

式中 B, C 的取值由边界条件确定。

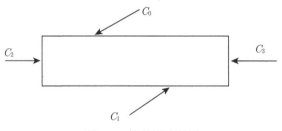

图 2.4 简并四波混频

2. 波的自聚

将 (2.2.24) 式应用于分析波的自聚现象，相当于方程中 $C_1 = C_3 = C_0$，$C_2 = C_0^*$，$\Delta s = 0$。这样就得出一对互为共轭的方程

$$\begin{cases} \dfrac{\mathrm{d}C_0}{\mathrm{d}\zeta} = \mathrm{i}|C_0|^2 C_0 \\[3mm] \dfrac{\mathrm{d}C_0^*}{\mathrm{d}\zeta} = -\mathrm{i}|C_0|^2 C_0^* \end{cases} \qquad (2.2.31)$$

在 (2.2.31) 式中再加进被略去的横向项 $-\mathrm{i}/(2\alpha)\nabla_\perp^2 C_0$，便得到非线性 Schrödinger 方程

$$\left(\nabla_{\perp}^2 + \mathrm{i}2\alpha \frac{\mathrm{d}}{\mathrm{d}\zeta} + 2\alpha|C_0|^2 \right) C_0 = 0 \tag{2.2.32}$$

式中 $\alpha = k\sqrt{\tilde{\beta}_0\tilde{\beta}_1\tilde{\beta}_2\tilde{\beta}_3} = k\tilde{\beta}_0^{\;2}$ 为一常数。

3. 三次谐波

在 (2.2.24) 式中令 $\omega_1 = \omega_2 = \omega_3$, $\omega_0 = 3\omega_1$, 并令 $C_0 = \phi_0$, $C_1 = C_2 = C_3 = \phi_1$, 于是得

$$\begin{cases} \left(\dfrac{\mathrm{d}}{\mathrm{d}\zeta} + \mathrm{i}\Delta s \right) \phi_0 = \mathrm{i}\phi_1^3 \\[3mm] \left(\dfrac{\mathrm{d}}{\mathrm{d}\zeta} + \mathrm{i}\Delta s \right) \phi_1 = \mathrm{i}\phi_0\phi_1^{*2} \end{cases} \tag{2.2.33}$$

$n_0 = \phi_0^2$, 满足 (2.2.27) 式

$$\frac{\mathrm{d}n_0}{\mathrm{d}\zeta} = 2\sqrt{n_0(m_1 - n_0)^3 - (m_0 + n_0\Delta s)^2} \tag{2.2.34}$$

(2.2.34) 式表明, 其通解可通过 Jacobi 椭圆函数准确求得。只在 ϕ_1 很强, 产生三次谐波中造成的泵浦波 ϕ_1 的吃空可略去不计, 且可将 ϕ_1 看成常数的情况下, 才有简单的解析解。考虑到 ϕ_0 的初值为 0, 积分 (2.2.33) 式的第一个方程, 得

$$\phi_0 = -\mathrm{i}\phi_1^3 \frac{e^{-\mathrm{i}\Delta s\zeta} - 1}{\mathrm{i}\Delta s} \tag{2.2.35}$$

如人意料的是, 当相位完全匹配 $\Delta s \to 0$ 时, 由 (2.2.35) 式给出的三次谐波的振幅 $|\phi_0|$ 达到极大, 并正比于作用距离 ζ, 但这种情况仅发生在平面波。如果是高斯光束, $|\phi_0|$ 的极大值就不一定是相位完全匹配 [9]。此时, (2.2.33) 式应加上被略去的 $\nabla^2 \simeq \nabla_{\perp}^2 = \dfrac{\partial^2}{\partial\xi^2} + \dfrac{\partial^2}{\partial\eta^2}$, 即

$$\left(\nabla_{\perp}^2 + 2\mathrm{i}\alpha \left(\frac{\mathrm{d}}{\mathrm{d}\zeta} + \mathrm{i}\Delta s \right) \right) \phi_0 = -2\alpha\phi_1^3 \tag{2.2.36}$$

采用圆柱坐标 ($\rho = \sqrt{\xi^2 + \eta^2}$, ζ), 将 $\phi_1(\rho,\zeta)$, $\phi_0(\rho,\zeta)$ 表示为试解函数

$$\begin{cases} \phi_1(\rho,\zeta) = A_1 \dfrac{\exp[-\rho^2/w_1^2(1 + \mathrm{i}2\zeta/b)]}{(1 + \mathrm{i}2\zeta/b)} \\[4mm] \phi_0(\rho,\zeta) = \dfrac{A_0(\zeta)}{1 + \mathrm{i}2\zeta/b} \exp[-3\rho^2/w_1^2(1 + \mathrm{i}2\zeta/b) - \mathrm{i}\Delta s\zeta] \end{cases} \tag{2.2.37}$$

式中 $b = \alpha w_1^2/3$, $\alpha = k\sqrt{\tilde{\beta}_0\tilde{\beta}_1\tilde{\beta}_2\tilde{\beta}_3} = k\tilde{\beta}_0^{\frac{1}{2}}\tilde{\beta}_1^{\frac{3}{2}}$, k_0, k_1 分别为谐波与基波的波

矢，w_0, w_1 分别为谐波与基波的焦斑半径，$\zeta/(b_0 w_0^2) = z/(k_0 w_0^2) = z/(k_1 w_1^2)$，$w_0^2 = w_1^2/3$。将 (2.2.37) 式代入 (2.2.36) 式，便得

$$\frac{\mathrm{d}A_0(\zeta)}{\mathrm{d}\zeta} = \mathrm{i}\frac{A_1^3 \mathrm{e}^{\mathrm{i}\Delta s \zeta}}{(1 + \mathrm{i}2\zeta/b)^2} \tag{2.2.38}$$

$$A_0(\zeta) = \mathrm{i}A_1^3 \int_{-\zeta_0}^{\zeta} \frac{\mathrm{e}^{\mathrm{i}\Delta s \zeta'}}{(1 + \mathrm{i}2\zeta'/b)^2}\mathrm{d}\zeta' = \mathrm{i}A_1^3 \begin{cases} 0, & \Delta s \leqslant 0 \\ \dfrac{b}{2}2\pi\left(\dfrac{b\Delta s}{2}\right)\mathrm{e}^{-b\Delta s/2}, & \Delta s > 0 \end{cases} \tag{2.2.39}$$

上式表明 Δs 的最佳值应为

$$\Delta s = 2/b \tag{2.2.40}$$

这是多次谐波中一个带有普遍性的现象 (图 2.5)，即对聚焦光束来说，相位完全匹配，$\Delta k = 0$，耦合效率反而为 0。只有当 Δk 取为适当正值时才会使耦合效率提高。因为在会聚光产生多次谐波过程中，也存在相似于 (2.2.39) 式的积分

$$\int_{-\infty}^{\infty} \frac{\mathrm{e}^{\mathrm{i}\Delta k z'}}{(1 + 2\mathrm{i}z'/b)^{q-1}}\mathrm{d}z' = \begin{cases} 0, & \Delta k \leqslant 0 \\ \dfrac{b}{2}\dfrac{2\pi}{(q-2)!}\left(\dfrac{b\Delta k}{2}\right)^{q-2}\mathrm{e}^{-b\Delta k/2}, & \Delta k > 0 \end{cases}$$

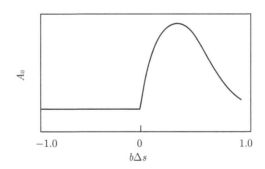

图 2.5　$A_0(\zeta)$ 随 Δs 的变化曲线 (参照 Boyd[1])

从物理上来理解这一现象，还得追溯到线性光学光束会聚处的相位变化特性 [10]，即除轴向光线外，其他光线在通过焦点时，要发生 π 角相移。对于非线性光学来说，q 次谐波的极化率为 $P = \chi^{(q)}A_1^q$，当入射光束 A_1 通过焦点发生 π 的相位变化时，极化率 P 就要发生 $q\pi$ 的相位变化，而 q 次谐波 A_q 只是发生 π 的变化，这样非线性极化率 P 就不能有效地将基波能量耦合到 q 次谐波上，除非 $\Delta k > 0$。图 2.6(a) 为 $\Delta k > 0$；在焦点处，三个基波有些偏折，如图 2.6(b) 所示，恰好满足 $\Delta k = 0$；但像图 2.6(c)，$\Delta k < 0$，是无论如何也不能实现相位匹配的。

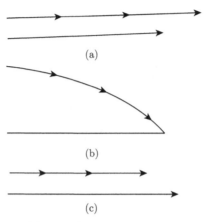

图 2.6　多次谐波的相位匹配

上面讨论了三波、四波耦合方程及其应用，最后说明由 (2.2.7) 和 (2.2.26) 式所反映的 Manley-Rowe 关系的物理意义 [11]。注意到 $\tilde{\beta}_i \propto \omega_i$，若定义

$$\left| \frac{A_i}{\tilde{\beta}^{1/2}} \right| = \left(\frac{I_i}{\omega_i} \right)^{1/2} \tag{2.2.41}$$

则有

$$|C_i|^2 = \frac{I_i}{\omega_i} \tag{2.2.42}$$

关系 (2.2.7) 式可写为

$$\begin{cases} \dfrac{I_0}{\omega_0} + \dfrac{I_1}{\omega_1} = m_1 \\[2mm] \dfrac{I_0}{\omega_0} + \dfrac{I_2}{\omega_2} = m_2 \\[2mm] \dfrac{I_1}{\omega_1} - \dfrac{I_2}{\omega_2} = m_3 \end{cases} \tag{2.2.43}$$

这即通常所说的 Manley-Rowe 关系。I_i/ω_i 恰好给出了对应于该光强的光量子数 n_i (除一个常数因子 $\hbar$ 外)。I_0/ω_0，I_1/ω_1，I_2/ω_2 分别对应于泵浦光、信号光及参量光的光量子数。(2.2.43) 式给出光量子数间的守恒关系。第一式表明产生一个 $\hbar\omega_1$ 光子也必然消耗一个 $\hbar\omega_0$ 光子；第二式也表明 $\hbar\omega_2$ 和 $\hbar\omega_0$ 的产生与消耗是同时的；第三式则表明 $\hbar\omega_1$，$\hbar\omega_2$ 是同时产生的。

2.3　光与非线性介质相互作用的量子理论

2.2 节研究表明辐射场与非线性介质的相互作用主要通过 Maxwell 方程中所包含的非线性极化体现出来。当极化 P 用电场 E 展开时，其展开系数，即极化率，表现了光与介质相互作用的多样性与复杂性。显然这个辐射场与原子的相互作用是建立在量子理论的基础上的。

在辐射场的作用下，原子的波函数 $\psi(\boldsymbol{r}, t)$ 所满足的 Schrödinger 方程为 [12]

$$i\hbar \frac{\partial}{\partial t}\psi = (H_0 + H')\psi \tag{2.3.1}$$

式中 H_0 为原子的哈密顿量，H' 为原子与辐射场相互作用的哈密顿量

$$H' = -\frac{-e}{mc}\boldsymbol{A} \cdot \boldsymbol{P} + \frac{e^2}{2mc^2}\boldsymbol{A}^2 \tag{2.3.2}$$

式中的第二项比第一项小得多，可略去 [12]。但在光与原子的弹性散射中，第二项是有作用的。在下面的讨论也只计及第一项，略去第二项。式中 $-e$ 为电子的电荷，$\boldsymbol{P}$ 为原子的动量算符，$\boldsymbol{A}$ 为场的矢势。在光波段范围内，波长远大于原子波函数不为 0 的线度，故在原子波函数线度内，$\boldsymbol{A}$ 可看成常数，可以从含原子波函数的积分中提出来。例如，在计算 n 态至 m 态的跃迁矩阵元时，有

$$\langle n|H'|m\rangle \simeq \frac{-(-e)}{mc}\boldsymbol{A} \cdot \langle n|\boldsymbol{P}|m\rangle$$
$$=-(-e)\frac{\boldsymbol{E}}{i\omega}i\omega_{nm} \cdot \langle n|\boldsymbol{r}|m\rangle$$
$$\simeq -\boldsymbol{E} \cdot \langle n|\boldsymbol{\mu}|m\rangle \tag{2.3.3}$$

式中 $\boldsymbol{\mu} = -e\boldsymbol{r}$ 为原子的偶极矩，$-\boldsymbol{\mu} \cdot \boldsymbol{E}$ 为偶极相互作用能，ω，ω_{nm} 分别为辐射频率与原子跃迁频率。在近共振的情况下，$\omega \simeq \omega_{nm}$，于是有 (2.3.3) 式，即 $H' = -\boldsymbol{\mu} \cdot \boldsymbol{E}$，称之为偶极近似。(2.3.1)~(2.3.3) 式为含相互作用的 Schrödinger 方程，与 (2.1.1)~(2.1.3) 式经典场的 Maxwell 方程合在一起为光与非线性介质相互作用半经典理论基础。

2.4　弱场微扰法解 Schrödinger 方程

Schrödinger 方程 (2.3.1) 一般很难准确求解，经常采用微扰方法求解。首先，当 $H' = 0$ 时，Schrödinger 方程为

$$i\hbar \frac{\partial}{\partial t}\psi = H_0\psi \tag{2.4.1}$$

设 (2.4.1) 式的解为已知，并可表示为一系列正交归一的定态解

$$\psi_n = e^{-iE_n t/\hbar}u_n(\boldsymbol{r}), \quad n = 1, 2, \cdots \tag{2.4.2}$$

将 (2.4.2) 式代入 (2.4.1) 式，得

$$H_0 u_n = E_n u_n \tag{2.4.3}$$

当 $H' \neq 0$ 时, 方程 (2.3.1) 式的解 ψ 用定态解 ψ_n 展开, 得

$$\psi(\boldsymbol{r}, t) = \sum_n a_n(t) \mathrm{e}^{-\mathrm{i}E_n t/\hbar} u_n(\boldsymbol{r}) \tag{2.4.4}$$

将 (2.4.4) 式代入 (2.3.1) 式, 便得

$$\frac{\mathrm{d}a_k}{\mathrm{d}t} = \frac{1}{\mathrm{i}\hbar} \sum_n \langle k|H'|n \rangle a_n \mathrm{e}^{\mathrm{i}\omega_{kn}t} \tag{2.4.5}$$

或

$$\frac{\mathrm{d}C_k}{\mathrm{d}t} = \frac{1}{\mathrm{i}\hbar} \sum_n \langle k|H|n \rangle C_n, \quad C_n = a_n(t) \mathrm{e}^{-\mathrm{i}E_n t/\hbar}, \quad H = H_0 + H' \tag{2.4.6}$$

这组方程准确地等价于 Schrödinger 方程 (2.3.1), 求解 $\psi(\boldsymbol{r}, t)$ 变为求解 $a_n(t)$ 或 $C_n(t)$。为此, 可将 $a_k(t)$ 按 $a_k^{(s)}(a_k^{(s)} \propto H'^s)$ 展开为

$$a_k = a_k^{(0)} + a_k^{(1)} + \cdots + a_k^{(s)} + \cdots \tag{2.4.7}$$

在弱场作用下, H' 很小, 这个展开是收敛的, 故可将 (2.4.7) 式代入 (2.4.5) 式, 并比较等式两端 H' 的同次幂, 便得

$$\begin{cases} \dfrac{\mathrm{d}a_k^{(0)}}{\mathrm{d}t} = 0 \\[3mm] \dfrac{\mathrm{d}a_k^{(s)}}{\mathrm{d}t} = (\mathrm{i}\hbar)^{-1} \sum_n \langle k|H'|n \rangle a_n^{(s-1)} \mathrm{e}^{\mathrm{i}\omega_{kn}t}, \quad s = 1, 2, \cdots \end{cases} \tag{2.4.8}$$

当常数 $a_k^{(0)}$ 给定时, 方程 (2.4.8) 给出 $a_k^{(s)}$ 的递推方程, 此即弱场的微扰解。但当 E 很强时, H' 增大, 展开式 (2.4.7) 已不收敛, 微扰法不适用。

现设

$$H' = -\boldsymbol{\mu} \cdot \boldsymbol{E} = -\boldsymbol{\mu} \cdot \sum_p \boldsymbol{E}(\omega_p) \mathrm{e}^{-\mathrm{i}\omega_p t} \tag{2.4.9}$$

则

$$H'_{kn} = \langle k|H'|n \rangle = -\boldsymbol{\mu}_{kn} \cdot \sum_p \boldsymbol{E}(\omega_p) \mathrm{e}^{-\mathrm{i}\omega_p t} \tag{2.4.10}$$

积分 (2.4.8) 式, 得

$$\begin{aligned} a_k^{(s)} &= (\mathrm{i}\hbar)^{-1} \int_{-\infty}^t \mathrm{d}t' \sum_n H'_{kn} a_n^{(s-1)} \mathrm{e}^{\mathrm{i}\omega_{kn}t'} \\ &= \mathrm{i}/\hbar \int_{-\infty}^t \mathrm{d}t' \sum_n \boldsymbol{\mu}_{kn} \cdot \sum_p \boldsymbol{E}(\omega_p) \mathrm{e}^{\mathrm{i}(\omega_{kn}-\omega_p)t'} a_n^{(s-1)}(t') \end{aligned} \tag{2.4.11}$$

取初值 $a_n^{(0)} = \delta_{ng}$ 代入 (2.4.11) 式, 得

$$a_m^{(1)}(t) = \frac{1}{\hbar} \sum_p \frac{\boldsymbol{\mu}_{mg} \cdot \boldsymbol{E}(\omega_p)}{\omega_{mg} - \omega_p} \mathrm{e}^{\mathrm{i}(\omega_{mg} - \omega_p)t} \tag{2.4.12}$$

将 $a_m^{(1)}$ 代入 (2.4.11) 式, 得

$$a_n^{(2)}(t) = \frac{1}{\hbar^2} \sum_{p,q} \sum_m \frac{[\boldsymbol{\mu}_{nm} \cdot \boldsymbol{E}(\omega_q)][\boldsymbol{\mu}_{mg} \cdot \boldsymbol{E}(\omega_p)]}{(\omega_{ng} - \omega_p - \omega_q)(\omega_{mg} - \omega_p)} \mathrm{e}^{\mathrm{i}(\omega_{ng} - \omega_p - \omega_q)t} \tag{2.4.13}$$

将 $a_n^{(2)}$ 代入 (2.4.11) 式, 得

$$a_k^{(3)} = \frac{1}{\hbar^3} \sum_{pqr} \sum_{nm} \frac{[\boldsymbol{\mu}_{kn} \cdot \boldsymbol{E}(\omega_r)][\boldsymbol{\mu}_{nm} \cdot \boldsymbol{E}(\omega_q)][\boldsymbol{\mu}_{mg} \cdot \boldsymbol{E}(\omega_p)]}{(\omega_{kg} - \omega_p - \omega_q - \omega_r)(\omega_{ng} - \omega_p - \omega_q)(\omega_{mg} - \omega_p)} \mathrm{e}^{\mathrm{i}(\omega_{kg} - \omega_p - \omega_q - \omega_r)t}$$
$$\tag{2.4.14}$$

在此基础上可计算出 1~3 级微扰波函数及 1~3 阶极化与极化率为

$$\begin{cases} |\psi^{(1)}\rangle = \sum_m a_m^{(1)}(t) u_m(\boldsymbol{r}) \mathrm{e}^{-\mathrm{i}\omega_m t}, & \langle\psi^{(1)}| = \sum_m a_m^{(1)*}(t) u_m^*(\boldsymbol{r}) \mathrm{e}^{\mathrm{i}\omega_m t} \\ |\psi^{(2)}\rangle = \sum_m a_m^{(2)}(t) u_m(\boldsymbol{r}) \mathrm{e}^{-\mathrm{i}\omega_m t}, & \langle\psi^{(2)}| = \sum_m a_m^{(2)*}(t) u_m^*(\boldsymbol{r}) \mathrm{e}^{\mathrm{i}\omega_m t} \\ |\psi^{(3)}\rangle = \sum_m a_m^{(3)}(t) u_m(\boldsymbol{r}) \mathrm{e}^{-\mathrm{i}\omega_m t}, & \langle\psi^{(3)}| = \sum_m a_m^{(3)*}(t) u_m^*(\boldsymbol{r}) \mathrm{e}^{\mathrm{i}\omega_m t} \end{cases} \tag{2.4.15}$$

一阶偶极矩为 (零阶偶极矩为零, 因为原子波函数具有反射对称性)

$$\begin{aligned} \langle\boldsymbol{p}^{(1)}\rangle &= \langle\psi^{(0)}|\boldsymbol{\mu}|\psi^{(1)}\rangle + \langle\psi^{(1)}|\boldsymbol{\mu}|\psi^{(0)}\rangle \\ &= \frac{1}{\hbar} \sum_p \sum_m \left(\frac{\boldsymbol{\mu}_{gm}[\boldsymbol{\mu}_{mg} \cdot \boldsymbol{E}(\omega_p)]}{\omega_{mg} - \omega_p} \mathrm{e}^{-\mathrm{i}\omega_p t} + \frac{[\boldsymbol{\mu}_{mg} \cdot \boldsymbol{E}(\omega_p)]^* \boldsymbol{\mu}_{mg}}{\omega_{mg}^* - \omega_p} \mathrm{e}^{\mathrm{i}\omega_p t} \right) \end{aligned} \tag{2.4.16}$$

式中我们已将 ω_{mg} 看作一般复数, 实部即由 $m \sim g$ 能级的跃迁频率, 虚部是唯象引进的, 表示该能级跃迁辐射的线宽. 另外, (2.4.16) 式的求和号 $\sum_p$ 包括了正频 ω_p 与负频 $-\omega_p$, 故在第二项中用 $-\omega_p$ 代替 ω_p, 将不会改变和式的值, 并使表达式更简洁, 再注意到 $\boldsymbol{E}^*(-\omega_p) = \boldsymbol{E}(\omega_p)$ 以及 $\boldsymbol{\mu}_{mg}^* = \boldsymbol{\mu}_{gm}$,

$$\langle\boldsymbol{p}^{(1)}\rangle = \frac{1}{\hbar} \sum_p \sum_m \left(\frac{\boldsymbol{\mu}_{gm}[\boldsymbol{\mu}_{mg} \cdot \boldsymbol{E}(\omega_p)]}{\omega_{mg} - \omega_p} + \frac{[\boldsymbol{\mu}_{gm} \cdot \boldsymbol{E}(\omega_p)]\boldsymbol{\mu}_{mg}}{\omega_{mg}^* + \omega_p} \right) \mathrm{e}^{-\mathrm{i}\omega_p t} \tag{2.4.17}$$

由此得一阶极化

$$\boldsymbol{P}^{(1)} = N\langle\boldsymbol{p}^{(1)}\rangle = \sum_p \boldsymbol{P}^{(1)}(\omega_p) \mathrm{e}^{-\mathrm{i}\omega_p t} \tag{2.4.18}$$

式中 N 为原子密度。将 $\boldsymbol{P}^{(1)}(\omega_p)$ 的分量 $P_i^{(1)}(\omega_p)$ 展开

$$P_i^{(1)}(\omega_p) = \sum_j \chi_{ij}^{(1)}(\omega_p) E_j(\omega_p) \tag{2.4.19}$$

系数 $\chi_{ij}^{(1)}$ 即线性极化率。

将 (2.4.17) 式代入 (2.4.18) 式，并注意到 (2.4.19) 式，便得线性极化率

$$\chi_{ij}^{(1)}(\omega_p) = \frac{N}{\hbar} \sum_m \left(\frac{\mu_{gm}^i \mu_{mg}^j}{\omega_{mg} - \omega_p} + \frac{\mu_{gm}^j \mu_{mg}^i}{\omega_{mg}^* + \omega_p} \right) \tag{2.4.20}$$

(2.4.20) 式的前一项为共振项，后一项为非共振项。主要贡献来自于共振项，非线性效应的共振增强即来源于此。因为当泵浦频率 ω_p 调谐到很接近于 ω_{mg} 时，这一项的贡献将会增加得很大，从而也会增大相应的展开项 $a_n^{(s)}$，而使 (2.4.7) 式不再收敛，以致微扰展开不再适用。我们称场的频率 ω_p 很接近于跃迁频率 ω_{mg} 为共振相互作用。

现求二阶及三阶偶极矩及极化、极化率。计算方法与上面相似，现将主要结果写在下面：

$$\begin{aligned}
\langle \boldsymbol{p}^{(2)} \rangle &= \langle \psi^{(0)} | \boldsymbol{\mu} | \psi^{(2)} \rangle + \langle \psi^{(1)} | \boldsymbol{\mu} | \psi^{(1)} \rangle + \langle \psi^{(2)} | \boldsymbol{\mu} | \psi^{(0)} \rangle \\
&= \frac{1}{\hbar^2} \sum_{pq} \sum_{mn} \left(\frac{\boldsymbol{\mu}_{gn}[\boldsymbol{\mu}_{nm} \cdot \boldsymbol{E}(\omega_q)][\boldsymbol{\mu}_{mg} \cdot \boldsymbol{E}(\omega_p)]}{(\omega_{ng} - \omega_p - \omega_q)(\omega_{mg} - \omega_p)} \right. \\
&\quad + \frac{[\boldsymbol{\mu}_{gn} \cdot \boldsymbol{E}(\omega_q)]\boldsymbol{\mu}_{nm}[\boldsymbol{\mu}_{mg} \cdot \boldsymbol{E}(\omega_p)]}{(\omega_{ng}^* + \omega_q)(\omega_{mg} - \omega_p)} \\
&\quad \left. + \frac{[\boldsymbol{\mu}_{mg} \cdot \boldsymbol{E}(\omega_q)][\boldsymbol{\mu}_{nm} \cdot \boldsymbol{E}(\omega_p)]\boldsymbol{\mu}_{mg}}{(\omega_{ng}^* + \omega_q)(\omega_{mg}^* + \omega_p + \omega_q)} \right) \mathrm{e}^{-\mathrm{i}(\omega_p + \omega_q)t}
\end{aligned} \tag{2.4.21}$$

$$\begin{aligned}
\langle \boldsymbol{p}^{(3)} \rangle &= \frac{1}{\hbar^3} \sum_{pqr} \sum_{mn\nu} \left(\frac{\boldsymbol{\mu}_{g\nu}[\boldsymbol{\mu}_{\nu n} \cdot \boldsymbol{E}(\omega_r)][\boldsymbol{\mu}_{nm} \cdot \boldsymbol{E}(\omega_q)][\boldsymbol{\mu}_{mg} \cdot \boldsymbol{E}(\omega_p)]}{(\omega_{ng} - \omega_q - \omega_p - \omega_r)(\omega_{ng} - \omega_q - \omega_p)(\omega_{mg} - \omega_p)} \right. \\
&\quad + \frac{[\boldsymbol{\mu}_{g\nu} \cdot \boldsymbol{E}(\omega_r)]\boldsymbol{\mu}_{\nu n}[\boldsymbol{\mu}_{nm} \cdot \boldsymbol{E}(\omega_p)][\boldsymbol{\mu}_{mg} \cdot \boldsymbol{E}(\omega_p)]}{(\omega_{\nu g}^* + \omega_r)(\omega_{ng} - \omega_p - \omega_q)(\omega_{mg} - \omega_p)} \\
&\quad + \frac{[\boldsymbol{\mu}_{g\nu} \cdot \boldsymbol{E}(\omega_r)][\boldsymbol{\mu}_{\nu m} \cdot \boldsymbol{E}(\omega_q)]\boldsymbol{\mu}_{nm}[\boldsymbol{\mu}_{mg} \cdot \boldsymbol{E}(\omega_p)]}{(\omega_{\nu g}^* + \omega_r)(\omega_{ng}^* + \omega_r + \omega_q)(\omega_{mg} - \omega_p)} \\
&\quad \left. + \frac{[\boldsymbol{\mu}_{g\nu} \cdot \boldsymbol{E}(\omega_r)][\boldsymbol{\mu}_{\nu m} \cdot \boldsymbol{E}(\omega_p)][\boldsymbol{\mu}_{nm} \cdot \boldsymbol{E}(\omega_p)]\boldsymbol{\mu}_{mg}}{(\omega_{\nu g}^* + \omega_r)(\omega_{ng}^* + \omega_r + \omega_q)(\omega_{mg}^* + \omega_r + \omega_q + \omega_p)} \right) \mathrm{e}^{-\mathrm{i}(\omega_p + \omega_q + \omega_r)t}
\end{aligned} \tag{2.4.22}$$

由此得出二阶、三阶极化率

$$\boldsymbol{P}^{(2)} = N\langle \boldsymbol{p}^{(2)} \rangle = \sum_r \boldsymbol{P}^{(2)}(\omega_r) \mathrm{e}^{-\mathrm{i}\omega_r t} \tag{2.4.23}$$

$$P_i^{(2)}(\omega_p + \omega_q, \omega_q, \omega_p) = \sum_{jk} \sum_{pq} \chi_{ijk}^{(2)}(\omega_p + \omega_q, \omega_q, \omega_p) E_j(\omega_q) E_k(\omega_p) \tag{2.4.24}$$

$$\chi_{ijk}^{(2)}(\omega_p + \omega_q, \omega_q, \omega_p)$$
$$= \frac{N}{\hbar^2} P \sum_{mn} \left(\frac{\mu_{gn}^i \mu_{nm}^j \mu_{mg}^k}{(\omega_{ng} - \omega_p - \omega_q)(\omega_{mg} - \omega_p)} \right.$$
$$\left. + \frac{\mu_{gn}^j \mu_{nm}^i \mu_{mg}^k}{(\omega_{ng}^* + \omega_q)(\omega_{mg} - \omega_p)} + \frac{\mu_{gn}^j \mu_{nm}^k \mu_{mg}^i}{(\omega_{ng}^* + \omega_q)(\omega_{mg}^* + \omega_q + \omega_p)} \right) \tag{2.4.25}$$

式中 P 指 $(j, k; q, p)$ 间的排列, 例如

$$P \frac{\mu_{gn}^i \mu_{nm}^j \mu_{mg}^k}{(\omega_{ng} - \omega_p - \omega_q)(\omega_{mg} - \omega_p)}$$
$$= \frac{\mu_{gn}^i \mu_{nm}^j \mu_{mg}^k}{(\omega_{ng} - \omega_p - \omega_q)(\omega_{mg} - \omega_p)} + \frac{\mu_{gn}^i \mu_{nm}^k \mu_{mg}^j}{(\omega_{ng} - \omega_p - \omega_q)(\omega_{mg} - \omega_q)} \tag{2.4.26}$$

故二阶极化率 $\chi_{ijk}^{(2)}(\omega_p + \omega_q, \omega_q, \omega_p)$ 实际上包括了 6 项. 又因为

$$\boldsymbol{P}^{(3)} = N \langle \boldsymbol{p}^{(3)} \rangle = \sum \boldsymbol{P}^{(3)}(\omega_r) \mathrm{e}^{-\mathrm{i}\omega_r t}$$

$$P_k^{(3)}(\omega_p + \omega_q + \omega_r) = \sum_{hij} \sum_{pqr} \chi_{kjih}^{(3)}(\omega_p + \omega_q + \omega_r, \omega_r, \omega_q, \omega_p) E_j(\omega_r) E_i(\omega_q) E_h(\omega_p)$$
$$\tag{2.4.27}$$

$$\chi_{kjih}^{(3)}(\omega_p + \omega_q + \omega_r, \omega_r, \omega_q, \omega_p)$$
$$= \frac{N}{\hbar^3} P \sum_{mn\nu} \frac{\mu_{g\nu}^k \mu_{\nu n}^j \mu_{nm}^i \mu_{mg}^h}{(\omega_{\nu g} - \omega_r - \omega_q - \omega_p)(\omega_{ng} - \omega_q - \omega_p)(\omega_{mg} - \omega_p)}$$
$$+ \frac{\mu_{g\nu}^j \mu_{\nu n}^k \mu_{nm}^i \mu_{mg}^h}{(\omega_{\nu g}^* + \omega_r)(\omega_{ng} - \omega_q - \omega_p)(\omega_{mg} - \omega_p)}$$
$$+ \frac{\mu_{g\nu}^j \mu_{\nu n}^i \mu_{nm}^k \mu_{mg}^h}{(\omega_{\nu g}^* + \omega_r)(\omega_{ng}^* + \omega_r + \omega_q)(\omega_{mg} - \omega_p)}$$
$$+ \frac{\mu_{g\nu}^j \mu_{\nu n}^i \mu_{nm}^h \mu_{mg}^k}{(\omega_{\nu g}^* + \omega_r)(\omega_{ng}^* + \omega_r + \omega_q)(\omega_{mg}^* + \omega_r + \omega_q + \omega_p)} \tag{2.4.28}$$

式中 P 为 $(j, i, h; r, q, p)$ 间排列, 故三阶极化率实际上包括 24 项.

由三阶极化与极化率的一般公式 (2.4.28), 可求得 $\omega_r = \omega_q = \omega_p = \omega$, 即三次谐波的极化率

$$\boldsymbol{P}^{(3)} = \boldsymbol{P}^{(3)}(3\omega) \mathrm{e}^{-\mathrm{i}3\omega t} + c.c$$
$$\boldsymbol{E} = \boldsymbol{E}(\omega) \mathrm{e}^{-\mathrm{i}\omega t} + c.c$$
$$P^{(3)}(3\omega) = \chi^{(3)}(3\omega) E^3$$

$$\chi^{(3)}(3\omega) = \frac{N}{\hbar^3} \sum_{mn\nu} \mu_{g\nu}\mu_{\nu n}\mu_{nm}\mu_{mg} \left(\frac{1}{(\omega_{\nu g} - 3\omega)(\omega_{ng} - 2\omega)(\omega_{mg} - \omega)} \right.$$

$$+ \frac{1}{(\omega_{\nu g}^* + \omega)(\omega_{ng} - 2\omega)(\omega_{mg} - \omega)} + \frac{1}{(\omega_{\nu g}^* + \omega)(\omega_{ng}^* + 2\omega)(\omega_{mg} - \omega)}$$

$$+ \left. \frac{1}{(\omega_{\nu g}^* + \omega)(\omega_{ng}^* + 2\omega)(\omega_{mg}^* + 3\omega)} \right) \tag{2.4.29}$$

2.5 密度矩阵方程及其微扰解法

2.5.1 密度矩阵方程

Schrödinger 方程所描述的是不包含弛豫时间的守恒系统, 故基于求解 Schrödinger 方程波函数法不能处理由碰撞引起的谱线加宽等问题。也正因为没有考虑谱线加宽, 所以当光场频率与原子跃迁频率为共振时, 分母趋于 0, 微扰波函数系数趋于发散。为了克服这类困难, 量子力学密度矩阵方法便相应发展起来。与 Schrödinger 方程的不同之处在于密度矩阵方程中已唯象地引进了表征弛豫参数, 如寿命 T_1 及谱线宽度 $1/T_2$ 等。

方程 (2.4.4) 给出波函数 $\psi(\boldsymbol{r},t)$ 按原子波函数 $u_n(\boldsymbol{r})\mathrm{e}^{-\mathrm{i}E_n t/\hbar}$ 的展开式。设原子处于 $\psi_s(\boldsymbol{r},t)$ 状态, 则按量子力学基本假定, 物理量 A 的期待值 $\langle A \rangle$ 可表示为

$$\langle A \rangle = \int \psi_s^*(\boldsymbol{r},t) A \psi_s(\boldsymbol{r},t) \mathrm{d}\boldsymbol{r} \tag{2.5.1}$$

按 (2.4.6) 式, 将 $\psi_s(\boldsymbol{r},t)$ 展开为

$$\psi_s(\boldsymbol{r},t) = \sum_n C_n^s(t) u_n(\boldsymbol{r}) \tag{2.5.2}$$

将 (2.5.2) 式代入 (2.5.1) 式, 得

$$\langle A \rangle = \sum_{mn} C_m^{s*} C_n^s A_{mn}$$

$$A_{mn} = \int u_m^* A u_n \mathrm{d}\boldsymbol{r} \tag{2.5.3}$$

$\psi_s(\boldsymbol{r},t)$ 满足 Schrödinger 方程 (2.3.1), 称之为纯态 [12]。(2.5.1) 式为按纯 $\psi_s(\boldsymbol{r},t)$ 计算期待值, 纯态是量子力学中确定的状态。在很多情况下, 我们并不确切地知道原子处于哪一纯态中, 只是大约知道原子处于 $\psi_s(\boldsymbol{r},t)$ 的概率为 $p(s)$, 还可能处于其他纯态 $\psi_{s'}(\boldsymbol{r},t)$, 概率为 $p(s')$。故还需将 (2.5.3) 式对各种状态按概率 $p(s)$ 求平均, 并用 $\overline{\langle A \rangle}$ 表示求平均后的 $\langle A \rangle$ 值

$$\overline{\langle A \rangle} = \sum_s p(s) \sum_{mn} C_m^{s*} C_n^s A_{mn} = \sum_{nm} \rho_{nm} A_{mn} \tag{2.5.4}$$

$$\rho_{nm} = \sum_s p(s) C_m^{s*} C_n^s, \quad \sum_s p(s) = 1 \tag{2.5.5}$$

按概率分布的各个状态称为混态，相对于纯态来说，混态是不确定的，是按照通常统计意义的概率 $p(s)$ 分布的各个态 $\psi_s(\boldsymbol{r}, t)$ 的混合，只有当某一特定的 "s" 态的分布概率 $p(s) \to 1$ 时，才趋于纯态。(2.5.4) 式就是对混态概率 $p(s)$ 的平均。由 (2.5.5) 式定义的矩阵元 ρ_{nm} 即量子力学密度矩阵元，当某一 s 的 $p(s) \to 1$ 时，则

$$\rho_{nm} \to C_m^{s*} C_n^s \tag{2.5.6}$$

现讨论 ρ_{nm} 的物理意义。其中对角矩阵元

$$\rho_{nn} = \sum_s p(s) C_n^{s*} C_n^s = \sum_s p(s) |C_n^s|^2 \tag{2.5.7}$$

为处于 n 态的概率；非对角矩阵元 $(n \neq m)$

$$\rho_{nm} = \sum_s p(s) C_m^{s*} C_n^s = \sum_s p(s) |C_m^{s*} C_n^s| \mathrm{e}^{\mathrm{i}(\Phi_m^s - \Phi_n^s)} \tag{2.5.8}$$

则表示状态 n 与状态 m 间的关联。这种关联将在原子辐射的谱线宽度中体现出来，这种关联不仅与振幅 $|C_n^{s*} C_m^s|$ 有关，还与初始相位差 $\Phi_n^s - \Phi_m^s$ 有关，后者是很重要的。例如，在热平衡情况下，由于原子间的很频繁的碰撞，初相位 Φ_m^s, Φ_n^s 完全无规，相位差 $\Delta\Phi = \Phi_m^s - \Phi_n^s$ 在 $(0, 2\pi)$ 内均匀分布，故有

$$\rho_{nm} \propto \int_0^{2\pi} \mathrm{e}^{\mathrm{i}\Delta\Phi} \frac{\mathrm{d}\Delta\Phi}{2\pi} = 0$$

这就是非相干情形。另一方面，在没有碰撞的相干的情形，$\Delta\Phi = \Phi_m^s - \Phi_n^s$ 取一特定的数值，而不是在 $(0, 2\pi)$ 内均匀分布。$\mathrm{e}^{\mathrm{i}\Delta\Phi}$ 可从 (2.5.8) 式和式求和号中提出来，而不影响 ρ_{nm} 的绝对值。

现将 (2.5.4) 式的两重和写成矩阵求迹的形式：

$$\overline{\langle A \rangle} = \sum_{nm} \rho_{nm} A_{mn} = \sum_n (\rho A)_{nn} = \mathrm{tr}(\rho A) \tag{2.5.9}$$

故物理量 A 的期待值 $\langle A \rangle$ 对混态求平均 $\overline{\langle A \rangle}$，即密度矩阵 ρ 与算子 A 的积 ρA 的对角元之和，即求迹。密度矩阵 ρ 的矩阵元 ρ_{nm} 由 (2.5.5) 式定义，现在求 ρ_{nm} 对时间的导数，并假定 $p(s)$ 不随时间变化。$\dfrac{\mathrm{d}C_n^s}{\mathrm{d}t}$, $\dfrac{\mathrm{d}C_m^{s*}}{\mathrm{d}t}$ 按 (2.4.6) 式消去，便得

$$\dot{\rho}_{nm} = \sum_s p(s) \left(C_m^{s*} \frac{\mathrm{d}C_n^s}{\mathrm{d}t} + \frac{\mathrm{d}C_m^{s*}}{\mathrm{d}t} C_n^s \right)$$

$$= \frac{1}{\mathrm{i}\hbar} \sum_s p(s) \left(\sum_\nu C_m^{s*} H_{n\nu} C_\nu^s - \sum_\nu H_{\nu m} C_\nu^{s*} C_n^s \right)$$

$$= \frac{-\mathrm{i}}{\hbar} \sum_\nu (H_{n\nu} \rho_{\nu m} - \rho_{n\nu} H_{\nu m})$$

$$= \frac{-\mathrm{i}}{\hbar} (H\rho - \rho H)_{nm} = \frac{-\mathrm{i}}{\hbar} [H \ , \ \rho]_{nm} \tag{2.5.10}$$

(2.5.10) 式为密度矩阵随时间的演化方程,与 Schrödinger 方程 (2.3.1) 等价。H 为包括 H_0 与相互作用 H' 在内的哈密顿量,是完全确定的。

一些不确定的因素,如原子间的碰撞的影响,在 (2.3.1) 和 (2.5.10) 式中均没有包括进去,因为碰撞的结果将使得原子系统改变其在 n, m 状态的概率与初相位,亦即改变了原子在 $\psi^s(\boldsymbol{r}, t)$ 态的分布概率,于是有 $\dfrac{\mathrm{d}p(s)}{\mathrm{d}t} \neq 0$。这与我们在导出 (2.5.10) 式时假定 $p(s)$ 不随时间变化是相悖的。故 $\dfrac{\mathrm{d}p(s)}{\mathrm{d}t} = 0$ 与 (2.3.1) 和 (2.5.10) 式,均不包含不确定的因素,不确定的因素导致 $\dfrac{\mathrm{d}p(s)}{\mathrm{d}t} \neq 0$。但是直接计算有困难,我们可在 ρ_{nm} 的演化方程中,唯象地引进一些表现弛豫过程的参量 γ_{nm},来体现这些不确定的因素的影响 [1],即

$$\dot{\rho}_{nm} = -\mathrm{i}/\hbar [H, \rho]_{nm} - \gamma_{nm}(\rho_{nm} - \bar{\rho}_{nm}) \tag{2.5.11}$$

式中第二项为弛豫项,γ_{nm} 为弛豫系数,$\bar{\rho}_{nm}$ 为稳态值。考虑到在热平衡情况下,各状态的初相位是无规则的,故非对角矩阵元 ρ_{nm} 的稳态值 $\bar{\rho}_{nm}$ 应为 0,故可将 (2.5.11) 式写为

$$\dot{\rho}_{nm} = -\mathrm{i}/\hbar [H, \rho]_{nm} - \gamma_{nm}\rho_{nm}, \quad n \neq m \tag{2.5.12}$$

$$\dot{\rho}_{nn} = -\mathrm{i}/\hbar [H, \rho]_{nn} - \gamma_{nn}(\rho_{nn} - \bar{\rho}_{nn}) \tag{2.5.13}$$

可以证明对角矩阵元的弛豫 γ_{nn}, γ_{mm} 与非对角矩阵元的弛豫系数 γ_{nm} 之间存在关系

$$\gamma_{nm} = \frac{1}{2}(\gamma_{nn} + \gamma_{mm}) + \gamma_{nm}^c \tag{2.5.14}$$

式中 γ_{nm}^c 表示原子碰撞对相位的影响。对角矩阵元弛豫 γ_{nn} 即为原子处于 n 态的寿命的倒数。设初始时原子处于 n 态的概率为 $|C_n(0)|^2$,则经过时间 t 的弛豫后为

$$|C_n(t)|^2 = |C_n(0)|^2 \mathrm{e}^{-\gamma_{nn}t}$$

故有

$$C_n(t) = C_n(0)\mathrm{e}^{-\gamma_{nn}t/2 - \mathrm{i}\Phi_n - \mathrm{i}\omega_n t}$$

同样有

$$C_m(t) = C_m(0)\mathrm{e}^{-\gamma_{mm}t/2 - \mathrm{i}\Phi_m - \mathrm{i}\omega_m t} \tag{2.5.15}$$

$$
\begin{aligned}
\rho_{nm}(t) &= \sum_s p(s)C_m^{s*}(t)C_n^s(t) \\
&= \sum_s p(s)C_m^{*s}(0)C_n^s(0)\exp[-(\gamma_{nn} + \gamma_{mm})t/2 \\
&\quad - \mathrm{i}\omega_{nm}t]\overline{\exp[\mathrm{i}(\Phi_m - \Phi_n)]}
\end{aligned} \tag{2.5.16}
$$

式中 $\overline{\exp[\mathrm{i}(\Phi_m - \Phi_n)]}$ 为由碰撞而引起的失相

$$\overline{\mathrm{e}^{\mathrm{i}(\Phi_m - \Phi_n)}} = \overline{\mathrm{e}^{-\mathrm{i}\Delta\Phi}} \simeq \overline{1 - \mathrm{i}\Delta\Phi - (\Delta\Phi)^2/2} = 1 - \gamma_{nm}^c t \simeq \mathrm{e}^{-\gamma_{nm}^c t} \tag{2.5.17}$$

将 (2.5.17) 式代入 (2.5.16) 式得

$$
\begin{aligned}
\rho_{nm}(t) &= \sum_s p(s)C_m^{*s}(0)C_n^s(0)\mathrm{e}^{-\gamma_{nm}t - \mathrm{i}\omega_{nm}t} \\
&= \rho_{nm}(0)\mathrm{e}^{-\gamma_{nm}t - \mathrm{i}\omega_{nm}t} \\
\gamma_{nm} &= \frac{1}{2}(\gamma_{nn} + \gamma_{mm}) + \gamma_{nm}^c
\end{aligned} \tag{2.5.18}
$$

应用 (2.5.18) 和 (2.5.9) 式可求得原子的偶极矩 $\boldsymbol{\mu}$ 的期待值

$$\overline{\langle \boldsymbol{\mu} \rangle} = \boldsymbol{\mu}_{mn}\rho_{nm}(t) + \boldsymbol{\mu}_{nm}\rho_{mn}(t) = \boldsymbol{\mu}_{mn}\rho_{nm}(0)\mathrm{e}^{-\gamma_{nm}t - \mathrm{i}\omega_{nm}t} + c.c \tag{2.5.19}$$

故在外场为 0 的情况下，原子的偶极矩自发辐射的线宽为 γ_{nm}。

2.5.2 用微扰法解密度矩阵方程

按前面方程 (2.4.5) 导出迭代方程 (2.4.8) 的方法，我们不难由密度矩阵方程 (2.5.11) 出发导出相应的迭代方程。注意到 $H = H_0 + H'$ 以及

$$[H_0, \rho]_{nm} = (H_0\rho - \rho H_0)_{nm} = (E_n - E_m)\rho_{nm} \tag{2.5.20}$$

于是 (2.5.11) 式可写为

$$\frac{\mathrm{d}\rho_{nm}}{\mathrm{d}t} = (-\mathrm{i}\omega_{nm} - \gamma_{nm})\rho_{nm} - \frac{\mathrm{i}}{\hbar}[H', \rho]_{nm} + \gamma_{nm}\bar{\rho}_{nm} \tag{2.5.21}$$

将 ρ_{nm} 按下式展开：

$$\rho_{nm} = \rho_{nm}^{(0)} + \rho_{nm}^{(1)} + \cdots + \rho_{nm}^{(s)} + \cdots, \quad \rho_{nm}^{(s)} \propto (H')^s \tag{2.5.22}$$

将 (2.5.22) 式代入 (2.5.21) 式，并比较 H' 的同次幂，便得

$$\dot{\rho}_{nm}^{(0)} = -\mathrm{i}\omega_{nm}\rho_{nm}^{(0)} - \gamma_{nm}^{(0)}(\rho_{nm}^{(0)} - \bar{\rho}_{nm}) \tag{2.5.23}$$

$$\dot{\rho}_{nm}^{(s)} = -(\mathrm{i}\omega_{nm}^{(0)} + \gamma_{nm})\rho_{nm}^{(s)} - \mathrm{i}/\hbar[H', \rho^{(s-1)}]_{nm}, \quad s = 1, 2, \cdots \quad (2.5.24)$$

由 (2.5.23) 式易看出 $\rho_{nm}^{(0)}$ 的解为

$$\begin{cases} \rho_{nn}^{(0)} = \bar{\rho}_{nn} \\ \rho_{nm}^{(0)} = \bar{\rho}_{nm} = 0, \quad n \neq m \end{cases} \quad (2.5.25)$$

由 (2.5.24) 式, 得

$$\rho_{nm}^{(s)} = \int_{-\infty}^{t} \frac{-\mathrm{i}}{\hbar}[H', \rho^{(s-1)}]_{nm} \mathrm{e}^{-(\mathrm{i}\omega_{nm} + \gamma_{nm})(t-t')} \mathrm{d}t' \quad (2.5.26)$$

注意到

$$[H', \rho^{(0)}]_{nm} = -\sum_{\nu}(\boldsymbol{\mu}_{n\nu}\rho_{\nu m}^{(0)} - \rho_{n\nu}^{(0)}\boldsymbol{\mu}_{\nu m}) \cdot \boldsymbol{E} = -(\bar{\rho}_{mm} - \bar{\rho}_{nn})\boldsymbol{\mu}_{nm} \cdot \boldsymbol{E} \quad (2.5.27)$$

以及

$$\boldsymbol{E} = \sum_{p} \boldsymbol{E}(\omega_p)\mathrm{e}^{-\mathrm{i}\omega_p t} \quad (2.5.28)$$

将 (2.5.27) 式代入 (2.5.26) 式, 得

$$\begin{aligned}
\rho_{nm}^{(1)}(t) &= \mathrm{i}\frac{\bar{\rho}_{mm} - \bar{\rho}_{nn}}{\hbar} \sum_{p} \boldsymbol{\mu}_{nm} \cdot \boldsymbol{E}(\omega_p)\mathrm{e}^{-\mathrm{i}(\omega_{nm} - \mathrm{i}\gamma_{nm})t} \int_{-\infty}^{t} \mathrm{e}^{(\mathrm{i}(\omega_{nm} - \omega_p) + \gamma_{nm})t'}\mathrm{d}t' \\
&= \frac{\bar{\rho}_{mm} - \bar{\rho}_{nn}}{\hbar} \sum_{p} \frac{\boldsymbol{\mu}_{nm} \cdot \boldsymbol{E}(\omega_p)\mathrm{e}^{-\mathrm{i}\omega_p t}}{\omega_{nm} - \omega_p - \mathrm{i}\gamma_{nm}}
\end{aligned} \quad (2.5.29)$$

利用 $\rho_{nm}^{(1)}(t)$ 可计算感生偶极矩的期待值,

$$\begin{aligned}
\overline{\langle\boldsymbol{\mu}\rangle} &= \mathrm{tr}(\rho_{nm}^{(1)}(t)\boldsymbol{\mu}) = \sum_{nm} \rho_{nm}^{(1)}\boldsymbol{\mu}_{mn} \\
&= \sum_{nm} \frac{\bar{\rho}_{mm} - \bar{\rho}_{nn}}{\hbar} \sum_{p} \frac{\boldsymbol{\mu}_{mn}(\boldsymbol{\mu}_{nm} \cdot \boldsymbol{E}(\omega_p))\mathrm{e}^{-\mathrm{i}\omega_p t}}{\omega_{nm} - \omega_p - \mathrm{i}\gamma_{nm}}
\end{aligned} \quad (2.5.30)$$

将 $\overline{\langle\boldsymbol{\mu}\rangle}$ 写成 $\sum_{p}\langle\boldsymbol{\mu}(\omega_p)\rangle\mathrm{e}^{-\mathrm{i}\omega_p t}$ 形式, 便得

$$\langle\boldsymbol{\mu}(\omega_p)\rangle = \sum_{nm} \frac{\bar{\rho}_{mm} - \bar{\rho}_{nn}}{\hbar} \frac{\boldsymbol{\mu}_{mn}(\boldsymbol{\mu}_{nm} \cdot \boldsymbol{E}(\omega_p))}{\omega_{nm} - \omega_p - \mathrm{i}\gamma_{nm}} \quad (2.5.31)$$

由此可求得线性极化 $\boldsymbol{P}^{(1)}(\omega_p)$ 及极化率 $\chi_{ij}^{(1)}(\omega_p)$ 分别为

$$\boldsymbol{P}^{(1)}(\omega_p) = N\langle\boldsymbol{\mu}(\omega_p)\rangle = \chi^{(1)}(\omega_p) \cdot \boldsymbol{E}(\omega_p) \quad (2.5.32)$$

$$\boldsymbol{\chi}^{(1)}(\omega_p) = \frac{N}{\hbar} \sum_{nm} (\bar{\rho}_{mm} - \bar{\rho}_{nn}) \frac{\boldsymbol{\mu}_{mn}\boldsymbol{\mu}_{nm}}{\omega_{nm} - \omega_p - \mathrm{i}\gamma_{nm}} \tag{2.5.33}$$

或

$$\chi_{ij}^{(1)}(\omega_p) = \frac{N}{\hbar} \sum_{nm} (\bar{\rho}_{mm} - \bar{\rho}_{nn}) \frac{\mu_{mn}^i \mu_{nm}^j}{\omega_{nm} - \omega_p - \mathrm{i}\gamma_{nm}}$$

$$= \frac{N}{\hbar} \sum_{nm} \bar{\rho}_{mm} \left(\frac{\mu_{mn}^i \mu_{nm}^j}{\omega_{nm} - \omega_p - \mathrm{i}\gamma_{nm}} + \frac{\mu_{mn}^i \mu_{nm}^j}{\omega_{nm} + \omega_p + \mathrm{i}\gamma_{nm}} \right) \tag{2.5.34}$$

这结果与波函数微扰法得到的结果 (2.4.20) 式比较, 主要是增加了弛豫 γ_{nm} 及布居数 $\bar{\rho}_{mm}$ 的影响。若初始时原子处于基态, 则有

$$\bar{\rho}_{gg} = 1, \quad \bar{\rho}_{mm} = 0, \quad m \neq g \tag{2.5.35}$$

$$\chi_{ij}^{(1)} = \frac{N}{\hbar} \sum_n \left(\frac{\mu_{gn}^i \mu_{ng}^j}{\omega_{ng} - \omega_p - \mathrm{i}\gamma_{ng}} + \frac{\mu_{gn}^i \mu_{ng}^j}{\omega_{ng} + \omega_p + \mathrm{i}\gamma_{ng}} \right) \tag{2.5.36}$$

对于二能级原子, 上式对 n 的求和号可去掉, 并略去反共振的第二项, 便得二能级的极化率公式

$$\chi_{ij}^{(1)}(\omega_p) = \frac{N}{\hbar} \frac{\mu_{gn}^i \mu_{ng}^j}{\omega_{ng} - \omega_p - \mathrm{i}\gamma_{ng}} \tag{2.5.37}$$

其实部与虚部如图 2.7(a) , (b) 所示, 为具有宽度 $2\gamma_{ng}$ 的 Lorentz 线型。折射率 $n(\omega)$ 也可通过线性极化率 $\chi^{(1)}(\omega)$ 来计算, 即

$$n(\omega) = \sqrt{\epsilon(\omega)} = \sqrt{1 + 4\pi\chi^{(1)}(\omega)} \simeq 1 + 2\pi\chi^{(1)}(\omega) \tag{2.5.38}$$

又设

$$n = n' + \mathrm{i}n'' \tag{2.5.39}$$

而传播的波矢为 k, 则有

$$k = \frac{n'(\omega)\omega}{c} \tag{2.5.40}$$

对波幅的吸收系数为

$$\tilde{\alpha} = \frac{n''(\omega)\omega}{c}$$

对强度的吸收系数为

$$\alpha = \frac{2n''(\omega)\omega}{c} \tag{2.5.41}$$

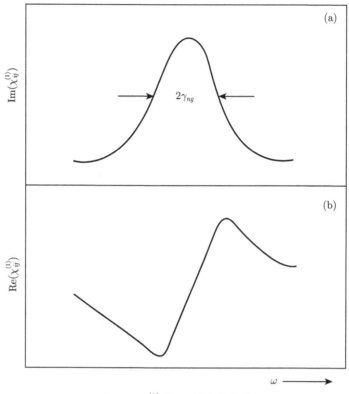

图 2.7　$\chi_{ij}^{(1)}$ 随 ω 的变化曲线

2.6　波场 $\psi(\boldsymbol{r}, t)$ 的量子化

在经典极限情形，原子是粒子，满足经典力学粒子运动方程。经过量子化得出的 Schrödinger 方程 (2.3.1) 却赋予原子以波函数 $\psi(\boldsymbol{r}, t)$ 的描述，同样在经典极限情形光是波，满足 Maxwell 方程，波场经过量子化后便给出光场的粒子即光子描述。但场的量子化不仅适用于光场，也适用于满足 Schrödinger 方程的物质波场 $\psi(\boldsymbol{r}, t)$。虽然 $\psi(\boldsymbol{r}, t)$ 经量子化后又回到但不是简单地回到粒子，而是由单粒子理论向多粒子理论的转化，最重要的是包含了粒子的产生与湮没算符及算符对易规则所蕴含的粒子统计。习惯上称由经典的能量守恒方程 $E = \boldsymbol{p}^2/(2m) + V(\boldsymbol{r}, t)$ 出发，应用算子法 $E \to \mathrm{i}\hbar\dfrac{\partial}{\partial t}, \boldsymbol{p} \to -\mathrm{i}\hbar\nabla$ 得出 Schrödinger 方程 (2.3.1) 为一次量子化，而由 $\psi(\boldsymbol{r}, t)$ 出发应用场算子的对易规则使场量子化为二次量子化。光与原子相互作用本身就包含了场与粒子两个方面。故只讨论由粒子得出物质波 $\psi(\boldsymbol{r}, t)$ 所满足的 Schrödinger 方程 (2.3.1) 是不够的，还必须讨论电磁场及物质波场 $\psi(\boldsymbol{r}, t)$ 的量子

化, 由此得出的粒子表象也是本书常用到的表象。本节我们简要介绍非相对论波场 $\psi(\boldsymbol{r},t)$ 的量子化。

参照 (2.4.4) 式, 将波函数 $\psi(\boldsymbol{r},t)$ 及其共轭波函数 $\psi^\dagger(\boldsymbol{r},t)$ 用定态解 (2.4.2) 展开

$$\begin{cases} \psi(\boldsymbol{r},t) = \sum_k a_k(t)u_k(\boldsymbol{r})\mathrm{e}^{-\mathrm{i}\omega_k t} \\ \psi^\dagger(\boldsymbol{r},t) = \sum_k a_k^\dagger(t)u_k^*(\boldsymbol{r})\mathrm{e}^{\mathrm{i}\omega_k t} \end{cases} \tag{2.6.1}$$

并将其中的展开系数 $a_k(t)$, $a_k^\dagger(t)$ 算符化。式中 a_k, $a_k^\dagger$ 分别为状态 k 的湮没与产生算符, 它们在相互作用绘景中的运动方程参照 (2.4.5) 式为

$$\begin{cases} \dfrac{\mathrm{d}a_k}{\mathrm{d}t} = -\mathrm{i}/\hbar \sum_n \langle k|H'|n\rangle \mathrm{e}^{\mathrm{i}\omega_{kn}t} a_n \\ \dfrac{\mathrm{d}a_k^\dagger}{\mathrm{d}t} = \mathrm{i}/\hbar \sum_n \langle n|H'|k\rangle \mathrm{e}^{-\mathrm{i}\omega_{kn}t} a_n^\dagger \end{cases} \tag{2.6.2}$$

引进粒子数算符 $N_k = a_k^\dagger a_k$, a_k, a_l 的对易规则为

$$\begin{cases} [a_k, a_l]_\pm = a_k a_l \pm a_l a_k = 0 \\ \left[a_k^\dagger, a_l^\dagger\right]_\pm = a_k^\dagger a_l^\dagger \pm a_l^\dagger a_k^\dagger = 0 \\ \left[a_k, a_l^\dagger\right]_\pm = a_k a_l^\dagger \pm a_l^\dagger a_k = \delta_{kl} \end{cases} \tag{2.6.3}$$

在上式中, 按粒子服从 Bose 统计或 Fermi 统计, 分别取 "−" 或 "+" 号。取 "−" 号时, 称之为对易关系; 取 "+" 号时, 称之为反对易关系。

服从对易关系 $a_k a_k^\dagger - a_k^\dagger a_k = 1$ 的 Bose 子, 其粒子数态 (即粒子算符 $N_k = a_k^\dagger a_k$ 的本征态) 可表示为 $|n_1, n_2, \cdots, n_k, \cdots\rangle$, $a_k, a_k^\dagger$ 作用于其上, 得

$$\begin{cases} a_k|n_1, n_2, \cdots, n_k, \cdots\rangle = n_k^{1/2}|n_1, \cdots, n_k - 1, \cdots\rangle \\ a^\dagger|n_1, n_2, \cdots, n_k, \cdots\rangle = (n_k+1)^{1/2}|n_1, \cdots, n_k+1, \cdots\rangle \end{cases} \tag{2.6.4}$$

易证由 (2.6.4) 式定义的 $a_k, a_k^\dagger$ 满足对易关系 $a_k a_k^\dagger - a_k^\dagger a_k = 1$。事实上, 由 (2.6.4) 式易得出

$$(a_k a_k^\dagger - a_k^\dagger a_k)|n_1, \cdots, n_k, \cdots\rangle = |n_1, \cdots, n_k, \cdots\rangle, \quad a_k a^\dagger - a_k^\dagger a_k = 1 \tag{2.6.5}$$

另一方面, 满足反对易关系 $a_k a_k^\dagger + a_k^\dagger a_k = 1$ 的 Fermi 子, 是服从 Pauli 不相容原理的, 因此

$$N_k^2 = a_k^\dagger a_k a_k^\dagger a_k = a_k^\dagger(1 - a_k^\dagger a_k)a_k = a_k^\dagger a_k = N_k \tag{2.6.6}$$

设 N_k 的本征值为 n_k，则

$$N_k^2|n_1, \cdots, n_k, \cdots\rangle = n_k^2|n_1, \cdots, n_k, \cdots\rangle \tag{2.6.7}$$

$$N_k|n_1, \cdots, n_k, \cdots\rangle = n_k|n_1, \cdots, n_k, \cdots\rangle \tag{2.6.8}$$

由 (2.6.6)~(2.6.8) 式得 $n_k^2 = n_k$，$n_k = 0, 1$，即同一状态 k 中最多只能有一个粒子。相应于本征值 $n_k = 0, 1$ 的本征态可表示为

$$|0\rangle = \begin{pmatrix} 1 \\ 0 \end{pmatrix}, \quad |1\rangle = \begin{pmatrix} 0 \\ 1 \end{pmatrix} \tag{2.6.9}$$

满足 Fermi 子反对易关系的 $a, a^\dagger$ 的矩阵表示为

$$a = \begin{pmatrix} 0 & 1 \\ 0 & 0 \end{pmatrix}, \quad a^\dagger = \begin{pmatrix} 0 & 0 \\ 1 & 0 \end{pmatrix} \tag{2.6.10}$$

由 (2.6.9) 和 (2.6.10) 式易证下面的关系成立：

$$a|n\rangle = n|1-n\rangle, \quad a^\dagger|n\rangle = (1-n)|1-n\rangle \tag{2.6.11}$$

系统的状态仍可写为 $|n_1, n_2, \cdots, n_k, \cdots\rangle$。考虑到要同时满足 (2.6.3) 式前面两个对易关系，(2.6.11) 式应推广为 (与 (2.6.4) 式相对应)[12]

$$
\begin{aligned}
a_k|n_1, \cdots, n_k, \cdots\rangle &= \theta_k n_k|n_1, \cdots, 1-n_k, \cdots\rangle \\
a_k^\dagger|n_1, \cdots, n_k, \cdots\rangle &= \theta_k(1-n_k)|n_1, \cdots, 1-n_k, \cdots\rangle \\
\theta_k = (-1)^{\nu_k}, \quad \nu_k &= \sum_{j=1}^{k-1} n_j
\end{aligned} \tag{2.6.12}
$$

还可证明总的粒子数 $N = \sum a_k^\dagger a_k$ 是一个常数，因为

$$
\begin{aligned}
\frac{\mathrm{d}N}{\mathrm{d}t} &= \sum_k \left(\frac{\mathrm{d}a_k^\dagger}{\mathrm{d}t}a_k + a_k^\dagger \frac{\mathrm{d}a_k}{\mathrm{d}t} \right) \\
&= \mathrm{i}/\hbar \sum_k \sum_n \left(\langle n|H'|k\rangle a_n^\dagger \mathrm{e}^{-\mathrm{i}\omega_{kn}t} a_k - a_k^\dagger \langle k|H'|n\rangle a_n \mathrm{e}^{\mathrm{i}\omega_{kn}t} \right) \\
&= \mathrm{i}/\hbar \sum_k \sum_n (\langle k|H'|n\rangle - \langle k|H'|n\rangle) a_k^\dagger a_n \mathrm{e}^{\mathrm{i}\omega_{kn}t} = 0
\end{aligned} \tag{2.6.13}
$$

对于含单电子的二能级原子系统，$N = 1$，$k = 1, 2$。由 $a_2^\dagger a_2 + a_2 a_2^\dagger = 1$，$a_1^\dagger a_1 + a_1 a_1^\dagger = 1$ 及一个能级上电子不能连续湮没 (或产生) 两次，因总共只有一个电子，故有

$$a_1 a_2 = a_2 a_1 = a_1 a_1 = a_1^\dagger a_1^\dagger = a_2 a_2 = a_2^\dagger a_2^\dagger = 0$$

定义 $\sigma^+ = a_2^\dagger a_1 = \rho_{21}$, $\sigma^- = a_1^\dagger a_2 = \rho_{12}$。$\sigma_z = (a_2^\dagger a_2 - a_1^\dagger a_1)/2$, $\sigma^+(\sigma^-)$ 为电子的上升 (下降) 算符, 即电子由基态跃迁到激发态 (或由激发态跃迁到基态), σ_z 为处于激发态原子数与处于基态原子数之差除以 2, 即半反转粒子数。根据 $\sigma^\pm, \sigma_z$ 的定义可以证明

$$
\begin{aligned}
\sigma^+\sigma^- + \sigma^-\sigma^+ &= a_2^\dagger a_1 a_1^\dagger a_2 + a_1^\dagger a_2 a_2^\dagger a_1 \\
&= a_2^\dagger(1 - a_1^\dagger a_1)a_2 + a_1^\dagger(1 - a_2^\dagger a_2)a_1 \\
&= a_2^\dagger a_2 + a_1^\dagger a_1 = 1
\end{aligned} \tag{2.6.14}
$$

同样

$$
\begin{cases}
\sigma^+\sigma^- - \sigma^-\sigma^+ = a_2^\dagger a_2 - a_1^\dagger a_1 = 2\sigma_z \\
\sigma^{+2} = \sigma^{-2} = 0 \\
\sigma^\pm \sigma_z - \sigma_z \sigma^\pm = \mp\sigma^\pm
\end{cases} \tag{2.6.15}
$$

参照 (2.6.13) 式的计算方法, 可求得二能级原子系统 $\sigma_z, \sigma^-, \sigma^+$ 的运动方程

$$
\begin{cases}
\dfrac{\mathrm{d}\sigma_z}{\mathrm{d}t} = -\mathrm{i}\dfrac{\tilde{\Omega}^*}{2}\sigma^- + \mathrm{i}\dfrac{\tilde{\Omega}}{2}\sigma^+ \\[2mm]
\dfrac{\mathrm{d}\sigma^-}{\mathrm{d}t} = -\mathrm{i}\tilde{\Omega}\sigma_z \\[2mm]
\dfrac{\mathrm{d}\sigma^+}{\mathrm{d}t} = \mathrm{i}\tilde{\Omega}^*\sigma_z
\end{cases} \tag{2.6.16}
$$

式中

$$
\begin{aligned}
\tilde{\Omega} &= -2\frac{\langle 1|H'|2\rangle}{\hbar}\mathrm{e}^{\mathrm{i}\omega_{21}t} \\
&= \frac{2\mu_{12}E(\omega_p)}{\hbar}(\mathrm{e}^{\mathrm{i}\omega_p t} + \mathrm{e}^{-\mathrm{i}\omega_p t})\mathrm{e}^{\mathrm{i}\omega_{21}t} \simeq \Omega\mathrm{e}^{-\mathrm{i}\Delta\omega t} \\
\Omega &= \frac{2\mu_{12}E(\omega_p)}{\hbar}, \quad \Delta\omega = \omega_p - \omega_{21}
\end{aligned} \tag{2.6.17}
$$

参照在密度矩阵方程 (2.5.21) 中引入弛豫系数的办法, 在方程 (2.6.16) 中引入弛豫系数 γ_1, γ_2 及 $\bar{\sigma}_z$, 便得 Bloch 方程

$$
\begin{cases}
\dfrac{\mathrm{d}\sigma_z}{\mathrm{d}t} = -\gamma_1(\sigma_z - \bar{\sigma}_z) - \mathrm{i}\dfrac{\tilde{\Omega}^*}{2}\sigma^- + \mathrm{i}\dfrac{\tilde{\Omega}}{2}\sigma^+ \\[2mm]
\dfrac{\mathrm{d}\sigma^-}{\mathrm{d}t} = -\gamma_2\sigma^- - \mathrm{i}\tilde{\Omega}\sigma_z \\[2mm]
\dfrac{\mathrm{d}\sigma^+}{\mathrm{d}t} = -\gamma_2\sigma^+ + \mathrm{i}\tilde{\Omega}^*\sigma_z
\end{cases} \tag{2.6.18}
$$

其中 $\gamma_1 = \dfrac{1}{T_1}, \gamma_2 = \dfrac{1}{T_2}$。$T_1$ 为原子处于激发态的寿命, 也称为纵弛豫时间; T_2 为原

子的相位失相时间, 也称为横弛豫时间。它反映原子辐射的线宽, 与原子的自发辐射寿命及碰撞频率有关。

2.7 电磁场的量子化

电磁场的量子化是量子光学首先要讨论的问题。人们对光亦即对电磁波场的认识, 经历了一个漫长过程。在经典力学范围内, 众所周知, 最先有 Newton 的光微粒假设, 后来有 Huygens 的波动学说, 最后定论在 Maxwell 的光的电磁波理论。在量子力学范围内, 最先有黑体辐射的简谐振子理论, 后来有 Einstein 为了解释光电效应提出的光子假说。如何将电磁波与光子学说统一起来, 就是我们要讨论的电磁场的量子化。解决这一问题的依据是什么呢? 简单地说就是电磁场能的经典表示式与量子表示式, 前者代表 Maxwell 的波动理论, 而后者则代表黑体辐射量子论。

$$(i)\ H_c = \frac{1}{8\pi} \int d\tau (E^2 + H^2)$$
$$(ii)\ H_Q = \frac{1}{2} \sum_j \hbar\omega_j \left(n_j + \frac{1}{2} \right)$$

第一个表达式表明场能应是能密度 $(E^2 + H^2)/8\pi$ 的体积分, 而第二个表达式则说明场能可理解为许多独立简谐振子能量 $(n_j + 1/2)\hbar\omega_j$ 的总和。其中 ω_j 为第 j 简谐振子的角频, 而 $\hbar\omega_j$ 为具有该频率的光子能量, n_j 为具有该频率的光子数, 1/2 为零点振动能。这些恰是 Planck 与 Einstein 所给出的量子论图像。如何将这两者统一起来, 开创性的工作是 Dirac(1927) 与 Fermi(1930) 最早发表的 [13]。实质上就是将电磁场展开为一系列驻波模式的叠加, 并与简谐振子等同起来, 而简谐振子的量子化规则是已有了的。这样一步一步地建立了场的量子化规则。

2.7.1 电磁场的模式展开

首先将自由空间的电磁场用驻波模式展开。参照前面的 (2.1.13) 式并计及自由空间的 $\boldsymbol{P}^{\mathrm{NL}} = 0$ 便得出

$$\nabla^2 \boldsymbol{E} - \frac{1}{c^2} \frac{\partial^2 \boldsymbol{E}}{\partial t^2} = 0 \tag{2.7.1}$$

现在考虑一长度为 L 的谐振腔内, 电场 $\boldsymbol{E}$ 的驻波模式, 亦即满足波动方程 (2.7.1) 的各种驻波模式解。为简单起见, 故取电场 $\boldsymbol{E}$ 的 x 方向分量 $E_x(z,t)$ 的正交模式展开:

$$E_x(z,t) = -\sum_j \left(\frac{8\pi\omega_j^2 m_j}{V} \right)^{\frac{1}{2}} q_j(t) \sin(k_j z), \quad k_j = \frac{j\pi}{L}, \quad j = 1, 2, 3, \cdots \tag{2.7.2}$$

式中 q_j 为模式幅度，具有长度因次，而 k_j 为波数，$\omega_j = 2\pi c/L$ 为腔所允许的谐振频率，即本征频率；$V = LA$ 为腔的体积，A 为腔的横截面；m_j 为常数，具有质量的因次。m_j, q_j 的引进均是为了将电磁场的单模振荡与经典力学质点的简谐振动等价，只有形式上的意义。由 (2.1.2) 式，并注意到在真空中 $\boldsymbol{P} = 0, \boldsymbol{D} = \boldsymbol{E} + 4\pi\boldsymbol{P}$，自由空间的 $\boldsymbol{J} = 0$，便得

$$\nabla \times \boldsymbol{H} = \frac{1}{c}\frac{\partial \boldsymbol{E}}{\partial t} \tag{2.7.3}$$

将 (2.7.2) 式代入 (2.7.3) 式便得 H_y 的展开式

$$H_y = \sum_j \left(\frac{8\pi m_j}{V}\right)^{\frac{1}{2}} \dot{q}_j(t)\cos(k_j z) \tag{2.7.4}$$

将 (2.7.2) 和 (2.7.4) 式代入经典场能表示式，得

$$\begin{aligned} H &= \frac{1}{8\pi}\int_V \mathrm{d}\tau(E_x^2 + H_y^2) \\ &= \frac{1}{2}\sum_j(m_j\omega_j^2 q_j^2 + m_j\dot{q}_j^2) = \frac{1}{2}\sum_j\left(m_j\omega_j^2 q_j^2 + \frac{p_j^2}{m_j}\right) \end{aligned} \tag{2.7.5}$$

(2.7.5) 式左边为场能形式而右边为简谐振子的能量形式，$p_j = m_j\dot{q}_j$ 为第 j 模式的正则动量。每一模式均等价于一个力学的频率为 ω_j 的简谐振子。

2.7.2 电磁场的量子化

按力学运动粒子量子化规则得出 p_j, q_j 的对易规则为

$$[q_j, p_j] = \mathrm{i}\hbar\delta_{jj'}$$

$$[q_j, q_{j'}] = [p_j, p_{j'}] = 0 \tag{2.7.6}$$

(2.7.6) 式所表示的仅是量子力学粒子运动的量子化规则，还未能帮助我们见到光子的产生及湮没 (被吸收) 的物理图像。如果将 (2.7.5) 式右端作一正则变换 $q_j, p_j \longrightarrow a_j, a_j^\dagger$，情况就不一样了。这个变换被定义为

$$\begin{cases} a_j\mathrm{e}^{-\mathrm{i}\omega_j t} = \dfrac{1}{\sqrt{2m_j\hbar\omega_j}}(m_j\omega_j q_j + \mathrm{i}p_j) \\ a_j^\dagger\mathrm{e}^{\mathrm{i}\omega_j t} = \dfrac{1}{\sqrt{2m_j\hbar\omega_j}}(m_j\omega_j q_j - \mathrm{i}p_j) \end{cases} \tag{2.7.7}$$

于是 (2.7.5) 式可写为

$$H = \hbar\sum_j\omega_j\left(a_j^\dagger a_j + \frac{1}{2}\right) \tag{2.7.8}$$

将 (2.7.8) 式与场能的量子表达式 H_Q 比较一下, 是非常接近的, 只要将 n_j 定义为 $a_j^\dagger a_j$, 两式便全等了。由 (2.7.6) 和 (2.7.7) 式不难证明, $a_j^\dagger, a_j$ 满足如下对易关系:

$$[a_j, a_j^\dagger] = \delta_{jj'}, \quad [a_j, a_{j'}] = [a_j^\dagger, a_{j'}^\dagger] = 0 \tag{2.7.9}$$

参照 (2.7.7) 式, 将 (2.7.2) 和 (2.7.4) 式用 $a_j^\dagger, a_j$ 来表示, 便得

$$E_x(z,t) = -\sum_j \left(\frac{4\pi\hbar\omega_j}{V}\right)^{\frac{1}{2}} (a_j \mathrm{e}^{-\mathrm{i}\omega_j t} + a_j^\dagger \mathrm{e}^{\mathrm{i}\omega_j t}) \sin(k_j z)$$

$$H_y(z,t) = \mathrm{i}\sum_j \left(\frac{4\pi\hbar\omega_j}{V}\right)^{\frac{1}{2}} (a_j \mathrm{e}^{-\mathrm{i}\omega_j t} - a_j^\dagger \mathrm{e}^{\mathrm{i}\omega_j t}) \cos(k_j z) \tag{2.7.10}$$

注意到 (2.7.10) 式是将 $E_x(z,t)$ 用驻波模式 $\sin(k_j z)$ 进行展开的, 如用行波模式 $\mathrm{e}^{\mathrm{i}k_j z} = \cos(k_j z) + \mathrm{i}\sin(k_j z)$ 展开, 并考虑到 $\int_0^L \sin^2(k_j z)\mathrm{d}z/L = 1/2$, 而 $\int_0^L \mathrm{e}^{\mathrm{i}k_j z} \cdot \mathrm{e}^{-\mathrm{i}k_j z}\mathrm{d}z/L = 1$, 故有

$$E_x(z,t) = \mathrm{i}\sum_j \left(\frac{2\pi\hbar\omega_j}{V}\right)^{\frac{1}{2}} (a_j \mathrm{e}^{-\mathrm{i}\omega_j t + \mathrm{i}k_j z} - a_j^\dagger \mathrm{e}^{\mathrm{i}\omega_j t - \mathrm{i}k_j z}) \tag{2.7.11}$$

一般地, 令 $\varepsilon_{\boldsymbol{k}} = (2\pi\hbar\omega_{\boldsymbol{k}}/V)^{\frac{1}{2}}$, 有

$$\boldsymbol{E}(\boldsymbol{r},t) = \mathrm{i}\sum_{\boldsymbol{k},\lambda} \hat{\epsilon}_{\boldsymbol{k}}^{(\lambda)} \varepsilon_{\boldsymbol{k}} a_{\boldsymbol{k},\lambda} \mathrm{e}^{-\mathrm{i}\omega_{\boldsymbol{k}} t + \mathrm{i}\boldsymbol{k}\cdot\boldsymbol{r}} + c.c$$

$$\boldsymbol{H}(\boldsymbol{r},t) = \mathrm{i}\sum_{\boldsymbol{k},\lambda} \frac{c\boldsymbol{k}\times\hat{\epsilon}_{\boldsymbol{k}}^{(\lambda)}}{\omega_{\boldsymbol{k}}} \varepsilon_{\boldsymbol{k}} a_{\boldsymbol{k},\lambda} \mathrm{e}^{-\mathrm{i}\omega_{\boldsymbol{k}} t + \mathrm{i}\boldsymbol{k}\cdot\boldsymbol{r}} + c.c \tag{2.7.12}$$

式中 $\hat{\epsilon}_{\boldsymbol{k}}^{(\lambda)}$ 为偏振方向的单位矢量, 而 λ 在相互垂直方向求和

$$\sum_{\boldsymbol{k},\lambda} = \sum_{\boldsymbol{k}}\sum_\lambda = \left(\frac{L}{2\pi}\right)^3 \int \mathrm{d}^3\boldsymbol{k} \sum_\lambda \tag{2.7.13}$$

上式 $\sum_\lambda$ 即对两个可能的偏振态求和。这时对易关系 (2.7.9) 应推广为

$$\begin{cases} [a_{\boldsymbol{k},\lambda}, a_{\boldsymbol{k}',\lambda'}] = [a_{\boldsymbol{k},\lambda}^\dagger, a_{\boldsymbol{k}',\lambda'}^\dagger] = 0 \\ [a_{\boldsymbol{k},\lambda}, a_{\boldsymbol{k}',\lambda'}^\dagger] = \delta_{\boldsymbol{k}'\boldsymbol{k}}\delta_{\lambda\lambda'} \end{cases} \tag{2.7.14}$$

$\hat{\epsilon}_{\boldsymbol{k}}^{(1)}, \hat{\epsilon}_{\boldsymbol{k}}^{(2)}, \boldsymbol{k}/k$ 为彼此相互垂直的单位矢量。由这三者可构成单位并矢

$$\hat{\epsilon}_{\boldsymbol{k}}^{(1)}\hat{\epsilon}_{\boldsymbol{k}}^{(1)} + \hat{\epsilon}_{\boldsymbol{k}}^{(2)}\hat{\epsilon}_{\boldsymbol{k}}^{(2)} + \frac{\boldsymbol{k}\boldsymbol{k}}{k^2} = I \tag{2.7.15}$$

并有

$$\hat{\epsilon}_{\boldsymbol{k}i}^{(1)}\hat{\epsilon}_{\boldsymbol{k}j}^{(1)} + \hat{\epsilon}_{\boldsymbol{k}i}^{(2)}\hat{\epsilon}_{\boldsymbol{k}j}^{(2)} = \delta_{ij} - \frac{k_i k_j}{k^2} \tag{2.7.16}$$

应用 (2.7.12)，(2.7.14)，(2.7.16) 式，得

$$
\begin{aligned}
[E_x(\boldsymbol{r},t), H_y(\boldsymbol{r},t)] =& \frac{2\pi\hbar c}{V}\sum_{\boldsymbol{k},\lambda}\epsilon_{\boldsymbol{k}_x}^{(\lambda)}[\epsilon_{\boldsymbol{k}_x}^{(\lambda)}k_z - \epsilon_{\boldsymbol{k}_z}^{(\lambda)}k_x][\mathrm{e}^{\mathrm{i}\boldsymbol{k}\cdot(\boldsymbol{r}-\boldsymbol{r}')} - \mathrm{e}^{-\mathrm{i}\boldsymbol{k}\cdot(\boldsymbol{r}-\boldsymbol{r}')}] \\
=& \frac{2\pi\hbar c}{V}\sum_{\boldsymbol{k}}k_z[\mathrm{e}^{\mathrm{i}\boldsymbol{k}\cdot(\boldsymbol{r}-\boldsymbol{r}')} - \mathrm{e}^{-\mathrm{i}\boldsymbol{k}\cdot(\boldsymbol{r}-\boldsymbol{r}')}] \\
=& \mathrm{i}4\pi\hbar c\frac{\partial}{\partial z}\delta^{(3)}(\boldsymbol{r}-\boldsymbol{r}')
\end{aligned}
\tag{2.7.17}
$$

一般地

$$
\begin{cases}
[E_j(\boldsymbol{r},t), H_j(\boldsymbol{r},t)] = 0, \quad j = x, y, z \\
[E_j(\boldsymbol{r},t), H_k(\boldsymbol{r}',t)] = \mathrm{i}4\pi\hbar c\dfrac{\partial}{\partial l}\delta^{(3)}(\boldsymbol{r}-\boldsymbol{r}')
\end{cases}
\tag{2.7.18}
$$

j, k, l 构成 x, y, z 顺序排列，由 (2.7.18) 式得知 $\boldsymbol{E}, \boldsymbol{H}$ 的平行分量是可同时测量的，但相互垂直的分量不能同时准确测量。

2.7.3 光子数态 (Fock 态)

现在讨论频率为 ω 的单模场，它的能量算符的本征态用 $|n\rangle$ 表示，本征值为 E_n，于是由 (2.7.8) 式得

$$H|n\rangle = \hbar\omega\left(a^\dagger a + \frac{1}{2}\right)|n\rangle = E_n|n\rangle \tag{2.7.19}$$

我们将 H 作用在 $a|n\rangle$ 上，并注意 $aa^\dagger - a^\dagger a = 1$，则得

$$
\begin{aligned}
Ha|n\rangle =& \hbar\omega\left(a^\dagger a + \frac{1}{2}\right)a|n\rangle = \hbar\omega\left(aa^\dagger - \frac{1}{2}\right)a|n\rangle \\
=& \hbar\omega a\left(a^\dagger a + \frac{1}{2}\right)|n\rangle - \hbar\omega a|n\rangle \\
=& (E_n - \hbar\omega)a|n\rangle
\end{aligned}
\tag{2.7.20}
$$

可见 $a|n\rangle$ 也是能量算子 H 的本征态，其本征值为 $E_{n-1} = E_n - \hbar\omega$，本征态应为 $|n-1\rangle = a/\alpha_n|n\rangle$，按归一化条件

$$\langle n-1|n-1\rangle = \langle n|\frac{a^\dagger a}{|\alpha_n|^2}|n\rangle = \frac{n}{|\alpha_n|^2}\langle n|n\rangle = \frac{n}{|\alpha_n|^2} = 1 \tag{2.7.21}$$

故有 $\alpha_n = \sqrt{n}$。

$$a|n\rangle = \sqrt{n}|n-1\rangle, \qquad a|0\rangle = 0 \tag{2.7.22}$$

同样方式可求出

$$a^\dagger|n\rangle = \sqrt{n+1}|n+1\rangle \tag{2.7.23}$$

重复这一过程, 得

$$|n\rangle = \frac{(a^\dagger)^n}{\sqrt{n!}}|0\rangle \tag{2.7.24}$$

而

$$H|n\rangle = \hbar\omega\left(a^\dagger a + \frac{1}{2}\right)|n\rangle = \hbar\omega\left(n + \frac{1}{2}\right)|n\rangle$$

即

$$E_n = \left(n + \frac{1}{2}\right)\hbar\omega \tag{2.7.25}$$

故 $|n\rangle$ 态表示有 n 个光子的态, $\hbar\omega/2$ 为零点能量, 即使 $n = 0$, 什么光子也没有的真空态, 零点能量 $E_0 = \hbar\omega/2$ 也还是有的, 这个能量也称为真空起伏能。这一点非常重要, 它是引起原子的自发辐射及原子能级的 Lamb 移位之源。有很多量子光学现象, 均与此有关。Fock 态的全体 $|n\rangle$ 构成一完备集, 即

$$\sum_{n=0}^{\infty}|n\rangle\langle n| = 1 \tag{2.7.26}$$

任意态

$$|\psi\rangle = \sum_n C_n|n\rangle, \qquad C_n = \langle n|\psi\rangle \tag{2.7.27}$$

上面讨论的是单模场的光子数态, 推广到多模场是容易的。

$$H = \sum_k H_{\boldsymbol{k}} = \sum \hbar\omega_k\left(a_k^\dagger a_k + \frac{1}{2}\right)$$

$$H_{\boldsymbol{k}}|n_{\boldsymbol{k}}\rangle = \hbar\omega_k\left(n_{\boldsymbol{k}} + \frac{1}{2}\right)|n_{\boldsymbol{k}}\rangle$$

$$a_{\boldsymbol{k}j}|n_{\boldsymbol{k}_1}, n_{\boldsymbol{k}_2}, \cdots, n_{\boldsymbol{k}_j}, \cdots\rangle = \sqrt{n_{\boldsymbol{k}j}}|n_{\boldsymbol{k}_1}, n_{\boldsymbol{k}_2}, \cdots, n_{\boldsymbol{k}_j} - 1, \cdots\rangle$$

$$a_{\boldsymbol{k}j}^\dagger|n_{\boldsymbol{k}_1}, n_{\boldsymbol{k}_2}, \cdots, n_{\boldsymbol{k}_j}, \cdots\rangle = \sqrt{n_{\boldsymbol{k}j} + 1}|n_{\boldsymbol{k}_1}, n_{\boldsymbol{k}_2}, \cdots, n_{\boldsymbol{k}_j} + 1, \cdots\rangle \tag{2.7.28}$$

2.8　原子辐射的线宽与能级移位

2.8.1　单原子辐射

初始处于激发态的原子自发辐射回到基态, 辐射场对原子的反作用, 会使得原子辐射有一定的线宽且有能级移位。这从原子波函数随时间的变化可以看出来。这就是 Weisskopf 与 Wigner 的自然线宽理论 [14]。将电场 $\boldsymbol{E}$ 经量子化后的 (2.7.12) 式用空间模式 $u_\lambda(\boldsymbol{r})$ 展开式来表示:

$$\boldsymbol{E}(\boldsymbol{r}, t) = -\mathrm{i}\sum_{\lambda,\sigma}\sqrt{2\pi\hbar\omega_\lambda}(b_\lambda^\dagger \mathrm{e}^{\mathrm{i}\omega_\lambda t} - b_\lambda \mathrm{e}^{-\mathrm{i}\omega_\lambda t})\boldsymbol{\varepsilon}_{\lambda,\sigma}u_\lambda(\boldsymbol{r})$$

$$= \sum_{\lambda,\sigma} (E_{\lambda,\sigma} e^{-i\omega_\lambda t} + E_{\lambda,\sigma}^* e^{i\omega_\lambda t}) u_\lambda(\boldsymbol{r}) \tag{2.8.1}$$

式中 λ 为模式指标, $\varepsilon_{\lambda,\sigma}$ 为光的偏振, $u_\lambda(\boldsymbol{r})$ 为归一化的空间模式, 若为平面波, 则 $u_\lambda(\boldsymbol{r}) = L^{-3/2} e^{i\boldsymbol{k}_\lambda \cdot \boldsymbol{r}}$, L 为谐振腔的尺度, b_λ, $b_\lambda^\dagger$ 分别为第 "λ" 模式的光子的湮没与产生算符。由上式给出的 $\boldsymbol{E}(\boldsymbol{r},t)$ 是一个算符展开, 只有作用在态函数上才有意义。例如, 作用在真空态 $|0_\lambda\rangle$ 上, $b_\lambda|0\rangle = 0$, $b_\lambda^\dagger|0\rangle = |1_\lambda\rangle$, 故上式为

$$\boldsymbol{E}(\boldsymbol{r},t)|0\rangle = -i\sum_{\lambda,\sigma} \sqrt{2\pi\hbar\omega_\lambda} e^{i\omega_\lambda t} \varepsilon_{\lambda,\sigma} u_\lambda(\boldsymbol{r})|1_\lambda\rangle \tag{2.8.2}$$

于是原子与真空场的偶极相互作用矩阵元按 (2.3.3) 式

$$\begin{aligned}
\langle g, 1_\lambda|H'|e, 0_\lambda\rangle &= i\sqrt{2\pi\hbar\omega_\lambda} e^{i\omega_\lambda t} u_\lambda(\boldsymbol{r})\langle g| -e\boldsymbol{r}|e\rangle \cdot \varepsilon_{\lambda,\sigma} \\
&\simeq (-e)i\sqrt{\frac{2\pi\hbar}{\omega_\lambda}} \omega_{e,g} e^{i\omega_\lambda t} u_\lambda(\boldsymbol{r})\langle e|\boldsymbol{r}|g\rangle \cdot \varepsilon_{\lambda,\sigma} \\
&= (-e)\sqrt{\frac{2\pi\hbar}{\omega_\lambda}} e^{i\omega_\lambda t} u_\lambda(\boldsymbol{r})\boldsymbol{v}_{eg} \cdot \varepsilon_{\lambda,\sigma}
\end{aligned} \tag{2.8.3}$$

(2.8.3) 式推导中用了关系 $v_{eg} = \langle e|p/m|g\rangle = i\omega_{eg}\langle e|r|g\rangle$(参见文献 [12]P.404). 这是一个激发态原子辐射出一个状态为 "λ, $\varepsilon_{\lambda,\sigma}$" 的光子并向末态 g 跃迁的 H' 矩阵元。参照弱场微扰理论 (2.4.5) 式我们求得原子的初始状态 $|e, 0\rangle$ 及末态 $|g, 1_\lambda\rangle$ 的模量 $a_{e,0}(t), a_{g,1_\lambda}(t)$ 随时间 t 的变率方程为

$$\begin{cases}
\dfrac{da_{e,0}(t)}{dt} = \dfrac{1}{i\hbar} \sum_{g,1_\lambda} \langle e, 0|H'|g, 1_\lambda\rangle e^{i\omega_{e,g}t} a_{g,1_\lambda}(t) \\
\dfrac{da_{g,1_\lambda}(t)}{dt} = \dfrac{1}{i\hbar} \langle g, 1_\lambda|H'|e, 0\rangle e^{-i\omega_{e,g}t} a_{e,0}(t)
\end{cases} \tag{2.8.4}$$

由此解出

$$\begin{aligned}
a_{g,1_\lambda} &= \frac{1}{i\hbar} \int_0^t \langle g, 1_\lambda|H'|e, 0\rangle e^{-i\omega_{e,g}t'} a_{e,0}(t')dt' \\
&= \frac{-ie}{\hbar} \sqrt{\frac{2\pi\hbar}{\omega_\lambda L^3}} e^{i\boldsymbol{k}_\lambda \cdot \boldsymbol{r}} \boldsymbol{v}_{eg} \cdot \varepsilon_{\lambda,\sigma} \int_0^t e^{-i(\omega_{e,g}-\omega_\lambda)t'} a_{e,0}(t')dt' \\
\frac{da_{e,0}(t)}{dt} &= \frac{-1}{\hbar^2} \sum_{g,1_\lambda} \frac{2\pi\hbar e^2}{\omega_\lambda L^3} (\boldsymbol{v}_{eg} \cdot \varepsilon_{\lambda,\sigma})^2 \int_0^t e^{i(\omega_{e,g}-\omega_\lambda)(t-t')} a_{e,0}(t')dt'
\end{aligned} \tag{2.8.5}$$

现对 $a_{e,0}(t)$ 作 Laplace 变换, 并注意到 $a_{e,0} = 1$, 于是有

$$\tilde{a}(s) = \int_0^\infty a_{e,0}(t) e^{-st} dt$$

$$\int_0^\infty e^{-st} \frac{d}{dt} a_{e,0}(t) dt = s\tilde{a}(s) - 1$$

$$\int_0^\infty e^{-st} dt \int_0^t e^{i(\omega_{e,g}-\omega_\lambda)(t-t')} a_{e,0}(t') dt'$$

$$= \int_0^\infty a_{e,0}(t') e^{-i(\omega_{e,g}-\omega_\lambda)t'} dt' \int_{t'}^\infty e^{-(s-i(\omega_{e,g}-\omega_\lambda))t} dt$$

$$= \int_0^\infty \frac{a_{e,0}(t) e^{-st} dt}{s - i(\omega_{e,g}-\omega_\lambda)} = \frac{\tilde{a}(s)}{s - i(\omega_{e,g}-\omega_\lambda)} \tag{2.8.6}$$

代入 (2.8.5) 式得

$$\tilde{a}(s) = \left(s + \frac{i}{\hbar^2} \sum_{g,1_{\lambda,\sigma}} \frac{2\pi\hbar e^2 (\boldsymbol{v}_{eg} \cdot \boldsymbol{\varepsilon}_{\lambda\sigma})^2}{L^3 \omega_\lambda (\omega_{e,g} - \omega_\lambda + is)} \right)^{-1} \tag{2.8.7}$$

由 Laplace 反变换得出初态模量 $a_{e,0}(t)$

$$\begin{aligned}
a_{e,0}(t) &= \frac{1}{2\pi i} \int_{\varepsilon-i\infty}^{\varepsilon+i\infty} e^{st} \tilde{a}(s) ds \\
&= \frac{1}{2\pi i} \int_{\varepsilon-i\infty}^{\varepsilon+i\infty} \frac{e^{st} ds}{s + \dfrac{i}{\hbar^2} \displaystyle\sum_{g,1_{\lambda,\sigma}} \dfrac{2\pi\hbar e^2 (\boldsymbol{v}_{eg} \cdot \boldsymbol{\varepsilon}_{\lambda\sigma})^2}{L^3 \omega_\lambda (\omega_{eg} - \omega_\lambda + is)}}
\end{aligned} \tag{2.8.8}$$

上面沿 s 复平面虚轴的路径积分, 再补上左半平面无限大半圆 (贡献可略去), 便是一包括左半平面的闭路积分, 显然对积分作出贡献的即被积函数在左半平面的极点 $R_e(s) < 0$, 当 s 很小时

$$\begin{aligned}
\frac{1}{\omega_{eg} - \omega_\lambda + is} &= \frac{\omega_{eg} - \omega_\lambda}{(\omega_{eg} - \omega_\lambda)^2 + s^2} - \frac{is}{(\omega_{eg} - \omega_\lambda)^2 + s^2} \\
&\approx \frac{P}{\omega_{eg} - \omega_\lambda} - i\pi\delta(\omega_{eg} - \omega_\lambda)
\end{aligned} \tag{2.8.9}$$

式中 P 为取主值, 而 $\int_{-\infty}^\infty \delta(x) dx = 1$, 代入 (2.8.8) 式得

$$a_{e,0}(t) = \frac{1}{2\pi i} \int_{\varepsilon-i\infty}^{\varepsilon+i\infty} \frac{e^{st} ds}{s + \dfrac{1}{2}\gamma_e + i\Delta\omega_e} = e^{-(\frac{1}{2}\gamma_e + i\Delta\omega_e)t} \tag{2.8.10}$$

式中

$$\begin{cases}
\gamma_e = \dfrac{2\pi}{\hbar^2} \displaystyle\sum_{g,1_{\lambda,\sigma}} \dfrac{2\pi\hbar e^2 (\boldsymbol{v}_{eg} \cdot \boldsymbol{\varepsilon}_{\lambda\sigma})^2}{L^3 \omega_\lambda} \delta(\omega_{eg} - \omega_\lambda) \\[4mm]
\Delta\omega_e = \dfrac{1}{\hbar^2} \displaystyle\sum_{g,1_{\lambda,\sigma}} \dfrac{2\pi\hbar e^2 (\boldsymbol{v}_{eg} \cdot \boldsymbol{\varepsilon}_{\lambda\sigma})^2}{L^3 \omega_\lambda} \dfrac{P}{\omega_{eg} - \omega_\lambda}
\end{cases} \tag{2.8.11}$$

由 (2.8.10) 式看出, 初态模量 $a_{e,0}(t)$ 由于原子与真空场 $|0\rangle$ 的相互作用按 $\mathrm{e}^{-\gamma_e\frac{t}{2}}$ 衰减, 而且能级有 $\Delta\omega_e$ 的移位, $\gamma_e, \Delta\omega_e$ 的数值可按 (2.8.11) 式计算, 注意到 (图 2.8)

$$\sum_{1_\lambda} \frac{1}{L^3} = \int \frac{\omega_\lambda^2 \mathrm{d}\omega_\lambda}{8\pi^3 c^3} \mathrm{d}\Omega \tag{2.8.12}$$

$$\sum_{\sigma=1,2} |\boldsymbol{v}_{eg} \cdot \boldsymbol{\varepsilon}_{\lambda\sigma}|^2 = v_{eg}^2(\cos^2\alpha + \cos^2\beta) = v_{eg}^2(1 - \cos^2\theta)$$

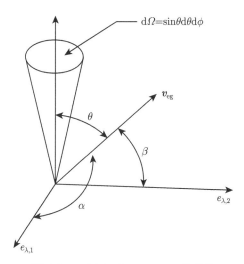

图 2.8 μ 与 $k_\lambda, k_\lambda, e_{\lambda,1}, e_{\lambda,2}$ 的夹角

代入 (2.8.11) 式得

$$\gamma_e = \sum_g \frac{e^2 v_{eg}^2}{2\hbar\pi c^3} \int \omega_\lambda \delta(\omega_{eg} - \omega_\lambda)\mathrm{d}\omega_\lambda \int (1 - \cos^2\theta)\mathrm{d}\Omega = \sum_g \frac{4\mu_{eg}^2 \omega_{eg}^3}{3\hbar c^3} \tag{2.8.13}$$

$$\Delta\omega_e = -\sum_g \frac{e^2 v_{eg}^2}{4\hbar\pi^2 c^3} P \int \frac{\omega_\lambda \mathrm{d}\omega_\lambda}{\omega_\lambda - \omega_{eg}} \int (1 - \cos^2\theta)\mathrm{d}\Omega = -\sum_g \frac{2e^2 v_{eg}^2}{3\hbar c^3} P \int \frac{\omega_\lambda \mathrm{d}\omega_\lambda}{\omega_\lambda - \omega_{eg}}$$

(2.8.13) 式给出的 γ_e 即原子的自发辐射寿命, 但给出的能级移位则是发散的, 需要进行质量重整化才能得出有物理意义的结果。现引进参量 $k = \hbar\omega_\lambda$ 为光子的能量, $\hbar\omega_{eg} = E_e - E_g, W_e = \hbar\Delta\omega_e$ 为电子与光场相互作用而产生的移位能, 或称之为电子的自能。$\boldsymbol{v}_{eg} = \boldsymbol{p}/m = \hbar/\mathrm{i}m\nabla$ 为电子的速度, 则上式可写为

$$W_e = -\frac{2e^2}{3\pi\hbar c^3} \int_0^K k\mathrm{d}k \sum_g \frac{|v_{eg}|^2}{k + E_g - E_e} \tag{2.8.14}$$

积分上式, K 取为 mc^2。上面公式是对束缚电子而言的, 如果是自由电子, 则自能为

$$W_0 = \frac{-2e^2}{3\pi\hbar c^3} \int_0^K \sum_g |v_{eg}|^2 \mathrm{d}k \tag{2.8.15}$$

如果认为这个自能已经被包含到自由电子的质量中去了, 则束缚电子的添加的自能部分 W', 也称之为 Lamb 移位, 应是 W 与 W_0 之差, 即

$$W_e' = W_e - W_0 = \frac{-2e^2}{3\pi\hbar c^3} \int_0^K \mathrm{d}k \sum_g \frac{|v_{eg}|^2 (E_e - E_g)}{k + E_g - E_e} \tag{2.8.16}$$

Bethe 用这公式对氢原子的 2s 与 $2\mathrm{p}_{1/2}$ 能级作过详细计算 [15]。发现 $2\mathrm{p}_{1/2}$ 能级的移位可略去不计, 2s 电子能级移位达 $17.8R_y$, 即 1040MHz, 与 Lamb 等用实验精确测定的 $W_{2\mathrm{s}}' - W_{2\mathrm{p}_{1/2}}' = 1000\mathrm{MHz}$ 的很符合 [16]。应指出, 上面的能级移位均是由真空场 (即虚光子) 与电子的相互作用引起的, 而激光 (实光子) 与电子的相互作用是否也同样可以引起能级移位呢? 在激光出现不久后, 我们就作过计算 [17]。虚光子与电子的相互作用是通过电子由初态 e 放出一个光子 $\hbar\nu$ 到达中间态 e', 然后又吸收这个光子回到初态 e 来实现的, 对 Lamb 移位的贡献为 W_e'。而实光子与电子的相互作用, 除了这种形式外, 还可以由另一种形式, 即首先由初态吸收一个光子到达中间态 e'', 然后放出一个光子回到初态 e, 对 Lamb 移位的贡献为 W_e''。W_e', W_e'' 及总的移位 ΔW_e 分别为

$$W_e' = \frac{-2e^2}{3\pi\hbar c^3} \int_0^K n(k)\mathrm{d}k \sum_g \frac{|v_{eg}|^2 (E_e - E_g)}{k + E_g - E_e}$$

$$W''_e = \frac{-2e^2}{3\pi\hbar c^3} \int_0^K n(k)\mathrm{d}k \sum_g \frac{-|v_{eg}|^2 (E_e - E_g)}{-k + E_g - E_e}$$

$$\Delta W_e = W_e' + W_e'' = \frac{-2e^2}{3\pi\hbar c^3} \int_0^K n(k)\mathrm{d}k \sum_g \frac{2k|v_{eg}|^2 (E_e - E_g)}{k^2 - (E_g - E_e)^2} \tag{2.8.17}$$

式中 $n(k)$ 为光子简并度。我们用此式计算了红宝石的 R 线以及氦氖激光对氢原子的 2s 与 $2\mathrm{p}_{1/2}$ 能级移位 (该式也是计算 Compton 散射截面和共振荧光截面时所采用的 [16])。在数值上, 激光产生的移位与真空场产生的移位有区别, 对真空场, $2\mathrm{p}_{1/2}$ 几乎不移位, 只有 2s 能级移位, 而对激光, $2\mathrm{p}_{1/2}$ 的移位比 2s 的移位大, 这主要是由激光的单色性引起的。对红宝石激光来说, 取光子简并度 $n = 5 \times 10^7$, 线宽 $\Delta\omega = 0.2\mathrm{cm}^{-1}$, 算得的移位 $W' = W_{2\mathrm{s}}' - W_{2\mathrm{p}_{1/2}}'$ 是真空场的 10.7 倍, 即 $0.37\mathrm{cm}^{-1}$, 对氦氖气体激光取 $n\Delta\omega = 6.67 \times 10^5\mathrm{cm}^{-1}$, 算得的移位 W' 是真空场的 0.029 倍, 即 $0.001\mathrm{cm}^{-1}$。

2.8.2 N 原子辐射

对 N 个全同原子系统, 可参照 (2.4.1) 式写出它的定态波函数

$$\Psi_n = \psi_{n_1}\psi_{n_2}\cdots\psi_{n_N}, \quad \psi_{n_i} = \mathrm{e}^{-\mathrm{i}E_n t/\hbar}\mathrm{e}^{\mathrm{i}\boldsymbol{p}_n \cdot \boldsymbol{r}_i/\hbar}\varphi_n(\boldsymbol{q}_i) \tag{2.8.18}$$

式中 $\boldsymbol{q}_i, \boldsymbol{r}_i$ 分别为第 i 个原子的内部坐标与质心坐标；n 表示能态；$\varphi_n(\boldsymbol{q}_i)$ 表示第 i 个原子处于 n 能态时，相对于质心的波函数；$\boldsymbol{p}_n$ 表示质心动量，$\mathrm{e}^{\mathrm{i}\boldsymbol{p}_n\cdot\boldsymbol{r}_i/\hbar}$ 表示质心运动的波函数。N 原子系统的波函数 Ψ 按定态 Ψ_n 展开为

$$\Psi = \sum a_n \Psi_n$$

$$\frac{\mathrm{d}a_m(t)}{\mathrm{d}t} = \frac{1}{\mathrm{i}\hbar}\sum_n \langle m|H^{'}|n\rangle a_n \mathrm{e}^{\mathrm{i}\omega_{mn}t} \tag{2.8.19}$$

式中

$$H^{'} = \sum_{i=1}^{N} H_i^{'} = \sum_{i=1}^{N} -\boldsymbol{\mu}_i \cdot \boldsymbol{E} = \sum_{i=1}^{N} -(-e)\boldsymbol{q}_i \cdot \boldsymbol{E}$$

$\boldsymbol{E}$ 的展开式参照 (2.8.1) 式。将 (2.8.18) 式代入 (2.8.19) 式便得

$$\frac{\mathrm{d}}{\mathrm{d}t}a_m(t) = \frac{1}{\mathrm{i}\hbar}\sum_n \sum_i \langle m|H_i^{'}|n\rangle a_n \mathrm{e}^{\mathrm{i}\omega_{mn}t} \tag{2.8.20}$$

$$\langle m|H_i^{'}|n\rangle = -\int \varphi_m^*(\boldsymbol{q}_i)\boldsymbol{\mu}_i \cdot \frac{\omega_{mn}}{\omega_\lambda}\boldsymbol{E}_{\lambda\sigma}\mathrm{e}^{-\mathrm{i}\omega_\lambda t}u_\lambda(\boldsymbol{r})\varphi_n(\boldsymbol{q}_i)\mathrm{d}\boldsymbol{q}_i \mathrm{e}^{-\mathrm{i}(\boldsymbol{p}_m-\boldsymbol{p}_n)\cdot\boldsymbol{r}_i/\hbar}$$

$$=\hbar\sum_\lambda g_{\lambda mn}^* r_{\lambda mn}^+(\boldsymbol{r}_i)\mathrm{e}^{\mathrm{i}\boldsymbol{k}_\lambda\cdot\boldsymbol{r}_i-\mathrm{i}\omega_\lambda t}$$

式中

$$g_{\lambda mn}^* = \frac{-1}{\hbar}\int \varphi_m^*(\boldsymbol{q}_i)\boldsymbol{\mu}_i \cdot \boldsymbol{\varepsilon}_{\lambda\sigma}\sqrt{\frac{2\pi\hbar}{\omega_\lambda L^3}}\omega_{mn}\varphi_n(\boldsymbol{q}_i)\mathrm{d}\boldsymbol{q}_i$$

$$r_{\lambda mn}^+(\boldsymbol{r}_i) = \mathrm{e}^{-\mathrm{i}(\boldsymbol{p}_m-\boldsymbol{p}_n)\cdot\boldsymbol{r}_i/\hbar} \tag{2.8.21}$$

其中 $r_{\lambda mn}^+(\boldsymbol{r}_i)$ 为能级上升算子，$g_{\lambda mn}^*$ 为电偶极系数，同样可定义

$$\begin{cases} g_{\lambda mn} = \frac{-1}{\hbar}\int \varphi_n^*(\boldsymbol{q}_j)\boldsymbol{\mu}_j \cdot \boldsymbol{\varepsilon}_{\lambda\sigma}\sqrt{\frac{2\pi\hbar}{\omega_\lambda L^3}}\omega_{mn}\varphi_m(\boldsymbol{q}_j)\mathrm{d}\boldsymbol{q}_i \\ r_{\lambda mn}^-(\boldsymbol{r}_j) = \mathrm{e}^{-\mathrm{i}(\boldsymbol{p}_n-\boldsymbol{p}_m)\cdot\boldsymbol{r}_j/\hbar} \end{cases} \tag{2.8.22}$$

对于二能级原子，下标 m, n 可去掉

$$\begin{cases} \langle e,0|H_i^{'}|g,1_\lambda\rangle = \hbar\sum_{\lambda\sigma} g_\lambda^* r^+(\boldsymbol{r}_i)\mathrm{e}^{\mathrm{i}\boldsymbol{k}_\lambda\cdot\boldsymbol{r}_i-\mathrm{i}\omega_\lambda t} \\ \langle g,1_\lambda|H_j^{'}|e,0\rangle = \hbar\sum_{\lambda\sigma} g_\lambda r^-(\boldsymbol{r}_j)\mathrm{e}^{-\mathrm{i}\boldsymbol{k}_\lambda\cdot\boldsymbol{r}_j+\mathrm{i}\omega_\lambda t} \end{cases} \tag{2.8.23}$$

按 2.8.1 节同样办法可导出 N 原子系统的辐射线宽与能级移位

$$\frac{1}{2}\Gamma_e + \mathrm{i}\Delta\omega = \frac{\mathrm{i}}{\hbar^2}\sum_{\lambda,\sigma}\sum_{i,j}\frac{\langle e,0|H_i'|g,1_\lambda\rangle\langle g,1_\lambda|H_j'|e,0\rangle}{\omega_{eg}-\omega_\lambda+\mathrm{i}s}$$

$$=\mathrm{i}\sum_{\lambda,\sigma}\left[\sum_{i=1}^{N}g_\lambda^2\frac{\langle r^+(\boldsymbol{r}_i)r^-(\boldsymbol{r}_i)\rangle}{\omega_{eg}-\omega_\lambda+\mathrm{i}s}\right.$$

$$\left.+\sum_{i\neq j}^{N}g_\lambda^2\frac{\langle r^+(\boldsymbol{r}_i)r^-(\boldsymbol{r}_j)\rangle}{\omega_{eg}-\omega_\lambda+\mathrm{i}s}\mathrm{e}^{\mathrm{i}\boldsymbol{k}_\lambda\cdot(\boldsymbol{r}_i-\boldsymbol{r}_j)}\right] \tag{2.8.24}$$

注意到 (2.8.21) 式定义的 $r^+_{\lambda mn}(\boldsymbol{r}_i)$ 为上升算子, 若 m 为激发态, n 为基态, 则 $r^+_{\lambda mn}(\boldsymbol{r}_i)$ 由 (2.8.21) 式给出; 相反 m 为基态, n 为激发态, 则 $r^+_{\lambda mn}(\boldsymbol{r}_i)=0$, 同样由 (2.8.22) 式定义的 $r^-_{\lambda mn}(\boldsymbol{r}_i)$ 为下降算子, 只有当 m 为基态, n 为激发态时, $r^-_{\lambda mn}(\boldsymbol{r}_i)$ 才由 (2.8.22) 式给出, 否则 $r^-_{\lambda mn}(\boldsymbol{r}_i)=0$, 故 (2.8.24) 式中的 $\sum_{i=1}^{N}\langle r^+(\boldsymbol{r}_i)r^-(\boldsymbol{r}_i)\rangle$ 恰是 N 个原子中处于激发态的原子数。(2.8.24) 式给出的 $\frac{1}{2}\Gamma_e+\mathrm{i}\Delta\omega$ 也是这些激发态原子的总的跃迁概率。每一激发态原子的跃迁概率, 应用 $\sum_{i=1}^{N}\langle r^+(\boldsymbol{r}_i)r^-(\boldsymbol{r}_i)\rangle$ 除。为简单计, 下面就假定 $\sum_{i=1}^{N}\langle r^+(\boldsymbol{r}_i)r^-(\boldsymbol{r}_i)\rangle=1$, 即 N 个原子中只有 1 个处于激发态。这时 (2.8.24) 式前面一项, 即单个原子的跃迁概率 (2.8.11)

$$\gamma+\mathrm{i}\Delta\omega_s = \mathrm{i}\sum_{\lambda,\sigma}g_\lambda^2\frac{1}{\omega_{eg}-\omega_\lambda+\mathrm{i}s} = \mathrm{i}\frac{1}{\hbar^2}\sum_{\lambda,\sigma}\frac{2\pi\hbar e^2(\boldsymbol{v}_{eg}\cdot\boldsymbol{\varepsilon}_{\lambda,\sigma})^2}{L^3\omega_\lambda(\omega_{eg}-\omega_\lambda+\mathrm{i}s)} \tag{2.8.25}$$

(2.8.24) 式括号中的前一项为第 i 个原子电偶极与真空场相互作用 H_i' 的二级量, 相当于原子电偶极的 "自作用", 而括号中第二项则是第 i 个原子电偶极与真空场相互作用 H_i' 以及第 j 个原子电偶极与真空场相互作用 H_j' 的交叉项, 或者为简单计可理解为相当于第 i 个原子电偶极与第 j 个原子电偶极的 "互作用"。$\mathrm{e}^{\mathrm{i}\boldsymbol{k}_\lambda\cdot(\boldsymbol{r}_i-\boldsymbol{r}_j)}$ 为空间传播因子。令 $\Delta\boldsymbol{r}=\boldsymbol{r}_i-\boldsymbol{r}_j$, 并引入电偶极相互作用函数 $L(\Delta\boldsymbol{r})$, 则得

$$\begin{cases}L(\Delta\boldsymbol{r}) = \sum_{\lambda,\sigma}g_\lambda^2\frac{1}{\omega_{eg}-\omega_\lambda+\mathrm{i}s}\mathrm{e}^{\mathrm{i}\boldsymbol{k}_\lambda\cdot\Delta\boldsymbol{r}} \\[2mm] \qquad\quad = \sum_{\lambda,\sigma}g_\lambda^2\left[\pi\delta(\omega_{eg}-\omega_\lambda)+\frac{\mathrm{i}P}{\omega_{eg}-\omega_\lambda}\right]\mathrm{e}^{\mathrm{i}\boldsymbol{k}_\lambda\cdot\Delta\boldsymbol{r}} \\[2mm] \qquad\quad = 2\gamma(K(\xi)-\mathrm{i}W(\xi)) \\[2mm] K(\xi) = \frac{3}{4}\left[\sin^2\theta\frac{\sin\xi}{\xi}+(1-3\cos^2\theta)\left(\frac{\cos\xi}{\xi^2}-\frac{\sin\xi}{\xi^3}\right)\right] \\[2mm] W(\xi) = \frac{3}{4}\left[-\sin^2\theta\frac{\cos\xi}{\xi}+(1-3\cos^2\theta)\left(\frac{\sin\xi}{\xi^2}+\frac{\cos\xi}{\xi^3}\right)\right]\end{cases} \tag{2.8.26}$$

解 (2.8.26) 最先在文献 [18] 出现，但证法不妥。现应用 2.8.1 节结果，重新对此进行计算 [19]。先求 $L(\Delta r)$ 的实部。(2.8.26) 式中的参数 $\xi = \boldsymbol{k} \cdot \Delta \boldsymbol{r}$ ，θ 为 $\Delta \boldsymbol{r}$ 与 $\boldsymbol{\mu}_{eg}$ 的夹角。按 (2.8.12) 式求得

$$
\begin{aligned}
\operatorname{Re} L(\Delta \boldsymbol{r}) &= \sum_{\lambda, \sigma} g_\lambda^2 \pi \delta(\omega_{eg} - \omega_\lambda) \mathrm{e}^{\mathrm{i} \boldsymbol{k}_\lambda \cdot \Delta \boldsymbol{r}} \\
&= \frac{\pi}{\hbar^2} \sum_{\lambda, \sigma} \frac{2\pi \hbar e^2 (\boldsymbol{v}_{eg} \cdot \boldsymbol{\varepsilon}_{\lambda, \sigma})^2}{L^3 \omega_\lambda} \delta(\omega_{eg} - \omega_\lambda) \mathrm{e}^{\mathrm{i} \boldsymbol{k}_\lambda \cdot \Delta \boldsymbol{r}} \\
&= \frac{e^2 v_{eg}^2}{4\pi \hbar c^2} \int \omega_\lambda \delta(\omega_{eg} - \omega_\lambda)(1 - \cos^2 \overline{\theta}) \mathrm{e}^{\mathrm{i} \boldsymbol{k}_\lambda \cdot \Delta \boldsymbol{r}} \mathrm{d}\omega_\lambda \mathrm{d}\Omega
\end{aligned} \tag{2.8.27}
$$

式中 $\overline{\theta}$ 为 $\boldsymbol{\mu}_{eg}$ 与 $\boldsymbol{k}$ 的夹角。现取 $\Delta \boldsymbol{r}$ 为极轴，$\boldsymbol{\mu}_{eg} = \mu_{eg}(\theta, \varphi)$ ，$\boldsymbol{k} = \boldsymbol{k}(\theta', \varphi')$ ，代入上式得

$$
\begin{aligned}
\operatorname{Re} L(\Delta \boldsymbol{r}) &= \frac{e^2 v_{eg}^2 \omega_{eg}}{4\pi \hbar c^2} \iint \{1 - [\cos\theta \cos\theta' + \sin\theta \sin\theta' \cos(\varphi - \varphi')]^2\} \mathrm{e}^{\mathrm{i}\xi \cos\theta'} \mathrm{d}\cos\theta' \mathrm{d}\varphi' \\
&= \frac{e^2 \mu_{eg}^2 \omega_{eg}^3}{2\hbar c^3} \int_{-1}^{1} \left[1 - \cos^2\theta \, x^2 - \frac{1}{2} \sin^2\theta (1 - x^2)\right] \mathrm{e}^{\mathrm{i}\xi x} \mathrm{d}x \\
&= 2\gamma \times \frac{3}{4} \left[\sin^2\theta \frac{\sin\xi}{\xi} + (1 - 3\cos^2\theta)\left(\frac{\cos\xi}{\xi^2} - \frac{\sin\xi}{\xi^3}\right)\right] = 2\gamma K(\xi)
\end{aligned} \tag{2.8.28}
$$

根据 Kramers-Kronig 色散关系 [1]，$L(\Delta \boldsymbol{r})$ 应是 $z = -\mathrm{i}\xi$ 的解析函数，$L(\Delta \boldsymbol{r})$ 的实部与虚部互为 Hilbert 变换。参照 (2.8.28) 式可将 $L(\Delta \boldsymbol{r})$ 写为

$$
\begin{aligned}
L(\Delta \boldsymbol{r}) &= 2\gamma \times \frac{3}{4} \left[\sin^2\theta \frac{\mathrm{e}^{-\mathrm{i}\xi}}{-\mathrm{i}\xi} - (1 - 3\cos^2\theta)\left(\frac{\mathrm{e}^{-\mathrm{i}\xi}}{(-\mathrm{i}\xi)^2} - \frac{\mathrm{e}^{-\mathrm{i}\xi}}{(-\mathrm{i}\xi)^3}\right)\right] \\
&= 2\gamma[K(\xi) - \mathrm{i}W(\xi)]
\end{aligned} \tag{2.8.29}
$$

故 $L(\Delta \boldsymbol{r})$ 一方面是 $z = -\mathrm{i}\xi$ 在 z 的左半平面为解析的函数，另一方面它的实部即我们求得的 (2.8.28) 式。而所得虚部 $-\mathrm{i}2\gamma W(\xi)$ 正是 (2.8.26) 式中给出的。将 (2.8.26) 式代入 (2.8.24) 式中便得

$$
\begin{aligned}
\frac{1}{2}\Gamma_e + \mathrm{i}\Delta\omega &= \mathrm{i} \sum_{\lambda, \sigma} \left[\sum_{i=1}^{N} g_\lambda^2 \frac{\langle r^+(\boldsymbol{r}_i) r^-(\boldsymbol{r}_i)\rangle}{\omega_{eg} - \omega_\lambda + \mathrm{i}s} + \sum_{i \neq j}^{N} g_\lambda^2 \frac{\langle r^+(\boldsymbol{r}_i) r^-(\boldsymbol{r}_j)\rangle}{\omega_{eg} - \omega_\lambda + \mathrm{i}s} \mathrm{e}^{\mathrm{i}\boldsymbol{k}_\lambda \cdot \Delta \boldsymbol{r}}\right] \\
&= \gamma + \mathrm{i}\Delta\omega_s + \sum_{i \neq j}^{N} \langle r^+(\boldsymbol{r}_i) r^-(\boldsymbol{r}_j)\rangle L(\Delta \boldsymbol{r})
\end{aligned} \tag{2.8.30}
$$

式中 $\gamma + i\Delta\omega_s$ 即自作用的贡献, 由 (2.8.13)~(2.8.16) 式给出, 为求出第二项互作用的贡献, 还要求 $\langle r^+(\boldsymbol{r}_i)r^-(\boldsymbol{r}_j)\rangle$。由 (2.8.21) 和 (2.8.22) 式

$$\langle r^+(\boldsymbol{r}_i)r^-(\boldsymbol{r}_j)\rangle = \langle r^+(\boldsymbol{r}_i)r^-(\boldsymbol{r}_i)\rangle\langle e^{-i(\boldsymbol{p}_e-\boldsymbol{p}_g)\cdot\Delta\boldsymbol{r}/\hbar}\rangle$$

$$= \langle e^{-i(\boldsymbol{p}_e-\boldsymbol{p}_g)\cdot\Delta\boldsymbol{r}/\hbar}\rangle \tag{2.8.31}$$

现在让我们将 $\boldsymbol{p}$ 表示为 $\boldsymbol{p} = \langle\boldsymbol{p}\rangle + \Delta\boldsymbol{p}$, $\langle\boldsymbol{p}\rangle$, $\Delta\boldsymbol{p}$ 分别为平均动量与热起伏, 因热起伏不会导致激发态与基态的分离, 自发辐射各向同性也不能使得激发态原子获得净的平均动量, 故可设 $\langle\boldsymbol{p}_e\rangle = \langle\boldsymbol{p}_g\rangle$, 于是有 [19]

$$\langle r^+(\boldsymbol{r}_i)r^-(\boldsymbol{r}_j)\rangle = \langle e^{-i(\Delta\boldsymbol{p}_e-\Delta\boldsymbol{p}_g)\cdot\Delta\boldsymbol{r}/\hbar}\rangle$$

$$= \langle 1 - i\Delta\boldsymbol{p}_e\cdot\Delta\boldsymbol{r}/\hbar - \frac{1}{2}(\Delta\boldsymbol{p}_e\cdot\Delta\boldsymbol{r}/\hbar)^2\rangle\langle 1$$

$$+ i\Delta\boldsymbol{p}_g\cdot\Delta\boldsymbol{r}/\hbar - \frac{1}{2}(\Delta\boldsymbol{p}_g\cdot\Delta\boldsymbol{r}/\hbar)^2\rangle$$

$$= e^{-\frac{1}{2}(\Delta\boldsymbol{p}_e\cdot\Delta\boldsymbol{r}/\hbar)^2}e^{-\frac{1}{2}(\Delta\boldsymbol{p}_g\cdot\Delta\boldsymbol{r}/\hbar)^2}$$

$$= e^{-2\pi(\Delta\boldsymbol{r})^2/\lambda_B^2} \tag{2.8.32}$$

式中 $(\Delta\boldsymbol{p}_e)^2/(2m) = (\Delta\boldsymbol{p}_g)^2/(2m) = \dfrac{KT}{2}$, $\lambda_B = \sqrt{\dfrac{2\pi\hbar^2}{mKT}}$ 为 de Broglie 波长。又设在体积 $\sqrt{\dfrac{\pi}{2}}\lambda^3$ 内有 $n = \rho\cdot 4\pi\left(\dfrac{\lambda}{\sqrt{2\pi}}\right)^3$ 原子, λ 为二能级原子的跃迁波长, 则 (2.8.30) 式第二项为

$$\sum_{\Delta\boldsymbol{r}_j}\langle e^{i(\boldsymbol{p}_e-\boldsymbol{p}_g)\cdot\Delta\boldsymbol{r}_j/\hbar}\rangle L(\Delta\boldsymbol{r}_j) = \rho\int d^3\Delta\boldsymbol{r}L(\Delta\boldsymbol{r})e^{-2\pi(\Delta\boldsymbol{r})^2/\lambda_B^2}$$

$$= 2\gamma n\int_0^\infty \xi^2 d\xi\int_0^\pi \sin\theta d\theta e^{-\xi^2/\xi_B^2}[K(\xi) - iW(\xi)]$$

$$= 2\gamma n(\gamma' + i\delta') \tag{2.8.33}$$

$\xi_B = k_L\lambda_B/\sqrt{2\pi} = \hbar k_L/\sqrt{mKT}$ 为归一化的原子由激发态跃迁到基态的辐射波数。γ', δ' 随 ξ_B 的变化曲线如图 2.9 所示。N 原子的辐射线宽与能级移位

$$\frac{1}{2}\Gamma_e + i\Delta\omega = \gamma + i\Delta\omega_s + 2\gamma n(\gamma' + i\delta') \tag{2.8.34}$$

由 (2.8.34) 式看出第二项即互作用修正是正比于相邻原子的密度 n, 而不是总粒子数 N。

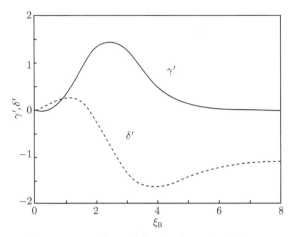

图 2.9 γ', δ' 随 ξ_B 的变化曲线 (取自文献 [19])

2.8.3 单原子与 N 原子的受激辐射与吸收

单原子的自发与受激辐射分别由 (2.8.16) 和 (2.8.17) 式给出。为看清这一点,并推广到 N 原子系统,设初态为 $|e, n_\lambda\rangle$,则 $\boldsymbol{E}(r, t)$ 中的算符作用于 $|n_\lambda\rangle$ 上便得

$$(b_\lambda^+ \mathrm{e}^{\mathrm{i}\omega_\lambda t} - b_\lambda \mathrm{e}^{-\mathrm{i}\omega_\lambda t})|n_\lambda\rangle = \sqrt{n_\lambda + 1}\mathrm{e}^{\mathrm{i}\omega_\lambda t}|n_\lambda + 1\rangle - \sqrt{n_\lambda}\mathrm{e}^{-\mathrm{i}\omega_\lambda t}|n_\lambda - 1\rangle \qquad (2.8.35)$$

故初态、中间态分别为 $|e, n_\lambda\rangle$, $|g, n_\lambda + 1\rangle$, $|g, n_\lambda - 1\rangle$。类似 2.8.2 节的推导得出: 包括自发辐射、受激辐射在内的单原子的线宽与能级移位为

$$\frac{1}{2}\gamma_e + \mathrm{i}\Delta\omega_e = \mathrm{i}\sum_{\lambda,\sigma} g_{\lambda,\sigma}\left(\frac{n_\lambda + 1}{\omega_{eg} - \omega_\lambda + \mathrm{i}s} + \frac{n_\lambda}{\omega_{eg} + \omega_\lambda + \mathrm{i}s}\right) \qquad (2.8.36)$$

在方程 (2.8.36) 基础上,并参照 (2.8.30) 式的推导,我们可写出相应于 N 原子系统的线宽与能级移位公式

$$\frac{1}{2}\Gamma_e + \mathrm{i}\Delta\omega = \mathrm{i}\sum_{\lambda,\sigma} g_{\lambda,\sigma}^2 \left(\frac{n_\lambda + 1}{\omega_{eg} - \omega_\lambda + \mathrm{i}s} + \frac{n_\lambda}{\omega_{eg} + \omega_\lambda + \mathrm{i}s}\right)$$

$$+ \frac{\mathrm{i}\sum\limits_{i=1}^{N}\sum\limits_{\Delta\boldsymbol{r}_j \neq 0}\langle r^+(\boldsymbol{r}_i)r^-(\boldsymbol{r}_i + \Delta\boldsymbol{r}_j)\rangle}{\sum\limits_{i=1}^{N}\langle r^+(\boldsymbol{r}_i)r^-(\boldsymbol{r}_i)\rangle}L(\Delta\boldsymbol{r}_j)$$

$$L(\Delta\boldsymbol{r}_j) = \sum_{\lambda,\sigma} g_{\lambda,\sigma}\left(\frac{n_\lambda + 1}{\omega_{eg} - \omega_\lambda + \mathrm{i}s} + \frac{n_\lambda}{\omega_{eg} + \omega_\lambda + \mathrm{i}s}\right)\mathrm{e}^{-\mathrm{i}\boldsymbol{k}_\lambda \cdot \Delta\boldsymbol{r}_j}$$

$$\approx \sum_{\lambda,\sigma} g_{\lambda,\sigma}\frac{n_\lambda + 1}{\omega_{eg} - \omega_\lambda + \mathrm{i}s}\mathrm{e}^{-\mathrm{i}\boldsymbol{k}_\lambda \cdot \Delta\boldsymbol{r}_j} \qquad (2.8.37)$$

在热平衡情形, 按照 Einstein 各辐射系数间的关系, 我们可求得 N 原子体系的受激辐射与吸收跃迁率。

受激辐射:

$$B_{21}\frac{\hbar\omega_\lambda^3}{\pi^2 c^3}n_\lambda N_2 = A_{21}n_\lambda N_2 = 2[\gamma + \mathrm{i}\Delta\omega_s + 2\gamma n(\gamma' + \mathrm{i}\delta')]n_\lambda N_2 \tag{2.8.38}$$

吸收:

$$B_{12}\frac{\hbar\omega_\lambda^3}{\pi^2 c^3}n_\lambda N_1 = A_{21}n_\lambda N_1 = 2[\gamma + \mathrm{i}\Delta\omega_s + 2\gamma n(\gamma' + \mathrm{i}\delta')]n_\lambda N_1 \tag{2.8.39}$$

式中 N_1, N_2 指处于基态与激发态的原子数, n_λ 为模式 λ 的平均光子数。

2.9 自离化共振态

2.9.1 自离化共振态

以上各节主要讨论了原子分立态间的跃迁、状态叠加与微扰。其实, 除分立态外, 还有一个重要的方面, 即连续态, 以及由基态向连续态的跃迁, 分立态和连续态间的状态叠加与微扰等。现对这一重要的方面作一些补充。图 2.10 为锶原子的真空紫外吸收光谱 [20], 在一连续的背景上还有许多吸收峰。自离化态的来源与性质可简要分析如下: 原子的离化极限 E_I, 即为将一个束缚电子移至无穷远处所需的最小能量。例如, SrI 的基态为 $5\mathrm{s}^2\mathrm{p}^1\mathrm{S}_0$, 第一电离极限发生在 $5\mathrm{s}^2\,^1\mathrm{S}_0 \to 5\mathrm{s}n\mathrm{p}^1\mathrm{P}_1^0$ 系列, 即一个 5s 电子被激发到 $n\mathrm{p}$ 态, 但自旋取向不变, 仍保持与留下的 5s 电子自旋反平行, 电离极限发生在 $45932\mathrm{cm}^{-1}$ 或 $5.69\mathrm{eV}$ 处, 这时电子已完全自由 (自由电子能量与基态 5s 电子的能量差为 $\hbar ck$, k 为波数, 即 $45932\mathrm{cm}^{-1}$)。若激发能高于 $5.69\ \mathrm{eV}$, 则多余的能量 ε 变成了电子的动能, 连续谱可记为 $5\mathrm{s}\varepsilon\mathrm{p}^1\mathrm{P}_1^0$ (这里

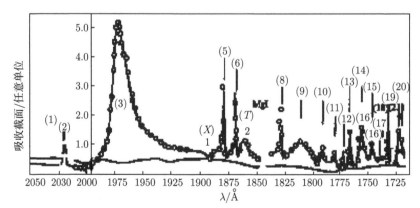

图 2.10 锶原子的真空紫外吸收光谱 (参照 Graton 等 [20])

$^1P_1^0$ 表示两个电子的自旋反平行, $S = 0$)。也可能发生这样的情形, 即两个 5s 电子激发到更高的束缚态, 例如, $4d4f^1P^0$ 所需的激发能为 $53546cm^{-1}$, 已远高于电离极限 $45932cm^{-1}$。故当 $\varepsilon = (53546 - 45932)cm^{-1}$ 时, 电子有两个简并态, 即 $5s\varepsilon p^1P_1^0$ 与 $4d4f^1P_1^0$。简并态的相互作用又使得态函数混合而产生一新的自离化共振态, 对应于图 2.10 中的共振吸收峰。

2.9.2 Fano 的自离化 (AI) 态理论 [21]

与一般的微扰理论不一样, 自离化共振态不仅涉及分立态 ϕ_i, 还涉及连续态 ψ_E。又设 ϕ 及 ψ_E' 的能量矩阵元为

$$\begin{cases} \langle \phi_i | H | \phi_j \rangle = E_i \delta_{ij} \\ \langle \psi_{E''} | \psi_{E'} \rangle = \delta(E'' - E') \end{cases} \tag{2.9.1}$$

且

$$\langle \psi_{E'} | \phi_i \rangle = 0, \quad \langle \psi_{E'} | \psi_{E''} \rangle = \delta(E'' - E') \tag{2.9.2}$$

由 (2.9.2) 式及 δ 函数的性质 $\int \delta(E')dE' = 1$, 得知连续态波函数 ψ_E 的因次为 $E^{-1/2}$。现在只考虑一个分立态 ϕ_i 与连续态 $\psi_{E'}$ 间的微扰, 故分立态的下标可去掉, 记为 ϕ。设 ϕ 与 ψ_E 为简并, 且能量矩阵元是非对角的, 即

$$\langle \phi | H | \psi_{E'} \rangle = V_{E'} \tag{2.9.3}$$

对角化后的波函数 Ψ_E, 即新的非简并态, 可表示为分立态 ϕ 与连续态 $\psi_{E'}$ 间的叠加

$$\Psi_E = a(E)\phi + \int b_{E'}(E)\psi_{E'}dE' \tag{2.9.4}$$

用 H 作用于上式两边, 左边为 $H\Psi_E = E\Psi_E$, 并用 $\phi, \psi_{E''}$ 乘两边, 求积分便得

$$aE_\phi + \int b_{E'}(E)V_{E'}^* dE' = Ea \tag{2.9.5}$$

$$aV_{E''} + b_{E''}E'' = Eb_{E''} \tag{2.9.6}$$

根据 (2.9.6) 式, 可得 $b_{E''} = \dfrac{-aV_{E''}}{E'' - E}$。但考虑到 δ 函数的性质 $\int x\delta(x)dx = 0$, 如果 x 可能趋向于 0, 则由 $A(x) = B(x)$, 应导出 $A(x)/x = B(x)/x + Z\delta(x)$, 而不是 $A(x)/x = B(x)/x$。故由 (2.9.6) 式得出

$$b_{E''} = aV_{E''}\left[\frac{1}{E - E''} + Z(E)\delta(E'' - E)\right] \tag{2.9.7}$$

将 (2.9.7) 式代入 (2.9.5) 式, 便得

$$aE = aE_\phi + a\int |V_{E''}|^2 \left\{\frac{1}{E - E''} + Z(E)\delta(E'' - E)\right\}dE'' \tag{2.9.8}$$

因 $a \neq 0$，故由 (2.9.8) 式得

$$Z(E) = \left\{ E - \left(E_\phi + P \int \frac{|V_{E''}|^2}{E - E''} \mathrm{d}E'' \right) \right\} / |V_E|^2 \tag{2.9.9}$$

式中圆括号内的能量可表示为

$$E_s = E_\phi + P \int \frac{|V_{E'}|^2}{E - E'} \mathrm{d}E' = E_\phi + F(E) \tag{2.9.10}$$

P 表示积分取主值，E_s 即连续吸收谱中的自离化吸收峰，$F(E)$ 为吸收峰位置与分立能级间的偏离。根据自离化态 Ψ_E 正交归一条件，可求得系数 $a(E)$，亦即

$$\langle \Psi_{\bar{E}} | \Psi_E \rangle = a^*(\bar{E}) a(E) + \int \mathrm{d}E' b_{E'}^*(\bar{E}) b_{E'}(E) = \delta(\bar{E} - E) \tag{2.9.11}$$

将 $b_{E'}(E)$ 的表式 (2.9.7) 代入 (2.9.11) 式中，便得

$$a^*(\bar{E}) \left\{ 1 + \int \mathrm{d}E' V_{E'}^* \left[\frac{1}{\bar{E} - E'} + Z(\bar{E}) \delta(\bar{E} - E') \right] \right.$$
$$\left. \times \left[\frac{1}{E - E'} + Z(E) \delta(E - E') \right] V_{E'} \right\} a(E) = \delta(\bar{E} - E) \tag{2.9.12}$$

应注意到上面的积分包含了 $\bar{E} = E$ 双奇异点。附录 2B 中证明了 $\dfrac{1}{(\bar{E} - E')(E - E')}$ 可分解为

$$\frac{1}{(\bar{E} - E')(E - E')} = \frac{1}{\bar{E} - E} \left(\frac{1}{E - E'} - \frac{1}{\bar{E} - E'} \right) + \pi^2 \delta(\bar{E} - E) \delta \left(E' - \frac{1}{2}(\bar{E} + E) \right) \tag{2.9.13}$$

将 (2.9.13) 式代入 (2.9.12) 式，并注意到

$$\begin{cases} \delta(\bar{E} - E') \delta(E - E') = \delta(\bar{E} - E) \delta \left(E' - \frac{1}{2}(E + \bar{E}) \right) \\ \delta(E - E') f(E') = \delta(E - E') f(E) \end{cases} \tag{2.9.14}$$

便得

$$|a(E)|^2 |V_E|^2 \left[\pi^2 + Z^2(E) \right] \delta(\bar{E} - E)$$
$$+ a^*(\bar{E}) \left\{ 1 + \frac{1}{\bar{E} - E} \left[F(E) - F(\bar{E}) + Z(E) |V_E|^2 \right. \right.$$
$$\left. \left. - Z(\bar{E}) |V_E|^2 \right] \right\} a(E) = \delta(\bar{E} - E) \tag{2.9.15}$$

由 (2.9.9) 和 (2.9.10) 式得出 (2.9.15) 式中 { } 的值为 0，故有

$$|a(E)|^2 = \frac{1}{|V_E|^2[\pi^2 + Z^2(E)]} = \frac{|V_E|^2}{[E - E_\phi - F(E)]^2 + \pi^2|V_E|^4} \tag{2.9.16}$$

这表明通过与连续态相互作用，分立能级已具有共振带结构，带宽为 $\pi|V_E|^2$。若初始时系统处于分立态 ϕ，则经过 $\frac{\hbar}{2\pi|V_E|^2}$ 的时间后，系统将会离化。这便是所谓自离化。

参照 (2.9.9) 和 (2.9.16) 式，并定义

$$\Delta = -\arctan\frac{\pi}{Z(E)} = -\arctan\frac{\pi|V_E|^2}{E - E_\phi - F(E)} \tag{2.9.17}$$

则 (2.9.16) 式可写为

$$a = \frac{\sin\Delta}{\pi V_E}$$

$$b_{E'} = \frac{\sin\Delta}{\pi V_E}\frac{V_{E'}^*}{E - E'} - \cos\Delta\,\delta(E - E')$$

$$\Psi_E = \frac{\sin\Delta}{\pi V_E}\phi + \frac{\sin\Delta}{\pi V_E}P\int\frac{V_{E'}^*\psi_{E'}}{E - E'}\mathrm{d}E' - (\cos\Delta)\psi_E$$

$$= \frac{\sin\Delta}{\pi V_E}\left\{\phi + P\int\frac{V_{E'}^*\psi_{E'}\mathrm{d}E'}{E - E'}\right\} - (\cos\Delta)\psi_E$$

$$= \frac{\sin\Delta}{\pi V_E}\Phi - (\cos\Delta)\psi_E \tag{2.9.18}$$

由此可计算出基态 ϕ_g 向自离化共振态 Ψ_E 跃迁，算子 T 的矩阵元为

$$\langle\Psi_E|T|\phi_g\rangle = \frac{\sin\Delta}{\pi V_E^*}\langle\Phi|T|\phi_g\rangle - \cos\Delta\langle\psi_E|T|\phi_g\rangle \tag{2.9.19}$$

$$|\langle\Psi_E|T|\phi_g\rangle|^2 = |\langle\psi_E|T|\phi_g\rangle|^2\,|q\sin\Delta - \cos\Delta|^2$$

q 为 Fano 参量，定义为

$$q = \frac{\langle\Phi|T|\phi_g\rangle}{\pi V_E^*\langle\psi_E|T|\phi_g\rangle} \tag{2.9.20}$$

参照 (2.9.17) 和 (2.9.19) 式，便得

$$\frac{|\langle\Psi_E|T|\phi_g\rangle|^2}{|\langle\psi_E|T|\phi_g\rangle|^2} = \frac{(q + \varepsilon)^2}{1 + \varepsilon^2}$$

$$\varepsilon = \frac{E - E_\phi - F(E)}{\pi|V_E|^2} \tag{2.9.21}$$

图 2.11 给出自离化共振态附近光吸收截面的 Fano-Beutler 线型因子 $\dfrac{(q+\varepsilon)^2}{1+\varepsilon^2}$ 随 ε 而变化的曲线。当 $\varepsilon = -q$ 时，吸收截面为零；当 q 很大时，为 Lorentz 型；当 $q=0$ 时，为反共振吸收窗。

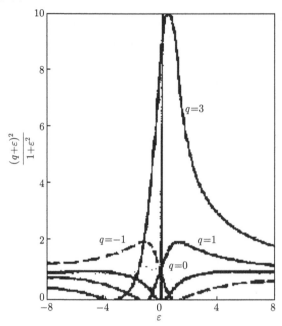

图 2.11   Fano-Beutler 线型因子 (参照文献 [21])

2.10   绝热定理与 Berry 相位

2.10.1   绝热定理与 Berry 相位

在 2.4 节中，我们详细地讨论了用弱场微扰方法，即用定态波函数展开法求解 Schrödinger 方程。但从量子力学的实际出发，还有一种绝热展开也是很重要的。现考虑一系统的哈密顿量是含时的，即 $H = H(t)$，而且对于每一时刻 t 均能求出 $H(t)$ 的本征态 $|n(t)\rangle$ 及相应的本征值 $E_n(t)$，即

$$H(t)|n(t)\rangle = E_n(t)|n(t)\rangle \tag{2.10.1}$$

又设系统在 $t=0$ 时处于本征态 $|n(0)\rangle$，具有本征值 $E_n(0)$；那么当 $t>0$ 时，系统处于什么样的状态，并具有什么样的本征值呢？为求得这一问题的解，仍像前面做的一样，将待求的系统的状态 $\Psi(t)$ 用 (2.10.1) 式的本征态展开为

$$\Psi(t) = \sum_n a_n(t) \mathrm{e}^{-\mathrm{i}/\hbar \int_0^t E_n(t')\mathrm{d}t'} |n(t)\rangle \tag{2.10.2}$$

将这个方程代入 Schrödinger 方程, 便得

$$\dot{a}_k(t) = -\sum_n a_n(t) e^{-i/\hbar \int_0^t dt'(E_n(t')-E_k(t'))} \langle k(t)|\dot{n}(t)\rangle \qquad (2.10.3)$$

式中 $\dot{a}_k(t), |\dot{n}(t)\rangle$ 分别表示 $\dfrac{da_k(t)}{dt}, \dfrac{d}{dt}|n(t)\rangle$。为得到 (2.10.3) 式中的 $\langle k|\dot{n}\rangle$, 将 (2.10.1) 式对时间微分

$$\frac{\partial H}{\partial t}|n\rangle + H|\dot{n}\rangle = \dot{E}_n(t)|n\rangle + E_n(t)|\dot{n}\rangle \qquad (2.10.4)$$

并用 $\langle k|$ 作用于上式, 便得

$$\langle k|\dot{n}\rangle = \frac{\langle k|\dfrac{\partial H}{\partial t}|n\rangle}{E_n - E_k}, \quad k \neq n \qquad (2.10.5)$$

对 $k = n$ 的情形 $\langle n|\dot{n}\rangle$, 考虑到归一化 $\langle n|n\rangle = 1$, 故有

$$\langle \dot{n}|n\rangle + \langle n|\dot{n}\rangle = 0$$
$$\langle n|\dot{n}\rangle = -i\dot{\gamma}_n(t) \qquad (2.10.6)$$

现取新的本征态 $|n'\rangle$, 使之增加一相位因子 $e^{i\gamma_n(t)}$(这是允许的, 因在任一瞬间波函数的相位可以是任意的 [12]), 即

$$|n'\rangle = |n\rangle e^{i\gamma_n(t)}$$
$$\langle n'|\dot{n}'\rangle = \langle n|\dot{n}\rangle + i\dot{\gamma}_n(t) = 0 \qquad (2.10.7)$$

同样取 $\langle n'| = \langle n|e^{-i\gamma_n(t)}$, 则得

$$\langle \dot{n}'|n'\rangle = 0 \qquad (2.10.8)$$

故采用 $|n'\rangle$ 为基, 则 (2.10.3) 式中涉及的 $\langle k'|\dot{n}'\rangle$ 便完全定了。这就是通常所说的绝热定理 [12]。从非定态方程 (2.10.3) 来看, 采用 $|n\rangle$ 或 $|n'\rangle$ 均是可以的, 因 $|n\rangle$ 与 $|n'\rangle$ 一样是完备的。虽然非定态解方程 (2.10.3) 的形式略有区别, 如

$$\dot{a}_{k'}(t) = -\sum_{n' \neq k'} a_{n'}(t) e^{-i/\hbar \int_0^t (E_{n'}(t')-E_{k'}(t'))dt'} \langle k'(t)|\dot{n}'(t)\rangle \qquad (2.10.9)$$

$$\dot{a}_k(t) = i\dot{\gamma}_k(t)a_k(t) - \sum_{n \neq k} a_n(t) e^{-i/\hbar \int_0^t (E_n(t')-E_k(t'))dt'} \langle k(t)|\dot{n}(t)\rangle \qquad (2.10.10)$$

(2.10.9) 和 (2.10.10) 式分别为取 $|n'\rangle$ 和 $|n\rangle$ 为基的非定态方程 (2.10.3) 的表示式, 但取 $|n\rangle$ 为基, $\langle n|\dot{n}\rangle = -i\dot{\gamma}_n(t)$ 有可能通过物理实验进行测量, 有明确的物理意义。Berry 注意到这一点 [22], 不采用绝热定理 (2.10.7)~(2.10.9) 式, 而用了一般的

关系式 (2.10.6) 与 (2.10.10) 式, 当初始时 $a_k(0) = \delta_{kn}$, 则应用 (2.10.5) 式, (2.10.10) 式可近似为

$$\begin{cases} \dot{a}_k(t) \simeq (\hbar\omega_{kn})^{-1}\langle k|\dot{H}|n\rangle\mathrm{e}^{\mathrm{i}\omega_{kn}t} \\ a_k(t) \simeq (\mathrm{i}\hbar\omega_{kn}^2)^{-1}\langle k|\dot{H}|n\rangle\mathrm{e}^{\mathrm{i}\omega_{kn}t} \\ a_n(t) = \mathrm{e}^{\mathrm{i}\gamma_n(t)}a_n(0) \end{cases} \tag{2.10.11}$$

现在研究由 (2.10.6) 式定义的 $\gamma_n(t)$ 的一些性质。假定 H 随时间的变化可归结为其中有一个随时间 t 变化的矢量 $\boldsymbol{R}(t)$, 这样 $|n(t)\rangle$ 对 t 的依赖亦体现在 $\boldsymbol{R}(t)$ 上, 因此我们将它记作 $|n(\boldsymbol{R})\rangle$。定义

$$\boldsymbol{A}_n(\boldsymbol{R}) = \mathrm{i}\langle n(\boldsymbol{R})|\nabla_R n(\boldsymbol{R})\rangle \tag{2.10.12}$$

于是由 (2.10.6) 式得

$$\dot{\gamma}_n(t) = \mathrm{i}\langle n(\boldsymbol{R})|\dot{n}(\boldsymbol{R})\rangle = \boldsymbol{A}_n(\boldsymbol{R}) \cdot \dot{\boldsymbol{R}}(t) \tag{2.10.13}$$

由此解出

$$\gamma_n(t) = \int_{\boldsymbol{R}(0)}^{\boldsymbol{R}(t)} \mathrm{d}\boldsymbol{R} \cdot \boldsymbol{A}_n(\boldsymbol{R}) \tag{2.10.14}$$

上式表明由初始的 $\boldsymbol{R}(0)$ 出发经历时间 t, $\boldsymbol{R}$ 运动至 $\boldsymbol{R}(t)$ 时 $\gamma_n(t)$ 的值。特别是 $\boldsymbol{R}(t)$ 与 $\boldsymbol{R}(0)$ 重合, 由 $\boldsymbol{R}(0)$ 至 $\boldsymbol{R}(t)$, 矢量的端点恰描述了一个闭路 C, 则 (2.10.14) 式可写为

$$\gamma_n(C) = \oint_C \mathrm{d}\boldsymbol{R} \cdot \boldsymbol{A}_n(\boldsymbol{R}) = \int\int \mathrm{d}\boldsymbol{s} \cdot (\nabla \times \boldsymbol{A}_n) \tag{2.10.15}$$

这后一等式是用了 Stokes 定理。当态函数 $|n\rangle$ 引进一相位变换 $|n(\boldsymbol{R})\rangle \rightarrow \mathrm{e}^{\mathrm{i}\Phi(\boldsymbol{R})}|n(\boldsymbol{R})\rangle$, 则按 $\boldsymbol{A}_n$ 的定义式 (2.10.12), $\boldsymbol{A}_n(\boldsymbol{R}) \rightarrow \boldsymbol{A}_n(\boldsymbol{R}) - \nabla\Phi(\boldsymbol{R})$。考虑到 $\nabla\times\nabla\Phi = 0$, 由 (2.10.15) 式看出, 这个变化对 $\gamma_n(C)$ 无贡献。故 Berry 相位 $\gamma_n(C)$ 与任意引进的相位因子 $\mathrm{e}^{\mathrm{i}\Phi(\boldsymbol{R})}$ 无关, 即在上述相位变换中保持不变。将 $\boldsymbol{A}_n$ 的表达式 (2.10.12) 代入 (2.10.15) 式中, 得 Berry 相位为

$$\begin{aligned} \gamma_n(C) &= \mathrm{i}\int\int \mathrm{d}\boldsymbol{s} \cdot \nabla \times \langle n|\nabla n\rangle \\ &= -\mathrm{Im}\int\int \mathrm{d}\boldsymbol{s} \cdot \langle\nabla n| \times |\nabla n\rangle \\ &= -\mathrm{Im}\int\int \mathrm{d}\boldsymbol{s} \cdot \sum_{m\neq n} \langle\nabla n|m\rangle \times \langle m|\nabla n\rangle \end{aligned} \tag{2.10.16}$$

和式中不包括 $m = n$ 的项, 因 $\langle n|\nabla n\rangle$ 为纯虚的, $\langle\nabla n|n\rangle \times \langle n|\nabla n\rangle$ 为实数, 不对 (2.10.14) 式作出贡献。类似于 (2.10.5) 式, 由 (2.10.1) 式也能导出 $(E_m - E_n)\langle n|\nabla m\rangle =$

$\langle n|\nabla H|m\rangle$，代入 (2.10.16) 式便得

$$\gamma_n(C) = -\text{Im} \int \int \text{d}\boldsymbol{s} \cdot \sum_{m\neq n} \frac{\langle n|\nabla H|m\rangle \times \langle m|\nabla H|n\rangle}{(E_m - E_n)^2} \tag{2.10.17}$$

这个式子也证明了 $\gamma_n(C)$ 与 $|n(t)\rangle$ 的相位无关。由 (2.10.15) 式看出，Berry 相位 $\gamma_n(C)$ 与参量 $\boldsymbol{R}(t)$、矢量场 $\boldsymbol{A}(\boldsymbol{R})$ 有关。至于取什么样的参量 $\boldsymbol{R}(t)$ 及矢量场 $\boldsymbol{A}(\boldsymbol{R})$ 则由具体的相互作用而定，这在 2.10.2 节讨论。

2.10.2 "准二能级" 系统的 Berry 相位

本小节我们研究"准二能级"系统的 Berry 相位。现考虑一自旋为 1/2 的系统在慢变磁场 $B(t)$ 中的运动、自旋与磁场的相互作用。这时，$H = \frac{1}{2}g\boldsymbol{B}\cdot\boldsymbol{\sigma}$，$g$ 为耦合常数，H 的瞬时本征值为 $E_n(B) = gBn$，$n = \pm\frac{1}{2}$。这样，参量 $\boldsymbol{R}(t)$ 即磁场 $\boldsymbol{B}$ 的三个分量，(2.10.17) 式中的 $\nabla_{\boldsymbol{R}}H = \nabla_{\boldsymbol{B}}H = \frac{1}{2}g\boldsymbol{\sigma}$，而 $(E_m - E_n)^2 = g^2B^2(m-n)^2$，$n \neq m$，$m, n = \pm 1/2$。不失一般性，将 $\boldsymbol{z}$ 取在 $\boldsymbol{B}$ 的方向，即设 $\boldsymbol{B} = B\boldsymbol{z}$，自旋量子化在 $\boldsymbol{z}$ 方向，$\langle \pm\frac{1}{2}|\sigma_z| \pm \frac{1}{2}\rangle = \pm\frac{1}{2}$，$\langle \pm\frac{1}{2}|\sigma_z| \mp \frac{1}{2}\rangle = 0$，于是 (2.10.17) 式的被积函数

$$
\begin{aligned}
\boldsymbol{V}_m(\boldsymbol{B}) &= \sum_{n\neq m} \frac{\langle m|\nabla H|n\rangle \times \langle n|\nabla H|m\rangle}{(E_m - E_n)^2} \\
&= \frac{1}{4B^2}\boldsymbol{z} \sum_{n\neq m} \left(\langle m|\sigma_x|n\rangle\langle n|\sigma_y|m\rangle - \langle m|\sigma_y|n\rangle\langle n|\sigma_x|m\rangle\right) \\
&= \begin{cases} \text{i}\dfrac{1}{2B^2}\boldsymbol{z}, & m = 1/2 \\ -\text{i}\dfrac{1}{2B^2}\boldsymbol{z}, & m = -1/2 \end{cases}
\end{aligned}
\tag{2.10.18}
$$

结果 (2.10.18) 可表示为 $\boldsymbol{V}_m(\boldsymbol{B}) = \text{i}\dfrac{m\boldsymbol{z}}{B^2} = \text{i}m\dfrac{\boldsymbol{B}}{B^3}$，代入 (2.10.16) 式，得

$$\gamma_m(C) = -\text{Im} \left(\int \int_C \text{d}\boldsymbol{s} \cdot \frac{\text{i}m\boldsymbol{B}}{B^3} \right) = -m\Omega(C) \tag{2.10.19}$$

$\Omega(C)$ 为闭路 C 在参量空间上对 $\boldsymbol{B} = 0$ 点的立体角 (图 2.12)。若磁场扫过的圆锥半角度为 θ_0，则

$$\boldsymbol{B} = B(\boldsymbol{x}\sin\theta_0\cos\omega t + \boldsymbol{y}\sin\theta_0\sin\omega t + \boldsymbol{z}\cos\theta_0) \tag{2.10.20}$$

$$
\begin{cases}
\Omega(C) = 2\pi(1 - \cos\theta_0) \\
\gamma_m(C) = -2\pi m(1 - \cos\theta_0)
\end{cases}
\tag{2.10.21}
$$

这样便得波函数 $|\psi(T)\rangle$ 与 $|\psi(0)\rangle$ 的如下关系：

$$\boldsymbol{R}(T) = \boldsymbol{R}(0)$$

$$|\psi(T)\rangle = \exp\left\{-\mathrm{i}/\hbar \int_0^T \mathrm{d}t E_m[\boldsymbol{R}(t)]\right\} \exp[\mathrm{i}\gamma_m(C)]|\psi(0)\rangle \tag{2.10.22}$$

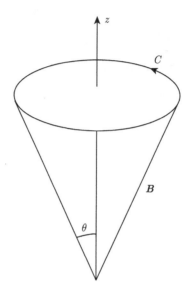

图 2.12　闭路 C 张的立体角 $\Omega(C)$

这个方程也可看成 (2.10.8) 式当 $\langle n'|\dot{n}'\rangle = 0$ 时的解。

$$|n'(T)\rangle = \mathrm{e}^{\mathrm{i}\gamma_m(C)}|n'(0)\rangle \tag{2.10.23}$$

Chiao 和 Wu, Tomita 和 Chiao 等 [23] 是通过光学实验观察 Berry 相位的，他们讨论的系统与上面讨论的自旋为 1/2 的系统在慢变磁场中的运动相当。Chiao 和 Wu 研究了光子的自旋，光子为玻色子，自旋 s 为 1，$s(s+1) = 2$，$s_z = \mu$，μ 有三个分量，其中 $\mu = -1$，1 分别对应于左旋光与右旋光，$\mu = 0$ 对应于纵场是不存在的 [24,25]。光子绕波矢 $\boldsymbol{k}$ 左右旋 $\mu = -1$，1 与电子绕磁场 $\boldsymbol{B}$ 自旋 $\sigma_z = -1/2$，1/2 为相当。电子在磁场中的哈密顿量为 $\dfrac{1}{2}g\boldsymbol{\sigma}\cdot\boldsymbol{B}$。表征光子螺旋性的哈密顿量为 $K\boldsymbol{s}\cdot\boldsymbol{k}$，$K$ 为材料的旋光性系数。光的总的哈密顿量可写为

$$H = H_0 + K\boldsymbol{s}\cdot\boldsymbol{k} \tag{2.10.24}$$

光子的自旋态的运动方程为

$$\frac{\mathrm{i}}{\hbar}\frac{\partial}{\partial\tau}|\boldsymbol{k}(\tau),\mu\rangle = H|\boldsymbol{k}(\tau),\mu\rangle = (E_0 + \mu K)|\boldsymbol{k}(\tau),\mu\rangle$$

$$|\boldsymbol{k}(\tau),\mu\rangle = \mathrm{e}^{-\mathrm{i}(E_0+\mu K)\tau/\hbar-\mathrm{i}\gamma_\mu}|\boldsymbol{k}(0),\mu\rangle \qquad (2.10.25)$$

式中 γ_μ 为 Berry 相位, $\gamma_\mu = -\mu\Omega(C)$, C 为波矢 $\boldsymbol{k}$ 扫过的闭路 C 的立体角。设光子进入光纤时的状态为线偏振光, 即 $\mu = \pm 1$ 的右、左旋偏振光的叠加态

$$|x\rangle = \frac{1}{\sqrt{2}}(|+\rangle + |-\rangle) \qquad (2.10.26)$$

则在光纤中经历一段路程到达 x' 点的状态为

$$|x'\rangle = \frac{1}{\sqrt{2}}\left(\mathrm{e}^{-\mathrm{i}(E_0+K)\tau/\hbar-\mathrm{i}\gamma_+}|+\rangle + \mathrm{e}^{-\mathrm{i}(E_0-K)\tau/\hbar-\mathrm{i}\gamma_-}|-\rangle\right) \qquad (2.10.27)$$

注意到 $\gamma_- = -\gamma_+$, 故有 $|\langle x|x'\rangle|^2 = \cos^2(K\tau-\gamma_-)$。按 Malus 定理, 这表明偏振面也旋转了 $K\tau-\gamma_-$ 角度, 其中 $K\tau$ 与旋光系数 K 成正比, 但 $\gamma_\pm$ 与 K 及 τ 无关, 仅与光纤的几何形状有关。如果光纤拉成一直线, $\gamma_\pm = 0$, 如果光纤在圆管上绕成螺线形状 (图 2.13), 则 $\Omega(C) = 2\pi(1-\cos\theta)$, $\cos\theta = P/S$, S 为光纤长度, P 为圆管长度。而 Berry 相位 $\gamma(C) = -\mu\Omega(C) = -2\pi\mu(1-P/S)$, $\mu = \pm 1$ 为光子的左、右旋量子数, 通过测得的偏振面的旋转角 θ 与上式计算得到的 Berry 相位 $\gamma(C)$ 相符 [23]。

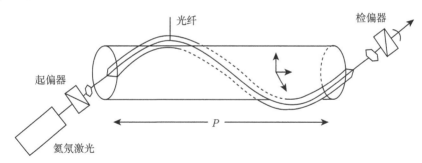

图 2.13 光纤在圆管上绕成螺线状以观察光子的 Berry 相位的实验装置
(参照 Chiao 和 Wu[23])

2.11 Bohm-Aharonov 效应

电子在矢势 $\boldsymbol{A}$, 标势 ϕ 中运动的 Schrödinger 方程, 可写为 [12]

$$\mathrm{i}\hbar\frac{\partial\psi}{\partial t} = \left[\frac{1}{2m}(-\mathrm{i}\hbar\Delta - e\boldsymbol{A}/c)^2 + e\phi\right]\psi \qquad (2.11.1)$$

众所周知, 当 $\boldsymbol{A}$, ϕ 作如下的规范变换:

$$A' = A + \nabla\chi, \quad \phi' = \phi - \frac{1}{c}\frac{\partial\chi}{\partial t} \tag{2.11.2}$$

并不影响电磁场强度 $E = -\frac{1}{c}\frac{\partial A}{\partial t} - \nabla\phi$ 与 $H = \nabla\times A$。意即用 A', ϕ' 代替 E, H 表式中 A 与 ϕ, E, H 值不变。容易证明在矢势、标势作 (2.11.2) 式的规范变换后，又让波函数 ψ 作如下的相位变换：

$$\psi' = \psi e^{ie\chi/\hbar c}, \quad |\psi'| = |\psi| \tag{2.11.3}$$

则 Schrödinger 方程 (2.11.1) 的形式也不变，即

$$i\hbar\frac{\partial\psi'}{\partial t} = \left[\frac{1}{2m}(-i\nabla - eA'/c)^2 + e\phi'\right]\psi' \tag{2.11.4}$$

形如 (2.11.2) 式的相位变换，一般也很难从实验上测试出来。但在 de Broglie 波的电子衍射实验中能反映出波函数的相位，这就是我们要说的 Bohm-Aharonov 效应[26]。图 2.14 是电子源 S 通过狭缝 1，2 的衍射。我们用最简单的平面波来表示电子的 de Broglie 波，其波长 $\lambda = \frac{2\pi\hbar}{p}$。电子源 S 经狭缝 1 到达 P 点的相位因子为 $e^{i\frac{2\pi d_0}{\lambda} + i\frac{2\pi d_1}{\lambda}}$。同样电子源 S 经狭缝 2 到达 P 点的相位因子为 $e^{i\frac{2\pi d_0}{\lambda} + i\frac{2\pi d_2}{\lambda}}$。这两个波在 P 点叠加便得

$$\psi = \psi_0 e^{i\frac{2\pi}{\lambda}(d_0 + d_1)}\left(1 + e^{i\frac{2\pi}{\lambda}(d_2 - d_1)}\right)$$

$$|\psi|^2 \approx |\psi_0|^2 4\cos^2\left(\pi\frac{d_2 - d_1}{\lambda}\right) = |\psi_0|^2 4\cos^2\left(\pi\delta\frac{\sin\theta}{\lambda}\right) \tag{2.11.5}$$

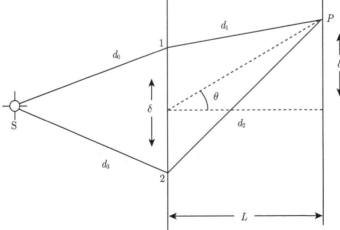

图 2.14　双缝电子衍射示意图

在屏上电子衍射的强度分布为

$$I(\theta) = 4I_0 \cos^2\left(\pi\delta\frac{\sin\theta}{\lambda}\right) \tag{2.11.6}$$

图 2.15 中 I_0 为单缝衍射的强度。双缝衍射因子为 $4\cos^2\left(\pi\delta\dfrac{\sin\theta}{\lambda}\right)$。图 2.15(a) 为
双缝衍射图。现在看图 2.15(b), 在双缝前放一垂直于纸面的螺线管。因螺线管是无
限长的, 在管外没有磁场, 但存在一不为零的矢势。设螺线管半径为 R, 采用圆柱
坐标 r,ϕ,z, 矢势 $\boldsymbol{A}$ 可取为

$$\boldsymbol{A} = \begin{cases} \hat{\phi}\dfrac{1}{2}Br, & r < R \\[2mm] \hat{\phi}\dfrac{1}{2}BR^2/r, & r > R \end{cases} \tag{2.11.7}$$

$$\boldsymbol{B} = \nabla \times \boldsymbol{A} = \boldsymbol{k}\frac{1}{r}\frac{\partial}{\partial r}(rA_\phi) = \begin{cases} B\boldsymbol{k}, & r < R \\[2mm] 0, & r > R \end{cases} \tag{2.11.8}$$

在 $\boldsymbol{A}$ 矢势的情形, 相应于路径 1, 2 的相位因子

$$\mathrm{e}^{\mathrm{i}\int_1 \frac{(\boldsymbol{p}-e\boldsymbol{A}/c)\cdot\mathrm{d}\boldsymbol{x}}{\hbar}} = \mathrm{e}^{\mathrm{i}\frac{2\pi(d_0+d_1)}{\lambda}-\mathrm{i}\int_1 \frac{e\boldsymbol{A}}{\hbar c}\cdot\mathrm{d}\boldsymbol{x}}$$

$$\mathrm{e}^{\mathrm{i}\int_2 \frac{(\boldsymbol{p}-e\boldsymbol{A}/c)\cdot\mathrm{d}\boldsymbol{x}}{\hbar}} = \mathrm{e}^{\mathrm{i}\frac{2\pi(d_0+d_2)}{\lambda}-\mathrm{i}\int_2 \frac{e\boldsymbol{A}}{\hbar c}\cdot\mathrm{d}\boldsymbol{x}} \tag{2.11.9}$$

两个波在 P 点的叠加也应写为

$$\psi \approx \psi_0 \mathrm{e}^{\mathrm{i}\frac{2\pi}{\lambda}(d_0+d_1)-\mathrm{i}\int_1 \frac{e\boldsymbol{A}\cdot\mathrm{d}\boldsymbol{x}}{\hbar c}}\left(1 + \mathrm{e}^{\mathrm{i}\frac{2\pi(d_2-d_1)}{\lambda}}\cdot\mathrm{e}^{-\mathrm{i}\int_2 + \int_1 \frac{e\boldsymbol{A}\cdot\mathrm{d}\boldsymbol{x}}{\hbar c}}\right) \tag{2.11.10}$$

注意到 $\oint \boldsymbol{A}\cdot\mathrm{d}\boldsymbol{x} = \displaystyle\int_2 - \int_1 \boldsymbol{A}\cdot\mathrm{d}\boldsymbol{x} = \iint \nabla\times\boldsymbol{A}\cdot\mathrm{d}\boldsymbol{s} = \iint \boldsymbol{B}\cdot\mathrm{d}\boldsymbol{s} = B\pi R^2$, 故有

$$I(\theta) = 4I_0 \cos^2\left(\pi\frac{\delta}{\lambda}\sin\theta + \frac{eB}{\hbar c}\pi R^2\right) \tag{2.11.11}$$

这就反映出图 2.15(b) 的双缝衍射条纹相对于图 2.15(a) 的衍射条纹来说已向上移
动了。这效应已被实验所证实, 亦即在这种情形电矢势的存在引起的电子波函数相
位的变化是可以通过测量衍射条纹的移动来测定的。但在规范变换中 $\boldsymbol{A} \to \boldsymbol{A}+\nabla\chi$,
$\phi \to \phi - \dfrac{1}{c}\dfrac{\partial\chi}{\partial t}$ 所引起的 de Broglie 波相位的变化是不能测出来的, 因 $\nabla\times\nabla\chi =$
0, $\oint(\boldsymbol{A}+\nabla\chi)\cdot\mathrm{d}\boldsymbol{x} = \oint \boldsymbol{A}\cdot\mathrm{d}\boldsymbol{x}$ 相位积分不变。

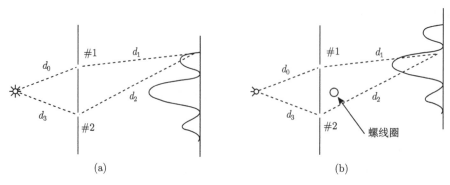

图 2.15　双缝电子衍射强度分布图 (a) 和加螺线圈后的电子衍射强度分布图 (b)

附录 2A　　(2.2.27) 式的解析求解

将 (2.2.27) 式用椭圆积分表示为

$$\zeta = \int \frac{\mathrm{d}n_0}{2\sqrt{\pm n_0(m_1 - n_0)(m_2 - n_0)(m_3 - n_0) - (m_0 + n_0 \Delta s)^2}} \tag{2A.1}$$

通过分式变换 $n_0 = \dfrac{\alpha x + \beta}{\gamma x + \delta}$，上式变为 [7]

$$\zeta = (\alpha\delta - \beta\gamma) \int_\rho^\infty \frac{\mathrm{d}x}{\sqrt{4x^3 - g_2 x - g_3}} \tag{2A.2}$$

或写为

$$u = \int_{\rho(u)}^\infty \frac{\mathrm{d}x}{\sqrt{4x^3 - g_2 x - g_3}}, \quad u = \frac{\zeta}{\alpha\delta - \beta\gamma} \tag{2A.3}$$

其中 $\rho(u)$ 即 Weierstrass 椭圆积分。设

$$4x^3 - g_2 x - g_3 = (x - e_1)(x - e_2)(x - e_3) \tag{2A.4}$$

作如下判别:

(1) 当 (2A.4) 式左端三次方程判别式 $\Delta > 0$ 时，e_1, e_2, e_3 为实根，且

$$e_1 > e_2 > e_3 \tag{2A.5}$$

Weierstrass 椭圆函数 $\rho(u)$ 与 Jacobi 椭圆函数 $\mathrm{sn}(u', k)$ 的关系为

$$\rho(u) = e_3 + (e_1 - e_3)\frac{1}{\mathrm{sn}^2(\sqrt{e_1 - e_3}u, k)}$$
$$k = \sqrt{\frac{e_2 - e_3}{e_1 - e_3}} \tag{2A.6}$$

(2) 判别式 $\Delta < 0$ 时，设 e_2 为实根，e_1, e_3 为共轭复根：$e_1 = \alpha + \mathrm{i}\beta$，$e_3 = \alpha - \mathrm{i}\beta$，则有

$$\rho(u) = e_2 + \sqrt{9\alpha^2 + \beta^2}\frac{1 + \mathrm{cn}(2\sqrt[4]{9\alpha^2 + \beta^2}u, k)}{1 - \mathrm{cn}(2\sqrt[4]{9\alpha^2 + \beta^2}u, k)}$$
$$k = \sqrt{\frac{1}{2} - \frac{3e_2}{\sqrt{9\alpha^2 + \beta^2}}} \tag{2A.7}$$

根据 (2A.1)$\sim$(2A.7) 式就可将解 n_0 最终表示为 Jacobi 椭圆函数sn 或cn。

附录 2B   (2.9.13) 式的证明

由 Fourier 分析给出

$$(\bar{E} - E')^{-1} = -\pi\mathrm{i}\int_{-\infty}^{\infty} \mathrm{d}k \frac{k}{|k|} \exp(2\pi\mathrm{i}k(\bar{E} - E')) \tag{2B.1}$$

$$(\bar{E} - E')^{-1}(E - E')^{-1} = -\pi^2\int_{-\infty}^{\infty} \mathrm{d}k \int_{\infty}^{\infty} \mathrm{d}k' \frac{kk'}{|kk'|} \exp\left\{2\pi\mathrm{i}(k(\bar{E} - E') + k'(E - E'))\right\} \tag{2B.2}$$

作变换 $u = k + k'$，$v = \frac{1}{2}(k - k')$，并注意到

$$\frac{kk'}{|kk'|} = \frac{u^2 - 4v^2}{|u^2 - 4v^2|} = -1 + 2\mathrm{st}(u^2 - 4v^2) \tag{2B.3}$$

式中 st 为步函数，这样 (2B.2) 式就可以写为

$$\frac{1}{(\bar{E} - E')(E - E')} = \pi^2\int_{-\infty}^{\infty} \mathrm{d}u \exp\left\{2\pi\mathrm{i}u\left[\frac{1}{2}(\bar{E} + E) - E'\right]\right\}$$
$$\times \left\{\int_{-\infty}^{\infty} - 2\int_{-\frac{1}{2}|u|}^{\frac{1}{2}|u|} \mathrm{d}v\right\} \exp\left[2\pi\mathrm{i}v(\bar{E} - E)\right]$$
$$= \pi^2\int_{-\infty}^{\infty} \mathrm{d}u \exp\left\{2\pi\mathrm{i}u\left[\frac{1}{2}(\bar{E} + E) - E'\right]\right\}$$
$$\times \left\{\delta(\bar{E} - E) - 2\frac{\sin\pi|u|(\bar{E} - E)}{\pi(\bar{E} - E)}\right\}$$

$$=\pi^2\delta(E' - \frac{1}{2}(\bar{E} + E))\delta(\bar{E} - E) + \frac{i\pi}{\bar{E} - E}\int_{-\infty}^{\infty}\mathrm{d}u\frac{u}{|u|}$$

$$\times\left\{\exp\left[2\pi iu(\bar{E} - E')\right] - \exp\left[2\pi iu(E - E')\right]\right\} \qquad (2\text{B}.4)$$

由 (2B.4) 和 (2B.1) 式便得出 (2.9.13) 式。

参 考 文 献

[1] Boyd R W. Nonlinear Optics. New York: Academic Press, 1992.

[2] Shen Y R. The Principles of Nonlinear Optics. New York: John Wiley, 1984.

[3] Bloembergen N. Nonlinear Optics. New York: Benjamin, 1965.

[4] Miller R C. Optical second harmonic generation in piezoelectric crystals. Appl. Phys. Letter., 1964, 5: 17.

[5] Taniuti T, Nishihara K. Nonlinear Waves. Pitman Pub. Program, 1983: 144.

[6] Armstrong A, Blombergen N, Ducuing J, Pershan P S. Interaction between light waves in a nonlinear dielectric. Phys. Rev., 1962, 127: 1818.

[7] 阿希泽尔 H U. 椭圆函数纲要. 北京: 商务印书馆, 1956: 59.

[8] Gradshteyn I S, Ryzhik I M. Table of Integrals, Series, and Products. New York: Academic Press, 1980.

[9] Miles R B, Harris S E. Optical third-harmonic generation in alkali metal vapors. IEEE J. Quantum Electronics QE-9, 1973: 470.

[10] Born M, Wolf E. 光学原理. 北京: 科学出版社, 1981: 587.

[11] Manley J M, Rowe H E. General properties of nonlinear elements. Proc. IRE., 1956, 44: 904; Proc. IRE., 1959, 47:215.

[12] Sehiff L.I Quantum Mechanics. 3rd. New York: McGraw-Hill Book Company, 1955.

[13] Dirac P A M. The Principles of Quantum Mechanics. 4th. New York: Oxford,1958; Dirac P A M.The quantum theory of the emission and absorption of radiation. Proceedingof the Royal Society of London, 1927; series A 114: 243. Eurico Fermi. Sopra Le'llettrodinamica quantisica. Atti della Reale Accademia Nazionale dei Lincei, 1930,12: 431.

[14] Weisskopf V G, Wigner E. Z. Phys., 1930, 54: 63.

[15] Bethe H A. The electromagnetic shift of energy levels. Phys. Rev., 1947, 72: 339.

[16] Lamb W E J R, Retherford R C. Fine structure of the hydrogen atom by a microwave method. Phys. Rev., 1947, 72: 241.

[17] 谭维翰，支婷婷. 在 Laser 光中原子能级的移动. 物理学报, 1965, 21: 1827.

[18] Lehnberg R H. Radiation from N-atom system. Ⅰ. General formalism. Phys. Rev. A, 1970, 2(3): 883.

[19]　谭维翰, 刘仁红. 服从 Bose-Einstein 统计多原子体系的共振荧光. 量子光学学报, 1998, 42: 78; Tan W H, Yan K Z, Liu R H. The enhancement of spontaneous and induced transition rates by a Bose-Einstein condensate. Jour. of Mod. Opt., 2000, 47: 1729.

[20]　Graton W R S, Grasdalen G L, Paskinson W H, et al. J. Phys. B., 1968, 1: 114.

[21]　Fano U. Effects of configuration interaction on intensities and phase shifts. Phys. Rev., 1961, 124(6): 1866.

[22]　Berry M V. Proc. Roy, Soc. Lond A., 1984, 392: 45; J. Mod. Opt., 1987, 34: 1401; Nature, 1987, 376: 277.

[23]　Chiao R Y, Wu Y S. Manifestation of Berry's topoplogical phase for photon. Phys. Rev. Lett., 1986, 57(8): 933; Tomita A, Chiao R Y. Observation of Berry's topoplogical phase by use an optical fiber. Phys. Rev. Lett., 1986, 57(8): 937.

[24]　阿希叶泽尔 A U, 别列斯捷茨基 B6. 量子电动力学. 北京: 科学出版社, 1964: 13.

[25]　Bethe A, Salpeter E E. Quantum Mechanics of One- and Two-Electron Atoms. New York: Plenum, 1977.

[26]　Aharonov Y, Bohm. Significance of electromegnetic potentials in the quantum theory. D. Phys. Rev., 1959, 115: 485.

第 3 章　二能级系统的密度矩阵求解

非线性介质的量子理论的微扰展开，虽给出了通过解 Schrödinger 方程波函数计算非线性介质的极化与极化率的方法，但只适用于弱场与非共振相互作用。在强场与共振相互情况下，微扰展开已不适用，我们只能在旋波近似下解密度矩阵方程的基础上研究简化的二能级或三能级原子系统与辐射场相互作用。模型虽然简化，但仍具有典型性，且理论结果已在实验中得到验证，因而也是重要的。本章主要讨论二能级系统的密度矩阵求解，三能级系统的密度矩阵求解要在第 4 章讨论。

3.1　二能级原子密度矩阵的矢量模型

在旋波近似下对二能级原子密度矩阵方程解析求解的研究，最早是采用矢量模型[1~5]，而且不考虑弛豫过程与无规力的作用。现对 (2.6.16) 式中的变数作一些变换，令

$$
\left\{
\begin{array}{l}
\Delta = 2\sigma_z, \quad \delta\omega = \omega_p - \omega_{21} \\[2mm]
v = \mathrm{i}(\sigma^- \mathrm{e}^{\mathrm{i}\delta\omega t} - \sigma^+ \mathrm{e}^{-\mathrm{i}\delta\omega t}) \\[2mm]
u = \sigma^- \mathrm{e}^{\mathrm{i}\delta\omega t} + \sigma^+ \mathrm{e}^{-\mathrm{i}\delta\omega t}
\end{array}
\right.
\tag{3.1.1}
$$

则方程 (2.6.16) 可化为

$$
\left\{
\begin{array}{l}
\dfrac{\mathrm{d}u}{\mathrm{d}t} = \delta\omega v \\[3mm]
\dfrac{\mathrm{d}v}{\mathrm{d}t} = -\delta\omega u + \Omega\Delta \\[3mm]
\dfrac{\mathrm{d}\Delta}{\mathrm{d}t} = -\Omega v
\end{array}
\right.
\tag{3.1.2}
$$

令

$$
\boldsymbol{R} = u\boldsymbol{i} + v\boldsymbol{j} + \Delta\boldsymbol{k}, \qquad \boldsymbol{\beta} = \Omega\boldsymbol{i} + \delta\omega\boldsymbol{k}
\tag{3.1.3}
$$

则 (3.1.2) 式可写为矢量的形式

$$
\frac{\mathrm{d}\boldsymbol{R}}{\mathrm{d}t} = -\boldsymbol{\beta} \times \boldsymbol{R}
\tag{3.1.4}
$$

(3.1.4) 式的解可用矢量 $\boldsymbol{R}$ 绕轴 $\boldsymbol{\beta}$ 的进动的几何图像表示出来。对于辐射场频率 ω_p 与原子跃迁频率 ω_{21} 为共振情形 ($\delta\omega = \omega_p - \omega_{21} = 0$) 与偏离共振情形 ($\delta\omega \neq 0$) 的进动分别如图 3.1(a), (b) 所示。共振情形 $\delta\omega = 0$, $\boldsymbol{\beta}$ 与 i 轴重合。$\boldsymbol{R}$ 在 2–3 平面内绕轴 1 转动,角速度为 $|\boldsymbol{\beta}| = \Omega$。当 $\boldsymbol{R}$ 转动到 $R_3 = 1$ 时的位置时 ($\rho_{22} = 1$, $\rho_{11} = 0$),表明原子处于激发态;当转动到 $R_3 = -1$ 的位置时,表明原子处于基态。为求得偏离共振情形 $\delta\omega \neq 0$ 的通解,可以这样来进行。参照图 3.1(b),设初始的 $\boldsymbol{R}$ 在坐标系 $(1, 2, 3)$ 中给出,即 $R_0(R_{10}, R_{20}, R_{30})$。将这初始值变换到 $(1', 2', 3')$ 坐标系,$1'$ 与 $\boldsymbol{\beta}$ 重合,变换矩阵为 U,得 $R'_0 = UR_0$。在坐标系 $(1', 2', 3')$ 中,R'_0 以角速度 $\beta = \sqrt{\Omega^2 + \delta\omega^2}$ 绕 $1'$ 转动,得 $R' = WR'_0$,W 为转动矩阵。然后再回到坐标系 $(1, 2, 3)$,最后得 $R = U^{-1}R' = U^{-1}WR'_0 = U^{-1}WUR_0$,即

$$
\begin{pmatrix} R_1 \\ R_2 \\ R3 \end{pmatrix}
$$

$$
= \begin{pmatrix} \cos\theta & 0 & -\sin\theta \\ 0 & 1 & 0 \\ \sin\theta & 0 & \cos\theta \end{pmatrix} \begin{pmatrix} 1 & 0 & 0 \\ 0 & \cos\beta t & \sin\beta t \\ 0 & -\sin\beta t & \cos\beta t \end{pmatrix} \begin{pmatrix} \cos\theta & 0 & \sin\theta \\ 0 & 1 & 0 \\ -\sin\theta & 0 & \cos\theta \end{pmatrix} \begin{pmatrix} R_{10} \\ R_{20} \\ R_{30} \end{pmatrix}
$$

式中 $\cos\theta = \dfrac{\Omega}{\beta}$, $\sin\theta = \dfrac{\delta\omega}{\beta}$,代入上式得

$$
\begin{pmatrix} R_1 \\ R_2 \\ R_3 \end{pmatrix} = \begin{pmatrix} \dfrac{\Omega^2 + \delta\omega^2 \cos\beta t}{\beta^2} & -\dfrac{\delta\omega}{\beta}\sin\beta t & \dfrac{-\Omega\delta\omega}{\beta^2}(1 - \cos\beta t) \\[2mm] \dfrac{\delta\omega}{\beta}\sin\beta t & \cos\beta t & \dfrac{\Omega}{\beta}\sin\beta t \\[2mm] \dfrac{-\delta\omega\Omega}{\beta^2}(1 - \cos\beta t) & -\dfrac{\Omega}{\beta}\sin\beta t & \dfrac{\delta\omega^2 + \Omega^2 \cos\beta t}{\beta^2} \end{pmatrix} \begin{pmatrix} R_{10} \\ R_{20} \\ R_{30} \end{pmatrix}
$$

$$(3.1.5)$$

文献 [2] 中称 β 为 Rabi 频率。对于共振情形,$\delta\omega = 0$,$\beta = \Omega$。又若取定 $R_0 = (0, 0, -1)$,由 (3.1.5) 式容易计算出 $R_1 = u = 0$, $R_2 = v = -\sin\Omega t$, $R_3 = \Delta = -\cos\Omega t$,即

$$
\rho_{21}\mathrm{e}^{\mathrm{i}\omega_{21}t} = a_1^\dagger a_2 = \mathrm{i}\frac{\sin\Omega t}{2}, \quad \rho_{22} - \rho_{11} = -\cos\Omega t
$$

这结果表明外场 $\boldsymbol{E}$ 已通过 $\Omega = 2\dfrac{\boldsymbol{E}_0 \cdot \boldsymbol{\mu}_{21}}{\hbar}$ 将状态 $|2\rangle$,$|1\rangle$ 耦合起来了。式中 $\boldsymbol{E}_0$ 为场强 $\boldsymbol{E}$ 的振幅。耦合的结果,状态 $|2\rangle$ 与 $|1\rangle$ 间存在一定的相干性,$\rho_{12} \neq 0$;而粒子又在上能级 ($\Delta = 1$) 与下能级 ($\Delta = -1$) 之间来回聚积着,频率为 Ω。

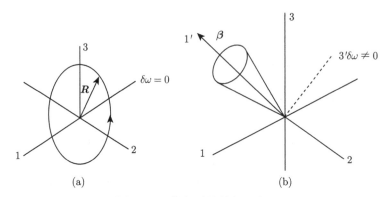

图 3.1　二能级系统的矢量表示

还应注意到，对于共振情形，若泵浦场振幅 E_0 是随时间 t 而变，很明显，Rabi 频率 Ω 也将随时间而变，即 $\Omega = \Omega(t)$。这种情形也可严格求解，只需引进参量 $z = \int_0^t \Omega \mathrm{d}t$ 代替 Ωt 就行了，可参看 $\delta\omega = 0$ 情况下的 (3.1.2) 式。$\int_0^t \Omega \mathrm{d}t$ 实际上就是我们下面要讨论的光脉冲的面积。

对于非共振情形，粒子反转数 Δ 对时间 t 的依赖关系可按 (3.1.5) 式的 R_3 分量直接写出，即为 βt 的周期函数。图 3.2 给出 Δ 即 R_0 随 βt 的变化曲线，最高的为共振曲线 $\delta\omega = 0$，稍低的一条曲线失谐量为 $\delta\omega = 0.2\Omega$。以下各曲线的失谐量依次为 $\delta\omega = \Omega, 1.2\Omega, 2\Omega, 2.2\Omega$。图 3.3 为通过共振荧光强度随光脉冲面积的变化曲线而反映出来的反转粒子数的变化 [6]。

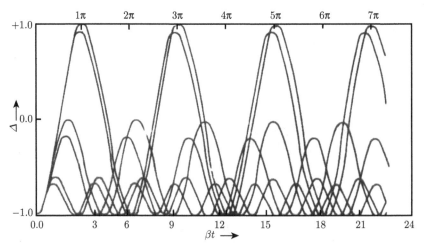

图 3.2　粒子反转数 Δ 随 βt 的变化曲线 (参照 Gibbs[6])

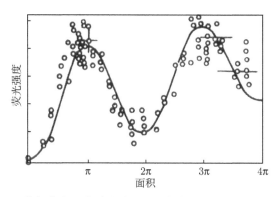

图 3.3 共振荧光强度随光脉冲面积变化的曲线 (参照文献 [6])

3.2 Bloch 方程及其解

上面求解了不含弛豫系数的密度矩阵方程 (2.6.16), 现求解加上弛豫系数后的 Bloch 方程 (2.6.18)。仍按 (3.1.1) 式换变数, 并令 $\gamma_1 = \dfrac{1}{T_1}, \gamma_2 = \dfrac{1}{T_2}$, 则由 (1.6.18) 式可导出通常称为 Bloch 方程的表式 [2~4]

$$
\begin{cases}
\dfrac{\mathrm{d}u}{\mathrm{d}t} = -\dfrac{u}{T_2} + \delta\omega v \\[2mm]
\dfrac{\mathrm{d}v}{\mathrm{d}t} = -\dfrac{v}{T_2} - \delta\omega u + \Omega\Delta \\[2mm]
\dfrac{\mathrm{d}\Delta}{\mathrm{d}t} = -\dfrac{\Delta - \Delta_{eg}}{T_1} - \Omega v
\end{cases}
\tag{3.2.1}
$$

(3.2.1) 式是关于 u, v, Δ 的线性微分方程组。令左边为 0, 便得稳态解, 这是指外场振幅为常数 (亦即 Rabi 频率 Ω 为常数) 的情形。这组稳态解记为 (u_s, v_s, Δ_s), 则得

$$
\begin{cases}
u_s = \Delta_{eq} \dfrac{\delta\omega\Omega}{\dfrac{1}{T_2^2} + \dfrac{T_1}{T_2}\Omega^2 + \delta\omega^2} \\[4mm]
v_s = \Delta_{eq} \dfrac{\dfrac{1}{T_2}\Omega}{\dfrac{1}{T_2^2} + \dfrac{T_1}{T_2}\Omega^2 + \delta\omega^2} \\[4mm]
\Delta_s = \Delta_{eq} \dfrac{\dfrac{1}{T_2^2} + \delta\omega^2}{\dfrac{1}{T_2^2} + \dfrac{T_1}{T_2}\Omega^2 + \delta\omega^2}
\end{cases}
\tag{3.2.2}
$$

(3.2.1) 式的通解可表示为稳态解与齐次解 $(\Delta_{eq} = 0)$ 之和, 即

$$
\begin{pmatrix} u \\ v \\ \Delta \end{pmatrix} = \begin{pmatrix} u_s + \tilde{u} \\ v_s + \tilde{v} \\ \Delta_s + \tilde{\Delta} \end{pmatrix} \tag{3.2.3}
$$

将 (3.2.3) 式代入 (3.2.1) 式, 便得齐次解 $(\tilde{u}, \tilde{v}, \tilde{\Delta})$ 满足的方程

$$
\begin{cases}
\dfrac{\mathrm{d}\tilde{u}}{\mathrm{d}t} = -\dfrac{\tilde{u}}{T_2} + \delta\omega\tilde{v} \\[2mm]
\dfrac{\mathrm{d}\tilde{v}}{\mathrm{d}t} = -\dfrac{\tilde{v}}{T_2} - \delta\omega\tilde{u} + \Omega\tilde{\Delta} \\[2mm]
\dfrac{\mathrm{d}\tilde{\Delta}}{T_1} = -\dfrac{\tilde{\Delta}}{T_1} - \Omega\tilde{v}
\end{cases} \tag{3.2.4}
$$

设 $\tilde{u}, \tilde{v}, \tilde{\Delta} \propto \mathrm{e}^{\lambda t}$, 代入上式得特征根 λ 的方程

$$
\left(\lambda + \frac{1}{T_2}\right)\left(\left(\lambda + \frac{1}{T_2}\right)\left(\lambda + \frac{1}{T_1}\right) + \Omega^2\right) + \delta\omega^2\left(\lambda + \frac{1}{T_1}\right) = 0 \tag{3.2.5}
$$

由 (3.2.4) 式第一式和第二式可将 $\tilde{u}, \tilde{v}$ 表示为 $\tilde{\Delta}$ 的函数, 即

$$
\tilde{u} = \frac{\delta\omega\Omega\tilde{\Delta}}{(\lambda + 1/T_2)^2 + \delta\omega^2}
$$
$$
\tilde{v} = \frac{(\lambda + 1/T_2)\Omega\tilde{\Delta}}{(\lambda + 1/T_2)^2 + \delta\omega^2} \tag{3.2.6}
$$

除了一个任意的常数外, 对应于特征根 λ 的 $\tilde{u}, \tilde{v}, \tilde{\Delta}$ 的函数值都完全确定了。这任意的常数只能靠 u, v, Δ 的初值 u_0, v_0, Δ_0 来确定。设

$$
a_i = \frac{\delta\omega\Omega}{(\lambda_i + 1/T_2)^2 + \delta\omega^2}
$$
$$
b_i = \frac{(\lambda_i + 1/T_2)\Omega}{(\lambda_i + 1/T_2)^2 + \delta\omega^2} \tag{3.2.7}
$$

则由 (3.2.6) 和 (3.2.7) 式得出对应于 λ_i 的解为

$$
\begin{cases}
\tilde{u}_i = \tilde{u}_{0i}\mathrm{e}^{\lambda_i t}, \qquad \tilde{u}_{0i} = a_i\tilde{\Delta}_{0i} \\[2mm]
\tilde{v}_i = \tilde{v}_{0i}\mathrm{e}^{\lambda_i t}, \qquad \tilde{v}_{0i} = b_i\tilde{\Delta}_{0i} \\[2mm]
\tilde{\Delta}_i = \tilde{\Delta}_{0i}\mathrm{e}^{\lambda_i t}, \qquad i = 1, 2, 3
\end{cases} \tag{3.2.8}
$$

初值为

$$
\begin{cases}
u_0 = u_s + \tilde{u}_{01} + \tilde{u}_{02} + \tilde{u}_{03} \\
\quad = u_s + a_1 \tilde{\Delta}_{01} + a_2 \tilde{\Delta}_{02} + a_3 \tilde{\Delta}_{03} \\
v_0 = v_s + b_1 \tilde{\Delta}_{01} + b_2 \tilde{\Delta}_{02} + b_3 \tilde{\Delta}_{03} \\
\Delta_0 = \Delta_s + \tilde{\Delta}_{01} + \tilde{\Delta}_{02} + \tilde{\Delta}_{03}
\end{cases}
\tag{3.2.9}
$$

只要初值 u_0, v_0, Δ_0 给定，便可解 (3.2.9) 式，求出 $\tilde{\Delta}_{01}, \tilde{\Delta}_{02}, \tilde{\Delta}_{03}$，再由 (3.2.8) 式 $\tilde{u}_{0i}, \tilde{v}_{0i}$，最后的通解可写为

$$
\begin{cases}
u = u_s + \sum_i \tilde{u}_{0i} e^{\lambda_i t} \\
v = v_s + \sum_i \tilde{v}_{0i} e^{\lambda_i t} \\
\Delta = \Delta_s + \sum_i \tilde{\Delta}_{0i} e^{\lambda_i t}
\end{cases}
\tag{3.2.10}
$$

关于 Bloch 方程的解，最早 Torrey[4] 用 Laplace 变换的方法求得。上面是用与之稍不同的方法得到的，其中解 λ 的特征方程是很关键的。现讨论几种特殊情形特征根 λ_i 的解。

1) 强碰撞

一般来说，每一次碰撞均使相位关系中断，但不一定每一次碰撞均使高能态的粒子跃迁到低能态，故有 $T_1 > T_2$。但若是强碰撞，则每一次碰撞均使得粒子能态发生变化，$T_1 = T_2$，这时特征方程 (3.2.5) 的解为

$$
\lambda = -\frac{1}{T_2}, \quad -\frac{1}{T_2} \pm \mathrm{i}\sqrt{\Omega^2 + \delta\omega^2}
\tag{3.2.11}
$$

2) 共振激发 $\delta\omega = 0$

易于看出这时的特征根为

$$
\lambda = -\frac{1}{T_2}, \quad -\frac{1}{2}\left(\frac{1}{T_1} + \frac{1}{T_2}\right) \pm \mathrm{i}\sqrt{\Omega^2 - \frac{1}{4}\left(\frac{1}{T_1} - \frac{1}{T_2}\right)^2}
\tag{3.2.12}
$$

3) 强的外场作用

在强的外场作用下，我们有

$$
\Omega \gg \frac{1}{T_2} > r = \frac{1}{T_2} - \frac{1}{T_1}
\tag{3.2.13}
$$

方程 (3.2.5) 可写为

$$\left(\lambda + \frac{1}{T_2}\right)\left(\delta\omega^2 + \Omega^2 + \left(\lambda + \frac{1}{T_2}\right)^2 - r\left(\lambda + \frac{1}{T_2}\right)\right) = r\delta\omega^2$$

$$\lambda + \frac{1}{T_2} = \frac{r\delta\omega^2}{(\delta\omega^2 + \Omega^2)\left(1 + \dfrac{(\lambda + 1/T_2)(\lambda + 1/T_2 - r)}{\delta\omega^2 + \Omega^2}\right)} \tag{3.2.14}$$

$$\lambda \simeq -\frac{1}{T_2} + r\frac{\delta\omega^2}{\Omega^2 + \delta\omega^2}$$

3.3　线性吸收与饱和吸收

第 2 章导出在弱场作用下的线性极化与极化率，极化率的实部和虚部分别表示色散与吸收系数，与外场无关，但在强场作用下吸收系数会随着场的增加而下降，这就是通常所说的吸收饱和现象。在各向同性介质中，极化 $\boldsymbol{P}$ 应平行于场强 $\boldsymbol{E}$，即 $\boldsymbol{P} = \chi^{(1)}(\omega)\boldsymbol{E}(\omega)$，$\chi^{(1)}$ 为标量，参照 (2.5.36) 式可写为

$$\chi^{(1)} = N\hbar^{-1}\sum_n \frac{1}{3}|\mu_{na}|^2\left[\frac{1}{(\omega_{na} - \omega) - \mathrm{i}\gamma_{na}} + \frac{1}{(\omega_{na} + \omega) + \mathrm{i}\gamma_{na}}\right]$$

$$\simeq \frac{N}{3\hbar}\sum_n \frac{2|\mu_{na}|^2\omega_{na}}{\omega_{na}^2 - \omega^2 - 2i\omega\gamma_{na}} \simeq \frac{N}{3\hbar}\sum \frac{\omega_{na}}{\omega}\frac{|\mu_{na}|^2}{\omega_{na} - \omega - \mathrm{i}\gamma_{na}} \tag{3.3.1}$$

式中因子 $1/3$ 的引入是考虑到由基态 a 向激发态 n 的跃迁，包括各磁分量能级 m，平均来说仅有 $1/3$ 的跃迁产生的偶极矩的方向平行于入射场的偏振方向，并对线性吸收作出贡献。又参照 (2.5.39) 式，光强的线性吸收系数 α_0 为

$$\alpha_0 = 2n''\omega/c, \qquad n'' = 2\pi\mathrm{Im}\chi^{(1)}(\omega) \tag{3.3.2}$$

又引入振子力 f_{na} 及归一化线型 $g(\omega - \omega_{na})$：

$$f_{na} = \frac{2m\omega_{na}|\mu_{na}|^2}{3\hbar e^2}, \quad g(\omega - \omega_{na}) = \frac{1}{\pi\gamma_{na}}\frac{\gamma_{na}^2}{(\omega_{na} - \omega)^2 + \gamma_{na}^2} \tag{3.3.3}$$

在文献 [15] 中证明了 $\displaystyle\sum_n f_{na} = 1$。由 (3.3.1)~(3.3.3) 式得

$$\alpha_0 = \sum_n \frac{2\pi^2 f_{na}Ne^2}{mc}g(\omega_{na} - \omega) \tag{3.3.4}$$

当 $\omega_{na} - \omega = 0$，并且只考虑二能级即基态与激发态时，(3.3.4) 式求和号 $\displaystyle\sum_n$ 可去掉，则

$$\alpha_0 = \frac{4\pi\omega_{na}|\mu|^2 N}{3\hbar c \gamma_{na}} \tag{3.3.5}$$

(3.3.5) 式与下面的 α_0 相比，差一因子 $1/3$，理由如上所述。

当场强进一步增大时，我们将看到吸收系数 α(对光强) 并不是一个常数，(3.3.5) 式已不适用。这时有

$$
\begin{aligned}
P &= N(\mu_{21}\rho_{12} + \mu_{12}\rho_{21}) \\
&= N(\mu_{21}\sigma_{12}\mathrm{e}^{-\mathrm{i}\omega_{21}t} + \mu_{12}\sigma_{21}\mathrm{e}^{\mathrm{i}\omega_{21}t}) \\
&= N\left(\mu_{21}\frac{u - \mathrm{i}v}{2}\mathrm{e}^{-\mathrm{i}\omega_{21}t} + \mu_{12}\frac{u + \mathrm{i}v}{2}\mathrm{e}^{\mathrm{i}\omega_{21}t}\right) \\
&= \chi E\mathrm{e}^{-\mathrm{i}\omega_{21}t} + c.c
\end{aligned}
\tag{3.3.6}
$$

将 (3.3.6) 式中的 u, v 用 (3.2.2) 式的稳态值 u_s, v_s 代入，便得极化率及吸收系数为

$$\chi = \frac{N\mu_{21}^2}{\hbar}\frac{\Delta_{eq}(\delta\omega - \mathrm{i}/T_2)}{\dfrac{1}{T_2^2} + \dfrac{T_1}{T_2}\Omega^2 + \delta\omega^2} \tag{3.3.7}$$

$$\alpha = \frac{2\omega}{c}\mathrm{Im}\left((1 + 4\pi\chi)^{1/2}\right) \simeq \frac{4\pi\omega}{c}\mathrm{Im}\chi$$

由此得弱场作用下的共振吸收 α_0 为

$$\alpha_0 = -\frac{4\pi\omega_{21}}{c}\Delta_{eq}N\mu_{21}^2 T_2/\hbar \tag{3.3.8}$$

而强场作用下的极化率可表示为

$$\chi = \frac{-\alpha_0}{4\pi\omega_{21}/c}\frac{\delta\omega T_2 - \mathrm{i}}{1 + \delta\omega^2 T_2^2 + \Omega^2 T_1 T_2} \tag{3.3.9}$$

若定义饱和吸收场强 E_s 为

$$|E_s|^2 = \frac{\hbar^2}{4\mu_{21}^2 T_1 T_2} \tag{3.3.10}$$

则有

$$\Omega^2 T_1 T_2 = \frac{E^2}{E_s^2} \tag{3.3.11}$$

由 (3.3.5) 式看出，当场强 $E \ll$ 饱和场强 E_s 时，极化率 χ 与弱场情况下极化率 (2.5.37) 式相近。但当 $E \gg E_s$ 时，如图 3.4 所示，极化率的实部与虚部均明显表现出随场强增大而下降的趋势，这就是饱和吸收现象。

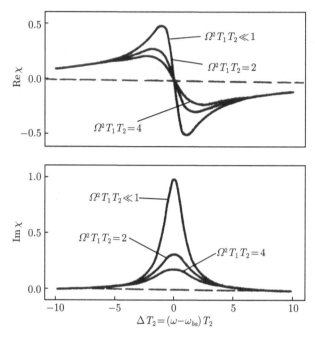

图 3.4   极化率的实部与虚部随场强增大而下降的曲线

3.4   光学章动与自由感生衰变 [7~9]

前面已提到由原子共振荧光强度随激发光脉冲面积的周期变化来判定反转粒子数是以 Rabi 频率 Ω 在脉动 (图 3.3)。但这方法毕竟有些间接，而且输入脉冲场强要足够强。Rabi 频率也要足够大，$\Omega > 1/T_2$，否则由自发辐射引起的高能态粒子的衰变就要将频率为 Ω 的荧光强度脉动掩盖掉。为了直接观察反转粒子的脉冲，实验上曾经采用 CO_2 激光通过分子气体 $C^{13}H_3F$[8]，使得非均匀加宽的吸收谱线中与 CO_2 激光共振的那部分分子发生饱和吸收，然后再加上一个方波 Stark 场以使原子能级发生移动。这样一来，本来与 CO_2 激光共振的那些原子突然变得不共振了，失谐量大小决定于 Stark 场产生的移位。这一部分原子的 Bloch 矢量在坐标系 (1, 2, 3) 绕矢量 β 进动。又注意到坐标系 (1, 2, 3) 是以 ω 角速度绕轴 3 旋转的。绕 β 的进动与绕轴 3 转动，便形成了 R 绕轴 3 的章动。在章动过程中，反转粒子数，即 R_3 分量，以 β 频率在脉动，由此发出的荧光强度也是以同样频率在脉动。为了检测,通常是将饱和吸收原子的辐射与经过 Stark 移位原子的辐射拍频检测,将宽的 CO_2 激光信号检测出来。在这类实验中有两种工作方式。第一种是在开始时分子与 CO_2 激光为失谐,基本上处于基态。Bloch 矢量的值为 $(0, 0, -1)$,然后将方波 Stark 场加上,并控制场的大小,使得分子能级在移位后恰与 CO_2 激光为共振,显现出强的吸收,Bloch 矢量绕 β 轴章动,吸收表现出调制 (图 3.5)[8]。上面为调制吸收图,下面为方波 Stark 场图。这就是光学章动实验。第二种恰相反,分子在开始时与激光共振,处于饱和吸收,设 $\Delta_{eq} = -1$,则按 (3.2.2) 式,$\delta\omega = 0$,且

$$\Delta_s = -\frac{1/T_2^2}{\frac{1}{T_2^2} + \frac{T_1}{T_2}\Omega^2} \tag{3.4.1}$$

当场很强时,$\Omega = \dfrac{2\mu E}{\hbar} \gg \dfrac{1}{T_2}$,$\Delta_s \simeq 0$,加上方波 Stark 场后,分子能级发生很大移位,远离 CO_2 激光共振。当 $\delta\omega \gg \Omega$ 时,$\Delta_s \to -1$,即原子由激发态感生辐射回到基态。这种感生辐射最早在磁共振实验中被观察到,称之为自由感生衰变。现在又在光学实验中被观察到了 (图 3.6)[8],其吸收由极大恢复到几乎全透,同样也有调制现象,可用 Bloch 矢量绕 $\beta = \sqrt{\delta\omega^2 + \Omega^2} \simeq \delta\omega$ 轴的进动予以解释。进动结果使反转粒子数脉动,并导致吸收的调制波形。

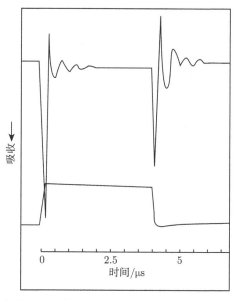

图 3.5 加上 Stark 场观察到的光学章动 (参照 Bewer 等 [8])

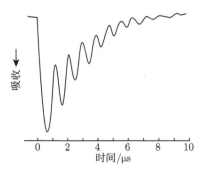

图 3.6　用 10.6 μm 激光，并加上 Stark 场观察到的自由感生衰变 (参照 Bewer 等 [8])

3.5　浸渐近似

增加了弛豫项后的 Bloch 方程，比原来的方程复杂，只在外场振幅 $\mathcal{E}$ 为恒定时，才能得到 3.4 节所述的解。如果 $\mathcal{E}$ 不恒定，求解就很困难。不过若外场变化很慢，而失谐 $\delta\omega \gg \Omega = 2\mu\mathcal{E}/\hbar$，则 $\beta = \sqrt{(\delta\omega)^2 + \Omega^2} \simeq \delta\omega$，这样就可以认为 Bloch 矢量 $\boldsymbol{R}$ 仍绝热跟随地绕 $\beta(-\Omega, 0, \delta\omega)$ 的瞬时位置进动 (图 3.7)。又若忽略掉 $\boldsymbol{R}$ 矢量及 β 矢量的夹角 α，则无阻尼的 Bloch 方程 $\dfrac{\mathrm{d}\boldsymbol{R}}{\mathrm{d}t} = \beta \times \boldsymbol{R}$ 的解可从图中得出为

$$\begin{cases} u = \dfrac{-\Omega}{\sqrt{\Omega^2 + \delta\omega^2}}, & v = 0 \\ \Delta = \dfrac{-\delta\omega}{\sqrt{\Omega^2 + \delta\omega^2}} \end{cases} \tag{3.5.1}$$

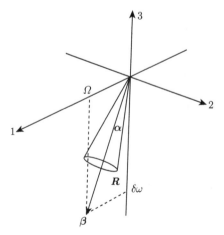

图 3.7　Bloch 矢量 $\boldsymbol{R}$ 绕 β 的进动图

更为详细的解析处理是 Crisp 做的 [10]。他的做法如下:

首先将 Bloch 方程重写为

$$\frac{\mathrm{d}}{\mathrm{d}t}(u - \mathrm{i}v) = -\left(\frac{1}{T_2} - \mathrm{i}\delta\omega\right)(u - \mathrm{i}v) - \mathrm{i}\Omega\Delta \tag{3.5.2}$$

$$\frac{\mathrm{d}}{\mathrm{d}t}\Delta = -\frac{1}{T_1}(\Delta - \Delta_{eq}) - \Omega v \tag{3.5.3}$$

(3.5.2) 式的解为

$$u - \mathrm{i}v = \int_{-\infty}^{t} [-\mathrm{i}\Omega\Delta(t')] \mathrm{e}^{-(1/T_2 - \mathrm{i}\delta\omega)(t-t')} \mathrm{d}t' \tag{3.5.4}$$

然后通过部分积分,并假定

$$\left|\frac{1}{T_2} - \mathrm{i}\delta\omega\right|^n \gg \frac{\mathrm{d}^n}{\mathrm{d}t^n}(\Omega\Delta) \tag{3.5.5}$$

略去高于 $n = 2$ 的项,便得

$$u - \mathrm{i}v = -\frac{\mathrm{i}}{\frac{1}{T_2} - \mathrm{i}\delta\omega}\left\{\Omega\Delta - \frac{1}{\frac{1}{T_2} - \mathrm{i}\delta\omega}\frac{\mathrm{d}}{\mathrm{d}t}(\Omega\Delta)\right\} \tag{3.5.6}$$

按 (3.5.3) 式,并应用绝热跟随不等式 $\Omega \gg 1/T_1$,便得

$$\frac{\mathrm{d}}{\mathrm{d}t}(\Omega\Delta) = -\Omega\left(\frac{1}{T_1}(\Delta - \Delta_{eq}) + \Omega v\right) + \Delta\frac{\mathrm{d}\Omega}{\mathrm{d}t}$$

$$\simeq -\Omega^2 v + \Delta\frac{\mathrm{d}\Omega}{\mathrm{d}t} \tag{3.5.7}$$

代入 (3.5.6) 式并设 $|\delta\omega| \gg \dfrac{1}{T_2}$,便得

$$u = \frac{-\Omega}{\sqrt{(\delta\omega)^2 + \Omega^2}}, \qquad v = \frac{-\delta\omega}{((\delta\omega)^2 + \Omega^2)^{3/2}}\frac{\mathrm{d}\Omega}{\mathrm{d}t}$$

$$\Delta = \frac{-\delta\omega}{\sqrt{(\delta\omega)^2 + \Omega^2}} \tag{3.5.8}$$

除了 v 分量外,u 与 Δ 同于按几何关系得到的 (3.5.1) 式。

上述绝热跟随近似 (adiabatic following approximation),也称为浸渐近似,在分析实验结果时甚为方便。

3.6　光脉冲传播的面积定理

3.6.1　光脉冲传播面积定理的证明

现在我们通过解 Bloch 方程来讨论另一个有趣的问题，即在吸收介质中光脉冲的形成与传输。首先我们根据无阻尼的方程 (3.1.2) 来证明

$$\frac{\mathrm{d}u^2}{\mathrm{d}t} + \frac{\mathrm{d}v^2}{\mathrm{d}t} + \frac{\mathrm{d}\Delta^2}{\mathrm{d}t} = 0 \tag{3.6.1}$$

因

$$u^2 = (\rho_{21}\mathrm{e}^{\mathrm{i}\delta\omega t} + \rho_{12}\mathrm{e}^{-\mathrm{i}\delta\omega t})(\rho_{21}^*\mathrm{e}^{-\mathrm{i}\delta\omega t} + \rho_{12}^*\mathrm{e}^{\mathrm{i}\delta\omega t})$$

$$= \rho_{21}^2 + \rho_{12}^2 + \rho_{12}\rho_{21}^*\mathrm{e}^{-\mathrm{i}2\delta\omega t} + \rho_{21}\rho_{12}^*\mathrm{e}^{\mathrm{i}2\delta\omega t}$$

$$v^2 = \rho_{21}^2 + \rho_{12}^2 - \rho_{12}\rho_{21}^*\mathrm{e}^{-\mathrm{i}2\delta\omega t} - \rho_{21}\rho_{12}^*\mathrm{e}^{\mathrm{i}2\delta\omega t}$$

故

$$u^2 + v^2 + \Delta^2 = 2(\rho_{21}^2 + \rho_{12}^2) + (\rho_{22} - \rho_{11})^2 \tag{3.6.2}$$

对于纯态来说，有

$$\rho_{21}^2 = \rho_{12}^2 = (C_2 C_1^*)(C_2^* C_1) = C_2^* C_2 C_1^* C_1 = \rho_{22}\rho_{11}$$

代入 (3.6.2) 式，得

$$u^2 + v^2 + \Delta^2 = (\rho_{22} + \rho_{11})^2 = 1 \tag{3.6.3}$$

即 $u^2 + v^2 + \Delta^2$ 守恒乃无阻尼情况下的概率守恒。

现进一步讨论无阻尼情况下方程 (3.1.2) 的解

$$\begin{cases} \dfrac{\mathrm{d}u}{\mathrm{d}t} = \delta\omega v \\[2mm] \dfrac{\mathrm{d}v}{\mathrm{d}t} = -\delta\omega u + \Omega\Delta \\[2mm] \dfrac{\mathrm{d}\Delta}{\mathrm{d}t} = -\Omega v \end{cases} \tag{3.6.4}$$

对共振激发情况 $\delta\omega = 0$，(3.6.4) 式的第二、三式给出

$$\begin{cases} v(t,z;0) = -\sin\theta(t,z) \\ \Delta(t,z;0) = -\cos\theta(t,z) \end{cases} \tag{3.6.5}$$

$$\theta(t,z) = \int_{-\infty}^{t} \Omega(t',z)\mathrm{d}t' = \frac{2}{\hbar}\int_{-\infty}^{t}\mu\mathcal{E}(t',z)\mathrm{d}t' \tag{3.6.6}$$

对于一般的失谐情形 $(\delta\omega \neq 0)$ 的解 $v(t,z;\delta\omega)$ 可用分离变量的形式表示为

$$v(t,z;\delta\omega) = v(t,z;0)F(\delta\omega) \tag{3.6.7}$$

将 (3.6.7) 式代入 (3.6.4) 式的第三式, 并积分得

$$\Delta = -F(\delta\omega)\cos\theta + F(\delta\omega) - 1 \tag{3.6.8}$$

又由 (3.6.4) 式的第二式, 得

$$-F(\delta\omega)\cos\theta\Omega = -\delta\omega u + \Omega[-F(\delta\omega)\cos\theta + F(\delta\omega) - 1]$$

即

$$\delta\omega u = \Omega[F(\delta\omega) - 1] \tag{3.6.9}$$

代入 (3.6.4) 式的第一式, 便得

$$\delta\omega\dot{u} = \ddot{\theta}[F(\delta\omega) - 1] = -(\delta\omega)^2\sin\theta F(\delta\omega)$$

即

$$\ddot{\theta} - \frac{1}{\tau^2}\sin\theta = 0$$

$$\frac{1}{\tau^2} = \frac{(\delta\omega)^2 F(\delta\omega)}{1 - F(\delta\omega)}, \qquad F(\delta\omega) = \frac{1}{1 + (\tau\delta\omega)^2} \tag{3.6.10}$$

(3.6.10) 式的解一般可通过椭圆函数来表示。若边界条件给定为 $\mathcal{E} = \dot{\mathcal{E}} = 0$, $t = \pm\infty$, 则 θ 的解可表示为

$$\begin{cases} \theta(t,z) = 4\arctan\left[\exp\left(\dfrac{t-t_0}{\tau}\right)\right] \\ \mathcal{E}(t,z) = \dfrac{2\hbar}{\mu\tau}\mathrm{sech}\left(\dfrac{t-t_0}{\tau}\right) \end{cases} \tag{3.6.11}$$

这就是 McCall 与 Hahn 得到的著名的 sech 光脉冲解 [11,12]。θ 与 $\mathcal{E}$ 对空间坐标 z 的依赖关系隐含于 t_0 中。在求得 θ 解的基础上,可代入 u, v, Δ 的 (3.6.7)~(3.6.9) 式,求得

$$\begin{cases} u = \dfrac{2\tau\delta\omega}{1+(\tau\delta\omega)^2}\mathrm{sech}\left(\dfrac{t-t_0}{\tau}\right) \\[3mm] v = \dfrac{2}{1+(\tau\delta\omega)^2}\mathrm{sech}\left(\dfrac{t-t_0}{\tau}\right)\tanh\left(\dfrac{t-t_0}{\tau}\right) \\[3mm] \Delta = -1 + \dfrac{2}{1+(\tau\delta\omega)^2}\mathrm{sech}^2\left(\dfrac{t-t_0}{\tau}\right) \end{cases} \tag{3.6.12}$$

这个光脉冲的求解过程是很有意思的,根本没有涉及解光脉冲传播的 Maxwell 方程,就将光脉冲形状按 (3.6.11) 式确定下来了。从求解过程来看,将 $v(t,z;\delta\omega)$ 写成分离变量的形式 (3.6.7) 以及给定边界条件,当 $t=\pm\infty$ 时,$\mathcal{E}=\dot{\mathcal{E}}=0$ 是关键性的步骤,因为这样就限制了我们求解的范围。最后得出的是不明显依赖于空间坐标 z,站在任一点进行长时间的观察均能得到同样的稳定的脉冲波形。这个波在空间的传播没有变形,振幅没有衰减,以匀速向前平移。但若将这个无阻尼的 Bloch 方程解代入 Maxwell 方程中,情况会是怎样的呢?是满足还是不满足呢?要清楚回答这个问题,只能借助于由 McCall 与 Hahn 证明了的面积定理。

现从电磁波在非线性介质中的传播方程 (3.1.13) 出发

$$\left(\frac{\epsilon^{(1)}}{c^2}\frac{\partial^2}{\partial t^2} - \nabla^2\right)\boldsymbol{E} = -\frac{4\pi}{c^2}\frac{\partial^2 \mathrm{P}}{\partial t^2} \tag{3.6.13}$$

下面为了方便起见,去掉方程 (3.6.13) 的矢量符号,并将场强 E 及极化 P 写成慢变振幅形式

$$E(z,t) = \mathcal{E}\mathrm{e}^{\mathrm{i}(k_n z - \omega t) + \mathrm{i}\Phi(z,t)} + c.c.$$

$$\begin{aligned} P(z,t) &= n_0\mu_{21}(\rho_{21}+\rho_{12}) \\ &= \frac{1}{2}\left\{[u(z,t)-\mathrm{i}v(z,t)]\mathrm{e}^{\mathrm{i}(k_n z - \omega_0 t)+\mathrm{i}\Phi(z,t)} + c.c.\right\} \end{aligned} \tag{3.6.14}$$

将 (3.6.14) 式代入 (3.6.13) 式并用慢变振幅近似,得

$$\begin{cases} \dfrac{\partial\mathcal{E}}{\partial z} + \dfrac{n}{c}\dfrac{\partial\mathcal{E}}{\partial t} = \dfrac{\pi\omega_0}{nc}v \\[3mm] \mathcal{E}\left(\dfrac{\partial\phi}{\partial z} + \dfrac{n}{c}\dfrac{\partial\phi}{\partial t}\right) = \dfrac{\pi\omega_0}{nc}u \end{cases} \tag{3.6.15}$$

若考虑到介质是非均匀加宽的，与 E 波相互作用的原子的共振频率 $\omega = \omega_0 + \Delta\omega$ 在 $g(\Delta\omega)$ 非均匀加宽内分布，相应的极化 $P(\Delta\omega, z, t)$ 为

$$
\begin{aligned}
P(\Delta\omega, z, t) &= n_0\mu \left[\rho_{21}(\Delta\omega, z, t) + \rho_{12}(\Delta\omega, z, t)\right] \\
&= n_0\mu \left[\rho_{21}(z, t) + \rho_{12}(z, t)\right] g(\Delta\omega)
\end{aligned} \tag{3.6.16}
$$

于是 $P(z,t), u(z,t), v(z,t)$ 就是对 $g(\Delta\omega)$ 线宽内各种原子的贡献求和：

$$
\begin{pmatrix} P(z.t) \\ u(z,t) \\ v(z,t) \end{pmatrix} = \int \begin{pmatrix} P(\Delta\omega, z, t) \\ u(\Delta\omega, z, t) \\ v(\Delta\omega, z, t) \end{pmatrix} g(\Delta\omega)\mathrm{d}\Delta\omega \tag{3.6.17}
$$

现定义光脉冲面积为

$$
A = \lim_{t\to\infty} \theta(z, t) = \lim_{t\to\infty} \frac{2\mu}{\hbar} \int_{-\infty}^{t} \mathcal{E}(z, t')\mathrm{d}t' \tag{3.6.18}
$$

两边对 z 求微分得

$$
\frac{\mathrm{d}A}{\mathrm{d}z} = \lim_{t\to\infty} \frac{2\mu}{\hbar} \int_{-\infty}^{t} \frac{\partial}{\partial z}\mathcal{E}(z, t')\mathrm{d}t' \tag{3.6.19}
$$

将 (3.6.15) 式第一式代入 (3.6.19) 式中 $\dfrac{\partial\mathcal{E}}{\partial z}$，便得

$$
\begin{aligned}
\frac{\mathrm{d}A}{\mathrm{d}z} &= \lim_{t\to\infty} \int_{-\infty}^{t} \mathrm{d}t' \left\{ \frac{\pi\omega_0}{nc} \int_{-\infty}^{\infty} v(\Delta\omega, z, t')g(\Delta\omega)\mathrm{d}\Delta\omega - \frac{n}{c}\frac{\partial\mathcal{E}}{\partial t'} \right\} \frac{2\mu}{\hbar} \\
&= \lim_{t\to\infty} \left\{ \frac{-2n\mu}{c\hbar}\left[\mathcal{E}(z, \infty) - \mathcal{E}(z, -\infty)\right] + \frac{2\pi\omega_0\mu}{n\hbar c} \right. \\
&\quad \left. \times \int_{-\infty}^{\infty} g(\Delta\omega)\mathrm{d}\Delta\omega \int_{-\infty}^{t} \mathrm{d}t'v(\Delta\omega, z, t') \right\}
\end{aligned} \tag{3.6.20}
$$

因 $\mathcal{E}(z, \infty) = \mathcal{E}(z, -\infty) = 0$，故方括号内为 0。结果为

$$
\frac{\mathrm{d}A}{\mathrm{d}z} = \frac{2\pi\omega_0\mu}{n\hbar c} \lim_{t\to\infty} \int_{-\infty}^{\infty} \mathrm{d}\Delta\omega g(\Delta\omega) \int_{-\infty}^{t} \mathrm{d}t'v(\Delta\omega, z, t') \tag{3.6.21}
$$

其中 $v(\Delta\omega, z, t')$ 可用 $v(0, z, t_0)$ 近似。而 $v(0, z, t_0)$ 可由无阻尼且共振的 Bloch 方程求得其解

$$\frac{\partial v}{\partial t} = \Omega \Delta, \qquad \frac{\partial \Delta}{\partial t} = -\Omega v$$

$$\text{(3.6.22)}$$

$$\Delta = \Delta_0 \cos\theta(z,t), \quad v = \Delta_0 \sin\theta(z,t)$$

设初始时原子处于基态，则

$$\Delta_0 = n_0\mu(\rho_{22} - \rho_{11}) = -N_0\mu$$

$$v(0,z,t_0) = -N_0\mu\sin\theta(z,t_0)$$

$$\text{(3.6.23)}$$

最后将 (3.6.23) 式代入 (3.6.21) 式，得 (见附录 2A)

$$\frac{\mathrm{d}A}{\mathrm{d}z} = -\frac{\alpha_0}{2}\sin A, \qquad \alpha_0 = \frac{4\pi\omega_0\mu^2 N_0}{n\hbar c}g(0)$$

$$\text{(3.6.24)}$$

这就是 Maxwell-Bloch 方程求得的面积定理 [12]。现仔细分析这一定理的物理含义。首先，当面积 A 很小时，$\sin A \sim A$，解 (3.6.24) 式，得

$$A(z) = A(0)\mathrm{e}^{-\alpha_0 z/2}$$

$$\text{(3.6.25)}$$

这表明脉冲按 $\varepsilon^2(z) = \varepsilon^2(0)\mathrm{e}^{-\alpha_0 z}$ 衰减，α_0 正好是线性吸收系数。当 A 增大时，吸收减小，按 (3.6.24) 式为对弱信号吸收的 $\dfrac{\sin A}{A}$ 倍。特别是当 $A = m\pi$ 时，$\dfrac{\mathrm{d}A}{\mathrm{d}z} = 0$，光脉冲可以完全没有损耗地通过吸收介质。当 m 为奇数时，A 有一小的扰动 δA，且

$$\frac{\mathrm{d}\delta A}{\mathrm{d}z} = -\frac{\alpha}{2}\sin(m\pi + \delta A) = \frac{\alpha}{2}\delta A$$

$$\text{(3.6.26)}$$

将是不稳定的；但当 m 为偶数时

$$\frac{\mathrm{d}\delta A}{\mathrm{d}z} = -\frac{\alpha}{2}\sin(m\pi + \delta A) = -\frac{\alpha}{2}\delta A$$

$$\text{(3.6.27)}$$

就是稳定的了，故稳态光脉冲要求 $A = 2n\pi$。如果光脉冲的初始 A 还不是 $2n\pi$，那么在传输过程中，它会改变其幅度与形状，逐渐向稳态值 $2n\pi$ 趋近。故面积定理预示了一个演化过程，由初始的面积向最近的 $2n\pi$ 面积演化。图 3.8(a) 中给出了 A 的演化方向 [12]，初始 A 值 $1.1\pi, 0.9\pi$ 分别向 $2\pi, 0\pi$ 演化；图 3.8(b) 为相应的光脉冲演化。

对于 $A = 2\pi$ 稳态脉冲的前半部，即由 $\mathcal{E}(z,-\infty) \simeq 0$ 到峰值 $\mathcal{E}_m = \mathcal{E}(z,t_m)$，原子吸收了光脉冲的能量，由基态跃迁到激发态。在光脉冲的后半部，即由 $\mathcal{E}_m$ 到 $\mathcal{E}(z,\infty)$，原子又辐射出能量并回到基态。这种现象被称为自感透明，也已为实验

所证实。图 3.9 给出 ^{202}Hg 激光脉冲通过 ^{87}Rb 蒸气的透过率 [14]，共振吸收波长 $\lambda = 7947.7$Å。图中给出非线性透过率与输入光单位面积能量间的关系，脉冲宽度 $\tau = 7 \times 10^{-9}$s，碰撞失相时间 $T_2^* = 55 \times 10^{-9}$s，自发辐射寿命 $T_1 = 40 \times 10^{-9}$s，故有 $\tau \ll T_2^* T_1$。无阻尼的分析是适用的，低能量密度时的线性透过率很低 $(\simeq 0.7\ \%)$，实线表示按平面波计算出来的理论值，有三个平台分别对应于 $2\pi, 4\pi, 6\pi$ 稳态脉冲，透过率最大达 90%，实验点与理论曲线比较，基本相符。

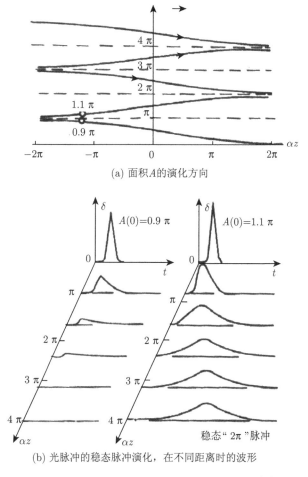

(a) 面积 A 的演化方向

(b) 光脉冲的稳态脉冲演化，在不同距离时的波形

图 3.8　自感透明面积定理 (参照 McCall 等 [12])

综上所述，我们开始由解无阻尼的 Bloch 方程得出稳态的 sech 脉冲，后来又从更为一般的 Maxwell-Bloch 方程得出 $2n\pi$ 稳态脉冲。sech 脉冲实际上就是 2π 稳态脉冲。

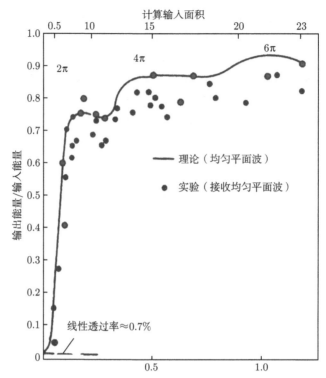

图 3.9 激光在 ^{87}Rb 蒸气中的自感透明 (参照 Slusher 等 [14])

3.6.2 相干光脉冲的合并、分裂和面积演化 [15~17]

关于相干光脉冲在吸收介质中的传播，已有许多作者进行研究。最早是前面已提到的 McCall 和 Hahn[12] 解 Maxell-Bloch 方程，发现了自感透明现象以及判定稳态脉冲的面积定理。相干光脉冲在吸收介质中传播时，会形成稳态脉冲，其波形是双曲线正割函数，稳态面积是 $2n\pi(n = 0, 1, 2, \cdots)$，这样的脉冲在传播过程中，波形、能量都不会发生变化。如果入射脉冲面积不是稳态值，则随着传播距离的增大，脉冲面积趋向稳态值，并且会出现脉冲分裂现象 [14](如果脉冲面积大于 3π)。一般来说，这种光脉冲演化的复杂的中间过程只能依靠数值模拟求解。

基于光与二能级原子相互作用模型，可导出在一般条件 (失谐 $\Delta\omega \neq 0$，阻尼 $\nu_i \neq 0$，弛豫 $\gamma_a \neq \gamma_b \neq 0$) 下的光与原子相互作用孤立波方程 [18,19]。在计算机上进行数值模拟，研究孤立波解的演化过程。主要有光脉冲的合并和分裂现象；光脉冲的面积随传播距离的演化；脉冲宽度的加宽与压缩。计算结果表明，除了获得文献 [14] 中报道过的脉冲分裂结果外，还获得两个脉冲合并为一个光脉冲，以及光脉冲面积并非单调的而是振荡地趋向稳态值 $2n\pi$ 的结果。

1. 光与二能级原子系统作用方程

参照 (2.4.6) 式，可写出二能级系统的 Schrödinger 方程 [18,19]

$$\begin{cases} \left(\dfrac{\partial}{\partial t} + \mathrm{i}\omega_a + \dfrac{\gamma_a}{2}\right) a = \mathrm{i}\dfrac{\bar{\mu}}{\hbar} \left[E \exp(-\mathrm{i}\omega_0 t + \mathrm{i}kx) + c.c.\right] b \\[4mm] \left(\dfrac{\partial}{\partial t} + \mathrm{i}\omega_b + \dfrac{\gamma_b}{2}\right) b = \mathrm{i}\dfrac{\bar{\mu}}{\hbar} \left[E \exp(-\mathrm{i}\omega_0 t + \mathrm{i}kx) + c.c.\right] a \end{cases} \tag{3.6.28}$$

式中 a, b 分别为原子的上、下能级波函数；$\bar{\mu}$ 为 a, b 能级间的电偶极矩；γ_a, γ_b 为上、下能级的弛豫系数；ω_0 为光场的中心频率；k 为波矢；ω_a, ω_b 为上、下能级对应的频率。令

$$\begin{cases} a = \exp\left(-\dfrac{\mathrm{i}\omega_0 t - \mathrm{i}kx}{2} - \dfrac{\mathrm{i}\omega_a + \mathrm{i}\omega_b}{2} t\right) v_1 \\[4mm] b = \exp\left(\dfrac{\mathrm{i}\omega_0 t - \mathrm{i}kx}{2} - \dfrac{\mathrm{i}\omega_a + \mathrm{i}\omega_b}{2} t\right) v_2 \\[4mm] \mathrm{i}\bar{\delta} = -\dfrac{\mathrm{i}\omega_0}{2} + \dfrac{\mathrm{i}\omega_a - \mathrm{i}\omega_b}{2} \end{cases} \tag{3.6.29}$$

式中 ω_0 为光场的频率；v_1, v_2 是波函数慢变部分，与 a, b 只差一个相位因子，具有概率振幅的意义。将 (3.6.29) 式代入 (3.6.28) 式，并取旋波近似，得

$$\begin{cases} \left(\dfrac{\partial}{\partial t} + \mathrm{i}\bar{\delta} + \dfrac{\gamma_a}{2}\right) v_1 = \mathrm{i}\dfrac{\bar{\mu}}{\hbar} E v_2 \\[4mm] \left(\dfrac{\partial}{\partial t} - \mathrm{i}\bar{\delta} + \dfrac{\gamma_b}{2}\right) v_2 = \mathrm{i}\dfrac{\bar{\mu}}{\hbar} E v_1 \end{cases} \tag{3.6.30}$$

同样由光波在介质中的传播方程 (2.1.13) 并加上阻尼 ν_i，有

$$\left(\dfrac{\partial^2}{\partial t^2} + 2\nu_i \dfrac{\partial}{\partial t} - c^2 \dfrac{\partial^2}{\partial x^2}\right) \left[E \exp(-\mathrm{i}\omega_0 t + \mathrm{i}kx) + c.c.\right] = -4\pi \dfrac{\partial^2 P}{\partial t^2} \tag{3.6.31}$$

$$P = N_0 \bar{\mu}(ab^* + a^*b) = P_0 \exp(\mathrm{i}\omega_0 t)$$

这里 N_0 为总的粒子数密度。对 (3.6.31) 式用慢变振幅近似

$$\dfrac{\partial E}{\partial x} \ll kE, \qquad \dfrac{\partial^2 E}{\partial x^2} \ll k\dfrac{\partial E}{\partial x}$$

$$\dfrac{\partial E}{\partial t} \ll \omega_0 E, \qquad \dfrac{\partial^2 E}{\partial t^2} \ll \omega_0 \dfrac{\partial E}{\partial t}$$

和旋波近似, 则 (3.6.31) 式就变为

$$\left(\frac{\partial}{\partial t} + c\frac{\partial}{\partial x} + \nu_i\right) E = \mathrm{i}2\pi\omega_0^2 N_0\bar{\mu}v_1 v_2^*/\omega_0 \tag{3.6.32}$$

令 $\mathcal{E} = \mathrm{i}\bar{\mu}E/\hbar$, 并作变数变换 $\bar{x} = x, \quad \bar{t} = t - x/c$, 再令 $\mu = 2\pi\omega_0 N_0\bar{\mu}^2/\hbar$, 得

$$\begin{cases} \left(\dfrac{\partial}{\partial \bar{t}} + \mathrm{i}\bar{\delta} + \dfrac{\bar{\gamma}_a}{2}\right) v_1 = \mathcal{E}v_2 \\[3mm] \left(\dfrac{\partial}{\partial \bar{t}} - \mathrm{i}\bar{\delta} + \dfrac{\bar{\gamma}_b}{2}\right) v_2 = -\mathcal{E}^* v_1 \\[3mm] \left(c\dfrac{\partial}{\partial \bar{x}} + \nu_i\right) \mathcal{E} = -\mu v_1 v_2^* \end{cases} \tag{3.6.33}$$

(3.6.33) 式就是我们的基本方程。

2. 光脉冲传输计算的差分格式与参数的取定

对于共振情形 $\delta = 0$, (3.6.33) 式的各变量可取为实数。仍将 $\bar{t}, \bar{x}$ 写为 t, x。

$$\begin{cases} \left(\dfrac{\partial}{\partial t} + \dfrac{\gamma_a}{2}\right) v_1 = \mathcal{E}v_2 \\[3mm] \left(\dfrac{\partial}{\partial t} + \dfrac{\gamma_b}{2}\right) v_2 = -\mathcal{E}v_1 \\[3mm] \left(c\dfrac{\partial}{\partial x} + \nu_i\right) \mathcal{E} = -\mu v_1 v_2 \end{cases} \tag{3.6.34}$$

面积表达式为

$$A = 2\int \mathcal{E}\mathrm{d}t \tag{3.6.35}$$

当 $\gamma_a = \gamma_b = 0$ 时, (3.6.35) 式给出

$$\frac{\partial}{\partial t}v_1^2 + \frac{\partial}{\partial t}v_2^2 = 0 \tag{3.6.36}$$

即 $v_1^2 + v_2^2 = 1$ 粒子数守恒。为了保持粒子数守恒条件 (3.6.36), 且差分方程满足 Von Nouman 稳定条件, (3.6.34) 式应取隐格式。至于计算参数与初始条件的取定, 为了便于比较, 我们参照文献 [14] 取定参数为电偶矩 $\bar{\mu}$, 吸收盒厚 d, 原子密度 n_0 及弛豫系数等, 最后算得 (3.6.34) 式的 $\mu = 4.27 \times 10^{20}$ s^{-2}, 初始条件为 $v_1 = 0, v_2 = 1$, 入射光脉冲在边界给定。$\nu_i, \gamma_a, \gamma_b$ 均取为 0。

3. 计算结果与分析

在共振情形 ($\delta = 0$),按上述差分格式与参数,对方程 (3.6.34) 进行数值模拟,主要结果列于表 3.1 中,其中 a~d 为单脉冲输入;e~g 为双脉冲输入。图 3.10 中给出了输入、输出脉冲波形以及脉冲面积随传输距离的演变过程。其中 $\mathcal{E}$ 为场振幅,A 为脉冲面积,t 为时间 (ns),x 为传输距离 (mm)。入射脉冲的面积大小见表 3.1。可以看出,不论入射光是一个或两个脉冲,当光脉冲通过吸收介质后,随着传输距离的增加,脉冲面积振荡地而不是单调地,按其总面积大小趋向不同稳态值 $2n\pi(n = 1, 2, \cdots)$。与文献 [14] 不同的地方在于脉冲面积振荡地而不是单调地趋近。另外,从图 3.10(d) 可以发现,入射光脉冲面积 $A \geqslant \pi$ 是形成稳态脉冲的阈值。

表 3.1 共振条件下计算机模拟的结果

序号	输入脉冲面积		稳态面积	脉冲个数	输出脉冲宽度	
(No.)	A_1	A_2			Δt_1	Δt_2
a	13		4π	2	1.8	4.8
b	6.5		2π	1	5.8	
c	5		2π	1	7.4	
d	3		0	0	0	
e	3	3	2π	1	9.4	
f	3	5	2π	1	5.0	
g	6.5	1.5	2π	1	5.6	

为了在计算机上模拟到脉冲合并效应,即入射光场是两个在时间上有一定延迟 (图 3.10(e), (g) 为 10 ns,(f) 为 14 ns) 的脉冲,当光脉冲的总面积 A 满足

$$\pi < A < 3\pi \tag{3.6.37}$$

时,它们通过吸收介质合并成一个稳态脉冲,面积为 2π。按照面积定理,入射光脉冲面积 A 满足 (3.6.37) 式时,只能形成一个稳态脉冲,这就是图 3.10(e)~(g) 的情形。图 3.11 给出两个面积为 "3" 的入射脉冲形成单个稳态脉冲时电场振幅、时间、空间三维图。可以看出,前一个脉冲基本被吸收介质吸收,而后一个脉冲形成 2π 稳态脉冲。图 3.12 给出脉冲分裂时电场振幅、时间、空间三维图。因入射光脉冲的面积为 13($> 3\pi$),故应为两个稳态脉冲。分裂后两个脉冲的宽度都比入射脉冲的宽度小,并且前沿变陡,后沿拉得较长,前一峰大为放大,后一峰相对于入射峰脉冲有一时间延迟。表 3.1 中均是按阻尼及弛豫为 0 的情况进行数值模拟的。为了解阻尼及弛豫的影响,将表 3.1 中的 a 和 g 两例,在方程 (3.6.34) 加上阻尼、弛

豫重新计算, 参数选择: $\gamma_a = 0.119 \times 10^8 \mathrm{s}^{-1}$, $\gamma_b = 0$, $\nu_i = 10^7 \mathrm{s}^{-1}$。计算结果表明, 阻尼、弛豫的存在, 不改变相干光脉冲在吸收介质中传播的合并、分裂, 而脉冲的能量、波形、脉宽略有变化。

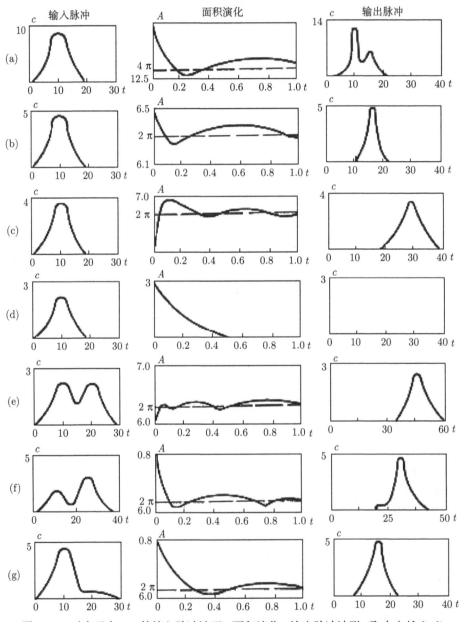

图 3.10　对应于表 3.1 的输入脉冲波形、面积演化、输出脉冲波形 (取自文献 [15])

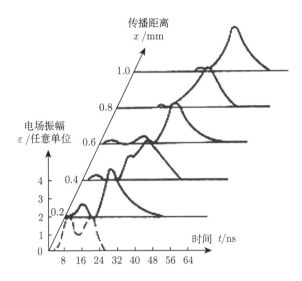

图 3.11   双脉冲合并随距离的演化 (No.e)(取自文献 [15])

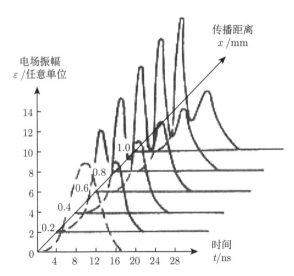

图 3.12   脉冲分裂随距离的演化 (No.a)(取自文献 [15])

4. 频率失谐对相干光脉冲演化的影响

图 3.13 为有失谐 ($\delta = 0.2$GHz) 与没有失谐相干光脉冲演化的比较。图中的计算结果表明，有失谐情形，面积演化规律几乎被破坏，并不像共振情形的面积趋向于稳态值。图 3.14(b) 计算结果表明，脉冲合并在失谐情形也开始消失。

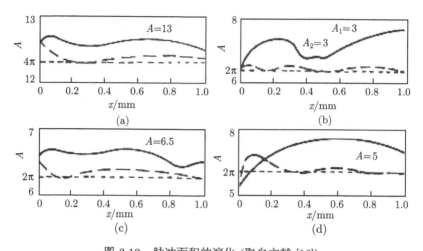

图 3.13　脉冲面积的演化 (取自文献 [16])

- - - 共振情况；—— 非共振情况 $\delta = 0.2$ GHz。A：脉冲面积；x：传播距离(mm)

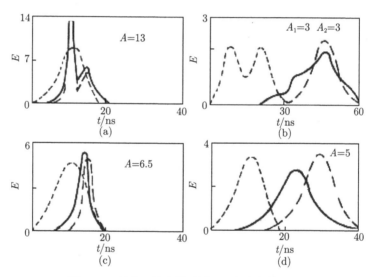

图 3.14　输入、输出脉冲波形 (取自文献 [16])

- - - 共振情况；—— 非共振情况 $\delta = 0.2$GHz，；····· 输入波形

5. 光脉冲在 BDN 染料中的合并与分裂

图 3.15 为观察光脉冲合并与分裂的实验装置。由 YAG 调 Q 输出的光脉冲经分束延迟 (15ns) 再叠加，进入 BDN 染料吸收盒，溶于二氯乙烷中的 BDN 染料在 YAG 调 Q 输出 $1.06\mu m$ 有吸收峰，近乎共振吸收。图 3.16 上面为进入吸收盒前的双脉冲叠加，具有双峰结构；下面为经吸收盒演化后的波形，只有一个峰，另一个

峰基本消失。这一结果表明了脉冲的合并。图 3.17 为两次实验结果。其中 (a) 为单脉冲输入；(b) 为双峰结构的脉冲输出，即脉冲分裂。

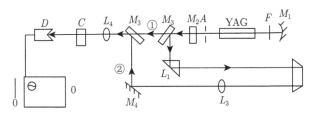

图 3.15   光脉冲合并与分裂的实验装置 (取自文献 [17])

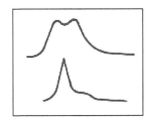

图 3.16   脉冲合并 (取自文献 [17])

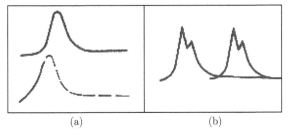

(a)   (b)

图 3.17   脉冲分裂 (取自文献 [17])

3.7   光脉冲自聚的多焦点现象

一般来说，光脉冲在非线性介质传输而产生的自聚是非线性光学诸多现象中研究得较早且较多的一个课题。不仅是因为它频频出现于与非线性物理有关如非线性光学、激光等离子物理、材料破坏等多学科领域, 有广泛应用价值 [20~35]；还因为非线性现象的复杂性, 有些现象虽然从实验早就观察到, 但理论上并不能给出一个简明的解析。光脉冲传输的多焦点自聚 (沿着传输方向，亦即纵向), 就是这样一个现象。过去从设计高功率的固体激光器出发较多关注光脉冲在非线性介质中传输的不稳定性的小尺度自聚导致对光学材料的破坏，也损坏了传输光束的质量, 于是有 B 积分及小尺度不稳概念的提出 [36]。本节我们主要求解高斯光脉冲传输所满足的非线性方程以及形成自聚与多焦点自聚的条件。

3.7.1　光脉冲自聚的准稳态理论

光脉冲自聚的准稳态理论是基于求解下面场强 E 所满足的非线性方程:

$$\nabla^2 E - \frac{1}{c^2}\frac{\partial^2}{\partial t^2}[(n_0 + \Delta n)^2 E] = 0 \tag{3.7.1}$$

式中 Δn 为非线性折射率。现考虑一沿 z 方向传播的线偏振光束,并设 $E = \psi(x, y, z)\exp[\mathrm{i}kz - \mathrm{i}\omega t]$。这里 ψ 是一空间坐标 z 的慢变函数。代入方程 (3.7.1),并略去 Δn^2 以及 $\partial^2\psi/\partial z^2$,我们得出

$$\left(\frac{\partial^2}{\partial x^2} + \frac{\partial^2}{\partial y^2} - 2\mathrm{i}k\frac{\partial}{\partial z}\right)\psi = -2k^2\frac{\Delta n}{n_0}\psi \tag{3.7.2}$$

我们注意到 $\Delta n = n_2(\boldsymbol{E}\cdot\boldsymbol{E})/2$,因此 (3.7.2) 式可重写为

$$\left(\frac{\partial^2}{\partial x^2} + \frac{\partial^2}{\partial y^2} - 2\mathrm{i}k\frac{\partial}{\partial z}\right)\psi = -\frac{n_2}{n_0}k^2 \mid E \mid^2 \psi \tag{3.7.3}$$

求解方程 (3.7.3) 可先设

$$\psi(x, y, z) = \exp\left[-\mathrm{i}\left(p + \frac{k}{2q}(x^2 + y^2)\right)\right] \tag{3.7.4}$$

此处 p, q 为 z 的复函数。将方程 (3.7.4) 代入 (3.7.3) 式,便得出如下的关于 p, q 的方程:

$$\begin{cases} \dfrac{\partial}{\partial z}\dfrac{1}{q} = -\dfrac{1}{q^2} - \dfrac{n_2}{n_0}\mid E \mid^2 \left(\dfrac{\omega_0}{\omega}\right)^2 \dfrac{2}{\omega^2} \\[3mm] \dfrac{\partial p}{\partial z} = -\dfrac{\mathrm{i}}{q} + \dfrac{k}{2}\dfrac{n_2}{n_0}\mid E \mid^2 \left(\dfrac{\omega_0}{\omega}\right)^2 \end{cases} \tag{3.7.5}$$

将 $\dfrac{1}{q}$ 表示为含高斯光束参量的复数形式

$$\frac{1}{q} = \frac{1}{R} + \mathrm{i}\frac{\lambda}{\pi\omega^2} = X + \mathrm{i}Y \tag{3.7.6}$$

式中 R, ω, λ 分别为高斯光束波面的曲率半径,焦斑半径,光波波长。代入 (3.7.5) 式便得

$$\frac{\mathrm{d}}{\mathrm{d}z}(X + \mathrm{i}Y) = -(X^2 - Y^2 + 2\mathrm{i}XY) - 2\frac{n_2}{n}\mid E \mid^2 \left(\frac{\pi\omega_0}{\lambda}\right)^2 \left(\frac{\lambda}{\pi\omega^2}\right)^2$$

设 $Q = 2\dfrac{n_2}{n_0}\mid E \mid^2 \left(\dfrac{\pi\omega_0}{\lambda}\right)^2$,则可将上式的实部与虚部分别写为

$$\frac{\mathrm{d}X}{\mathrm{d}z} = -X^2 + (1 - Q)Y^2, \qquad \frac{\mathrm{d}Y}{\mathrm{d}z} = -2XY \tag{3.7.7}$$

对 z 求积分，得出

$$Y = Y_0 \exp\left(-2\int X\,\mathrm{d}z\right) \tag{3.7.8}$$

若入射光束满足边界条件"$z = 0$ 处入射光的波面是平的且焦斑为最小"，则 (3.7.7) 和 (3.7.8) 式的解为

$$X = \frac{1}{R} = \frac{z}{z^2+w}, \qquad Y = Y_0\frac{w}{z^2+w}, \qquad Y_0 = \frac{\lambda}{\pi\omega_0^2} \tag{3.7.9}$$

当 $z = 0$ 时，$Y = Y_0$。将 (3.7.9) 式代入 (3.7.7) 式得

$$\frac{\mathrm{d}X}{\mathrm{d}z} = -\frac{z^2}{(z^2+w)^2} + \frac{w}{(z^2+w)^2} = -\frac{z^2}{(z^2+w)^2} + (1-Q)Y^2 \tag{3.7.10}$$

这样便有

$$Y_0 = \sqrt{\frac{1}{(1-Q)w}}, \qquad w = \frac{1}{1-Q}Y_0^{-2} = \frac{1}{1-Q}\left(\frac{\pi\omega_0^2}{\lambda}\right)^2 \tag{3.7.11}$$

$$Y = \frac{\lambda}{\pi\omega_0^2}\frac{1}{\left|1 + (1-Q)\left(\frac{\lambda z}{\pi\omega_0^2}\right)^2\right|} \tag{3.7.12}$$

代入方程 (3.7.5) 的第二个方程

$$\frac{\mathrm{d}p}{\mathrm{d}z} = -\mathrm{i}\frac{z}{z^2+w} + \left(1 + \frac{Q}{2}\right)Y_0\frac{w}{z^2+w} \tag{3.7.13}$$

在 $z = 0$ 处，波前是一平面，曲率半径 $R \to \infty$，这对应 $p_0 = 0$。积分上式得

$$\exp[-\mathrm{i}p] = \begin{cases} \dfrac{\omega_0}{\omega}\exp\left[-\mathrm{i}\left(\dfrac{1+\dfrac{Q}{2}}{\sqrt{1-Q}}\right)\arctan\left[\sqrt{1-Q}\dfrac{\lambda z}{\pi\omega_0^2}\right]\right], & 1-Q > 0 \\[6mm] \dfrac{\omega_0}{\omega}\exp\left[-\mathrm{i}\left(\dfrac{1+\dfrac{Q}{2}}{\sqrt{Q-1}}\right)\mathrm{artanh}\left[\sqrt{Q-1}\dfrac{\lambda z}{\pi\omega_0^2}\right]\right], & Q-1 > 0 \end{cases}$$

代入 (3.7.4) 式的波包 ψ 的解为

$$\psi = \begin{cases} \dfrac{\omega_0}{\omega}\exp\left[-\mathrm{i}\left(\dfrac{1+\dfrac{Q}{2}}{\sqrt{1-Q}}\right)\arctan\left[\sqrt{1-Q}\,\dfrac{\lambda z}{\pi\omega_0^2}\right]\right. \\ \qquad\qquad \left. -r^2\left(\dfrac{\mathrm{i}k}{2R}+\dfrac{1}{\omega^2}\right)\right],\quad 1-Q>0 \\[2ex] \dfrac{\omega_0}{\omega}\exp\left[-\mathrm{i}\left(\dfrac{1+\dfrac{Q}{2}}{\sqrt{Q-1}}\right)\operatorname{artanh}\left[\sqrt{Q-1}\,\dfrac{\lambda z}{\pi\omega_0^2}\right]\right. \\ \qquad\qquad \left. -r^2\left(\dfrac{\mathrm{i}k}{2R}+\dfrac{1}{\omega^2}\right)\right],\quad Q-1>0 \end{cases} \tag{3.7.14}$$

易于证明波包 ψ 的通解为 $(r^2 = x^2 + y^2)$

$$\psi_{nm} = \begin{cases} \dfrac{\omega_0}{\omega}\exp\left[-\mathrm{i}\left(\dfrac{1+\dfrac{Q}{2}+m+n}{\sqrt{1-Q}}\right)\arctan\left[\sqrt{1-Q}\,\dfrac{\lambda z}{\pi\omega_0^2}\right]\right. \\ \qquad \left. -r^2\left(\dfrac{\mathrm{i}k}{2R}+\dfrac{1}{\omega^2}\right)\right]H_n\left(\dfrac{\sqrt{2}x}{\omega}\right)H_m\left(\dfrac{\sqrt{2}y}{\omega}\right),\quad 1-Q>0 \\[2ex] \dfrac{\omega_0}{\omega}\exp\left[-\mathrm{i}\left(\dfrac{1+\dfrac{Q}{2}+m+n}{\sqrt{Q-1}}\right)\operatorname{artanh}\left[\sqrt{Q-1}\,\dfrac{\lambda z}{\pi\omega_0^2}\right]\right. \\ \qquad \left. -r^2\left(\dfrac{\mathrm{i}k}{2R}+\dfrac{1}{\omega^2}\right)\right]H_n\left(\dfrac{\sqrt{2}x}{\omega}\right)H_m\left(\dfrac{\sqrt{2}y}{\omega}\right),\quad Q-1>0 \end{cases} \tag{3.7.15}$$

3.7.2　光脉冲自聚的不稳定性分析 [37]

现讨论方程 (3.7.4) 的不稳定性。波面曲率半径 R 及焦斑半经 w 完全描述了"高斯光束"。只要知道了这两个参量, 就可计算"高斯光束"在任一点的场强。上面结果是在满足边界条件"当入射面取在 $z=0$ 处, 入射波的波面为平面而且光束的焦斑处于最小"的假定下得出的。亦即平面波面与最小焦斑这两件事是同时发生在 $z=0$ 处。对于理想的"高斯光束"的确是这样的。为了方便, 我们将这个结果即 (3.7.9) 式重写如下, 并用下标 s 标记:

$$X_s = \frac{z}{z^2+w}, \quad Y_s = Y_0\frac{w}{z^2+w}, \quad Y_0 = \frac{\lambda}{\pi\omega_0^2}, \quad w = \frac{1}{1-Q}\left(\frac{\pi\omega_0^2}{\lambda}\right)^2 \tag{3.7.16}$$

若入射光束不满足理想"高斯光束"的边界条件, 则边界条件可表示为

$$z = 0, \quad X = X_s + \delta X, \quad Y = Y_s + \delta Y$$

代入 (3.7.7) 式便得

$$\frac{\mathrm{d}\delta X}{\mathrm{d}z} = -2X_s\delta X + 2(1-Q)Y_s\delta Y, \qquad \frac{\mathrm{d}\delta Y}{\mathrm{d}z} = -2Y_s\delta X - 2X_s\delta Y \tag{3.7.17}$$

设 $\mathrm{d}\delta X/\mathrm{d}z = \nu\delta X, \mathrm{d}\delta Y/\mathrm{d}z = \nu\delta Y, \nu$ 为二维增益系数,

$$\begin{vmatrix} \nu + 2X_s & -2(1-Q)Y_s \\ 2Y_s & \nu + 2X_s \end{vmatrix} = 0 \tag{3.7.18}$$

由此求得二维增益系数 $\nu = 2X_s \pm 2Y_s\sqrt{Q-1}, Y_s = \dfrac{\lambda}{\pi\omega^2}$。若 $X_s = \dfrac{1}{R} \approx 0$, 则二维增益过渡到一维情形, 增益系数

$$\nu = \pm 2\sqrt{\frac{\lambda}{\pi\omega^2}\left(2\frac{n_2}{n_0}|E|^2\frac{\pi}{\lambda}\left(\frac{\omega_0}{\omega}\right)^2 - \frac{\lambda}{\pi\omega^2}\right)} \tag{3.7.19}$$

当 $\lambda/(\pi\omega_0^2) = n_2\pi|E|^2/(n_0\lambda)$ 时, ν 达到极大 $\nu_m = 2n_2\pi|E|^2/(n_0\lambda)$, 这与文献 [36] 就一维情形并用平面波模型得到的结果是相一致的。为了将 (3.7.19) 式与文献 [36] 的功率谱密度 (PSD) 实测结果相比较, 我们将 (3.7.19) 式写成如下形式:

$$\nu L = 2\sqrt{\frac{\lambda L}{\pi\omega^2}\left(B - \frac{\lambda L}{\pi\omega^2}\right)} \tag{3.7.19}'$$

式中 L 为放大器玻璃棒的长度, $B = \dfrac{2\pi}{\lambda}\displaystyle\int \dfrac{n_2}{n_0}|E|^2\left(\dfrac{\omega_0}{\omega}\right)^2 \mathrm{d}z = k\displaystyle\int_0^L \gamma I\mathrm{d}z = k\gamma IL$。对于 Nd 玻璃激光, $\lambda = 10^{-4}\mathrm{cm}, \gamma = 4\times10^{-7}\mathrm{cm}^2/\mathrm{GW}$, 当 $I = 2\mathrm{GW/cm}^2, B = 0.05L$ 时, 最大增益发生在 $\lambda L/(\pi\omega_0^2) = B/2$ 处。详细讨论见 9.7 节。

现求方程 (3.7.7) 的通解。若不满足理想"高斯光束"的边界条件, 则可取

$$X = \frac{z + \Delta(z)}{z^2 + w} \tag{3.7.20}$$

在界面 $z = 0$, 偏离于理想"高斯光束"边界条件的量为 $X = \Delta(0)/w = 1/R_0 \neq 0$, 由 (3.7.7),(3.7.16) 式得

$$\frac{\mathrm{d}X}{\mathrm{d}z} = -X^2 + (1-Q)Y^2, \qquad \frac{\mathrm{d}Y}{\mathrm{d}z} = -2XY \tag{3.7.21}$$

结合 (3.7.20) 和 (3.7.21) 式得

$$Y = Y_0\frac{1}{1 + \dfrac{z^2}{w}}\exp\left(-2\int\frac{\Delta\mathrm{d}z}{z^2 + w}\right) \tag{3.7.22}$$

代入 (3.7.21) 式的第一式，我们有 (3.7.21) 式的左、右分别为

$$\frac{\mathrm{d}X}{\mathrm{d}z} = \frac{1 + \dfrac{\mathrm{d}\Delta}{\mathrm{d}z}}{z^2 + w} - \frac{2z(z + \Delta)}{(z^2 + w)^2}$$

$$= -\frac{(z + \Delta)^2}{(z^2 + w)^2} + \frac{w + (z^2 + w)\dfrac{\mathrm{d}\Delta}{\mathrm{d}z} + \Delta^2}{(z^2 + w)^2}$$

$$-X^2 + (1 - Q)Y^2 = -\frac{(z + \Delta)^2}{(z^2 + w)^2} + (1 - Q)\frac{Y_0^2 w^2}{(z^2 + w)^2} \exp\left(-4\int \frac{\Delta \mathrm{d}z}{z^2 + w}\right) \quad (3.7.23)$$

w 仍按 (3.7.11) 式取定，故有 $(1 - Q)Y_0^2 w^2 = w$，(3.7.23) 式给出

$$w \exp\left(-4\int \frac{\Delta \mathrm{d}z}{z^2 + w}\right) = \Delta^2 + (z^2 + w)\frac{\mathrm{d}\Delta}{\mathrm{d}z} + w \quad (3.7.24)$$

设

$$\mathrm{d}t = \frac{\mathrm{d}z}{z^2 + w}, \quad t = \begin{cases} \dfrac{1}{\sqrt{w}}\arctan\left[\dfrac{z}{\sqrt{w}}\right], & w > 0 \\[4mm] \dfrac{1}{2\sqrt{-w}}\ln\left[\dfrac{z - \sqrt{-w}}{z + \sqrt{-w}}\right], & w < 0 \end{cases} \quad (3.7.25)$$

将方程 (3.7.24) 写成

$$w \exp(-4u) = \Delta^2 + \frac{\mathrm{d}\Delta}{\mathrm{d}t} + w, \quad u = \int \Delta \mathrm{d}t, \quad \Delta = \frac{\mathrm{d}u}{\mathrm{d}t}$$

$$\frac{\mathrm{d}^2 u}{\mathrm{d}t^2} + \left(\frac{\mathrm{d}u}{\mathrm{d}t}\right)^2 + w(1 - \exp(-4u)) = 0 \quad (3.7.26)$$

非线性常微分方程 (3.7.26) 的解析解在附录 3B 中给出。由 (3B.3) 式 $s = \eta - 1 = \exp(2u) - 1$。方程 (3.7.25) 的解可用 s 表示出来。对于 $w < 0$ 的情形，这个解

$$\left|\frac{z - \sqrt{-w}}{z + \sqrt{-w}}\right| = \frac{s - \dfrac{\Delta_0^2}{2w} + \sqrt{\left(s - \dfrac{\Delta_0^2}{2w}\right)^2 - \delta^2}}{-\dfrac{\Delta_0^2}{2w} + \sqrt{\left(-\dfrac{\Delta_0^2}{2w}\right)^2 - \delta^2}}, \quad \delta^2 = \frac{\Delta_0^2}{w}\left(1 + \frac{\Delta_0^2}{4w}\right) \quad (3.7.27)$$

定义 $C = -\dfrac{\Delta_0^2}{2w} + \sqrt{\left(-\dfrac{\Delta_0^2}{2w}\right)^2 - \delta^2} = -\dfrac{\Delta_0^2}{2w} + \sqrt{-\dfrac{\Delta_0^2}{w}}$, 则

$$
\begin{cases}
s - \dfrac{\Delta_0^2}{2w} + \sqrt{\left(s - \dfrac{\Delta_0^2}{2w}\right)^2 - \delta^2} = C\left|\dfrac{z - \sqrt{-w}}{z + \sqrt{-w}}\right| \\[4mm]
u = \dfrac{1}{2}\ln\left|1 + \dfrac{\Delta_0^2}{2w} + \dfrac{\delta^2 + C^2\left|\dfrac{z - \sqrt{-w}}{z + \sqrt{-w}}\right|^2}{2C\left|\dfrac{z - \sqrt{-w}}{z + \sqrt{-w}}\right|}\right| \\[4mm]
\Delta = \dfrac{\mathrm{d}u}{\mathrm{d}t} = \mathrm{e}^{-2u}\sqrt{-w}\sqrt{\left(s - \dfrac{\Delta_0^2}{2w}\right)^2 - \delta^2}
\end{cases}
\tag{3.7.28}
$$

对于 $w > 0$ 的情形, 参照 (3B.3) 式, (3.7.25) 解

$$
\arctan\left[\frac{z}{\sqrt{w}}\right] = \frac{1}{2}\left[\arcsin\left(\frac{s - \dfrac{\Delta_0^2}{2w}}{\delta}\right) + \arcsin\left(\frac{\Delta_0^2}{2w\delta}\right)\right]
\tag{3.7.29}
$$

由于 $s = \exp(2u) - 1$, 将上式用 u 写出便得

$$
u = \frac{1}{2}\ln\left[1 + \frac{\Delta_0^2}{2w} + \delta\sin\left(2\arctan\frac{z}{\sqrt{w}} - \arcsin\frac{\Delta_0^2}{2w\delta}\right)\right]
$$

$$
\Delta = \frac{\mathrm{d}u}{\mathrm{d}t} = (z^2 + w)\frac{\mathrm{d}u}{\mathrm{d}z} = \mathrm{e}^{-2u}\left(\frac{1 - \dfrac{z^2}{w}}{1 + \dfrac{z^2}{w}}\Delta_0 + \frac{2z}{1 + \dfrac{z^2}{w}}\frac{\Delta_0^2}{2w}\right)
\tag{3.7.30}
$$

基于 (3.7.28) 和 (3.7.30) 式, 我们求得 X, Y 关于变量 z 的函数

$$
Y = Y_0\frac{1}{\left|1 + \dfrac{z^2}{w}\right|}\exp(-2u), \quad X = \frac{z + \Delta(z)}{z^2 + w}
\tag{3.7.31}
$$

3.7.3 光脉冲自聚的数值计算

我们取初始扰动 $\delta X = 1/R_0 = \Delta(0)/w = 10^{-3}\lambda^{-1}$, 参数 $Y_0 = \lambda/(\pi\omega_0^2) = 10^{-2}\lambda^{-1}$, $w = Y_0^{-2}/(1 - Q) = \pm 10^5\lambda^2$, 故有 $\Delta(0) = w/R_0 = \pm 10^2\lambda$. 计算结果如图 3.18 所示, 即 Y^{-1} 随 z 的变化曲线, 单位为 λ。其中实线对应于 $w = 10^5$, 在阈值之下, 而点线对应于 $w = -10^5$, 在阈值之上。当初始扰动为 $\delta X = \dfrac{1}{R_0} = 0$, 其余

参数相同时, 结果在图 3.19 示出, 实线对应于 $w = 10^5$, 在阈值之下, 而点线对应于 $w = -10^5$, 在阈值之上。

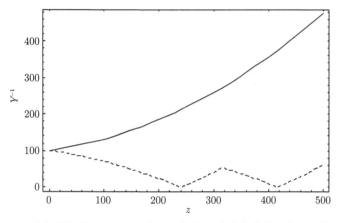

图 3.18　当初始条件 $\delta X^z \neq 0$ 时, Y^{-1} 随 z 的变化曲线 (参照文献 [37])

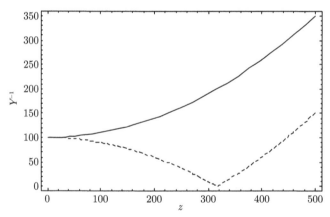

图 3.19　当初始条件 $\delta X = 0$ 时, Y^{-1} 随 z 的变化曲线 (参照文献 [37])

比较图 3.18 与图 3.19 得出结论: 在阈值下的两条实线的趋势基本上是一样的; 但在阈值上的两条点线则不一样。前者 $\delta X = 10^{-3}\lambda^{-1}$, 曲线有两个最小值, 对应于两个焦点。而后者 $\delta X = 0$, 只有一个最小值, 对应于一个焦点。故任一细丝光束的不稳定性, 均可用一理想的或偏离于理想的二维高斯光束来描写。如果是在阈值下, 则传输后会是发散的光束。如果是在阈值上, 则传输后会是自聚的单焦点或多焦点光束, 主要由于波面所满足的初始条件是理想的或偏离于理想的。

3.8 光束传输的 $ABCD$ 定理

3.6 节和 3.7 节讨论了光束传输的面积定理与光束自聚焦及多焦点现象。本节我们要讨论光束传输中一个更为普遍的对经典与量子光学均十分重要的"光束传输的 $ABCD$ 定理"。

3.8.1 近轴光束传输的 $ABCD$ 定理

这个问题的最早研究是从几何光学近轴光线的传输开始[38,39]。到后来已发展为众所周知的"矩阵光学"[40~43]，也只适用于近轴。它可通过图 3.20 及下面的公式示出。

$$\begin{pmatrix} x'_2 \\ x_2 \end{pmatrix} = \begin{pmatrix} A & B \\ C & D \end{pmatrix} \begin{pmatrix} x'_1 \\ x_1 \end{pmatrix}, \quad AD - BC = 1 \tag{3.8.1}$$

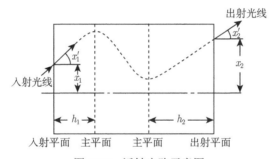

图 3.20 近轴光路示意图

图 3.20 中，一条包含在经面 (含光轴的平面) 内的近轴光线，在入射平面上的高度为 x_1，斜率为 x'_1，经过光学系统的传输后又由出射平面射出。出射点的高度及斜率分别为 x_2 与 x'_2。(3.8.1) 式表明出射点的高度及斜率可通过入射点的高度、斜率及由光学系统参数决定的传输矩阵元 A, B, C, D 来计算，而传输矩阵相乘仍为传输矩阵。这就预示多于一个光学系统传输矩阵的传输，可等价为其相乘后的矩阵的传输。这个几何光学的近轴传输矩阵稍后被推广到高斯光束的波动光学的近轴传输[40]。将方程 (3.7.5) 应用于不含非线性介质的光学传输，亦即在 (3.7.5) 式中令 $n_2 = 0$，于是有

$$\frac{\partial}{\partial z}\frac{1}{q} = -\frac{1}{q^2}, \qquad \frac{\partial p}{\partial z} = -\frac{\mathrm{i}}{q} \tag{3.8.2}$$

上式给出

$$q_2 = q_1 + z, \qquad p_2 = p_1 - \mathrm{i}\ln\left(1 + \frac{z}{q_1}\right) \tag{3.8.3}$$

这个结果可用来描写高斯光束通过图 3.20 相距为 z 的两个面即转面后参量 (q, p) 的变化 $q_2 = q_1 + z$。至于通过薄透镜的传输，由于薄透镜的厚度 $z = 0$，是不需考虑转面变化的。但薄透镜的焦距为 f，应考虑其对波面的曲率半径的影响。入射及出射波面的曲率半径分别为 R_1, R_2，焦斑半径为 ω_1, ω_2，则易得出 $1/R_2 = 1/R_1 + 1/f, \quad \omega_1 = \omega_2$，于是按 (3.7.6) 式有

$$\frac{1}{q_2} = \frac{1}{R_2} + \mathrm{i}\frac{\lambda}{\pi\omega_2^2} = \frac{1}{R_1} + \frac{1}{f} + \mathrm{i}\frac{\lambda}{\pi\omega_1^2} = \frac{1}{q_1} + \frac{1}{f} \tag{3.8.4}$$

一个复杂的光学系统总可分解为许多转面与折射，而且转面公式 $q_2 = q_1 + z$ 与物距像距的转面公式 $l_2 = l_1 + z$ 是一样的。故在复杂的光学系统作用下，q_2 与 q_1 的关系等同于 l_2 与 l_1 的关系。由近轴公式 $l = \dfrac{x}{x'}$ 及 (3.8.1) 式

$$l_2 = \frac{x_2}{x'_2} = \frac{Cx'_1 + Dx_1}{Ax'_1 + Bx_1} = \frac{C + Dl_1}{A + Bl_1}$$

得

$$q_2 = \frac{C + Dq_1}{A + Dq_1} \tag{3.8.5}$$

(3.8.4) 和 (3.8.5) 式就是近轴光束传输的 $ABCD$ 定理，也是由近轴光线传输到近轴高斯光束传输的一次推进，并已在衍射积分的计算上获得应用。但毕竟是近轴的，是否对远离光轴的空间光线或波面的传输也成立，还有待证明。也只有在证明这点后，我们才能说 $ABCD$ 定理是一普适的光的传输定理。这正是我们在 3.8.2 节所要做的。在这个普适的光学传输 $ABCD$ 定理的基础上，我们还会给出它在衍射积分及计算中的应用。

3.8.2   普适的光束传输 $ABCD$ 定理的证明 [48]

关于光学程函的讨论，已有很多 [44~47]，现从 Bruns 定义的点程函出发 [47]

$$V(x_0, y_0, z_0; x_1, y_1, z_1) = \int_{P_0}^{P_1} n\mathrm{d}s$$

式中 n 为介质的折射率，而光线自介质的 $P_0(x_0, y_0, z_0)$ 点进行至 $P_1(x_1, y_1, z_1)$ 点。在点程函 V 的基础上，可进一步定义角程函 T

$$T = V + \sum p_0 x_0 - \sum p_1 x_1 \tag{3.8.6}$$

此处 $\sum p_0 x_0, \sum p_1 x_1$ 分别表示 $p_0 x_0 + q_0 y_0 + m_0 z_0$ 与 $p_1 x_1 + q_1 y_1 + m_1 z_1$，而 T 则满足如下关系：

$$\begin{cases} x_0 - \dfrac{p_0}{m_0}z_0 = \dfrac{\partial T}{\partial p_0}, & x_1 - \dfrac{p_1}{m_1}z_1 = -\dfrac{\partial T}{\partial p_1} \\[3mm] y_0 - \dfrac{q_0}{m_0}z_0 = \dfrac{\partial T}{\partial q_0}, & y_1 - \dfrac{q_1}{m_1}z_1 = -\dfrac{\partial T}{\partial q_1} \end{cases} \tag{3.8.7}$$

式中 $p_0 = -\dfrac{\partial V}{\partial x_0}, p_1 = \dfrac{\partial V}{\partial x_1}, p = n\cos\alpha, q = n\cos\beta, m = n\cos\gamma$, 而 α, β, γ 分别为光线与坐标 x, y, z 的夹角, 且 $p^2 + q^2 + m^2 = n^2$, 就描述光学系统的像差而言, 角程函 T 要比点程函 V 更方便些。对于一个轴向对称系统, 在物方与像方的光线参量 m_0, m_1 可表示为

$$\begin{cases} m_0 = n_0 - \dfrac{1}{n_0}u - \dfrac{1}{2n_0^3}u^2 + \cdots = n_0 - \dfrac{1}{n_0}u + O_0(u^2) \\[3mm] m_1 = n_1 - \dfrac{1}{n_1}v - \dfrac{1}{2n_1^3}v^2 + \cdots = n_1 - \dfrac{1}{n_1}v + O_1(v^2) \end{cases} \tag{3.8.8}$$

式中 $u = (p_0^2 + q_0^2)/2, v = (p_1^2 + q_1^2)/2$, 而 n_0, n_1 分别为物平面与像平面的折射率。将 m_0, m_1 的表式 (3.8.8) 代入 (3.8.6) 式得

$$\begin{aligned} V =& T - p_0 x_0 - q_0 y_0 - m_0 z_0 + p_1 x_1 + q_1 y_1 + m_1 z_1 \\[2mm] =& T - n_0 z_0 + n_1 z_1 + \dfrac{z_0}{n_0}\dfrac{p_0^2 + q_0^2}{2} \\[2mm] & - \dfrac{z_1}{n_1}\dfrac{p_1^2 + q_1^2}{2} - z_0 O_0(u^2) + z_1 O_1(v^2) \\[2mm] & - p_0 x_0 - q_0 y_0 + p_1 x_1 + q_1 y_1 \end{aligned}$$

为简便起见, 下面我们将高阶量包含在角程函中, 即 $T - z_0 O_0(u^2) + z_1 O_1(v^2) \to T$。又令 $V_0 = -n_0 z_0 + n_1 z_1$, 则 (3.8.6) 式可写为

$$V = V_0 + T + \dfrac{z_0}{n_0}\dfrac{p_0^2 + q_0^2}{2} - \dfrac{z_1}{n_1}\dfrac{p_1^2 + q_1^2}{2} - p_0 x_0 - q_0 y_0 + p_1 x_1 + q_1 y_1 \tag{3.8.9}$$

这样一来, (3.8.7) 式可重写如下:

$$\begin{cases} x_0 - \dfrac{p_0}{m_0}z_0 = \dfrac{\partial T}{\partial p_0}, & x_1 - \dfrac{p_1}{m_1}z_1 = -\dfrac{\partial T}{\partial p_1} \\[3mm] y_0 - \dfrac{q_0}{m_0}z_0 = \dfrac{\partial T}{\partial q_0}, & y_1 - \dfrac{q_1}{m_1}z_1 = -\dfrac{\partial T}{\partial q_1} \end{cases} \tag{3.8.10}$$

其中角程函 T 可展开为

$$T = T(p_0, q_0; p_1, q_1) = T^0 + T^2 + T^4 + \cdots, \quad T^0 = n_1 a_1 - n_0 a_0$$

$$T^2 = au + bv + cw, \quad T^4 = du^2 + ev^2 + fw^2 + guv + huw + jvw \tag{3.8.11}$$

式中 $w = p_0 p_1 + q_0 q_1$, 为简单起见, 下面将 T_0 包括到 V_0 中; 因而 $T = T^2 + T^4 + \cdots$。对于近轴光线 $T \approx T^2$, 参见 (3.8.10) 和 (3.8.11) 式, 我们有

$$x_0 - \frac{p_0}{m_0} z_0 = ap_0 + cp_1, \quad x_1 - \frac{p_1}{m_1} z_1 = -bp_1 - cp_0$$

亦即

$$\begin{pmatrix} p_1 \\ x_1 \end{pmatrix} = \begin{pmatrix} -\dfrac{1}{c}\left(\dfrac{z_0}{n_0} + a\right) & \dfrac{1}{c} \\[3mm] -c - \dfrac{1}{c}\left(\dfrac{z_0}{n_0} + a\right)\left(\dfrac{z_1}{n_1} - b\right) & -\dfrac{1}{c}\left(\dfrac{z_1}{n_1} - b\right) \end{pmatrix} \begin{pmatrix} p_0 \\ x_0 \end{pmatrix}$$

$$= \begin{pmatrix} A & B \\ C & D \end{pmatrix} \begin{pmatrix} p_0 \\ x_0 \end{pmatrix}, \quad AD - BC = 1 \tag{3.8.12}$$

对于远离近轴的空间光线 $T = T(u, v, w)$

$$\begin{cases} \dfrac{\partial T}{\partial p_0} = \dfrac{\partial T}{\partial u}\dfrac{\partial u}{\partial p_0} + \dfrac{\partial T}{\partial w}\dfrac{\partial w}{\partial p_0} = T_u p_0 + T_w p_1 \\[3mm] \dfrac{\partial T}{\partial p_1} = \dfrac{\partial T}{\partial v}\dfrac{\partial v}{\partial p_1} + \dfrac{\partial T}{\partial w}\dfrac{\partial w}{\partial p_1} = T_v p_1 + T_w p_0 \end{cases} \tag{3.8.13}$$

类似地

$$\begin{cases} \dfrac{\partial T}{\partial q_0} = \dfrac{\partial T}{\partial u}\dfrac{\partial u}{\partial q_0} + \dfrac{\partial T}{\partial w}\dfrac{\partial w}{\partial q_0} = T_u q_0 + T_w q_1 \\[3mm] \dfrac{\partial T}{\partial q_1} = \dfrac{\partial T}{\partial v}\dfrac{\partial v}{\partial q_1} + \dfrac{\partial T}{\partial w}\dfrac{\partial w}{\partial q_1} = T_v q_1 + T_w q_0 \end{cases} \tag{3.8.14}$$

由 (3.8.10)、(3.8.13) 和 (3.8.14) 式得

$$x_0 - \frac{p_0}{n_0} z_0 = T_u p_0 + T_w p_1, \quad x_1 - \frac{p_1}{n_1} z_1 = -T_v p_1 - T_w p_0$$

$$p_1 = T_w^{-1} x_0 - \left(\frac{z_0}{n_0} + T_u\right) T_w^{-1} p_0$$

$$x_1 = -T_w p_0 + \left(\frac{z_1}{n_1} - T_v\right) p_1$$

$$= -T_w p_0 + \left(\frac{z_1}{n_1} - T_v\right)\left(T_w^{-1} x_0 - \left(\frac{z_1}{n_1} + T_u\right) T_w^{-1} p_0\right) \tag{3.8.15}$$

故有

$$\begin{pmatrix} p_1 \\ x_1 \end{pmatrix} = \begin{pmatrix} -\left(\dfrac{z_0}{n_0} + T_u\right) T_w^{-1} & T_w^{-1} \\ -T_w - \left(\dfrac{z_0}{n_0} + T_u\right)\left(\dfrac{z_1}{n_1} - T_v\right) T_w^{-1} & \left(\dfrac{z_1}{n_1} - T_v\right) T_w^{-1} \end{pmatrix} \begin{pmatrix} p_0 \\ x_0 \end{pmatrix}$$

$$|AD - BC| = -\left(\dfrac{z_0}{n_0} + T_u\right)\left(\dfrac{z_1}{n_1} - T_v\right) T_w^{-2} + 1$$

$$+ \left(\dfrac{z_0}{n_0} + T_u\right)\left(\dfrac{z_1}{n_1} - T_v\right) T_w^{-2} = 1 \tag{3.8.16}$$

比较 (3.8.13) 和 (3.8.14) 式, 对于轴对称的光学系统 $T = T(u, v, w)$, 传输矩阵 (3.8.16) 也适用于由 q_0, y_0 到 q_1, y_1 的传输.

但对于非轴对称的光学系统

$$T = T(u, v, w, \chi), \quad \chi = p_0 p_1 - q_0 q_1,$$

$$T = T^{(0)} + T^{(2)} + T^{(4)}, \quad T^{(0)} = n_1 a_1 - n_0 a_0$$

$$T^{(2)} = au + bv + cw + d\chi, \quad T^{(4)} = T^{(4)}(u, v, w, \chi)$$

由 q_0, y_0 到 q_1, y_1 的传输不同于由 p_0, x_0 到 p_1, x_1 的传输. 可以证明近轴光线与空间光线经非轴对称的光学系统的传输分别为

$$\begin{pmatrix} p_1 \\ x_1 \end{pmatrix} = \begin{pmatrix} -\dfrac{1}{c+d}\left(\dfrac{z_0}{n_0} + a\right) & \dfrac{1}{c+d} \\ -(c+d) - \dfrac{1}{c+d}\left(\dfrac{z_0}{n_0} + a\right)\left(\dfrac{z_1}{n_1} - b\right) & -\dfrac{1}{c+d}\left(\dfrac{z_1}{n_1} - b\right) \end{pmatrix} \begin{pmatrix} p_0 \\ x_0 \end{pmatrix}$$

$$\begin{pmatrix} q_1 \\ y_1 \end{pmatrix} = \begin{pmatrix} -\dfrac{1}{c-d}\left(\dfrac{z_0}{n_0} + a\right) & \dfrac{1}{c-d} \\ -(c-d) - \dfrac{1}{c-d}\left(\dfrac{z_0}{n_0} + a\right)\left(\dfrac{z_1}{n_1} - b\right) & -\dfrac{1}{c-d}\left(\dfrac{z_1}{n_1} - b\right) \end{pmatrix} \begin{pmatrix} q_0 \\ y_0 \end{pmatrix}$$

$$\tag{3.8.17}$$

与

$$\begin{pmatrix} p_1 \\ x_1 \end{pmatrix}$$

$$= \begin{pmatrix} -\left(\dfrac{z_0}{n_0} + T_u\right)(T_w + T_\chi)^{-1} & (T_w + T_\chi)^{-1} \\[3mm] -(T_w + T_\chi) - \left(\dfrac{z_0}{n_0} + T_u\right)\left(\dfrac{z_1}{n_1} - T_v\right)(T_w + T_\chi)^{-1} & \left(\dfrac{z_1}{n_1} - T_v\right)(T_w + T_\chi)^{-1} \end{pmatrix}$$

$$\times \begin{pmatrix} p_0 \\ x_0 \end{pmatrix}$$

$$\begin{pmatrix} q_1 \\ y_1 \end{pmatrix}$$

$$= \begin{pmatrix} -\left(\dfrac{z_0}{n_0} + T_u\right)(T_w - T_\chi)^{-1} & (T_w - T_\chi)^{-1} \\[3mm] -(T_w - T_\chi) - \left(\dfrac{z_0}{n_0} + T_u\right)\left(\dfrac{z_1}{n_1} - T_v\right)(T_w - T_\chi)^{-1} & \left(\dfrac{z_1}{n_1} - T_v\right)(T_w - T_\chi)^{-1} \end{pmatrix}$$

$$\times \begin{pmatrix} q_0 \\ y_0 \end{pmatrix} \tag{3.8.18}$$

$(3.8.17)$、$(3.8.18)$ 各式均满足 $AD - BC = 1$。

3.8.3 光束传输的衍射积分计算

在近轴传输矩阵 $(3.8.1)$ 式的基础上，1970 年，Collins 给出近轴光线通过光学系统的衍射积分计算公式 [42]

$$E(x_1, y_1) = \frac{-\mathrm{i}k}{2\pi C} \exp(\mathrm{i}kL_0) \int\int E(x_0, y_0) \exp\frac{\mathrm{i}k}{2C}$$

$$\times [D(x_0^2 + y_0^2) - 2(x_0 x_1 + y_0 y_1) + A(x_1^2 + y_1^2)]\mathrm{d}x_0 \mathrm{d}y_0 \tag{3.8.19}$$

式中 $L_0 + \dfrac{1}{2C}[D(x_0^2 + y_0^2) - 2(x_0 x_1 + y_0 y_1) + A(x_1^2 + y_1^2)]$ 便是近轴光线经由物点 $P_0(x_0, y_0)$ 至像点 $P_1(x_1, y_1)$ 的光程。D, A, C 即传输矩阵 $(3.8.1)$ 式的矩阵元，是近轴光线的传输，是不含像差的。故有 $T \approx T^{(2)}$，用 $(3.8.9)$ 式代入得

$$V \approx V_0 + \left(a + \frac{z_0}{n_0}\right)\left(\frac{p_0^2}{2} + \frac{q_0^2}{2}\right) + \left(b - \frac{z_1}{n_1}\right)\left(\frac{p_1^2}{2} + \frac{q_1^2}{2}\right)$$

$$+ c(p_0 p_1 + q_0 q_1) - p_0 x_0 - q_0 y_0 + p_1 x_1 + q_1 y_1$$

$$= V_0 + V_1 + V_2 \tag{3.8.20}$$

式中

$$V_1 = \left(a + \frac{z_0}{n_0}\right)\frac{p_0^2}{2} + \left(b - \frac{z_1}{n_1}\right)\frac{p_1^2}{2} + c p_0 p_1 - p_0 x_0 + p_1 x_1$$

$$=\frac{-A}{B}\frac{p_0^2}{2}+\frac{-D}{B}\frac{p_1^2}{2}+\frac{1}{B}p_0p_1-p_0x_0+p_1x_1$$

参照 (3.8.12) 式

$$p_1=\frac{1}{C}(Ax_1-x_0),\quad p_0=\frac{1}{C}(x_1-Dx_0)$$

故有

$$
\begin{aligned}
V_1&=\frac{1}{2BC^2}[-A(x_1-Dx_0)^2-D(Ax_1-x_0)^2\\
&\quad+2(x_1-Dx_0)(Ax_1-x_0)\\
&\quad-2BC(x_1-Dx_0)x_0+2BC(Ax_1-x_0)x_1]\\
&=\frac{1}{2C}(Ax_1^2+Dx_0^2-2x_0x_1)
\end{aligned}
\tag{3.8.21}
$$

同样

$$
\begin{aligned}
V_2&=\left(a+\frac{z_0}{n_0}\right)\frac{q_0^2}{2}+\left(b-\frac{z_1}{n_1}\right)\frac{q_1^2}{2}+cq_0q_1-q_0y_0+q_1y_1\\
&=\frac{1}{C}(Ay_1^2+Dy_0^2-2y_0y_1)
\end{aligned}
\tag{3.8.22}
$$

而程函 V 的表达式为

$$V=V_0+\frac{1}{2C}[A(x_1^2+y_1^2)+D(x_0^2+y_0^2)-2(x_0x_1+y_0y_1)]$$

比较 (3.8.22) 式与 (3.8.20) 式得出场 $E(x,y)$ 的衍射积分取如下形式:

$$
\begin{aligned}
E(x,y)&=A_N\int\int E(x_0,y_0)\exp(\mathrm{i}kV)\mathrm{d}x_0\mathrm{d}y_0=A_N\exp(\mathrm{i}kV_0)\\
&\quad\times\int\int E(x_0,y_0)\exp\frac{\mathrm{i}k}{2c}[D(x_0^2+y_0^2)+A(x_1^2+y_1^2)\\
&\quad-2(x_0x_1+y_0y_1)]\mathrm{d}x_0\mathrm{d}y_0
\end{aligned}
\tag{3.8.23}
$$

式中的归一化常数 A_N 参照 Kirchhoff 衍射积分应为 $A_N=\dfrac{-\mathrm{i}k}{2\pi}$。上面这个结果虽然是就近轴公式推得的, A,B,C,D 均由 (3.8.12) 式定义, 但在推导过程中, 也主要是用了 $AD-BC=1$。如果我们用远离光轴的 (3.8.16) 式定义 A,B,C,D, 同样满足 $AD-BC=1$, 上面结果 (3.8.23) 显然也是成立的。所以我们试用 (3.8.16) 式定义 A,B,C,D, 按 (3.8.23) 式反过来计算点程函 V'

$$V_1'=\frac{1}{2C}(Ax_1^2+Dx_0^2-2x_0x_1)=\frac{1}{2}T_w\left[\left(\frac{z_0}{n_0}+T_u\right)T_w^{-1}p_0^2\right.$$

$$\left. - \left(\frac{z_1}{n_1} - T_v\right) T_w^{-1} p_1^2 + 2p_0 p_1 \right] - p_0 x_0 + p_1 x_1 \tag{3.8.24}$$

$$V'_1 + V'_2 = \frac{z_0}{n_0} u - \frac{z_1}{n_1} v + T_u u + T_v v + T_w w$$
$$- p_0 x_0 + p_1 x_1 - q_0 y_0 + q_1 y_1 \tag{3.8.25}$$

如按 (3.8.11) 式角程函 T 展开式计算 (3.8.25) 式, 则得

$$V'_1 + V'_2 = \frac{z_0}{n_0} u - \frac{z_1}{n_1} v - p_0 x_0 + p_1 x_1 - q_0 y_0 + q_1 y_1 + au + bv + cw$$
$$+ 2(du^2 + ev^2 + fw^2 + guv + huw + jvw) + \cdots \tag{3.8.26}$$

参照 (3.8.9) 和 (3.8.11) 式, 点程函 V 的表达式应是

$$V - V_0 = V_1 + V_2$$
$$= \frac{z_0}{n_0} u - \frac{z_1}{n_1} v - p_0 x_0 + p_1 x_1 - q_0 y_0 + q_1 y_1 + au + bv + cw$$
$$+ du^2 + ev^2 + fw^2 + guv + huw + jvw + \cdots \tag{3.8.27}$$

将 $V'_1 + V'_2$ 与 $V_1 + V_2$ 比较, 差别只在初级像差前面的因子 "2"。这是因为 (3.8.26) 式的得到仅考虑了 T^2 项, 而略去了 T^4 等的贡献。考虑到 (3.8.11) 式中的 $T = \sum T^{2n}$, 而 T^{2n} 是 u, v, w 的 n 次齐次式, 易于证明

$$T^{2n} = \frac{1}{n}(T_u^{2n} u + T_v^{2n} v + T_w^{2n} w) = (\tilde{T}_u^{2n} u + \tilde{T}_v^{2n} v + \tilde{T}_w^{2n} w), \tilde{T}^{2n} = \frac{1}{n} T^{2n}$$

这样点程函 $V'_1 + V'_2$ 应通过 $\tilde{T}$ 定义来计算。相应地, 按 (3.8.16) 式在衍射积分中出现的应是 $\tilde{A}, \tilde{B}, \tilde{C}, \tilde{D}$。

$$\tilde{A} = -\left(\frac{z_0}{n_0} + \tilde{T}_u\right) \tilde{T}_w^{-1}, \quad \tilde{D} = \left(\frac{z_1}{n_1} - \tilde{T}_v\right) \tilde{T}_w^{-1}, \quad \tilde{B} = \tilde{T}_w^{-1}, \quad \tilde{C} = \frac{1}{\tilde{B}}(\tilde{A}\tilde{D} - 1)$$

$$T = \sum T^{2n} = \sum(\tilde{T}_u^{2n} u + \tilde{T}_v^{2n} v + \tilde{T}_w^{2n} w) = \tilde{T}_u u + \tilde{T}_v v + \tilde{T}_w w$$

$$V - V_0 = V_1 + V_2$$
$$= \frac{z_0}{n_0} u - \frac{z_1}{n_1} v + T - p_0 x_0 + p_1 x_1 - q_0 y_0 + q_1 y_1$$
$$= \frac{z_0}{n_0} u - \frac{z_1}{n_1} v + \tilde{T}_u u + \tilde{T}_v v + \tilde{T}_w w - p_0 x_0 + p_1 x_1 - q_0 y_0 + q_1 y_1 \tag{3.8.28}$$

这样按 (3.8.28) 式计算的 $V_1 + V_2$ 就与 (3.8.9) 和 (3.8.11) 式展开相一致。下面以具有初级像差的光学系统为例进行衍射积分的数值计算。这时

$$\begin{cases} T = au + bv + cw + du^2 + ev^2 + jvw \\ \tilde{T} = au + bv + cw + \dfrac{1}{2}(du^2 + ev^2 + jvw) \end{cases} \quad (3.8.29)$$

由此求得光束的传输矩阵为

$$x_0 - \frac{p_0}{m_0}z_0 = \frac{\partial \tilde{T}}{\partial p_0} = (a + du)p_0 + \left(c + \frac{1}{2}jv\right)p_1$$

$$x_1 - \frac{p_1}{m_1}z_1 = -\frac{\partial \tilde{T}}{\partial p_1} = -\left(c + \frac{1}{2}jv\right)p_0 - \left(b + ev + \frac{1}{2}jw\right)p_1$$

$$\begin{pmatrix} p_1 \\ x_1 \end{pmatrix} = \begin{pmatrix} \tilde{A} & \tilde{B} \\ \tilde{C} & \tilde{D} \end{pmatrix} \begin{pmatrix} p_0 \\ x_0 \end{pmatrix}$$

$$\tilde{A} = -\frac{z_0/n_0 + a + du}{c + \dfrac{1}{2}jv}, \qquad \tilde{B} = \frac{1}{c + \dfrac{1}{2}jv}$$

$$\tilde{C} = -c + jv - \frac{(z_0/n_0 + a + du)\left(z_1/n_1 - b - ev - \dfrac{1}{2}jw\right)}{c + jv}$$

$$\tilde{D} = \frac{z_1/n_1 - b - ev - \dfrac{1}{2}jw}{c + \dfrac{1}{2}jv} \quad (3.8.30)$$

下面给出进行数值计算的光学系统参数和衍射积分计算结果。图 3.21 为一个单透镜系统的示意图，其中 $P(x, y)$ 为高斯像平面。而 $P_b(x_b, y_0)$ 为对应的高斯物平面上的点源。当 $x_b = y_b = 0$ 时表明点源在光轴上；当 $x_b \neq 0$ 或 $y_b \neq 0$ 时表明点源在轴外。而由物 (像) 平面至透镜的距离为 $d_0(d_1)$。

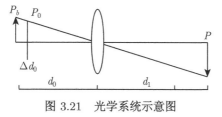

图 3.21　光学系统示意图

而进行衍射积分计算的平面是离物平面为 Δd_0 的 $P_0(x_0, y_0)$, 透镜焦距 $-f_0 = f_1$, 各参数的取值如下:

$$-f_0 = f_1 = 20\text{mm}, \quad d_0 = -40\text{mm}, \quad d_1 = 40\text{mm}, \quad \Delta d_0 = 200\mu, \quad x_b = 40\mu\text{m}$$

$$x_0 = -20 \sim 20\mu\text{m}, \quad y_0 = -20 \sim 20\mu\text{m}, \quad \sqrt{x_0^2 + y_0^2} \leqslant 20\mu\text{m}, \quad \lambda = 1\mu\text{m}$$

图 3.22~ 图 3.24 给出有像差衍射积分的计算。采用无量纲坐标 $\tilde{x} = kpx, \tilde{y} = kpy$, 像差取值分为: (a) 理想情形 (无像差), $d = 0, e = 0, j = 0, \tilde{x}_b = \tilde{y}_b = 0$; (b) 球差, $d = 0, e = 10^4\mu\text{m}, j = 0, \tilde{x}_b = \tilde{y}_b = 0$; (c) 彗差, $d = 0, e = 0, j = 400\mu\text{m}, \tilde{x}_b = 0.628 \times 40\mu\text{m} = 25.12\mu\text{m}, \tilde{y}_b = 0$; (d) 球差与彗差, $d = 0, e = 200\mu\text{m}, j = 400\mu\text{m}, \tilde{x}_b = 25.12\mu\text{m}, \tilde{y}_b = 0$。

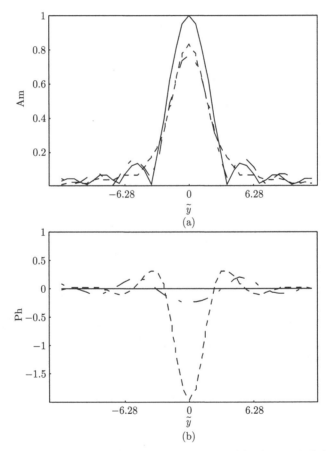

图 3.22   (a) 理想情形 (实线), 初级球差 (虚线), 彗差 (点划线) 的振幅分布曲线; (b) 理想情形 (实线), 初级球差 (虚线), 彗差 (点划线) 的振幅相位曲线 (参照文献 [48])

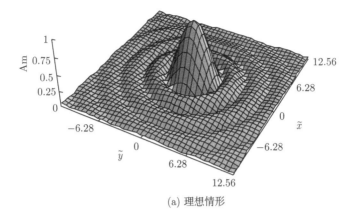

(a) 理想情形

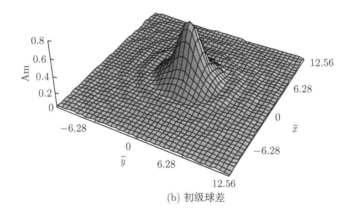

(b) 初级球差

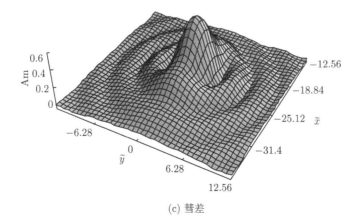

(c) 彗差

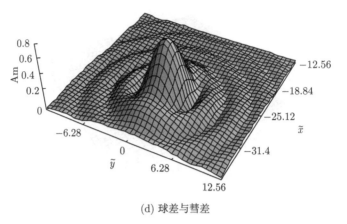

(d) 球差与彗差

图 3.23   振幅分布 (参照文献 [48])

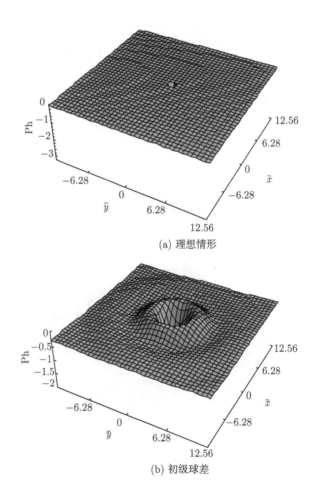

(a) 理想情形

(b) 初级球差

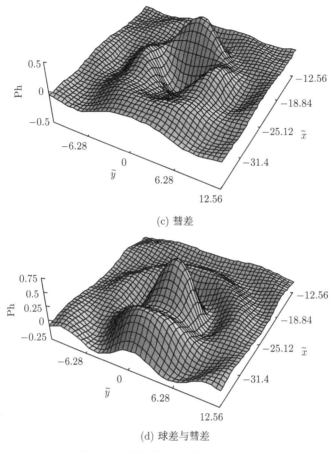

(c) 彗差

(d) 球差与彗差

图 3.24 相位分布 (参照文献 [48])

图 3.22 给出振幅 Am 及相位 Ph 随 $\tilde{x}$ 的分布, (a)~(c) 分别用实线、虚线、点划线来表示。其中 $\mathrm{Am} = |E(\tilde{x}, \tilde{y})/E_{\mathrm{i}}(0,0)|$, $E_{\mathrm{i}}(0,0)$ 是指理想的无像差情形原点 $(\tilde{x} = 0, \tilde{y} = 0)$ 处的场强, 而 $\mathrm{Ph} = \arg(E(\tilde{x}, \tilde{y})/E_{\mathrm{i}}(0,0))$。图 3.23 与图 3.24 分别给出振幅 Am 及相位 Ph 随 $\tilde{x}, \tilde{y}$ 分布的三维图。

根据给定的上述参数, 可估算由球差与彗差所引起的横向像差分别为 (a) 初级球差 $T_e \approx e \times v^2 = 0.25\mu\mathrm{m}$, (b) 彗差 $T_c \approx jvw = 0.25\mu\mathrm{m}$。图 3.22(a),(b) 给出的就是归一化的振幅 Am 与相位 Ph 随 $\tilde{y} = 2kvy$ 的分布曲线 ($\sqrt{p^2 + q^2} \leqslant 0.1$)。由于像差的影响, Am 的极大值已由 1 下降到 0.8。由三维图 3.23 及图 3.24(a)~(d) 看出, 在 (a) 理想情形与 (b) 初级球差情形, 分布保持中心对称; 在有彗差的情形, (c) 彗差和 (d) 球差与彗差, 分布已不再是中心对称的了。

3.9　光脉冲的"超光速传输"

早在 1994 年，Chiao 等就提出在一反常色散介质中光脉冲的群速度可以超过光在真空中的速度 c[49,50]，到 2000 年，Wang 等在实验上观察到高斯光脉冲在长 6cm 含铯原子蒸气管中以负的群速 $-c/310$ 并超前 62ns 通过 (与在真空中传输的高斯光脉通过同样距离相比)[51,52]。稍后有关光在反常色散介质以超光速传输的理论与实验研究增多，并努力解析实验观察到的"负的群速"与"超光速"现象 [53~61]。为了协调与狭义相对论关于光信号传输速率不超过光速 c 的假定，很多年前 Sommerfeld 与 Brillouin 就指出"因果律仅要求光信号传输速率不超过光速 c，但不是光脉冲自身的群速度运动"[58]，并指出光脉冲速度应定义为"波前"的速度，而不是其他。为了明确"波前"的概念，Sommerfeld 还引进"终端波" (terminated wave)。在此前后，光信号发生跳跃性的变化，这就涉及光信号的带宽。在本节我们应用强迫振子模型来描写介质对"终端波"的响应，并得出含时的电介函数。在这个基础上计算光脉冲在介质中的波形，有关群速度、超光速、因果律等问题，也就清楚了 [62]。

3.9.1　终端波在增益型反常色散介质中的传播

如果是一个无论从空间或时间都无限伸展的波，我们就无法讨论波的传播，为了讨论波的传播，我们有一个有终端的波，亦即在某个时间前 (或后) 是没有波动的。设色散介质是处于 $x=0$ 到 $x=l$ 这个范围内，而入射波 $E(t,0)$ 是从 $t=t_0$ 开始垂直入射到 $x=0$ 反常色散介质面上，则如图 3.25 所示的终端波在两端都是截止的，$F(t)=1$(当 $t_0 \leqslant t \leqslant t_0+T$ 时)，$F(t)=0$(当 $t_0 \geqslant t, t \geqslant t_0+T$ 时)：

$$E(t,0) = F(t)\mathrm{e}^{-\mathrm{i}\omega_i t} = \int_{-\infty}^{\infty} E(\omega)\mathrm{d}\omega \tag{3.9.1}$$

$$E(\omega) = \frac{1}{2\pi}\int_{-\infty}^{\infty} E(t',0)\mathrm{e}^{\mathrm{i}\omega t'}\mathrm{d}t' = \frac{1}{\pi}\mathrm{e}^{\mathrm{i}\Delta\omega(t_0+T/2)}\frac{\sin\Delta\omega T/2}{\Delta\omega} \tag{3.9.2}$$

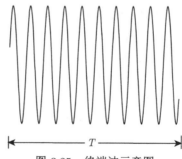

图 3.25　终端波示意图

反常色散介质对入射终端波的响应可用介质分子在终端波的作用下的强迫运动来描写。具有质量 m、电荷 e、特征频率 ω_0、阻尼系数 2γ 的强迫简谐振子的位移 s 满足如下的运动方程:

$$\frac{\mathrm{d}^2 s}{\mathrm{d}t^2} + 2\gamma\frac{\mathrm{d}s}{\mathrm{d}t} + \omega_0^2 s = \frac{e}{m}E, \qquad E = ae^{-\mathrm{i}\omega t} \tag{3.9.3}$$

$$s = s_0 e^{-\mathrm{i}\omega_r t} + e^{-\mathrm{i}\omega_r t}\int_{t_0}^{t} e^{\mathrm{i}(\omega_r - \omega)t'} A\mathrm{d}t' \tag{3.9.4}$$

式中第一项为齐次解,第二项为非齐次解。略去 (3.9.3) 式右端的非齐次项,并用齐次解 $s_0 e^{-\mathrm{i}\omega_r t}$ 代入得 $-\omega_r^2 - 2\mathrm{i}\gamma\omega_r + \omega_0^2 = 0, \omega_r = -\mathrm{i}\gamma + \sqrt{\omega_0^2 - \gamma^2}, s_0 \neq 0$,即简谐振子的初始位移。设 $s_0 = 0$,将方程 (3.9.4) 的非齐次解代入 (3.9.3) 式得

$$\left(\frac{\mathrm{d}^2}{\mathrm{d}t^2} + 2\gamma\frac{\mathrm{d}}{\mathrm{d}t} + \omega_0^2\right)\left(e^{-\mathrm{i}\omega_r t}\int_{t_0}^{t} e^{\mathrm{i}(\omega_r - \omega)t'} A\mathrm{d}t'\right) = \frac{ea}{m}e^{-\mathrm{i}\omega t}$$

$$A = \frac{ea}{m}\frac{1}{-\mathrm{i}(\omega_r + \omega) + 2\gamma}$$

$$\begin{aligned}
s &= e^{-\mathrm{i}\omega_r t}\int_{t_0}^{t} e^{\mathrm{i}(\omega_r - \omega)t'} A\mathrm{d}t' \\
&= \frac{ea}{m}\frac{1}{\omega_0^2 - \omega^2 - 2\gamma\mathrm{i}\omega} \times (1 - e^{-\mathrm{i}(\omega_r - \omega)(t - t_0)})e^{-\mathrm{i}\omega t} \\
&= s(\nu, t - t_0)e^{-\mathrm{i}\omega t} \tag{3.9.5}
\end{aligned}$$

含时的偶极矩 $r(\nu, t - t_0) = es(\nu, t - t_0)$ 将导致含时的介电函数 $\varepsilon(\nu, t - t_0) = 1 + 4\pi Nr(\nu, t - t_0), \omega = 2\pi\nu$,此处 N 为分子密度。若波是没有终端的,则 $t_0 \to -\infty, T = t - t_0 \to \infty$,则解 (3.9.5) 为

$$s(\nu, t - t_0) = \frac{ea}{m}\frac{1}{\omega_0^2 - \omega^2 - 2\gamma\mathrm{i}\omega} \times (1 - e^{(-\gamma + \mathrm{i}(\omega - \sqrt{\omega_0^2 - \omega^2}))(t - t_0)})$$

$$\to \frac{ea}{m}\frac{1}{\omega_0^2 - \omega^2 - 2\gamma\mathrm{i}\omega} \tag{3.9.6}$$

这个结果恰是通常说的不含时的介电系数

$$\varepsilon = 1 + \chi(\nu) = 1 + 4\pi Nr = 1 + \frac{4\pi Ne^2/m}{\omega^2 - \omega_0^2 - 2\gamma}, \quad \omega = 2\pi\nu \tag{3.9.7}$$

解 (3.9.5) 是就界面处 $x = 0$ 求得的。对于处于介质 $x > 0$ 的分子, 驱动电场 $E(t, x) = a\mathrm{e}^{-\mathrm{i}\omega(t-x/c)}$, 满足一个类似的强迫简谐振子方程

$$\frac{\mathrm{d}^2 s}{\mathrm{d}t'^2} + 2\gamma\frac{\mathrm{d}s}{\mathrm{d}t'} + \omega_0^2 s = \frac{e}{m}E, \qquad E = a\mathrm{e}^{-\mathrm{i}\omega t'} \tag{3.9.8}$$

$$s(\nu, t) = \begin{cases} \dfrac{ea}{m}\dfrac{1}{\omega_0^2 - \omega^2 - 2\gamma\mathrm{i}\omega} \times [1 - \mathrm{e}^{-\mathrm{i}(\omega_r - \omega)t}], & 0 < t = t' - t_0 - x/c < T \\[3mm] \dfrac{ea}{m}\dfrac{1}{\omega_0^2 - \omega^2 - 2\gamma\mathrm{i}\omega} \times [1 - \mathrm{e}^{-\mathrm{i}(\omega_r - \omega)T}], & t = t' - t_0 - x/c > T \end{cases}$$

$$\tag{3.9.9}$$

式中 $t = t' - t_0 - x/c$。偶极矩的解为 $r(\nu, t) = es(\nu, t)$, $\varepsilon(\nu, t) = 1 + \chi(\nu, t) = 1 + 4\pi N r(\nu, t)$, $n(\nu, t) = \sqrt{\varepsilon(\nu, t)}$。很明显, 当 $\gamma t \gg 1$ 时, 解就过渡到通常的介电系数

$$\varepsilon(\nu) = 1 + \chi(\nu) = 1 + 4\pi N r(\nu), \quad n(\nu) = \sqrt{\varepsilon(\nu)} \tag{3.9.10}$$

将 $n_i(\nu, t) = \sqrt{\varepsilon_i(\nu, t)}$ 代入 Fresnel 公式, 我们就得到当波入射到介质端面的瞬时透射与反射系数 [61]

$$\begin{cases} T_p = \dfrac{2n_1\cos\theta_\mathrm{i}}{n_2\cos\theta_\mathrm{i} + n_1\cos\theta_\mathrm{t}}A_p, & R_p = \dfrac{n_2\cos\theta_\mathrm{i} - n_1\cos\theta_\mathrm{t}}{n_2\cos\theta_\mathrm{i} + n_1\cos\theta_\mathrm{t}}A_p \\[3mm] T_\perp = \dfrac{2n_1\cos\theta_\mathrm{i}}{n_1\cos\theta_\mathrm{i} + n_2\cos\theta_\mathrm{t}}A_\perp, & R_\perp = \dfrac{n_1\cos\theta_\mathrm{i} - n_2\cos\theta_\mathrm{t}}{n_1\cos\theta_\mathrm{i} + n_2\cos\theta_\mathrm{t}}A_\perp \end{cases} \tag{3.9.11}$$

对于垂直入射, 上式给出透射系数 $T_p/A_p = T_\perp/A_\perp = 1$(若 $n_1 = n_2$); 或者 $n_1 = n_2$(若透射系数 $T_p/A_p = T_\perp/A_\perp = 1$)。

3.9.2　矩形脉冲在增益型反常色散介质中的传播

假设反常色散介质就是 WKD 实验中用到的铯蒸气 [51], 分布在 $x = l_0$ 至 $x = l_0 + L$ 的空间范围内。它的极化率可写为

$$\chi(\nu) = \frac{M}{\nu - \nu_0 - \Delta\nu + \mathrm{i}\gamma} + \frac{M}{\nu - \nu_0 + \Delta\nu + \mathrm{i}\gamma} \tag{3.9.12}$$

式中 ν 为入射方波所含的频谱分量, ν_0 则是非线介质的特征频率, 参数 $M = 2.3 \times 10^{-6}\mathrm{MHz}, \gamma = 0.46\mathrm{MHz}, \Delta\nu \approx 1.3\mathrm{MHz}$。介质的折射率 $n(\nu) = \sqrt{1 + \chi(\nu)}$。正如前面提到的无终端波在介质中的传播, 其极化率及电介系数分别为方程 (3.9.12) 的 $\chi(\nu)$ 与 $\varepsilon(\nu) = 1 + \chi(\nu)$。但对终端波在介质中的传播而言, 其极化率及电介系数就应分别为 $\chi(\nu, t)$ 与 $\varepsilon(\nu, t) = 1 + \chi(\nu, t)$。

$$\varepsilon(\nu, t) = 1 + \chi(\nu, t) = 1 + \frac{M}{\nu - \nu_0 - \Delta\nu + \mathrm{i}\gamma}[1 - \mathrm{e}^{-\mathrm{i}(\omega - \omega_{\nu n}^+)t}]$$

$$+ \frac{M}{\nu - \nu_0 + \Delta\nu + i\gamma}[1 - e^{-i(\omega - \omega_{\nu n}^-)t}] \qquad (3.9.13)$$

式中 $\omega = 2\pi\nu$, $\omega_{\nu n}^{\pm} = 2\pi(\nu_0 \pm \Delta\nu - i\gamma)$。将此式应用于计算矩形脉冲的传播。严格来说, 矩形脉冲亦即方波脉冲的带宽自 $-\infty$ 伸展至 ∞。在实验上很难实现, 但可以通过有限带宽 $(-\Omega, \Omega)$ 的延伸来趋近。现用 $I_i(l_0 + L, t) = |E_i(l_0 + L, t)|^2$, $i = 1 \sim 3$ 分别表示光脉冲经过真空, 介质 $\varepsilon(\nu) = 1 + \chi(\nu)$, 以及介质 $\varepsilon(\nu, t) = 1 + \chi(\nu, t)$, 在 $(l_0 + L)$ 处测得的光脉冲强度随时间 t 的变化。场强的表达式为

$$\begin{cases} E_1(l_0 + L, t) = \int_{-\Omega}^{\Omega} E(\omega) \exp\left(-i\omega\left(t - \frac{l_0 + L}{c}\right)\right) d\omega \\[3mm] E_2(l_0 + L, t) = \frac{2}{1 + k_2} \int_{-\Omega}^{\Omega} E(\omega) \exp\left(-i\omega\left(t - \frac{l_0 + L}{c}\right)\right. \\[3mm] \qquad\qquad\qquad \left. + i(k_2 - 1)\frac{\omega}{c}L\right) d\omega, \quad k_2 = \sqrt{1 + \chi(\nu)} \\[3mm] E_3(l_0 + L, t) = \frac{2}{1 + k_3} \int_{-\Omega}^{\Omega} E(\omega) \exp\left(-i\omega\left(t - \frac{l_0 + L}{c}\right)\right. \\[3mm] \qquad\qquad\qquad \left. + i(k_3 - 1)\frac{\omega}{c}L\right) d\omega, \quad k_3 = \sqrt{1 + \chi(\nu, t)} \end{cases} \qquad (3.9.14)$$

矩形脉冲的传播参数为 $l_0 = 9\mathrm{m}$, $L = 0.06\mathrm{m}$, $2T = 5\mu\mathrm{s}$, $a = 1$。现积分 (3.9.14) 式, 积分限 $(-\Omega, \Omega)$ 取为 $(-4.5, 4.5)\mathrm{MHz}$, $(-45, 45)\mathrm{MHz}$, $(-450, 450)\mathrm{MHz}$, $(-4500, 4500)\mathrm{MHz}$, 相应的 $I_i(t)$ 曲线在图 3.26~ 图 3.29 给出。有趣的是, 不论积分限 $(-\Omega, \Omega)$ 怎么取, 终端波 I_3(实线) 总是经由真空传播的波 I_1(点划线)在起始处重合。然后分离开来并随 $t = t' - t_0 - \dfrac{x}{c}$ 的增加逐渐趋近于无终端波 I_2(虚线)。我们已看到终端波 I_3(实线) 的连续传播, 但波 I_2(虚线) 的传播在波前处, 相对于真空中波 I_1(点划线), 像图 3.26 及图 3.27(b)(L=0.06m), 图 3.28(b)(L=0.6m) 所表现的那样, 是不连续的, 有一跳变 ΔI_2(虽然 ΔI_2 会随积分限 $(-\Omega, \Omega)$ 的增大而减少)。从 (3.9.11) 式中看出, I_3 与 I_1 在波前处重合, 也就意味着折射率 n_2 等于在真空中传播的折射率 $n_1 = 1$。但对于 I_2 而言, 由于有了跳变 ΔI_2, 在波前处无终端波 I_2(虚线) 将以不同于真空光速 c 的速度传播, 这与实验结果是不符的。可是在极大带宽的 $(-4500, 4500)\mathrm{MHz}$ 图 3.29(a), (b) 情形下, 我们看到 I_1, I_2, I_3 在波前处靠得很近, 这与文献 [56,57] 的论断 ($n(\omega) \to 1$, 当 $\omega \to \infty$ 时) 是一致的。

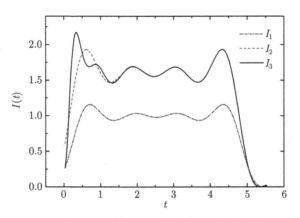

图 3.26 矩形脉冲的相对强度分布 (参照文献 [62])

其中 I_1 (点划线) 为真空中的传播, I_2 (虚线) 为色散介质中的传播, I_3 (实线) 为含时色散介质中的传播。

脉宽 $2T = 5\mu s, L = 0.06m, \Omega = 4.5MHz$

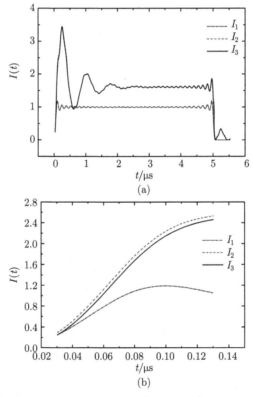

图 3.27 矩形脉冲的相对强度分布

$2T = 5\mu s, L = 0.06m, \Omega = 45MHz$

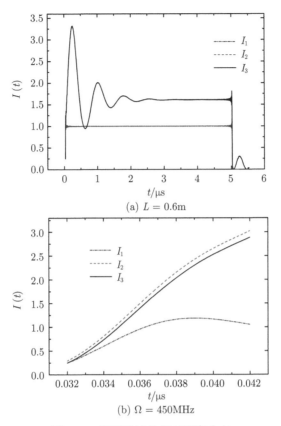

(a) $L = 0.6$m

(b) $\Omega = 450$MHz

图 3.28　矩形脉冲的相对强度分布

$2T = 5\mu s, L = 0.06$m

图 3.30 给出矩形脉冲通过色散介质 $\varepsilon(\nu)$ 与含时色散介质 $\varepsilon(\nu, t - t_0)$ 的透过率曲线。在波前附近 $T_3 \sim 1$，$T_2 < 1$，这表明终端波是以真空中的光速 c 传播，而

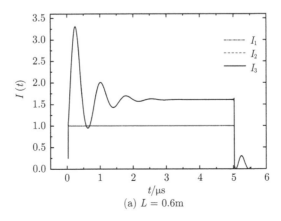

(a) $L = 0.6$m

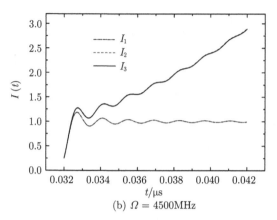

(b) $\Omega = 4500\mathrm{MHz}$

图 3.29　矩形脉冲的相对强度分布

$$2T = 5\mu\mathrm{s}, L = 0.06\mathrm{m}$$

无终端波是以小于真空中的光速 c 传播，按 (3.9.11) 式 $T_2 < 1, n_2 < n_1$。

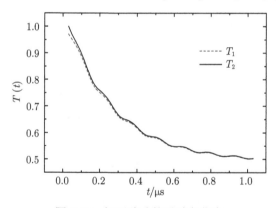

图 3.30　矩形脉冲的透过率曲线

其中 $T_1 = I_2/I_1$(虚线) 为脉冲通过色散介质 $\varepsilon(\nu)$ 的传播，$T_2 = I_3/I_1$(实线) 为脉冲通过含时色散介质 $\varepsilon(\nu, t - t_0)$ 的传播。脉宽 $2T = 5\mu\mathrm{s}, L = 0.06\mathrm{m}$，频率积分区间 $(-\Omega, \Omega) = (-45, 45)\mathrm{MHz}$

3.9.3　高斯光脉冲在增益型反常色散介质中的传播

　　矩形光脉冲因涉及的带宽很宽，所以在理论上存在，在实验上较难获得。但高斯光脉冲则是在理论上常用，且实验上较易获得的光脉冲。应用激光技术就能产生短的或超短的高斯光脉冲，而且它的谱也是高斯型。

$$E(\Delta\omega) = \frac{T}{\sqrt{2\pi}} \exp(-0.5(T\Delta\omega)^2) \tag{3.9.15}$$

由 (3.9.15) 式看出，当 $\Delta\omega$ 增加时，$E(\Delta\omega)$ 锐减。相比之下，矩形光脉冲振幅随带

宽 $\Delta\omega$ 增加而下降，$E(\Delta\omega) \propto \dfrac{1}{\Delta\omega}$ 要慢得多。将 (3.9.15) 式代入 (3.9.14) 式，作输出光强 $I_i(l_0+L,t) = |E_i(l_0+L,t)|^2, i = 1 \sim 3$ 计算，如图 3.31 ~ 图 3.34 所示。参数取值 $2T = 5\mu s, 0.5\mu s, 0.05\mu s, 0.005\mu s, l_0 = 1200m, L = 0.06m$。图 3.31~ 图 3.34 积分区间分别为 $(-\Omega, \Omega) = (-450, 450)MHz, (-450, 450)MHz, (-4500, 4500)MHz, (-4500, 4500)MHz$，图 3.35 积分区间为 $(-45000, 45000)MHz$。比较图 3.32 与图 3.31，带宽虽增加了 10 倍，但输出波形 $I_i(t)$ 基本不变。根据图 3.31 ~ 图 3.34 波形定出 $I_i(t)$ 到达极大的时间 t_{iM} 并列表 3.2。从表 3.2 可看出：

(1) t_{iM} 表示光脉冲到达极大的时间，而 t_{3M} 与 t_{2M} 几乎相同。

(2) 当脉冲宽度 $2T$ 由 $5\mu s$ 缩短到 $0.005\mu s$ 时，光脉冲延迟大小 ($\delta_2 = t_{2M} - t_{1M}$, $\delta_3 = t_{3M} - t_{1M}$) 相应地由 $(-0.065, -0.065)\mu s, (-0.02, -0.03)\mu s, (0.004, 0.004)\mu s$ 减到 $(0.00004, 0.00004)\mu s$。对于超短光脉冲，这个延迟已趋于可忽略，亦即超短高斯光脉冲在介质中的传播速度极限就是真空中的光速 c。

(3) 相对到达极大时间 $\tilde{t}_2 = t_{2M}/t_{1M}, \tilde{t}_3 = t_{3M}/t_{1M}$ 在超短极限情形趋于 1。

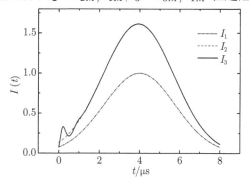

图 3.31 高斯脉冲的相对强度分布

$L = 0.06m, \Omega = 450MHz$, 脉宽 $2T = 5\mu s$, 相对延时 $\delta_2 = \delta_3 = -0.0065\mu s$

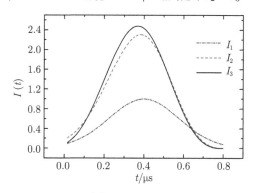

图 3.32 高斯脉冲的相对强度分布

$L = 0.06m, \Omega = 450MHz$, 脉宽 $2T = 0.5\mu s$, 相对延时 $\delta_2 = -0.02\mu s, \delta_3 = -0.03\mu s$

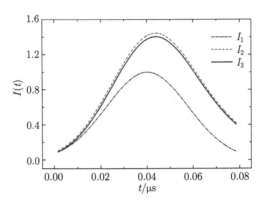

图 3.33　高斯脉冲的相对强度分布

$L = 0.06\text{m}, \Omega = 4500\text{MHz}$，脉宽 $2T = 0.05\mu\text{s}$，相对延时 $\delta_2 = \delta_3 = 0.004\mu\text{s}$

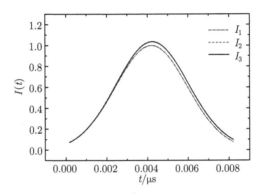

图 3.34　高斯脉冲的相对强度分布

$L = 0.06\text{m}, \Omega = 4500\text{MHz}$，脉宽 $2T = 0.005\mu\text{s}$，相对延时 $\delta_2 = \delta_3 = 0.00004\mu\text{s}$

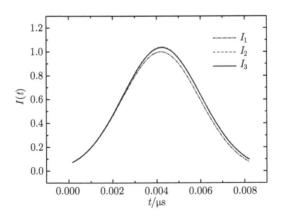

图 3.35　高斯脉冲的相对强度分布

$L = 0.06\text{m}, \Omega = 45000\text{MHz}$，脉宽 $2T = 0.005\mu\text{s}$，相对延时 $\delta_2 = \delta_3 = 0.00004\mu\text{s}$

表 3.2　脉冲到达极大的时间

$t_{1M}/\mu s$	$t_{2M}/\mu s$	$t_{3M}/\mu s$	$\delta_2/\mu s$	$\delta_3/\mu s$	$\tilde{t}_2/\mu s$	$\tilde{t}_3/\mu s$	$2T/\mu s$
4	3.935	3.935	-0.065	-0.065	0.9837	0.9837	5
0.4	0.38	0.37	-0.02	-0.03	0.95	0.925	0.5
0.03999	0.044	0.044	0.004	0.004	1.10027	1.10027	0.05
0.0042	0.00424	0.00424	0.00004	0.00004	1.0095	1.0095	0.005

附录 3A　(3.6.24) 式的推导

按 (3.6.4) 式将 v 写为 $\dfrac{1}{\Delta\omega}\dfrac{\partial u}{\partial t}$, 故 (3.6.21) 式中的

$$\int_{-\infty}^{t}\mathrm{d}t'v(\Delta\omega,z,t')=\frac{1}{\Delta\omega}[u(\Delta\omega,z,t)-u(\Delta\omega,z,-\infty)]\simeq\frac{1}{\Delta\omega}u(\Delta\omega,z,t)$$

当 $t>t_0,t_0$ 取得很大时, 场的影响可略去, $\Omega\approx0$。解 (3.1.2) 式的第一、二式, 得 $u(\Delta\omega,z,t)=v(0,z,t_0)\sin\Delta\omega(t-t_0)+u(0,z,t_0)\cos\Delta\omega(t-t_0)$。代入 (3.6.21) 式, 并将其中 $g(\Delta\omega)\simeq g(0)$,由于

$$\int_{-\infty}^{\infty}\frac{\sin\Delta\omega(t-t_0)}{\Delta\omega}\mathrm{d}\Delta\omega=\pi\frac{t-t_0}{|t-t_0|},\qquad\int_{-\infty}^{\infty}\frac{\cos\Delta\omega(t-t_0)}{\Delta\omega}\mathrm{d}\Delta\omega=0$$

故有 $\displaystyle\int_{-\infty}^{\infty}\int_{-\infty}^{t}v(\Delta\omega,z,t')\mathrm{d}t'\mathrm{d}\Delta\omega=\pi v(0,z,t)$。由(3.6.23) 式消去 $v(0,z,t)$, 最后代入 (3.6.21) 式, 便得 (3.6.24) 式。

附录 3B　(3.7.26) 式的解析求解

设 $\xi=\exp(u)$, 则方程 (3.7.26) 可写为

$$\frac{\mathrm{d}^2\xi}{\mathrm{d}t^2}+w(\xi-\xi^{-3})=0 \tag{3B.1}$$

用 $2\mathrm{d}\xi/\mathrm{d}t$ 乘 (3B.1) 式, 积分 (3B.1) 式得 $\left(\dfrac{\mathrm{d}\xi}{\mathrm{d}t}\right)^2+w(\xi^2+\xi^{-2})=c$

$$t=\int\frac{\mathrm{d}\xi}{\sqrt{c-w(\xi^2+\xi^{-2})}}=\int\frac{\xi\mathrm{d}\xi}{\sqrt{c\xi^2-w(\xi^4+1)}}=\frac{1}{2}\int\frac{\mathrm{d}\eta}{\sqrt{c\eta-w(\eta^2+1)}} \tag{3B.2}$$

首先确定积分常数 c, 当 $z=0$ 时, $u_0=\displaystyle\int_0^z\mathrm{d}z/(z^2+w)=0$, 故有

$$\xi_0=\exp(u_0)=1,\qquad\eta_0=\xi_0^2=1,\qquad\frac{\mathrm{d}\xi}{\mathrm{d}t}\Big|_{t=0}=\exp(u)\frac{\mathrm{d}u}{\mathrm{d}t}=\Delta_0,\qquad c=\Delta_0^2+2w$$

$$t = \frac{1}{2} \int_1^\eta \frac{\mathrm{d}\eta}{\sqrt{-w(\eta-1)^2 + \Delta_0^2 \eta}} = \frac{1}{2} \int_0^s \frac{\mathrm{d}s}{\sqrt{-ws^2 + \Delta_0^2(s+1)}}, \quad s = \eta - 1 \quad (3\text{B}.3)$$

当 $w > 0$ 时，我们有

$$t = \frac{1}{2\sqrt{w}} \int_0^s \frac{\mathrm{d}s}{\sqrt{\frac{\Delta_0^2}{w} + \frac{\Delta_0^2}{w}s - s^2}} = \frac{1}{2\sqrt{w}} \left[\arcsin\left(\frac{s - \frac{\Delta_0^2}{2w}}{\delta} \right) + \arcsin\left(\frac{\frac{\Delta_0^2}{2w}}{\delta} \right) \right]$$

$$(3\text{B}.4)$$

当 $w < 0$ 时，我们有

$$t = \frac{1}{2\sqrt{-w}} \int_0^s \frac{\mathrm{d}s}{\sqrt{-\frac{\Delta_0^2}{w} - \frac{\Delta_0^2}{w}s + s^2}} = \frac{1}{2\sqrt{-w}} \ln \left(\frac{s - \frac{\Delta^2}{2w} + \sqrt{\left(s - \frac{\Delta^2}{2w}\right)^2 - \delta^2}}{-\frac{\Delta^2}{2w} + \sqrt{\left(-\frac{\Delta^2}{2w}\right)^2 - \delta^2}} \right)$$

$$(3\text{B}.5)$$

参 考 文 献

[1] Schiff L I. Quantum Mechanics. 3 rd. New York: McGraw-Hill Book Company, 1968: 404.

[2] Rabi I I. Space quantization in atomic rubidium. Phys. Rev., 1937, 51: 652.

[3] Bloch F. Nuclear induction. Phys. Rev., 1964, 70: 460.

[4] Torrey H C. Transient nutation in nuclear magnetic field. Phys. Rev., 1949, 76: 1059.

[5] Allem L, Eberly J H. Optical Resonance and Two-level Atoms. New York: John Wiley Sons, 1974.

[6] Gibbs H M. Incoherent resonance fluorescence from a Rb atomic beam by a short pulse. Phys. Rev. A, 1973, 8: 446.

[7] Tang C L, Statz H. Optical analogy of the transient nutation effects. Appl. Phys. Lett., 1968, 10: 145.

[8] Bewer R G, Shoemaker R L. Optical free induction decay. Phys. Rev. Lett., 1971, 27: 631; Phys. Rev. A, 1972, 6: 2001.

[9] Hocher G B, Tang C L. Obseration of the optial rtansient nutation. Phys. Rev. Lett., 1969, 21: 591.

[10] Crisp M D. Adiabatic-following approximation. Phys. Rev. A, 1973, 8: 2128.

[11] Hahn E L. Nuclear induction due to free Larmor precession. Phys. Rev., 1950, 77: 297.

[12] McCall S L, Hahn E L. Self induced transparency by pulse coherent light. Phys. Rev., 1969, 183, 457; Phys. Rev. Lett., 1967, 18: 908.

[13] Grischkowsky D. Self-focusing of light by potassium. Phys. Rev. Lett., 1970, 24: 866; Grischkowsky D, Armstrong A. Self de-focusing of light by adiabatic following in Rubidium. Phys. Rev. A, 1972, 6: 1566.

[14] Slusher R E, Gibbs H M. Self-induced transparency in atomic rubidium. Phys. Rev. A, 1972, 5: 1634.

[15] 顾敏, 谭维翰. 相干光脉冲的合并和面积演化. 光学学报, 1985, 5: 409.

[16] 顾敏, 谭维翰. 频率失谐对相干光脉冲合并和面积演化的影响. 光学学报, 1985, 5: 565.

[17] 顾敏, 谭维翰, 唐贵琛. 光脉冲在 BDN 染料中的合并与分裂. 科学通报, 1985, 30: 501.

[18] Haus H A. Physical interpretaion of inverse scattering formalism applied to self induced tranparency. Rev. Mod. Phys., 1979, 51: 335.

[19] 谭维翰, 顾敏. 光与二能级系统相互作用孤立波方程的精确解. 中国激光, 1984, 11: 522.

[20] Mollenauer L F, Stolen R H, Gordon J P. Experimental observation of picosecond pulse narrowing and solitons in optical fiibers. Phys. Rev. Lett., 1980, 45: 1095.

[21] Nakatsuka H, Grischkowsky D, Balant A C. Nonliear picosecond-pulse propagation through optical fibers with positive group velocity dispersion. Phys. Rev. Lett., 1981, 47: 910.

[22] Hasegawa A, Kodama Y. Signal transmmission by optical soliton in monomode fiber. Proc. IEEE, 1981, 69: 1145-1150.

[23] Hasegawa A, Kodama Y. Amplification and reshaping of optical solitons in glass fibers-Ⅰ. Opt. Lett., 1982, 7: 285; Kodama Y, Hasegawa A. Amplification and reshaping of optical solitons in glass fibers-Ⅱ. Opt. Lett., 1982, 7: 339.

[24] Grischkowsky D, Balant A C. Optical pulse compressin based on enhanced frequency chirping. Appl. Phys. Lett., 1982, 41: 1.

[25] Shank C V, Fork R L, Yen R, Stolen R H, Tomlinson W J. Compresaion of fentosecond pulses. Appl. Phys. Lett., 1982, 40: 761.

[26] Hasegawa A, Tappert F. Transmission of stationary nonliear optical puse in dispersive dielectric fibers. Ⅰ. Anomalous dispersion. Appl. Phys. Lett., 1973, 23: 142. Transmission of stationary nonliear optical puse in dispersive dielectric fibers. Ⅱ. Nomalous dispersion. Appl. Phys. Lett., 1973, 23: 171.

[27] Nikolaus B, Grischkowsky D. 12×pulse compression using optical fibers. Appl. Phys. Lett., 1983, 42: 1.

[28] Jirauschek C, Kartner F X. Gaussian pulse dynamics in gain medium with Kerr nonlinearity. J. Opt. Soc. Am. B, 2006, 23: 1776.

[29] Anderson D, Bonnedal M. Variational approach to nonlinear self-focusing of Gaussian laser beam. Phys. Fluids, 1979, 22: 105.

[30] Anderson D. Variational approach to nonlinear pulse propagation in optics fibers. Phys. Rev. A, 1983, 27: 3135.

[31] Desaix M, Anderson D, Lisak M. Variational approach to collapse of optical pulses.J. Opt. Soc. Am. B, 1991, 8: 2082.

[32] Chiao R Y, Garmire E, Townes C H. Nonexistence of parity experiments in multiparticle reaction. Phys. Rev. Lett., 1965, 14: 1056.

[33] Kelley P L. Self-focusing of optical beams. Phys. Rev. Lett., 1965, 15: 1005.

[34] Boyd R W. Nonlinear Optics. New York: Academic, 1992.

[35] Yariv A.Quantum Electronics. New York: Academic., 1992.

[36] Bespalov V I, Talanov V I. Filamentary structure of light beams in nolinear liquids.JETP Lett. USSR, 1966, 3: 307.

[37] Zhao C Y, Tan W H. Instability analysis of Gaussian beam propagation in a nonlinear refractive index medium. Cent. Eur. J. Phys., 2008, 6(4): 903.

[38] Brouwer W, O'Neill E L, Walther A. The role of eikonal and matrix methods in contrast transfer calculations. Appl. Opt., 1963, 2(12): 1239-1246.

[39] Brouwer W. Matrix Methods in Optical Instrument Design. New York: Benjamin, 1964.

[40] Kogelnik H, Li T. Laser beams and resonators. Proc. IEEE, 1966, l54(10): 1312-1329.

[41] Maitland A, Dann M H. Laser Physics. North-Holland Publishing Company, 1969: 161.

[42] Collins S A. Lens-system diffraction integral written in terms of matrix optics. Jour. Opt. Soc. Am. A, 1970, 60(9): 1168-1177.

[43] 范滇元. 用光线矩阵元表达的菲涅耳数. 光学学报, 1983, 3(4): 319-325.

[44] Shaomin W, Ronchi L. Progress in Optics XXV(iii) Edited by Wolf E. Elsevier Science Publishers B. V., 1988: 281.

[45] 吴大猷. 古典动力学. 北京: 科学出版社, 1983.

[46] Gutzwiller M C. Chaos in Classical and Quantum Mechanics. New York: Spring Verlag New York Inc, 1990: 83.

[47] Born M, Wolf E. Principles of Optics. Beijing: Science Press, 1978.

[48] Zhao C Y, Tan W H, Guo Q Z. Generalized optical $ABCD$ theorem and its application to the diffraction integral calculation. Jour. Opt. Soc. Am. A, 2004, 21(11): 2154.

[49] Chiao R Y. Superlumial(but causal)propagation of wave packets in trasparent nadia with inverted populations. Phys. Rev. A, 1993, 48: R34.

[50] Steinberg A M, Chiao R Y. Dispersionless,highly superlumial propagation in a medium with a gain doublet. Phys. Rev. A, 1994, 49: 2071.

[51] Wang L J, Kuzmich A, Dogariu A. Nature (London), 2000, 406: 277.

[52] Dogariu A, Kuzmich A, Wang L J. Transparent anomalous dispersion and superlumial pulse propagation at a negative group velocity. Phys. Rev. A, 2001, 63: 053806.

[53] Huang C G, Zhang Y Z. Poyting vector,energy density, and energy velocity in an anomalous dispersion media. Phys. Rev. A, 2002, 65: 015802; J. Opt. A: Appl. Opt., 2002, 4: 263.

[54] Kuzmich A, Dogariu A, Wang L J, et al. Signal velocity,causality and quantum noise in superlumial light pulse propagation. Phys. Rev. Lett., 2001, 86: 3925.

[55] Zhu S Y, Wang L G, Liu N H, et al. Eur. Phys. J. D, 2005, 36: 129.

[56] Stenner M D, Gauthier D J, Neifeld M A. Nature, 2003, 425: 695.

[57] Fearn H. Dispersion relation and causality:does relativiatic causality requires that $n(\omega) \to$ 1 as $\omega \to \infty$. J. Mod. Optics, 2006, 53(16): 2569.

[58] Brillouin L. Wave Propagation and Group Velocity. New York: Academic Press, 1960.

[59] Mitchell M W, Chiao R Y. Causality and negative group delays in a simple bandpass amplifier. Am. J. Phys., 1998, 66(1): 14.

[60] Sauter T. Gaussion pulse and superluminality. Journal of Phys. A: Math. Gen., 2002, 35: 6743.

[61] Born M, Wolf E. Principles of Optics. 7th ed. Cambridge: Cambridge University Press, 1999.

[62] Tan W H, Guo Q Z, Meng Y C. The propagation of terminated waves in dispersion medium and the resulting time-dependent dielectric functions. J. Opt. A: Pure Appl. Opt., 2008, 10: 055004.

第 4 章　原子的缀饰态

我们已知在强场作用下，简化的二能级、三能级密度矩阵方程可解析求解，并解释了诸如饱和吸收、光学章动、光脉冲形成与演化等现象。若直接求解在强场作用下二能级或三能级原子的 Schrödinger 方程也会得出许多有意义的结果，并能引出光学非线性相互作用中一个重要的概念——原子的缀饰态。有关缀饰态、部分缀饰态的引入及其应用是本章主要讨论的内容 [1~5]。

4.1　二能级原子 Schrödinger 方程的解

对于二能级原子，设 g 为基态，m 为激发态，则相互作用方程 (2.4.5) 可写为

$$\begin{cases} \dot{a}_g = \dfrac{1}{\mathrm{i}\hbar} H'_{gm} \mathrm{e}^{-\mathrm{i}\omega_{mg}t} a_m \\[3mm] \dot{a}_m = \dfrac{1}{\mathrm{i}\hbar} H^{'*}_{mg} \mathrm{e}^{\mathrm{i}\omega_{mg}t} a_g \end{cases} \tag{4.1.1}$$

当该原子处于交变的电场中时，式中相互作用矩阵元

$$H'_{gm} = H^{'*}_{mg} = -\mu_{mg}(E\mathrm{e}^{-\mathrm{i}\omega t} + E^*\mathrm{e}^{\mathrm{i}\omega t}) \tag{4.1.2}$$

由于 E 的初相位 $\varphi(E = |E|\mathrm{e}^{\mathrm{i}\varphi})$ 可通过时间原点 t_0 的选择而消掉，即 $\mathrm{e}^{\mathrm{i}\varphi - \mathrm{i}\omega t_0} = 1$，故不失一般性，可设 (4.1.2) 式中的 $E = E^*$，并令 $\dfrac{2\mu_{mg}E}{\hbar} = \Omega$，$\Omega$ 为 Rabi 频率。将 (4.1.2) 式代入 (4.1.1) 式，便得

$$\begin{cases} \dot{a}_g = -\dfrac{\mathrm{i}}{2}\Omega(\mathrm{e}^{-\mathrm{i}(\omega_{mg}-\omega)t} + \mathrm{e}^{-\mathrm{i}(\omega_{mg}+\omega)t})a_m \\[3mm] \dot{a}_m = -\dfrac{\mathrm{i}}{2}\Omega(\mathrm{e}^{\mathrm{i}(\omega_{mg}+\omega)t} + \mathrm{e}^{\mathrm{i}(\omega_{mg}-\omega)t})a_g \end{cases} \tag{4.1.3}$$

式中 $\mathrm{e}^{\pm\mathrm{i}(\omega_{mg}-\omega)t}$ 为共振项，$\mathrm{e}^{\pm\mathrm{i}(\omega_{mg}+\omega)t}$ 为反共振项。前者的贡献是主要的，后者的贡献是次要的，这从对时间的积分

$$\int_0^t \mathrm{e}^{\pm\mathrm{i}(\omega_{mg}\pm\omega)t}\mathrm{d}t = \frac{\mathrm{e}^{\pm\mathrm{i}(\omega_{mg}\pm\omega)t} - 1}{\pm\mathrm{i}(\omega_{mg}\pm\omega)} \tag{4.1.4}$$

中可看出。若略去反共振项，仅保留共振项，亦即采用通常所说的旋波近似。令 $\bar{\Delta} = \omega - \omega_{mg}$ 表示光泵频率 ω 相对于原子跃迁频率 ω_{mg} 的失谐，则 (4.1.3) 式可写为

$$\dot{a}_g = -\frac{\mathrm{i}}{2}\Omega \mathrm{e}^{\mathrm{i}\bar{\Delta}t} a_m, \qquad \dot{a}_m = -\frac{\mathrm{i}}{2}\Omega \mathrm{e}^{-\mathrm{i}\bar{\Delta}t} a_g \qquad (4.1.5)$$

很明显 (4.1.5) 式有解析解，令

$$a_g = K\mathrm{e}^{-\mathrm{i}\lambda t}, \qquad a_m = K'\mathrm{e}^{-\mathrm{i}(\lambda+\bar{\Delta})t} \qquad (4.1.6)$$

代入 (4.1.5) 式，得

$$K' = \frac{2\lambda}{\Omega}K, \qquad \lambda(\lambda+\bar{\Delta}) = \left(\frac{\Omega}{2}\right)^2 \qquad (4.1.7)$$

λ 的两个根为

$$\lambda_{\pm} = -\frac{\bar{\Delta}}{2} \pm \frac{\Omega'}{2}, \qquad \Omega' = \sqrt{\Omega^2 + \bar{\Delta}^2} \qquad (4.1.8)$$

则 (4.1.5) 式的通解为

$$\begin{cases} a_g(t) = \mathrm{e}^{\mathrm{i}\bar{\Delta}t/2}\left(A_+\mathrm{e}^{-\mathrm{i}\Omega't/2} + A_-\mathrm{e}^{\mathrm{i}\Omega't/2}\right) \\[2mm] a_m(t) = \mathrm{e}^{-\mathrm{i}\bar{\Delta}t/2}\left(\dfrac{\bar{\Delta}-\Omega'}{\Omega}A_+\mathrm{e}^{-\mathrm{i}\Omega't/2} + \dfrac{\bar{\Delta}+\Omega'}{\Omega}A_-\mathrm{e}^{\mathrm{i}\Omega't/2}\right) \end{cases} \qquad (4.1.9)$$

其中 A_+, A_- 为两个任意的常数，它们可由 a_g 和 a_m 的初值来确定。

4.2 原子缀饰态

"缀饰态" 一词的引用，是强调了强场的作用，不只是影响原子在能态间的跃迁，而是通过 (4.1.9) 式随时间变化的因子表现出来的能级移位来 "修饰" 原子内部的能态结构，得出新的 "缀饰态"。利用通解 (4.1.9) 式，可定义原子的缀饰态为 [1]

$$A_+ = \mathrm{i}B^{1/2}, \qquad A_- = A^{1/2}$$
$$(4.2.1)$$
$$A = \frac{1-\bar{\Delta}/\Omega'}{2}, \quad B = \frac{1+\bar{\Delta}/\Omega'}{2}$$

注意到

$$\begin{cases} \dfrac{\bar{\Delta}-\Omega'}{\Omega}A_+ = \mathrm{i}\dfrac{\bar{\Delta}-\Omega'}{\sqrt{\Omega'^2-\bar{\Delta}^2}}\sqrt{\dfrac{1+\bar{\Delta}/\Omega'}{2}} = -\mathrm{i}A^{1/2} \\[4mm] \dfrac{\bar{\Delta}+\Omega'}{\Omega}A_- = \dfrac{\bar{\Delta}+\Omega'}{\sqrt{\Omega'^2-\bar{\Delta}^2}}\sqrt{\dfrac{1-\bar{\Delta}/\Omega'}{2}} = B^{1/2} \end{cases} \qquad (4.2.2)$$

故缀饰态可表示为

$$\begin{cases} a_g(t) = \mathrm{e}^{\mathrm{i}\bar{\Delta}t/2}(\mathrm{i}B^{1/2}\mathrm{e}^{-\mathrm{i}\Omega' t/2} + A^{1/2}\mathrm{e}^{\mathrm{i}\Omega' t/2}) \\ a_m(t) = -\mathrm{i}\mathrm{e}^{-\mathrm{i}\bar{\Delta}t/2}(A^{1/2}\mathrm{e}^{-\mathrm{i}\Omega' t/2} + \mathrm{i}B^{1/2}\mathrm{e}^{\mathrm{i}\Omega' t/2}) \end{cases} \tag{4.2.3}$$

根据波函数初相位可任意取定, 故可去掉常数相位因子 $-\mathrm{i} = \mathrm{e}^{-\mathrm{i}\pi/2}$, 则缀饰原子的波函数方程为

$$\begin{cases} \tilde{\psi}_m = a_m(t)\mathrm{e}^{-\mathrm{i}E_m t/\hbar}u_m = A^{1/2}\psi_{m\alpha} + \mathrm{i}B^{1/2}\psi_{m\beta} \\ \tilde{\psi}_g = a_g(t)\mathrm{e}^{-\mathrm{i}E_g t/\hbar}u_g = \mathrm{i}B^{1/2}\psi_{g\alpha} + A^{1/2}\psi_{g\beta} \end{cases} \tag{4.2.4}$$

$$\begin{cases} \psi_{m\alpha} = \mathrm{e}^{-\mathrm{i}E_m t/\hbar - \mathrm{i}(\bar{\Delta}/2+\Omega'/2)t}u_m \\ \psi_{m\beta} = \mathrm{e}^{-\mathrm{i}E_m t/\hbar - \mathrm{i}(\bar{\Delta}/2-\Omega'/2)t}u_m \\ \psi_{g\alpha} = \mathrm{e}^{-\mathrm{i}E_g t/\hbar - \mathrm{i}(-\bar{\Delta}/2+\Omega'/2)t}u_g \\ \psi_{g\beta} = \mathrm{e}^{-\mathrm{i}E_g t/\hbar - \mathrm{i}(-\bar{\Delta}/2-\Omega'/2)t}u_g \end{cases} \tag{4.2.5}$$

从 (4.2.4) 和 (4.2.5) 式看出原子的缀饰态 $\tilde{\psi}_m$ 实际上包括两个能态 $\psi_{m\alpha}$, $\psi_{m\beta}$, 间距为 $\Omega' = \sqrt{\bar{\Delta}^2+\Omega^2}$. 其中 Rabi 频率 Ω 正比于场强 E, 故这一对能态反映了包括原子的哈密顿量 H_0、原子与场相互作用哈密顿量 H' 在内的总的哈密顿量 H_0+H' 的状态, 是外场被缀饰在原子上的状态, 故称之为缀饰态. 当 $E \to 0$ 时, $\Omega = \dfrac{2\mu E}{\hbar} \to 0$, $\Omega' = \sqrt{\bar{\Delta}^2+\Omega^2} \simeq \bar{\Delta}$. 由 (4.2.1) 式得 $A \to 0$, $B \to 1$. 又由 (4.2.4) 和 (4.2.5) 式, 得

$$\begin{cases} \tilde{\psi}_m \to \mathrm{i}\psi_{m\beta} = \mathrm{i}\mathrm{e}^{-\mathrm{i}E_m t/\hbar}u_m \\ \tilde{\psi}_g \to \mathrm{i}\psi_{g\alpha} = \mathrm{i}\mathrm{e}^{-\mathrm{i}E_g t/\hbar}u_g \end{cases} \tag{4.2.6}$$

此即没有外场作用时, $H' \simeq 0$ 的原子状态, 也称之为原子裸态. 图 4.1 给出缀饰态 $\psi_{m\alpha}$, $\psi_{m\beta}$, $\psi_{g\alpha}$, $\psi_{g\beta}$ 与裸态 $\mathrm{e}^{-\mathrm{i}E_m t/\hbar}u_m$, $\mathrm{e}^{-\mathrm{i}E_g t/\hbar}u_g$ 间的过渡关系.

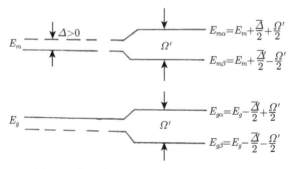

图 4.1 缀饰态与裸态能级图 (取自文献 [2])

在强场作用下，二能级原子状态的 (α, β) 分裂最早由 Autler 和 Townes 研究过 [3]，也称之为 Autler-Townes 效应，这已在实验上得到验证 [3,4]。在 Autler-Townes 效应中，探测从两个由强场联系起来的能级中的一个到第三个能级的跃迁，预期有两条吸收谱线。实验是这样设计的，如图 4.2 所示，第一个激光 ω_B 激发钠原子 $3^2S_{1/2}(F = 2,\ m_F = 2) \to 3^2P_{3/2}(F' = 3,\ m_F = 3)$ 跃迁，而第二个弱的探测光 ω_A 探测从 $3^2P_{3/2}(F' = 3,\ m_{F'} = 3) \to 4^2D_{5/2}(F'' = 4,\ m_{F''} = 4)$ 的吸收。所观察到的吸收谱，呈现两条吸收谱线。用共振泵浦激发时，$\bar{\Delta} = 0$，$A = B = 1/2$，这两条吸收谱是对称的；而用偏离共振的泵浦激发时，则是不对称的，$\bar{\Delta} \neq 0$，$A \neq B$。两个峰的间距 Ω' 与理论值 $\sqrt{\bar{\Delta}^2 + \Omega^2}$ 一致。随着场强的增大，图 4.3 给出共振激发，不同泵浦功率下的吸收谱测量，双峰间隔随功率增大而增大，由上到下 I_B 分别为 $5.3\mathrm{mW/cm^2}, 86\mathrm{mW/cm^2}, 470\mathrm{mW/cm^2}$。

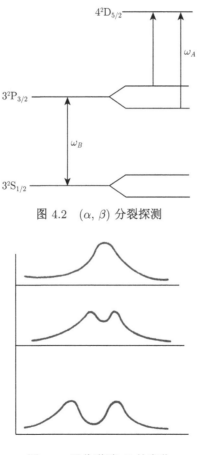

图 4.2 (α, β) 分裂探测

图 4.3 吸收谱随 Ω 的变化

4.3　Cohen-Tannoudji 的缀饰原子

4.2 节 "原子缀饰态" 是指场与原子的相互作用 H' 对原子的 "修饰" 产生的 "原子的缀饰态"[1], 至于场本身并未被描述, 而 Cohen-Tannoudji 的缀饰原子概念最先是从研究原子与光子组合系统的本征态提出来的[5], 组合系统的哈密顿量 $H = H_0 + H' + H_{\mathrm{L}}$, 式中 H_0 为原子的哈密顿量, H_{L} 为光场的哈密顿量。在不考虑原子与场的相互作用时, 组合系统的两个近乎简并状态可写为

$$|g, n\rangle = \mathrm{e}^{-\mathrm{i}\omega_g t} u_g |n\rangle$$
$$|m, n-1\rangle = \mathrm{e}^{-\mathrm{i}\omega_m t} u_m |n-1\rangle \tag{4.3.1}$$

前者表示原子处于基态, 场有 n 个光子; 后者表示原子处于激发态, 场有 $n-1$ 个光子。由于场的频率 $\simeq$ 原子跃迁频率 ω_{mg}, 故有 $E_g + n\hbar\omega \simeq E_m + (n-1)\hbar\omega$。即 $|g, n\rangle$, $|m, n-1\rangle$ 为近乎简并的, 在计及相互作用 H' 后, 才会去简并。现写出状态 $\exp\left(\mathrm{i}\dfrac{\omega - \omega_{mg}}{2} t\right) |g, n\rangle$, $\exp\left(-\mathrm{i}\dfrac{\omega - \omega_{mg}}{2} t\right) |m, n-1\rangle$ 间 $H = H_0 + H' + H_{\mathrm{L}}$ 的矩阵元, 并求其本征值 $\hbar\tilde{\lambda}$: 按照通常量子力学微扰论, $\hbar\tilde{\lambda}$ 为下列行列式的根, 即

$$\begin{vmatrix} E_m + (n-1)\hbar\omega - \hbar\tilde{\lambda} & -\mu_{mg}E(\omega) \\ -\mu_{mg}E(\omega) & E_g + n\hbar\omega - \hbar\tilde{\lambda} \end{vmatrix} = 0 \tag{4.3.2}$$

令 $\tilde{\lambda} = \dfrac{E_g + E_m}{2\hbar} + \left(n - \dfrac{1}{2}\right)\omega + \lambda$, $\bar{\Delta} = \omega - \omega_{mg}$, 则 (4.3.2) 式为

$$\begin{vmatrix} -\bar{\Delta}/2 - \lambda & -\Omega/2 \\ -\Omega/2 & \bar{\Delta}/2 - \lambda \end{vmatrix} = 0, \quad \lambda_{\pm} = \pm\Omega'/2 \tag{4.3.3}$$

对应于上述本征值 $\lambda_{\pm}$ 的本征函数分别为 $|\alpha_n\rangle$, $|\beta_n\rangle$

$$\begin{cases} |\alpha_n\rangle = \dfrac{\bar{\Delta} + \Omega'}{\sqrt{(\bar{\Delta} + \Omega')^2 + \Omega^2}} \mathrm{e}^{\mathrm{i}\bar{\Delta}t/2 - \mathrm{i}\Omega't/2 - \mathrm{i}\omega_g t} u_g |n\rangle \\ \qquad - \dfrac{\Omega}{\sqrt{(\bar{\Delta} + \Omega')^2 + \Omega^2}} \mathrm{e}^{-\mathrm{i}\bar{\Delta}t/2 - \mathrm{i}\Omega't/2 - \mathrm{i}\omega_m t} u_m |n-1\rangle \\ |\beta_n\rangle = \dfrac{\Omega}{\sqrt{(\bar{\Delta} + \Omega')^2 + \Omega^2}} \mathrm{e}^{\mathrm{i}\bar{\Delta}t/2 - \mathrm{i}\omega_g t} u_g |n\rangle \\ \qquad + \dfrac{\bar{\Delta} + \Omega'}{\sqrt{(\bar{\Delta} + \Omega')^2 + \Omega^2}} \mathrm{e}^{-\mathrm{i}\bar{\Delta}t/2 + \mathrm{i}\Omega't/2 - \mathrm{i}\omega_m t} u_m |n-1\rangle \end{cases} \tag{4.3.4}$$

(4.3.4) 式所示的本征函数 $|\alpha_n\rangle$, $|\beta_n\rangle$ 中涉及原子的部分也能从通解 (4.1.9) 式得到。值得注意的是，Cohen-Tannoudji 的缀饰原子是包括原子与场的态，而 (4.2.4) 式的缀饰态则仅仅是原子的态。

4.4 原子部分缀饰态及其展开 [2]

我们在第 2 章用微扰方法解了 Schrödinger 方程，将原子与场相互作用后的波函数用无相互作用的波函数展开，这虽然提供了计算各级微扰波函数与极化率的系统办法，但只适用于弱场情形。对于强场将不收敛，这办法也就不适用了。后来又讨论了密度矩阵方程，特别是在旋波近似下稳态密度矩阵方程的准确求解，但也只适用于二能级、三能级原子，对于多于三能级原子将是很复杂的。在本节我们将引入原子的部分缀饰，并以此为基，修正已有的微扰展开方法，使之适用于任意场强，而不只限于弱场。如前所述，包括自由原子 H_0 及相互作用 V 在内的哈密顿量 $H = H_0 + V$ 的 Schrödinger 方程为

$$i\hbar\frac{\partial\psi}{\partial t} = H\psi = (H_0 + V)\psi \tag{4.4.1}$$

设 u_j 为自由原子的本征态 $H_0 u_j = E_j u_j$，通常的微扰方法就是用 u_j 作为基来展开的，这样的展开只适用于弱场，因为 u_j 是 H_0 的本征态，并未反映场强的大小。对于强场相互作用来说，应选择与场强有关的基，从相互作用中取出一个部分 δ 与 H_0 并在一起，用以确定新的基 ψ^0，将 Schrödinger 方程写为

$$i\hbar\frac{\partial\psi}{\partial t} = [(H_0 + \delta) + (V - \delta)]\psi \tag{4.4.2}$$

δ 即从 V 中取出的部分，用以确定新的基函数 ψ^0。对于弱场情形 $\delta \to 0$，$\psi_j^0 \to u_j$，与通常微扰理论一致。δ 标志场的强度 ψ^0 由下式确定：

$$i\hbar\frac{\partial\psi^0}{\partial t} = (H_0 + \delta)\psi^0 \tag{4.4.3}$$

设 (4.4.3) 式的本征函数为 ψ_j^0，将 (4.4.2) 式的通解 ψ 用 ψ_j^0 即新的基函数展开

$$\psi = \sum_n a_n(t)\psi_n^0$$

$$a_k = a_k^0 + a_k^1 + \cdots + a_k^N + \cdots \tag{4.4.4}$$

$$\dot{a}_k^N = (i\hbar)^{-1}\sum_l \langle\psi_k^0|V - \delta|\psi_l^0\rangle a_l^{N-1}$$

式中 ψ_j^0 可表示为

$$\psi_j^0 = A_j^0(t)u_j(\boldsymbol{r}) \tag{4.4.5}$$

δ 一经给定便可解方程 (4.4.3)~(4.4.5) 了。下面我们讨论一个多能级原子系统，其中两个能级与单频的泵浦场为共振，而其余能级与泵浦场远离共振。

设单频泵浦场 $E(t) = E_0(e^{-i\omega t} + e^{i\omega t})$ 与多能级原子的 m, g 能级为共振或近共振。相互作用哈密顿量，$V = -\mu E = -\mu E_0(e^{-i\omega t} + e^{i\omega t})$。$\delta$ 算子由下式定义：

$$\begin{cases} \delta u_m = -(1-\beta)\mu_{mg}E(t)u_g \\ \delta u_g = -(1-\beta)\mu_{gm}E(t)u_m \\ \delta u_j = 0, \qquad j \neq m, g \end{cases} \qquad (4.4.6)$$

式中 $\beta(0 < \beta < 1)$ 为待定参量，其物理意义将在下面讨论。将 (4.4.5) 式代入 (4.4.3) 式，并应用定义 (4.4.6) 式，便得

$$\begin{cases} i\hbar \dot{A}_j^0 = E_j A_j^0, \qquad j \neq m, g \\ \psi_j^0 = A_j^0 u_j(\boldsymbol{r}) = e^{-iE_j t/\hbar} u_j(\boldsymbol{r}) \end{cases} \qquad (4.4.7)$$

且

$$\begin{cases} i\hbar \dot{A}_m^0 = E_m A_m^0 - (1-\beta)\mu_{mg}E_0(e^{-i\omega t} + e^{i\omega t})A_g^0 \\ i\hbar \dot{A}_g^0 = E_g A_g^0 - (1-\beta)\mu_{gm}E_0(e^{-i\omega t} + e^{i\omega t})A_m^0 \end{cases} \qquad (4.4.8)$$

由方程 (4.4.7) 我们看到，波函数 ψ_j^0 与常见的微扰波函数的基相同，这是因为 ψ_j 能级已远离共振。对于共振能级 m, g 的方程 (4.4.8)，可用旋波近似来求解。参照 (4.1.3)~(4.2.5) 式，将 (4.4.8) 式的解代入 (4.4.5) 式中，便得共振相互作用波函数为

$$\begin{cases} \psi_m^0 = A^{1/2}\psi_{m\alpha} + iB^{1/2}\psi_{m\beta} \\ \psi_g^0 = iB^{1/2}\psi_{g\alpha} + A^{1/2}\psi_{g\beta} \end{cases} \qquad (4.4.9)$$

式中

$$\begin{cases} \psi_{m\alpha} = e^{-iE_m t/\hbar - i\bar{\Delta}t/2 - i\Omega' t/2} u_m \\ \psi_{m\beta} = e^{-iE_m t/\hbar - i\bar{\Delta}t/2 + i\Omega' t/2} u_m \\ \psi_{g\alpha} = e^{-iE_m t/\hbar + i\bar{\Delta}t/2 - i\Omega' t/2} u_g \\ \psi_{g\beta} = e^{-iE_m t/\hbar + i\bar{\Delta}t/2 + i\Omega' t/2} u_g \end{cases} \qquad (4.4.10)$$

而且

$$A = \frac{(1 - \bar{\Delta}/\Omega')}{2}, \qquad B = \frac{1 + \bar{\Delta}/\Omega'}{2}, \qquad \bar{\Delta} = \omega - \omega_{mg}$$

$$\Omega' = \sqrt{\bar{\Delta}^2 + \Omega_{mg}^2(1-\beta)^2}, \qquad \Omega_{mg} = \frac{2\mu_{mg}E}{\hbar} \qquad (4.4.11)$$

像 (4.2.4) 和 (4.2.5) 式那样, (4.4.9) 和 (4.4.10) 式所描述的乃激发态 m、基态 g 由辐射场的相互作用引起 (α, β) 分裂。现在的部分缀饰态与前面的缀饰态之不同, 仅仅如 (4.4.11) 式, 以 $(1-\beta)\Omega_{mg}$ 来代替 (4.1.8) 式 Ω' 中的 Ω, 亦即有 $(1-\beta)$ 部分相互作用能是用来缀饰原子, 而不是全部。若 $1-\beta=0$, 便是微扰理论的结果, 没有场能用来缀饰原子。若 $1-\beta=1$, 便是全部相互作用能用来缀饰原子, 即前面 (4.2.4) 和 (4.2.5) 式所描述的原子缀饰态。若 $1>1-\beta>0$, 即我们现在讨论的原子部分缀饰态。

引用部分缀饰态 (4.4.9) 式可求得电偶极矩阵元如下:

$$\langle \psi_m^0 | er | \psi_g^0 \rangle = \mu_{mg}(Ae^{i\omega_{m\alpha,g\beta}t} + Be^{i\omega_{m\beta,g\alpha}t})$$

$$\langle \psi_g^0 | er | \psi_m^0 \rangle = \mu_{gm}(Ae^{-i\omega_{m\alpha,g\beta}t} + Be^{-i\omega_{m\beta,g\alpha}t})$$

由 δ 算子的定义式 (4.4.6), 并应用上面结果, 便得

$$\langle \psi_j^0 | V - \delta | \psi_k^0 \rangle = A_j^{0*} A_k^0 \langle u_j | V - \delta | u_k \rangle \tag{4.4.12}$$

式中

$$\langle u_j | V - \delta | u_k \rangle = \begin{cases} V_{jk}, & k \neq m, g \; ; \; j \neq m \, , \; k = g \; ; \; j \neq g \, , \; k = m \\ \beta V_{jk}, & j = m \, , \; k = g \; ; \; j = g \, , \; k = m \end{cases}$$

现进一步讨论参量 β 的物理意义。由 (4.4.3) 与 (4.4.6) 式, $(1-\beta)V$ 即为用来缀饰原子的那部分相互作用能。若如上面已提到的, 取 $\beta=0$, 即全部相互作用能都用来缀饰原子, 则由 (4.4.12) 式, 激发态原子产生跃迁的能量将消失, 即

$$\langle u_m | V - \delta | u_g \rangle = \langle u_g | V - \delta | u_m \rangle = 0 \tag{4.4.13}$$

于是, 在能级 m 与 g 间的跃迁将是不可能的, 严格地说, 这样的选择是与物理事实相悖的。另一方面, 若取 $\beta=1$, 则又完全退化到无缀饰的通常的微扰论的情形。因此, 部分缀饰, $1>1-\beta>0$, 是唯一与物理事实相符且能避免微扰论强场发散困难的可能的选择。

β 的具体数值可通过比较由部分缀饰态计算得出的电偶极矩与密度矩阵方法求得的电偶极矩来确定, 也可采用统计模型来确定。这里只说密度矩阵法。

对于二能级原子, 其电偶极矩的期待值为

$$\langle p \rangle^{(1)} = \langle \psi_g^0 | er | \psi_m^1 \rangle + \langle \psi_m^1 | er | \psi_g^0 \rangle \tag{4.4.14}$$

一级微扰波函数可写为

$$\psi_m^1 = A_m^1 \psi_m^0 \tag{4.4.15}$$

按 (4.4.4) 式, 一级微扰展开系数 A_m^1 可写为

$$A_m^1 = \frac{1}{\mathrm{i}\hbar} \int \langle \psi_m^0| - \beta er E_0(\mathrm{e}^{\mathrm{i}\omega t} + \mathrm{e}^{-\mathrm{i}\omega t})|\psi_g^0\rangle \mathrm{d}t$$

$$= \beta \frac{\mu_{mg} E_0}{\hbar} \left(\frac{A\mathrm{e}^{\mathrm{i}(\omega_{m\alpha,g\beta} - \omega)t}}{\omega_{m\alpha,g\beta} - \omega} + \frac{B\mathrm{e}^{\mathrm{i}(\omega_{m\beta,g\alpha} - \omega)t}}{\omega_{m\beta,g\alpha} - \omega} \right) \tag{4.4.16}$$

求出电偶极矩的期待值为

$$\langle p \rangle^{(1)} = \frac{\mu_{mg}\Omega_{mg}\beta}{2} \left\{ \frac{A^2}{\omega_{m\alpha,g\beta} - \omega} + \frac{B^2}{\omega_{m\beta,g\alpha} - \omega} + \frac{AB\mathrm{e}^{\mathrm{i}\Omega't}}{\omega_{m\alpha,g\beta} - \omega} \right.$$

$$\left. + \frac{AB\mathrm{e}^{-\mathrm{i}\Omega't}}{\omega_{m\beta,g\alpha} - \omega} \right\} \mathrm{e}^{-\mathrm{i}\omega t} + c.c. \tag{4.4.17}$$

式中 $c.c.$ 即复数共轭, 下同。略去式中 $\propto \mathrm{e}^{\pm\mathrm{i}\Omega't}$ 的项, 便得出跃迁 $m\alpha \to g\beta$ 与 $m\beta \to g\alpha$ 的感生电偶极矩 (图 4.1)。至于跃迁 $m\alpha \to g\alpha$ 与 $m\beta \to g\beta$, 由于相互抵消, 无贡献。在 (4.4.17) 式中设跃迁频率的带宽为 ν, 则 (4.4.17) 式为

$$\langle p \rangle^{(1)} = \frac{\beta\Omega_{mg}}{2}\mu_{mg} \left\{ \frac{\left[\frac{1}{2}(1 - \bar{\Delta}/\Omega')\right]^2}{\Omega' - \mathrm{i}\nu} + \frac{\left[\frac{1}{2}(1 + \bar{\Delta}/\Omega')\right]^2}{-\Omega' - \mathrm{i}\nu} \right\} \mathrm{e}^{-\mathrm{i}\omega t} + c.c.$$

$$= \frac{-\mu_{mg}}{2} \frac{\beta\Omega_{mg}(\bar{\Delta} - \mathrm{i}\nu\tau)}{\Omega'^2 + \nu^2} \mathrm{e}^{-\mathrm{i}\omega t} + c.c.$$

$$= \frac{-\mu_{mg}}{2} \frac{\beta\Omega_{mg}\sqrt{\bar{\Delta}^2 + \nu^2\tau^2}}{(1-\beta)^2\Omega_{mg}^2 + \bar{\Delta}^2 + \nu^2} \mathrm{e}^{-\mathrm{i}\omega t - \mathrm{i}\phi} + c.c. \tag{4.4.18}$$

式中 $\tau = \frac{1}{2}(1 + \bar{\Delta}^2/\Omega'^2)$。

另一方面, 用密度矩阵方法也可确定电偶极矩。事实上, 将原子波函数表示为稳态波函数的叠加

$$\psi = a_m \mathrm{e}^{-\mathrm{i}\omega_m t} u_m + a_g \mathrm{e}^{-\mathrm{i}\omega_g t} u_g \tag{4.4.19}$$

由此可计算出电偶极矩

$$\langle p \rangle = \langle \psi|er|\psi \rangle = \mu_{mg}\langle a_g^* a_m \rangle \mathrm{e}^{-\mathrm{i}\omega_{mg}t} + c.c.$$

$$= \mu_{mg}\rho_{mg} + c.c. \tag{4.4.20}$$

参照 (4.3.7) 式, 得密度矩阵

$$\rho_{mg} = \frac{\mu_{mg}}{2} \frac{\Omega_{mg} \Delta_0 \sqrt{\bar{\Delta}^2 + \nu^2} e^{i\Phi'}}{\nu^2 + \bar{\Delta}^2 + \Omega_{mg}^2 \nu/\nu_1} e^{-i\omega t} \tag{4.4.21}$$

式中 $\nu = 1/T_2$, $\nu_1 = 1/T_1$, 而 T_1, T_2 即原子的横弛豫时间与纵弛豫时间。取初值条件 $\Delta_0 = (\rho_{mm} - \rho_{gg})_0 = -1$, 并令 $b = \nu_1/\nu$, 比较 (4.4.20) 与 (4.4.18) 式, 并假定用两种方法所算得的振幅相等, 于是有

$$\frac{\beta \Omega_{mg} \sqrt{\bar{\Delta}^2 + \nu^2 \tau^2}}{(1-\beta)^2 \Omega_{mg}^2 + \bar{\Delta}^2 + \nu^2} = \frac{\Omega_{mg} \sqrt{\bar{\Delta}^2 + \nu^2}}{\nu^2 + \bar{\Delta}^2 + \Omega_{mg}^2/b} \tag{4.4.22}$$

采用记号

$$x = \frac{\Omega_{mg}}{\sqrt{\bar{\Delta}^2 + \nu^2}}$$

(4.4.22) 式化为

$$\frac{\beta x}{(1-\beta)^2 x^2 + 1} = \frac{\gamma b x}{x^2 + b} \tag{4.4.23}$$

式中 γ 定义为

$$\gamma = \sqrt{(\bar{\Delta}^2 + \nu^2)/(\bar{\Delta}^2 + \nu^2 \tau^2)}$$

引进参量 $\eta = \dfrac{\bar{\Delta}^2}{(\bar{\Delta}^2 + \nu^2)}$, 则 γ 可写为

$$\gamma = \left[\eta + (1-\eta) \left(\frac{1}{2} + \frac{\eta/2}{(1-\beta)^2 x^2 + \eta} \right)^2 \right]^{-1/2} \tag{4.4.24}$$

当参量 b, η 与归一场强 x 给定后, 便可解 (4.4.23) 和 (4.4.24) 式以及相互作用能中用来缀饰原子的部分 $1-\beta$, 以及相应的修正后的 Rabi 分裂 $(1-\beta)x$。图 4.4 和图 4.5 给出 $(1-\beta)x$ 对 x, β 对 x 的变化曲线, b, η 取为定数。

对于小的 $x(x \ll 1)$, 亦即弱场相互作用, 由 (4.4.24) 式给出 $\gamma \simeq 1$, 与 η 无关。而方程 (4.4.23) 可简化为 $(1-\beta)x \simeq x^3/b$, 这对应于 $(1-\beta) \simeq 0$, 因而用来修正原子状态的那部分相互作用能非常小。但有趣的是, 这部分相互作用能与 b 成反比, 这就意味着非相干情形 $(1/b = T_1/T_2 \gg 1)$ 要比相干情形 $(1/b = T_1/T_2 = 1/2)$ 在相同的归一化 Rabi 频率 x 下有更大的 Rabi 分裂 (图 4.4)。另一方面, 当 x 很小时, 由 (4.4.11) 式, 我们有

$$\begin{cases} \Omega' = -\bar{\Delta}, & A = 1, \quad B = 0, \quad \text{当} \bar{\Delta} < 0 \text{时} \\ \Omega' = \bar{\Delta}, & A = 0, \quad B = 1, \quad \text{当} \bar{\Delta} > 0 \text{时} \end{cases} \tag{4.4.25}$$

相应的感生电偶极矩变为

$$\langle p \rangle^{(1)} \simeq \frac{-\mu_{mg}^2 E}{\hbar} \frac{1}{\omega - \omega_{mg}} \mathrm{e}^{-\mathrm{i}\omega t} + c.c. \tag{4.4.26}$$

与通常的弱场微扰结果一致。

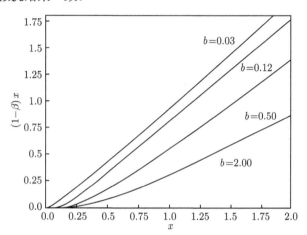

图 4.4   归一化的有效 Rabi 分裂随归一化 Rabi 频率 x 变化的曲线 (取自文献 [2])

η 取值为 1

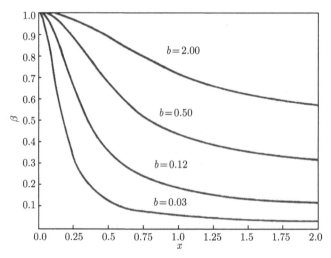

图 4.5   参量 β 随归一化 Rabi 频率 x 变化的曲线 (取自文献 [2])

η 取值为 1

对于大 $x(\gg 1)$，即强场作用情形，解方程 (4.4.23) 得

$$(1 - \beta)x \simeq \left(\sqrt{\frac{1}{4\gamma^2 b^2} + \frac{1}{\gamma b}} - \frac{1}{2\gamma b} \right) x \qquad (4.4.27)$$

根据这个关系式,我们可讨论两种极限情形。其一为 $\eta = 1$,对应于大失谐 $(\bar{\Delta} \gg \nu)$ 情形;而另一种则为 $\eta = 0$,对应于共振跃迁 $(\bar{\Delta} = 0)$ 情形。对于第一种情形,由 (4.4.24) 式得 $\gamma = 1$。又若为完全相干相互作用 $b = 2$,则按 (4.4.27) 式得 $1 - \beta = \beta = 0.5$,这就是相互作用能一半用于缀饰原子,构成新的基函数;另一半则用于激发原子在状态间跃迁。如果是非相干相互作用,则 $b \ll 1$,$1 - \beta = 1 - b \sim 1$,故几乎所有的相互作用能均用于缀饰原子,改变原子的状态,只有很小的一部分用于激发原子在状态间跃迁。对于第二种情形,$\gamma = 2$,完全相干相互作用 $1 - \beta \simeq 0.39$;非相干相互作用 $1 - \beta = 1 - 2b \sim 1$。由此得出结论,对于非相干相互作用,不论 η 的值如何,用于激发引起能态间跃迁的那部分相互作用能是很少的;而在相干相互作用极限,总有一半或近乎一半的相互作用能用于缀饰原子,而另一半则用于激发。

关于二能级原子系统的分析,比较 (4.4.18) 式与 (4.4.26) 式,可归结为对任意场强的相互作用应将弱场因子作如下代换:

$$\frac{\Omega_{mg}}{\omega - \omega_{mg}} \Rightarrow \frac{\beta \Omega_{mg}(\omega - \omega_{mg} - \mathrm{i}\nu)}{(1 - \beta)^2 \Omega_{mg}^2 + (\omega - \omega_{mg})^2 + \nu^2} \qquad (4.4.28)$$

式中参量 β 由 (4.4.23) 式确定。对于多能级原子系统,我们注意到通常微扰展开理论包含许多描述多光子过程的因子 $\dfrac{\Omega_{ij}}{\omega_{ij} - n\omega}$。如果每一个这样的因子均按 (4.4.23) 式代换,则实现了弱场微扰论按强场带来的修正。在文献 [2] 中,我们应用 (4.4.28) 式,计算如图 4.6 所示三次谐波能级结构的极化率随泵浦频率 ω 的变化,如图 4.7 所示。

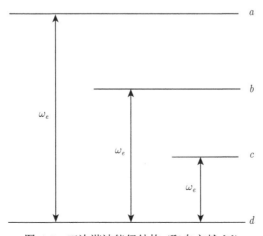

图 4.6 三次谐波能级结构 (取自文献 [2])

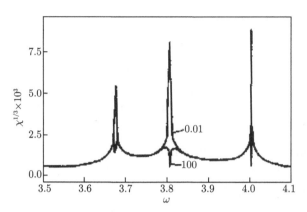

图 4.7　三阶极化率随泵浦频率 ω 变化的曲线 (取自文献 [2])

4.5　集居数、介质增益与无反转激光 [6~16]

在弱场作用下, 二能级原子的共振吸收系数 α_0 由 (3.3.5) 式得出为

$$\alpha_0(0) = \frac{-4\pi\omega_{21}}{\hbar c}\Delta_{eg}N\mu_{21}^2T_2$$

式中 $\Delta_{eg} = \rho_{22} - \rho_{11}$, 即上能级与下能级粒子数差, 也称之为集居数。在通常的情况下, 由于 Boltzmann 分布 $\Delta_{eg} < 0$, $\alpha_0 > 0$, 光信号通过介质时, 由于介质吸收, 其振幅愈来愈衰减。若采取光泵抽运或其他方式造成粒子数反转 $\Delta_{eg} > 0$, 则 $\alpha_0(0) < 0$。光信号通过时, 由于负吸收, 其振幅不但不衰减, 反而得到放大, 这是人们熟知的实现出激光的很重要的条件。但近来的研究表明, 粒子数反转还不是出激光的必要条件 [9~16]。理论上已提出多种方案, 没有粒子数反转, 即 $\Delta_{eg} < 0$, 只要条件适合, 介质也可以有增益或放大, 即无反转激光。本节我们将通过解三能级原子的密度矩阵方程来阐述无反转激光的物理机制和实现无反转激光的条件。

现考虑一个由泵浦场与三能级原子组成的 V 体系 (图 4.8)。原子能级为 $1 \sim 3$, 泵浦频率为 ω, 在能级 1 与 2 之间驱动着, 能级 1 与 3 之间产生的受激辐射频率为 ω'。

对这个体系, 可参照 (2.6.18) 式写出其密度矩阵方程

$$\begin{cases} \dfrac{\mathrm{d}\sigma_z}{\mathrm{d}t} = -(\gamma_1+\epsilon)(\sigma_z-\sigma_{z0})+2\epsilon(\sigma_z'-\sigma_{z0}')+\dfrac{\mathrm{i}\Omega}{2}(\sigma^--\sigma^+)+\dfrac{\mathrm{i}\Omega'}{4}(\sigma'^--\sigma'^+) \\[2mm] \dfrac{\mathrm{d}\sigma^-}{\mathrm{d}t} = -(\gamma_2+\mathrm{i}\Delta)\sigma^- + \mathrm{i}\Omega\sigma_z + \dfrac{\mathrm{i}\Omega'}{2}\rho_{32} \\[2mm] \dfrac{\mathrm{d}\sigma^+}{\mathrm{d}t} = -(\gamma_2-\mathrm{i}\Delta)\sigma^+ - \mathrm{i}\Omega\sigma_z - \dfrac{\mathrm{i}\Omega'}{2}\rho_{23} \end{cases} \qquad (4.5.1)$$

$$\begin{cases} \dfrac{\mathrm{d}\sigma_z'}{\mathrm{d}t} = -(\gamma_1'-\epsilon)(\sigma_z'-\sigma_{z0}') - 2\epsilon(\sigma_z-\sigma_{z0}) + \mathrm{i}\dfrac{\Omega'}{2}(\sigma'^- - \sigma'^+) + \mathrm{i}\dfrac{\Omega}{4}(\sigma^- - \sigma^+) \\[2mm] \dfrac{\mathrm{d}\sigma'^-}{\mathrm{d}t} = -(\gamma_2'+\mathrm{i}\Delta')\sigma'^- + \mathrm{i}\Omega'\sigma_z' + \dfrac{\mathrm{i}\Omega}{2}\rho_{23} \\[2mm] \dfrac{\mathrm{d}\sigma'^+}{\mathrm{d}t} = -(\gamma_2'-\mathrm{i}\Delta')\sigma'^+ - \mathrm{i}\Omega'\sigma_z' - \dfrac{\mathrm{i}\Omega'}{2}\rho_{32} \end{cases} \tag{4.5.2}$$

$$\frac{\mathrm{d}\rho_{32}}{\mathrm{d}t} = -(\gamma_{32}+\mathrm{i}\Delta-\mathrm{i}\Delta')\rho_{32} + \mathrm{i}\frac{\Omega'}{2}\sigma^- - \mathrm{i}\frac{\Omega}{2}\sigma'^+ \tag{4.5.3}$$

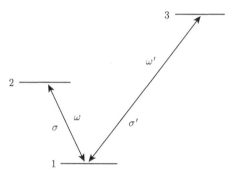

图 4.8 三能级原子的 V 系统 (取自文献 [8])

式中

$$\epsilon = \frac{1}{3}(\gamma_1 - \gamma_1')$$

$$\begin{cases} \sigma^- = \rho_{12}, \quad \sigma_z = \dfrac{1}{2}(\rho_{22}-\rho_{11}), \quad \Omega = \dfrac{2\mu_{12}E}{\hbar}, \quad \Delta = \omega - \omega_{12} \\[2mm] \sigma'^- = \rho_{13}, \quad \sigma_z' = \dfrac{1}{2}(\rho_{33}-\rho_{11}), \quad \Omega' = \dfrac{2\mu_{13}E'}{\hbar}, \quad \Delta' = \omega' - \omega_{31} \end{cases} \tag{4.5.4}$$

E 与 E' 分别为泵浦场与激光场的振幅,频率为 ω 与 ω'。ω_{21} 与 ω_{31} 分别为能级 2 与 1,3 与 1 间的跃迁频率,电偶极矩阵元为 μ_{12},μ_{13},γ_1 与 γ_2 为泵浦跃迁的纵与横弛豫时间。γ_{32} 为能级 3 与 2 间的横弛豫时间。运动方程 (4.5.1) 和 (4.5.2) 可以看成两个二能级系统,即能级 1 与 2,1 与 3 通过 (4.5.3) 式耦合在一起。纵、横弛豫系数间的关系为 $\gamma_2 = \gamma_1/2 + \gamma_2^c$,$\gamma_2' = \gamma_1'/2 + \gamma_2'^c$,$\gamma_{32} = (\gamma_1+\gamma_1') + \gamma_{32}^c$。这里 $\gamma_2^c, \gamma_2'^c, \gamma_{32}^c$ 表示原子间碰撞对阻尼的贡献。现在我们令 (4.5.1)~(4.5.3) 式左端

为 0，求稳态解，得出

$$\begin{cases} \rho_{32} = \dfrac{(i\Omega'/2)\sigma^- - (i\Omega/2)\sigma'^+}{\gamma_{32} + i\Delta - i\Delta'} \\[4mm] \rho_{23} = \dfrac{(-i\Omega'/2)\sigma^+ + (i\Omega/2)\sigma'^-}{\gamma_{32} - i\Delta + i\Delta'} \end{cases} \tag{4.5.5}$$

$$\begin{cases} \sigma^- = \dfrac{(\gamma_2 - i\Delta)(\gamma_{32} - i\Delta + i\Delta')(i\Omega'\sigma'_z) + ((\Omega'^2/4)\sigma'_z - (\Omega^2/4)\sigma_z)(i\Omega')}{(\gamma_2 - i\Delta)(\gamma_{32} - i\Delta + i\Delta')(\gamma'_2 + i\Delta') + (\gamma'_2 + i\Delta')\Omega'^2/4 + (\gamma_2 - i\Delta)\Omega^2/4} \\[4mm] \sigma^+ = \dfrac{(\gamma'_2 + i\Delta')(\gamma_{32} - i\Delta + i\Delta')(-i\Omega\sigma_z) + ((\Omega'^2/4)\sigma'_z - (\Omega^2/4)\sigma_z)(i\Omega)}{(\gamma_2 - i\Delta)(\gamma_{32} - i\Delta + i\Delta')(\gamma'_2 + i\Delta') + (\gamma'_2 + i\Delta')\Omega'^2/4 + (\gamma_2 - i\Delta)\Omega^2/4} \end{cases} \tag{4.5.6}$$

$$\begin{cases} \sigma_z - \sigma_{z0} = \dfrac{\Omega}{\gamma_1}\mathrm{Im}\sigma^+ - \dfrac{\Omega'}{2\gamma'_1}\mathrm{Im}\sigma'^- \\[4mm] \sigma'_z - \sigma'_{z0} = -\dfrac{\Omega'}{\gamma'_1}\mathrm{Im}\sigma'^- + \dfrac{\Omega}{2\gamma_1}\mathrm{Im}\sigma^+ \end{cases} \tag{4.5.7}$$

V 系统的初值可取为 $\rho_{11}^0 = 1$，$\rho_{22}^0 = \rho_{33}^0 = 0$，故有 $\sigma_{z0} = \sigma'_{z0} = -0.5$。(4.5.6) 式的虚部可写成如下形式：

$$\begin{cases} \mathrm{Im}\sigma^+ = a_{11}\sigma_z + a_{12}\sigma'_z \\[3mm] a\mathrm{Im}\sigma'^- = a_{21}\sigma_z + a_{22}\sigma'_z \end{cases} \tag{4.5.8}$$

将 (4.5.7) 式代入 (4.5.8) 式中，便得

$$\begin{cases} \left(1 - a_{11}\dfrac{\Omega}{\gamma_1} - a_{12}\dfrac{\Omega}{2\gamma_1}\right)\mathrm{Im}\sigma^+ + \left(a_{11}\dfrac{\Omega'}{2\gamma'_1} + a_{12}\dfrac{\Omega'}{\gamma'_1}\right)\mathrm{Im}\sigma'^- = a_{11}\sigma_{z0} + a_{12}\sigma'_{z0} \\[4mm] \left(a_{21}\dfrac{\Omega}{\gamma_1} - a_{12}\dfrac{\Omega}{2\gamma_1}\right)\mathrm{Im}\sigma^+ + \left(1 + a_{21}\dfrac{\Omega'}{2\gamma'_1} + a_{22}\dfrac{\Omega'}{\gamma'_1}\right)\mathrm{Im}\sigma'^- = a_{21}\sigma_{z0} + a_{22}\sigma'_{z0} \end{cases} \tag{4.5.9}$$

用数值法求解 (4.5.9) 式，便得我们所需要的 $\mathrm{Im}\sigma^+, \mathrm{Im}\sigma'^-$。

现在先研究一下如图 4.8 所示的 V 系统实现无反转激光的可能性。假定泵浦很强，而受激辐射很弱，即 $\Omega \gg \Omega'$，则 (4.5.7) 式可近似为

$$\begin{cases} \sigma_z - \sigma_{z0} \simeq \dfrac{\Omega}{\gamma_1}\mathrm{Im}\sigma^+ \\[4mm] \sigma'_z - \sigma'_{z0} \simeq \dfrac{\Omega}{2\gamma_1}\mathrm{Im}\sigma^+ \end{cases} \tag{4.5.10}$$

而方程 (4.5.6) 可简化为

$$\sigma^+ \simeq \frac{-\mathrm{i}\Omega\sigma_z}{\gamma_2 - \mathrm{i}\Delta}\gamma_2, \qquad \mathrm{Im}\sigma^+ = \frac{-\Omega\sigma_z}{\gamma_2^2 + \Delta^2}\gamma_2 \tag{4.5.11}$$

由 (4.5.10) 和 (4.5.11) 式便得

$$\sigma_z = \frac{\sigma_{z0}}{1 + 2x}, \quad x = \frac{\Omega^2}{2\gamma_1\gamma_2}\eta, \quad \eta = \frac{\gamma_2^2}{\gamma_2^2 + \Delta^2} \tag{4.5.12}$$

将 (4.5.12) 式代入 (4.5.10) 式, 并注意到 $\sigma_{z0} = \sigma'_{z0} = -0.5$, 我们有

$$\sigma'_z = \frac{1 + x}{1 + 2x}\sigma_{z0} \tag{4.5.13}$$

将 (4.5.12) 和 (4.5.13) 式代入 (4.5.6) 式, 并令 $k = \frac{\gamma_1}{2\gamma_2}$, 我们解出 σ'^-

$$\sigma'^- = \frac{\mathrm{i}\Omega'\sigma_{z0}}{1 + 2x} \frac{(\gamma_{32} - \mathrm{i}\Delta + \mathrm{i}\Delta')(1 + x) - \gamma_1 x/2 - \mathrm{i}kx\Delta}{kx(\gamma_2^2 + \Delta^2) + (\gamma_{32} - \mathrm{i}\Delta + \mathrm{i}\Delta')(\gamma_2' + \mathrm{i}\Delta')} \tag{4.5.14}$$

由方程 (4.5.14) 可计算出激光增益系数

$$g = \mathrm{Im}\sigma'^- \propto \sigma_{z0}R = -0.5R$$

$$\begin{aligned}
R =& \mathrm{Re}\left\{\left((\gamma_{32} - \mathrm{i}\Delta + \mathrm{i}\Delta')(1 + x) - \gamma_1 x/2 - \mathrm{i}kx\Delta\right)\right. \\
& \left.\times \left(kx(\gamma_2^2 + \Delta^2) + (\gamma_{32} + \mathrm{i}\Delta - \mathrm{i}\Delta')(\gamma' - \mathrm{i}\Delta')\right)\right\} \\
=& \left[\gamma_2' + (\gamma_2' + \gamma_2/2)x\right]\Delta'^2 - \left\{2\gamma_2' + [\gamma_1/2 + 2\gamma_2' + k(\gamma_{32} + \gamma_2')]x\right\}\Delta\Delta' \\
& + \left\{[\gamma_{32} + (\gamma_{32} - \gamma_1/2)x]kx + [1 + (1 + kx)x]\gamma_2'\right\}\Delta^2 \\
& + [\gamma_{32} + (\gamma_{32} - \gamma_1/2)x]\left[kx\gamma_2^2 + \gamma_{32}\gamma_2'\right]
\end{aligned} \tag{4.5.15}$$

式中 Re 表示实部。当

$$\Delta' = \frac{2\gamma_2' + (\gamma_1/2 + 2\gamma_2' + k(\gamma_{32} + \gamma_2'))x}{2\gamma_2' + (2\gamma_2' + \gamma_1)x}\Delta \tag{4.5.16}$$

时, (4.5.15) 式取极小值 R_m。将 (4.5.16) 式代入 (4.5.15) 式, 得

$$\begin{aligned}
R_m =& \left\{-\frac{[\gamma_1/2 - k(\gamma_{32} + \gamma_2')]^2}{4[\gamma_2' + (\gamma_2' + \gamma_1/2)x]} + (\gamma_{32} - \gamma_1/2)k\right\}x^2\Delta^2 \\
& + [\gamma_{32} + (\gamma_{32} - \gamma_1/2)x](kx\gamma_2^2 + \gamma_{32}\gamma_2')
\end{aligned} \tag{4.5.17}$$

按 (4.5.15) 式, 无反转激光条件可表示为 $g > 0$ 或 $R < 0$。仔细研究 (4.5.17) 式, 只要第一项的系数为负且失谐 Δ 足够大, 则 R_m 将为负。例如, 对那些碰撞贡献起主导作用的分子, 我们可设 γ_{32}, $\Delta \gg 2\gamma_1, \gamma_1'$; 而且 $k, x \simeq 1$, 这时 R_m 将为负, 只要失谐 Δ 够大。例如, 取 $\gamma_1 = 1$, $\gamma_2' = \gamma_2 = 1/2$, $k = \dfrac{\gamma_1}{2\gamma_2} = 1$, $\gamma_{32} = 6$, $x = \dfrac{\Omega^2}{2\gamma_1\gamma_2}\dfrac{\gamma_2^2}{\gamma_2^2 + \Delta^2} = \dfrac{\Omega^2}{1 + 4\Delta^2} = 1$, 则由方程 (4.5.16) 和 (4.5.17) 可得

$$\Delta' = 3\Delta, \qquad R_m = -\frac{\Delta}{2} + 37.375 \tag{4.5.18}$$

现将 Δ 取为 30, 按方程 (4.5.9) 数值求解增益 g 与 Δ' 的函数关系, 结果由图 4.9 示出。在极大处增益为正, 且发生在 $\Delta' = 3\Delta = 90$ 处, 与 (4.5.18) 式给出的相符。

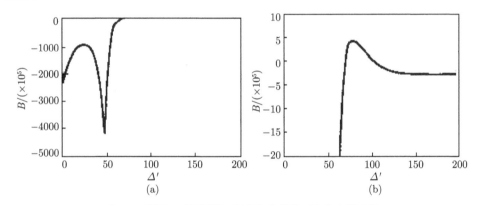

图 4.9　增益 g 随失谐 Δ' 变化的曲线 (取自文献 [8])

现讨论 V 系统无反转激光的物理机制。对于强泵浦情形 $\Omega \gg \Omega'$, 略去 (4.5.6) 式中的 $\Omega'^2/4$ 项, 并采用记号 $\bar\gamma = \gamma_{32} - \gamma_2'$, $X = \gamma_2' + \mathrm{i}\Delta'$, 则由 (4.5.6) 式导出

$$\begin{aligned}
\sigma' &= \frac{(\bar\gamma + X)\mathrm{i}\Omega'\sigma_z' - (\Omega^2/4)\sigma_z(\mathrm{i}\Omega)}{(\gamma_2 - \mathrm{i}\Delta)(X(\bar\gamma + X) + \Omega^2/4)} \\
&= \left(\frac{1}{X - X_1} + \frac{1}{X - X_2}\right)\frac{\mathrm{i}\Omega'\sigma_z'}{2} \\
&\quad + \left(\frac{1}{X - X_1} - \frac{1}{X - X_2}\right)\left(\frac{-\Omega^2\Omega'\sigma_z}{4(\gamma_2 - \mathrm{i}\Delta)\bar\Omega} + \frac{\bar\gamma + \Omega'}{2\bar\Omega}\sigma_z'\right)
\end{aligned} \tag{4.5.19}$$

式中

$$X_1, X_2 = -\frac{\bar\gamma}{2} \pm \frac{\mathrm{i}\bar\Omega}{2}, \qquad \bar\Omega = \sqrt{\Omega^2 - \bar\gamma^2}$$

注意到 X_1, X_2 为前几节讨论的缀饰原子态, 是基态在强泵浦作用下产生的分

裂。前一项 $\dfrac{1}{X-X_1}+\dfrac{1}{X-X_2}$ 为同相位叠加，即通常线性色散理论结果；而后一项 $\dfrac{1}{X-X_1}-\dfrac{1}{X-X_2}$ 为异相位叠加，或称之为缀饰态间的干涉，对应于通常说的"量子干涉"或"自陷"，也正是这一项，才导致原子的负吸收或"无反转激光增益"，与通常线性色散理论不一样，这是包含级联两次量子跃迁 (由基态到激发态，接着又由激发态到基态) 的高阶过程。

4.6　自离化共振态干涉

4.5 节分析了三能级 V 系统由泵浦失谐及碰撞弛豫 γ_{32} 的贡献甚大导致无反转激光增益。本节我们将讨论自离化共振态的干涉也能实现无反转激光增益，这从 2.9 节对自离化共振态的讨论能看出。重要的是 Fano-Beutler 线型参量 q(图 2.11)，当 q 很大时，由基态 φ_g 向自离化共振态跃迁的概率 $\propto |\langle \Psi_E|T|\varphi_g\rangle|^2$ 要比向连续态跃迁的概率 $|\langle \psi_E|T|\varphi_g\rangle|^2$ 大得多，而自离化态 Ψ_E 由分立态 ϕ_u 与连续态 ψ_E 叠加而成，故此时 $\langle \varphi_u|T|\varphi_g\rangle$ 的贡献是主要的，连续态的修正是次要的，线型为 Lorentz 型；当 q 逐渐变小时，线型表现出与 Lorentz 型的差异较大；当 $q=0$ 时为反共振的吸收窗口，吸收截面达到最小甚至为零，但辐射截面仍为原来的 Lorentz 型。2.9 节是对一个离散谱来分析的，如果上能级有两个离散谱 [17]φ_2,φ_3，则在连续谱中含有两个离散谱的吸收截面 σ_{ab} 与向连续谱跃迁的吸收截面 σ_c 之比为 [9]

$$\frac{\sigma_{ab}}{\sigma_c}=\frac{|\langle \Psi_E|T|\varphi_g\rangle|^2}{|\langle \psi_E|T|\varphi_g\rangle|^2}=\frac{(q_2/\eta_2+q_3/\eta_3+1)^2}{(1/\eta_2+1/\eta_3)^2+1} \tag{4.6.1}$$

式中

$$\begin{cases} \eta_i=\dfrac{E-E_{\varphi_i}-F(E)}{\pi|V_{Ei}|^2} \\[2mm] q_i=\dfrac{\langle \Phi_i|T|\varphi_g\rangle|}{\pi V_{Ei}^*\langle \psi_E|T|\varphi_g\rangle} \qquad , \quad i=2,3 \\[2mm] \Phi_i=\varphi_i+P\displaystyle\int \mathrm{d}E'\dfrac{\psi_{E'}V_{E'i}}{E-E'} \end{cases} \tag{4.6.2}$$

文献 [9] 还给出了辐射截面的计算公式，即原子初始处于激发态 φ_2 时的受激辐射截面 σ_e 与 σ_c 之比

$$\frac{\sigma_e}{\sigma_c}=\frac{\Gamma}{\Gamma_2}\frac{q_2^2\eta_3^2+[(q_2-q_3)-\eta_3]^2}{\eta_2^2\eta_3^2+(\eta_2+\eta_3)^2},\quad \frac{\Gamma}{\Gamma_2}=\frac{(2\Delta E)^2}{(\Gamma_2+\Gamma_3)^2+(2\Delta E)^2} \tag{4.6.3}$$

式中 $\Delta E=E_3-E_2$ 为激发态 φ_2,φ_3 间的能量差。

根据吸收截面公式 (4.6.1) 及辐射截面 $\dfrac{\sigma_e}{\sigma_c}$，便可计算损耗与增益。当计算吸收损耗时，电子初始处于基态 φ_g；当计算辐射增益时，电子初始处于激发态 φ_2。图 4.10 为数值计算结果。参数取值为 $q_3^2 = 1000$，$q_2^2 = 1000, 10, 0$；$\Gamma_2 = 1$，$\Gamma_3 = 250$，$\Delta E = E_3 - E_2 = 2000$，$\eta_2 = -(\omega_2 - \omega_1 - \omega)/(\Gamma_2/2)$，$\eta_3 = -(\omega_3 - \omega_1 - \omega)/(\Gamma_3/2)$。图 4.10(a) 中 q_3, q_2 均很大，增益与损耗的差别很小，均趋近于 Lorentz 型；图 4.10(b) 增益仍很大，增益仍 Lorentz 型，但损耗曲线已有很大偏离，且在增益约为 10 处，吸收截面为 0。图 4.10(c) 中 $q_2^2 = 0$，我们得到对称的 Lorentz 线型，在增益极大处，损耗为 0。这后两种情形，就是两个自离化态相互干涉而使得吸收截面减小的结果。这就容易实现无反转有净增益 (增益大于吸收损耗) 激光。

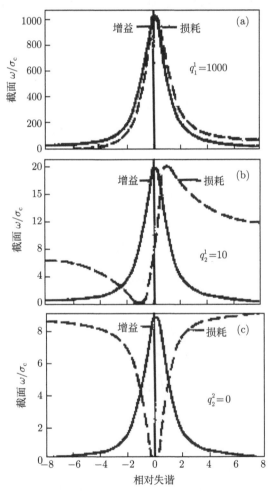

图 4.10 φ_2, φ_3 能级干涉，增益与损耗轮廓图 (参照 Harris[9])

4.7 简并态的量子拍激光

延伸 4.6 节自离化态叠加思想，通过原子三能级系统状态叠加可使原子的吸收截面减小或处于无辐射的激发态[10]。前一种为无反转激光增益，如图 4.11(a) 所示的 Λ 系统；后一种为处于激发态而无辐射，如图 4.11(b) 所示的 V 系统。对于 Λ 系统，原子初始处于上能级 $|a\rangle$，而下能级态为近乎简并的 $|b\rangle$ 与 $|c\rangle$，由 $|b\rangle$ 到 $|c\rangle$ 属偶极禁戒跃迁，但可通过强的微波场 $\Omega \mathrm{e}^{-\mathrm{i}\varphi}$ 使之耦合，微波频率 $\nu_\mu \simeq \dfrac{E_b - E_c}{\hbar}$。$|b\rangle$, $|c\rangle$ 处于相干态。由 $|a\rangle$ 向 $|b\rangle$, $|c\rangle$ 跃迁的光子变率方程为

$$\frac{\mathrm{d}n}{\mathrm{d}t} = \alpha\rho_{aa}^0(\bar{n}+1) - \alpha\rho_{cc}^0\bar{n}(1-\cos\varphi) \tag{4.7.1}$$

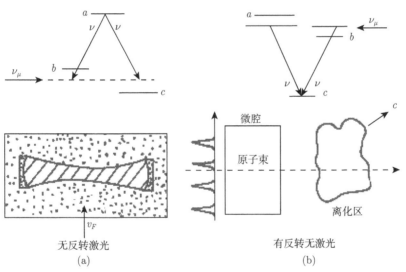

图 4.11　无反转激光 (a) 和有反转无激光 (b)(参照 Scully 等[10])

式中 α 为线性增益，ρ_{ii}^0 为能级的初始粒子数，φ 为微波场的相位。当 $\varphi = 0$ 时，不论 ρ_{cc}^0 为何值，吸收均为 0。只要 $\rho_{aa}^0 \neq 0$，总是有增益的，这就是无反转激光增益。对于图 4.11(b) 所示 V 系统情形，微波场 ν_μ 使 $|b\rangle$, $|c\rangle$ 上能态耦合成为相干态，同样有变率方程

$$\frac{\mathrm{d}n}{\mathrm{d}t} = \alpha\rho_{aa}^0(\bar{n}+1)(1-\cos\varphi) - \alpha\rho_{cc}^0\bar{n} \tag{4.7.2}$$

当 $\varphi = 0$ 时，不论上能态粒子数 ρ_{aa}^0 为何值，自发或受激辐射恒为 0，这就是有反转无激光情形。实验上可通过序列脉冲激励原子，同时注入微波场耦合上能级 $|a\rangle$

与 $|b\rangle$。在上述两种情形，实现 $\varphi = 0$，即状态 $|b\rangle$ 与 $|c\rangle$ 或 $|a\rangle$ 与 $|b\rangle$ 的量子拍是关键的。

4.8　电磁感应透明

电磁感应透明 (eldctromagneticlly indced transparency, EIT) 是指当光脉冲在介质中传播时减少介质对光脉冲的吸收，增加光脉冲透过率的技术。介质对光的吸收，主要是通过基态原子吸光子跃迁到激发态来实现的。如果我们能设法干预这一过程，譬如说当吸收一个光子时也就几乎同时放出一个光子，这就相当于没有给光脉冲带来损耗而达到自感透明的目的。这样的过程能实现吗? 图 4.12 给出这样一个自感透明实例。文献 [18] 的作者证明了当光束通过锶 (strontium) 传输时，的确能看到 EIT 现象。图 4.12(a) 为锶原子气体的三能级图。在能级 $|2\rangle$ 与 $|3\rangle$ 间为强

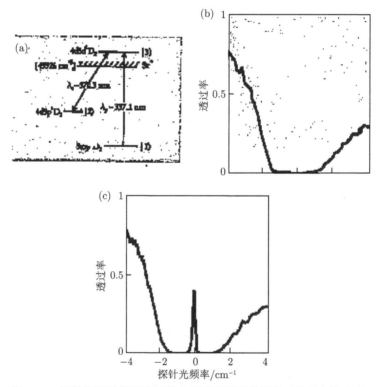

图 4.12　探针光通过锶原子气的电磁感应透明体现象 (参照文献 [18])

(a) 锶原子的部分能级图; (b) 没有强泵浦光耦合时，透过率随探针光频率的失谐曲线; (c) 加上强泵浦光耦合时，透过率随探针光频率的失谐曲线

的泵浦光，$\lambda_c = 570.3\text{nm}$；在 $|1\rangle$ 与 $|3\rangle$ 间为弱的探针光，$\lambda_p = 337.1\text{nm}$。图 4.12(b) 为泵浦激光强为零时，探针光的透过率谱，最小处为 e^{-20}。图 4.12(c) 为加上泵浦激光强时，探针光的透过率谱，峰值处的透过率为 0.4。图 4.12(a) 中 λ_c, λ_p 是指泵浦场 Ω_p 为弱场时，泵浦光与探针光的波长。若 Ω_p 很强，必然会产生类似于图 4.2、图 4.3 所示原子能级 $|3\rangle$ 分裂，而与探针光 λ_p 失谐，以致吸收率下降，透过率增加，才有图 4.12(c) 的透过率峰值。

参 考 文 献

[1] Boyd R W. Nonlinear Optics. Boston: Academic Press, Inc. 1992: 216.

[2] Tan W H, Lu W P, Harrison R G. Approach to the theory of radiation-matter interaction. Phys. Rev. A, 1992, 46: 7128.

[3] Autler S H, Townes C H. Stark effect in rapidly varying field. Phys. Rev., 1955, 100: 703.

[4] Yatsiv S. Role of double-quantum transition in maser. Phys. Rev., 1959, 113: 1538; Wilcox L R, Lamb W E. Finr steucture of short lived states of hydroden by a microwave-optical method. Phys. Rev., 1960, 119:1915.

[5] Cohen-Tannoudji C, Reynaud S. J. Phys., 1977, B10: 345, 365, 2311.

[6] Slater J C. Quantum Theory of Matter. McGraw-Hill Book Company Inc., 1951: 383.

[7] Shen Y R. The Principles of Nonlinear Optics. New York: John Wiley & Sons, 1984: 94.

[8] Tan W H, Lu W P, Harrison R G. Lasing without inversion in a V system due to trapping of modified atomic states. Phys. Rev. A, 1992, 46: R3613; Phys. Rev. A, 1994, 49: 3134.

[9] Harris S E. Lasing without inversion: Interference of lifetime-broadened resonenses. Phys. Rev. Lett., 1989, 62: 1033.

[10] Scully M O, Zhu S Y, Garriedides A. Degenerate quantum-beat laser: Lasing without inversion and inversion without lasing. Phys. Rev. Lett., 1989, 62 (24): 2813.

[11] Fill E F, Scully M O, Zhu S Y. Lasing without inversion via the lambda quantum-beat laser in the collision dominated regime. Optics Comm., 1990, 77: 36.

[12] Kocharovskaya O, Li R D, Mandel P. Lasing without inversion: The double Λ scheme. Optics Comm., 1990, 77(2-3): 215.

[13] Kocharovskaya O, Mandel P. Frequency up-conversion in a three level system without inversion. Opt. Comm., 1991, 86, 179.

[14] Narducci L M, Doss H M, Ru P, et al. A simple model of a laser without inversion. Opt. Comm., 1991, 81: 379.

[15] Narducei L M, Scully M O, Kietel C H, et al. Physial origin of the gain in a four-level model of Raman driven laser without inversion. Opt. Comm., 1991, 86: 324.

[16] Imanoglu A, Field J E, Harris S E. Lasing without inversion: A closed lifetime-broadened system.Phys. Rev. lett., 1991, 66: 1154.

[17] Fano U. Effects of configuration interaction on intensities and phase shift. Phys. Rev., 1961, 124: 1866.

[18] Harris S E. Electromagnetcally induced transparency. Phys. Today, 1997, 50(7): 36.

第5章　激光振荡理论

含原子极化的 Maxwell 方程的重要应用之一，是分析激光振荡过程及振荡过程所包含的噪声 [1,2]。本章我们首先介绍激光振荡的半经典理论，接着讨论激光振荡的全量子理论及激光噪声等问题。

5.1　激光振荡的半经典理论

一个处于激发态的原子自发辐射出光子，这光子作用于相邻的激发态原子，通过受激辐射，产生一个新的光子。此过程继续下去，不断增添新的受激辐射光子，这就是自发辐射光子通过相邻原子的受激辐射产生的光放大。若同时在放大介质的端面加上部分反射或全反射腔板，形成一个光子在其中来回传输的腔，于是自发辐射便在一个有增益的腔内振荡，并通过端面透射输出。在放大或振荡过程中，光子不断增益而光的波面不断向前推进，振幅不断增长。又因原子的受激辐射与驱动原子产生受激辐射的场，亦即入射波场为同相位，受激辐射波与入射波的叠加为同相位的相干叠加。电场 E 满足含极化 P 的 Maxwell 方程 (2.1.9)，采用近似 $\nabla \times \nabla \times E \simeq -\nabla^2 E$，并加上损耗项 $\gamma_0 \frac{\partial}{\partial t} E$ 后，这方程可写为

$$\frac{\partial^2}{\partial t^2} E + \gamma_0 \frac{\partial E}{\partial t} - c^2 \nabla^2 E = -4\pi \frac{\partial^2 P}{\partial t^2} \tag{5.1.1}$$

式中 γ_0 为腔的损耗及介质中的传播损耗，$\gamma_0 = \omega/Q$。这样将介质的吸收、散射损耗以及腔的输出、衍射损耗均包括在 γ_0 之内了。宏观极化矢量 P 在方程 (5.1.1) 中起着电磁辐射源的作用。在外场驱动下，原子内的电子作强迫振动，并表现为极化 P 随时间的振动。反过来 P 又作为波动方程 (5.1.1) 的源出现，这也体现了原子的受激辐射 (由电偶极强迫振动产生的辐射) 相干地叠加在入射的辐射场 E 上。在外场 E 的驱动下，原子宏观极化 P 的强迫振动容易从二能级原子密度矩阵方程得出。下面为了讨论的方便，并不失去一般性，将矢量 E, P 简化为标量 E, P。设 a 为激发态，b 为基态，则由密度矩阵方程 (2.5.21) 和 (2.5.27)，得

$$\begin{cases} \dfrac{\partial}{\partial t} \rho_{ab} = -\left(\mathrm{i}\omega_{ab} + \dfrac{1}{T_2}\right) \rho_{ab} - \mathrm{i}\dfrac{\mu_{ab}}{\hbar} E(r,t)(\rho_{aa} - \rho_{bb}) \\[3mm] \dfrac{\partial}{\partial t} \rho_{ba} = \left(\mathrm{i}\omega_{ab} - \dfrac{1}{T_2}\right) \rho_{ba} + \mathrm{i}\dfrac{\mu_{ba}}{\hbar} E(r,t)(\rho_{aa} - \rho_{bb}) \end{cases} \tag{5.1.2}$$

令

$$P = n_0 \mu_{ab}(\rho_{ab} + \rho_{ba}), \qquad \Delta = (\rho_{aa} - \rho_{bb})n_0 \tag{5.1.3}$$

式中 n_0 为单位体积内的原子数; P, Δ 为宏观极化与反转粒子数密度。由 (5.1.2) 和 (5.1.3) 式便得

$$\left(\frac{\partial^2}{\partial t^2} + \frac{2}{T_2}\frac{\partial}{\partial t} + \omega_{ab}^2 + \frac{1}{T_2^2}\right)P = -2\Delta E\frac{\mu_{ab}^2\omega_{ab}}{\hbar} \tag{5.1.4}$$

这就是宏观极化 P 满足的振动方程, 它是通过电场 E 来驱动的。由这个方程及 (5.1.2) 式看出, P 振动不是单色的, 而是有 $\Delta\omega = \dfrac{1}{T_2}$ 的谱宽。由极化 P 产生的电磁辐射也不是单色的。在不计及腔的作用和介质增益、损耗等的影响下, $\Delta\omega = \dfrac{1}{T_2}$ 就是原子的自然线宽, T_2 为原子自发辐射的相干时间, 是横弛豫时间。

除了电场 E、极化 P 所满足的方程 (5.1.1) 和 (5.1.4) 外, 还要求出反转粒子密度 Δ 的变率方程。同样由密度矩阵方程 (2.5.21) 和 (2.5.27) 得

$$\frac{\mathrm{d}\Delta}{\mathrm{d}t} = -\mathrm{i}\frac{2E\mu_{ab}}{\hbar}n_0(\rho_{ab} - \rho_{ba}) - \frac{\Delta - \Delta_0}{T_1} \tag{5.1.5}$$

式中 Δ_0 表示通过光泵抽运能达到的反转粒子数密度水平; T_1 表示反转粒子寿命, 即纵弛豫时间。(5.1.5) 式的第一项是由受激辐射而引起的反转粒子数的变化。当不考虑这项的影响时, 对于给定光泵水平, 反转粒子数随时间的变化趋于饱和值 Δ_0(图 5.1)。

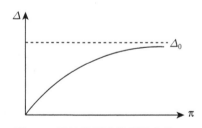

图 5.1 反转粒子数趋于饱和值 Δ_0

(5.1.1)~(5.1.5) 式就是我们研究激光振荡与放大的基本方程。这些方程的解一般是很复杂的, 现采取 Lamb 的解法 [3]。首先将 $E(\boldsymbol{r}, t), P(\boldsymbol{r}, t)$ 用谐振腔的本征模式 $u_n(\boldsymbol{r})\mathrm{e}^{-\mathrm{i}\omega_n t}$ 展开, 这在形式上与 (2.1.14) 和 (2.1.15) 式基本一致。稍有不同的是, (2.1.15) 式只是极化 $P(\boldsymbol{r}, t)$ 中的非线性部分 P^{NL}, 而线性部分已分离出来了。除此之外的区别, 从下面表达式可看出来:

$$E(\boldsymbol{r}, t) = \sum E_n\mathrm{e}^{-\mathrm{i}(\omega_n t + \varphi_n(t))}u_n(r) + c.c \tag{5.1.6}$$

$$P(\boldsymbol{r},t) = \sum P_n \mathrm{e}^{-\mathrm{i}(\omega_n t + \varphi_n(t))} u_n(\boldsymbol{r}) + c.c \tag{5.1.7}$$

$$-c^2 \nabla^2 u_n(\boldsymbol{r}) = \Omega_n^2 u_n(\boldsymbol{r}) \tag{5.1.8}$$

式中 Ω_n 为谐振腔本振频率, ω_n 为第 n 个模式的振荡频率, $E_n(t), \varphi_n(t)$ 分别为慢变振幅与相位 ((2.1.14) 式中的 $\boldsymbol{A}_n(\boldsymbol{r},t), P_n(\boldsymbol{r},t)$ 尚与 $\boldsymbol{r}$ 有关)。又注意到 $-\dfrac{\partial^2}{\partial t^2} P(\boldsymbol{r},t) \simeq \omega_{ab}^2 P(\boldsymbol{r},t)$, 将 (5.1.6) 和 (5.1.7) 式代入 (5.1.1) 式, 便得

$$\ddot{E}_n + 2\dot{E}_n(-i\omega_n - i\dot{\varphi}_n) + (\Omega_n^2 - (\omega_n + \dot{\varphi}_n)^2 - \ddot{\varphi}_n)E_n = 4\pi\omega_{ab}^2 P_n \tag{5.1.9}$$

在上式中略去 $\ddot{E}$, $\dot{E}_n\dot{\varphi}_n$, $\dot{\varphi}_n^2$, $\ddot{\varphi}_n$ 诸项, 并设 $P_n = C_n + \mathrm{i}S_n$, 便得

$$\begin{cases} (\omega_n + \dot{\varphi}_n - \Omega_n)E_n = -2\pi\omega C_n \\[3mm] \dot{E}_n + \dfrac{1}{2}\dfrac{\omega}{Q_n}E_n = -2\pi\omega S_n \end{cases} \tag{5.1.10}$$

式中 $\omega = \omega_{ab}$, $\dfrac{\omega}{2Q_n}$ 为唯象引进的腔的损耗。

下面就几种简单情形解 (5.1.10) 式。

5.1.1 没有激活离子 (或原子) 情形

这时宏观极化 $P = 0$, $C_n = S_n = 0$, 根据 (5.1.10) 式第一方程, 并令 $\dot{\varphi}_n = 0$, 便得激光振荡频率 ω_n 等于谐振腔本征频率 Ω_n。由第二方程得 $E_n = E_n^0 \mathrm{e}^{-\frac{\omega}{2Q_n}t}$, 这表明振幅是按指数衰减的。

5.1.2 线性极化 $P \propto E$

令 $C_n = \chi' E_n$, $S_n = \chi'' E_n$, 代入 (5.1.10) 式, 得

$$\omega_n + \dot{\varphi}_n - \Omega_n = -2\pi\omega\chi_n' \tag{5.1.11}$$

$$\dot{E}_n + \frac{\omega}{2Q_n}E_n = -2\pi\omega\chi_n'' E_n \tag{5.1.12}$$

令 $\dot{\varphi}_n = 0$, 得

$$\omega_n = \Omega_n - 2\pi\omega\chi_n' \tag{5.1.13}$$

$$E_n = E_n^0 \mathrm{e}^{-(\omega/(2Q_n)+2\pi\omega\chi'')t} \tag{5.1.14}$$

(5.1.13) 式为模式振荡频率 ω_n 相对于腔本征频率 Ω_n 的牵引, (5.1.14) 式则表明当介质增益大于损耗时 $-2\pi\omega\chi'' > \dfrac{\omega}{2Q_n}$, E_n 按指数增加, 否则减小。

5.1.3　一级近似

将 $E(r, t)$ 的展开式 (5.1.6) 代入 (5.1.2) 式并积分, 得极化 P 的一级近似

$$P^{(1)} = n_0 \mu_{ab}(\rho_{ab}^{(1)} + \rho_{ba}^{(1)}), \quad \Delta = n_0(\rho_{aa} - \rho_{bb}) \tag{5.1.15}$$

$$\rho_{ab}^{(1)} = -\frac{i\mu_{ab}}{\hbar} \sum \frac{E_n(t)u_n(r)}{1/T_2 + i(\omega - \omega_n)} e^{-i(\omega_n t + \varphi_n(t))} \Delta \tag{5.1.16}$$

在作这个积分时, 已假定了 $E_n(t)$, $\varphi_n(t)$ 及 Δ 的慢变函数性质, 可从对 t 的积分号中提出。还采用了旋波近似, 略去非共振项

$$\frac{i\mu_{ab}}{\hbar} \sum_n \frac{E_n(t)u_n(r)}{1/T_2 + i(\omega + \omega_n)} e^{-i(\omega_n t + \varphi_n(t))} \Delta$$

这样才得到 (5.1.16) 式。式中 $\omega = \omega_{ab}$。

在一级近似 (5.1.16) 式的基础上, 还可以计算反转粒子数密度 $\Delta(r, t)$ 随辐射场变化的关系。这只需将 $E(r, t)$, $\rho_{ab}^{(1)}$ 的展开式 (5.1.6) 和 (5.1.16) 式代入 (5.1.5) 式, 便得

$$\frac{\partial \Delta}{\partial t} = -2R\Delta - \frac{\Delta - \Delta_0}{T_1} \tag{5.1.17}$$

$$R = \frac{\mu_{ab}^2}{\hbar^2} \sum_\mu \sum_\sigma \frac{E_\mu E_\sigma u_\mu(r) u_\sigma(r)}{1/T_2 + i(\omega - \omega_\mu)} e^{i(\omega_\sigma - \omega_\mu)t} + c.c. \tag{5.1.18}$$

这二式为反转粒子数密度变率方程。稳态时 $\frac{\partial \Delta}{\partial t} = 0$, 我们有 Δ 的稳态解

$$\Delta = \frac{\Delta_0}{1 + 2T_1 R} \tag{5.1.19}$$

这表明稳态时反转粒子数密度 Δ 由于 R 的增大而下降, 亦即受激辐射消耗了反转粒子数, 使得 Δ 被吃空。

现进一步讨论一级近似下的宏观极化 P。由 (5.1.15) 和 (5.1.16) 式得

$$P(r, t) = \frac{-i\mu_{ab}^2}{\hbar} \sum_n \frac{E_n(t)u_n(r)\Delta(r)}{1/T_2 + i(\omega - \omega_n)} e^{-i(\omega_n t + \varphi_n(t))} + c.c. \tag{5.1.20}$$

由此得 (5.1.10) 式中的 C_n, S_n 及 P_n 为

$$\begin{cases} P_n = \int P(r, t)u_n(r, t)dr \\ \\ N_n = \int \Delta(r)u_n^2(r)dr \end{cases} \tag{5.1.21}$$

$$\begin{cases} C_n = \dfrac{-\mu_{ab}^2 N_n}{\hbar} E_n \dfrac{\omega - \omega_n}{(1/T_2)^2 + (\omega - \omega_n)^2} \\[3mm] S_n = \dfrac{-\mu_{ab}^2 N_n}{\hbar} E_n \dfrac{1/T_2}{(1/T_2)^2 + (\omega - \omega_n)^2} \end{cases} \tag{5.1.22}$$

代入 (5.1.11) 和 (5.1.12) 式，便得

$$\omega_n + \dot{\varphi}_n = \Omega_n + \frac{2\pi N_n \mu_{ab}^2 \omega}{\hbar} \frac{\omega - \omega_n}{(1/T_2)^2 + (\omega - \omega_n)^2} \tag{5.1.23}$$

$$\frac{\dot{E}_n}{E_n} = \frac{2\pi N_n \mu_{ab}^2 \omega}{\hbar} \frac{1/T_2}{(1/T_2)^2 + (\omega - \omega_n)^2} - \frac{\omega}{2Q_n} \tag{5.1.24}$$

(5.1.23) 式为激活介质的色散方程，第二项就是激活离子或原子产生的色散或频率牵引。(5.1.24) 式右端第一项为介质的增益，第二项为腔的损耗。增益与反转粒子数分布 N_n 成正比，当增益等于损耗时，便给出使得激光开始振荡的反转数密度阈值 $\bar{N}_n$：

$$\frac{\dot{E}_n}{E_n} = \frac{\omega}{2Q_n} \left[\frac{N_n}{\bar{N}_n} - 1 \right] \tag{5.1.25}$$

$$\bar{N}_n = \frac{\hbar}{4\pi\mu_{ab}^2} \frac{(1/T_2)^2 + (\omega - \omega_n)^2}{Q_n/T_2} \tag{5.1.26}$$

当激光振荡频率 ω_n 与原子跃迁频率 ω 共振时，便有

$$\omega - \omega_n = 0, \qquad \bar{N}_n = \frac{\hbar}{4\pi\mu_{ab}^2} \frac{1}{T_2 Q_n} \tag{5.1.27}$$

5.1.4 气体激光的烧孔效应与 Lamb 凹陷

在讨论 (5.1.19) 式的物理意义时，我们已经注意到受激辐射消耗反转粒子数使得 Δ 被吃空。如将 (5.1.19) 式的 Δ 代入 $P(\boldsymbol{r},t)$ 的表达式 (5.1.20)，将会使得 $P(\boldsymbol{r},t)$ 非线性地依赖于 E，即出现高阶极化。本节将结合气体激光的特点，讨论高阶极化对激光振荡的影响。与固体的激活介质不一样，对气体原子或分子，还需要考虑以速度 v 迎着观察者或背离观察者运动带来的 Doppler 频移。设 ω 为原子的跃迁频率，观察到的频率为 $\omega' = \omega \pm kv$，考虑到 Doppler 频移后，(5.1.16) 式为

$$\rho_{ab}^{(1)}(v) = \frac{\mathrm{i}\mu_{ab}}{2\hbar} \sum_n \left\{ \frac{E_n u_n \Delta}{1/T_2 + \mathrm{i}(\omega - kv - \omega_n)} + \frac{E_n u_n \Delta}{1/T_2 + \mathrm{i}(\omega + kv - \omega_n)} \right\} \mathrm{e}^{-\mathrm{i}(\omega_n t + \varphi_n)} \tag{5.1.28}$$

对单模振荡情形，可去掉上式对 n 的求和，且 (5.1.18) 式亦相应地写为

$$R = \frac{\mu_{ab}^2}{2\hbar^2} \left\{ \frac{1}{1/T_2 + \mathrm{i}(\omega - \omega_n - kv)} + \frac{1}{1/T_2 + \mathrm{i}(\omega - \omega_n + kv)} + c.c. \right\} E_n^2 u_n^2$$

$$= T_2 \left(\frac{\mu_{ab} E_n u_n}{\hbar} \right)^2 \{ L(\omega - \omega_n - kv) + L(\omega - \omega_n + kv) \} \tag{5.1.29}$$

$$L(\omega - \omega_n \pm kv) = \frac{(1/T_2)^2}{\dfrac{1}{T_2}^2 + (\omega - \omega_n \pm kv)^2}$$

当驻波模式空间分布 $|u_n|^2$ 用平均值 $1/2$ 来代替时, R 为

$$R = \frac{T_2}{2}\left(\frac{\mu_{ab}E_n}{\hbar}\right)^2 \{L(\omega - \omega_n - kv) + L(\omega - \omega_n + kv)\} \tag{5.1.30}$$

类似于 (5.1.19) 式, 可得速度在 v 至 $v + \mathrm{d}v$ 范围内反转粒子数密度的稳态解为

$$\Delta(\boldsymbol{r}, v)\mathrm{d}v = \frac{\bar{\Delta}}{1 + 2T_1 R}w(v)\mathrm{d}v \simeq \bar{\Delta}(1 - 2T_1 R)w(v)\mathrm{d}v \tag{5.1.31}$$

式中 $w(v)$ 为原子的速度分布函数。因子 $1 - 2T_1 R$ 体现了反转粒子被吃空, 且在 $w(v)$ 分布曲线 $v = \pm(\omega - \omega_n)/k$ 处留下烧孔 (图 5.2)。将 (5.1.31) 式代入 (5.1.28) 式, 并对 v 求积分, 便得宏观极化 P_n

$$P_n(t) = \int P(\boldsymbol{r}, t)u_n(\boldsymbol{r})\mathrm{d}\boldsymbol{r} = (P_n^{(1)} + P_n^{(3)})\mathrm{e}^{-\mathrm{i}\omega_n t} \tag{5.1.32}$$

$$P_n^{(1)} = \frac{-\mathrm{i}\mu_{ab}^2}{2\hbar}E_n\bar{\Delta}\int\left\{\frac{1}{1/T_2 + \mathrm{i}(\omega - \omega_n - kv)}\right.$$
$$\left. + \frac{1}{1/T_2 + \mathrm{i}(\omega - \omega_n + kv)} + c.c.\right\}w(v)\mathrm{d}v$$

$$P_n^{(3)} = \frac{-\mathrm{i}\mu_{ab}^2}{2\hbar}E_n\bar{\Delta}\int\left\{\frac{1}{1/T_2 + \mathrm{i}(\omega - \omega_n - kv)}\right.$$
$$\left. + \frac{1}{1/T_2 + \mathrm{i}(\omega - \omega_n + kv)} + c.c.\right\}(-2T_1 R)w(v)\mathrm{d}v$$

取 Maxwell 速度分布 $w(v) = \dfrac{\exp[-v^2/u^2]}{\sqrt{\pi}u}$, $u^2 = 2\langle v^2\rangle_{\mathrm{av}}$, 则一阶极化 $P_n^{(1)}$ 的计算可通过等离子体的色散函数 $Z(\omega)$ 表示出来。$Z(\omega)$ 的定义

$$Z(\omega) = \frac{\mathrm{i}k}{\sqrt{\pi}}\int_{-\infty}^{\infty}\mathrm{d}v'\frac{\mathrm{e}^{-v'^2/u^2}}{\omega + \mathrm{i}kv'} = \frac{\mathrm{i}k}{\sqrt{\pi}}\int_{-\infty}^{\infty}\mathrm{d}v'\frac{\mathrm{e}^{-v'^2/u^2}}{\omega - \mathrm{i}kv'} \tag{5.1.33}$$

于是

$$P_n^{(1)} = \frac{-\bar{\Delta}\mu_{ab}^2}{ku\hbar}2E_n Z\left(\frac{1}{T_2} + \mathrm{i}(\omega - \omega_n)\right) \tag{5.1.34}$$

当 $ku \gg \Delta\omega \gg \dfrac{1}{T_2}$ 时

$$Z\left(\frac{1}{T_2} + \mathrm{i}\Delta\omega\right) \simeq Z(\mathrm{i}\Delta\omega) = \mathrm{e}^{-\left(\frac{\Delta\omega}{ku}\right)^2}\left[\mathrm{i}\sqrt{\pi} - 2\int_0^{\frac{\Delta\omega}{ku}}\mathrm{d}x\mathrm{e}^{x^2}\right] \simeq \mathrm{i}\sqrt{\pi}\mathrm{e}^{-\left(\frac{\Delta\omega}{ku}\right)^2}$$

故有

$$P_n^{(1)} \simeq \frac{-\mathrm{i}\bar{\Delta}\mu_{ab}^2}{ku\hbar} 2E_n \sqrt{\pi} \mathrm{e}^{-\left(\frac{\omega-\omega_n}{ku}\right)^2} \tag{5.1.35}$$

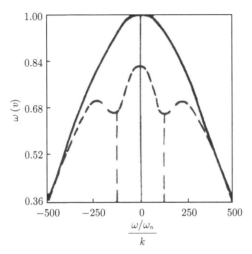

图 5.2 烧孔曲线 (参照文献 [1])

现讨论三阶极化 $P_n^{(3)}$ 计算。由 (5.1.30) 式得

$$P_n^{(3)} = \frac{-\mu_{ab}^2}{\hbar} E_n \bar{\Delta}(-T_2 T_1) \left(\frac{\mu_{ab}E_n}{\hbar}\right)^2 \frac{1}{ku} \int_{-\infty}^{\infty} \mathrm{i}kudv' \mathrm{e}^{-(v'/u)^2}$$

$$\times \frac{1}{1/T_2 + \mathrm{i}(\omega-\omega_n-kv')} \{L(\omega-\omega_n-kv') + L(\omega-\omega_n+kv')\} \tag{5.1.36}$$

在 $ku \gg \Delta\omega > \dfrac{1}{T_2}$ 的假定下，最后可得

$$P_n^{(3)} = \frac{T_1 T_2 \sqrt{\pi} \bar{\Delta}\mu_{ab}^4}{\hbar^3 ku} E_n^3 \exp\left[-\left(\frac{\omega-\omega_n}{ku}\right)^2\right]$$

$$\times \{T_2(\omega-\omega_n)L(\omega-\omega_n) + \mathrm{i}[1 + L(\omega-\omega_n)]\} \tag{5.1.37}$$

参照 (5.1.12) 式，可直接写出含有一阶及三阶极化的 Lamb 方程

$$(\omega_{n+}\dot{\varphi}_n - \Omega_n) = -2\pi\omega(C_n^{(1)} + C_n^{(3)}) \tag{5.1.38}$$

$$\dot{E}_n + \frac{\omega}{2Q_n}E_n = -2\pi\omega(S_n^{(1)} + S_n^{(3)}) \tag{5.1.39}$$

按 (5.1.35) 和 (5.1.37) 式，并参照 (5.1.19) 式可计算一阶、三阶极化对增益的贡献 $S_n^{(1)}$, $S_n^{(3)}$

$$
\begin{cases}
S_n^{(1)} = \dfrac{-2\pi^{1/2}\mu_{ab}^2\bar{\Delta}}{\hbar ku} E_n \mathrm{e}^{-\left(\frac{\omega-\omega_n}{ku}\right)^2} \\[4mm]
S_n^{(3)} = T_1 T_2 \left(\dfrac{\pi^{1/2}\bar{\Delta}\mu_{ab}^4}{\hbar^3 ku}\right) E_n^3 \mathrm{e}^{-\left(\frac{\omega-\omega_n}{ku}\right)^2}\left(1 + L(\omega-\omega_n)\right)
\end{cases}
\tag{5.1.40}
$$

将 (5.1.40) 式代入 (5.1.39) 式，得

$$
\frac{\dot{E}_n}{E_n} = \frac{\omega}{2Q_n}\left[\frac{\bar{\Delta}}{\Delta_T} - \mathrm{e}^{\left(\frac{\omega-\omega_n}{ku}\right)^2} - \frac{\bar{\Delta}}{\Delta_T}I_n(1+L(\omega-\omega_n))\right]\mathrm{e}^{-\left(\frac{\omega-\omega_n}{ku}\right)^2}
$$

$$
\Delta_T = \frac{\hbar ku}{4\pi^{3/2}\mu_{ab}^2 Q_n}, \qquad I_n = \frac{T_1 T_2 \mu_{ab}^2 E_n^2}{2\hbar^2}
\tag{5.1.41}
$$

式中 Δ_T 为阈值反转粒子数密度，I_n 为无量纲光强。由 (5.1.41) 式得稳态 ($\dot{E}_n = 0$) 光强输出

$$
I_n = 4\frac{1 - \dfrac{\bar{\Delta}_T}{\bar{\Delta}}\exp\left[\left(\dfrac{\omega-\omega_n}{ku}\right)^2\right]}{1 + L(\omega-\omega_n)}
\tag{5.1.42}
$$

容易看出，I_n 随着激光输出频率 ω_n 而异，当 ω_n 调谐到原子跃迁频率，即 $\omega_n = \omega$ 时，输出 I_n 有极小值，这就是 Lamb 凹陷。这从烧孔曲线 (图 5.3) 来看也是很明

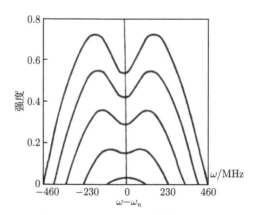

图 5.3 Lamb 凹陷 (参照文献 [1])

图中参数为：Doppler 宽度 (ku) 为 $2\pi \times 1010\mathrm{MHz}$, 衰减系数 $\gamma = 1/T_1 = 2\pi \times 80\mathrm{MHz}$, 横向弛豫系数 $\gamma_{ab} = 1/T_2 = 2\pi \times 50\mathrm{MHz}$, 相对反转粒子数 $\Delta/\bar{\Delta} = 1.01, 1.05, 1.10, 1.15, 1.20$

显的。当 $\omega = \omega_n$ 时，对激光有贡献的主要是 $v \simeq 0$ 的原子。$v \simeq 0$ 的烧孔可看成 $v = \pm \dfrac{\omega - \omega_n}{k} \neq 0$ 的两个烧孔移近叠加在一起，形成一个深度更大的烧孔，稳态反转粒子数密度很低，输出也就相应下降了。

还应着重指出的是，Lamb 凹陷之所以能出现，主要是用了 Doppler 加宽远大于原子的自然线宽，即 $ku \gg 1/T_2$，它是 (5.1.42) 式成立的条件。若 ku 与 $1/T_2$ 为同量级，则不会观察到凹陷效应。

5.1.5 多模振荡

有关单模激光振荡的 Lamb 方程、反转粒子数吃空及 Lamb 凹陷等已如上述。若将上面方法推广到多模情形，便可研究存在于激光器中的多模竞争了。首先 R 的表示式 (5.1.18) 需要对 N 个竞争模式求和，参照 (5.1.32)~(5.1.40) 式的推导，最后将看到对 $S^{(3)}$ 作出贡献的，除了 E_n^3 以外，还有交叉项 $E_n E_u^2$。在 (5.1.10) 式中的 S_n 用 $S_n^{(1)} + S_n^{(3)}$ 代替，便得出振幅 E_n 满足的方程

$$\dot{E}_n = \alpha_n E_n - \beta_n E_n^3 - \sum_{\mu \neq n} \theta_\mu E_n E_\mu^2 \tag{5.1.43}$$

对于双模竞争，则有

$$\begin{cases} \dot{E}_1 = \alpha_1 E_1 - \beta_1 E_1^3 - \theta E_1 E_2^2 \\ \dot{E}_2 = \alpha_2 E_2 - \beta_2 E_2^3 - \theta E_2 E_1^2 \end{cases} \tag{5.1.44}$$

令 $x = E_1^2$, $y = E_2^2$，则方程 (5.1.44) 可写为

$$\begin{cases} \dot{x}/2 = (\alpha_1 - \beta_1 x - \theta y)x \\ \dot{y}/2 = (\alpha_2 - \beta_2 y - \theta x)y \end{cases} \tag{5.1.45}$$

这个方程有如下四个奇点：

$$\begin{aligned} &(1) \quad y = 0, \qquad x = \alpha_1/\beta_1, \qquad 若 \alpha_1 > 0 \\ &(2) \quad x = 0, \qquad y = \alpha_2/\beta_2, \qquad 若 \alpha_2 > 0 \\ &(3) \begin{cases} \alpha_1 = \beta_1 x + \theta y, \qquad L_1 \\ \alpha_2 = \theta x + \beta_2 y, \qquad L_2 \end{cases} \\ &(4) \quad x = y = 0 \end{aligned} \tag{5.1.46}$$

第 1, 2 个奇点分别对应于模"1"或"2"的单模振荡稳态解 $\dot{x} = \dot{y} = 0$；第 3 个奇点为 L_1, L_2 的交点，如果这交点在第一象限，便对应于双模振荡解；第 4 个奇点所对应的解不稳。图 5.4 给出双模振荡即 L_1 与 L_2 交点在第一象限内随时间的演化图。

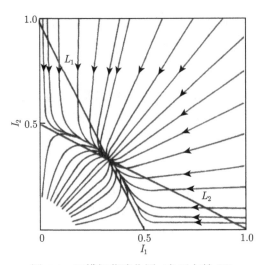

图 5.4　双模振荡演化图 (参照文献 [1])

5.2　激光振荡的全量子理论

全量子理论是相对于半经典理论而言的。半经典理论将电磁场看作可用 Maxwell 方程描述的经典场,而与之相互作用的原子或分子则用量子力学来描述。半经典理论在描述激光的振荡、放大及模式竞争等方面是富有成效的,但有关辐射场的相干统计性质等就要采用将电磁场也进行量子化的全量子理论来处理。电磁场的量子化已在 2.7 节讨论。这里主要讨论辐射场与电子波场的相互作用。参照 (2.8.1) 式,将 $b_\lambda^\dagger \mathrm{e}^{\mathrm{i}\omega_\lambda t}$ 记为 $b_\lambda^\dagger$, $b_\lambda \mathrm{e}^{-\mathrm{i}\omega_\lambda t}$ 记为 b_λ,则量子化后的场表示为

$$E(r,t) = \frac{-1}{c}\frac{\mathrm{d}A}{\mathrm{d}t} = -\mathrm{i}\sum_{\lambda,\sigma}\sqrt{2\pi\hbar\omega_\lambda}(b_\lambda^\dagger - b_\lambda)\varepsilon_{\lambda,\sigma}u_\lambda(r) \tag{5.2.1}$$

并可反推出矢势 $A(r,t)$

$$A(r,t) = \sum_{\lambda,\sigma}\sqrt{\frac{2\pi c^2\hbar}{\omega_\lambda}}(b_\lambda^\dagger + b_\lambda)\varepsilon_{\lambda,\sigma}u_\lambda(r) \tag{5.2.2}$$

代入 H_{I} 的表示式中。包括辐射场与原子体系在内的总的能量算符 H 可写为原子的 H_{a}、辐射场的 H_{L} 及 H_{I} 之和

$$H = H_{\mathrm{a}} + H_{\mathrm{L}} + H_{\mathrm{I}} \tag{5.2.3}$$

式中 H_I 为场与电偶极的相互作用能。按经典电动力学 $H_I = -\dfrac{(-e)\boldsymbol{A}}{mc} \cdot \boldsymbol{p}$，量子化后，$\boldsymbol{A}$ 用 (5.2.2) 式来表示，$\boldsymbol{p}$ 用相应的矩阵元 $\int \varphi_j^* \boldsymbol{p} \varphi_l a_j^\dagger a_l \mathrm{d}\boldsymbol{q}_\mu$ 来表示，$\boldsymbol{q}_\mu$ 为第 μ 原子内部坐标。便有

$$H_I = -\frac{(-e)}{m} \sum_{\lambda,\sigma,j,l\mu} \sqrt{\frac{2\pi\hbar}{\omega_\lambda}} (b_\lambda^\dagger + b_\lambda) u_\lambda(\boldsymbol{r}) \int \varphi_{j\mu} \boldsymbol{p} \cdot \boldsymbol{\varepsilon}_{\lambda,\sigma} \varphi_{l\mu} \mathrm{d}\boldsymbol{q}_\mu a_{j\mu}^\dagger a_{l\mu} \tag{5.2.4}$$

(5.2.4) 式是辐射场与 N 个原子的相互作用，μ 是指第 μ 个原子，相互作用对 μ 求和。

对于二能级原子，按 (2.6.14) 和 (2.6.15) 式算符 $a_1^\dagger$，a_2 等可用自旋算符 σ 表示

$$\begin{cases} \sigma^+ = \sigma_x + \mathrm{i}\sigma_y = a_2^\dagger a_1 \\[2mm] \sigma^- = \sigma_x - \mathrm{i}\sigma_y = a_1^\dagger a_2 \\[2mm] \sigma_z = \dfrac{1}{2}(a_2^\dagger a_2 - a_1^\dagger a_1) \end{cases} \tag{5.2.5}$$

并满足对易关系

$$\begin{aligned} &\sigma^{+2} = \sigma^{-2} = 0, \quad \sigma^+\sigma^- + \sigma^-\sigma^+ = 1 \\ &[\sigma^\pm, \sigma_z] = \mp\sigma^\pm, \quad \sigma^+\sigma^- - \sigma^-\sigma^+ = 2\sigma_z \end{aligned} \tag{5.2.6}$$

又定义

$$\begin{cases} g_{\lambda,\sigma,\mu} = \dfrac{-e}{m} \sqrt{\dfrac{2\pi}{\hbar\omega_\lambda}} \int \varphi_{1\mu} \boldsymbol{p} \cdot \boldsymbol{\varepsilon}_{\lambda,\sigma} \varphi_{2\mu} u_\lambda(\boldsymbol{r}) \mathrm{d}\boldsymbol{q}_\mu \\[4mm] g_{\lambda,\sigma,\mu}^* = \dfrac{-e}{m} \sqrt{\dfrac{2\pi}{\hbar\omega_\lambda}} \int \varphi_{2\mu} \boldsymbol{p} \cdot \boldsymbol{\varepsilon}_{\lambda,\sigma} \varphi_{1\mu} u_\lambda(\boldsymbol{r}) \mathrm{d}\boldsymbol{q}_\mu \end{cases} \tag{5.2.7}$$

并应用旋波近似，则相互作用 HamiltonH_I (5.2.4) 式可写为 (下面为简单起见，将 λ,σ 写为 λ)

$$H_I = -\hbar \sum_{\lambda,\mu} (g_{\lambda,\mu} b_\lambda^\dagger \sigma_\mu^- + g_{\lambda,\mu}^* b_\lambda \sigma_\mu^+) \tag{5.2.8}$$

而原子与场的 Hamilton 分别为

$$H_a = \sum_\mu \hbar\omega_0 \sigma_{z\mu}, \quad H_L = \sum_\lambda \hbar\omega_\lambda b_\lambda^\dagger b_\lambda \tag{5.2.9}$$

总的 Hamilton 量 $H = H_a + H_L + H_I$，并应用 (2.7.14) 和 (5.2.6) 式，便得 Heisenberg 运动方程

$$
\begin{cases}
\dot{\sigma}_{z\mu} = \mathrm{i} \sum_\lambda (-g_{\lambda,\mu} b_\lambda^\dagger \sigma_\mu^- + g_{\lambda,\mu}^* b_\lambda \sigma_\mu^+) \\[2mm]
\dot{\sigma}_\mu^- = -\mathrm{i}\omega_0 \sigma_\mu^- - \mathrm{i}2 \sum_\lambda g_{\lambda,\mu}^* b_\lambda \sigma_{z\mu} \\[2mm]
\dot{\sigma}_\mu^+ = \mathrm{i}\omega_0 \sigma_\mu^+ + \mathrm{i}2 \sum_\lambda g_{\lambda,\mu} b_\lambda^\dagger \sigma_{z\mu}
\end{cases}
\tag{5.2.10}
$$

及

$$
\begin{cases}
\dot{b}_\lambda = -\mathrm{i}\omega_\lambda b_\lambda + \mathrm{i} \sum_\mu g_{\lambda,\mu} \sigma_\mu^- \\[2mm]
\dot{b}_\lambda^\dagger = \mathrm{i}\omega_\lambda b_\lambda^\dagger - \mathrm{i} \sum_\mu g_{\lambda,\mu}^* \sigma_\mu^+
\end{cases}
\tag{5.2.11}
$$

上面二式为包括原子、辐射场及其相互作用在内的全量子方程。

5.3　热库模型与激光输出的统计分布

5.3.1　热库模型

5.2 节我们通过求解含极化的 Maxwell 方程，研究了激光振荡问题，所涉及的是辐射场与 N 个原子体系的相互作用。实际上，在产生激光的体系中，情况要复杂些。辐射场在工作物质中要被杂质原子散射、吸收，并在镜面部分输出。而 N 个激活原子也要相互碰撞，或经受晶格振动，且激活原子的泵浦场也是不恒定的，有无规起伏。所有这些均可归并为一个热库的相互作用 [2] (图 5.5)。热库可理解为一个自由度很大的体系，与热库相互作用的特点是它的无规与随机性。这种随机性可通过 Langevin 方程中的无规力 $F_i(t)$ 来描写。无规力 $F_i(t)$ 体现了热库对体系的作用，因为是无规的，故 $F_i(t)$ 与 $F_i(t')(t' \neq t)$ 几乎没有关联，亦即 $F_i(t)$ 的关联时间趋于零，即满足

$$
\langle F_i(t) F_k(t') \rangle = Q_{ik} \delta(t - t')
\tag{5.3.1}
$$

当 n 为奇数时

$$
\langle F_1(t_1) \cdots F_n(t_n) \rangle = 0
\tag{5.3.2}
$$

当 n 为偶数时

$$
\begin{aligned}
& \langle F_1(t_1) \cdots F_n(t_n) \rangle \\
& = \sum_p \langle F_{\lambda_1}(t_{\lambda_1}) F_{\lambda_2}(t_{\lambda_2}) \rangle \cdots \langle F_{\lambda_{n-1}}(t_{\lambda_{n-1}}) F_{\lambda_n}(t_{\lambda_n}) \rangle
\end{aligned}
\tag{5.3.3}
$$

式中 $\sum\limits_{p}$ 表示对 $1,\cdots,n-1,n$ 的所有排列 $\lambda_1,\cdots,\lambda_{n-1},\lambda_n$ 求和。在 (5.3.1)~(5.3.3) 三个等式中, (5.3.1) 式称为 Markov 条件, 它表明无规力的相干时间非常短。(5.3.2) 和 (5.3.3) 式称为 Gauss 条件, 在通常激光情形, 可以认为 Markov 条件和 Gauss 条件均成立。将无规力加到系统的运动方程中便得描述系统的多自由度的 Langevin 方程。

$$\frac{\mathrm{d}v_i}{\mathrm{d}t} = \sum_k M_{ik}v_k + F_i(t), \qquad i = 1,\cdots,n$$

$$M_{ik} = M_{ik}(v_1,\cdots,v_n) \tag{5.3.4}$$

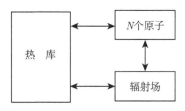

图 5.5　热库模型

根据过程的 "Markov" 性质, 除了 Langevin 方程描述外, 还有描述体系的速度分布函数 $f(\boldsymbol{v},t)$ 满足的 Fokker-Planck 方程

$$\frac{\partial f(\boldsymbol{v},t)}{\partial t} = -\sum_i \frac{\partial}{\partial v_i}(B_i(v)f) + \frac{1}{2}\sum_{i,j}\frac{\partial^2(Q_{i,j}f)}{\partial v_i \partial v_j} \tag{5.3.5}$$

式中

$$B_i(v) = \frac{\langle \Delta v_i \rangle}{\tau} = \left\langle \sum_k M_{ik}v_k + F_i(t)\right\rangle = \sum_k M_{ik}v_k \tag{5.3.6}$$

而

$$\frac{\langle \Delta v_i(t)\Delta v_j(t')\rangle}{\tau} \simeq \langle (B_i(v) + F_i(t))(B_j(v) + F_j(t'))\rangle\tau$$

$$= B_i(v)B_j(v)\tau + Q_{ij}\delta(t-t')\tau \tag{5.3.7}$$

式中 $\tau = t' - t$。当 $\tau \to 0$ 时

$$\lim_{\tau \to 0}\frac{\langle \Delta v_i \rangle}{\tau} = B_i(v)$$

$$\lim_{\tau \to 0}\frac{\langle \Delta v_i(t)\Delta v_j(t')\rangle}{\tau} = Q_{ij} \tag{5.3.8}$$

作为一个例子, 我们举出复变量 v 的非线性 Van der Pol 方程

$$\frac{\mathrm{d}v}{\mathrm{d}t} - \beta(n - vv^*)v = \Gamma(t) \tag{5.3.9}$$

式中 $\Gamma(t)$ 为无规力。取极坐标 $v = re^{i\varphi}$，当 $\Gamma(t)$ 为零时，(5.3.9) 式给出

$$\frac{\mathrm{d}r}{\mathrm{d}t} - \beta(n - r^2)r = 0, \quad \frac{\mathrm{d}\varphi}{\mathrm{d}t} = 0 \tag{5.3.10}$$

参照 (5.3.4) 和 (5.3.6) 式，并定义 M_{ik}, B_i 为

$$\begin{cases} M_{rr} = \beta(n - r^2), \quad M_{\varphi r} = M_{r\varphi} = M_{\varphi\varphi} = 0 \\[2mm] B_r = \beta(n - r^2)r, \quad B_\varphi = 0 \end{cases} \tag{5.3.11}$$

故 Fokker-Planck 方程 (5.3.5) 为

$$\frac{\partial f}{\partial t} + \beta \frac{1}{r} \frac{\partial}{\partial r} \left\{ (n - r^2)r^2 f \right\} = \frac{Q}{2} \left\{ \frac{1}{r} \frac{\partial}{\partial r} r \frac{\partial f}{\partial r} + \frac{1}{r^2} \frac{\partial^2 f}{\partial \varphi^2} \right\} \tag{5.3.12}$$

$$Q = \frac{1}{T} \int_0^T \int_0^T \langle \Gamma(t_1) \Gamma^*(t_2) \rangle \mathrm{d}t_1 \mathrm{d}t_2$$

5.3.2　激光场与热库相互作用的 Langevin 方程

针对激光振荡问题，并参照图 5.5，将包括激光场及热库相互作用在内的 Hamilton 量 H 写为

$$H = H_{\mathrm{L}} + H_{\mathrm{LB}} = \sum_\lambda \hbar\omega_\lambda b_\lambda^\dagger b_\lambda + \sum_{\lambda,\omega} \left(g_\omega^\lambda \hbar b_\lambda^\dagger B_\omega e^{-i\omega t} + g_\omega^{\lambda*} \hbar b_\lambda B_\omega^\dagger e^{i\omega t} \right) \tag{5.3.13}$$

把热库看作由自由度非常大的谐振子组成。式中 $B_\omega^\dagger$, B_ω 分别为热库的产生与湮没算子，g_ω^λ, $g_\omega^{\lambda*}$ 为辐射场第 λ 个模式与热库 $\hbar\omega$ 振子的耦合系数，是唯象地引进的。由 (5.3.13) 式及 Heisenberg 运动方程算子 O 对时间的全微分

$$\frac{\mathrm{d}O}{\mathrm{d}t} = \frac{\partial O}{\partial t} + \frac{i}{\hbar}[H, O]$$

可得 $b_\lambda^\dagger$, $B_\omega^\dagger$ 的运动方程。对于单模情形，可略去下标 "λ"，于是有

$$\frac{\mathrm{d}b^\dagger}{\mathrm{d}t} = i\omega_0 b^\dagger + i\sum_\omega g_\omega^* B_\omega^\dagger e^{i\omega t}, \quad \frac{\mathrm{d}B_\omega^\dagger}{\mathrm{d}t} = ib^\dagger g_\omega e^{-i\omega t} \tag{5.3.14}$$

注意到 $\dfrac{\mathrm{d}b^\dagger}{\mathrm{d}t}$, $\dfrac{\mathrm{d}B_\omega^\dagger}{\mathrm{d}t}$ 具有不同的形式，这是因为 $b^\dagger$ 为 Heisenberg 绘景中的力学量，而 $B_\omega^\dagger$ 已经是相互作用绘景中的力学量了。由 (5.3.14) 式，得

$$B_\omega^\dagger = i \int_{t_0}^t b^\dagger(\tau) g_\omega e^{-i\omega\tau} \mathrm{d}\tau + B_\omega^\dagger(t_0)$$

$$\frac{\mathrm{d}b^\dagger}{\mathrm{d}t} = i\omega_0 b^\dagger - \int_{t_0}^t b^\dagger(\tau) \sum_\omega |g_\omega|^2 e^{i\omega(t-\tau)} \mathrm{d}\tau + i\sum_\omega g_\omega^* B_\omega^\dagger(t_0) e^{i\omega t} \tag{5.3.15}$$

假定噪声起伏与 ω 无关 (称之为白噪声假定), 即设 g_ω^2 与 ω 无关, 将求和化成积分, 并令 $g_\omega^2 = \dfrac{\chi}{\pi}\mathrm{d}\omega$, 则得

$$\sum_\omega |g_\omega|^2 \mathrm{e}^{\mathrm{i}\omega(t-\tau)} = \frac{\chi}{\pi}\int_{-\infty}^{\infty} \mathrm{e}^{\mathrm{i}\omega(t-\tau)}\mathrm{d}\omega = 2\chi\delta(t-\tau) \tag{5.3.16}$$

$$\frac{\mathrm{d}b^\dagger}{\mathrm{d}t} = \mathrm{i}\omega_0 b^\dagger - \chi b^\dagger + \underbrace{\mathrm{i}\sum_\omega g_\omega^* B_\omega^\dagger \mathrm{e}^{\mathrm{i}\omega t}}_{F^\dagger(t)} \tag{5.3.17}$$

同样有

$$F(t) = -\mathrm{i}\sum_\omega g_\omega B_\omega \mathrm{e}^{-\mathrm{i}\omega t}$$

$$\langle [F(t), F^\dagger(t')]\rangle = \sum_\omega |g_\omega|^2 \mathrm{e}^{\mathrm{i}\omega(t-t')}\langle [B_\omega, B_\omega^\dagger]\rangle$$

$$= \sum_\omega |g_\omega|^2 \mathrm{e}^{\mathrm{i}\omega(t-t')} = 2\chi\delta(t-t') \tag{5.3.18}$$

于是量子化后的 Langevin 方程为

$$\begin{cases} \dfrac{\mathrm{d}b^\dagger}{\mathrm{d}t} = \mathrm{i}\omega_0 b^\dagger - \chi b^\dagger + F^\dagger(t) \\[3mm] \dfrac{\mathrm{d}b}{\mathrm{d}t} = -\mathrm{i}\omega_0 b - \chi b + F(t) \end{cases} \tag{5.3.19}$$

式中 $F(t)$, $F^\dagger(t)$ 为算符, 对易关系 (5.3.18) 也具有 Markov 性质 (5.3.1) 式。

现由 (5.3.19) 式求场算符 $b^\dagger$, b 的积分

$$\begin{cases} b^\dagger = b^\dagger(0)\mathrm{e}^{(\mathrm{i}\omega_0 - \chi)t} + \displaystyle\int_0^t \mathrm{e}^{(\mathrm{i}\omega_0-\chi)(t-\tau)}F^\dagger(\tau)\mathrm{d}\tau \\[3mm] b = b(0)\mathrm{e}^{-(\mathrm{i}\omega_0 + \chi)t} + \displaystyle\int_0^t \mathrm{e}^{-(\mathrm{i}\omega_0+\chi)(t-\tau)}F(\tau)\mathrm{d}\tau \end{cases} \tag{5.3.20}$$

故有

$$\frac{\mathrm{d}}{\mathrm{d}t}\langle [b, b^\dagger]\rangle = -2\chi\langle [b, b^\dagger]\rangle + \int_0^t \langle [F(t), F^\dagger(\tau)]\rangle \mathrm{e}^{(\mathrm{i}\omega_0-\chi)(t-\tau)}\mathrm{d}\tau$$

$$+ \int_0^t \langle [F(\tau), F^\dagger(t)]\rangle \mathrm{e}^{-(\mathrm{i}\omega_0+\chi)(t-\tau)}\mathrm{d}\tau = 2\chi(1 - \langle [b, b^\dagger]\rangle) \tag{5.3.21}$$

由初始的 $\langle [b_0, b_0^\dagger]\rangle = 1$, 得

$$\langle [b, b^\dagger]\rangle \equiv 1 \tag{5.3.22}$$

这表明无规力满足 (5.3.18) 式时，b, $b^\dagger$ 的对易关系可以像 (5.3.22) 式那样在对无规力求统计平均意义下得到满足。

5.3.3　原子体系与热库相互作用的 Langevin 方程

参照激光场与热浴相互作用的 Langevin 方程 (5.3.19)，我们可在相互作用绘景中 Schrödinger 方程粒子数表象 (2.6.2) 和 (2.6.3) 式的基础上求得原子体系与热库相互作用的 Langevin 方程。对于开放的系统，在 a_k, $a_k^\dagger$ 的运动方程中应加上阻尼及无规力 (Langevin 力)，它反映热库的影响，便得到粒子数表象中 Langevin 方程组

$$\begin{cases} \dfrac{\mathrm{d}a_k}{\mathrm{d}t} = -\dfrac{\gamma_k}{2}a_k - \mathrm{i}/\hbar \sum_n \langle k|H'|n\rangle a_n \mathrm{e}^{\mathrm{i}\omega_{kn}t} + \Gamma_k \\[3mm] \dfrac{\mathrm{d}a_k^\dagger}{\mathrm{d}t} = -\dfrac{\gamma_k}{2}a_k^\dagger + \mathrm{i}/\hbar \sum_n \langle k|H'|n\rangle a_n^\dagger \mathrm{e}^{-\mathrm{i}\omega_{kn}t} + \Gamma_k^\dagger \end{cases} \tag{5.3.23}$$

又将算子 a_k, $a_k^\dagger$ 的对易关系 (2.6.3) 用求统计平均的关系来替代，我们用 $\langle\ \rangle$ 表示对热库求统计平均。

$$\begin{cases} \langle [a_k, a_l]_\pm \rangle = \langle a_k a_l \pm a_l a_k \rangle = 0 \\[2mm] \langle [a_k^\dagger, a_l^\dagger]_\pm \rangle = \langle a_k^\dagger a_l^\dagger \pm a_l^\dagger a_k^\dagger \rangle = 0 \\[2mm] \langle [a_k, a_l^\dagger]_\pm \rangle = \langle a_k a_l^\dagger \pm a_l^\dagger a_k \rangle = \delta_{kl} \end{cases} \tag{5.3.24}$$

如果在 (5.3.23) 式中只有阻尼力而不加无规力，则 a_k, $a_k^\dagger$ 所满足的对易关系 (5.3.24) 第三式 (式中 $\pm$ 号分别对应于满足 Fermi 分布或 Bose 分布的粒子) 将不能成立，只有引进无规力才能使上式成立。在 Markov 情形下，无规力满足关系

$$\langle [\Gamma_k(t), \Gamma_k^\dagger(t')]_\pm \rangle = \gamma_k \delta(t - t') \tag{5.3.25}$$

现就服从 Fermi 分布的粒子满足反对易关系情形来证明 (5.3.25) 式。由于

$$\begin{aligned} &\frac{\mathrm{d}}{\mathrm{d}t}\langle a_k a_k^\dagger \rangle \\ =& \langle \dot{a}_k a_k^\dagger + a_k \dot{a}_k^\dagger \rangle \\ =& \Big\langle \Big(-\frac{\gamma_k}{2}a_k - \mathrm{i}/\hbar \sum_n \langle k|H'|n\rangle a_n \mathrm{e}^{\mathrm{i}\omega_{kn}t} + \Gamma_k \Big) a_k^\dagger \Big\rangle \\ &+ \Big\langle a_k \Big(-\frac{\gamma_k}{2}a_k^\dagger + \mathrm{i}/\hbar \sum_n \langle k|H'|n\rangle a_n^\dagger \mathrm{e}^{-\mathrm{i}\omega_{kn}t} + \Gamma_k^\dagger \Big) \Big\rangle \end{aligned} \tag{5.3.26}$$

$$\frac{\mathrm{d}}{\mathrm{d}t}\langle a_k^\dagger a_k\rangle$$

$$=\langle \dot{a}_k^\dagger a_k + a_k^\dagger \dot{a}_k\rangle$$

$$=\langle a_k^\dagger \left(-\frac{\gamma_k}{2}a_k - \mathrm{i}/\hbar\sum_n\langle k|H'|n\rangle a_n \mathrm{e}^{\mathrm{i}\omega_{kn}t} + \Gamma_k\right)\rangle$$

$$+\langle\left(-\frac{\gamma_k}{2}a_k^\dagger + \mathrm{i}/\hbar\sum_n\langle k|H'|n\rangle a_n^\dagger \mathrm{e}^{-\mathrm{i}\omega_{kn}t} + \Gamma_k^\dagger\right)a_k\rangle \qquad (5.3.27)$$

注意到

$$\langle a_n a_k^\dagger + a_k^\dagger a_n\rangle = \delta_{nk}$$

则得

$$\frac{\mathrm{d}}{\mathrm{d}t}\langle [a_k, a_k^\dagger]_+\rangle = -\gamma_k\langle[a_k, a_k^\dagger]_+\rangle$$

$$+\langle\Gamma_k a_k^\dagger + a_k\Gamma_k^\dagger\rangle + \langle a_k^\dagger\Gamma_k + \Gamma_k^\dagger a_k\rangle \qquad (5.3.28)$$

又注意到

$$\langle a_k\Gamma_k^\dagger\rangle =\langle \int_0^t \mathrm{d}t' \mathrm{e}^{-\frac{-\gamma_k}{2}(t-t')}\left(-\mathrm{i}/\hbar\sum_n\langle k|H'|n\rangle a_n \mathrm{e}^{\mathrm{i}\omega_{kn}t}\right.$$

$$\left.+\Gamma_k(t')\right)\Gamma_k^\dagger(t)\rangle$$

$$=\int_0^t \mathrm{e}^{-\frac{-\gamma_k}{2}(t-t')}\langle\Gamma_k(t')\Gamma_k^\dagger(t)\rangle \mathrm{d}t' \qquad (5.3.29)$$

在 (5.3.29) 式的推导中用了关系式

$$\langle a_n(t')\Gamma_k^\dagger(t)\rangle = 0, \qquad t > t', \ n \neq k \qquad (5.3.30)$$

此式代表的是因果关系, 即 a_n 与比它晚的 Langevin 力没有关联。同样可以导出

$$\begin{cases} \langle\Gamma_k a_k^\dagger\rangle = \int_0^t \mathrm{e}^{-\frac{\gamma_k}{2}(t-t')}\langle\Gamma_k(t)\Gamma_k^\dagger(t')\rangle \mathrm{d}t' \\[2mm] \langle a_k^\dagger\Gamma_k\rangle = \int_0^t \mathrm{e}^{-\frac{\gamma_k}{2}(t-t')}\langle\Gamma_k^\dagger(t')\Gamma_k(t)\rangle \mathrm{d}t' \\[2mm] \langle\Gamma_k^\dagger a_k\rangle = \int_0^t \mathrm{e}^{-\frac{\gamma_k}{2}(t-t')}\langle\Gamma_k^\dagger(t)\Gamma_k(t')\rangle \mathrm{d}t' \end{cases} \qquad (5.3.31)$$

由 (5.3.28)~(5.3.31) 式, 得

$$\frac{\mathrm{d}}{\mathrm{d}t}\langle [a_k, a_k^\dagger]_+\rangle = -\gamma_k\langle[a_k, a_k^\dagger]_+\rangle$$

$$+ \int_0^t e^{-\gamma_k/2(t-t')} \langle [\Gamma_k(t'), \Gamma_k^\dagger(t)]_+ + [\Gamma_k(t), \Gamma_k^\dagger(t')]_+ \rangle dt' \quad (5.3.32)$$

当 (5.3.25) 式得到满足时，便有

$$\frac{\mathrm{d}}{\mathrm{d}t} \langle [a_k(t), a_k^\dagger(t)]_+ \rangle = -\gamma_k \langle [a_k(t), a_k^\dagger(t')]_+ \rangle + \gamma_k, \langle [a_k(t), a_k^\dagger(t)]_+ \rangle \equiv 1 \quad (5.3.33)$$

这与对服从 Bose 分布的对易关系情形的证明相似。

定义 $\sigma_{nm} = a_m^\dagger a_n$，类似于 (5.3.27) 式易于计算出

$$\begin{aligned}
\frac{\mathrm{d}}{\mathrm{d}t} \sigma_{nm} =& -\frac{\gamma_n + \gamma_m}{2} \sigma_{nm} - \mathrm{i}/\hbar \sum_\nu \langle n|H'|\nu\rangle \sigma_{\nu m} e^{\mathrm{i}\omega_{n\nu}t} \\
&+ \mathrm{i}/\hbar \sum_\nu \sigma_{n\nu} \langle \nu|H'|m\rangle e^{\mathrm{i}\omega_{\nu m}t} + \Gamma_{nm}
\end{aligned} \quad (5.3.34)$$

式中

$$\Gamma_{nm} = a_m^\dagger \Gamma_n + \Gamma_m^\dagger a_n$$

对于二能级原子系统，

$$\begin{cases}
\dfrac{\mathrm{d}\sigma_z}{\mathrm{d}t} = -\gamma_1(\sigma_z - \bar{\sigma}_z) - \mathrm{i}\dfrac{\Omega}{2}(\sigma^- e^{\mathrm{i}\Delta\omega t} - \sigma^+ e^{-\mathrm{i}\Delta\omega t}) + \Gamma_z \\[2mm]
\dfrac{\mathrm{d}\sigma^-}{\mathrm{d}t} = -\mathrm{i}\Omega e^{-\mathrm{i}\Delta\omega t}\sigma_z - \gamma_2\sigma^- + \Gamma^- \\[2mm]
\dfrac{\mathrm{d}\sigma^+}{\mathrm{d}t} = \mathrm{i}\Omega e^{\mathrm{i}\Delta\omega t}\sigma_z - \gamma_2\sigma^+ + \Gamma^+
\end{cases} \quad (5.3.35)$$

$$\langle \Gamma^-(t)\Gamma^+(t') \rangle = 2\gamma_2 \langle \sigma^-(t)\sigma^+(t) \rangle \delta(t-t') \quad (5.3.36)$$

$$\langle \Gamma^\pm(t)\Gamma_z(t') - \Gamma_z(t)\Gamma^\pm(t') \rangle = (\gamma_1 + \gamma_2)\langle \sigma^\pm(t)\sigma_z(t) - \sigma_z(t)\sigma^\pm(t) \rangle \delta(t-t') \quad (5.3.37)$$

将 (5.3.35) 式与二能级原子系统运动方程 (2.6.16) 比较，增加了阻尼项及无规力，均来源于与热库的相互作用。与 Bloch 方程 (2.6.18) 比较，则只增加了无规力。注意到 Bloch 方程的阻尼项是唯象引进的，只在引进无规力后，才能保证算子间的对易关系 (5.3.2) 仍然成立。参照辐射与二能级原子相互作用方程 (5.2.10) 及有阻尼情形的 Langevin 方程 (5.2.11) 可写出 Heisenberg 绘景中二能级原子与单模场的运

动方程。

$$
\begin{cases}
\dfrac{\mathrm{d}\sigma_z}{\mathrm{d}t} = -\gamma_1(\sigma_z - \bar{\sigma}_z) - \mathrm{i}gb^\dagger\sigma^- + \mathrm{i}gb\sigma^+ + \Gamma_z \\[2mm]
\dfrac{\mathrm{d}\sigma^-}{\mathrm{d}t} = -(\mathrm{i}\omega_0 + \gamma_2)\sigma^- - 2\mathrm{i}gb\sigma_z + \Gamma^- \\[2mm]
\dfrac{\mathrm{d}\sigma^+}{\mathrm{d}t} = (\mathrm{i}\omega_0 - \gamma_2)\sigma^+ + 2\mathrm{i}gb^\dagger\sigma_z + \Gamma^+ \\[2mm]
\dfrac{\mathrm{d}b}{\mathrm{d}t} = -(\mathrm{i}\omega + \chi)b + \mathrm{i}g\sigma^- + F \\[2mm]
\dfrac{\mathrm{d}b^\dagger}{\mathrm{d}t} = (\mathrm{i}\omega - \chi)b^\dagger - \mathrm{i}g\sigma^+ + F^\dagger
\end{cases}
\tag{5.3.38}
$$

由 (5.3.38) 式消去 σ^+ 得

$$
\ddot{b}^\dagger + (-\mathrm{i}(\omega + \omega_0) + \chi + \gamma_2)\dot{b}^\dagger + \left((\mathrm{i}\omega_0 - \gamma_2)(\mathrm{i}\omega - \chi) - g^2\sigma_z\right)b^\dagger
$$
$$
= -(\mathrm{i}\omega_0 - \gamma_2)F^\dagger - \mathrm{i}g\Gamma^+ + \dot{F}^\dagger = F_t^\dagger
\tag{5.3.39}
$$

5.3.4 辐射场的密度矩阵方程

除了 Langevin 方程与 Fokker-Planck 方程外, 密度矩阵方法也是很重要的。设辐射场与热库构成的体系的密度矩阵为 ρ_{LB}, 在相互作用绘景中, 参照 (2.5.11) 式, 并略去唯象引进的第二项, 便得 ρ_{LB} 满足的运动方程为

$$
\frac{\mathrm{d}\rho_{\mathrm{LB}}}{\mathrm{d}t} = \frac{-\mathrm{i}}{\hbar}[H_{\mathrm{I}}, \rho_{\mathrm{LB}}]
\tag{5.3.40}
$$

于是有

$$
\rho_{\mathrm{LB}}(t) = \frac{-\mathrm{i}}{\hbar}\int_0^t [H_{\mathrm{I}}(t'), \rho_{\mathrm{LB}}(t')]\mathrm{d}t' + \rho_{\mathrm{LB}}(0)
$$

代入上式后得

$$
\frac{\mathrm{d}\rho_{\mathrm{LB}}(t)}{\mathrm{d}t} = \left(\frac{-\mathrm{i}}{\hbar}\right)^2 \left[H_{\mathrm{I}}(t), \int_0^t [H_{\mathrm{I}}(t'), \rho_{\mathrm{LB}}(t')]\mathrm{d}t' + \rho_{\mathrm{LB}}(0)\right]
$$

参照 (5.3.13) 式, 并令 $B_\lambda(t) = \sum_\omega g_\omega^\lambda B_\omega \mathrm{e}^{-\mathrm{i}\omega t}$, 则得

$$
H_{\mathrm{I}} = \hbar \sum_\lambda (g_\lambda b_\lambda^+ B_\lambda + g_\lambda^* b_\lambda B_\lambda^+)
\tag{5.3.41}
$$

对于单模情形, 去掉对 λ 的求和, 将 (5.3.41) 式代入 (5.3.40) 式, 在初始时 $\rho_{\mathrm{LB}}(0) = \rho(0)\rho_{\mathrm{B}}(0)^{[2]}$, 在 $t \neq 0$ 时, 我们也近似取这个分解 [14], 即 $\rho_{\mathrm{LB}}(t) \simeq \rho(t)\rho_{\mathrm{B}}(0)$, 热库

很大, 不会因相互作用发生大的变化。将等式两边对热库 B 求迹, 在通常情况下 $[H_I(t), \rho_{LB}(0)]$ 对热库求迹后为零, 又计及 $\mathrm{tr_B}(\rho_B) = 1$, $\rho = \mathrm{tr_B}(\rho_{LB})$, 于是有

$$\frac{\mathrm{d}\rho}{\mathrm{d}t} = \left([b^\dagger\rho, b] + [b^\dagger, \rho b]\right) A_{21} + \left([b\rho, b^\dagger] + [b, \rho b^\dagger]\right) A_{12}$$

$$A_{21} = \int_0^t \mathrm{tr_B}(|g|^2 B^\dagger(t) B(t') \rho_B)\mathrm{d}t' = \int_0^t \langle F^\dagger(t) F(t')\rangle\mathrm{d}t' = \chi n_\omega \tag{5.3.42}$$

$$A_{12} = \int_0^t \mathrm{tr_B}(|g|^2 B(t) B^\dagger(t') \rho_B)\mathrm{d}t' = \int_0^t \langle F(t) F^\dagger(t')\rangle\mathrm{d}t' = \chi(n_\omega + 1)$$

式中 χ 为阻尼系数, n_ω 为热库光子数。若令 (5.3.42) 式中的 $\chi = \dfrac{\nu}{2Q}$, 则上式即 Sargent 等[1] 求得的原子束热库作用下密度矩阵运动方程

$$\dot\rho(t) = -\frac{\nu}{2Q} n_\omega \left([b, b^\dagger\rho] + [\rho b, b^\dagger]\right) - \frac{\nu}{2Q}(n_\omega + 1)\left([b^\dagger, b\rho] + [\rho b^\dagger, b]\right) \tag{5.3.43}$$

在具体取定热库时, 考虑真空场 n_ω 很小, 可令 $n_\omega = 0$, 即考虑真空场的起伏

$$\dot\rho(t) = -\frac{\nu}{2Q}(b^\dagger b\rho - b\rho b^\dagger + \rho b^\dagger b - b\rho b^\dagger) \tag{5.3.44}$$

在粒子数表象中, 上式的对角矩阵元为

$$\dot\rho_{nn}(t) = -\frac{2\nu}{2Q}(n\rho_{nn} - (n+1)\rho_{n+1,n+1}) \tag{5.3.45}$$

这就是真空场起伏对激光输出的贡献。

5.3.5　激光输出的统计分布

现在应用上面结果分析激光的统计分布。先通过解单模激光振荡方程, 研究激光在阈值附近谱宽的变化, 接着通过解 Fokker-Planck 研究激光输出的统计分布。5.3.3 节已求得单模激光振荡方程 (5.3.39), 为了简化方程, 现作变换。设 $b^\dagger \to b^\dagger \mathrm{e}^{\mathrm{i}\Omega t}$, $F_t^\dagger \to F_t^\dagger \mathrm{e}^{\mathrm{i}\Omega t}$, $\Omega = \dfrac{\omega_0\chi + \omega\gamma_2}{\chi + \gamma_2}$, $\delta = \omega_0 - \omega$, 则有

$$\ddot b^\dagger + \left(\chi + \gamma_2 + \mathrm{i}\delta\frac{\chi - \gamma_2}{\chi + \gamma_2}\right)\dot b^\dagger + \left(\chi\gamma_2\left(1 + \frac{\delta^2}{(\chi + \gamma_2)^2}\right) - g^2\sigma_z\right)b^\dagger = F_t^\dagger \tag{5.3.46}$$

如果是在阈值以下, σ_z 可用 $\bar\sigma_z$ 近似, 而 $\ddot b^\dagger$ 也可略去, 则 (5.3.46) 式的解为

$$b^\dagger = \int_0^t \mathrm{e}^{-\hat\chi(t-\tau)} F_t^\dagger(\tau)\left\{\chi + \gamma_2 + \mathrm{i}\frac{(\omega_0 - \omega)(\chi - \gamma_2)}{\chi + \gamma_2}\right\}^{-1}\mathrm{d}\tau$$

$$\tag{5.3.47}$$

$$\hat\chi = \frac{\chi\gamma_2\left(1 + \dfrac{\delta^2}{(\chi + \gamma_2)^2}\right) - g^2\bar\sigma_z}{\chi + \gamma_2 + \mathrm{i}\delta(\chi - \gamma_2)/(\chi + \gamma_2)}$$

为求得线宽就需要求相关函数 $\langle b^\dagger(t)b(t')\rangle$，按上式

$$\langle b^\dagger(t)b(t')\rangle = \mathrm{e}^{\mathrm{i}\Omega(t-t')} \int_0^t \int_0^{t'} \mathrm{e}^{-\hat{\chi}(t-\tau)-\hat{\chi}^*(t'-\tau')}$$

$$\times \langle F_t^\dagger(\tau)F_t(\tau')\rangle \left[(\chi+\gamma_2)^2 + \frac{\delta^2(\chi-\gamma_2)^2}{(\chi+\gamma_2)^2}\right]^{-1} \mathrm{d}\tau\mathrm{d}\tau' \quad (5.3.48)$$

注意到

$$F_t^\dagger = -(\mathrm{i}\omega_0 - \gamma_2)F^\dagger + \mathrm{i}g\Gamma^+ + \dot{F}^\dagger, \qquad \dot{F}^\dagger = \mathrm{i}\Omega F^\dagger$$

$$\langle F_t^\dagger(\tau)F_t(\tau')\rangle = \gamma_2^2\left(1 + \frac{\delta^2}{(\chi+\gamma_2)^2}\right)\langle F^\dagger(\tau)F(\tau)\rangle + g^2\langle\Gamma^+(\tau)\Gamma(\tau')\rangle$$

$$\langle F^\dagger(\tau)F(\tau')\rangle = 2\chi n_{th}\delta(\tau-\tau')$$
$$\langle\Gamma^+(\tau)\Gamma(\tau')\rangle = 2\gamma_2 N_3\delta(\tau-\tau') \qquad (5.3.49)$$

将 (5.3.49) 式代入 (5.3.48) 式，便得

$$\langle b^\dagger(t)b(t')\rangle = \begin{cases} \dfrac{2\gamma_2^2\left(1 + \dfrac{\delta^2}{(\chi+\gamma_2)^2}\right)\chi n_{th} + 2g^2\gamma_2 N_3}{\left((\chi+\gamma_2)^2 + \dfrac{\delta^2(\chi-\gamma_2)^2}{(\chi+\gamma_2)^2}\right)(\hat{\chi}+\hat{\chi}^*)}\mathrm{e}^{(\mathrm{i}\Omega-\hat{\chi})(t-t')}, & t > t' \\[6mm] \dfrac{2\gamma_2^2\left(1 + \dfrac{\delta^2}{(\chi+\gamma_2)^2}\right)\chi n_{th} + 2g^2\gamma_2 N_3}{\left((\chi+\gamma_2)^2 + \dfrac{\delta^2(\chi-\gamma_2)^2}{(\chi+\gamma_2)^2}\right)(\hat{\chi}+\hat{\chi}^*)}\mathrm{e}^{(\mathrm{i}\Omega+\hat{\chi})(t-t')}, & t < t' \end{cases}$$

$$\qquad (5.3.50)$$

由 (5.3.50) 式得知，谱宽 $\Delta\omega = \mathrm{Re}\hat{\chi}$，输出功率 P 为

$$P = 2\chi\hbar\omega\langle b^\dagger(t)b(t)\rangle = 2\frac{2\gamma_2^2\left(1 + \dfrac{\delta^2}{(\chi+\gamma_2)^2}\right)\chi n_{th} + 2g^2\gamma_2 N_3}{\left((\chi+\gamma_2)^2 + \dfrac{\delta^2(\chi-\gamma_2)^2}{(\chi+\gamma_2)^2}\right)\Delta\omega}\chi\hbar\omega \qquad (5.3.51)$$

上式中 $\Delta\omega$ 与输出功率 P 之间的反比关系，正是激光振荡输出很重要的关系之一，最早由 Schawlow 与 Townes[5] 给出。这些结果只适用于阈值以下的阻尼振荡情形，所得的结果与半经典理论基本一致。

根据相关函数 (5.3.50) 式，不但可求出谱宽，而且可求出线型。这是因为除了 $\mathrm{e}^{\mathrm{i}\Omega t}$ 振荡的模式外，还包含许多邻近的模式

$$b^\dagger(t) = r_0\mathrm{e}^{\mathrm{i}\Omega t + \mathrm{i}\varphi(t)} \qquad (5.3.52)$$

热库与原子系统都是许多独立的系统, 它们对激光模式的相位影响可表示为

$$\varphi(t) - \varphi(0) = \sum_{\mu} \varphi_{\mu}(t) \tag{5.3.53}$$

$\varphi_{\mu}(t)$ 是彼此独立的, 故有

$$\langle b^{\dagger}(t)b(0)\rangle = \langle r_0^2 e^{i\Omega t + i(\varphi(t)-\varphi(0))}\rangle \simeq r_0^2 e^{i\Omega t} \prod_{\mu} \langle e^{i\varphi_{\mu}(t)}\rangle$$

$$\simeq r_0^2 e^{i\Omega t} \prod_{\mu} \left\{ 1 + i\langle \varphi_{\mu}(t)\rangle - \frac{1}{2}\langle \varphi_{\mu}^2(t)\rangle \right\}$$

因 $\langle \varphi_{\mu}\rangle = 0$, $\langle \varphi_{\mu}\varphi_{\nu}\rangle = 0$, 当 $\mu \neq \nu$ 时,

$$\langle b^{\dagger}(t)b(0)\rangle \simeq r_0^2 e^{i\Omega t} e^{-\frac{1}{2}\sum \langle \varphi_{\mu}^2\rangle} \simeq r_0^2 e^{i\Omega t} e^{-\frac{1}{2}\langle (\varphi-\varphi_0)^2\rangle} \tag{5.3.54}$$

按扩散关系 $\dfrac{1}{2}\langle (\varphi - \varphi_0)^2\rangle \simeq \Delta\omega t$, 故有

$$\langle b^{\dagger}(t)b(0)\rangle \simeq r_0^2 e^{i\Omega t - \Delta\omega t} \tag{5.3.55}$$

(5.3.55) 式表明阈值以下的线型属自发辐射的 Lorentz 线型。在阈值以上的情况有较大的变化, 现作一简化讨论。在不计及无规力并且考虑稳态情况下, 可在 (5.3.46) 式中令 $\ddot{b}^{\dagger} = \dot{b}^{\dagger} = F_t^{\dagger} = 0$。因 σ_z 按定义即反转粒子数 Δ 的一半, 参照 Δ 的稳态解 (5.1.19) 和 (5.1.18) 式, $\Delta \simeq \Delta_0(1 - 2T_1 R)$, 而 $R \propto (b^+ b)$, 故可将 σ_z 表示为 $\bar{\sigma}_z - C^2(b^+ b)/g^2$。于是有稳态解为

$$\left(\chi\gamma_2 \left(1 + \frac{\delta^2}{(\chi + \gamma_2)^2} \right) - g^2 \bar{\sigma}_z + C^2(b^{\dagger}b) \right) b^{\dagger} = 0 \tag{5.3.56}$$

即

$$b^{\dagger} = 0, \qquad C|b^{\dagger}| = \sqrt{g^2 \bar{\sigma}_z - \chi\gamma_2 \left(1 + \frac{\delta^2}{\chi + \gamma_2} \right)} \tag{5.3.57}$$

由上式看出, 当根号内为负数时, 亦即在阈值以下时, 不存在不为 0 的稳态解, 即 $b^{\dagger} = 0$。只有在阈值以上时才有 $|b^{\dagger}| \neq 0$。将 $|b^{\dagger}|$ 对 $\bar{\sigma}_z$, 即粒子数反转作图 (图 5.6), A 点为阈值, 由 0 至 A 一般为阈值以下的阻尼振荡。高于阈值时, 便实现了稳态振荡, 即图中 AB 曲线所表示的。在 $0A$ 段振幅与相位均可以起伏; 在 AB 段有起伏的主要是相位。对于前一种情况, 我们有

$$|\langle b^{\dagger}(t)b(0)\rangle| \simeq r_0^2 e^{-\frac{1}{2}\left[(\Delta\varphi^r)^2 + (\Delta\varphi^i)^2\right]} \tag{5.3.58}$$

对于后一种情况, 我们有

$$|\langle b^{\dagger}(t)b(0)\rangle| \simeq r_0^2 e^{-\frac{1}{2}(\Delta\varphi^i)^2} \tag{5.3.59}$$

式中 $\Delta\varphi^r$, $\Delta\varphi^i$ 分别为振幅及相位起伏。若这两种起伏的均值相等 $(\Delta\varphi^r)^2 = (\Delta\varphi^i)^2$，则由 (5.3.56) 和 (5.3.57) 式可看出，阻尼解的谱宽应是稳态解谱宽的两倍。

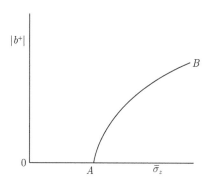

图 5.6 稳态解振幅 $|b^\dagger|$ 随时间 $\bar{\sigma}_z$ 变化的曲线

为得出当光泵功率逐渐加大，因而反转粒子数密度 $\bar{\sigma}_z$ 也逐渐增加，由阈值下过渡到阈值上，谱宽逐渐变化的解，我们解经典的 Langevin 方程及 Fokker-Planck 方程，即前面的 (5.3.9) 和 (5.3.12) 式。在目前的情况下，略去 Langevin 方程 (5.3.46) 中二次微分项 $\dot{b}^\dagger$，并将算符换成可易的量 u，于是可得出 u 的运动方程

$$\frac{\mathrm{d}}{\mathrm{d}t}u - \beta(\bar{n} - u^*u)u = \Gamma \tag{5.3.60}$$

式中 $\bar{n}$ 为光泵参数。令 $u = re^{-\mathrm{i}\varphi}$，则由 (5.3.60) 式及 (5.3.12) 式得 Fokker-Planck 方程

$$\frac{\partial W}{\partial t} + \frac{\beta}{r}\frac{\partial}{\partial r}\left\{(\bar{n} - r^2)r^2 W\right\} = Q\left\{\frac{1}{r}\frac{\partial}{\partial r}\left(r\frac{\partial W}{\partial r}\right) + \frac{1}{r^2}\frac{\partial^2 W}{\partial \varphi^2}\right\} \tag{5.3.61}$$

将 (5.3.61) 式取归一化变量

$$\hat{r} = \sqrt[4]{\frac{\beta}{Q}}r, \qquad \hat{t} = \sqrt{\beta Q}\,t, \qquad a = \sqrt{\frac{\beta}{Q}}\bar{n} \tag{5.3.62}$$

为方便起见，仍用 r, t 表示 $\hat{r}, \hat{t}$，则 (5.3.61) 式可写为

$$\frac{\partial W}{\partial t} + \frac{1}{r}\frac{\partial}{\partial r}\left\{(a^2 - r^2)r^2 W\right\} = \frac{1}{r}\frac{\partial}{\partial r}\left(r\frac{\partial W}{\partial r}\right) + \frac{1}{r^2}\frac{\partial^2 W}{\partial \varphi^2} \tag{5.3.63}$$

该式的稳态解为 $\frac{\partial W}{\partial t} = 0$，设 $\frac{\partial W}{\partial \varphi} = 0$，则得

$$W(r^2) = \frac{N}{2\pi}e^{-\frac{r^4}{4} + a\frac{r^2}{2}}, \qquad \frac{1}{N} = \int_0^\infty re^{-\frac{r^4}{4} + a\frac{r^2}{2}}\,\mathrm{d}r \tag{5.3.64}$$

稳态解 $W(r)$ 随光子归一化强度 $\hat{n} = r^2$ 的变化曲线如图 5.7 所示。当 a 由 -2, 0, 3
增至 6 时，$W(r)$ 的峰值已由 $r = 0$ 移至 $r \neq 0$，远离中心的地方。利用稳态解
(5.3.64) 式，可求得光子计数率。在 $\mathrm{d}t$ 时间内测量到一个光子的概率 $p(1, \mathrm{d}t, t)$ 应
与光强成正比，即

$$p(1, \mathrm{d}t, t) = \alpha I(t)\mathrm{d}t \tag{5.3.65}$$

在 T 时间内测量到 n 个光子的概率 $p(n, T, t)$ 由 Possion 分布给出：

$$p(n, T, t) = \frac{1}{n!}(\alpha T I)^n \mathrm{e}^{-\alpha T I} \tag{5.3.66}$$

将上式与 $W(I)\mathrm{d}I$ 分布概率相乘，经积分得出在 T 时测量到 n 个光子的概率

$$p(n, T) = \int_0^\infty \frac{(\alpha T I)^n}{n!} \mathrm{e}^{-\alpha T I} W(I)\mathrm{d}I \tag{5.3.67}$$

图 5.8 给出按非线性振荡 Fokker-Planck 方程的稳态解 (5.3.64) 和 (5.3.67) 式计算
得到的 $p(n, T)$，与实验结果比较是很符合的；还给出了按 Poisson 分布计算的光子
数分布，与实验结果比较偏离很大。

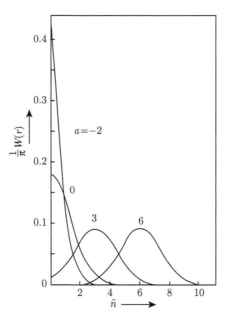

图 5.7　稳态解 $W(r)$ 随 $\hat{n}$ 变化的曲线 (参照文献 [2])

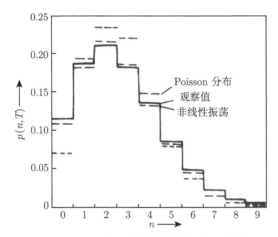

图 5.8 $p(n, T)$ 随 n 变化的曲线 (参照文献 [2])

解非定态方程 (5.3.63)，还能得出谱线变窄因子 $\alpha(a)$ 随泵浦参量 a 的变化曲线 (图 5.9)，当 a 由 -10 增至 10 时，$\alpha(a)$ 由 2 变至 1，与 (5.3.52) 和 (5.3.53) 式相符。

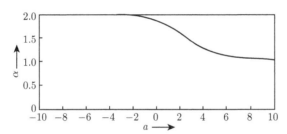

图 5.9 谱线变窄因子 $\alpha(a)$ 随泵浦参量 a 的变化曲线 (参照文献 [2])

5.4 降低激光泵浦的量子噪声 [6~15]

影响激光振荡输出的光强起伏的因素很多，其中泵浦的量子噪声是很重要的因素之一。过去对泵浦抽运主要是用 Poisson 分布来描述，近年来已认识到，如果采用规则抽运，可能实现噪声水平比 Poisson 分布为低的亚 Poisson 分布。实际考察了各种抽运方案后，情况就变得更复杂。在本节我们首先讨论规则泵浦抽运，然后讨论一般的泵浦抽运。

5.4.1 规则泵浦抽运 [14]

有很多文章 [10~12] 研究了如何减少泵浦量子噪声，从而降低输出光强的起伏。Golubev 与 Sokolov [13] 已经证明，规则泵浦抽运将导致光的亚 Possion 统计分布，这时光强的起伏将低于散粒噪声水平。但在他们的分析中假定密度矩阵 u 是个小量，采用了 $\ln(1+u) \simeq u - u^2/2$ 近似。本小节将给出这一问题的准确解，不需假定密度矩阵 u 是个小量 [14]。Golubev 与 Sokolov 的模型是这样的，设 t 时刻辐射场的密度矩阵为 $\rho(t)$，在与处于激发态的单个原子作用 Δt 后，密度矩阵发生了 $u\rho(t)$ 的变化，即

$$\rho(t+\Delta t) = (1+u)\rho(t) \tag{5.4.1}$$

若在 Δt 时间内场与 n 个激发态原子作用，则有

$$\rho(t+\Delta t) = (1+u)^n \rho(t) \tag{5.4.2}$$

我们假定了各个原子是在相继地与场相互作用。若泵浦是无规的，即上述 n 不是确定的值，而是服从 Poisson 统计分布，则在 Δt 时间内有 n 个原子被抽运到激发态的概率为 $\mathrm{e}^{-r\Delta t}(r\Delta t)^n/n!$。应将这个概率乘以 (5.4.2) 式右端，并对 n 求和，便得

$$\rho(t+\Delta t) = \sum_n \mathrm{e}^{-r\Delta t}\frac{(r\Delta t)^n}{n!}(1+u)^n\rho(t) = \mathrm{e}^{r\Delta t u}\rho(t) \tag{5.4.3}$$

对 t 进行微分，便得

$$\dot{\rho}(t) = ru\rho \tag{5.4.4}$$

若将辐射场模式在腔内的损耗包括进去，便得

$$\dot{\rho} = ru\rho + \Lambda\rho \tag{5.4.5}$$

若光泵浦抽运原子数不是按 Poisson 分布那样随机抽运，而是有规则地抽运，在 Δt 时抽运的原子数 n 为一确定的值，就是抽运率 r 与抽运时间 Δt 之积，即 $n = r\Delta t$。代入 (5.4.2) 式，并对 t 微分，便得

$$\dot{\rho} = r\ln(1+u)\rho + \Lambda\rho \tag{5.4.6}$$

在光子数表象，密度矩阵算子 $u\rho$ 与阻尼算子 $\Lambda\rho$ 可参照 (5.3.45) 式写为

$$\begin{cases} u\rho_n = \rho_{n-1} - \rho_n \\ \Lambda\rho_n = C(-n\rho_n + (n+1)\rho_{n+1}) \end{cases} \tag{5.4.7}$$

式中 $C = 2\nu/Q$，即腔的损耗引起的线宽。采用下降算子 $d\rho_n = \rho_{n-1}$，则方程 (5.4.7) 第一式可写为

$$u\rho_n = (d-1)\rho_n \tag{5.4.8}$$

重复地应用这一关系, 便得

$$u^2\rho_n = (d-1)^2\rho_n$$

$$\cdots\cdots \tag{5.4.9}$$

$$u^m\rho_m = (d-1)^m\rho_m$$

首先, 我们暂不考虑腔的阻尼项, 于是在光子表象中的 (5.4.6) 式可写为

$$\dot{\rho}_n = r\ln(1+u)\rho_n \tag{5.4.10}$$

我们引进 $\rho_n(t)$ 的生成函数

$$\sum_n z^n\rho_n(t) = G_0(z,t) \tag{5.4.11}$$

于是有

$$\sum_n z^n d\rho_n = \sum_n z^n\rho_{n-1} = zG_0(z,t)$$

$$\cdots\cdots \tag{5.4.12}$$

$$\sum_n z^n d^m\rho_n = \sum_n z^n\rho_{n-m} = z^mG_0(z,t)$$

将 (5.4.10) 式用 z^n 乘, 并对 n 求和, 得到

$$\begin{aligned}
\frac{\partial}{\partial t}G_0(z,t) &= r\ln(1+u)\sum z^n\rho_n(t) \\
&= r\sum_{m=1}^{\infty}(-1)^{m-1}\frac{(d-1)^m}{m}\sum_n z^n\rho_n(t) \\
&= r\sum_{m=1}^{\infty}(-1)^{m-1}\frac{(z-1)^m}{m}\sum_n z^n\rho_n(t) \\
&= r\ln zG_0(z,t)
\end{aligned} \tag{5.4.13}$$

满足初值条件 $G_0(z,0)=1$ 的 (5.4.13) 式的解为

$$G_0(z,t) = \mathrm{e}^{r\ln zt} = z^{rt} \tag{5.4.14}$$

借助生成函数 $G_0(z,t)$, 可很容易地计算出平均光子数 $\langle n \rangle_0$ 及光子数方差 $\langle (\Delta n)^2 \rangle_0 = \langle n^2 \rangle_0 - \langle n \rangle_0^2$, 即

$$\langle n \rangle_0 = \left. \frac{\partial G}{\partial z} \right|_{z=1} = rt \tag{5.4.15}$$

$$\langle n(n-1) \rangle_0 = \left. \frac{\partial^2 G_0}{\partial z^2} \right|_{z=1} = rt(rt-1) \tag{5.4.16}$$

亦即光子数方差为

$$\langle (\Delta n)^2 \rangle_0 = \langle n^2 \rangle_0 - \langle n \rangle_0^2 = 0 \tag{5.4.17}$$

实际上, 还有更一般的关系成立:

$$\langle n^m \rangle_0 - \langle n \rangle_0^m = 0, \qquad n = 1, 2, 3, \cdots \tag{5.4.18}$$

现在将腔的阻尼项 $\Lambda \rho$ 包括到 (5.4.6) 式中去, 便得

$$\dot{\rho}_n = r \ln(1+u) \rho_n + C(-n\rho_n + (n+1)\rho_{n+1}) \tag{5.4.19}$$

同样引进生成函数 $G(z,t)$

$$G(z,t) = \sum_n z^n \rho_n(t) \tag{5.4.20}$$

可导出生成函数所满足的方程

$$\frac{\partial G}{\partial t} = \left(r \ln z + C(1-z)\frac{\partial}{\partial z} \right) G \tag{5.4.21}$$

或写成

$$\left(\frac{\partial}{\partial t} + C(z-1)\frac{\partial}{\partial z} \right) \ln G = r \ln z \tag{5.4.22}$$

故有

$$G(z_0, t) = G_0(z_0) \exp \left(\bar{n} \int_{z_0}^{z} \frac{\ln z}{z-1} \mathrm{d}z \right) \tag{5.4.23}$$

式中 $z_0 = 1 + (z-1)\mathrm{e}^{-Ct}$, $\bar{n} = r/C$。设在初始时 $t = 0$, 光子数为 $\langle n \rangle_0$, 很明显 $\langle n \rangle_0 = \dfrac{\partial G_0(z_0)}{\partial z_0}$, 且 $G_0(1) = 1$, 则 $t > 0$ 时的平均光子数为

$$\langle n \rangle = \frac{\partial G(z,t)}{\partial z}\bigg|_{z\to 1}$$

$$= \left[\left(\frac{\partial G_0(z_0)}{\partial z} + n(1-\mathrm{e}^{-Ct})\right)\frac{\ln z}{z-1}G_0(z_0)\exp\left(\bar{n}\int_{z_0}^{z}\frac{\ln z}{z-1}\mathrm{d}z\right)\right]\bigg|_{z\to 1}$$

$$= \langle n \rangle_0 \mathrm{e}^{-Ct} + \bar{n}(1-\mathrm{e}^{-Ct}) \tag{5.4.24}$$

$$\langle n(n-1)\rangle = \frac{\partial^2 G}{\partial z^2}\bigg|_{z\to 1} = \bar{n}(1-\mathrm{e}^{-Ct})\langle n\rangle + \langle n(n-1)\rangle_0 \mathrm{e}^{-2Ct}$$

$$+ \bar{n}(1-\mathrm{e}^{-Ct})\langle n\rangle_0 \mathrm{e}^{-Ct} - \frac{\bar{n}}{2}(1-\mathrm{e}^{-Ct}) \tag{5.4.25}$$

方程 (5.4.25) 可写为

$$\langle n^2 \rangle - \langle n \rangle^2 = (\langle n^2 \rangle_0 - \langle n \rangle_0^2)\mathrm{e}^{-2Ct}$$

$$+ (1-\mathrm{e}^{-Ct})\left(\frac{\bar{n}}{2} + \langle n\rangle_0 \mathrm{e}^{-Ct}\right) \tag{5.4.26}$$

当 $Ct \to \infty$ 时，方程 (5.4.26) 式给出 $\langle n^2 \rangle - \langle n \rangle^2 \to \bar{n}/2 = \dfrac{\langle n \rangle}{2}$。这结果与 Golubev 和 Sokolov 求得的一致。光子数方差比 Poisson 情形的光子数方差 $\langle n^2 \rangle - \langle n \rangle^2 = \langle n \rangle$ 下降了一半，这结果也表明 Golubev 和 Sokolov 采用的近似 $\ln(1+u) \simeq u - u^2/2$ 并未影响到光子数方差 $\langle (\Delta n)^2 \rangle$。这是因为有等式

$$\frac{\partial}{\partial z}\frac{\ln z}{z-1}\bigg|_{z\to 1} = \frac{\partial}{\partial z}\left(\frac{z-1-\dfrac{(z-1)^2}{2}}{z-1}\right)\bigg|_{z\to 1} = -\frac{1}{2} \tag{5.4.27}$$

从推导中可看出，近似 $\ln(1+u) \simeq u - u^2/2$ 还未影响方差，但这个近似会影响高阶方差，例如三阶方差，这是因为

$$\frac{\partial^2}{\partial z^2}\frac{\ln z}{z-1}\bigg|_{z\to 1} \neq \frac{\partial^2}{\partial z^2}\left(\frac{z-1-\dfrac{(z-1)^2}{2}}{z-1}\right)\bigg|_{z\to 1} \tag{5.4.28}$$

经过复杂计算，在 $Ct \gg 1$ 情况下，我们得出

$$\Delta n = n - \langle n \rangle$$

$$\langle (\Delta n)^3 \rangle = -\frac{\langle n \rangle}{2} \qquad (\text{近似解})$$

$$\langle (\Delta n)^3 \rangle = -\frac{\langle n \rangle}{2} + \frac{2\langle n \rangle}{3} = \frac{\langle n \rangle}{6} \qquad \text{(准确解)} \tag{5.4.29}$$

5.4.2 一般泵浦抽运 [15]

除了上述规则泵浦抽运外，还有一般泵浦抽运。这可由方程 (5.4.5) 的直接推广得出。方程 (5.4.5) 描述了泵浦抽运按 Poisson 分布再加上腔的阻尼项 $\Lambda\rho$。方程 (5.4.5) 的推广是

$$\frac{\mathrm{d}\rho_n}{\mathrm{d}t} = \mu_0(u - \mu_1 u^2 + \mu_2 u^3 + \cdots)\rho_n + \Lambda\rho_n \tag{5.4.30}$$

前一项仍描述泵浦抽运，但不是按 Poisson 分布，我们称这样的过程为一般过程。当 $\mu_1 = \mu_2 = \cdots = 0$ 时，一般过程便退化为熟知的 Markov 过程。这时，若暂不讨论腔的阻尼项 $\Lambda\rho$，则有

$$\frac{\mathrm{d}\rho_n}{\mathrm{d}t} = \mu_0 u \rho_n = \mu_0(\rho_{n-1} - \rho_n) \tag{5.4.31}$$

因为对于一般的 Markov 过程，在时间间隔 $t \to t+\Delta t$ 内，光子产生的概率 $P \propto \Delta t$，但与 n 及 t 无关，即

$$P(n \to n+1) = \lambda \Delta t \tag{5.4.32}$$

故有

$$\rho_n(t + \Delta t) = \rho_n(t)(1 - \lambda \Delta t) + \rho_{n-1}\lambda \Delta t \tag{5.4.33}$$

当 $\Delta t \to 0$ 时，求极限，我们得

$$\frac{\mathrm{d}\rho_n(t)}{\mathrm{d}t} = \lambda(\rho_{n-1}(t) - \rho_n(t)) = \lambda u \rho_n(t) \tag{5.4.34}$$

(5.4.34) 式即 (5.4.31) 式。

对于一般过程，在 $t \to t+\Delta t$ 时间内产生的光子数不仅与 Δt 有关，还与 n, t 有关，与系统曾经历过的历史 $\rho_{n-1}, \rho_{n-2}, \cdots$ 有关。这就意味着 (5.4.34) 式中的 λ 不是常数。比较 (5.4.34) 式与 (5.4.30) 式得

$$\lambda = \mu_0(1 - \mu_1 u + \mu_2 u^2 - \cdots) \tag{5.4.35}$$

现求解 (5.4.30) 式，先去掉阻尼项 $\Lambda\rho_n$，并注意到下降算子 u 可通过下降算子 d 来表示，即 $u = d - 1$，于是有

$$\frac{\mathrm{d}\rho_n(t)}{\mathrm{d}t} = \mu_0 \left[(d-1) - \mu_1(d-1)^2 + \mu_2(d-1)^3 - \cdots\right]\rho_n(t) \tag{5.4.36}$$

同样引进生成函数

$$G_0(z,t) = \sum_n z^n \rho_n(t) \tag{5.4.37}$$

像上面一样得出生成函数的微分方程

$$\frac{\partial G_0(z,t)}{\partial t} = \mu_0 \left[(z-1) - \mu_1(z-1)^2 + \cdots\right] G_0(z,t)$$

$$G_0(z,t) = \exp\left\{\int_0^t \mu_0 \left[(z-1) - \mu_1(z-1)^2 + \cdots\right]\mathrm{d}t\right\} \tag{5.4.38}$$

该式表明在 $t = 0$ 时，$G_0(z,0) = 1$，参照 (5.4.37) 式，即 $\rho_0(0) = 1$, $\rho_n(0) = 0$, $n \geqslant 1$。借助于生成函数，可求出

$$\langle n \rangle_0 = \left.\frac{\partial G_0}{\partial z}\right|_{z \to 1} = \int_0^t \mu_0(t)\mathrm{d}t \tag{5.4.39}$$

$$\langle n(n-1) \rangle_0 = \left.\frac{\partial^2 G_0}{\partial z^2}\right|_{z \to 1} = \left(\int_0^t \mu_0(t)\mathrm{d}t\right)^2 - 2\int_0^t \mu_0\mu_1\mathrm{d}t \tag{5.4.40}$$

方差为

$$\langle (\Delta n)^2 \rangle = \langle n^2 \rangle_0 - \langle n \rangle_0^2 = \int_0^t \mu_0(1 - 2\mu_1)\mathrm{d}t \geqslant 0 \tag{5.4.41}$$

由此得

$$\mu_0(1 - 2\mu_1) \geqslant 0$$

对 $\mu_0 > 0$ 的情形，我们有

$$\mu_1 \leqslant \frac{1}{2} \tag{5.4.42}$$

现将腔的阻尼 $\Lambda\rho_n = C(-n\rho_n + (n+1)\rho_{n+1})$ 加到 (5.4.36) 式中去，便得

$$\frac{\mathrm{d}\rho_n}{\mathrm{d}t} = \mu_0(u - \mu_1 u^2 + \mu_2 u^3 - \cdots)\rho_n + C(-n\rho_n + (n+1)\rho_{n+1}) \tag{5.4.43}$$

式中 C 表示谐振腔的线宽。对应于 (5.4.43) 式的生成函数 $G(z,t)$ 满足的微分方程

$$\left(\frac{\partial}{\partial t} + C(z-1)\frac{\partial}{\partial z}\right)G(z,t) = \mu_0\left((z-1) - \mu_1(z-1)^2 + \mu_2(z-1)^3 - \cdots\right)G(z,t) \tag{5.4.44}$$

上式的解可直接写为

$$G(z,t) = G_0(z_0)\exp\left\{\int_{z_0}^{z}(a_0 - a_1(z-1) + a_2(z-1)2 - \cdots)\mathrm{d}z\right\} \tag{5.4.45}$$

式中

$$z_0 = 1 + (z-1)\mathrm{e}^{-Ct}$$

$$a_m = \frac{m+1}{e^{C(m+1)t}-1}\int_0^t \mathrm{e}^{C(m+1)t'}\mu_0\mu_m\mathrm{d}t', \qquad m = 0, 1, \cdots \tag{5.4.46}$$

当 $\mu_0, \mu_0\mu_1, \cdots$ 为常数时, 令

$$a_0 = \frac{\mu_0}{C} = \bar{n}, a_1 = \frac{\mu_0\mu_1}{C} = \bar{n}\mu_1, \cdots, a_m = \frac{\mu_0\mu_m}{C} = \bar{n}\mu_m \tag{5.4.47}$$

代入 (5.4.45) 式便得

$$G(z,t) = G_0(z_0)\exp\left\{\bar{n}\int_{z_0}^{z}\mu(z)\mathrm{d}z\right\}$$

$$\mu(z) = 1 - \mu_1(z-1) + \mu_2(z-1)^2 - \cdots \tag{5.4.48}$$

由这个式子可计算出平均值及方差等

$$\langle n\rangle = \left.\frac{\partial G}{\partial z}\right|_{z\to 1} = \langle n\rangle_0\mathrm{e}^{-Ct} + \bar{n}(1 - \mathrm{e}^{-Ct}) \tag{5.4.49}$$

$$\langle n(n-1)\rangle = \left.\frac{\partial^2 G}{\partial z^2}\right|_{z\to 1} = \bar{n}(1 - \mathrm{e}^{-Ct})(\langle n\rangle - \mu_1)$$

$$+ \langle n(n-1)\rangle_0\mathrm{e}^{-2Ct} + \bar{n}(1 - \mathrm{e}^{-Ct})\langle n\rangle_0\mathrm{e}^{-Ct}$$

方差

$$\langle(\Delta n)^2\rangle = \langle n^2\rangle - \langle n\rangle^2$$

$$= (\langle n^2\rangle_0 - \langle n\rangle_0^2)\mathrm{e}^{-2Ct}$$

$$+ (1 - \mathrm{e}^{-Ct})(\bar{n}(1-\mu_1) + \langle n\rangle_0\mathrm{e}^{-Ct}) \tag{5.4.50}$$

当 $Ct \gg 1$ 时, 由 (5.4.49) 和 (5.4.50) 式得

$$\langle n \rangle = \bar{n}$$

$$\langle (\Delta n)^2 \rangle = \langle n^2 \rangle - \langle n \rangle^2 = \bar{n}(1 - \mu_1) \tag{5.4.51}$$

该式表明考虑腔的阻尼后, 方差 $\langle (\Delta n)^2 \rangle$ 将比 Poisson 分布的方差降低一因子 $(1 - \mu_1)$。如果将腔的阻尼去掉, 像 (5.4.41) 式所表示的方差比 Poisson 分布方差降低一因子 $(1 - 2\mu_1)$, 即

$$\langle (\Delta n)^2 \rangle = \bar{n}(1 - 2\mu_1) \tag{5.4.52}$$

仔细研究激光振荡的全量子理论, 可看出对激光输出的噪声作出贡献的主要有泵浦噪声、自发辐射及真空起伏。后者通过腔的阻尼项 $\Lambda \rho_n$ 体现出来, 而泵浦噪声则是由 $\mu(z)$ 来体现。我们上面的做法, 实际上是先处理 $\mu(z)$, 然后加上空起伏 $\Lambda \rho_n$, 并引进参数 C。对于原子与辐射场系统, 若原子被抽运到激发态, 有一起伏 $\Delta m = m - \langle m \rangle$, 则必然反映到产生的光子数起伏 Δn 中来, 故有

$$\Delta n = \Delta m, \qquad \langle (\Delta n)^2 \rangle = \langle (\Delta m)^2 \rangle \tag{5.4.53}$$

以三能级系统为例 (图 5.10), 跃迁到激发态的概率 p 与由激发态回到基态的概率 q 之比为

$$\frac{p}{q} = \frac{\rho_{13}B_{13} + \rho_{12}B_{12}}{A_{12} + \rho_{12}B_{21}} = \frac{N_2}{N_1} \tag{5.4.54}$$

故有

$$p = \frac{N_2}{N_1 + N_2}, \qquad q = \frac{N_1}{N_1 + N_2} \tag{5.4.55}$$

$n = N_1 + N_2$ 个原子, m 个处于激发态, $(n - m)$ 个处于基态的概率, 服从二项式分布

$$p_n(m) = \frac{n!}{m!(n-m)!} p^m q^{n-m} \tag{5.4.56}$$

由此给出

$$\begin{cases} \langle m \rangle = np \\ \langle m(m-1) \rangle = n(n-1)p^2 \\ \langle (\Delta n)^2 \rangle = \langle m \rangle (1 - p) \\ \langle m(m-1)(m-2) \rangle = n(n-1)(n-2)p^3 \end{cases} \tag{5.4.57}$$

将上面结果分别与 $\left.\dfrac{\partial G}{\partial t}\right|_{z\to 1}$, $\left.\dfrac{\partial^2 G}{\partial t^2}\right|_{z\to 1}$, $\left.\dfrac{\partial^3 G}{\partial t^3}\right|_{z\to 1}$, $\cdots$ 相对应，便能定出参数 $\mu_0, \mu_1,$ $\mu_2, \cdots$。为了求方差，比较 $\langle(\Delta m)^2\rangle = \langle m\rangle(1-p)$ 与 (5.4.52) 式，得 $\mu_1 = p/2$。对于图 5.10 所示三能级系统，当处于阈值以下时，因 $N_2 \ll (N_1 + N_2)$, $\mu_1 = p/2 \ll 1$，故 $\langle(\Delta m)^2\rangle$ 接近于 Poisson 分布 $\langle m\rangle$。但在阈值以上时，我们有 $N_2 \geqslant N_1$, $\mu_1 = p/2 \geqslant 1/4$，故有光子噪声下降因子 $1-\mu$ 为 $1/2 < 1-\mu \leqslant 3/4$(包含真空起伏)。类似地，对于图 5.11 所示的四能级系统，$N_4 \simeq 0$, $p = \dfrac{N_3}{N_1 + N_3} \ll 1$, $q = \dfrac{N_1}{N_1 + N_3} \simeq 1$，故基本上是 Poisson 分布。

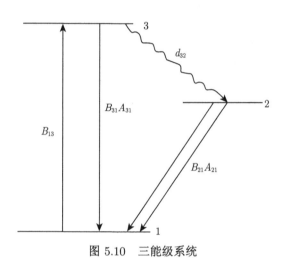

图 5.10   三能级系统

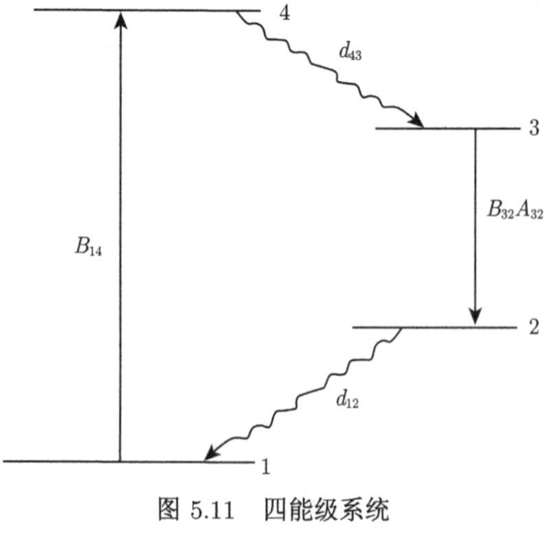

图 5.11   四能级系统

5.5 微 maser 的量子模式理论 [16~23]

基于规则原子注入模型, 导出量子化的辐射场的密度矩阵 ρ 的主方程。对 laser 情形, 可解析求得主方程的稳态解。但在 maser 情形, 这些稳态解中有时表现出非物理的"负概率分布" [16]。另一方面, 无损耗腔的量子模式理论表明, 当满足条件 $g\tau\sqrt{\pi} = q\pi$, q 为整数时, 存在一种瓶颈态 [17,18]。对有损耗腔, 辐射场的密度矩阵变化一般采用分步表示, 即 $\rho_f(t_{i+1}) = \exp(Lt_p)F(t_{in})\rho_f(t_i)$ [17~19]。式中 $\rho_f(t_i)$ 代表场的初始分布, t_{in} 为注入原子在腔内停留并与其相互作用的时间, $F(t_{in})$ 代表相互作用的影响; t_p 为原子已飞出腔, 仅有损耗 $\exp(Lt_p)$, 且 $t_p \gg t_{in}$, $t_p = t_{i+1} - t_i - t_{in} \simeq t_{i+1} - t_i$。在原子与场相互作用时间 t_{in} 内, 腔的损耗已被忽略掉, 这就是分步模式理论。故分步模式是一种 $t_p \gg t_{in}$, 忽略在 t_{in} 时间的损耗的近似的模式理论。若在 t_{in} 内损耗较大, 这种近似模式理论也是不适用的。它与主方程的关系为: 若假定①粗粒近似 $\frac{\Delta\rho}{\Delta t} \simeq \frac{\mathrm{d}\rho}{\mathrm{d}t}$; ②在场与原子相互作用时间 t_{in} 内, 原子的增益与腔的损耗为独立的可易的 (实际上是不可易的), 便可由分步法得出主方程。

我们的工作证明了 [20] 前面主方程法所遇到的"光子负概率分布"困难是可以克服的, 只需注意到稳态模式的存在要求注入率 r 与损耗系数 γ 之间应满足一定的条件, 即增益大于损耗。若不满足此条件, 实际上也不存在物理上的稳态解, 这就是出现非物理的"负光子概率分布"的情形。基于这样理解, 我们重新给出了附加阈值的微腔量子模式定义, 并分析了它的稳定性以及与分步模式之间的比较。

5.5.1 maser 情形密度矩阵主方程的稳态解

应用规则原子注入泵浦模型, 量子场的密度矩阵 ρ 的主方程即 (5.4.6) 式

$$\dot{\rho} = r\ln(1+u)\rho + L\rho$$

式中算子 u 作用在 ρ, 在光子数表象中的矩阵元 [16]

$$\langle n|u\rho|n\rangle = -a_{n+1}(\tau)\rho_n + a_n(\tau)\rho_{n-1} \tag{5.5.1}$$

对 maser 来说, 系数 a_n 为相互作用时间 τ 的实函数

$$a_n(\tau) = \sin^2(g\tau\sqrt{n}) \tag{5.5.2}$$

算子 $L\rho$ 为腔的损耗, 可表示为

$$\langle n|L\rho|n\rangle = \gamma[-n\rho_n + (n+1)\rho_{n+1}] \tag{5.5.3}$$

式中 γ 即光子的损耗系数。将主方程在光子数态中表示出来[16]

$$\dot{\rho}_n = -A_n + A_{n-1} + \gamma[-n\rho_n + (n+1)\rho_{n+1}] \tag{5.5.4}$$

式中 A_n 由下式给出：

$$A_n = -r \sum_{m=0}^{n} \rho_m \sum_{k=m}^{n} \ln(1 - a_{k+1}) \prod_{\substack{i=m+1 \\ i \neq k+1}}^{n+1} \frac{a_i}{a_i - a_{k+1}} \tag{5.5.5}$$

(5.5.4) 式的稳态解为

$$\gamma n \rho_n = A_{n-1} \tag{5.5.6}$$

应用 (5.5.6) 式进行数值计算。我们得出当参数 $r/\gamma = 50$ 时，$g\tau = 2.1\pi/\sqrt{50}$，即文献 [16] 给出的"负概率分布"，已重新在图 5.12(a) 中表示出。但是我们也看到若 r/γ 值增加，这个"负概率分布"就不再出现。图 5.12(b) 和 (c) 示出 $r/\gamma = 100, 150$ 的 ρ_n 分布曲线，就趋向于非负的概率分布。在对这一趋势的物理意义进行分析之前，我们可将方程 (5.5.6) 表示为

$$\sum_{m=0} c_{nm} \rho_m = -\nu \rho_n \tag{5.5.7}$$

式中 ν 即 γ/r，$c_{n,m}$ 由下式定义：

$$c_{n,m} = \frac{1}{n} \sum_{k=m}^{n} \ln(1 - a_{k+1}) \prod_{\substack{i=m+1 \\ i \neq k+1}}^{n+1} \frac{a_i}{a_i - a_{k+1}} \tag{5.5.8}$$

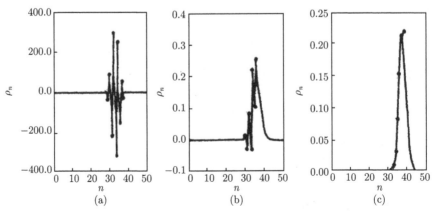

图 5.12　用规则原子注入泵浦微激光的光子数密度分布曲线 ρ_n(取自文献 [20])

(a) ～(c) 对应的参数为 $g\tau = 2.1\pi/\sqrt{50}, \nu^{-1} = r/\gamma = 50, 100, 150$

而 (5.5.7) 式可重新写成矩阵形式

$$
\begin{pmatrix}
\nu & & & & \\
c_{21} & \nu & & & \\
c_{31} & c_{32} & \nu & & \\
\vdots & & & \ddots & \\
c_{n1} & c_{n2} & \cdots & c_{n,n-1} & \nu
\end{pmatrix}
\begin{pmatrix}
\rho_1 \\ \rho_2 \\ \rho_3 \\ \vdots \\ \rho_n
\end{pmatrix}
=
\begin{pmatrix}
-c_{10}\rho_0 \\ -c_{20}\rho_0 \\ -c_{30}\rho_0 \\ \vdots \\ -c_{n0}\rho_0
\end{pmatrix}
\tag{5.5.9}
$$

解方程 (5.5.9), 我们导出光子分布密度 ρ_j 用 ρ_0 来表示的式子

$$
\begin{cases}
\rho_1 = -\dfrac{1}{\nu}c_{10}\rho_0 \\[2mm]
\rho_2 = \dfrac{1}{\nu}(-\nu c_{20} + c_{21}c_{10})\rho_0 \\[2mm]
\rho_3 = \dfrac{1}{\nu}(-\nu c_{30} + \nu(c_{31}c_{10} + c_{32}c_{20}) - c_{32}c_{21}c_{10})\rho_0 \\[2mm]
\rho_n = \dfrac{\rho_0}{\nu}
\begin{vmatrix}
\nu & & & -c_{10} \\
c_{21} & \nu & \cdots & -c_{20} \\
\vdots & & & \\
c_{n1} & c_{n2} & \cdots & -c_{n0}
\end{vmatrix} \\[2mm]
\quad\ = \dfrac{\rho_0}{\nu}(-\nu c_{n0} + \cdots + (-1)c_{n,n-1}c_{n-1,n-2}\cdots c_{10})
\end{cases}
\tag{5.5.10}
$$

很明显, 当 $\nu \to 0$ 时, 方程 (5.5.10) 给出

$$
\begin{cases}
\rho_1 = \dfrac{-\rho_0}{\nu}c_{10} \\[2mm]
\rho_2 = \dfrac{\rho_0}{\nu}c_{21}c_{10} \\[2mm]
\quad\ \cdots\cdots \\[2mm]
\rho_n = (-1)\dfrac{\rho_0}{\nu}c_{n,n-1}c_{n-1,n-2}\cdots c_{10}
\end{cases}
\tag{5.5.11}
$$

由方程 (5.5.8) 我们得

$$
c_{k,k-1} = \frac{r}{k}\ln(1 - a_k) < 0
\tag{5.5.12}
$$

因此在 $\nu \to 0$ 情形下, $\rho_1, \rho_2, \cdots, \rho_n$ 是非负的。但是当损耗与增益比 $\nu = \gamma/r$ 增加时, 由方程 (5.5.10) 确定的 ρ_n 的非负性质有可能被破坏。这意味着物理上的稳态解只有在满足阈值条件 $\nu < \nu_{\mathrm{th}}$ 情况下才能实现。这阈值可通过令 $\rho_n = 0$ 解代数方程求得。例如, $g\tau = \pi/\sqrt{14}$, 使得 $\rho_n \geqslant 0, n = 2, \cdots, 13$ 的阈值为 $1.23, 0.471 \pm i0.088, 0.556, 0.192, 0.094, 0.186, 0.089, 0.185, 0.084, 0.185, 0.079, 0.185$, 其中最小的即 $\nu_{\mathrm{th}} = 0.079$。图 5.13(a)~(c) 给出在阈值 ν_{th} 附近按 (5.5.6) 式算得的光子数密度 ρ_n 分布。这些分布曲线表明只有 $\nu < \nu_{\mathrm{th}}$, ρ_n 的非负性质就能得到保证。还注意到共轭复根 $0.471 \pm i0.088$ 意味着 ρ_3 恒 > 0, 使 $\rho_3 < 0$ 的实参数 $\nu = \gamma/r$ 是不存在的。

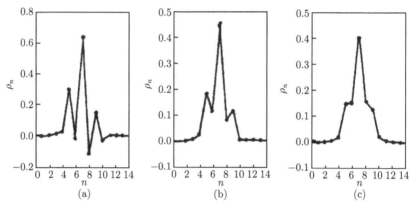

图 5.13　用规则原子注入泵浦微激光的光子数密度分布曲线 ρ_n(取自文献 [20])

(a) ~(c) 对应的参数为 $g\tau = 2.1\pi/\sqrt{50}, \nu^{-1} = r/\gamma = 10.5, 12, 13$

5.5.2　微腔的量子模理论

基于上面的讨论, 我们可定义有损耗情形的微腔的量子模为: ①满足量子条件 $g\tau\sqrt{N} = q\pi$, q 为整数; ②满足阈值条件 $\nu < \nu_{\mathrm{th}}$, 而且是主方程 (5.5.6) 的稳态解。一般地, 动力方程 (5.5.4) 的特征解可取 $\rho_n \propto e^{\lambda t}$ 形式, 于是有

$$\frac{\mathrm{d}\rho_n}{\mathrm{d}t} = \lambda\rho_n = \xi_n - \xi_{n-1}, \quad n = 0, 1, \cdots, N \tag{5.5.13}$$

$$\xi_n = (n+1)\nu\rho_{n+1} + \sum_{m=0} C_{n+1,m}\rho_m \tag{5.5.14}$$

式中 $C_{n+1,m} = (n+1)c_{n+1,m}$, 将参数 $g\tau\sqrt{N} = q\pi$ 代入方程 (5.5.2), (5.5.8), (5.5.14) 中, 我们得到 $a_N = 0$, $C_{N,m} = 0, m = 0, 1, \cdots, N-1$; 且当 $n \geqslant N-1$ 时, $\xi_n = 0$。因此不为零的矩阵元即 $\rho_0, \rho_1, \cdots, \rho_{N-1}$, 量子模的指标可记为 (q, N), 将方程 (5.5.13) 重新写为

$$\begin{cases} \dfrac{\mathrm{d}\rho_0}{\mathrm{d}t} = \lambda\rho_0 = -\xi_0 \\[2mm] \dfrac{\mathrm{d}\rho_1}{\mathrm{d}t} = \lambda\rho_1 = \xi_1 - \xi_0 \\[1mm] \cdots\cdots \\[1mm] \dfrac{\mathrm{d}\rho_{N-1}}{\mathrm{d}t} = \lambda\rho_{N-1} = -\xi_{N-2} \end{cases} \tag{5.5.15}$$

应用 (5.5.15) 式作模式的稳定性分析, 得出结果为稳态模式, 即使有起伏 $\delta\rho_m$, 也是暂时的, 会随时间的增长而消失。

应用上述解代数方程 (5.5.10) 的方法, 可求 π 模 $(1, N)$, 2π 模 $(2, N)$ 的阈值 ν_{th} 随 N 而变化的曲线, 如图 5.14 所示。在曲线 $(1, N)$, $(2, N)$ 上面的区域为稳态模区域。图 5.15 示出固定 $N = 50$, 而 $\nu^{-1} = r/\gamma = 120, 120 \times 10, 120 \times 10^2, 120 \times 10^3$

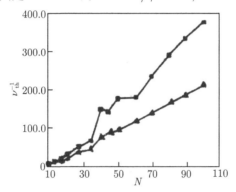

图 5.14 π 模 $(1, N)$, 2π 模 $(2, N)$ 的阈值 ν_{th} 随 N 的变化曲线 (取自文献 [20])

▲ 为 π 模, ■ 为 2π 模

图 5.15 π 模 $(1, N)$, 当 $N=50$, $\nu^{-1} = r/\gamma = 120, 120 \times 10, 120 \times 10^2, 120 \times 10^3$ 时的光子数密度分布曲线 (取自文献 [20])

图中实线, 虚线, 点线, 点划线所示 ν^{-1} 数值由小到大

时的光子数分布密度 ρ_n, 有意思的是 ν^{-1} 愈高愈接近于 Fock 态。

5.5.3 在阈值附近微腔量子模主方程解与分步模式解的偏差

将通过数值计算比较上面定义的由主方程所确定的量子模式与用分步迭代法得出的分步模式间的偏差。分步迭代式为

$$\rho_n(t+1/r) = \mathrm{e}^{-n\gamma/r} \sum_{m=0} \frac{m!}{n!(m-n)!}(1-\mathrm{e}^{-\gamma/r})\Gamma_m \tag{5.5.16}$$

$$\Gamma_m = (1-a_{m+1})\rho_m(t) + a_m\rho_{m-1}(t) \tag{5.5.17}$$

初值条件为 $\rho_n(0) = \delta_{n,0}$, 迭代到 2000 次, 结果如图 5.16 所示。主方程解 (实线) 与分步迭代解 (点线) 的比较: 当 $N = 14$, $\nu^{-1} = 13$(阈值), 16 时, 最大偏差分别为 29%, 7%; 当 $N = 50$, $\nu^{-1} = 100$(阈值), 120 时, 最大偏差分别为 0.9%, 0.2%。这些结果表明当 N 较大时偏差是不大的。

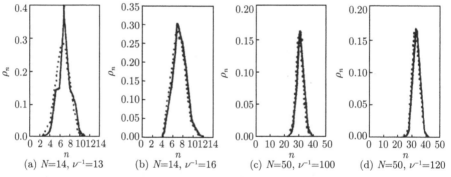

图 5.16 光子数密度的分布曲线 (实线为主方程的稳态解, 点线为分步迭代解)(取自文献 [20])

5.6 单原子与双原子微激光 [23]

作为获得非经典光场的有效途径之一, 利用单原子规则泵浦微腔激光的理论与实验已有许多研究 [13~22]。这里说的单原子规则泵浦是指激发态原子一个又一个从入口进入微腔, 并又从出口飞出, 通过受激辐射泵浦微腔激光场。如图 5.17(a) 所示, 原子注入是有规则的, 即两个原子的间隔时间 T 是固定的, 在任何时刻腔内最多有一个原子或者没有原子, 这种微激光我们称为单原子微腔激光。但下面我们将看到单原子微激光的稳定性不好, 从改善微激光输出的稳定性出发, 我们将单原子微激光扩展为双原子微激光, 即如图 5.17(b) 所示。我们将两个激发态原子, 一双又一双有规则地注入, 并飞过微腔, 这样做的结果与单原子微激光相比, 在稳定性方面有很大优越性。

图 5.17 单原子微 maser(a) 与双原子微 maser(b) 的示意图

下面我们先用分步法即 (5.5.16)、(5.5.17) 与 (5.5.2) 式来求解微激光的稳态。但 (5.5.2) 式是单原子的增益表式, 我们要求出与 (5.5.2) 式相应的多原子微激光的表式, 下面先讨论双原子与激光场的相互作用。

5.6.1 双原子与激光场的相互作用方程

双原子与激光场的态函数可表示为

$$
\begin{cases}
\psi_n^+ = |aa\rangle|n-1\rangle \\
\psi_n^0 = |ba\rangle|n\rangle \\
\psi^- = |bb\rangle|n+1\rangle
\end{cases}
\tag{5.6.1}
$$

式中 a, b 分别表示二能级原子的激发态与基态。$|aa\rangle$ 表示腔内有两个处于激发态 a 的原子, 同样 $|ba\rangle$ 表示一个处于基态 b, 而另一个处于激发态 $a, |ab\rangle$ 则相反, $|bb\rangle$ 表示两个均处于基态 $b, |n\rangle$ 表示光场为 n 个光子的 Fock 态。光场与二能级态的相互作用能算符 H_{in} 为

$$
H_{\text{in}} = \hbar g[(\sigma_1^- + \sigma_2^-)a^\dagger + (\sigma_1^+ + \sigma_2^+)a]
\tag{5.6.2}
$$

式中 σ_i^+ 与 σ_i^- 分别为二能级原子的上升与下降算符, $i = 1, 2$ 为第 1,2 原子; a 与 $a^\dagger$ 分别为场的湮没与产生算符;

$$
g = \mu\sqrt{\frac{2\pi\omega_0}{\hbar V}}
\tag{5.6.3}
$$

为耦合常数, 式中 μ 为原子的偶极矩, ω_0 为跃迁概率, V 为激光的模式体积。设我们所求解的系统的状态为 ψ, 用 $\psi_n^+, \psi_n^0, \psi_n^-$ 展开便得

$$
\psi = A_n\psi_n^+ + B_n\psi_n^0 + C_n\psi_n^-
\tag{5.6.4}
$$

由于

$$\begin{cases} \langle\psi_n^0|(\sigma_1^- + \sigma_2^-)a^\dagger|\psi_n^+\rangle = \sqrt{n} \\[2mm] \langle\psi_n^+|(\sigma_1^+ + \sigma_2^+)a|\psi_n^0\rangle = \sqrt{n} \\[2mm] \langle\psi_n^-|(\sigma_1^- + \sigma_2^-)a^\dagger|\psi_n^0\rangle = \sqrt{n+1} \\[2mm] \langle\psi_n^0|(\sigma_1^+ + \sigma_2^+)a|\psi_n^-\rangle = \sqrt{n+1} \end{cases} \tag{5.6.5}$$

将 (5.6.4) 式代入 Schrödinger 方程便得

$$\begin{cases} \dfrac{\mathrm{d}A_n}{\mathrm{d}\tau} = \dfrac{1}{\mathrm{i}\hbar}\langle\psi_n^+|H_{\mathrm{in}}|\psi_n^0\rangle B_n = -\mathrm{i}g\sqrt{n}B_n \\[3mm] \dfrac{\mathrm{d}B_n}{\mathrm{d}\tau} = \dfrac{1}{\mathrm{i}\hbar}\langle\psi_n^0|H_{\mathrm{in}}|\psi_n^+\rangle A_n + \dfrac{1}{\mathrm{i}\hbar}\langle\psi_n^0|H_{\mathrm{in}}|\psi_n^-\rangle C_n \\[3mm] \qquad = -\mathrm{i}g\sqrt{n}A_n - \mathrm{i}g\sqrt{n+1}C_n \\[3mm] \dfrac{\mathrm{d}C_n}{\mathrm{d}\tau} = \dfrac{1}{\mathrm{i}\hbar}\langle\psi_n^-|H_{\mathrm{in}}|\psi_n^0\rangle = -\mathrm{i}g\sqrt{n+1}B_n \end{cases} \tag{5.6.6}$$

设 $\dfrac{\mathrm{d}}{\mathrm{d}\tau} \to \lambda$, 求上式的本征值:

$$\begin{matrix} A_n & B_n & C_n \end{matrix}$$

$$\begin{vmatrix} \lambda & \mathrm{i}g\sqrt{n} & 0 \\ \mathrm{i}g\sqrt{n} & \lambda & \mathrm{i}g\sqrt{n+1} \\ 0 & \mathrm{i}g\sqrt{n+1} & \lambda \end{vmatrix} = 0 \tag{5.6.7}$$

$$\lambda = 0, \quad \pm\mathrm{i}g\sqrt{2n+1}$$

若初始条件为两个原子处于激发态 ψ_n^+, 即 $A_n = 1$, $B_n = 0$, $C_n = 0$, 可证, τ 不为 0 时, A_n, B_n, C_n 的解为

$$\begin{cases} A_n(\tau) = \dfrac{n+1}{2n+1} + \dfrac{n}{2n+1}\cos\left(g\sqrt{2n+1}\tau\right) \\[3mm] B_n(\tau) = -\mathrm{i}\sqrt{\dfrac{n}{2n+1}}\sin\left(g\sqrt{2n+1}\tau\right) \\[3mm] C_n(\tau) = -\mathrm{i}\dfrac{\sqrt{n(n+1)}}{2n+1}\left(1 - \cos\left(g\sqrt{2n+1}\tau\right)\right) \end{cases} \tag{5.6.8}$$

可以证明 $A_n^2(\tau) + B_n^2(\tau) + C_n^2(\tau) = 1$，且 A_n, B_n, C_n 满足 (5.6.6) 式，则在 $t + \tau$ 时的密度矩阵方程 $\rho_n(t + \tau)$ 可写为

$$\rho_n(t + \tau) = A_n^2(\tau)\rho_n(t) + B_{n-1}^2(\tau)\rho_{n-1}(t) + C_{n-2}^2(\tau)\rho_{n-2}(t) \tag{5.6.9}$$

但对于双原子微 maser, 并不存在严格的瓶颈态, 因为我们无法令 B_{N-1} 与 C_{N-2} 同时为零。下面我们主要研究初始时两个原子处于激发态的情况。

5.6.2 单原子、双原子微激光的稳态输出比较

下面我们用分步法定义微激光的模式。分步法的要点在于将激发态原子的受激辐射对模式的增益与微激光腔的损耗从时间上分开来。前者是原子在腔内飞行时间 τ 内起作用, 腔的损耗在 T 时间内起作用。因 τ 远小于原子与原子间隔时间 T, 故在 τ 时间的腔的损耗可忽略。设不为零的对角密度矩阵元 ρ_n 的指标 n 最大为 N, 并令 $\rho_n' = \rho_n(t + \tau)$, 则 (5.6.9) 式可用矩阵表示为

$$\begin{pmatrix} \rho_N' \\ \rho_{N-1}' \\ \vdots \\ \rho_2' \\ \rho_1' \\ \rho_0' \end{pmatrix} = \begin{pmatrix} A_N^2 & B_{N-1}^2 & C_{N-2}^2 & & & & \\ & A_{N-1}^2 & B_{N-2}^2 & C_{N-3}^2 & & & \\ & & & \ddots & & & \\ & & & & A_2^2 & B_1^2 & C_0^2 \\ & & & & & A_1^2 & B_0^2 \\ & & & & & & A_0^2 \end{pmatrix} \begin{pmatrix} \rho_N \\ \rho_{N-1} \\ \vdots \\ \rho_2 \\ \rho_1 \\ \rho_0 \end{pmatrix}$$

$$\tag{5.6.10}$$

(5.6.10) 式用矩阵来表示便是

$$\rho' = A\rho \tag{5.6.11}$$

对于单原子微激光 (5.5.1) 和 (5.5.2) 式也同样可用矩阵表示, 写为

$$\rho' = \beta\rho \tag{5.6.12}$$

上两式即单原子、双原子的增益方程。在增益之后又经 $T - \tau \simeq T$ 时间的损耗, 这时损耗作用按 (5.5.16) 式可表示为

$$\tilde{\rho}_N = \sum_{m=n}^{N} C_{nm}\rho_m'$$

$$C_{nm} = \frac{m!}{n!(m-n)!} e^{-\delta n}(1-e^{-\delta})^m, \quad \delta = 1/N_{\text{ex}} \tag{5.6.13}$$

用矩阵表示便是

$$\tilde{\rho} = C\rho' \tag{5.6.14}$$

将上面两个矩阵相乘便是包括增益与损耗在内的微腔激光的基本演化方程。

$$\tilde{\rho} = CA\rho \tag{5.6.15a}$$

$$\tilde{\rho} = C\beta\rho \tag{5.6.15b}$$

由上式, 双原子与单原子微激光的腔损耗矩阵是一样的, 差别只在增益矩阵 A 与 β。(5.6.15) 式所表示的是包括增益与损耗在内的一个基本过程。若经过许多次这样的基本过程, 表征光场对角矩阵 ρ_n 趋于不变, 即 $\tilde{\rho}_n = \rho$, 这就是微激光的稳态模式。

在实际计算中, 对于单原子, N 一般取为 100 左右, 对于双原子, N 一般取为 150 左右, 计算得出的 λ 为 1 ± 10^{-7}。

设稳态的对角矩阵元为 ρ_n, 则归一化的平均光子数为

$$\overline{n} = \frac{\langle n \rangle}{N_{\text{ex}}} = \frac{\displaystyle\sum_{n=0}^{N} n\rho_n}{N_{\text{ex}}} \tag{5.6.16}$$

归一化的方差为

$$\sigma = \frac{\langle (\Delta n)^2 \rangle}{\langle n \rangle} = \frac{\displaystyle\sum_{n=0}^{N} n^2 \rho_n - \left(\sum_{n=0}^{N} n\rho_n\right)^2}{\langle n \rangle} \tag{5.6.17}$$

图 5.18 和图 5.19 给出单原子与双原子的微激光比较。图 5.18(a) 与 (b) 分别给出单原子的平均值 $\langle n \rangle / N_{\text{ex}}$ 与方差 $\sigma = \langle (\Delta n)^2 \rangle / \langle n \rangle$ 随相互作用参数 $\theta = g\tau\sqrt{N_{\text{ex}}}$ 的变化曲线。当 $\theta < 2\pi$ 时, 平均光子数与均方差随 θ 的变化较平稳, 但当 $\theta > 2\pi$ 后, 起伏就很厉害。图 5.19(a) 与 (b) 为双原子的平均光子数及光子数方差随 $\theta' = g\tau\sqrt{2N_{\text{ex}}+1}$ 的变化曲线。在 θ 自 $0 \sim 10\pi$ 变化的范围内, 曲线很光滑, 没有像图 5.18(a) 与 (b) 那种在大范围内起伏的情形。现在再来看双原子的稳定性, 由图 5.19, 双原子的平均光子数 $\dfrac{\langle n \rangle}{N_{\text{ex}}}$ 及方差 $\sigma = \dfrac{\langle (\Delta n)^2 \rangle}{\langle n \rangle}$ 随 θ 变化的曲线是光滑

的、稳定的，即使在变化较大的 $\theta = 3\pi$ 附近。究其原因，主要是单原子微激光存在瓶颈态，它经常同时工作于 π 与 2π(一般的，$n\pi$ 与 $(n+1)\pi$ 模式)，而双原子微激光在前面已指出不存在这样的瓶颈态，C_n 系数起了致稳作用，使输出曲线光滑。

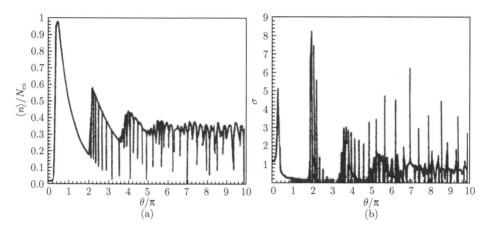

图 5.18　单原子微 maser 的平均值 $\langle n \rangle / N_{\mathrm{ex}}$(a) 和单原子微 maser 的方差 $\langle (\Delta n)^2 \rangle / \langle n \rangle$(b) 随 θ 的变化曲线 (取自文献 [23])

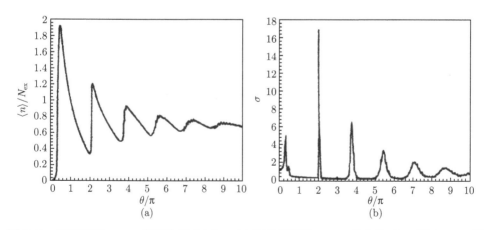

图 5.19　双原子微 maser 的平均值 $\langle n \rangle / N_{\mathrm{ex}}$(a) 和双原子微 maser 的方差 $\langle (\Delta n)^2 \rangle / \langle n \rangle$(b) 随 θ 的变化曲线 (取自文献 [23])

参 考 文 献

[1] Sargent III M, Scully M O, Lamb W E. Laser Physics. London: Addiso-Wesley Publishing Company, 1974: 152.

[2] Haken H. Light and Matter Ic, Encyclopedia of Physics Vd XXV/2c. Berlin: Springer-Verlag, 1970.

[3] Lamb W E Jr. Theory of optical maser. Phys. Rev., 1964, 134: A1429.

[4] 谭维翰. 激光振荡的全量子理论. 物理, 1980, 10: 193.

[5] Schawlow A L, Townes C H. Infrared and optical maser. Phys. Rev., 1958, 112: 1940.

[6] Lax M. Quantum noise IV, quantum theory of noise source. Phys. Rev., 1966, 145: 110.

[7] Lax M, Louisell W H. Quantum noise XII, density operator treatment of field and population fluctuation. Physial Review, 1969, 185: 568.

[8] Louisell W H. Quantum Statistical Properties of Radiation. John Wiley & Sons Inc, 1973.

[9] 谭维翰. 仿激光开系阻尼振子的量子化. 物理学报, 1982, 31: 1569.

[10] Haus H A, Yamamoto Y. Quantum noise of an injection-locked laser oscilator. Phys. Rev. A, 1984, 29: 1261.

[11] Yamamoto Y, Machida S. Amplitude squeezing in a pump-noise-suppressed laser oscillator. Phys. Rev. A, 1986, 34: 4025.

[12] Yamamoto Y, Imoto N, Machida S. Amplitude squeezing in a semiconductor laser using quantum non-delimitation measurement and negative feed back. Phys. Rev. A, 1986, 3: 3243.

[13] Golubev Y M, Sokolov I V. Photon anti-bunching in a coherent light source and suppression of the photon recording noise. Zh. Eksp. Teor. Fiz., 1984, 87: 408 [Sov. Phys. JETP, 1984, 60: 234].

[14] Tan W H. The exact solution to the regular pump model of photon noise reduction in laser.Physics Letters A, 1994, 190: 13.

[15] Tan W H. The general process in lasers. Opt. Commun., 1995, 115: 303.

[16] Benkert C, Rzazewski K. Failure of an atomic-injection model for description of pump fluctuations in masers and lasers. Phys. Rev. A, 1993, 47(2): 1564.

[17] Filipowicz P, Javaninen J, Meystre P. Quantum and semi-classical steady states of a kicked cavity mode. Journal of the Optical Society of America B, 1986, 3(6): 906.

[18] Filipowicz P, Javaninen J, Meystre P. Theory of a micromaser. Phys. Rev. A, 1986, 34(4): 3077.

[19] Guerra E S, Khoury A Z, Davidovich L, et al. Role of pumping statistics in micromasers. Phys. Rev. A, 1991, 44(11): 7785.

[20] 刘仁红, 谭维翰, 许文沧, 等. 微激光的量子模式理论. 科学通报, 1998, 42: 2561. Liu R H, Tan W H, Zhang J F. A quantum mode theory of the micromaser. Chinese Science Bulltin, 1998, 43: 425.

[21] Haak F, Tan S M, Walls D F. Photon noise reduction in laser. Phys. Rev. A, 1989, 40: 7121.

[22] Davidovich L, Zhu S Y, Khoury A Z, et al. Suitability of the master-equation approach for micromaser with non-Poisson pumping. Phy. Rev. A, 1992, 46: 1630.

[23] Tan W H, Fan W. Stability of multi-atom micro-maser. Acta Physica Sinica (Overseas Edition), 1999, 8: 275.

第6章 辐射的相干统计性质

辐射的相干统计性质乃是光场量子化后亦即量子光学研究的主要内容之一。本章在回顾平衡辐射研究的基础上,系统讨论了光场的相干性、相关性、相干态、非经典光场、压缩态、非经典光的探测和产生等理论与实验问题。

6.1 平衡辐射的统计热力学

我们将平衡辐射分为热平衡辐射与非热平衡辐射。热平衡辐射即黑体辐射,满足 Planck 分布;非热平衡辐射不满足 Planck 分布,但仍为定态,即长时间不发生变化的状态。从这个意义来说,激光就是一种非热平衡辐射。因为它一方面不满足 Planck 分布,另一方面又处于长时间不变的定态中。黑体辐射的研究[1] 不仅使得 Planck 假定构成黑体辐射的简谐振子的能量取不连续的值 $\mathcal{E}_n = n\varepsilon_0$,Einstein 作出光量子的假设,而且最后导致 Bose 创立一种区别于经典 Maxwell-Boltzmann 统计的新的统计,即 Bose-Einstein 量子统计。Planck 遵循 Kirchhoff 定律"封闭黑体内热平衡辐射的性质,仅与黑体的温度有关,与黑体壁的性质无关",致力于寻求与黑体保持热平衡的辐射能密度 $u(\omega, T)$ 的函数关系。在这以前已经有了适用于长波辐射的 Rayleigh 公式

$$u(\omega, T)\mathrm{d}\omega = \frac{\omega^2}{\pi^2 c^3} kT \mathrm{d}\omega \tag{6.1.1}$$

以及仅适用于短波辐射的 Wein 公式

$$u(\omega, T)\mathrm{d}\omega = \frac{\hbar\omega^3}{\pi^2 c^3} \mathrm{e}^{-\hbar\omega/kT} \mathrm{d}\omega \tag{6.1.2}$$

通过热力学推论与预测[1],Planck 找到了既适用于长波辐射又适用于短波辐射的经验公式

$$u(\omega, T)\mathrm{d}\omega = \frac{\hbar\omega^3}{\pi^2 c^3} \frac{\mathrm{d}\omega}{\mathrm{e}^{\hbar\omega/kT} - 1} \tag{6.1.3}$$

但如何从理论上导出 (6.1.3) 式呢? Planck 采取了如下的步骤。按统计力学,系统处于某一状态的概率 P 与系统的熵 S 之间的 Boltzmann 关系为

$$S = k \ln P \tag{6.1.4}$$

式中 k 为 Boltzmann 常量。为求出 P，Planck 假定在给定频率 ω 后，n 个相互独立的简谐振子的总能量 $\mathcal{E}_n$ 和熵 S_n 将分别是

$$\mathcal{E}_n = n\bar{\varepsilon}, \quad S_n = ns \tag{6.1.5}$$

$\bar{\varepsilon}$ 为每一简谐振子的平均能量，s 为每一简谐振子的熵。又设总能量 $\mathcal{E}_n$ 只能取某一最小能量 ε_0 的整数倍，而 ε_0 又与频率 ω 成正比，即

$$\mathcal{E}_n = N\varepsilon_0 = N\hbar\omega \tag{6.1.6}$$

于是将 N 份能量 ε_0 在 n 个简谐振子中进行分配的概率 P

$$P = \frac{(N+n-1)!}{N!(n-1)!} \tag{6.1.7}$$

应用 Stirling 公式 $m! \simeq m^m e^{-m}$，由 (6.1.4) 和 (6.1.7) 式便得

$$S = k\ln\frac{(N+n-1)!}{N!(n-1)!} \simeq k[(N+n-1)\ln(N+n-1) - N\ln N - (n-1)\ln(n-1)] \tag{6.1.8}$$

$$\delta S = k[\ln(N+n-1) - \ln N]\delta N = k\ln\left(\frac{N+n-1}{N}\right)\frac{\delta\mathcal{E}_n}{\hbar\omega} \tag{6.1.9}$$

按热力学关系 $\delta S = \dfrac{\delta\mathcal{E}_n}{T}$，从 (6.1.9) 式便可求出

$$\frac{N}{n} \simeq \frac{N}{n-1} = \frac{1}{\exp\left(\dfrac{\hbar\omega}{kT}\right) - 1} \tag{6.1.10}$$

再由 (6.1.5) 和 (6.1.6) 式即得

$$\bar{\varepsilon} = \frac{N\hbar\omega}{n} = \frac{\hbar\omega}{\exp\left(\dfrac{\hbar\omega}{kT}\right) - 1} \tag{6.1.11}$$

用频率在 $\omega \sim \omega + \mathrm{d}\omega$ 间辐射场的模式数 $\dfrac{\omega^2\mathrm{d}\omega}{\pi^2 c^3}$ 乘 $\bar{\varepsilon}$ 的表达式 (6.1.11)，便得辐射场能密度 $u(\omega, T)\mathrm{d}\omega$(见 (6.1.3) 式)，这就是 1900 年 Planck 给出的黑体辐射能密度推导。推导中除用到 Boltzmann 关系 (6.1.4) 外，主要给出了计算 P 的方法以及用简谐振子的平均能量 $\bar{\varepsilon}$ 作为每一模式的平均辐射能，代替 (6.1.1) 式中按能量均分定理确定的每一辐射模式具有的能量 kT。将辐射用简谐振子来描写，这从经典场满足的波动方程来看是合理的 [1,2]。但经典场的振幅以及场能可连续取任意值，而简谐振子的能量只能取 ε_0 的整数倍，即 $\mathcal{E}_n = N\hbar\omega$，这就是将经典场量子

化成了量子场。一般教科书推导 Planck 公式 [2] 并不采用上述方式，而是设简谐振子能量是量子化的：$\mathcal{E}_n = n\hbar\omega$，而处于激发态 $\mathcal{E}_n$ 的概率 P_n 按 Boltzmann 分布（$\propto e^{-n\hbar\omega/kT}$），归一化后得

$$P_n = \frac{e^{-n\hbar\omega/kT}}{\sum\limits_j e^{-j\hbar\omega/kT}} = e^{-n\hbar\omega/kT}(1 - e^{-\hbar\omega/kT}) \tag{6.1.12}$$

简谐振子的平均能量为

$$\overline{\varepsilon} = \sum n\hbar\omega P_n = \frac{\hbar\omega}{\exp(\hbar\omega/kT) - 1} \tag{6.1.13}$$

此即 (6.1.11) 式，这样求 $\overline{\varepsilon}$ 较为直接，不需用近似的 Stirling 公式。将辐射场用简谐振子来描写是波动图像，但并非经典场的波动，而是量子化了的。能否将量子概念进一步发展一下，认为辐射场本身就是能量 $\varepsilon = \hbar\omega$ 的光量子流或光子流呢？Einstein 光量子学说就是这样认为的，光子具有能量 $\hbar\omega$，动量 $\hbar\omega/c$。这样不仅解释了他当时要解释的光电效应，而且后来对光与物质相互作用的认识也是一个很大的推进，主要表现在他推导 Planck 黑体辐射公式中引进的受激辐射与自发辐射系数 A, B 上。考虑到与频率为 $\hbar\omega$ 的光子相互作用的原子的两个能态，即高能态 2 与低能态 1，由高能态向低能态跃迁便辐射出光子 $\hbar\omega$，并满足能量守恒关系 $E_2 - E_1 = \hbar\omega$。由低能态向高能态跃迁便吸收光子 $\hbar\omega$。前一种由高能态向低能态跃迁的概率为

$$A_{21} + B_{21}u(\omega, T) \tag{6.1.14}$$

A_{21} 为自发辐射系数，即没有辐射场情况下自发能态跃迁的概率。B_{21} 为受激辐射系数，$B_{21}u(\omega, T)$ 为受激辐射跃迁概率，即在辐射场作用下，原子由高能态向低能态跃迁的概率。同样由低能态向高能态跃迁的吸收率为

$$B_{12}u(\omega, T) \tag{6.1.15}$$

受激辐射与吸收均正比于辐射场的能密度 $u(\omega, T)$，而自发辐射与 $u(\omega, T)$ 无关。又设处于高能态与低能态的原子数分别为 N_2, N_1，则总的辐射率为 $[A_{21} + B_{21}u(\omega, T)]N_2$，总的吸收率为 $B_{12}u(\omega, T)N_1$。在热平衡情况下，辐射率与吸收率应相等，即

$$(A_{21} + B_{21}u(\omega, T))N_2 = B_{12}u(\omega, T)N_1 \tag{6.1.16}$$

又设处于高能态的原子数 N_2 与处于低能态的原子数 N_1 满足 Boltzmann 分布

$$\frac{N_2}{N_1} = \frac{g_2 \exp(-E_2/kT)}{g_1 \exp(-E_1/kT)} = \frac{g_2}{g_1} \exp(-\hbar\omega/kT) \tag{6.1.17}$$

g_1, g_2 分别为能级数 2, 1 的简并度。由 (6.1.16) 和 (6.1.17) 式，并取定 $A_{21}/B_{21} = \dfrac{\hbar\omega^3}{\pi^2 c^3}$, $\dfrac{g_1 B_{12}}{g_2 B_{21}} = 1$，便得

$$u(\omega, T) = \frac{\hbar\omega^3}{\pi^2 c^3} \frac{1}{\exp(\hbar\omega/kT) - 1} \tag{6.1.18}$$

上面对 Planck 公式推导很直观，除了引进 A, B 外，还用了 Bohr 关于原子在能级间跃迁与辐射光子的最基本关系 $E_2 - E_1 = \hbar\omega$。比较 Planck 公式两种推导方法，一种是由辐射场的简谐振子模型出发；而另一种则是由原子在能级间跃迁辐射或吸收光子模型出发。还可进一步设想是否既不需简谐振子模型，也不需考虑原子在能态跃迁，而是直接从光子本身服从的统计规律出发也能得出 Planck 分布呢？1924 年，Bose 作的 Planck 分布推导就是这样的。首先将相空间分为许多体积为 $(2\pi\hbar)^3$ 的单胞，并考虑到光的两个独立的偏振分量，于是在单位体积内，频率在 $\omega \sim \omega + \mathrm{d}\omega$ 范围内，有 $z\mathrm{d}\omega = \dfrac{\omega^2}{\pi^2 c^3}\mathrm{d}\omega$ 单胞。可见，每一单胞就是一个独立的模式。设在 $\omega \sim \omega + \mathrm{d}\omega$ 频率范围内有 N 个光子，将这 N 个光子在 $z\mathrm{d}\omega$ 个单胞内分配，求不同的分配数。Bose 在计算不同的分配数时，引进光子不可分辨的概念。设没有光子的单胞数为 n_0，有一个光子的单胞数为 n_1，有两个光子的单胞数为 $n_2, \cdots$，当 n_0, n_1, $n_2, \cdots$ 给定后，分配也就定了。在 n_i 个单胞内光子的交换不算作新的分配；又设每一种分配有相同的概率，于是有总的概率为

$$P = \prod_{\mathrm{d}\omega} \frac{z!}{\prod n_i!}, \quad z = \sum n_i \tag{6.1.19}$$

$$E = \sum_{\mathrm{d}\omega} N\hbar\omega, \quad N = \sum i n_i \tag{6.1.20}$$

由 $\delta P = \delta E = 0$，我们有

$$\sum(\ln z - \ln n_i)\delta n_i = 0, \quad \sum \hbar\omega i \delta n_i = 0 \tag{6.1.21}$$

应用未知乘子法及归一化条件 $\sum \dfrac{n_i}{z} = 1$，得

$$\frac{n_i}{z} = \mathrm{e}^{-i\beta\hbar\omega}(1 - \mathrm{e}^{-\beta\hbar\omega}) \tag{6.1.22}$$

$$u(\omega, T) = N\hbar\omega = \sum i n_i \hbar\omega = z\hbar\omega(\mathrm{e}^{\beta\hbar\omega} - 1)^{-1} \tag{6.1.23}$$

(6.1.22) 式即前面导出的 (6.1.12) 式。将 $z = \dfrac{\omega^2}{\pi^2 c^3}$ 代入 (6.1.23) 式，便得 (6.1.18) 式，$\beta = 1/kT$。

利用 (6.1.12) 式, 还可求出光子的简并度 $\langle n \rangle$ 与光子的均方起伏 $\langle \Delta n^2 \rangle$:

$$\langle n \rangle = \sum n P_n = 1/[\exp(\beta\hbar\omega) - 1] \tag{6.1.24}$$

$$\langle \Delta n^2 \rangle = \sum (n - \langle n \rangle)^2 P_n = \sum (n^2 - \langle n \rangle^2) P_n = \langle n \rangle + \langle n \rangle^2 \tag{6.1.25}$$

(6.1.25) 式前一项具有粒子起伏的性质, $\langle (n - \bar{n})^2 \rangle = \bar{n}$; 后一项则表现出波动干涉引起的涨落。波动干涉使得振幅涨落正比于振幅的平方和, 因此涨落就与 $\langle n \rangle^2$ 成正比。上面就是依据光子服从的 Bose 统计 (6.1.19) 式推导 Planck 公式的过程。这个推导, 除 (6.1.19) 式外, 主要就是 (6.1.21) 式和未知乘子法。最后求得在热平衡情况下单胞内具有 i 光子的概率 $\rho_i = \dfrac{n_i}{z} = \mathrm{e}^{-\mathrm{i}\beta\hbar\omega}(1 - \mathrm{e}^{-\beta\hbar\omega})$, 即 (6.1.22) 式。如果不是热平衡, (6.1.21) 和 (6.1.22) 式将不能用, 但 (6.1.19) 和 (6.1.20) 式总是成立的。系统的熵 S 与内能 U 可通过 ρ_i 表示为

$$S = k \ln P \simeq k \sum_{\mathrm{d}\omega} (z \ln z - \sum n_i \ln n_i) = -k \sum_{\mathrm{d}\omega} z \sum \rho_i \ln \rho_i = kzs\mathrm{d}\omega \tag{6.1.26}$$

$$U = z\mathrm{d}\omega\hbar\omega \sum \mathrm{i}\rho_i = z\mathrm{d}\omega\hbar\omega u$$

式中 $s,\ u$ 为无量纲的熵密度与内能密度

$$u = \langle n \rangle = \sum \mathrm{i}\rho_i, \quad s = -\sum \rho_i \ln \rho_i \tag{6.1.27}$$

取 $S,\ V$ 为独立变量, U 为 $S,\ V$ 的函数, 则由热力学关系出平衡辐射的温度 T 与压力 P 的计算公式

$$\mathrm{d}U = T\mathrm{d}S - p\mathrm{d}V, \quad T = \left(\frac{\partial U}{\partial S}\right)_V, \quad p = -\left(\frac{\partial U}{\partial V}\right)_S \tag{6.1.28}$$

激光作为一种非热平衡辐射, 它与热平衡辐射的关系在文献 [3] 中探讨过。

6.2   光的相干性

自从 Dirac 提出"光子自干涉"著名论断 [4] 以来, 光的干涉, 特别是弱光干涉一直是一个带有基本意义的理论与实验问题。为了方便, 现分成若干问题讨论 [5~13]。

6.2.1   相干条件

经典光学中, 当说到两束光叠加产生干涉条纹时, 总要求叠加的两束光为同源相干光。这是因为经典光学中的干涉测量是对干涉场进行长时间的观察, 相当于对干涉场作长时间的统计平均。实际上, 被叠加的两束光, 不论同源与否, 只要观察

时间 T 短于两束光频宽 $\Delta\nu$ 的倒数, 即 $T < (\Delta\nu)^{-1}$, 就产生干涉条纹. 对 T 时间求平均后的光强 $\bar{I}$ 与被叠加的两束光的强度 I_1, I_2, 频率 ω_1, ω_2 及相位 φ_1, φ_2 间的关系为

$$\bar{I} = \frac{1}{T}\int_t^{t+T}[E_1(t') + E_2(t' + \theta x/c)]^2 \mathrm{d}t'$$

$$= \frac{1}{T}\int_t^{t+T}\left\{I_1(t') + I_2(t') + 2\sqrt{I_1(t')I_2(t')}\right.$$

$$\left.\times \cos\left[(\omega_1 - \omega_2)t' - \frac{\omega_2\theta x}{c} + \varphi_1(t') - \varphi_2(t')\right]\right\}\mathrm{d}t' \tag{6.2.1}$$

当 T 很大时, 对时间求积, 就是对系综求平均. 如果是不同源的光, 被积函数中表现双光束干涉的相位差 $\varphi_1(t') - \varphi_2(t')$ 的变化是无规的, 求平均后其值为 0. 如果是同源的相干光, 则有

$$\omega_2 = \omega_1, \quad \varphi_2(t') = \varphi_1(t') \tag{6.2.2}$$

干涉项的相位为定数 $\omega_2\theta x/c$, 与时间无关, 对时间求平均后不为 0. 但当 T 不是很大时, 对 t 求平均, 将不经历系统的各态, 而是对部分状态求平均. 在这部分状态的 $\varphi_2(t') - \varphi_1(t')$ 变化不大的情况下, (6.2.1) 式变为

$$\bar{I} = I_1(t) + I_2(t) + 2\sqrt{I_1(t)I_2(t)}\frac{\sin(\omega_2 - \omega_1)T/2}{(\omega_2 - \omega_1)T/2}$$

$$\times \cos\left[(\omega_2 - \omega_1)(t + T/2) + \frac{\omega_2\theta x}{c} + \varphi_2(t) - \varphi_1(t)\right] \tag{6.2.3}$$

由 (6.2.3) 式得出, 只要 $T \leqslant \dfrac{2\pi}{|\omega_2 - \omega_1|} = \dfrac{1}{|\nu_2 - \nu_1|}$, 即使是非同源的两束光干涉, 也能看到干涉条纹. 事实上, Forrester 等 [5] 已观察到非相干光源发射的 Zeeman 双线在光阴极表面上产生的拍频调制发射信号, 虽然信噪比很低 (约 3×5^{-5}). 能观察到干涉条纹的另一条件, 即为在 $T(<(\Delta\nu)^{-1})$ 时间内落到探测面上的光子数应尽可能地多. 这个条件可表示为光子简并度 $\langle n\rangle \geqslant 1$. 一般的热辐射光源 $\langle n\rangle \simeq 10^{-3}$, 要观察到非同源光的干涉或拍频是很困难的. 激光的光子简并度 $\langle n\rangle \gg 1$, 很有利于观察非同源光的相干效应. 事实上, Javan, Mandel 等分别观察到独立的激光束的干涉与两台独立的激光器输出产生的空间干涉[6, 7]. 两束独立的红宝石激光的拍频也被观察到[8]. 用两台独立的 He-Ne 激光器进行的弱光干涉实验也是很有意思的[8, 9]. 图 6.1 给出实验装置简图. 源与探测器之间的渡越时间为 3ns, 而光子的间隔时间约为 150 ns. 粗略地说, 当一个光子被吸收后, 才会发射第二个光子. 进行一次观察所需的时间为 20 μs. 探测器的量子效率为 7%, 故进行一次观察平均能接收到 10 个光子. 两台独立的 He-Ne 单模激光器输出激光分别通过半透及全反射

镜 M_3, M_4, 以互相倾斜成 θ 的角度射到干涉探测器的接收表面上。因为每次观测到约 10 个光子，只能用相关接收器进行判别。接收面用一叠厚为 $L/2$(约等于干涉条纹间隔的一半 $l/2$) 的玻璃片组成，其中 1, 3, 5 片的光进入探测器 6; 2, 4, 6 片的光进入探测器 7。将两探测器上测得的光子数起伏 Δn_1, Δn_2 作相关处理，其相关系数 r 为

$$r = \frac{\langle \Delta n_1 \Delta n_2 \rangle}{\sqrt{\langle \Delta n_1^2 \rangle \langle \Delta n_2^2 \rangle}} \tag{6.2.4}$$

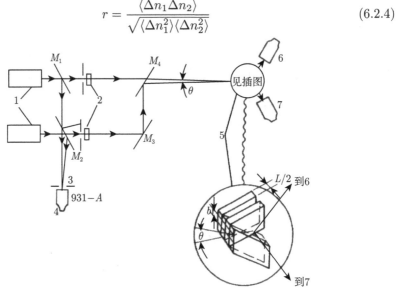

图 6.1　弱光干涉探测示意图 (参照文献 [9])

1. 激光器; 2. 减光片; 3. 狭缝; 4. 监测光电管; M_1、M_2. 分光片;

5. 干涉探测器; 6、7. 光电探测器

图 6.2 给出 r 与 L/l 的曲线。由图看出，当 $L \approx l$ 时，相关系数 r 为负，绝对

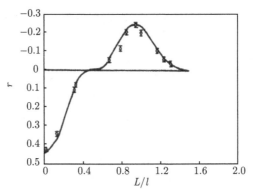

图 6.2　相关系数 r 对 L/l 的变化曲线 (参照文献 [9])

实验中 $\Delta \nu T \simeq 0.6$

值最大。这表明一组玻璃片接收到亮纹,而另一组玻璃片接收到暗纹。$L \ll l$ 时,r 为正,这表明一个亮纹覆盖在几个玻璃片上,两个探测器上给出相同的光子计数,故相关系数为正。若是 $L \gg l$,即一个玻璃片上接收到很多干涉条纹,故相关为零。由这个实验得出,不同激光器的输出,如果不是对系综求平均,是会相干的,是会产生干涉条纹的。

6.2.2 "光子自干涉" 与 "同态光子干涉"

"光子自干涉" 著名论断表明,"每一个光子只能自己发生干涉,不同光子间的干涉是从来不会发生的"[4]。文献 [8] 在引用这一论断时,又作了补充 "过去人们在引用这一论断时,往往误认为不同源的光子是不会相干的"。那么由实验证明的不同激光器发出的光子是可以相干的,可以产生干涉条纹,这也属于 "光子自己发生干涉",而不是 "不同光子间的干涉"。这就要求 "两台不同的激光器会发出同一光子实现自干涉",这明显遇到观念上的困难。为克服这一困难,将 "光子自干涉" 理解为包括 "同态光子干涉" 在内是必要的。事实上,同一状态的光子是不可区分的全同粒子。不论是来自同一发射源,还是来自不同的发射源,只要进入同一量子状态后,就是相干的。不同光源产生的频率为 ν_1, ν_2 的两束光,在 $\varphi_2(t') - \varphi_1(t')$ 变化不大的情形下,可通过限制观察时间 T,使 $T < (\Delta\nu)^{-1}$,即 $T\Delta\nu < 1$,便处于同一量子状态,达到相干,输出相干的拍频信号。其他的空间相干实验也都是造成同一量子状态的相干条件。两台独立的红宝石激光器输出的空间相干实验,两台独立的 He-Ne 激光的弱光干涉实验均表明了同一状态的光子是相干的,均能在 "同态光子相干涉" 意义下得到理解。

6.3 光 探 测

6.3.1 理想探测器[10]

一个理想的光探测器对描述光强变化和光强空间分布来说是重要的。这个理想的光探测器从微观意义来说可理解为一个线度比波长小得多的原子,在受到光子激发后,由基态跃迁到连续态,有很宽的频率响应。光与原子的电偶极相互作用能可表示为

$$H_{\mathrm{I}} = -\boldsymbol{\mu} \cdot \boldsymbol{E}(\boldsymbol{r}, t) \tag{6.3.1}$$

式中 $\boldsymbol{E}(\boldsymbol{r}, t)$ 为电场,$\boldsymbol{\mu}$ 为原子的偶极矩。当测到一个光子后,原子由基态跃迁到激发态,而场也发生了变化,即由初态 i 到终态 f。H_{I} 的矩阵元可写为

$$-\langle f|\boldsymbol{E}(\boldsymbol{r}, t)|i\rangle \cdot \langle e|\boldsymbol{\mu}|g\rangle \tag{6.3.2}$$

为方便计, 将 $E(r,t)\cdot\mu$ 写作 $E(r,t)\mu$, 将电场 $E(r,t)$ 写为

$$E(r,t) = E^+(r,t) + E^-(r,t) \tag{6.3.3}$$

$E^+(r,t)$, $E^-(r,t)$ 分别为正频项与负频项, 与 $\mathrm{e}^{-\mathrm{i}\omega t}$, $\mathrm{e}^{\mathrm{i}\omega t}$ 成正比。考虑到能量守恒关系, 场强 $E(r,t)$ 中频率 ω 满足 $\hbar\omega \simeq E_e - E_g$ 的分量的贡献是主要的, 故 (6.3.2) 式可近似为 $-\mu\langle f|E^+(r,t)|i\rangle$。光吸收的跃迁概率为 $-\mu\langle f|E^+(r,t)|i\rangle$ 模量的平方, 并对各种可能的末态 f 求和:

$$\mu^2 \sum_f |\langle f|E^+(r,t)|i\rangle|^2$$
$$= \mu^2 \sum_f \langle i|E^-(r,t)|f\rangle\langle f|E^+(r,t)|i\rangle$$
$$= \mu^2 \langle i|E^-(r,t)E^+(r,t)|i\rangle \tag{6.3.4}$$

(6.3.4)式是考虑到各种可能的末态 f 构成一完备的体系 $\sum_f |f\rangle\langle f| = 1$ 而得出的。

一般来说, 光场的初态也不是确切知道的, 故对初态 i 求统计平均后才是理想探测器的输出, 应正比于光强

$$I(r,t) = \mathrm{tr}(\rho E^-(r,t)E^+(r,t)) \tag{6.3.5}$$

参照 (6.3.4) 式, 除一常数因子 μ^2 外, 由 (6.3.5) 式定义的光强 $I(r,t)$ 便可看作理想探测器的测量值。

6.3.2　量子跃迁[12]

理想探测器是对光探测的数学描述, 而量子跃迁 (quantum jumps) 则是用微光探测证实单个原子处于激发态的一种办法。图 6.3 给出 V 形三能级系统。在 0 与 1, 0 与 2 之间分别用强泵浦与弱光联系起来。因为是强的, 故由激发态发出的荧光也是强的, 如 10^8 光子/秒。能级 1 与 2 相距甚远, 故不受强泵浦的影响, 仅受弱光的影响。只要原子没有被弱光由基态能级 0 抽运到激发态能级 2, 0 与 1 间的强泵浦及由 1 发出的强荧光将继续下去。注意到 0 与 2 间为弱光, 故由 0 抽运到 2 的概率是很小的, 而且一旦被抽运到 2 能级上, 向下跳的机会也很小, 这时 0 与 1 间泵浦中断, 荧光也就 "变暗"。这就提供了一个 "通过测定强荧光的暗区, 判明电子已被弱探测光抽运并搁置在能级 2 上" 的方法。实验上观察量子跃迁是用 Ba^+ 做实验[12], Ba^+ 的能级如图 6.4 所示。强泵浦用粗线表示, 即 $6^2\mathrm{S}_{1/2} \to 6^2\mathrm{P}_{1/2} \to 5^2\mathrm{D}_{3/2}$; 而细线加虚线则表示抽运并搁置电子到 $^2\mathrm{D}_{5/2}$ 态, 路径为 $6^2\mathrm{S}_{1/2} \to 6^2\mathrm{P}_{3/2} \to 6^2\mathrm{D}_{5/2}$。弱光的光强为 6.4×10^{-9} W/cm^2。图 6.5 为

$6^2P_{1/2} \to 6^2S_{1/2}$ 强荧光 $I(t)$，平均搁置时间达 $30\,s$，这使我们确信在离子阱中的 Ba^+ 为单个 Ba^+。这时真空度保持在 $8 \times 10^{-11}mmHg(1mmHg = 1.33322 \times 10^2Pa)$，用两束共线激光冷却定域离子在 $1\,\mu m$ 小区内。

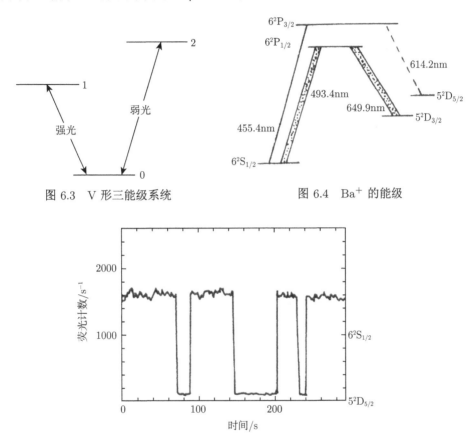

图 6.3 V 形三能级系统　　　　　图 6.4 Ba^+ 的能级

图 6.5 强荧光 $I(t)$ 随 t 变化的实验结果 (参照文献 [12])

6.4 场的相关函数与场的相干性

理想探测器测量的光场 $I(\boldsymbol{r}, t)$ 即光场正频与负频部分的自相关。将 $(\boldsymbol{r}, t)$ 记为 x，则自相关函数 $G(x, x)$ 可写为

$$I(x) = G(x, x) = \mathrm{tr}\{\rho E^-(x)E^+(x)\} \tag{6.4.1}$$

可是在杨氏干涉实验中，我们要测定的光强来源于双缝 (x_1) 与 (x_2) 处的光振动的

叠加。故有

$$
\begin{aligned}
I &= \mathrm{tr}\{\rho(E^-(x_1) + E^-(x_2))(E^+(x_1) + E^+(x_2))\} \\
&= \mathrm{tr}\{\rho E^-(x_1)E^+(x_1)\} + \mathrm{tr}\{\rho E^-(x_1)E^+(x_2)\} \\
&\quad + \mathrm{tr}\{\rho E^-(x_2)E^+(x_1)\} + \mathrm{tr}\{\rho E^-(x_2)E^+(x_2)\} \\
&= G(x_1, x_1) + G(x_1, x_2) + G(x_2, x_1) + G(x_2, x_2)
\end{aligned}
\tag{6.4.2}
$$

参照 (6.4.1) 式定义，第一、四项为 (x_1), (x_2) 点的自相关函数，即 (x_1), (x_2) 点的光强 $I(x_1)$, $I(x_2)$ 恒大于零，且与场强 $E(x_1)$, $E(x_2)$ 点的相位无关；而第二、三项为 (x_1, x_2) 的互相关函数

$$
G(x_i, x_j) = \mathrm{tr}\{\rho E^-(x_i)E^+(x_j)\}
\tag{6.4.3}
$$

式中 $G(x_1, x_2)$, $G(x_2, x_1)$ 为共轭复数。$G(x_1, x_2) + G(x_2, x_1)$ 为实数，可为正或负，依赖于叠加的场 $E(x_1)$, $E(x_2)$ 间的相位差。用光学干涉的术语来说，当相位差为 $2n\pi$ 时，$G(x_1, x_2) + G(x_2, x_1)$ 为正的极大，$I = I_{\max}$。当 $E(x_1)$ 与 $E(x_2)$ 的相位差为 $(2n+1)\pi$ 时，$G(x_1, x_2) + G(x_2, x_1)$ 为负的极小，$I = I_{\min}$。用 $I_{\max}$, $I_{\min}$ 作条纹能见度 V

$$
V = \frac{I_{\max} - I_{\min}}{I_{\max} + I_{\min}}
\tag{6.4.4}
$$

若

$$
|G(x_1, x_2)| = \sqrt{G(x_1, x_1)G(x_2, x_2)}
\tag{6.4.5}
$$

则称之为相干场。这时

$$
\begin{aligned}
G(x_1, x_2) &= \sqrt{G(x_1, x_1)G(x_2, x_2)}\, \mathrm{e}^{\mathrm{i}\phi} \\
G(x_2, x_1) &= \sqrt{G(x_1, x_1)G(x_2, x_2)}\, \mathrm{e}^{-\mathrm{i}\phi}
\end{aligned}
\tag{6.4.6}
$$

当 $\phi = 2n\pi$ 时

$$
I_{\max} = (\sqrt{G(x_1, x_1)} + \sqrt{G(x_2, x_2)})^2
$$

当 $\phi = (2n+1)\pi$ 时

$$
I_{\min} = \left(\sqrt{G(x_1, x_1)} - \sqrt{G(x_2, x_2)}\right)^2
$$

$$
V = \frac{2\sqrt{G(x_1, x_1)G(x_2, x_2)}}{G(x_1, x_1) + G(x_2, x_2)}
\tag{6.4.7}
$$

特别是当 $G(x_1, x_1) = G(x_2, x_2)$ 时，能见度 $V=1$，干涉条纹明暗对比最强。

一般来说，$G(x_1, x_2)$ 满足 Schwarz 不等式

$$
|G(x_1, x_2)| \leqslant \sqrt{G(x_1, x_1)G(x_2, x_2)}
\tag{6.4.8}
$$

特别是当 $|G(x_1, x_2)| \ll \sqrt{G(x_1, x_1)G(x_2, x_2)}$ 时。由 (6.4.4) 式看出，$I_{\max}$ 与 $I_{\min}$ 差别很小，明暗对比很弱，$V \simeq 0$，这就是非相干场情形。对于满足 (6.4.5) 式的相干场，互相关函数 $G(x_1, x_2)$ 有如下的分解式：

$$G(x_1, x_2) = \mathcal{E}^*(x_2)\mathcal{E}(x_1) \tag{6.4.9}$$

很明显，互相关函数 $G(x_1, x_2)$ 具有分解式 (6.4.9) 是相干场的充要条件。

由 (6.4.3) 式定义的 $G(x_1, x_2)$ 称为场的一阶相关函数，它是由单光子吸收探测这一物理过程决定的。对于理想的宽带探测器，在 $(0, t)$ 时间间隔内探测到一个光子的概率 $p^{(1)}(t)$ 可通过自相关函数 $G(\boldsymbol{r}, t', \boldsymbol{r}, t')$ 来描述：

$$p^{(1)}(t) = s \int_0^t \mathrm{d}t' G^{(1)}(\boldsymbol{r}, t', \boldsymbol{r}, t') \tag{6.4.10}$$

s 为标志探测器灵敏度的常数。计数率为

$$w^{(1)}(t) = \frac{\mathrm{d}p^{(1)}(t)}{\mathrm{d}t} = sG^{(1)}(\boldsymbol{r}, t, \boldsymbol{r}, t) \tag{6.4.11}$$

(6.4.11) 式表示的乃是在 $\boldsymbol{r}$ 点 t 时探测到单个光子的计数率。如果是探测 n 个光子吸收，或更简便些，将实验推广为 n 个理想探测器，分别处于 $(\boldsymbol{r}_1, \boldsymbol{r}_2, \cdots, \boldsymbol{r}_n)$ 点，每一探测器均备有时间快门，并在 $(t_0, t_1), \cdots, (t_0, t_n)$ 时各探测到一个光子的概率为

$$
\begin{aligned}
&p^{(n)}(t_1, \cdots, t_n) \\
={}&s^n \int_{t_0}^{t_1} \mathrm{d}t_1' \cdots \int_{t_0}^{t_n} \mathrm{d}t_n' \\
&\times \mathrm{tr}\left\{\rho E^-(\boldsymbol{r}_1, t_1') \cdots E^-(\boldsymbol{r}_n, t_n') E^+(\boldsymbol{r}_n, t_n') \cdots E^+(\boldsymbol{r}_1, t_1')\right\}
\end{aligned} \tag{6.4.12}
$$

现定义 n 阶相关函数

$$G^{(n)}(x_1, \cdots, x_n, y_n, \cdots, y_1) = \mathrm{tr}\{\rho E^-(x_1) \cdots E^-(x_n) E^+(y_n) \cdots E^+(y_1)\} \tag{6.4.13}$$

则每一探测器均记录到一个光子，n 个探测器记录到 n 个光子的计数率为

$$w^{(n)}(t_1, \cdots, t_n) = \frac{\partial^{(n)} p^{(n)}(t_1, \cdots t_n)}{\partial t_1 \cdots \partial t_n} = s^n G^{(n)}(x_1, \cdots, x_n, x_n, \cdots, x_1) \tag{6.4.14}$$

一般来说，n 阶相关函数 $G^{(n)}(x_1, \cdots, x_n, x_n, \cdots, x_1)$ 并不能分解为 n 个探测器的一阶相关函数 $G^{(1)}(x_j, x_j)$，即

$$G^{(n)}(x_1, \cdots, x_n, x_n, \cdots, x_1) \neq \prod_{j=1}^{n} G^{(1)}(x_j, x_j) \tag{6.4.15}$$

故 n 阶探测率 $w^{(n)}(t_1, \cdots, t_n)$ 也不能表示为 n 个探测器的一阶探测率 $w^{(1)}(t_j)$ 的乘积, 即

$$w^{(n)}(t_1, \cdots, t_n) \neq \prod_{j=1}^{n} w^{(1)}(t_j) \tag{6.4.16}$$

类似于一阶相关函数 $G^{(1)}(x_1, x_2)$ 所满足的分解式 (6.4.9), 对于相干场, 高阶相关函数也具有相应的分解式

$$G^{(n)}(x_1, \cdots, x_n, y_n, \cdots, y_1) = \mathcal{E}^*(x_1) \cdots \mathcal{E}^*(x_n) \mathcal{E}(y_n) \cdots \mathcal{E}(y_1) \tag{6.4.17}$$

满足 (6.4.17) 式的场称为完全相干场。对于完全相干场, 有

$$G^{(n)}(x_1, \cdots, x_n, x_n, \cdots, x_1) = \prod_{j=1}^{n} G^{(1)}(x_j, x_j)$$
$$w^{(n)}(t_1, \cdots, t_n) = \prod_{j=1}^{n} w^{(1)}(t_j) \tag{6.4.18}$$

6.5 相 干 态

6.5.1 相干态定义

在 6.4 节讨论中, 我们看到一个有趣的结果, 即完全相干场各阶相关函数所满足的分解式关系 (6.4.17), 而光学测量又都是与相应的相关函数联系在一起的。相关函数结构总是场的正频部分在右边, 负频部分在左边。如果所选择的场的状态 $|\rangle$ 恰是正频 $E^+(x)$ 的本征态 [10,11], 亦即

$$E^+(x)|\rangle = \mathcal{E}(x)|\rangle \tag{6.5.1}$$

则在这样的状态中计算相关函数, 恰好保留了相关函数的分解性质。而相关函数的分解性质 (6.4.17) 又恰是场为完全相干场的充要条件, 故称由 (6.5.1) 式给出的 $E^+(x)$ 的本征态为相干态, $\mathcal{E}(x)$ 为本征值。例如

$$G^{(1)}(x, x') = \text{tr}\{\rho E^-(x) E^+(x')\} = \langle|E^-(x)E^+(x')|\rangle$$
$$= \mathcal{E}^*(x)\mathcal{E}(x') \tag{6.5.2}$$
$$G^{(2)}(x_1, x_2, x_1', x_2') = \langle|E^-(x_1)E^-(x_2)E^+(x_1')E^+(x_2')|\rangle$$
$$= \mathcal{E}^*(x_1)\mathcal{E}^*(x_2)\mathcal{E}(x_1')\mathcal{E}(x_2') \qquad\text{—} \tag{6.5.3}$$

下面将看到量子场的正频部分 $E^+(x)$ 的展开式, 包含了各种模式的湮没算符。将 E^+ 作用在相干态上, 相当于从态中湮没掉光子, 但仍保持态不变, 这个性质表

明相干态不可能用有限的光子态的叠加来构成。为求得相干态用光子态叠加的显式表示，将 $E^+(x)$ 用场的正交归一模式 $u_k(\boldsymbol{r})$ 展开是合适的，参照 (5.2.1) 式，即

$$E^+(x) = \mathrm{i}\sum_k \sqrt{2\pi\hbar\omega_k}\, a_k u_k(\boldsymbol{r})\mathrm{e}^{-\mathrm{i}\omega_k t} \tag{6.5.4}$$

$$\mathcal{E}(x) = \mathrm{i}\sum_k \sqrt{2\pi\hbar\omega_k}\, \alpha_k u_k(\boldsymbol{r})\mathrm{e}^{-\mathrm{i}\omega_k t} \tag{6.5.5}$$

将 (6.5.5) 式代入 (6.5.1) 式，便得相干态

$$|\rangle = |\{\alpha_k\}\rangle = \prod_k |\alpha_k\rangle$$

$$a_k|\alpha_k\rangle = \alpha_k|\alpha_k\rangle \tag{6.5.6}$$

a_k 为湮没算符，$a_k^\dagger$ 为产生算符。它们之间满足对易关系

$$[a_k, a_{k'}^\dagger] = \delta_{kk'}$$

$$[a_k, a_{k'}] = [a_k^\dagger, a_{k'}^\dagger] = 0 \tag{6.5.7}$$

(6.5.7) 式表明，对不同模式 $k \neq k'$，a_k，$a_{k'}^\dagger$ 是可对易的；但对相同模式 $k = k'$，a_k，$a_k^\dagger$ 是不可对易的。为方便计，我们讨论单模情形。略去角标 k，则 (6.5.6) 式为

$$a|\alpha\rangle = \alpha|\alpha\rangle \tag{6.5.8}$$

将相干态 $|\alpha\rangle$ 用光子数态 $|n\rangle$ 展开。$|n\rangle$ 可表示为

$$|n\rangle = \frac{1}{\sqrt{n!}}(a^\dagger)^n|0\rangle \tag{6.5.9}$$

$|0\rangle$ 为真空态，应用对易关系 (6.5.7) 式，易证

$$a|n\rangle = \frac{1}{\sqrt{n!}}aa^\dagger(a^\dagger)^{n-1}|0\rangle$$

$$= \frac{1}{\sqrt{n!}}(1 + a^\dagger a)(a^\dagger)^{n-1}|0\rangle = \frac{n}{\sqrt{n!}}(a^\dagger)^{n-1}|0\rangle$$

$$= \sqrt{n}|n-1\rangle \tag{6.5.10}$$

应用 (6.5.10) 式不难验证状态

$$|\alpha\rangle = \mathrm{e}^{-|\alpha|^2/2}\sum_{n=0}^{\infty}\frac{\alpha^n}{\sqrt{n!}}|n\rangle \tag{6.5.11}$$

满足关系 (6.5.8)，并且是归一的。

在相干态 $|\alpha\rangle$ 中，观察到 n 个光子的概率 $p(n)$ 满足 Poisson 分布

$$p(n) = \frac{|\alpha|^{2n}}{n!} \exp(-|\alpha|^2) \tag{6.5.12}$$

光子数平均值

$$\langle n \rangle = \sum np(n) = |\alpha|^2 \sum \frac{|\alpha|^{2(n-1)}}{(n-1)!} \exp(-|\alpha|^2) = |\alpha|^2 \tag{6.5.13}$$

$$\langle n^2 \rangle = \sum n^2 p(n) = |\alpha|^4 \sum \frac{|\alpha|^{2(n-2)}}{(n-2)!} \exp(-|\alpha|^2) + |\alpha|^2$$

$$= \langle n \rangle^2 + \langle n \rangle \tag{6.5.14}$$

相干态 $|\alpha\rangle$ 还可用位移算子 $D(\alpha)$ 作用在真空态 $|0\rangle$ 上生成，即

$$|\alpha\rangle = D(\alpha)|0\rangle, \quad D(\alpha) = \exp(\alpha a^\dagger - \alpha^* a) \tag{6.5.15}$$

利用 Baker-Hausdorff 恒等式 (见附录 6A)

$$\exp(A + B) = \exp A \exp B \exp\left(-\frac{1}{2}[A, B]\right) \tag{6.5.16}$$

上式成立的条件是 $[A, B]$ 与 A 和 B 都是对易的，即 $[[A, B], A] = [[A, B], B] = 0$。按 (6.5.16) 式，位移算子 $D(\alpha)$ 可写为

$$D(\alpha) = \exp(\alpha a^\dagger) \exp(-\alpha^* a) \exp\left(-\frac{1}{2}[\alpha a^\dagger, -\alpha^* a]\right)$$

$$= \exp(-|\alpha|^2/2) \exp(\alpha a^\dagger) \exp(-\alpha^* a) \tag{6.5.17}$$

$$D(\alpha)|0\rangle = \exp(-|\alpha|^2/2) \sum_{n=0}^{\infty} \frac{\alpha^n}{\sqrt{n!}} |n\rangle \tag{6.5.18}$$

相干态是不正交的，因

$$\langle \alpha | \beta \rangle = \exp\left(-\frac{1}{2}|\alpha|^2 - \frac{1}{2}|\beta|^2\right) \sum_{n,m} \frac{\alpha^{*n}\beta^m}{\sqrt{n!m!}} \langle n|m \rangle = \exp(\alpha^*\beta - |\alpha|^2/2 - |\beta|^2/2) \tag{6.5.19}$$

而

$$|\langle \alpha | \beta \rangle|^2 = \exp(\alpha\beta^* + \alpha^*\beta - |\alpha|^2 - |\beta|^2) = \exp(-|\alpha - \beta|^2) \tag{6.5.20}$$

只有当 α, β 的间距 $|\alpha - \beta|$ 增大，$\exp(-|\alpha - \beta|^2) \simeq 0$，$|\alpha >, |\beta >$ 才近乎正交。

相干态虽不正交, 却是完备的。完备性主要体现在如下的按单位算子 $|\alpha\rangle\langle\alpha|$ 展开关系上:

$$\int |\alpha\rangle\langle\alpha|\frac{\mathrm{d}^2\alpha}{\pi} = 1 \tag{6.5.21}$$

上式右端的 1 为单位算子, 而积分是对整个复平面进行的。令 $\alpha = x + \mathrm{i}y = r\mathrm{e}^{\mathrm{i}\theta}$, 则 $\mathrm{d}^2\alpha = \mathrm{d}x\mathrm{d}y = r\mathrm{d}r\mathrm{d}\theta$。为证明 (6.5.21) 式, 将相干态用粒子数态 $|n\rangle$ 展开式 (6.5.11) 及其复共轭代入, 便得

$$\int |\alpha\rangle\langle\alpha|\frac{\mathrm{d}^2\alpha}{\pi} = \sum_{n=0}^{\infty}\sum_{m=0}^{\infty}\frac{1}{\pi}\frac{|n\rangle\langle m|}{\sqrt{n!m!}}\int \mathrm{e}^{-|\alpha|^2}\alpha^{*m}\alpha^n\mathrm{d}^2\alpha$$

$$= \sum_{n,m=0}^{\infty}\frac{|n\rangle\langle m|}{\pi\sqrt{n!m!}}\int_0^{\infty} r\mathrm{d}r\mathrm{e}^{-r^2}r^{n+m}\int_0^{2\pi}\mathrm{d}\theta\mathrm{e}^{\mathrm{i}(n-m)\theta} \tag{6.5.22}$$

注意到

$$\int_0^{2\pi}\mathrm{d}\theta\mathrm{e}^{\mathrm{i}(n-m)\theta} = 2\pi\delta_{nm}, \quad \int_0^{\infty}\mathrm{d}\xi\mathrm{e}^{-\xi}\xi^n = n!$$

便得

$$\int |\alpha\rangle\langle\alpha|\frac{\mathrm{d}^2\alpha}{\pi} = \sum_0^{\infty}|n\rangle\langle n| = 1 \tag{6.5.23}$$

现在我们来证明已求得的相干态为最小测不准态 (见附录 6B), 亦即广义动量及广义坐标满足测不准关系 $\sqrt{\langle(\Delta p)^2\rangle\langle(\Delta q)^2\rangle} = \hbar/2$, Δp, Δq 分别为广义动量、广义坐标的测不准量。对单模电磁场, 广义动量 p、广义坐标 q 与湮没、产生算子 a、$a^\dagger$ 的关系如下:

$$q = \sqrt{\frac{\hbar}{2\omega}}(a^\dagger + a), \quad p = \mathrm{i}\sqrt{\frac{\hbar\omega}{2}}(a^\dagger - a) \tag{6.5.24}$$

故有

$$\langle q \rangle = \sqrt{\frac{\hbar}{2\omega}}\langle\alpha|a + a^\dagger|\alpha\rangle = \sqrt{\frac{\hbar}{2\omega}}(\alpha + \alpha^*)$$

$$\langle p \rangle = \mathrm{i}\sqrt{\frac{\hbar\omega}{2}}\langle\alpha|a^\dagger - a|\alpha\rangle = \mathrm{i}\sqrt{\frac{\hbar\omega}{2}}(\alpha^* - \alpha)$$

$$\langle q^2 \rangle = \frac{\hbar}{2\omega}\langle\alpha|a^{\dagger 2} + a^2 + aa^\dagger + a^\dagger a|\alpha\rangle$$

$$= \frac{\hbar}{2\omega}(\alpha^{*2} + \alpha^2 + 2\alpha^*\alpha + 1)$$

$$\langle p^2 \rangle = -\frac{\hbar\omega}{2}\langle\alpha|a^{\dagger 2} + a^2 - aa^{\dagger} - a^{\dagger}a|\alpha\rangle \tag{6.5.25}$$

$$= -\frac{\hbar\omega}{2}(\alpha^{*2} + \alpha^2 - 2\alpha^*\alpha - 1)$$

方差为

$$\langle(\Delta q)^2\rangle = \langle(q - \langle q\rangle)^2\rangle = \langle q^2\rangle - \langle q\rangle^2 = \frac{\hbar}{2\omega}$$
$$\langle(\Delta p)^2\rangle = \langle(p - \langle p\rangle)^2\rangle = \langle p^2\rangle - \langle p\rangle^2 = \frac{\hbar\omega}{2} \tag{6.5.26}$$

由此得 $\sqrt{\langle(\Delta p)^2\rangle\langle(\Delta q)^2\rangle} = \hbar/2$，这是测不准关系 $\Delta p\Delta q \geqslant \hbar/2$ 所能容许的最小值。

6.5.2　阻尼相干态[13]

上面讨论的相干态是简谐振子湮没算符 a 的本征态。系统是理想的，没有阻尼的。若考虑到阻尼，则需要解含阻尼及无规力的 Langevin 方程 (5.3.19)，即

$$\begin{cases} \dfrac{\mathrm{d}a}{\mathrm{d}t} = (-\mathrm{i}\Omega - \gamma/2)a + F \\[2mm] \dfrac{\mathrm{d}a^{\dagger}}{\mathrm{d}t} = (\mathrm{i}\Omega - \gamma/2)a^{\dagger} + F^{\dagger} \end{cases} \tag{6.5.27}$$

a, $a^{\dagger}$ 的解为

$$\begin{cases} a = a_0\mathrm{e}^{(-\mathrm{i}\Omega - \gamma/2)t} + \displaystyle\int_0^t F(t')\mathrm{e}^{(-\mathrm{i}\Omega - \gamma/2)(t-t')}\mathrm{d}t' = a_0\mathrm{e}^{-\mathrm{i}\Omega - \gamma/2)t} + \beta \\[4mm] a^{\dagger} = a_0^{\dagger}\mathrm{e}^{(\mathrm{i}\Omega - \gamma/2)t} + \displaystyle\int_0^t F^{\dagger}(t')\mathrm{e}^{(\mathrm{i}\Omega - \gamma/2)(t-t')}\mathrm{d}t' = a_0^{\dagger}\mathrm{e}^{(\mathrm{i}\Omega - \gamma/2)t} + \beta^{\dagger} \end{cases} \tag{6.5.28}$$

参照 (6.5.8) 式，a 包括两项，前一项 $a_0\mathrm{e}^{(-\mathrm{i}\Omega - \gamma/2)t}$ 只作用在相干态上，并给出数 $\alpha_0\mathrm{e}^{(-\mathrm{i}\Omega - \gamma/2)t}$ 或简写为 α；第二项是作用在热库上的算子 β，因为它是作用在热库上的无规力 $F(t')$ 构成的，由此可得出由阻尼振子定义的相干态，或称阻尼相干态 (用下角标 d 来标志)，即

$$\begin{cases} a|\alpha\rangle_d = (\alpha + \beta)|\alpha\rangle_d \\[2mm] {}_d\langle\alpha|a^{\dagger} = (\alpha^* + \beta^{\dagger})\,{}_d\langle\alpha| \end{cases} \tag{6.5.29}$$

算子 a, $a^{\dagger}$ 作用在 $|\alpha\rangle_d$, ${}_d\langle\alpha|$ 上，而 β, $\beta^{\dagger}$ 则作用在热库上，a, $a^{\dagger}$ 与 β, $\beta^{\dagger}$ 为可易。满足定义式 (6.5.29) 的解为

$$\begin{cases} |\alpha\rangle_d = \mathrm{e}^{\beta a^{\dagger}}\mathrm{e}^{-\beta^{\dagger} a}|\alpha\rangle \\[2mm] {}_d\langle\alpha| = \langle\alpha|\mathrm{e}^{\beta^{\dagger} a}\mathrm{e}^{-\beta a^{\dagger}} \end{cases} \tag{6.5.30}$$

式中 $|\alpha\rangle$ 即通常的相干态 $|\alpha\rangle$。a, $a^\dagger$ 是作用在 $|\alpha\rangle$ 上，但 β, $\beta^\dagger$ 是作用在热库上，不作用在 $|\alpha\rangle$ 上。注意到 (6A.10) 式，有

$$\mathrm{e}^{-\beta a^\dagger} a \mathrm{e}^{\beta a^\dagger} = a - \beta[a^\dagger, a] = a + \beta \tag{6.5.31}$$

故有

$$a|\alpha\rangle_d = a\mathrm{e}^{\beta a^\dagger}\mathrm{e}^{-\beta^\dagger a}|\alpha\rangle = \mathrm{e}^{\beta a^\dagger}(a+\beta)\mathrm{e}^{-\beta^\dagger a}|\alpha\rangle$$
$$= \mathrm{e}^{\beta a^\dagger}(\alpha+\beta)\mathrm{e}^{-\beta^\dagger a}|\alpha\rangle = (\alpha+\beta)|\alpha\rangle_d \tag{6.5.32}$$

$$_d\langle\alpha|a^\dagger = \langle\alpha|\mathrm{e}^{\beta^\dagger a}\mathrm{e}^{-\beta a^\dagger}a^\dagger = \langle\alpha|\mathrm{e}^{\beta^\dagger a}a^\dagger\mathrm{e}^{-\beta a^\dagger}$$
$$= \langle\alpha|(\alpha^*+\beta^\dagger)\mathrm{e}^{\beta^\dagger a}\mathrm{e}^{-\beta a^\dagger} = (\alpha^*+\beta^\dagger)\,_d\langle\alpha| \tag{6.5.33}$$

算子 $O(a^\dagger, a)$ 的期待值为

$$_d\langle\alpha|O(a^\dagger,a)|\alpha\rangle_d = \langle\alpha|\mathrm{e}^{\beta^\dagger a}\mathrm{e}^{-\beta a^\dagger}O(a^\dagger,a)\mathrm{e}^{\beta a^\dagger}\mathrm{e}^{-\beta^\dagger a}|\alpha\rangle$$
$$= \langle\alpha|\mathrm{e}^{\beta^\dagger a}O(a^\dagger,a+\beta)\mathrm{e}^{-\beta^\dagger a}|\alpha\rangle$$
$$= \langle\alpha|O(a^\dagger+\beta^\dagger,a+\beta)|\alpha\rangle = O(\alpha^*+\beta^\dagger,\alpha+\beta) \tag{6.5.34}$$

在上式的推导中我们用了 (6A.15) 式。由定义 (6.5.30) 式，易于看出阻尼相干态满足归一化条件

$$_d\langle\alpha|\alpha\rangle_d = \langle\alpha|\mathrm{e}^{\beta^\dagger a}\mathrm{e}^{-\beta a^\dagger}\mathrm{e}^{\beta a^\dagger}\mathrm{e}^{-\beta^\dagger a}|\alpha\rangle$$
$$= \langle\alpha|\mathrm{e}^{\beta^\dagger a}\mathrm{e}^{-\beta^\dagger a}|\alpha\rangle = \langle\alpha|\alpha\rangle = 1 \tag{6.5.35}$$

阻尼相干态在计算波包的量子干涉时要用到。

6.5.3　相干态叠加 [13]

在经典光学中，我们常讨论双光束干涉；在量子光学中，两个波包或两个相干态的干涉与叠加却成了研究的热点 [14~16]。当两个相干态相距甚远时，由此而产生的叠加态称为宏观叠加态或 Schrödinger 猫态。

首先我们要指出在坐标表象中的波包用粒子数态 $|n\rangle$ 展开后恰是一相干态。参照文献 [17]，在坐标表象中的波包可写为

$$\psi(x,t) = \frac{\sqrt{\alpha'}}{\pi^{1/4}}\exp\left[-\frac{\alpha'^2}{2}(x-x_0\cos\omega t)^2 - \mathrm{i}\left(\frac{\omega}{2}t + \alpha'^2 xx_0\sin\omega t - \frac{\alpha'^2 x_0^2}{4}\sin 2\omega t\right)\right]$$

$$= \exp\left[-\alpha'^2\left(\frac{x^2}{2}+\frac{x_0^2}{4}\right) - \frac{1}{2}\mathrm{i}\omega_c t\right]\sum_{n=0}^\infty \frac{\left(\dfrac{\alpha' x_0}{\sqrt{2}}\mathrm{e}^{-\mathrm{i}\omega_c t}\right)^n}{\sqrt{n!}} N_n \mathrm{H}_n(\alpha' x)$$

$$= \exp\left(-\frac{\alpha'^2 x_0^2}{4}\right)\sum_n \frac{(\alpha' x_0/\sqrt{2})^n}{\sqrt{n!}}|n\rangle = |\alpha' x_0/\sqrt{2}\rangle \tag{6.5.36}$$

式中 $|n\rangle = \exp[-\mathrm{i}(n+1/2)\omega_c t]N_n\mathrm{H}_n(\alpha' x)$。这表明波包用 $|n\rangle$ 展开后就是以 $\alpha' x_0/\sqrt{2}$ 为参量的相干态 $|\alpha' x_0/\sqrt{2}\rangle$。下面为书写简单起见，作变换 $\alpha' x \to x$，$\alpha' x_0 \to x_0$，故有 $\psi(x,t) = |x_0/\sqrt{2}\rangle$。应指明，这里 $x_0/\sqrt{2}$ 已是无量纲的数，参照 (6.5.4) 和 (6.5.5) 式，它代表"归一化的电场振幅 $E_0/\sqrt{\dfrac{2\pi\omega}{V}}$"，亦即"湮没算子 a 的本征值 α"，下同。

设两个相干态所对应的波包 ψ_1, ψ_2 其初始位置处于 $x = \pm x_0$，波包随时间 t 的演化可写为

$$
\begin{cases}
\psi_1(x,t) = \dfrac{1}{\pi^{1/4}}\exp\left[-\dfrac{1}{2}(x - x_0\cos\omega t)^2 - \mathrm{i}\left(\dfrac{\omega}{2}t + xx_0\sin\omega t - \dfrac{x_0^2}{4}\sin 2\omega t\right)\right] \\[4mm]
\psi_2(x,t) = \dfrac{1}{\pi^{1/4}}\exp\left[-\dfrac{1}{2}(x + x_0\cos\omega t)^2 - \mathrm{i}\left(\dfrac{\omega}{2}t - xx_0\sin\omega t - \dfrac{x_0^2}{4}\sin 2\omega t\right)\right]
\end{cases}
\tag{6.5.37}
$$

由波包 ψ_1, ψ_2 叠加得出

$$
\psi(x,t) = \frac{1}{\sqrt{2}}[\psi_1(x,t) + \psi_2(x,t)]
\tag{6.5.38}
$$

概率密度 $I(x,t)$ 为

$$
I(x,t) = |\psi(x,t)|^2 = I_1 + I_2 + 2\sqrt{I_1 I_2}\cos\theta
\tag{6.5.39}
$$

式中

$$
I_1 = \frac{1}{2\sqrt{\pi}}\exp[-(x - x_0\cos\omega t)^2]
$$

$$
I_2 = \frac{1}{2\sqrt{\pi}}\exp[-(x + x_0\cos\omega t)^2]
\tag{6.5.40}
$$

$$
\theta = 2xx_0\sin\omega t
$$

(6.5.39) 式即两个波包叠加后的概率密度 $I(x,t)$ 表示式。当 t 给定后，该式给出干涉花样随空间的分布。前两项为背景项，第三项为干涉项，干涉项的大小，在很大程度上取决于两个波包即 I_1 与 I_2 重叠的程度。如果 I_1 与 I_2 分得很开，干涉项贡献很小，$I(x,t)$ 就是背景项 I_1 与 I_2 的强度叠加，即经典光学中常说的非相干叠加。只有在 I_1, I_2 靠得很近，第三项即相干项贡献很大时，才会有相干叠加在空间表现出明暗条纹。与经典双光束干涉不一样，由于 $I_1(x,t), I_2(x,t)$ 均是时间的函数，故相干叠加也是随时间 t 在演化。图 6.6 就给出 $I(x,t)$ 随时间 t 的演化。我们看到当波包靠得近时，才会有波包干涉条纹，也称之为量子干涉。当相距很远时，量子干

涉条纹消失。现在考虑阻尼 γ 对波包干涉的影响，在弱阻尼情形 $\gamma t \ll 1$，可应用经典解，求概率密度 $I_{\mathrm{c}}(x, t)$，因为对易关系的违背不严重。经典解即 (6.5.27) 式去掉 $F, F^{\dagger}$ 的解，$a = a_0 \mathrm{e}^{(-\mathrm{i}\omega - \nu/2)t}$, $a^{\dagger} = a_0^{\dagger} \mathrm{e}^{(-\mathrm{i}\omega - \nu/2)t}$，亦即 $a_0, a_0^{\dagger}$ 增加了 $\mathrm{e}^{-\nu t/2}$ 因子，这时

$$I_{\mathrm{c}}(x, t) = I_{1\mathrm{c}} + I_{2\mathrm{c}} + 2\sqrt{I_{1\mathrm{c}} I_{2\mathrm{c}}} \cos \theta_{\mathrm{c}} \tag{6.5.41}$$

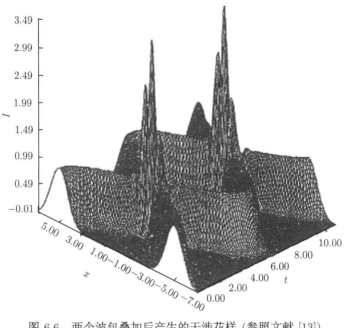

图 6.6　两个波包叠加后产生的干涉花样 (参照文献 [13])

$$n_{\omega} = 0, x_0 = 5.0, \omega = 0.5$$

式中

$$I_{1\mathrm{c}} = \frac{1}{2\sqrt{\pi}} \exp[-(x - x_0 \mathrm{e}^{-\nu t/2} \cos \omega t)^2]$$

$$I_{2\mathrm{c}} = \frac{1}{2\sqrt{\pi}} \exp[-(x + x_0 \mathrm{e}^{-\nu t/2} \cos \omega t)^2] \tag{6.5.42}$$

$$\theta_{\mathrm{c}} = 2x x_0 \exp(-\nu t/2) \sin \omega t$$

当 γt 增大时，上面的经典解不再适用。应采用 Langevin 方程的解 (6.5.28)，将 $a, a^{\dagger}$ 写为

$$\begin{cases} a = (a_0 + \tilde{\beta}) \exp(-\mathrm{i}\omega t - \nu t/2), & \tilde{\beta} = \int_0^t \exp[(\mathrm{i}\omega + \nu/2)t'] F(t') \mathrm{d}t' \\ a^{\dagger} = (a_0^{\dagger} + \tilde{\beta}^{\dagger}) \exp(\mathrm{i}\omega t - \nu t/2), & \tilde{\beta}^{\dagger} = \int_0^t \exp[(-\mathrm{i}\omega + \nu/2)t'] F^{\dagger}(t') \mathrm{d}t' \end{cases} \tag{6.5.43}$$

由方程 (6.5.43)，并令 $y_0 = 0$，我们得

$$
\begin{cases}
\bar{x} = x_0 e^{-\nu t/2} \cos\omega t + \Delta_1 e^{-\nu t/2} \cos\omega t - \Delta_2 e^{-\nu t/2} \sin\omega t \\
\bar{y} = x_0 e^{-\nu t/2} \sin\omega t + \Delta_1 e^{-\nu t/2} \sin\omega t + \Delta_2 e^{-\nu t/2} \cos\omega t
\end{cases}
\tag{6.5.44}
$$

式中

$$
\bar{x} = \frac{a + a^\dagger}{2}, \qquad \bar{y} = \frac{a - a^\dagger}{-2i}
$$

$$
\Delta_1 = \frac{\tilde{\beta} + \tilde{\beta}^\dagger}{2}, \qquad \Delta_2 = \frac{\tilde{\beta} - \tilde{\beta}^\dagger}{-2i}
$$

参照 (6.5.42) 和 (6.5.44) 式，得出波包量子干涉的概率密度 I_q 如下：

$$
I_q(x, t) = I_{1q} + I_{2q} + 2\sqrt{I_{1q} I_{2q}} \cos\theta_q
$$

式中

$$
I_{1q} = \frac{1}{2\sqrt{\pi}} \exp[-(x - \bar{x})^2]
$$

$$
I_{2q} = \frac{1}{2\sqrt{\pi}} \exp[-(x + \bar{x})^2]
\tag{6.5.45}
$$

$$
\theta_q = 2x\bar{y}
$$

真空起伏 $\Delta_1 e^{-\nu t/2}$, $\Delta_2 e^{-\nu t/2}$ 的平均值与方差分别为

$$
\langle \Delta_1 e^{-\nu t/2} \rangle = \langle \Delta_2 e^{-\nu t/2} \rangle = 0
$$

$$
\langle (\Delta_1 e^{-\nu t/2})^2 \rangle = \frac{e^{-\nu t}}{4} \left\langle \left(\int_0^t F(t') e^{(i\omega + \nu/2)t'} dt' + \int_0^t F^\dagger(t') e^{(-i\omega + \nu t/2)t'} dt' \right)^2 \right\rangle
$$

$$
= \frac{1}{2} \left(n_\omega + \frac{1}{2} \right) (1 - e^{-\nu t})
$$

$$
\langle (\Delta_2 e^{-\nu t/2})^2 \rangle = \frac{1}{2} \left(n_\omega + \frac{1}{2} \right) (1 - e^{-\nu t})
$$

$$
\tag{6.5.46}
$$

由方程 (6.5.46)，可直接写出分布函数 $f(\Delta_1 e^{-\nu t/2})$, $f(\Delta_2 e^{-\nu t/2})$

$$
\begin{cases}
f(\Delta_1 e^{-\nu t/2}) = \dfrac{1}{\sqrt{\pi \left(n_\omega + \frac{1}{2} \right) (1 - e^{-\nu t})}} \exp\left[-\dfrac{\left(\Delta_1 e^{-\nu t/2} \right)^2}{\left(n_\omega + \frac{1}{2} \right) (1 - e^{-\nu t})} \right] \\[4ex]
f(\Delta_2 e^{-\nu t/2}) = \dfrac{1}{\sqrt{\pi \left(n_\omega + \frac{1}{2} \right) (1 - e^{-\nu t})}} \exp\left[-\dfrac{\left(\Delta_2 e^{-\nu t/2} \right)^2}{\left(n_\omega + \frac{1}{2} \right) (1 - e^{-\nu t})} \right]
\end{cases}
$$

$$
\tag{6.5.47}
$$

应用 $f(\Delta_1 e^{-\nu t/2})$, $f(\Delta_2 e^{-\nu t/2})$ 及 (6.5.45) 式, 可导出概率密度的值

$$\langle I_q(x,t) \rangle = \int\int f(\Delta_1 e^{-\nu t/2}) f(\Delta_2 e^{-\nu t/2}) I_q(x,t) \mathrm{d}\Delta_1 e^{-\nu t/2} \mathrm{d}\Delta_2 e^{-\nu t/2}$$
$$= I_1(x,t) + I_2(x,t) + I_3(x,t) \tag{6.5.48}$$

式中

$$I_1(x,t) = \frac{1}{2\sqrt{\pi}\sqrt{1+(n_\omega+1/2)(1-e^{-\nu t})}} \exp\left[-\frac{(x-x_0 e^{-\nu t/2}\cos\omega t)^2}{1+(n_\omega+1/2)(1-e^{-\nu t})}\right]$$

$$I_2(x,t) = \frac{1}{2\sqrt{\pi}\sqrt{1+(n_\omega+1/2)(1-e^{-\nu t})}} \exp\left[-\frac{(x+x_0 e^{-\nu t/2}\cos\omega t)^2}{1+(n_\omega+1/2)(1-e^{-\nu t})}\right]$$

$$I_3(x,t) = \frac{1}{\sqrt{\pi}\sqrt{1+(n_\omega+1/2)(1-e^{-\nu t})}} \exp\left\{-[1+\left(n_\omega+\frac{1}{2}\right)(1-e^{-\nu t})]x^2\right\}$$

$$\times \exp\left[-\frac{x_0^2 e^{-\nu t}\cos^2\omega t}{1+\left(n_\omega+\frac{1}{2}\right)(1-e^{-\nu t})}\right]\cos(2xx_0 e^{-\nu t/2}\sin\omega t) \tag{6.5.49}$$

上面求平均是对真空态求平均. 若真空态为下面 6.8 节讨论的压缩真空态, 其压缩度为 $\ln\mu$, 则有

$$\begin{cases} \langle(\Delta_1 e^{-\nu t/2})^2\rangle = \dfrac{\mu}{2}\left(n_\omega+\dfrac{1}{2}\right)(1-e^{-\nu t}) \\[2mm] \langle(\Delta_2 e^{-\nu t/2})^2\rangle = \dfrac{1}{2\mu}\left(n_\omega+\dfrac{1}{2}\right)(1-e^{-\nu t}) \end{cases} \tag{6.5.50}$$

相应的分布函数为

$$\begin{cases} f(\Delta_1 e^{-\nu t/2}) = \dfrac{1}{\sqrt{\pi\left(n_\omega+\dfrac{1}{2}\right)(1-e^{-\nu t})\mu}} \exp\left[-\dfrac{(\Delta_1 e^{-\nu t/2})^2}{\left(n_\omega+\dfrac{1}{2}\right)(1-e^{-\nu t})\mu}\right] \\[5mm] f(\Delta_2 e^{-\nu t/2}) = \dfrac{1}{\sqrt{\pi\left(n_\omega+\dfrac{1}{2}\right)(1-e^{-\nu t})/\mu}} \exp\left[-\dfrac{(\Delta_2 e^{-\nu t/2})^2}{\left(n_\omega+\dfrac{1}{2}\right)(1-e^{-\nu t})/\mu}\right] \end{cases} \tag{6.5.51}$$

应用 (6.5.51) 式对压缩真空态求平均后的概率密度 $I_s(x,t)$ 为

$$\langle I_s(x,t) \rangle = I_{1s}(x,t) + I_{2s}(x,t) + I_{3s}(x,t) \tag{6.5.52}$$

式中

$$
\begin{cases}
I_{1s}(x,t) = \dfrac{\sqrt{\mu}}{2\sqrt{\pi}\sqrt{\left(n_\omega + \dfrac{1}{2}\right)(1 - \mathrm{e}^{-\nu t})(\sin^2\omega t + \mu^2\cos^2\omega t) + \mu}} \\[4mm]
\qquad\times \exp\left[-\dfrac{\mu(x - x_0\mathrm{e}^{-\nu t/2}\cos\omega t)^2}{\left(n_\omega + \dfrac{1}{2}\right)(1 - \mathrm{e}^{-\nu t})(\sin^2\omega t + \mu^2\cos^2\omega t) + \mu}\right] \\[6mm]
I_{2s}(x,t) = \dfrac{\sqrt{\mu}}{2\sqrt{\pi}\sqrt{\left(n_\omega + \dfrac{1}{2}\right)(1 - \mathrm{e}^{-\nu t})(\sin^2\omega t + \mu^2\cos^2\omega t) + \mu}} \\[4mm]
\qquad\times \exp\left[-\dfrac{\mu(x + x_0\mathrm{e}^{-\nu t/2}\cos\omega t)^2}{\left(n_\omega + \dfrac{1}{2}\right)(1 - \mathrm{e}^{-\nu t})(\sin^2\omega t + \mu^2\cos^2\omega t) + \mu}\right]
\end{cases} \tag{6.5.53a}
$$

$$
\begin{aligned}
I_{3s}&(x,t) \\
&= \frac{\sqrt{\mu}}{\sqrt{\pi}\sqrt{\left(n_\omega + \dfrac{1}{2}\right)(1 - \mathrm{e}^{-\nu t})(\sin^2\omega t + \mu^2\cos^2\omega t) + \mu}} \\[2mm]
&\quad\times \exp\left[-\frac{x^2\mu\left[1 + \left(n_\omega + \dfrac{1}{2}\right)^2(1 - \mathrm{e}^{-\nu t})^2\right]}{\left(n_\omega + \dfrac{1}{2}\right)(1 - \mathrm{e}^{-\nu t})(\sin^2\omega t + \mu^2\cos^2\omega t) + \mu}\right] \\[2mm]
&\quad\times \exp\left[-\frac{x^2\left(n_\omega + \dfrac{1}{2}\right)(1 - \mathrm{e}^{-\nu t})(\mu^2 + \sin^2\omega t + \mu^4\cos^2\omega t)}{(\sin^2\omega t + \mu^2\cos^2\omega t)\left[\left(n_\omega + \dfrac{1}{2}\right)(1 - \mathrm{e}^{-\nu t})\left(\sin^2\omega t + \mu^2\cos^2\omega t\right) + \mu\right]}\right] \\[2mm]
&\quad\times \exp\left[-\frac{\mu x_0^2\mathrm{e}^{-\nu t}\cos^2\omega t}{\left(n_\omega + \dfrac{1}{2}\right)(1 - \mathrm{e}^{-\nu t})(\sin^2\omega t + \mu^2\cos^2\omega t) + \mu}\right] \\[2mm]
&\quad\times \cos\left[\frac{\left[\left(n_\omega + \dfrac{1}{2}\right)(1 - \mathrm{e}^{-\nu t}) + \mu\right]2xx_0\mathrm{e}^{-\nu t/2}\sin\omega t}{\left(n_\omega + \dfrac{1}{2}\right)(1 - \mathrm{e}^{-\nu t})(\sin^2\omega t + \mu^2\cos^2\omega t) + \mu}\right]
\end{aligned} \tag{6.5.53b}
$$

现研究经典干涉 $I_{\mathrm{c}}(x,t)$，量子干涉 $I_{\mathrm{q}}(x,t)$ 及压缩真空态干涉 $I_{\mathrm{s}}(x,t)$ 诸结果。首先是经典干涉 $I_{\mathrm{c}}(x,t)$，当 $\nu t \to \infty$ 时，很明显 $I_{1\mathrm{c}}, I_{2\mathrm{c}}$ 重叠为一个波包 $I_{\mathrm{c}} = \dfrac{1}{2\sqrt{\pi}}\mathrm{e}^{-x^2}$，干涉条纹消失。考虑到真空起伏后的量子干涉 I_{q}，参见 (6.5.48) 和 (6.5.49) 式，当 $\nu t \to \infty$ 时，也不再有干涉条纹。但是真空态压缩后的量子干涉 $I_{\mathrm{s}}(x,t)$ 却表现出随时间 t 的起伏。图 6.7 给出了 $I_{\mathrm{s}}(x,t)$ 随 x,t 变化的三维图，很明显当 t 很大时，$I_{\mathrm{s}}(x,t)$ 随 t 周期变化。图 6.8 为取 $x_0 = 5.0$ 作 $I_{\mathrm{c}}(x_0,t), I_{\mathrm{q}}(x_0,t), I_{\mathrm{s}}(x_0,t)$ 随 t

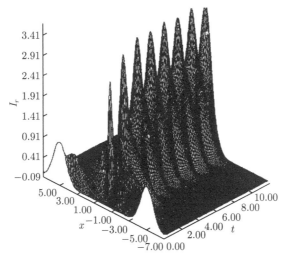

图 6.7　I_{s} 随 x,t 变化的三维图 (参照文献 [13])

$n_\omega = 0, x_0 = 5.0, \omega = 2.0, \gamma = 1.0, \mu = 4.0$

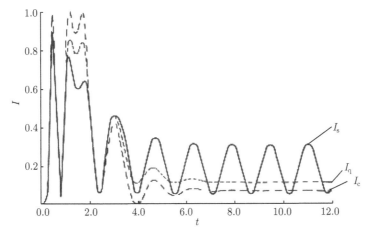

图 6.8　有阻尼情况下，$I_{\mathrm{c}}(x_0,t), I_{\mathrm{q}}(x_0,t), I_{\mathrm{s}}(x_0,t)$ 随 t 的变化曲线 (参照文献 [13])

$n_\omega = 0, x_0 = 5.0, \omega = 2.0, \gamma = 1.0, \mu = 4.0, x = 2.0$

的变化曲线，当 t 趋于很大时，I_c, I_q 均不再有起伏，I_s 则周期地依赖于时间 t。若从对称破缺去理解，一般的真空态为各向同性，但压缩真空态则各向同性被破坏。也许就是这种各向同性被破坏才导致 I_s 随时间的起伏。

6.6　用相干态展开

6.6.1　相干态的 P 表示

相干态已构成一完备体系，就可用相干态为基，将任一态函数 $|\psi\rangle$ 进行展开。应用 (6.5.23) 式将单位算子作用在 $|\psi\rangle$ 上，得

$$|\psi\rangle = \int \frac{\mathrm{d}^2\alpha}{\pi} |\alpha\rangle\langle\alpha|\psi\rangle = \int \frac{\mathrm{d}^2\alpha}{\pi} \langle\alpha|\psi\rangle|\alpha\rangle \tag{6.6.1}$$

设

$$|\psi\rangle = \sum_{n'} \psi_{n'} |n'\rangle \tag{6.6.2}$$

则应用粒子数态的归一正交关系，得

$$\langle\alpha|\psi\rangle = \mathrm{e}^{-|\alpha|^2/2} \sum_n \frac{\alpha^{*n}}{\sqrt{n!}} \left\langle n \Big| \sum_{n'} \psi_{n'} |n'\rangle \right.$$

$$= \mathrm{e}^{-|\alpha|^2/2} \sum_n \frac{\psi_n \alpha^{*n}}{\sqrt{n!}} \tag{6.6.3}$$

式中 $\sum_n \psi_n \alpha^{*n}/\sqrt{n!}$ 为 α^* 的整函数，而指数函数 $\mathrm{e}^{-|\alpha|^2/2}$ 则不是 α^* 的函数，因 $|\alpha|^2 = \alpha^*\alpha$。同样对于算子 T，两边用单位函数作用，得

$$T = \int \frac{\mathrm{d}^2\alpha}{\pi} \frac{\mathrm{d}^2\beta}{\pi} |\alpha\rangle\langle\alpha|T|\beta\rangle\langle\beta|$$

$$= \int \frac{\mathrm{d}^2\alpha}{\pi} \frac{\mathrm{d}^2\beta}{\pi} F(\alpha^*, \beta) \exp\left(-\frac{|\alpha|^2}{2} - \frac{|\beta|^2}{2}\right) |\alpha\rangle\langle\beta| \tag{6.6.4}$$

$$F(\alpha^*, \beta) = \sum_{n,m} \frac{\langle n|T|m\rangle \alpha^{*n}\beta^m}{\sqrt{n!}\sqrt{m!}} = \sum_{n,m} \frac{T_{nm}\alpha^{*n}\beta^m}{\sqrt{n!}\sqrt{m!}}$$

$F(\alpha^*, \beta)$ 为 α^*, β 的解析函数。指数因子 $\mathrm{e}^{-|\alpha|^2/2-|\beta|^2/2}$ 已分离出来。我们感兴趣的辐射场密度矩阵算符 ρ 也应可以表示为与 (6.6.4) 式相似的形式：

$$\rho = \int \frac{\mathrm{d}^2\alpha}{\pi} \frac{\mathrm{d}^2\beta}{\pi} R(\alpha^*, \beta) \exp(-|\alpha|^2/2 - |\beta|^2/2) |\alpha\rangle\langle\beta| \tag{6.6.5}$$

将密度矩阵算符 ρ 用相干态表示, 就使得计算按正规编序排列的算子乘积 (指湮没算子在右, 产生算子在左) 的期待值变得很容易, 亦即只需将场算符简单地用相应的本征值来代替, 便得我们要的期待值。例如, 计算高阶相关函数 (6.4.13) 式, ρ 用 (6.6.5) 式代, 便得

$$G^{(n)}(x_1, \cdots x_n, y_1, \cdots y_n)$$
$$= \int \mathcal{E}^*(x_1, \{\alpha_k\}) \cdots \mathcal{E}^*(x_n, \{\alpha_k\}) \times \mathcal{E}(y_1, \{\beta_k\}) \cdots \mathcal{E}(y_n, \{\beta_k\})$$

$$\times R(\{\alpha_k\}, \{\beta_k\}) \exp\left(-\sum_k |\alpha_k|^2 - \sum_k |\beta_k|^2\right) \prod_k \left(\frac{\mathrm{d}^2\alpha_k}{\pi}\right) \prod_k \left(\frac{\mathrm{d}^2\beta_k}{\pi}\right) \quad (6.6.6)$$

式中已考虑到多模, 模式指标为 k。密度矩阵 ρ 用了 (6.6.5) 式。

密度矩阵 ρ 的表达式 (6.6.5) 是普遍的, 可用来表示场的任意态。但对有些场来说, 可能有更简化的表示, 即将密度矩阵按 $|\alpha\rangle\langle\alpha|$ 展开, 而不是按 $|\alpha\rangle\langle\beta|$ 展开。换言之, 我们寻求的是如下对角形的展开:

$$\rho = \int \mathrm{d}^2\alpha P(\alpha)|\alpha\rangle\langle\alpha|, \quad \int P(\alpha)\mathrm{d}^2\alpha = 1 \quad (6.6.7)$$

式中 $P(\alpha)$ 为实的权重函数。我们称 (6.6.7) 式为密度矩阵的 P 表示。权函数 $P(\alpha)$ 为实函数就保证展开式的厄米性质。又从 $P(\alpha)$ 满足的归一化条件来看, $P(\alpha)$ 具有概率密度性质, 不过还不能把 $P(\alpha)$ 看成严格的概率密度, 因为 $|\alpha\rangle$ 不构成正交集。由 $P(\alpha)$ 为正得出密度矩阵 ρ 为正定, 但由 ρ 的正定性并不能得出 $P(\alpha)$ 一定不为负。显然在进行实际计算时, 将 $P(\alpha)$ 看成"准概率"是有用的。例如, 应用 P 表示求算子函数的迹, 即

$$\mathrm{tr}(\rho b^{\dagger n} b^m) = \int P(\beta)(\beta^*)^n \beta^m \mathrm{d}^2\beta \quad (6.6.8)$$

一般地

$$\mathrm{tr}(\rho f_N(b^\dagger, b)) = \int P(\beta) f_N(\beta^*, \beta) \mathrm{d}^2\beta \quad (6.6.9)$$

式中 $f_N(b^\dagger, b)$ 为按正常顺序排列 (b 在 $b^\dagger$ 的右边) 的函数。类似于求 Fourier 变换, 我们求密度矩阵的特征函数 $X(\lambda)$, 其定义为

$$X(\lambda) = \mathrm{tr}(\rho D(\lambda)) = \mathrm{tr}(\rho \exp(\lambda b^\dagger - \lambda^* b))$$
$$= \mathrm{tr}(\rho e^{-\lambda^2/2} e^{\lambda b^\dagger} e^{-\lambda^* b})$$
$$= e^{-\lambda^2/2} \int P(\beta)\langle\beta| e^{\lambda b^\dagger} e^{-\lambda^* b} |\beta\rangle \mathrm{d}^2\beta$$

$$= e^{-\lambda^2/2} \int P(\beta) \exp(\lambda\beta^* - \lambda^*\beta) d^2\beta \tag{6.6.10}$$

式中位移算子 $D(\lambda)$ 的表示是用了 (6.5.15) 和 (6.5.17) 式。与 $X(\lambda)$ 相关的还有一种指数算符按正规编序的特征函数 $X_N(\lambda)$

$$X_N(\lambda) = \mathrm{tr}\{\rho \exp(\lambda b^\dagger) \exp(-\lambda^* b)\}$$
$$= \exp\left(\frac{|\lambda|^2}{2}\right) X(\lambda) \tag{6.6.11}$$

上式的反变换为

$$P(\beta) = \frac{1}{\pi^2} \int \exp(\lambda^*\beta - \lambda\beta^*) X_N(\lambda) d^2\lambda \tag{6.6.12}$$

若 $X_N(\lambda)$ 是平方可积的, 则可证权函数 $P(\beta)$ 也必然是平方可积的。不过 $X_N(\lambda)$ 不是平方可积的情形也经常碰到。下面讨论一个有启发性的例子。测不准关系要求所有的量子态有 $|\Delta q \Delta p| \geqslant \hbar/2$。等号成立的态为最小测不准态。附录 6B 中已证明满足如下关系的态 $|\rangle$ 为最小测不准态:

$$(p - \langle p \rangle)|\rangle = i\mu(q - \langle q \rangle)|\rangle \tag{6.6.13}$$

由此得 $(\Delta p)^2 = \mu^2(\Delta q)^2$, μ 可取任意值。当 $\mu = \omega$ 时, $|\rangle$ 是湮没算符 $b = (2\hbar\omega)^{-1/2}(\omega q + ip)$ 的本征态, 即相干态。一般来说, (6.6.13) 式表明 $|\rangle$ 是 $A(\mu)$ 的本征态。$A(\mu)$ 乃频率为 μ 的振子的湮没算子

$$A(\mu) = (2\hbar\mu)^{-1/2}(\mu q + ip) = \frac{(\mu\omega)^{-1/2}}{2}((\mu + \omega)b + (\mu - \omega)b^\dagger) \tag{6.6.14}$$

设 $|\rangle$ 为 $A(\mu)$ 的真空态, $A(\mu)|\rangle = 0$。现应用 (6.5.16) 式求 $|\rangle$ 的 $X_N(\lambda)$ 为

$$X_N(\lambda) = \langle| \exp(\lambda b^\dagger) \exp(-\lambda^* b) |\rangle$$

$$= \left\langle \left| \exp\left[\lambda\left(\frac{\omega + \mu}{2\sqrt{\omega\mu}}A^\dagger + \frac{\omega - \mu}{2\sqrt{\omega\mu}}A\right)\right] \exp\left[-\lambda^*\left(\frac{\omega + \mu}{2\sqrt{\omega\mu}}A + \frac{\omega - \mu}{2\sqrt{\omega\mu}}A^\dagger\right)\right] \right| \right\rangle$$

$$= e^{-|\lambda|^2/2} \left\langle \left| \exp\left(\frac{\lambda_i\omega + i\lambda_r\mu}{\sqrt{\mu\omega}}A^\dagger + \frac{\lambda_i\omega - i\lambda_r\mu}{\sqrt{\mu\omega}}A\right) \right| \right\rangle$$

$$= \exp\left[\frac{(\lambda_i\omega)^2 + (\lambda_r\mu)^2 - \mu\omega(\lambda_r^2 + \lambda_i^2)}{2\mu\omega}\right]$$

$$= \exp\left[\frac{\mu - \omega}{2}\left(\frac{\lambda_r^2}{\omega} - \frac{\lambda_i^2}{\mu}\right)\right]$$

$$\tag{6.6.15}$$

对于 $\omega < \mu$, 当 $|\mathrm{Re}\lambda| \to \infty$ 时 $X_N(\lambda)$ 发散; 对于 $\omega > \mu$, 当 $|\mathrm{Im}\lambda| \to \infty$ 时 $X_N(\lambda)$ 也发散。于是由 (6.6.12) 式定义的 P 表示 $P(\beta)$ 是不存在的。除非 $\mu = \omega$, 这时 (6.6.14) 式给出 $A(\omega) = b$, $A(\omega)$ 即 b 的真空态。$|\rangle$ 的 X_N 可按 (6.5.17) 和 (6.5.18) 式求得

$$X_N = \langle|\mathrm{e}^{\lambda b^\dagger}\mathrm{e}^{-\lambda^* b}|\rangle = \mathrm{e}^{\lambda^2/2}\langle|D(\lambda)|\rangle = 1$$

6.6.2 在 P 表象中参量下转换所满足的 Fokker-Planck 方程

P 表象在量子光学中有着广泛的应用, 主要是湮没算子 a 作用在相干态 $|\alpha\rangle$ 上, 便给出本征值 α。这个 α 恰是经典光学中光振动的复数模量 (包括振幅与相位), 同样产生算子 $a^\dagger$ 作用在 $\langle\alpha|$ 上给出本征值 α^*。这样便将算子 $a, a^\dagger$ 与 c 数 α, α^* 关联在一起, 关于算子 $a, a^\dagger$ 密度矩阵方程, 可化为关于 c 数 α, α^* 的 Fokker-Planck(F-P) 方程。由 (6.5.8) 式

$$a|\alpha\rangle = \alpha|\alpha\rangle \ , \qquad \langle\alpha|a^\dagger = \alpha^*\langle\alpha|$$

导出准概率 $p(\alpha)$ 与密度矩阵对角和, 即 (6.6.7) 式 (下面用 $p(x)$ 表示 $P(x)$)

$$\rho = \int \mathrm{d}^2\alpha p(\alpha)|\alpha\rangle\langle\alpha|$$

即

$$\rho \longleftrightarrow p(\alpha) \tag{6.6.16}$$

由 (6.5.8) 和 (6.6.16) 式容易得出

$$a\rho = \int \mathrm{d}^2\alpha p(\alpha)a|\alpha\rangle\langle\alpha| = \int \mathrm{d}^2\alpha \alpha p(\alpha)|\alpha\rangle\langle\alpha|$$

即

$$a\rho \longleftrightarrow \alpha p(\alpha)$$

$$\rho a^* = \int \mathrm{d}^2\alpha p(\alpha)|\alpha\rangle\langle\alpha|a^\dagger = \int \mathrm{d}^2\alpha \alpha^* p(\alpha)|\alpha\rangle\langle\alpha|$$

$$\rho a^* \longleftrightarrow \alpha^* p(\alpha) \tag{6.6.17}$$

对应式左边为算子 $a(a^\dagger)$ 左 (右) 作用于 ρ, 而右边则是用复量 α, α^* 乘 $p(\alpha)$。很明显除了 $a(a^\dagger)$ 左 (右) 作用于 ρ 外, 还要解决 $a(a^\dagger)$ 右 (左) 作用于 ρ 的计算。注意到

$$a^\dagger|\alpha\rangle = a^\dagger \exp\left(-\frac{\alpha^2}{2}\right)\sum_n \frac{\alpha^n}{\sqrt{n!}}|n\rangle = \exp\left(-\frac{\alpha^2}{2}\right)\sum_n \frac{\alpha^n\sqrt{n+1}}{\sqrt{n!}}|n+1\rangle$$

$$= \exp\left(-\frac{\alpha^2}{2}\right)\frac{\partial}{\partial\alpha}\sum_n \frac{\alpha^n}{\sqrt{n!}}|n\rangle = \exp\left(-\frac{\alpha\alpha^*}{2}\right)\frac{\partial}{\partial\alpha}\|\alpha\rangle$$

$$\|\alpha\rangle = \sum_n \frac{\alpha^n}{\sqrt{n!}} |n\rangle$$

$$a^\dagger \rho = \int \mathrm{d}^2\alpha\, p(\alpha) a^\dagger |\alpha\rangle\langle\alpha| = \int \mathrm{d}^2\alpha\, p(\alpha) \exp(-\alpha\alpha^*) \frac{\partial}{\partial\alpha} \|\alpha\rangle\langle\alpha\|$$

应用分部积分，便得

$$a^\dagger \rho = \int \mathrm{d}^2\alpha \left(\alpha^* - \frac{\partial}{\partial\alpha}\right) p(\alpha) \exp(-\alpha\alpha^*) \|\alpha\rangle\langle\alpha\| = \int \mathrm{d}^2\alpha \left(\alpha^* - \frac{\partial}{\partial\alpha}\right) p(\alpha) |\alpha\rangle\langle\alpha|$$

即

$$a^\dagger \rho \longleftrightarrow \left(\alpha^* - \frac{\partial}{\partial\alpha}\right) p(\alpha) \tag{6.6.18}$$

同样可证

$$\rho a \longleftrightarrow \left(\alpha - \frac{\partial}{\partial\alpha^*}\right) p(\alpha) \tag{6.6.19}$$

简并参量放大为一双光子过程，由一个泵浦光子产生一对信号与闲置光子，其 Hamilton 可写为

$$H = H_0 + V + W$$

$$H_0 = \hbar\omega_c a^\dagger a + \sum_n \hbar\omega_j b_j^\dagger b_j$$

$$V = \hbar \left(\sum k_j b_j a^\dagger + \sum_n k_j^* b_j^\dagger a\right) \tag{6.6.20}$$

$$W = \frac{\mathrm{i}\hbar}{2} \left(\varepsilon a^{\dagger 2} - \varepsilon a^2\right)$$

H_0 为参量波 $a, a^\dagger$ 与热库 $b_j, b_j^\dagger$ 的自由 Hamilton，V 为参量波与热库的相互作用 Hamilton，W 为泵浦波 (包含在参数 ε 中) 与参量波的相互作用。参照 (2.5.10) 式，可得出参量放大的密度矩阵方程，在相互作用表象中，

$$\frac{\mathrm{d}\rho}{\mathrm{d}t} = \frac{1}{\mathrm{i}\hbar}[V + W, \rho] \tag{6.6.21}$$

参照 (5.3.43) 和 (5.3.44) 式，并令其中 $\nu/2Q = k$，由于与热库的相互作用的贡献为

$$\left(\frac{\mathrm{d}\rho}{\mathrm{d}t}\right)_V = \frac{1}{\mathrm{i}\hbar}[V, \rho] = (1 + \bar{n_\omega})k[2a\rho a^\dagger - a^\dagger a\rho - \rho a^\dagger a] + \bar{n_\omega}k[2a^\dagger \rho a - aa^\dagger \rho - \rho aa^\dagger]$$

在 P 表象中便是 $\rho \longleftrightarrow p$. 并参照 (6.6.16)$\sim$ (6.6.19) 式，故有

$$[2a\rho a^\dagger - a^\dagger a\rho - \rho a^\dagger a] \longleftrightarrow \left[2\alpha\alpha^* - \left(\alpha^* - \frac{\partial}{\partial\alpha}\right)\alpha - \left(\alpha - \frac{\partial}{\partial\alpha^*}\right)\alpha^*\right] p$$

$$[2a^\dagger \rho a - aa^\dagger \rho - \rho aa^\dagger] \longleftrightarrow \left[2\left(\alpha^* - \frac{\partial}{\partial\alpha}\right)\left(\alpha - \frac{\partial}{\partial\alpha^*}\right) - \alpha\left(\alpha^* - \frac{\partial}{\partial\alpha}\right) - \left(\alpha - \frac{\partial}{\partial\alpha^*}\alpha^*\right) \right] p$$

故有

$$\left(\frac{\partial p}{\partial t}\right)_V = \left[k\left(\frac{\partial}{\partial\alpha}\alpha + \frac{\partial}{\partial\alpha^*}\alpha^*\right) + 2k\bar{n}_\omega \frac{\partial^2}{\partial\alpha\partial\alpha^*} \right] p \tag{6.6.22}$$

由于与泵浦场的相互作用的贡献为

$$\left(\frac{\mathrm{d}\rho}{\mathrm{d}t}\right)_W = \frac{1}{\mathrm{i}\hbar}[W,\rho] = \frac{\varepsilon}{2}[(a^{\dagger 2} - a^2)\rho - \rho(a^{\dagger 2} - a^2)]$$

在 p 表象中便是

$$\left(\frac{\mathrm{d}p}{\mathrm{d}t}\right)_W = \frac{\varepsilon}{2}\left[\left(\alpha^* - \frac{\partial}{\partial\alpha}\right)^2 - \alpha^2 - \left(\alpha - \frac{\partial}{\partial\alpha^*}\right)^2 - \alpha^{*2} \right] p$$

$$= -\varepsilon\left[\left(\alpha^* \frac{\partial}{\partial\alpha} + \alpha \frac{\partial}{\partial\alpha^*}\right) - \frac{1}{2}\left(\frac{\partial^2}{\partial\alpha^2} + \frac{\partial^2}{\partial\alpha^{*2}}\right) \right] p \tag{6.6.23}$$

由 (6.6.19)~(6.6.21) 式得在 p 表象中简并参量放大所满足的 Fokker-Planck 方程为

$$\frac{\mathrm{d}p}{\mathrm{d}t} = \left[k\left(\alpha \frac{\partial}{\partial\alpha} + \alpha^* \frac{\partial}{\partial\alpha^*}\right) - \varepsilon\left(\alpha \frac{\partial}{\partial\alpha^*} + \alpha^* \frac{\partial}{\partial\alpha}\right) \right.$$

$$\left. + \frac{\varepsilon}{2}\left(\frac{\partial^2}{\partial\alpha^2} + \frac{\partial^2}{\partial\alpha^{*2}}\right) + 2k\bar{n}_\omega \frac{\partial}{\partial\alpha\partial\alpha^{(*)}} \right] p \tag{6.6.24}$$

6.6.3 W、Q 与 P 分布函数

由于存在测不准关系，量子力学中要给两个互为共轭不可易的量定义一个概率，比经典力学定义两个或多个量的概率困难得多。上面讨论的 P 准概率分布函数及其发散的困难就是一个例子。其实，作为分布函数，Wigner 分布函数出现得最早，简称为 W 分布函数。后来还有 Q 分布函数。

量子力学密度矩阵理论 (2.5.9) 式表明，算符 A 的期待值 $\langle A \rangle$ 可通过 A 与密度矩阵 ρ 的乘积的迹 $\mathrm{tr}(A\rho)$ 来表示，即 $\langle A \rangle = \mathrm{tr}(A\rho)$。设 A, B 为不可易算符，但其期待值 $\langle A \rangle$, $\langle B \rangle$ 则是可对易的 c 数。设我们讨论的共轭算符为坐标 q 与动量 p 时，Wigner 定义的分布函数为

$$\hat{W}(\bar{p},\bar{q}) = \frac{1}{(2\pi)^2}\int\int \mathrm{tr}(\mathrm{e}^{-\mathrm{i}\mu(\bar{p}-p)-\mathrm{i}\nu(\bar{q}-q)}\rho)\mathrm{d}\mu\mathrm{d}\nu$$

$$= \frac{1}{(2\pi)^2}\int\int \mathrm{e}^{-\mathrm{i}\mu\bar{p}-\mathrm{i}\nu\bar{q}}\mathrm{tr}(\mathrm{e}^{\mathrm{i}\mu p + \mathrm{i}\nu q}\rho)\mathrm{d}\mu\mathrm{d}\nu \tag{6.6.25}$$

$\hat{W}(\bar{p},\bar{q})$ 就是 p, q 分别取值 $\bar{p}$, $\bar{q}$ 的 "概率"。若不用 p, q, 而是用消灭、产生算符 b, $b^\dagger$

$$q = \sqrt{\frac{\hbar}{2\omega}}(b^\dagger + b), \quad p = \mathrm{i}\sqrt{\frac{\hbar\omega}{2}}(b^\dagger - b) \tag{6.6.26}$$

则 Wigner 分布函数又可表示为

$$\hat{W}(\bar{p}, \bar{q}) = \frac{1}{2\hbar} W(u, u^*)$$

$$W(u, u^*) = \frac{1}{\pi^2} \int e^{-i\beta u - i\beta^* u^*} \mathrm{tr}(e^{i\beta b + i\beta^* b^\dagger} \rho) d^2\beta \tag{6.6.27}$$

式中

$$\beta = \sqrt{\frac{\hbar}{2}} \left(\frac{\nu}{\sqrt{\omega}} - i\sqrt{\omega}\mu \right), \quad u = \frac{1}{\sqrt{2\hbar\omega}}(\omega\bar{q} + i\bar{p})$$

$$d^2\beta = d\mathrm{Re}(\beta) d\mathrm{Im}(\beta)$$

应用算子关系

$$e^{i\beta b + i\beta^* b^\dagger} = e^{|\beta|^2/2} e^{i\beta b} e^{i\beta^* b^\dagger} = e^{-|\beta|^2/2} e^{i\beta^* b^\dagger} e^{i\beta b} \tag{6.6.28}$$

便得 $W(u, u^*)$ 的两种表示:

$$W(u, u^*) = \pi^{-2} \int e^{-i\beta u - i\beta^* u^*} \mathrm{tr}(e^{i\beta b} e^{i\beta^* b^\dagger} \rho) e^{|\beta|^2/2} d^2\beta$$

$$= \pi^{-2} \int e^{-i\beta u - i\beta^* u^*} \mathrm{tr}(e^{i\beta^* b^\dagger} e^{i\beta b} \rho) e^{-|\beta|^2/2} d^2\beta \tag{6.6.29}$$

若将上式中的因子 $e^{|\beta|^2/2}$, $e^{-|\beta|^2/2}$ 去掉, 则得另外两种分布函数:

$$\begin{cases} P(u, u^*) = \pi^{-2} \int e^{-i\beta u - i\beta^* u^*} \mathrm{tr}(e^{i\beta^* b^\dagger} e^{i\beta b} \rho) d^2\beta \\ \\ Q(u, u^*) = \pi^{-2} \int e^{-i\beta u - i\beta^* u^*} \mathrm{tr}(e^{i\beta b} e^{i\beta^* b^\dagger} \rho) d^2\beta \end{cases} \tag{6.6.30}$$

前一种表示与 (6.6.12) 式完全相同, 即我们在上面讨论过的 P 表示。后一种表示为 Q 表示。

又由于相干态单位算子为

$$1 = \pi^{-1} \int |\alpha\rangle\langle\alpha| d^2\alpha \tag{6.6.31}$$

于是

$$\mathrm{tr}(e^{i\beta b} e^{i\beta^* b^\dagger} \rho) = \frac{1}{\pi} \int \mathrm{tr}\{e^{i\beta b} |\alpha\rangle\langle\alpha| e^{i\beta^* b^\dagger} \rho\} d^2\alpha$$

$$= \frac{1}{\pi} \int e^{i\beta\alpha + i\beta^* \alpha^*} \langle\alpha|\rho|\alpha\rangle d^2\alpha \tag{6.6.32}$$

代入 (6.6.30) 式, 得

$$Q(u, u^*) = \frac{1}{\pi} \langle u | \rho | u^* \rangle \tag{6.6.33}$$

从上面几种分布 $W(u, u^*)$, $P(u, u^*)$, $Q(u, u^*)$ 来看, 均涉及系统的密度矩阵 ρ。只要 ρ 知道了, 分布函数也就可以计算了。现举例如下。

1. 相干混态

设系统处于相干态 $|\alpha\rangle$, $\alpha = |\alpha| e^{i\varphi}$, 振幅 $|\alpha|$ 是完全确定的, 而相位 φ 则在 $(0, 2\pi)$ 内无规分布, 这种状态称为相干混态[11]。故有

$$\rho(a, a^\dagger) = |\alpha\rangle\langle\alpha| = e^{-|\alpha|^2} \sum_0^\infty \sum_0^\infty \frac{(\alpha a^\dagger)^n}{n!} |0\rangle\langle 0| \frac{(\alpha^* a)^m}{m!}$$

$$= e^{-|\alpha|^2} \sum_{n,m=0}^\infty \frac{(|\alpha| a)^n}{n!} |0\rangle\langle 0| \frac{(|\alpha| a^\dagger)^m}{m!} \int_0^{2\pi} e^{i(m-n)\varphi} \frac{\mathrm{d}\varphi}{2\pi}$$

$$= e^{-|\alpha|^2} \sum_{n=0}^\infty \frac{(|\alpha|^2)^n}{n!} |n\rangle\langle n| \tag{6.6.34}$$

于是有系统处于光子数 $|n\rangle$ 态的概率为 Poisson 分布

$$\langle n | \rho(a, a^\dagger) | n \rangle = e^{-|\alpha|^2} \frac{(|\alpha|^2)^n}{n!} \tag{6.6.35}$$

$$\mathrm{tr}(e^{i\beta^* a^\dagger} e^{i\beta a} \rho) = \mathrm{tr}\left(e^{-|\alpha|^2} \sum \frac{|\alpha|^{2n}}{n!} \langle n | e^{i\beta^* a^\dagger} e^{i\beta a} | n \rangle \right) \tag{6.6.36}$$

注意到

$$e^{i\beta a} |n\rangle = \sum_{l=0} \frac{(i\beta)^l}{l!} \sqrt{\frac{n!}{(n-l)!}} |n-l\rangle$$

$$\langle n | e^{i\beta^* a^\dagger} = \sum \frac{(i\beta^*)^m}{m!} \sqrt{\frac{n!}{(n-m)!}} \langle n-m| \tag{6.6.37}$$

$$\mathrm{tr}(e^{i\beta^* a^\dagger} e^{i\beta a} \rho) = e^{-|\alpha|^2} \sum_{n=0}^\infty \frac{|\alpha|^{2n}}{n!} \sum_{l=0}^n \frac{(-\beta^2)^l n!}{l!^2 (n-l)!}$$

$$= e^{-\bar{n}} \sum \frac{\bar{n}^n}{n!^2} \mathrm{L}_n(|\beta|^2)$$

$$= \mathrm{J}_0(2\sqrt{\bar{n}}|\beta|) \tag{6.6.38}$$

式中 $\bar{n} = |\alpha|^2$。

将 (6.6.38) 式代入 (6.6.29) 和 (6.6.30) 式，便得

$$
\begin{cases}
W(u, u^*) = \pi^{-2} \displaystyle\int \mathrm{e}^{-\mathrm{i}\beta u - \mathrm{i}\beta^* u^*} \mathrm{J}_0(2\sqrt{\bar{n}}|\beta|) \mathrm{e}^{-|\beta|^2/2} \mathrm{d}^2\beta \\
P(u, u^*) = \pi^{-2} \displaystyle\int \mathrm{e}^{-\mathrm{i}\beta u - \mathrm{i}\beta^* u^*} \mathrm{J}_0(2\sqrt{\bar{n}}|\beta|) \mathrm{d}^2\beta \\
Q(u, u^*) = \pi^{-2} \displaystyle\int \mathrm{e}^{-\mathrm{i}\beta u - \mathrm{i}\beta^* u^*} \mathrm{J}_0(2\sqrt{\bar{n}}|\beta|) \mathrm{e}^{-|\beta|^2} \mathrm{d}^2\beta
\end{cases}
\tag{6.6.39}
$$

注意到

$$
\mathrm{d}^2\beta = \mathrm{d}\varphi |\beta| \mathrm{d}|\beta|
$$
$$
\frac{1}{2\pi} \int_0^{2\pi} \mathrm{e}^{-\mathrm{i}|\beta u|\cos(\theta-\varphi)} \mathrm{d}\varphi = \mathrm{J}_0(|\beta u|)
\tag{6.6.40}
$$

故上面诸式可写为

$$
\begin{cases}
W(u, u^*) = \dfrac{2}{\pi} \displaystyle\int_0^\infty \mathrm{e}^{-|\beta|^2/2} \mathrm{J}_0(|u||\beta|) \mathrm{J}_0(2\sqrt{\bar{n}}|\beta|) |\beta| \mathrm{d}|\beta| \\
P(u, u^*) = \dfrac{2}{\pi} \displaystyle\int \mathrm{J}_0(|u||\beta|) \mathrm{J}_0(2\sqrt{\bar{n}}|\beta|) |\beta| \mathrm{d}|\beta| \\
Q(u, u^*) = \dfrac{2}{\pi} \displaystyle\int \mathrm{e}^{-|\beta|^2} \mathrm{J}_0(|u||\beta|) \mathrm{J}_0(2\sqrt{\bar{n}}|\beta|) |\beta| \mathrm{d}|\beta|
\end{cases}
\tag{6.6.41}
$$

这三个积分可应用积分表求得

$$
\int_0^\infty \mathrm{e}^{-\rho^2 x^2} \mathrm{J}_p(\alpha x) \mathrm{J}_p(\beta x) x \mathrm{d}x = \frac{1}{2\rho^2} \mathrm{e}^{-\frac{\alpha^2+\beta^2}{4\rho^2}} \mathrm{I}_p\left(\frac{\alpha\beta}{2\rho^2}\right)
\tag{6.6.42}
$$

$$
W(u, u^*) = \frac{2}{\pi} \mathrm{e}^{-\frac{|u|^2+4\bar{n}}{2}} \mathrm{I}_0(2\sqrt{\bar{n}}|u|)
$$

$$
P(u, u^*) = \frac{2}{\pi} \frac{1}{2\rho^2} \mathrm{e}^{-\frac{|u|^2+4\bar{n}}{4\rho^2}} \mathrm{I}_0\left(\frac{|u|2\sqrt{\bar{n}}}{2\rho^2}\right)\Bigg|_{\rho\to 0}
$$

$$
= \frac{1}{\pi\rho^2} \mathrm{e}^{-\frac{|u|^2+4\bar{n}}{4\rho^2}} \frac{\mathrm{e}^{\frac{|u|2\sqrt{\bar{n}}}{2\rho^2}}}{\sqrt{2\pi \dfrac{|u|\sqrt{\bar{n}}}{\rho^2}}}\Bigg|_{\rho\to 0} = \frac{1}{\sqrt{2\pi^3 |u|\sqrt{\bar{n}}\rho}} \mathrm{e}^{-\left(\frac{|u|-2\sqrt{\bar{n}}}{2\rho}\right)^2}\Bigg|_{\rho\to 0}
$$

$$
Q(u, u^*) = \frac{1}{\pi} \mathrm{e}^{-\frac{|u|^2+4n}{4}} \mathrm{I}_0(\sqrt{\bar{n}}|u|)
\tag{6.6.43}
$$

当 $\rho \to 0$ 时，$P(u, u^*)$ 是一个 δ 函数。

2. 光子数态 $|n\rangle$，$\rho = |n\rangle\langle n|$

$$
\mathrm{tr}(\mathrm{e}^{\mathrm{i}\beta^* a^\dagger} \mathrm{e}^{\mathrm{i}\beta a} |n\rangle\langle n|) = \sum_{l=0}^n \frac{(-\beta^2)^l n!}{(l!)^2(n-l)!} = \mathrm{L}_n(|\beta|^2)
\tag{6.6.44}
$$

故有

$$
\begin{cases}
W(u, u^*) = \pi^{-2} \int e^{-\mathrm{i}\beta u - \mathrm{i}\beta^* u^*} \mathrm{L}_n(|\beta|^2) e^{-|\beta|^2/2} \mathrm{d}^2\beta \\
\qquad = \dfrac{2}{\pi} \int_0^\infty \mathrm{J}_0(|u||\beta|) \mathrm{L}_n(|\beta|^2) e^{-|\beta|^2/2} |\beta| \mathrm{d}|\beta| \\
P(u, u^*) = \pi^{-2} \int e^{-\mathrm{i}\beta u - \mathrm{i}\beta^* u^*} \mathrm{L}_n(|\beta|^2) \mathrm{d}^2\beta \\
\qquad = \dfrac{2}{\pi} \int_0^\infty \mathrm{J}_0(|u||\beta|) \mathrm{L}_n(|\beta|^2) |\beta| \mathrm{d}|\beta| \\
Q(u, u^*) = \pi^{-2} \int e^{-\mathrm{i}\beta u - \mathrm{i}\beta^* u^*} \mathrm{L}_n(|\beta|^2) e^{-|\beta|^2} \mathrm{d}^2\beta \\
\qquad = \dfrac{2}{\pi} \int_0^\infty \mathrm{J}_0(|u||\beta|) \mathrm{L}_n(|\beta|^2) e^{-|\beta|^2} |\beta| \mathrm{d}|\beta|
\end{cases}
\tag{6.6.45}
$$

参照积分表[18]，有

$$
\int_0^\infty x e^{-\frac{\alpha x^2}{2}} \mathrm{L}_n\left(\frac{\beta x^2}{2}\right) \mathrm{J}_0(xy) \mathrm{d}x = \frac{(\alpha - \beta)^n}{\alpha^{n+1}} e^{-\frac{y^2}{2\alpha}} \mathrm{L}_n\left[\frac{\beta y^2}{2\alpha(\beta - \alpha)}\right]
\tag{6.6.46}
$$

$$
\begin{cases}
W(u, u^*) = \dfrac{2}{\pi} \dfrac{(1-2)^n}{1^{n+1}} e^{-u^2/2} \mathrm{L}_n\left[\dfrac{2u^2}{2 \times 1(2-1)}\right] \\
P(u, u^*) = \dfrac{2}{\pi} \dfrac{(\alpha - 2)^n}{\alpha^{n+1}} e^{-u^2/\alpha} \mathrm{L}_n\left[\dfrac{2u^2}{2\alpha(2-\alpha)}\right]\bigg|_{\alpha \to 0} \\
Q(u, u^*) = \dfrac{2}{\pi} \dfrac{(\alpha - \beta)^n}{2^{n+1}} e^{-u^2/4} \mathrm{L}_n\left[\dfrac{u^2}{2(\beta - \alpha)}\right]\bigg|_{(\beta - \alpha) \to 0}
\end{cases}
\tag{6.6.47}
$$

由上式看到，当 n 为奇数时光子数态的 W "概率" 分布函数 $W(u, u^*) = -\dfrac{2}{\pi} e^{-u^2/2}$ $\mathrm{L}_n[u^2]$ 竟是负的。可见，W 也不是一个好的 "概率" 分布函数。

6.7 光子的二阶相关函数、群聚与反群聚效应、鬼态干涉 与粒子的纠缠态

6.7.1 光场分布的二阶相关测量 [19-25]

综上所述，在半经典理论中光场是作为服从 Maxwell 方程的经典场来看待的。正频部分 $E^+(x)$ 与负频部分 $E^-(x)$ 为可易。但从量子场观点来看，参照 (6.5.4) 式，正频部分 $E^+(x)$ 与负频部分 $E^-(x)$ 已通过湮没与产生算符 a_k, $a_k^\dagger$ 来展开，而 a_k, $a_{k'}^\dagger$ 又满足 Boson 算子对易关系 $[a_k, a_{k'}^\dagger] = \delta_{k,k'}$。当 $k = k'$ 时，a_k 与 $a_{k'}^+$ 是不可对易的。基于这个对易关系，算子 a_k, $a_{k'}^\dagger$ 还满足在附录 6A 中给出的许多

Boson 算子的代数关系。但问题是场的量子特性，如何从实验观测上得到反映？如何区别经典场与量子场？经典光学的振幅干涉实验属一阶相关测量，它是不能解决这些问题的。只有联系到二阶相关测量反映场的统计起伏性质的实验才有可能解决这一问题。这就是 Hanbury-Brown 与 Twiss 的强度干涉，亦即光子符合计数实验[19](图 6.9)。

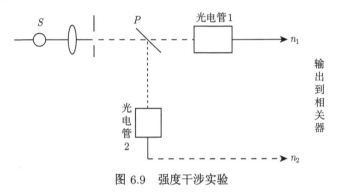

图 6.9　强度干涉实验

图 6.9 中，由光源 S 发出的光束经分束器 P 分作光强相等的两束，分别用光电倍增管 1, 2 接收并进行计数，产生一个一个的光子信号输出。将这些输出接到相关器上，就发现光子的到达并非完全无规的，而是存在如图 6.10 所示的群聚效应。

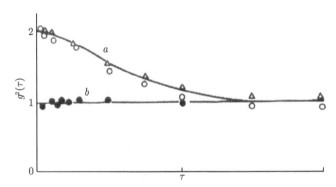

图 6.10　黑体辐射源 (a) 与激光源 (b) 的二阶相关测量 (参照 Areechi 等[20])

图 6.10 中，横坐标为光束 1 相对于光束 2 的延迟时间，纵坐标为光电倍增管 1, 2 上的相关计数或称为光子符合计数，用二阶相关函数来表示，便是

$$g^2(\tau) = \frac{\langle n_1(t) n_2(t+\tau) \rangle}{\bar{n}^2}$$
$$\bar{n} = \langle n_1(t) \rangle = \langle n_2(t+\tau) \rangle \tag{6.7.1}$$

式中 $n_1(t)$, $n_2(t+\tau)$ 分别为光电倍增管 1, 2 上在 t, $t+\tau$ 时记录到的光子数, 延迟时间为 τ。只有 $n_1(t)$, $n_2(t+\tau)$ 均不为零, $n_1(t)n_2(t+\tau)$ 才不为零, 故称为符合计数。将 $n_1(t)n_2(t+\tau)$ 对观察时间 t 求统计平均, 用 $\langle\ \rangle$ 表示, 然后用 $\bar{n}^2$ 除, 进行归一化, 就作为经典的二阶相关函数 $g^2(\tau)$ 的定义。这里的光子数 $n(t)$ 可理解为与光强成正比的量, 而 $I(t) = E^-(t)E^+(t)$, $E^-(t)$ 与 $E^+(t)$ 是不可以对易的。关于量子的二阶相关函数定义, 下面还要讨论到。如果用黑体辐射作为光源 S, 便得曲线 a, 这曲线表明当光束 1, 2 到达光源面的相对延迟时间 τ 减少时, $g(\tau)$ 增加; 当 $\tau \to 0$ 时, $g^2(\tau) \to 2$; 但当 τ 增大时, $g^2(\tau)$ 由 2 逐渐下降到 1, 趋向于不相关。这种 τ 变小, 相关变大, 趋向同时到达的现象就是光子的群聚效应。如果用激光的单模输出作为光源做同样的实验, 则得曲线 b[15]。这又表明激光光源的光子 n_1, n_2 是完全不相关的, 故 $g^2(\tau)$ 近于 1。同样, 图 6.11 为对少数钠原子的共振荧光光源作光子相关测量 [14~17]。当 τ 很小时, $g^2(\tau)$ 为 0, 亦即光子的二阶相关函数为 0。这表明光子趋向不同时到达, 与图 6.10 曲线 a 的情形完全相反, 故称之为反群聚。图 6.10 中 a, b 的群聚与不群聚均可用经典光场理论进行解释; 但图 6.11 中的反群聚则只能用量子理论, 即非经典光场来解释。关于经典光场与非经典光场, 下面还要仔细讨论, 这里只是简单讨论经典理论与量子理论解释的区别。为简单起见, 设入射到图 6.9 中光电倍增管 1, 2 上的光束的相对延迟时间为 $\tau = 0$。从经典理论来看, 在光电倍增管 1, 2 上观察到的光信号同时到达或符合计数的概率 $\propto I(t)I(t+\tau) \to I^2(t)$, 考虑到光信号的强度 $I(t)$ 与光子数 $n(t)$ 成正比, 故由 (6.7.1) 式定义的二阶相关函数 $g^2(\tau)$ 又可写为

$$g^2(\tau)|_{\tau\to 0} = \langle I^2(t)\rangle / \langle I(t)\rangle^2 \tag{6.7.2}$$

对于单模输出的激光, 因服从 Poisson 分布 $\langle I^2(t)\rangle = \langle I(t)\rangle^2$, 故有

$$g^2(\tau)|_{\tau\to 0} = 1 \tag{6.7.3}$$

对于黑体辐射混沌光, 下面将证明 $\langle I^2(t)\rangle = 2\langle I(t)\rangle^2$, 故有

$$g^2(\tau)|_{\tau\to 0} = 2 \tag{6.7.4}$$

这样 (6.7.3) 和 (6.7.4) 式就给出图 6.10 曲线 a、b 当 $\tau \to 0$ 时, 二阶相关 $g^2(\tau)$ 分别趋近于 2 与 1 的解释。但不能用经典理论解释图 6.11 当 $\tau \to 0$ 时, $g^2(\tau) \to 0$ 对单个或少数钠原子共振荧光的光子相关测量结果。经典理论断言, 光束到达分束器后, 一半进入光电倍增管 1; 另一半进入光电倍增管 2, 不大可能实现二阶相关 $g^2(\tau)|_{\tau\to 0} = \dfrac{\langle n_1(t)n_2(t)\rangle}{\bar{n}^2} = 0$, $\bar{n} = \langle n_1(t)\rangle = \langle n_2(t)\rangle$。而量子理论则断言, 原子由激发态跃迁到基态, 辐射出一个光子, 这个光子到达分束器后, 要么透过分束器进

入倍增管 1, 要么反射进入倍增管 2。不可能光子的一半进入 1, 而另一半进入 2。另一方面, 因原子已跃迁到基态, 不可在极短时间内再辐射第二个光子。如光子数 n_1, n_2 按表 6.1 方式分配, 就可能实现反群聚、无群聚或群聚。

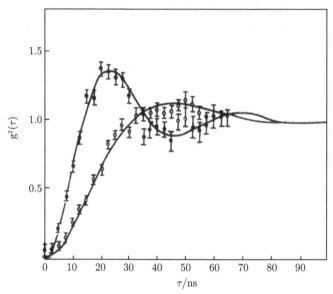

图 6.11　光子相关测量 (参照 Dagenais 等[22])

● $--$ $\Omega/\gamma \simeq 2.2$; ○ $--$ $\Omega/\gamma = 1.1$; 实线为理论曲线

表 6.1　ACA-KTSP 算法的参数设置

No	n_1	n_2	$\bar{n}$	$\langle n_1 n_2 \rangle$	g^2	
1	1	0	1/2	0	0	反群聚
	0	1				
	2	0				
2	1	1	1	1/2	1/2	反群聚
	1	1				
	0	2				
	2	1				
3	1	1	1	1	1	无群聚
	0	1				
	2	2				
4	1	0	1	4/3	4/3	群聚
	0	1				

现在我们讨论通过双光子吸收实现反群聚的途径。图 6.12 (a) 为混沌光的强度起伏 $I(t)$; 图 6.12 (b), (c) 为经双光子吸收后的光强起伏, 很明显, 经双光子吸

收后，尖峰被削平。这是因为双光子吸收概率 $\propto I^2$，混沌光中尖峰处产生双光子吸收概率最大，而低凹处概率很小。尖峰处正是产生光子群聚或光子符合的地方。如果将这些削掉，则显然得出无群聚或反群聚的光子分布。由于双光子吸收，二阶相关函数下降为图 6.12 所示 [23]。除双光子吸收外，二次谐波及共振荧光均能产生反群聚。

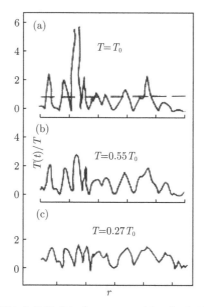

图 6.12　(a) 混沌光的强度起伏；(b), (c) 经双光子吸收后的光强起伏

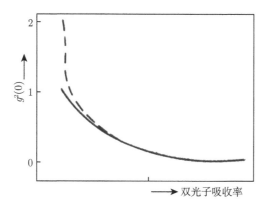

图 6.13　双光子吸收对二阶相关函数的影响 (参照文献 [23])

··· 初始为混沌光; —— 初始为相干光

6.7.2　经典光场与非经典光场

(6.7.1) 式定义的二阶相关函数 $g^2(\tau)$ 中涉及的求统计平均 $\langle\ \rangle$ 是按经典统计对时间 t 求平均，而不是按量子统计对量子态求平均。对 $g^2(\tau)$ 可证明如下的不等式成立。如图 6.9 所示的平稳随机光源 S 经狭缝及分束器分束后得 $I(t)$，$I(t+\tau)$，分别入射到光电倍增管 1，2 上，τ 为相对延迟时间。于是

$$g^2(\tau) = \frac{\langle I(t)I(t+\tau)\rangle}{\langle I(t)\rangle^2} = \frac{\langle I(0)I(\tau)\rangle}{\bar{I}^2}, \quad \bar{I} = \langle I(t)\rangle \tag{6.7.5}$$

一方面按 Hardy 不等式 $\langle I^2(0)\rangle \geqslant \langle I(0)\rangle^2$，便得

$$g^2(0) \geqslant 1 \tag{6.7.6}$$

另一方面按 Schwarz 不等式 $\langle I^2(0)\rangle\langle I^2(\tau)\rangle \geqslant \langle I(0)I(\tau)\rangle^2$，便得

$$g^2(0) \geqslant g^2(\tau) \tag{6.7.7}$$

不等式 (6.7.6) 和 (6.7.7) 可看作经典场与非经典场的判据。凡满足不等式 (6.7.6) 和 (6.7.7) 的为经典场，否则为非经典场。图 6.7 和图 6.8 中绘出了热辐射场 (混沌光场)、相干光场及钠原子荧光场的二阶相关函数测量。前两种光场分别满足 Planck 分布与 Poisson 分布。在涉及二阶相关函数所表现的统计起伏中，这两种场的量子行为是不明显的，可用满足 Maxwell 方程的波动方法来处理。下面将证明这两种场的二阶相关函数 $g^2(\tau)$ 也满足 (6.7.6) 和 (6.7.7) 式，故为经典场。但对后一种荧光场，其量子特征是很明显的，不能用经典场方法来处理。因二阶相关违背上面不等式，故属非经典场。

现对热辐射与相干光两种经典场的二阶相关函数 $g^2(\tau)$ 进行计算。参照 (6.1.25) 式可求黑体辐射的光子起伏为

$$\overline{\Delta n^2} = \overline{n^2} - \bar{n}^2 = \bar{n} + \bar{n}^2 \tag{6.7.8}$$

这是一个状态内的光子起伏。如果是两个互相独立的状态，分别设为 "1" 与 "2"，则两个状态的光子起伏为

$$\overline{(\Delta n_1 + \Delta n_2)^2} = \overline{\Delta n_1^2} + \overline{\Delta n_2^2} + \overline{2\Delta n_1\Delta n_2}$$

两个状态的起伏 Δn_1，Δn_2 也是独立的，故有 $\overline{\Delta n_1\Delta n_2} = 0$

$$\overline{(\Delta n_1 + \Delta n_2)^2} = \overline{\Delta n_1^2} + \overline{\Delta n_2^2} \tag{6.7.9}$$

由 (6.7.8) 和 (6.7.9) 式，并设 $\bar{n}_1 \simeq \bar{n}_2 \simeq \bar{n}/2$，$h\nu_1 \simeq h\nu_2$，则

$$\overline{\Delta n^2} = \bar{n} + \bar{n}^2/2, \quad n = n_1 + n_2 \tag{6.7.10}$$

将 (6.7.10) 式推广到 N 个相近的状态, 即

$$h\nu_1 \simeq h\nu_2 \cdots \simeq h\nu_N, \quad \bar{n}_1 \simeq \bar{n}_2 \cdots \simeq \bar{n}/N$$

则有

$$\overline{\Delta n^2} = \bar{n} + \frac{\bar{n}^2}{N} \tag{6.7.11}$$

$$n = n_1 + n_2 + \cdots + n_N$$

(6.7.8) 式和 (6.7.11) 式右端两项有着不同的物理意义。第一项表现光的粒子性, 因为粒子起伏满足 $\overline{\Delta n^2} = \bar{n}$; 第二项表现出光的波动性, 因为波动干涉使得振幅的涨落正比于振幅的平方和。这样就得到光子的涨落与光子的平方成正比, 即

$$\bar{n} = \overline{\sum_j a_j^* \mathrm{e}^{\mathrm{i}(wt+\varphi_j)} \sum_k a_k \mathrm{e}^{-\mathrm{i}(wt+\varphi_k)}} = \sum_j a_j^2$$

$$\overline{\Delta n^2} = \overline{n^2} - \bar{n}^2$$

$$= \overline{\left(\sum_j a_j^* \mathrm{e}^{\mathrm{i}(wt+\varphi_j)}\right)^2 \times \left(\sum_k a_k \mathrm{e}^{-\mathrm{i}(wt+\varphi_k)}\right)^2} - \left(\sum_j a_j^2\right)^2$$

$$= \overline{\left(\sum_j a_j^2 + \sum_{j\neq} \sum_k a_j^* a_k \mathrm{e}^{\mathrm{i}(\varphi_j-\varphi_k)}\right)^2} - \left(\sum_j a_j^2\right)^2$$

$$= \sum_{j\neq} \sum_k a_j^2 a_k^2 \simeq \left(\sum_j a_j^2\right)^2 = \bar{n}^2 \tag{6.7.12}$$

现将 (6.7.11) 式应用于图 6.9 所示的光子符合计数实验。进入光电倍增管 1、2 的光子用 n_A, n_B 来表示, 于是有

$$n(t) = n_A(t) + n_B(t), \quad \Delta n(t) = \Delta n_A(t) + \Delta n_B(t)$$

$$\overline{\Delta n^2} = \bar{n}_A + \bar{n}_B + \frac{(\bar{n}_A + \bar{n}_B)^2}{N}$$

$$= \bar{n}_A + \frac{\bar{n}_A^2}{N} + \bar{n}_B + \frac{\bar{n}_B^2}{N} + 2\frac{\bar{n}_A \bar{n}_B}{N} \tag{6.7.13}$$

另一方面

$$\overline{\Delta n^2} = \overline{\Delta n_A^2} + \overline{\Delta n_B^2} + 2\overline{\Delta n_A \Delta n_B} \tag{6.7.14}$$

比较 (6.7.13) 式与 (6.7.14) 式, 便得

$$\overline{\Delta n_A \Delta n_B} = \frac{\bar{n}_A \bar{n}_B}{N} \tag{6.7.15}$$

与前面的独立状态的 $\overline{\Delta n_1 \Delta n_2} = 0$ 不一样。这里的 Δn_A, Δn_B 不是独立的，而是存在由 (6.7.15) 式所表示的相关性。注意到 (6.7.15) 式中的 Δn_A, Δ_B 为同时的，即 $\overline{\Delta n_A(t)\Delta n_B(t)} = \dfrac{\bar{n}_A \bar{n}_B}{N}$。对于有延时 τ 的情形

$$\overline{\Delta n_A(t+\tau)\Delta n_B(t)} = \overline{\Delta n_A(t)\Delta n_B(t)} \left| \int_0^\infty S(\nu,\nu_0) \mathrm{e}^{\mathrm{i}\nu\tau}\mathrm{d}\nu \right|^2 \tag{6.7.16}$$

$$\int_0^\infty S(\nu,\nu_0)\mathrm{d}\nu = 1$$

式中 $S(\nu,\nu_0)$ 为归一化的线型函数。由 (6.7.15) 式，便得

$$\overline{\Delta n_A(t+\tau)\Delta n_B(t)} = \frac{\bar{n}_A \bar{n}_B}{N} \left| \int_0^\infty S(\nu,\nu_0) \mathrm{e}^{\mathrm{i}\nu\tau}\mathrm{d}\nu \right|^2 \tag{6.7.17}$$

当取定谱线形状 $S(\nu,\nu_0) = \dfrac{1}{\pi} \dfrac{\gamma/2}{(\gamma/2)^2 + (\nu-\nu_0)^2}$，则得 $\int_0^\infty S(\nu,\nu_0)\mathrm{e}^{\mathrm{i}\nu\tau} \simeq \mathrm{e}^{-\gamma\tau/2}$。二阶相关函数

$$g^2(\tau) = \frac{\overline{(\bar{n}_A + \Delta n_A)(\bar{n}_B + \Delta n_B)}}{\bar{n}_A \bar{n}_B} = \frac{\overline{\Delta n_A(t+\tau)\Delta n_B(t)}}{\bar{n}_A \bar{n}_B} + 1 = 1 + \mathrm{e}^{-\gamma\tau}/N \tag{6.7.18}$$

对服从 Poisson 分布的单模激光，(6.7.8) 式应换为

$$\overline{\Delta n^2} = \bar{n}$$

应用同样分析方法，得

$$\overline{\Delta n_A(t)\Delta n_B(t)} = 0$$
$$g^2(\tau) = 1 \tag{6.7.19}$$

由 (6.7.18) 和 (6.7.19) 式给出的 $g^2(\tau)$ 明显满足不等式 (6.7.6) 和 (6.7.7)，故为经典场。而且当 $\tau \to 0$ 时，(6.7.18) 和 (6.7.19) 式便过渡到前面讨论中已用到的 (6.7.4) 和 (6.7.3) 式。

上面讨论了两种经典场及其二阶相关函数 $g^2(\tau)$。对于非经典场就要用量子二阶相关函数来描述。参照高阶相关函数定义 (6.4.17) 式。量子的归一化的二阶相关函数 $g^2(\tau)$ 可定义为 (量子场的二阶相关函数仍用 $g^2(\tau)$ 表示)

$$g^2(\tau) = \frac{\langle E^-(0)E^-(\tau)E^+(\tau)E^+(0)\rangle}{\langle E^- E^+\rangle^2} \tag{6.7.20}$$

式中求平均是指对量子态求平均，而且 E^+ 与 E^- 是不可对易的。特别是对于单模场情形，展开 (6.5.4) 式只需取其中的一项，于是 (6.7.20) 式可简化为

$$g^2(\tau) = \frac{\langle a^\dagger a^\dagger a a\rangle}{\langle a^\dagger a\rangle^2} = \frac{\langle a^\dagger(aa^\dagger - 1)a\rangle}{\langle a^\dagger a\rangle^2}$$
$$= \frac{\langle n_1(n_1-1)\rangle}{\bar{n}_1^2} \tag{6.7.21}$$

式中 n_1 为单模的光子数，$\bar{n}_1$ 为单模光子数的平均值。最简单的情形是处于本征值为 n_1 的光子数态，有

$$g^2(\tau) = \frac{n_1 - 1}{n_1} \tag{6.7.22}$$

上式对于所有的 τ 均成立。这显然与不等式 (6.7.6) 违背，故为非经典场，即光子数态为非经典场。虽然光子数态为非经典场，但前面讨论的经典场可用光子数态的概率分布来描述。例如，光子数按 Poisson 分布的场为经典场，具有光子数 n_1 的概率为

$$P_{n_1} = \bar{n}_1^{n_1} \mathrm{e}^{-\bar{n}_1} / n_1! \tag{6.7.23}$$

由此求出光子数 n_1 的均方值

$$\overline{n_1^2} = \sum n_1^2 P_{n_1} = \bar{n}_1^2 + \bar{n}_1$$

即

$$\overline{\Delta n_1^2} = \bar{n}_1 \tag{6.7.24}$$

此即用来导出 $g^2(\tau) = 1$ 的关系式。按 (6.7.21) 式，有

$$g^2(\tau) = \frac{\langle \bar{n}_1^2 + (\Delta n_1)^2 - n_1 \rangle}{\bar{n}_1^2} = 1$$

又如热辐射即混沌光场的光子数概率分布为

$$P_{n_1} = \bar{n}_1^{n_1} / (1 + \bar{n}_1)^{1 + n_1} \tag{6.7.25}$$

由此可导出

$$\overline{n_1^2} = \sum n_1^2 P_{n_1} = 2\bar{n}_1^2 + \bar{n}_1 \tag{6.7.26}$$

这与关系式 (6.7.8) 相同。

6.7.3 原子共振荧光场的二阶相关函数分析

已知光子数态 $|n_1\rangle$ 为非经典光场，而原子的共振荧光表现出反群聚，当 $\tau \to 0$ 时，$g(\tau) \to 0$。这是图 6.11 钠原子共振荧光的实验结果，也容易从原子的发光过程得到理解。因原子发射一个光子后，已跃迁到基态，不可能再发射第二个光子，给出光子符合计数；除非 $\tau \neq 0$，原子又重新回到激发态，发射第二个光子，$g^2(\tau)$ 才不为 0。

对二能级原子共振荧光，辐射场的量子二阶相关函数可由下式计算：

$$g^2(t) = \frac{\langle E^-(0)E^-(t)E^+(t)E^+(0) \rangle}{\langle E^-(\infty)E^+(\infty) \rangle^2}$$

考虑到原子跃迁辐射荧光的物理过程，场算符可通过原子的上升与下降算符表示为 [14]

$$
\begin{cases}
E^+(\boldsymbol{r}, t) = f(\boldsymbol{r})\sigma^-(t - \boldsymbol{r}/c), & \sigma^- = |1\rangle\langle 2| \\
E^-(\boldsymbol{r}, t) = f^*(\boldsymbol{r})\sigma^+(t - \boldsymbol{r}/c), & \sigma^+ = |2\rangle\langle 1|
\end{cases}
\tag{6.7.27}
$$

式中 $f(\boldsymbol{r})$, $f^*(\boldsymbol{r})$ 为 c 数，于是有

$$
g^2(t) = \frac{\langle \sigma^+(0)\sigma^+(t)\sigma^-(t)\sigma^-(0)\rangle}{\langle \sigma^+(\infty)\sigma^-(\infty)\rangle^2}
\tag{6.7.28}
$$

(6.7.28) 式的分子涉及双时相关函数，但可应用 Lax 的量子回归定理 [24] 使之变为单时相关函数的计算。这个定理表明，若

$$
\langle \hat{A}(t)\rangle = \sum_i \alpha_i(t)\langle \hat{A}_i(0)\rangle
$$

则

$$
\langle \hat{B}(0)\hat{A}(t)\hat{C}(0)\rangle = \sum_i \alpha_i(t)\langle \hat{B}(0)\hat{A}_i(0)\hat{C}(0)\rangle
\tag{6.7.29}
$$

式中 $\hat{A}$, $\hat{B}$, $\hat{C}$ 为算子。

通过解二能级原子的 Bloch 方程，可得

$$
\begin{aligned}
\langle \sigma^+(t)\sigma^-(t)\rangle = &\alpha_1(t) + \alpha_2(t)\langle \sigma^+(0)\rangle + \alpha_3(t)\langle \sigma^-(0)\rangle \\
&+ \alpha_4(t)\langle \sigma^+(0)\sigma^-(0)\rangle
\end{aligned}
\tag{6.7.30}
$$

通常我们关心的是系统经过长时间演化后到达的稳态解，不依赖于初期，即

$$
\langle \sigma^+(\infty)\sigma^-(\infty)\rangle = \alpha_1(\infty), \quad \alpha_2(\infty) = \alpha_3(\infty) = \alpha_4(\infty) = 0
\tag{6.7.31}
$$

将 (6.7.30) 式代入 (6.7.29) 式，便得

$$
\langle \sigma^+(0)\sigma^+(t)\sigma^-(t)\sigma^-(0)\rangle = \alpha_1(t)\langle \sigma^+(0)\sigma^-(0)\rangle
\tag{6.7.32}
$$

为求得 $\alpha_1(t)$，可解 $\rho_{22}(t) = \langle \sigma^+(t)\sigma^-(t)\rangle$ 的变率方程

$$
\frac{\mathrm{d}\rho_{22}}{\mathrm{d}t} = R - 2\gamma\rho_{22}
\tag{6.7.33}
$$

式中 R 为光泵抽率，2γ 为阻尼，易得出

$$
\rho_{22}(t) = R/2\gamma[1 - \exp(-2\gamma t)] + \rho_{22}(0)\mathrm{e}^{-2\gamma t}
\tag{6.7.34}
$$

比较 (6.7.30), (6.7.34) 及 (6.7.28) 式，得

$$
\begin{aligned}
\alpha_1(t) &= R/2\gamma[1 - \mathrm{e}^{-2\gamma t}] \\
g^2(t) &= 1 - \mathrm{e}^{-2\gamma t}
\end{aligned}
\tag{6.7.35}
$$

一般说来，为求得 $\rho_{22}(t)$ 的准确解，应解在外场驱动下二能级原子满足的 Bloch 方程

$$\frac{\mathrm{d}\rho_{22}}{\mathrm{d}t} = \mathrm{i}\Omega/2(\rho_{21} - \rho_{12}) - 2\gamma\rho_{22}$$
$$\frac{\mathrm{d}\rho_{21}}{\mathrm{d}t} = -(\gamma' + \mathrm{i}\Delta)\rho_{21} + \mathrm{i}\Omega(\rho_{22} - \rho_{11}) \tag{6.7.36}$$
$$\rho_{11} + \rho_{22} = 1, \quad \rho_{12} = \rho_{21}^*$$

当光泵功率不高，Rabi 频率 Ω 不大，且略去碰撞加宽，$\gamma = \gamma'$，满足初始条件 $\rho_{22}(0) = \rho_{12}(0) = \rho_{21}(0) = 0$，精确到 Ω^2 的解为

$$\rho_{22}(t) = \frac{\Omega^2/4}{\Delta^2 + \gamma^2}[1 + \exp(-2\gamma t) - 2\cos\Delta t \exp(-\gamma t)], \quad \Delta = \omega_0 - \omega \tag{6.7.37}$$

Δ 为光泵频率相对于原子跃迁频率的失谐。由 (6.7.28) 式得

$$g^2(t) = 1 + \exp(-2\gamma t) - 2\cos\Delta t \exp(-\gamma t) \tag{6.7.38}$$

若光泵抽运频率与原子频率为共振 $\Delta = \omega_0 - \omega = 0$，则有

$$g^2(t) = (1 - \exp(-\gamma t))^2.$$

图 6.14 给出 $g^2(t)$ 随 γt 的变化曲线。

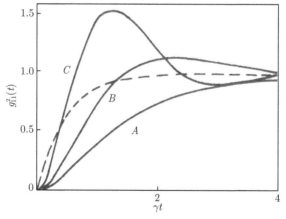

图 6.14　$g^2(t)$ 随 γt 的变化曲线 (参照 Loudon [21])

虚线为变率方程解; 实线 $A : \Delta = 0$; $B : \Delta = \gamma$; $C : \Delta = 2\gamma$

(6.7.38) 式的 $g^2(t)$ 为单原子辐射的二阶相关函数。若为多原子辐射，参照定义 (6.7.28)，可推广为 [21,25]

$$G^2(t) = \frac{\sum\limits_{ijkl}\langle\sigma_i^+(0)\sigma_j^+(t)\sigma_k^-(t)\sigma_l^-(0)\rangle}{\left(\sum\limits_{ij}\langle\sigma_i^+(\infty)\sigma_j^-(\infty)\rangle\right)^2} \tag{6.7.39}$$

式中 $ijkl,\ ij$ 为对不同原子求和。考虑到

$$\sum_{ijkl}\langle\sigma_i^+(0)\sigma_j^+(t)\sigma_k^-(t)\sigma_l^-(0)\rangle$$

$$= N\langle\sigma^+(0)\sigma^+(t)\sigma^-(t)\sigma^-(0)\rangle$$

$$+ N(N-1)\{\langle\sigma^+(0)\sigma^-(t)\rangle\langle\sigma^+(t)\sigma^-(0)\rangle + \langle\sigma^+(0)\sigma^-(0)\rangle\langle\sigma^+(t)\sigma^-(t)\rangle\}$$

$$\sum_{ij}\langle\sigma_i^+(0)\sigma_j^-(t)\rangle = N\langle\sigma^+(0)\sigma^-(t)\rangle \tag{6.7.40}$$

上式右边为单原子的相关函数，N 为原子数，将 (6.7.40) 式代入 (6.7.39) 式，便得

$$G^2(t) = [g^2(t) + (N-1)(|g^1(t)|^2 + 1)]/N \tag{6.7.41}$$

$g^2(t)$, $g^1(t)$ 分别为单原子的二阶、一阶相关函数。N 个原子的一阶相关函数 $G^1(t)$ 与单原子同，即

$$G^1(t) = g^1(t) = \frac{\langle\sigma^+(0)\sigma^-(t)\rangle}{\langle\sigma^+(\infty)\sigma^-(\infty)\rangle} \tag{6.7.42}$$

应用上面解变率方程求单原子相关函数及 (6.7.40) 式，便可计算多原子三能级联辐射的相关函数，并与实验结果进行比较。

图 6.15 所示三能级原子基态被抽运到激发态 2 后，产生级联辐射 ω_2 跃迁到能态 1，再产生 ω_1 辐射，跃迁到基态 0。各能级布居数变率方程为

$$\begin{cases} \dfrac{\mathrm{d}\rho_{22}}{\mathrm{d}t} = R - 2\gamma_2\rho_{22} \\[2mm] \dfrac{\mathrm{d}\rho_{11}}{\mathrm{d}t} = 2\gamma_2\rho_{22} - 2\gamma_1\rho_{11} \\[2mm] \dfrac{\mathrm{d}\rho_{00}}{\mathrm{d}t} = -R + 2\gamma_1\rho_{11} \end{cases} \tag{6.7.43}$$

解为

$$\rho_{22}(t) = (\rho_{22}(0) - R/2\gamma_2)\exp(-2\gamma_2 t) + R/2\gamma_2$$

$$\begin{aligned} \rho_{11}(t) =& (\rho_{11}(0) - R/2\gamma_1)\exp(-2\gamma_1 t) + R/2\gamma_1 \\ & - (2\gamma_2\rho_{22}(0) - R)(\exp(-2\gamma_1 t) - \exp(-2\gamma_2 t))/2(\gamma_1 - \gamma_2) \end{aligned} \tag{6.7.44}$$

并定义

$$g_{ij}^2(t) = \frac{\langle \sigma_j^+(0)\sigma_i^+(t)\sigma_i^-(t)\sigma_j^-(0)\rangle}{\langle \sigma_i^+(\infty)\sigma_i^-(\infty)\rangle\langle \sigma_j^+(\infty)\sigma_j^-(\infty)\rangle}, \quad i, j = 1, 2$$

参照上面量子回归理论方法, 便得

$$\begin{cases} g_{22}^2(t) = g_{21}^2(t) = 1 - \exp(-2\gamma_2 t) \\ g_{11}^2(t) = \{\gamma_1(1 - \exp(-2\gamma_2 t)) - \gamma_2(1 - \exp(-2\gamma_1 t))\}/(\gamma_1 - \gamma_2) \\ g_{12}^2(t) = g_{11}^2(t) + (2\gamma_1/R)\exp(-2\gamma_1 t) \end{cases} \tag{6.7.45}$$

又根据实验情况略去 (6.7.41) 式一阶相关函数的影响, 当 $N \gg 1$ 时, 可取近似

$$\begin{cases} G_{ij}^2(t) = g_{ij}^2(t)/N + 1 \\ G_{22}^2(t) = G_{21}^2(t) = G_{11}^2(t) \simeq 1 \\ G_{12}^2(t) \simeq \dfrac{2\gamma_1}{RN}\exp(-2\gamma_1 t) + 1 \end{cases} \tag{6.7.46}$$

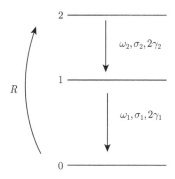

图 6.15　三能级原子级联辐射

图 6.16 为 Clauser 对 Hg 原子级联辐射做的二阶相关测量。$t > 0$ 的函数按 $[G_{12}^2(t)]^2$ 给出, $t < 0$ 按 $[G_{21}^2(-t)]^2$ 给出, 点为实验测量结果, 参数 $\dfrac{2\gamma_1}{RN} = 1.42$。注意上面按 (6.7.47) 式定义的 $g_{12}^2(t)$ 与 $g_{21}^2(t)$ 是不一样的。$g_{12}^2(t)$ 指先辐射 ω_2 光子, t 时后辐射 ω_1 光子的相关符合计数; $g_{21}^2(t)$ 指先辐射 ω_1 光子, t 时后辐射 ω_2 光子的符合计数。

6.7.4　双光子"鬼态干涉"与 EPR 悖论 [26~33]

1. 实验观察

通过自发的参量下转换 (SPDC) 而获得的双光子源 (一对相关光子), 可实现鬼态干涉与衍射花样的观察[26]。图 6.17 为实验装置示意图。氩离子激光入射到 BBO 晶体上, 经参量下转换后产生一对偏振互为垂直而波长很接近的 o 光与 e 光, $\lambda_e \approx$

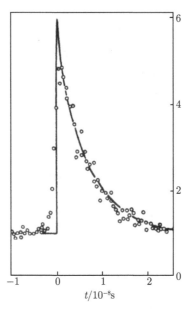

图 6.16　Hg 原子三能级级联辐射相关测量 (参照 Loudon, Clauser[21,25])

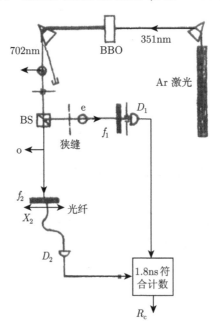

图 6.17　鬼态干涉实验装置示意图

$\lambda_c \cong 2\lambda_p$，经 Thompson 棱镜 BS 分束，反射 e 光 (信号频) 经单缝或双缝衍射及滤光片 f_1 和狭缝最后进入直径为 0.5mm 的探测器 D_1，透射 o 光 (闲置光) 经 f_2 及光纤扫描进入探测器 D_2，由 D_1，D_2 的输出信号进入符合计数，符合时间为 1.8ns，输出符合计数 R_c。作为泵浦的氩离子激光，$\lambda_p = 351$nm，FWHM(半极大全宽) 为 2mm，发射角为 0.3mrad，而闲置光在离分束 BS 1.2m 处入射到 0.5mm 直径多模光纤端面，输出到另一光子计数器 D_2 上。x_2 为光纤输入端的水平位置，可横向移动。这个 x_2 也可看成 D_2 的横向坐标。图 6.18 示出观察到的双缝干涉衍射花样。干涉花样周期已测定为 $x_d = (2.7 \pm 0.2)$mm。干涉花样轮廓中心极大与极小间的距离估计为 $x_a = 8$mm。x_d，x_a 的理论值分别为 $x_d = 2.67$mm，$x_a = 8.4$mm。经曲线拟合，观察到的干涉衍射花样与按 Young 氏公式计算的基本相符。

$$R_c(x_2) \propto \text{sinc}^2 \left(\frac{x_2 \pi a}{\lambda z_2} \right) \cos^2 \left(\frac{x_2 \pi d}{\lambda z_2} \right) \tag{6.7.47}$$

式中 a，d 分别为缝宽与双缝间距，$\lambda = 2\lambda_p$，而 z_2 为由狭缝经 BS 回到 BBO 又由 BBO 经 BS 沿闲置光路径到达 D_2 的光纤扫描点的总距离。符合计数虽然表现出干涉衍射花样，但单个探测器的计数率当扫描 D_1 或 D_2 时仍为常数。还注意到在探测器 D_1 上，不存在一级干涉条纹，因 SPDC 的发散角 $\gg \lambda/d$。当 D_1 移到轴外点时，相应的干涉衍射花样由 $x_2 = 0$ 轴上点移至轴外点。

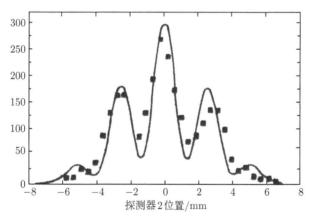

图 6.18 双缝干涉衍射花样 (参照文献 [26])

2. 量子理论

为解释双光子符合计数实验观察到的干涉衍射花样，可从 II 型 SPDC 中一个泵浦光子转化为偏振互为正交的双光子纠缠态的量子模型出发，首先由频率及相位匹配条件得出 $\omega_s + \omega_i = \omega_p$，$\boldsymbol{k}_s + \boldsymbol{k}_i = \boldsymbol{k}_p$，波矢方程的横向分量为

$$k_s \sin \alpha_s' = k_i \sin \alpha_i' \tag{6.7.48}$$

并代以 $k_s = \dfrac{\omega_s}{c/n_s}$，$k_i = \dfrac{\omega_i}{c/n_i}$。应用 Snell 定律便得

$$\omega_s \sin\alpha_s = \omega_i \sin\alpha_i \tag{6.7.49}$$

α_s，α_i 分别为 s 光 (信号光)，i 光 (闲置光) 从晶体界面折射出来的折射角。当 $\omega_s = \omega_i = \omega_p/2$ 时，便有 $\alpha_s = \alpha_i$，这时 i 光子与 s 光子为简并的。一般来说，每一个简并光子的传播方向均有较大的不确定度，但只要测定了其中一光子如 i 光子的传播方向 α_i，便可按 $\alpha_s = \alpha_i$ 判定 s 光子的传播方向 α_s，反过来也是这样。故当一个 s 光子通过双缝进入 D_1 时，那另一与之匹配的 i 光子在 α_s 的镜向进入 D_2。也就是说，BBO 晶体表面有如一面反射镜。根据滤片带宽及晶体色散，相位匹配可确定散射角 $\alpha_s = \alpha_i$ 在 $\pm30\mathrm{mrad}$。

图 6.19 就是根据这一考虑绘出的简化实验示意图。图中的 z_2 即双缝至 D_2 的距离，即 (6.7.47) 式中 z_2。d 为双缝的距离，a 为缝宽。现从符合计数率 R_c 来导出 (6.7.47) 式。R_c 即一对光子分别被 D_1，D_2 同时探测到的概率 P_{12}。对于 SPDC 来说，P_{12} 应正比于二阶相关函数 $\langle E_2^+ E_1^+ \rangle$ 的平方，即

$$R_c \propto P_{12} = \langle E_1^- E_2^- E_2^+ E_1^+ \rangle = |\langle E_2^+ E_1^+ \rangle|^2 \tag{6.7.50}$$

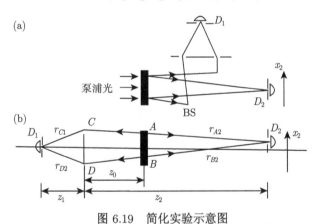

图 6.19　简化实验示意图

而 $\langle E_1^- E_2^- E_2^+ E_1^+ \rangle = \langle\psi| E_1^- E_2^- E_2^+ E_1^+ |\psi\rangle$，$|\psi\rangle$ 即双光子纠缠态，可表示为

$$|\psi\rangle = |0\rangle + \epsilon(a_s^\dagger a_i^\dagger \mathrm{e}^{\mathrm{i}\varphi_A} + b_s^\dagger b_i^\dagger \mathrm{e}^{\mathrm{i}\varphi_B})|0\rangle \tag{6.7.51}$$

φ_A，φ_B 为泵浦波在 A，B 点的相位，$a_s^\dagger$，$a_i^\dagger$ ($b_s^\dagger$，$b_i^\dagger$) 为光子的产生算符，参看图 6.19(b)，(6.7.50) 式中 E_1^+，E_2^+ 即在探测器 D_1，D_2 上的场算符可分别表示为

$$E_1^+ = a_s \mathrm{e}^{\mathrm{i}kr_{A1}} + b_s \mathrm{e}^{\mathrm{i}kr_{B1}}$$

$$E_2^+ = a_i e^{ikr_{A2}} + b_i e^{ikr_{B2}} \tag{6.7.52}$$

$r_{Aj}(r_{Bj})$ 为自 $A(B)$ 到探测器 j 的光程,将 (6.7.51) 和 (6.7.52) 式代入 (6.7.50) 式中便得

$$R_c \propto P_{12} = \epsilon^2 |e^{i(kr_A + \varphi_A)} + e^{i(kr_B + \varphi_B)}|^2$$

$$\propto 1 + \cos(k(r_A - r_B) + \Delta\varphi)$$

$$\Delta\varphi = \varphi_A - \varphi_B \tag{6.7.53}$$

令 (6.7.53) 式中的 $\Delta\varphi = 0$(为简便计),并注意到

$$r_A = r_{A1} + r_{A2} = r_{C1} + r_{C2}, \quad r_B = r_{B1} + r_{B2} = r_{D1} + r_{D2}$$

又设由 D_1 至 C 与 D 的距离相等,$r_{C1} = r_{D1}$,于是 $r_A - r_B = r_{C2} - r_{D2} \simeq x_2 d/z_2$,(6.7.53) 式可写为

$$R_C(x_2) \propto \cos^2\left(\frac{x_2 \pi d}{\lambda z_2}\right) \tag{6.7.54}$$

(6.7.54) 式即 Young 氏双缝干涉花样,这结果告诉我们即使双缝是在信号光的一侧,仍然可在闲置光的一侧通过扫描探针 D_2(沿 x_2 方向) 观察到干涉花样,这干涉花样等价于图 6.19(b) 在 D_1 处放一点光源,在 D_2 处看到的干涉花样,至于图 6.18 中"鬼态"衍射花样的计算只需将 (6.7.53) 式中的一项对单缝坐标 x_0 积分就可以了。

$$R_C(x_2) \propto \left| \int_{-a/2}^{a/2} dx_0 \exp(-ikr(x_0, x_2)) \right|^2 \simeq \text{sinc}^2\left(\frac{x_2 \pi a}{\lambda z_2}\right) \tag{6.7.55}$$

如果是双缝,则 (6.7.53) 式中包括两项,分别对各自的缝宽积分,最后结果便是 (6.7.47) 式,这样,简化的量子理论使我们得出 (6.7.53) 式,并进一步得出 (6.7.54),(6.7.55),(6.7.47) 式诸结果。

这个实验的重要意义在于观测了闲置光即 i 光子的 α_i 就能判定 s 光的传播方向 α_s —— 这在实质上已经就是 Einstein, Podolsky 与 Rosen(EPR)[27] 提出的假想实验 (gedanken experiment),即对一个粒子进行观察就能准确无误地判明另一粒子的行为,并不影响这另一粒子。据此便认为现今的量子力学是"不完备的"。下面作一简要介绍。

3. EPR 悖论

Einstein, Podolsky 和 Rosen 在其论文 [27] 中对量子理论的诠释提出了尖锐的批评,批评是以悖论的形式提出的,扼要地说他们认为量子理论对物理世界的描述是不完备的。他们看来一个完备的理论应满足下面要求:

(1) 物理实在的每个要素在一个完备的物理理论中均应有所对应。

(2) 不需以任何方式干扰系统，而能肯定地预言一个物理量的数值，就意味着存在一个与此物理量对应的实在要素。根据这个判据，他们想证明目前形式的量子理论已导致矛盾的结果。EPR 论点隐含如下假定。

(3) 世界能分析成一个个独立的要素"实在要素"。

(4) 每一个要素在一个完备的理论中都应有一个精确确定的数学量。

显而易见，EPR 的论点是针对量子理论来的，因为量子理论假定，一个系统的全部物理知识都包含在它的波函数中，如果两个系统的波函数相同，或者至多差一相位因子，则说它们处在同一状态中。EPR 认为波函数不能完备地描述系统中存在的全部物理"实在要素"。如果 EPR 的理论是正确的，我们就得去寻找一更完备的理论，也许是一种包含隐变的理论，而目前的理论可能是这种理论的极限形式。按目前量子理论，当波函数等于 φ_a 时，我们可以说系统是处在 A 具有本征值 a 的量子态 φ_a 中，在这种情形，EPR 认为系统中存在一个对应于可观测量 A 的实在要素，再考察可观测量 B，若 $[A，B] \neq 0$，即不可与 A 对易，不存在 A 与 B 同时具有确定的本征值的状态。如果观测 B 能通过 EPR 的理想实验判据成了"实在要素"，在一个完备理论中应有一个精确的关于 A, B 的数学量，即本征值，而波函数描述做不到，所以不是一个完备的理论。因为在波函数理论中有一个测量干扰问题，只要 $[A，B] \neq 0$，在对 B 测量过程中已对系统进行干扰，使得系统离开了束缚态 φ_a，不再能准确测到 A 了。EPR 设计的假想实验，就是在不干扰系统的情况下测定 B，这样就达到了他们的目的，即"量子理论是完备的理论"与"实在要素应在完备理论中得到反映"之间的矛盾，也迫使我们二者必选其一。现在我们来看后来由 Bohm 建议的 EPR 的双原子假想实验是什么 [23]。包含两个原子的波函数的系统有 4 个波函数

$$\varphi_a = u_+(1)u_+(2)，\ \varphi_b = u_-(1)u_-(2)$$
$$\varphi_c = u_+(1)u_-(2)，\ \varphi_d = u_-(1)u_+(2) \tag{6.7.56}$$

式中 1，2 表示 1，2 两粒子，+，− 分别表示自旋为 $\hbar/2$，$-\hbar/2$。现在感兴趣的是 ψ_c，ψ_d，即每个粒子均具有确定的自旋 z 分量，但总自旋为零：因为它们的自旋方向相反。这个状态用 ψ_0 来表示便是

$$\psi_0 = \frac{1}{\sqrt{2}}(\psi_c - \psi_d) \tag{6.7.57}$$

式中符号 − 很重要，如果取 + 则总自旋为 $\hbar$。

$$\psi_1 = \frac{1}{\sqrt{2}}(\psi_c + \psi_d) \tag{6.7.58}$$

这个 − 或 + 就代表波函数相干时为异相位或同相位。而且获得了总自旋为零的 ψ_0 状态, 就失去了作为单个原子在 z 方向 σ_z 取确定相位的 ψ_c (或 ψ_d) 态。ψ_0 (或 ψ_1) 正是我们上面说的"纠缠态"。反之, 若获得了 ψ_c (或 ψ_d) 态, 就失去了 ψ_0 (或 ψ_1), 总之二者必居其一。即当我们说原子处于 σ_z 有确定的 σ_z 的 ψ_c (或 ψ_d) 就不能说它们再彼此相干了。EPR 设想当两原子靠得很近时, 由于相互作用, 进行干涉, 处于总自旋为 "0" 的 ψ_0 态, 后来又分得愈来愈开, 相互作用愈来愈弱以致趋于零, 而总自旋仍保持不变。于是测定了其中之一的 $\sigma_z = 1/2\hbar$, 便能判定 (而不需通过测量) 另一原子 $\sigma_z = -1/2\hbar$。这就符合 EPR 设计的不干扰第 2 个原子但又获得它的 $\sigma_z = -1/2\hbar$ 的假想实验, 而 σ_z 也就应是该原子的物理的"实在要素"。用同样办法也可得 σ_x, σ_y 的值, 而不干涉该原子。于是 σ_x, σ_y, σ_z 均应成为原子的 "实在要素", 均应在波函数的理论中得到反映, 可是 $[\sigma_x, \sigma_y] \neq 0$, $[\sigma_z, \sigma_x] \neq 0$, 没有这样的波函数呀! 现在的问题在哪里呢? 即 EPR 的 (3), (4) 要点是完全违反量子理论的假定的, 世界并不必分解为一系列的 "实在要素", 而每一个这样的要素在一个完备的理论中也并不必对应于一个可同时精确测量的量, 在波函数的描述中, 这些 "要素" 只有统计的对应, 而且在应用 $\psi_0 = \dfrac{1}{\sqrt{2}}(\psi_c - \psi_d)$ 方法测定 1 原子的 $\sigma_z = 1/2\hbar$, 判定 2 原子的 $\sigma_z = -1/2\hbar$ 时, ψ_0 就由仪器的作用变成了 $\psi_0' = \dfrac{1}{\sqrt{2}}(\psi_c \mathrm{e}^{\mathrm{i}\alpha} + \psi_d \mathrm{e}^{\mathrm{i}\beta})$, α, β 为任意相位, 这表明两原子不再相干, 终止了 "纠缠态", 又如何能实现 σ_x, σ_y 的测量呢?

6.7.5　Bell 不等式与粒子的纠缠态

在双光子鬼态干涉实验中已涉及粒子的纠缠态与 EPR 悖论。当双粒子的量子态不能表示为 (6.7.56) 乘积形式, 而是 (6.7.57), (6.7.58) 非乘积的形式时便称之为纠缠态。这个词最早由 Schrödinger 给出。对纠缠态的研究之所以重要主要是由 EPR 悖论关于量子理论基础研究引起的。EPR 从实在论 "客体存在并具有独立于实验观察的客体属性" 的哲学思想出发, 来探求量子理论基础。他们提出了 "实在要素", "判定为实在要素的方法, 即不去扰动它便能预言其数值"。"实在要素应在完备理论中有所反映"。还要补充一点, 即 "两个分离的类空粒子不存在超距相互作用"。EPR 所依据的前提及其推论应该是无懈可击的。但有一点含混之处, 即 "观察到 A 的自旋为 $\sigma_z = 1/2\hbar$, 便由此 '预言'B 的自旋也应是 $\sigma_z = -1/2\hbar$, 理由是它们的总自旋为零。" 但 "预言" 并非 "实测"。真正要将 B 的自旋 "实测" 出来, 就不那么容易了。正如 6.7.4 节已指出的在对 A 进行观测前, 双粒子那种纠缠态 φ_0 在测定 A 的自旋为 $\sigma_z = 1/2\hbar$ 以后, 就已蜕化到另一种态 φ_0'。就 φ_0' 来说, 两粒子波函数间相位是无规的。根本不能根据 A 的自旋为 $\sigma_z = 1/2\hbar$ 来判定 B 的自旋为 $\sigma_z = -1/2\hbar$。再说 EPR 所设想的 "测量 A 的 $\sigma_z = 1/2\hbar$ 不影响系

统 B，因为 A 与 B 是类空的。" 这是将对 A 的测量定域化 "Locality"。但又根据 A 的 $\sigma_z = 1/2\hbar$ 断言 B 的 $\sigma_z = -1/2\hbar$，即类空粒子间存在 "非定域化的相互作用 (Nonlocality Interaction)，即总自旋 σ 为零恒成立"。这就有些奇怪了。Bell 在研究了 Bohr, de Broglie, 特别是 Bohm 关于这一问题的各种见解后，已经意识到 EPR 旨在建立一种隐变量理论 [28~30]，一方面它是定域的实在论 (Local Realistic Theories)，另一方面又与 "量子统计预测" 相符。为了说明什么是 "隐参数"，什么是 "量子统计预测"。我们要暂时换到另一话题，即对 "量子力学概率振幅" "量子力学测不准关系" 的理解 [29]。有一种意见认为 "量子过程的概率现象是否是我们用来描述系统的正确变量无知的结果。在经典物理中，概率的出现就是由于这个原因，在热力学中，我们测量了系统的压强、温度和体积，它们满足状态方程。但在很小的空间内，特别是在临界点附近，我们发现这些已不是严格遵守状态方程，而是围绕状态方程作为平均值表现出大的无规的涨落。这时决定论热力学不再有效，而应代之以经典统计的概率论，热力学变量已不再适用于这些问题，而应代之以分子运动的位置与速度。分子个数亦即变量数为阿伏伽德罗常量量级。从热力学来看它们是隐变量，而热力学恰似隐变量的平均，隐变量是不能用热力学方法观察到的。为了找到基本的因果律，我们必须采用个别分子的运动来描述。这个发展过程在提醒我们，量子跃迁的概率现象，是否也是由类似的原因引起的，也许存在一些隐变量真正控制量子跃迁的精确时间和地点。" 上面所说的即量子力学的 "统计预测" 和 "隐参数" 理论。现在来看这个隐参数是不存在的，量子力学的 "统计预测" 也是不正确的。关于 "量子力学的测不准关系 $\Delta p \Delta x \geqslant \hbar/2$" 也有这样一种理解 "能否设想粒子例如电子本身是一种同时具有精确位置和动量的粒子，它们之所以不确定，只是由于我们不能完全精确测定它们而已，不然的话，是否要认为这些量不能完全确定的根源是在于物质结构本身？" 从现在物理学对这一问题的认识，这些量的不确定乃是物质结构本身所固有的性质，动量和位置不可能同时具有确定的数值。按 Bohm 的意见，"测不准原理" 这个词最好改名为 "物质结构的有限决定论原理"。让 "粒子同时具有精确确定的位置和动量" 的想法相当于作 "隐变量" 的假定，即假定 "隐变量实际确定了位置，动量在所有时刻的数值，只不过我们还不能完全控制它们并精确预言它们而已"。但量子理论与这种隐变量论是不相容的。EPR 关于独立存在，精确确定的实在要素的假定应当以隐变量理论为基础。因为实在要素的存在就要求一个关于这些要素之间的相互关系的因果理论。再谈一下定域性 (Locality)，也是量子力学中一直使人感到困扰的问题。例如，我们如何理解一个光量子击中一个直径约为 $10^{-8}\mathrm{cm}$ 原子的实验呢？光的波长约为 $0.5 \times 10^{-4}\mathrm{cm}$，能不能说我们已经在一个比其波长小得多的区域中发现了光量子？回答是 "仅仅是当光量子被吸收因而消失时，才能认为光被定域在这样的小区域中"。但对于电子来说，定域问题就好理解多了。经典电子半径为 $2.8179 \times 10^{-13}\mathrm{cm}$，比原子要小得多，电子看原子相对于一很小的星球看太阳。现在我们回到 Bell 对 EPR 理论的思索。他注意到，Bohm 也已经认识到，像 EPR 的量子理论预测实质上是假定了"在类空粒子间存在非定域的相互作用"。Bell 立即问这种特殊的类空粒子间的非定域相互作用是否就是一般的隐参理论的一种表现形式。为了证明这一点，Bell[30] 重新研究了由纠缠单态 $\varphi_0 = \frac{1}{\sqrt{2}}(\varphi_c - \varphi_d)$ 所描述的双原子体系，它们的自旋均为 $\hbar/2$，但总自旋为零。设 $A_{\hat{a}}$ 为对原子 1 的自旋在 $\boldsymbol{a}$ 方向的分量的测量结果，自旋单位均为 $\hbar/2$，同样 $B_{\hat{b}}$ 为对原子 2 的自旋在 $\boldsymbol{b}$ 方向的分量的测量结果，故测量结果应为 $A_{\hat{a}}, B_{\hat{b}} = \pm 1$。再求积 $A_{\hat{a}} \cdot B_{\hat{b}}$。$\psi$ 为球对称的单态波函数，$\hat{a}, \hat{b}$ 可取任意方向。在未讨论 Bell 理论以前，我们先讨论 $A_{\hat{a}} \cdot B_{\hat{b}}$ 的量子力学计算方法。用期待值 $[E(\hat{a}, \hat{b})]_\psi$ 来表示量子力学方法计算得的结果 (见附录 6C)。

$$[E(\hat{a}, \hat{b})]_\psi = \langle \psi | \boldsymbol{\sigma}_1 \cdot \boldsymbol{a} \, \boldsymbol{\sigma}_2 \cdot \boldsymbol{b} | \psi \rangle = -\hat{a} \cdot \hat{b} \tag{6.7.59}$$

若 $\boldsymbol{a} = \boldsymbol{b}$，则有

$$[E(\hat{a}, \hat{b})]_\psi = -1 \tag{6.7.60}$$

若已测得沿 $\hat{a}$ 方向的测量值 $A_{\hat{a}} = 1$，则可预测沿同样 $\hat{a}$ 方向的 $B_{\hat{a}}$ 会是 -1，但波函数 ψ 是对整体的，由此求出的期待值也是对整体测量结果的预测，而不是对单个粒子测量值的预测。为了给出像 EPR 要求的那样的"完备"描述，只有引入隐参数 λ (可能是多维的) 来表述这种"完备状态"，量子力学中的波函数 ψ 只能是这种态的部分的"非完备描述"。$\wedge$ 是 λ 所张的空间。态 λ 在 $\wedge$ 空间中的分布密度为 ρ，并取归一化

$$\int_{\wedge} \mathrm{d}\rho = 1 \tag{6.7.61}$$

在决定论的隐参量理论中，对每一隐参量 λ，观察量 $A_{\hat{a}} \cdot B_{\hat{b}}$ 有一确定的 $(A_{\hat{a}} \cdot B_{\hat{b}})(\lambda)$ 值。对于这个理论的定域性是由 Bell 定义，我们称"决定性隐参理论是定域的"(The deterministic hidden-variable is local) 是指对所有 $\hat{a}, \hat{b}$，所有的隐参量 $\lambda \in \wedge$，均有

$$(A_{\hat{a}} \cdot B_{\hat{b}})(\lambda) = A_{\hat{a}}(\lambda) B_{\hat{b}}(\lambda) \tag{6.7.62}$$

这就是只要给定 λ，而粒子已分开为类空的，则关于 A 的测量只依赖于 λ 与 $\hat{a}$，但与 $\hat{b}$ 无关。同样 B 的测量只与 λ 和 $\hat{b}$ 有关，任何合理的物理理论只要是实在的决定性的而且不存在超距作用，只有在这个意义下的定域 (Any reasonable physical theory that is realistic and deterministic hidden-variable and that denies the existence of action-at-a-distance is local in this sense)。

有了定域性定义 (6.7.62) 后就可求隐参量理论中 $(A_{\hat{a}} \cdot B_{\hat{b}})(\lambda)$ 的期待值。

$$E(\hat{a}, \hat{b}) = \int_{\wedge} A_{\hat{a}}(\lambda) B_{\hat{b}}(\lambda) \mathrm{d}\rho \tag{6.7.63}$$

这是隐参量理论结论之一。在继续对 Bell 隐参量期待值进行分析之前，先就这一定义式中的内容与 EPR 的关系概括一下。EPR 理论要点如下：

(1) 完全相关性。若对粒子 1，2 的自旋沿同一方向进行测量，测量结果应是反号的，保证 $\sigma_{z1} + \sigma_{z2} = 0$。

(2) 定域性。在对两者进行测量时，两个自旋系统已不再有相互作用。

(3) 实在性。根据 σ_{z1} 的测量结果即判明 σ_{z2} 的值，而且按定域性原则并未对 σ_{z2} 系带来任何干扰，σ_{z2} 已满足了实在要素的要求，它的数值应在物理理论中有所对应。

(4) 完备性。完备的物理理论中应包括每一个实在要素。若将测量取在 z 方向，σ_{z2} 是实在要素。同样若将测量取在沿 x，y 方向，σ_{x2}，σ_{y2} 也应是实在要素。反过来，若对 σ_{z2}，σ_{x2}，σ_{y2} 进行测量，σ_{z1}，σ_{x1}，σ_{y1} 也应是实在要素，但量子力学并没有完全包括这些要素所对应的实在量，所以不是一个完备理论。他相信会有这种完备理论，但具体的他没有提出来。Bell 提出的定义就是这完备理论的一个实现。

另一个结论是从量子理论导出来的，即 (6.7.60) 式，假定对隐参量理论也适用，故有

$$A_{\hat{a}}(\lambda) = -B_{\hat{a}}(\lambda) \tag{6.7.64}$$

应用 (6.7.63) 和 (6.7.64) 式得

$$E(\hat{a}, \hat{b}) - E(\hat{a}, \hat{c}) = -\int_{\wedge} [A_{\hat{a}}(\lambda)A_{\hat{b}}(\lambda) - A_{\hat{a}}(\lambda)A_{\hat{c}}(\lambda)]\mathrm{d}\rho$$

$$= -\int_{\wedge} A_{\hat{a}}(\lambda)A_{\hat{b}}(\lambda)[1 - A_{\hat{b}}(\lambda)A_{\hat{c}}(\lambda)]\mathrm{d}\rho$$

由于 $A, B = \pm 1$，这最后一等式可写为

$$|E(\hat{a}, \hat{b}) - E(\hat{a}, \hat{c})| \leqslant \int_{\wedge} [1 - A_{\hat{b}}(\lambda)A_{\hat{c}}(\lambda)]\mathrm{d}\rho = 1 + E(\hat{b}, \hat{c}) \tag{6.7.65}$$

这是第一种形式 Bell 不等式。在量子理论 (6.7.59) 与隐参量理论 (6.7.65) 之间很明显会出现矛盾。例如，取 $\hat{a}, \hat{b}, \hat{c}$ 为共面的三个矢量，其夹角满足 $\hat{a} \cdot \hat{b} = \hat{b} \cdot \hat{c} = 1/2, \hat{a} \cdot \hat{c} = -1/2$，于是 $|[E(\hat{a}, \hat{b}) - E(\hat{a}, \hat{c})]_{\psi}| = |-\hat{a} \cdot \hat{b} + \hat{a} \cdot \hat{c}| = 1$，而

$$1 + [E(\hat{b}, \hat{c})]_{\psi} = 1 - \hat{b} \cdot \hat{c} = 1/2 \tag{6.7.66}$$

很明显 (6.7.66) 式与 (6.7.65) 式矛盾，亦即若量子力学是正确的，Bell 不等式 (6.7.65) 应是不成立的，实验的确证明了 Bell 不等式不成立 (violation of Bell inequality)，故量子理论是正确的，隐参量理论是不成立的。

Bell 不等式的第二种形式可参照图 6.20 的实验设计推导。在坐标原点放一原子对，发射源向左、右分别发射一个自旋为 $\hbar/2$ 的原子，总自旋为零，原子对的波函数仍为 (6.7.57) 式，即纠缠态 ψ_0，左右均有探测器，可测出原子的自旋分量 $\sigma_z = \pm\hbar/2$，或接收不到信号。故 $A_{\hat{a}}(\lambda), B_{\hat{b}}(\lambda)$ 有三种可能：

$$A_{\hat{a}}(\lambda) = \begin{cases} 1, & \text{测到粒子 1 的自旋为 } \hbar/2 \\ -1, & \text{测到粒子 1 的自旋为 } -\hbar/2 \\ 0, & \text{没有接收到信号} \end{cases}$$

$$B_{\hat{b}}(\lambda) = \begin{cases} 1, & \text{测到粒子 2 的自旋为 } \hbar/2 \\ -1, & \text{测到粒子 2 的自旋为 } -\hbar/2 \\ 0, & \text{没有接收到信号} \end{cases}$$

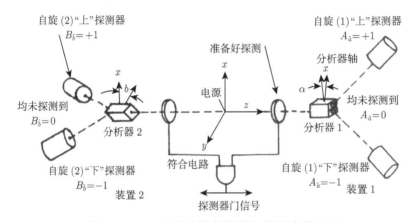

图 6.20　Bell 证明中的实验设计 (参照文献 [30])

故 $A_{\hat{a}}(\lambda), B_{\hat{b}}(\lambda)$ 的期待值满足

$$|\overline{A}_{\hat{a}}(\lambda)| \leqslant 1, \quad |\overline{B}_{\hat{b}}(\lambda)| \leqslant 1 \tag{6.7.67}$$

乘积 $A_{\hat{a}}(\lambda)B_{\hat{b}}(\lambda)$ 的期待值为

$$E(\hat{a}, \hat{b}) = \int_{\wedge} \overline{A}_{\hat{a}}(\lambda)\overline{B}_{\hat{b}}(\lambda)\mathrm{d}\rho \tag{6.7.68}$$

两个期待值的差为

$$E(\hat{a}, \hat{b}) - E(\hat{a}, \hat{b}') = \int_{\wedge} [\overline{A}_{\hat{a}}(\lambda)\overline{B}_{\hat{b}}(\lambda) - \overline{A}_{\hat{a}}(\lambda)\overline{B}_{\hat{b}'}(\lambda)]\mathrm{d}\rho$$

$$= \int_{\wedge} \overline{A}_{\hat{a}}(\lambda)\overline{B}_{\hat{b}}(\lambda)[1 - \overline{A}_{\hat{a}'}(\lambda)\overline{B}_{\hat{b}'}(\lambda)]\mathrm{d}\rho$$

$$- \int_{\wedge} \overline{A}_{\hat{a}}(\lambda)\overline{B}_{\hat{b}'}(\lambda)[1 - \overline{A}_{\hat{a}'}(\lambda)\overline{B}_{\hat{b}'}(\lambda)]\mathrm{d}\rho$$

应用 (6.7.67) 式便得

$$|E(\hat{a}, \hat{b}) - E(\hat{a}, \hat{b}')| \leqslant \int_{\wedge} [1 - \overline{A}_{\hat{a}'}(\lambda)\overline{B}_{\hat{b}'}(\lambda)]\mathrm{d}\rho + \int_{\wedge} [1 - \overline{A}_{\hat{a}'}(\lambda)\overline{B}_{\hat{b}}(\lambda)]\mathrm{d}\rho$$

即

$$|E(\hat{a}, \hat{b}) - E(\hat{a}, \hat{b}')| + E(\hat{a}', \hat{b}') + E(\hat{a}', \hat{b}) \leqslant 2 \tag{6.7.69}$$

随着实验设计的不一样, Bell 不等式除了上面的 (6.7.65) 和 (6.7.69) 式两种类型外, 还有别的类型, 其中有 Clauser 与 Horne 证明的 Bell 不等式[31], CH 所提的实验探测图 6.21 是从图 6.20 简化而来, 左边、右边都只有一个探测器、一个分析器。根据较长的分析得出如下的 Bell 不等式:

$$\delta = \left| \frac{R_{\mathrm{c}}(3\pi/8)}{R_0} - \frac{R_{\mathrm{c}}(\pi/8)}{R_0} \right| \leqslant 1/4 \tag{6.7.70}$$

式中 $R_{\mathrm{c}}(3\pi/8), R_{\mathrm{c}}(\pi/8)$ 分别为将分析器 $\hat{a}$ 与 $\hat{b}$ 的夹角调成 $3\pi/8, \pi/8$ 时, 两探测器的符合计数率, 即两探测器各自探测到粒子 1 与粒子 2 的概率。R_0 为移去两分析器时的符合计数率。文献 [32] 采用光学参量下转换方法得出一对波长为 532nm 的相干光子, 这一对光子经过分束器的半透半反形成了光子对纠缠态 (指左旋光子态与右旋光子态的纠缠; 或 x 方向偏振与 y 方向偏振态的纠缠。用以代替 $\sigma_z = \hbar/2$ 与 $\sigma_z = -\hbar/2$ 粒子态的纠缠。), 并按 (6.7.70) 式左端测得 $\delta = 0.34 \pm 0.03$ 是违背了 Bell 不等式 (6.7.70) 的, 但与 δ 的量子力学期待值 $\sqrt{2}/4 \simeq 0.35$ 很符合 (见附录 6C)。

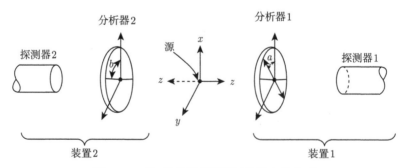

图 6.21　CH 的实验探测图 (参照文献 [31])

6.7.6　违背 Bell 不等式的几何推导 [33]

上面根据隐参数假定推导出 Bell 的两个不等式 (6.7.65) 与 (6.7.69), 以及由此而衍生的不等式关系 (6.7.70)。后来文献 [32] 的实验结果, 明显违背了不等式关系。本小节我们将从观测方向构成的几何关系以及量子理论证明根据隐参数假定得出

Bell 的两个不等式 (6.7.65) 与 (6.7.69) 都是违背的[33]。先从第一不等式开始, 这时涉及观测方向 $\hat{a}, \hat{b}, \hat{c}$ 设为共面的, 并构成平面三角形 (图 6.22)。夹角与对应的边长分别为 α, β, γ 与 a, b, c, 它们满足平面三角关系

$$\cos\alpha + \cos\beta + \cos\gamma = 1 + \frac{1}{2abc}(a+b-c)(a-b+c)(-a+b+c)$$

$$= 1 + 4\sin\frac{\alpha}{2}\sin\frac{\beta}{2}\sin\frac{\gamma}{2} \tag{6.7.71}$$

参照量子理论 (6.7.59), 对原子 1, 2 观测它们自旋的期待值为

$$[E(\hat{b},\hat{c})]_\psi = -\hat{b}\cdot\hat{c} = -\cos\alpha, \qquad [E(\hat{a},\hat{c})]_\psi = -\hat{a}\cdot\hat{c} = \cos\beta$$

$$[E(\hat{a},\hat{b})]_\psi = -\hat{a}\cdot\hat{b} = -\cos\gamma \tag{6.7.72}$$

将 (6.7.72) 式代入 (6.7.71) 式, 便得出

$$1 + E(\hat{b},\hat{c})_\psi = E(\hat{a},\hat{c})_\psi - E(\hat{a},\hat{b})_\psi$$

$$-\frac{1}{2abc}(a+b-c)(a-b+c)(-a+b+c)) < E(\hat{a},\hat{c})_\psi - E(\hat{a},\hat{b})_\psi \tag{6.7.73}$$

故有

$$|E(\hat{a},\hat{c})_\psi - E(\hat{a},\hat{b})_\psi| > 1 + E(\hat{b},\hat{c})_\psi \tag{6.7.74}$$

这恰恰违背了 Bell 据隐参数假定推导的第一不等式 (6.7.65)

$$|E(\hat{a},\hat{c}) - E(\hat{a},\hat{b})| \leqslant 1 + E(\hat{b},\hat{c})$$

现讨论第二不等式, 这时涉及的观测方向为 $\hat{a}, \hat{a}', \hat{b}, \hat{b}'$, 又设 $\hat{a}, \hat{a}', \hat{b}, \hat{b}'$ 为共面的, 并构成平面三角形 (图 6.23)。夹角与对应的边长分别为 $\hat{\alpha}, \hat{\beta}, \hat{\gamma}, \hat{\alpha}', \hat{\beta}', \hat{\gamma}'$ 与 $\hat{a}, \hat{b}, \hat{b}', \hat{a}', \hat{b}, \hat{b}'$, 并写出量子力学的各期待值为

$$E(\hat{a},\hat{b})_\psi = -\cos\gamma, \quad E(\hat{a}',\hat{b})_\psi = -\cos\gamma'$$

$$E(\hat{a},\hat{b}')_\psi = \cos\beta, \quad E(\hat{a}',\hat{b}')_\psi = -\cos\beta' \tag{6.7.75}$$

于是有

$$E(\hat{a},\hat{b})_\psi - E(\hat{a},\hat{b}')_\psi + E(\hat{a}',\hat{b})_\psi + E(\hat{a}',\hat{b}')_\psi$$

$$= -\cos\gamma - \cos\beta - \cos\gamma' - \cos\beta' - \cos\alpha - \cos\alpha'$$

$$= -\left(1 + 4\sin\frac{\alpha}{2}\sin\frac{\beta}{2}\sin\frac{\gamma}{2} + 1 + 4\sin\frac{\alpha'}{2}\sin\frac{\beta'}{2}\sin\frac{\gamma'}{2}\right) \tag{6.7.76}$$

$$|E(\hat{a},\hat{b})_\psi - E(\hat{a},\hat{b}')_\psi + E(\hat{a}',\hat{b})_\psi + E(\hat{a}',\hat{b}')_\psi|$$

$$= 2 + 4\sin\frac{\alpha}{2}\sin\frac{\beta}{2}\sin\frac{\gamma}{2} + 4\sin\frac{\alpha'}{2}\sin\frac{\beta'}{2}\sin\frac{\gamma'}{2} > 2 \tag{6.7.77}$$

很明显 (6.7.77) 式又恰恰违背了 Bell 据隐参数假定推导的第二不等式 (6.7.69)

$$|E(\hat{a}, \hat{b}) - E(\hat{a}, \hat{b}') + E(\hat{a}', \hat{b}) + E(\hat{a}', \hat{b}')| \leqslant 2$$

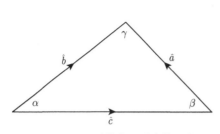

图 6.22 Bell 不等式 I 对应的三角形

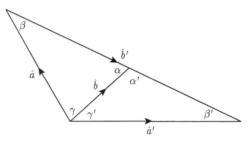

图 6.23 Bell 不等式 II 对应的三角形

(参照文献 [33])

6.8 压缩态光场

6.8.1 光量子起伏给光学精密测量带来的限制

光信号振幅与相位的起伏给光学测量精度带来影响。产生光信号起伏的原因,有外在环境如气流的扰动,也有光学元件不稳,还有许多人为的因素。当这些环境与人为因素得以克服后,最终还剩下一种带有实质性的光量子起伏或真空场起伏。对于模体积为 V,频率为 ω 的单模场,真空场电压起伏的大小为 $\mathcal{E} = (\hbar\omega/2\varepsilon_0 V)^{1/2}$,能量起伏为 $\hbar\omega/2$。这就构成了影响光学测量精度的量子极限。下面以 Michelson 干测仪测量为例来说明这个问题 [34~36]。

如图 6.24 所示,用 Michelson 干涉仪测量镜面位置 z_1 与 z_2 的差 $\Delta z = z_1 - z_2$,只能准确到标准量子极限 S.Q.L

$$(\Delta z)_{\text{S.Q.L}} = (2\hbar\tau/m)^{1/2} \tag{6.8.1}$$

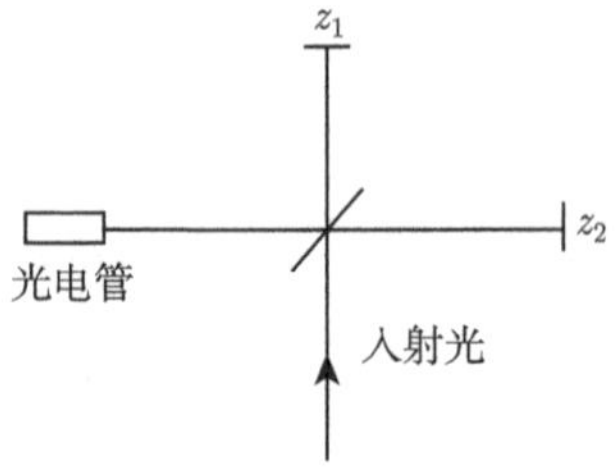

图 6.24 Michelson 干涉仪测量

式中 τ 为观测时间, m 为整个干涉仪的质量. 由图看出, 影响精度有两方面的原因, 其一为光子计数; 其二为辐射压力. 设激光的平均功率为 P, 在测量时射入干涉仪的平均光子数 N 为

$$N = P\tau/\hbar\omega \tag{6.8.2}$$

由于激光服从 Poisson 分布 $\Delta N \simeq N^{1/2}$, 波面相位差 ϕ 的测量精度 $\Delta\phi$ 按 $\Delta\phi\Delta N \simeq 1$ 为

$$\Delta\phi \simeq N^{-1/2} \tag{6.8.3}$$

于是因光子计数误差引起的 z 的测量不准为

$$(\Delta z)_{\text{pc}} = \frac{c}{2b\omega}\Delta\phi \simeq \frac{\lambda}{4\pi b}N^{-1/2} \tag{6.8.4}$$

b 为光子在干涉仪内来回的次数. 此外, 辐射压力作用于干涉仪端面也会影响端面位置 z 的精确测量, 主要因为干涉仪两臂的辐射压力起伏是不相关的, 对两臂的动量差 Δp 将产生 $\Delta p = \dfrac{2\hbar\omega}{c}bN^{1/2}$ 的影响, 即

$$(\Delta z)_{\text{rp}} = \frac{\Delta p\tau}{2m} \simeq \frac{\hbar\omega b}{c}\frac{\tau}{m}N^{1/2} \tag{6.8.5}$$

改变激光输出功率 P(或 N), 使得总的误差

$$\Delta z = \sqrt{(\Delta z)_{\text{pc}}^2 + (\Delta z)_{\text{rp}}^2} \tag{6.8.6}$$

最小, 将 (6.8.4) 和 (6.8.5) 式代入 (6.8.6) 式, 求极值便得

$$\Delta z = (\Delta z)_{\text{S.Q.L}} = \left(\frac{2\hbar\tau}{m}\right)^{1/2} \tag{6.8.7}$$

最佳输出功率为

$$P_{\text{opt}} = \frac{1}{2}\frac{mc^2}{\omega b^2\tau^2} \simeq 8 \times 10^3 \text{W} \tag{6.8.8}$$

在得出上面数值结果时, 已根据实际技术可能实现情况, 取了 $b = 200$, $m \simeq 10^5$g, $\tau \simeq 2 \times 10^{-3}$s, $\omega \simeq 4 \times 10^{15}$s^{-1}(相当于 5000Å). 8×10^3W 稳频输出, 要求很高. 为降低激光输出功率, 以实现 $(\Delta z)_{\text{S.Q.L}}$, 可使 $(\Delta z)_{\text{pc}}$ 相当于位置测定精度 Δx, 压缩 e^{-r} 倍; 而 $(\Delta z)_{\text{rp}}$ 相当于动量测定精度 Δp, 增大 e^r 倍. 这样并不违背测不准关系 $\Delta x\text{e}^{-r}\Delta p\text{e}^r = \Delta x\Delta p = \hbar/2$, 但达到 $(\Delta z)_{\text{S.Q.L}}$ 的最佳平均光子数, 最佳输出功率 P_{opt} 已为原来的 e^{-2r} 倍, 即

$$P_{\text{opt}} = 8 \times 10^3 \times \text{e}^{-2r} \text{W} \tag{6.8.9}$$

这种做法的物理实质是：原来的两种误差 Δx, Δp, 前一种为光电流的散粒效应, 占比重大, 是主要的; 而后一种为辐射压力, 占比重小, 是次要的。故提高对前一种的测量精度, 降低对后一种的测量精度, 以较低的 P_{opt} 实现 $(\Delta z)_{\mathrm{S.Q.L.}}$。具有这种性质的光 $(\Delta x \to \Delta x \mathrm{e}^{-r},\ \Delta p \to \Delta p \mathrm{e}^{r})$ 称为压缩态光 (精确的定义在下面给出)。如何实现 (或产生) 这种压缩态光, 是提高光学测量精度的关键所在。

6.8.2 正交压缩态[37~39]

压缩态的通常定义不是通过 $\Delta x \to \Delta x \mathrm{e}^{-r},\ \Delta p \to \Delta p \mathrm{e}^{r}$ 来表述, 因 x 与 p 的因次不一样, 我们要取因次相同且与 x, p 相当的一对共轭量来定义光的压缩态。参照 (6.5.24) 式, 选择下面的量是合适的:

$$\begin{cases} X = \dfrac{1}{2}(a + a^{\dagger}) = (\omega/2\hbar)^{1/2} q \\[2mm] Y = \dfrac{1}{2\mathrm{i}}(a - a^{\dagger}) = (2\hbar\omega)^{-1/2} p \end{cases} \tag{6.8.10}$$

这样除了常数因子外, X, Y 分别代表坐标 q 与动量 p; 另一方面, X, Y 具有相同因次, 且具有对易关系

$$[X, Y] = \mathrm{i}/2 \tag{6.8.11}$$

利用测不准关系 (6B.10), 由 (6.8.11) 式, 得

$$(\Delta X)^2 (\Delta Y)^2 \geqslant 1/16 \tag{6.8.12}$$

对于相干态

$$\begin{cases} (\Delta X)^2 = \left\langle \alpha \left| \dfrac{(a + a^{\dagger})^2}{4} \right| \alpha \right\rangle - \left\langle \alpha \left| \dfrac{a + a^{\dagger}}{2} \right| \alpha \right\rangle^2 \\[3mm] \qquad = \dfrac{1}{4}(\alpha^2 + \alpha^{*2} + 2|\alpha^2| + 1) - \dfrac{1}{4}(\alpha + \alpha^*)^2 = \dfrac{1}{4} \\[3mm] (\Delta Y)^2 = -\dfrac{1}{4}(\alpha^2 + \alpha^{*2} - 2|\alpha|^2 - 1) + \dfrac{1}{4}(\alpha - \alpha^*)^2 = \dfrac{1}{4} \end{cases} \tag{6.8.13}$$

同样, 对于真空态

$$\begin{cases} (\Delta X)^2 = \left\langle 0 \left| \left(\dfrac{a + a^{\dagger}}{2} \right)^2 \right| 0 \right\rangle - \left\langle 0 \left| \dfrac{a + a^{\dagger}}{2} \right| 0 \right\rangle^2 = \dfrac{1}{4} \\[3mm] (\Delta Y)^2 = \left\langle 0 \left| \left(\dfrac{a - a^{\dagger}}{2\mathrm{i}} \right)^2 \right| 0 \right\rangle - \left\langle 0 \left| \dfrac{a - a^{\dagger}}{2\mathrm{i}} \right| 0 \right\rangle^2 = \dfrac{1}{4} \end{cases} \tag{6.8.14}$$

图 6.25 给出相干态的均方误差 $\langle|\Delta X^2|\rangle^{1/2}$, $\langle|\Delta Y^2|\rangle^{1/2}$。其误差圆表示场强 E 的测量误差。参照 (6.5.5) 式，得

$$E(x) = E^+(x) + E^-(x) = \mathrm{i}\sqrt{2\pi\hbar\omega}u(r)(a\mathrm{e}^{-\mathrm{i}\omega t} + a^\dagger\mathrm{e}^{\mathrm{i}\omega t})$$

$$= \mathrm{i}2\sqrt{2\pi\hbar\omega}u(r)(X\cos\omega t - \mathrm{i}Y\sin\omega t) \tag{6.8.15}$$

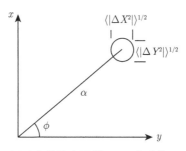

图 6.25　相干态的均方误差 $\langle|\Delta X^2|\rangle^{1/2}$, $\langle|\Delta Y^2|\rangle^{1/2}$

故有

$$\frac{1}{4\pi}(\Delta E(x))^2 = 2\hbar\omega u^2(r)(\Delta X^2\cos^2\omega t + \Delta Y^2\sin^2\omega t) = \hbar(\omega/2)u^2(r) \tag{6.8.16}$$

将相干态 $|\alpha\rangle$ 表示为

$$|\alpha\rangle = D(\alpha)|0\rangle, \quad D(\alpha) = \exp(\alpha a^\dagger - \alpha^* a) \tag{6.8.17}$$

应用位移算子性质

$$\begin{cases} D^{-1}(\alpha)aD(\alpha) = a + \alpha \\ D^{-1}(\alpha)a^\dagger D(\alpha) = a^\dagger + \alpha^* \end{cases} \tag{6.8.18}$$

可得

$$\begin{cases} D^{-1}(\alpha)XD(\alpha) = X + \mathrm{Re}\alpha \\ D^{-1}(\alpha)YD(\alpha) = Y + \mathrm{Im}\alpha \end{cases} \tag{6.8.19}$$

由 (6.8.19) 式看出，经位移算子作用后，X, Y 分别平移至 $X + \mathrm{Re}\alpha$, $Y + \mathrm{Im}\alpha$。但误差圆没有变化。因

$$\Delta X = \Delta(X + \mathrm{Re}\alpha), \quad \Delta Y = \Delta(Y + \mathrm{Im}\alpha)$$

参照上面干涉测量实验中的分析及 (6.8.10), (6.8.13), (6.8.14) 式，可得出压缩态的定义如下：

$$\begin{cases} \langle(\Delta X_\mathrm{s})^2\rangle = \dfrac{1}{4}\exp(-2s) \\ \langle(\Delta Y_\mathrm{s})^2\rangle = \dfrac{1}{4}\exp(2s) \end{cases} \tag{6.8.20}$$

当压缩态参量 $s = 0$ 时, 便回到相干态或真空态的方差, 否则便是压缩态的均方差。(6.8.20) 式即压缩态均方误差的定义。相对于这样一个均方误差, X, Y 应经历了一个压缩变换

$$\begin{cases} X \to X_s = X \exp(-s) \\ Y \to Y_s = Y \exp(s) \end{cases} \tag{6.8.21}$$

参照 (6.8.10) 式, 对应的湮没与产生算符的变换如下:

$$\begin{cases} a_s = a \cosh s - a^\dagger \sinh s \\ a_s^\dagger = a^\dagger \cosh s - a \sinh s \end{cases} \tag{6.8.22}$$

新的压缩态算子满足如下的对易关系:

$$[X_s, Y_s] = \frac{\mathrm{i}}{2}, \quad [a_s, a_s^\dagger] = 1 \tag{6.8.23}$$

变换后的 Hamilton 量为

$$H = \hbar\omega \left(a_s^\dagger a_s + \frac{1}{2} \right) \tag{6.8.24}$$

“准” 粒子数态 $|n_s\rangle$ 满足

$$a_s^\dagger a_s |n_s\rangle = n_s |n_s\rangle \tag{6.8.25}$$

也可写出压缩态空间的相干态

$$|\alpha_s\rangle = D_s(\alpha)|0_s\rangle$$
$$D_s(\alpha) = \exp(\alpha a_s^\dagger - \alpha^* a_s) \tag{6.8.26}$$

经位移算子 $D_s^{-1}(\alpha)$, $D_s(\alpha)$ 的作用后, 类似于 (6.8.19) 式, 也有

$$\begin{cases} X_s \to D_s^{-1}(\alpha) X_s D_s(\alpha) = X_s + \mathrm{Re}\,\alpha \\ Y_s \to D_s^{-1}(\alpha) Y_s D_s(\alpha) = Y_s + \mathrm{Im}\,\alpha \end{cases} \tag{6.8.27}$$

故表现 X_s, Y_s 平面内的误差椭圆在经受平移后而不发生变化。更一般的压缩态变换, 可通过引进幺正变换算子 $S(\zeta)$

$$S(\zeta) = \exp \left(\frac{1}{2} \zeta^* a^2 - \frac{1}{2} \zeta a^{\dagger 2} \right) \tag{6.8.28}$$

来实现。式中 ζ 称为压缩参量

$$\zeta = s\mathrm{e}^{\mathrm{i}\theta}, \quad 0 \leqslant s < \infty, \ 0 \leqslant \theta \leqslant 2\pi \tag{6.8.29}$$

经压缩变换后, 图 6.25 所示的相干态误差圆便变成了图 6.26 所的压缩态的误差椭圆。压缩态变换使得 a, $a^\dagger$ 变为 a_s, $a_s^\dagger$, 如下式所示:

$$\begin{cases} a_s = S^{-1}(\zeta) a S(\zeta) = a \cosh s - a^\dagger \mathrm{e}^{\mathrm{i}\theta} \sinh s \\ a_s^\dagger = S^{-1}(\zeta) a^\dagger S(\zeta) = a^\dagger \cosh s - a \mathrm{e}^{-\mathrm{i}\theta} \sinh s \end{cases} \tag{6.8.30}$$

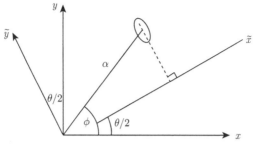

图 6.26　压缩态均方误差椭圆

引进算子 $\tilde{X}$, $\tilde{Y}$, 有

$$a = (\tilde{X} + i\tilde{Y})e^{i\theta/2}, \quad a^\dagger = (\tilde{X} - i\tilde{Y})e^{-i\theta/2} \tag{6.8.31}$$

于是 (6.8.30) 式的第一式可写为

$$S^{-1}(\tilde{X} + i\tilde{Y})S = (\tilde{X} + i\tilde{Y})(e^s + e^{-s})/2 - (\tilde{X} - i\tilde{Y})(e^s - e^{-s})/2$$
$$= \tilde{X}e^{-s} + i\tilde{Y}e^s \tag{6.8.32}$$

这就是图 6.27 所表明的, 经过压缩变换后, 压缩变换前的 $\tilde{X}$ 被压缩为 $\tilde{X}e^{-s}$; 而变换前的 $\tilde{Y}$ 被伸长为 $\tilde{Y}e^s$, 亦即

$$\begin{cases} \tilde{X}_s = S^{-1}\tilde{X}S = \tilde{X}e^{-s} \\ \tilde{Y}_s = S^{-1}\tilde{Y}S = \tilde{Y}e^s \end{cases} \tag{6.8.33}$$

$$\begin{cases} (\Delta\tilde{X}_s)^2 = (\Delta\tilde{X})^2 e^{-2s} = \dfrac{1}{4}e^{-2s} \\ (\Delta\tilde{Y}_s)^2 = (\Delta\tilde{Y})^2 e^{2s} = \dfrac{1}{4}e^{+2s} \end{cases} \tag{6.8.34}$$

由于平移作用 (6.8.27) 式而误差椭圆不变的性质, (6.8.34) 式的压缩就可看成压缩真空态 $|0_s\rangle$ 的压缩。亦即压缩真空态不再是各向同性, 而是沿 $\tilde{X}$ 方向被压缩, 沿 $\tilde{Y}$ 被伸长。实际上, 由 (6.8.33) 式还能得出压缩真空态 $|0_s\rangle$ 与真空态间的关系。用 S 作用在真空态 $|0\rangle$ 上, 便得压缩真空态 $|0_s\rangle$; 再通过位移算子 $D(\alpha)$ 的作用, 得一般的压缩态 $|\alpha, \zeta\rangle$:

$$|0_s\rangle = S(\zeta)|0\rangle, \quad \langle 0_s| = \langle 0|S^{-1} \tag{6.8.35}$$

$$|\alpha, \zeta\rangle = D(\alpha)S(\zeta)|0\rangle = D(\alpha)|0_s\rangle \tag{6.8.36}$$

(6.8.36) 式可作为压缩态又一种定义方式, 即先压缩真空态, 再平移, 如图 6.27 所示。若将 (6.8.36) 式写为

$$|\alpha, \zeta\rangle = D(\alpha)S(\zeta)D^{-1}(\alpha)D(\alpha)|0\rangle = U(\zeta)D(\alpha)|0\rangle \tag{6.8.37}$$

$$U(\zeta,\alpha) = D(\alpha)S(\alpha)D^{-1}(\alpha) \tag{6.8.38}$$

(6.8.37) 式可解释为先平移，再用 $U(\zeta)$ 压缩得到所需的压缩态，其过程如图 6.28 所表明的那样。

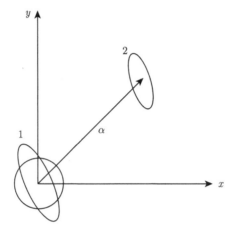

图 6.27　压缩态的几何表示，先平移再压缩再平移

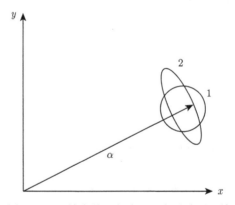

图 6.28　压缩态的几何表示，先平移再压缩

现应用压缩态的定义式 (6.8.36) 计算 a 等的期待值：

$$\langle a\rangle = \langle 0_s|D^{-1}(\alpha)aD(\alpha)|0_s\rangle = \langle 0_s|\alpha + a|0_s\rangle$$
$$= \langle 0|S^{-1}(\alpha + a)S|0\rangle = \langle 0|\alpha + a_s|0\rangle \tag{6.8.39}$$

将 (6.8.30) 式代入，便得

$$\langle a\rangle = \alpha \tag{6.8.40}$$

$$\langle n \rangle = \langle a^\dagger a \rangle = \langle 0_{\mathrm{s}}|D^{-1}(\alpha)a^\dagger D(\alpha)D^{-1}(\alpha)aD(\alpha)|0_{\mathrm{s}}\rangle$$

$$= \langle 0_{\mathrm{s}}|(\alpha^* + a^\dagger)(\alpha + a)|0_{\mathrm{s}}\rangle$$

$$= \langle 0|(\alpha^* + a_{\mathrm{s}}^\dagger)(\alpha + a_{\mathrm{s}})|0\rangle \tag{6.8.41}$$

将 a_{s}, $a_{\mathrm{s}}^\dagger$ 用 (6.8.30) 式代入, 便得平均光子数

$$\langle n \rangle = \langle a^\dagger a \rangle = |\alpha|^2 + \sinh^2 s \tag{6.8.42}$$

上式第二项为压缩真空态的贡献。同样可计算

$$\langle aa \rangle = \alpha^2 - \mathrm{e}^{\mathrm{i}\theta}\sinh s \cosh s, \quad \langle a^\dagger a^\dagger \rangle = \alpha^{*2} - \mathrm{e}^{-\mathrm{i}\theta}\sinh s \cosh s \tag{6.8.43}$$

由 (6.8.40) 式, 得

$$\begin{cases} \langle X \rangle = \left\langle \dfrac{a + a^\dagger}{2} \right\rangle = \dfrac{1}{2}(\alpha + \alpha^*) = \mathrm{Re}\,\alpha \\[3mm] \langle Y \rangle = \left\langle \dfrac{a - a^\dagger}{2\mathrm{i}} \right\rangle = \dfrac{1}{2\mathrm{i}}(\alpha - \alpha^*) = \mathrm{Im}\,\alpha \end{cases} \tag{6.8.44}$$

$$\langle (\Delta X)^2 \rangle = \frac{1}{4}\langle |(a + a^\dagger)^2| \rangle - \frac{1}{2}\langle |a + a^\dagger| \rangle^2$$

$$= \frac{1}{4}\langle 0_{\mathrm{s}}|(\alpha + \alpha^* + a + a^\dagger)^2|0_{\mathrm{s}}\rangle - \frac{1}{4}(\alpha + \alpha^*)^2$$

$$= \frac{1}{4}(\mathrm{e}^{-2s}\cos^2\theta/2 + \mathrm{e}^{2s}\sin^2\theta/2) \tag{6.8.45}$$

$$\langle (\Delta Y)^2 \rangle = \frac{1}{4}(\mathrm{e}^{-2s}\sin^2\theta/2 + \mathrm{e}^{2s}\cos^2\theta/2) \tag{6.8.46}$$

当 $\cos\theta > \tanh s$ 时, 由 (6.8.45) 式得知实现了 X 的压缩。同样由 (6.8.46) 式得知, 当 $\cos\theta < -\tanh s$ 时, 实现了 Y 的压缩。(6.8.36) 式又表明, 压缩态 $|\alpha, \zeta\rangle$ 即以 $|0_{\mathrm{s}}\rangle$ 为真空态的相干态, 它还可用压缩态的位移算符 D_{s} 来表示为

$$|\alpha, \zeta\rangle = D(\alpha)|0_{\mathrm{s}}\rangle = \exp[\alpha a^\dagger - \alpha^* a]|0_{\mathrm{s}}\rangle$$

$$= \exp[(\cosh s\alpha - \sinh s\mathrm{e}^{\mathrm{i}\theta}\alpha^*)a_{\mathrm{s}}^\dagger - (\cosh s\alpha^* - \sinh s\mathrm{e}^{-\mathrm{i}\theta}\alpha)a_{\mathrm{s}}]|0_{\mathrm{s}}\rangle$$

$$= D_{\mathrm{s}}(\cosh s\alpha - \sinh s\mathrm{e}^{\mathrm{i}\theta}\alpha^*)|0_{\mathrm{s}}\rangle$$

$$= |(\cosh s\alpha - \sinh s\mathrm{e}^{\mathrm{i}\theta}\alpha^*)_{\mathrm{s}}\rangle \tag{6.8.47}$$

$$a_s|\alpha, \zeta\rangle = (\cosh s\alpha - \sinh s\mathrm{e}^{\mathrm{i}\theta}\alpha^*)|\alpha, \zeta\rangle \tag{6.8.48}$$

亦即 $|\alpha, \zeta\rangle$ 是 $a_{\mathrm{s}} = \cosh sa - \sinh s\mathrm{e}^{\mathrm{i}\theta}a^\dagger$ 的本征态, 本征值为 $\cosh s\alpha - \sinh s\mathrm{e}^{\mathrm{i}\theta}\alpha^*$。参照 (6.8.20) 式, 压缩态也是最小测不准态的一种, 而且不存在正定的 P 表示。这

里我们虽然证明了由 (6.8.36) 式定义的 $|\alpha, \varsigma\rangle$ 为最小测不准态, 但这只是压缩态的一种. 更一般来说, 只要其中的一个分量表现出压缩, 例如 $\langle|\Delta X^2|\rangle^{1/2} < 1/2$, 即均方根值小于真空态起伏量子极限, 它与共轭分量 $\langle|\Delta Y^2|\rangle^{1/2}$ 的乘积可大于或等于真空起伏 $1/4$, 故压缩态不一定是最小测不准态. 下面我们就讨论另一种压缩态, 即振幅压缩态.

6.8.3 振幅压缩态[40,41]

现求压缩真空态的粒子数测不准. 粒子数测定误差的均方值为

$$\langle(\Delta n)^2\rangle = \sum_{i_s=0}^{2} \langle 0_s|n|i_s\rangle\langle i_s|n|0_s\rangle - \langle 0_s|n|0_s\rangle^2$$

$$= \sum_{i_s=1}^{2} \langle 0_s|n|i_s\rangle\langle i_s|n|0_s\rangle$$

$$= \sum_{i_s=1}^{2} |\langle 0_s|(\alpha^* + a^\dagger)(\alpha + a)|i_s\rangle|^2$$

$$= \sum_{i_s=1}^{2} |\langle 0_s|(\alpha^* + \cosh s\, a_s^\dagger - \sinh s\, e^{-i\theta} a_s)(\alpha + \cosh s\, a_s - \sinh s\, e^{i\theta} a_s^\dagger)|i_s\rangle|^2$$

$$= |\sqrt{2}\sinh s\cosh s\, e^{-i\theta}|^2 + |\alpha\sinh s\, e^{-i\theta} - \alpha^*\cosh s|^2$$

$$= |\alpha|^2(\cosh^2 s + \sinh^2 s) - \cosh s\sinh s(\alpha^{*2}e^{i\theta} + \alpha^2 e^{-i\theta}) + 2\cosh^2 s\sinh^2 s$$

$$= |\alpha|^2(e^{-2s}\cos^2(\phi - \theta/2) + e^{2s}\sin^2(\phi - \theta/2)) + 2\cosh^2 s\sinh^2 s \tag{6.8.49}$$

当 $|\alpha| = 0$ 时, 参照 (6.8.42) 和 (6.8.49) 式, 压缩真空态的光子数起伏的平均值及均方值为

$$\begin{cases} \langle n\rangle = \sinh^2 s \\ \langle\Delta n^2\rangle = 2\sinh^2 s\cosh^2 s = 2\langle n\rangle(\langle n\rangle + 1) \end{cases} \tag{6.8.50}$$

$$g^2(0) = \frac{\langle(\Delta n)^2\rangle + \langle n\rangle^2 - \langle n\rangle}{\langle n\rangle^2} = 3 + \frac{1}{\langle n\rangle} \tag{6.8.51}$$

Mandel Q 参数为

$$Q = \frac{\langle(\Delta n)^2\rangle - \langle n\rangle}{\langle n\rangle} = 2\langle n\rangle + 1 \tag{6.8.52}$$

故压缩真空态表现出群聚 ($g^2(0) > 1$) 与超 Poisson($Q > 0$). 实际的压缩光源产生的就是这种压缩真空态. 但在零拍探测中, 为了探测压缩光源的压缩度, 又将一较强的相干光分量叠加到被探测的压缩态光场上. 这就使得 $\langle n\rangle = |\alpha|^2 + \sinh^2 s$ 中 $|\alpha|^2$ 的贡献远超过 $\sinh^2 s$ 的贡献. 当 $|\alpha|^2 \gg \exp(s)$ 时, (6.8.49) 式又可写为

$$\langle(\Delta n)^2\rangle \simeq |\alpha|^2[e^{-2s}\cos^2(\phi - \theta/2) + e^{2s}\sin^2(\phi - \theta/2)] \tag{6.8.53}$$

相应地, Q 参量为

$$Q = (\mathrm{e}^{-2s} - 1)\cos^2(\phi - \theta/2) + (\mathrm{e}^{2s} - 1)\sin^2(\phi - \theta/2)$$
$$= |\alpha|^2(g^2(0) - 1) \tag{6.8.54}$$

当 $\cos(2\phi - \theta) > \tanh s$ 时, $Q < 0$, $g^2(0) - 1 < 0$, 即同时实现亚 Poisson 与反群聚。故在零拍测量中加进去的相干光信号已改变了压缩光的统计性质, 使之由超 Poisson 与群聚变为亚 Poisson 与反群聚非经典场所具有的性质。由 (6.8.54) 式, 当 $\phi = \theta/2$ 时, Q 具有极小值:

$$Q_{\min} = |\alpha|^2(g^2(0) - 1)_{\min} = \mathrm{e}^{-2s} - 1 \tag{6.8.55}$$

当 $\phi = \theta/2 + \pi/2$ 时, Q 具有极大值:

$$Q_{\max} = |\alpha|^2(g^2(0) - 1)_{\max} = \mathrm{e}^{2s} - 1 \tag{6.8.56}$$

在 $\langle(\Delta n)^2\rangle$ 的强相干场近似式 (6.8.53) 的基础上, 依靠几何直觉即误差椭圆在原点的张角, 可定义 α 的相位 ϕ 的测不准 $\Delta\phi$ 为与 α 矢量垂直方向的误差 $\langle(\Delta n)^2\rangle_V^{1/2}$ 在原点张角的一半, 即

$$|\Delta\phi| = \frac{\langle(\Delta n)^2\rangle_V^{1/2}}{2\langle n\rangle} = \frac{\sqrt{\mathrm{e}^{-2s}\sin^2(\phi - \theta/2) + \mathrm{e}^{2s}\cos^2(\phi - \theta/2)}}{2|\alpha|} \tag{6.8.57}$$

由 (6.8.53) 和 (6.8.57) 式得, 当 $\phi = \theta/2$ 或 $\phi = \theta/2 + \pi/2$ 时, 有

$$\langle(\Delta n)^2\rangle^{1/2}\Delta\phi \simeq \frac{1}{2} \tag{6.8.58}$$

现在让我们回到 (6.8.42) 式

$$\langle n\rangle = |\alpha|^2 + \sinh^2 s = \bar{X}^2 + \bar{Y}^2 + \sinh^2 s \tag{6.8.59}$$

为得到理想压缩 $s \to \infty$, 平均光子数也应是无限大, 这就给理想压缩的实现增加了困难。亦即要求的压缩愈高, 激光能也愈大, 故无论如何也不能实现理想压缩。但由粒子数测不准和相位测不准的积的 (6.8.58) 式则是另外一种情形。当 $\langle(\Delta n)^2\rangle^{1/2}$ 很小时, $\Delta\phi$ 将很大, 使测不准关系得以满足。而相位噪声 $\Delta\phi$ 的增大, 并不需要增加平均光子数 $\langle n\rangle$, 亦即不需要增加激光能量, 故从这个意义来说, 粒子数态也称为振幅压缩态, $\langle(\Delta n)^2\rangle$ 的减小不受正交压缩态那样的限制。设 $\nu = \sinh s$, 在 $\langle n\rangle > \nu^2 \gg 1$ 的情况下, 由 (6.8.49) 式可得

$$\langle(\Delta n)^2\rangle = (\langle n\rangle - \nu^2)(\sqrt{1 + \nu^2} - \nu)^2 + 2\nu^2(1 + \nu^2)$$
$$\simeq (\langle n\rangle - \nu^2)/4\nu^2 + 2\nu^2(1 + \nu^2) \tag{6.8.60}$$

将此式对 ν^2 求极值, 得

$$\langle(\Delta n)^2\rangle_{\min} \simeq \langle n\rangle^{2/3}, \quad \langle n\rangle = 16\nu^2 \gg 1 \tag{6.8.61}$$

当 $\langle n\rangle$ 给定后, $\langle(\Delta n)^2_{\min}\rangle$ 不能比 $\langle n\rangle^{2/3}$ 更小。由此得出最佳的信噪比为

$$(\mathrm{SNR_s})_{\min} = \frac{\langle n\rangle^2}{\langle(\Delta n)^2\rangle} = \langle n\rangle^{4/3} \tag{6.8.62}$$

这个信噪比要比相干光场的信噪比 $\mathrm{SNR_{cs}} = \langle n\rangle$ 大很多。

6.9   非经典光场的探测

6.9.1   强度差的零拍探测技术

设想包括压缩态光在内的非经典光已经得到, 接下来的问题是如何探测。通常采用强度差的零拍探测技术。如图 6.29 所示, 将压缩态光 S_s 与相干光 C_s 投射到半反分束器上, 压缩态光 E_s 与相干光 E_LO 可分别表示为

$$\begin{cases} E_\mathrm{s} = \dfrac{a+a^\dagger}{2}\cos\omega t + \dfrac{-\mathrm{i}(a-a^\dagger)}{2}\sin\omega t \\[3mm] E_\mathrm{LO} = \dfrac{b+b^\dagger}{2}\cos\omega t + \dfrac{-\mathrm{i}(b-b^\dagger)}{2}\sin\omega t \end{cases} \tag{6.9.1}$$

在探测器 D_A, D_B 上探测到的光分别为

$$\begin{cases} E_A = \dfrac{1}{\sqrt{2}}(E_\mathrm{s} - E_\mathrm{LO}) = \dfrac{1}{\sqrt{2}}\dfrac{a^\dagger - b^\dagger}{2}\mathrm{e}^{\mathrm{i}\omega t} + \dfrac{1}{\sqrt{2}}\dfrac{a-b}{2}\mathrm{e}^{-\mathrm{i}\omega t} \\[3mm] E_B = \dfrac{1}{\sqrt{2}}(E_\mathrm{s} + E_\mathrm{LO}) = \dfrac{1}{\sqrt{2}}\dfrac{a^\dagger + b^\dagger}{2}\mathrm{e}^{\mathrm{i}\omega t} + \dfrac{1}{\sqrt{2}}\dfrac{a+b}{2}\mathrm{e}^{-\mathrm{i}\omega t} \end{cases} \tag{6.9.2}$$

E_LO 前负号 "−" 的引进, 是因为全反射在介质的外面 (由空气到玻璃, 由稀到密), 故 E_A 中有负号。E_B 中无负号, 因全反射发生在内面 (由玻璃到空气, 不产生 π 相位变化)。由探测器 D_A, D_B 出来的电流 i_A, i_B 经减法器 "−" 输出差拍信号 $i_A - i_B$, 进入谱分析器。这一步非常重要, 其作用为 $E_\mathrm{LO}, E_\mathrm{s}$ 的噪声相抵, 而 E_LO 与 E_s 的拍保留。由 (6.9.2) 式

$$\begin{aligned} i_A - i_B &= a_A^\dagger a_A - a_B^\dagger a_B = \frac{1}{8}\left((a^\dagger - b^\dagger)(a-b) - (a^\dagger + b^\dagger)(a+b)\right) \\ &= -\frac{1}{4}(a^\dagger b + b^\dagger a) \end{aligned} \tag{6.9.3}$$

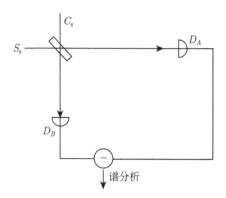

图 6.29 强度差的零拍探测

注意到 E_{LO} 为相干态，$\langle b \rangle = \langle b^\dagger \rangle = 2\tilde{\beta}$，故有

$$
\begin{cases}
\langle i_A - i_B \rangle = -\dfrac{2\tilde{\beta}}{4}\langle a^\dagger + a \rangle = -\tilde{\beta}\langle X \rangle \\[2mm]
\langle (i_A - i_B)^2 \rangle = \dfrac{1}{16}\langle (a^\dagger b + b^\dagger a)(a^\dagger b + b^\dagger a) \rangle = \tilde{\beta}^2 \langle X^2 \rangle \\[2mm]
\langle (\Delta(i_A - i_B))^2 \rangle = \tilde{\beta}^2 \langle X^2 \rangle - \tilde{\beta}^2 \langle X \rangle^2 = \tilde{\beta}^2 \langle (\Delta X)^2 \rangle
\end{cases}
\tag{6.9.4}
$$

由 (6.9.4) 式看到，由差电流保留下来的，即为我们感兴趣的 $X = \dfrac{a + a^\dagger}{2}$ 分量的噪声。又若相干光 E_{LO} 相对于压缩态光发生 $\pi/2$ 相移，即 $b \to ib$，$b^\dagger \to -ib^\dagger$，则同样可证

$$
\begin{cases}
\langle i_A - i_B \rangle = \tilde{\beta}\left\langle \dfrac{-i(a - a^\dagger)}{2} \right\rangle = \tilde{\beta}\langle Y \rangle \\[2mm]
\langle (i_A - i_B)^2 \rangle = \tilde{\beta}^2 \langle Y^2 \rangle
\end{cases}
\tag{6.9.5}
$$

故有

$$
\langle (\Delta(i_A - i_B))^2 \rangle = \tilde{\beta}^2 \langle (\Delta Y)^2 \rangle
\tag{6.9.6}
$$

于是发生 $\pi/2$ 相移后，保留的不再是 $\langle (\Delta X)^2 \rangle$ 分量，而是 $\langle (\Delta Y)^2 \rangle$，即我们感兴趣的另一分量的噪声均方值。当连续改变相干光 E_{LO} 的相位时，我们将看到，有时零拍后的噪声电流比 S.Q.L 噪声电流高，因 $\langle (\Delta Y)^2 \rangle > 1/4$；有时又比 S.Q.L 噪声电流低，因 $\langle (\Delta X)^2 \rangle < 1/4$。这样，我们已实现了压缩态观测 $\langle (\Delta X)^2 \rangle = \dfrac{1}{4}\mathrm{e}^{-2s}$，$\langle (\Delta Y)^2 \rangle = \dfrac{1}{4}\mathrm{e}^{2s}$。

6.9.2 当探测效率 $\eta \neq 1$ 的零拍探测[41]

探测方法有零拍探测 (参考光 E_{LO} 的频率与压缩态光 E_s 的频率相等) 与差拍探测 (E_{LO} 的频率与 E_s 的频率相异)，上面是指探测效率 $\eta = 1$ 的零拍探测。如果

$\eta \neq 1$, 还需要作仔细分析。先考虑压缩态光经分束后由于损耗等原因, 仅有 $\eta < 1$ 的效率被探测器所探测。于是探测器上光的湮没算子 d 与入射光的湮没算子 a 间存在如下关系:

$$d = \eta^{1/2}a + (1 - \eta)^{1/2}a_{\mathrm{v}} \tag{6.9.7}$$

a_{v} 为在分束过程中由损耗而导致的真空起伏算子的影响。按 (6.9.7) 式, d, $d^\dagger$ 仍满足 Boson 算子对易关系 $[d, d^\dagger] = 1$, 而且

$$\begin{aligned} \langle d^\dagger d \rangle &= \eta \langle a^\dagger a \rangle = \eta \langle n \rangle \\ \langle d^\dagger d^\dagger dd \rangle &= \eta^2 \langle a^\dagger a^\dagger aa \rangle = \eta^2 \langle n(n-1) \rangle \end{aligned} \tag{6.9.8}$$

于是在光探测器上接收到的光子平均数及均方差值分别为

$$\langle m \rangle = \langle d^\dagger d \rangle = \eta \langle a^\dagger a \rangle = \eta \langle n \rangle \tag{6.9.9}$$

$$\begin{aligned} \langle (\Delta m)^2 \rangle &= \langle d^\dagger dd^\dagger d \rangle - \langle m \rangle^2 \\ &= \eta^2 \langle (\Delta n)^2 \rangle + \eta(1 - \eta) \langle n \rangle \end{aligned} \tag{6.9.10}$$

式中 $\langle (\Delta m)^2 \rangle$, $\langle m \rangle$ 分别由 (6.8.42), (6.8.49) 式给出。对于 $|\alpha|^2 \gg \sinh^2 s$ 情形, 有

$$\begin{aligned} \langle m \rangle &\simeq \eta |\alpha|^2 \\ \langle (\Delta m)^2 \rangle &\simeq \eta |\alpha|^2 \{1 + \eta[\exp(-2s)\cos^2(\phi - \theta/2) + \exp(2s)\sin^2(\phi - \theta/2) - 1]\} \end{aligned} \tag{6.9.11}$$

式中 { } 内的第一项即通常的相干探测的散粒噪声, 而第二项按前面对 (6.8.54) 式的分析, 当满足 $\cos(2\phi - \theta) > \tanh s$ 反聚束条件时为负, 即 $\langle (\Delta m)^2 \rangle$ 为亚 Poisson 分布。为消除 (6.9.11) 式中散粒噪声, 就得用图 6.29 所示的减电流, 即平衡差拍方法。参照 (6.9.4) 和 (6.9.11) 式, 并考虑到探测器量子效率 η, 输出的差光子 m_{12} 的平均值及均方值分别为

$$\begin{aligned} \langle m_{12} \rangle &= 2\eta |\alpha_{\mathrm{L}}| \langle E(\chi) \rangle \\ \langle (\Delta m_{12})^2 \rangle &= \eta |\alpha_{\mathrm{L}}|^2 \{1 + \eta[4 \langle (\Delta E(\chi))^2 \rangle - 1]\} \end{aligned} \tag{6.9.12}$$

式中

$$\begin{aligned} \langle E(\chi) \rangle &= \alpha \cos(\chi - \theta/2) \\ \langle (\Delta E(\chi))^2 \rangle &= \frac{1}{4}[\exp(-2s)\cos^2(\chi - \theta/2) + \exp(2s)\sin^2(\chi - \theta/2)] \end{aligned} \tag{6.9.13}$$

由 $\chi = \dfrac{\pi}{2} + \phi_{\mathrm{L}}$, 可通过 ϕ_{L} 调节, 当 $\chi - \theta/2 = 0$ 时, 压缩态光场有极大值 $\langle E(\theta/2) \rangle = \alpha$, 而均方差值有极小值 $\langle (\Delta E(\theta/2))^2 \rangle = \dfrac{1}{4}\exp(-2s)$。这就是平衡差拍探测所达到的最佳工作状况。

6.10 压缩态光的产生和放大[42~57]

6.10.1 简并参量放大产生压缩态光的原理与实验结果 [44]

压缩态光场在上面已经讨论了许多。归结起来，可理解为压缩态即压缩态算子 a, $a^\dagger$ 的本征态。a, $a^\dagger$ 又可通过场的湮没、产生算子 b, $b^\dagger$ 表述如下，而 b, $b^\dagger$ 的本征态即相干态。

$$a = \mu b + \nu b^\dagger, \quad a^\dagger = \mu b^\dagger + \nu^* b$$
$$\mu = \cosh r, \quad \nu = \sinh r e^{-i\phi} \tag{6.10.1}$$

但由上式表明的 b, $b^\dagger$ 的线性叠加后的 a, $a^\dagger$ 的本征态在物理上又是怎样实现的呢？非线性光学中的简并参量放大 (或简并四波混频) 已为我们提供了这种实现压缩态光的物理过程，只需对这一过程做一些初步的讨论就知道了。在这两个非线性过程中，算子 a, $a^\dagger$ 满足如下方程 (简化了的)：

$$\begin{cases} \dfrac{\mathrm{d}a}{\mathrm{d}t} = -\gamma a + \epsilon a^\dagger \\[2mm] \dfrac{\mathrm{d}a^\dagger}{\mathrm{d}t} = -\gamma a^\dagger + \epsilon^* a \end{cases} \tag{6.10.2}$$

式中 γ 为阻尼，ϵ 为泵浦波与非线性参量的乘积。简并参量放大与简并四波混频的相互作用如图 6.30 所示。

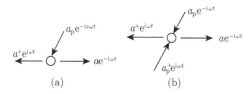

图 6.30　(a) 简并参量放大；(b) 简并四波混频相互作用图

简并参量放大过程中，分子或原子体系在信号光 $a^\dagger e^{i\omega t}$ 的作用下，吸收一个频率为 2ω 的泵浦光子，并辐射出信号波光子与一个参量波光子，频率均为 ω，故为简并的。对于简并四波混频，便是同时吸收两个频率为 ω 的泵浦光子，并辐射出频率为 ω 的信号光与参量光。这一由泵浦光转化为信号光的过程就是方程 (6.10.2) 第 2 项所描述的。方程 (6.10.2) 去掉损耗项后，即简并参量放大方程 (2.2.22)。现参照图 6.31 及 (2.2.23) 式便得 (6.10.2) 式的解。故输入信号光 $(a_0, a_0^\dagger)$ 经简并参量介质作用后为

$$\begin{cases} a = \left(a_0 \cosh \sqrt{\epsilon\epsilon^*}t + a_0^\dagger \sqrt{\dfrac{\epsilon}{\epsilon^*}} \sinh \sqrt{\epsilon\epsilon^*}t \right) e^{-\gamma t} \\[3mm] a^\dagger = \left(a_0^\dagger \cosh \sqrt{\epsilon\epsilon^*}t + a_0 \sqrt{\dfrac{\epsilon}{\epsilon^*}} \sinh \sqrt{\epsilon\epsilon^*}t \right) e^{-\gamma t} \end{cases} \tag{6.10.3}$$

将 (6.10.3) 式与 (6.10.1) 式比较, 并略去衰减因子 $e^{-\gamma t}$, 则得 $\mu = \cosh \sqrt{\epsilon\epsilon^*}t$, $\nu = \sinh \sqrt{\epsilon\epsilon^*}t$, $r = \sqrt{\epsilon\epsilon^*}t$. 这样, (6.10.3) 式恰表明一输入的相干态光 $(a_0, a_0^\dagger)$ 经非线性介质后, 便得到压缩态输出光 $(a, a^\dagger)$. 其压缩度为 $r = \sqrt{\epsilon\epsilon^*}t$, 正比于二阶非线性系数 χ^2(简并参量放大) 或 χ^3(简并四波混频), 泵浦功率, 以及相互作用时间 t. 到目前为止, 通过四波混频与简并参量放大实现压缩态光均有实验结果报道, 但以简并参量放大获得的压缩度较高, 且理论与实验很好符合[44]. 这里主要介绍简并参量放大实验结果, 由此可以看到要求还是很高的. 首先泵浦光的频率 ω_p 应是稳定的. 由下转换产生的信号光与参量光的频率应是简并的, 或接近于简并的, 即一个泵浦光子 $\omega_p \to \omega_p/2 + \delta$, $\omega_p/2 - \delta$, δ 为一小量. 已经报道实现压缩态光装置中[44], 也并不是一个参量放大, 而是一个振荡器. 整个装置如图 6.32 所示.

图 6.31　由相干光 $(a_0, a_0^\dagger)$ 产生压缩态光 $(a, a^\dagger)$ 示意图

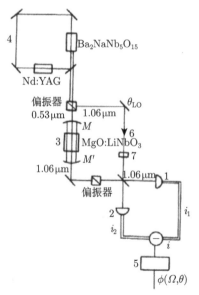

图 6.32　产生压缩态光的实验装置 (参照文献 [44])

1, 2. 光二极管; 3. 光参量振荡器 MgO:LiNbO$_3$;
4. 环形激光器; 5. 谱分析器; 6. 参考光 (local 振荡); 7. 滤光片

腔对泵浦光 ω_p、参量光与信号光 $\omega_p/2 + \delta$, $\omega_p/2 - \delta$ 均为共振。工作条件接近于阈值，但在阈值以下。这样有较好的叠模，也保证了模的稳定性。因为在阈值以上工作时，易产生多模，易出现激光振荡中振荡频率的跳跃现象。在阈值以下工作，即使是多模，总是接近简并 $\omega = \omega_p/2$ 的模占优势。其行为可用单模理论来近似。如图 6.32 所示，产生 $0.53\mu m$ 泵浦光的是一个由工作物质 Nd:YAG 激励的环形激光器。$Ba_2NaNb_5O_{15}$ 为倍频晶体。泵浦光的频率稳定为 1MHz，线宽 100kHz，由于 ω 光、2ω 光的偏振互相正交，在输出端置检偏器，$0.53\mu m$ 的光输入光参量振荡器。$1.06\mu m$ 作为参量光进入检测系统。用 $0.53\mu m$ 光泵浦参量振荡器，振荡器内有 MgO:LiNbO$_3$ 非线性晶体实现参量转换，并工作于相位匹配温度 98°C。M 对 $0.53\mu m$, $1.06\mu m$ 的透过率分别为 3.5%、0.06%。M' 对 $0.53\mu m$, $1.06\mu m$ 的透过率分别为 4.3%、7.3%。由 M' 输出的压缩态光 E_s 经检偏后进入零拍探测器，与由泵浦光来的 E_{LO} 光，在分束处汇合。由光二极管 1, 2 输出电流 i_1, i_2，相减后得 $\Delta i(t) = i_1(t) - i_2(t)$，进入谱分析器。其谱密度 $\Phi(\nu,\theta)$ 为

$$\Phi(\nu,\theta) = \int \langle \Delta i(t)\Delta i(t+\tau)\rangle e^{-i\nu\tau} d\tau$$
$$= (Q_1 i_1 + Q_2 i_2)[1 + \rho T_0 \beta \eta^2 S(\Omega,\theta)] \qquad (6.10.4)$$

式中 Q_1, Q_2 分别为探测器 1、2 每一光脉冲产生的总的电荷数。ρ, T_0, β, η^2 为由腔的损耗与探测器的量子效率等确定的参量。$\Omega = \nu/\gamma$, γ 为方程 (6.10.2) 式中的阻尼系数，θ 为参考的相干态光 E_{LO} 相对于压缩态光的相位延迟。当压缩度 $r = 0$ 时的噪声水平为

$$\Phi(\nu,\theta)|_{r=0} = Q_1 i_1 + Q_2 i_2$$

于是

$$R(\nu,\theta) = \frac{\Phi(\nu,\theta)}{\langle Q_1 i_1 + Q_2 i_2\rangle} = 1 + \rho T_0 \beta \eta^2 S(\Omega,\theta) \qquad (6.10.5)$$

$R(\nu,\theta)$ 为归一化的噪声水平。在探测实验中用电压 $V(\theta)$ 来表示噪声电压水平。图 6.33 所示为 $V(\theta)$ 随 θ 的变化曲线。图中曲线 i 为光参量振荡输出亦即压缩态光被挡掉，仅剩下参考的相干光一路的噪声 V_0，不随 θ 变化。曲线 ii 为加上光参量振荡输出亦即压缩态光后 $V(\theta)$ 随 θ 的变化。明显看出压缩态光的噪声水平随 θ 周期性的变化。最低处的噪声功率要比真空场噪声功率减少约 61%。曲线 iii 为放大器噪声水平 V_A 接近于图的底端，很小。在曲线 i ～ iii 中 $\nu/2\pi = 1.6$MHz。曲线 iv 为测量零拍探测中的一臂的直流光电流输出。可看成真空起伏电压 V_0 与 $V(\theta)$ 中直流分量的叠加。曲线 iv 的值介于 1 ～ 2，与 V_0, $V(\theta)$ 迥异。

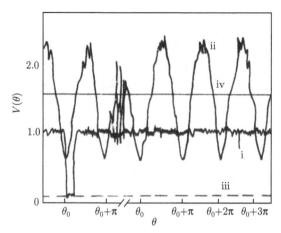

图 6.33　噪声电压水平 $V(\theta)$ 随参考激光相角 θ 的变化 (参照文献 [44])

根据图 6.33 中的 V_0, $V(\theta)$, V_A, 可计算出 $R(\nu, \theta)$

$$R(\nu, \theta) = \frac{V^2(\theta) - V_A^2}{V_0^2 - V_A^2} \tag{6.10.6}$$

将图 6.33 中的 V_0, V_A 及 $V(\theta)$ 的数值代入, 可得 R 的极大、极小分别为 $R_+ = 48 \pm 0.4$, $R_- = 0.39 \pm 0.03$, 而参数 $\rho T_0 \beta \eta^2 = 0.85 \times 0.94 \times 0.89 \times 0.95 = 0.67$. 于是由 (6.10.5) 式得对应于 R_- 的 S_- 值为 $S_- = -0.91$。$R_- = 0.39$ 相当于噪声功率比真空场噪声功率 $R_v = 1$ 减少了 61%。

6.10.2　简并参量放大与简并四波混频满足的 Langevin 方程与 Fokker-Planck 方程

方程 (6.10.2) 是大为简化了的, 参照辐场阻尼振子理论 (5.3.38) 式, 在场算子的运动方程中, 既然包含阻尼, 就必然要引进无规力, 否则场算子所满足的对易关系将被破坏。同样 (6.10.2) 式中也包含阻尼, 也应引进无规力。F, $F^\dagger$ 使得场算符 a, $a^\dagger$ 在求统计平均的意义下, 对易关系应能得以满足, 即

$$\left\{ \begin{array}{l} \dfrac{\mathrm{d}a}{\mathrm{d}t} = -\gamma a + \epsilon a^\dagger + F \\[2mm] \dfrac{\mathrm{d}a^\dagger}{\mathrm{d}t} = -\gamma a^\dagger + \epsilon^* a + F^\dagger \end{array} \right., \quad \langle [a, a^\dagger] \rangle = 1 \tag{6.10.7}$$

这就是简并参量放大 (或简并四波混频) 满足的 Langevin 方程。众所周知, 在描述非线性随机系统的理论中, 除了 Langevin 方程外, 还有 Fokker-Planck 方程。一般来说, 非线性随机系统的 Langevin 方程要比相应的 Fokker-Planck 方程容易处理。特别是产生压缩态光的量子光学系统中所遇到的 Fokker-Planck 方程, 扩散系数为

负或零，解有可能发散。但可从发散的形式解出发，在求物理量的统计平均时，发散困难可以避免。在这个基础上，我们研究了该解在简并参量放大或简并四波混频过程产生压缩态光中的应用。这就是本节和下面几节所要做的。为此我们必须先导出简并参量放大 (简并四波混频) 的 Fokker-Planck 方程，然后求其解，并应用于压缩态的产生中。简并参量放大为一双光子过程，其 Hamilton 可写为

$$H = H_0 + V + W \tag{6.10.8}$$

式中

$$H_0 = \hbar\omega_c a^\dagger a + \sum \hbar\omega_j b_j^\dagger b_j$$
$$V = \hbar\left(\sum k_j b_j a^\dagger + \sum k_j^* b_j^\dagger a\right), \quad W = -\frac{\mathrm{i}\hbar}{2}(\varepsilon a^{\dagger 2} - \varepsilon^* a^2) \tag{6.10.9}$$

简并四波混频的 Hamilton 有类似形式，只是

$$W = \hbar c k(b_1^\dagger b_2^\dagger a_1 a_2 + b_1 b_2 a_1^\dagger a_2^\dagger) \tag{6.10.10}$$

在 (6.10.9) 式中，H_0 为阻尼振子和热库的自由 Hamilton，V 为阻尼振子和热库的相互作用能，W 为外场与阻尼振子的相互作用能。参照热库理论的推导，由 (6.10.9) 式可推导出简并参量情形的约化密度矩阵的运动方程。在 P 表示中，参照 (6.6.24) 式的推导，准概率 P 满足的 c 数方程即 Fokker-Planck 方程

$$\frac{\partial}{\partial t}p(\alpha,\alpha^*,t) = k\left(\frac{\partial}{\partial\alpha}\alpha + \frac{\partial}{\partial\alpha^*}\alpha^*\right)p - \left(\varepsilon\alpha^*\frac{\partial}{\partial\alpha} + \varepsilon^*\alpha\frac{\partial}{\partial\alpha^*}\right)p$$
$$+ \frac{1}{2}\left(\frac{\partial}{\partial\alpha}\varepsilon\frac{\partial}{\partial\alpha} + \frac{\partial}{\partial\alpha^*}\varepsilon^*\frac{\partial}{\partial\alpha^*}\right)p + 2k\bar{n}\frac{\partial^2 p}{\partial\alpha\partial\alpha^*} \tag{6.10.11}$$

式中 $k = \gamma/2$，γ 为原子横向弛豫时间，$\bar{n}$ 为热库的平均光子数。通常 (6.10.11) 式中的最后一项因 $\bar{n} \ll 1$ 而略去。而实际上在泵浦场中，除了由 W 描述的相干相互作用 (即与阻尼振子的相位匹配的那部分相干场) 外，还有相位不匹配的非相干相互作用。这部分等同于场与热库的相互作用，也包括在 $\bar{n}$ 中，故 $\bar{n}$ 不能去掉。此外，(6.10.11) 式中 ε 可写为 $\varepsilon = |\varepsilon|\mathrm{e}^{\mathrm{i}\phi}$，只要 ϕ 为常数，作变换 $\alpha \to \alpha\mathrm{e}^{\mathrm{i}\phi/2}$，$\alpha^* \to \alpha^*\mathrm{e}^{-\mathrm{i}\phi/2}$，则相角可被消去。故不失一般性，在解方程 (6.10.11) 时 ε 可取为实数。

6.10.3　简并参量放大的 Fokker-Planck 方程的解[48,49]

为解 Fokker-Planck 方程 (6.10.11)，首先采取如下变换，将其中关于 α, α^* 的一次导数项消去。

$$p(\alpha,\alpha^*,t) = \mathrm{e}^{-a\left(\frac{\alpha^2 + \alpha^{*2}}{2}\right) + b\alpha\alpha^*}Q(\alpha,\alpha^*,t) \tag{6.10.12}$$

将 (6.10.12) 式代入 (6.10.11) 式, 并选定参数 a, b 使得一次导数 $\dfrac{\partial Q}{\partial \alpha}$, $\dfrac{\partial Q}{\partial \alpha^*}$ 消去, 于是有

$$a = \frac{1}{2}\left[\frac{k+\varepsilon}{\varepsilon - 2k\bar{n}} + \frac{k-\varepsilon}{\varepsilon + 2k\bar{n}}\right], \quad b = \frac{1}{2}\left[\frac{k+\varepsilon}{\varepsilon - 2k\bar{n}} - \frac{k-\varepsilon}{\varepsilon + 2k\bar{n}}\right] \tag{6.10.13}$$

$$\left\{\frac{\varepsilon}{2}\left(\frac{\partial^2}{\partial \alpha^2} + \frac{\partial^2}{\partial \alpha^{*2}}\right) + 2k\bar{n}\frac{\partial^2}{\partial \alpha \partial \alpha^*} - \frac{1}{4}\left[\frac{(k+\varepsilon)^2}{\varepsilon - 2k\bar{n}} - \frac{(k-\varepsilon)^2}{\varepsilon + 2k\bar{n}}\right](\alpha^2 + \alpha^{*2})\right.$$
$$\left. + \frac{1}{2}\left[\frac{(k+\varepsilon)^2}{\varepsilon - 2k\bar{n}} - \frac{(k-\varepsilon)^2}{\varepsilon + 2k\bar{n}}\right]\alpha\alpha^* + k\right\}Q = \frac{\partial}{\partial t}Q(\alpha, \alpha^*, t) \tag{6.10.14}$$

又设

$$\alpha = \frac{\beta + \mathrm{i}\tilde{\beta}}{\sqrt{2}}, \quad \alpha^* = \frac{\beta - \mathrm{i}\tilde{\beta}}{\sqrt{2}} \tag{6.10.15}$$

将 (6.10.15) 式代入 (6.10.14) 式, 便得

$$\left\{\left(\frac{\varepsilon}{2} + k\bar{n}\right)\frac{\partial^2}{\partial \beta^2} - \left(\frac{\varepsilon}{2} - k\bar{n}\right)\frac{\partial^2}{\partial \tilde{\beta}^2} - \frac{(k-\varepsilon)^2\beta^2}{2(\varepsilon + 2k\bar{n})}\right.$$
$$\left. + \frac{(k+\varepsilon)^2\tilde{\beta}2}{2(\varepsilon - 2k\bar{n})}\right\}Q = \frac{\partial Q}{\partial t} \tag{6.10.16}$$

由 (6.10.16) 式等号左端第二项看出, 当 $-\left(\dfrac{\varepsilon}{2} - k\bar{n}\right) \leqslant 0$ 时, $\tilde{\beta}$ 的扩散系数为负或零; 如果泵浦场干扰很大, 使 $k\bar{n} > \varepsilon/2$, 扩散系数为正, 则不能实现压缩。现主要讨论 $\dfrac{\varepsilon}{2} - k\bar{n} > 0$, $\dfrac{\varepsilon}{2} + k\bar{n} > 0$ 情形, 设

$$c = \frac{k-\varepsilon}{\varepsilon + 2k\bar{n}}, \quad \tilde{c} = \frac{k+\varepsilon}{\varepsilon - 2k\bar{n}}$$
$$Q_{mn} = \exp\left(-\lambda_m\left(\frac{\varepsilon}{2} + k\bar{n}\right)t - \tilde{\lambda}_n\left(\frac{\varepsilon}{2} - k\bar{n}\right)t\right)Q_m(\beta)\tilde{Q}_n(\tilde{\beta}) \tag{6.10.17}$$

将 (6.10.17) 式代入 (6.10.16) 式, 便得

$$\begin{cases} \left(\dfrac{\partial^2}{\partial \beta^2} - c^2\beta^2 \pm \lambda_m\right)Q_m(\beta) = 0 \\[3mm] \left(-\dfrac{\partial^2}{\partial \tilde{\beta}^2} + \tilde{c}^2\tilde{\beta}^2 \pm \tilde{\lambda}_n\right)\tilde{Q}_n(\tilde{\beta}) = 0 \end{cases} \tag{6.10.18}$$

(6.10.18) 式的解为

$$\lambda_m = (2m+1)c, \quad \tilde{\lambda}_n = (2n+1)\tilde{c}$$

$$N_m = \left(\frac{\sqrt{c}}{\sqrt{\pi}2^m m!}\right)^{1/2}, \quad N_n = \left(\frac{\sqrt{\tilde{c}}}{\sqrt{\pi}2^n n!}\right)^{1/2} \tag{6.10.19}$$

$$Q_m(\beta) = N_m \mathrm{e}^{-c\beta^2/2}\mathrm{H}_m(\sqrt{c}\beta), \quad \tilde{Q}_n(\tilde{\beta}) = N_n \mathrm{e}^{\tilde{c}\tilde{\beta}^2/2}\mathrm{H}_n(\sqrt{\tilde{c}}\mathrm{i}\tilde{\beta})$$

$$Q_{mn} = \exp[-(m+1/2)(k-\varepsilon)t - (n+1/2)(k+\varepsilon)t]Q_m(\beta)\tilde{Q}_n(\tilde{\beta})$$

当 $\frac{\varepsilon}{2}+k\bar{n}>0$, $\frac{\varepsilon}{2}-k\bar{n}<0$ 时, (6.10.19) 式给出收敛的解。但当 $\frac{\varepsilon}{2}+k\bar{n}<0$, $\frac{\varepsilon}{2}-k\bar{n}>0$ 时, $Q_m(\beta)$ (或 $\tilde{Q}_n(\tilde{\beta})$) 当 β (或 $\tilde{\beta}$) $\to \infty$ 时是发散的。这个发散困难在求物理量的统计平均时可以避免。下面讨论 $\varepsilon/2+k\bar{n}>0$, $\frac{\varepsilon}{2}-k\bar{n}>0$ 情形, 即 $\beta \to \infty$ 时 $Q_{m(\beta)}$ 收敛, $\tilde{\beta} \to \infty$ 时 $\tilde{Q}_n(\tilde{\beta})$ 发散的情形。这里仍用 Q_{mn} 作格林函数, 并按 (6.10.12) 式得

$$p_{mn} = \exp\left[-\frac{1}{4}\left(\frac{k+\varepsilon}{\varepsilon-2k\bar{n}}+\frac{k-\varepsilon}{\varepsilon+2k\bar{n}}\right)(\beta^2-\tilde{\beta}^2)\right.$$
$$\left. +\frac{1}{4}\left(\frac{k+\varepsilon}{\varepsilon-2k\bar{n}}-\frac{k-\varepsilon}{\varepsilon+2k\bar{n}}\right)(\beta^2+\tilde{\beta}^2)\right]Q_{mn} \tag{6.10.20}$$

参照 c, $\tilde{c}$ 的定义 (6.10.17) 式, 将上式写为

$$p_{mn} = \exp\left(-\frac{1}{2}c\beta^2 + \frac{1}{2}\tilde{c}\tilde{\beta}^2\right)Q_{mn} \tag{6.10.21}$$

格林函数 $P(\beta,\tilde{\beta},t;\beta_0,\tilde{\beta}_0)$ 为

$$p(\beta,\tilde{\beta},t;\beta_0,\tilde{\beta}_0) = N\sum \varepsilon_{mn}p_{mn} \tag{6.10.22}$$

$$\varepsilon_{mn} = N_m N_n \mathrm{H}_m(\sqrt{c}\beta_0)\mathrm{H}_n(\sqrt{\tilde{c}}\mathrm{i}\tilde{\beta}_0) \tag{6.10.23}$$

式中 N 为归一化系数。为求出和式 (6.10.22), 利用如下等式:

$$\sum_n \frac{\left(\dfrac{\mathrm{e}^{-(k-\varepsilon)t}}{2}\right)^n}{n!}\mathrm{H}_n(\sqrt{c}\beta)\mathrm{H}_n(\sqrt{c}\beta_0) = \frac{\exp\left[\dfrac{2c\beta\beta_0\mathrm{e}^{-(k-\varepsilon)t} - c(\beta^2+\beta_0^2)\mathrm{e}^{-2(k-\varepsilon)t}}{1-\mathrm{e}^{-2(k-\varepsilon)t}}\right]}{(1-\mathrm{e}^{-2(k-\varepsilon)t})^{1/2}}$$

$$\tag{6.10.24}$$

$$p(\beta, \tilde{\beta}, t; \beta_0, \tilde{\beta}_0)$$

$$= N \sum_n N_n^2 \exp\left[-n(k-\varepsilon)t - c\beta^2 - \frac{k-\varepsilon}{2}t\right] H_n(\sqrt{c}\beta) H_n(c\beta_0)$$

$$\times \sum_n N_n^2 \exp\left[-n(\varepsilon+k)t + \tilde{c}\tilde{\beta}^2 - \frac{\varepsilon+k}{2}t\right] H_n(\sqrt{\tilde{c}}i\tilde{\beta}) H_n(\sqrt{\tilde{c}}i\beta_0)$$

$$= \frac{N\sqrt{c\tilde{c}}}{\sqrt{\pi}\sqrt{1 - e^{2(\varepsilon-k)t}}} \exp\left[-\frac{k-\varepsilon}{2}t + \frac{2c\beta\beta_0 e^{-(k-\varepsilon)t} - c(\beta^2 + \beta_0^2)e^{-2(k-\varepsilon)t} - c\beta^2}{1 - e^{-2(k-\varepsilon)t}}\right]$$

$$\times \frac{1}{\sqrt{\pi}\sqrt{1 - 2e^{-2(\varepsilon-k)t}}} \exp\left[-\frac{\varepsilon+k}{2}t + \frac{-2\tilde{c}\tilde{\beta}\tilde{\beta}_0 e^{-(\varepsilon+k)t} + \tilde{c}(\tilde{\beta}^2 + \tilde{\beta}_0^2)e^{-2(\varepsilon+k)t} + c\tilde{\beta}^2}{1 - e^{-2(\varepsilon+k)t}}\right]$$

$$= \frac{N\sqrt{c\tilde{c}}}{\sqrt{\pi}\sqrt{1 - e^{-2(k-\varepsilon)t}}} \exp\left[-\frac{k-\varepsilon}{2}t - \frac{c(\beta - \beta_0 e^{-(k-\varepsilon)t})^2}{1 - e^{-2(k-\varepsilon)t}}\right]$$

$$\times \frac{1}{\sqrt{\pi}\sqrt{1 - e^{-2(\varepsilon+k)t}}} \exp\left[-\frac{\varepsilon+k}{2}t + \frac{\tilde{c}(\tilde{\beta} - \tilde{\beta}_0 e^{-(\varepsilon+k)t})^2}{1 - e^{-2(\varepsilon+k)t}}\right] \tag{6.10.25}$$

在 (6.10.25) 式中将归一化系数形式地取为

$$N = \frac{\pi}{\sqrt{c\tilde{c}}} \left\{ \int \exp\left[-\frac{k-\varepsilon}{2}t - \frac{c(\beta - \beta_0 e^{-(k-\varepsilon)t})^2}{1 - e^{-2(k-\varepsilon)t}}\right] \frac{\mathrm{d}\beta}{\sqrt{1 - e^{-2(k-\varepsilon)t}}} \right.$$

$$\times \left. \int \exp\left[-\frac{\varepsilon+k}{2}t + \frac{\tilde{c}(\tilde{\beta} - \tilde{\beta}_0 e^{-(\varepsilon+k)t})^2}{1 - e^{-2(\varepsilon+k)t}}\right] \frac{\mathrm{d}\tilde{\beta}}{\sqrt{1 - e^{-2(\varepsilon+k)t}}} \right\}^{-1} \tag{6.10.26}$$

很明显, 这样取定 N 后, 有

$$\int\int p(\beta, \tilde{\beta}, t; \beta_0, \tilde{\beta}_0) \mathrm{d}\beta \mathrm{d}\tilde{\beta} = 1 \tag{6.10.27}$$

令

$$\begin{cases} x = (\beta - \beta_0 e^{-(k-\varepsilon)t})/\sqrt{1 - e^{-2(k-\varepsilon)t}} \\ y = (\tilde{\beta} - \tilde{\beta}_0 e^{-(\varepsilon+k)t})/\sqrt{1 - e^{-2(\varepsilon+k)t}} \end{cases} \tag{6.10.28}$$

由上述方程可求得量子起伏如下:

$$\langle(\beta - \beta_0 e^{-(k-\varepsilon)t})^2\rangle$$

$$= (1 - e^{-2(k-\varepsilon)t}) \frac{\int x^2 e^{-cx^2} \mathrm{d}x}{\int e^{-cx^2} \mathrm{d}x}$$

$$= (1 - e^{-2(k-\varepsilon)t})\left(-\frac{\partial}{\partial c} \ln \int e^{-cx^2} \mathrm{d}x\right) = \frac{1}{2c}(1 - e^{-2(k-\varepsilon)t}) \tag{6.10.29}$$

$$\langle (\tilde{\beta} - \tilde{\beta}_0 e^{-(\varepsilon+k)t})^2 \rangle$$

$$= (1 - e^{-2(k+\varepsilon)t}) \frac{\int y^2 e^{\tilde{c}y^2} dy}{\int e^{\tilde{c}y^2} dy}$$

$$= (1 - e^{-2(\varepsilon+k)t}) \left(\frac{\partial}{\partial \tilde{c}} \ln \int e^{\tilde{c}y^2} dy \right)$$

$$= (1 - e^{-2(\varepsilon+k)t}) \left(\frac{\partial}{\partial \tilde{c}} \ln \left(\tilde{c}^{-\frac{1}{2}} \int e^{z^2} dz \right) \right) = -\frac{1}{2\tilde{c}} (1 - e^{-2(\varepsilon+k)t}) \quad (6.10.30)$$

由 (6.10.28)、(6.10.29) 式给出 α 的实部 x_1，虚部 x_2 的正规编序方差为

$$\begin{cases} \langle : (\Delta x_1)^2 : \rangle = \left\langle \left(\frac{\beta - \beta_0 e^{-(k-\varepsilon)t}}{\sqrt{2}} \right)^2 \right\rangle = \frac{1}{4} \frac{\varepsilon + 2k\bar{n}}{k - \varepsilon} (1 - e^{-2(k-\varepsilon)t}) \\ \langle : (\Delta x_2)^2 : \rangle = \left\langle \left(\frac{\tilde{\beta} - \tilde{\beta}_0 e^{-(k+\varepsilon)t}}{\sqrt{2}} \right)^2 \right\rangle = -\frac{1}{4} \frac{\varepsilon - 2k\bar{n}}{k + \varepsilon} (1 - e^{-2(k+\varepsilon)t}) \end{cases} \quad (6.10.31)$$

实际量子起伏应为[39]

$$\begin{cases} \langle (\Delta x_1)^2 \rangle = \frac{1}{4} + \langle : (\Delta x_1)^2 : \rangle = \frac{1}{4} + \frac{1}{4} \frac{\varepsilon + 2k\bar{n}}{k - \varepsilon} (1 - e^{-2(k-\varepsilon)t}) \\ \langle (\Delta x_2)^2 \rangle = \frac{1}{4} + \langle : (\Delta x_2)^2 : \rangle = \frac{1}{4} - \frac{1}{4} \frac{\varepsilon - 2k\bar{n}}{k + \varepsilon} (1 - e^{-2(k+\varepsilon)t}) \end{cases} \quad (6.10.32)$$

现对 (6.10.32) 式作进一步讨论。

首先工作于阈值以下，$k - \varepsilon \geqslant 0$，压缩分量

$$\begin{cases} \langle (\Delta x_2)^2 \rangle \geqslant \frac{1}{4} - \frac{1}{4} \frac{\varepsilon}{k + \varepsilon} \geqslant 1/8 \\ \langle (\Delta x_1)^2 \rangle \langle (\Delta x_2)^2 \rangle \simeq \frac{1}{16} \left(1 + \frac{\varepsilon}{k - \varepsilon} \right) \left(1 - \frac{\varepsilon}{k + \varepsilon} \right) \geqslant 1/16 \end{cases} \quad (6.10.33)$$

最大压缩 1/8 为真空起伏 1/4 的 1/2。

若工作于阈值以上，$k - \varepsilon < 0$，且 $\varepsilon \gg k$，t 很大时

$$\begin{cases} \langle (\Delta x_2)^2 \rangle = \frac{1}{4} - \frac{1}{4} \frac{\varepsilon}{k + \varepsilon} (1 - e^{-2(k+\varepsilon)t}) \simeq e^{-2\varepsilon t} \\ \langle (\Delta x_1)^2 \rangle = \frac{1}{4} + \frac{1}{4} \frac{\varepsilon}{\varepsilon - k} (e^{2(\varepsilon-k)t} - 1) \simeq \frac{1}{4} e^{2\varepsilon t} \end{cases} \quad (6.10.34)$$

$\langle (\Delta x_1)^2 \rangle$，$\langle (\Delta x_2)^2 \rangle$ 仍满足测不准关系

$$\langle (\Delta x_1)^2 \rangle \langle (\Delta x_2)^2 \rangle \geqslant 1/16$$

6.10.4　简并四波混频的 Fokker-Planck 方程的解

产生压缩态的另一重要方案即后向简并四波混频 (图 6.34)。

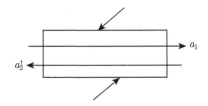

图 6.34　后向简并四波混频

参照文献 [47], 其 Langevin 方程为

$$\begin{cases} \dfrac{\mathrm{d}a_1}{\mathrm{d}t} = -ka_1 + \mathrm{i}\varepsilon a_2^\dagger + F_1 \\[2mm] \dfrac{\mathrm{d}a_2^\dagger}{\mathrm{d}t} = -ka_2^\dagger + \mathrm{i}\varepsilon a_1 + F_2^\dagger \end{cases} \tag{6.10.35}$$

令

$$a = \frac{a_2^\dagger \mathrm{e}^{\mathrm{i}\pi/4} + a_1 \mathrm{e}^{-\mathrm{i}\pi/4}}{\sqrt{2}}, \quad a^\dagger = \frac{a_2^\dagger \mathrm{e}^{\mathrm{i}\pi/4} - a_1 \mathrm{e}^{-\mathrm{i}\pi/4}}{\sqrt{2}}$$

$$F = \frac{F_2^\dagger \mathrm{e}^{\mathrm{i}\pi/4} + F_1 \mathrm{e}^{-\mathrm{i}\pi/4}}{\sqrt{2}}, \quad F^\dagger = \frac{F_2^\dagger \mathrm{e}^{\mathrm{i}\pi/4} - F_1 \mathrm{e}^{-\mathrm{i}\pi/4}}{\sqrt{2}} \tag{6.10.36}$$

则 $[a, a^\dagger] = [a_1, a_2^\dagger] = 1$, 但 a, $a^\dagger$ 不是厄米共轭的。由方程 (6.10.35)、(6.10.36) 得 Langevin 方程为

$$\begin{cases} \dfrac{\mathrm{d}}{\mathrm{d}t}a = -ka + \varepsilon a^\dagger + F \\[2mm] \dfrac{\mathrm{d}}{\mathrm{d}t}a^\dagger = -ka^\dagger - \varepsilon a + F^\dagger \end{cases} \tag{6.10.37}$$

对应的 Hamilton 及 Fokker-Planck 方程为

$$H = \mathrm{i}\hbar k a^\dagger a + \hbar \left\{ \mathrm{i}\left(-\frac{\varepsilon}{2}\right) a^{\dagger 2} - \mathrm{i}\left(\frac{\varepsilon}{2}\right) a^2 \right\}$$

$$\frac{\partial p}{\partial t} = \left\{ k\left(\frac{\partial}{\partial \alpha}\alpha + \frac{\partial}{\partial \alpha^*}\alpha^*\right) - \varepsilon\left(\alpha^*\frac{\partial}{\partial \alpha} - \alpha\frac{\partial}{\partial \alpha^*}\right) \right.$$

$$\left. + \frac{\varepsilon}{2}\left(\frac{\partial^2}{\partial \alpha^2} - \frac{\partial^2}{\partial \alpha^{*2}}\right) + 2k\bar{n}\frac{\partial^2}{\partial \alpha \partial \alpha^*} \right\} p \tag{6.10.38}$$

对于前向简并四波混频[53](见图 6.35) 有

$$\begin{cases} \dfrac{\mathrm{d}a_1}{\mathrm{d}t} = -ka_1 + \mathrm{i}\varepsilon a_2^\dagger + F_1 \\[2mm] \dfrac{\mathrm{d}a_2^\dagger}{\mathrm{d}t} = -ka_2 - \mathrm{i}\varepsilon a_1 + F_2^\dagger \end{cases} \tag{6.10.39}$$

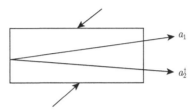

图 6.35 前向简并四波混频

定义

$$a^\dagger = \frac{a_1 + a_2^\dagger}{\sqrt{2}}, \quad a = \frac{a_1 - a_2^\dagger}{\sqrt{2}}$$

$$F^\dagger = \frac{F_1 + F_2^\dagger}{\sqrt{2}}, \quad F = \frac{F_1 - F_2^\dagger}{\sqrt{2}}$$

得

$$\frac{\mathrm{d}}{\mathrm{d}t} \begin{pmatrix} a \\ a^\dagger \end{pmatrix} = \begin{pmatrix} -k & \mathrm{i}\varepsilon \\ -\mathrm{i}\varepsilon & -k \end{pmatrix} \begin{pmatrix} a \\ a^\dagger \end{pmatrix} + \begin{pmatrix} F \\ F^\dagger \end{pmatrix} \tag{6.10.40}$$

与 (6.10.40) 式相应的 Fokker-Planck 方程与 (6.10.11) 式相同, 故只需讨论后向简并四波混频即 (6.10.37) 式的解就可以了。作变换 $\alpha \to \alpha$, $\alpha^* \to \mathrm{i}\alpha^*$, 得 (6.10.38) 式如下形式:

$$\begin{aligned} \frac{\partial p}{\partial t} = \bigg\{ & k\left(\frac{\partial}{\partial \alpha}\alpha + \frac{\partial}{\partial \alpha^*}\alpha^*\right) - \mathrm{i}\varepsilon\left(\alpha^*\frac{\partial}{\partial \alpha} + \alpha\frac{\partial}{\partial \alpha^*}\right) \\ & + \frac{\varepsilon}{2}\left(\frac{\partial^2}{\partial \alpha^2} + \frac{\partial^2}{\partial \alpha{*2}}\right) - 2\mathrm{i}k\bar{n}\frac{\partial^2}{\partial \alpha \partial \alpha^*} \bigg\} p \end{aligned} \tag{6.10.41}$$

仍按上面方法求解

$$p = \mathrm{e}^{-a(\alpha^2 + \alpha^{*2}) + b\alpha\alpha^*} Q(\alpha, \alpha^*, t)$$

$$a = \frac{1}{2}\left[\frac{k + \mathrm{i}\varepsilon}{\varepsilon + 2\mathrm{i}k\bar{n}} + \frac{k - \mathrm{i}\varepsilon}{\varepsilon - 2\mathrm{i}k\bar{n}}\right], \quad b = \frac{1}{2}\left[\frac{k + \mathrm{i}\varepsilon}{\varepsilon + 2\mathrm{i}k\bar{n}} - \frac{k - \mathrm{i}\varepsilon}{\varepsilon - 2\mathrm{i}k\bar{n}}\right]$$

$$
\begin{aligned}
\frac{\partial}{\partial t} Q(\alpha, \alpha^*, t) = \bigg\{ & \frac{\varepsilon}{2}\left(\frac{\partial^2}{\partial \alpha^2} + \frac{\partial^2}{\partial \alpha^{*2}}\right) - 2\mathrm{i}k\bar{n}\frac{\partial^2}{\partial\alpha\partial\alpha^*} \\
& - \frac{1}{4}\left(\frac{(k+\mathrm{i}\varepsilon)^2}{\varepsilon+2\mathrm{i}k\bar{n}} + \frac{(k-\mathrm{i}\varepsilon)^2}{\varepsilon-2\mathrm{i}k\bar{n}}\right)(\alpha^2+\alpha^{*2}) \\
& + \frac{1}{2}\left(\frac{(k+\mathrm{i}\varepsilon)^2}{\varepsilon+2\mathrm{i}k\bar{n}} - \frac{(k-\mathrm{i}\varepsilon)^2}{\varepsilon-2\mathrm{i}k\bar{n}}\right)\alpha\alpha^* + k\bigg\} Q
\end{aligned}
\tag{6.10.42}
$$

注意到定义 (6.10.36) 式

$$
\begin{cases}
a^\dagger = \dfrac{a_2^\dagger(1+\mathrm{i}) - a_1(1-\mathrm{i})}{2} = \mathrm{i}\dfrac{(a_1 + a_2^\dagger) + \mathrm{i}(a_1 - a_2^\dagger)}{2} \\[3mm]
a = \dfrac{a_2^\dagger(1+\mathrm{i}) + a_1(1-\mathrm{i})}{2} = \dfrac{a_1 + a_2 - \mathrm{i}(a_1 - a_2^\dagger)}{2}
\end{cases}
\tag{6.10.43}
$$

又注意到在得出 (6.10.41) 式时，已作了变换 $\alpha \to \alpha$, $\alpha^* \to \mathrm{i}\alpha^*$，故在 P 表示中，α, α^* 的含义为

$$
\begin{cases}
\alpha = \dfrac{\alpha_1 + \alpha_2^* - \mathrm{i}(\alpha_1 - \alpha_2^*)}{2} = \dfrac{\beta + \mathrm{i}\tilde{\beta}}{\sqrt{2}} \\[3mm]
\alpha^* = \dfrac{\alpha_1 + \alpha_2^* + \mathrm{i}(\alpha_1 - \alpha_2^*)}{2} = \dfrac{\beta - \mathrm{i}\tilde{\beta}}{\sqrt{2}}
\end{cases}
\tag{6.10.44}
$$

其中

$$
\beta = \frac{\alpha_1 + \alpha_2^*}{\sqrt{2}}, \quad \tilde{\beta} = \frac{-\alpha_1 + \alpha_2^*}{\sqrt{2}}
\tag{6.10.45}
$$

定义

$$
c = \frac{k - \mathrm{i}\varepsilon}{\varepsilon - 2\mathrm{i}k\bar{n}}, \quad \tilde{c} = \frac{k + \mathrm{i}\varepsilon}{\varepsilon + 2\mathrm{i}k\bar{n}}
\tag{6.10.46}
$$

则

$$
Q_{mn} = \exp\left[-\left(m + \frac{1}{2}\right)(k - \mathrm{i}\varepsilon)t - \left(n + \frac{1}{2}\right)(k + \mathrm{i}\varepsilon)t\right] Q_m(\beta)\tilde{Q}_n(\tilde{\beta})
\tag{6.10.47}
$$

$$
Q_m(\beta) = N_m \mathrm{e}^{-c\beta^2/2} \mathrm{H}_m(\sqrt{c}\beta), \quad \tilde{Q}_n(\tilde{\beta}) = N_n \mathrm{e}^{\tilde{c}\tilde{\beta}^2/2} \mathrm{H}_n(\sqrt{\tilde{c}}\mathrm{i}\tilde{\beta})
$$

令

$$
x_1 = \frac{\alpha + \alpha^*}{2} = \frac{\beta}{\sqrt{2}}, \quad x_2 = \frac{\alpha - \alpha^*}{2\mathrm{i}} = \frac{\tilde{\beta}}{\sqrt{2}}
$$

则

$$
\begin{cases}
\langle : (\Delta x_1)^2 : \rangle = \left\langle \left(\dfrac{\beta - \beta_0 \mathrm{e}^{-(k-\mathrm{i}\varepsilon)t}}{\sqrt{2}}\right)^2 \right\rangle = \dfrac{1}{4c}\left(1 - \mathrm{e}^{-2(k-\mathrm{i}\varepsilon)t}\right) \\[5mm]
\langle : (\Delta x_2)^2 : \rangle = \left\langle \left(\dfrac{\tilde{\beta} - \tilde{\beta}_0 \mathrm{e}^{-(k+\mathrm{i}\varepsilon)t}}{\sqrt{2}}\right)^2 \right\rangle = -\dfrac{1}{4\tilde{c}}\left(1 - \mathrm{e}^{-2(k+\mathrm{i}\varepsilon)t}\right)
\end{cases}
\tag{6.10.48}
$$

上面已提到定义 (6.10.35) 式的 a, $a^\dagger$ 不是厄米的, α, α^* 并非共轭量, x_1, x_2 也不是实数, 因此其方差亦是复数。

6.11 简并四波混频实验

前面已讨论用一强的泵浦光通过非线性晶体的自发辐射参量下转换, 就能得到纠缠的带宽较宽的双光子态, 但这样带宽较宽的双光子态具有较短的相干长度, 不适用于长距离的量子通信。为此必须探求新的单光子与原子相互作用方法, 获得窄带的双光子纠缠态源。例如, 单光子与冷原子气体相互作用的后向四波混频[58~60], 就能获得窄带的双光子纠缠态源。图 6.36 示出冷原子的四能级结构。在能级 2 与 3 之间为强的耦合场, 在能级 1 与 4 之间为弱的探针光, 原子吸收一个探针光后, 便由高能态 4 向低能态 2 的自发辐射 Stokes 光诱导出一个由高能态 3 向基态 1 的反 Stokes(anti-Stokes) 光。其内在物理过程可通过强的耦合场在能级 2 与 3 之间产生的强场分裂及反 Stokes 光在有增益的由冷原子气体构成的非线性介质的传播来加以说明。现一一说明如下:

(1) 图 6.36 示出原子四能级 (或双 Λ 型) 中 2,3 能级在强耦合场 ω_c 共振相互作用下发生的能级分裂。而作用于 1,4 能级间弱泵浦脉冲 ω_p 相对于 1,4 能级还有些失谐 $\Delta = \omega_p - \omega_{41}$。由自发辐射 Stokes 光诱发的后向四波混频的反 Stokes 满足能量守恒关系 $\omega_s = \omega_p + \omega_c - \omega_{as}$。设原子密度为 N。γ_{ij}, μ_{ij} 分别表示原子的弛豫率与电偶极矩阵元, $\Omega_p = \mu_{14}E_p/\hbar, \Omega_c = \mu_{23}E_c/\hbar$ 为探针光及耦合光的 Rabi 频率, 能级 2,3 用 E_2, E_3 表示, 当 $\Omega_c \gg |\gamma_{13} - \gamma_{12}|$ 时

$$E_2 \longrightarrow E_2 - \mathrm{i}\gamma_e \pm \Omega/2, \quad E_3 \longrightarrow E_3 - \mathrm{i}\gamma_e \pm \Omega/2$$
$$\Omega_e = \sqrt{|\Omega_c|^2 - \gamma_e^2}, \quad \gamma_e = \frac{\gamma_{13} - \gamma_{12}}{2} \tag{6.11.1}$$

按照这样的能级分裂以及通常的非线性光学方法可计算出线性极化率 $\chi_{as}(\omega)$[58~62] (这里设 $\rho_{33} - \rho_{11} \simeq -1, \rho_{44} - \rho_{22} \simeq \dfrac{\Omega_p^2}{\Omega_p^2 + \gamma_{24}^2}$)。

$$\begin{aligned}
\chi_{as}(\omega) &= \frac{N}{\hbar}(\rho_{33} - \rho_{11})\left(\frac{\mu_{13}\mu_{31}}{\omega + \mathrm{i}\gamma_e - \Omega_e/2} + \frac{\mu_{13}\mu_{31}}{\omega + \mathrm{i}\gamma_e + \Omega_e/2}\right) \\
&= -\frac{N}{\hbar}\left(\frac{\mu_{13}\mu_{31}}{\omega + \mathrm{i}\gamma_e - \Omega_e} + \frac{\mu_{13}\mu_{31}}{\omega + \mathrm{i}\gamma_e + \Omega_e}\right), \quad \omega = \omega_{as} - \omega_{31}
\end{aligned} \tag{6.11.2}$$

$$\begin{aligned}
\chi_s(\omega) &= \frac{N}{\hbar}(\rho_{44} - \rho_{22})\left(\frac{\mu_{24}\mu_{42}}{\omega + \mathrm{i}\gamma_e - \Omega_e/2} + \frac{\mu_{24}\mu_{42}}{\omega + \mathrm{i}\gamma_e + \Omega_e/2}\right) \\
&= \frac{N}{\hbar}\frac{\Omega_p^2}{\Omega_p^2 + \gamma_{24}^2}\left(\frac{\mu_{24}\mu_{42}}{\omega + \mathrm{i}\gamma_e - \Omega_e} + \frac{\mu_{13}\mu_{31}}{\omega + \mathrm{i}\gamma_e + \Omega_e}\right), \quad \omega = \omega_s - \omega_{42}
\end{aligned} \tag{6.11.3}$$

而有关反 Stokes 光传输的三阶极化率 $\chi_{\mathrm{as}}^3(\omega)$ 为

$$\chi_{\mathrm{as}}^3(\omega) = \chi_{\mathrm{s}}^3(\omega) = \chi^3(\omega) = \frac{N\mu_{13}\mu_{32}\mu_{24}\mu_{41}/(4\epsilon_0\hbar^3)}{\left(\Delta_{\mathrm{p}} + \mathrm{i}\gamma_{14}\right)\left(\omega + \mathrm{i}\gamma_{\mathrm{e}} - \dfrac{\Omega_{\mathrm{e}}}{2}\right)\left(\omega + \mathrm{i}\gamma_{\mathrm{e}} + \dfrac{\Omega_{\mathrm{e}}}{2}\right)} \tag{6.11.4}$$

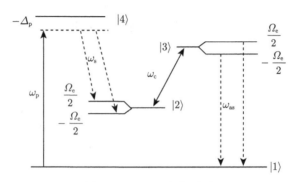

图 6.36   双 Λ 型原子能级

波数 $k_{\mathrm{as}} = \omega_{\mathrm{as}}/c\sqrt{1+\chi_{\mathrm{as}}}$, $k_{\mathrm{s}} = \omega_{\mathrm{s}}/c\sqrt{1+\chi_{\mathrm{s}}}$。有了 χ_{as}, χ_{s} 就可计算反 Stokes 波损耗 $\Gamma_{\mathrm{as}}(\omega_{\mathrm{as}})$, Stokes 波增益 $g_{\mathrm{s}}(\omega_{\mathrm{s}})$ 及后向四波混频产生的非线性耦合系数 $\kappa_{\mathrm{as}}(\omega)$:

$$\begin{aligned}
&\Gamma_{\mathrm{as}}(\omega_{\mathrm{as}}) \\
&= -\frac{\mathrm{i}\omega_{\mathrm{as}}}{2c}\chi_{\mathrm{as}} \\
&= \frac{\mathrm{i}\omega_{\mathrm{as}}}{2c}\frac{N\mu_{13}\mu_{31}}{\hbar}\left(\frac{1}{\omega_{\mathrm{as}} - \omega_{31} + \mathrm{i}\gamma_{\mathrm{e}} - \dfrac{\Omega_{\mathrm{e}}}{2}} + \frac{1}{\omega_{\mathrm{as}} - \omega_{31} + \mathrm{i}\gamma_{\mathrm{e}} + \dfrac{\Omega_{\mathrm{e}}}{2}}\right) \\
&= M_{\mathrm{as}}\left(\frac{1}{\omega_{\mathrm{as}} - \omega_{31} + \mathrm{i}\gamma_{\mathrm{e}} - \dfrac{\Omega_{\mathrm{e}}}{2}} + \frac{1}{\omega_{\mathrm{as}}\omega_{31} + \mathrm{i}\gamma_{\mathrm{e}} + \dfrac{\Omega_{\mathrm{e}}}{2}}\right), \quad M_{\mathrm{as}} = \frac{-\mathrm{i}N\sigma_{13}\gamma_{13}}{4\pi} \quad (6.11.5)
\end{aligned}$$

$$\begin{aligned}
g_{\mathrm{s}}(\omega_{\mathrm{s}}) &= -\frac{\mathrm{i}\omega_{\mathrm{s}}}{2c}\chi_{\mathrm{s}} \\
&= M_{\mathrm{s}}\left(\frac{1}{\omega_{\mathrm{s}} - \omega_{42} + \mathrm{i}\gamma_{\mathrm{e}} - \dfrac{\Omega_{\mathrm{e}}}{2}} + \frac{1}{\omega_{\mathrm{s}} - \omega_{42} + \mathrm{i}\gamma_{\mathrm{e}} + \dfrac{\Omega_{\mathrm{e}}}{2}}\right)
\end{aligned}$$

$$M_{\mathrm{s}} = \frac{-\mathrm{i}N\sigma_{24}\gamma_{24}}{4\pi} \tag{6.11.6}$$

$$
\begin{aligned}
\kappa_{\mathrm{as}}(\omega) &= -\frac{\mathrm{i}k_{24}}{2}\chi^3(\omega)E_{\mathrm{c}}E_{\mathrm{p}} \\
&= \frac{\mathrm{i}N\sigma_{13}\gamma_{13}\||\Omega_{\mathrm{c}}|\Omega_{\mathrm{p}}}{8(\Delta_{\mathrm{p}}+\mathrm{i}\gamma_{14})\left(\omega+\mathrm{i}\gamma_{\mathrm{e}}-\dfrac{\Omega_{\mathrm{e}}}{2}\right)\left(\omega+\mathrm{i}\gamma_{\mathrm{e}}+\dfrac{\Omega_{\mathrm{e}}}{2}\right)} \\
&= \frac{\omega_{\mathrm{p}}}{\Delta_{\mathrm{p}}}\frac{\mathrm{i}N\sigma_{13}\gamma_{13}}{8}\frac{\Omega_{\mathrm{c}}}{\Omega_{\mathrm{e}}}\left(\frac{1}{\omega+\mathrm{i}\gamma_{\mathrm{e}}-\dfrac{\Omega_{\mathrm{e}}}{2}}-\frac{1}{\omega+\mathrm{i}\gamma_{\mathrm{e}}+\dfrac{\Omega_{\mathrm{e}}}{2}}\right)
\end{aligned} \tag{6.11.7}
$$

当 $\Omega_{\mathrm{p}}/\Delta\omega_{\mathrm{p}}=0.1$ 时, $(\Omega_{\mathrm{p}}/\Delta\omega_{\mathrm{p}})^2$ 很小, $g_R\longrightarrow 0$。

(2) 参照文献 [54], Stokes 光与反 Stokes 光的相互作用方程为

$$
\left\{
\begin{aligned}
&\frac{\mathrm{d}\hat{a}_{\mathrm{s}}^\dagger}{\mathrm{d}z}+\kappa_{\mathrm{s}}\hat{a}_{\mathrm{as}}=\hat{F}_{\mathrm{s}}(z,\omega) \\
&-\frac{\mathrm{d}\hat{a}_{\mathrm{as}}}{\mathrm{d}z}+\Gamma_{\mathrm{as}}\hat{a}_{\mathrm{s}}+\kappa_{\mathrm{as}}\hat{a}_{\mathrm{s}}^\dagger=\hat{F}_{\mathrm{as}}^\dagger(z,\omega)
\end{aligned}
\right. \tag{6.11.8}
$$

式中 $\hat{a}_{\mathrm{s}}^\dagger,\hat{a}_{\mathrm{as}}$ 为 Stokes 光与反 Stokes 光算子, $\hat{F}_{\mathrm{s}(z,\omega)},\hat{F}_{\mathrm{as}}^\dagger(z,\omega)$ 为无规力算子。若略去无规力, 则得

$$
\frac{\mathrm{d}\hat{a}_{\mathrm{as}}}{\mathrm{d}z}-\Gamma_{\mathrm{as}}\hat{a}_{\mathrm{s}}=\kappa_{\mathrm{as}}\hat{a}_{\mathrm{s}}^\dagger \tag{6.11.9}
$$

这就是由 Stokes 光驱动的后向传输反 Stokes 光方程。如图 6.37 所示, L 为冷原子气体介质的长度。泵浦光 ω_{p} 由左面 $z=L$ 处射入, 导致后向四波混频 (FWM)。耦合光 ω_{c} 由右面 $z=0$ 处射入。相位匹配的 Stokes, 反 Stokes 光子对产生后沿相反方向传输。

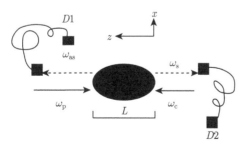

图 6.37 后向四波混频光子对产生示意图

方程 (6.11.9) 的解为

$$
\left\{
\begin{aligned}
&\hat{a}_{\mathrm{as}}(z,\omega)=-\int_0^L \mathrm{e}^{--\Gamma_{\mathrm{as}}(z-z')}\kappa_{\mathrm{as}}(\omega)\hat{a}_{\mathrm{s}}^\dagger(z,\omega)\mathrm{d}z'=0, \quad 0<z<L/2 \\
&\hat{a}_{\mathrm{as}}(z,\omega)=g(\omega)\hat{a}_{\mathrm{s}}^\dagger(L,\omega), \quad z>L/2
\end{aligned}
\right. \tag{6.11.10}
$$

$$g(\omega) = \frac{-\int_0^L e^{-\Gamma_{as}(z-z')} \hat{a}_s^\dagger(z,\omega) \mathrm{d}z'}{\hat{a}_s^\dagger(L,\omega)} \kappa_{as}(\omega) \simeq L/2\kappa_{as}(\omega) \tag{6.11.11}$$

则时域内的算子可写为

$$\begin{cases} \tilde{a}_s^\dagger(z,t) = \dfrac{1}{\sqrt{2\pi}} \displaystyle\int_{-\infty}^{\infty} \mathrm{d}\omega \hat{a}_s^\dagger(z,\omega) e^{-i(k_s z - \omega t)} \\[3mm] \tilde{a}_{as}(z,t) = \dfrac{1}{\sqrt{2\pi}} \displaystyle\int_{-\infty}^{\infty} \mathrm{d}\omega g(\omega) e^{-\Gamma_{as}(\omega)\tau} \hat{a}_s^\dagger(z,\omega) e^{-i(k_s z - \omega t)} \end{cases} \tag{6.11.12}$$

穿过冷原子气体后, 对它们进行符合计数相关函数测量。设 Stokes 与反 Stokes 的延迟为 τ, 则相关函数的均值为

$$\left\langle \tilde{a}_{as}^\dagger\left(z, t+\frac{\tau}{2}\right), \tilde{a}_s^\dagger\left(z, t-\frac{\tau}{2}\right) \right\rangle$$

$$= \frac{1}{\sqrt{2\pi}} \int_{-\infty}^{\infty} \mathrm{d}\omega g(\omega) e^{-\Gamma_{as}(\omega)\tau} \hat{a}_s^\dagger(z,\omega)\hat{a}_s(z,\omega)\tau, \quad \tau = L/c \tag{6.11.13}$$

在上式中若假定 $e^{-\Gamma_{as}(\omega)\tau} \simeq 1$, 并代以 $g(\omega) = \kappa_{as}(\omega)L/2$, 则得近似解

$$\left\langle \tilde{a}_{as}^\dagger\left(z, t+\frac{\tau}{2}\right), \tilde{a}_s^\dagger\left(z, t-\frac{\tau}{2}\right) \right\rangle_A$$

$$= \frac{L}{\sqrt{4\pi}} \int_{-\infty}^{\infty} \mathrm{d}\omega \kappa_{as}(\omega)\hat{a}_s^\dagger(z,\omega)\hat{a}_s(z,\omega)\tau \tag{6.11.14}$$

考虑到 Stokes 光来源于 $|4\rangle \longrightarrow |2\rangle$ 的自发辐射, 且为脉冲型, 其谱为近乎平的, 故有 $\hat{a}_s^\dagger(z,\omega)\hat{a}_s(z,\omega) = \hat{a}_s^\dagger \hat{a}_s = n_c$, 并取为 $n_c = 1/2$[64], (6.11.14) 式变为

$$\left\langle \tilde{a}_{as}^\dagger\left(z, t+\frac{\tau}{2}\right), \tilde{a}_s^\dagger\left(z, t-\frac{\tau}{2}\right) \right\rangle_A$$

$$= \frac{\omega_p}{\Delta_p} \frac{iN\sigma_{13}L\gamma_{13}\tau}{8} \frac{\Omega_c}{\Omega_e} e^{-\gamma_e\tau} \sin\frac{\Omega_c}{2} \tag{6.11.15}$$

代入 Glauber 双光子相关函数得

$$G_A^2(\tau) = \left\langle \tilde{a}_{as}^\dagger\left(z, t+\frac{\tau}{2}\right), \tilde{a}_s^\dagger\left(z, t-\frac{\tau}{2}\right) \right\rangle_A^2$$

$$= \left| \frac{\omega_p}{\Delta_p} \frac{iN\sigma_{13}L\gamma_{13}\tau}{8} \frac{\Omega_c}{\Omega_e} e^{-\gamma_e\tau} \sin\frac{\Omega_c}{2} \right|^2 \tag{6.11.16}$$

若假定 $e^{-\Gamma_{as}(\omega)\tau} \simeq 1$ 不成立, 则应按 (6.11.13) 式准确计算 Glauber 双光子相关函数

$$G^2(\tau) = \left| \frac{L}{\sqrt{4\pi}} \int_{-\infty}^{\infty} \mathrm{d}\omega T(\omega) \mathrm{e}^{-\Gamma_{\mathrm{as}}(\omega)\tau} \kappa_{\mathrm{as}}(\omega) \hat{a}_{\mathrm{s}}^{\dagger}(z,\omega) \hat{a}_{\mathrm{s}}(z,\omega) \right|^2$$

$$T(\omega) = \frac{2n(\omega)}{1+n(\omega)} = \frac{2\sqrt{1+\chi(\omega)}}{1+\sqrt{1+\chi(\omega)}}$$

(6.11.17)

式中 $T(\omega)$ 是反 Stokes 光通气体介质进入自由空间时的透过率修正[57]。

(3) $G_A^2(\tau), G^2(\tau)$ 的数值计算与实验[54,55] 比较。参照文献 [59], ^{87}Rb 原子气体参数为 $N = 10^{11}\mathrm{cm}^{-3}, L = 10^{-3}\mathrm{m}, \lambda = 785\mathrm{nm}, \sigma = 10^{-9}\mathrm{cm}^2, \gamma_{13} = 1.79\mathrm{rad} \times 10^7\mathrm{Hz} = 3 \times 2\pi\mathrm{MHz}, \gamma_{12} = 0.16\gamma_{13}, \Omega_{\mathrm{p}} = 0.8\gamma_{13}, \Delta = 7.5\gamma_{13}$, 耦合光 Rabi 频率 $\Omega_{\mathrm{c}} = 23.4\gamma_{13}$。Glauber 双光子相关函数 $G_A^2(\tau), G^2(\tau)$ 对延时 $\tau = t_{\mathrm{s}} = t_{\mathrm{as}}$ 的曲线由图 6.38(a) 给出。方程 (6.11.17) 的积分区间为 $\omega/(2\pi) = 0 \sim 300\mathrm{MHz}$, 延时 $\tau = 0 \sim 0.2\mu\mathrm{s}$。近似解 $G_A^2(\tau)$(用虚线表示) 衰减得快，而准确解 $G^2(\tau)$(用实线表

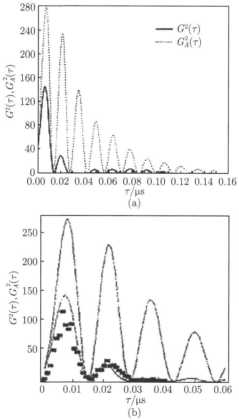

图 6.38 (a) $\Omega = 23.4\gamma_{13}$, 近似解 $G_A^2(\tau)$(用虚线表示), 准确解 $G^2(\tau)$(用实线表示); (b) 方块为实验数据[58], 上面那条曲线为近似解 $G_A^2(\tau)$, 下面那条曲线为准确解 $G^2(\tau)$(参照文献 [61])

示) 衰减得慢。与实验比较如 6.38(b) 所示，实验数据用方块表示，很明显准确解 $G^2(\tau)$ 与实验[53] 相符，而近似解 $G_A^2(\tau)$ 则相差较大。

为表明双光子相关函数 $G^2(\tau)$ 随 Ω_c 的变化，又计算了图 6.39(a) 与 (b)。它们的参数分别为 $G_1^2, \Omega_{c1} = 23.4\gamma_{13}; G_2^2, \Omega_{c2} = 16.8\gamma_{13}$ 与 $G_3^2, \Omega_{c3} = 8.4\gamma_{13}; G_4^2, \Omega_{c4} = 6.0\gamma_{13}; G_5^2, \Omega_{c5} = 4.0\gamma_{13}$，这些曲线与实验是相符的。

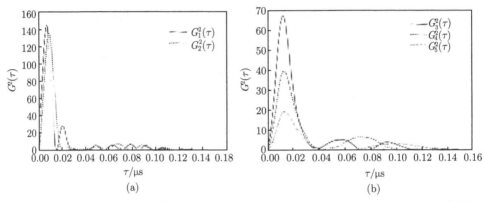

图 6.39　(a) 准确解 $G_1^2(\tau), G_2^2(\tau)$ 随 τ 的变化，$\Omega_{c1} = 23.4\gamma_{13}, \Omega_{c2} = 16.8\gamma_{13}$; (b) 准确解 $G_3^2(\tau), G_4^2(\tau), G_5^2(\tau)$ 随 τ 的变化，$\Omega_{c3} = 8.4, \Omega_{c4} = 6.0\gamma_{13}, \Omega_{c5} = 4.0\gamma_{13}$(参照文献 [61])

6.12　相位算符及其本征态

单模电磁场的量子化是采用量子化的简谐振子模型来描述场的量子化。在这个模型中很自然地引入光子及光子数态 $|n\rangle$，这是辐射量子理论中成功的地方，但量子化后场的相位在量子光学中仍然是需要探讨的问题。对量子化的简谐振子，有一恰当的厄米能量算符，即粒子数算符 $\hat{N}$，但是没有相应的厄米相位算符。在经典光学中，相位几乎是唯一的标志波动的量，却没有对应的厄米算符。现按历史发展简述如下。

6.12.1　Dirac 与 Heiltler 相位算符理论及其困难[63]

由单模电磁场的对易关系，有

$$\hat{a}\hat{a}^\dagger - \hat{a}^\dagger\hat{a} = 1 \qquad (6.12.1)$$

设

$$\hat{a} = \mathrm{e}^{\mathrm{i}\hat{\phi}}\sqrt{\hat{n}}, \quad \hat{a}^\dagger = \sqrt{\hat{n}}\mathrm{e}^{-\mathrm{i}\hat{\phi}} \qquad (6.12.2)$$

把此式代入 (6.12.1) 式，有

$$\mathrm{e}^{\mathrm{i}\hat{\phi}}\hat{n} - \hat{n}\mathrm{e}^{\mathrm{i}\hat{\phi}} = \mathrm{e}^{\mathrm{i}\hat{\phi}} \qquad (6.12.3)$$

由 (6.12.3) 式得出, 若光子数算符 $\hat{n}$ 与相位算符 $\hat{\phi}$ 满足如下对易关系:

$$\hat{\phi}\hat{n} - \hat{n}\hat{\phi} = -\mathrm{i} \tag{6.12.4}$$

则按测不准关系有

$$\Delta\hat{n}\Delta\hat{\phi} \geqslant 1/2 \tag{6.12.5}$$

此式的物理意义是: 相位 $\hat{\phi}$ 与光子数 $\hat{n}$ 不能同时测量, 这个关系在实验中也常用来估计相位测量精度 $\Delta\hat{\phi}$ 与光子数测量精度 $\Delta\hat{n}$ 之间的关系。

Dirac 与 Heiltler 相位算符理论的困难归纳起来分为三点: ①作用在真空态 $|0\rangle$ 上的发散问题。由 (6.12.2) 式, 有相位算符

$$\mathrm{e}^{\mathrm{i}\hat{\phi}} = \hat{a}\hat{n}^{-1/2} \tag{6.12.6}$$

将此算符作用在真空态 $|0\rangle$ 上时,

$$\mathrm{e}^{\mathrm{i}\hat{\phi}}|0\rangle = \hat{a}\hat{n}^{-1/2}|0\rangle \tag{6.12.7}$$

结果是发散的。② 推导过程中出现的问题 (6.12.4) 是 (6.12.3) 式的充分条件, 但不是 (6.12.3) 式的必要条件。③不能反映相位的周期性。因为相位 ϕ 具有 2π 的周期性, 而测不准关系

$$\Delta\hat{n}\Delta\hat{\phi} \geqslant 1/2 \tag{6.12.8}$$

无法反映 ϕ 具有 2π 的周期性。

6.12.2 Susskind 与 Glowgower 相位算符[64]

Susskind 与 Glowgower 为了克服上述发散困难, 将相位算符定义为

$$\hat{a} = \sqrt{\hat{n}+1}\mathrm{e}^{\mathrm{i}\hat{\phi}}, \quad \hat{a}^{\dagger} = \mathrm{e}^{-\mathrm{i}\hat{\phi}}\sqrt{\hat{n}+1} \tag{6.12.9}$$

那么

$$\mathrm{e}^{\mathrm{i}\hat{\phi}} = (\hat{n}+1)^{-\frac{1}{2}}\hat{a}, \quad \mathrm{e}^{-\mathrm{i}\hat{\phi}} = \hat{a}^{\dagger}(\hat{n}+1)^{-\frac{1}{2}} \tag{6.12.10}$$

由 (6.12.10) 式得出

$$\mathrm{e}^{\mathrm{i}\hat{\phi}}\mathrm{e}^{-\mathrm{i}\hat{\phi}} = 1 \tag{6.12.11}$$

但

$$\mathrm{e}^{-\mathrm{i}\hat{\phi}}\mathrm{e}^{\mathrm{i}\hat{\phi}} = \hat{a}^{\dagger}(\hat{n}+1)^{-\frac{1}{2}}(\hat{n}+1)^{-\frac{1}{2}}\hat{a} \neq 1 \tag{6.12.12}$$

即 $\mathrm{e}^{-\mathrm{i}\hat{\phi}}$ 是 $\mathrm{e}^{\mathrm{i}\hat{\phi}}$ 的右逆, 但不是 $\mathrm{e}^{\mathrm{i}\hat{\phi}}$ 的左逆, 这说明 $\mathrm{e}^{\mathrm{i}\hat{\phi}}$ 还不是幺正算子。在经典光学中, 相位的 $\mathrm{e}^{\mathrm{i}\phi}$ 满足关系

$$\mathrm{e}^{\mathrm{i}\phi}\mathrm{e}^{-\mathrm{i}\phi} = \mathrm{e}^{-\mathrm{i}\phi}\mathrm{e}^{\mathrm{i}\phi} = 1 \tag{6.12.13}$$

$e^{i\hat{\phi}}$ 也不是厄米算子，不满足

$$\langle i|\hat{F}|j\rangle = \langle j|\hat{F}|i\rangle^* \tag{6.12.14}$$

因

$$\langle n-1|e^{i\hat{\phi}}|n\rangle = 1, \quad \langle n|e^{i\hat{\phi}}|n-1\rangle^* = 0 \tag{6.12.15}$$

同样可证，$e^{-i\hat{\phi}}$ 也不是厄米算子，因而不是可观测量。在经典光学中，相位也不是一个可以直接观测的量，它是通过对光强起伏的测量，即间接测量的方法得出来的。因此可构造一些与相位有间接联系的量，要求它是厄米的，即可以进行测量的量。定义

$$\cos\hat{\phi} = \frac{1}{2}(e^{i\hat{\phi}} + e^{-i\hat{\phi}}), \quad \sin\hat{\phi} = \frac{1}{2i}(e^{i\hat{\phi}} - e^{-i\hat{\phi}}) \tag{6.12.16}$$

可以证明 $\cos\hat{\phi}$, $\sin\hat{\phi}$ 算子是厄米的，即

$$\begin{cases} \langle n-1|\cos\hat{\phi}|n\rangle = \langle n|\cos\hat{\phi}|n-1\rangle^* = \dfrac{1}{2} \\ \langle n-1|\sin\hat{\phi}|n\rangle = \langle n|\sin\hat{\phi}|n-1\rangle^* = \dfrac{1}{2i} \end{cases} \tag{6.12.17}$$

即 $\cos\hat{\phi}$, $\sin\hat{\phi}$ 是可以直接观测的量。另一方面

$$[\cos\hat{\phi}, \sin\hat{\phi}] = \frac{1}{2i}(e^{-i\hat{\phi}}e^{i\hat{\phi}} - e^{i\hat{\phi}}e^{-i\hat{\phi}}) = \frac{1}{2i}\left(\hat{a}^\dagger \frac{1}{\hat{n}+1}\hat{a} - 1\right) \tag{6.12.18}$$

故有

$$\langle n|\cos\hat{\phi}\sin\hat{\phi} - \sin\hat{\phi}\cos\hat{\phi}|n\rangle = -\frac{1}{2i}\delta_{0,n} \tag{6.12.19}$$

还可以证明，光子数 $\hat{n}$ 与 $\cos\hat{\phi}$, $\sin\hat{\phi}$ 有如下的对易关系：

$$[\hat{n}, \cos\hat{\phi}] = -i\sin\hat{\phi}, \quad [\hat{n}, \sin\hat{\phi}] = i\cos\hat{\phi} \tag{6.12.20}$$

由测不准关系有

$$\Delta\hat{n}\Delta\cos\hat{\phi} \geqslant \frac{1}{2}|\langle\sin\hat{\phi}\rangle|, \quad \Delta\hat{n}\Delta\sin\hat{\phi} \geqslant \frac{1}{2}|\langle\cos\hat{\phi}\rangle| \tag{6.12.21}$$

在单模相干态场中，易于计算

$$\langle\alpha|\sin\hat{\phi}|\alpha\rangle = e^{-|\alpha|^2}\sum_0^\infty \frac{|\alpha|^{2m}}{m!\sqrt{m+1}}\frac{1}{2i}(\alpha-\alpha^*) = e^{-|\alpha|^2}\mathrm{Im}\,\alpha\sum_0^\infty \frac{|\alpha|^{2m}}{m!\sqrt{m+1}} \tag{6.12.22}$$

同理有

$$\langle\alpha|\cos\hat{\phi}|\alpha\rangle = e^{-|\alpha|^2}\mathrm{Re}\,\alpha\sum_0^\infty \frac{|\alpha|^{2m}}{m!\sqrt{m+1}} \tag{6.12.23}$$

$$\langle\alpha|\sin^2\hat{\phi}|\alpha\rangle = \frac{1}{2} - \frac{1}{4}e^{-|\alpha|^2} - e^{-|\alpha|^2}\sum_0^\infty \frac{|\alpha|^{2m}}{m!\sqrt{(m+1)(m+2)}}\left(\frac{1}{2}|\alpha|^2 - (\mathrm{Im}\,\alpha)^2\right)$$

$$\langle\alpha|\cos^2\hat{\phi}|\alpha\rangle = \frac{1}{2} - \frac{1}{4}e^{-|\alpha|^2} + e^{-|\alpha|^2}\sum_0^\infty \frac{|\alpha|^{2m}}{m!\sqrt{(m+1)(m+2)}}\left(\frac{1}{2}|\alpha|^2 - (\mathrm{Im}\,\alpha)^2\right)$$

$$\langle\alpha|n|\alpha\rangle = |\alpha|^2$$

$$\langle\alpha|(\Delta n)^2|\alpha\rangle = |\alpha|^2 \tag{6.12.24}$$

由以上公式又计算出 $\sin\hat{\phi}, \cos\hat{\phi}$ 的均方差值。

令 $A = |\alpha|^2$

$$S = \sin\hat{\phi}, \quad C = \cos\hat{\phi}$$

$$\psi_1(A) = \sum_0^\infty \frac{|\alpha|^{2m}}{m!\sqrt{m+1}}$$

$$\langle S\rangle^2 + \langle C\rangle^2 = Ae^{-2A}\psi_1^2(A) \tag{6.12.25}$$

则

$$\Delta\psi = \langle\alpha|\Delta S^2 + \Delta C^2|\alpha\rangle = 1 - \frac{1}{2}e^{-A} - Ae^{-2A}\psi_1^2(A) \tag{6.12.26}$$

$$U = \langle(\Delta n)^2\rangle\frac{\langle(\Delta S)^2 + (\Delta C)^2\rangle}{\langle S\rangle^2 + \langle C\rangle^2} = \frac{1 - \frac{1}{2}e^{-A}}{e^{-2A}\psi_1^2(A)} - A \tag{6.12.27}$$

6.12.3 Loudon 与 Pegg-Branett 的相位态

既然有了相位算子的定义, 也应有相位确定的相位态 $|\phi\rangle$。将 $|\phi\rangle$ 用 Fock 态 $|n\rangle$ 展开, 如果展开式中包含的真空态 $|0\rangle$ 份额很小, 由上面对易关系 (6.12.21) 看出: 相位态 $|\phi\rangle$ 也 "差不多" 就是 $\cos\hat{\phi}, \sin\hat{\phi}$ 的本征态, 这个设想最早在 Loudon 的著作中出现。

$$|\phi\rangle = \lim_{s\to\infty}(s+1)^{-\frac{1}{2}}\sum_{n=0}^s e^{in\phi}|n\rangle$$

在 $|\phi\rangle$ 的基础上, Pegg 和 Barnett(下面简称为 PB) 定义了完备正交的相位态:

$$|\varphi_m\rangle = \left|\varphi_0 + \frac{2\pi m}{s+1}\right\rangle, \qquad m = 0, 1, 2, \cdots, s$$

不难看出, 这样定义的相位态的平均光子数却是发散的。

$$\langle\varphi|\hat{n}|\varphi\rangle = \lim_{s\to\infty}\frac{1}{s+1}\sum_{n=0}^s n = \infty$$

后来又有 "物理状态" 的引入

$$|f\rangle = \sum_{n=0}^{\infty} C_n|n\rangle, \qquad \lim_{n\to\infty}|C_n| = 0$$

可见相位态 $|\phi\rangle$ 并非 "物理的"。值得提出的是 Noh、Fougers、Mandel(NFM) 的工作 [67]，从对双光束的相位测量出发，由经典场到量子场，得出 NFM 算子 $\hat{C}_M, \hat{S}_M$ 的测量值与理论值的比较，结果基本符合。NFM 算子理论比较复杂，但是 "物理的"。实验中的平均光子数也是有限的，而且是较少的。实验中二光束的光子数 $\langle m_1\rangle \leqslant 20, \langle m_2\rangle = 5$，当平均光子数增大时，实验值与 NFM,SG,PB 算子理论趋于一致，偏差只在平均光子数较少时出现 [65,66]。

6.12.4   能量有限系统的相位本征态 $|\varphi_c\rangle_N$[68]

基于上面的一些考虑，我们定义一光子数有限的相位算符，因其平均光子数有限，可描述实际的 "物理状态"，与实验测量联系起来，另一方面，当系统的光子数趋于很大时，可建立与 PB 相位态的联系。还应指出这样定义的能量有限系统的相位算符虽然解决了平均光子数的发散，但仍然未能解决算符的非 Hermitian，具体表现在 $\cos\hat{\phi}_N, \sin\hat{\phi}_N$ 仍然不对易，但有意思的是，将 $\cos\hat{\phi}_N, \sin\hat{\phi}_N$ 的本征态用 Fock 态展开后，展开系数的模量是一致的，差别只在一相位因子 $\mathrm{i}^n = \mathrm{e}^{\mathrm{i}n\pi/2}$。

1. 能量有限系统的相位本征态 $|\varphi_c\rangle_N$

当系统用 Fock 态 $|n\rangle$ 来描述时，能量有限系统可界定为 $n \leqslant N$，该系统的相位态 $|\varphi_c\rangle_N$ 可界定为 $\cos\hat{\phi}_N$ 的本征态:

$$\cos\hat{\phi}_N|\varphi_c\rangle_N = \frac{\mathrm{e}^{\mathrm{i}\hat{\phi}} + \mathrm{e}^{-\mathrm{i}\hat{\phi}}(1-\delta_{\hat{a}^\dagger\hat{a},N})}{2}|\varphi_c\rangle_N = \cos\varphi|\varphi_c\rangle_N \qquad (6.12.28)$$

式中

$$\mathrm{e}^{\mathrm{i}\hat{\phi}} = \frac{1}{\sqrt{\hat{a}^\dagger\hat{a}+1}}\hat{a}, \quad \mathrm{e}^{-\mathrm{i}\hat{\phi}} = \hat{a}^\dagger\frac{1}{\sqrt{\hat{a}^\dagger\hat{a}+1}} \qquad (6.12.29)$$

由于 $n \leqslant N$，故 $|\varphi_c\rangle_N$ 可展开为

$$|\varphi_c\rangle_N = \sum_{n=0}^{N} \alpha_n|n\rangle \qquad (6.12.30)$$

将 (6.12.30) 式代入 (6.12.28) 式，并注意到算子定义 (6.12.29)，以及 $(1-\delta_{\hat{a}^\dagger\hat{a},N})|N\rangle = 0$，便得

$$\frac{\alpha_1}{2}|0\rangle + \frac{1}{2}\sum_{n=1}^{N-1}(\alpha_{n+1}+\alpha_{n-1})|n\rangle + \frac{\alpha_{N-1}}{2}|N\rangle = \cos\varphi\sum_{n=0}^{N}\alpha_n|n\rangle \qquad (6.12.31)$$

于是有

$$\alpha_1 = 2\cos\varphi\,\alpha_0$$

$$\alpha_{n+1} + \alpha_{n-1} = 2\cos\varphi\,\alpha_n, \quad n = 1, 2, \cdots, N-1$$

$$\alpha_{N-1} = 2\cos\varphi\,\alpha_N \tag{6.12.32}$$

令 $\cos\varphi = x$, 将 (6.12.32) 式与 Tschebyscheff 多项式关系

$$U_{n+1}(x) + U_{n-1}(x) = 2xU_n(x) \tag{6.12.33}$$

进行比较。故 α_n 的解可用 $(-1,1)$ 内正交 Tschebyscheff 多项式来表示, $U_n(x)$ 为第二类 Tschebyscheff 多项式, 这可通过验算来证明, 我们注意到 (6.12.32) 式有解的条件为

$$\begin{vmatrix} 2x & -1 & & & & \\ -1 & 2x & -1 & & & \\ & -1 & 2x & -1 & & \\ & & \cdots & \cdots & \cdots & \\ & & & -1 & 2x & -1 \\ & & & & -1 & 2x \end{vmatrix} = 0 \tag{6.12.34}$$

令 (6.12.34) 式的行列式为 U_{N+1}, 于是有

$$U_{N+1}(x) = 2xU_N(x) - U_{N-1}(x) \tag{6.12.35}$$

现对 (6.12.35) 式进行具体计算:

$$U_1(x) = |2x| = 2x, \quad U_2(x) = \begin{vmatrix} 2x & -1 \\ -1 & 2x \end{vmatrix} = 4x^2 - 1$$

$$U_3(x) = \begin{vmatrix} 2x & -1 & \\ -1 & 2x & -1 \\ & -1 & 2x \end{vmatrix} = 8x^3 - 4x$$

$$U_4(x) = 2xU_3(x) - U_2(x) = 16x^4 - 12x^2 + 1 \tag{6.12.36}$$

由 $U_2(x) = 2xU_1(x) - U_0(x)$ 可得 $U_0(x) = 1$, 参照前面计算结果, 这些正是第二类 Tschebyscheff 多项式。一般地,

$$U_n(x) = \frac{\sin((n+1)\arccos x)}{\sin(\arccos x)} \tag{6.12.37}$$

(6.12.32) 式有解的条件为

$$U_{N+1} = \frac{\sin((N+2)\varphi)}{\sin\varphi} = 0, \quad \varphi = \arccos x \tag{6.12.38}$$

即

$$\varphi = \varphi_m = \frac{m\pi}{N+2}, \qquad m = 1, 2, \cdots, N+1 \tag{6.12.39}$$

下面定义

$$x_m = \cos\varphi_m = \cos\frac{m\pi}{N+2}$$

α_n 的解为

$$\alpha_n = \tilde{N} U_n(x_m) \tag{6.12.40}$$

归一化常数 $\tilde{N}$ 为

$$\begin{aligned}
\tilde{N}^{-1} &= \sqrt{\sum_{n=0}^{N} U_n^2(x_m)} = \sqrt{\frac{1}{\sin^2\varphi_m}\sum_{n=0}^{N}\sin^2(n+1)\varphi_m} \\
&= \frac{1}{\sin\varphi_m}\sqrt{\frac{N+1}{2} - \frac{\cos(N+2)\varphi_m\sin(N+1)\varphi_m}{2\sin\varphi_m}} \\
&= \frac{1}{\sin\varphi_m}\sqrt{\frac{N+2}{2}}
\end{aligned} \tag{6.12.41}$$

故有

$$\tilde{N} = \sqrt{\frac{2}{N+2}}\sin\varphi_m$$

$$\alpha_n = \tilde{N} U_n(x_m) = \sqrt{\frac{2}{N+2}}\sin((n+1)\varphi_m) \tag{6.12.42}$$

用此方法同样可定义 $\sin\hat{\phi}_N$ 的相位态 $|\varphi_s\rangle_N$:

$$\sin\hat{\phi}_N|\varphi_s\rangle_N = \frac{e^{i\hat{\phi}} - e^{-i\hat{\phi}}(1 - \delta_{\hat{a}^\dagger\hat{a}, N})}{2i}|\varphi_s\rangle_N = \sin\varphi|\varphi_s\rangle_N \tag{6.12.43}$$

令

$$|\psi_s\rangle_N = \sum_{n=0}^{N}\beta_n|n\rangle \tag{6.12.44}$$

代入 (6.12.43) 式便得

$$\frac{\beta_1}{2i}|0\rangle + \frac{1}{2i}\sum_{n=1}^{N-1}(\beta_{n+1} - \beta_{n-1})|n\rangle - \frac{\beta_{N-1}}{2i}|N\rangle = \sin\varphi_s\sum_{n=0}^{N}\beta_n|n\rangle \tag{6.12.45}$$

$$\beta_1 = 2\mathrm{i}\sin\varphi_{\mathrm{s}}\beta_0$$

$$\beta_{n+1} - \beta_{n-1} = 2\mathrm{i}\sin\varphi_{\mathrm{s}}\beta_n \tag{6.12.46}$$

$$-\beta_{N-1} = 2\mathrm{i}\sin\varphi_{\mathrm{s}}\beta_N$$

令 $\beta_n = \mathrm{i}^n\alpha_n$, 便可将 (6.12.46) 式写为

$$\alpha_1 = 2\cos\left(\varphi_{\mathrm{s}} - \frac{\pi}{2}\right)\alpha_0$$

$$\alpha_{n+1} + \alpha_{n-1} = 2\cos\left(\varphi_{\mathrm{s}} - \frac{\pi}{2}\right)\alpha_N \tag{6.12.47}$$

$$\alpha_{N-1} = 2\cos\left(\varphi_{\mathrm{s}} - \frac{\pi}{2}\right)\alpha_N$$

(6.12.47) 式与 (6.12.32) 式全同, 故解亦相同, 于是有

$$\varphi_{\mathrm{c}} = \varphi_{\mathrm{s}} - \frac{\pi}{2} = \frac{m\pi}{N+2}, \qquad m = 1, 2, \cdots, N+1$$

$$\varphi_{\mathrm{s}} = \frac{m\pi}{N+2} + \frac{\pi}{2} \tag{6.12.48}$$

而 $|\varphi_{\mathrm{s}}\rangle_N$ 亦可通过 $\beta_n = \mathrm{i}^n\alpha_n$ 及 (6.12.49) 式写为

$$|\varphi_{\mathrm{s}}\rangle_N = \sum_{n=0}^{N} \mathrm{i}^n\alpha_n|n\rangle$$

$$= \sqrt{\frac{2}{N+2}} \sum_{n=0}^{N} \mathrm{i}^n\sin((n+1)\varphi_m)|n\rangle \tag{6.12.49}$$

另一方面, 由解 (6.12.39) 和 (6.12.48) 式看出, 相位 $\varphi_{\mathrm{c}}, \varphi_{\mathrm{s}}$ 均已量子化了, 除非 N 非常大, 相位变化才接近于连续, 而经典场的相位 φ 是连续变化的。已证明, 有限系统相位态 $|x_n\rangle$ 是完备的, 也是正交的。

2. 任意态函数的相位起伏

包括相干态与压缩态在内的态函数在 $n = 0$ 至 $n = N$ 部分可表示为

$$|\psi\rangle = \sum_{n=0}^{N} \alpha_n|n\rangle$$

按上节定义的有限系统的相位算子为

$$\begin{cases} \cos\hat{\phi}_N = \dfrac{\mathrm{e}^{\mathrm{i}\hat{\phi}} + \mathrm{e}^{-\mathrm{i}\phi}(1 - \delta_{\hat{a}^\dagger\hat{a},N})}{2} \\[3mm] \sin\hat{\phi}_N = \dfrac{\mathrm{e}^{\mathrm{i}\hat{\phi}} - \mathrm{e}^{-\mathrm{i}\phi}(1 - \delta_{\hat{a}^\dagger\hat{a},N})}{2\mathrm{i}} \end{cases} \tag{6.12.50}$$

又令 $C = \cos\hat{\phi}_N, S = \sin\hat{\phi}_N$，则可证明

$$\begin{cases} \langle\psi|C|\psi\rangle = \dfrac{1}{2}\sum_{n=0}^{N-1}(\alpha_n^*\alpha_{n+1} + \alpha_{n+1}^*\alpha_n) \\[4mm] \langle\psi|S|\psi\rangle = \dfrac{1}{2i}\sum_{n=0}^{N-1}(\alpha_n^*\alpha_{n+1} - \alpha_{n+1}^*\alpha_n) \end{cases} \tag{6.12.51}$$

$$C^2 + S^2 = 1 - \frac{1}{2}(|0\rangle\langle 0| + |N\rangle\langle N|) \tag{6.12.52}$$

相位起伏为

$$\langle(\Delta\varphi)^2\rangle = \langle(\Delta C)^2 + (\Delta S)^2\rangle = 1 - \frac{1}{2}(\alpha_0^2 + \alpha_N^2)$$
$$- \frac{1}{4}\left(\sum_{n=0}^{N-1}(\alpha_n^*\alpha_{n+1} + \alpha_{n+1}^*\alpha_n)\right)^2 + \frac{1}{4}\left(\sum_{n=0}^{N-1}(\alpha_n^*\alpha_{n+1} - \alpha_{n+1}^*\alpha_n)\right)^2 \tag{6.12.53}$$

设 α_n 为实数，则上式可写为

$$\langle(\Delta C)^2 + (\Delta S)^2\rangle = 1 - \frac{1}{2}(\alpha_0^2 + \alpha_N^2) - \left|\sum_{n=0}^{N-1}\alpha_n\alpha_{n+1}\right|^2 \tag{6.12.54}$$

当 $N \to \infty$ 时，$\alpha_N \to 0$。对于相干态，令 $A = |\alpha|^2$ 便得

$$\sum_{n=0}^{N-1}\alpha_n\alpha_{n+1} \to \alpha e^{-A}\sum_{n=0}^{\infty}\frac{A^n}{n!\sqrt{n+1}} = \alpha e^{-A}\psi_1(A) = a$$

$$\langle(\Delta C)^2 + (\Delta S)^2\rangle \to 1 - \frac{\alpha_0^2}{2} - a^2 \tag{6.12.55}$$

此即 SG 的结果。

由上面 (6.12.52) 和 (6.12.54) 式，可将任意态归一化的相位起伏定义为

$$\langle(\Delta\Phi)^2\rangle = \frac{\langle(\Delta C)^2 + (\Delta S)^2\rangle}{\langle C^2 + S^2\rangle} = 1 - \frac{1}{1 - \frac{1}{2}(\alpha_0^2 + \alpha_N^2)}\left|\sum_{n=0}^{N-1}\alpha_n\alpha_{n+1}\right|^2 \tag{6.12.56}$$

3. 实例计算

1) 相位态 $|x_m\rangle$

对于相位态 $|x_m\rangle$，由 (6.12.42) 式 $\alpha_n = \sqrt{\dfrac{2}{N+2}}\sin((n+1)\varphi_m)$ 为实数，代入 (6.12.51)~(6.12.54) 式得

$$\langle x_m|C|x_m\rangle = \cos\varphi_m$$

$$\langle x_m | S | x_m \rangle = 0 \tag{6.12.57}$$

$$\langle x_m | C^2 + S^2 | x_m \rangle = 1 - \frac{1}{2}(\alpha_0^2 + \alpha_N^2) = 1 - \frac{2}{N+2} \sin^2 \varphi_m$$

$$\langle x_m | (\Delta C)^2 + (\Delta S)^2 | x_m \rangle = 1 - \frac{2}{N+2} \sin^2 \varphi_m - \cos^2 \varphi_m = \frac{N}{N+2} \sin^2 \varphi_m \tag{6.12.58}$$

$$(\Delta \tilde{\Phi})^2 = \frac{\dfrac{N}{N+2} \sin^2 \varphi_m}{1 - \dfrac{2}{N+2} \sin^2 \varphi_m} \tag{6.12.59}$$

与此同时, 可计算出相位态 $|x_m\rangle$ 的平均光子数及光子起伏。

$$\bar{n} = \langle x_m | n | x_m \rangle = \frac{N}{N+2} \sum_{n=0}^{N+1} n \sin^2((n+1)\varphi_m)$$

$$= \frac{1}{N+2} \sum_{n=1}^{N} n(1 - \cos((n+1)2\varphi_m)) = \frac{N}{2} \tag{6.12.60}$$

$$\bar{n^2} = \langle x_m | n^2 | x_m \rangle = \frac{2}{N+2} \sum_{n=0}^{N+1} n^2 \sin^2((n+1)\varphi_m)$$

$$= \frac{N(N+1)}{3} - \frac{1}{2}\cot^2 \varphi_m \tag{6.12.61}$$

$$\langle (\Delta n)^2 \rangle = \bar{n^2} - \bar{n}^2 = \frac{N(N+4)}{12} - (-1)^m \frac{1}{2}\cot^2 \varphi_m \tag{6.12.62}$$

图 6.40 (a),(b) 分别给出 $\langle (\Delta \Phi)^2 \rangle$ 及 $\langle (\Delta \Phi)^2 \rangle \langle (\Delta n)^2 \rangle$ 随 N 的变化曲线。

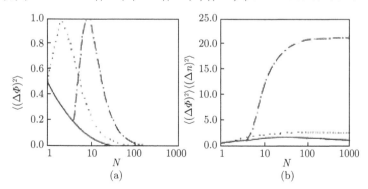

图 6.40 $\langle (\Delta \Phi)^2 \rangle$ 随 N 的变化;(b) $\langle (\Delta \Phi)^2 \rangle \langle (\Delta n)^2 \rangle$ 随 N 的变化 (取自文献 [68])
—— 为 $m=1$;$\cdots$ 为 $m=2$;$-\cdot-$ 为 $m=5$

2) 相干态 $|\alpha\rangle$

相干态 $|\alpha\rangle$ 的系数 $\alpha_n = \mathrm{e}^{-|\alpha|^2} \dfrac{\alpha^n}{\sqrt{n!}}$, 代入 (6.12.54) 和 (6.12.55) 式同样可算出

相位起伏, 但问题是应该怎样确定有限系统的最大光子数 N, 故首先应研究相干态 $|\alpha\rangle$ 的平均光子数 $A = |\alpha|^2$ 与 N 的关系。很明显, N 的取值应比平均光子数 A 大若干倍, 计算出的相位起伏均方值 $\langle(\Delta C)^2 + (\Delta)^2\rangle_N$ 才接近于 "真实的" 值。这个 "真实值" 是指再增大 N, $\langle(\Delta C)^2 + (\Delta S)^2\rangle_N$ 也不会发生变化的极限值。图 6.41 给出 $N = 2A, 4A, 8A, \cdots, 32A$ 计算出的 $\langle(\Delta C)^2 + (\Delta S)^2\rangle_N$ 随 A 而变的多条曲线。这些曲线的渐近线即 "真实值" 或极限值所在的亦即图 6.41 中的粗线。以 $N = 2A$ 的这条线来说, 起始点为 $A = 0.5, N = 2A = 1$。在 $A, N = 5, 10$ 处, 曲线已进入与其他曲线汇合而成的曲线中。图 6.42 虚线给出按 PB 算符求得的相干态相位起伏曲线, 实线给出按能量有限系统求得的 $\langle(\Delta\Phi)\rangle$ 的起伏曲线。

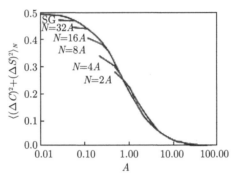

图 6.41　相位起伏 $(\Delta\Phi)_N^2 = \langle(\Delta C)^2 + (\Delta S)^2\rangle_N$ 随 A 的变化曲线 (取自文献 [68])

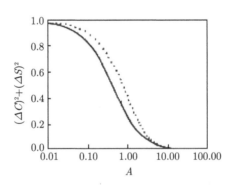

图 6.42　按 PB 算符 (虚线 $\cdots$) 与按有限能量相应算符 (实线 —, $N = 100$) 计算的相干态归一化相位的比较 (取自文献 [68])

6.12.5　能量有限系统的厄米相位算符

6.12.4 节定义的能量有限系统相位算符, 虽解决了平均光子数的发散, 但非厄米性问题仍未解决。为此我们将相位算符 $e^{i\phi}, e^{-i\phi}$ 重新定义如下。

(1) 厄米相位算符 $e^{i\phi}, e^{-i\phi}$ 的定义。

$$\begin{cases} e^{i\phi} = \sum_{m=0}^{N-1} |m\rangle\langle m+1| + |N\rangle\langle 0| \\ e^{-i\phi} \sum_{m=0}^{N-1} |m+1\rangle\langle m| + |0\rangle\langle N| \end{cases} \qquad (6.12.63)$$

在此基础上，得

$$\begin{cases} e^{i\phi}e^{-i\phi} = \sum_{m=0}^{N-1} |m\rangle\langle m+1||m+1\rangle\langle m| + |N\rangle\langle 0||0\rangle\langle N| = \sum_{m=0}^{N} |m\rangle\langle m| \\ e^{-i\phi}e^{i\phi} = \sum_{m=0}^{N-1} |m+1\rangle\langle m||m\rangle\langle m+1| + |0\rangle\langle N||N\rangle\langle 0| = \sum_{m=0}^{N} |m\rangle\langle m| \end{cases} \qquad (6.12.64)$$

(6.12.64) 式第一式右端为能量有限系统的幺算符。参照前面定义厄米算子 $\cos\hat{\phi} = \frac{1}{2}(e^{i\phi} + e^{-i\phi}), \sin\hat{\phi} = \frac{1}{2i}(e^{i\phi} - e^{-i\phi})$, 得出

$$\cos\hat{\phi}\sin\hat{\phi} - \sin\hat{\phi}\cos\hat{\phi} = \frac{1}{2i}(-e^{i\phi}e^{-i\phi} + e^{-i\phi}e^{i\phi}) = 0 \qquad (6.12.65)$$

而且

$$(e^{i\phi}\hat{n} - \hat{n}e^{i\phi})|m\rangle = me^{i\phi}|m\rangle - \hat{n}|m-1\rangle$$
$$= me^{i\phi}|m\rangle - (m-1)e^{i\phi}|m-1\rangle = e^{i\phi}|m\rangle$$

亦即

$$e^{i\phi}\hat{n} - \hat{n}e^{i\phi} = e^{i\phi} \qquad (6.12.66)$$

同理可证

$$\hat{n}e^{-i\phi} - e^{-i\phi}\hat{n} = e^{-i\phi} \qquad (6.12.67)$$

(2) 相位本征态 $|\phi_c\rangle_N$ $|\phi_c\rangle_N$ 可界定为 $\cos\left[\hat{\phi} = \frac{1}{2}(e^{i\phi} + e^{-i\phi})\right.$ 的本征态。令 $|\phi_c\rangle_N = \sum_{m=0}^{N} \alpha_m|m\rangle$, 即

$$\frac{1}{2}(e^{i\phi} + e^{-i\phi}) \sum_{m=0}^{N} \alpha_m|m\rangle = \cos\phi \sum_{m=0}^{N} \alpha_m|m\rangle \qquad (6.12.68)$$

将 (6.12.63) 式代入 (6.12.68) 式得

$$\alpha_1 + \alpha_N = 2\cos\phi\alpha_0$$

$$\alpha_{m+1} + \alpha_{m-1} = 2\cos\phi\,\alpha_m$$

$$\alpha_0 + \alpha_{N-1} = 2\cos\phi\,\alpha_N, \quad m = 1, \cdots, N-1 \tag{6.12.69}$$

令 $x = \cos\phi$, 则 (6.12.69) 式有解的条件可表示为

$$\begin{vmatrix} 2x & -1 & & & & -1 \\ -1 & 2x & -1 & & & \\ & -1 & 2x & -1 & & \\ & & \cdots & \cdots & \cdots & \\ & & & & 2x & -1 \\ -1 & & & & -1 & 2x \end{vmatrix} = 0 \tag{6.12.70}$$

将 (6.12.70) 式左端记为 W_{N+1}, 易证

$$W_{N+1}(x) = 2xU_N(x) - 2U_{N-1}(x) - 2, \quad m = 1, \cdots, N-1 \tag{6.12.71}$$

$U_N(x)$ 为第二类 Tschebyscheff 多项式, 将 (6.12.37) 式代入便得

$$W_{N+1}(x) = 2\left[\frac{\cos\phi\sin(N+1) - \sin(N\phi)}{\sin\phi} - 1\right] = 2[\cos(N+1]\phi - 1] = 0 \tag{6.12.72}$$

故有解的条件为

$$\phi_j = j\frac{2\pi}{N+1}, \quad j = 0, 1, \cdots, N \tag{6.12.73}$$

本征值 $x_j = \cos\phi_j$. 在求得本征值后, 若又能定出 α_0, α_1, 便可按 (6.12.69) 式迭代求出

$$\alpha_{n+1} = 2x\alpha_n - \alpha_{n-1} \tag{6.12.74}$$

另一方面, 将本征值 x_j 代入 (6.12.70) 式, 并计算第一行的余因式 $\Delta_0, \Delta_1, \cdots, \Delta_N$, 除了一常数因子 c 外, $\alpha_0, \alpha_1, \alpha_2, \cdots$ 可表示为 $\alpha_0 = c\Delta_0, \alpha_1 = c\Delta_1, \alpha_2 == c\Delta_2, \cdots$。由此可求出 α_0 与 α_1 之比, 并通过归一化最后定出 α_0 与 α_1。

现以 $N = 5$ 为例进行本征态的计算:

$$\Delta_0(x) = U_5(x) = 6x - 32x^3 + 32x^5, \quad \Delta_1(x) = U_4(x) + 1 = 2 - 12x^2 + 16x^4$$

$$x_j = \cos\phi_j = \cos\frac{j2\pi}{6}, \quad j = 0, 1, \cdots, 5 \tag{6.12.75}$$

当 $j = 0, x_0 = 1, \Delta_0(1) = \Delta_1(1) = 6, \alpha_0/\alpha_1 = \Delta_0/\Delta_1 = 1$ 时, 经迭代并归一化后便得

$$\phi_0 = \frac{1}{\sqrt{6}}(a + b + c + d + e + f) \tag{6.12.76}$$

式中 $a, b.c, d, e, f$ 分别表示 $|0\rangle, |1\rangle, |2\rangle, |3\rangle, |4\rangle, |5\rangle$。用同样方法可求得

$$\phi_3 = \frac{1}{\sqrt{6}}(a - b + c - d + e - f) \tag{6.12.77}$$

上面 $j = 0, 3, x_0 = 1, x_3 = -1$ 为非简并情形。对于简并情形 $j = 1, 5, x_1 = 1/2, x_5 = 1/2$，可求 Δ_0, Δ_1 在 $x_1 = x_5 = 1/2$ 点的导数得 $\Delta_0'(1/2) = -8, \Delta_1'(1/2) = -4$，故有 $\alpha_0/\alpha_1 = 2$，仍按 (6.12.74) 式迭代并归一化

$$\phi_1 = \frac{1}{\sqrt{12}}(2a - b + c - 2d + e - f) \tag{6.12.78}$$

同样，对于简并情形 $j = 2, 4, x_2 = 1/2, x_4 = -1/2$，也可求得

$$\phi_2 = \frac{1}{\sqrt{12}}(2a - b - c + 2d - e - f) \tag{6.12.79}$$

注意上面讨论的余因式是指第一行的余因式。如果是取第二行的余因式，也是可以的。经过分析，这样做的结果，就相当于 a, b, c, d, e, f 代换为 b, c, d, e, f, a，结果为 $\phi_0 \longrightarrow \phi_0, \phi_1 \longrightarrow -\phi_0$，亦即除了相位因子 $\mathrm{e}^{j\pi}$ 外，基本不变。但

$$\phi_1 \longrightarrow \phi_5 = \frac{1}{\sqrt{6}}(2b + c - d - 2e + f + a)$$
$$x_2 \longrightarrow \phi_4 = \frac{1}{\sqrt{6}}(2b - c - d + 2e + f - a) \tag{6.12.80}$$

这样，$\phi_1 \sim \phi_5$ 构成 6 个完备而正交的相位态，也正是苯分子 6 个完备而正交的态[69]。

(3) 任意态函数的相位起伏。

按 (6.12.63) 式 $\mathrm{e}^{j\phi}, \mathrm{e}^{-j\phi}$ 的定义计算 $C = \frac{1}{2}(\mathrm{e}^{j\phi} + \mathrm{e}^{-j\phi}), S = \frac{1}{2}(\mathrm{e}^{j\phi} - \mathrm{e}^{-j\phi})$。首先将任意态函数用光子数展开

$$|\psi\rangle = \sum_{m=0}^{N} \alpha_m |m\rangle$$

$$\mathrm{e}^{j\phi}|\psi\rangle = \left[\sum_{m=0}^{N-1} |m\rangle\langle m+1| + |N\rangle\langle 0|\right] \sum_{m=0}^{N} \alpha_m |m\rangle \sum_{m=0}^{N} \alpha_m |m\rangle$$
$$= \alpha_1 |0\rangle + \cdots + \alpha_N |N-1\rangle \tag{6.12.81}$$

若将 α_0 写成 $\alpha_{[N+1]}$，即将 0 看成 $N+1$ 取整的结果，则上式可写为

$$\mathrm{e}^{j\phi}|\psi\rangle = \sum_{m=0}^{N} \alpha_{m+1} |m\rangle \tag{6.12.82}$$

同样

$$e^{j\phi}|\psi\rangle = \sum_{m=0}^{N} \alpha_{m-1}|m\rangle \tag{6.12.83}$$

于是

$$\langle\psi|C|\psi\rangle = \frac{1}{2} \sum_{m=0}^{N} (\alpha_{m+1}^{*}\alpha_{m} + \alpha_{m}^{*}\alpha_{m+1})$$

$$\langle\psi|S|\psi\rangle = \frac{1}{2\mathrm{i}} \sum_{m=0}^{N} (\alpha_{m+1}^{*}\alpha_{m} - \alpha_{m}^{*}\alpha_{m+1})$$

$$\langle\psi|C^2 + S^2|\psi\rangle = \sum_{m=0}^{N} |m\rangle\langle m| = 1 \tag{6.12.84}$$

最后得出相位起伏

$$\langle\psi|(\Delta\phi)^2|\psi\rangle = 1 - \langle\psi|C|\psi\rangle^2 - \langle\psi|S|\psi\rangle^2 \tag{6.12.85}$$

附录 6A   Boson 算子代数

下面给出计算中常用到的 Boson 算子代数关系。根据 Boson 算子满足的关系 $[a, a^{\dagger}] = 1$，可导出 [11]。

(1) $[a, a^{\dagger l}] = aa^{\dagger l} - a^{\dagger l}a = [aa^{\dagger} - a^{\dagger}a]a^{\dagger(l-1)} + a^{\dagger}aa^{\dagger(l-1)} - a^{\dagger l}a$

$$= a^{\dagger(l-1)} + a^{\dagger}(aa^{\dagger(l-1)} - a^{\dagger(l-1)}a)$$

$$= \cdots = la^{\dagger(l-1)} = \frac{\partial a^{\dagger l}}{\partial a^{\dagger l}} \tag{6A.1}$$

同样

$$[a^{\dagger}, a^l] = -la^{l-1} = -\frac{\partial a^l}{\partial a} \tag{6A.2}$$

对于函数 $f(a, a^{\dagger})$，先用反正规编序展开

$$f(a, a^{\dagger}) = \sum f_{\mathrm{rs}}^{a} a^{r} a^{\dagger s} \tag{6A.3}$$

并注意到 $[A, BC] = [A, B]C + B[A, C]$，则

$$[a^{\dagger}, f(a, a^{\dagger})] = \sum f_{\mathrm{rs}}^{a}\{[a^{\dagger}, a^r]a^{\dagger s} + a^r[a^{\dagger}, a^{\dagger s}]\}$$

$$= -\sum f_{\mathrm{rs}}^{a}[ra^{r-1}]a^{\dagger s}$$

$$= -\frac{\partial f^{a}}{\partial a} = -\frac{\partial f}{\partial a} \tag{6A.4}$$

再用正常顺序展开, 同样可证

$$f(a, a^\dagger) = \sum f_{rs}^N a^{\dagger r} a^s \tag{6A.5}$$

$$[a, f(a, a^\dagger)] = \sum f_{rs}^N [a, a^{\dagger r}] a^s$$
$$= \frac{\partial f}{\partial a^\dagger} \tag{6A.6}$$

(2) Baker-Hausdoff 定理设 A, B 为不可易算子, 并满足关系:

$$[A, [A, B]] = [B, [A, B]] = 0 \tag{6A.7}$$

则下式成立:

$$e^{A+B} = e^A e^B e^{-1/2[A, B]} = e^B e^A e^{1/2[A, B]} \tag{6A.8}$$

当 $[A, B]$ 为 c 数时, 关系 (6A.7) 显然成立。例如, $[q, p] = i\hbar$, $[a, a^\dagger] = 1$ 就满足条件 (6A.7)。现证明 (6A.8) 式, 设 $f(\xi) = e^{\xi A} e^{\xi B}$, ξ 为 c 数。对 ξ 微分得

$$\frac{df}{d\xi} = A e^{\xi A} e^{\xi B} + e^{\xi A} B e^{\xi B}$$
$$= (A + e^{\xi A} B e^{-\xi A}) f(\xi) \tag{6A.9}$$

先证预理

$$g(\xi) = e^{\xi A} B e^{-\xi A} = B + \xi[A, B] + \frac{\xi^2}{2}[A, [A, B]] + \cdots \tag{6A.10}$$

由 $g(\xi) = e^{\xi A} B e^{-\xi A}$ 得 $g(0) = B$。将 $g(\xi)$ 按 Maclaulin 级数展开

$$\frac{dg(\xi)}{d\xi} = [A, g(\xi)], \quad \frac{dg}{d\xi}\Big|_{\xi=0} = [A, B]$$
$$\frac{d^2 g(\xi)}{d\xi^2} = \left[A, \frac{dg(\xi)}{d\xi}\right] = [A, [A, g(\xi)]] \tag{6A.11}$$
$$\frac{d^2 g(\xi)}{d\xi^2}\Big|_{\xi=0} = [A, [A, B]], \quad \frac{d^3 g}{d\xi^3}\Big|_{\xi=0} = [A, [A, [A, B]]]$$

由 (6A.11) 式得 $g(\xi)$ 的 Maclaurin 级数 (6A.10)。又由 (6A.10) 式及 (6A.7) 式 $[A, [A, B]] = 0$, 便得

$$\frac{df(\xi)}{d\xi} = \{(A + B) + \xi[A, B]\} f(\xi) \tag{6A.12}$$

由 (6A.7) 式, $A + B$ 与 $[A, B]$ 可易, 故可将这两个量看成一般的可易的变量。积分 (6A.12) 式, 并注意到 $f(0) = 1$, 便得

$$f(\xi) = e^{\xi[A+B]+\xi^2/2[A, B]} = e^{\xi[A+B]} e^{\xi^2/2[A, B]} \tag{6A.13}$$

这后一等式的成立, 乃是因为 $A+B$ 与 $[A,B]$ 可易。按 $f(\xi)$ 的定义 $f(\xi) = \mathrm{e}^{\xi A}\mathrm{e}^{\xi B}$, 代入 (6A.13) 式, 故有

$$\mathrm{e}^{\xi A}\mathrm{e}^{\xi B} = \mathrm{e}^{\xi[A+B]+\xi^2/2[A,B]} \tag{6A.14}$$

在 (6A.14) 式中令 $\xi = 1$, 并用 $\mathrm{e}^{\frac{1}{2}[A,B]}$ 右乘两端, 最后得 (6A.8) 式。

(3) 两个常用到的关系式, 证明见文献 [11]。

$$\begin{cases} \mathrm{e}^{xa}f(a,a^\dagger)\mathrm{e}^{-xa} = f(a,a^\dagger + x) \\ \mathrm{e}^{-xa^\dagger}f(a,a^\dagger)\mathrm{e}^{xa^\dagger} = f(a + x,a^\dagger) \end{cases} \tag{6A.15}$$

附录 6B   最小测不准态

设观测量 A, B 不能互易, 并满足对易关系

$$[A,B] = \mathrm{i}C \tag{6B.1}$$

C 为常数或另一观测量, 则易证 A, B 不能同时被准确测定。其均方偏差满足不等式

$$(\Delta A)^2(\Delta B)^2 \geqslant \frac{1}{4}|\langle C\rangle|^2 \tag{6B.2}$$

$$\langle C\rangle = \langle\psi|C|\psi\rangle \tag{6B.3}$$

这就是一般所称的 Heisenberg 测不准关系。在证明这个关系之前, 让我们先讨论这一关系的物理意义。若 ψ 为 A 的本征态, 就意味着系统处于状态 $|\psi\rangle$ 时, 我们能准确地测定 A。同样, 若 ψ 为 B 的本征态, 我们能准确地测定 B。若 $|\psi\rangle$ 为 A, B 的本征态, 我们能同时准确地测定 A、B, 即 $\Delta A = \Delta B = 0$。于是由测不准关系 (6B.2), 这只有当 $|\langle C\rangle| = 0$ 时才可能。但若 $|\langle C\rangle| = 0$, 由 (6B.1) 式, A、B 是可易的。若 A、B 不可易, 并满足 (6B.1) 式, $|\langle C\rangle| \neq 0$, 对 A、B 测定的均方差值应满足 (6B.2) 式, 为证明这一关系, 现定义

$$\alpha = \Delta A = A - \langle A\rangle, \quad \beta = \Delta B = B - \langle B\rangle \tag{6B.4}$$

$$[\alpha,\beta] = [A - \langle A\rangle, B - \langle B\rangle] = [A,B] = \mathrm{i}C \tag{6B.5}$$

$$\langle\alpha\rangle = \langle\beta\rangle = 0$$
$$(\Delta\alpha)^2 = (\alpha - \langle\alpha\rangle)^2 = \langle\alpha^2\rangle, \quad (\Delta\beta)^2 = (\beta - \langle\beta\rangle)^2 = \langle\beta^2\rangle \tag{6B.6}$$

应用 Schwarz 不等式

$$\int|f|^2\mathrm{d}x \int|g|^2\mathrm{d}x \geqslant |\int f^*g\mathrm{d}x|^2 \tag{6B.7}$$

$$(\Delta\alpha)^2(\Delta\beta)^2 = \langle\psi|\alpha^2|\psi\rangle\langle\psi|\beta^2|\psi\rangle = \int_{-\infty}^{\infty}\psi^*\alpha^2\psi\mathrm{d}x\int_{-\infty}^{\infty}\psi^*\beta^2\psi\mathrm{d}x$$

$$= \int_{-\infty}^{\infty}(\alpha^*\psi^*)\alpha\psi\mathrm{d}x\int_{-\infty}^{\infty}(\beta^*\psi^*)\beta\psi\mathrm{d}x \geqslant \left|\int(\alpha^*\psi^*)(\beta\psi)\mathrm{d}x\right|^2$$

$$= \left|\int\psi^*\alpha\beta\psi\mathrm{d}x\right|^2 = |\langle\psi|\alpha\beta|\psi\rangle|^2 \qquad (6\mathrm{B}.8)$$

上式的最后一步是假定了 α 为实的, $\alpha = \alpha^*$。注意到

$$\alpha\beta = \frac{1}{2}(\alpha\beta + \beta\alpha) + \frac{1}{2}(\alpha\beta - \beta\alpha) = \frac{1}{2}(\alpha\beta + \beta\alpha) + \frac{\mathrm{i}C}{2}$$

代入 (6B.8) 式便得

$$(\Delta\alpha)^2(\Delta\beta)^2 \geqslant \frac{1}{4}|\langle\psi|\alpha\beta + \beta\alpha|\psi\rangle + \mathrm{i}\langle\psi|C|\psi\rangle|^2 \qquad (6\mathrm{B}.9)$$

$\alpha\beta + \beta\alpha$ 与 C 均为 Hermitian, 故 $\langle\psi|\alpha\beta + \beta\alpha|\psi\rangle$, $\langle\psi|C|\psi\rangle$ 为实的。于是由 (6B.9) 式得出

$$(\Delta\alpha)^2(\Delta\beta)^2 = (\Delta A)^2(\Delta B)^2 \geqslant \frac{1}{4}|C|^2 \qquad (6\mathrm{B}.10)$$

由 (6B.8)、(6B.9) 式看出等式成立的条件为

$$\alpha|\psi\rangle = \gamma\beta|\psi\rangle \qquad (6\mathrm{B}.11)$$

$$\langle\psi|\alpha\beta + \beta\alpha|\psi\rangle = 0 \qquad (6\mathrm{B}.12)$$

将 (6B.11) 式代入 (6B.12) 式得

$$(\gamma + \gamma^*)\langle\psi|\beta^2|\psi\rangle = 0 \qquad (6\mathrm{B}.13)$$

故 γ 应为纯虚数。(6B.11)、(6B.13) 式即最小测不准态应满足的条件。例如, $\alpha = q - \langle q\rangle$, $\beta = p - \langle p\rangle$, $\gamma = 1/\mathrm{i}\mu$, 则得最小测不准态为

$$(p - \langle p\rangle)|\psi\rangle = \mathrm{i}\mu(q - \langle q\rangle)|\psi\rangle \qquad (6\mathrm{B}.14)$$

附录 6C　关于 (6.7.59), (6.7.70) 式的证明

首先写出电子自旋沿 $\hat{n}$ 方向的投影算子

$$\hat{\sigma}\cdot\hat{n} = \sin\theta\cos\phi\begin{pmatrix}0 & 1\\1 & 0\end{pmatrix} + \sin\theta\sin\phi\begin{pmatrix}0 & -\mathrm{i}\\\mathrm{i} & 0\end{pmatrix} + \cos\theta\begin{pmatrix}1 & 0\\0 & -1\end{pmatrix} \quad (6\mathrm{C}.1)$$

在取 $\hbar/2$ 为单位的情形下, 电子自旋算符作用在自旋态 $|\pm\rangle$ 上, 有如下关系:

$$\sigma_x|\pm\rangle = |\mp\rangle, \quad \sigma_y|\pm\rangle = \mp\mathrm{i}|\pm\rangle, \quad \sigma_z|\pm\rangle = \pm|\pm\rangle \qquad (6\mathrm{C}.2)$$

用 (±) 表示 $|\mp\rangle$，并令 $|\psi\rangle = \dfrac{|+\rangle_1|-\rangle_2 - |-\rangle_1|+\rangle_2}{\sqrt{2}} = \dfrac{(+)(-) - (-)(+)}{\sqrt{2}}$，易证

$$\sigma_{x1}\sigma_{x2}|\psi\rangle = \sigma_{y1}\sigma_{y2}|\psi\rangle = \sigma_{z1}\sigma_{z2}|\psi\rangle = -|\psi\rangle$$

$$\langle\psi|\sigma_{x1}\sigma_{x2}|\psi\rangle = \langle\psi|\sigma_{y1}\sigma_{y2}|\psi\rangle = \langle\psi|\sigma_{z1}\sigma_{z2}|\psi\rangle = -1 \tag{6C.3}$$

又因 $\sigma_{x1}\sigma_{y2}\dfrac{(+)(-) - (-)(+)}{\sqrt{2}} = -\mathrm{i}\dfrac{(-)(+) + (+)(-)}{\sqrt{2}}$，故有 $\langle\psi|\sigma_{x1}\sigma_{y2}|\psi\rangle = 0$。同样

$\sigma_{x1}\sigma_{z2}\dfrac{(+)(-) - (-)(+)}{\sqrt{2}} = \dfrac{-(-)(-) - (+)(+)}{\sqrt{2}}$，$\langle\psi|\sigma_{x1}\sigma_{z2}|\psi\rangle = 0$。其他交叉项也为
零，故有

$$\begin{aligned}
&\langle\psi|(\hat{\sigma}_1 \cdot \hat{n}_1)(\hat{\sigma}_2 \cdot \hat{n}_2)|\psi\rangle \\
&= \langle\psi|(a_x\sigma_x + a_y\sigma_y + a_z\sigma_z)(b_x\sigma_x + b_y\sigma_y + b_z\sigma_z)|\psi\rangle \\
&= \langle\psi| - a_xb_x - a_yb_y - a_zb_z|\psi\rangle = -\hat{a} \cdot \hat{b} = -\cos\Omega_{12}
\end{aligned} \tag{6C.4}$$

此即 (6.7.59) 式，是电子自旋投影的积的量子力学期待值。至于光子偏振测量的理论分析，我们注意到文献 [24]，由一点源辐射出一宇称为 1 而总角动量为 0 的且沿 z 方向传播光子对波函数出发，经较长的计算得出产生光子对的概率为 $[R(\theta)/R_0]_\psi = \dfrac{1}{4}(1 + \cos 2\varphi)$，$\varphi$ 为光子对的偏振方向间的夹角。

　　如果将电子自旋 (6C.4) 应用到光的传播上，将电子自旋矢量方向等同于光的偏振方向，并考虑光沿 z 方向传播，其偏振方向在 x, y 平面内，故有 $a_z = b_z = 0$

$$\theta_1 = \theta_2 = \frac{\pi}{2}, \quad \langle\psi|(\hat{\sigma}_1 \cdot \hat{n}_1)(\hat{\sigma}_2 \cdot \hat{n}_2)|\psi\rangle = -\cos(\varphi_1 - \varphi_2) = -\cos\varphi \tag{6C.5}$$

(6C.5) 式所示为光子对的偏振 $\hat{\sigma}_1, \hat{\sigma}_2$ 在 $\hat{n}_1, \hat{n}_2$ 方向的投影积的量子力学期待值，但这个量实验上并不好测量。实验上比较容易做的是测量产生光子对的概率，重要的是如何由 (6C.5) 式求出这个概率来。由于光子偏振方向在 x, y 平面内，故有 $\sigma_{z1} = \sigma_{z2} = 0$. 又因交叉项作用无贡献，在 $(\hat{\sigma}_1 \cdot \hat{n}_1)(\hat{\sigma}_2 \cdot \hat{n}_2) = (a_x\sigma_{x1} + a_y\sigma_{y1})(b_x\sigma_{x2} + b_y\sigma_{y2})$ 中，只需考虑 $\sigma_{x1}\sigma_{x2}, \sigma_{y1}\sigma_{y2}$ 项的贡献。以 $(+)(-), (-)(+)$ 为基，$\sigma_{x1}\sigma_{x2}(+)(-) = (+)(-), \sigma_{y1}\sigma_{y2}(+)(-) = (+)(-)$，以及 $(+)(-)(\hat{\sigma}_1 \cdot \hat{n}_1)(\hat{\sigma}_2 \cdot \hat{n}_2)(-)(+) = a_xb_x + a_yb_y = \cos\varphi$，故 $\cos\varphi$ 可看成相互作用 $(\hat{\sigma}_1 \cdot \hat{n}_1)(\hat{\sigma}_2 \cdot \hat{n}_2)$ 引起的由能级 $(+)(-)$ 向 $(+)(-)$ 跃迁矩的阵元。按第一黄金律，跃迁概率正比于跃迁矩阵元的平方，故沿偏振方向 $\hat{a}, \hat{b}$ 测得光子对的概率应为

$$R(\varphi) = |\langle\psi|(\hat{\sigma}_1 \cdot \hat{n}_1)(\hat{\sigma}_2 \cdot \hat{n}_2)|\psi\rangle|^2 = |-\cos\varphi|^2 = \frac{1 + \cos 2\varphi}{2} \tag{6C.6}$$

当 $\varphi = 0$ 时，$R(\varphi) = 1$，这是测量一个偏振分量例如 x 分量偏振光的光子对计数率。可是辐射源中还包含 y 分量偏振光，故有总的计数率 $R_0 = 2, R(\varphi)/R_0 =$

$\dfrac{1+\cos 2\varphi}{4}$。此即文献 [29] 得出的量子力学期待值。文献 [29] 的 Bell 不等式形式为 $-1 \leqslant 3R_c(\varphi)/R_0 - R_c(3\varphi)/R_0 - R_1/R_0 - R_2/R_0) \leqslant 0$, 式中 R_1/R_0 为图 6.21 装置在撤掉检偏器 2 后探测器 1 在有检偏器 1 时的计数率与没有 (即撤掉) 检偏器 1 的计数率之比。同样 R_2/R_0 为撤掉检偏器 1 后探测器 2 在有检偏器 2 时的计数率与没有 (即撤掉) 检偏器 2 的计数率之比。$R_c(\varphi)$ 为分析器 1, 2 均存在且夹角为 φ 的情况下, 由探测器 1, 2 同时测出信号的符合计数率。又考虑到 $R_c(9\pi/8) = R_c(\pi/8)$, 便得出

$$-1 + (R_1 + R_2)/R_0 \leqslant 3R_c(\pi/8)/R_0 - R_c(3\pi/8)/R_0 \leqslant (R_1 + R_2)/R_0$$

$$-1 + (R_1 + R_2)/R_0 \leqslant 3R_c(3\pi/8)/R_0 - R_c(\pi/8)/R_0 \leqslant (R_1 + R_2)/R_0 \qquad (6C.7)$$

当 $3R_c(3\pi/8)/R_0 - R_c(\pi/8)/R_0 \geqslant 0, 3R_c(\pi/8)/R_0 - R_c(3\pi/8)/R_0 \leqslant 0$ 时

$$3|R_c(3\pi/8)/R_0 - R_c(\pi/8)/R_0| \leqslant (R_1 + R_2)/R_0$$

$$|3R_c(\pi/8)/R_0 - R_c(3\pi/8)/R_0| \leqslant 1 - (R_1 + R_2)/R_0$$

$$4|R_c(3\pi/8)/R_0 - R_c(\pi/8)/R_0| \leqslant 1 \qquad (6C.8)$$

(6C.8) 式即 (6.7.70) 式。将 $R(\varphi)/R_0 = \dfrac{1+\cos 2\varphi}{4}$ 代入 (6.7.70) 式中的 $R_c(\varphi)/R_0$ 便得

$$|R_c(3\pi/8)/R_0 - R_c(\pi/8)/R_0|_\varphi = \frac{\sqrt{2}}{4} \qquad (6C.9)$$

(6C.9) 式明显违背 (6.7.70) 式。文献 [32] 实验测得 $[R(3\pi/8)/R_0]_{\text{expt}} = 0.400 \pm 0.007$, $[R(\pi/8)/R_0]_{\text{expt}} = 0.100 \pm 0.003$。故有 $[R_c(3\pi/8)/R_0 - R_c(\pi/8)/R_0]_{\text{expt}} = 0.300 \pm 0.008$, 违背 (6.7.70) 式, 但与按 (6C.9) 式计算的符合计数量子期待值 $[R_c(3\pi/8)/R_0 - R_c(\pi/8)/R_0]_{\text{QM}} = 0.301 \pm 0.008$ 很接近。

参 考 文 献

[1] Haar D T. On the history of photon statistics. Proceedings of the Internaitonal School of Physics, "Enrico Fermi" Course 42. Quantum Optics. Glauher R J. New York: Academic Press Inc, 1969: 1.

[2] Loudon R. The Quantum Theory of Light. Oxford: Clarendon Press, 1983: 7, 8.

[3] 谭维翰, 栾绍金. 非热平衡辐射的转变温度. 量子电子学, 1985, 2: 128.

[4] Dirac P A M. The Principles of Quantum Mechanics. 4th ed. Clarendon Press, 1958: 9.

[5] Forrester A T, Gudmundsen R A, Johnson P O. Photoelecric mixing of incoherent light. Phys. Rev., 1955, 99: 1691.

[6] Javan A, Ballik E A, Bond W L. Frequency characteristics of a continuous wave He-Ne optical maser. J.O.S.A, 1962, 52: 96.

[7] Magyar G, Mandel L. Interference fringes produced by superposition of independent maser light beams. Nature, 1963,198: 255.

[8] Lipsett M S, Mandel L. Coherence time measuement of light from ruby optical maser. Nature, 1963,199: 553.

[9] Mandel L. Quantum Optics//Glauber R J. New York: Academic Press Inc., 1969: 176.

[10] Glauber R J. Quantaum theory of optical coherence. Phys. Rev., 1963, 130: 2529; 1963, 131: 2766. Proceedings of the International School of Physics, "Enrico Fermi" Course 42. Quantum Optics. Glauher R J. New York: Academic Press Inc., 1969: 15.

[11] Louisell W L. Quantum statistical Properties of Radiation. John Wiley & Sons. Inc., 1973: 347, 178, 154.

[12] Nagourney W, Sandberg J, Dehmet H. Shelved optical electron amplifier: Observation of quantum-jump. Phys. Rev. Lett., 1986, 56: 2798.

[13] Tan W H, Xu W C. The dissipation in lasers and in coherent state. 第四届压缩态与测不准关系国际会议报告, Ficssur-Taiyuan China, June 5 8,1995.

[14] 谭维翰, 王学文, 谢成钢, 等. 仿激光开系阻尼振子量子化方案. 物理学报, 1982, 31: 1569.

[15] Caldeira A O, Leggett A J. Influence of damping on quantum interference:An exactly soloble model. Phys. Rev. A, 1985, 31: 1059.

[16] Wall D F, Milburn G J. Effect of dissipation on quantum coherence. Phys. Rev. A, 1985, 31: 2405.

[17] Schiff I. Quantum Mechanics. 3rd ed. New York: MeGraw-Hill Book Company, 1955.

[18] Gradshteyn L S, Ryzhik I M. Table of Integrals, Series, and Products. New York: Academic Press.

[19] Hanbury-Brown R, Twiss R Q. Corelation between photons in two coherent beams of light. Nature, 1956: 177; 1957: 27. Proc. R. Soc. A, 1957: 242, 300; ibid A, 1958: 243, 291.

[20] Areechi F T. Gatti E, Sona A. Time distribution of photons from coherent and Gaussion sourse. Phys. Lett., 1966, 20: 27.

[21] Loudon R. Non-classical effects in the statistical properties of light. Rep. Prog. Phys., 1980, 43: 914.

[22] Dagenais M, Manddel L. Investgation of two-time correlation in photon emission from a singlr atom. Phys. Rev. A, 1978, 18: 2217.

[23] Simaan H D, Loudon R J. Quantan statistical properties of single-beam two-photon absorbtion. Phys. A: Math. Gen., 1975, 8: a 539.

[24] Lax M. Muti-time correspondence between quantun and classical stohastic process. Phys. Rev., 1968, 172: 350-361.

[25] Clauser J F. Experimental distinction between the quantum and classical field-theoretic prediction for the photoelctric effect. Phys. Rev. D, 1974, 9: 853-860.

[26] Strehalov D V, Sergienko A V, Klyshko D N, et al. Observaton of two-photon "Ghost" interference and diffraction. Phys. Rev. Lett., 1995, 74: 3600.

[27] Einstein A, Podolsky B, Rosen N. Can quantum-mechanical decribtion of physicsl reality be complete. Phys. Rev., 1935, 47: 777.

[28] Bohm D. Quantum Theory. New York: Prentic-Hall Inc., 1951. 中译本: 玻姆. 量子理论. 侯德彭, 译. 北京: 商务印书馆. 1982.

[29] Clauser J F, Shimony A. Bell's theorem experimental tests and implication. Rep. Prog. Phys., 1978, 4: 1882.

[30] Bell J S. On the Einstein Podolsky Rosen paradox, Physics, 1964, 1: 195.

[31] Clauser J F, Horne M A. Experimental consequences of objective local theries. Phys. Rev. D, 1974, 10: 526.

[32] Shih Y H, Alley C O. New type of Einstein-Podolsky-Rosen experiment using pairs of light quanta produced by optical parametrical down conversion. Phys. Rev. Lett., 1988, 61: 2921.

[33] Tan W H, Guo Q Z. The geometry of violation of Bell's inequality. Chinese Optics Letters, 2003, 1(6): 357.

[34] Coves C M. Quantum-mechanical radiation-pressure fluctuation in a interferometer. Phys. Rev. Lett., 1980, 45: 75.

[35] Caves C M. Quantum-mechanical noise in a interferometer. Phys. Rev. D, 1981, 23: 1693.

[36] Caves C M, Thorne K S, Drever R W P, et al. On the measurement of a weak classical force coupled to a quantun-mechanicl osiicilator I. Issues of principles. Rev. Mod. Phys., 1980, 52: 341.

[37] Stoler D. Equivalence classes of minimun uncertainty packets. Phys. Rev. D, 1970, 1: 3217; 1971, 4: 1925.

[38] Walls D F. Evidence for the quantum nature of light. Nature, 1983, 306: 141; Nature, 1979, 280: 451.

[39] Yuen H P. Two-photon coherent states of light. Phys. Rev. A, 1976, 13: 2226.

[40] Yuen H P, Shapiro J H. Optical communication with two photon coherent states—Part I: Quantum state propagation and quantum noise. IEEE Trans. Inform. Theory, 1978, 24: 657; Optical communication with two photon coherent states—Part III: Quantum measurements relizable with photoemissive detectors. IEEE Trans. Inform. Theory, 1980, 26: 76.

[41] Loudon R, Knight P L. Squeezed light. Jour. of Mod. Optics, 1987, 34: 709-759.

[42] Yuen H P, Shapiro J H. Generation and detection of coherent states in degenerate four-wave mixing. Optics Lett., 1979, 4: 334.

[43]　Slusher R M, Hollberg L W, Yurke B, et al. Observation of squeezed states generated by four-wave mixing in an optical cavity. Phys. Rev. Lett., 1985, 55: 2409.

[44]　Wu L A, Kimble H J, Hall J L, et al. Generation of squeezed states by a parametric down conversion. Phys. Rev. Lett., 1986, 57: 2520.

[45]　Wolinsky M, Carmichael H J. Squeezing in the degenerative parametric oscillator. Opt. Comm., 1985, 55: 138.

[46]　Mandel L. Squeezed-state and sub-photon statistics. Phys. Rev. Lett., 1982, 49: 13.

[47]　Milburn G, Walls D F. Production of squeezed -state in a degenerate parametric amplifier. Opt. Commun., 1981, 39: 401.

[48]　谭维翰, 李宇舫, 张卫平. 具有零或负扩散系数 Fokker-Planck 方程的形式解及其量子光学中的应用. 物理学报, 1988, 37: 396.

[49]　Tan W H, Li Y F, Zhang W P. The solution of Fokker-Planck equation with zero or negative diffusion coefficients in quatun optics. Opt. Commu., 1987, 64: 195.

[50]　Tan W S, Tan W H. Holographic detection of optical squeezed light. Opt. Lett., 1989, 14: 468.

[51]　谭维翰, 张卫平, 谭微思. 通过注入激光提高腔内参量放大光的压缩度. 物理学报, 1990, 39: 1555.

[52]　Bourdurant R S, Kumar P, Sharp J H, et al. Degenerate four-wave mixing as a possible source of squeezed state light. Phys. Rev. A, 1984, 30: 343.

[53]　Kumar P, Sharpiro J H. Squeezed-state generation via forward degenerate four-wave mixing. Phys. Rev. A, 1984, 30: 1568.

[54]　Yurke B. Use of cavities in squeezed -state generation. Phys. Rev., A, 1984, 29: 408.

[55]　Yariv A, Pepper D M. Application of reflection, phase-congation,and oscillation in degenerate four-wave mixing. Opt. Lett., 1977, 1: 16.

[56]　Chow W W, Scully M O, Van Strylant E W. Line narrowing in a symetry broken laser. Optics. Commun., 1976, 15: 6.

[57]　Collett M J, Gardiner C W. Squeezing of intra-cavity and traveling-wave light fields. Phys. Rev. A, 1984, 30: 1386; 1984, 31: 3761.

[58]　Balic V, Braje D A, Kolchin P, et al. Generation of paired photons with controllable waveforms. Phys. Rev. Lett., 2005, 94: 83601.

[59]　Kolchin P. Electromagnetically-induced paired photon generation. Phys. Rev. A, 2007, 75: 033814.

[60]　Du S W, Wen J M, Rubin M H. Narrowband biphoton generation near atomic resonance. J. Opt. Soc. Am. B, 2008, 25(12).

[61]　Zhao C Y, Tan W H. Propagation characteristics of biphoton in cold atomic vapor. Chinese Optics Leters, 2014, 12(10): 102701.

[62]　Born M, Wolf E. Principles of Optics. Oxford: Pergaman, 1975.

[63] Heitler W. The Quantum Theroy of Radiation. 3rd ed. Oxford: Oxford University Press, 1954: 65.

[64] Susskind L, Glogower J. Quantum mechanics phase and time operator. Physics I, 1964: 49.

[65] Loudon R. The Quantum Theory of Light. Oxford: Oxford University Press, 1973: 142,143.

[66] Pegg D T, Barnett S M. Phase properties of the quantized single-mode electromegnetic field. Phys, Rev. A, 1989, 39: 1665.

[67] Noh J W, Fougers A, Mandel L. Measurement of the quantum phase by photon couting. Phys. Rev. Lett., 1991, 67: 1426; Operational approach to the phase of a quantum field. Phys. Rev. A, 1992, 45: 424.

[68] 谭维翰, 刘娟. 能量有限统位相算符与相位本征态. 物理学报, 1997, 46: 2338.

[69] Reid C. Excited States in Chemistry and Biology. Butterworths Scientific Publication, 1957. 中译本: 瑞德 C. 化学与生物学中的激发态. 北京: 科学出版社, 1963.

第 7 章　原子的共振荧光与吸收

原子的共振荧光与吸收较集中地反映了光与物质相互作用的基本物理过程。本章首先叙述了这方面的实验研究结果，接着便讨论二能级原子共振荧光理论，其中包括瞬态共振荧光，考虑到自作用后的共振荧光，以及微腔对自发辐射的增强与抑制、真空场的 Rabi 分裂等。

7.1　二能级原子与单色光强相互作用的实验研究

7.1.1　二能级原子在强光作用下的共振荧光

应用激光调谐技术有可能精确测定在强单色光作用下原子的辐射与吸收谱。这些测定对于了解原子与场的相互作用，以及验证理论均有很重要的意义。Stroud 等 [1] 最先测定在强场作用下二能级原子的共振荧光谱，稍后，又有更多关于这方面的研究 [2~5]。要精确进行这种测定，对原子系统、原子束、激光系统均有一定要求。首先要选择一对与激光频率共振的二能级，其他能级因远离共振，与光场的相互作用可略去。为了简化分析，原子的 Doppler 加宽与碰撞加宽均应比自然线宽小得多。当原子束垂直地通过激光束时，Doppler 宽度可大为减少。单色激光应与原子跃迁频率相近，并在其附近精密调谐，且光强足够强，才能观察到谱线轮廓的变化。还应注意，被作用的原子是放在激光均匀照射下。实验中 [1,5] 选钠原子 $^2\mathrm{S}_{1/2}(F=2)$，$^2\mathrm{P}_{3/2}(F=3)$ 为共振跃迁的两个能级。原子束以垂直于激光光轴的方向通过激光束，并在垂直于原子束、激光光轴的方向探测原子辐射的共振荧光。

共振荧光的理论最早由 Weisskopf 提出 [6]，他指出，当入射光强很弱时，共振荧光并不表现出原子的自然线宽，而是表现出频率与入射光相同的单色光。很多实验 [7~10] 均证明了当入射光强很弱时，共振荧光光线的宽度要比自然线宽窄，可通过仪器的加宽与残存的 Doppler 加宽来解释。在强光作用下的共振荧光理论工作很多 [11~14]，现在较普遍采用的是 Mollow 的理论 [10]（详细内容将在 7.2 节介绍），主要结果为共振荧光谱，包含三个峰：一个中峰，两个对称排布的边峰。边峰与中峰高度比为 $1:3:1$，而宽度比为 $3\gamma/2:\gamma:3\gamma/2$，$\gamma$ 为自然线宽。除此之外，还有一个 δ 函数型的相干散射峰。共振时，该峰的贡献不大，但有失谐情况下，这个相干散射峰的贡献还是可以看出来的。图 7.1 为 Ezekiel 等 [3,5] 测得的共振荧光光谱，实验与理论符合得很好。光滑曲线上叠加的 δ 型乃是仪器线宽的卷积。实验结果表明, 在有些情况下, 还会观察到非对称的共振荧光谱[4], 即一个边峰比另一个边峰低 (图 7.2(a))。Walther 是用线偏振光激发观察到共振荧光谱的非对称性, 这可能由于激发了其他精细能级; 而采用圆偏振光激发的共振荧光光谱则是对称的。但 Grove, Wu 与 Ezekiel 实验结果又表明[5], 谱的非对称性来源于非均匀光强照射的结果, 与光的偏振性无关。图 7.2(b) 给出了各种失谐情况下的共振荧光谱, 图 7.2(c), (d) 分别给出边峰与中峰间距随失谐频率及入射激光功率的变化。

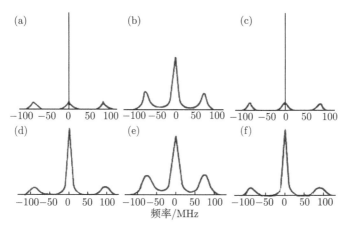

图 7.1　在强驱动场作用下钠原子二能级的实验与理论共振荧光光谱 (参照 Wu 等[3,5])

(a), (b), (c) 分别为失谐 −50MHz, 0, 50MHz 的理论曲线。Rabi 频率 $\Omega = 78$MHz, 自然线宽 $\gamma = 10$MHz。(d), (e), (f) 为实验曲线及考虑到仪器线型后理论谱的卷积 (光滑曲线), 失谐分别为 −50MHz, 0, 50MHz, 驱动激光峰值功率密度为 640mW/cm^2

7.1.2 在强场作用下的原子吸收线型

弱场作用下的原子吸收线型为 Lorentz 型, 这已为弱的可调谐的探针光束通过原子束的吸收谱测量所证实, 但在近共振的强场作用下, 原子的吸收谱线型已发生了很大的变化。为了测定强驱动场作用下的吸收线型, 必须采用强的"驱动场"光束与弱的"探针"光束沿着与原子束垂直的方向通过原子束。驱动场频率 ω_d 一般固定在原子频率 ω_0 附近可调谐。为保证被探测的原子是在驱动场的均匀照明下, 故探针光束直径一般为驱动场直径的 1/10。当驱动场频率 ω_d 与原子跃迁频率 ω_0 共振, 即 $\omega_d = \omega_0$ 时, 由探针光束测得的原子峰值吸收要比弱场作用下的峰值吸收小得多。当驱动场频率略大于原子跃迁频率时 (图 7.3), 峰值吸收发生在 ω_0', 相对于原来的弱场情况下的原子峰值吸收值 ω_0 稍有移动, 而且在频率 $2\omega_d - \omega_0'$ 处有一不大的增益峰[15], 峰值增益为 0.7%, 而对于同一原子密度测得的弱场峰值吸收为 9.4%。这与理论计算结果基本相符[16]。理论计算表明, 在强场极限下的增益峰值位置在 $\Delta\omega = \omega - \omega_0 = \Omega/3$, 峰值增益约为弱场情况下的峰值吸收的 5%。

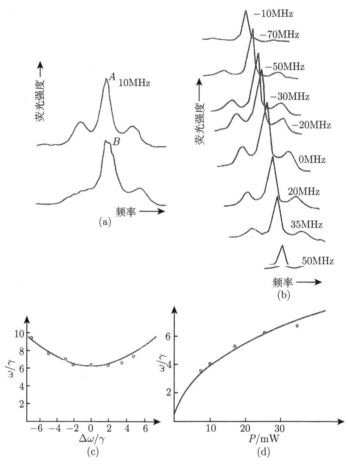

图 7.2　(a) 钠原子 ^{23}Na 的共振荧光谱, 激发是用 5890Å 波长的圆偏振光 (曲线 A), 部分线偏振光 (曲线 B)。在 ^{2}S$_{1/2}$, $F = 2 \rightarrow$ ^{2} P$_{3/2}$, $F = 3$ 中心频率处, 激光功率 30mW。(b) 各种失谐由 −70MHz 到 50MHz 情形下的共振荧光谱。入射激光功率均为 30mW。(c) 边峰与中峰的间距随入射激光频率的失谐而变。(d) 边峰与中峰的距离随入射激光功率的变化 (参照 Hartig 等 [4])

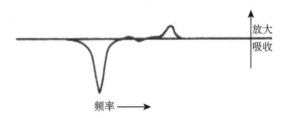

图 7.3　钠原子二能级被一频率为 ω 的场强所驱动, 失谐为 28MHz, 峰值强度为 550mW/cm^2。(参照 Wu 等 [15])

7.1.3　二能级原子吸收谱的功率增宽与饱和

为测定随入射激光功率的增加，吸收谱线轮廓增宽以及峰值吸收饱和，只需采用功率可变且频率可调谐的探针光即可，而驱动光场可去掉。图 7.4(a)~ (e) 便是探针光逐渐增大时的原子吸收谱 [17]。在低强度时 (图 7.4(a)，光强为 0.2mW/cm²)，测得线宽为 11MHz，其中 10MHz 为自然线宽，另 1MHz 为残余的 Doppler 加宽引起的。图 7.4(e) 探针光强增至 150mW/cm²，约为饱和光强 $I_s = 6.4$mW/cm² 的 23 倍。图 7.4(e) 被重绘为图 7.4(f)，测得线宽 47MHz，与理论值 $\Delta\nu = \gamma\sqrt{1 + I/I_s} \simeq$ 49.4MHz 很符合。

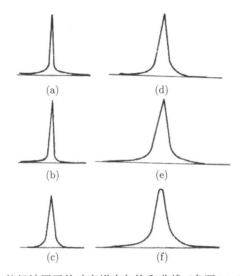

图 7.4　二能级钠原子的功率增宽与饱和曲线 (参照 Ezekiel 等 [17])

(a) $I = 0.03I_s$, 200cts/s; (b) $0.25I_s$, 1000cts/s; (c) $3I_s$, 5000cts/s; (d) $12I_s$, 5000cts/s;

(e) $23I_s$, 5000cts/s; (f) 当 $I = 23I_s$ 时的功率增宽线型。实线为理论曲线，而虚线为实测的线型

7.2　二能级原子的共振荧光理论 [10~24]

本节主要介绍 Mollow 的共振荧光理论 [10,14,20]。Mollow 所提出的二能级原子与场相互作用的理论模型是，假定辐射场为振幅恒定的经典的单色场，不考虑辐射场的量子起伏；原子为静止的二能级原子，不考虑原子辐射的 Doppler 及碰撞加宽，也不考虑方程 (5.3.35) 中的无规力作用，相当于将方程 (5.3.35) 对热库求统计平均。这样，σ_z, $\sigma^\pm$ 等已化为 c 数 $\langle\sigma_z\rangle$, $\langle\sigma^\pm\rangle$，而不再是算子，但在具体计算共振荧光光谱时，还是应用了量子回归定理。所得结果与一开始就引进无规力，并将 σ_z, $\sigma^\pm$ 看成算子所得结果一致。

7.2.1　二能级原子与辐射场相互作用方程及其解

现将在相互作用绘景中的 (5.3.35) 式对热库求平均, 并将 $\langle\sigma_z\rangle$, $\langle\sigma^-\rangle$, $\langle\sigma^+\rangle$ 仍用 σ_z, σ^-, σ^+ 来表示, 则得单模场与二能级原子相互作用方程为

$$\begin{cases} \dfrac{\mathrm{d}\sigma_z}{\mathrm{d}t} = -\gamma_1(\sigma_z - \bar{\sigma}_z) - \mathrm{i}\dfrac{\Omega}{2}(\sigma^-\mathrm{e}^{\mathrm{i}\delta\omega t} - \sigma^+\mathrm{e}^{-\mathrm{i}\delta\omega t}) \\[2mm] \dfrac{\mathrm{d}\sigma^-}{\mathrm{d}t} = -\mathrm{i}\Omega\mathrm{e}^{-\mathrm{i}\delta\omega t}\sigma_z - \gamma_2\sigma^- \\[2mm] \dfrac{\mathrm{d}\sigma^+}{\mathrm{d}t} = \mathrm{i}\Omega\mathrm{e}^{\mathrm{i}\delta\omega t}\sigma_z - \gamma_2\sigma^+ \end{cases} \tag{7.2.1}$$

其中 $\delta\omega = \omega_{\mathrm{p}} - \omega_{21}$, ω_{p} 为抽运光的频率, $\bar{\sigma}_z$ 为反转粒子的稳态值, $\Omega = 2\mu E_0/\hbar$ 为 Rabi 频率。令

$$\sigma^-\mathrm{e}^{\mathrm{i}\delta\omega t} = \alpha(t)\mathrm{e}^{\mathrm{i}\omega_{\mathrm{p}}t}, \quad \sigma^+\mathrm{e}^{-\mathrm{i}\delta\omega t} = \alpha^*(t)\mathrm{e}^{-\mathrm{i}\omega_{\mathrm{p}}t}$$
$$\gamma_1 = \kappa, \quad \gamma_2 = \kappa/2, \quad z = \kappa/2 - \mathrm{i}\delta\omega \tag{7.2.2}$$

则 (7.2.1) 式为

$$\begin{cases} \dfrac{\mathrm{d}\sigma_z}{\mathrm{d}t} = -\kappa(\sigma_z - \bar{\sigma}_z) - \mathrm{i}\dfrac{\Omega}{2}(\alpha(t)\mathrm{e}^{\mathrm{i}\omega_{\mathrm{p}}t} - \alpha^*(t)\mathrm{e}^{-\mathrm{i}\omega_{\mathrm{p}}t}) \\[2mm] \dfrac{\mathrm{d}}{\mathrm{d}t}(\alpha(t)\mathrm{e}^{\mathrm{i}\omega_{\mathrm{p}}t}) = -\mathrm{i}\Omega\sigma_z - z(\alpha(t)\mathrm{e}^{\mathrm{i}\omega_{\mathrm{p}}t}) \\[2mm] \dfrac{\mathrm{d}}{\mathrm{d}t}(\alpha^*(t)\mathrm{e}^{-\mathrm{i}\omega_{\mathrm{p}}t}) = \mathrm{i}\Omega\sigma_z - z^*(\alpha^*(t)\mathrm{e}^{-\mathrm{i}\omega_{\mathrm{p}}t}) \end{cases} \tag{7.2.3}$$

作 Laplace 变换

$$\begin{pmatrix} \tilde{n}(s) \\ \tilde{\alpha}(s) \\ \tilde{\alpha}^*(s) \end{pmatrix} = \int_0^\infty \mathrm{e}^{-st} \begin{pmatrix} \sigma_z(t) \\ \alpha(t)\mathrm{e}^{\mathrm{i}\omega_{\mathrm{p}}t} \\ \alpha^*(t)\mathrm{e}^{-\mathrm{i}\omega_{\mathrm{p}}t} \end{pmatrix} \mathrm{d}t \tag{7.2.4}$$

则 (7.2.3) 式变为

$$(s + \kappa)\tilde{n}(s) + \mathrm{i}\dfrac{\Omega}{2}(\tilde{\alpha}(s) - \tilde{\alpha}^*(s)) = \sigma_{z0} + \gamma_1\bar{\sigma}_z/s$$
$$\mathrm{i}\Omega\tilde{n}(s) + (s + z)\tilde{\alpha}(s) = \alpha(0) \tag{7.2.5}$$
$$-\mathrm{i}\Omega\tilde{n}(s) + (s + z^*)\tilde{\alpha}^*(s) = \alpha^*(0)$$

式中 $\sigma_{z0} = \bar{\sigma}_z = -\dfrac{1}{2}$。按 σ_z 的定义即反转粒子数的 $1/2$, $\sigma_{z0} = \bar{\sigma}_z = -1/2$, 表明在没有外场驱动即 $\Omega = 0$ 情形下, 原子处于基态。

又注意到 (2.6.14) 式与 (2.6.15) 式及初值 $-2\sigma_{z0} = -2\bar{\sigma}_z = 1$ 与 Mollow 定义的 $\bar{n}, \bar{m}$ 间的关系为

$$-2\sigma_{zo} = a_2^{\dagger}a_2 + a_1^{\dagger}a_1 = |1\rangle\langle 1| + |0\rangle\langle 0| = \sigma^{\dagger}\sigma + \sigma\sigma^{\dagger} = \bar{n}(0) + \bar{m}(0)$$

式中 $\bar{n}, \bar{m}$ 分别为原子处于激发态与基态数，$\bar{n} + \bar{m} = 1$。故 (7.2.5) 式的解为

$$\tilde{\alpha}(s) = \frac{(s+z)(s+z^*)+\Omega^2/2}{f(s)}\alpha(0) + \frac{\Omega^2}{2f(s)}\alpha^*(0) + \frac{\mathrm{i}\Omega(s+z)(s+z^*)}{2f(s)s}(\bar{n}(0)+\bar{m}(0))$$

$$f(s) = (s+\kappa)(s+z)(s+z^*) + \Omega^2(s+\kappa/2)$$

$$(7.2.6)$$

(7.2.6) 式也可写为

$$\tilde{\alpha}(s) = \tilde{u}_{\alpha\alpha}(s)\alpha(0) + \tilde{u}_{\alpha\alpha^*}(s)\alpha^*(0) + \tilde{u}_{\alpha n}(s)\bar{n}(0) + \tilde{u}_{\alpha m}(s)\bar{m}(0) \quad (7.2.7)$$

求反变换便得

$$\mathrm{e}^{\mathrm{i}\omega_\mathrm{p}(t+\tau)}\alpha(t+\tau) = u_{\alpha n}(\tau)\bar{n}(t) + u_{\alpha\alpha}(\tau)(\mathrm{e}^{\mathrm{i}\omega_\mathrm{p}t}\alpha(t)) + u_{\alpha\alpha^*}(\tau)(\mathrm{e}^{-\mathrm{i}\omega_\mathrm{p}t}\alpha^*(t)) + u_{\alpha m}(\tau)\bar{m}(t)$$

$$(7.2.8)$$

式中 $u_{\alpha n}(\tau)$, $u_{\alpha\alpha}(\tau)$, $u_{\alpha\alpha^*}(\tau)$, $u_{\alpha m}(\tau)$ 分别为 $\tilde{u}_{\alpha n}(s)$, $\tilde{u}_{\alpha\alpha}(s)$, $\tilde{u}_{\alpha\alpha^*}(s)$, $\tilde{u}_{\alpha m}(s)$ 的反变换。(7.2.8) 式又可写为

$$\alpha(t+\tau) = u_{\alpha n}(\tau,t)\bar{n}(t) + u_{\alpha\alpha}(\tau,t)\alpha(t) + u_{\alpha\alpha^*}(\tau,t)\alpha^*(t) + u_{\alpha m}(\tau,t)\bar{m}(t) \quad (7.2.9)$$

其中

$$u_{\alpha n}(\tau,t) = u_{\alpha n}(\tau)\mathrm{e}^{-\mathrm{i}\omega_\mathrm{p}(t+\tau)}$$

$$u_{\alpha\alpha}(\tau,t) = u_{\alpha\alpha}(\tau)\mathrm{e}^{-\mathrm{i}\omega_\mathrm{p}\tau}$$

$$u_{\alpha\alpha^*}(\tau,t) = u_{\alpha\alpha^*}(\tau)\mathrm{e}^{-\mathrm{i}\omega_\mathrm{p}\tau - \mathrm{i}2\omega_\mathrm{p}t}$$

$$u_{\alpha m}(\tau,t) = u_{\alpha m}(\tau)\mathrm{e}^{-\mathrm{i}\omega_\mathrm{p}(t+\tau_\mathrm{p})}$$

上面得到的解实质上就是我们在 3.2 节中得出的 Bloch 方程的 Torrey 解，但 (7.2.9) 式形式更适于计算二能级原子的共振荧光。

7.2.2 二能级原子的共振荧光计算

由 $\alpha(t)$, $\alpha^*(t)$ 的定义 (7.2.2) 得知 $\alpha(t) = \langle\sigma(t)\mathrm{e}^{-\mathrm{i}\omega_{21}t}\rangle$，但这是在相互作用绘景中求得的，当回到 Schrödinger 绘景时，便是

$$\alpha(t) = \langle a_1 a_2^+\rangle = \langle\sigma^-(t)\rangle$$
$$\alpha^*(t) = \langle\sigma^+(t)\rangle, \quad \bar{n}(t) = \langle\sigma^+(t)\sigma^-(t)\rangle$$
$$\bar{m}(t) = \langle\sigma^-(t)\sigma(t)^+\rangle$$

$$(7.2.10)$$

用密度矩阵表示便是 $\alpha(t) = \text{tr}[\rho(t)\sigma^-]$, $\bar{m}(t) = \text{tr}[\rho(t)\sigma^-\sigma^+]$, $\alpha^*(t) = \text{tr}[\rho(t)\sigma^+]$, $\bar{n}(t) = \text{tr}[\rho(t)\sigma^+\sigma^-]$ 等。

现在要求在驱动场作用下原子的辐射线型，或者说在入射的单色光作用下原子的辐射光谱。包括入射光及原子辐射在内的场强 $E^+(r,t)$ 可写为

$$E^+(r,t) = \varphi(r)\sigma^-(t - r/c) + E_f^+(r,t) \tag{7.2.11}$$

式中 $E_f^+(r,t)$ 为入射光场；$\varphi(r)$ 为原子的偶极辐射 [10]，$\varphi(r) = \left(-\dfrac{\omega_0^2\sqrt{2}}{4\pi c^2 r^3}\right)(\boldsymbol{\mu} \times \boldsymbol{r}) \times \boldsymbol{r}$；$\sigma^-(t - r/c)$ 为原子的下降算符。散射光场的一阶相关函数为

$$G_{jk}^{(1)}(r,t';r,t) = \varphi_j^*(r)\varphi_k(r)\langle\sigma^+(t' - r/c)\sigma^-(t - r/c)\rangle \tag{7.2.12}$$

设原子辐射是一平稳的随机过程，故有

$$\langle\sigma^+(t' - r/c)\sigma^-(t - r/c)\rangle = g(t' - t) \tag{7.2.13}$$

散射光功率谱为

$$I(\nu,r) = \int_{-\infty}^{\infty} d\tau\, e^{i\nu\tau} \sum_j G_{jj}^{(1)}(r,0;r,\tau) \tag{7.2.14}$$

故在 r 点的功率谱可表示为 $|\varphi(r)|^2$ 与相关函数 $g(\tau)$ 的 Fourier 变换 $\tilde{g}(\nu)$ 的积，即

$$I(\nu,r) = |\varphi(r)|^2\tilde{g}(\nu), \quad \tilde{g}(\nu) = \int_{-\infty}^{\infty} dt\, e^{i\nu t} g(\tau) \tag{7.2.15}$$

散射光的平均强度为

$$I = \frac{1}{2\pi}\int d\nu\, I(\nu,r) = |\varphi(r)|^2 g(0) = |\varphi(r)|^2\bar{n}_\infty \tag{7.2.16}$$

式中 $\bar{n}_\infty$ 为原子处于激发态的概率。

$$\bar{n}_\infty = \lim_{t\to\infty} \langle\sigma^+(t)\sigma^-(t)\rangle$$

由 (7.2.13) 和 (7.2.15) 式得知原子的自相关函数 $g(t' - t) = \langle\sigma^+(t')\sigma^-(t)\rangle$ 的 Fourier 变换决定了散射功率谱 $I(\nu;r)$，但期待值 $\langle\sigma^+(t')\sigma^-(t)\rangle$ 是涉及双时即 t' 时和 t 时的两个物理量。为此，必须将其中的一个物理量，如 $\sigma(t)$ 也变为 t' 时的物理量，即经过变换 $\sigma^-(t) \to u^{-1}(t,t')\sigma^-(t')u(t,t')$，与 $\sigma^+(t')$ 相乘，再求统计平均，即为

$$\langle\sigma^+(t')\sigma^-(t)\rangle = \text{tr}\{\rho(t')\sigma^+(t')u^{-1}(t,t')\sigma^-(t')u(t,t')\} \tag{7.2.17}$$

而 (7.2.17) 式中的 $\rho(t')$ 又可写成场的密度矩阵 $|0\rangle_{\mathrm{FF}}\langle0|$ 与原子密度矩阵 $\rho_{\mathrm{a}}(t')$ 的直接乘积, 故有

$$\langle\sigma^+(t')\sigma^-(t)\rangle = \mathrm{tr}\{|0\rangle_{\mathrm{FF}}\langle0|\rho_{\mathrm{a}}(t')\sigma^+(t')u^{-1}(t,t')\sigma^-(t')u(t,t')\} \tag{7.2.18}$$

求单时算子 $\sigma^-(t)$ 也可以这样做, 即

$$\alpha(t) = \mathrm{tr}\{|0\rangle_{\mathrm{FF}}\langle0|\rho_{\mathrm{a}}(t')u^{-1}(t,t')\sigma^-(t')u(t,t')\} \tag{7.2.19}$$

比较 (7.2.18) 式和 (7.2.19) 式, 便得出对应关系

$$\rho_{\mathrm{a}}(t') \to \rho_{\mathrm{a}}(t')\sigma^+(t') \tag{7.2.20}$$

这两个关系表明, 双时相关函数的期待值 $\langle\sigma^+(t')\sigma^-(t)\rangle$ 与单时量的平均值 $\alpha(t) = \langle\sigma^-(t)\rangle$ 形式上是一样的, 只需用 $\rho_{\mathrm{a}}(t')\sigma^+(t')$ 代替 $\rho_{\mathrm{a}}(t')$。这就意味着 (7.2.9) 式中的参量 $\bar{n}(t)$, $\alpha(t)$, $\alpha^*(t)$, $\bar{n}(t)$ 等也应作相应的代换:

$$\alpha(t) = \langle\sigma^-(t)\rangle \to \langle\sigma^+(t)\sigma^-(t)\rangle = \bar{n}(t)$$

$$\alpha^*(t) = \langle\sigma^+(t)\rangle \to \langle\sigma^+(t)\sigma^+(t)\rangle = 0$$

$$\bar{m}(t) = \langle\sigma^-(t)\sigma^+(t)\rangle \to \langle\sigma^+(t)\sigma^-(t)\sigma^+(t)\rangle = \langle\sigma^+(t)\rangle = \alpha^*(t) \tag{7.2.21}$$

$$\bar{n}(t) = \langle\sigma^+(t)\sigma^-(t)\rangle \to \langle\sigma^+(t)\sigma^+(t)\sigma^-(t)\rangle = 0$$

将 (7.2.21) 式代入 (7.2.9) 式, 便得

$$g(\tau,t') = \langle\sigma^+(t'+\tau)\sigma^-(t')\rangle = u_{\alpha\alpha}(\tau,t')\bar{n}(t') + u_{\alpha m}(\tau,t')\alpha^*(t') \tag{7.2.22}$$

式中

$$u_{\alpha\alpha}(\tau,t') = u_{\alpha\alpha}(\tau)\mathrm{e}^{-\mathrm{i}\omega_{\mathrm{p}}\tau}$$
$$u_{\alpha m}(\tau,t') = u_{\alpha m}(\tau)\mathrm{e}^{-\mathrm{i}\omega_{\mathrm{p}}\tau}\mathrm{e}^{-\mathrm{i}\omega_{\mathrm{p}}t'} \tag{7.2.23}$$

由 (7.2.8) 式到 (7.2.22), (7.2.23) 式即量子回归定理 [25] 的一个特例。

当 $t' \to \infty$ 时, $g(\tau,t') \to g(\tau)$, 而

$$g(\tau) = u_{\alpha\alpha}(\tau)\mathrm{e}^{-\mathrm{i}\omega_{\mathrm{p}}\tau}\bar{n}_\infty + u_{\alpha m}(\tau)\mathrm{e}^{-\mathrm{i}\omega_{\mathrm{p}}\tau}(\alpha^*_\infty \mathrm{e}^{-\mathrm{i}\omega_{\mathrm{p}}t'}) \tag{7.2.24}$$

式中 $\bar{n}_\infty$, α^*_∞ 可由方程 (7.2.3) 的定态解得出:

$$\bar{n}_\infty = \sigma_{z\infty} + \frac{1}{2} = \frac{\Omega^2/4}{\Omega^2/2 + \delta\omega^2 + \kappa^2/4}$$

$$\alpha^*_\infty \mathrm{e}^{-\mathrm{i}\omega_{\mathrm{p}}t'} = \frac{(-\mathrm{i}\Omega/2)z}{\Omega^2/2 + (\delta\omega)^2 + \kappa^2/4} \tag{7.2.25}$$

对 (7.2.24) 式进行 Laplace 变换, 便得

$$\hat{g}(s) = \tilde{u}_{\alpha\alpha}(s + \mathrm{i}\omega_\mathrm{p})\bar{n}_\infty + \tilde{u}_{\alpha m}(s + \mathrm{i}\omega_\mathrm{p})(\alpha_\infty^* \mathrm{e}^{-\mathrm{i}\omega_\mathrm{p} t'}) \tag{7.2.26}$$

式中 $\tilde{u}_{\alpha,\alpha}$, $\tilde{u}_{\alpha,m}$ 由 (6.2.6), (6.2.7) 式给出。

$$\hat{u}_{\alpha\alpha}(s) = \frac{(s+z)(s+z^*) + \Omega^2/2}{f(s)}, \qquad \hat{u}_{\alpha m}(s) = \frac{\mathrm{i}\Omega(s+z)(s+z^*)}{2f(s)s} \tag{7.2.27}$$

当 $s \to -\mathrm{i}\omega_\mathrm{p}$ 时, 亦即散射频率与入射光频率 ω_p 相同的相干散射情形, (7.2.26) 和 (7.2.27) 式给出

$$\lim_{s \to -\mathrm{i}\omega_\mathrm{p}} [(s + \mathrm{i}\omega_\mathrm{p})\hat{g}(s)] = \frac{(\Omega^2/4)z^*}{\Omega^2/2 + (\delta\omega)^2 + \kappa^2/4} \frac{\kappa z}{f(0)} = \frac{(\Omega^2/4)|z|^2}{\left(\frac{1}{2}\Omega^2 + |z|^2\right)^2} = |\alpha_\infty|^2 \tag{7.2.28}$$

这个相干散射项对应于振动 $\alpha_\infty(t) = |\alpha_\infty|\mathrm{e}^{-\mathrm{i}\omega_\mathrm{p} t}$。下面为简单计, 将 ω_p 写为 ω。$\alpha_\infty(t)$ 的自相关函数为 $g_\mathrm{coh}(\tau) = \alpha_\infty^*(t')\alpha_\infty(t' + \tau) = |\alpha_\infty^2|\mathrm{e}^{-\mathrm{i}\omega\tau}$, Laplace 变换后为 $\frac{|\alpha_\infty^2|}{s + \mathrm{i}\omega}$。将相干散射分量从 $\hat{g}(s)$ 中减去, 便得非相干散射分量

$$\hat{g}_\mathrm{inc}(s) = \hat{g}(s) - \frac{|\alpha_\infty|^2}{s + \mathrm{i}\omega} \tag{7.2.29}$$

将 (7.2.26) 式代入上式, 得

$$\hat{g}_\mathrm{inc}(s) = \frac{\frac{1}{2}\bar{n}_\infty\Omega^2}{\Omega^2/2 + |z|^2} \times \frac{(s + \mathrm{i}\omega)^2 + 2\kappa(s + \mathrm{i}\omega) + \Omega^2/2 + \kappa^2}{f(s + \mathrm{i}\omega)} \tag{7.2.30}$$

由 (7.2.15) 式定义的相干函数谱 $\tilde{g}(\nu)$ 可直接由 Laplace 变换得出。这是因为 $g(-\tau) = g^*(\tau)$, 故有 $\tilde{g}(\nu) = 2\mathrm{Re}[\hat{g}(-\mathrm{i}\nu)]$。将 (7.2.29), (7.2.30) 式代入便得

$$\tilde{g}(\nu) = 2\pi|\alpha_\infty|^2\delta(\nu - \omega) + \bar{n}_\infty\kappa\Omega^2\frac{(\nu - \omega)^2 + (\Omega^2/2 + \kappa^2)}{|f(\mathrm{i}(\nu - \omega))|^2} \tag{7.2.31}$$

对于共振情形 $\delta\omega = 0$, $f(s)$ 的三个根为

$$\begin{cases} s_0 = -\dfrac{1}{2}\kappa \\[2mm] s_2 = -\dfrac{3}{4}\kappa + (\kappa^2/16 - \Omega^2)^{1/2} \\[2mm] s_1 = -\dfrac{3}{4}\kappa - (\kappa^2/16 - \Omega^2)^{1/2} \end{cases} \tag{7.2.32}$$

(7.2.31) 式可写为

$$\tilde{g}(\nu) = 2\pi|\alpha_\infty|^2\delta(\nu-\omega) + \bar{n}_\infty\kappa\Omega^2\frac{(\nu-\omega)^2+(\Omega^2/2+\kappa^2)}{[(\nu-\omega)^2+s_0^2][(\nu-\omega)^2+s_1^2][(\nu-\omega)^2+s_2^2]}$$

$$= 2\pi|\alpha_\infty|^2\delta(\nu-\omega) + \frac{D_0}{(\nu-\omega)^2+s_0^2} + \frac{M-(\nu-\omega-\Omega')N}{(\nu-\omega-\Omega')^2+\sigma^2}$$

$$+ \frac{M+(\nu-\omega+\Omega')N}{(\nu-\omega+\Omega')^2+\sigma^2} \tag{7.2.33}$$

式中

$$\sigma = -\frac{3}{4}\kappa, \qquad \Omega' = \left(\Omega^2-\frac{\kappa^2}{16}\right)^{1/2}$$

$$D_0 = \frac{1}{2}\kappa\bar{n}_\infty, \qquad M = \frac{3}{8}\kappa\bar{n}_\infty\left(\frac{\Omega^2-\kappa^2/2}{\Omega^2+\kappa^2/2}\right) \tag{7.2.34}$$

$$N = \frac{\frac{1}{8}\kappa\bar{n}_\infty}{\Omega'}\left(\frac{5\Omega^2-\frac{1}{2}\kappa^2}{\Omega^2+\frac{1}{2}\kappa^2}\right)$$

由 (7.2.33), (7.2.34) 式看出，中峰宽度 $|s_0|$ 与边峰宽度 $|\sigma|$ 之比为 $1:3/2$，而峰值之比为 $\dfrac{D_0}{s_0^2}:\dfrac{M}{\sigma^2} = 1:\dfrac{1}{3}\dfrac{\Omega^2-\kappa^2/2}{\Omega^2+\kappa^2/2}$。对于强场 $\Omega^2 \gg \kappa^2/2$，峰值比便是 $1:1/3$。图 7.5 给出共振情形的荧光谱 $\tilde{g}(\nu)$ 曲线，这些就是共振荧光实验结果分析中用到的理论结果。

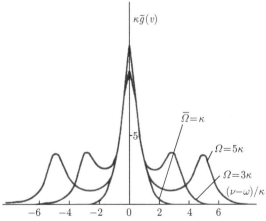

图 7.5　在外场共振驱动下二能级原子的光谱密度 (参照 Mollow[10])

7.2.3　共振吸收

与共振荧光相关的逆过程，便是共振吸收。在 7.1 节实验中，曾讨论了在强驱动场的作用下二能级原子的吸收谱测定。十分有意义的是，二能级原子的集居数没有反转，但图 7.3 的吸收谱中竟含有负吸收部分。这时原子与驱动光场和探针光强同时作用，要计算出原子对探针的吸收谱是很复杂的 [14]。如果将探针光看作微扰，基本上不影响原子的集居数分布，则吸收谱的计算就要容易得多。文献 [14]、[19] 给出了吸收线型表示式 $\dfrac{W'(\nu)}{\hbar\nu}$(推导见附录 7A)

$$W'(\nu)/\hbar\nu = \frac{\Omega'^2}{4}\int_{-\infty}^{\infty}\mathrm{d}t\mathrm{e}^{\mathrm{i}\nu t}g_{\mathrm{a}}(t) = \frac{\Omega'^2}{2}\mathrm{Re}[\hat{g}_{\mathrm{a}}(-\mathrm{i}\nu)] \tag{7.2.35}$$

式中

$$\begin{cases} g_{\mathrm{a}}(t) = g_{\mathrm{d}}(t) - g_{\mathrm{e}}(t) \\ g_{\mathrm{d}}(t) = \langle\sigma^{-}(t)\sigma^{\dagger}\rangle \\ g_{\mathrm{e}}(t) = \langle\sigma^{+}\sigma^{-}(t)\rangle \end{cases} \tag{7.2.36}$$

$g_{\mathrm{d}}(t)$、$g_{\mathrm{e}}(t)$ 分别与原子的纯吸收、辐射成正比。(7.2.26) 式已给出了 $g_{\mathrm{e}}(t)$ 的 Laplace 变换

$$\hat{g}_{\mathrm{e}} = \tilde{u}_{\alpha\alpha}(s+\mathrm{i}\omega_{\mathrm{p}})\bar{n}_{\infty} + \tilde{u}_{\alpha m}(s+\mathrm{i}\omega)(\alpha_{\infty}^{*}\mathrm{e}^{-\mathrm{i}\omega_{\mathrm{p}}t}) \tag{7.2.37}$$

用同样的方法得出

$$\hat{g}_{\mathrm{d}} = \tilde{u}_{\alpha\alpha}(s+\mathrm{i}\omega_{\mathrm{p}})\bar{m}_{\infty} + \tilde{u}_{\alpha n}(s+\mathrm{i}\omega)(\alpha_{\infty}^{*}\mathrm{e}^{-\mathrm{i}\omega_{\mathrm{p}}t}) \tag{7.2.38}$$

故有

$$\begin{aligned} \hat{g}_{\mathrm{a}}(s) = &(\bar{m}_{\infty} - \bar{n}_{\infty})\tilde{u}_{\alpha\alpha}(s+\mathrm{i}\omega_{\mathrm{p}}) \\ &+ (\alpha_{\infty}^{*}\mathrm{e}^{-\mathrm{i}\omega_{\mathrm{p}}t})(\tilde{u}_{\alpha n}(s+\mathrm{i}\omega_{\mathrm{p}}) - \tilde{u}_{\alpha m}(s+\mathrm{i}\omega_{\mathrm{p}})) \end{aligned} \tag{7.2.39}$$

将 (7.2.39) 式代入 (7.2.35) 式便得出原子的吸收线型函数 $W'(\nu)$[14]。

7.3　共振荧光场的态函数与多光子跃迁共振荧光光谱

在 Mollow 的共振荧光理论中 [10]，原子辐射场的谱分布可通过原子电偶极矩算符的相关函数来计算。近来，一些作者把这种方法推广到双光子跃迁的共振荧光谱。Basu 等 [27] 在 Mavroyannis[28] 发展的格林函数方法基础上，研究了原子双光子跃迁共振荧光光谱。Holm 等 [29] 应用原子密度矩阵方程处理了同样的问题，并在计算中引入了中间态 $|j\rangle$。文献 [30] 从缀饰原子入手讨论了双光子共振荧光光谱。本节我们要介绍的方法 [26]，首先从单光跃迁的 Mollow 理论入手，根据原子算符的一阶及高阶相关函数直接计算出共振荧光场的态函数 $|\Psi_{\mathrm{F}}\rangle$，然后由它进一步计算共振荧光场的谱。这一方法的意义在于它可以很方便地推广到双光子跃迁及多光子跃迁的共振荧光谱计算。

7.3.1 单光子跃迁模型

参照 (5.2.1) 式, 原子电偶极辐射场可表示为

$$E^+(r,t) = \mathrm{i}\left(\frac{\hbar}{V}\right)^{1/2} \sum \omega_k^{1/2} \hat{e}_k \mathrm{e}^{\mathrm{i}\boldsymbol{k}\cdot\boldsymbol{r}} b_k(t) \tag{7.3.1}$$

式中 $\omega_k = c|k|$, b_k 为场的湮没算符。另一方面, 参照 (7.2.11) 式, 不计及入射场 $E_f^+(r,t)$, 只计及原子电偶极辐射场可通过原子的下降算符 a 来表示, 即

$$E^+(\boldsymbol{r},t) = \varphi(\boldsymbol{r})\sigma^-(t - r/c) \tag{7.3.2}$$

按照 Glauber 定义, 辐射场相关函数为

$$
\begin{aligned}
G^m &= \langle E^-(\boldsymbol{r}_1,t_1)\cdots E^-(\boldsymbol{r}_m,t_m)E^+(\boldsymbol{r}_1,t_1+\tau_1)\cdots E^+(\boldsymbol{r}_m,t_m+\tau_m)\rangle \\
&= \left\langle \left(\frac{\hbar}{V}\right)^m \sum_{\boldsymbol{k}_1\cdots\boldsymbol{k}_m,\boldsymbol{k}_{1'}\cdots\boldsymbol{k}_{m'}} \sqrt{\omega_{k_1}\omega'_{k_1}\cdots\omega_{km}\omega'_{km}} \right. \\
&\quad \left. \times b_{k_1}^\dagger(t_1)\cdots b_{k_m}^\dagger(t_m)b_{k_1'}(t_1+\tau_1)\cdots b_{k_m'}(t_m+\tau_m)\right\rangle \\
&= \varphi^2(\boldsymbol{r}_1)\cdots\varphi^2(\boldsymbol{r}_m)\langle\sigma^+(t_1)\cdots\sigma^+(t_m)\sigma^-(t_1+\tau_1)\cdots\sigma^-(t_m+\tau_m)\rangle
\end{aligned} \tag{7.3.3}
$$

将上式对 $\boldsymbol{r}_1\cdots\boldsymbol{r}_m$ 积分, 并注意到

$$\frac{1}{V}\sum_{\boldsymbol{k}'_i}\int \mathrm{e}^{\mathrm{i}(\boldsymbol{k}_i-\boldsymbol{k}'_i)\cdot\boldsymbol{r}_i}\mathrm{d}\boldsymbol{r}_i = \int \mathrm{d}\boldsymbol{k}'_i\delta(\boldsymbol{k}_i-\boldsymbol{k}'_i) \tag{7.3.4}$$

便得

$$
\begin{aligned}
G^{(m)} &= \int G^m \mathrm{d}\boldsymbol{r}_1\cdots\mathrm{d}\boldsymbol{r}_m \\
&= (\hbar)^m \sum_{\boldsymbol{k}_1\cdots\boldsymbol{k}_m} \omega_{k_1}\cdots\omega_{k_m} < b_{k_i}^\dagger(t_1)\cdots b_{k_m}^\dagger(t_m)b_{k_1}(t_1+\tau_1)\cdots b_{k_m}(t_m+\tau_m)\rangle \\
&= \left(\int \varphi^2(\boldsymbol{r})\mathrm{d}\boldsymbol{r}\right)^m \langle\sigma^+(t_1)\cdots\sigma^+(t_m)\sigma^-(t_1+\tau_1)\cdots\sigma^-(t_m+\tau_m)\rangle
\end{aligned} \tag{7.3.5}
$$

设频率在 $(\nu,\nu+\delta\nu)$ 间的模式数为 $N(\nu)\delta\nu$, 则

$$
\begin{aligned}
&(\hbar\omega N(\nu)\delta\nu)^m \langle b_\nu^\dagger(t_1)\cdots b_\nu^\dagger(t_m)b_\nu(t_1+\tau_1)\cdots b_\nu(t_m+\tau_m)\rangle \\
&= \left(\int \varphi^2(\boldsymbol{r})\mathrm{d}\boldsymbol{r}\right)^m \langle\sigma^+(t_1)\cdots\sigma^+(t_m)\sigma^-(t_1+\tau_1)\cdots\sigma^-(t_m+\tau_m)\rangle
\end{aligned} \tag{7.3.6}
$$

用 $(2T)^m\int_{-\infty}^\infty \mathrm{d}\tau_1\cdots\int_{-\infty}^\infty \mathrm{d}\tau_m\int \mathrm{d}\nu\mathrm{e}^{\mathrm{i}\nu(\tau_1+\cdots+\tau_m-\tau)}$ 作用于上式两端并注意到

$$2T\int_{-\infty}^\infty \langle b^+(t_i)b(t_i+\tau_i)\rangle \mathrm{e}^{\mathrm{i}\nu\tau_i}\mathrm{d}\tau_i = \int_{-T}^T \mathrm{d}t_i\int_{-\infty}^\infty \mathrm{d}\tau_i\, \tilde{b}^+(t_i)b(t_i+\tau_i)\mathrm{e}^{\mathrm{i}\nu\tau_i} = \tilde{b}^+(\nu)\tilde{b}(\nu) \tag{7.3.7}$$

式中 $\tilde{b}^+(\nu)$, $\tilde{b}(\nu)$ 为 $b^+(t)$, $b(t)$ 的 Fourier 变换, 则得

$$\int \tilde{b}_\nu^{+m} \tilde{b}_\nu^m e^{-i\nu\tau} d\nu = \int g_0^m g^{(m)}(\nu) e^{-i\nu\tau} d\nu \tag{7.3.8}$$

式中

$$g_0^m = \left(\frac{\displaystyle\int \varphi^2(\boldsymbol{r}) d\boldsymbol{r}}{\hbar\omega N(\nu)\delta\nu} \right)^m \tag{7.3.9}$$

$$g^{(m)}(\nu) = (2T)^m \int \cdots \int d\tau_1 \cdots d\tau_m \langle \sigma^+(t_1) \cdots \sigma^+(t_m)$$
$$\times \sigma^-(t_1+\tau_1) \cdots \sigma^-(t_m+\tau_m) \rangle e^{i\nu(\tau_1+\tau_2+\cdots\tau_m)}$$
$$= \tilde{\sigma}^{+m}(\nu) \tilde{\sigma}^{-m}(\nu) \tag{7.3.10}$$

由 (7.3.8) 式得

$$\tilde{b}_\nu^{\dagger m} \tilde{b}_\nu^m = g_0^m g^{(m)}(\nu) = g_m(\nu) \tag{7.3.11}$$

(7.3.10) 式中, $\sigma^+(t)$, $\sigma^-(t)$ 按 Mollow 方法可表示为

$$\sigma^+(t) = V_{11}(t,t_0)\sigma^+(t_0)\sigma^-(t_0) + V_{12}(t,t_0)\sigma^+(t_0)$$
$$+ V_{21}(t,t_0)\sigma^-(t_0) + V_{22}(t,t_0)\sigma^-(t_0)\sigma^+(t_0) \tag{7.3.12}$$

$$\sigma^-(t) = U_{11}(t,t_0)\sigma^+(t_0)\sigma^-(t_0) + U_{12}(t,t_0)\sigma^+(t_0)$$
$$+ U_{21}(t,t_0)\sigma^-(t_0) + U_{22}(t,t_0)\sigma^-(t_0)\sigma^+(t_0) \tag{7.3.13}$$

由于

$$\sigma^+(t)\sigma^-(t') = [V_{11}(t,t_0)U_{11}(t',t_0) + V_{12}(t,t_0')U_{21}(t',t_0)]$$
$$\times \sigma^+(t_0)\sigma^-(t_0) + [V_{11}(t,t_0)U_{12}(t',t_0) + V_{12}(t,t_0)U_{22}(t',t_0)]\sigma^+(t_0)$$
$$+ [V_{21}(t,t_0)U_{11}(t',t_0) + V_{22}(t,t_0)U_{21}(t',t_0)]\sigma^-(t_0)$$
$$+ [V_{21}(t,t_0)U_{12}(t',t_0) + V_{22}(t,t_0)U_{22}(t',t_0)]\sigma^-(t_0)\sigma^+(t_0) \tag{7.3.14}$$

故以 $\sigma^+(t_0)\sigma^-(t_0)$, $\sigma^+(t_0)$, $\sigma^-(t_0)$, $\sigma^-(t_0)\sigma^+(t_0)$ 为基, $\sigma^+(t)$, $\sigma^-(t)$ 可以写成矩阵形式 (下面将 $V(t,t_0)$ 简写为 $V(t)$)

$$\sigma^+(t) = \hat{V}(t) = \begin{pmatrix} V_{11}(t) & V_{12}(t) \\ V_{21}(t) & V_{22}(t) \end{pmatrix} \tag{7.3.15}$$

$$\sigma^-(t) = \hat{U}(t) = \begin{pmatrix} U_{11}(t) & U_{12}(t) \\ U_{21}(t) & U_{22}(t) \end{pmatrix} \tag{7.3.16}$$

而且由 (7.3.14) 式可证明

$$\begin{cases} \sigma^+(t_i)\sigma^+(t_j) = \hat{V}(t_i)\hat{V}(t_j) \\ \sigma^+(t_i)\sigma^-(t_j) = \hat{V}(t_i)\hat{U}(t_j) \\ \sigma^-(t_i)\sigma^-(t_j) = \hat{U}(t_i)\hat{U}(t_j) \end{cases} \tag{7.3.17}$$

故

$$\sigma^+(t_1)\cdots\sigma^+(t_m)\sigma^-(t_1+\tau_1)\cdots\sigma^-(t_m+\tau_m) = \hat{V}(t_1)\cdots\hat{V}(t_m)\hat{U}(t_1+\tau_1)\cdots\hat{U}(\tau_m+\tau_m) \tag{7.3.18}$$

(7.3.17) 和 (7.3.18) 式的主要意义是算符的乘积变为 c 数矩阵的乘积, 这从 (7.3.14) 式看得很清楚。取定初始时刻在 $t_1 = t_0$, 则

$$\begin{aligned} &\sigma^+(t_1)\cdots\sigma^+(t_m)\sigma^-(t_1+\tau_1)\cdots\sigma^-(t_m+\tau_m) \\ =&M_{11}(\sigma^+(t_0)\sigma^+(t_0)\sigma^-(t_0)) + M_{12}(\sigma^+(t_0)\sigma^+(t_0)) \\ &+ M_{21}(\sigma^+(t_0)\sigma^-(t_0)) + M_{22}(\sigma^+(t_0)\sigma^-(t_0)\sigma^+(t_0)) \\ =&M_{21}(\sigma^+(t_0)\sigma^-(t_0)) + M_{22}\sigma^+(t_0) \end{aligned} \tag{7.3.19}$$

$$M = \hat{V}(t_2)\cdots\hat{V}(t_m)\hat{U}(t_0+\tau_1)\cdots\hat{U}(t_m+\tau_m) \tag{7.3.20}$$

将 (7.3.19) 式代入 (7.3.10) 式, 便得

$$g^{(m)}(\nu) = A_{21}(\nu)\langle\sigma^+(t_0)\sigma^-(t_0)\rangle + A_{22}(\nu)\langle\sigma^+(t_0)\rangle \tag{7.3.21}$$

$$A(\nu) = (v(\nu))^{m-1}(u(\nu))^m \tag{7.3.22}$$

$$\hat{u}(\nu) = \int_{-\infty}^{\infty} U(t)\mathrm{e}^{-\mathrm{i}\nu t}\mathrm{d}t, \qquad \hat{v}(\nu) = \int_{-\infty}^{\infty} V(t)\mathrm{e}^{-\mathrm{i}\nu t}\mathrm{d}t$$

参照 (7.2.42) 式, 由定态解得出

$$\begin{aligned} \langle\sigma^+(t_0)\sigma^-(t_0)\rangle_\mathrm{s} &= \frac{1}{2}\left(1 + \frac{\kappa_1|z|^2\Delta_0}{\kappa_1|z|^2 + \kappa\Omega^2/2}\right) \\ \langle\sigma^+(t_0)\mathrm{e}^{-\mathrm{i}\nu t_0}\rangle_\mathrm{s} &= \frac{\kappa_1/2\Delta_0 z^*}{\kappa_1|z|^2 + \kappa\Omega^2/2} \end{aligned} \tag{7.3.23}$$

参照 (7.2.41) 式, $\hat{u}(\nu)$, $\hat{v}(\nu)$ 的矩阵元有如下形式:

$$u_{12}(\nu) = 2\mathrm{Re}\left[\frac{(\mathrm{i}(\nu-\omega)+\kappa_1)(\mathrm{i}(\nu-\omega)+z)\Omega^2/2}{f(\mathrm{i}(\nu-\omega))}\right]$$

$$u_{21}(\nu) = 2\mathrm{Re}[(\varOmega^2/2)/f(\mathrm{i}(\nu - \omega))]$$

$$u_{22} = -u_{11}(\nu) = 2\mathrm{Re}\left[\mathrm{i}\varOmega\frac{(\mathrm{i}(\nu - \omega) + z)(\mathrm{i}(\nu - \omega) + \kappa_1)}{2f(\mathrm{i}(\nu - \omega))(\mathrm{i}(\nu - \omega))}\right]$$

$$v_{12}(\nu) = u_{21}(\nu), \quad v_{21}(\nu) = u_{12}(\nu)$$

$$v_{11}(\nu) = -v_{22}(\nu) = u_{22}(\nu) \tag{7.3.24}$$

7.3.2　单光子共振荧光场的态函数

由 (7.3.10), (7.3.11) 式得知, 只要知道了由原子算符表示的谱分布 $g^{(m)}(\nu)$, 便可确定荧光场的 m 阶相关函数的统计分布 $\tilde{b}_\nu^{\dagger m}\tilde{b}_\nu^m$. 进一步也可确定共振荧光场的态函数, 而这是很关键的一步.

现将共振荧光场的态函数 $|\psi_{\mathrm{F}}\rangle$ 用 Fock 态 $|n\rangle$ 展开为

$$|\psi_{\mathrm{F}}\rangle = \sum_n \alpha_n(\nu)|n\rangle \tag{7.3.25}$$

则

$$\langle\psi_{\mathrm{F}}|b^{\dagger m}b^m|\psi_{\mathrm{F}}\rangle = \sum_n r_{mn}|\alpha_m(\nu)|^2 = \tilde{b}_\nu^{\dagger m}\tilde{b}_\nu^m = g_m$$

$$r_{mn} = n(n - 1)\cdots(n - m + 1) \tag{7.3.26}$$

态函数 $|\psi_{\mathrm{F}}\rangle$ 归一化条件为

$$\sum_n |\alpha_n(\nu)|^2 = 1 \tag{7.3.27}$$

(7.3.26), (7.3.27) 式用矩阵来表示便是

$$\begin{pmatrix} 1 & 1 & \cdots & 1 & \cdots \\ 0 & r_{11} & \cdots & r_{1m} & \cdots \\ \cdots & \cdots & \cdots & \cdots & \cdots \\ 0 & \cdots & \cdots & r_{mn} & \cdots \\ \cdots & \cdots & \cdots & \cdots & \cdots \end{pmatrix} \begin{pmatrix} |\alpha_o|^2 \\ |\alpha_1|^2 \\ \vdots \\ |\alpha_m|^2 \\ \vdots \end{pmatrix} = \begin{pmatrix} 1 \\ g_1 \\ \vdots \\ g_m \\ \vdots \end{pmatrix} \tag{7.3.28}$$

除了相位因子外, 方程 (7.3.28) 完全确定了 $|\alpha_0|$, $|\alpha_1|$, $\cdots$, $|\alpha_m|$, $\cdots$, 即确定了共振荧光场的态函数.

当 $|\alpha_n(\nu)|$ 求得后, 便可计算单光子跃迁的共振荧光谱 I_ν

$$I_\nu = \langle\psi_{\mathrm{F}}|b^\dagger b|\psi_{\mathrm{F}}\rangle = g_1$$

这表明, 如果只是为了计算荧光谱 I_ν, 直接计算 $g_1 = g_0^1 g^{(1)}(\nu)$ 就可以了, 并不需要计算态函数 $|\psi_{\mathrm{F}}\rangle$. 但下面将看到, 计算双光子跃迁的共振荧光时, 必须求出 $|\alpha_n^d(\nu)|$, 即态函数 $|\varPsi_{\mathrm{F}}\rangle$, 才能计算 I_ν.

7.3.3 双光子跃迁模型

现在考虑如图 7.6 所示的双光子跃迁模型。能级 $|a\rangle$, $|b\rangle$ 是同宇称的, 单光子跃迁被禁戒。泵浦场通过双光子跃迁作用 $|a\rangle$, $|b\rangle$ 能级, 原子再通过从 $|a\rangle \to |b\rangle$ 的双光子跃迁而辐射出两个荧光光子。因此, 与 Mollow 模型不同, 这时原子与驱动场相互作用 Hamilton 量为

$$H_2 = -\vec{q} : \boldsymbol{EE} \tag{7.3.29}$$

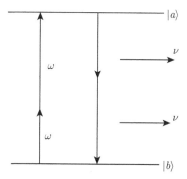

图 7.6　双光子共振荧光能级跃迁图 (取自谭维翰, 张卫平[26])

式中 $\vec{q}$ 是原子的四极矩张量, $\boldsymbol{E}$ 是泵浦场。类似于 (7.2.3) 式, 双光子跃迁的原子上升与下降算符的运动方程变成

$$\begin{cases} \dfrac{\partial}{\partial t}(\sigma(t)\mathrm{e}^{-\mathrm{i}2\omega t}) = -z^*(\sigma(t)\mathrm{e}^{-\mathrm{i}2\omega t}) - \mathrm{i}\dfrac{\Omega}{2}\sigma_z \\[2mm] \dfrac{\partial}{\partial t}(\sigma^\dagger(t)\mathrm{e}^{\mathrm{i}2\omega t}) = -z(\sigma^\dagger(t)\mathrm{e}^{\mathrm{i}2\omega t}) + \mathrm{i}\dfrac{\Omega}{2}\sigma_z \\[2mm] \dfrac{\partial}{\partial t}\sigma_z = -k_1(\sigma_z - \Delta_0) + \mathrm{i}\Omega(\sigma^\dagger(t)\mathrm{e}^{\mathrm{i}2\omega t} - \sigma(t)\mathrm{e}^{-\mathrm{i}2\omega t}) \end{cases} \tag{7.3.30}$$

这里 $z = \kappa/2 + \mathrm{i}(2\omega - \omega_0)$, $\Omega = \dfrac{2|\vec{q} : \boldsymbol{EE}|}{\hbar}$ 是双光子 Rabi 频率。(7.3.30) 式虽与单光子跃迁方程 (7.2.3) 很相似, 但从图 7.11 看出, 原子双光子荧光发射与单光子情形有着本质区别。这种区别反映在数学上就是 (7.3.2) 式应改成

$$E^-(\boldsymbol{r},t)E^-(\boldsymbol{r},t) = \varphi(\boldsymbol{r})\sigma^-(t - r/c) \tag{7.3.31}$$

该式的意义很明显, 即原子从上能级 $|a\rangle$ 跃迁到下能级 $|b\rangle$ 的过程中放出两个荧光光子。应用求 (7.3.26) 式的同样方法, 有

$$\langle b_\nu^{\dagger 2m} b_\nu^{2m} \rangle = g_{0d}^m g_d^{(m)}(\nu) = g_m^d$$

$$g_d^{(m)}(\nu) = A_{21}^d(\nu)\langle\sigma^\dagger(t_0)\sigma(t_0)\rangle_s^d + A_{22}^d(\nu)\langle\sigma^\dagger(t_0)\rangle_s^d$$

$$A^d(\nu) = (v_d(\nu))^{m-1}(u_d(\nu))^m, \quad m = 1, 2, \cdots \tag{7.3.32}$$

(7.3.32) 式中的各量均标以角标 "d"，以与单光子跃迁同样量加以区别。由于算符运动方程 (7.3.30) 与单光子跃迁 (7.2.3) 式有着相同形式，因此矩阵 $v_d(\nu)$，$u_d(\nu)$ 与 $v(\nu)$，$u(\nu)$，以及稳态解 $\langle\sigma^+(t_0)\sigma(t_0)\rangle_s^d$，$\langle\sigma^+(t_0)\rangle_s^d$ 与 $\langle\sigma^+(t_0)\sigma(t_0)\rangle_s$，$\langle\sigma^+(t_0)\rangle_s$ 也有同样形式，只要把 Rabi 频率换成双光子 Rabi 频率 $\Omega = \dfrac{2|\vec{q} : \boldsymbol{EE}|}{\hbar}$，参量 z 换成 $z = \kappa/2 + \mathrm{i}(2\omega - \omega_0)$。另一方面，从物理方面考虑，双光子荧光态函数 $|\psi_{\mathrm{F}}^d\rangle$ 只能按 $|2n\rangle_\nu$ 来展开，即

$$|\psi_{\mathrm{F}}^d\rangle = \sum_n \alpha_n^d(\nu)|2n\rangle_\nu \tag{7.3.33}$$

由 (7.3.32) 式第一式及 (7.3.33) 式，立即得出关于 $|\alpha_n^d(\nu)|$ 的方程

$$\sum_{n=m}^\infty R_{mn}|\alpha_n^d(\nu)|^2 = g_m^d$$

$$R_{mn} = 2n(2n-1)\cdots(2n-2m+1), \quad m = 0, 1, 2, \cdots \tag{7.3.34}$$

并由此得出原子的双光子共振荧光谱分布为

$$I_\nu^d = \langle b_\nu^\dagger b_\nu\rangle = \langle\psi_{\mathrm{F}}^d|b_\nu^\dagger b_\nu|\psi_{\mathrm{F}}^d\rangle = \sum 2n|\alpha_n^d(\nu)|^2 \tag{7.3.35}$$

将这结果与 (7.3.32) 式比较，我们得不出单光子跃迁情形的关系式 $I_\nu = \langle\psi_{\mathrm{F}}|b^\dagger b|\psi_{\mathrm{F}}\rangle = g_1$。这就是双光子跃迁的共振荧光谱与单光子跃迁的共振荧光谱迥然不同之处，亦即必须解出 $|\alpha_n^d(\nu)|$ 来，才能求得 I_ν^d。

7.3.4　数值结果与讨论

图 7.7 和图 7.8(a), (b) 分别为单光子跃迁 ($\kappa_1/\kappa = 1$)、双光子跃迁 ($\kappa_1/\kappa = 1$)、双光子跃迁 ($\kappa_1/\kappa = 10^{-6}$) 的共振荧光谱计算结果。图 7.7 即单光子跃迁结果，与 Mollow 结果一致。图 7.8(a) 参数与图 7.7 同，但为双光子跃迁共振荧光，仍具有三峰结构特点。图 7.8(a) 与图 7.7 相比，不同之处在于双光子跃迁荧光中峰增宽，而边峰强度增加。图 7.8(b) 给出固体原子的双光子共振荧光谱，呈现 7.2.3 节已讨论过的固体原子单光子跃迁荧光谱的一些特征，边峰明显很高甚至高过中峰。

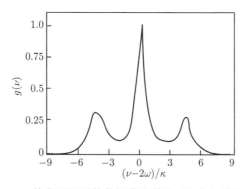

图 7.7 单光子跃迁的共振荧光谱取 (取自文献 [26])

$\kappa_1/\kappa = 1$; $\delta\omega = 0$, $\Omega/\kappa = 5$, $\Delta_0 = -1$

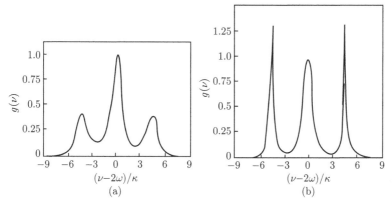

图 7.8 (a) 气体原子双光子共振荧光谱 ($\kappa_1/\kappa = 1$; $\delta\omega = 0$, $\Omega/\kappa = 5$, $\Delta_0 = -1$); (b) 固体原子双光子共振荧光谱 ($\kappa_1/\kappa = 10^{-6}$; $\delta\omega = 0$, $\Omega/\kappa = 5$, $\Delta_0 = -1$) (取自文献 [26])

7.4 二能级原子系统的瞬态共振荧光 [31~33]

关于稳态荧光，Mollow 的做法主要有：① 将 Langevin 方程对于无规力求平均得到 $\langle\sigma_z\rangle$, $\langle\sigma^-\rangle$ 等满足的方程 (7.2.1)；② 假设原子辐射是一平稳的随机过程 (7.2.13)；③ 量子回归定理 (7.2.22)。这些方法对于瞬态还有许多发展与补充 [32]。本节我们主要介绍另一种方法 [33]。一开始即解含无规力的 Bloch 方程，即 Langevin 方程，而不需像方程 (7.2.13) 那样的平稳随机过程假定，从而比较自然地求解了瞬态共振荧光，也包含了向稳态解的过渡。

7.4.1 含无规力的 Bloch 方程的解析解

由方程 (5.3.35)，即

$$
\begin{cases}
\dfrac{\mathrm{d}}{\mathrm{d}t}\sigma_z = -\gamma_1(\sigma_z - \bar\sigma_z) - \dfrac{\mathrm{i}\Omega}{2}(\mathrm{e}^{\mathrm{i}\omega t} + \mathrm{e}^{-\mathrm{i}\omega t})(\sigma^- - \sigma^+) + \Gamma_z \\[3mm]
\dfrac{\mathrm{d}}{\mathrm{d}t}\sigma^\mp = -(\gamma_2 \pm \mathrm{i}\omega_0)\sigma^\mp \mp i\Omega(\mathrm{e}^{\mathrm{i}\omega t} + \mathrm{e}^{-\mathrm{i}\omega t})\sigma_z + \Gamma^\mp
\end{cases}
\tag{7.4.1}
$$

设外场频率 ω 与原子跃迁频率 $\omega_0 = \dfrac{E_2 - E_1}{\hbar}$ 为共振。对上式取旋波近似, 并作变换

$$
\begin{cases}
\sigma^\pm \to \sigma^\pm \mathrm{e}^{\pm \mathrm{i}\omega_o t}, \quad \sigma_z \to \sigma_z \\[3mm]
\Gamma^\pm \to \Gamma^\pm \mathrm{e}^{\pm \mathrm{i}\omega_o t}, \quad \Gamma_z \to \Gamma_z
\end{cases}
\tag{7.4.2}
$$

便得

$$
\frac{\mathrm{d}}{\mathrm{d}t}
\begin{pmatrix} \sigma_z \\ \sigma^- \\ \sigma^+ \end{pmatrix}
=
\begin{pmatrix}
-\gamma_1 & -\mathrm{i}\Omega/2 & \mathrm{i}\Omega/2 \\
-\mathrm{i}\Omega & -\gamma_2 & 0 \\
\mathrm{i}\Omega & 0 & -\gamma_2
\end{pmatrix}
\begin{pmatrix} \sigma_z \\ \sigma^- \\ \sigma^+ \end{pmatrix}
+
\begin{pmatrix} \gamma_1\bar\sigma_z + \Gamma_z \\ \Gamma^- \\ \Gamma^+ \end{pmatrix}
\tag{7.4.3}
$$

为解方程 (7.4.3), 我们先将其在某一线性变换作用下化为对角形式, 系数矩阵行列式的特征根为

$$
\lambda_o = -\gamma_2, \qquad \lambda_1,\, \lambda_2 = -\frac{\gamma_1 + \gamma_2}{2} \pm \sqrt{\left(\frac{\gamma_1 - \gamma_2}{2}\right)^2 - \Omega^2}
\tag{7.4.4}
$$

由此求得变换矩阵 T 及其逆 T^{-1} 为

$$
T =
\begin{pmatrix}
0 & \dfrac{A-B}{-2B} & \dfrac{A+B}{2B} \\[2mm]
\dfrac{1}{\sqrt{2}} & \dfrac{-\mathrm{i}\Omega}{2B} & \dfrac{\mathrm{i}\Omega}{2B} \\[2mm]
\dfrac{1}{\sqrt{2}} & \dfrac{\mathrm{i}\Omega}{2B} & \dfrac{-\mathrm{i}\Omega}{2B}
\end{pmatrix},
\qquad
T^{-1} =
\begin{pmatrix}
0 & \dfrac{1}{\sqrt{2}} & \dfrac{1}{\sqrt{2}} \\[2mm]
1 & \dfrac{\mathrm{i}\Omega/2}{A-B} & \dfrac{-\mathrm{i}\Omega/2}{A-B} \\[2mm]
1 & \dfrac{\mathrm{i}\Omega}{A+B} & \dfrac{-\mathrm{i}\Omega}{A+B}
\end{pmatrix}
\tag{7.4.5}
$$

式中

$$
A = \frac{\gamma_1 + \gamma_2}{2}, \quad B = \sqrt{A^2 - \Omega^2}
\tag{7.4.6}
$$

在 $T,\, T^{-1}$ 作用下, 系数矩阵被对角化

$$
T^{-1}
\begin{pmatrix}
-\gamma_1 & -\mathrm{i}\Omega/2 & \mathrm{i}\Omega/2 \\
-\mathrm{i}\Omega & -\gamma_2 & 0 \\
\mathrm{i}\Omega & 0 & -\gamma_2
\end{pmatrix}
T
=
\begin{pmatrix}
\lambda_0 & 0 & 0 \\
0 & \lambda_1 & 0 \\
0 & 0 & \lambda_2
\end{pmatrix}
\tag{7.4.7}
$$

方程 (7.4.3) 也可写为

$$
\frac{\mathrm{d}}{\mathrm{d}t}
\begin{pmatrix} \tilde\sigma_z \\ \tilde\sigma^- \\ \tilde\sigma^+ \end{pmatrix}
=
\begin{pmatrix}
\lambda_0 & 0 & 0 \\
0 & \lambda_1 & 0 \\
0 & 0 & \lambda_2
\end{pmatrix}
\begin{pmatrix} \tilde\sigma_z \\ \tilde\sigma^- \\ \tilde\sigma^+ \end{pmatrix}
+
\begin{pmatrix} 0 \\ \gamma_1\bar\sigma_z \\ \gamma_1\bar\sigma_z \end{pmatrix}
+
\begin{pmatrix} \tilde\Gamma_0 \\ \tilde\Gamma_1 \\ \tilde\Gamma_2 \end{pmatrix}
\tag{7.4.8}
$$

式中

$$\begin{pmatrix} \tilde{\Gamma}_0 \\ \tilde{\Gamma}_1 \\ \tilde{\Gamma}_2 \end{pmatrix} = T^{-1} \begin{pmatrix} \Gamma_z \\ \Gamma^- \\ \Gamma^+ \end{pmatrix}$$

$$\begin{pmatrix} \tilde{\sigma}_z \\ \tilde{\sigma}^- \\ \tilde{\sigma}^+ \end{pmatrix} = T^{-1} \begin{pmatrix} \sigma_z \\ \sigma^- \\ \sigma^+ \end{pmatrix} = \begin{pmatrix} \dfrac{\sigma^- + \sigma^+}{\sqrt{2}} \\ \sigma_z + \dfrac{\mathrm{i}\Omega/2}{A - B}(\sigma^- - \sigma^+) \\ \sigma_z + \dfrac{\mathrm{i}\Omega/2}{A + B}(\sigma^- - \sigma^+) \end{pmatrix} \tag{7.4.9}$$

这样，(7.4.8) 式的解可表示为

$$\tilde{\sigma}_z = \tilde{\sigma}_{z0}\mathrm{e}^{\lambda_0 t} + \int_0^t \tilde{\Gamma}_0(\tau)\mathrm{e}^{\lambda_0(t-\tau)}\mathrm{d}\tau = \tilde{\sigma}_{zs} + \tilde{L}_0$$

$$\tilde{\sigma}^- = \tilde{\sigma}_0^- \mathrm{e}^{\lambda_1 t} + \int_0^t \mathrm{e}^{\lambda_1(t-\tau)}\gamma_1\tilde{\sigma}_z\mathrm{d}\tau + \int_0^t \tilde{\Gamma}_1(\tau)\mathrm{e}^{\lambda_1(t-\tau)}\mathrm{d}\tau = \tilde{\sigma}_s^- + \tilde{L}_1 \tag{7.4.10}$$

$$\tilde{\sigma}^+ = \tilde{\sigma}_0^+ \mathrm{e}^{\lambda_2 t} + \int_0^t \mathrm{e}^{\lambda_1(t-\tau)}\gamma_1\tilde{\sigma}_z\mathrm{d}\tau + \int_0^t \tilde{\Gamma}_2(\tau)\mathrm{e}^{\lambda_2(t-\tau)}\mathrm{d}\tau = \tilde{\sigma}_s^+ + \tilde{L}_2$$

式中 $\tilde{L}_0$, $\tilde{L}_1$, $\tilde{L}_2$ 表示等式右面最后一项，与无规力有关的积分。与无规力无关的项用 $\tilde{\sigma}_{zs}$, $\tilde{\sigma}_s^-$, $\tilde{\sigma}_s^+$ 表示。由 (7.4.9), (7.4.10) 式及 $TT^{-1} = 1$, 得

$$\begin{pmatrix} \sigma_z \\ \sigma^- \\ \sigma^+ \end{pmatrix} = T \begin{pmatrix} \tilde{\sigma}_z \\ \tilde{\sigma}^- \\ \tilde{\sigma}^+ \end{pmatrix} = T \begin{pmatrix} \tilde{\sigma}_{zs} \\ \tilde{\sigma}_s^- \\ \tilde{\sigma}_s^+ \end{pmatrix} + T \begin{pmatrix} \tilde{L}_0 \\ \tilde{L}_1 \\ \tilde{L}_2 \end{pmatrix} = \begin{pmatrix} \sigma_{zs} \\ \sigma_s^- \\ \sigma_s^+ \end{pmatrix} + T \begin{pmatrix} \tilde{L}_0 \\ \tilde{L}_1 \\ \tilde{L}_2 \end{pmatrix}$$

或简写为

$$\sigma = \sigma_s + T\tilde{L} = \sigma_s + L \tag{7.4.11}$$

式中 σ_s 为方程 (7.4.3) 去掉无规力的解。

(7.4.11) 式的转置矩阵 (行与列对换) 用右上角 "r" 表示，则得

$$\sigma^r = \sigma_s^r + \tilde{L}^r T^r \tag{7.4.12}$$

由 (7.4.11), (7.4.12) 式得

$$\langle \sigma\sigma^r \rangle = \langle (\sigma_s + T\tilde{L})(\sigma_s^r + \tilde{L}^r T^r) \rangle \tag{7.4.13}$$

由于 $\langle \tilde{L}_i \rangle = 0$, 故上式可写为

$$\langle \sigma\sigma^r \rangle = \langle \sigma_s\sigma_s^r \rangle + T\langle \tilde{L}\tilde{L}^r \rangle T^r \tag{7.4.14}$$

或

$$D = \langle \tilde{L}\tilde{L}^r \rangle = T^{-1}(\langle \sigma\sigma^r \rangle - \langle \sigma_s\sigma_s^r \rangle)(T^r)^{-1}$$
$$= T^{-1}(\langle \sigma\sigma^r \rangle - \langle \sigma_s\sigma_s^r \rangle)(T^{-1})^r \qquad (7.4.15)$$

我们称无规力构成的矩阵 $D = \langle \tilde{L}\tilde{L}^r \rangle$ 为扩散矩阵; $\langle \sigma\sigma^r \rangle$ 为解矩阵。(7.4.14), (7.4.15) 式给出这两种矩阵的联系。只要知道其中之一, 便可用 (7.4.14) 式或 (7.4.15) 式算出另一个矩阵。由解矩阵的对易关系, 就可计算扩散矩阵 D, $D_{ij} = \langle \tilde{L}_i\tilde{L}_j \rangle$。已知自旋算符满足如下对易关系 (参见 (2.6.17)~ (2.6.22) 式):

$$\langle \sigma^+\sigma^- - \sigma^-\sigma^+ \rangle = 2\langle \sigma_z \rangle, \quad \langle \sigma^+\sigma^- + \sigma^-\sigma^+ \rangle = 1$$

$$\langle \sigma^\pm\sigma_z - \sigma_z\sigma^\pm \rangle = \mp\langle \sigma^\pm \rangle, \quad \langle \sigma^\pm\sigma_z + \sigma_z\sigma^\pm \rangle = 0 \qquad (7.4.16)$$

$$\langle \sigma^{-2} \rangle = \langle \sigma^{+2} \rangle = 0, \qquad\qquad \langle \sigma_z^2 \rangle = \frac{1}{4}$$

故有

$$\langle \sigma\sigma^r \rangle = \begin{pmatrix} \langle \sigma_z\sigma_z \rangle & \langle \sigma_z\sigma^- \rangle & \langle \sigma_z\sigma^+ \rangle \\ \langle \sigma^-\sigma_z \rangle & \langle \sigma^{-2} \rangle & \langle \sigma^-\sigma^+ \rangle \\ \langle \sigma^+\sigma_z \rangle & \langle \sigma^+\sigma^- \rangle & \langle \sigma^{+2} \rangle \end{pmatrix}$$

$$= \begin{pmatrix} 1/4 & -\langle \sigma^- \rangle/2 & \langle \sigma^+ \rangle/2 \\ \langle \sigma^- \rangle/2 & 0 & \frac{1}{2} - \langle \sigma_z \rangle \\ -\langle \sigma^+ \rangle/2 & \frac{1}{2} + \langle \sigma_z \rangle & 0 \end{pmatrix} \qquad (7.4.17)$$

由于

$$\langle \sigma_z \rangle = \sigma_{zs} + \langle L_o \rangle = \sigma_{zs}$$
$$\langle \sigma^- \rangle = \sigma_s^- + \langle L_1 \rangle = \sigma_s^-$$
$$\langle \sigma^+ \rangle = \sigma_s^+ + \langle L_2 \rangle = \sigma_s^+$$

故有

$$\langle \sigma\sigma^r \rangle = \begin{pmatrix} 1/4 & -\sigma_s^-/2 & \sigma_s^+/2 \\ \sigma_s^-/2 & 0 & \frac{1}{2} - \sigma_{zs} \\ -\sigma_s^+/2 & \frac{1}{2} + \sigma_{zs} & 0 \end{pmatrix} \qquad (7.4.18)$$

将 (7.4.18) 式代入 (7.4.15) 式, 便得扩散矩阵 D。

应注意到 (7.4.18) 式中的 σ, σ^r 是同时的, 即 $\langle \sigma \sigma^r \rangle = \langle \sigma(t) \sigma^r(t) \rangle$, 代入 (7.4.15) 式得到的扩散矩阵 D 的矩阵元也是同时的, 即 $D_{ij}(t,0) = \langle \tilde{L}_i(t) \tilde{L}_j(t) \rangle$。为了计算共振荧光, 还需知道不同时刻的扩散矩阵元 $D_{ij}(t,\tau) = \langle \tilde{L}_i(t) \tilde{L}_j(t+\tau) \rangle$, 即无规力积分间的相关函数。考虑到无规力的性质

$$\langle \tilde{\Gamma}_i(\tau')_j \tilde{\Gamma}_j(\tau'') \rangle = \alpha_{ij} \delta(\tau' - \tau'') \tag{7.4.19}$$

并按 $\tilde{L}_i(t)$ 的定义, 便得

$$D_{ij}(t,\tau) = \langle \tilde{L}_i(t) \tilde{L}_j(t+\tau) \rangle$$

$$= \left\langle \int_0^t e^{\lambda_i(t-\tau')} \tilde{\Gamma}_i(\tau') d\tau' \int_0^{t+\tau} e^{\lambda_j(t+\tau-\tau'')} \tilde{\Gamma}_j(\tau'') d\tau'' \right\rangle$$

$$= \begin{cases} \left\langle \int_0^t e^{\lambda_i(t-\tau')} \tilde{\Gamma}_i(\tau') d\tau' \int_0^t e^{\lambda_j(t+\tau-\tau'')} \tilde{\Gamma}_j(\tau'') d\tau'' \right\rangle, & \tau > 0 \\ e^{-\lambda_i \tau} \left\langle \int_0^{t+\tau} e^{\lambda_i(t+\tau-\tau')} \tilde{\Gamma}_i(\tau') d\tau' \int_0^{t+\tau} e^{\lambda_j(t+\tau-\tau'')} \tilde{\Gamma}_j(\tau'') d\tau'' \right\rangle, & \tau < 0 \end{cases}$$

$$= \begin{cases} D_{ij}(t,0) e^{\lambda_j \tau}, & \tau > 0 \\ e^{-\lambda_i \tau} D_{ij}(t+\tau,0), & \tau < 0 \end{cases} \tag{7.4.20}$$

于是 $\sigma(t)$, $\sigma^r(t+\tau)$ 间的相关函数为 (下面设 $\tau > 0$)

$$\langle \sigma(t) \sigma^r(t+\tau) \rangle = \sigma_s(t) \sigma_s^r(t+\tau) + T D(t,0) e^{\lambda \tau} T^r \tag{7.4.21}$$

将 (7.4.21) 式中的 $D(t,0)$ 用 (7.4.15) 式代入, 便得

$$\langle \sigma(t) \sigma^r(t+\tau) \rangle = \sigma_s(t) \sigma_s^r(t+\tau) + T T^{-1} (\langle \sigma(t) \sigma^r(t) \rangle$$

$$- \sigma_s(t) \sigma_s^r(t)) \times (T^r)^{-1} e^{\lambda t} T^r$$

$$= \sigma_s(t) \sigma_s^r(t+\tau) + (\langle \sigma(t) \sigma^r(t) \rangle - \sigma_s(t) \sigma_s^r(t))(T e^{(\lambda \tau)} T^{-1})^r \tag{7.4.22}$$

现计算 (7.4.22) 式中的第一项。先将 σ_s 表示为 $\sigma_s = T(\tilde{\sigma}_s)$, 而 $\tilde{\sigma}_s$ 又满足当无规力 $\tilde{\Gamma}_i$ 取为 0 时的方程 (7.4.8), 其解为

$$\begin{pmatrix} \tilde{\sigma}_{zs}(t) \\ \tilde{\sigma}_s^-(t) \\ \tilde{\sigma}_s^+(t) \end{pmatrix} = \begin{pmatrix} \tilde{\sigma}_{z0} e^{\lambda_0 t} \\ \tilde{\sigma}_0^- e^{\lambda_1 t} \\ \tilde{\sigma}_0^+ e^{\lambda_2 t} \end{pmatrix} + \begin{pmatrix} 0 \\ \gamma_1 \bar{\sigma}_z \dfrac{e^{\lambda_1 t} - 1}{\lambda_1} \\ \gamma_1 \bar{\sigma}_z \dfrac{e^{\lambda_2 t} - 1}{\lambda_2} \end{pmatrix} \tag{7.4.23}$$

或简写为

$$\tilde{\sigma}_s(t) = \tilde{\sigma}_s(0) e^{(\lambda t)} + \tilde{\sigma}_c(t) \tag{7.4.24}$$

其中 $\tilde{\sigma}_c(t)$ 为正比于 $\gamma_1 \bar{\sigma}_z$ 并包含了导致相干散射的项. 由 (7.4.23), (7.4.24) 式, 易得

$$\tilde{\sigma}_s(t+\tau) = \tilde{\sigma}_s(t)\mathrm{e}^{(\lambda\tau)} + \tilde{\sigma}_c(\tau) \tag{7.4.25}$$

由 (7.4.25) 式, 得

$$\sigma_s(t)\sigma_s^r(t+\tau) = \sigma_s(t)(\tilde{\sigma}_s^r(t)\mathrm{e}^{(\lambda\tau)} + \tilde{\sigma}_c^r(\tau))T^r = \sigma_s(t)(\sigma_s^r(t)(T^{-1})^r\mathrm{e}^{(\lambda\tau)} + \tilde{\sigma}_c^r(\tau))T^r \tag{7.4.26}$$

代入 (7.4.22) 式中, 便得

$$\langle \sigma(t)\sigma^r(t+\tau) \rangle = \sigma_s(t)\tilde{\sigma}_c^r(\tau)T^r + \langle \sigma(t)\sigma^r(t) \rangle (T\mathrm{e}^{(\lambda\tau)}T^{-1})^r \tag{7.4.27}$$

当 $\tau < 0$ 时, 同样可证

$$\langle \sigma(t)\sigma^r(t+\tau) \rangle = T\tilde{\sigma}_c(\tau)\sigma_s^r(t+\tau) + T\mathrm{e}^{-(\lambda\tau)}T^{-1}\langle \sigma(t+\tau)\sigma^r(t+\tau) \rangle \tag{7.4.28}$$

(7.4.27), (7.4.28) 式是我们用来计算瞬态共振荧光谱的主要依据, 具体计算将在下面完成. 式中 $\langle \sigma(t)\sigma^r(t) \rangle$, $\langle \sigma(t+\tau)\sigma^r(t+\tau) \rangle$ 按 (7.4.18) 式取值.

7.4.2　二能级原子系统的瞬态共振荧光谱

按通常求变量 $x(t)$ 的谱的方法 [34], 先定义谱函数

$$y(\omega) = \int_0^t \mathrm{e}^{-\mathrm{i}\omega t'} x(t')\mathrm{d}t' \tag{7.4.29}$$

再定义谱密度

$$S(\omega) = \lim_{t\to\infty} \frac{1}{2\pi t} \langle |y(\omega)|^2 \rangle = \lim_{t\to\infty} \frac{1}{\pi t} \left\langle \int_0^t \mathrm{e}^{-\mathrm{i}\omega t'} x(t')\mathrm{d}t' \int_0^t \mathrm{e}^{\mathrm{i}\omega t''} x(t'')\mathrm{d}t' \right\rangle$$

$$= \lim_{t\to\infty} \frac{1}{\pi t}\mathrm{Re}\int_0^t \mathrm{e}^{-s\tau}\mathrm{d}\tau \int_0^{t-\tau} \langle x(t')x(t'+\tau) \rangle \mathrm{d}t' \bigg|_{s=\mathrm{i}\omega} \tag{7.4.30}$$

参照谱密度定义, 可定义瞬态谱矩阵如下:

$$G(\omega) = \frac{1}{\pi t}\mathrm{Re}\int_0^t \mathrm{e}^{-s\tau}\mathrm{d}\tau \int_0^{t-\tau} \langle \sigma(t')\sigma^r(t'+\tau) \rangle \mathrm{d}t' \bigg|_{s=\mathrm{i}\omega}$$

$$= \frac{1}{\pi t}\mathrm{Re}\int_0^t \mathrm{e}^{-s\tau}\mathrm{d}\tau \int_0^{t-\tau} \sigma_s(t')\mathrm{d}t'\tilde{\sigma}_c^r(\tau)T^r \bigg|_{s=\mathrm{i}\omega}$$

$$+ \frac{1}{\pi t}\mathrm{Re}\int_0^t \mathrm{e}^{-s\tau} \int_0^{t-\tau} \langle \sigma(t')\sigma^r(t') \rangle \mathrm{d}t'(T\mathrm{e}^{\lambda\tau}T^{-1})^r \mathrm{d}\tau \bigg|_{s=\mathrm{i}\omega} \tag{7.4.31}$$

当 $t\to$ 很大时, 上式中 $\int_0^{t-\tau} \simeq \int_0^t$, 故有

$$G(\omega) \simeq \frac{1}{\pi t}\mathrm{Re}\left\{ \int_0^t \sigma_s(t')\mathrm{d}t'\tilde{\sigma}_c^r\left(\frac{1}{s-\lambda} - \frac{1}{s} \right)T^r \right.$$

$$+ \int_o^t \langle \sigma(t')\sigma^r(t')\rangle \mathrm{d}t' \left(T\frac{1}{s-\lambda}T^{-1} \right)^r \bigg\}_{s=\mathrm{i}\omega} \tag{7.4.32}$$

$$\tilde{\sigma}_c^r = \left(0, \quad \frac{\gamma_1\bar{\sigma}_z}{\lambda_1}, \quad \frac{\gamma_1\bar{\sigma}_z}{\lambda_2} \right) \tag{7.4.33}$$

(7.4.32) 式中正比于 $1/s$ 的项为相干散射项, 其余为非相干散射项. 注意到
$(T(s-\lambda)^{-1}T^{-1})^r$

$$= \begin{pmatrix} \frac{A-B}{-2B}\frac{1}{s-\lambda_1}+\frac{A+B}{2B}\frac{1}{s-\lambda_2} & \frac{-\mathrm{i}\Omega}{2B}\left(\frac{1}{s-\lambda_1}-\frac{1}{s-\lambda_2}\right) & \frac{\mathrm{i}\Omega}{2B}\left(\frac{1}{s-\lambda_1}-\frac{1}{s-\lambda_2}\right) \\[2mm] \frac{-\mathrm{i}\Omega}{4B}\left(\frac{1}{s-\lambda_1}-\frac{1}{s-\lambda_2}\right) & \frac{1}{2(s-\lambda_o)}+\frac{A+B}{4B}\frac{1}{s-\lambda_1}-\frac{A-B}{4B}\frac{1}{s-\lambda_2} & \frac{1}{2(s-\lambda_o)}-\frac{A+B}{4B}\frac{1}{s-\lambda_1}+\frac{A-B}{4B}\frac{1}{s-\lambda_2} \\[2mm] \frac{\mathrm{i}\Omega}{4B}\left(\frac{1}{s-\lambda_1}-\frac{1}{s-\lambda_2}\right) & \frac{1}{2(s-\lambda_o)}-\frac{A+B}{4B}\frac{1}{s-\lambda_1}+\frac{A-B}{4B}\frac{1}{s-\lambda_2} & \frac{1}{2(s-\lambda_o)}+\frac{A+B}{4B}\frac{1}{s-\lambda_1}-\frac{A-B}{4B}\frac{1}{s-\lambda_2} \end{pmatrix}$$
$$\tag{7.4.34}$$

共振荧光非相干散射部分所涉及的即 (7.4.32) 式中的 $G_{32}^{\mathrm{inc}}(\omega)$ 矩阵元. 由 (7.4.32)~(7.4.34) 式, 得

$$\begin{aligned} G_{32}^{\mathrm{inc}}(\omega) &= \frac{1}{\pi t}\mathrm{Re}\int_0^t \mathrm{e}^{-s\tau}\mathrm{d}\tau \int_0^{t-\tau}\langle \sigma^+(t')\sigma^-(t'+\tau)\rangle^{\mathrm{inc}}\mathrm{d}t'\bigg|_{s=\mathrm{i}\omega} \\ &= \frac{1}{\pi}\mathrm{Re}\bigg\{ \overline{\frac{-\langle\sigma^+\rangle}{2}}\left(\frac{-\mathrm{i}\Omega}{2B}\right)\left(\frac{1}{s-\lambda_1}-\frac{1}{s-\lambda_2}\right) \\ &\quad + \overline{\left(\frac{1}{2}+\langle\sigma_z\rangle\right)}\left(\frac{1}{2(s-\lambda_0)}-\frac{A+B}{4B}\frac{1}{s-\lambda_1}+\frac{A-B}{4B}\frac{1}{s-\lambda_2}\right) \\ &\quad - \frac{\mathrm{i}\Omega\gamma_1}{2B}\bar{\sigma}_z\left(\frac{1}{\lambda_1(s-\lambda_1)}-\frac{1}{\lambda_2(s-\lambda_2)}\right)\overline{\sigma_s^+} \bigg\}_{s=\mathrm{i}\omega} \end{aligned} \tag{7.4.35}$$

式中

$$\overline{\frac{-\langle\sigma^+\rangle}{2}} = \frac{1}{t}\int_0^t\langle\sigma^+(t')\sigma_z(t')\rangle\mathrm{d}t'$$

$$\overline{\frac{1}{2}+\langle\sigma_z\rangle} = \frac{1}{t}\int_0^t\langle\sigma^+(t')\sigma^-(t')\rangle\mathrm{d}t' \tag{7.4.36}$$

$$\overline{\sigma_s^+} = \frac{1}{t}\int_0^t\sigma_s^+(t')\mathrm{d}t'$$

若 (7.4.36) 式中 $\overline{\dfrac{-\langle\sigma^+\rangle}{2}}$, $\overline{1/2+\langle\sigma(z)\rangle}$, σ^+ 代以 $t\to\infty$ 时的稳态值

$$\overline{\sigma_s^+} = \overline{\langle\sigma^+\rangle} = \frac{\mathrm{i}\kappa_1\bar{\sigma}_z\Omega}{\kappa^2/2+\Omega^2}$$

$$\overline{\frac{1}{2}+\langle\sigma_z\rangle} = \frac{1}{2}+\frac{\kappa^2/2\bar{\sigma}_z}{\kappa^2/2+\Omega^2} \tag{7.4.37}$$

则 $G_{32}^{\text{inc}}(\omega)$ 就过渡到 Mollow 所得到的结果。

图 7.9 和图 7.10 给出按 (7.4.35), (7.4.36) 式计算出的瞬态共振荧光谱与 Mollow 得到的稳态共振荧光谱的比较。(7.4.36) 式被积函数按 (7.4.18) 式取值。设光场是在 $t > 0$ 作用于原子的，故初值可取为

$$\langle \sigma_0^{\pm} \rangle = 0, \quad \langle \sigma_{z0} \rangle = \bar{\sigma}_z = -1/2 \tag{7.4.38}$$

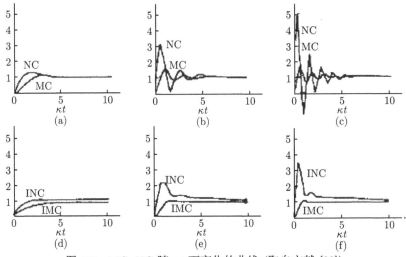

图 7.9 MC, NC 随 κt 而变化的曲线 (取自文献 [33])

分别定义为 $MC = \dfrac{\langle \sigma^+(t)\sigma(t) \rangle}{\langle \sigma^+(\infty)\sigma(\infty) \rangle}$, $NC = \dfrac{\langle \sigma^+(t) \rangle}{\langle \sigma^+(\infty) \rangle}$, IMC, INC 分别为 $\dfrac{1}{t}\displaystyle\int_0^t MC\,\mathrm{d}t$, $\dfrac{1}{t}\displaystyle\int_0^t NC\,\mathrm{d}t$。

横坐标为 κt, $\kappa = \kappa_1$

参照 (7.4.23), (7.4.24) 及 (7.4.6) 式，并代入初值 (7.4.38) 式，便得

$$\langle \sigma_z \rangle = \left(\frac{1}{2}(1 - A/B)\mathrm{e}^{\lambda_1 t} + \frac{1}{2}(1 + A/B)\mathrm{e}^{\lambda_2 t} \right) \langle \sigma_{z0} \rangle$$

$$+ \frac{\gamma_1 \bar{\sigma}_z}{2} \left(\left(\frac{\mathrm{e}^{\lambda_1 t} - 1}{\lambda_1} + \frac{\mathrm{e}^{\lambda_2 t} - 1}{\lambda_2} \right) - \frac{A}{B} \left(\frac{\mathrm{e}^{\lambda_2 t} - 1}{\lambda_1} - \frac{\mathrm{e}^{\lambda_2 t} - 1}{\lambda_2} \right) \right) \tag{7.4.39}$$

$$\langle \sigma^+ \rangle = \frac{\mathrm{i}\,\langle \sigma_{zo} \rangle\, \Omega}{2B}(\mathrm{e}^{\lambda_1 t} - \mathrm{e}^{\lambda_2 t}) + \frac{\mathrm{i}\Omega}{2B}\gamma\bar{\sigma}_z \left(\frac{\mathrm{e}^{\lambda_1 t} - 1}{\lambda_1} - \frac{\mathrm{e}^{\lambda_2 t} - 1}{\lambda_2} \right)$$

式中的常数项对应于相干散射，在计算非相干散射时可去掉。将 (7.4.38) 式参数代入 (7.4.39) 式，进一步代入 (7.4.18) 式，便得 (7.4.36) 式中的被积函数 (图 7.9)。图 7.9 给出了在 $\Omega/\kappa = 1, 3, 5 (\kappa = \kappa_1)$ 处共振荧光谱随时间 κt 的发展过程。当 κt 很大时，便趋于稳态的，即 Mollow 共振荧光谱。

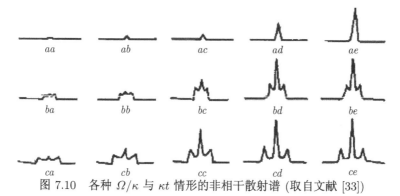

图 7.10 各种 Ω/κ 与 κt 情形的非相干散射谱 (取自文献 [33])

$aa \sim ae:\ \Omega/\kappa = 1,\ \kappa t = 0.1,\ 0.2,\ 0.5,\ 2,\ \infty;\ ba \sim be:\ \Omega/\kappa = 3,\ \kappa t = 0.1,\ 0.2,\ 0.5,\ 2,\ \infty;$

$ca \sim ce:\ \Omega/\kappa = 5,\ \kappa t = 0.1,\ 0.2,\ 0.5,\ 2,\ \infty$

7.5 呈指数衰变驱动场作用下二能级原子的瞬态 共振荧光光谱 [35~40]

在 7.4 节讨论瞬态共振荧光谱中, 泵浦, 亦即驱动场, 是在 $t = 0$ 时加上去的, 但仍为恒定的。Huang 等 [36,37] 研究了矩形脉冲激光作用下二能级原子产生的共振荧光, 且假定脉冲宽度 t_{p} 很大, 因此与振幅为恒定的连续驱动场是相近的。后来又有人从二能级原子 Schrödinger 方程出发 [38], 计算双曲线正割脉冲激光作用下的二能级原子共振荧光谱, 但完全略去原子在能级间的弛豫, 以及由此而引起的反转粒子衰变等。另一方面, 从近年关于含原子腔的量子电动力学的研究表明 [39], 也需要知道在给定腔内初始光子数情况下, 二能级原子共振荧光及腔内辐射场随时间的衰变行为。本节研究驱动场呈指数衰变的共振荧光 [35]。

7.5.1 驱动场可变情况下 Langevin 方程的形式解

在驱动场亦即 Rabi 频率 Ω 随时间变化的情况下, Langevin 方程 (7.4.3) 的形式解可以这样求得。先将方程写成矩阵形式

$$\frac{\mathrm{d}\sigma}{\mathrm{d}t} = -M\sigma + \gamma\bar{\sigma} + \Gamma \tag{7.5.1}$$

$$\sigma = \begin{pmatrix} \sigma_z \\ \sigma^- \\ \sigma^+ \end{pmatrix}, \quad \gamma\bar{\sigma} = \begin{pmatrix} \gamma_1\bar{\sigma}_z \\ 0 \\ 0 \end{pmatrix}, \quad \Gamma = \begin{pmatrix} \Gamma_z \\ \Gamma^- \\ \Gamma^+ \end{pmatrix} \tag{7.5.2}$$

$$-M = \begin{pmatrix} -\gamma_1 & -\mathrm{i}\Omega/2 & \mathrm{i}\Omega/2 \\ -\mathrm{i}\Omega & -\gamma_2 & 0 \\ \mathrm{i}\Omega & 0 & -\gamma_2 \end{pmatrix} \tag{7.5.3}$$

(7.5.1) 式的解可写为

$$\sigma = \sigma_s + L \tag{7.5.4}$$

$$\frac{\mathrm{d}\sigma_s}{\mathrm{d}t} = -M\sigma_s + \gamma\bar{\sigma} \tag{7.5.5}$$

$$\frac{\mathrm{d}L}{\mathrm{d}t} = -ML + \Gamma \tag{7.5.6}$$

(7.5.5),(7.5.6) 式的形式解为

$$\sigma_s(t+\tau) = U(t,\tau)\sigma_s(t) + V(t,\tau)\gamma\bar{\sigma} \tag{7.5.7}$$

$$L(t+\tau) = U(t,\tau)L(t) + \int_t^{t+\tau} U(t',\tau)\Gamma(t')\mathrm{d}t' \tag{7.5.8}$$

$$U(t,\tau) = \exp\left(-\int_t^{t+\tau} M\mathrm{d}t'\right), \quad V = \int_t^{t+\tau} U(t',\tau)\mathrm{d}t' \tag{7.5.9}$$

我们说这个解是形式解, 因为很难按 (7.5.9) 式定义的 $U(t,\tau)$ 对 $U(t,\tau)$ 进行数值计算, 但这个解对导出算子的相关函数关系是有用的。这个关系可看成 (7.4.27),(7.4.28) 式的推广。

参照 7.4 节用 "r" 表示行与列的转置矩阵, 并定义扩散矩阵 $D(t,\tau)$ 为

$$D(t,\tau) = \langle L(t)L^r(t+\tau)\rangle \tag{7.5.10}$$

将 (7.5.8) 式的 $L(t+\tau)$ 的解代入上式, 得

$$D(t,\tau) = \langle L(t)L^r(t)\rangle U^r(t,\tau) + \int_t^{t+\tau} \langle L(t)\Gamma^r(t')\rangle U^r(t',\tau)\mathrm{d}t' \tag{7.5.11}$$

由于 $t \neq t'$, $\langle L(t)\Gamma^r(t')\rangle = 0$, 故上式可写为

$$D(t,\tau) = D(t,0)U^r(t,\tau) \tag{7.5.12}$$

$$\begin{aligned}
\langle \sigma(t)\sigma^r(t)\rangle &= \langle(\sigma_s(t)+L(t))(\sigma_s^r(t)+L^r(t))\rangle \\
&= \langle \sigma_s(t)\sigma_s^r(t)\rangle + D(t,0) \tag{7.5.13}
\end{aligned}$$

$$\begin{aligned}
\langle \sigma(t)\sigma^r(t+\tau)\rangle &= \langle \sigma_s(t)\sigma_s^r(t+\tau)\rangle + D(t,\tau) \\
&= \langle \sigma_s(t)\sigma_s^r(t)\rangle U^r(t,\tau) + \sigma_s(t)\gamma\bar{\sigma}^r V^r(t,\tau) \\
&\quad + (\langle \sigma(t)\sigma^r(t)\rangle - \langle \sigma_s(t)\sigma_s^r(t)\rangle)U^r(t,\tau) \\
&= \langle \sigma(t)\sigma^r(t)\rangle U^r(t,\tau) + \sigma_s(t)\gamma\bar{\sigma}^r V^r(t,\tau) \tag{7.5.14}
\end{aligned}$$

由 (7.5.14) 式得知, 原子的相关函数 $\langle \sigma(t)\sigma^r(t+\tau)\rangle$ 的计算最终归结为 $\langle \sigma(t)\sigma^r(t)\rangle$ 的计算, 而 $\langle \sigma(t)\sigma^r(t)\rangle$ 的计算又可表示为 (7.4.18) 式来完成。这就是我们求得的相关函数 (7.5.14) 式的具体应用。

有了相关函数 $\langle \sigma(t)\sigma^r(t+\tau)\rangle$ 后，就可以像 7.4 节 (7.4.31) 式那样计算谱密度矩阵

$$
\begin{aligned}
G(\omega) &= \frac{1}{\pi t}\mathrm{Re}\int_0^t \mathrm{e}^{-s\tau}\mathrm{d}\tau\int_0^{t-\tau}\langle\sigma(t')\sigma^r(t'+\tau)\rangle\mathrm{d}t'\Big|_{s=\mathrm{i}\omega}\\
&= \frac{1}{\pi t}\mathrm{Re}\left\{\int_0^t \mathrm{e}^{-s\tau}\mathrm{d}\tau\int_0^{t-\tau}\langle\sigma(t')\sigma^r(t')\rangle U^r(t',\tau)\mathrm{d}t'\right.\\
&\left.\quad + \int_0^t \mathrm{e}^{-s\tau}\mathrm{d}\tau\int_0^{t-\tau}\langle\sigma(t')\gamma\bar\sigma^r\rangle V^r(t',\tau)\mathrm{d}t'\right\}_{s=\mathrm{i}\omega}
\end{aligned}
\tag{7.5.15}
$$

当 t 很大时，上式中 $\displaystyle\int_0^{t-\tau}\simeq\int_0^t$，故有

$$
\begin{aligned}
G(\omega) &\simeq \frac{1}{\pi t}\mathrm{Re}\left\{\int_0^t\langle\sigma(t')\sigma^r(t')\rangle\mathrm{d}t'\int_0^t \mathrm{e}^{-s\tau}U^r(t',\tau)\mathrm{d}\tau\right.\\
&\left.\quad + \int_0^t\langle\sigma(t')\gamma\bar\sigma^r\rangle\,\mathrm{d}t'\int_0^t \mathrm{e}^{-s\tau}V^r(t',\tau)\mathrm{d}\tau\right\}_{s=\mathrm{i}\omega}
\end{aligned}
\tag{7.5.16}
$$

瞬态共振荧光谱所涉及的 $\langle\sigma^+(t')\sigma^-(t+\tau)\rangle$ 即 (7.5.16) 式的 $G_{32}(\omega)$ 矩阵元。

7.5.2 驱动场呈指数衰变情形的瞬态共振荧光

(7.5.8), (7.5.9) 式虽给出线性方程 (7.5.1) 的通解，但应用起来很困难。当驱动场呈指数衰变时，我们发现可以解经 Laplace 变换后的差分方程，整个计算得以简化。作为预备，先讨论一些数学问题。

1. 一维问题

在方程

$$
\frac{\mathrm{d}\sigma}{\mathrm{d}t} = -M\mathrm{e}^{-\eta t}\sigma
\tag{7.5.17}
$$

中，因子 $\mathrm{e}^{-\eta t}$ 体现驱动场的衰变。这个方程有两种解法，一种方法为直接积分，即

$$
\sigma = \mathrm{e}^{-\frac{M}{\eta}(1-\mathrm{e}^{-\eta t})}\sigma_0 = \sum\frac{1}{n!}\left(\frac{-M}{\eta}\right)^n(1-\mathrm{e}^{-\eta t})^n\sigma_0
\tag{7.5.18}
$$

另一种方法为对 (7.5.17) 式作 Laplace 变换，即

$$
s\tilde\sigma(s) - \sigma_0 = -M\tilde\sigma(s+\eta),\quad \tilde\sigma(s)=\int_0^\infty \mathrm{e}^{-st}\sigma\mathrm{d}t
\tag{7.5.19}
$$

$$
\tilde\sigma(s) = \frac{\sigma_0}{s} - \frac{M}{s}\tilde\sigma(s+\eta) = \frac{\sigma_0}{s} + \frac{\sigma_0}{s}\frac{-M}{s+\eta} + \cdots + \frac{\sigma_0}{s}\frac{(-M)^n}{(s+\eta)\cdots(s+n\eta)} + \cdots
\tag{7.5.20}
$$

注意到

$$
\frac{1}{s(s+\eta)\cdots(s+n\eta)} = \frac{1}{\eta^n}\sum\frac{(-1)^k}{k!(n-k)!}\frac{1}{s+k\eta}
\tag{7.5.21}
$$

于是有

$$\tilde{\sigma}(s) = \sum_{n=0}^{\infty} \frac{1}{n!} \left(\frac{-M}{\eta} \right)^n \sum_{k=0}^{n} \frac{(-1)^k n!}{k!(n-k)!} \frac{1}{(s+k\eta)} \sigma_0 \tag{7.5.22}$$

对 (7.5.22) 式求反变换得

$$\sigma(t) = \sum_{n=0}^{\infty} \frac{1}{n!} \left(\frac{-M}{\eta} \right)^n (1 - e^{-\eta t})^n \sigma_0 \tag{7.5.23}$$

与 (7.5.18) 式一致。

2. 三维运动

将 (7.5.17) 式推广到三维, 有

$$\sigma = \begin{pmatrix} \sigma_z \\ \sigma^- \\ \sigma^+ \end{pmatrix}, \quad M = \begin{pmatrix} 0 & -i/2 & i/2 \\ -i & 0 & 0 \\ i & 0 & 0 \end{pmatrix} \tag{7.5.24}$$

解的形式仍为 (7.5.23) 式。式中 M 按 (7.5.24) 式定义, 易证

$$M^2 = \begin{pmatrix} -1 & 0 & 0 \\ 0 & -1/2 & 1/2 \\ 0 & 1/2 & -1/2 \end{pmatrix} = -E \tag{7.5.25}$$

$$M^4 = E, \quad E^2 = E, \quad EM = M \tag{7.5.26}$$

于是有

$$\sigma(t) = \sum_{n=0}^{\infty} \frac{(-\Omega^2)^n}{(2n)!} \left(\frac{1-e^{-\eta t}}{\eta} \right)^{2n} E\sigma_0 + \sum_{n=0}^{\infty} \frac{(-1)^n \Omega^{2n+1}}{(2n+1)!} \left(\frac{1-e^{-\eta t}}{\eta} \right)^{2n+1} M\sigma_0 \tag{7.5.27}$$

定义

$$C(\Omega, \eta, t) = \sum_{n=0}^{\infty} \frac{(-\Omega^2)^n}{(2n)!} \left(\frac{1-e^{-\eta t}}{\eta} \right) 2n$$

$$S(\Omega, \eta, t) = \sum_{n=0}^{\infty} \frac{(-1)^n \Omega^{2n+1}}{(2n+1)!} \left(\frac{1-e^{-\eta t}}{\eta} \right)^{2n+1} \tag{7.5.28}$$

很明显, 当 $\eta \to 0$ 时

$$C(\Omega, \eta, t) \to \cos \Omega t, \quad S(\Omega, \eta, t) \to \sin \Omega t \tag{7.5.29}$$

因此, (7.5.27) 式可简写为

$$\sigma(t) = (CE + SM)\sigma_0 \tag{7.5.30}$$

即

$$\begin{pmatrix} \sigma_z \\ \sigma^- \\ \sigma^+ \end{pmatrix} = C \begin{pmatrix} \sigma_{z0} \\ 1/2(\sigma_0^- - \sigma_0^+) \\ -1/2(\sigma_0^- - \sigma_0^+) \end{pmatrix} + S \begin{pmatrix} -\mathrm{i}/2(\sigma_0^- - \sigma_0^+) \\ -\mathrm{i}\sigma_{z0} \\ \mathrm{i}\sigma_{z0} \end{pmatrix} \tag{7.5.31}$$

注意到将 (7.5.30) 式推广到 $\sigma(t+\tau)$ 与 $\sigma(t)$ 的情形

$$\begin{aligned} \sigma(t+\tau) &= (CE + SM)\sigma(t) \\ C &= C(\Omega\mathrm{e}^{-\eta t}, \eta, \tau), \quad S = S(\Omega\mathrm{e}^{-\eta t}, \eta, \tau) \end{aligned} \tag{7.5.32}$$

这时 C, S 一般为 t, τ 的函数，而不只是一个变量 τ 的函数。

7.5.3 含阻尼和稳态项的三维衰变运动

将三维衰变运动推广到含有阻尼和稳态项的情形

$$\frac{\mathrm{d}\sigma}{\mathrm{d}t} = -\gamma(\sigma - \bar\sigma) + \Omega M\mathrm{e}^{-\eta t}\sigma \tag{7.5.33}$$

式中

$$\gamma = \begin{pmatrix} \gamma_1 & 0 & 0 \\ 0 & \gamma_2 & 0 \\ 0 & 0 & \gamma_2 \end{pmatrix}, \quad \bar\sigma = \begin{pmatrix} \bar\sigma_z \\ 0 \\ 0 \end{pmatrix}, \quad M = \begin{pmatrix} 0 & -\mathrm{i}/2 & \mathrm{i}/2 \\ -\mathrm{i} & 0 & 0 \\ \mathrm{i} & 0 & 0 \end{pmatrix} \tag{7.5.34}$$

对 (7.5.33) 式作 Laplace 变换

$$(s+\gamma)\tilde\sigma(s) - \sigma_0 = \frac{1}{s}\gamma\bar\sigma + \Omega M\tilde\sigma(s+\eta)$$

$$\begin{aligned} \tilde\sigma(s) = &\left(\frac{1}{s+\gamma} + \frac{1}{s+\gamma}M\frac{\Omega}{s+\eta+\gamma} \right. \\ &\left. + \frac{1}{s+\gamma}M\frac{\Omega}{s+\eta+\gamma}M\frac{\Omega}{s+\eta+\gamma}M\frac{\Omega}{s+2\eta+\gamma} + \cdots \right) \\ &\times(\sigma_0 - \bar\sigma) + \left(\frac{1}{s} + \frac{\Omega}{s+\gamma}M\frac{1}{s+\eta} + \frac{\Omega}{s+\gamma}M\frac{\Omega}{s+\eta+\gamma}M\frac{1}{s+2\eta} + \cdots \right)\bar\sigma_z \end{aligned} \tag{7.5.35}$$

若记

$$D(s+\gamma) = \begin{pmatrix} \dfrac{1}{s+\gamma_1} & 0 & 0 \\ 0 & \dfrac{1}{s+\gamma_2} & 0 \\ 0 & 0 & \dfrac{1}{s+\gamma_2} \end{pmatrix}$$

$$\tilde{D}(s+\gamma) = \begin{pmatrix} \dfrac{1}{s+\gamma_2} & 0 & 0 \\ 0 & \dfrac{1}{s+\gamma_1} & 0 \\ 0 & 0 & \dfrac{1}{s+\gamma_1} \end{pmatrix} \tag{7.5.36}$$

易证

$$D(s+\gamma)M = M\tilde{D}(s+\gamma), \qquad \tilde{\tilde{D}}(s+\gamma) = D(s+\gamma) \tag{7.5.37}$$

于是

$$\frac{1}{s+\gamma}M\frac{\Omega}{s+\eta+\gamma}\cdots M\frac{\Omega}{s+n\eta+\gamma} = D_0 M D_1 \cdots D_n(\Omega)^n$$

$$= \begin{cases} M^n \Omega^n \tilde{D}_0 D_1 \cdots D_n, & n \text{ 为奇数} \\ M^n \Omega^n D_0 \tilde{D}_1 \cdots D_n, & n \text{ 为偶数} \end{cases} \tag{7.5.38}$$

由 (7.5.35),(7.5.38) 式得

$$\tilde{\sigma}(s) = \sum_{n=0}^{\infty} \Omega^{2n} M^{2n} D_0 \tilde{D}_1 D_2 \cdots D_{2n} \left((\sigma_0 - \bar{\sigma}) + D_{2n}^{-1}\frac{1}{s+2n\eta}\bar{\sigma} \right)$$

$$+ \sum_{n=0}^{\infty} \Omega^{2n+1} M^{2n+1} \tilde{D}_0 D_1 \tilde{D}_2 \cdots D_{2n+1} \left((\sigma_0 - \bar{\sigma}) + D_{2n+1}^{-1}\frac{1}{s+(2n+1)\eta}\bar{\sigma} \right) \tag{7.5.39}$$

由于

$$D_{2n}^{-1} = s + 2n\eta + \gamma, \quad D_{2n+1}^{-1} = s + (2n+1)\eta + \gamma$$

(7.5.37) 式可化为

$$\tilde{\sigma}(s) = \sum_{n=0}^{\infty} \Omega^{2n} M^{2n} D_0 \tilde{D}_1 D_2 \cdots D_{2n} \left(\sigma_0 + \gamma\frac{1}{s+2n\eta}\bar{\sigma} \right)$$

$$+ \sum_{n=0}^{\infty} \Omega^{2n+1} M^{2n+1} \tilde{D}_0 D_1 \tilde{D}_2 \cdots D_{2n+1} \left(1 + \gamma\frac{1}{s+(2n+1)\eta}\bar{\sigma} \right) \tag{7.5.40}$$

由 (7.5.25), (7.5.26) 式

$$M^{2n} = (-1)^n E, \qquad M^{2n+1} = (-1)^n M, \quad n \neq 0 \tag{7.5.41}$$

故 (7.5.40) 式可写为

$$\tilde{\sigma}(s) = (1-E)D_0 \left(1 + \gamma\frac{1}{s}\bar{\sigma} \right) + E(l_1\sigma_0 + l_3\gamma\bar{\sigma}) + \Omega M(l_2\sigma_0 + l_4\gamma\bar{\sigma}) \tag{7.5.42}$$

$$\begin{cases} l_1 = \sum_{n=0}^{\infty}(-1)^n \Omega^{2n} D_0 \tilde{D}_1 D_2 \cdots D_{2n} \\ l_2 = \sum_{n=0}^{\infty}(-1)^n \Omega^{2n} \tilde{D}_0 D_1 \tilde{D}_2 \cdots D_{2n+1} \\ l_3 = \sum_{n=0}^{\infty}(-1)^n \Omega^{2n} D_0 \tilde{D}_1 D_2 \cdots D_{2n} \dfrac{1}{s+2n\eta} \\ l_4 = \sum_{n=0}^{\infty}(-1)^n \Omega^{2n} \tilde{D}_0 D_1 \tilde{D}_2 \cdots D_{2n+1} \dfrac{1}{s+(2n+1)\eta} \end{cases} \tag{7.5.43}$$

$l_1 \sim l_4$ 的计算参见文献 [35], 均为对角矩阵, 且有

$$l_i = \begin{pmatrix} i_j & 0 & 0 \\ 0 & \bar{i}_j & 0 \\ 0 & 0 & \bar{i}_j \end{pmatrix}, \quad j = 1 \sim 4 \tag{7.5.44}$$

将 i_j 中的参数 γ_1, γ_2 对换后便得 $\bar{i}_j$。

经过复杂的计算得 (7.5.42) 式的解为

$$\begin{pmatrix} \tilde{\sigma}_z \\ \tilde{\sigma}^- \\ \tilde{\sigma}^+ \end{pmatrix} = \begin{pmatrix} i_1 \sigma_{z0} \\ \dfrac{1}{2}\bar{i}_1(\sigma_0^- - \sigma_0^+) \\ -\dfrac{1}{2}\bar{i}_1(\sigma_0^- - \sigma_0^+) \end{pmatrix} + \begin{pmatrix} -\mathrm{i}\dfrac{\Omega}{2}\bar{i}_2(\sigma_0^- - \sigma_0^+) \\ -\mathrm{i}\Omega i_2 \sigma_{z0} \\ \mathrm{i}\Omega i_2 \sigma_{z0} \end{pmatrix} + \begin{pmatrix} i_3 \gamma_1 \bar{\sigma}_z \\ 0 \\ 0 \end{pmatrix}$$
$$+ \begin{pmatrix} 0 \\ -\mathrm{i}\Omega i_4 \bar{\sigma}_z \\ \mathrm{i}\Omega i_4 \bar{\sigma}_z \end{pmatrix} + \begin{pmatrix} 0 \\ \dfrac{1}{2}\dfrac{\sigma_0^- + \sigma_0^+}{s+\gamma_2} \\ \dfrac{1}{2}\dfrac{\sigma_0^- + \sigma_0^+}{s+\gamma_2} \end{pmatrix} \tag{7.5.45}$$

设 i_j 的逆变换为 I_j, 则求 (7.5.45) 式的逆变换后, 得

$$\sigma^-(\tau) = \frac{1}{2}\bar{I}_1(\tau)(\sigma_0^- - \sigma_0^+) - \mathrm{i}I_2(\tau)\Omega\sigma_{z0} + \frac{1}{2}\mathrm{e}^{-\gamma_2\tau}(\sigma_0^- + \sigma_0^+) - \mathrm{i}I_4(\tau)\Omega\gamma_1\bar{\sigma}_z$$

或

$$\sigma^-(t+\tau) = \frac{1}{2}\bar{I}_1(\tau)(\sigma_0^-(t) - \sigma_0^+(t)) - \mathrm{i}I_2(\tau)\Omega(t)\sigma_{z0}(t)$$
$$+ \frac{1}{2}\mathrm{e}^{-\gamma_2\tau}(\sigma_0^-(t) + \sigma +_0(t)) - \mathrm{i}I_4(\tau)\Omega(t)\gamma_1\bar{\sigma}_z, \quad \Omega(t) = \Omega\mathrm{e}^{-\eta t} \tag{7.5.46}$$

故有

$$\langle \sigma^+(t)\sigma^-(t+\tau) \rangle = \frac{1}{2}(\bar{I}_1(\tau) + \mathrm{e}^{-\gamma_2\tau})\langle \sigma^+(t)\sigma^-(t) \rangle$$

$$- \mathrm{i} I_2(\tau)\Omega(t)\langle\sigma^+(t)\sigma_z(t)\rangle$$

$$- \mathrm{i} I_4(\tau)\Omega(t)\gamma_1\bar{\sigma}_z\langle\sigma^+(t)\rangle \qquad (7.5.47)$$

参照 (7.5.15), (7.5.16) 式，得出瞬态共振荧光光谱为

$$
\begin{aligned}
G_{32}(\omega) &= \frac{1}{\pi t}\mathrm{Re}\left\{\int_0^t \mathrm{e}^{-s\tau}\mathrm{d}\tau\int_0^{t-\tau}\langle\sigma^+(t')\sigma^-(t'+\tau)\rangle\mathrm{d}t'\right\}_{s=\mathrm{i}\omega}\\
&\simeq \frac{1}{\pi}\mathrm{Re}\left\{\frac{1}{t}\int_0^t\langle\sigma^+(t')\sigma^-(t')\rangle\mathrm{d}t'\int_0^t \mathrm{e}^{-s\tau}\left(\frac{1}{2}(\bar{I}_1(\tau)+\mathrm{e}^{-\gamma_2\tau})\right)\mathrm{d}\tau\right.\\
&\quad -\mathrm{i}\frac{1}{t}\int_0^t\Omega(t')\langle\sigma^+(t')\sigma_z(t')\rangle\mathrm{d}t'\int_0^t \mathrm{e}^{-s\tau}I_2(\tau)\mathrm{d}\tau\\
&\quad \left.-\mathrm{i}\frac{1}{t}\int_0^t\Omega(t')\langle\sigma^+(t')\rangle\gamma_1\bar{\sigma}_z\mathrm{d}t'\int_0^t \mathrm{e}^{-s\tau}I_4(\tau)\mathrm{d}\tau\right\}_{s=\mathrm{i}\omega} \qquad (7.5.48)
\end{aligned}
$$

按 (7.4.18) 式，$\langle\sigma^+(t')\sigma^-(t')\rangle$, $\langle\sigma^+(t')\sigma_z(t')\rangle$, $\langle\sigma^+(t')\rangle$ 等均可用 $\sigma_s(t')$ 来表示，而 $\sigma_s(t')$ 即 (7.5.45) 式的逆变换为

$$
\begin{pmatrix}\sigma_{zs}(t)\\ \sigma_s^-(t)\\ \sigma_s^+(t)\end{pmatrix}=\begin{pmatrix}I_1\sigma_{z0}\\ \dfrac{1}{2}\bar{I}_1(\sigma_0^- -\sigma_0^+)\\ -\dfrac{1}{2}\bar{I}_1(\sigma_0^- -\sigma_0^+)\end{pmatrix}+\begin{pmatrix}-\mathrm{i}\dfrac{\Omega}{2}\bar{I}_2(\sigma_0^- -\sigma_0^+)\\ -\mathrm{i}\Omega I_2\sigma_{z0}\\ \mathrm{i}\Omega I_2\sigma_{z0}\end{pmatrix}+\begin{pmatrix}I_3\gamma_1\bar{\sigma}_z\\ 0\\ 0\end{pmatrix}
$$

$$
+\begin{pmatrix}0\\ -\mathrm{i}\Omega I_4\gamma_1\bar{\sigma}_z\\ \mathrm{i}\Omega I_4\gamma_1\bar{\sigma}_z\end{pmatrix}+\begin{pmatrix}0\\ \dfrac{1}{2}\mathrm{e}^{-\gamma_2 t}(\sigma_0+\sigma_0^+)\\ \dfrac{1}{2}\mathrm{e}^{-\gamma_2 t}(\sigma_0+\sigma_0^+)\end{pmatrix} \qquad (7.5.49)
$$

$I_1(t)\sim I_4(t)$ 的计算参见文献 [35]。

7.5.4　计算结果与分析

图 7.11 为光抽运脉冲曲线。假定脉冲上升得很快，以致前沿可略去。当上升到峰值 Ω 后，再按 $\Omega(t)=\Omega\mathrm{e}^{-\eta t}$ 衰减。参照 (7.5.48) 式，定义如下归一化参量：

$$
\begin{cases}
\mathrm{IMC}=\dfrac{1}{t}\displaystyle\int_0^t \dfrac{\langle\sigma^+(t')\sigma^-(t')\rangle}{\langle\sigma^+(\infty)\sigma^-(\infty)\rangle}\mathrm{d}t'\\[4mm]
\mathrm{INC}=\dfrac{1}{t}\displaystyle\int_0^t \mathrm{e}^{-\eta t'}\dfrac{\langle\sigma^+(t')\rangle}{\langle\sigma^+(\infty)\rangle}\mathrm{d}t'
\end{cases} \qquad (7.5.50)
$$

$$
\langle\sigma^+(\infty)\sigma^-(\infty)\rangle=\frac{\Omega^2/2}{\gamma_1^2/2+\Omega^2},\quad \langle\sigma^+(\infty)\rangle=\frac{-\mathrm{i}\gamma_1\Omega/2}{\gamma_1^2/2+\Omega^2} \qquad (7.5.51)
$$

初值取为 $\langle \sigma_0^+ \rangle = \langle \sigma_0^- \rangle = 0$, $\langle \sigma_{z0} \rangle = \langle \bar{\sigma}_z \rangle = -1/2$, IMC, INC 随时间变化的曲线由图 7.12 给出。

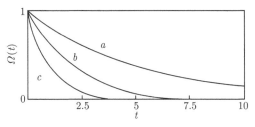

图 7.11 光抽运脉冲图 $\Omega(t) = \Omega \mathrm{e}^{-\eta t}$ (取自文献 [35])

a, b, c 分别对应于 $\eta = 0.2, 0.5, 1$

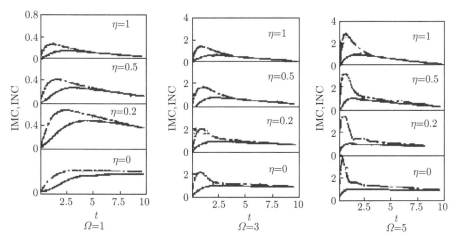

图 7.12 IMC, INC 随时间 t 变化的曲线 (取自文献 [35])

实线为 IMC; 虚线为 INC

图 7.13~ 图 7.15 分别给出 $\eta = 0.2$, 0.5, 1 的瞬态共振荧光光谱。每一图中又包含 $\Omega = 1$, 3, 5 三种情形，t 的取值范围为 $0 \sim 10$，频率 ω 的取值范围为 $-7.85 \sim 7.85$，所有计算中均取 $\gamma_1 = 1$, $\gamma_2 = \gamma_1/2 = 1/2$。

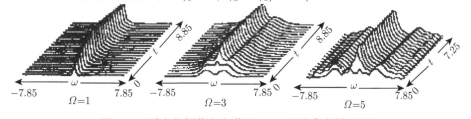

图 7.13 瞬态共振荧光光谱 $(\eta = 0.2)$(取自文献 [35])

$\Omega = 1$; $\Omega = 3$; $\Omega = 5$

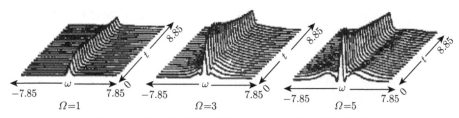

图 7.14　瞬态共振荧光光谱 $(\eta = 0.5)$(取自文献 [35])

$\Omega = 1$; $\Omega = 3$; $\Omega = 5$

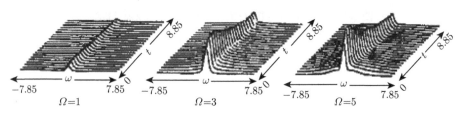

图 7.15　瞬态共振荧光光谱 $(\eta = 1)$ (取自文献 [35])

$\Omega = 1$; $\Omega = 3$; $\Omega = 5$

从这组图容易看出如下的一些特点:

(1) 共振荧光存在的时间远大于光抽运衰减时间 $1/\eta$。如图 7.15 所示，$\eta = 1$，$\Omega = 1, 3, 5$ 的各个荧光谱，其峰值是随 t 的增大而指数衰减的，但比图 7.11 中相应的 $e^{-\eta t}$ 曲线要慢得多。对于图 7.13、图 7.14，$\eta = 0.2, 0.5$ 的情形也是这样的。由 (7.5.48) 式，影响共振荧光光谱强度的因子 $\dfrac{1}{t}\displaystyle\int_0^t \langle \sigma^+(t')\sigma^-(t')\rangle \mathrm{d}t'$，$\dfrac{1}{t}\displaystyle\int_0^t \Omega(t')\langle \sigma^+(t')\rangle \mathrm{d}t'$ 经归一化后便是 IMC, INC，已在图 7.15 中给出。对于 $\eta = 0$ 情形，IMC, INC 均随 t 的增大而趋近于稳态值 1，但当 $\eta = 0.2, 0.5, 1$ 时，IMC, INC 均随时间 t 的增大而衰减，其中 $\eta = 1$，$\Omega = 5$ 情形明显按指数下降，但下降速度要比 $e^{-\eta t}$ 慢。对同一 Ω，不同 η 情形，则 IMC, INC 的峰值随 η 增大而下降。

(2) 对于谱随时间变化的瞬态行为。当 t 增大而又不是很大，η 较小的情形，共振荧光光谱的三峰结构 $(\Omega = 3, 5)$ 基本上与 $\eta = 0$ 的稳态情形相同，如图 7.13 所示的 $\eta = 0.2$ 情形；但当 η 增到 0.5 时，如图 7.14 所示，则边峰减弱；进一步增至 $\eta = 1$，如图 7.14 所示，则边峰几乎消失，谱变为单峰。

(3) 对于 t 不是很大的瞬态行为，一般而言，对 $\Omega = 1$ 情形，t 由小到大，共振荧光谱保持单峰结构。但当 $\Omega = 3$，$\eta = 0.2, 0.5$ 时，瞬态荧光谱中最先出现的是边峰，到后来中峰才长出来。当 $\Omega = 5$，$\eta = 0.2, 0.5$ 时，中峰的出现还伴随着一些细的起伏，这些细的起伏又随着 η 的变小而消失。图 7.16 给出 $\Omega = 5$，$\eta = 0.1, 0.05, 0$ 的瞬态共振荧光光谱，以及荧光谱的消失过程，最后过渡到光滑的三峰结构。

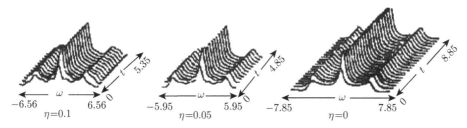

图 7.16　$\Omega = 5$; $\eta = 0.1, 0.05, 0$ 的瞬态共振荧光光谱 (取自文献 [35])

7.6　考虑到自作用后二能级原子的共振荧光谱

注意到 Mollow 理论模型中, 仅包括了加在原子的外场 (即驱动场) 与原子的相互作用, 而忽略了自作用. 本节我们仍假定驱动场为经典的相干场, 同时考虑原子辐射场的自作用, 计算二能级原子的共振荧光. 计算结果表明, 由于自相互作用的引进, 中峰已表现出明显的 Rabi 分裂, 这实质上就是文献 [39] 说的真空场的 Rabi 分裂.

7.6.1　考虑到自作用后二能级原子与辐射场系统的 Langevin 方程及其解 [41]

设二能级原子的跃迁频率为 ω_0, 单模场的模式频率为 ω_c, 则包括原子、辐射场及其相互作用在内的 Hamilton 量为

$$H_1 = \hbar\omega_0\sigma_z + \hbar\omega_c\left(b^\dagger b + \frac{1}{2}\right) + \hbar(gb^\dagger\sigma^- + g^*b\sigma^+) \tag{7.6.1}$$

又设驱动场为经典的, 振幅为 b_1, b_1^*, 频率为 ω_1, 则 Rabi 频率为 $\Omega^* = 2gb_1^*\mathrm{e}^{\mathrm{i}\omega_1 t}$, $\Omega = 2g^*b_1\mathrm{e}^{-\mathrm{i}\omega_1 t}$, 驱动场与原子的相互作用为

$$H_2 = \frac{\hbar}{2}(\Omega^*\sigma^- + \Omega\sigma^+) \tag{7.6.2}$$

根据 (7.6.1), (7.6.2) 式, 即可求出原子及场算符的 Heisenberg 运动方程

$$\frac{\mathrm{d}O}{\mathrm{d}t} = \frac{\mathrm{i}}{\hbar}[H_1 + H_2, O] \tag{7.6.3}$$

将 (7.6.1), (7.6.2) 式代入 (7.6.3) 式, 并应用原子算符 $\sigma_z, \sigma^\pm$ 间的对易关系 (7.4.16) 及场算符间的对易关系 $bb^\dagger - b^\dagger b = 1$, 可得

$$\begin{cases} \dfrac{\mathrm{d}\sigma_z}{\mathrm{d}t} = -\mathrm{i}gb^\dagger\sigma^- + \mathrm{i}g^*b\sigma^+ - \dfrac{\mathrm{i}\Omega^*}{2}\sigma^- + \dfrac{\mathrm{i}\Omega}{2}\sigma^+ \\[2mm] \dfrac{\mathrm{d}\sigma^-}{\mathrm{d}t} = -\mathrm{i}\omega_0\sigma^- - \mathrm{i}2g^*\sigma_z b - \mathrm{i}\Omega\sigma_z \\[2mm] \dfrac{\mathrm{d}\sigma^+}{\mathrm{d}t} = \mathrm{i}\omega_0\sigma^+ + \mathrm{i}2gb^\dagger\sigma_z + \mathrm{i}\Omega^*\sigma_z \end{cases} \tag{7.6.4}$$

$$\begin{cases} \dfrac{\mathrm{d}b}{\mathrm{d}t} = -\mathrm{i}\omega_c b + \mathrm{i}g\sigma^- \\[2mm] \dfrac{\mathrm{d}b^\dagger}{\mathrm{d}t} = \mathrm{i}\omega_c b^\dagger - \mathrm{i}g^*\sigma^+ \end{cases} \tag{7.6.5}$$

注意到 (7.6.4),(7.6.5) 式是不计及原子在能级间的弛豫及辐射场的损耗得到的。为计及弛豫与损耗, 就应加上无规力的作用, 即前面已得出的方程 (5.3.38)

$$\begin{cases} \dfrac{\mathrm{d}\sigma_z}{\mathrm{d}t} = -\gamma_1(\sigma_z - \bar\sigma_z) - \mathrm{i}gb^\dagger\sigma^- + \mathrm{i}g^*b\sigma^+ - \dfrac{\mathrm{i}\Omega^*}{2}\sigma^- + \dfrac{\mathrm{i}\Omega}{2}\sigma^+ + \Gamma_z \\[2mm] \dfrac{\mathrm{d}\sigma^-}{\mathrm{d}t} = -(\gamma_2 + \mathrm{i}\omega_0)\sigma^- - \mathrm{i}2g^*\sigma_z b - \mathrm{i}\Omega\sigma_z + \Gamma^- \\[2mm] \dfrac{\mathrm{d}\sigma^+}{\mathrm{d}t} = -(\gamma_2 - \mathrm{i}\omega_0)\sigma^+ + \mathrm{i}2gb^\dagger\sigma_z + \mathrm{i}\Omega^*\sigma_z + \Gamma^+ \end{cases} \tag{7.6.6}$$

$$\begin{cases} \dfrac{\mathrm{d}b}{\mathrm{d}t} = (-\chi - \mathrm{i}\omega_c)b + \mathrm{i}g\sigma^- + F^- \\[2mm] \dfrac{\mathrm{d}b^\dagger}{\mathrm{d}t} = (-\chi + \mathrm{i}\omega_c)b^\dagger - \mathrm{i}g^*\sigma^+ + F^+ \end{cases} \tag{7.6.7}$$

使得对易关系在对无规力求统计平均的意义下得以满足。注意到 Ω, Ω^* 中包含因子 $\mathrm{e}^{-\mathrm{i}\omega_1 t}, \mathrm{e}^{\mathrm{i}\omega_1 t}$, 故可将 (7.6.6) 和 (7.6.7) 式作旋波变换

$$\Omega, \Omega^* \to \Omega\mathrm{e}^{-\mathrm{i}\omega_1 t}, \Omega^*\mathrm{e}^{\mathrm{i}\omega_1 t} \tag{7.6.8}$$

$$b, b^\dagger \to b\mathrm{e}^{-\mathrm{i}\omega_1 t}, b^\dagger\mathrm{e}^{\mathrm{i}\omega_1 t}$$

$$\sigma^-, \sigma^+ \to \sigma^-\mathrm{e}^{-\mathrm{i}\omega_1 t}, \sigma^+\mathrm{e}^{\mathrm{i}\omega_1 t}$$

$$\Gamma^\pm \to \Gamma^\pm\mathrm{e}^{\pm\mathrm{i}\omega_1 t}, F^\pm \to F^\pm\mathrm{e}^{\pm\mathrm{i}\omega_1 t}$$

于是有

$$\begin{cases} \dfrac{\mathrm{d}\sigma_z}{\mathrm{d}t} = -\gamma_1(\sigma_z - \bar\sigma_z) - \mathrm{i}gb^\dagger\sigma^- + \mathrm{i}g^*b\sigma^+ - \dfrac{\mathrm{i}\Omega^*}{2}\sigma^- + \dfrac{\mathrm{i}\Omega}{2}\sigma^+ + \Gamma_z \\[2mm] \dfrac{\mathrm{d}\sigma^-}{\mathrm{d}t} = -(\gamma_2 + \mathrm{i}\Delta\omega)\sigma^- - \mathrm{i}2g^*\sigma_z b - \mathrm{i}\Omega\sigma_z + \Gamma^- \\[2mm] \dfrac{\mathrm{d}\sigma^+}{\mathrm{d}t} = -(\gamma_2 - \mathrm{i}\Delta\omega)\sigma^+ + \mathrm{i}2g\sigma_z b^\dagger + \mathrm{i}\Omega^*\sigma_z + \Gamma^+ \end{cases} \tag{7.6.9}$$

$$\begin{cases} \dfrac{\mathrm{d}b}{\mathrm{d}t} = (-\chi - \mathrm{i}\Delta\omega_c)b + \mathrm{i}g\sigma^- + F \\[2mm] \dfrac{\mathrm{d}b^\dagger}{\mathrm{d}t} = (-\chi + \mathrm{i}\Delta\omega_c)b^\dagger - \mathrm{i}g\sigma^+ + F \end{cases} \tag{7.6.10}$$

$$\Delta\omega = \omega_0 - \omega_1, \quad \Delta\omega_c = \omega_c - \omega_1$$

$\Delta\omega$, $\Delta\omega_c$ 分别为驱动场与原子跃迁频率的失谐, 以及与谐振腔频率的失谐。

引进无规力后对谱的计算, 可参照 7.5 节的方法进行。先将 (7.6.9), (7.6.10) 式中的无规力去掉, 并求其解, 各参量加下角标 "s" 标记, 于是有

$$
\begin{cases}
\dfrac{\mathrm{d}\sigma_{zs}}{\mathrm{d}t} = -\gamma_1(\sigma_{zs} - \bar{\sigma}_z) - \mathrm{i}gb_s^\dagger\sigma^- + \mathrm{i}g^*b_s\sigma^+ - \dfrac{\mathrm{i}\Omega^*}{2}\sigma_s^- + \dfrac{\mathrm{i}\Omega}{2}\sigma_s^+ \\[2mm]
\dfrac{\mathrm{d}\sigma_s^-}{\mathrm{d}t} = -(\gamma_2 + \mathrm{i}\Delta\omega)\sigma_s^- - \mathrm{i}2g^*\sigma_{zs}b_s - \mathrm{i}\Omega\sigma_{zs} \\[2mm]
\dfrac{\mathrm{d}\sigma_s^+}{\mathrm{d}t} = -(\gamma_2 - \mathrm{i}\Delta\omega)\sigma_s^+ + \mathrm{i}2g\sigma_{zs}b_s^\dagger + \mathrm{i}\Omega^*\sigma_{zs}
\end{cases}
\tag{7.6.11}
$$

$$
\begin{cases}
\dfrac{\mathrm{d}b_s}{\mathrm{d}t} = -(\chi + \mathrm{i}\Delta\omega_c)b_s + \mathrm{i}g\sigma_s^- \\[2mm]
\dfrac{\mathrm{d}b_s^\dagger}{\mathrm{d}t} = -(\chi - \mathrm{i}\Delta\omega_c)b_s^\dagger - \mathrm{i}g^*\sigma_s^+
\end{cases}
\tag{7.6.12}
$$

现考虑共振激发与振荡情形 $\Delta\omega = \Delta\omega_c = 0$, 并定义

$$
y_s^- = \sigma_{zs}b_s, \qquad y_s^+ = b_s^\dagger\sigma_{zs}
$$

$$
y_{zs} = b_s^\dagger\sigma_s^- - b_s\sigma_s^+
\tag{7.6.13}
$$

又设 $\Omega = \Omega^*, g = g^*$, 于是由 (7.6.11), (7.6.12) 式, 得

$$
\begin{cases}
\dfrac{\mathrm{d}y_s^-}{\mathrm{d}t} = -\chi y_s^- - \dfrac{\mathrm{i}g}{2}\sigma_s^- + b_s\dfrac{\mathrm{d}\sigma_{zs}}{\mathrm{d}t} \\[2mm]
\dfrac{\mathrm{d}y_s^+}{\mathrm{d}t} = -\chi y_s^+ + \dfrac{\mathrm{i}g}{2}\sigma_s^+ + b_s^\dagger\dfrac{\mathrm{d}\sigma_{zs}}{\mathrm{d}t} \\[2mm]
\dfrac{\mathrm{d}y_{zs}}{\mathrm{d}t} = -\chi y_{zs} - \mathrm{i}g + b_s^\dagger\dfrac{\mathrm{d}\sigma_s^-}{\mathrm{d}t} - b_s\dfrac{\mathrm{d}\sigma_s^+}{\mathrm{d}t}
\end{cases}
\tag{7.6.14}
$$

由 (7.6.11), (7.6.12), (7.6.14) 式, 得

$$
\begin{cases}
\dfrac{\mathrm{d}\sigma_{zs}}{\mathrm{d}t} = -\gamma_1(\sigma_{zs} - \bar{\sigma}_{zs}) - \mathrm{i}gy_{zs} - \dfrac{\mathrm{i}\Omega}{2}(\sigma_s^- - \sigma_s^+) \\[2mm]
\dfrac{\mathrm{d}}{\mathrm{d}t}(\sigma_s^- - \sigma_s^+) = -\gamma_2(\sigma_s^- - \sigma_s^+) - \mathrm{i}2g(y_s^- + y_s^+) - \mathrm{i}2\Omega\sigma_{zs} \\[2mm]
\dfrac{\mathrm{d}}{\mathrm{d}t}(y_s^- + y_s^+) = -\chi(y_s^- + y_s^+) - \dfrac{\mathrm{i}g}{2}(\sigma_s^- - \sigma_s^+) + (b_s + b_s^\dagger)\dfrac{\mathrm{d}\sigma_{zs}}{\mathrm{d}t}
\end{cases}
\tag{7.6.15}
$$

$$
\begin{cases}
\dfrac{\mathrm{d}y_{zs}}{\mathrm{d}t} = -\chi y_{zs} - \mathrm{i}g + b_s\dfrac{\mathrm{d}\sigma_s^+}{\mathrm{d}t} - b_s^+\dfrac{\mathrm{d}\sigma_s^-}{\mathrm{d}t} \\[2mm]
\dfrac{\mathrm{d}}{\mathrm{d}t}(\sigma_s^- + \sigma_s^+) = -\gamma_2(\sigma_s^- + \sigma_s^+) - \mathrm{i}2g(y_s^- - y_s^+) \\[2mm]
\dfrac{\mathrm{d}}{\mathrm{d}t}(y_s^- - y_s^+) = -\chi(y_s^- - y_s^+) - \dfrac{\mathrm{i}g}{2}(\sigma_s^- + \sigma_s^+) + (b_s - b_s^\dagger)\dfrac{\mathrm{d}\sigma_{zs}}{\mathrm{d}t}
\end{cases}
\tag{7.6.16}
$$

设

$$\sigma_{zs} = \sum_{n=0,1,\cdots} \sigma_{zsn} e^{n\lambda t}, \qquad \sigma_s^{\pm} = \sum_{n=0,1,\cdots} \sigma_{sn}^{\pm} e^{n\lambda t}$$
$$b_s = \sum_{n=0,1,\cdots} b_{sn} e^{n\lambda t}, \qquad b_s^{\dagger} = \sum_{n=0,1,\cdots} b_{sn}^{\dagger} e^{n\lambda t} \tag{7.6.17}$$

将 (7.6.17) 式代入 (7.6.15), (7.6.16) 式求等式两端正比于 $e^{\lambda t}$ 的项的解, 因 $(b_s \pm b_s^{\dagger})\dfrac{d\sigma_{zs}}{dt}$, $b_s\dfrac{d\sigma_s^{+}}{dt}$, $b_s^{\dagger}\dfrac{d\sigma_s^{-}}{dt}$ 中正比于 $e^{\lambda t}$ 的项为 $(b_{s0} \pm b_{s0}^{\dagger})\dfrac{d\sigma_{zs}e^{\lambda t}}{dt}$, $\cdots$, 下面将看到当 Ω 很大时, $b_{s0}, b_{s0}^{\dagger}$ 会很小, 以致 $(b_s \pm b_s^{\dagger})\dfrac{d\sigma_{zs}}{dt}$, $b_s\dfrac{d\sigma_s^{+}}{dt}$, $b_s^{\dagger}\dfrac{d\sigma_s^{-}}{dt}$ 等可略去, 于是有

$$\begin{cases} \dfrac{d\sigma_{zs}}{dt} = -\gamma_1(\sigma_{zs} - \bar{\sigma}_{zs}) - igy_{zs} - \dfrac{i\Omega}{2}(\sigma_s^{-} - \sigma_s^{+}) \\[2mm] \dfrac{d}{dt}(\sigma_s^{-} - \sigma_s^{+}) = -\gamma_2(\sigma_s^{-} - \sigma_s^{+}) - i2g(y_s^{-} + y_s^{+}) - i2\Omega\sigma_{zs} \\[2mm] \dfrac{d}{dt}(y_s^{-} + y_s^{+}) = -\chi(y_s^{-} + y_s^{+}) - \dfrac{ig}{2}(\sigma_s^{-} - \sigma_s^{+}) \end{cases} \tag{7.6.18}$$

$$\begin{cases} \dfrac{dy_{zs}}{dt} = -\chi y_{zs} - ig \\[2mm] \dfrac{d}{dt}(\sigma_s^{-} + \sigma_s^{+}) = -\gamma_2(\sigma_s^{-} + \sigma_s^{+}) - i2g(y_s^{-} - y_s^{+}) \\[2mm] \dfrac{d}{dt}(y_s^{-} - y_s^{+}) = -\chi(y_s^{-} - y_s^{+}) - \dfrac{ig}{2}(\sigma_s^{-} + \sigma_s^{+}) \end{cases} \tag{7.6.19}$$

(7.6.18), (7.6.19) 式的特征方程分别为

$$(\lambda + \chi)[(\lambda + \gamma_1)(\lambda + \gamma_2)(\lambda + \chi) + g^2(\lambda + \gamma_1) + \Omega^2(\lambda + \chi)] = 0 \tag{7.6.20}$$

$$(\lambda + \gamma_2)(\lambda + \chi) + g^2 = 0 \tag{7.6.21}$$

对于无腔的情形, 相当于腔的损耗 $\chi \to \infty$, 便过渡到 Mollow 共振荧光理论。(7.6.21), (7.6.20) 式分别给出中峰与边峰的特征根, 包括峰值与宽度

$$\lambda + \gamma_2 = 0, \qquad \lambda_0 = -\gamma_2 \tag{7.6.22}$$

$$(\lambda + \gamma_1)(\lambda + \gamma_2) + \Omega^2 = 0$$

$$\lambda_1, \ \lambda_2 = -\frac{\gamma_1 + \gamma_2}{2} \pm i\sqrt{\Omega^2 - \left(\frac{\gamma_1 - \gamma_2}{2}\right)^2} \tag{7.6.23}$$

如果有腔, 则腔的损耗 χ 为有限。中峰的根 (这两个根分别用 λ_4, λ_5 标记) 不再由 (7.6.22) 式给出, 而是由 (7.6.21) 式给出:

$$\lambda_4, \ \lambda_5 = -\frac{\gamma_2 + \chi}{2} \pm i\sqrt{g^2 - \left(\frac{\gamma_2 - \chi}{2}\right)^2} \tag{7.6.24}$$

比较 (7.6.24) 式与 (7.6.23) 式可见, 自作用耦合系数 g 起着驱动场 Rabi 频率 Ω 的作用, 即真空场的 Rabi 分裂 [36]。与此同时, 边峰的根也不是 (7.6.23) 式所给出的, 而是由方程 (7.6.20) 解出

$$(\lambda + \gamma_1)(\lambda + \gamma_2)(\lambda + \chi) + g^2(\lambda + \gamma_1) + \Omega^2(\lambda + \chi) = 0, \quad \lambda + \chi = 0 \qquad (7.6.25)$$

(7.6.25) 式第一式给出一个中峰 (实根), 两个边峰 (共轭复根), 分别用 $\lambda_{1,2,3}$ 标记。(7.6.25) 式第二式给出一个中峰的根 $\lambda = -\chi$。

在方程 (7.6.18) 中, 由第四式可直接解得

$$y_{zs} = -\frac{\mathrm{i}g}{\chi} + \left(y_{z0} + \frac{\mathrm{i}g}{\chi}\right)\mathrm{e}^{-\chi t} \qquad (7.6.26)$$

从方程 (7.6.12) 易于看出, 当初值 $\left(\dfrac{\mathrm{d}b_\mathrm{s}}{\mathrm{d}t}\right)_0 = \left(\dfrac{\mathrm{d}b_\mathrm{s}^\dagger}{\mathrm{d}t}\right)_0 = 0$ 时, 对于共振情形有

$$b_0 = \frac{\mathrm{i}g}{\chi}\sigma_0^-, \qquad b_0^\dagger = -\frac{\mathrm{i}g}{\chi}\sigma_0^+ \qquad (7.6.27)$$

于是

$$y_{z0} = (b^\dagger\sigma - b\sigma^+)_0 = \frac{\mathrm{i}g}{\chi}(\sigma^+\sigma^- + \sigma^-\sigma^+) = -\frac{\mathrm{i}g}{\chi} \qquad (7.6.28)$$

由 (7.6.26) 式得 $y_{zs} = -\dfrac{\mathrm{i}g}{\chi}$, 代入 (7.6.15) 式第一式, 得

$$\frac{\mathrm{d}\sigma_{zs}}{\mathrm{d}t} = -\gamma_1(\sigma_{zs} - \bar{\sigma}_z) - \frac{\mathrm{i}\Omega}{2}(\sigma_\mathrm{s}^- - \sigma_\mathrm{s}^+) - \frac{g^2}{\chi}$$

在上式中, 将 g^2/χ 并到 $\gamma\bar{\sigma}_z$ 中, 即令 $\gamma_1\bar{\sigma}_z - \dfrac{g^2}{\chi} \to \gamma_1\bar{\sigma}_z$。并考虑到当驱动场 $\Omega \to 0, t \to \infty$ 时, 粒子处于基态, $\sigma_{zs} \to \bar{\sigma}_z = -\dfrac{1}{2}$, 则方程 (7.6.18) 为

$$\begin{cases} \dfrac{\mathrm{d}\sigma_{zs}}{\mathrm{d}t} = -\gamma_1(\sigma_{zs} - \bar{\sigma}_{zs}) - \dfrac{\mathrm{i}\Omega}{2}(\sigma_\mathrm{s}^- - \sigma_\mathrm{s}^+) \\[2mm] \dfrac{\mathrm{d}}{\mathrm{d}t}(\sigma_\mathrm{s}^- - \sigma_\mathrm{s}^+) = -\gamma_2(\sigma_\mathrm{s}^- - \sigma_\mathrm{s}^+) - \mathrm{i}2g(y_\mathrm{s}^- + y_\mathrm{s}^+) - \mathrm{i}2\Omega\sigma_{zs} \\[2mm] \dfrac{\mathrm{d}}{\mathrm{d}t}(y_\mathrm{s}^- + y_\mathrm{s}^+) = -\chi(y_\mathrm{s}^- + y_\mathrm{s}^+) - \dfrac{\mathrm{i}g}{2}(\sigma_\mathrm{s}^- - \sigma_\mathrm{s}^+) \end{cases} \qquad (7.6.29)$$

解 (7.6.19), (7.6.29) 这两组方程, 将 σ_{zs}, $\sigma_\mathrm{s}^- - \sigma_\mathrm{s}^+$, $y_\mathrm{s}^- + y_\mathrm{s}^+$, $y_\mathrm{s}^- - y_\mathrm{s}^+$, $\sigma_\mathrm{s}^- + \sigma_\mathrm{s}^+$ 的解

表示成如下的展开式:

$$\begin{cases} \sigma_{zs} = q_1 + \sum_{j=1}^{3} \alpha_{1j} e^{\lambda_j t} \\ \sigma_s^- - \sigma_s^+ = q_2 + \sum_{j=1}^{3} a_j \alpha_{1j} e^{\lambda_j t} \\ y_s^- + y_s^+ = q_3 + \sum_{j=1}^{3} b_j \alpha_{1j} e^{\lambda_j t} \\ y_s^- - y_s^+ = \sum_{j=4}^{5} \alpha_{2j} e^{\lambda_j t} \\ \sigma_s^- + \sigma_s^+ = \sum_{j=4}^{5} c_j \alpha_{2j} e^{\lambda_j t} \end{cases} \tag{7.6.30}$$

式中

$$q_1 = \frac{\gamma_1 \bar{\sigma}_z}{\gamma_1 + \dfrac{\Omega^2}{\gamma_2 + g^2/\chi}}, \quad q_2 = \frac{-\mathrm{i}2\Omega\gamma_1\bar{\sigma}_z}{\gamma_1(\gamma_2 + g^2/\chi) + \Omega^2}$$

$$q_3 = \frac{-\dfrac{g\Omega}{\chi}\gamma_1\bar{\sigma}_z}{\gamma_1(\gamma_2 + g^2/\chi) + \Omega^2}, \quad a_j = \frac{-\mathrm{i}2\Omega}{\lambda_j + \gamma_2 + g^2/(\lambda_j + \chi)} \tag{7.6.31}$$

$$b_j = \frac{-\mathrm{i}g/2}{\lambda_j + \chi}\frac{-\mathrm{i}2\Omega}{\lambda_j + \gamma_2 + g^2/(\lambda_j + \chi)}, \quad c_j = \frac{-\mathrm{i}2g}{\lambda_j + \gamma_2}$$

当 Ω 很大时, q_2 将很小。故初值 $\sigma_{s0}^- = q_2/2$, $\sigma_{s0}^+ = -q_2/2$ 也很小。由 (7.6.27) 式, $b_{s0}, b_{s0}^\dagger$ 也很小。将 α_{1j}, α_{2j} 分别表示为

$$\alpha_{1j} = A_j \sigma_{z0} + B_j(\sigma_0^- - \sigma_0^+) + C_j(y_0^- + y_0^+) + D_j$$

$$\alpha_{2j} = E_j(\sigma_0^- + \sigma_0^+) + F_j(y_0^- - y_0^+)$$

代入 (7.6.30), (7.6.31) 式, 比较系数即可定出 A_j, B_j, C_j, D_j 和 E_j, F_j, 于是得到解

$$\begin{cases} \sigma_{zs}(t) = q_1 + \sum_{j=1}^{3} \alpha_{1j} e^{\lambda_j t} \\ \sigma_s^-(t) = \dfrac{1}{2}\left[q_2 + \sum_{j=1}^{3} a_j \alpha_{1j} e^{\lambda_j t} + \sum_{j=4}^{5} c_j \alpha_{2j} e^{\lambda_j t} \right] \\ \sigma_s^+(t) = -\dfrac{1}{2}\left[q_2 + \sum_{j=1}^{3} a_j \alpha_{1j} e^{\lambda_j t} - \sum_{j=4}^{5} c_j \alpha_{2j} e^{\lambda_j t} \right] \end{cases} \tag{7.6.32}$$

经整理, 令

$$P(t) = \sum_{j=1}^{3} a_j A_j \mathrm{e}^{\lambda_j t}, \qquad W(t) = \sum_{j=1}^{3} a_j D_j \mathrm{e}^{\lambda_j t}$$

$$U(t) = \sum_{j=1}^{3} a_j B_j \mathrm{e}^{\lambda_j t}, \qquad U_1(t) = \sum_{j=4}^{5} c_j E_j \mathrm{e}^{\lambda_j t}$$

$$V(t) = \sum_{j=1}^{3} a_j C_j \mathrm{e}^{\lambda_j t}, \qquad V_1(t) = \sum_{j=4}^{5} c_j F_j \mathrm{e}^{\lambda_j t}$$

(7.6.32) 式可写为

$$
\begin{cases}
\sigma_{zs}(t) = q_1 + P(t)\sigma_{z0} + U(t)(\sigma_0^- - \sigma_0^+) + V(t)(y_0^- + y_0^+) + W(t) \\[2mm]
\sigma_{\mathrm{s}}^-(t) = \dfrac{1}{2}[q_2 + P(t)\sigma_{z0} + (U(t) + U_1(t))\sigma_0^- - (U(t) - U_1(t))\sigma_0^+ \\[2mm]
\qquad\quad + (V(t) + V_1(t))y_0^- + (V(t) - V_1(t))y_0^+ + W(t)] \\[2mm]
\sigma_{\mathrm{s}}^+(t) = -\dfrac{1}{2}[q_2 + P(t)\sigma_{z0} + (U(t) - U_1(t))\sigma_0^- - (U(t) + U_1(t))\sigma_0^+ \\[2mm]
\qquad\quad + (V(t) - V_1(t))y_0^- + (V(t) + V_1(t))y_0^+ + W(t)]
\end{cases}
\tag{7.6.33}
$$

7.6.2　二能级原子系统的共振荧光谱

在解 (7.6.33) 式的基础上, 可写出量子回归关系如下:

$$
\begin{aligned}
\langle \sigma^+(t)\sigma^-(t+\tau)\rangle = \frac{1}{2}[&(q_2\langle\sigma^+(t)\rangle + P(\tau)\langle\sigma^+(t)\sigma_z(t)\rangle + W(\tau)\langle\sigma^+(t)\rangle \\
&+ (U(\tau) + U_1(\tau))\langle\sigma^+(t)\sigma^-(t)\rangle - (U(\tau) - U_1(\tau))\langle\sigma^+(t)\sigma^+(t)\rangle \\
&+ (V(\tau) - V_1(\tau))\langle\sigma^+(t)y^-(t)\rangle + (V(\tau) + V_1(\tau))\langle\sigma^+(t)y^+(t)\rangle]
\end{aligned}
\tag{7.6.34}
$$

式中 $\langle\sigma^+(t)\rangle\cdots$ 为对无规力求平均, 应用对易关系及 $\langle\sigma\rangle = \langle\sigma_{\mathrm{s}} + L\rangle = \langle\sigma_{\mathrm{s}}\rangle$, σ_{s} 可用 $t \to \infty$ 时的稳态值 q 等来表示, 即

$$\langle\sigma^+\rangle = \langle\sigma_{\mathrm{s}}^+\rangle = -\frac{q_2}{2}, \qquad \langle\sigma^+\sigma_z\rangle = -\frac{\langle\sigma_{\mathrm{s}}^+\rangle}{2} = \frac{q_2}{4} \tag{7.6.35}$$

$$\langle\sigma^+\sigma^-\rangle = \left\langle\frac{1}{2} + \sigma_{zs}\right\rangle = \frac{1}{2} + q_1, \qquad \langle\sigma^+\sigma^+\rangle = 0$$

$$\langle\sigma^+y^-\rangle = \left\langle\sigma^+\sigma_z\frac{\mathrm{i}g\sigma^-}{\lambda + \chi}\right\rangle = -\frac{\mathrm{i}g/2}{\lambda + \chi}\langle\sigma^+\sigma^-\rangle = -\frac{\mathrm{i}g/2}{\lambda + \chi}\left(\frac{1}{2} + q_1\right)$$

$$\langle\sigma^+y^+\rangle = \left\langle\sigma^+\frac{-\mathrm{i}g\sigma^+}{\lambda + \chi}\sigma_z\right\rangle = 0$$

代入 (7.6.34) 式得

$$\langle \sigma^+(t)\sigma^-(t+\tau)\rangle = \frac{1}{2}\Bigg[-\frac{q_2}{2}(q_2 + W(\tau)) + \frac{q_2}{4}P(\tau)$$

$$+ \left(\frac{1}{2} + q_1\right)(U(\tau) + U_1(\tau)) + \frac{-\mathrm{i}g/2}{\lambda + \chi}\left(\frac{1}{2} + q_1\right)(V(\tau) - V_1(\tau))\Bigg]$$

$$(7.6.36)$$

由此可得共振荧光谱的非相干散射部分为

$$G(\omega) = \frac{1}{\pi t}\mathrm{Re}\int_0^t \mathrm{e}^{-s\tau}\mathrm{d}\tau \int_0^{t-\tau}\langle \sigma^+(t')\sigma^-(t'+\tau)\rangle \mathrm{d}t'$$

$$= \frac{1}{\pi}\mathrm{Re}\Bigg[\frac{q_2}{8}\tilde{P}(s) - \frac{q_2}{4}\tilde{W}(s) + \left(\frac{1}{2} + q_1\right)(\tilde{U}(s) + \tilde{U}_1(s))$$

$$+ \frac{-\mathrm{i}g/2}{\lambda + \chi}\left(\frac{1}{2} + q_1\right)(\tilde{V}(s) - \tilde{V}_1(s))\Bigg]_{s=\mathrm{i}\omega} \qquad (7.6.37)$$

式中

$$\tilde{P}(s) = \sum_{j=1}^3 \frac{a_j A_j}{s - \lambda_j}, \qquad \tilde{W}(s) = \sum_{j=1}^3 \frac{a_j D_j}{s - \lambda_j}$$

$$\tilde{U}(s) = \sum_{j=1}^3 \frac{a_j B_j}{s - \lambda_j}, \qquad \tilde{U}_1(s) = \sum_{j=4}^5 \frac{c_j E_j}{s - \lambda_j} \qquad (7.6.38)$$

$$\tilde{V}(s) = \sum_{j=1}^3 \frac{a_j C_j}{s - \lambda_j}, \qquad \tilde{V}_1(s) = \sum_{j=4}^5 \frac{c_j F_j}{s - \lambda_j}$$

7.6.3　计算结果与讨论

图 7.17~ 图 7.19 分别给出 $\chi = 0.01, 0.1, 1$ 时的二能级原子的共振荧光谱曲线。当腔的损耗 χ 继续增大时, 荧光向 Mollow 的三峰谱过渡趋势如图 7.20 所示。

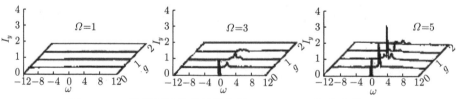

图 7.17　二能级原子的共振荧光谱 ($\chi = 0.01$) (取自文献 [41])

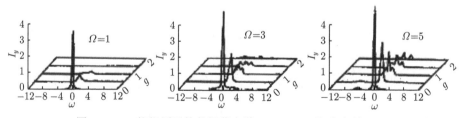

图 7.18　二能级原子的共振荧光谱 ($\chi = 0.1$) (取自文献 [41])

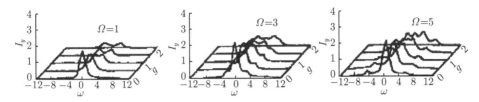

图 7.19 二能级原子的共振荧光谱 ($\chi = 1$) (取自文献 [41])

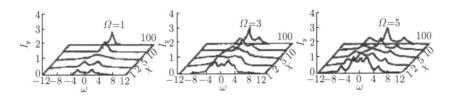

图 7.20 二能级原子的共振荧光谱 ($g = 2$) (取自文献 [41])

对于图 7.17 所示的 $\chi = 0.01$ 情形, 当 $g = 0.01$ 时, 有很尖锐的中峰, 其宽度远小于自然线宽 γ_2, 所有边峰, 包括中峰的 Rabi 分裂均被抑制, 当 g 增至 $1 \sim 2$, $\Omega = 1$, 谱很弱, 而当 $\Omega = 3, 5$ 时, 除了中峰外, 还能看到中峰的 Rabi 分裂, 以及由驱动场作用产生的弱的边峰; 对于 $g = 2, \Omega = 3$ 情形, 仅能看到中峰的 Rabi 分裂, 这里很强的中峰乃是原来的边峰与原子的辐射场相互作用产生的, 而原来的中峰 Rabi 分裂为双峰了. 对于图 7.18 和图 7.19, χ 增大, 腔由良腔变为劣腔, 此时 Rabi 分裂占据较突出的位置, 中峰被压抑, 增宽且磨平. 图 7.20 中, $g = 2, \chi = 1, 2, 5, 10, 100$, 随 χ 增加, 谱明显逐渐过渡到 Mollow 结果: 三峰谱结构.

7.7 原子在压缩态光场中的共振荧光 [42,43]

7.7.1 原子在压缩态光场中的密度矩阵方程

求原子的密度矩阵方程与第 5 章求激光场的密度矩阵方程 (5.3.43) 相似. 设原子与热浴相互作用的 Hamilton 量 [44]

$$H_{\mathrm{I}} = -\mathrm{i}\hbar \left[\sigma^+ \sum g_k b_k - \sigma^- \sum g_k^* b_k^\dagger \right] \tag{7.7.1}$$

在相互作用绘景中, 包括原子与热浴在内的密度矩阵 W 满足如下的运动方程:

$$\frac{\mathrm{d}W}{\mathrm{d}t} = \frac{-\mathrm{i}}{\hbar}[H_I, W] = \left(\frac{-\mathrm{i}}{\hbar}\right)^2 [H_{\mathrm{I}}, \int_0^t [H_{\mathrm{I}}, W]\mathrm{d}\tau]$$

$$= \frac{-1}{\hbar^2} \int_0^t [H_{\mathrm{I}}(t)H_{\mathrm{I}}(\tau)W(\tau) - H_{\mathrm{I}}(t)W(\tau)H_{\mathrm{I}}(\tau)$$

$$- H_{\mathrm{I}}(\tau)W(\tau)H_{\mathrm{I}}(t) + W(\tau)H_{\mathrm{I}}(\tau)H_{\mathrm{I}}(t)]\mathrm{d}\tau \tag{7.7.2}$$

设 $W = \rho\rho_B, \rho, \rho_B$ 分别为原子与热浴的密度矩阵。将 (7.7.1) 式代入 (7.7.2) 式，并对 B 求迹，注意到 $\mathrm{tr}_B(\rho_B) = 1$，而且 $b_k, b_k^\dagger$ 为平稳随机过程，则有

$$\mathrm{tr}_B(b_k^\dagger(t)b_{k'}(\tau)\rho_B(\tau)) = \langle b_k^\dagger(t)b_{k'}(t)\rangle\delta(t-\tau) \tag{7.7.3}$$

又令

$$\begin{cases}
\kappa\dfrac{N}{2} = \sum_{k,k'} g_k g_{k'}^* \int \mathrm{tr}_B(b_k^\dagger(t)b_{k'}(\tau)\rho_B(\tau))\mathrm{d}\tau = \sum_{k,k'} g_k^* g_{k'}\langle b_k^\dagger(t)b_{k'}(t)\rangle \\
\kappa\dfrac{N+1}{2} = \sum_{k,k'} g_k g_{k'}^*\langle b_k(t)b_k^\dagger(t)\rangle \\
\kappa\dfrac{M}{2} = \sum_{k,k'} g_k g_{k'} \int \mathrm{tr}_B(b_k(t)b_{k'}(\tau)\rho_B(\tau))\mathrm{d}\tau = \sum_{k,k'} g_k g_{k'}\langle b_k^\dagger(t)b_{k'}^\dagger(t)\rangle \\
\kappa\dfrac{M^*}{2} = \sum_{k,k'} g_k^* g_{k'}^*\langle b_k^+(t)b_{k'}^+(t)\rangle
\end{cases} \tag{7.7.4}$$

则 (7.7.2) 式化为

$$\begin{aligned}
\frac{\mathrm{d}\rho}{\mathrm{d}t} = {} & \kappa\frac{N+1}{2}(2\sigma^-\rho\sigma^+ - \sigma^+\sigma^-\rho - \rho\sigma^+\sigma^-) \\
& + \kappa\frac{N}{2}(2\sigma^+\rho\sigma^- - \sigma^-\sigma^+\rho - \rho\sigma^-\sigma^+) \\
& - \kappa\frac{M}{2}(2\sigma^+\rho\sigma^+ - \sigma^+\sigma^+\rho - \rho\sigma^+\sigma^+) \\
& - \kappa\frac{M^*}{2}(2\sigma^-\rho\sigma^- - \sigma^-\sigma^-\rho - \rho\sigma^-\sigma^-)
\end{aligned} \tag{7.7.5}$$

现将 (7.7.5) 式应用于计算真空态 $\rho_B = |0\rangle\langle 0|$ 及压缩真空态 $\rho_{BS} = |0\rangle_s\,{}_s\langle 0|$ 的 N 与 M。

1) 真空态

由于

$$\begin{aligned}
\langle b^\dagger(t)b(t)\rangle = \langle 0|b^\dagger b|0\rangle = 0, && N = 0 \\
\langle b^\dagger(t)b^\dagger(t)\rangle = \langle 0|b^\dagger b^\dagger|0\rangle = 0, && M^* = 0
\end{aligned} \tag{7.7.6}$$

代入 (7.7.5) 式，得

$$\frac{\mathrm{d}\rho}{\mathrm{d}t} = \kappa\sigma^-\rho\sigma^+ - \frac{\kappa}{2}\sigma^+\sigma^-\rho - \frac{\kappa}{2}\rho\sigma^+\sigma^- \tag{7.7.7}$$

2) 压缩真空态 $|0\rangle_s = S|0\rangle, S$ 为压缩态算子

$$\langle b^\dagger(t)b(t)\rangle = \langle 0|S^\dagger b^\dagger S S^\dagger b S|0\rangle = \langle 0|(\mu b^\dagger + \nu b)(\mu b + \nu b^\dagger)|0\rangle = \nu^2 = N$$
$$\langle b(t)b^\dagger(t)\rangle = \langle 0|(\mu b + \nu b^\dagger)(\mu b^\dagger + \nu^* b)|0\rangle = \mu^2 = 1 + \nu^2$$
$$\langle b(t)b(t)\rangle = \langle 0|(\mu b + \nu b^\dagger)(\mu b + \nu b^\dagger)|0\rangle = \mu\nu = M \qquad (7.7.8)$$
$$\langle b(t)^\dagger b^\dagger(t)\rangle = \langle 0|(\mu b^\dagger + \nu^* b)(\mu b^\dagger + \nu^* b)|0\rangle = \mu\nu^* = M^*$$

式中 μ,ν 为压缩态参量 $\mu^2 - \nu^2 = 1$。

3) 有驱动场情形 [45]

有驱动场作用下的相互作用 Hamilton 量为

$$H_{\mathrm{I}} = -\hbar\sigma^+\left[\frac{\mu\varepsilon(t)}{\hbar} + \mathrm{i}\sum g_k b_k\right] + c.c.$$
$$= -\hbar\sigma^+\left[\frac{\Omega(t)}{2} + \mathrm{i}\sum g_k b_k\right] + c.c. \qquad (7.7.9)$$

这样, 在密度矩阵运动方程 (7.7.5) 中就要加上驱动场带来的影响 $\left(\dfrac{\mathrm{d}\rho}{\mathrm{d}t}\right)_{\mathrm{c}}$

$$\left(\frac{\mathrm{d}\rho}{\mathrm{d}t}\right)_{\mathrm{c}} = \mathrm{i}\left[\left\{\frac{\Omega}{2}\sigma^+ + \frac{\Omega^*}{2}\sigma^-\right\}, \rho\right] \qquad (7.7.10)$$

将 (7.7.5) 式的 $\dfrac{\mathrm{d}\rho}{\mathrm{d}t}$ 用 $\left[\dfrac{\mathrm{d}\rho}{\mathrm{d}t}\right]$ 标志, 则总的 $\dfrac{\mathrm{d}\rho}{\mathrm{d}t}$ 应是

$$\frac{\mathrm{d}\rho}{\mathrm{d}t} = \left[\frac{\mathrm{d}\rho}{\mathrm{d}t}\right] + \left(\frac{\mathrm{d}\rho}{\mathrm{d}t}\right)_{\mathrm{c}} \qquad (7.7.11)$$

参照 (7.7.5), (7.7.10), (7.7.11) 式, 并令

$$\rho = \langle\sigma_z\rangle\sigma_z + \langle\sigma^-\rangle\sigma^- + \langle\sigma^+\rangle\sigma^+ \qquad (7.7.12)$$

便得在压缩态光场作用下的 Bloch 方程 [42]

$$\begin{cases} \dfrac{\mathrm{d}\langle\sigma_z\rangle}{\mathrm{d}t} = -\gamma_1(\langle\sigma_z\rangle - \bar\sigma_z) - \dfrac{\mathrm{i}\Omega}{2}\langle\sigma^-\rangle + \dfrac{\mathrm{i}\Omega}{2}\langle\sigma^+\rangle \\[2mm] \dfrac{\mathrm{d}\langle\sigma^-\rangle}{\mathrm{d}t} = -z\langle\sigma^-\rangle - \gamma_2\langle\sigma^+\rangle - \mathrm{i}\Omega\langle\sigma_z\rangle \\[2mm] \dfrac{\mathrm{d}\langle\sigma^+\rangle}{\mathrm{d}t} = -z\langle\sigma^+\rangle - \gamma_2^*\langle\sigma^-\rangle + \mathrm{i}\Omega\langle\sigma_z\rangle \end{cases} \qquad (7.7.13)$$

或简写为

$$\begin{cases} \dfrac{\mathrm{d}\sigma_z}{\mathrm{d}t} = -\gamma_1(\sigma_z - \bar\sigma_z) - \dfrac{\mathrm{i}\Omega}{2}\sigma^- + \dfrac{\mathrm{i}\Omega}{2}\sigma^+ \\[2mm] \dfrac{\mathrm{d}\sigma^-}{\mathrm{d}t} = -z\sigma^- - \gamma_2\sigma^+ - \mathrm{i}\Omega\sigma_z \\[2mm] \dfrac{\mathrm{d}\sigma^+}{\mathrm{d}t} = -z^*\sigma^+ - \gamma_2^*\sigma^- + \mathrm{i}\Omega\sigma_z \end{cases} \qquad (7.7.14)$$

式中

$$\gamma_1 = \kappa(\mu^2 + \nu^2), \qquad \gamma_2 = \kappa\mu\nu$$

$$z = \frac{\gamma_1}{2} + \mathrm{i}(\omega_0 - \omega) \tag{7.7.15}$$

由 Bloch 方程 (7.7.14) 可以看到, 压缩真空态与原子相互作用导致了原子电偶极算符 σ^+ 与 σ^- 间耦合, 耦合系数为 γ_2。当 $\gamma_2 = 0$ 时, 结果回到相干态驱动场。

7.7.2　原子在压缩态光场中的共振荧光谱

在 Bloch 方程 (7.7.14) 的基础上, 可计算出原子在压缩态光场中的共振荧光谱, 结果如图 7.21 所示。图中 $\Delta\phi$ 为 r_2 的幅角, $r_2 = |r_2|\mathrm{e}^{-\mathrm{i}\Delta\phi}$, r 为压缩参量。$\mu = \cosh r$, $|\nu| = \sinh r$。图 7.21(a) $\sim$ (d) 均为共振情形, $\Delta\omega_\mathrm{a} = \omega_0 - \omega = 0$。图 7.21(a) 为 $\Delta\phi = 0$, 共振荧光谱随压缩参量 r 的增加, 表现出超加宽。而图 7.21(b) 为 $\Delta\phi = \pi$, 随 r 增加, 中峰变得愈来愈细, 边峰被抑制。图 7.21(c) 为 $\Delta\phi = \pi/2$ 的荧光谱, 其变化情况介于图 7.21(a) 与 (b) 之间。图 7.21(d) 则是荧光谱随 $\Delta\phi$ 的变化情形。

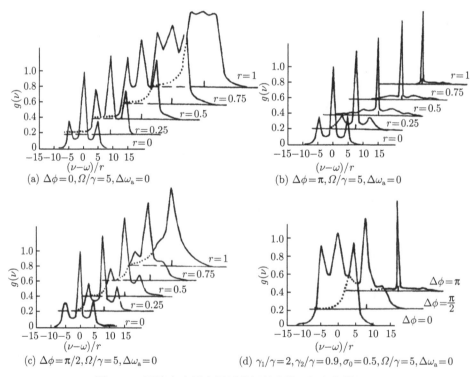

图 7.21　压缩态光场中原子的辐射光谱 (取自文献 [42])

7.8 含原子腔的 Q.E.D.

原子的辐射与跃迁是原子物理与量子力学中一个很基本的也是饶有兴趣的理论与实验课题。自从 Einstein 引入自发与受激辐射系数后, 很长的一段时间内, 似乎问题已经解决。Purcell 早期的工作是很重要的 [46], 但在当时未引起足够的重视, 只是若干年后, 又重新提出来进行探索。这就是目前有关原子腔量子电动力学 (Q.E.D.) 研究的开始。下面就从自发辐射, 原子与场作用 J-C 模型等方面讨论这一问题。

7.8.1 自发辐射的增强与抑制 [45~51]

(1) 经典自发辐射理论一带电的简谐振子在外场作用下, 是吸收还是放出能量, 主要依赖于简谐振子与驱动场同相位 ($\Delta\phi = 0$) 还是异相位 ($\Delta\phi = \pi$), 这就是吸收与受激辐射。此外, 即使没有外加电磁场的驱动作用, 由于简谐振子的加速运动, 还会自发辐射出能量。经典电动力学给出辐射的总功率 P 为

$$P = \frac{2}{3}\frac{e^2 a^2}{c^3} = \frac{2}{3}\frac{e^2}{c^3}\langle(-2\omega^2 r\cos\omega t)^2\rangle = \frac{4e^2\omega^4}{3c^3}r^2 \qquad (7.8.1)$$

自发辐射概率 W_s 为

$$W_s = \frac{P}{\hbar\omega} = \frac{4e^2 r^2\omega^3}{3\hbar c^3} \qquad (7.8.2)$$

(2) 半经典理论从计算原子的跃迁概率出发得出第二黄金律, 即由激发态向基态跃迁的概率为

$$W = \frac{2\pi}{\hbar}\frac{\rho(E_k)}{\hbar}|\langle k|H'|m\rangle|^2 \qquad (7.8.3)$$

其中 $\langle k|H'|m\rangle$ 为跃迁矩阵元, $E_k = \hbar\omega_k$, $\rho(E_k)\hbar d\omega_k$ 为原子跃迁的终态频率在 $\omega_k \to \omega_k + d\omega_k$ 范围内的终态数。半经典理论的 (7.8.3) 式与经典理论的 (7.8.2) 式的一个很大的区别在于将自发辐射跃迁概率同原子的跃迁元 $\langle k|H'|m\rangle$ 及终态密度 $\rho(E_k)$ 联系起来了, 而不是像经典偶极振子理论那样只涉及电子的加速而不涉及终态密度。若 H' 采用电偶极相互作用, $H' = -\boldsymbol{E}\cdot(-e)\boldsymbol{r}$, 场 $\boldsymbol{E}$ 用零场起伏, 参照 (2.7.2) 式, $\bar{E}^2 = \frac{1}{2}E_\omega^2 d\omega_k = \frac{1}{2}\frac{2\pi\hbar\omega}{V}\frac{\omega^2 d\omega}{\pi^2 c^3}V = \frac{\hbar\omega^3}{\pi c^3}d\omega_k$, 则

$$|\langle k|H'|m\rangle|^2 = \frac{\hbar\omega^3}{\pi c^3}d\omega_k e^2 r_{km}^2 \overline{\cos^2\theta} \qquad (7.8.4)$$

将 (7.8.4) 式代入 (7.8.3) 式, 并取定终态数 $\rho(E_k)\hbar d\omega_k = 1$, 得

$$W = \frac{2\pi}{\hbar}\frac{\omega^3}{\pi c^3}e^2 r_{km}^2\overline{\cos^2\theta} = \frac{4e^2 r_{km}^2\omega_{km}^3}{3\hbar c^3} \qquad (7.8.5)$$

将这一结果与经典自发辐射跃迁概率 W_s 的 (7.8.2) 式相比, 形式上是一致的。 当然, $r, \omega; r_{km}, \omega_{km}$ 意义是不一样的, ω 为偶极振动频率, r 为振幅; $\omega_{km} = \dfrac{E_m - E_k}{\hbar}$ 为电子在能级间的跃迁频率, $r_{km} = \langle k|r|m \rangle$ 为 r 在能级 m, k 间的矩阵元。 而且 W 还可以写为 $W = \dfrac{4\pi^2 e^2 r_{km}^2 \omega_{km}}{3\hbar} \rho_c$, $\rho_c = \dfrac{\omega_{km}^2}{\pi^2 c^3}$ 为自由空间的辐射场的模式密度公式, 即 Rayleigh-Jeans(R-J) 公式。 而 R-J 公式给出的是一个没有腔的自由空间密度公式。如果有了腔, 不论是闭腔还是开腔, 只要腔的线度不是很大, 态密度公式就要作相应的修正。这从 R-J 公式的推导中能看出来。

(3) 有损耗腔的状态密度。

在射频波段的核磁共振实验中, Purcell 较早就注意到按 (7.8.5) 式计算出的跃迁概率非常小 [46], 相应的弛豫时间则非常大 ($5 \times 10^{21}\text{s} = 1.6 \times 10^{14}\text{a}$)。在进行实验的时间内达到平衡已不可能。若考虑到核磁系统耦合到一谐振电路, 而谐振电路的谱分辨率为 ν/Q, 在 $\mathrm{d}\nu$ 内的状态数为 $\dfrac{2\mathrm{d}\nu}{\nu/Q}$, 2 是两个偏振分量。三维自由空间中的态数 $\overline{\cos^2\theta}\rho_c\mathrm{d}\omega V = 8\pi\nu^2\mathrm{d}\nu V/(3c^3)$, 在目前情况下已不适用。两种状态数的比 f 为

$$f = \frac{\dfrac{2\mathrm{d}\nu}{\nu/Q}}{\dfrac{8\pi\nu^2\mathrm{d}\nu V}{3c^3}} = \frac{3Q}{4\pi}\frac{\lambda^3}{V} \tag{7.8.6}$$

当 $f > 1$ 时表明自发辐射概率增大, 而弛豫时间相应减小。根据实际达到的 Q, λ, V 值进行估算, 弛豫时间已减小到分钟量级, 即经几分钟后就达到热平衡。

在光频区的自发辐射跃迁中, 也有如何计算有损耗的开腔的状态数及自发辐射概率问题, 亦即如何计算 (7.8.6) 式中的 Q 因子。现考虑光波在平行平板 A, B 构成的腔中传输, 如果 A, B 都是全反射的, 则腔的模式频率间隔 $\delta\nu = c/l$。这是将驻波节点取在腔面上的结果。如果将 B 面改为部分通过 (图 7.22), 则原来在 B 面上的节点, 已通过 B 面与 A 面的内反射移至 A 面。节点间距离也增至 $\bar{l} = 2nl(n$ 为大于 1 的整数, $n = 1$ 为一次反射, $n > 1$ 为多次反射)。另一方面, 在腔面 B 每反射一次便经历一次透射损失, 容易计算腔内光能 Φ 的衰减为 (这里不考虑侧面的逃逸损耗)

$$\frac{\mathrm{d}\Phi}{\mathrm{d}t} = -\frac{1-R}{2l/c}\Phi, \qquad \Phi = \Phi_0\mathrm{e}^{-t/\tau_c}, \quad \tau_c = \frac{2l}{c(1-R)} \tag{7.8.7}$$

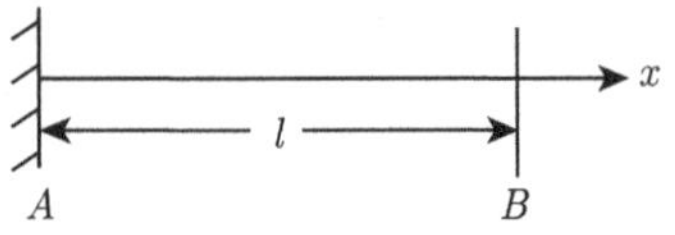

图 7.22   平行平板腔中光的传输

式中 R 为反射系数, $\tau_{\rm c}$ 为光子在腔内的寿命, 于是可算出腔的品质因素为

$$Q = 2\pi\nu\tau_{\rm c} = \frac{\nu}{\Delta\nu} = \frac{4\pi l}{1-R}\frac{1}{\lambda} = \frac{\bar{l}}{\lambda} \tag{7.8.8}$$

其中 $\Delta\nu = (2\pi\tau_{\rm c})^{-1}$ 为腔的光谱分辨率, 而

$$\bar{l} = \frac{4\pi l}{1-R} = 2\pi\tau_{\rm c}c \tag{7.8.9}$$

于是有

$$\frac{\Delta\nu}{\delta\nu} = \frac{\nu\lambda/\bar{l}}{c/l} = \frac{l}{\bar{l}} \tag{7.8.10}$$

该式表明, 由于腔内多次反射, 有效长度由 l 增至 $\bar{l}$. 理想腔时, 纵模间隔为 c/l, 光谱分辨率亦定为 $\delta\nu = c/l$, 有损耗情形, 由于有效长度增至 $\bar{l}$, 光谱分辨率亦变为 $\Delta\nu = \nu\lambda/\bar{l} = c/\bar{l}$. 在 x 方向的态密度与光谱分辨成反比, 由 $\tilde{\rho}_{\rm c}$ 增至 $\tilde{\rho}_\lambda = \frac{\bar{l}}{l}\tilde{\rho}_{\rm c}$; 在 y, z 方向没有反射或部分透过, 亦即没有腔面, 态密度与 R-J 公式同. 故总的态密度比 $\rho_\lambda/\rho_{\rm c}$, 即沿 x 方向的态密度比 $\tilde{\rho}_\lambda/\tilde{\rho}_{\rm c}$ 为

$$\rho_\lambda/\rho_{\rm c} = \tilde{\rho}_\lambda/\tilde{\rho}_{\rm c} = \frac{\bar{l}}{l} = Q\lambda/l \tag{7.8.11}$$

当 $Q\lambda > l$ 时, 自发辐射是增强了, 但当 $Q\lambda < l$ 时, 自发辐射被抑制因而减弱了 [47]. 将这种计算有损耗的腔的态密度比的方法推广到一个圆柱形的波导腔. 参照文献 [75], 一个圆柱形波导腔沿轴方向传输的基模的波数 k 为

$$k = \frac{2\pi}{c}(\nu^2 - \nu_{01}^2)^{1/2}, \qquad \nu_{01} = c/\lambda_{01}, \quad \lambda_{01} = \frac{2\pi a}{u_{01}}\sqrt{n_1^2 - n_2^2} \tag{7.8.12}$$

式中 ν_{01} 为截止频率, 亦即不存在 $\nu \leqslant \nu_{01}$ 的模式, n_2, n_1, a 分别为波导的外套与内芯的折射率以及内芯的半径, u_{01} 为 Bessel 函数 $J_0(u)$ 的第一个 0 点, $u_{01} = 2.405$. $\lambda_{01} = c/\nu_{01}$ 为截止波长. 又设圆柱的长度为 L, 则驻波条件为 $kL = 2\pi m$(m 为整数), 于是有状态密度

$$\rho_{\rm g} = \frac{4}{V}\frac{{\rm d}m}{{\rm d}\nu} = \frac{4}{\pi a^2 c}\frac{\nu}{(\nu^2 - \nu_0^2)^{1/2}} \tag{7.8.13}$$

因子 4 是考虑到两个偏振分量及 $\pm|m|$ 而引进的.

当 $\nu > \nu_{01}$ 并接近 ν_{01} 时, $\rho_{\rm g}$ 有一共振增强. 但当 $\nu < \nu_{01}$ 时, 由于截止, 自发辐射受阻不能发生.

当包括更高阶的截止波长时, (7.8.12) 式中的 $\nu_{01}, \lambda_{01}, u_{01}$ 可用 $\nu_{0j}, \lambda_{0j}, u_{0j}$ 来替代, u_{0j} 为 $J_0(u)$ 的第 j 个 0 点, (7.8.13) 式可推广为

$$\rho_{\rm g} = \frac{4}{\pi a^2 c}\sum_j \frac{\nu}{(\nu^2 - \nu_{0j}^2)^{1/2}} \tag{7.8.14}$$

当频率 ν 趋于很大时, 态密度 ρ_g 趋近于 R-J 公式的态密度 ρ_c。图 7.23(a) 给出 $\rho_g(\nu/\nu_0)$ 与 ν/ν_0 的关系曲线, 图 7.23(b) 给出状态密度比 $R(\nu/\nu_0) = \rho_g(\nu/\nu_0)/\rho_c(\nu/\nu_0)$ 随 ν/ν_0 的变化曲线。图 7.23(a) 中的光滑曲线为态密度 ρ_c。在 $\nu = \nu_{0j}$ 附近的奇异行为可通过引进波导腔的阻尼及品质因素 $Q \simeq a/\delta$ 来表示, δ 为趋肤深度。参照 (7.8.11) 式, 便得

$$R(\nu_{0j}/\nu_0) \simeq Q\lambda_{0j}/a \tag{7.8.15}$$

(4) 腔内单原子自发辐射的实验观察。

体现腔内单原子自发辐射的增强因子 $f = \dfrac{3Q}{4\pi^2}\dfrac{\lambda^3}{V}$ (见 (7.8.6) 式), 已在射频核磁共振实验中得到证实。因 λ^3 与 V 为同一量级, Q 可做得很高, 易于实现 $f \gg 1$。但

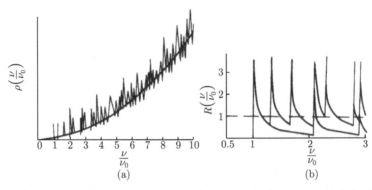

图 7.23　(a) 在一理想的圆柱形波导腔中的模式密度。频率单位为波导腔的截止频率, 光滑曲线表示自由空间的模式密度。(b) 波导腔的模式密度与自由空间的模式密度比。粗线为 $|\Delta m| = 1$ 跃过的模式密度比 (参照文献 [47])

在光频区, 通常使用开腔, 其有效体积 V 远大于 λ^3, 即使 Q 很高, f 值仍为 $f \ll 1$。为了观察谐振腔对原子自发辐射的影响, 只有将谐振腔做得很小, 或选择跃迁能级较接近, 使得辐射波长 λ 足够大。文献 [48] 中选 Na 的 Rydberg 原子进行实验, 其跃迁能级为 23S 至 $22P_{1/2}$ 或 $22P_{3/2}$ ($\nu_1 = 340.96\text{GHz}$ 或 $\nu_2 = 340.39\text{GHz}$, $\lambda_1 \simeq \lambda_2 \simeq 0.88\text{mm}$) Fabry-Perot 开腔, 腔长 $L \simeq 25\text{mm}$, 共焦腔, 高斯光束腰 $w \simeq 1.9\text{mm}$。Rydberg 原子 23S 态是用 5ns 脉冲染料激光激励 Na 原子获得的。脉冲重复频率为 10s^{-1}。改变激光强度, 每一脉冲激励的原子数可在 $1 \sim 10^3$ 内变化。原子通过光腰的平均时间 $\Delta t = 2\mu\text{s}$。腔长可调谐使得与原子跃迁能级为共振。图 7.24 为实验布置图。模体积 $V = \pi L w^2/4 = 70\text{mm}^3$, 腔的 f 因子为 $7.4 \times 10^{-4}Q$。Rydberg 态 $22\text{S} \to 22\text{P}$ 的自由空间跃迁概率 $W = 150\text{s}^{-1}$。腔增强自发辐射跃迁概率 $W_c = fW = 0.11Q$。当 $Q = 10^6$ 时, 在 $\Delta t = 2\mu\text{s}$ 时间内, 将有 $W_c\Delta t = 0.22$ 个原子由 23S 跃迁到 22P。为得到更高的 Q 值, 整个系统采用超导低温 (5.7K) 冷却。飞过谐振腔的原子,

再进入一平行平板电极, 上加一 $0 \sim 1000$V 的电场, 使原子离化, 并用电子倍增管探测, 其结果如图 7.25 所示。曲线 a, b, c 给出被探测的离化信号, 实线为有共振腔增强自发辐射, 原子较多处于 22P 状态; 而虚线为非共振腔, 无共振增强自发辐射情形, 原子基本上处于 23S Rydberg 态, 实测得 $W_c \Delta t = 0.16, Q \simeq 7.5 \times 10^5$。由此可算出腔的阻尼 $\delta \nu = \dfrac{2\pi \nu}{Q} \simeq 2.8 \times 10^6 \mathrm{s}^{-1}$; 而增强的自发辐射概率 $W_c = \dfrac{0.16}{2\mu s} = 8 \times 10^4 \mathrm{s}^{-1}$, 即 $\delta \nu$ 比 W_c 大约 35 倍。绝大部分自发辐射产生的光子均被镜面吸收所阻尼掉。若再将 Q 增加 10 倍, 则 $\delta \nu$ 与 W_c 分别为 $2.8 \times 10^5 \mathrm{s}^{-1}, 8 \times 10^5 \mathrm{s}^{-1}$。光子产生的概率与经由腔损耗的概率为 $8/2.8 \simeq 2.8$, 故腔内光子将被储存起来, 直至下一次被原子再吸收。这样便形成一个能量在原子与腔的模式间来回振荡的过程。

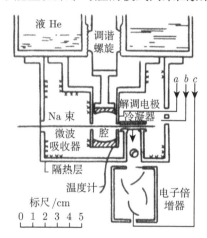

图 7.24 实验布置图 (参照 Goy 等 [48])

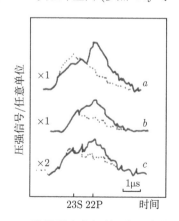

图 7.25 腔增强自发辐射 (参照文献 [48])

虚线为非共振腔; 实线为共振腔。曲线 a, b, c 对应于腔内原子数分别为 3.5, 2 与 1.3。a, c 为

$23S \to 22P_{3/2}$ 跃迁, b 为 $23S \to 22P_{1/2}$ 跃迁

通过原子与平行平面腔的耦合, 不仅可以增强自发辐射, 也可以使自发辐射完全被抑制掉, 文献 [48] 进行了这方面的实验验证。他们采用的是处于"圆态"的铯原子束, 观察的跃迁为 $(n = 22, |m| = 21) \to (n = 21, |m| = 20)$, 波长 $\lambda = 0.45$mm。所谓"圆态"是指主量子数 n 很大而磁量子数 $|m| = n - 1$[50], 原子只通过偶极跃迁辐射能量, 选择定则为 $\Delta|m| = -1$, 辐射偏振垂直于量子化方向, 亦即垂直于加在平行平板间的电场方向。用通常计算自由空间模式密度的方法计算间距为 d 的平行平板间的模式密度 [51]。易证当 $d < \lambda/2$ 时, 模式密度为 0; 而当 $d > \lambda/2$ 时, 原子处于离中间平面 z 处的辐射跃迁概率为

$$A' = 3A_0 \sin^2(\pi z/d - \pi/2) \tag{7.8.16}$$

式中 A_0 为 Einstein 自发辐射系数。将上式对 z 求平均便得 $A' = \dfrac{3}{2}A_0$, 故将平行平板间距由 $d > \lambda/2$ 逐渐减小到 $d < \lambda/2$, 原子的自发辐射概率由 $\dfrac{3}{2}A_0$ 急剧下降到零。同样可固定 d, 通过 Stark 效应连续改变 λ 由 $d > \lambda/2$ 变到 $d < \lambda/2$ 亦可。图 7.26 是直接观察到的自发辐射信号。当 $\lambda/2d > 1$ 时, 自发辐射受抑制。

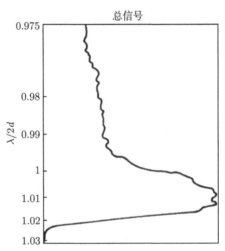

图 7.26　当 $\lambda/2d$ 接近截止值时的自发辐射信号 (参照文献 Hulet 等 [49])

7.8.2　单模场与二能级原子相互作用的 J-C 模型 [52~79]

单模场与二能级原子相互作用, 我们已经研究得很多了, 其中最概括的即方程 (7.6.9) 和 (7.6.10)。我们曾经在 Ω 很大, b_{s0}, b_{s0}^+ 很小的情况下求解了这一方程。但当 Ω 并不很大, 而 b_{s0}, b_{s0}^+ 并非很小的情形, 求解就要复杂得多了。现考虑另一极端情形, 即驱动场 Ω 为 0(也可理解为将驱动场 Ω 并到 b 中去, 并不单独分离出一经典的驱动场来), 且弛豫系数 γ_1, γ_2, χ, 失谐 $\Delta\omega, \Delta\omega_c$, 无规力 $\Gamma_z, \Gamma^\pm, F^\pm$ 等均略去。

这样原子与驱动场的相互作用问题, 就是一纯粹的量子电动力学问题。方程 (7.6.9) 和 (7.6.10) 简化为

$$
\begin{cases}
\dfrac{\mathrm{d}\sigma_z}{\mathrm{d}t} = -\mathrm{i}gb^\dagger\sigma^- + \mathrm{i}g^*b\sigma^+ \\[2mm]
\dfrac{\mathrm{d}\sigma^-}{\mathrm{d}t} = -\mathrm{i}2g^*\sigma_z b, \qquad \dfrac{\mathrm{d}b}{\mathrm{d}t} = \mathrm{i}g\sigma^- \\[2mm]
\dfrac{\mathrm{d}\sigma^+}{\mathrm{d}t} = \mathrm{i}2gb^\dagger\sigma_z, \qquad \dfrac{\mathrm{d}b^\dagger}{\mathrm{d}t} = -\mathrm{i}g^*\sigma^+
\end{cases}
\tag{7.8.17}
$$

这就是原子与场相互作用的 J-C 模型 [52]。

由此可求得 (下面用 "·" 表示对时间的导数)

$$
(\sigma^-\sigma^+ + \sigma^+\sigma^-) = 2\sigma_z(\mathrm{i}gb^\dagger\sigma^- - \mathrm{i}g^*b\sigma^+) + 2(\mathrm{i}gb^\dagger\sigma^- - \mathrm{i}g^*\sigma^+)\sigma_z = -2(\dot{\sigma_z\sigma_z}) \tag{7.8.18}
$$

故有

$$
\sigma^-\sigma^+ + \sigma^+\sigma^- = -2\sigma_z^2 + C \tag{7.8.19}
$$

同样

$$
(b^\dagger b) = -\mathrm{i}g^*\sigma^+ b + \mathrm{i}gb^\dagger\sigma^- = -\dot{\sigma}_z
$$

故有

$$
b^\dagger b = -\sigma_z + C' \tag{7.8.20}
$$

又

$$
\ddot{\sigma}_z = -g^2(\sigma^-\sigma^+ + \sigma^+\sigma^-) - 2g^2(b^\dagger b + bb^\dagger)\sigma_z
$$

由 (7.8.19), (7.8.20) 式及 $bb^\dagger = 1 + b^\dagger b$ 得

$$
\ddot{\sigma}_z - 6g^2\sigma_z^2 + 2g^2(1 + 2C')\sigma_z + g^2 C = 0 \tag{7.8.21}
$$

若将 (7.8.21) 式中的 σ_z 算子理解为期待值 $\langle\sigma_z\rangle$, $\ddot{\sigma}_z, \sigma_z^2, \sigma_z$ 分别用 $\langle\ddot{\sigma}_z\rangle, \langle\sigma_z\rangle^2$, $\langle\sigma_z\rangle$ 来代替, 像 Janeys, Cummings 在他们提出的新经典理论中所做的那样 [52], 并令 $C = 1/2, a = 1 + 2C'$, 则积分 (7.8.21) 式得

$$
(\langle\dot{\sigma}\rangle)^2 - g^2(4\langle\sigma_z\rangle^2 - 1)(\langle\sigma_z\rangle - a/2) = 0 \tag{7.8.22}
$$

当 $\langle\sigma_z\rangle = \pm 1/2$ 时, 上式给出 $\langle\dot{\sigma}_z\rangle = 0$。积分 (7.8.22) 式, 并令 $z = 2\langle\sigma_z\rangle$, 便得

$$
\sqrt{2}gt = \int \frac{\mathrm{d}z}{\sqrt{(z^2-1)(z-a)}} \tag{7.8.23}
$$

此即 Jaynes, Cummings 周期解 [52]。当 $a > 1$ 时, 在 $z = \pm 1$ 间做周期运动, $z = \pm 1$

为拐点; 当 $a < 1$ 时, 拐点为 $z = -1, a$. $C' = \dfrac{1}{2}(a-1) = n + 1/2$ 为腔内光子储能, $1/2$ 为零点能起伏. (7.8.23) 式结果可用椭圆函数表示为

$$z(t) = -1 + 2\mathrm{sn}^2\left(\sqrt{n+1}gt + Q, \frac{1}{\sqrt{n+1}}\right) \tag{7.8.24}$$

$$Q = \mathrm{sn}^{-1}\left(\sqrt{\frac{z(0)+1}{2}}, \frac{1}{\sqrt{n+1}}\right) \tag{7.8.25}$$

Q 为运动的初值, 当 a 很大时, 椭圆函数趋近于三角函数.

$$\sqrt{2}gt \simeq \frac{1}{\sqrt{a}}\int \frac{\mathrm{d}z}{\sqrt{1-z^2}} = \frac{1}{\sqrt{a}}(\arcsin z(t) - 2Q)$$

$$z(t) = \sin(2\sqrt{n+1}gt + 2Q) \tag{7.8.26}$$

上式为 $a = 2(n+1)$ 很大的情形的解. 另一方面, 当 a 很小, 如 $n = 0$ 时, 为只有起伏能的特殊情形, 这时解 (7.8.24) 不再是周期的. $\mathrm{sn}(u,1) = \tanh u$, 当 $u \to \pm\infty$ 时, $\tanh u \to \pm 1$, 这表明当原子处于激发态时, 场能已耗尽.

(7.8.22)~(7.8.25) 式是新经典理论, 不是全量子理论. 按全量子理论, $\langle\sigma_z^2\rangle \neq \langle\sigma_z\rangle^2, \langle\sigma_z^2\rangle = 1/4, \langle\sigma^-\sigma^+ + \sigma^+\sigma^-\rangle = 1$, 由 (7.8.19) 式得 $C = 3/2$. 将这些结果代入 (7.8.21) 式后并求期待值, 得

$$\langle\ddot{\sigma}_z\rangle + 2g^2a\langle\sigma_z\rangle = 0 \tag{7.8.27}$$

解为

$$\langle\sigma_z\rangle = \frac{1}{2}\cos(g\sqrt{2a}\,t) = \frac{1}{2}\cos(2g\sqrt{n+1}\,t) \tag{7.8.28}$$

图 7.27 给出新经典理论 (7.8.24) 式与全量子理论 (7.8.28) 式的比较, 按不同 n 值计算出来的 $\langle\sigma_z\rangle$ 随时间 t 的变化, 分别用实线与虚线来表示, 当 $n = 1, 2$ 时, 实线与虚线有差别, 但不是很大, 当 $n = 9$ 时, 实线与虚线几乎重合. 但是, 实验已证明, 新经典理论与实验结果不符 [53]. 现利用全量子理论来讨论谐振腔使自发辐射概率增强的效应. 以氨分子通过圆柱形谐振腔激发最低的 TM 模为例 [52], (7.8.28) 式中的 $g = \dfrac{\mu}{\mathrm{J}_1}\sqrt{\dfrac{2\pi\omega}{\hbar V}}$. $\mathrm{J}_1 = \mathrm{J}_1(u) = 0.519, u = 2.405$ 为 $\mathrm{J}_0(u) = 0$ 的第一个根, 氨分子的跃迁频率为 24kMHz, $\omega = 2\pi \times 24 \times 10^9$, V 为谐振腔体积, 腔长取 10cm. $\mu = 1.47 \times 10^{-18}$esu, 由此算得 $g/\omega = 2.08 \times 10^{-10}$, $g \simeq 5 \times 2\pi \mathrm{s}^{-1}$. 氨分子进入腔内, 经过 $\dfrac{1}{40}$s 后, $\langle\sigma_z\rangle$ 已衰减到初值的 $\left(\cos\left(\dfrac{2 \times 5 \times 2\pi}{40}\right) = 0\right)$ 倍. 这与氨

分子的自由空间跃迁谱宽 $\Delta\omega = \dfrac{4\omega^3\mu^2}{3\hbar c^3} \simeq 10^{-7}\mathrm{s}^{-1}$ 所对应的自发辐射寿命约几个月相比, 表明谐振腔使自发辐射跃迁概率大为增强了。

由 (7.8.20),(7.8.28) 式及 $C' = \dfrac{a-1}{2} = \dfrac{2(n+1)-1}{2} = n+1/2$, 可进一步求得

$$\langle b^\dagger b \rangle = -\langle \sigma_z \rangle + C' = n + 1/2 - \frac{1}{2}\cos(2g\sqrt{n+1}t) \tag{7.8.29}$$

一般情形 $\langle (b^\dagger)^p b^p \rangle$ 可用下面方法求解[54]:

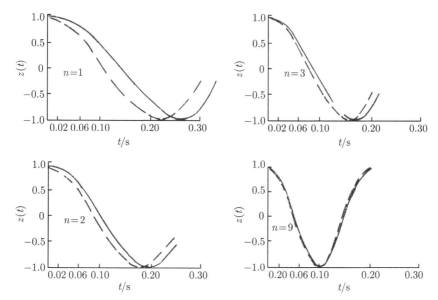

图 7.27 新经典理论 $z(t)$ 与全量子理论 $\langle\sigma_z\rangle$ 的比较 (参照 Jaynes, Cummings[52])

虚线为全量子理论, 实线为新经典理论

因

$$(b^\dagger)^p b^p = E_p + D_p(-2\sigma_z) \tag{7.8.30}$$

则

$$(b^\dagger)^p b^p b^\dagger b = (b^\dagger)^{p+1} b^{p+1} + b^{\dagger p}(b^p b^\dagger - b^\dagger b^p)b$$
$$= (b^\dagger)^{p+1} b^{p+1} + p b^{\dagger p} b^p \tag{7.8.31}$$

将 (7.8.30) 式代入 (7.8.31) 式, 并应用 $\langle (-2\sigma_z)^2 \rangle = 1$, 便得递推关系如下:

$$E_{p+1} = E_p E_1 + D_p D_1 - p E_p$$
$$D_{p+1} = E_p D_1 + D_p E_1 - p D_p \tag{7.8.32}$$

由 (7.8.29) 式, 得

$$E_1 = n + \frac{1}{2}, \qquad D_1 = \frac{1}{2} \tag{7.8.33}$$

则

$$
\begin{aligned}
E_p &= \frac{n!}{(n-p+1)!}(n-p/2+1) \\
D_p &= \frac{n!}{(n-p+1)!}\frac{p}{2}
\end{aligned}
\tag{7.8.34}
$$

将解 (7.8.28) 记为 $\langle \sigma_z \rangle_n$, (7.8.34) 式中的 E_p, D_p 记为 E_{np}, D_{np}, 则更一般的解可表示为

$$\langle \sigma_z \rangle = \sum P_n \langle \sigma_z \rangle_n \tag{7.8.35}$$

注意到 (7.8.30) 式, 则得

$$
\begin{aligned}
C_p = \langle b^{\dagger p} b^p \rangle|_{t=0} &= \sum_{n=1} P_n (E_{np} - 2D_{np}\langle \sigma_z \rangle_n)\Big|_{t=0} \\
&= \sum_{n=1} P_n (E_{np} - D_{np})
\end{aligned}
\tag{7.8.36}
$$

设 C_p 给定, 可解联立方程 (7.8.36) 求出 P_n。

又设辐射场初始时处于相干态, 则可证 (7.8.35) 式中的系数 P_n 为

$$P_n = \exp(-|\alpha|^2)|\alpha|^{2n}/n! \tag{7.8.37}$$

将 (7.8.28), (7.8.37) 式代入 (7.8.35) 式中, 得

$$2\langle \sigma_z \rangle = \exp(-|\alpha|^2) \sum_{n=0}^{\infty} \frac{|\alpha|^{2n}}{n!} \cos(2g\sqrt{n+1}\,t) \tag{7.8.38}$$

由 (7.8.38) 式表述的动力学行为 [55, 56], 主要表现为自发辐射的崩塌与复苏。

7.8.3　有阻尼情况下单模场与二能级原子相互作用的解析解 [79]

7.8.2 节所述 J-C 模型是一个二能级原子与单模场相互作用的全量子理论的理想模型, 既不包括自发辐射, 也不包括腔损耗。这就限制了模型的应用范围, 例如, 在 Rydberg 原子微激射器中腔损耗对原子演化的影响, 原子相干能否长期保持下去等问题 [80~82]。本小节我们研究有阻尼情况下单模场与二能级原子相互作用的解析解。首先在方程 (7.8.17) 中加上腔的阻尼项及相应的无规力算子, 于

是有

$$\begin{cases} \dfrac{\mathrm{d}\sigma_z}{\mathrm{d}t} = -\mathrm{i}gb^\dagger\sigma^- + \mathrm{i}g^*b\sigma^+ \\[2mm] \dfrac{\mathrm{d}\sigma^-}{\mathrm{d}t} = -\mathrm{i}2g^*\sigma_z b \\[2mm] \dfrac{\mathrm{d}\sigma^+}{\mathrm{d}t} = \mathrm{i}2gb^\dagger\sigma_z \\[2mm] \dfrac{\mathrm{d}b}{\mathrm{d}t} = -\dfrac{c}{2}b + \mathrm{i}g\sigma^- + F \\[2mm] \dfrac{\mathrm{d}b^\dagger}{\mathrm{d}t} = -\dfrac{c}{2}b^\dagger - \mathrm{i}g^*\sigma^+ + F^\dagger \end{cases} \tag{7.8.39}$$

式中 c 是阻尼系数。参照 (5.3.18), (5.3.19) 式, 无规力算子 $F, F^\dagger$ 满足关系

$$\begin{aligned} \langle b^\dagger F\rangle &= \langle (b^\dagger(0)\mathrm{e}^{-ct/2} + \int_0^t \mathrm{e}^{-c(t-t')/2}(-\mathrm{i}g^*\sigma^+(t') + F^\dagger(t'))\mathrm{d}t')F(t)\rangle \\[2mm] &= \int_0^t \mathrm{e}^{-c(t-t')/2}\langle F^\dagger(t')F(t)\rangle \mathrm{d}t' = \frac{c}{2}\overline{n}_{th}(T) \end{aligned}$$

同样,

$$\langle F^\dagger b\rangle = \frac{c}{2}\overline{n}_{\mathrm{th}}(T), \qquad \langle bF^\dagger\rangle = \langle Fb^\dagger\rangle = \frac{c}{2}(\overline{n}_{\mathrm{th}}(T) + 1) \tag{7.8.40}$$

这里 $\overline{n}_{\mathrm{th}}(T)$ 是在温度 T 时热光子数。当 $T = 0$ 时, $\overline{n}_{\mathrm{th}}(T) = 0$, 由方程 (7.8.40) 得

$$\langle b^\dagger F\rangle = \langle F^\dagger b\rangle = 0, \qquad \langle bF^\dagger\rangle = \langle Fb^\dagger\rangle = \frac{c}{2} \tag{7.8.41}$$

对方程 (7.8.39) 作代数运算, 便得算符方程

$$\begin{aligned} &\frac{\mathrm{d}^2\sigma_z}{\mathrm{d}t^2} + \frac{c}{2}\frac{\mathrm{d}\sigma_z}{\mathrm{d}t} + 4g^2\left(\frac{b^\dagger b + bb^\dagger}{2} + \sigma_z\right)\sigma_z \\[2mm] &= 4g^2\left(\sigma_z^2 - \frac{\sigma^+\sigma^- + \sigma^-\sigma^+}{4}\right) - \mathrm{i}gF^\dagger\sigma^- + \mathrm{i}g^*F\sigma^+ \end{aligned} \tag{7.8.42}$$

$$\frac{\mathrm{d}}{\mathrm{d}t}\left(\frac{b^\dagger b + bb^\dagger}{2} + \sigma_z\right) = -c\frac{b^\dagger b + bb^\dagger}{2} + \frac{bF^\dagger + Fb^\dagger + b^\dagger F + F^\dagger b}{2} \tag{7.8.43}$$

应用方程 (7.8.41), 便算出方程 (7.8.43) 的期待值

$$\frac{\mathrm{d}}{\mathrm{d}t}\left\langle\frac{b^\dagger b + bb^\dagger}{2} + \sigma_z\right\rangle = -c\left\langle\frac{b^\dagger b + bb^\dagger}{2}\right\rangle + \frac{c}{2} = -c\langle b^\dagger b\rangle \tag{7.8.44}$$

这样, 总的能量算符方程可写成如下形式而不影响期待值:

$$\frac{\mathrm{d}}{\mathrm{d}t}\left(\frac{b^\dagger b + bb^\dagger}{2} + \sigma_z\right) = -cb^\dagger b = -c\left(b^\dagger b + \frac{1}{2} + \sigma_z\right) + c\left(\frac{1}{2} + \sigma_z\right) \tag{7.8.45}$$

方程 (7.8.45) 的解为

$$\frac{b^\dagger b + b b^\dagger}{2} + \sigma_z = \left(\frac{b^\dagger b + b b^\dagger}{2} + \sigma_z \right)_0 e^{-ct} + c \int_0^t e^{-c(t-t')} \left(\frac{1}{2} + \sigma_z \right) dt'$$

$$= (n+1)e^{-ct} + \frac{1}{2}(1 - e^{-ct}) + c \int_0^t e^{-c(t-t')} \sigma_z dt' \qquad (7.8.46)$$

前两项代表由于腔损耗与量子起伏而能量减少，后一项表示原子能态起伏的影响。应用分部积分法，方程 (7.8.46) 的解可以写成另一有用形式

$$bb^\dagger + \frac{1}{2} = \frac{1}{2} + ne^{-ct} - \int_0^t e^{-c(t-t')} \dot{\sigma}_z dt' \qquad (7.8.47)$$

对方程 (7.8.42) 取期待值，将总能量算符用 (7.8.46) 式前面两项近似，并且注意 $\langle F^\dagger \sigma^- \rangle = \langle F \sigma^+ \rangle = 0$, $\langle (\sigma^+ \sigma^- + \sigma^- \sigma^+)/4 - \sigma_z^2 \rangle = 0$, 便得

$$\frac{d^2 \langle \sigma_z \rangle}{dt^2} + \frac{c}{2} \frac{d \langle \sigma_z \rangle}{dt} + 4g^2 \left((n+1)e^{-ct} + \frac{1}{2}(1 - e^{-ct}) \right) \langle \sigma_z \rangle = 0 \qquad (7.8.48)$$

为了获得 (7.8.48) 式的解析解，t 可分成 $0 < t \leqslant T_n$ 和 $t > T_n$ 两段，T_n 由 $(n+1)e^{-cT_n} = 1/2$ 定义。在 $0 \leqslant t < T_n$，能量衰减项 $(n+1)e^{-ct}$ 比量子起伏 $\frac{1}{2}(1 - e^{-ct})$ 的贡献大得多，因此可用 $(n+1)e^{-ct}$ 近似；而当 $t > T_n$ 时，则恰好相反，可用 $\frac{1}{2}(1 - e^{-ct}) \simeq \frac{1}{2}$ 近似。故有

$$\frac{d^2 \langle \sigma_z \rangle_{n1}}{dt^2} + \frac{c}{2} \frac{d \langle \sigma_z \rangle_{n1}}{dt} + 4g^2(n+1)e^{-ct} \langle \sigma_z \rangle_{n1} = 0, \quad 0 < t < T_n \qquad (7.8.49)$$

$$\frac{d^2 \langle \sigma_z \rangle_{n2}}{dt^2} + \frac{c}{2} \frac{d \langle \sigma_z \rangle_{n2}}{dt} + 2g^2 \langle \sigma_z \rangle_{n2} = 0, \qquad t > T_n \qquad (7.8.50)$$

由此求得解析解

$$\langle \sigma_z \rangle_{n1} = \frac{1}{2} \cos \left(2g\sqrt{n+1} \frac{1 - e^{-ct/2}}{c/2} \right), \qquad 0 < t < T_n \qquad (7.8.51)$$

$$\langle \sigma_z \rangle_{n2} = ae^{-ct/4} \cos \left(\sqrt{2g^2 - c^2/16} t + \phi \right) \simeq ae^{-ct/4} \cos(g\sqrt{2} t + \phi), \qquad t > T_n \qquad (7.8.52)$$

这里 a, ϕ 由函数连续性来决定，$\langle \sigma_z \rangle_{n1} = \langle \sigma_z \rangle_{n2}$, $\langle \dot{\sigma}_z \rangle_{n1} = \langle \dot{\sigma}_z \rangle_{n2}$, $t = T_n$。

当 $c \to 0$ 时，$\langle \sigma_z \rangle_{n1}$ 趋近于没有耗散的 JCM 公式 (7.8.28)，$\langle \sigma_z \rangle = \frac{1}{2} \cos(2g\sqrt{n+1} t)$。一般情形，当 $0 < t < T_n$ 时，原子反转以逐渐衰减 Rabi 频率 $\Omega = \frac{d}{dt}(2g\sqrt{n+1}(1 - e^{-ct/2})/(c/2)) = 2g\sqrt{n+1} e^{-ct/2}$ 而振荡；当 $t > T_n$ 时，则解为振幅逐渐衰减、频率

由量子起伏决定的阻尼振荡 $\langle\sigma_z\rangle_{n2}$。当初始条件取为 $n = 5, \sigma_{z0} = 1/2; c/g = 0.05$ 时，则 $\langle\sigma_z\rangle_n$ 随 gt 的变化由图 7.28(a) 给出。图 7.28(b) 给出总能，即 $E = \langle(b^\dagger b + b b^\dagger)/2 + \sigma_z\rangle$ 随时间的变化，其值与近似值 $(n + 1)\mathrm{e}^{-ct} + \dfrac{1}{2}(1 - \mathrm{e}^{-ct})$ 很接近。由原子能态起伏带来的偏差 $\delta E = c\displaystyle\int \mathrm{e}^{-c(t-t')}\langle\sigma_z\rangle\mathrm{d}t'$ 的 10 倍即 $10\,\delta E$ 也在图中给出。根据 (7.8.47) 式可计算出期待值，场能量期待值 $\left\langle b^\dagger b + \dfrac{1}{2}\right\rangle$ 对 gt 关系曲线由图 7.28(c) 给出。

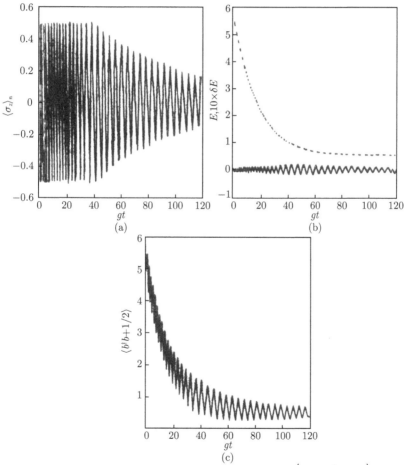

图 7.28 (a) 原子反转数 $\langle\sigma_z\rangle_n$ 随 gt 的演化; (b) 总能 $E = \left\langle b^\dagger b + \dfrac{1}{2} + \sigma_z\right\rangle$ 及 $10 \times \delta E$ 随 gt 的变化; (c) 场能 $\left\langle b^\dagger b + \dfrac{1}{2}\right\rangle$ 随 gt 的变化 (取自文献 [79])

初值取 $n = 5, \sigma_{z0} = 1/2, c/g = 0.05$

有损耗 JCM 解析解即 (7.8.51),(7.8.52) 式给出的 $\langle\sigma_z\rangle_{n1}, \langle\sigma_z\rangle_{n2}$ 的一个直接应用是观察原子的崩塌–复苏现象。这时假定 $t=0$ 时场的初态为相干态 $|\alpha\rangle$，而原子处于激发态，$\sigma_{z0}=\dfrac{1}{2}$。当 $t>0$ 时，原子的半反转粒子 $\langle\sigma_z\rangle$ 为

$$\langle\sigma_z\rangle = \mathrm{e}^{-\alpha^2}\sum\frac{\alpha^{2n}}{n!}\langle\sigma_z\rangle_n \tag{7.8.53}$$

式中 $\langle\sigma_z\rangle_n = \langle\sigma_z\rangle_{n1}, 0\langle t\langle T_n; \langle\sigma_z\rangle_n = \langle\sigma_z\rangle_{n2}, t>T_n$。图 7.29 表示出 $\alpha^2=100, c/g=10^{-6}, 10^{-3}, 4\times10^{-3}, 10^{-2}$ 时，$\langle\sigma_z\rangle+m/2$ 随 gt 的变化关系。我们观察到总的原子崩塌–复苏的次数随着 c/g 的增加而减少，而每一次崩塌–复苏的宽度则在拉大。对于 $c/g=10^{-6}$ 的曲线，非常接近于没有损耗时 JCM 模型的崩塌与复苏。

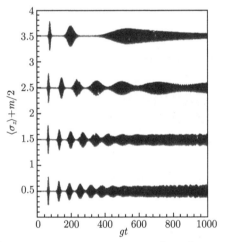

图 7.29　当参数取为 $\alpha^2=100, \langle\sigma_z\rangle_0=1/2; c/g=10^{-6}, 10^{-3}, 4\times10^{-3}, 10^{-2}$ 时，分别对应于 $\langle\sigma_z\rangle+m/2$，$m=1,2,3,4$，随 gt 的崩塌与复苏 (取自文献 [79])

7.8.4　关于新经典理论的实验检验

现讨论 Gibbs 关于新经典理论的实验检验。Gibbs[53] 测定了共振荧光强度的时间积分

$$\int I_{\mathrm{NCT}}\mathrm{d}t = \int\frac{N_2\hbar\nu}{\tau_{ab}}|\rho_{ab}|^2\mathrm{d}t = \int\frac{N_2\hbar\nu}{\tau_{ab}}\rho_{aa}\rho_{bb}\mathrm{d}t$$
$$\propto \rho_{aa}\rho_{bb} = \frac{\sin^2\theta_0}{4}, \qquad \theta_0 = \frac{2p}{\hbar}\int\varepsilon(t)\mathrm{d}t$$

式中 θ_0 为激发脉冲面积，而

$$\int I_{\mathrm{QED}}\mathrm{d}t = \int\frac{N_2\hbar\nu}{\tau_{ab}}\rho_{aa}\mathrm{d}t = \propto \rho_{aa} = \sin^2(\theta_0/2)$$

式中下标"NCT""QED"分别表示新经典理论与量子电动力学理论, 图 7.30(b) 实验曲线与图 7.30(a) 的 QED 理论相符, 与 NCT 理论曲线不符。

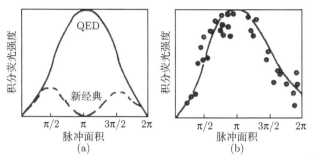

图 7.30 共振荧光强度随光脉冲面积的变化曲线 (参照 Gibbs [53])

7.9 含二能级原子腔的透过率谱 [63]

如 7.8 节所述, 含二能级原子腔的自发辐射、共振荧光、透过率谱等均表现出复杂的情形, 特别是对真空场 Rabi 分裂的实验观察更引起人们的兴趣 [60~63]。在本节中, 我们将讨论两个问题, 第一个问题是在共振腔中原子极化率的计算, 第二个问题便是利用 Fabry-Perot 多光束干涉方法测定透过率谱实现对真空场 Rabi 分裂的观测。

7.9.1 共振腔中原子的极化率计算

将驱动场看成经典的, 其产生与湮没算子用可对易的共轭复数 b_c 与 b_c^* 来代替, 令 $\Omega = 2gb_c/\hbar$, 于是参照 (7.6.9)、(7.6.10) 式可写下两个方程

$$\frac{\mathrm{d}b}{\mathrm{d}t} = -(\chi + \mathrm{i}\Delta\omega_c)b + \mathrm{i}g\sigma^- + F \tag{7.9.1}$$

$$\frac{\mathrm{d}\sigma^-}{\mathrm{d}t} = -\gamma_2\sigma^- - \mathrm{i}2g^*\sigma_z b - \mathrm{i}\sigma_z\Omega + \Gamma^- \tag{7.9.2}$$

对无规力求统计平均用记号 $\langle\ \rangle$ 表示, $\langle F \rangle = \langle \Gamma^- \rangle = 0$。参照解线性微分方程的方法, 设 $\mathrm{d}b/\mathrm{d}t, \mathrm{d}\sigma^-/\mathrm{d}t$ 在求统计平均后有 $\left\langle \dfrac{\mathrm{d}b}{\mathrm{d}t} \right\rangle = \lambda\langle b \rangle, \left\langle \dfrac{\mathrm{d}\sigma^-}{\mathrm{d}t} \right\rangle = \lambda\langle\sigma^-\rangle$($\lambda$ 为待定特征值), 于是 (7.9.1) 式的解可写为

$$\lambda b = -(\chi + \mathrm{i}\Delta\omega_c)b + \mathrm{i}g\sigma^- + F \tag{7.9.3}$$

$$b = \frac{\mathrm{i}g\sigma^- + F}{\lambda + \chi + \mathrm{i}\Delta\omega_c} \tag{7.9.4}$$

将 (7.9.4) 式代入 (7.9.2) 式的右端, 并注意到 $\langle \sigma_z \sigma^- \rangle = -\langle \sigma^- \rangle/2$, 于是得

$$\lambda \langle \sigma^- \rangle = \left(-\gamma_2 - \frac{g^2}{\lambda + \chi + i\Delta\omega_c} \right) \langle \sigma^- \rangle - i\Omega \langle \sigma_z \rangle$$

$$\langle \sigma^- \rangle = \frac{-i\Omega \langle \sigma_z \rangle}{\lambda + \gamma_2 + g^2/(\lambda + \chi + i\Delta\omega_c)} \tag{7.9.5}$$

设驱动场频率为 ω, 则 $\Omega \propto e^{-i\omega t} = (e^{-i(\omega-\omega_0)t})e^{-i\omega_0 t}$, 经旋波变换后 $\Omega \propto e^{-i(\omega-\omega_0)t}$, 代入 (7.9.5) 式, 便得 $\langle \sigma^- \rangle \propto e^{-i(\omega-\omega_0)t}$, 而 $\left\langle \dfrac{d\sigma^-}{dt} \right\rangle = \lambda \langle \sigma^- \rangle$, 故得

$$\lambda = -i(\omega - \omega_0) \tag{7.9.6}$$

参照文献 [64], 并恢复旋波变换因子 $e^{-i\omega_0 t}$, 极化 $P(t)$ 及极化率 $\chi(\omega)$ 可定义为

$$\begin{aligned} P(t) &= \mu(\langle \sigma^- \rangle e^{-i\omega_0 t} + \langle \sigma^+ \rangle e^{i\omega_0 t}) \\ &= \varepsilon_0 E(\omega)(\chi'(\omega)\cos(\omega t + \phi) + \chi''(\omega)\sin(\omega t + \phi)) \\ &= \text{Re}\left[\varepsilon_0 \chi(\omega) E(\omega) e^{-i\omega t} \right] \end{aligned} \tag{7.9.7}$$

$$\chi(\omega) = \chi'(\omega) + i\chi''(\omega) \tag{7.9.8}$$

注意到 $E(\omega) = \dfrac{\hbar}{2\mu}\Omega$, 将 (7.9.5) 式代入 (7.9.7) 式, 便得原子极化率

$$\begin{aligned} \varepsilon_0 \chi(\omega) &= \frac{-i2\mu^2}{\hbar} \frac{\langle \sigma_z \rangle}{\lambda + \gamma_2 + g^2/(\lambda + \chi + i\Delta\omega_c)} \\ &= \frac{-i2\mu^2}{\hbar} \langle \sigma_z \rangle \frac{\lambda + \chi + i\Delta\omega_c}{(\lambda - \lambda_1)(\lambda - \lambda_2)} \end{aligned} \tag{7.9.9}$$

式中 λ_1, λ_2 为 $(\lambda + \gamma_2)(\lambda + \chi + i\Delta\omega_c) + g^2 = 0$ 的根. 当腔的体积 V 很大时, $g = \mu\sqrt{\dfrac{2\pi\omega_0}{\hbar V}} \to 0$; 或者腔的损耗 χ 取得很大, 亦即几乎没有谐振腔. 这两种情形均导致原子与腔去耦合, 从而 (7.9.9) 式过渡到

$$\varepsilon_0 \chi(\omega) = \frac{-i2\mu\langle \sigma_z \rangle}{\hbar(\lambda + \gamma_2)} = \frac{-i2\mu\langle \sigma_z \rangle}{\hbar(-i(\omega - \omega_0) + \gamma_2)} \tag{7.9.10}$$

这即通常线性色散理论结果. 如果腔体积 V 不是很大, 而腔的损耗也较小, 就必须计及 (7.9.9) 式分母中的 $g^2/(\lambda + \chi + i\Delta\omega_c)$ 即原子辐射 b 的反作用带来的修正. 修正的大小取决于 $\gamma_2 = \mu^2\omega^3/(6\pi\hbar c^3)$ 与 $g^2/\chi = \mu^2 2\pi\omega_0/(\hbar V\chi)$ 之比, $\gamma_2 : g^2/\chi = 1 : \dfrac{3\omega_c}{2\pi\chi}\dfrac{\lambda^3}{V}$. 只有当 $\dfrac{3\omega_c}{2\pi\chi}\dfrac{\lambda^3}{V} \not\ll 1$ 时, 修正才会是有效的, 也正是这个修正才导致 "真

空场 Rabi 分裂".

$$\lambda_{1,2} = -\frac{\gamma_2 + \chi + \mathrm{i}\Delta\omega_\mathrm{c}}{2} \pm \sqrt{\left(\frac{\gamma_2 - \chi - \mathrm{i}\Delta\omega_\mathrm{c}}{2}\right)^2 - g^2} \qquad (7.9.11)$$

当 $\Delta\omega_\mathrm{c} = 0, \gamma_2 = \chi$ 时, (7.9.11) 式给出

$$\lambda_{1,2} = -\gamma_2 \pm \mathrm{i}g \qquad (7.9.12)$$

代入 (7.9.9) 式, 得出原子的极化率

$$\varepsilon_0\chi(\omega) = \frac{-\mathrm{i}\mu^2\langle\sigma_z\rangle}{\hbar}\left\{\frac{1}{-\mathrm{i}(\omega - \omega_0) - \mathrm{i}g + \gamma_2} + \frac{1}{-\mathrm{i}(\omega - \omega_0) + \mathrm{i}g + \gamma_2}\right\} \qquad (7.9.13)$$

不难看出, 当 $\omega - \omega_0 = \pm g$ 时, 便是共振吸收, 亦即原子的共振吸收频率已由线性极化理论给出的 $\omega = \omega_0$ 分裂为 $\omega = \omega_0 \pm g$. 实现这一分裂的十分重要的条件应是

g 与 γ_2 之比 $R = \dfrac{|g|}{\gamma_2} = \dfrac{\mu\sqrt{\dfrac{2\pi\omega_0}{\hbar V}}}{\mu^2\omega_0^3/6\pi\hbar c^3} = \dfrac{6\pi c^3}{\omega_0^3}\sqrt{\dfrac{2\pi\hbar\omega_0}{\hbar V\mu^2}}$ 尽可能大, 这由下面的数值计

算可以看出来.

7.9.2 含二能级原子腔的透过率谱

(7.9.4), (7.9.5) 式给出了原子辐射 $\langle b\rangle$ 及 $\langle\sigma^-\rangle$ 的计算公式. 但 $\langle b\rangle$ 还不是腔内的总辐射场, 因为没有将入射场 $\langle b_\mathrm{in}\rangle$ 包括进去, 而且在腔内还有一传播过程. 根据 (7.9.9) 式或 (7.9.13) 式就可计算原子的介电常数 $\epsilon(\omega)$, 即

$$\epsilon(\omega) = 1 + 4\pi\varepsilon_0\chi(\omega) \qquad (7.9.14)$$

并解场强 $E(z, \omega)$ 的传播方程 [66] (图 7.31)

$$\frac{\partial^2 E(z, \omega)}{\partial z^2} + \epsilon(\omega)\frac{\omega^2}{c^2}E(z, \omega) = 0 \qquad (7.9.15)$$

$$E^\pm(z, \omega) = E^\pm \mathrm{e}^{\pm\mathrm{i}\sqrt{\epsilon}kz} \qquad (7.9.16)$$

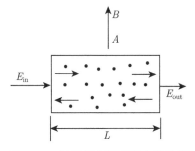

图 7.31 场强在含原子腔内的传播

在端面 $z = 0$ 处的边界条件为

$$E^+ = tE_{\text{in}} + rE^- \tag{7.9.17}$$

式中 t, r 为端面的透射与反射系数. 而 E^+ 传至出射端面为 $E^+ \mathrm{e}^{\mathrm{i}\sqrt{\epsilon}kL}$, 经反射 $(r'E^+\mathrm{e}^{\mathrm{i}\sqrt{\epsilon}kL})$ 再传至入射端为

$$E^- = r'\mathrm{e}^{\mathrm{i}\sqrt{\epsilon}kL} \cdot \mathrm{e}^{\mathrm{i}\sqrt{\epsilon}kL} E^+ \tag{7.9.18}$$

代入 (7.9.17) 式得

$$E^+ = \frac{tE_{\text{in}}}{1 - rr'\mathrm{e}^{\mathrm{i}2\sqrt{\epsilon}kL}} \tag{7.9.19}$$

$$E_{\text{out}} = t'E^+\mathrm{e}^{\mathrm{i}\sqrt{\epsilon}kL} = \frac{tt'E_{\text{in}}\mathrm{e}^{\mathrm{i}\sqrt{\epsilon}kL}}{1 - rr'\mathrm{e}^{\mathrm{i}2\sqrt{\epsilon}kL}} \tag{7.9.20}$$

根据 (7.9.20) 式可定义透过率谱

$$T(\omega) = \left|\frac{E_{\text{out}}}{E_{\text{in}}}\right|^2 = \frac{1}{\left(\dfrac{\mathrm{e}^{\alpha L/2} - R\mathrm{e}^{-\alpha L/2}}{1 - R}\right)^2 + \left(\dfrac{2\sqrt{R}}{1 - R}\sin(\varepsilon/2)\right)^2} \tag{7.9.21}$$

$$R = rr', \qquad tt' = 1 - R, \qquad \mathrm{e}^{\mathrm{i}2\sqrt{\epsilon}kL} = \mathrm{e}^{-\alpha L + \mathrm{i}\varepsilon}$$

$$\sqrt{\epsilon} = (1 + 4\pi\varepsilon_0\chi(\omega))^{1/2} \simeq 1 + 2\pi\varepsilon_0\chi(\omega) = 1 + \frac{1}{2}(\chi'(\omega) + \mathrm{i}\chi''(\omega))$$

$$\alpha = \frac{\chi''(\omega)\omega}{c}, \qquad k = \frac{\omega}{c}$$

$$\varepsilon = \frac{2L(\omega - \omega_c)}{c} + \chi'(\omega)\frac{\omega}{c}L$$

V 取很大, $g \to 0$ 极限, 并设 $\Delta\omega_c = \omega_c - \omega_0 = 0$, 则

$$\alpha = \alpha_0\frac{\gamma_2^2}{\gamma_2^2 + (\omega - \omega_0)^2}, \qquad \alpha_0 = \frac{2\mu^2\langle\sigma_z\rangle\omega}{\hbar\gamma_2 c}$$

$$\varepsilon = \frac{2L(\omega - \omega_c)}{c} - \alpha_0 L\frac{\gamma_2(\omega - \omega_0)}{\gamma_2^2 + (\omega - \omega_0)^2} \tag{7.9.22}$$

对 $g \neq 0$ 情形, 参照 (7.9.10), (7.9.13) 式, 需作如下代换:

$$(\gamma_2^2 + (\omega - \omega_0)^2)^{-1} \to \frac{1}{2}[(\gamma_2^2 + (\omega - \omega_0 + g)^2)^{-1} + (\gamma_2^2 + (\omega - \omega_0 - g)^2)^{-1}]$$

$$\frac{\omega - \omega_0}{\gamma_2^2 + (\omega - \omega_0)^2} \to \frac{1}{2}\left[\frac{\omega - \omega_0 + g}{\gamma_2^2 + (\omega - \omega_0 + g)^2} + \frac{\omega - \omega_0 - g}{\gamma_2^2 + (\omega - \omega_0 - g)^2}\right]$$

图 7.32 给出透过率谱、相移以及吸收系数. 由图来看, 当 $g/\gamma_2 \ll 0.5$ 时, 透过率主要表现出经典的双峰结构, 但当 $g/\gamma_2 = 1, 2$ 时, 便表现出真空场 Rabi 振荡的

三峰结构。文献 [61]、[62] 观察到的正是图 7.32(a), (b) 所示的由经典的线性色散关系引起的双峰结构, 而由原子的自作用引起的真空场 Rabi 分裂导致透射谱的三峰结构 (图 7.32(c), (d)) 并未观察到。如果是在偏离或垂直于入射光 E_{in}(如图 7.31 中的 AB) 方向观察原子的自发辐射谱, 则由 (7.9.4), (7.9.5) 式易于判明, 双峰结构恰能表现出由原子的自作用引起的真空场的 Rabi 分裂。

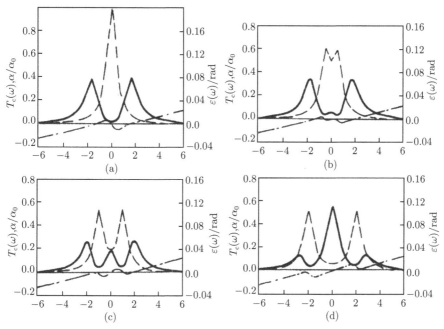

图 7.32　F-P 腔透过率 $T_c(\omega)$(实线)、相移曲线 $\varepsilon(\omega)/2$(点划线) 以及吸收系数曲线 $\alpha(\omega)$(虚线)(取自谭维翰, 刘仁红 [63])

计算中用的公式和参数为

$$T_c(\omega) = \frac{(1-R)^2 e^{-\alpha L}}{(1-Re^{-\alpha L})^2 + 4Re^{-\alpha L} \sin^2 \varepsilon/2}$$

$$\frac{\varepsilon(\omega)}{2} = \frac{\pi(\omega - \omega_0 - (\omega_c - \omega_0))}{\Delta F} - \frac{\alpha_0 L}{4} \left(\frac{(\omega - \omega_0 - g)\gamma_2}{\gamma_2^2 + (\omega - \omega_0 - g)^2} + \frac{(\omega - \omega_0 - g)\gamma_2}{\gamma_2^2 + (\omega - \omega_0 + g)^2} \right)$$

$$\alpha = \frac{\alpha_0}{2} \left(\frac{\gamma_2^2}{\gamma_2^2 + (\omega - \omega_0 - g)^2} + \frac{\gamma_2^2}{\gamma_2^2 + (\omega - \omega_0 + g)^2} \right)$$

参数取值 [4]$\Delta F/(\gamma_2/2) = 750$; $F = \pi\sqrt{R}/(1-R) = 500$; $\alpha_0 L = 0.04$; 图 (a)∼(d) 的 g/γ_2 分别为

0, 0.5, 1, 2

7.10　多原子体系的共振荧光 [73]

单原子体系的共振荧光有两个边峰, 而对于多原子体系, Senitzky 曾预测有多个边峰 ($\omega = \omega_0 \pm n\Omega, n = 1, 2, 3, \cdots, \Omega$ 为 Rabi 频率) [68,69]。Agarwal 等较细地研

究了两原子系统 [70~72]，求解了两原子体系的密度矩阵元动力学方程。结果表明，在中等驱动场强度时共振荧光也只有三个峰，当驱动场很强时才会有 $\omega = \omega_0 \pm 2\Omega$ 两个新的边峰，但强度很弱，只是中峰的 10^{-6} 倍，在实验上很难察到。如果考虑偶极–偶极相互作用，新增边峰的强度也只达到中峰的 10^{-4} 倍，仍难被探测。推广 Agarwal 结果到多原子体系是困难的，因密度矩阵元的计算太复杂，对角化极不容易。为克服这些困难，可先将原子波函数 $|r, m\rangle$ 耦合起来得到新的耦合波函数 $|R, M\rangle$，然后以 $|R, M\rangle$ 求得密度矩阵 ρ 的不可约表示，按这个方法求能量矩阵元及其对角化也就容易了。当考虑到一个原子的辐射又被另一个原子所吸收时，我们发现两个原子系统的荧光谱有 5 个峰 $\omega_0, \omega_0 \pm \Omega, \omega_0 \pm 2\Omega$，边峰与中峰的强度具有相同的量级。这是应用 Agarwal 方法未能得到的。对于 $T_2/2T_1 \ll 1$，即固体情形，五个峰也是很明显的 [21]。频率失谐将会影响光谱的对称性并产生七个峰。

7.10.1　多原子体系的再耦合波函数

利用多原子体系的耦合波函数 $|r, m\rangle$[70] 再耦合一次，便得再耦合波函数 $\Psi_{RM} = |R, M\rangle$，且有

$$|r, m\rangle |r, -n\rangle = \sum_{R,M} \langle r, m, r, -n | RM \rangle \Psi_{RM} \tag{7.10.1}$$

$$\Psi_{RM} = \sum_{R,M} \langle r, m, r, -n | RM \rangle |r, m\rangle |r, -n\rangle \tag{7.10.2}$$

式中 $\langle r, m, r, -n | RM \rangle$ 为角动量耦合系数 [74]。

参照文献 [70], 原子的密度矩阵 ρ 被定义为

$$\begin{aligned}
\rho &= \sum_{m,n} \rho_{m,n} |r, m\rangle |r, -n\rangle \\
&= \sum_{m,n} \rho_{m,n} \sum_{R,M} \langle r, m, r, -n | RM \rangle \Psi_{RM} \\
&= \sum_{R,M} \phi_{RM} \Psi_{RM}
\end{aligned} \tag{7.10.3}$$

式中

$$\phi_{RM} = \sum_{m,n} \rho_{mn} \langle r, m, r, -n | R, M \rangle = \int \rho \Psi_{RM} \tag{7.10.4}$$

作为一个例子，两个原子系统的 $r = 0, 1; n = 0, \pm 1$，故再耦合波函数 $\Psi_{RM}(R = 0, 1, 2; M = 0, \pm 1, \pm 2)$ 可按 Clebsch-Gordan 系数或下降算子 [74] 给出。

7.10.2 多原子体系的动力学方程

现求原子密度矩阵算子 ρ 所满足的动力学方程。多个二能级原子及原子与热浴, 与外场的相互作用 Hamilton 量为

$$
\begin{aligned}
H &= \hbar\omega_0\sigma^+\sigma^- + H_\mathrm{d} + H_\mathrm{i} \\
&= \hbar\omega_\mathrm{f}\sigma^+\sigma^- + \hbar(\omega_0 - \omega_\mathrm{f})\sigma^+\sigma^- + H_\mathrm{d} + H_\mathrm{i}
\end{aligned}
\tag{7.10.5}
$$

$$
H_\mathrm{d} = \hbar g(\sigma^+\mathrm{e}^{-\mathrm{i}\omega_\mathrm{f}t} + \sigma^-\mathrm{e}^{\mathrm{i}\omega_\mathrm{f}t})
$$

$$
H_\mathrm{i} = -\mathrm{i}\hbar\left[\sigma^+\sum_k g_k b_k^-\mathrm{e}^{-\mathrm{i}\omega_k t} - \sigma^-\sum_k g_k^* b_k^+\mathrm{e}^{\mathrm{i}\omega_k t}\right]
\tag{7.10.6}
$$

式中 H_d 为原子与外场的偶极相互作用, H_i 为原子与热浴的相互作用, ω_f 为外场的频率, ω_0 为原子的跃迁频率。设 $\Delta\omega = \omega_0 - \omega_\mathrm{f}$, 则

$$
\frac{\mathrm{d}\sigma^\pm}{\mathrm{d}t} = \frac{\mathrm{i}}{\hbar}[H, \sigma^\pm] = \pm\mathrm{i}\omega_\mathrm{f}\sigma^\pm + \frac{\mathrm{i}}{\hbar}[H', \sigma^\pm]
\tag{7.10.7}
$$

式中

$$
H' = H_\mathrm{d} + H_\mathrm{i} + \hbar\Delta\omega\sigma^+\sigma^-
\tag{7.10.8}
$$

故有

$$
\frac{\mathrm{d}r^\pm}{\mathrm{d}t} = \frac{\mathrm{i}}{\hbar}[H', r^\pm], \qquad r^\pm = \sigma^\pm\mathrm{e}^{\mp\mathrm{i}\omega_\mathrm{f}t}
\tag{7.10.9}
$$

现计算在 $r^\pm$ 表象中 H_i 与 $\hbar\Delta\omega\sigma^+\sigma^- + H_\mathrm{d}$ 对密度矩阵算子的影响。参照文献 [44], 定义原子系统在 H_i 作用下随时间的演化算子为 $u(t)$, 且

$$
\mathrm{i}\hbar\frac{\mathrm{d}}{\mathrm{d}t}u(t) = H_\mathrm{i}(t)u(t), \qquad u(0) = 1
$$

$$
u(\Delta t) = 1 + u_1(\Delta t) + u_2(\Delta t)
$$

$$
u_1(\Delta t) = \frac{1}{\mathrm{i}\hbar}\int_0^{\Delta t}\mathrm{d}t' H_\mathrm{i}(t')
$$

$$
u_2(\Delta t) = \frac{-1}{\hbar^2}\int_0^{\Delta t}\mathrm{d}t_1\int_0^{t_1}\mathrm{d}t_2 H_\mathrm{i}(t_1)H_\mathrm{i}(t_2)
\tag{7.10.10}
$$

式中

$$
H_\mathrm{i} = -\mathrm{i}\hbar\left[r^+\sum_k g_k b_k^-\mathrm{e}^{\mathrm{i}(\omega_f - \omega_k)t} - r^-\sum_k g_k^* b_k^+\mathrm{e}^{-\mathrm{i}(\omega_f - \omega_k)t}\right]
\tag{7.10.11}
$$

在 t 时包括多原子与热浴在内的密度算子 $\tilde{\rho}(t)$ 可定义为

$$
\begin{aligned}
\tilde{\rho}(t) &= \rho(t)|0\rangle_\mathrm{IB}|1\rangle_\mathrm{IIB} \\
&= \sum_{m,n}\rho_{mn}(t)|r, m\rangle_\mathrm{I}|r, -n\rangle_\mathrm{II}|0\rangle_\mathrm{IB}|1\rangle_\mathrm{IIB}
\end{aligned}
\tag{7.10.12}
$$

式中 $|0\rangle_{\mathrm{IB}}|1\rangle_{\mathrm{IIB}}$ 为热浴初态, 而在 $t + \Delta t$ 时的密度算子 $\tilde{\rho}(t + \Delta t)$ 则可写为

$$\tilde{\rho}(t + \Delta t) = \sum_{m,n}[1 + u_{\mathrm{I1}}(\Delta t) + u_{\mathrm{I2}}(\Delta t)] \times [1 + u_{\mathrm{II1}}(\Delta t) + u_{\mathrm{II2}}(\Delta t)]$$
$$\times \sum_{m,n} \rho_{mn}(t)|r,m\rangle_{\mathrm{I}}|r,-n\rangle_{\mathrm{II}}|0\rangle_{\mathrm{IB}}|1\rangle_{\mathrm{IIB}} \tag{7.10.13}$$

式中 $u_{\mathrm{I}}, u_{\mathrm{I2}}$ 与 $u_{\mathrm{II1}}, u_{\mathrm{II2}}$ 分别作用于 $|r,m\rangle_{\mathrm{I}}|0\rangle_{\mathrm{IB}}$ 与 $|r,-n\rangle_{\mathrm{II}}|1\rangle_{\mathrm{IIB}}$。令

$$\tilde{\rho}(t + \Delta t) - \tilde{\rho}(t) = [\rho(t + \Delta t) - \rho(t)]|1\rangle_{\mathrm{IB}}|0\rangle_{\mathrm{IIB}} \tag{7.10.14}$$

将 (7.10.12), (7.10.13) 式代入 (7.10.14) 式, 便得

$$\tilde{\rho}(t + \Delta t) - \tilde{\rho}(t) = \sum_{m,n} \rho_{mn}(t)[u_{\mathrm{I1}}(\Delta t)u_{\mathrm{II1}}(\Delta t) + u_{\mathrm{I2}}(\Delta t) + u_{\mathrm{II2}}(\Delta t)]$$
$$\times |r,m\rangle_{\mathrm{I}}|r,-n\rangle_{\mathrm{II}}|0\rangle_{\mathrm{IB}}|1\rangle_{\mathrm{IIB}} \tag{7.10.15}$$

故有

$$\rho(t + \Delta t) - \rho(t) = -r_{\mathrm{I}}^- r_{\mathrm{II}}^+ \int_0^{\Delta t} \sum_{k'} g_{k'}^* \mathrm{e}^{\mathrm{i}(\omega_k' - \omega_f)t_1} \mathrm{d}t_1 \int_0^{\Delta t} \sum_k g_k \mathrm{e}^{-\mathrm{i}(\omega_k - \omega_f)t_2} \mathrm{d}t_2 \rho(t)$$
$$- (r_{\mathrm{I}}^+ r_{\mathrm{I}}^- + r_{\mathrm{II}}^- r_{\mathrm{II}}^+) \int_0^{\Delta t} \mathrm{d}t_1 \int_0^{t_1} \mathrm{d}t_2 \sum_k g_k^2 \mathrm{e}^{\mathrm{i}(\omega_k - \omega_f)(t_1 - t_2)} \rho(t)$$
$$\tag{7.10.16}$$

经过较复杂的计算后, 我们得因相互作用 H_{i} 产生的密度算子变率 $\left(\dfrac{\mathrm{d}\rho}{\mathrm{d}t}\right)_{H_{\mathrm{i}}}$ 为

$$\left(\frac{\mathrm{d}\rho}{\mathrm{d}t}\right)_{H_{\mathrm{i}}} = -\gamma(2r_{\mathrm{I}}^- r_{\mathrm{II}}^+ + r_{\mathrm{I}}^+ r_{\mathrm{I}}^- + r_{\mathrm{II}}^- r_{\mathrm{II}}^+)\rho \tag{7.10.17}$$

式中 2γ 即单原子的自发辐射系数 A。用同样方法可计算出 $\hbar\Delta\omega\sigma^+\sigma^- + H_{\mathrm{d}} = \hbar\Delta\omega r^+ r^- - \hbar g(r^+ + r^-)$ 产生的影响为

$$\left(\frac{\mathrm{d}\rho}{\mathrm{d}t}\right)_{\hbar\Delta\omega r^+ r^- + H_{\mathrm{d}}} = -\mathrm{i}\Delta\omega(r_{\mathrm{I}}^+ r_{\mathrm{I}}^- + r_{\mathrm{II}}^+ r_{\mathrm{II}}^-)\rho - \mathrm{i}g(r_{\mathrm{I}}^+ + r_{\mathrm{II}}^+ + r_{\mathrm{I}}^- + r_{\mathrm{II}}^-)\rho \tag{7.10.18}$$

将 (7.10.17) 式和 (7.10.18) 式结合在一起, 便得多原子体系密度算子 ρ 所满足的动力学方程

$$\frac{\mathrm{d}\rho}{\mathrm{d}t} = -\gamma(2r_{\mathrm{I}}^- r_{\mathrm{II}}^+ + r_{\mathrm{II}}^- r_{\mathrm{II}}^+ + r_{\mathrm{I}}^+ r_{\mathrm{I}}^-)\rho$$
$$- \mathrm{i}g(r_{\mathrm{I}}^+ + r_{\mathrm{II}}^+ + r_{\mathrm{I}}^- + r_{\mathrm{II}}^-)\rho - \mathrm{i}\Delta\omega(r_{\mathrm{I}}^+ r_{\mathrm{I}}^- + r_{\mathrm{II}}^+ r_{\mathrm{II}}^-)\rho \tag{7.10.19}$$

注意到关系

$$r^+ r^- = \frac{1}{2}(r^+ r^- - r^- r^+) + \frac{1}{2}(r^+ r^- + r^- r^+) = r_z + \frac{1}{2}$$

$$R^{\pm} = r_{\mathrm{I}}^{\pm} + r_{\mathrm{II}}^{\pm}, \qquad R_z = r_{z\mathrm{I}} + r_{z\mathrm{II}} \tag{7.10.20}$$

并作变换 $\rho \to \rho \mathrm{e}^{-\mathrm{i}\Delta\omega t}$, 则方程 (7.10.19) 可写为

$$\frac{\mathrm{d}\rho}{\mathrm{d}t} = -\gamma(2r_{\mathrm{I}}^- r_{\mathrm{II}}^+ + r_{\mathrm{II}}^- r_{\mathrm{II}}^+ + r_{\mathrm{I}}^+ r_{\mathrm{I}}^-)\rho - \mathrm{i}g(R^+ + R^-)\rho - \mathrm{i}\Delta\omega R_z\rho \tag{7.10.21}$$

式中 $g = \mu E_0/\hbar = \Omega/2$。

7.10.3 原子的受激辐射对原子间 (合作) 相互作用的影响

影响原子间 (合作) 相互作用的不仅有自发辐射与外场, 还有原子间的受激辐射。如图 7.33 所示, 原子 1 在外场 E_0 作用下产生了受激辐射 E', E' 又作为一个新的外场作用在原子 2 上。设

$$E' = \alpha_{\mathrm{s}} E_0 (r_1^+ r_1^- - r_1^- r_1^+) \tag{7.10.22}$$

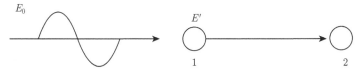

图 7.33 两原子系统的相互作用 (取自文献 [73])

式中 E_0 为外场振幅; $(r_1^+ r_1^- - r_1^- r_1^+)$ 为原子 1 的反转粒子数; α_{s} 为受激辐射系数, 与原子密度有关。两原子相干自发辐射概率 [25] 较两原子自发辐射概率多一个因子 $(1 + \sin(2k\Delta)\cos\delta/(2k\Delta))$[75]。按 Einstein 系数 A 与 B 成比例的关系, 靠得很近的两原子的受激辐射概率将是离得很远的两原子受激辐射概率的 $(1 + \sin(2k\Delta)\cos\delta/(2k\Delta))$ 倍, 故 $\alpha_{\mathrm{s}}(r_1^+ r_1^- - r_1^- r_1^+)$ 的值可按

$$\frac{\sin(2k\Delta)}{2k\Delta}\cos\delta \simeq \cos\delta$$

来估算。当初始相位 δ 在 $0 \sim \pi$ 变化时, $\alpha_{\mathrm{s}}(r_1^+ r_1^- - r_1^- r_1^+)$ 的值将在 $-1 \sim 1$ 变化。由 E' 作用于原子 2 上的相互作用能为 H_{I}'

$$H_{\mathrm{I}}' = -\hbar\alpha_{\mathrm{s}} E_0 \mu [(r_1^+ r_1^- - r_1^- r_1^+)r_2^+ + r_2^-(r_1^+ r_1^- - r_1^- r_1^+)]$$
$$- \hbar\alpha_{\mathrm{s}} E_0 \mu [r_2^+(r_1^+ r_1^- - r_1^- r_1^+) + (r_1^+ r_1^- - r_1^- r_1^+)r_2^-] \tag{7.10.23}$$

式中 r_1, r_2 分别作用于原子 1 与 2。H_{I}' 的这种形式已经考虑了它的厄米性质。用同样方法, 可得出由原子 2 的受激辐射作用于原子 1 的相互作用能 H_{I}'', 只需将 (7.10.23) 式的角标 1,2 对换就可以了。将这两项加起来, 便得

$$H_{\mathrm{I}}^{(1)} = H_{\mathrm{I}}' + H_{\mathrm{I}}'' \tag{7.10.24}$$

注意到关系式

$$r^\pm = r_1^\pm + r_2^\pm$$

$$r_i^- r_i^+ r_i^+ = r_i^- r_i^- r_i^+ = 0, \qquad i = 1, 2 \tag{7.10.25}$$

增加的偶极相互作用 $H_I^{(1)}$ 为

$$H_I^{(1)} = -\hbar \alpha_s g [r_z(r^+ + r^-) + (r^+ + r^-)r_z] \tag{7.10.26}$$

而总的电偶极相互作用为

$$H_D = \hbar g(r^+ + r^-) - \hbar \alpha_s g [r_z(r^+ + r^-) + (r^+ + r^-)r_z] \tag{7.10.27}$$

式中第一项为激光场 E_0 与原子的相互作用能, 第二项正比于 α_s, E_0 则是原子间的受激辐射引起的。虽然 (7.10.27) 式是就两原子导出来的, 但易于推广到多原子, 只需应用关系 $r^\pm = \sum_{i=1}^N r_i^\pm$。

在推导方程 (7.10.21) 时, 并未考虑到原子间的受激辐射的影响。若考虑到这一点, 则 (7.10.18) 式中的 H_d 应该用 (7.10.27) 式的 H_D 代替, 于是 (7.10.21) 式可写为

$$\begin{aligned}
\frac{\mathrm{d}\rho}{\mathrm{d}t} = & -\gamma (r_I^+ r_I^- + + r_{II}^- r_{II}^+ + 2r_I^- r_{II}^+)\rho - ig(R^+ + R^-)\rho \\
& - i\alpha_s g [r_{zI}(r_I^+ + r_I^-) - (r_{II}^+ + r_{II}^-)r_{zII} \\
& + (r_I^+ + r_I^-)r_{zI} - r_{zII}(r_{II}^+ + r_{II}^-)]\rho - i\Delta\omega R_z \rho
\end{aligned} \tag{7.10.28}$$

设

$$H_1 = r_I^+ r_I^- + + r_{II}^- r_{II}^+ + 2r_I^- r_{II}^+$$

$$H_2 = R^+ + R^-$$

$$H_3 = r_{zI}(r_I^+ + r_I^-) - (r_{II}^+ + r_{II}^-)r_{zII} + (r_I^+ + r_I^-)r_{zI} - r_{zII}(r_{II}^+ + r_{II}^-)$$

$$H_4 = R_z \tag{7.10.29}$$

则

$$H' = \gamma H_1 + igH_2 + i\alpha_s g H_3 + i\Delta\omega H_4 \tag{7.10.30}$$

方程 (7.10.28) 变为

$$\frac{\mathrm{d}\rho}{\mathrm{d}t} = -H'\rho \tag{7.10.31}$$

应用 (7.10.3) 式, 则多原子系统的动力学方程可写成

$$\frac{\mathrm{d}\phi_{RM}}{\mathrm{d}t} = -\sum_{R'M'} \langle R, M|H'|R', M'\rangle \phi_{R'M'} - \gamma_h(1 - \delta_{M,0})\phi_{RM} \tag{7.10.32}$$

为了研究横向弛豫, 在 (7.10.32) 式中我们唯象地引进了 γ_h, 它与 T_2, T_1 的关系为

$$\gamma_h + \gamma = 1/T_2, \qquad 2\gamma = 1/T_1$$

作为一个例子, 以两原子系统的再耦合波函数为基础, 则 H' 的矩阵为

$$H' = \begin{bmatrix} 2\gamma+\mathrm{i}2\Delta\omega & \mathrm{i}2g & 0 & 0 & 0 & \mathrm{i}2\alpha_\mathrm{s}g & 0 & 0 & 0 \\ \mathrm{i}2g & 5\gamma+\mathrm{i}\Delta\omega & \mathrm{i}\sqrt{6}g & 0 & 0 & -3\gamma & -\mathrm{i}\sqrt{2}\alpha_\mathrm{s}g & 0 & 0 \\ 0 & \mathrm{i}\sqrt{6}g & 6\gamma & \mathrm{i}\sqrt{6}g & 0 & -\mathrm{i}\sqrt{6}\alpha_\mathrm{s}g & -2\sqrt{3}\gamma & -\mathrm{i}\sqrt{6}\alpha_\mathrm{s}g & 0 \\ 0 & 0 & \mathrm{i}\sqrt{6}g & 5\gamma-\mathrm{i}\Delta\omega & \mathrm{i}2g & 0 & -\mathrm{i}\sqrt{2}\alpha_\mathrm{s}g & -3\gamma & 0 \\ 0 & 0 & 0 & \mathrm{i}2g & 2\gamma-\mathrm{i}\Delta\omega & 0 & 0 & \mathrm{i}2\alpha_\mathrm{s}g & 0 \\ \mathrm{i}2\alpha_\mathrm{s}g & \gamma & -\mathrm{i}\sqrt{6}\alpha_\mathrm{s}g & 0 & 0 & \gamma+\mathrm{i}\Delta\omega & \mathrm{i}\sqrt{2}g & 0 & 0 \\ 0 & -\mathrm{i}\sqrt{2}\alpha_\mathrm{s}g & 2\gamma/\sqrt{3} & -\mathrm{i}\sqrt{2}\alpha_\mathrm{s}g & 0 & \mathrm{i}\sqrt{2}g & 2\gamma & \mathrm{i}\sqrt{2}g & -8\gamma/\sqrt{6} \\ 0 & 0 & -\mathrm{i}\sqrt{6}\alpha_\mathrm{s}g & \gamma & \mathrm{i}2\alpha_\mathrm{s}g & 0 & \mathrm{i}\sqrt{2}g & \gamma-\mathrm{i}\Delta\omega & 0 \\ 0 & 0 & 0 & 0 & 0 & 0 & 0 & 0 & 0 \end{bmatrix}$$

$$(7.10.33)$$

波函数的排列次序为 $\Psi_{22}, \Psi_{21}, \cdots, \Psi_{00}$。以 Ψ_{RM} 为基, H_1 有对角矩阵元 $\langle R, M|H_1|R, M\rangle = 2[(R+1)R - M^2]\langle R\|H_1\|R\rangle$, 而在 Ψ_{2i}, Ψ_{1i} 间有交叉矩阵元 (具有因子 γ)。H_2, H_4 不为 0 的矩阵元分别为

$$\langle R, M|H_2|R', M'\rangle = \sqrt{(R-M)(R+M+1)}\delta_{R,R'} \cdot \delta_{M,M'-1}$$
$$+ \sqrt{(R+M)(R-M+1)}\delta_{R,R'} \cdot \delta_{M,M'+1} \quad (7.10.34)$$

$$\langle R, M|H_4|R', M'\rangle = M\delta_{R,R'} \cdot \delta_{M,M'} \quad (7.10.35)$$

所有交叉矩阵元确定了第二共振荧光边峰的强度。如果略去 H_3 的交叉矩阵元, 我们便回到 Agarwal 等讨论的两原子共振荧光的情形。若将 Ψ_{2i} 与 Ψ_{1i} 间的耦合矩阵元略去, 我们便回到单原子 $\Psi_{1\pm1}, \Psi_{10}$ 满足的 Bloch 方程。

7.10.4 两原子的共振荧光谱

以再耦合波函数为基, 求解两原子动力学方程 (7.10.32),(7.10.33), 并应用量子回归定理, 最后计算出两原子系统的共振荧光谱[73], 数值计算得出结果如下。

1. 共振情形 $(\Delta\omega = 0)$

(1) 采用无量纲参量 $\beta = g/\gamma_2, \alpha = \alpha_3 g/\gamma_2 = \alpha_3\beta$, 并取 $\gamma_1/2\gamma_2 = T_2/2T_1 = 1$, 这对应于无碰撞情形 $\gamma_h = 0$。若取 $\alpha_\mathrm{s} = 0, \alpha = \alpha_\mathrm{s}\beta = 0$, 荧光谱与文献 [70] 给出的一致。与中间的三峰相比, 第二对边峰很弱, 不易观察到。这是因为 β 很小, 而谱为 Lorentz 型。不同 R 间的耦合不能产生强的第二对边峰。若 $\alpha \neq 0$(图 7.34), 第二对边峰随着 $|\alpha|$ 的增加逐渐增强。当 $\alpha = -3$ 时, 边峰的高度已超过了中峰 (图 7.34(a), $\beta = 2.5$)。因 $\alpha = \alpha_\mathrm{s}\beta$, α 不变而 β 增加的情况下, $\alpha_\mathrm{s} = \alpha/\beta$ 将减小。这将导致第二对边峰的减小, 此即图 7.34(b) 中 $\beta = 5.0$ 的情形。注意谱是在稳态情况下计算的, $\Delta_0 = -1, \Delta = -10^{-1} \sim -10^{-2} < 0$, 故有场强 $E' \propto \alpha_\mathrm{s}E_0\Delta > 0$, 亦即两原子的初始相位差 $\delta \simeq 0$, 处于相干自发辐射状态[76]。

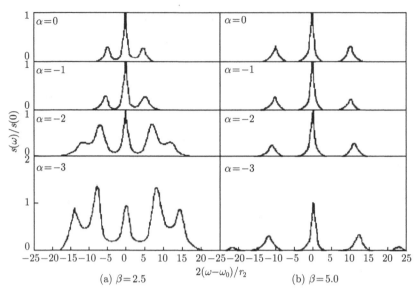

图 7.34　$T_2/(2T_1) = 1$, $\Delta_0 = -1$ 情形的共振荧光谱 (取自文献 [73])

(2) $T_2/(2T_1) = 5 \times 10^{-7}$ 对应于固体介质, 如红宝石。随着 $|\alpha|$ 的增加, 共振荧光谱的变化情况如图 7.35 所示。当 $\alpha = 0$ 时, 有三峰结构, 当 $\alpha \neq 0$ 时, 出现了较高的第二边峰, 而且还出现凹陷光谱 (图 7.36)。数值计算又表明在某些情况下中峰及第一对边峰, 每一峰均由两个小峰构成, 但第二对边峰不包含两个小峰。

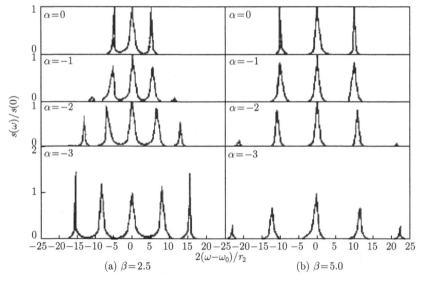

图 7.35　$T_2/(2T_1) \ll 1$, $\Delta_0 = -1$ 情形的共振荧光谱 (取自文献 [73])

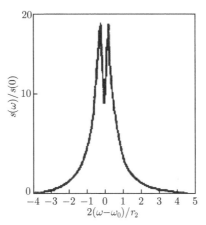

图 7.36 凹陷谱 (取自文献 [73])

$\alpha = -0.02$, $\beta = 0.05$, $\Delta_0 = -1$, $T_2/2T_1 = 5 \times 10^{-1}$

2. 偏离共振情形 ($\Delta\omega \neq 0$)

当驱动场频率偏离了原子跃迁频率时, 谱将会是非对称的 (图 7.37)。当 $\Delta\omega = 1$ 时, 第一对边峰中的每一个均分裂为两个, 但第二对边峰及中峰未出现这种分裂。

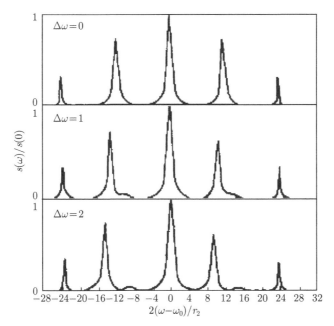

图 7.37 频率失谐对谱的影响 (取自文献 [73])

$\alpha = -3$, $\beta = 5.0$, $\Delta_0 = -1$, $T_2/2T_1 = 5 \times 10^{-7}$

7.11　不取旋波近似情形二能级原子的共振荧光谱 [78]

一般的二能级原子的共振荧光理论都是取了旋波近似后得出来的。本节提出不取旋波近似的共振荧光理论。旋波近似成立的前提是驱动场频率 $\omega \gg$ Rabi 频率 Ω, 但在强场作用情形 Rabi 频率 Ω 可达到 ω 同一量级。从实验角度来看, 1kW 级 CW 激光, 功率密度为 $4 \times 10^{19}\mathrm{W/cm}^2 \left(= \dfrac{10^{13}\mathrm{W}}{(10 \times 0.5 \times 10^{-4}\mathrm{cm})^2}\right)$ 是可能的。按公式 $\Omega = 2\pi \left(\dfrac{I(\mathrm{W/cm}^2)}{127}\right)^{1/2}$ GHz, 对 3S-3P 钠原子跃迁, 可得 $\Omega/2\pi = 5 \times 10^{12}$Hz。若采用 COIL 准连续激光 $\lambda = 1.315\mu\mathrm{m}$, 功率密度百千瓦量级, 达到 $\Omega/2\pi = 10^{13} \sim 10^{14}$Hz 近于 $\omega/2\pi$ 是有希望的 [77]。故发展不取旋波近似的二能级原子共振荧光理论是有意义的。下面的计算结果表明不取旋波近似的二能级原子的共振荧光显得很复杂。中峰出现分裂, 而边峰也有一系列不对称的谐波。

7.11.1　Mollow 的共振荧光理论 (RFS)[44] 与积分的初值条件

我们先说 7.2 节 Mollow 的共振荧光理论的几个主要步骤, 首先从解取旋波近似的动力方程 (7.2.1) 和 (7.2.9) 出发, 下面用 $U_{\alpha\alpha}(\tau,t')$, $U_{\alpha m}(\tau,t')$ 表示。

$$\alpha(t'+\tau) = U_{\alpha n}(\tau,t')\bar{n}(t') + U_{\alpha m}(\tau,t')\bar{m}(t') + U_{\alpha\alpha}(\tau,t')\alpha(t') + U_{\alpha\alpha}^*(\tau,t')\alpha^*(t') \quad (7.11.1)$$

应用方程 (7.11.1), 导出双时原子相关函数的量子回归定理 $g(\tau,t')$

$$g(\tau,t') = \langle a^\dagger(t')a(t'+\tau)\rangle$$
$$= U_{\alpha\alpha}(\tau,t')\bar{n}(t') + U_{\alpha m}(\tau,t')\alpha^*(t') \quad (7.11.2)$$

当 $t' \to \infty$ 时, 可以证明上式趋近形式 $g(\tau,t') \to g(\tau)$

$$g(\tau) = U_{\alpha\alpha}(\tau)\bar{n}_\infty(t') + U_{\alpha m}(\tau)(\mathrm{e}^{-\mathrm{i}\omega t'}\alpha_\infty^*(t')) \quad (7.11.3)$$

在此 $\bar{n}_\infty(t')$, $\alpha_\infty^*(t')\mathrm{e}^{-\mathrm{i}\omega t'}$ 即稳态解 (7.2.25) 由下式给出:

$$\bar{n}_\infty = \frac{\Omega^2/4}{\Omega^2/2 + |z|^2}, \qquad \alpha_\infty^*(t')\mathrm{e}^{-\mathrm{i}\omega t} = \frac{-\mathrm{i}\Omega/2z}{\Omega^2/2 + |z|^2} \quad (7.11.4)$$

现求 $g(\tau)$ 的 Laplace 变换

$$\hat{g}(s) = \int_0^\infty \mathrm{d}\tau \mathrm{e}^{-s\tau}g(\tau) \quad (7.11.5)$$

由方程 (7.11.3), (7.11.4), $\hat{g}(s)$ 满足

$$\hat{g}(s) = \hat{U}_{\alpha\alpha}(s)\bar{n}_\infty(t') + \hat{U}_{\alpha m}(s)(\alpha_\infty^*\mathrm{e}^{-\mathrm{i}\omega t'}) \quad (7.11.6)$$

原子相关函数的非相干散射部分为

$$\hat{g}_{\mathrm{inc}}(s) = \hat{g}(s) - \frac{|\alpha_\infty|^2}{s + \mathrm{i}\omega} \tag{7.11.7}$$

原子相关函数谱亦即 RFS 可表示为

$$\widetilde{g}(\nu) = 2\mathrm{Re}[\hat{g}(-\mathrm{i}\nu)]$$
$$= 2\pi|\alpha_\infty|\delta(\nu - \omega) + 2\mathrm{Re}[\hat{g}_{\mathrm{inc}}(-\mathrm{i}\nu)] \tag{7.11.8}$$

方程 (7.11.1) ∼ (7.11.8) 乃 Mollow RFS 理论的主要结果 (采用 RWA)。现在我们导出共振情形积分动力学方程所对应的初值条件。对于共振情形, $\Delta\omega = \omega - \omega_0 = 0$, 由 (7.2.27) 式, 可表示为 g

$$\hat{U}_{\alpha\alpha}(s) = \frac{(s + \mathrm{i}\omega + \gamma_1)(s + \mathrm{i}\omega + \gamma_2) + \Omega/2}{(s + \mathrm{i}\omega + \gamma_2)(s + \mathrm{i}\omega - \lambda_1)(s + \mathrm{i}\omega - \lambda_2)}$$
$$= \frac{1/2}{s + \mathrm{i}\omega + \gamma_2} + \frac{\mathrm{i}\Omega}{4\Omega'}\frac{1}{\lambda_1 + \gamma_2}\frac{1}{s + \mathrm{i}\omega - \lambda_1} - \frac{\mathrm{i}\Omega}{4\Omega'}\frac{1}{\lambda_2 + \gamma_2}\frac{1}{s + \mathrm{i}\omega - \lambda_2} \tag{7.11.9}$$

$$\hat{U}_{\alpha m}(s) = \frac{\mathrm{i}\Omega(s + \mathrm{i}\omega + \gamma_1)}{2(s + \mathrm{i}\omega)(s + \mathrm{i}\omega - \lambda_1)(s + \mathrm{i}\omega - \lambda_2)}$$
$$= \frac{\mathrm{i}\Omega\gamma_1}{2\lambda_1\lambda_2}\frac{1}{s + \mathrm{i}\omega} + \frac{\mathrm{i}\Omega(\lambda_1 + \gamma_1)}{2\lambda_1(\lambda_1 - \lambda_2)}\frac{1}{s + \mathrm{i}\omega - \lambda_1} + \frac{\mathrm{i}\Omega(\lambda_2 + \gamma_1)}{2\lambda_2(\lambda_2 - \lambda_1)}\frac{1}{s + \mathrm{i}\omega - \lambda_2}$$

$$\lambda_1, \lambda_2 = -\frac{\gamma_1 + \gamma_2}{2} \pm \sqrt{\left(\frac{\gamma_1 - \gamma_2}{2}\right)^2 - \Omega^2} = -\frac{\gamma_1 + \gamma_2}{2} \pm \mathrm{i}\Omega' \tag{7.11.10}$$

求方程 (7.11.9), (7.11.10) 的反 Laplace 变换, 我们得到

$$U_{\alpha\alpha}(\tau) = \left[\frac{1}{2}\mathrm{e}^{-\gamma_2\tau} + \mathrm{i}\frac{\Omega}{4\Omega'}\left(\frac{1}{\lambda_1 + \gamma_2}\mathrm{e}^{\lambda_1\tau} - \frac{1}{\lambda_2 + \gamma_2}\mathrm{e}^{\lambda_2\tau}\right)\right]\mathrm{e}^{-\mathrm{i}\omega\tau} \tag{7.11.11}$$

$$U_{\alpha m}(\tau) = \left[\mathrm{i}\frac{\Omega\gamma_1}{2\lambda_1\lambda_2} + \mathrm{i}\frac{\Omega}{2(\lambda_1 - \lambda_2)}\left(\frac{\lambda_1 + \gamma_1}{\lambda_1}\mathrm{e}^{\lambda_1\tau} - \frac{\lambda_2 + \gamma_1}{\lambda_2}\mathrm{e}^{\lambda_2\tau}\right)\right]\mathrm{e}^{-\mathrm{i}\omega\tau} \tag{7.11.12}$$

让我们将动力学方程 (7.2.1) 用 $\alpha(t)\mathrm{e}^{\mathrm{i}\omega t}$ 的实部与虚部重写为 $u = \frac{1}{2}(\alpha(t)\mathrm{e}^{\mathrm{i}\omega t} + \alpha^*(t)\mathrm{e}^{-\mathrm{i}\omega t})$, $v = -\frac{\mathrm{i}}{2}(\alpha(t)\mathrm{e}^{\mathrm{i}\omega t} - \alpha(t)^*\mathrm{e}^{-\mathrm{i}\omega t})$,

$$\begin{cases} \dfrac{\mathrm{d}u}{\mathrm{d}t} = -\gamma_2 u \\[2mm] \dfrac{\mathrm{d}v}{\mathrm{d}t} = -\gamma_2 v + \Omega\sigma_z \\[2mm] \dfrac{\mathrm{d}\sigma_z}{\mathrm{d}t} = -\gamma_1(\sigma_z - \bar{\sigma}_z) - \Omega v \end{cases} \tag{7.11.13}$$

然后按下面初始条件积分方程 (7.11.14)(a_u, a_v, a_m) 并写下相应的解

$$\begin{cases} a_u : \sigma_{z0} = \bar{\sigma}_z = 0.0, \ u_0 = 0.5, \ v_0 = 0.0 \\ \text{sol}: u = \dfrac{1}{2}\mathrm{e}^{-\gamma_2\tau} \end{cases} \tag{7.11.14}$$

$$\begin{cases} a_v : \sigma_{z0} = \bar{\sigma}_z = 0.0, \ u_0 = 0.0, \ v_0 = 0.5 \\ \text{sol}: v = \mathrm{i}\dfrac{\Omega}{4\Omega'}\left(\dfrac{1}{\lambda_1 + \gamma_2}\mathrm{e}^{\lambda_1\tau} - \dfrac{1}{\lambda_2 + \gamma_2}\mathrm{e}^{\lambda_2\tau}\right) \end{cases} \tag{7.11.15}$$

$$\begin{cases} a_m : \sigma_{z0} = \bar{\sigma}_z = -0.5, \ u_0 = v_0 = 0.0 \\ \text{sol}: v = -\dfrac{\Omega\gamma_1}{2\lambda_1\lambda_2} - \dfrac{\Omega}{2(\lambda_1-\lambda_2)}\left(\dfrac{\lambda_1+\gamma_1}{\lambda_1}\mathrm{e}^{\lambda_1\tau} - \dfrac{\lambda_2+\gamma_1}{\lambda_2}\mathrm{e}^{\lambda_2\tau}\right) \end{cases} \tag{7.11.16}$$

比较 (7.11.11), (7.11.12) 式与方程 (7.11.14) $\sim$ (7.11.16), 我们发现 $U_{\alpha\alpha}(\tau, t')$ 可表示为方程 (7.11.13) 的解, 即分别满足初始条件 a_u 与 a_v 的 u 与 v。

$$U_{\alpha\alpha}(\tau, t') = U_{\alpha\alpha}(\tau) = (u(\tau) + v(\tau))\mathrm{e}^{-\mathrm{i}\omega\tau} \tag{7.11.17}$$

而 $U_{\alpha m}(\tau, t')$ 可表示为满足初始条件 a_m 的解 v

$$U_{\alpha m}(\tau, t')\mathrm{e}^{-\mathrm{i}\omega t'} = U_{\alpha m}(\tau) = -\mathrm{i}v(\tau)\mathrm{e}^{-\mathrm{i}\omega\tau} \tag{7.11.18}$$

因初始条件与 RWA 无关, 方程 (7.8.17), (7.8.18) 可认为是一般成立的关系式。

7.11.2　不采用 RWA 二能级原子系统的 RFS 理论

参照文献 [44]、[66], 描述二能级原子 (TLS) 且不采用 RWA 的方程为

$$\begin{cases} \dfrac{\mathrm{d}}{\mathrm{d}t}\sigma_z(t) = -\gamma_1(\sigma_z(t) - \bar{\sigma}_z) - \mathrm{i}\dfrac{\Omega^-}{2}(\alpha(t)\mathrm{e}^{\mathrm{i}\omega\tau}) + \mathrm{i}\dfrac{\Omega^+}{2}(\alpha^*(t)\mathrm{e}^{-\mathrm{i}\omega\tau}) \\ \dfrac{\mathrm{d}}{\mathrm{d}t}(\alpha(t)\mathrm{e}^{\mathrm{i}\omega\tau}) = -\gamma_2(\alpha(t)\mathrm{e}^{\mathrm{i}\omega\tau}) - \mathrm{i}\Omega^+\sigma_z(t) \\ \dfrac{\mathrm{d}}{\mathrm{d}t}(\alpha^*(t)\mathrm{e}^{-\mathrm{i}\omega\tau}) = -\gamma_2(\alpha^*(t)\mathrm{e}^{-\mathrm{i}\omega\tau}) + \mathrm{i}\Omega^-\sigma_z(t) \end{cases} \tag{7.11.19}$$

此处 $\Omega^{\pm} = \Omega(1 + \mathrm{e}^{\pm 2\mathrm{i}\omega t})$, 驱动场的频率与原子跃迁频率为共振, $\omega = \omega_0$。现将方程 (7.11.19) 用 $\alpha(t)\mathrm{e}^{\mathrm{i}\omega t}$ 的实部与虚部写为 $u = \dfrac{1}{2}(\alpha(t)\mathrm{e}^{\mathrm{i}\omega t} + \alpha^*(t)\mathrm{e}^{-\mathrm{i}\omega t})$, $v = -\dfrac{\mathrm{i}}{2}(\alpha(t)\mathrm{e}^{\mathrm{i}\omega t} - \alpha^*(t)\mathrm{e}^{-\mathrm{i}\omega t})$, 我们有

$$\begin{cases} \dfrac{\mathrm{d}u}{\mathrm{d}t} = -\gamma_2 u + \Omega\sin(2\omega t)\sigma_z \\ \dfrac{\mathrm{d}v}{\mathrm{d}t} = -\gamma_2 v + \Omega(1 + \cos(2\omega t))\sigma_z \\ \dfrac{\mathrm{d}\sigma_z}{\mathrm{d}t} = -\gamma_1(\sigma_z - \bar{\sigma}_z) - \Omega(1 + \cos(2\omega t))v - \Omega\sin(2\omega t)u \end{cases} \tag{7.11.20}$$

方程 (7.11.20) 乃描述由单模场驱动的不取旋波近似二能级系统的非自治微分方程。让 $\gamma_1 t = t'$, $\gamma_2/\gamma_1 = 0.5$, $\Omega/\gamma_1 \to \Omega$, $2\omega/\gamma_1 = \eta$, 上述方程可写成如下形式:

$$
\begin{cases}
\dfrac{\mathrm{d}u}{\mathrm{d}t'} = -0.5u + \Omega \sin(\eta t')\sigma_z \\[2mm]
\dfrac{\mathrm{d}v}{\mathrm{d}t'} = -0.5v + \Omega(1 + \cos(\eta t'))\sigma_z \\[2mm]
\dfrac{\mathrm{d}\sigma_z}{\mathrm{d}t'} = -(\sigma_z - \bar{\sigma}_z) - \Omega(1 + \cos(\eta t'))v - \Omega \sin(\eta t')u
\end{cases}
\tag{7.11.21}
$$

下一步为数值求解方程 (7.11.21), 初值条件为 (a_u, a_v, a_m), 并应用方程 (7.11.17), (7.11.19), 求出回归定理即方程 (7.8.23) 中需要的函数 $U_{\alpha\alpha}(\tau, t')$, $U_{\alpha m}(\tau, t')$。

$$
\begin{aligned}
g(\tau, t') &= \langle a(t')a(t' + \tau)\rangle \\
&= U_{\alpha\alpha}(\tau, t')\bar{n}(t') + U_{\alpha m}(\tau, t')\mathrm{e}^{-\mathrm{i}\omega t'}\alpha^*(t')
\end{aligned}
\tag{7.11.22}
$$

无论如何, 在不取旋波近似情形, 函数 $U_{\alpha\alpha}(\tau, t')$ 与 $U_{\alpha m}(\tau, t')$ 通过一种很复杂的方式依赖于 τ 与 t'。函数 $U_{\alpha\alpha}(\tau, t')$ 定义为 $\alpha(t' + \tau) = U_{\alpha\alpha}(\tau, t')\alpha(t')$, 亦即

$$
u(t' + \tau) + \mathrm{i}v(t' + \tau) = U_{\alpha\alpha}(\tau, t')\mathrm{e}^{\mathrm{i}\omega\tau}(u(t') + \mathrm{i}v(t'))
\tag{7.11.23}
$$

等式两边用算子 $\mathrm{Re}\displaystyle\int_0^\infty u(t')\mathrm{d}t'$ 作用并应用平均值定理得出

$$
\int_0^\infty u(t' + \tau)u(t')\mathrm{d}t' = \int_0^\infty U_{\alpha\alpha}(\tau, t')u^2(t')\mathrm{d}t'\mathrm{e}^{\mathrm{i}\omega\tau} = \bar{U}_{\alpha u}(\tau)\int_0^\infty u^2(t')\mathrm{d}t'
\tag{7.11.24}
$$

因此

$$
\bar{U}_{\alpha u}(\tau) = \frac{\displaystyle\int_0^\infty u(t' + \tau)u(t')\mathrm{d}t'}{\displaystyle\int_0^\infty u^2(t')\mathrm{d}t'}
\tag{7.11.25}
$$

相似的, 用算子作用于 $\mathrm{Im}\displaystyle\int_0^\infty v(t')\mathrm{d}t'$ 并作用于方程 (7.11.23) 得出

$$
\bar{U}_{\alpha v}(\tau) = \frac{\displaystyle\int_0^\infty v(t' + \tau)v(t')\mathrm{d}t'}{\displaystyle\int_0^\infty v^2(t')\mathrm{d}t'}
\tag{7.11.26}
$$

对应于方程 (7.11.17) 的函数关系便是

$$
\bar{U}_{\alpha\alpha}(\tau) = (\bar{U}_{\alpha u}(\tau) + \bar{U}_{\alpha v}(\tau))\mathrm{e}^{-\mathrm{i}\omega\tau}
\tag{7.11.27}
$$

方程 (7.11.27) 右端的下标 αu, αv 表示分积分方程 (7.11.21) 以得到 $u(t')$, $v(t')$ 的初值条件。对于函数 $U_{\alpha m}(\tau, t')$，定义为

$$\alpha(t' + \tau) = U_{\alpha m}(\tau, t')\bar{m}(t'), \qquad \bar{m}(t') = \frac{1}{2} - \sigma_z(t') \tag{7.11.28}$$

亦即

$$u(t' + \tau) + \mathrm{i}v(t' + \tau) = U_{\alpha m}(\tau, t')\mathrm{e}^{\mathrm{i}\omega t' + \mathrm{i}\omega\tau}\bar{m}(t') \tag{7.11.29}$$

应用 $\displaystyle\int_0^\infty (u(t') - \mathrm{i}v(t'))\mathrm{d}t'$ 作用于方程 (7.11.29) 两端并应用均值定理导出

$$U_{\alpha m}(\tau, t')\mathrm{e}^{\mathrm{i}\omega t'} = \bar{U}_{\alpha m}(\tau) = \frac{\displaystyle\int_0^\infty (u(t' + \tau) + \mathrm{i}v(t' + \tau))(u(t') - \mathrm{i}v(t'))\mathrm{d}t'}{\displaystyle\int_0^\infty \bar{m}(t')(u(t') - \mathrm{i}v(t'))\mathrm{d}t'}\mathrm{e}^{\mathrm{i}\omega\tau}$$

$$\tag{7.11.30}$$

此处数值解 $\bar{m}(t')$, $\alpha(t')$, $\alpha(t')$ 与 $\bar{n}(t') = 1 - \bar{m}(t')$, $\alpha(t')$ 是在初值条件 a_m 下得出的。将 $\bar{U}_{\alpha\alpha}(\tau)$, $\bar{U}_{\alpha m}(\tau)\mathrm{e}^{-\mathrm{i}\omega t'}$ 代替 $U_{\alpha\alpha}(\tau, t')$ 与 $U_{\alpha m}(\tau, t')$，代入方程 (7.11.2)，我们有

$$g(\tau, t') \quad = \quad \bar{U}_{\alpha\alpha}(\tau)\bar{n}(t') + \bar{U}_{\alpha m}(\tau)\mathrm{e}^{-\mathrm{i}\omega t'}\alpha^*(t')$$

在对 τ 求 Laplace 变换并对 t' 求平均后

$$\tilde{g}(s) = \frac{1}{T}\int_0^T \mathrm{d}t' \int \mathrm{e}^{-s\tau} g(\tau, t')\mathrm{d}\tau = \tilde{\bar{U}}_{\alpha\alpha}(s)\bar{n} + \tilde{\bar{U}}_{\alpha m}(s)\bar{\alpha} \tag{7.11.31}$$

此处

$$\tilde{\bar{U}}_{\alpha\alpha}(s) = \int_0^\infty \mathrm{e}^{-s\tau}\bar{U}_{\alpha\alpha}(\tau)\mathrm{d}\tau, \qquad \tilde{\bar{U}}_{\alpha m}(s) = \int_0^\infty \mathrm{e}^{-s\tau}\bar{U}_{\alpha m}(\tau)\mathrm{d}\tau$$

$$\bar{n} = \lim_{T\to\infty}\frac{1}{T}\int_0^T n(t')\mathrm{d}t', \qquad \bar{\alpha} = \lim_{T\to\infty}\frac{1}{T}\int_0^T \mathrm{e}^{-\mathrm{i}\omega t'}\alpha^*(t')\mathrm{d}t'$$

自方程 (7.11.31) 我们得到相干与非相干散射谱

$$\tilde{g}_{\mathrm{coh}}(-\mathrm{i}\nu) = \frac{|\alpha_\infty|^2}{-\mathrm{i}\nu + \mathrm{i}\omega}$$

$$|\alpha_\infty|^2 = \lim_{\nu\to\omega}(-\mathrm{i}\nu + \mathrm{i}\omega)\tilde{g}(\mathrm{i}\nu)$$

$$\tilde{g}_{\mathrm{inc}}(-\mathrm{i}\nu) = \tilde{g}(-\mathrm{i}\nu) - \tilde{g}_{\mathrm{coh}}(-\mathrm{i}\nu) \tag{7.11.32}$$

TLS 的 RFS 恰恰是 $\tilde{g}_{\mathrm{inc}}(-\mathrm{i}\nu)$ 的实部

$$\mathrm{RFS} = 2\mathrm{Re}\tilde{g}_{\mathrm{inc}}(-\mathrm{i}\nu) \tag{7.11.33}$$

7.11.3 数值计算与讨论

在实际计算中, 我们取 $\Delta t' = 2\pi/256 \sim 2\pi/2048$, $N = 2048 \sim 16384$, $t' = N\Delta t' = 16\pi$, 频率分辨率为 $\Delta\omega = 2\pi/t' = 0.125$。图 7.38 ~ 图 7.40 给出 TLS 的 RFS。参数为 $\gamma_1 = 1$, $\gamma_2 = 0.5$, $\Omega = 5, 25, 100$。(a)~(c) 的 η/Ω 分别为 1.0, 1.6, 3.0。由图 7.38, 当 $\eta = \Omega = 5$ (图 7.38 (a)) 时, 中峰与边带被压低并分裂为双峰。进一步增加 η, $\eta = 8, 15$ (图 7.38 (b), (c)), 中峰会变得愈来愈高趋近于通常的采用 RWA 的 RFS 高度。此处 $\eta \gg \Omega$, 采用 RWA 的 RFS 曲线, 即图 7.38 (c) 中的点线。图 7.38 (a)~(c) 出现谐波 $g_h(-\mathrm{i}\nu)$

$$g_h(-\mathrm{i}\nu) = \sum \frac{|\alpha_n|}{-\mathrm{i}\nu + \mathrm{i}\omega + \mathrm{i}n\eta}, \qquad n = \pm 1, \pm 2$$

$$|\alpha_n| = \lim_{\nu \to \omega + n\eta} (-\mathrm{i}\nu + \mathrm{i}\omega + \mathrm{i}n\eta) \widetilde{g}_{\mathrm{inc}}(-\mathrm{i}\nu)$$

为另一不采用 RWA 的 RFS 区别于采用 RWA 的 RFS 的显著特征。这种谐波是由反转数的脉动诱发相干散射 $|\alpha_\infty| \mathrm{e}^{\mathrm{i}\omega t}$ 引起的。我们注意到对于高的驱动场, 比值 Ω/γ_1 增加。图 7.38 是 Ω/γ_1 固定在 5.0, 图 7.38(a)~(c) 表现出 RFS 随比值 $n = \omega_0/\Omega$ 而变的趋势。RFS 随比值 Ω/γ_1 而变由图 7.42 和图 7.43 $\Omega/\gamma_1 = 25, 100$ 表示出来。比较图 7.39、图 7.40 与图 7.38, 我们看到总的轮廓相似, 但图 7.39 和图 7.40 中由于大的比值 Ω/γ_1 出现的峰更尖锐。

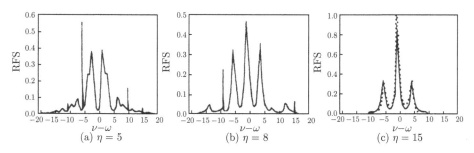

图 7.38 共振荧光谱 ($\Omega = 5$) (取自文献 [78])

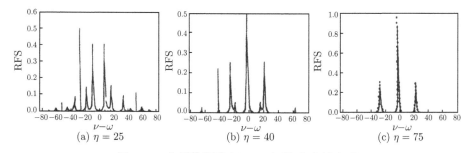

图 7.39 共振荧光谱 ($\Omega = 25$) (取自文献 [78])

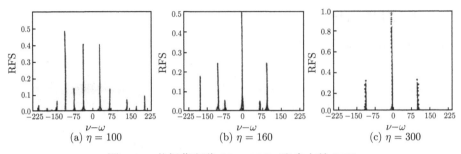

图 7.40　共振荧光谱 ($\Omega = 100$) (取自文献 [78])

小结一下, 我们发展了一种计算不采用 RWA 情形的 RFS 的方法并观察到中峰及边峰的双分裂及不对称谐波谱等。

7.12　Schrödinger 猫态的实验观测

1. Schrödinger 猫态

第 6 章 6.5.3 节在作相干态叠加时, 已提到 Schrödinger 猫态。这其实已涉及量子力学状态叠加原理的研究。这个原理表明: 量子力学状态是通过波函数来描述的, 例如, ψ_A 就描述系统处于状态 A。若系统可处于 ψ_A, 还可处于 ψ_B, 则系统也可处于这两个态的叠加态 $\psi_A \pm \psi_B$。这个原理在微观量子现象中是正确的, 因已得到量子相干实验 (包括电子、中子、原子, 还有由 60 个碳原子构成的网格球状结构, 亦称 "富勒烯" Buckminister Fuller 的干涉衍射实验) 的验证。图 7.41 为 1991 年塞林格 (A. Zeilinger) 等做的中子干涉实验, 图 7.42 为后来的 "富勒烯" 干涉实验, 右图为实验装置示意图, 左图为结果。比 "富勒烯" 更大的球的相干现象的实验验证还未见报道。

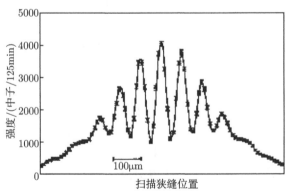

图 7.41　中子干涉实验 (取自文献 [83])

$$x_0 = 5.0, \omega = 2.0, \gamma = 1.0, \mu = 4.0$$

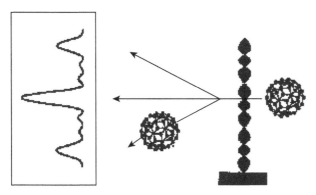

图 7.42　"富勒烯" 干涉实验 (取自文献 [83])

$$x_0 = 5.0, \omega = 2.0, \gamma = 1.0, \mu = 4.0$$

　　但在宏观现象中, 很难观测到这种相干或干涉现象。这就使人疑惑 "状态叠加原理" 在宏观现象中是否成立, 以及宏观现象与微观现象的关联怎样建立。最早 "Schrödinger 猫态" 就是说的这件事。Schrödinger 想象有一只猫被关在密封的箱子里, 箱子内还装有一个含放射性材料的设备。设备的另一部分便是个探测器, 当探测器侦测到一个放射性原子发生衰变时, 可以启动一个机械装置打破装有氰化物的小瓶子, 并放出氰化物毒死猫。由于放射性衰变是微观的 "量子事件", 因而与此关联在一起的两种状态——猫活着与猫死去也应是可能叠加的。但在我们打开箱子进行测量之前, 猫处于又死又活的叠加态, 还是令人难以接受的。

　　于是惠勒 (J. A. Wheeler) 认为这 "死与活" 太恐怖了, 于是改为 "已去 '爱因斯坦家' 的猫或仍留在 '惠勒家' 的猫"[83], 可分别称之为 ψ_A, ψ_B 态。在惠勒回家后, 如果见到了这只猫, 则知道猫是处于 ψ_B 态。否则一定在 "爱因斯坦家", 是处于 ψ_A 态。如果他没有回家, 又没有和爱因斯坦通电话, 则应是处这两种态的叠加态 $\frac{1}{\sqrt{2}}(\psi_A + \psi_B)$, 即可能在他自己家, 也可能在 "爱因斯坦家"。这从常识来说, 还是可以接受的, 这便是 "惠勒猫"。盖尔曼 (M. Gell-Mann) 在读了 "Schrödinger 猫" 后, 曾有过这样的评述: "Schrödinger 猫" 的症结在于 "去相干性" (decoherence)。猫是一个大的、宏观的体系, 不属于微观量子世界。它会呼吸空气, 会吃会喝。因此猫的行为, 不可能是纯粹的量子行为, 它不会像电子那样处于两种以上的状态中。从这个观点来看: "Schrödinger 猫" 应属宏观的猫, 而 "惠勒猫" 则属于微观的猫了。为什么这样说呢? 因 "惠勒猫" 虽然也有宏观的猫的许多自由度, 完全不是一个微粒子, 如电子或原子那么简单。但那许多自由度都可看成被冻结了, 没有表现出来。表现出来的仅有一个往 "爱因斯坦家" 或 "惠勒家" 走的自由度。像微粒子双缝干涉实验中粒子走这个缝还是那个缝一样, 故可称之为 "微观的猫" 了。至于 "Schrödinger 猫" 则完全是另外一回事, 充分表现出宏观的猫的许多自由度, 而且还有一个由生

到死的不可逆过程。不管这过程有多么复杂，姑且用"去相干性"(decoherence) 来描写吧！由于与热库的多自由度的非相干相互作用，一个活的猫就不可逆地变成了一个死的猫。这里说"不可逆是强调当活的猫变成了一个死的猫后就再也不可能复活了，这个活的猫也就永远从这个世界消失"。虽有些可怕，但是事实。当然也并非一提"去相干性"(decoherence)，就一定会将"活的猫"变成"死的猫"。也可能有将"白的猫"变成"黑的猫"，它仍然活在这世上，但毕竟是不可逆过程。"黑的猫"已完全丧失了关于"白的猫"的记忆，也不可能变回去了。与"白的猫"在相位间保持一种非相干相互作用。$\left| \frac{1}{\sqrt{2}}(\psi_A \pm \psi_B) \right|^2 = \frac{1}{2}(|\psi_A|^2 + |\psi_B|^2)$，这与"惠勒猫"不在"惠勒家"就在"爱因斯坦家"也还不一样。因为后者还保持着波函数间的相位关系，并没有由测量等"去相干性"过程而导致的不可逆性质。现在对"Schrödinger猫"态的研究就是把它看成一种宏观的状态叠加进行研究，而不去说它是死的还是活的。也只能这样了。古人云"未知生，焉知死"，生与死问题已远超物理学范畴。

2. 宏观叠加态

宏观状态含有非常多的自由度。对宏观状态的测量，从 Fourier 分解角度看，如何因"去相干性"而丧失了各自由度的相位间的关联。就光学范围而言，Yurke等最先从理论上研究过用相干态光通过振幅色散而产生的不易区分的宏观态的叠加 [84]。从实验上探测宏观态的产生及两个宏观的叠加还是后来的事 [85,86]。首先从单个原子与单模相干场出发。参照 (7.7.1) 和 (3.1.1) 式，相互作用 Hamilton $H_i = \hbar[\sigma^+ \sum g_k b_k - \sigma^- \sum g_k^* b_k^\dagger]$，$\sigma^- = u + iv, \sigma^+ = u - iv$。表式右端前后两项分别代表基态原子及激发态原子与辐射场的相互作用。若辐射场为相干态，我们得出辐射场能与原子布居数能之和的守恒关系 (7.8.20) 式，也得出表现原子布居数崩塌与复苏的 (7.8.38) 式，即

$$\langle b^\dagger b \rangle + 1 + 2\langle \sigma_z \rangle = C$$

$$2\langle \sigma_z \rangle = \exp(-|\alpha|^2) \sum_{n=0}^{\infty} \frac{|\alpha|^{2n}}{n!} \cos(2g\sqrt{n+1}t) \tag{7.12.1}$$

由 (7.7.1) 及 (5.2.6) 式 $\sigma^+\sigma^- + \sigma^-\sigma^+ = 1, \sigma^+\sigma^- - \sigma^-\sigma^+ = 2\sigma_z$ 得出 σ^-, σ^+ 中的实部与虚部 u, v 的平方平均值 $\langle u^2 \rangle, \langle v^2 \rangle$

$$\begin{cases} \langle u^2 \rangle = \frac{1}{2}(1 + 2\langle \sigma_z \rangle) = \exp(-|\alpha|^2) \sum_{n=0}^{\infty} \frac{|\alpha|^{2n}}{n!} \cos^2(g\sqrt{n+1}t) \\ \langle v^2 \rangle = \frac{1}{2}(1 - 2\langle \sigma_z \rangle) = \exp(-|\alpha|^2) \sum_{n=0}^{\infty} \frac{|\alpha|^{2n}}{n!} \sin^2(g\sqrt{n+1}t) \end{cases} \tag{7.12.2}$$

由此得

$$\begin{cases} \phi_u = \exp(-|\alpha|^2/2) \sum_{n=0}^{\infty} \dfrac{|\alpha|^n}{\sqrt{n!}} \cos(g\sqrt{n+1}t) \\ \phi_v = \exp(-|\alpha|^2/2) \sum_{n=0}^{\infty} \dfrac{|\alpha|^n}{\sqrt{n!}} \sin(g\sqrt{n+1}t) \end{cases} \quad (7.12.3)$$

$$|\alpha e^{\pm i\phi}\rangle = \phi_u \pm i\phi_v = \exp(-|\alpha|^2/2) \sum_{n=0}^{\infty} \frac{|\alpha|^n}{\sqrt{n!}} e^{\pm ig\sqrt{n+1}t} \quad (7.12.4)$$

若处于激发态的原子通过辐射场，由于相互作用增添了相位因子 $e^{ig\sqrt{n+1}t}$，则通过后的相干态可表示为 $|e,\alpha e^{i\phi}\rangle = \exp(-|\alpha|^2/2) \sum_{n=0}^{\infty} \dfrac{|\alpha|^n}{\sqrt{n!}} e^{ig\sqrt{n+1}t}$。若处于基态的原子通过辐射场则为 $|g,\alpha e^{-i\phi}\rangle = \exp(-|\alpha|^2/2) \sum_{n=0}^{\infty} \dfrac{|\alpha|^n}{\sqrt{n!}} e^{-ig\sqrt{n+1}t}$。如有激发态原子与基态原子通过辐射场，则有宏观态 $|e,\alpha e^{i\phi}\rangle$ 与 $|g,\alpha e^{-i\phi}\rangle$ 的叠加，也就是 Schrödinger 猫态。

现讨论单个激发态原子通过辐射场的实验观察 [85]。实验装置如图 7.43 所示。由原子炉 O 喷射出的铷原子，经过 B 箱制备出一个又一个在时间上分开的 Rydberg 激发 e 圆态原子 (主量子数为 51)。重复频率为 660Hz，具有 Maxwell 速度分布 (平均速度)。原子穿过 C 腔 (由两个超导铌镜面够成，直径 5cm, 曲率半径 4cm, 镜面间距 2.75cm, 腔的 Q 值达 7×10^7)。这个腔支持两个 TEM 模。由于镜面的细微椭圆率，两模已去简并而有 111kHz 的间隔。而低频模恰调谐到与 Rydberg 圆态原子由 e — g (主量子数为 51, 50) 跃迁频率 51.099Hz 为共振。控制原子与腔场的作用时间，使得任何时候腔内最多只有一个原子。稳定光源 S 连续向腔内注入相干光。控制腔内的平均光子数在 0~ 几个光子。原子离开 C 腔后即被态选择电场所离化，并被探测器 D 所探测。图 7.44 给出激发态原子跃迁到基态的概率随时间的变化曲线。

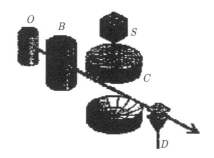

图 7.43 宏观叠加态实验装置图 (取自文献 [85])

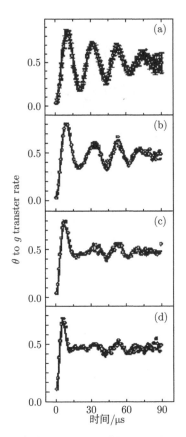

图 7.44   随 Rabi 章动 (nutation) 增加, (a) 表示零注入, (b)~(d)

$\Omega = 0.04 \pm 0.02, 0.8 \pm 0.04, 1.77 \pm 0.15$ (取自文献 [85])

图 7.44(a) 表示零注入, 即真空场起伏而导致的 Rabi 章动 (nutation) 曲线, (b)~(d) 为当平均光子数分别为 $0.04(\pm 0.02), 0.8(\pm 0.04), 1.77(\pm 0.15)$ 时 $P_{e,g}(t)$ 振荡曲线。相干场逐步增加, 振荡曲线逐步抹平, 与崩塌–复苏 (7.8.38) 式是一致的。(a) 相当于 (7.8.38) 式的真空起伏 $n = 0, 2\langle \sigma_z \rangle = \cos(2gt)$, 而 (b)~(d) 则有和式中多项叠加的结果。

3. Schrödinger 猫态退相干的实验观察

在上述对宏观态的实验观测基础上, S. Haroche 等进一步观测到宏观叠加态, 亦即 Schrödinger 猫态的退相干现象 [86]。仍如前面所述, 用长度为 $|\alpha| = \sqrt{n}$ 的矢量, n 为平均光子数, 量子起伏使得矢量的尖端在所示的单位圆上作高斯分布, 用图 7.45(a) 来表示。与二能级原子 (e,g) 相互作用产生的两个宏观态叠加在一起而得出纠缠态。$|\Phi\rangle = \dfrac{1}{2}(|e, \alpha e^{i\phi}\rangle + |g, \alpha e^{-i\phi}\rangle)$, 距离用 D 表示, 如图 7.45(b) 所示。当

$D = 2\sqrt{n}\sin[\phi] > 1$ 时，所示的两个宏观态的叠加被定义为 Schrödinger 猫态。为了产生这样猫态的实验装置图 7.46 与图 7.43 比较，基本相似，只是在 "B" 与 "C" 间加一腔 R_1，用共振微波脉冲 $\pi/2$ 作用于 R_1 上，于是由 "B" 来的 Rydberg 激发态 e 圆态原子演化为激发态 e 与基态 g 的叠加，再进入 "C"。同样在离开 "C" 腔后，又加一个腔 R_2，用共振微波 $\pi/2$ 脉冲作用于 R_2 上。S' 为产生共振微波 $\pi/2$ 脉冲的源，其频率 ν 扫过原子的跃迁 e $\longrightarrow$ g 频率 $\nu_0 = 51.099\mathrm{GHz}$。原子最终是处于 e 或 g 态由探测器 D_g 测定。在 10min 探测时间内，记录 50000 次。探测到基态的概率对的曲线如图 7.47 所示。

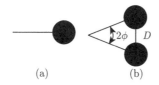

图 7.45　猫态相干示意图 (取自文献 [86])

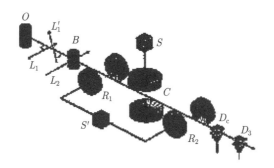

图 7.46　猫态退相干实验示意图 (取自文献 [86])

跃迁 e $\longrightarrow$ g 频率 ν_0 相对于谐振腔 C 的共振频率的失谐为 δ。图 7.47(a) 为 C 腔为真空 ($|\alpha| = 0, \delta/(2\pi) = 712\mathrm{kHz}$) 时的原子干涉 Ramsey 条纹。原子跃迁可以发生在 R_1，也可以发生在离开 C 后的 R_2。C 腔的品质因子 $Q = 5.1 \times 10^7$(光子寿命 $= 160\mu\mathrm{s}$)，腔镜可调，使 $\delta/(2\pi) = 70 \sim 800\mathrm{kHz}$。

由图 7.47(a)，这两种路径的时间间隔应是 $T = 230\mu\mathrm{s}$。而图 7.47(b)~(d) 则是向 "C" 腔注入相干光场为 $|\alpha| = \sqrt{9.5}, \delta/(2\pi)$=712kHz, 347kHz, 104kHz 时的原子干涉 Ramsey 条纹。这些条纹的对比由理想的 100 减弱到 (55 ± 5)，而且条纹的峰向右移，亦即发生相移。这是因为失谐 δ 的减少，愈来愈接近于共振相互作用。共振相互作用的增强，使得 ϕ 增加，D 也增大，如右面相应的猫态所示。场的两种状态 (相角 ϕ 与 $-\phi$) 愈是接近宏观可分辨 ($|\phi|$ 大)，愈趋向于经典，但量子起伏愈来愈不明显，相干减弱，以至于去相干。

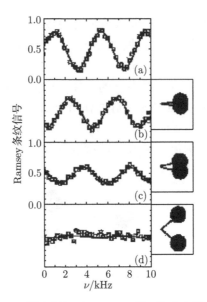

图 7.47　猫态退相干 Ramsey 谱 (取自文献 [86])

更为重要的是当我们探测到原子处于基态，即在 D_g 探测器上读出数据时，就能根据 (7.12.4) 式判定场是处于宏观叠加态 $|\alpha e^{i\phi}\rangle$，同样在 D_e 探测器上读出数据时，就能判定场是处于宏观叠加态 $|\alpha e^{-i\phi}\rangle$。这也是无破坏测量所期盼的。

附　录　7A

参照文献 [19]、[20] 及 (7.2.3) 式，探针光与原子相互作用 Hamilton 量为

$$H' = -\frac{i\hbar\Omega'}{2}(a(t)e^{i\nu t} - a^+(t)e^{-i\nu t}) \tag{7A.1}$$

H' 对密度矩阵 ρ 带来的变化 $\Delta\rho$ 为

$$\Delta\rho = \int_{-\infty}^{t}\frac{\mathrm{d}\rho}{\mathrm{d}t}\mathrm{d}t = \frac{1}{i\hbar}\int_{-\infty}^{t}[H'(t'),\rho]\mathrm{d}t' \tag{7A.2}$$

微扰 H' 对系统的做功 W' 为

$$W' = \frac{\partial}{\partial t}\mathrm{tr}[H'(t)\Delta\rho] = \mathrm{tr}\left[\frac{\partial H'(t)}{\partial t}\Delta\rho\right] + \mathrm{tr}[H'(t),[H'(t),\Delta\rho]]/i\hbar \tag{7A.3}$$

由于 $\mathrm{tr}[H',[H',\Delta\rho]] = 0$，故有当 t 很大时

$$W' = \operatorname{tr}\left[\frac{\partial H'(t)}{\partial t}\Delta\rho\right] = \frac{1}{\mathrm{i}\hbar}\operatorname{tr}\left[\frac{\partial H'(t)}{\partial t}\int_{-\infty}^{t}[H'(t'),\rho]\mathrm{d}t'\right]$$

$$= \frac{1}{\mathrm{i}\hbar}\int_{-\infty}^{t}\mathrm{d}t'\operatorname{tr}\left\{\rho\left[\frac{\partial H'(t)}{\partial t},H'(t')\right]\right\}$$

$$= \hbar\nu\left(\frac{\Omega'}{2}\right)^{2}\int_{-\infty}^{t}\langle[a(t'),a^{\dagger}(t)]\rangle\mathrm{e}^{\mathrm{i}\nu(t'-t)}\mathrm{d}t'$$

$$\simeq \hbar\nu\left(\frac{\Omega'}{2}\right)^{2}\int_{-\infty}^{\infty}\langle[a(t'),a^{\dagger}(t)]\rangle\mathrm{e}^{\mathrm{i}\nu t'}\mathrm{d}t' = \hbar\nu\left(\frac{\Omega'}{2}\right)^{2}\tilde{g}_{\mathrm{a}}(\nu) \qquad (7\mathrm{A}.4)$$

参 考 文 献

[1] Schuda F, Stroud C R, Hercher M. Observation of the resonant Stark effect at optical frequencies. J. Phys. B: At. Mol. Phys., 1974, 7(7): L198-L202.

[2] Walther H. In Proceedings of the Second Laser Spectroscopy Conference. Berlin: Springer-Verlag, 1975.

[3] Wu F Y, Grove R E, Ezekiel S. Investigation of the spectrum of resonance fluorescence induced by a monochromatic field. Phys. Rev. Lett., 1975, 35: 1426-1429.

[4] Hartig W, Rasmussen W, Schieder R, et al. Study of the frequency distribution of the fluorescent light induced by monochromatic radiation. Z. Physik A, 1976, 278: 205.

[5] Grove R E, Wu F Y, Ezekiel S. Measurement of the spectrum of resonance fluorescence from a two-level atom in an intense monochromatic field. Phys. Rev. A, 1977, 15: 227-233.

[6] Weisskopf V. Theory of resonance fluorescence. Ann. Phys. Leipzig, 1931, 9: 23.

[7] Gibbsc H M, Venkatesan T N C. Direct observation of fluorescence narrower than the natural linewidth. Opt. Commu., 1976, 17(1): 87-90.

[8] Eisenberger P, Platzman P M. X-ray resonant raman scattering: Observation of characteristic radiation narrower than the lifetime width. Phys. Rev. Lett, 1976, 36: 623-626.

[9] Newstein M C. Spontaneous emission in the presence of a prescribed classical field. Phys. Rev., 1968, 167: 89-96.

[10] Mollow B R. Power spectrum of light scattered by two-level systems. Phys. Rev., 1969, 188: 1969-1975.

[11] Rautian S G, Sobelman I I. Zh. Eksp. Teor. Fiz., 1961, 41: 456.

[12] Morozov V A. Theory of the line shape of resonance scattering of strong radiation by a two-level particle. Optics and Spectroscopy, 1969, 26: 62.

[13] Ter-Mikaelyan M L, Melikyan A O. Sov. Phys. JETP, 1970, 31: 153.

[14] Mollow B R. Stimulated emission and absorption near resonance for driven systems. Phys. Rev. A, 1972, 5: 2217-2222.

[15] Wu F Y, Ezekiel S, Ducloy M, et al. Observation of amplification in a strongly driven two-level atomic system at optical frequencies. Phys. Rev. Lett., 1977, 38: 1077-1080.

[16] Ducloy M. In Proceedings of the Symposium on Resonant Light Scattering. Cambrige, MA: Massachusetts Institute of Technology, 1976: 4.

[17] Ezekiel S, Wu F Y. Multiphoton Process. New York: John Wileg , Sons. 1977: 145.

[18] Bloom S, Henry Margenau. Quantum theory of spectral line broadening. Phys. Rev., 1953, 90: 791-794.

[19] Kubo R. Statistical-mechanical theory of irreversible processes: I. General theory and simple applications to magnetic and conduction problems. J. Phys. Soc. Japan, 1957, 12: 570.

[20] Mollow B R. J. Phys. Soc. Japan, 1972, A5: 570.

[21] Tan W H, Zhang W P. The effects of transverse relaxation and optical pumping on the resonance fluorescence. Chinese Phys. Lett., 1985, 2: 309.

[22] Lamb W E. Theory of an optical maser. Phys. Rev, 1964, 134: A1429-1450.

[23] Boyd R W, Raymer M G, Narum P, et al. Four-wave parametric interactions in a strongly driven two-level system. Phys. Rev. A, 1981, 24: 411-423.

[24] Schavlow A L. Advances in Quantum Electronics. New York: J. R. Columbia Univ. Press, 1961: 63.

[25] Lax M. Formal theory of quantum fluctuations from a driven state. Phys. Rev., 1963, 129: 2342-2348.

[26] 谭维翰, 张卫平. 共振荧光场的态函数与多光子跃迁共振荧光谱. 物理学报, 1988, 37(4): 674. Tan W H, Zhang W P. The state function of the resonance fluorescence field and its spectrum with many-photon transitions. Opt. Commu., 1988, 65: 61.

[27] Basu S K, Pramilaa T, Kanjilala D. Dynamic Stark splitting in two-photon resonance fluorescence. Opt. Commu., 1983, 45(1): 43-45.

[28] Mavroyannis C. Two-photon resonance fluorescence. Opt. Commu., 1978, 26(3): 453-456.

[29] Holm D A, Sargent III M. Theory of two-photon resonance fluorescence. Optics Letters, 1985, 10(8): 405-407.

[30] Compagno G, Persico F. Theory of collective resonance fluorescence in strong driving fields. Phys. Rev. A, 1982, 25: 3138.

[31] Landau L, Lifshitz E. The Classical Theory of Fields. New York: Addison-Wesley Publishing Co. Inc., 1951: 9-20.

[32] Eberly J H, Kunasz C V, Wodkiewicz K. Time-dependent spectrum of resonance fluorescence. J. Phys. B: At. Mol. Phys., 1980, 13(2): 217-239.

[33] 谭微思, 谭维翰. 二能级原子系统的瞬态共振荧光. 中国激光, 1991, 18(11): 839.

[34] Gandiner C W. Handbook of Stochastic Method: for Physics, Chemistry and the Natural Sciences. Berlin: Springer-Verlag, 1983: 16, 17.

[35] Tan W S, Tan W H, Zhao D S, et al. Instantaneous resonance fluorescence spectrum of a two-level system for an exponential decay of the driving field. J. Opt. Soc. Am. B, 1993, 10(9), 1610. 谭微思, 谭维翰, 赵东升, 等. 呈指数衰变驱动场的作用下二能级原子系统的瞬态共振荧光光谱. 物理学报, 1992, 41(3): 413; 栾绍金, 谭维翰. 序列脉冲激光作用双能级系统的移位. 激光, 1982, 9(3): 129.

[36] Huang X Y, Tana R, Eberly J H. Delayed spectrum of two-level resonance fluorescence. Phys. Rev. A, 1982, 26: 892-901.

[37] Eberly J H, Kunasz C V, Wodkiewicz K. Time-dependent spectrum of resonance fluorescence. J. Phys. B: At. Mol. Phys., 1980, 13(2): 217-239.

[38] Rzazewski K, Florjanczyk M. The resonance fluorescence of a two-level system driven by a smooth pulse. J. Phys. B: At. Mol. Phys, 1984, 17: L509-L513.

[39] Zhang W P, Tan W H. Dynamic behavior of a two-level system in multimode squeezed light. II. Absorption lineshape with sub- or super-natural linewidth and shift of dispersion zero-point. Opt. Commu., 1988, 69(2): 135.

[40] Gradshteyn I S, Ryzhik I M. Table of Integrals, Series, and Products. New York: Academic Press, 1980: 763.

[41] 刘仁红, 谭维翰. 考虑自作用后二能级原子的共振荧光谱. 物理学报, 41: 26.

[42] 张卫平, 谭维翰. 原子在压缩光场中的共振辐射. 物理学报, 1989, 38(7): 1041. 原子在压缩光场中的吸收与色散. 物理学报, 1989, 38(10): 1602.

[43] Zhang W P, Tan W H. Dynamic behavior of a two-level system in multimode squeezed light. I. Bloch equations and dynamic stark splitting. Opt. Commu., 1988, 69(2): 128-134.

[44] Mollow B R, Miller M M. Annals of Physics, 1969, 52: 464.

[45] Gardiner C W. Inhibition of atomic phase decays by squeezed light: A direct effect of squeezing. Phys. Rev. Lett., 1986, 56: 1917.

[46] Purcell E M. Phys. Rev., 1946, 69: 681.

[47] Kleppner D. Inhibited spontaneous emission. Phys. Rev. Lett., 1981, 47: 233.

[48] Goy P, Raimond J M, Gross M, et al. Observation of cavity-enhanced single-atom spontaneous emission. Phys. Rev. Lett., 1983, 50: 1903.

[49] Hulet R G, Hilfer E S, Kleppner D. Inhibited spontaneous emission by a rydberg atom. Phys. Rev. Lett., 1985, 55: 2137.

[50] Hulet R G, Kleppner D. Rydberg atoms in "circular" states. Phys. Rev. Lett., 1983, 51: 1430.

[51] Milonni P W, Knight P L. Spontaneous emission between mirrors. Opt. Commu., 1973, 9(2): 119.

[52] Jaynes E T, Cummings F W. Comparison of quantum and semiclassical radiation theories with application to the beam maser. Proceedings of the IEEE, 1963, 51(1): 89.

[53] Gibbs H M. Coherence and Quantum Optics. New York: Plenum, 1973: 83.

[54] Sachdev S. Atom in a damped cavity. Phys. Rev. A, 1984,29: 2627.

[55] Cummings F W. Stimulated emission of radiation in a single mode. Phys. Rev., 1965, 140A: 1051.

[56] Eberly J H, Narozhny N B, Sanchez-Mondragon J J, Periodic spontaneous collapse and revival in a simple quantum model. Phys. Rev. Lett., 1980, 44: 1323.

[57] Eberly J H, Kunasz C V, Wodkiewicz K. Time-dependent spectrum of resonance fluorescence. J. Phys. B: At. Mol. Phys., 1980, 13(2): 217-239.

[58] Sanchez-Mondragon J J, Narozhny N B, Eberly J H. Theory of spontaneous-emission line shape in an ideal cavity. Phys. Rev. Lett., 1983: 51: 550.

[59] Agarwal G S. Vacuum-field rabi splittings in microwave absorption by rydberg atoms in a cavity. Phys. Rev. Lett., 1984, 53: 1732.

[60] Carmichael H J, Brecha R J, Raizen M G, et al. Subnatural linewidth averaging for coupled atomic and cavity-mode oscillators. Phys. Rev. A, 1989, 40: 5516.

[61] Raizen M G, Thompson R J, Brecha R J, et al. Normal-mode splitting and linewidth averaging for two-state atoms in an optical cavity. Phys. Rev. Lett., 1989, 63: 240.

[62] Zhu Y F, Gauthier D J, Morin S E, et al. Vacuum Rabi splitting as a feature of linear-dispersion theory: Analysis and experimental observations. Phys. Rev. Lett., 1990, 64: 2499.

[63] 谭维翰, 刘仁红. 含二能级原子共振腔的透过率谱. 物理学报, 1991, 40: 555.

[64] Lamb W E. Quantum electronics and coherent light. Proc. Inter. School of Physics "Enrico Fermi" Course XXXI, 1964: 87.

[65] Allen C W. Astrophysical Quantities. The Athlone Press, 1973: 34.

[66] Boyd R W. Nonlinear Optics. New York: Academic Press. Inc., 1992: 277.

[67] Agarwal G S. Vacuum-field rabi splittings in microwave absorption by rydberg atoms in a cavity. Phys. Rev. Lett., 1984, 53: 1732.

[68] Senitzky I R. Quantum-mechanical saturation in resonance fluorescence. Phys. Rev. A, 1972, 6: 1171.

[69] Senitzky I R. Sidebands in strong-field resonance fluorescence. Phys. Rev. Lett., 1978, 40: 1334.

[70] Agarwal G S, Brown A C, Narducci L M, et al. Collective atomic effects in resonance fluorescence. Phys. Rev. A, 1977, 15: 1613.

[71] Agarwal G S, Saxena R, Narducci L M, et al. Analytical solution for the spectrum of resonance fluorescence of a cooperative system of two atoms and the existence of additional sidebands. Phys. Rev. A, 1980, 21: 257.

[72] Agarwal G S, Narduccib L M, Apostolidis E. Effects of dispersion forces in optical resonance phenomena. Opt. Commu., 1981, 36(4): 285-290.

[73] Tan W H, Gu M. Resonance fluorescence in a many-atom system. Phys. Rev. A, 1986, 34: 4070.

[74] Edmond A R. Angular Momentum in Quantum Mechanics. Princeton: Princeton Univ. Press, 1960: 37.

[75] 《固体激光导论》编写组. 固体激光导论. 上海: 上海人民出版社，1975: 194, 318.

[76] Dicke R H. Coherence in spontaneous radiation processes. Phys. Rev., 1954, 93: 99.

[77] Domhelm M A. TRW demonstrates airborn laser module. Aviation Week , Space Technology, 1966, 8(19): 22.

[78] Liu R H, Tan W H. Resonance fluorescence spectrum by two-level system without the rotating wave approximation. Chin. Phys. Lett., 1999, 16(1): 23-25.

[79] Tan W H, Yan K Z. Collapse and revival in the damped Jaynes-Cummings model. Chin. Phys. Lett., 1999, 16(12): 896.

[80] Raimond J M, Goy P, Gross M, et al. Collective absorption of blackbody radiation by rydberg atoms in a cavity: An experiment on bose statistics and brownian motion. Phys. Rev. Lett., 1982, 49: 117.

[81] Buck B, Sukumar C V. Exactly soluble model of atom-phonon coupling showing periodic decay and revival. Phys. Lett., 1981, 81A: 132.

[82] Barnett S M, Knight P L. Dissipation in a fundamental model of quantum optical resonance. Phys. Rev. A, 1986, 33: 2444.

[83] Aczel A D. Entanglement—the greatest mystery in physics. 2001. [美] 阿米尔·艾克塞尔. 纠缠态物理世界第一谜. 庄星来, 译. 上海: 上海科技出版社，2008.

[84] Yurke B, Stoler D. Generating quantum mechanical superpositions of macroscopically distinguishable states via amplitude. Phys. Rev. Lett., 1986, 57(1): 13.

[85] Brune M, Schmidt-Kaler F, Maali A, et al. Quantum rabi osillation: A direct test of field of field quantuzation in a cavity. Phys. Rev. Lett., 1996, 76: 1800.

[86] Brune M, Hagley E, Dreyer J, et al. Obsering the progressive decoherence of the "Meter" in a quantum measurement. Phys. Rev. Lett., 1996, 77: 4887.

第 8 章　激光偏转原子束

1970 年, Ashkin 提出用共振光压偏转原子束[1]; 1975 年, Hansch 与 Schawlow [2], Wineland 与 Dehmelt [3] 分别独立提出激光冷却原子的设想。稍后, Balykin 等提出水晶片原子镜对原子能态起到选择反射的作用[4], Cook 又建议用激光在介质表面的衰波作为反射原子的原子镜[5]。这些虽大体上可看作激光光压对原子束产生的力学效应, 但原子束光学不仅涉及原子在原子镜或驻波栅上的反射、衍射, 也涉及原子内部能态的选择等一系列复杂的问题。近年, 应用激光减速并冷却原子以及从实验上观察到中性原子的 Bose-Einstein 凝聚现象均取得巨大的进展。本章将按上面顺序, 逐一对这些物理问题进行探讨。

8.1　激光偏转原子束

8.1.1　早期的激光偏转原子束方案

Ashikin 最早提出共振光偏转原子束的方案是这样的 (图 8.1)。来自 x 方向的光子, 被二能级原子吸收, 便获得动量 $\hbar k$, 然后以自发辐射或受激辐射形式释放光子, 回到基态。如果是自发辐射形式辐射出去, 其方向在 4π 立体角内均匀分布, 给予原子的平均动量为零, 故原子获得的即吸收光子时的动量 $\hbar k$。如果是按受激辐射方式辐射出光子 $\hbar k'$, 则原子获得的净动量为 $\hbar k - \hbar k'$。Ashkin 建议的共振光压, 是通过自发辐射过程原子获得的动量 $\hbar k$。

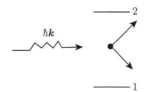

图 8.1　原子吸收光子获得动量

考虑到在热平衡情况下, 二能级原子处于激发态的概率为

$$f = \frac{n_2}{n_2 + n_1} = \frac{B_{12}W}{B_{12}W + A_{21} + B_{21}W}$$

$$= \frac{\frac{g_2}{g_1}B_{21}W}{\frac{g_2}{g_1}B_{21}W + A_{21} + B_{21}W} = \frac{x}{1 + \frac{Ax}{BW(\nu)}} \tag{8.1.1}$$

式中 $A = A_{21}$，$B = \frac{g_2}{g_1}B_{21}$，$A_{21}$ 与 B_{21} 为 Einstein 自发与受激辐射系数，$W(\nu)$ 为辐射的能密度，在热平衡情况下，即 (6.1.18) 式表示的 $u(\omega, T)$。$x = \frac{1}{1 + g_1/g_2}$，$g_1$，$g_2$ 为 1、2 能级简并度。又设激发态原子的自发辐射寿命为 τ_N，则作用于原子的力 $\boldsymbol{F}$ 为

$$\boldsymbol{F} = \frac{\hbar\boldsymbol{k}f}{\tau_N} = \frac{\hbar\boldsymbol{k}}{\tau_N}\frac{x}{1 + \frac{Ax}{BW(\nu)}} \tag{8.1.2}$$

当入射光的谱密度 $W(\nu)$ 很强，以致 $\frac{Ax}{BW(\nu)} \ll 1$ 时，于是作用力 $\boldsymbol{F}$ 达到饱和值

$$\boldsymbol{F}_{\text{sat}} \simeq \frac{\hbar\boldsymbol{k}x}{\tau_N} \tag{8.1.3}$$

(8.1.1)~ (8.1.3) 式即 Ashkin 从原子吸收并自发辐射光子过程得出的作用于原子的力 $\boldsymbol{F}$ 的公式。他还设计了如图 8.2 所示的实验装置以观察原子束的偏转。由原子炉出来的原子束经过窗口射出，激光以垂直于原子束方向作用于原子束，使之在横向加速。当横向速度增大到一定程度时，由于 Doppler 效应，激光已是偏离共振相互作用，这就限制了原子的最大偏转。为保持初始时的位置，使得激光束总是与原子运动轨迹垂直，如图 8.2 所示，总是处于共振相互作用地位。设原子的初速为 v_0，且光的谱密度 $W(\nu)$ 很强，以致作用力 $\boldsymbol{F}$ 达到饱和，于是有

$$|\boldsymbol{F}_{\text{sat}}| = \left|\frac{\hbar\boldsymbol{k}x}{\tau_N}\right| = \frac{mv_0^2}{\rho} \tag{8.1.4}$$

式中 ρ 为速度为 v_0 的原子的轨道半径。以 v_0 运动的粒子与激光束垂直，没有 Doppler 失谐。那些速度为 v_0，但入射方向稍偏离于与激光垂直方向的粒子，设在半径方向的偏离量为 δ，则可证

$$r = \rho + \delta, \qquad \frac{\partial^2 \delta}{\partial t^2} + \frac{3v_0^2}{\rho^2}\delta = 0$$

解为

$$\delta = \delta_0 \sin\left(\frac{\sqrt{3}v_0 t}{\rho}\right) \tag{8.1.5}$$

这些粒子的速度

$$|\boldsymbol{v}| = \left|v_0 \boldsymbol{e}_\theta + \frac{\sqrt{3}v_0}{\rho}\delta_0 \boldsymbol{e}_r\right| = v_0\sqrt{1 + \frac{3\delta_0^2}{\rho^2}} \simeq v_0$$

因 $\delta_0/\rho \ll 1$，由一点出发，经 $t = \dfrac{\pi}{\sqrt{3}}\dfrac{\rho}{v_0}$ 后又会聚到一点，如图 8.2 所示，这样一个装置恰是一个原子速度谱分析器。

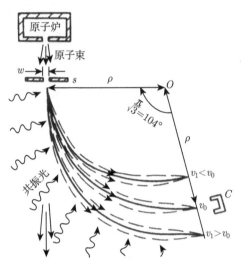

图 8.2　速度分析器 (参照 Ashkin[1])

参照 (6.1.16) 式，则 $B_{21}W(\nu)$ 可表示为 Lorentz 线型 $S(\nu)$ 及入射光的强度 $I(\nu_0)$

$$B_{21}W(\nu) = A\frac{\pi^2 c^3}{\hbar\omega^3}\frac{1}{c}I(\nu_0)S(\nu) = \frac{A\lambda^2}{8\pi\hbar\nu}I(\nu_0)S(\nu)$$

$$S(\nu) = \frac{1}{\pi}\frac{\nu_N/2}{(\nu-\nu_0)^2 + (\nu_N/2)^2} \tag{8.1.6}$$

式中 $\nu_N = \dfrac{1}{2\pi\tau_N}$ 为自然线宽，$A = 1/\tau_N$ 为自发辐射跃迁概率。参照 (8.1.1) 式中 x 的定义。

可定义饱和参量 $p(\nu)$

$$BW(\nu) = p(\nu)Ax \tag{8.1.7}$$

于是由 (8.1.6) 式得

$$p(\nu) = \frac{\lambda_0^2\left(1 + \dfrac{g_2}{g_1}\right)I(\nu_0)S(\nu)}{8\pi\hbar\nu} = p(\nu_0)\frac{S(\nu)}{4\tau_N} \tag{8.1.8}$$

$p(\nu_0)$ 即当入射光调谐到原子跃迁频率时的饱和度。现考虑文献 [1] 中例子，用激光照射 Na 原子。Na 的 D_2 共振线 $\lambda_0 = 5890\,\text{Å}$，$\gamma_N = 10.7\,\text{MHz}$。由于 $\text{Na}^{23}(I = 3/2)$ 的核自旋使得基态 $3^2S_{1/2}$ 已分裂为 $F = 1, 2$；激发态 $3^2P_{3/2}$ 分裂为 $F = 0, 1, 2, 3$

的精细结构。跃迁的选择定则为 $\Delta F = \pm 1, 0$。用圆偏振 (σ^+) 光激发，由基态 $3^2\text{S}_{1/2}$, $F = 2$, $m_F = 2$ 到激发态 $3^2\text{P}_{3/2}$, $F = 3$, $m_F = 3$。按选择定则 $\Delta m_F = \pm 1$，由激发态 $F = 3$, $m_F = 3$ 向任何其他的基态 $F = 1, 2$ 的 m_F 子能级跃迁均是禁止的，这样我们便有了一个理想的二能级系统，即 $3^2\text{P}_{3/2}$, $F = 3$, $m_F = 3 \rightarrow$ $3^2\text{S}_{1/2}$, $F = 2$, $m_F = 2$, $g_2/g_1 = 1$。按 (8.1.8) 式，并取 $I(\nu_0) = I_0$，得

$$p(\nu_0) = \frac{I_0(\text{W/cm}^2)}{2.1 \times 10^{-2}} \tag{8.1.9}$$

参见图 8.2，收集器 C_1 探测再聚束的粒子。非共振作用的样品飞行到 C_2(在原子炉对面，图中未示出)。钠原子的速度为 $v_0 = 2 \times 10^4 \text{cm/s}$，被与 Na 原子的 D$_2$ 线共振的激光所偏转，$\rho = 4.0\text{cm}$。由原子炉出来的原子束，经过与纸面垂直高度 $\bar{h}$ 的窗口，按 $\dfrac{\pi}{\sqrt{3}}\rho\bar{h}$ 计算激光通光面。炉温 510°C，Na 原子蒸气压为 10^{-3} torr，原子密度 $n_0 = 3.4 \times 10^{13}$ 原子 /cm^3，平均速度 $v_{ar} = (2kT/m)^{1/2} = 6.1 \times 10^4$ cm/s，平均自由程 $L = 30\text{cm}$。若将 v_0 设计在 $v_0 = v_{ar}/3 = 2 \times 10^4$ cm/s，则 (8.1.4) 式定出 $\rho = 4.0$ cm。又取窗口 $\bar{h} = 0.1$ cm，$p(\nu_0) = 10^2$，则入射激光功率为 $2.1 \times 10^{-2} \times 10^2 \times \pi/\sqrt{3} \times 4 \times 0.1 = 1.5$ W，而 $p(\nu)$ 在 $10 \sim 10^2$ 调变。对应于原子束角度 $\pm 2.6°$，因速度为 v_0、与轨道成 $\pm 2.6°$ 运动的原子，将产生 $\nu - \nu_0 = 1.5\nu_N$ 的 Doppler 频移，即 $p(\nu) = 10$。取定窗口宽度，高度 w, $\bar{h}$ 为 0.04 cm, 0.1cm，可估算出通过窗口的原子束流 $\sim 10^8$ 原子 /s，可作许多实验用的原子束源。如果激光束是分布在球面上，还可获得空间会聚的原子束。

8.1.2 激光作用于原子上的力

在上述讨论的基础上，我们可以更仔细地讨论作用于原子上的力。这个力 $\boldsymbol{F}(\boldsymbol{r}, \boldsymbol{v})$ 可表示为 [6~10]

$$\boldsymbol{F}(\boldsymbol{r}, \boldsymbol{v}) = \nabla \boldsymbol{E} \cdot \boldsymbol{\mu}(\rho_{ab} + \rho_{ba}) \tag{8.1.10}$$

即作用于原子的力为场的梯度与原子极化的标积。参照 (1.5.32),(1.5.37) 式, 共振光的作用下，单原子的极化

$$\boldsymbol{p}^{(1)} = \boldsymbol{\mu}(\rho_{ab} + \rho_{ba}) = \text{i}\frac{\mu^2}{\hbar}\frac{\boldsymbol{E}}{\gamma_2}$$

代入 (8.1.10) 式得

$$\boldsymbol{F}(\boldsymbol{r}, \boldsymbol{v}) = \text{i}\frac{\mu^2}{\hbar\gamma_2}\boldsymbol{E} \cdot \nabla \boldsymbol{E} \tag{8.1.11}$$

i 表示 $\boldsymbol{p}^{(1)}$ 相对于 $\boldsymbol{E}$ 有 $\pi/2$ 角的相移。将这个力与电磁波对自由电子有质动力 $\boldsymbol{F}_{\mathrm{p}} = -\dfrac{-2e^2}{m\omega^2}\boldsymbol{E}\cdot\nabla\boldsymbol{E}$ 进行比较 [9] 得

$$\frac{|\boldsymbol{F}_{\mathrm{p}}|}{|\boldsymbol{F}|} = \frac{2e^2}{m\omega^2}\frac{\hbar\gamma_2}{\mu^2} = \frac{2\gamma_2}{\omega}\frac{a^2}{r_{ab}^2} \tag{8.1.12}$$

式中 $a = \sqrt{\dfrac{\hbar}{m\omega}}$ 为氢原子的玻尔半径，r_{ab} 为 a，b 能级间的跃迁矩阵元，γ_2 为横弛豫系数。一般来说，由于 $\gamma_2/\omega \ll 1$，故偶极作用力 $\boldsymbol{F}$ 要比 $\boldsymbol{F}_{\mathrm{p}}$ 大得多。现按 (5.1.28) 式计算密度矩阵元 ρ_{ab}

$$\rho_{ab} = \frac{\mathrm{i}\mu}{\hbar}\sum_n\left\{\frac{E_n u_n\Delta}{\dfrac{1}{T_2}+\mathrm{i}(\omega_0-kv-\omega_n)} + \frac{E_n u_n\Delta}{\dfrac{1}{T_2}+\mathrm{i}(\omega_0+kv-\omega_n)}\right\}\mathrm{e}^{-\mathrm{i}(\omega_n t+\phi_n)} \tag{8.1.13}$$

式中 n 为模式指标，如果是单模，则 n 以及对 n 的求和可略去。为简化起见，相位 ϕ_n 也去掉，并分两种情形计算光压作用于电偶极的力 $\boldsymbol{F}$。一种情形是行波场

$$u = \mathrm{e}^{\mathrm{i}kz}$$
$$\boldsymbol{E} = \boldsymbol{E}_0\mathrm{e}^{\mathrm{i}kz-\mathrm{i}\omega t} + c.c = 2\boldsymbol{E}_0\cos(\omega t-kz) \tag{8.1.14}$$
$$\nabla\boldsymbol{E} = 2\boldsymbol{k}\boldsymbol{E}_0\sin(\omega t-kz)$$

由于 Doppler 效应，以速率 v 向前运动的原子所见到的场的频率为 $\omega+kv$，即 (8.1.13) 式的前一项。于是

$$\mu(\rho_{ab}+\rho_{ba}) = \frac{\mathrm{i}\mu^2}{\hbar}\boldsymbol{E}_0\Delta\frac{\mathrm{e}^{-\mathrm{i}(\omega t-kz)}}{\dfrac{1}{T_2}+\mathrm{i}(\omega_0-kv-\omega)} + c.c \tag{8.1.15}$$

将 (8.1.14)，(8.1.15) 式代入 (8.1.10) 式，便得

$$\boldsymbol{F}(z,v,t) = \frac{4T_2\mu^2 E_0^2\Delta\boldsymbol{k}}{\hbar}\sin(\omega t-kz)$$
$$\times\left[T_2(\omega_0-kv-\omega)\cos(\omega t-kz)+\sin(\omega t-kz)\right]L(\omega_0-kv-\omega)$$
$$L(\omega_0-kv-\omega) = \frac{\left(\dfrac{1}{T_2}\right)^2}{\left(\dfrac{1}{T_2}\right)^2+(\omega_0-kv-\omega)^2} \tag{8.1.16}$$

对时间求平均得

$$\langle\boldsymbol{F}(z,v,t)\rangle = \frac{2T_2\mu^2 E_0^2\Delta\boldsymbol{k}}{\hbar}L(\omega_0-kv-\omega) \tag{8.1.17}$$

式中粒子数反转 Δ, 可参照 (5.1.18), (5.1.19) 式得

$$\Delta = \frac{\Delta_0}{1 + 2T_1R}, \quad R = \frac{E_0^2\mu^2}{\hbar^2}T_2L(\omega_0 - kv - \omega) \tag{8.1.18}$$

引进参量 $G = \frac{2E_0^2\mu^2}{\hbar^2}T_2^2$, 并注意到当 $2T_1 = T_2$ 时, 由 (8.1.17), (8.1.18) 式得

$$\langle \boldsymbol{F}(z, v, t)\rangle = \frac{\hbar\boldsymbol{k}}{T_2}G\frac{L(\omega_0 - kv - \omega)\Delta_0}{1 + GL(\omega_0 - kv - \omega)} \tag{8.1.19}$$

(8.1.19) 式给出行波场 $\mathrm{e}^{\mathrm{i}kz}$ 作用于原子的力。现考虑驻波情形

$$u = \mathrm{e}^{\mathrm{i}kz} + \mathrm{e}^{-\mathrm{i}kz}$$
$$\nabla\boldsymbol{E} = 2\boldsymbol{k}\boldsymbol{E}_0(\sin(\omega t - kz) - \sin(\omega t + kz)) \tag{8.1.20}$$
$$= -4\boldsymbol{k}\boldsymbol{E}_0\cos\omega t\sin kz$$

ρ_{ab} 仍按 (8.1.13) 式计算, 但和式中的两项均应包括进去, 因为是驻波场。经过与行波场几乎相同的运算, 最后得

$$\langle \boldsymbol{F}(z, v, t)\rangle = \boldsymbol{F}_{\mathrm{sp}} + \boldsymbol{F}_{\mathrm{ind}} \tag{8.1.21}$$

$$\boldsymbol{F}_{\mathrm{sp}} = \frac{2\hbar\boldsymbol{k}}{T_2}\frac{G\left[L(\omega_0 - kv - \omega) - L(\omega_0 + kv - \omega)\right]\Delta_0}{1 + G(L(\omega_0 - kv - \omega) + L(\omega_0 + kv - \omega))}\sin^2 kz \tag{8.1.22}$$

$$\boldsymbol{F}_{\mathrm{ind}} = \frac{\hbar\boldsymbol{k}G\left[(\omega_0 - kv - \omega)L(\omega_0 - kv - \omega) + (\omega_0 + kv - \omega)L(\omega_0 + kv - \omega)\right]\Delta_0}{1 + G(L(\omega_0 - kv - \omega) + L(\omega_0 + kv - \omega))}\sin 2kz \tag{8.1.23}$$

$\boldsymbol{F}_{\mathrm{sp}}$, $\boldsymbol{F}_{\mathrm{ind}}$ 分别为自发辐射力与感生力, $\boldsymbol{F}_{\mathrm{sp}} \propto 1/T_2$, 而 $\boldsymbol{F}_{\mathrm{ind}} \propto (\omega_0 - kv - \omega)$ 与 $(\omega_0 + kv - \omega)$。由 (8.1.19) 式, 行波情形的作用力也 $\propto \frac{1}{T_2}$, 属自发辐射力, 与 (8.1.2) 式同, 但数值有差异, 主要是物理模型不一样引起的。

8.1.3 原子在速度空间的扩散

上面讨论了辐射场作用于原子的力。原子在力 $\boldsymbol{F}$ 作用下, 将沿一确定的轨道做有规运动。但除了这一运动外, 还会因原子在速度空间的分布不均 (即存在速度梯度) 而产生扩散。这就需要对密度矩阵所满足的运动方程 (5.1.2), (5.1.5) 作进一步分析, 特别是在导出这些方程时, 并没有考虑光量子在被原子辐射或吸收时对原子的反冲速度 $V_{\mathrm{r}} = \frac{\hbar\boldsymbol{k}}{M}$。在考虑到这些因素后, 适用于二能级原子气体的输运方程为 [11]

$$\left(\frac{\partial}{\partial t} + v\frac{\partial}{\partial z}\right)\rho_{ab}(z, v, t)$$

$$= -\left(\mathrm{i}\omega_0 + \frac{1}{T_2}\right)\rho_{ab}(z,v,t)$$

$$- \frac{\mathrm{i}\mu}{\hbar}E(\boldsymbol{r},t)\left[\rho_{aa}\left(z,v-\frac{V_{\mathrm{r}}}{2},t\right) - \rho_{bb}\left(z,v+\frac{V_{\mathrm{r}}}{2},t\right)\right] \qquad (8.1.24)$$

$$\left(\frac{\partial}{\partial t} + v\frac{\partial}{\partial z}\right)\rho_{aa}(z,v,t)$$

$$= \lambda_a - \gamma_a\rho_{aa}(z,v,t)$$

$$- \frac{\mathrm{i}\mu}{\hbar}E(\boldsymbol{r},t)\left[\rho_{ab}\left(z,v+\frac{V_{\mathrm{r}}}{2},t\right) - \rho_{ba}\left(z,v+\frac{V_{\mathrm{r}}}{2},t\right)\right] \qquad (8.1.25)$$

$$\left(\frac{\partial}{\partial t} + v\frac{\partial}{\partial z}\right)\rho_{bb}(z,v,t)$$

$$= \lambda_b - \gamma_b\rho_{bb}(z,v,t)$$

$$+ \frac{\mathrm{i}\mu}{\hbar}E(\boldsymbol{r},t)\left[\rho_{ab}\left(z,v-\frac{V_{\mathrm{r}}}{2},t\right) - \rho_{ba}\left(z,v-\frac{V_{\mathrm{r}}}{2},t\right)\right] \qquad (8.1.26)$$

式中 V_{r} 为原子与辐射场交换一个光量子所获得的反冲速度。$\lambda_b(z,v,t)$, $\lambda_a(z,v,t)$ 分别为原子被抽运到基态，激发态的速率。γ_b, γ_a 为基态、激发态的阻尼系数，而 $\dfrac{1}{T_2} = \dfrac{1}{2}(\gamma_a + \gamma_b)$。(8.1.24) 式的解仍可近似写为 (8.1.13) 式的形式，只是其中的反转粒子数密度 $\varDelta$ 由下式给出：

$$\varDelta = \rho_{aa}\left(z,v-\frac{V_{\mathrm{r}}}{2},t\right) - \rho_{bb}\left(z,v+\frac{V_{\mathrm{r}}}{2},t\right)$$

$$= \rho_{aa}(z,v,t) - \rho_{bb}(z,v,t) - \frac{V_{\mathrm{r}}}{2}\frac{\partial}{\partial v}[\rho_{aa}(z,v,t) + \rho_{bb}(z,v,t)] \qquad (8.1.27)$$

而 (8.1.25), (8.1.26) 式中的因子

$$\rho_{ab}\left(z,v\pm\frac{V_{\mathrm{r}}}{2},t\right) - \rho_{ba}\left(z,v\pm\frac{V_{\mathrm{r}}}{2},t\right) = \left(1\pm\frac{V_{\mathrm{r}}}{2}\frac{\partial}{\partial v}\right)(\rho_{ab}(z,v,t) - \rho_{ba}(z,v,t))$$

$$(8.1.28)$$

将 (8.1.27) 式代入 (8.1.13) 式便得 ρ_{ab}，进一步求出

$$\frac{\mathrm{i}\mu E(\boldsymbol{r},t)}{\hbar}\{\rho_{ab}(z,v,t) - \rho_{ba}(z,v,t)\} = R\left\{\rho_{aa} - \rho_{bb} - \frac{V_{\mathrm{r}}}{2}\frac{\partial}{\partial v}(\rho_{aa} + \rho_{bb})\right\} \qquad (8.1.29)$$

于是 (8.1.28), (8.1.29) 式代入 (8.1.25), (8.1.26) 式后，便得

$$\dot{\rho}_{aa} \simeq \lambda_a - \gamma_a\rho_{aa} - R\left(1 + \frac{V_{\mathrm{r}}}{2}\frac{\partial}{\partial v}\right)\left\{\rho_{aa} - \rho_{bb} - \frac{V_{\mathrm{r}}}{2}\frac{\partial}{\partial v}(\rho_{aa} + \rho_{bb})\right\} \qquad (8.1.30)$$

$$\dot{\rho}_{bb} \simeq \lambda_b - \gamma_b \rho_{bb} + R\left(1 - \frac{V_r}{2}\frac{\partial}{\partial v}\right)\left\{\rho_{aa} - \rho_{bb} - \frac{V_r}{2}\frac{\partial}{\partial v}(\rho_{aa} + \rho_{bb})\right\} \qquad (8.1.31)$$

对于定态 $\dot{\rho}_{aa} = \dot{\rho}_{bb} = 0$, 取定

$$N = \frac{\lambda_a}{\gamma_a} - \frac{\lambda_b}{\gamma_b}, \quad R_s = \frac{\gamma_a \gamma_b}{\gamma_a + \gamma_b} \qquad (8.1.32)$$

将 (8.1.30), (8.1.31) 两式相减, 并设 $\gamma_a \simeq \gamma_b$, 便得

$$\rho_{aa} - \rho_{bb} = \frac{N + \dfrac{R}{R_s}\dfrac{V_r}{2}\dfrac{\partial}{\partial v}(\rho_{aa} + \rho_{bb})}{1 + R/R_s} \qquad (8.1.33)$$

这个结果即考虑到光子对原子反冲作用后的 (5.1.18), (5.1.19) 式。$N = N(z, v, t)$ 为不计光场作用时的初始反转粒子数, 即 (8.1.18) 式中的 Δ_0, 分子中的 $\dfrac{R}{R_s}\dfrac{V_r}{2}\dfrac{\partial}{\partial v}(\rho_{aa} + \rho_{bb})$ 为计及光子对原子的反冲后带来的修正。

对于处于平衡态附近的非定态, 可定义为光泵浦抽运与原子的阻尼达到平衡

$$\lambda_a + \lambda_b - \gamma_a \rho_{aa} - \gamma_b \rho_{bb} = 0 \qquad (8.1.34)$$

于是由 (8.1.30), (8.1.31) 两式相加得

$$\left(\frac{\partial}{\partial t} + v\frac{\partial}{\partial z}\right)(\rho_{aa} + \rho_{bb}) \simeq \frac{-RV_r\dfrac{\partial}{\partial v}N + \dfrac{RV_r^2}{2}\dfrac{\partial^2}{\partial v^2}(\rho_{aa} + \rho_{bb})}{1 + R/R_s} \qquad (8.1.35)$$

N 为不计及光场作用时的反转粒子密度, 基本上处于基态, $N = 2\rho_{bb} - (\rho_{aa} + \rho_{bb}) \simeq -(\rho_{aa} + \rho_{bb})$。因子 $\dfrac{1}{1 + R/R_s}$ 为激光对反转粒子的排空。又注意到 (8.1.18), (8.1.17) 式, 当 $\Delta_0 = -1$ 时, $\Delta = \dfrac{-1}{1 + R/R_s}$, 故有

$$V_r R = \frac{\hbar k}{M}\frac{E_0^2 \mu^2}{2\hbar^2}T_2 L(\omega_0 - kv - \omega) = -\frac{F}{M}\left(1 + \frac{R}{R_s}\right) \qquad (8.1.36)$$

于是 (8.1.35) 式可写为 $W = \rho_{aa} + \rho_{bb}$

$$\left(\frac{\partial}{\partial t} + v\frac{\partial}{\partial z}\right)W = -\frac{\partial}{\partial v}\left[\frac{F}{M}W + \frac{V_r}{2}\frac{F}{M}\frac{\partial}{\partial v}W\right] \qquad (8.1.37)$$

等式右端第 1 项为驱动项, 第 2 项为扩散项, 一般较小。式中 $W = W(z, v, t)$, 而我们关心的是原子的速度分布, 故可对空间坐标 z 求积分。令

$$W(v, t) = \int_{-\infty}^{\infty} W(z, v, t)\mathrm{d}z \qquad (8.1.38)$$

取归一化

$$\delta = T_2(\omega - \omega_0), \quad T_2 kv \to v, \quad \frac{\hbar k^2}{M} t \to t \tag{8.1.39}$$

在略去扩散项后，$W(v,t)$ 满足如下的方程:

$$\frac{\partial}{\partial t} W(v,t) = \frac{\partial}{\partial v}[A(v)W(v,t)] \tag{8.1.40}$$

参照 (8.1.37), (8.1.19) 式及归一化 (8.1.39) 式，上式 $A(v)$ 为

$$A(v) = \frac{GL(\omega_0 - kv - \omega)}{1 + GL(\omega_0 - kv - \omega)} = \frac{G}{1 + G + (v + \delta)^2} \tag{8.1.41}$$

(8.1.40) 式可表示为

$$\left(\frac{\partial}{\partial t} - A(v)\frac{\partial}{\partial v} \right) \ln W(v,t) = \frac{\partial A(v)}{\partial v} \tag{8.1.42}$$

(8.1.42) 式齐次部分的解为

$$c_1 = Gt + (1 + G)(v + \delta) + \frac{1}{3}(v + \delta)^3 \tag{8.1.43}$$

$$\left(\frac{\partial}{\partial t} - A(v)\frac{\partial}{\partial v} \right) c_1 = 0 \tag{8.1.44}$$

$W(v,t)$ 的通解易于求出:

$$W(v,t) = W(c_1)\mathrm{e}^{- \int_{v(c_1)} \frac{\partial A(v)}{\partial v} / A(v) \mathrm{d}v} = \frac{A(v(c_1))}{A(v)} W(c_1) \tag{8.1.45}$$

式中 v 满足 $t = 0$ 时的 (8.1.43) 式，而 $v(c_1)$ 满足 $t \neq 0$ 时的 (8.1.43) 式。$v(c_1)$ 的解可表示为

$$\begin{cases} v(c_1) + \delta = \alpha(v,t) + \beta(v,t) \\ \alpha(v,t) = \left[q^{1/2}(v,t) + \frac{3}{2}c_1(t) \right]^{1/3} \\ \beta(v,t) = -\left[q^{1/2}(v,t) - \frac{3}{2}c_1(t) \right]^{1/3} \\ q(v,t) = (1 + G)^3 + \frac{9}{4}c_1^2(t) \\ c_1(t) = c_1 - Gt \end{cases} \tag{8.1.46}$$

又设初始分布为平衡分布

$$W(v,0) = g \exp\left\{ -4\ln 2 \left(\frac{v - v_0}{\Delta v} \right)^2 \right\} \tag{8.1.47}$$

则由 (8.1.41), (8.1.43), (8.1.45)~(8.1.47) 式得

$$W(v,t) = g\frac{1 + G + (v + \delta)^2}{1 + G + [\alpha(v,t) + \beta(v,t)]^2} \exp\left\{-4\ln 2\left[\frac{\alpha(v,t) + \beta(v,t) - \delta - v_0}{\Delta v}\right]^2\right\}$$
(8.1.48)

g 为归一化因子, 选择 g 使得 $W(v,t)$ 满足归一化条件

$$\int_{-\infty}^{\infty} W(v,t)\mathrm{d}v = 1$$
(8.1.49)

上面我们假定了原子的初始速度分布为平衡分布, 其速度宽度为 Δv, 峰值在 $v = v_0$, 而解是普适的。当原子与场处于共振相互作用时, 即 $v + \delta = 0$ 的情况下, 其作用力为最大。由 (8.1.41) 式给出 $A(v) = \dfrac{G}{1+G}$。当 $\boldsymbol{k}$ 与 $\boldsymbol{v}_0$ 同方向时为加速, 反方向时为减速。由于加速 (或减速), 原子束 ($(v = v_0 \pm \Delta v$) 会很快由共振相互作用进入非共振相互作用 $|v + \delta| \geqslant \Delta v$, 作用力 $A(v)$ 随之逐渐减小。当然这不仅与原子束流的速度宽度 Δv 有关, 还与光的频宽 $\Delta\omega$ 有关。当 $\Delta\omega$ 愈宽时, 共振相互作用的时间愈长, 反之愈短。易于看出, 考虑到激光谱宽后, 共振相互作用可定义为 $|v + \delta| \leqslant \Delta v + \Delta\omega/k$。但谱宽 $\Delta\omega$ 增大后, 平均功率下降, G 的值也就下降。因此, 我们曾提出利用序列脉冲激光 [12] 的光压力, 实现对原子的减速与冷却。因为序列脉冲激光包含许多旁频, 将中心频率调谐到 Doppler 谱增宽的低频侧, 通过适当调整序列脉冲参数, 可使其旁频布满了低频侧, 从而加宽了原子与辐射的共振相互作用区。我们的计算结果表明, 采用序列脉冲激光可以更有效地降低原子的速度和动能。要进行这个计算还要推广作用力的表式 (8.1.17), (8.1.19), 使之适用于包含多个谐波分量的情形。设

$$E = E_0 F(t,z)\mathrm{e}^{-\mathrm{i}(\omega t + kz)} + c.c$$

$$F(t,z) = \mathrm{e}^{-a^2\sin^2(\Delta\omega t + \Delta kz)} = \sum_{n=0}^{\infty} \mathrm{J}_n \cos 2n(\Delta\omega t + \Delta kz)$$
(8.1.50)

式中 $E_0 F(t,z)$ 为序列脉冲波包, $F(t,z)$ 为调制函数, $\Delta\omega$ 为调制频率, $\Delta k = \dfrac{\Delta\omega}{c}$, a^2 决定脉冲的半宽度和调制深度。图 8.3 给出调制函数参数形状 ($a^2 = 4$)。和式中的 J_n 为

$$\mathrm{J}_0 = \mathrm{e}^{-a^2/2}\mathrm{I}_0(a^2/2), \qquad \mathrm{J}_n = 2\mathrm{e}^{-a^2/2}\mathrm{I}_n(a^2/2)$$

I_n 为虚宗量的 Bessel 函数。表 8.1 给出不同 a^2 值下的调制参数。随着 a^2 的增大, 序列脉冲的脉冲宽度和脉冲的最小值减小。

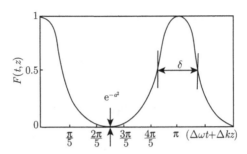

图 8.3　序列脉冲振幅调制函数 $F(t, z)$(取自文献 [12])

表 8.1　调制参数

a^2	1	4	10	20
e^{-a^2}	0.368	1.83×10^{-2}	4.54×10^{-5}	2.06×10^{-9}
$\eta = \dfrac{\delta}{2\pi}$	31.3%	13.7%	8.48%	5.96%

当场为 (8.1.50) 式表示的多模场时，重复 (8.1.14)~(8.1.17) 式的推导得出

$$\langle \boldsymbol{F}(z, v, t) \rangle = \frac{\boldsymbol{k}T_2\mu^2 E_0^2 \Delta}{\hbar} \sum_{-\infty}^{\infty} \left[\left(1 - 2n\frac{\Delta k}{k}\right) L(\Delta\omega_n^+) + \left(1 + 2n\frac{\Delta k}{k}\right) L(\Delta\omega_n^-) \right] \mathrm{J}_n^2 \tag{8.1.51}$$

式中

$$\Delta\omega_n^\pm = (\omega_0 - \omega - kv) \pm 2n(\Delta\omega + \Delta kv)$$

参照 (5.1.18), (5.1.19) 式，多模情形的粒子反转 Δ 为

$$\Delta = \frac{\Delta_0}{1 + 2T_1 R}, \quad R = \frac{E_0^2\mu^2}{4\hbar^2} T_2 \sum_{-\infty}^{\infty} \left[L(\Delta\omega_n^+) + L(\Delta\omega_n^-) \right] \mathrm{J}_n^2 \tag{8.1.52}$$

同样引进参数 $G = \dfrac{2E_0^2\mu^2}{\hbar^2} T_2^2$，将 (8.1.52) 式代入 (8.1.51) 式得

$$\langle \boldsymbol{F}(z, v, t) \rangle = \frac{\hbar\boldsymbol{k}\Delta_0}{2T_2} G \frac{\displaystyle\sum_{n=0}^{\infty} \left[\left(1 - 2n\frac{\Delta k}{k}\right) L(\Delta\omega_n^+) + \left(1 + 2n\frac{\Delta k}{k}\right) L(\omega_n^-) \right] \mathrm{J}_n^2}{1 + \dfrac{G}{2} \displaystyle\sum_{n=0}^{\infty} \left[L(\Delta\omega_n^+) + L(\Delta\omega_n^-) \right] \mathrm{J}_n^2} \tag{8.1.53}$$

用 (8.1.53) 式代替 (8.1.44) 式中的 $A(v)$，虽然也可求出相应的积分

$$C_1 = t + \int \frac{\mathrm{d}v}{\langle \boldsymbol{F}(z, v, t) \rangle / M} \tag{8.1.54}$$

但这个解是形式解。一方面积分求不出来，另一方面也无法通过解方程求解 $v = v(C_1, t)$。但有了 (8.1.53) 式后，就可按 $A(v) = -\dfrac{\langle F(z, v, t) \rangle}{M}$ 数值求解 (8.1.40) 式。

图 8.4 给出激光对原子产生的光压力随原子速度的分布函数，脉宽参数 a^2 分别取 0, 4, 20，计算时取调制频率 $\Delta\omega = 7/T_2$，激光频率调谐到 $\omega - \omega_0 = -\dfrac{70}{T_2}$，激光强度参数 $\bar{G} = 6.7$，其中

$$\bar{G} = \frac{1}{T} \int_0^T \frac{G}{2} F^2(t) \mathrm{d}t = \frac{G}{2} \mathrm{e}^{-a^2} \mathrm{I}_0(a^2) \tag{8.1.55}$$

对连续激光 ($a^2 = 0$) 情形，光压力–速度分布具有 Lorentz 线型。而序列脉冲的情形 (即图中 $a^2 = 4$ 和 $a^2 = 20$)，光压力–速度分布出现多峰结构，并且随着脉冲的变窄，即 a^2 的增大，高级子峰增大，光压力速度分布范围增宽。

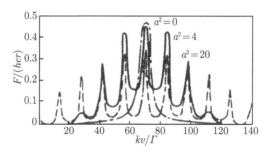

图 8.4 不同脉宽参数 a^2 下光压力–速度分布 (取自文献 [12])

图 8.5～图 8.7 为数值求解 (8.1.40) 式的结果。计算时取原子初始分布宽度 $\Delta v = 80$，并具有平动速度 $v_0 = 70$。原子沿 z 轴的平均平动速度

$$\langle v \rangle = \int_{-\infty}^{\infty} v W(v, t) \mathrm{d}v \tag{8.1.56}$$

原子的平均动能用均方速度 $\langle v^2 \rangle$ 表示

$$\langle v^2 \rangle = \int_{-\infty}^{\infty} v^2 W(v, t) \mathrm{d}v \tag{8.1.57}$$

图 8.5 为不同时刻原子的速度分布。图中实线为 $a^2 = 4$，而虚线为 $a^2 = 0$。激光参数均为 $\bar{G} = 10$，初始条件亦相同，即点划线给出的原子气体初始热平衡分布曲线。由图 8.5 看出，在激光与原子相互作用的初阶段，原子速度分布函数发生了很复杂的变化。但是经过一定的时间以后，原子速度分布函数变窄，并向低速方向发生了显著的移动。在相同激光强度条件下，序列脉冲光压可比连续激光光压更加迅速地使原子速度分布函数发生变化。图 8.6、图 8.7 比较了序列脉冲激光和连续激光光压的减速、冷却作用。图中虚线代表连续激光的作用，实线代表序列脉冲的作

用。参数为 $a^2 = 4$, $\Delta\omega = \dfrac{7}{T_2}$, $\omega - \omega_0 = \dfrac{70}{T_2}$。图中, 1, 2, 3; 4, 5, 6; 7, 8, 9 各曲线的参数分别为 $\bar{G} = 1$, 0.67, 1; 10, 6.7, 10; 100, 67, 100。可以看出, 当平均功率相同或者下降 1/3, 使用序列脉冲激光对原子的减速和冷却效应都比连续激光有效, $\langle v \rangle$, $\langle v^2 \rangle$ 均下降得很快。

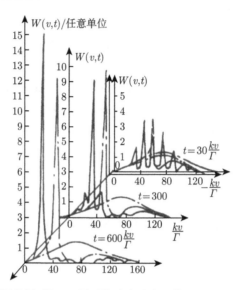

图 8.5　在不同作用时间 t, 原子的速度分布函数 $W(v,t)$(取自文献 [12])

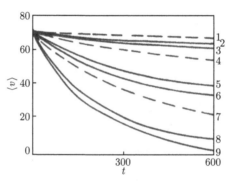

图 8.6　原子的速度平均值 $\langle v \rangle$ 随时间 t 的变化 (取自文献 [12])

上面分析计算表明, 采用序列脉冲激光并适当选择调制函数, 能够获得较宽的光压力分布, 从而比相同功率的连续激光更为有效地使原子束冷却或减速。以 Na 原子 $3^2\mathrm{S}_{1/2}$-$3^2\mathrm{P}_{3/2}$ 跃迁为例, 不计超精细子能级影响, 取 $\lambda = 5890\text{Å}$, $\dfrac{1}{2\pi T_2} = 10\mathrm{MHz}$, 则图 8.6 和图 8.7 所示的 Na 原子初始沿激光传播相反方向的平均速度为 $4.1 \times 10^4 \mathrm{cm/s}$, 速度平方的平均值为 $2.0 \times 10^9 \ \mathrm{cm^2/s^2}$。图中 $\bar{G} = 10$ 相应于激光平

均强度为 $500\ \mathrm{mW/cm^2}$, 无量纲时间 $t = 600$, 相当于 $1.92\ \mathrm{ms}$。当采用连续激光, 经过 $1.92\ \mathrm{ms}$ 后, Na 原子气体在激光传播相反方向的平均速度下降为 $3.2 \times 10^4\ \mathrm{cm/s}$, 均方速度下降为 $1.4 \times 10^9 \mathrm{cm^2/s^2}$。如果使用平均强度为 $330\ \mathrm{mW/cm^2}$, 重复频率为 $70\ \mathrm{MHz}$ 的序列脉冲激光经过相同的时间作用后, 平均速度下降为 $2.2 \times 10^4\ \mathrm{cm/s}$, 平均速度平方下降为 $8.5 \times 10^8 \mathrm{cm^2/s^2}$。低强度序列脉冲激光也可产生速度分布范围较宽的光压力, 不需采用频率扫描, 就可能使整个原子气体实现深度冷却。

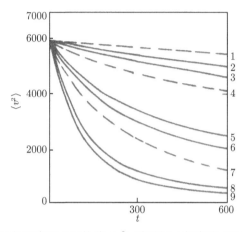

图 8.7　原子的速度平方平均值 $\langle v^2 \rangle$ 随时间 t 的变化 (取自文献 [12])

8.2　激光冷却原子与光学黏胶

8.1 节已讨论了只要激光频率 ω 相对于原子跃迁的频率 ω_0 为红移 ($\omega - \omega_0 < 0$), 在激光作用下的原子会由于 Doppler 效应被减速和致冷, 即图 8.6、图 8.7 所示的 $\langle v \rangle$, $\langle v^2 \rangle$ 随作用时间 t 的增加而下降, 但这只是受到迎面而来的激光辐射压力作用的结果。如果是受到正反方向传播的激光作用, 这原子将在传播方向如 x 轴方向被减速。如果是采用 6 个光束沿 x, y, z 正反方向作用于原子, 则原子将被禁锢在 6 束光作用的小区域内。又考虑到原子的速度扩散, 原子很像是在一带有黏性的液体即光学黏胶 (optical molasses) 中运动。又假定沿 x, y, z 轴行进的光束是彼此不相干的, 这就是光学黏胶模型 [13]。现分析这个模型的一维问题, 即在 z 方向加上一驻波场对原子所产生的减速、阻尼、速度扩散与加热。参照 (8.1.22)、(8.1.23) 式, 辐射场作用于原子的力 $\boldsymbol{F}_{\mathrm{sp}} + \boldsymbol{F}_{\mathrm{ind}}$ 对 z 求平均后, 由于 $\frac{1}{l} \int_0^l \sin^2 kz \mathrm{d}z = \frac{1}{2}$, $\frac{1}{l} \int_0^l \sin 2kz \mathrm{d}z = 0$, 仅 $\boldsymbol{F}_{\mathrm{sp}}$ 有贡献, 用 F 来表示, 并取初始反转粒子 $\Delta_0 = -1$

$$F = \frac{-\hbar k}{T_2} \frac{G\left[L(\omega_0 - kv - \omega) - L(\omega_0 + kv - \omega)\right]}{1 + G(L(\omega_0 - kv - \omega) + L(\omega_0 + kv - \omega))} \tag{8.2.1}$$

对于弱场 $G \ll 1$, 又设 $\bar{\Delta} = \omega - \omega_0$, 则上式可简化为

$$F = \frac{\hbar k}{T_2} G k v \cdot 2T_2 \frac{\bar{\Delta} \cdot 2T_2}{1 + 2(\bar{\Delta}^2 + k^2 v^2)T_2^2 + (\bar{\Delta}^2 - k^2 v^2)^2 T_2^4} \tag{8.2.2}$$

又参照 (8.1.37) 式, 在驻波场作用下, 原子的扩散方程

$$\frac{\mathrm{d}}{\mathrm{d}t} W = -\frac{\partial}{\partial v}\left(\frac{F}{M}W\right) + \frac{1}{2}\frac{\partial}{\partial v}\left(D\frac{\partial}{\partial v}W\right) \tag{8.2.3}$$

$$D = -\frac{\hbar k}{M^2}\frac{\hbar k}{T_2}\frac{G\left[L(\omega_0 - kv - \omega) + L(\omega_0 + kv - \omega)\right]}{1 + G(L(\omega_0 - kv - \omega) + L(\omega_0 + kv - \omega))}$$

同样令 $\bar{\Delta} = \omega - \omega_0$, 并设 $|kv| \ll |\bar{\Delta}|$, $G \ll 1$, 则得

$$D \simeq \frac{(\hbar k)^2}{M^2}\frac{2G}{T_2}\frac{1}{1 + (\bar{\Delta}T_2)^2} \tag{8.2.4}$$

(8.2.2) 式为驻波场对原子产生的辐射压力, 而行波场的辐射压力, 则由 (8.1.19) 式给出, 即

$$F_{\pm} = \pm\hbar k \frac{1}{T_2}\frac{G}{1 + G + ((\bar{\Delta} \mp kv)T_2)^2} \tag{8.2.5}$$

图 8.8 为 F(实线), $F_{\pm}$(点线) 相对于 kvT_2 的变化曲线. 我们注意到在 $v = 0$ 附近 F 与 v 的线性关系, $F \simeq -\alpha v$, α 即阻尼系数. 由 (8.2.2) 式

$$\alpha = -4\hbar k^2 G\frac{\bar{\Delta}T_2}{(1 + (\bar{\Delta}T_2)^2)^2} \tag{8.2.6}$$

故在 $kv \simeq 0$ 附近原子动能 $\mathcal{E}$ 的减少率, 即冷却速率为

$$\left(\frac{\mathrm{d}\mathcal{E}}{\mathrm{d}t}\right)_{\mathrm{c}} = Fv = -\alpha v^2 \tag{8.2.7}$$

将 Fokker-Planck 方程等价为 Ito 方程, (8.2.3) 式可写为

$$\mathrm{d}v(t) = \frac{F}{M}\mathrm{d}t + \sqrt{D}\xi(t)\mathrm{d}t = -\frac{\alpha}{M}v(t)\mathrm{d}t + \sqrt{D}\xi(t)\mathrm{d}t \tag{8.2.8}$$

$$\langle\xi(t)\xi(t')\rangle = \delta(t - t'), \quad \langle\xi(t)\rangle = 0$$

(8.2.8) 式的解可写为

$$v(t) = v(0)\mathrm{e}^{-\frac{\alpha}{M}t} + \sqrt{D}\int_0^t \mathrm{e}^{-\frac{\alpha}{M}(t-t')}\xi(t')\mathrm{d}t' \tag{8.2.9}$$

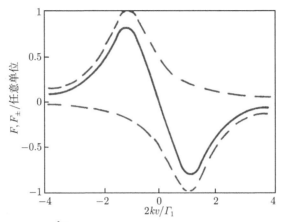

图 8.8　$F, F_\pm$ 随 $\dfrac{kv}{-\Delta} = 2kv/\Gamma_1 = kvT_2$ 变化的曲线 (参照 Lett 等 [13])

由此可得速度 $v(t)$ 的均方差及平均值

$$
\begin{aligned}
\langle(\Delta v)^2\rangle &= \langle(v(t) - \langle v(t)\rangle)^2\rangle \\
&= D \int_0^t \int_0^t \mathrm{d}t'\mathrm{d}t'' \mathrm{e}^{-\frac{\alpha}{M}(t-t') - \frac{\alpha}{M}(t-t'')} \langle \xi(t')\xi(t'')\rangle \\
&= \frac{DM}{2\alpha}(1 - \mathrm{e}^{-\frac{2\alpha}{M}t})
\end{aligned}
\tag{8.2.10}
$$

$$
\langle v(t)\rangle = \langle v(0)\rangle \mathrm{e}^{-\frac{\alpha}{M}t}
\tag{8.2.11}
$$

当 $t \to \infty$ 时, (8.2.10) 式给出

$$
\langle(\Delta v)^2\rangle \simeq \frac{MD}{2\alpha}
\tag{8.2.12}
$$

当 t 很小时, (8.2.10) 式给出

$$
\langle(\Delta v)^2\rangle \simeq Dt, \qquad \frac{\mathrm{d}\langle(\Delta v)^2\rangle}{\mathrm{d}t} = D
\tag{8.2.13}
$$

上式用 $M/2$ 乘, 便得加热原子的速率为 $\dfrac{MD}{2}$。但考虑到为保持原子的动量 Mv 在零点附近, 故吸收一光子后, 又辐射一光子。总的加热速率应为此数的两倍 [13]

$$
\left(\frac{\mathrm{d}\mathcal{E}}{\mathrm{d}t}\right)_h = 2\frac{MD}{2} = MD
\tag{8.2.14}
$$

平衡时, 应有 $\left(\dfrac{\mathrm{d}\mathcal{E}}{\mathrm{d}t}\right)_c + \left(\dfrac{\mathrm{d}\mathcal{E}}{\mathrm{d}t}\right)_h = 0$。将 (8.2.7), (8.2.14) 式代入便得

$$
v^2 = \frac{MD}{\alpha}
\tag{8.2.15}
$$

与 (8.2.12) 式比较, 得知平衡时的 v^2 恰为 $\langle(\Delta v)^2\rangle$ 当 $t \to \infty$ 时的取值的两倍。使原子的热动能 $Mv^2/2$ 与按能量均分定理每一个自由度的热能 $kT_B/2$ 相等, 便得

$$kT_{\mathrm{B}} = Mv^2 = \frac{M^2 D}{\alpha} = \frac{\hbar}{2T_2} \frac{1 + (\bar{\Delta} T_2)^2}{-\bar{\Delta} T_2} \tag{8.2.16}$$

当 $\bar{\Delta} T_2 = -1$ 时, 上式取极小值

$$kT_{\min} = \frac{\hbar}{T_2} \tag{8.2.17}$$

这个温度称为 Doppler 冷却极限。对于钠原子 5890Å线, $\dfrac{1}{T_2} = \dfrac{1}{2T_1} = 2\pi \times 10^7$ Hz, 故有

$$kT_{\min} = 6.62 \times 10^{-27} \times 10^7 \text{ erg} = 240\mu\text{K}$$

但实验测得的温度要比极限温度 240μK 低得多。

扩散系数及阻尼系数的表式 (8.2.4), (8.2.6) 式是就 $G = I/I_0 \ll 1$ 情形导出的。若 G 并不很小, 则 D 与 α 的表式分别为

$$D \simeq \frac{(\hbar k)^2}{M^2} \frac{2G}{T_2} \frac{1}{1 + 2NG + (\bar{\Delta} T_2)^2} \tag{8.2.18}$$

$$\alpha \simeq -4\hbar k^2 G \frac{\bar{\Delta} T_2}{(1 + 2NG + (\bar{\Delta} T_2)^2)^2} \tag{8.2.19}$$

式中 $N = 1, 2, 3$ 分别对应于 1, 2, 3 维光学黏胶。相应地, 冷却温度 (8.2.16) 式也应修正为 [13]

$$kT_{\mathrm{B}} = \frac{\hbar}{2T_2} \frac{1 + 2NG + (\bar{\Delta} T_2)^2}{-\bar{\Delta} T_2} \tag{8.2.20}$$

为了描述原子在光学黏胶中受阻冷却, 现定义速度衰减时间常数 τ_{d}

$$\tau_{\mathrm{d}} = \frac{-v}{\left(\dfrac{\mathrm{d}v}{\mathrm{d}t}\right)_{\mathrm{c}}} = \frac{M}{\alpha} \tag{8.2.21}$$

对于钠原子, 冷却极限温度为 $kT_{\min} = 240\mu\text{K}$, 对应的速度为 30 cm/s。原子在光胶中做布朗运动, 其扩散距离 r 的均方值 $\langle r^2 \rangle$ 与扩散时间 t_{D} 的关系为

$$\langle r^2 \rangle = N\langle x^2 \rangle, \quad \langle x^2 \rangle = 2D_x t_{\mathrm{D}}, \quad D_x = \frac{kT_{\mathrm{B}}}{\alpha} \tag{8.2.22}$$

由 (8.2.19), (8.2.20) 式消去 (8.2.22) 式中的 kT_{B}, α 得

$$t_{\mathrm{D}} = \frac{\langle r^2 \rangle}{2N} \frac{\alpha}{kT_{\mathrm{B}}} = \frac{4k^2 \langle r^2 \rangle T_2}{N} G \frac{(\bar{\Delta} T_2)^2}{(1 + 2NG + (\bar{\Delta} T_2)^2)^3} \tag{8.2.23}$$

将上式对 G 及失谐 $\bar{\Delta}$ 求极值，我们得

$$t_{\mathrm{D}} = \frac{2k^2\langle r^2\rangle}{27N^2}T_2, \quad \bar{\Delta}T_2 = -1, \quad G = \frac{1}{2N} \tag{8.2.24}$$

将钠原子 $\lambda = 5890$Å，$1/T_2 = 2\pi \times 10^7$Hz 及扩散距离 $\langle r^2\rangle = 0.5^2\ \mathrm{cm}^2$，$N = 3$ 代入 t_{D} 的表式得扩散时间 $t_{\mathrm{D}} = 742$ ms。如果不是光学黏胶而按 240 μK 的平动速度 30 cm/s 逃逸 0.5 cm 距离，则只需 17 ms，约为 742 ms 的 1/44。这一结果是假定了光学黏胶的体积为无限大，求得的原子的扩散距离均方值 $\langle r^2\rangle$ 与扩散时间 t_{D} 的关系。如果一开始光学黏胶就是一个半径为 r 的球，原子一扩散到球面，便很快逃逸。又设球内初始原子数为 n_0，经过 t 的扩散，球内的原子数 $n(t)$ 将按指数衰减 [14, 15]

$$n(t) = n_0 \exp(-t/\tau_M), \quad \tau_{\mathrm{M}} = \frac{r^2}{\pi^2 D_x} \tag{8.2.25}$$

仍取 $r = 0.5$ cm，则按 (8.2.25) 式计算得 $\tau_{\mathrm{M}} = 450$ ms，这些是设计观察原子冷却温度实验的依据。在没有讨论这些实验以前，应指出已测到冷却温度 25 μK [16]，远低于钠原子的 Doppler 冷却极限 240 μK，究其原因，除了上述冷却机制外，还存在新的冷却机制 [17]，即偏振梯度冷却。

8.3　激光偏振梯度冷却原子

利用激光偏振梯度冷却原子的机制分别由 Dalibard, Cohen-Tannoudji 和 Chu 等独立提出 [15~17]。基本原理是基态与激发态均包含了简并的子能级。当激光的偏振随空间坐标变化，亦即存在偏振梯度时，对与之相互作用的原子呈现出阻力，而且这时的阻尼系数当原子的速度 $v \to 0$ 时，几乎与光强无关。偏振梯度有两种，一种是 $\sigma^+\sigma^-$ 型，另一种是 $\pi^x\pi^y$ 型，分别如图 8.9(a), (b) 所示。图 8.9(a) 示出 $\sigma^+\sigma^-$ 型为两束沿相反方向传输的左、右椭圆偏振光，总的电场 $E(z,t)$ 可表示为

$$E(z,t) = \mathcal{E}^+(z)\mathrm{e}^{-\mathrm{i}\omega_{\mathrm{L}}t} + c.c \tag{8.3.1}$$

正频分量 $\mathcal{E}^+(z)$ 由下式给出：

$$\mathcal{E}^+(z) = \varepsilon_0\epsilon\mathrm{e}^{\mathrm{i}kz} + \varepsilon_0'\epsilon'\mathrm{e}^{-\mathrm{i}kz} \tag{8.3.2}$$

$$\begin{cases} \epsilon = \epsilon_+ = -\dfrac{1}{\sqrt{2}}(\epsilon_x + \mathrm{i}\epsilon_y) \\[2mm] \epsilon' = \epsilon_- = \dfrac{1}{\sqrt{2}}(\epsilon_x - \mathrm{i}\epsilon_y) \end{cases} \tag{8.3.3}$$

式中 ε_0, ε_0' 分别为沿 z 轴正、反方向传输的光的振幅, 可取为实值; ϵ_-, ϵ_+ 为左、右旋圆偏振。将 (8.3.3) 式代入 (8.3.2) 式得

$$\mathcal{E}^+(z) = \frac{1}{\sqrt{2}}(\varepsilon_0' - \varepsilon_0)\epsilon_{\bar{x}} - \frac{\mathrm{i}}{\sqrt{2}}(\varepsilon_0' + \varepsilon_0)\epsilon_{\bar{y}} \tag{8.3.4}$$

式中

$$\begin{cases} \epsilon_{\bar{x}} = \epsilon_x \cos kz - \epsilon_y \sin kz \\ \epsilon_{\bar{y}} = \epsilon_x \sin kz - \epsilon_y \cos kz \end{cases} \tag{8.3.5}$$

合成后为一椭圆偏振光, 而且椭圆轴绕 z 轴转动角为 $\varphi = -kz$。

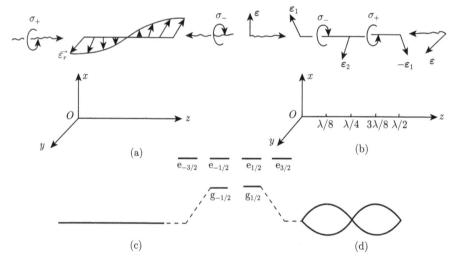

图 8.9　两种类型的偏振梯度及对应的光移位基态子能级 (参照文献 [13])

跃迁为 $\mathrm{J_g} = 1/2 \leftrightarrow \mathrm{J_e} = 3/2$。(a) $\sigma^+\sigma^-$ 型; (b) $\pi^x\pi^y$ 型; (c) 对应于 $\sigma^+\sigma^-$ 型的光移位基态子能级; (d) 对应于 $\pi^x\pi^y$ 型的光移位基态子能级

在负失谐条件下, 原子从 σ^- 光场中吸收的光子数比 σ^+ 光场中吸收的光子数多, 阻尼系数为

$$\alpha = -\frac{120}{17}\frac{\bar{\Delta}T_2}{5 + (\bar{\Delta}T_2)^2}\hbar k^2 \tag{8.3.6}$$

平衡温度

$$kT_{\mathrm{B}} = \frac{\hbar\Omega^2}{\bar{\Delta}}\left[\frac{29}{300} + \frac{354}{75}\frac{1}{1 + (\bar{\Delta}T_2)^2}\right]$$

对于 $\pi^x\pi^y$ 型, 两束沿相反方向传播, 且偏振方向互相垂直的线偏振光

$$\epsilon = \epsilon_x, \qquad \epsilon' = \epsilon_y \tag{8.3.7}$$

将 (8.3.7) 式代入 (8.3.2) 式, 并令 $\varepsilon_0 = \varepsilon_0'$, 则得

$$\mathcal{E}^+(z) = \varepsilon_0 \sqrt{2} \left(\cos kz \frac{\epsilon_x + \epsilon_y}{\sqrt{2}} - \mathrm{i} \sin kz \frac{\epsilon_x - \epsilon_y}{\sqrt{2}} \right) \tag{8.3.8}$$

由 (8.3.8) 式看出合成后的场强 $\mathcal{E}^+(z)$ 在 $z = 0$ 处为线偏振光, 在 $z = \lambda/8$ 处为椭圆偏振光 (σ^-)。当原子沿 z 轴飞行时, 原子基态子能级由于光所产生的能级移位的大小随空间位置交替变化。光抽运总是将基态高子能级的粒子抽至低子能级, 如图 8.10 所示。这样, 原子在运动时, 总是吸收红移光子, 放出蓝移光子, 导致原子动能的损耗。对于弱光强、负失谐情况, 一维 $\pi^x \pi^y$ 光胶的阻尼系数为

$$\alpha = -3\hbar k^2 \frac{\bar{\Delta} T_2}{2} \tag{8.3.9}$$

平衡温度

$$kT_{\mathrm{B}} = \frac{\hbar \Omega^2}{8\bar{\Delta}} \tag{8.3.10}$$

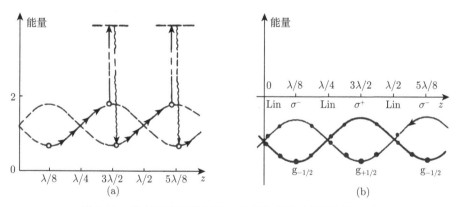

图 8.10 基态子能级移位随 z 的变化曲线 (参照文献 [13])

(a) $\pi^x \pi^y$ 型的基态子能级光移位与光抽运; (b) 在基态子能级上的粒子数分布, 用实心点的大小来表示

$\sigma^+ \sigma^-$ 和 $\pi^x \pi^y$ 激光场对原子的辐射压力与速度的关系如图 8.11 所示。从图中可以看出, 在低速范围, 偏振梯度冷却更有效; 而在高速范围, Doppler 冷却更有效。因此, 利用偏振梯度冷却, 在光强很弱、失谐很大时, 可使冷却温度低于 Doppler 极限。这由 (8.3.6), (8.3.10) 式可以看出来。

现对一维 $\pi^x \pi^y$ 光胶作更仔细的讨论。基态为二重简并, 简并能级为 $g_{1/2}$, $g_{-1/2}$, 激发态为四重简并, 能级为 $e_{\pm 1/2}$, $e_{\pm 2/3}$, 它们之间的 Clebsh-Gordon (C-G) 系数如图 8.12 所示。采用旋波近似后, 原子与光场间的电偶极相互作用 V 为

$$V = -\left(D^+ \cdot \mathcal{E}^+(r) \mathrm{e}^{-\mathrm{i}\omega_{\mathrm{L}} t} + D^- \cdot \mathcal{E}^-(r) \mathrm{e}^{\mathrm{i}\omega_{\mathrm{L}} t} \right) \tag{8.3.11}$$

D^+, D^- 为原子电偶极上升与下降算子, $\mathcal{E}^+(r)$, $\mathcal{E}^-(r)$ 为激光场的正频、负频分量, $\mathcal{E}^- = (\mathcal{E}^+)^*$, $\mathcal{E}^+(r)$ 由 (8.3.8) 式定义。根据 (8.3.8), (8.3.11) 式及图 8.12 得出相互作用 V 的矩阵元为

$$\langle e_{3/2}|V|g_{1/2}\rangle = \frac{\hbar\Omega}{\sqrt{2}}\sin kz e^{-i\omega_L t}, \qquad \langle e_{1/2}|V|g_{-1/2}\rangle = \frac{\hbar\Omega}{\sqrt{6}}\sin kz e^{-i\omega_L t}$$

$$\langle e_{-3/2}|V|g_{-1/2}\rangle = \frac{\hbar\Omega}{\sqrt{2}}\cos kz e^{i\omega_L t}, \qquad \langle e_{-1/2}|V|g_{1/2}\rangle = \frac{\hbar\Omega}{\sqrt{6}}\cos kz e^{i\omega_L t} \tag{8.3.12}$$

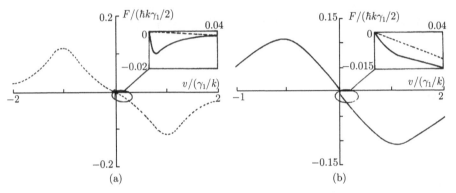

图 8.11   辐射压力随速度的变化曲线 (参照文献 [17])

(a) $\pi^x\pi^y$ 型激光场对原子的辐射压力 F(单位为 $\hbar k\gamma_1/2$) 随速度 v (单位为 γ_1/k) 的变化曲线, 实线为偏振梯度压力, 虚线为 Doppler 失谐相对传播光束辐射压力之和, 参数为 $\Omega = 0.3\gamma_1$, $\delta = -\gamma_1$; (b) $\sigma^+\sigma^-$ 型的辐射压力 F 随 v 的变化, 参数为 $\Omega = 0.25\gamma_1$, $\delta = -0.5\gamma_1$

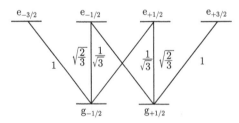

图 8.12 $J_g = 1/2 \longleftrightarrow J_e = 3/2$ 跃迁的 Clebsh-Gordon 系数 (参照文献 [13])

由激光场产生的能级移位为

$$\Delta E_{1/2} = \mathrm{Re}\sum_m \frac{\langle g_{1/2}|V|m\rangle\langle m|V|g_{1/2}\rangle}{\hbar(\bar{\Delta} + i1/T_2)}$$

$$= \hbar\bar{\Delta}s_0\left(\sin^2 kz + \frac{1}{3}\cos^2 kz\right) = E_0 - \frac{\hbar\bar{\Delta}s_0}{3}\cos 2kz \tag{8.3.13}$$

$$E_0 = \frac{2}{3}\hbar\bar{\Delta}s_0, \qquad s_0 = \frac{\Omega^2/2}{\bar{\Delta}^2 + (1/T_2)^2}$$

同样可以求得

$$\Delta E_{-1/2} = \hbar \bar{\Delta} s_0 \left(\cos^2 kz + \frac{1}{3} \sin^2 kz \right) = E_0 + \frac{\hbar \bar{\Delta} s_0}{3} \cos 2kz \tag{8.3.14}$$

将能级移位 $\Delta E_{1/2}$, $\Delta E_{-1/2}$ 对 z 作图, 便得图 8.10。注意 (8.3.12) 式也可用另一种方式表述, 即定义基态与相互作用为

$$g = \sin kz g_{1/2} + \cos kz g_{-1/2}$$

$$V = \frac{\hbar \Omega}{\sqrt{2}} (D^+ e^{-i\omega_L t} + D^- e^{i\omega_L t}) \tag{8.3.15}$$

于是有 (D^+, D^- 的矩阵元, 参看 C-G 系数图 8.12)

$$\langle e_{3/2} | V | g \rangle = \frac{\hbar \Omega}{\sqrt{2}} e^{-i\omega_L t} \sin kz \langle e_{3/2} | D^+ | g_{1/2} \rangle = \frac{\hbar \Omega}{\sqrt{2}} e^{-i\omega_L t} \sin kz \tag{8.3.16}$$

将这个结果与 (8.3.12) 式比较, 完全相同。同样, $\langle e_{-3/2} | V | g \rangle$, $\langle e_{1/2} | V | g \rangle$, $\langle e_{-1/2} | V | g \rangle$ 也与 (8.3.12) 式其余等式 $\langle e_{-3/2} | V | g_{-1/2} \rangle \cdots$ 一致。故 (8.3.12) 式各矩阵元均可看成不同激发态向一基态跃迁的矩阵元。一个很重要的结论是由 g 的定义 (8.3.15) 式, 得知原子处于 $g_{1/2}$, $g_{-1/2}$ 态的概率分别为 $\sin^2 kz$, $\cos^2 kz$。产生 $\Delta E_{\pm 1/2}$ 能级移位的力 $f_{\pm 1/2}$ 由 (8.3.13), (8.3.14) 式得出

$$f_{\pm 1/2} = -\frac{\mathrm{d}}{\mathrm{d}z} \Delta E_{\pm 1/2} = \mp \frac{2}{3} \hbar k \bar{\Delta} s_0 \sin 2kz \tag{8.3.17}$$

对状态 $g_{1/2}$, $g_{-1/2}$ 求平均后得

$$f = f_{1/2} \pi_{1/2} + f_{-1/2} \pi_{-1/2} \tag{8.3.18}$$

式中 $\pi_{\pm 1/2}$ 为处于状态 $g_{\pm 1/2}$ 的概率。如果将 $\sin^2 kz$, $\cos^2 kz$ 代入, 便得

$$f(z) = \frac{2}{3} \hbar k \bar{\Delta} s_0 \sin 2kz \cos 2kz \tag{8.3.19}$$

注意到 $\sin^2 kz$, $\cos^2 kz$ 可看成初始时的概率 $\pi_{1/2}(z)$, $\pi_{-1/2}(z)$, 经 τ_p 时原子已由 z 运动到 $z - v\tau_p$

$$\pi_{\pm 1/2}(z - v\tau_p) \simeq \pi_{\pm 1/2}(z) - v\tau_p \frac{\mathrm{d}\pi_{\pm 1/2}(z)}{\mathrm{d}z} \tag{8.3.20}$$

将 (8.3.20) 式代入 (8.3.18) 式得

$$f(z - v\tau_{\mathrm{p}}) = f(z) + \frac{4}{3}\hbar k^2 \bar{\Delta} s_0 v \tau_{\mathrm{p}} \sin^2(2kz) \tag{8.3.21}$$

将上式对空间 z 求平均, 很明显 $\bar{f}(z) = 0$, 故有

$$\bar{f}(z - v\tau_{\mathrm{p}}) = -\alpha v, \alpha = -\frac{2}{3}\hbar k^2 \bar{\Delta} s_0 \tau_{\mathrm{p}} \tag{8.3.22}$$

式中 τ_{p} 为原子在基态逗留的时间, $1/\tau_{\mathrm{p}} = \dfrac{4}{T_2}\dfrac{s_0}{9}$, 代入上式得 $\alpha = -3\hbar k^2 (\bar{\Delta} T_2/2)$, 此即 (8.3.9) 式。于是按 $kT_{\mathrm{B}} = \dfrac{D_{\mathrm{p}}}{\alpha}$, 求得平衡温度 $kT_{\mathrm{B}} = \dfrac{\hbar|\bar{\Delta}|^2}{4}s_0 \simeq \dfrac{\hbar\Omega^2}{8|\bar{\Delta}|}$, 即 (8.3.10) 式。$D_{\mathrm{p}}$ 为动量扩散系数。

8.4　光学黏胶温度测量

三维光学黏胶是 S. Chu 等在 1985 年提出来的。他们用观察在光胶中的原子的荧光随时间的衰变, 也称之为 R & R (Release & Recapture) 方法来测定原子温度。如图 8.13 所示 [18], 由原子炉出来经 Zeeman 调谐磁铁线圈并被迎面来的激光束对撞冷却后的慢原子束逃离至光轴旁 (约 2.5 cm) 的光学黏胶区被俘获。设被俘获的原子数为 n_0, 这些原子将按 (8.2.25) 式指数律衰减, 观察到的光黏胶中原子的荧光强度也同样按 (8.2.25) 式指数衰减。如果挡掉形成光胶的激光一段时间 t_{off}(如 $t_{\mathrm{off}} = 20$ ms), 然后又将激光加上, 在 t_{off} 时间内光胶已去掉, 原子将以热速度逃离光胶区。温度高、热速度高, 逃离快; 反之, 逃离慢。t_{off} 后, 光胶又恢复了, 荧光又按 t_{off} 前的指数衰减, 但强度起点要比 t_{off} 前低, 如图 8.14 所示。根据这点可测定在 t_{off} 时间内逃离的原子数及热速度与温度。应用这种方法测得的钠原子的光胶冷却温度为 240 μK, 铯原子的光胶冷却温度为 100 μK [19], 分别与 Doppler 冷却极限 240 μK, 120 μK 接近。但进一步实验, 便发现结果与经典光胶理论及 Doppler 极限均不符合 [13]。图 8.15 是周期地挡掉与加上激光束 (即光胶) 的原子荧光强度随时间的变化曲线。该曲线反映了光胶慢化与聚集原子的效果。使人感到惊奇的是, 即使激光失谐大到 $\bar{\Delta} = -6/T_2$, 这已经远远偏离于 (8.2.24) 式给出的最佳失谐 $\bar{\Delta} \simeq -1/T_2$, 仍能有图 8.15 所示的实验结果, 即仍有慢化与聚集原子的效果。这表明经典光胶理论的失效。又由荧光强度的衰变, 可测定 τ_{M} 及 t_{D}。按 (8.2.23) 式, t_{D} 与失谐 $\bar{\Delta}$ 的变化关系即图 8.16 中的实线, 极大在 $-\bar{\Delta} T_2 = 1$。但实验测得的点则大为红移了, 极大在 $-\bar{\Delta} T_2 \simeq 3$ 处。经典理论与实验不符, 还可从飞行时间 (TOF) 测量得到证明, 即在光胶下面与光胶相距 $1 \sim 2$ 倍光胶直径的地方加一探测光, 当原子在 t_{off} 时间内由光胶逃离并进入探测光时, 便发荧光。图 8.17 为荧光强度随时间的变化, TOF 给出 $kT_{\mathrm{B}} = 250$ μK, 25 μK 实线。实验数据与 25 μK 理论曲线相符合。这表明光胶中原子处于温度 25 μK, 而不是 Doppler 极限 250 μK。

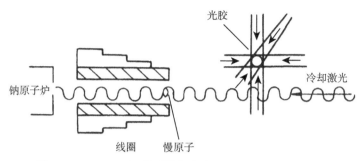

图 8.13 Zeeman 调谐磁铁与光胶区位置 (参照文献 [13])

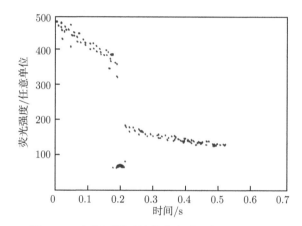

图 8.14 光胶区原子的荧光衰减 (参照文献 [13])

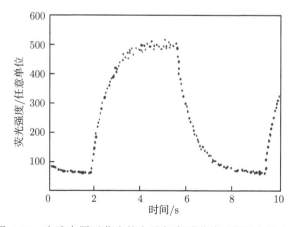

图 8.15 光胶中原子荧光的上升与衰减曲线 (参照文献 [13])

原子炉出来的慢原子, 周期地被挡掉与开启。可看到光胶中的原子可维持 ～4 s

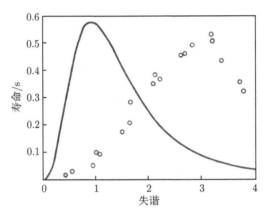

图 8.16   光胶中原子寿命 t_D 随失谐 $\bar{\Delta}$ 的变化 (参照文献 [13])

实线为按 (8.2.23) 式算得的理论曲线 $G \simeq 0.5$, 空心圆为实验点

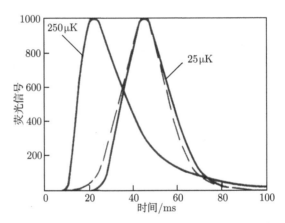

图 8.17   光胶中原子飞行时间测量 ($\Delta = -2.5\gamma_1$) (参照文献 [13])

8.5   电磁衰波场对原子的作用力与原子镜

上几节讨论激光辐射压力可以使原子减速并冷却。同样也可以应用激光辐射压力做成反射原子的原子镜 [20], 衍射原子的原子栅。图 8.18 就是通过平面电磁波在电介质的内全反射产生的衰波做成的原子镜。$y > 0$ 为真空, $y < 0$ 为电介质, 激光透过界面 $y = 0$ 产生的衰波为

$$\boldsymbol{E}(x, t) = \boldsymbol{\epsilon} \mathcal{E} \exp(-\alpha y) \left[\mathrm{e}^{\mathrm{i}(\omega t - kt)} + c.c \right] \tag{8.5.1}$$

式中 ϵ 为偏振矢量，α, k 分别为

$$\alpha = \frac{\omega}{c}\left(n^2\sin^2\theta - 1\right)^{1/2}, \qquad k = \frac{\omega}{c}n\sin\theta \tag{8.5.2}$$

θ 为平面波在介质内的入射角，$\mathcal{E}$ 为 $y = 0$ 处的波幅，产生内全反射的条件为 $\theta > \theta_c = \arcsin(1/n)$。衰波沿界面 x 方向传播，衰波对原子产生的力可参照 (8.1.14), (8.1.15) 式求得，并注意到衰波的梯度

$$\nabla \boldsymbol{E}(x,t) = \epsilon\mathcal{E}\left[(-\boldsymbol{\alpha} - \mathrm{i}\boldsymbol{k})\mathrm{e}^{-\alpha y + \mathrm{i}(\omega t - kx)} + c.c\right] \tag{8.5.3}$$

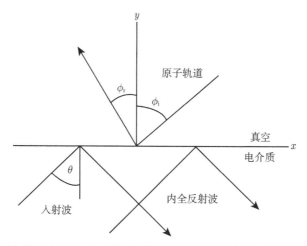

图 8.18　平面电磁波在真空–电介质表面的内全反射形成衰波，原子在衰波上的反射

将 (8.1.15), (8.5.3) 式代入 (8.1.10) 式，便得

$$\boldsymbol{F} = \frac{\boldsymbol{\alpha}}{\alpha}F_y + \frac{\boldsymbol{k}}{k}F_x \tag{8.5.4}$$

式中 $\boldsymbol{\alpha}$, $\boldsymbol{k}$ 分别平行于 y 与 x 轴，F_x, F_y 由下式给出：

$$\begin{cases} F_x = \dfrac{4T_2\mu^2\mathcal{E}^2\Delta k}{\hbar}\sin(\omega t - kx)\mathrm{e}^{-2\alpha y}\left[T_2(\omega_0 - kv_x - \omega)\cos(\omega t - kx)\right. \\[2mm] \qquad\quad \left. + \sin(\omega t - kx)\right]L(\omega_0 - kv_x - \omega) \\[4mm] F_y = \dfrac{-4T_2\mu^2\mathcal{E}^2\alpha\cos(\omega t - kx)\mathrm{e}^{-2\alpha y}}{\hbar}\Delta\left[T_2(\omega_0 - kv_x - \omega)\cos(\omega t - kx)\right. \\[2mm] \qquad\quad \left. + \sin(\omega t - kx)\right]L(\omega_0 - kv_x - \omega) \end{cases} \tag{8.5.5}$$

将 (8.5.5) 式对 t 求平均, 并应用 (8.1.19) 式, 便得

$$
\begin{aligned}
F_x &= \frac{\hbar k}{T_2} \frac{GL(\omega_0 - kv_x - \omega)}{1 + GL(\omega_0 - kv_x - \omega)} \\
F_y &= -\frac{\alpha}{k}(\omega - kv_x - \omega)T_2 F_x \\
G &= \frac{2\mathcal{E}^2 \mathrm{e}^{-2\alpha y} \mu^2 T_2^2}{\hbar^2}
\end{aligned}
\tag{8.5.6}
$$

对于正失谐 $\bar{\Delta} = \omega - \omega_0 > 0$, 且 $\Delta \gg kv_x$ 的情形, 上式可化简为

$$
F_x = \frac{\hbar k}{T_2} \frac{G}{G + 1 + \bar{\Delta}^2 T_2^2}, \qquad F_y = \hbar\alpha \frac{\bar{\Delta}G}{G + 1 + \bar{\Delta}^2 T_2^2}
\tag{8.5.7}
$$

对应于 F_y 的势为 $F_y = -\nabla V(y)$

$$
V(y) = \frac{\hbar\bar{\Delta}}{2} \ln\left[1 + G + \bar{\Delta}^2 T_2^2\right]
\tag{8.5.8}
$$

具有质量 M, 初速 v_y 的原子, 只要 $\dfrac{Mv_y^2}{2} < V(0)$, 当运动到薄层衰波势附近时被反射回来, 亦即被反射回来的原子在 y 方向的速度分量最大值 $v_y^{\max}$ 应是

$$
v_y^{\max} = \left[\frac{\hbar\bar{\Delta}}{M} \ln(1 + G + \bar{\Delta}^2 T_2^2)\right]^{1/2}
\tag{8.5.9}
$$

值得一提的是将图 8.18 结构稍加改变, 便可做成衍射原子的衍射栅 [21]。主要是加了一面与激光束垂直的全反射镜, 于是在界面 $y = 0$ 附近形成激光场驻波栅, 由真空 ($y > 0$) 来的原子在其上衍射。

8.6　原子镜面对原子量子态选择反射实验 [22]

如图 8.19 所示, 激光束射入石英片, 在其内全反射, 透过界面的衰波形成原子镜。作用力 F_y 及势 $V(y)$ 参照 (8.5.8), (8.5.7) 式, 并考虑到 Doppler 修正后可写为

$$
\begin{aligned}
F_y &= \hbar\alpha \frac{(\bar{\Delta} - k_x v_x)G}{G + 1 + (\bar{\Delta} - k_x v_x)^2 T_2^2} \\
k_x &= k\sin\theta, \quad \alpha = k(\sin^2\theta - n^{-2})^{1/2}, \quad \bar{\Delta} = \omega - \omega_0
\end{aligned}
\tag{8.6.1}
$$

$$
V(y) = \frac{\hbar}{2}(\bar{\Delta} - k_x v_x) \ln\left[1 + G + (\bar{\Delta} - k_x v_x)^2 T_2^2\right]
\tag{8.6.2}
$$

$F(y)$, $V(y)$ 均与失谐 $(\bar{\Delta} - k_x v_x)$ 成正比。若为正失谐，$\bar{\Delta} - k_x v_x > 0$，$F(y) > 0$ 为排斥力，原子被原子镜所反射；若为负失谐，$\bar{\Delta} - k_x v_x < 0$，$F(y) < 0$ 为吸引力，原子将被吸附在镜面。为观察此效应，可选择基态有精细结构的钠原子。基态 $3S_{1/2}$ 有两个超精细结构 $F = 1, 2$，间距 1772 MHz。在热平衡情况下，$F = 2$ 态的原子占 37.5%，$F = 1$ 态的原子占 62.5%。若将激光频率调谐到两个能态之间，即 $\omega_{20} + k_x v_x < \omega < \omega_{10} + k_x v_x$，$\omega_{10}$, ω_{20} 分别为 $F = 1, 2$ 态到激发态 $3P_{3/2}$ 间的跃迁频率。很明显 ω 相对 $F = 2$ 能态为正失谐，将反射 $F = 2$ 能态的原子。而对 $F = 1$ 能态来说，便是负失谐，将吸附 $F = 1$ 能态的原子。被镜面反射的原子，再用探测激光通过观测其吸收谱。如图 8.20(a) 所示，$\dfrac{\omega - (\omega_{10} + k_x v_x)}{2\pi} = -1.2\,\mathrm{GHz}$，$\dfrac{\omega - (\omega_{20} + k_x v_x)}{2\pi} = 0.5\,\mathrm{GHz}$，热原子平动速度 $v_x = 8.2 \times 10^4\,\mathrm{cm/s}$，$F = 2$ 能态吸收谱的强度远大于 $F = 1$ 能态。$F = 1$ 能态的小峰，是由背景信号引起的。这个结果恰表明 $F = 2$ 能态原子被原子镜反射，$F = 1$ 能态原子被镜面吸附。现在看图 8.20(b)，$\dfrac{\omega - (\omega_{10} + k_x v_x)}{2\pi} = 2.9\,\mathrm{GHz}$，$\dfrac{\omega - (\omega_{10} + k_x v_x)}{2\pi} = 4.6\,\mathrm{GHz}$，均为正失谐，$F = 1, 2$ 均被反射，均有吸收峰。图 8.20(c) 为撤掉强激光束，无原子镜，小量散射原子形成吸收背景信号。

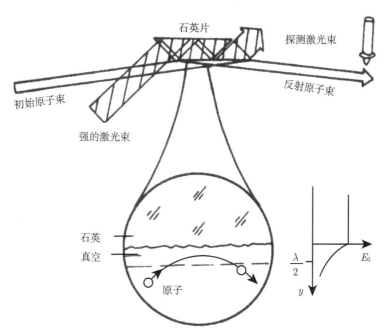

图 8.19 原子在原子栅镜面的反射实验装置 (参照 Balykin[22])

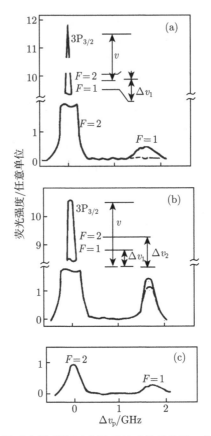

图 8.20　钠原子在原子镜面选择反射后的吸收谱 (参照文献 [22])

8.7　二能级原子在激光衰波场中反射的准确解

8.6 节已讨论二能级原子在激光衰波镜面的反射，并研究了作用于原子上的力 F_y 随着激光的正失谐或负失谐 Δ 而表现出的差异。这些结论已从实验上得到证实。但如何从求解原子与光场相互作用方程进一步确认，还是很有实际意义的。本节就在准确求解二能级原子与场相互作用的 Schrödinger 方程的基础上讨论了原子波函数的边界条件及反射率随 Rabi 频率的变化规律 [23~27]。

8.7.1　二能级原子在激光衰波场中满足的 Schrödinger 方程及其解

参照文献 [11]，原子在衰波场中总的 Hamilton H 可表示为原子内部的 Hamilton 量 H_a，原子重心 (x, y, z) 的动能 $\frac{1}{2}(p_x^2 + p_y^2 + p_z^2)$ 及原子与激光场 $\varepsilon(x, y, t)$ 的

耦合能 $-\boldsymbol{\mu}\cdot\boldsymbol{\varepsilon}$ 之和,

$$H = H_{\mathrm{a}} + \frac{1}{2m}(p_x^2 + p_y^2) - \boldsymbol{\mu}\cdot\boldsymbol{\varepsilon} \tag{8.7.1}$$

参照图 8.19 在 x-y 平面内的平行光束在玻璃介质的内全反射形成的衰波 $\varepsilon(x, y, t)$ 与 z 无关。原子在 z 方向的动量 p_z 将是一个常数。为方便起见,可去掉上式中相应的动能部分 $p_z^2/2m$, 这样便得出原子满足的 Schrödinger 方程为

$$\mathrm{i}\hbar\frac{\partial\psi}{\partial t} = -\frac{\hbar^2}{2m}\left(\frac{\partial^2}{\partial x^2} + \frac{\partial^2}{\partial y^2}\right)\psi + H_{\mathrm{a}}(\boldsymbol{q})\psi - \boldsymbol{\mu}\cdot\boldsymbol{\varepsilon}\psi \tag{8.7.2}$$

式中 $\boldsymbol{q}$ 为原子内部坐标。假定原子只有两个能级,即基态与激发态。定态解为

$$\begin{cases} H_{\mathrm{a}}(\boldsymbol{q})\phi_{\mathrm{e}}(\boldsymbol{q}) = E_{\mathrm{e}}\phi_{\mathrm{e}}(\boldsymbol{q}) \\ H_{\mathrm{a}}(\boldsymbol{q})\phi_{\mathrm{g}}(\boldsymbol{q}) = E_{\mathrm{g}}\phi_{\mathrm{g}}(\boldsymbol{q}) \end{cases} \tag{8.7.3}$$

又设激光场为单频的, 其频率为 ω

$$\boldsymbol{\varepsilon}(x, y, t) = \boldsymbol{\varepsilon}(x, y)\mathrm{e}^{-\mathrm{i}\omega t} + \boldsymbol{\varepsilon}^*(x, y)\mathrm{e}^{\mathrm{i}\omega t} \tag{8.7.4}$$

将 ψ 表示为

$$\psi = u_{\mathrm{e}}(x, y)\phi_{\mathrm{e}}(\boldsymbol{q})\exp\left(-\mathrm{i}\frac{E_{\mathrm{e}} + E_{\mathrm{g}}}{2\hbar}t - \mathrm{i}\frac{\omega t}{2} - \frac{\mathrm{i}Et}{\hbar}\right)$$

$$+ u_{\mathrm{g}}(x, y)\phi_{\mathrm{g}}(\boldsymbol{q})\exp\left(-\mathrm{i}\frac{E_{\mathrm{e}} + E_{\mathrm{g}}}{2\hbar}t + \mathrm{i}\frac{\omega t}{2} - \frac{\mathrm{i}Et}{\hbar}\right) \tag{8.7.5}$$

将 (8.7.4),(8.7.5) 式代入 (8.7.2) 式中,应用 (8.7.3) 式,然后用 $\int\phi_{\mathrm{e}}(\boldsymbol{q})\mathrm{d}q,\ \int\phi_{\mathrm{g}}(\boldsymbol{q})\mathrm{d}q$ 作用于等式两边,采用旋波近似,将电偶极 $\boldsymbol{\mu} = -e\boldsymbol{q}$ 的矩阵元 $\int\phi_{\mathrm{e}}(\boldsymbol{q})\boldsymbol{\mu}\phi_{\mathrm{g}}(\boldsymbol{q})\mathrm{d}q$ 仍记为 $\boldsymbol{\mu}$,最后得

$$\begin{cases} Eu_{\mathrm{e}} = \left(-\frac{\hbar^2}{2m}\left(\frac{\partial^2}{\partial x^2} + \frac{\partial^2}{\partial y^2}\right) - \frac{\hbar}{2}\Delta\right)u_{\mathrm{e}} - \boldsymbol{\mu}\cdot\boldsymbol{\varepsilon}u_{\mathrm{g}} \\[3mm] Eu_{\mathrm{g}} = \left(-\frac{\hbar^2}{2m}\left(\frac{\partial^2}{\partial x^2} + \frac{\partial^2}{\partial y^2}\right) + \frac{\hbar}{2}\Delta\right)u_{\mathrm{g}} - \boldsymbol{\mu}\cdot\boldsymbol{\varepsilon}u_{\mathrm{e}} \end{cases} \tag{8.7.6}$$

式中 $\Delta = \omega - \dfrac{E_{\mathrm{e}} - E_{\mathrm{g}}}{\hbar}$ 为激光频率 ω 相对于二能级原子跃迁频率的失谐。激光通过界面内全反射形成的衰波场为

$$\boldsymbol{\varepsilon}(x, y) = \boldsymbol{\epsilon}\varepsilon\mathrm{e}^{-\eta y + \mathrm{i}\xi x}$$
$$\eta = k_0\sqrt{n^2\sin^2\theta - 1}, \quad \xi = k_0 n\sin\theta \tag{8.7.7}$$

这是一沿 x 轴方向传播的波, 其偏振方向 ϵ 与 z 轴平行, 即 s 偏振。波幅沿 y 轴方向指数衰减, 下面为书写方便起见, 略去单位矢量 ϵ, 并将 $\boldsymbol{\mu}$ 写成 μ。将 (8.7.7) 式代入 (8.7.6) 式, 得 u_e, u_g 的解为

$$\begin{cases} u_e = u_e(y)\mathrm{e}^{\mathrm{i}p_e x/\hbar} \\ u_g = u_g(y)\mathrm{e}^{\mathrm{i}p_g x/\hbar}, \quad p_g = p_e - \hbar\xi \end{cases} \tag{8.7.8}$$

将 (8.7.8) 式代入 (8.7.6) 式得出 $u_e(y), u_g(y)$ 满足如下的方程:

$$Eu_e = \left(-\frac{\hbar^2}{2m}\frac{\mathrm{d}^2}{\mathrm{d}y^2} + \frac{p_e^2}{2m} - \frac{\hbar\Delta}{2}\right)u_e - \mu\varepsilon\mathrm{e}^{-\eta y}u_g$$

$$\tag{8.7.9}$$

$$Eu_g = \left(-\frac{\hbar^2}{2m}\frac{\mathrm{d}^2}{\mathrm{d}y^2} + \frac{p_g^2}{2m} + \frac{\hbar\Delta}{2}\right)u_g - \mu\varepsilon\mathrm{e}^{-\eta y}u_e$$

(8.7.8) 式表明在反射过程中, 可能发生由基态跃迁到激发态, 并吸收一个光子的能量与动量。现在对方程 (8.7.9) 进行归一化, 引进 Rabi 频率 $\Omega = \dfrac{2\mu\varepsilon}{\hbar}$, 归一化频率 $\Omega_0 = \hbar\eta^2/m$, 并取归一化

$$\frac{T_{ey}}{\hbar\Omega_0/2} = \frac{E + \hbar\Delta/2 - p_e^2/2m}{\hbar\Omega/2} = \gamma_1$$

$$\frac{T_{gy}}{\hbar\Omega_0/2} = \frac{E - \hbar\Delta/2 - p_g^2/2m}{\hbar\Omega/2} = \gamma_2$$

$$\frac{\hbar^2/2m}{\hbar\Omega_0/2}\frac{\mathrm{d}^2}{\mathrm{d}y^2} = \frac{1}{\eta^2}\frac{\mathrm{d}^2}{\mathrm{d}y^2} \Rightarrow \frac{\mathrm{d}^2}{\mathrm{d}y^2}, \quad \frac{\Omega}{\Omega_0} \Rightarrow \Omega \tag{8.7.10}$$

$$\gamma_1 - \gamma_2 = \frac{\hbar\Delta - (\hbar\xi)^2/2m - p_g\hbar\xi/m}{\hbar\Omega/2}$$

式中 T_{ey}, T_{gy} 分别为激发态、基态原子垂直于靶面的平动能, $\hbar\Omega_0/2$ 为光子在 y 方向对原子产生的反冲移位, 而 $\dfrac{p_g\hbar\xi}{2m}, \dfrac{(\hbar\xi)^2}{2m}$ 分别为 Doppler 移位能及光子的反冲能。当 $\gamma_1 - \gamma_2 > 0$ 时为正失谐, 当 $\gamma_1 - \gamma_2 < 0$ 时为负失谐。经归一化后, 方程 (8.7.9) 便可写为

$$\frac{\mathrm{d}^2}{\mathrm{d}y^2}u = -\bar{\gamma}u + \bar{M}\mathrm{e}^{-y}u \tag{8.7.11}$$

式中 $u = \begin{pmatrix} u_e \\ u_g \end{pmatrix}, \bar{\gamma} = \begin{pmatrix} \gamma_1 & \\ & \gamma_2 \end{pmatrix}, \bar{M} = \begin{pmatrix} & -\Omega \\ -\Omega & \end{pmatrix}$。将 (8.7.11) 式写为一阶方程, 便得

$$\frac{\mathrm{d}u}{\mathrm{d}y} = v, \quad \frac{\mathrm{d}v}{\mathrm{d}y} = -\bar{\gamma}u + \bar{M}\mathrm{e}^{-y}u \tag{8.7.12}$$

$$\frac{\mathrm{d}w}{\mathrm{d}y} = -\Gamma w + N\mathrm{e}^{-y}w \tag{8.7.13}$$

式中

$$w = \begin{pmatrix} u \\ v \end{pmatrix}, \quad \Gamma = \begin{pmatrix} & -1 \\ \bar{\gamma} & \end{pmatrix}, \quad N = \begin{pmatrix} & \\ \bar{M} & \end{pmatrix} \tag{8.7.14}$$

对 (8.7.13) 式进行 Laplace 变换

$$\tilde{w} = \int_0^\infty \mathrm{e}^{-sy}w(y)\mathrm{d}y$$

$$s\tilde{w} = w(0) - \Gamma\tilde{w}(s) + N\tilde{w}(s+1)$$

$$\tilde{w}(s) = \frac{w(0)}{s+\Gamma} + \frac{1}{s+\Gamma}N\tilde{w}(s+1) = \left(\frac{1}{s+\Gamma} + \frac{1}{s+\Gamma}N\frac{1}{s+1+\Gamma} \right.$$

$$\left. + \frac{1}{s+\Gamma}N\frac{1}{s+\Gamma+1}N\frac{1}{s+\Gamma+2} + \cdots \right)w(0) \tag{8.7.15}$$

由 (8.7.14) 式得

$$s+\Gamma = \begin{pmatrix} s & -1 \\ \bar{\gamma} & s \end{pmatrix} \tag{8.7.16}$$

$$\frac{1}{s+\Gamma} = \frac{1}{s^2+\gamma}\begin{pmatrix} s & 1 \\ -\bar{\gamma} & s \end{pmatrix} \tag{8.7.17}$$

$$(s+\Gamma)\frac{1}{s+\Gamma} = \frac{1}{s^2+\gamma}\begin{pmatrix} s & -1 \\ \bar{\gamma} & s \end{pmatrix}\begin{pmatrix} s & 1 \\ -\bar{\gamma} & s \end{pmatrix} = 1 \tag{8.7.18}$$

注意到

$$N\frac{1}{s+1+\Gamma} = \begin{pmatrix} & \\ \bar{M} & \end{pmatrix}\frac{1}{(s+1)^2+\gamma}\begin{pmatrix} s+1 & 1 \\ -\bar{\gamma} & s+1 \end{pmatrix}$$

$$= M\frac{1}{(s+1)^2+\gamma}\begin{pmatrix} & \\ s+1 & 1 \end{pmatrix}, \quad M = \begin{pmatrix} & \bar{M} \\ \bar{M} & \end{pmatrix} \tag{8.7.19}$$

$$N\frac{1}{s+1+\Gamma}N\frac{1}{s+2+\Gamma} = M^2\frac{1}{(s+1)^2+\tilde{\gamma}}\frac{1}{(s+2)^2+\gamma}\begin{pmatrix} & \\ s+2 & 1 \end{pmatrix} \tag{8.7.20}$$

式中矩阵 γ 中的 γ_1, γ_2 互换便得到 $\tilde{\gamma}$ 矩阵, 又注意到 $M^2 = \Omega^2$, 故有

$$N\frac{1}{s+1+\Gamma}N\frac{1}{s+2+\Gamma} = \frac{\Omega}{(s+1)^2+\tilde{\gamma}}\frac{\Omega}{(s+2)^2+\gamma}\begin{pmatrix} & \\ s+2 & 1 \end{pmatrix} \tag{8.7.21}$$

又引进记号

$$
\begin{aligned}
d_0 &= D_0, &\cdots,&\quad d_{2n} = D_0\tilde{D}_1\cdots D_{2n} \\
\tilde{d}_1 &= \tilde{D}_0 D_1, &\cdots,&\quad \tilde{d}_{2n+1} = \tilde{D}_0 D_1 \tilde{D}_2 \cdots D_{2n+1} \\
d_1 &= D_0\tilde{D}_1, &\cdots,&\quad d_{2n+1} = D_0\tilde{D}_1 D_2 \cdots D_{2n+1}
\end{aligned} \tag{8.7.22}
$$

$$
D_n = \frac{1}{(s+n)^2 + \gamma}, \quad \tilde{D}_n = \frac{1}{(s+n)^2 + \tilde{\gamma}}
$$

注意到

$$
\begin{pmatrix} s & 1 \\ -\tilde{\gamma} & s \end{pmatrix} \begin{pmatrix} & 1 \\ s+n & 1 \end{pmatrix} = \begin{pmatrix} s+n & 1 \\ s+n & s \end{pmatrix} \tag{8.7.23}
$$

于是有

$$
\begin{aligned}
\tilde{w}(s) = \Bigg\{ &d_0 \begin{pmatrix} s & 1 \\ -\tilde{\gamma} & s \end{pmatrix} + d_2 \begin{pmatrix} s+2 & 1 \\ s(s+2) & s \end{pmatrix} + d_4 \begin{pmatrix} s+4 & 1 \\ s(s+4) & s \end{pmatrix} + \cdots \\
&+ M\left(\tilde{d}_1 \begin{pmatrix} s+1 & 1 \\ s(s+1) & s \end{pmatrix} + \tilde{d}_3 \begin{pmatrix} s+3 & 1 \\ s(s+3) & s \end{pmatrix} + \cdots \right) \Bigg\} w(0) \quad (8.7.24)
\end{aligned}
$$

注意到 $M\tilde{d}_1 = d_1 M$, $M\tilde{d}_3 = d_3 M$, $\cdots$, 将 (8.7.24) 式中的 $M\tilde{d}_{2n+1}$ 换成 $d_{2n+1}M$, 再对 (8.7.24) 式求逆变换, 便得 $u(y)$, $v(y)$. 主要涉及如下逆变换:

$$
\begin{aligned}
l_1 &= \sum_{n=0}^{\infty} d_{2n}(s+2n), &l_2 &= -\sum_{n=0}^{\infty} d_{2n+1}(s+(2n+1)) \\
l_3 &= \sum_{n=0}^{\infty} d_{2n}, &l_4 &= -\sum_{n=0}^{\infty} d_{2n+1}
\end{aligned} \tag{8.7.25}
$$

设 $l_1, \cdots, l_4$ 的逆变换分别为 $L_1, \cdots, L_4$, L_i 可表示为

$$
L_i = \begin{pmatrix} I_i & & & \\ & \tilde{I}_i & & \\ & & I_i & \\ & & & \tilde{I}_i \end{pmatrix} \tag{8.7.26}
$$

$I_i(i = 1, \cdots, 4)$ 的详细计算在附录 8A 中给出. 根据 (8.7.24), (8.7.26) 式可得出 u_e, u_g, v_e, v_g 的解, 通过 $I_1 \sim I_4$, $\tilde{I}_1 \sim \tilde{I}_4$, $\dfrac{\mathrm{d}I_1}{\mathrm{d}y} \sim \dfrac{\mathrm{d}I_4}{\mathrm{d}y}$, $\dfrac{\mathrm{d}\tilde{I}_1}{\mathrm{d}y} \sim \dfrac{\mathrm{d}\tilde{I}_4}{\mathrm{d}y}$ 及其边值 $u_e(0)$, $u_g(0)$, $v_e(0)$, $v_g(0)$ 来表示, 其中 $I_1 \sim I_4$, $\dfrac{\mathrm{d}I_1}{\mathrm{d}y} \sim \dfrac{\mathrm{d}I_4}{\mathrm{d}y}$ 的 γ_1, γ_2 互换, 便得

$\tilde{I}_1 \sim \tilde{I}_4$, $\dfrac{\mathrm{d}\tilde{I}_1}{\mathrm{d}y} \sim \dfrac{\mathrm{d}\tilde{I}_4}{\mathrm{d}y}$。这样

$$
\begin{pmatrix} u_{\mathrm{e}} \\ u_{\mathrm{g}} \\ v_{\mathrm{e}} \\ v_{\mathrm{g}} \end{pmatrix} = \begin{pmatrix} I_1 & I_2 & I_3 & I_4 \\ \tilde{I}_2 & \tilde{I}_1 & \tilde{I}_4 & \tilde{I}_3 \\ \dfrac{\mathrm{d}I_1}{\mathrm{d}y} & \dfrac{\mathrm{d}I_2}{\mathrm{d}y} & \dfrac{\mathrm{d}I_3}{\mathrm{d}y} & \dfrac{\mathrm{d}I_4}{\mathrm{d}y} \\ \dfrac{\mathrm{d}\tilde{I}_2}{\mathrm{d}y} & \dfrac{\mathrm{d}\tilde{I}_1}{\mathrm{d}y} & \dfrac{\mathrm{d}\tilde{I}_4}{\mathrm{d}y} & \dfrac{\mathrm{d}\tilde{I}_3}{\mathrm{d}y} \end{pmatrix} \begin{pmatrix} u_{\mathrm{e}}(0) \\ u_{\mathrm{g}}(0) \\ v_{\mathrm{e}}(0) \\ v_{\mathrm{g}}(0) \end{pmatrix}
\tag{8.7.27}
$$

8.7.2　二能级原子波函数的边值条件及反射率计算

由于自发辐射, 激发态原子在离靶面很远的 y_m 处几乎全部向基态原子跃迁, 故有

$$
u_{\mathrm{e}}(y_m) \simeq 0, \qquad v_{\mathrm{e}}(y_m) \simeq 0
\tag{8.7.28}
$$

$$
y_m \gg 1, \quad \frac{p_{\mathrm{e}y}}{m} \times k_0 \sqrt{n^2 \sin^2 \theta - 1}
$$

其中 1 为归一化的衰波厚度, 条件 $y_m \gg 1$ 表明衰波已完全不起作用了, 第二个条件中的 $\frac{p_{\mathrm{e}y}}{m} \times k_0 \sqrt{n^2 \sin^2 \theta - 1}$ 项表示激发态原子在自发辐射时间 T_1 内飞行的距离, 而 y_m 远大于此距离, 即激发态原子在到达 y_m 处前已经跃迁到基态。典型的数据为 $k_0 = \dfrac{2\pi}{640\mathrm{nm}}$, 激光在玻璃介质内的全反射角 $\theta = 45°$, $\sin\theta = 1/\sqrt{2}$, $n = 1.5$, 原子的自发辐射寿命 $T_1 = 10^{-8}$ s, $p_{\mathrm{e}y}/m = 0.5$ m/s, 于是有 $\dfrac{p_{\mathrm{e}y}}{m} \times k_0 \sqrt{n^2 \sin^2 \theta - 1} \simeq 1.73$, 如取 $y_m = 7$, 则条件 (8.7.28) 是满足的。应用 (8.7.27) 式可将 (8.7.28) 式的第一式表示为

$$
\begin{cases} u_{\mathrm{e}}(y_m) = I_{1m} u_{\mathrm{e}0} + I_{2m} u_{\mathrm{g}0} + I_{3m} v_{\mathrm{e}0} + I_{4m} v_{\mathrm{g}0} = 0 \\ v_{\mathrm{e}}(y_m) = I'_{1m} u_{\mathrm{e}0} + I'_{2m} u_{\mathrm{g}0} + I'_{3m} v_{\mathrm{e}0} + I'_{4m} v_{\mathrm{g}0} = 0 \end{cases}
\tag{8.7.29}
$$

式中下标 "m" 表示在 $y = y_m$ 处取值, 上标 "$\prime$" 表示对 y 求导。由 (8.7.27) 式消去 $u_{\mathrm{e}0}$, $v_{\mathrm{e}0}$ 便得

$$
\begin{aligned}
u_{\mathrm{e}} &= \begin{vmatrix} I_4 & I_1 & I_3 \\ I_{4m} & I_{1m} & I_{3m} \\ I'_{4m} & I'_{1m} & I'_{3m} \end{vmatrix} \frac{v_{\mathrm{g}0}}{W(I_{1m}, I_{3m})} + \begin{vmatrix} I_2 & I_1 & I_3 \\ I_{2m} & I_{1m} & I_{3m} \\ I'_{2m} & I'_{1m} & I'_{3m} \end{vmatrix} \frac{u_{\mathrm{g}0}}{W(I_{1m}, I_{3m})} \\
&= u_{\mathrm{e}1} u_{\mathrm{g}0} + u_{\mathrm{e}2} v_{\mathrm{g}0}
\end{aligned}
\tag{8.7.30}
$$

式中 $W(a,b) = \begin{vmatrix} a & b \\ a' & b' \end{vmatrix}$ 为 a, b 的 Wranski。同样

$$u_g = \begin{vmatrix} \tilde{I}_3 & \tilde{I}_2 & \tilde{I}_4 \\ I_{4m} & I_{1m} & I_{3m} \\ I'_{4m} & I'_{1m} & I'_{3m} \end{vmatrix} \frac{v_{g0}}{W(I_{1m}, I_{3m})} + \begin{vmatrix} \tilde{I}_1 & \tilde{I}_2 & \tilde{I}_4 \\ I_{2m} & I_{1m} & I_{3m} \\ I_{2m} & I'_{1m} & I'_{3m} \end{vmatrix} \frac{u_{g0}}{W(I_{1m}, I_{3m})}$$

$$= u_{g1} u_{g0} + u_{g2} v_{g0} \tag{8.7.31}$$

另一方面, 我们假定那些已经透过衰波的原子全部被吸附在靶面上, 没有被靶面反弹回来的。这就意味着在靠近靶面, 即 y 很小时, 基态原子波函数具有行波结构

$$u_g(y) = u_{g0} e^{i\sqrt{\gamma_2} y} = (\cos(\sqrt{\gamma_2} y) + i \sin(\sqrt{\gamma_2} y)) u_{g0} \tag{8.7.32}$$

将上式与附录 8B 中的方程 (8B.4) 给出的当 y 很小时 u_g 的表示式相比较, 可得

$$v_{g0} = i\sqrt{\gamma_2} u_{g0} \tag{8.7.33}$$

将上式代入 (8.7.31) 式给出

$$u_g(y) = (u_{g1}(y) + i\sqrt{\gamma_2} u_{g2}) u_{g0} = u_{g0} \rho_g e^{i\theta_g}$$

$$\rho_g = \sqrt{u_{g1}^2 + \gamma_2 u_{g2}^2}, \quad \theta_g = \arctan \frac{\sqrt{\gamma_2} u_{g2}}{u_{g1}} \tag{8.7.34}$$

现在让我们回到离靶面很远的 $y_m \gg 1$ 处。波函数 $u_g(y)$ 可表示为入射波 $|A| e^{i\sqrt{\gamma_2} y + \varphi}$ 与反射波 $|B| e^{-i\sqrt{\gamma_2} y + \varphi}$ 的叠加。于是

$$u_g(y) = |A| e^{i(\sqrt{\gamma_2} y + \varphi)} + |B| e^{-i(\sqrt{\gamma_2} y + \varphi)} = \rho_{AB} e^{i\varphi_{AB}} = u_{g0} \rho_g e^{i\theta_g} \tag{8.7.35}$$

$$\rho_{AB} = \sqrt{|A|^2 + |B|^2 + 2|AB| \cos 2(\sqrt{\gamma_2} y + \varphi)} = |u_{g0}| \rho_g$$

这式子给出: 当 $\sqrt{\gamma_2} y + \varphi = n\pi$ 时, $\rho_{AB\,\max} = |A| + |B| = |u_{g0}| \rho_{\max}$; 当 $\sqrt{\gamma_2} y + \varphi = (n + 1/2)\pi$ 时, $\rho_{AB\,\min} = |A| - |B| = |u_{g0}| \rho_{\min}$。故反射率 R 可写为

$$R = \frac{|B|}{|A|} = \frac{\rho_{AB\,\max} - \rho_{AB\,\min}}{\rho_{AB\,\max} + \rho_{AB\,\min}} = \frac{\rho_{\max} - \rho_{\min}}{\rho_{\max} + \rho_{\min}} \tag{8.7.36}$$

由 ρ_g 与 y 的曲线读出 $\rho_{\max}$, $\rho_{\min}$, 代入上式, 便能算出反射率 R。

8.7.3　数值计算与讨论

参见 (8.7.10) 式, 我们取定数值计算中的归一化参量为

$$\gamma_1, \gamma_2 = \begin{cases} 1.96, \ 12.6, & \text{负失谐} \\ 12.6, \ 1.96, & \text{正失谐} \end{cases}$$

$$y_m = 7, \quad \Omega = 25.0 \tag{8.7.37}$$

计算 ρ_{g} 随 y 变化的曲线如图 8.21(a), (b) 所示。由图 8.21(a), (b) 读出 $\rho_{\max}$, $\rho_{\min}$, 代入方程 (8.7.36) 得 $R = \dfrac{253.89 - 1.09}{253.89 + 1.09} = 0.991$(正失谐), $R = \dfrac{5.156 - 0.928}{5.156 + 0.928} = 0.695$(负失谐)。由于垂直于靶面的平动能 $\gamma_2 = 1.96$, 12.6 比归一化的 Rabi 频率 $\Omega = 25$ 小很多, 故不论是正失谐还是负失谐, 反射率 R 均是很高的。现在改变 Rabi 频率 Ω, 计算正失谐、负失谐情况下, 反射系数 R 随 Ω 变化, 这时 γ_1, γ_2 保持图 8.22 中的数值。计算结果在图 8.22 中给出。图中的曲线有三点值得讨论: 第一, 当 Ω 很小时, 作用于原子上的力趋于 0, 像预期的那样, 这时的反射率 R 不论是正失谐还是负失谐情形均趋近于 0; 第二, 一般来讲, 正失谐情形反射率要比负失谐情形高得多; 第三, 负失谐情形的 R 曲线表现出振荡, 其极大值发生在 $\Omega = 12.5, 25, 37.5, 50, \cdots$。

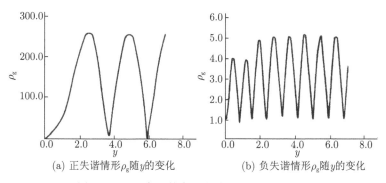

(a) 正失谐情形 ρ_{g} 随 y 的变化　　　　(b) 负失谐情形 ρ_{g} 随 y 的变化

图 8.21　ρ_{g} 随 y 的变化曲线 (取自文献 [26])

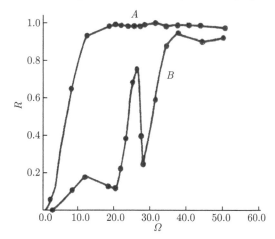

图 8.22　反射率 R 随 Rabi 频率 Ω 的变化 (取自文献 [26])

曲线 A: 正失谐情形反射率 R 随 Rabi 频率 Ω 的变化; 曲线 B:

负失谐情形反射率 R 随 Rabi 频率 Ω 的变化

8.8　激光冷却原子与原子的 Bose-Einstein 凝聚 [28~52]

由于前几节提到的激光冷却原子技术的进展，人们最终能在实验室观察到原子的 Bose-Einstein 凝聚 (BEC)。这涉及分子原子物理，量子光学，统计物理，以及凝聚态物理等多学科领域。但究其实质来说也还是从光子服从 "Bose 统计" 推广到 "中性原子"，并从理论上预言 "原子的 Bose-Einstein 凝聚"，而且最终也主要依靠 "激光冷却原子技术" 使得预言在实验上被证实。本节简要地叙述这一过程。

8.8.1　由 "光子服从 Bose 统计" 到 "理想气体的 Bose 统计"

在 6.1 节中，我们讨论了 Bose 对 Planck 分布的推导，最后得出光子简并度

$$\langle n \rangle = \frac{\exp(-\beta\hbar\omega)}{(1 - \exp[-\beta\hbar\omega])}, \quad \beta = 1/kT \tag{8.8.1}$$

如果将同样的方法应用于理想的中性原子气体。这个体系含 N 个质量为 m 的无相互作用的中性原子处体积为 V 的空间，其 Hamilton 为

$$H = \sum_{i=1}^{N} \frac{p_i^2}{2m} \tag{8.8.2}$$

式中 $p_i^2 = \boldsymbol{p}_i \cdot \boldsymbol{p}_i, \boldsymbol{p}_i$ 为第 i 个粒子的动量算符。系统的能量本征值为如下单个粒子能量本征值之和：

$$\varepsilon_p = p^2/2m \tag{8.8.3}$$

$p = |\boldsymbol{p}|, \boldsymbol{p} = \dfrac{2\pi\hbar}{L}\boldsymbol{n}, \boldsymbol{n}$ 是大小为 0 和正负整数的矢量。$L = V^{1/3}$。

按 6.1 节几乎同样的方法计算粒子在各个量子能态的分布概率。在 (6.1.20) 式中 $E = \sum_{d\omega} N\hbar\omega, N = \sum in_i$。应用 $\delta E = 0, \delta P = 0$ 及未知乘子法，$\sum(\ln z - \ln n_i + \beta\hbar\omega i)\delta n_i = 0$, 便得出 (6.1.22) 式。在中性原子理想气体情形，还要加上粒子数守恒即 $\sum i\delta n_i = 0$。应用未知乘子法，$\sum(\ln z - \ln n_i + \alpha i + \beta\hbar\omega i)\delta n_i = 0$, 便得出相应于 (6.1.22) 式适用于中性理想原子气体的 "Bose-Einstein" 分布。

$$\frac{n_i}{z} = \exp[-\mathrm{i}(\alpha + \beta\hbar\omega)](1 - \exp[-(\alpha + \beta\hbar\omega)])$$

用记号 $\tilde{z} = \exp[-\alpha], \beta = 1/kT, \hbar\omega \to \varepsilon_p$, 代入便是

$$\langle n_p \rangle = \frac{\tilde{z}\exp[-\varepsilon_p/kT]}{(1 - \tilde{z}\exp[-\varepsilon_p/kT])}, \quad \tilde{z} = \exp[-\alpha] = \exp[\mu/kT] \tag{8.8.4}$$

μ 为化学势。总粒子数

$$N = \langle n_0 \rangle + \sum_{p \neq 0} \langle n_p \rangle \tag{8.8.5}$$

当 $V \to \infty$ 时，$\boldsymbol{p}$ 的可能值构成连续谱，$\sum_p \to \dfrac{V}{\hbar^3} \int \mathrm{d}^3 p$。但值得注意的是，当 $\tilde{z} \to 1$ 时，(8.8.5) 式中的 $\varepsilon_p = 0$ 第一项是发散的。因此，这一项可以单独分离出来，而把和式其余的项以积分代替。自由粒子的态密度可以这样来计算。6.1 节已给出态密度 $z\mathrm{d}\omega = \dfrac{\omega^2}{\pi^2 c^3}\mathrm{d}\omega = \dfrac{8\pi}{h^3}\left(\dfrac{h\nu}{c}\right)^2 \mathrm{d}\left(\dfrac{h\nu}{c}\right) = \dfrac{8\pi}{h^3}p^2\mathrm{d}p$，但这式子中已包含了光的两个偏振自由度。对于中性原子，因不存在偏振，故应除以 2。又考虑 $p = (2m\varepsilon)^{1/2}$，得中性原子的态密度 (单位体积内的状态数) 为 $D(\varepsilon)\mathrm{d}\varepsilon = \dfrac{2\pi}{h^3}(2m)^{3/2}\varepsilon^{1/2}\mathrm{d}\varepsilon$。将这些结果代入 (8.8.5) 式

$$\frac{N}{V} = \frac{1}{V}\frac{\tilde{z}}{1-\tilde{z}} + \frac{2\pi}{h^3}(2m)^{3/2}\int_0^\infty \frac{\varepsilon^{1/2}\mathrm{d}\varepsilon}{\exp[\beta(\varepsilon-\mu)]-1} \tag{8.8.6}$$

当 $\varepsilon \to 0$ 时，$D(\varepsilon) \to 0$，积分是不发散的。可进一步将 (8.8.6) 式写为

$$\frac{N}{V} = \frac{1}{V}\frac{\tilde{z}}{1-\tilde{z}} + \frac{1}{\lambda^3}g_{3/2}(\tilde{z}) \tag{8.8.7}$$

式中 $g_n(\tilde{z}) = \dfrac{1}{\Gamma(n)}\int_0^\infty \mathrm{d}x \dfrac{x^{n-1}}{\tilde{z}^{-1}\exp[x]-1}$，且 $g_{3/2}(\tilde{z}) \leqslant g_{3/2}(1) = 2.612, 0 \leqslant \tilde{z} \leqslant 1$。$\Gamma(n)$ 为 gamma 函数，$\lambda = \sqrt{2\pi\hbar^2/mk_{\mathrm{B}}T}$ 为热波长。(8.8.7) 式表明，当粒子密度 $n = N/V > g_{3/2}(1)/\lambda^3$ 时，一部分分布在第二项的热波态，还有一部分在 $\varepsilon = 0$ 即第一项代表的凝聚态，当这个条件不满足即 $n = N/V < g_{3/2}(1)/\lambda^3$ 时，应该说绝大部分粒子均在热波态。当粒子密度 $n = N/V$ 给定后，由条件 $N/V = g_{3/2}(1)/\lambda^3$ 定义一个临界温度 T_{c}

$$T_{\mathrm{c}} = \frac{2\pi\hbar^2}{k_{\mathrm{B}}m}\left(\frac{N}{g_{3/2}(1)V}\right)^{2/3} \tag{8.8.8}$$

$T < T_{\mathrm{c}}$ 就是能观察到 BEC 的条件。这时化学势 $\mu \to 0^-$，$\tilde{z} \to 1$ (参见文献 [32]P.299) 若将凝聚到凝聚态的原子数用 N_0 来表示，则 (8.8.7) 式的第一项为 N_0/V，并应用 (8.8.8) 式将 (8.8.7) 式写为

$$N/V = N_0/V + \left(\frac{T}{T_{\mathrm{c}}}\right)^{3/2}\frac{N}{V}, \quad N_0/N = 1 - \left(\frac{T}{T_{\mathrm{c}}}\right)^{3/2} \tag{8.8.9}$$

8.8.2 简谐势阱中的中性原子的 Bose-Einstein 凝聚

8.8.1 节讨论的实现中性原子 BEC 的条件是要获得低温高密度的原子 BEC 分布。在实验中 BEC 的形成是借助某种形式的原子势。例如，在碱金属原子的 BEC 中，就是用了磁阱的束缚势，它可以用下式来表示：

$$V_{\mathrm{ext}} = \frac{m}{2}(\omega_x^2 x^2 + \omega_y^2 y^2 + \omega_z^2 z^2) \tag{8.8.10}$$

在不考虑原子间的相互作用情况下，具有简谐势的 Hamilton $H = \dfrac{p^2}{2m} + V$ 的 Schrödinger 方程的能量本征值

$$\varepsilon_{n_x n_y n_z} = ((n_x + 1/2)\hbar\omega_x + (n_y + 1/2)\hbar\omega_y + (n_z + 1/2)\hbar\omega_z) \tag{8.8.11}$$

则由 (8.8.4),(8.8.5) 式得

$$N = \sum_{n_x, n_y, n_z} \frac{1}{\exp[(\varepsilon_{n_x n_y n_z} - \mu)/k_B T] - 1} \tag{8.8.12}$$

总能量为

$$E = \sum_{n_x, n_y, n_z} \varepsilon_{n_x n_y n_z} \frac{1}{\exp[(\varepsilon_{n_x n_y n_z} - \mu)/k_B T] - 1} \tag{8.8.13}$$

当温度是在临界温度以上，未观察到 BEC 时，解 (8.8.12) 式得出化学势是粒子数及温度的函数 $\mu = \mu(N, T)$。当温度在临界温度以下时，$(1/2(\hbar\omega_x + \hbar\omega_y + \hbar\omega_z) - \mu) \to 0$。用 N_0 代表聚集到凝聚态 $(n_x = n_y = n_z = 0)$ 的原子数，则由 (8.8.12) 式

$$N - N_0 = \sum_{n_x, n_y, n_z \neq 0} \frac{1}{\exp[\hbar(\omega_x n_x + \omega_y n_y + \omega_z n_z)/k_B T] - 1} \tag{8.8.14}$$

当能级间隔密集时，上式求和用积代替得

$$N - N_0 = \int_0^\infty \mathrm{d}n_x \mathrm{d}n_y \mathrm{d}n_z \frac{1}{\exp[\hbar(\omega_x n_x + \omega_y n_y + \omega_z n_z)/k_B T] - 1}$$

$$= \zeta(3) \left(\frac{k_B T}{\hbar\omega_T}\right)^3, \quad \omega_T = (\omega_x \omega_y \omega_z)^{1/3} \tag{8.8.15}$$

式中 $\zeta(3)$ 是黎曼 ζ 函数。从这个结果可得出观察到 BEC 的临界温度。令 $N_0 \to 0$，得

$$k_B T_c = \hbar\omega_T \left(\frac{N}{\zeta(3)}\right)^{1/3} = 0.94\hbar\omega_T N^{1/3} \tag{8.8.16}$$

将 (8.8.16) 式代入 (8.8.15) 式便得出 $T < T_c$ 时的凝聚原子与总原子的比

$$N_0/N = 1 - \left(\frac{T}{T_c}\right)^3 \tag{8.8.17}$$

将 (8.8.17) 式与 (8.8.9) 式比较，易看出简谐势的作用是将原子约束在局域空间，比没有约束的自由运动的原子更容易实现 BEC。只要 $\dfrac{T}{T_c} < 1$，就有较大部分原子被凝聚。

8.8.3 排斥相互作用对 Bose-Einstein 凝聚的影响

在理想中性原子气体的 BEC 理论中不仅没有考虑势场 V 的作用，也没有考虑原子间的相互作用。实际上原子气体的凝聚一般总是在低温高密度情形下实现的。原子间的相互作用是必然存在且不可忽略的，相互作用有排斥与吸引两种。本小节主要讨论排斥相互作用对 BEC 的影响。有排斥相互作用的中性原子应满足非线性 Schrödinger 方程，亦即通常所说的 Gross-Pitaevskii 方程 [33,34]

$$\left(-\frac{\hbar^2}{2m}\nabla + V + g\mid\Psi\mid^2\right)\Psi = E\Psi \tag{8.8.18}$$

式中 $g = Nu$, $u = \dfrac{4\pi\hbar^2\bar{a}}{m}$, $\bar{a}$ 为散射长度。

1. 方阱势中 Schrödinger 波方程的解

当 $g \to 0$ 时，方程 (8.8.18) 可写为

$$\left(\frac{\mathrm{d}^2}{\mathrm{d}x^2} + k_n^2\right)\tilde{\Psi} = E\tilde{\Psi} \tag{8.8.19}$$

若给定边界条件为方阱，即当 $x = 0, a, \tilde{\Psi} = 0$ 时，方程 (8.8.19) 的解为

$$\tilde{\Psi}_n = \sqrt{\frac{2}{a}}\sin(k_n x), \quad k_n = \frac{n\pi}{a}, \quad \tilde{E}_n = \frac{(\hbar k_n)^2}{2m} \tag{8.8.20}$$

方程 (8.8.20) 为不考虑排斥相互作用的中性原子在一维方阱势中的 Schrödinger 方程的解。同样可得出三维方盒 ($x = 0, a; y = 0, a; z = 0, a$) 不考虑排斥相互作用的中性原子所满足的线性 Schrödinger 方程的解，$\tilde{E}_{p,q,r} = \sigma kT(p^2 + q^2 + r^2)$, $\sigma kT = \dfrac{(\hbar\pi/a)^2}{2m}$, p, q, r 为正整数。将这个结果代入 (8.8.12) 式，便得

$$N = \frac{z}{1-z} + \sum_{p,q,r=0}^{\prime}\frac{ze^{-\sigma(p^2+q^2+r^2)}}{1-ze^{-\sigma(p^2+q^2+r^2)}} = N_1 + N_2 \tag{8.8.21}$$

其中第二项 $\displaystyle\sum_{p,q,r=0}^{\prime}$ 不含 $p = q = r = 0$ 的情形。第一项 N_1 为凝聚到基态 $p = q = r = 0$ 的原子数, 第二项 N_2 为处于激发态的原子数。

2. 方阱势中有排斥相互作用时波方程的解

对于 $g > 0$ 亦即有排斥相互作用的情形，需要求解非线性 Schrödinger 方程 (8.8.18), 这比没有排斥相互作用的线性 Schrödinger 方程 (8.8.19) 要困难得多，但仍可用 Jacobi 椭圆函数解析求解 (参见文献 [39] ~ [43])。用 Jacobi 椭圆函数解析

求解得出的能量本征值 E_n 可表示为 $E_n = \varepsilon_n \tilde{E}_n$。$\tilde{E}_n$ 即 (8.8.20) 式给出的能量本征值，ε_n, E_n 的数值由图 8.23 和图 8.24 给出，图中参数 $n_g = \dfrac{1}{\pi}\sqrt{\dfrac{mg}{\hbar^2 a}} = \sqrt{\dfrac{4N\bar{a}}{ma}}$。在这个基础上，便可得出相应于 (8.8.21) 式的粒子数 N 的表示式。

$$N = \frac{z}{1-z} + \sum_{p,q,r=0}^{'} \frac{ze^{-\sigma(p^2\varepsilon_p + q^2\varepsilon_q + r^2\varepsilon_r)}}{1 - ze^{-\sigma(p^2\varepsilon_p + q^2\varepsilon_q + r^2\varepsilon_r)}} = N_1 + N_2 \tag{8.8.22}$$

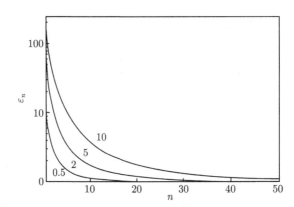

图 8.23 本征值 ε_n 随 n 的变化曲线 (参照文献 [40])

$n_g = 0.5, 2, 5, 10$, 已在曲线上标出

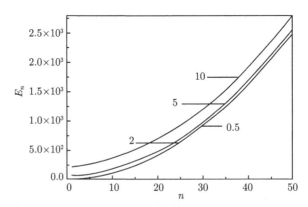

图 8.24 本征值 E_n 随 n 的变化曲线 (参照文献 [40])

$n_g = 0.5, 2, 5, 10$, 已在曲线上标出

图 8.25 ~ 图 8.27 分别给出 $N_1, N_2; N_2, N; N_c/N$ 随 $z; \sigma^{-1}; (\sigma/\sigma_c)^{-1}$ 的变化曲线，$\sigma = \hbar^2\pi^2/(2ma^2KT)$。首先看图 8.25, 当 z 小时，N_1 的变化缓慢，但当 $z \to 1$ 时，N_1 急剧上升，远远超过 N_2, 这就是发生凝聚的情形。为求得系统发生 BEC 的临界温度 T_c 以及 g 对 T_c 的影响，我们又计算了当 $z \to 1$ 时 N_2 随 σ^{-1} 的变化曲线，即

图 8.26。从图看出，当温度 ($\propto \sigma^{-1}$) 给定时，由于排斥相互作用 $g > 0$, 激发态能容纳的原子数 N_2 比 $g = 0$ 情形减少了。若取定总粒子数 $N = 16963$, 如图中虚线所示，与这些曲线的交点定出凝聚的临界温度，用 σ^{-1} 来表示，得 $\sigma^{-1} = 500, 518, 587, 724$。然后按凝聚态的粒子数 $N_c/N = (N - N_2)/N$ 对 $\left(\dfrac{\sigma}{\sigma_c}\right)^{-1} = \left(\dfrac{T}{T_c}\right)$ 作图 8.27。由此看出，与理想情形 ($\varepsilon_p = \varepsilon_q = \varepsilon_r = 1$, (8.8.21) 式的和式 $\sum'$ 用积分代替)$1 - \left(\dfrac{T}{T_c}\right)^{3/2}$ 相近，但有差别。g 的影响主要体现在临界温度 T_c。g 增大，亦即 n_g 增大，对应的临界温度 T_c 也随之增大。这与图 8.27 显示的当 n_g 增大时，激发态能容纳的原子 N_2 减少是一致的。

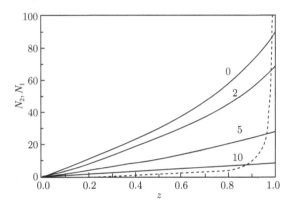

图 8.25　$\sigma = 0.05$ 时，激发态原子 N_2(实线)，基态原子 N_1(虚线) 随 z 的变化曲线 (参照文献 [40])

$n_g = 0.5, 2, 5, 10$

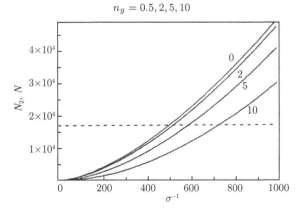

图 8.26　$z = 1$ 时，激发态原子 N_2(实线)，总原子数 N(虚线) 随 σ^{-1} 的变化曲线 (参照文献 [40])

$n_g = 0.5, 2, 5, 10$

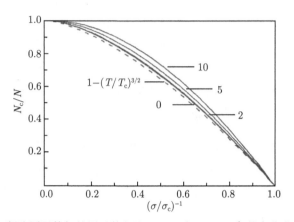

图 8.27　$z=1$ 时, 凝聚原子数与总原子数之比 N_c/N 随 $(\sigma/\sigma_c)^{-1}$ 的变化曲线 (参照文献 [40])

$n_g = 0.5, 2, 5, 10$, 虚线为 $1-(T/T_c)^2 = 1-(\sigma_c/\sigma)^{3/2}$ 随 $(\sigma/\sigma_c)^{-1}$ 的变化曲线

3. 简谐势阱中有排斥相互作用的中性原子基态解

上面讨论了方阱势中有排斥相互作用的中性原子的非线性 Schrödinger 方程的解及其 BEC。如果将方势阱换成简谐势阱求其解就要困难得多, 详细参见文献 [39] ~ [43], 这里只就基态解的一些结果进行讨论。简谐势场 $\left(V(r) = \frac{1}{2}m\omega_T^2 r^2 \right)$ 中有排斥相互作用的中性原子所满足的非线性 Schrödinger 方程[33,34] 为

$$-\frac{\hbar^2}{2m}\nabla^2\Psi(r) + \frac{1}{2}m\omega_T^2 r^2\Psi(r) + NU_0 \mid \Psi(r) \mid^2 \Psi(r) = \mu\Psi(r) \tag{8.8.23}$$

令

$$r = \left(\frac{\hbar}{2m\omega_T}\right)x, \quad \beta = \frac{\mu}{\hbar\omega_T}, \quad C_0 = \frac{2N\bar{a}}{\sqrt{\dfrac{\hbar}{2m\omega_T}}}, \quad \Psi(r) = \frac{1}{\sqrt{4\pi}\left(\dfrac{\hbar}{2m\omega_T}\right)^{3/4}}\frac{\Phi(x)}{x}$$

则上式可写为

$$\left(\frac{\mathrm{d}^2}{\mathrm{d}x^2} + \beta - \frac{x^2}{4} - C_0\frac{\Phi^2(x)}{x^2} \right)\Phi(x) = 0 \tag{8.8.24}$$

归一化条件为 $4\pi\displaystyle\int_0^\infty \Psi^2(r)r^2\mathrm{d}r = \int_0^\infty \Phi^2(x)\mathrm{d}x = 1$。在实际求解 (8.8.24) 式时, 可将它写为两个一阶方程

$$\frac{\mathrm{d}\Phi}{\mathrm{d}x} = y, \quad \frac{\mathrm{d}y}{\mathrm{d}x} = \left(-\beta + \frac{x^2}{4} + C_0\frac{\Phi^2}{x^2} \right)\Phi \tag{8.8.25}$$

边界条件为: ①当 $x \to \infty$ 时, $\Phi(x)_{x\to\infty} = 0, y(x)_{x\to\infty} = 0$; ②在 $x \to 0$ 附近, $\Phi(x)_{x\to\epsilon} = \Phi'(0)\epsilon, y(x) = \Phi'(0)$。当 $\Phi'(0)$ 给定后, 就可按 Runge-Kutta 方

法由 $x = 0$ 到 $x \to \infty$ 进行积分。当本征值 β 选择不当时，积分在 $x \to \infty$ 附近是发散的。只有适当选择本征值 β，积分 $\Phi(x)$ 在 $x \to \infty$ 附近才是收敛的。经过这样适当选择本征值 β，积分得出的基态波函数 $\dfrac{\Phi(x)}{x}$ 随 x 变化如图 8.28 所示。横坐标以谐振子基态长度 $\left(\dfrac{\hbar}{2m\omega_T}\right)^{1/2}$ 为单位。可以看出基态波函数的分布随 C_0 的逐渐增大变宽为超高斯型。基态能量 β 随 C_0 的变化如图 8.29 所示。当 C_0 增大，即凝聚体的原子数增多时，其体系的单粒子能量本征值随之增大，这恰是凝聚原子间相互作用的反映。基态能量 β 的本征值与非线性系数 C_0 间有如下的拟合关系：

$$\beta = (C_0 + 1.5^{2/5})^{2/5} \tag{8.8.26}$$

或写成

$$\mu(N) = \hbar\omega(2N\bar{a}(\hbar/2m\omega)^{-1/2} + 1.5^{2/5})^{2/5} \tag{8.8.27}$$

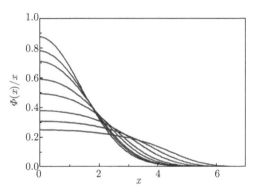

图 8.28 非线性常数 C_0 分别为 $0.1, 1.5, 10, 25, 50, 100, 150$ 的 BEC 基态波函数 (按宽度增加顺序)(参照文献 [39])

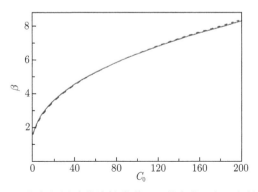

图 8.29 基态能量随非线性常数 C_0 的变化 (参照文献 [39])

实线为数值解结果, 虚线为 (8.8.27) 式的计算结果

8.8.4   吸引相互作用对 Bose-Einstein 凝聚的影响

碱金属 (^{87}Rb,^{23}Na,^{7}Li) 原子气体的 BEC 是通过激光冷却、蒸发冷却磁阱中的原子而观察到的。其中铷与钠的散射长度 $\bar{a}$ 为正，当原子靠近时，表现出排斥作用，对于实现稳定凝聚态是有利的。而锂的散射长度 $\bar{a}$ 为负，当原子靠近时，表现出吸引作用，对于实现稳定凝聚态是不利的。因而对锂原子的凝聚机制的研究也备受关注。一般认为锂原子体系不能形成稳定的 BEC 态 [37,38]，这是因为锂原子间的吸引相互作用会引起凝聚体的崩塌。然而，具有吸引相互作用的中性原子体系在空间束缚条件下可形成亚稳的 BEC，且凝聚的原子数 N_0 小于某临界值 N_c。在本小节中我们给出有吸引相互作用的中性原子在一维与三维势阱中的能级和态函数的解析解 [41,42]，求得能级本征值，波函数随凝聚原子数的变化，计算密度涨落对 BEC 的影响以及从亚稳凝聚到塌缩的速率。

1. 一维箱势中有吸引相互作用的中性原子体系的能级与波函数

参照 (8.8.18) 式中性满足的 Gross-Pitaevskii 方程为

$$\left(-\frac{\hbar^2}{2m}\nabla^2 + V + g\mid\Psi\mid^2\right)\Psi = E\Psi \tag{8.8.28}$$

式中 $g = Nu$, $u = \dfrac{4\pi\hbar^2\bar{a}}{m}$, $\bar{a}$ 为散射长度，为负值。对于一维箱势，这个方程可写为

$$\left(-\frac{\hbar^2}{2m}\frac{d^2}{dx^2} + g\mid\Psi\mid^2\right)\Psi = E\Psi, \quad 0 < x < a \tag{8.8.29}$$

令 $\Psi = \tilde{N}^{1/2}\Psi_n$, $k_n^2 - 2k_g^2 = 2mE/\hbar^2$, $k_g^2 = \dfrac{-mg}{\hbar^2 a}\tilde{N}a = k_{g0}^2\tilde{N}a$, $\tilde{N}\displaystyle\int_0^a \Psi_n^2 dx = 1$, $\tilde{N}$ 为归一化系数，于是方程 (8.8.29) 可写为

$$\left(\frac{\mathrm{d}^2}{\mathrm{d}x^2} + (k_n^2 - 2k_g^2) + 2k_g^2\Psi_n^2\right)\Psi_n = 0 \tag{8.8.30}$$

换变数 $\lambda^2 = \dfrac{k_g^2}{k_n^2 - k_g^2}$, $\xi = \sqrt{k_n^2 - k_g^2}\,x$, 则 (8.8.30) 式为

$$\left(\frac{\mathrm{d}^2}{\mathrm{d}\xi^2} + (1 - \lambda^2) + 2\lambda^2\Psi_n^2\right)\Psi_n = 0, \quad \left(\frac{\mathrm{d}\Psi_n}{\mathrm{d}\xi}\right)^2 = 1 - (1 - \lambda^2)\Psi_n^2 - \lambda^2\Psi_n^4 \tag{8.8.31}$$

(8.8.31) 式的积分为

$$\xi = \int_0^{\Psi_n} \frac{\mathrm{d}\Psi_n}{\sqrt{(1 - \Psi_n^2)(1 - \lambda^2\Psi_n^2)}}$$

故 Ψ_n 可用第一类 Jacobi 椭圆函数来表示:

$$\Psi_n = \mathrm{sn}(\xi, \mathrm{i}\lambda) = \frac{1}{\sqrt{1 + \lambda^2}}\mathrm{sd}\left(\sqrt{1 + \lambda^2}\,\xi, \frac{\lambda}{\sqrt{1 + \lambda^2}}\right) \tag{8.8.32}$$

由归一化条件, $\tilde{N}a$ 可表示为

$$\tilde{N}a = \frac{\sqrt{k_n^2 - k_g^2}a}{\int_0^{\sqrt{k_n^2-k_g^2}a} \Psi_n^2(\xi)\mathrm{d}\xi} \tag{8.8.33}$$

又由边界条件 $x = 0, a; \Psi_n = 0$, 即 $\mathrm{sd}\left(\sqrt{1+\lambda^2}\sqrt{k_n^2-k_g^2}a, \dfrac{\lambda}{\sqrt{1+\lambda^2}}\right) = 0$, 于是有量子化条件

$$\sqrt{k_n^2 - k_g^2}a = \sqrt{1-\tilde{\lambda}^2}2nK, \quad \tilde{\lambda} = \lambda/\sqrt{1+\lambda^2}, \quad n = 1, 2, 3, \cdots \tag{8.8.34}$$

式中 $K = \displaystyle\int_0^1 \frac{\mathrm{d}t}{\sqrt{(1-t^2)(1-\tilde{\lambda}^2t^2)}}$ 为全椭圆积分。由 (8.8.33) 和 (8.8.34) 式并考虑到波函数的周期性得

$$\tilde{N}a = \frac{\sqrt{1-\tilde{\lambda}^2}2nK}{\int_0^{\sqrt{1-\tilde{\lambda}^2}2nK} \Psi_n^2(\xi)\mathrm{d}\xi} = \frac{\sqrt{1-\tilde{\lambda}^2}2K}{\int_0^{\sqrt{1-\tilde{\lambda}^2}2K} \Psi_1^2(\xi)\mathrm{d}\xi} \tag{8.8.35}$$

利用量子化条件及 $\lambda, \tilde{\lambda}$ 的定义 (8.8.34) 得 $k_n = 2nK/a, k_g = 2nK\tilde{\lambda}/a$, 又令 $n_g = \dfrac{k_{g0}a}{\pi}$, 并注意到 $k_g = k_{g0}\sqrt{\tilde{N}a}$, 则得

$$\frac{n_g}{n} = \frac{2K\tilde{\lambda}}{\sqrt{\tilde{N}a}\pi}, \quad k_g^2/(k_n^2 - k_g^2) = \tilde{\lambda}^2/(1-\tilde{\lambda}^2) \tag{8.8.36}$$

由 (8.8.35) 式, $\tilde{N}a$ 是 $\tilde{\lambda}$ 的函数。由 (8.8.36) 式, 当 n_g, n 给定后, 可求出本征值 $\tilde{\lambda}$ 及 $K(\tilde{\lambda})$, 并计算出 k_n, k_g 以及能量本征值。

$$E_n = \frac{\hbar^2}{2m}(k_n^2 - 2k_g^2) = \frac{\hbar^2n^2\pi^2}{2ma^2}\left(\frac{2K}{\pi}\right)^2(1-2\tilde{\lambda}^2) = \tilde{E}_n\varepsilon_n, \quad \varepsilon_n = \left(\frac{2K}{\pi}\right)^2(1-2\tilde{\lambda}^2) \tag{8.8.37}$$

图 8.30 给出当 n_g 给定后, 本征值 $\tilde{\varepsilon}$ 随 n 的变化曲线。由图看出, 吸引作用对能级的影响是使得体系的能级降低了。当 $g \to 0$ 即 $\tilde{\lambda} \to 0$ 时, $K \to \pi/2, \Psi_n, E_n$ 趋于无相互作用情况的波函数 $\tilde{\Psi}_n = \sqrt{2/a}\sin(n\pi x/a)$ 和本征值 $\tilde{E}_n = n^2\pi^2\hbar^2/(2ma^2)$。图 8.31 给出体系在不同 $n_g(g < 0)$ 情况下的基态波函数 (实线表示), 为了比较也在同一图上绘出在不同 $n_g(g > 0)$ 情况下的基态波函数 (虚线表示)。由图看出, 随相互作用的增强, 吸引作用使原子的空间分布趋于集中, 而排斥作用使原子分布趋于分散。

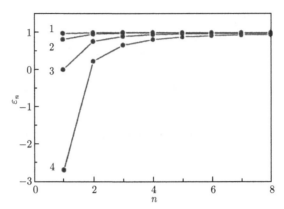

图 8.30　本征值 ε_n 随 n 的变化曲线, 曲线 1,2,3,4 分别对应

$n_g = 0.1, 0.25, 0.56, 1.0$(参照文献 [42])

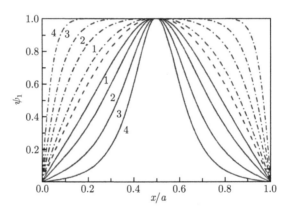

图 8.31　基态波函数随 n_g 的变化曲线 (参照文献 [42])

实线 1,2,3,4 分别对应于 $n_g = \sqrt{-4N\bar{a}/\pi a} = 0.75, 1.0, 1.25, 1.5$ (吸引势), 点划线 1,2,3,4 对应于

$n_g = \sqrt{4N\bar{a}/\pi a} = 0.75, 1.0, 1.25, 1.5$ (排斥势), 虚线对应于 $n_g = 0$ (无相互作用)

2. 三维箱势中有吸引相互作用的中性原子体系的基态解

根据方程 (8.8.28), 半径为 r_0 的球方阱势中 s 波函数 $\Psi(r)$ 满足的方程可写为

$$-\frac{\hbar^2}{2m}\frac{1}{r^2}\frac{\mathrm{d}^2}{\mathrm{d}r^2}(r^2\Psi(r)) + g \mid \Psi(r) \mid^2 \Psi(r) = E\Psi(r) \tag{8.8.38}$$

采用无量纲的长度, 能量单位, 令

$$r = r_0 x, \quad \beta = 2ma^2E/\hbar^2, \quad C_0 = 2N\bar{a}/r_0, \quad \Psi(r) = (4\pi a_0^2)^{-1/2}\Phi(x) \tag{8.8.39}$$

得到

$$\left(\frac{\mathrm{d}^2}{\mathrm{d}x^2} + \frac{2}{x} + \beta - C_0\Phi^2(x)\right)\Phi(x) = 0 \tag{8.8.40}$$

波函数的边界条件为

$$\Phi(x)\,|_{x=1}=0, \quad \Phi(x)\,|_{x=\epsilon}=\Phi(0), \quad \Phi^{'}(x)\,|_{x=\epsilon}=\epsilon, \quad \epsilon=10^{-6} \tag{8.8.41}$$

按 8.8.3 节第 3 小节中的数值计算方法得出非线性系数 C_0 随能量本征值 β 的变化曲线图 8.32，以及凝聚原子数 N 与能量本征值 β 的关系图 8.33。图 8.32 表明当 $\beta=-0.225$ 时，非线性系数有一极小值 $C_{0\mathrm{min}}=-0.65276$，由此及方程 (8.8.39) 易推出临界原子数 N_c，它是吸引型 BEC 能容纳的最大原子数。取实验数据[29] $|\,a\,|=1.45\mathrm{nm}$, $r_0=5\mathrm{\mu m}$，可得出 $N_\mathrm{c}=r_0 C_{0\mathrm{min}}/\bar{a}=1080$。这与简谐势阱中临界的凝聚原子数 $1300^{[30,36]}$ 是同一量级。

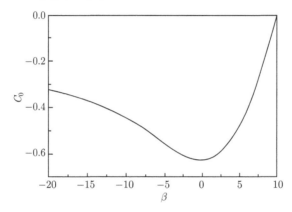

图 8.32　非线性常数 C_0 与能量本征值 β 的关系 (参照文献 [43])

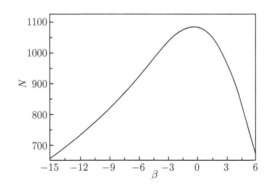

图 8.33　凝聚原子数 N 与能量本征值 β 的关系 (参照文献 [43])

3. 简谐势阱中有吸引相互作用的中性原子体系的基态解及其稳定性分析

在充分低的温度和外加势场 $V(r)=\dfrac{1}{2}m\omega_T^2 r_2$ 的条件下，弱相互作用 Bose 凝聚体可通过波函数 $\Psi(\boldsymbol{r})$ 来描写。原子间的相互作用由 s 波散射长度 $\bar{a}$ 来表示。波

函数 $\Psi(\boldsymbol{r})$ 满足 Gross-Pitaevskii 方程

$$-\frac{\hbar^2}{2m}\nabla^2\Psi(\boldsymbol{r}) + \frac{1}{2}m\omega_T^2 r^2\Psi(\boldsymbol{r}) + \frac{4\pi\hbar^2\bar{a}}{m}\mid\Psi(\boldsymbol{r})\mid^2\Psi(\boldsymbol{r}) = \mu\Psi(\boldsymbol{r}) \tag{8.8.42}$$

式中 μ 是化学势。$\Psi(\boldsymbol{r})$ 的归一化

$$\int \mathrm{d}\boldsymbol{r}\mid\Psi(\boldsymbol{r})\mid^2 = N_0 \tag{8.8.43}$$

其中 N_0 是凝聚体的原子数。考虑到基态波函数是球对称的，作变换，使长度和波函数无量纲化。

$$r = (\hbar/2m\omega_T)^{1/2}x = \alpha x, \quad \beta = \mu/(\hbar\omega_T), \quad C_0 = 2N\bar{a}/\alpha,$$
$$\Psi(r) = (N_0/(4\pi\alpha^3))^{1/2}\Phi(x) \tag{8.8.44}$$

这样，方程 (8.8.42) 有如下形式：

$$\left(\frac{\mathrm{d}^2}{\mathrm{d}x^2} + \frac{2}{x}\frac{\mathrm{d}}{\mathrm{d}x} + \beta - \frac{x^2}{4} - C_0\Phi^2(x)\right)\Phi(x) = 0 \tag{8.8.45}$$

由 (8.8.43) 和 (8.8.44) 式，得波函数归一化的条件为

$$\int_0^\infty \Phi(x)x^2\mathrm{d}x = 1 \tag{8.8.46}$$

波函数的边界条件为

$$\Phi(x)\mid_{x=\infty} = 0, \quad \Phi(x)\mid_{x=\epsilon} = \Phi(0), \quad \Phi'(x)\mid_{x=\infty} = 0, \quad \Phi'(x)\mid_{x=\epsilon} = \epsilon, \quad \epsilon = 10^{-6} \tag{8.8.47}$$

图 8.34 和图 8.35 分别为基态波函数 $\Phi(x)$ 和能量本征值 $\beta(C_0)$ 的数值解。先看图 8.34，在 $\beta = 0.365$ 处，非线性系数有一极小值 $C_{0\mathrm{min}} = -1.62625$，由方程 (8.8.44) 推出临界原子数 N_c，它是吸引型 BEC 能包含的最大原子数。$N_c = -1.626 \times \alpha/2\bar{a}$（关于这一点还可看图 8.35 中的插图）。代入锂原子 BEC 的实验数据[29]。$\mid\bar{a}\mid = 1.45\mathrm{nm}, \omega = (\omega_x\omega_y\omega_z)^{1/3} = 908\mathrm{s}^{-1}, m_{\mathrm{Li}} = 1.16 \times 10^{23}\mathrm{g}, \alpha = \sqrt{\dfrac{\hbar}{2m\omega}} = 2.236\mu\mathrm{m}$，可得 $N_c = 1254$。这与实验最大凝聚体原子数在 650 与 1300 之间是相符的。对每一个 $C_0 > C_{0\mathrm{min}}$ 有两个能量本征值。例如，$C_0 = -1.033$ 相应于波函数曲线 1 与 6 分别对应 $\beta = 1.115$ 和 -1.75，这就是我们所说的双稳态。对于能量本征值 $\beta(C_0) > 0.364$ 的态，凝聚体原子数随 β 的增加而减少。而对于能量本征值 $\beta(C_0) < 0.364$ 的态，凝聚体原子数随 β 的减少而减少，但原子的空间分布越来越密集，如图中的 4, 5, 6 曲线分别对应于 $\beta = 0, -0.75, -1.75$ 便是。图 8.35 给出了能量本征值 β 随非线性

系数 C_0 而变的曲线。图 8.36 给出波函数宽度 q 随 β 而变的单调增加曲线。这里基态波函数宽度 q 是这样被定义的，$\Phi(q) = \frac{1}{2}\Phi(0)$。下面用 $\Phi_q(x)$ 表示宽度为 q 的基态波函数。为了表现相干基态波函数 $\Phi_q(x)$ 的原子密度分布的集中程度。我们作如下密度积分：

$$E(\Phi_q) = \frac{\hbar^2 N_0}{2m\alpha} \int x^2 \mathrm{d}x \left[4\left(\frac{\mathrm{d}\Phi_q(x)}{\mathrm{d}x}\right)^2 + x^2\Phi_q^2(x) + 2\frac{2N_0\bar{a}}{\alpha} \mid \Phi_q(x) \mid^4 \right]$$
$$= \frac{\hbar^2 N_0}{2m\alpha} E(q) = N_0 V(q) \tag{8.8.48}$$

式中 $\Phi_q(x)$ 是当 N_0 亦即 $C_0 = 2N_0\bar{a}/\alpha$ 时给定并满足方程 (8.8.45) 及宽度 $\Phi(q) = \frac{1}{2}\Phi(0)$ 的各种宽度波函数的泛函，其中 q 是泛函参数。给定 N_0 改变 q 算出 $E(q)$ 随 q 而变的实线。图 8.37 中的各条实线 (由上至下) 相应于 $N_0/N_c = 0.992, 0.993, \cdots, 1.0$，虚线相应于这些曲线的极点的轨迹。由图看出，$\beta > 0.365$ 的态在 $E(q)$ 的极小点，可称之为亚稳的 BEC 态，并用 $\Phi_{0,N_0}(x)$ 来表示；而 $\beta < 0.365$ 的态在 $E(q)$ 的极大点，可称之为不稳定的稠密态 [48]，用 $\Phi_{d,N_0}(x)$ 来表示。借助于图 8.37，我们还可研究宏观量子隧穿效应 [49~52]，亦即由图中的亚稳态 Φ_{q_0} 向塌缩态 Φ_{q_1} 隧穿过去，其 q_1 点满足 $E(q_1) = E(q_0)$，而隧穿速率可按 WKB 公式 [49] 和方程 (8.8.48) 计算

$$\Gamma_0 = A \exp\left[-2N_0/\hbar \int_{q_0}^{q_1} \mathrm{d}q [2(3m/2)(V(q) - V(q_0))]^{1/2} \right]$$
$$= A \exp\left[-1.225 N_0/\hbar \int_{q_0}^{q_1} \mathrm{d}q [E(q) - E(q_0))]^{1/2} \right] \tag{8.8.49}$$

隧穿速率 Γ_0/A 随 N_0/N_c 的变化曲线示于图 8.38 中的曲线 1，而另外两条曲线 2,3 分别取自文献 [50]、[51]，为有效势模型与高斯型。虚线为亚稳凝聚态 $\Phi_{0,N_0}(x)$ 和稠密态 $\Phi_{d,N_0}(x)$ 的交叠积分。

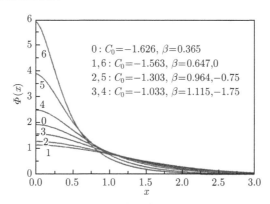

$$
\begin{aligned}
&0: C_0 = -1.626, \beta = 0.365 \\
&1,6: C_0 = -1.563, \beta = 0.647, 0 \\
&2,5: C_0 = -1.303, \beta = 0.964, -0.75 \\
&3,4: C_0 = -1.033, \beta = 1.115, -1.75
\end{aligned}
$$

图 8.34 不同 C_0 和 β 的基态波函数 (参照文献 [41])

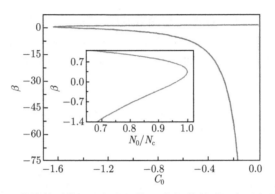

图 8.35   非线性系数 C_0 与本征值 β 之间的关系 (参照文献 [43])

内插图为能量本征值 β 随凝聚原子数与临界原子数之比的变化关系

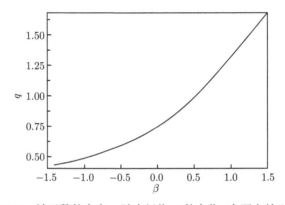

图 8.36   波函数的宽度 q 随本征值 β 的变化 (参照文献 [43])

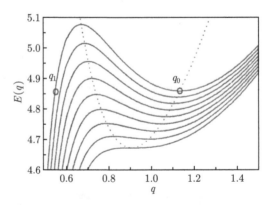

图 8.37   实线为 $E(q)$ 作为 q 的函数, 相应于 $N_0/N_c = 0.992, 0.993, \cdots, 1.0$(由上而下的顺序); 虚线相应于这些曲线的极点轨迹 (参照文献 [43])

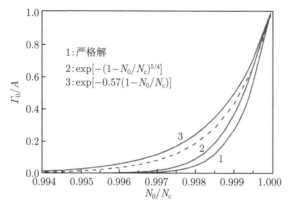

图 8.38 隧道速率 Γ_0/A 随 N_0/N_c 的变化 (参照文献 [43])

曲线 1,2,3 分别相应于严格解, $\exp\left[-(1-N_0/N_c)^{5/4}\right]$ 和 $\exp\left[-0.57(1-N_0/N_c)\right]$; 虚线为亚稳凝聚态 $\Phi_{0,N_0}(x)$ 和稠密态 $\Phi_{d,N_0}(x)$ 的交叠积分 I

8.8.5 中性原子的 Bose-Einstein 凝聚

随着激光冷却和约束原子的技术向前推进, 再加上蒸发冷却与磁阱约束, 终于实现了中性原子氢的 BEC。麻省理工学院 (MIT) 的 Kleppner 小组最早研究氢原子的 BEC。在 1991 年就已获得 100μK 的低温和 $8 \times 10^{13} \mathrm{cm}^{-3}$ 的原子密度[28], 该密度所对应的临界温度为 30μK, 应该说离实现 BEC 条件不远了, 可是由于一对自旋反平行的氢原子在第三个氢原子的碰撞下会复合成氢分子 $H\uparrow + H\downarrow \rightarrow H_2 + 4.6\mathrm{eV}$。复合速率正比于密度的三次方, 从而限制了密度的增加; 发热则妨碍进一步降温, 这些均在很大程度上推迟了氢原子 BEC 的实现。而在 1995 年, Anderson 等已首次观察到铷原子的 BEC[29], 稍后有 MIT 的 Ketterle 研究观察到钠原子的 BEC[30], 还有 Rice 大学的 Hulet 等也看到锂原子的 BEC 迹象[31]。Anderson 等用激光冷却与约束碱金属蒸气原子, 又结合蒸发冷却和磁阱约束, 并在实验中解决了关键的堵住磁阱 "漏洞" 问题, 当温度降到 170nK 时, 约束磁场中心的铷原子速度从高斯分布变为非高斯分布的尖峰。堵漏的办法是用一射频交变场使约束磁场像陀螺一样旋转, 以致中央部分磁场求平均后不为零。凝聚体原子密度达 $2.5 \times 10^{12}\mathrm{cm}^{-3}$, 持续时间约 15s。MIT 的 Ketterle 等是用一种新的约束场构形, 用另一束激光形成光学 "塞子", 使钠原子密度达到 $10^{14}\mathrm{cm}^{-3}$, 温度达 2μK, 观察到 BEC。Rice 大学小组在温度 400nK, 离子密度 $2 \times 10^{12}\mathrm{cm}^{-3}$, 原子总数 2×10^5, 看到 BEC 迹象, 用恒定的偏转磁场 "堵漏"。在经过几年的努力后, MIT 的 Kleppner 小组在 1998 年终于实现了氢原子的 BEC[32]。采用的技术仍是激光冷却与约束, 并结合蒸发冷却、磁阱等技术, 达到的氢原子密度为 $10^{15}\mathrm{cm}^{-3}$, 温度为 50μK, 处于凝聚态的原子为 10^8, 约 10 倍于钠原子凝聚体的原子数。氢原子以其很弱的相互作用, 是最早选作进行 BEC 实验的原子, 但真正实现 BEC 要比碱金属原子晚了几年。在最终实现氢原子的 BEC 实验中, 所用的探测方法也与以前的办法 "将原子从凝聚体中引出来, 并测其速度分布 [30]" 不一样, 用的是双光子谱探测, 即氢原子同时吸收两个光子, 由 1S 态跃迁到 2S 态, 实验中加电场时 2S 态与靠得很近的寿命很短的 2D 态混合, 原子由 2P 态衰变并辐射出 Lyman α 线, 通过对 Lα 光子的计数检测出经由双光子吸收跃迁到 2S 态的氢原子数。图 8.39 为计数率对激光失谐的双光子吸收谱。按实验的安排, 氢原子吸收双光子可分为两种情形。

(1) 吸收两个反向运动的光子, 原子获得的净子动量为零, 没有光子的反弹移位或 Doppler 加宽, 如图中那个靠近原点 "0" 的尖峰。

(2) 吸收同向运动的两个光子, 双光子的动量及反弹能均被原子所接收, 使原子产生约 6.7MHz 的移位并有 Doppler 加宽轮廓。在图中原点 "0" 的右边, 这个加宽体现了未凝聚原子气体的温度。图中的原点 "0" 是双光子激光频率 $2\omega_L$ 等于 1S-2S 跃迁频率处 (对应的跃迁波长为 243nm)。对于第 (1) 种情形, 原子吸收了两个反向运动的光子, 没有反弹能引起的移位及 Doppler 加宽, 计数峰值应严格与原点 "0" 重合, 但实际上还是向左移位了 18kHz, 这是由邻近的高密度原子 (达 $10^{14}{\rm cm}^{-3}$ 密度) 引起的氢原子能级移位, 移位正比于原子密度。我们还注意到在零点左面 $400 \sim 500$kHz 处的计数峰值, 也是高密度原子引起的能级移位, 对应的原子密度为气体原子密度的 20 多倍, 而这就是高密度原子凝聚体的明证。我们还注意到在右侧的 Doppler 加宽谱峰值附近也发现高密度原子凝聚体。当然重要的是原点左面的 $400 \sim 500$kHz 处的峰, 真正代表了无 Doppler 移位的双光子吸收谱, 这是一个线宽接近于自然线宽的超冷原子源。

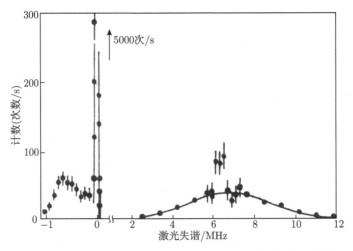

图 8.39   氢原子的 Bose-Einstein 凝聚的双光子吸收谱 (参照文献 [31])

附录 8A　　I_1, I_2, I_3, I_4 的计算

首先我们给出 l_3 的反演 L_3:

$$l_3 = d_0 + \sum_{n=1}^{\infty} d_{2n} \tag{8A.1}$$

$$d_0 = D_0 = \begin{pmatrix} \dfrac{1}{s^2 + \nu_1^2} & & & \\ & \dfrac{1}{s^2 + \nu_2^2} & & \\ & & \dfrac{1}{s^2 + \nu_1^2} & \\ & & & \dfrac{1}{s^2 + \nu_2^2} \end{pmatrix} \tag{8A.2}$$

$\nu_1 = \sqrt{\gamma_1}$, $\nu_2 = \sqrt{\gamma_2}$, $d_{2n} = D_0 \tilde{D}_1 \cdots D_{2n}$ 是一个 4×4 对角矩阵。为了方便起见，我们这里仅给出对角矩阵中第一个对角矩阵元的反演，并且采用相同的记号来表示。例如，d_0 的第一个对角矩阵元的反演可表示为

$$d_0 = \frac{1}{s^2 + \nu_1^2} = \frac{1}{(s + \mathrm{i}\nu_1)(s - \mathrm{i}\nu_1)} \Rightarrow \frac{\sin \nu_1 y}{\nu_1} \tag{8A.3}$$

比较复杂的 d_{2n} 的反演可按以下步骤进行:

$$d_{2n} = D_0 \tilde{D}_1 D_2 \cdots D_{2n} = (D_0 D_2 \cdots D_{2n})(\tilde{D}_1 \tilde{D}_3 \cdots \tilde{D}_{2n-1}) \tag{8A.4}$$

其中因子 $D_0\, D_1\, \cdots\, D_{2n}$ 有如下的反演:

$$\begin{aligned} D_0 D_2 \cdots D_{2n} = {}& \Omega^n \frac{1}{(s + \mathrm{i}\nu_1)(s + 2 + \mathrm{i}\nu_1) \cdots (s + 2n + \mathrm{i}\nu_1)} \\ & \times \frac{1}{(s - \mathrm{i}\nu_1)(s + 2 - \mathrm{i}\nu_1) \cdots (s + 2n - \mathrm{i}\nu_1)} \end{aligned}$$

$$\Rightarrow \frac{\Omega^n}{(n!)^2} \int_0^y \mathrm{e}^{-\mathrm{i}\nu_1 y' + \mathrm{i}\nu_1(y - y')} \left(\frac{1 - \mathrm{e}^{-2y'}}{2} \times \frac{1 - \mathrm{e}^{-2(y - y')}}{2} \right)^n \mathrm{d}y' \tag{8A.5}$$

同理 $\tilde{D}_1 \cdots \tilde{D}_{2n-1}$ 的反演为

$$\begin{aligned} & \tilde{D}_1 \tilde{D}_3 \cdots \tilde{D}_{2n-1} \\ = {}& \Omega^n \frac{1}{(s + 1 + \mathrm{i}\nu_2) \cdots (s + (2n - 1) + \mathrm{i}\nu_2)} \\ & \times \frac{1}{(s + 1 - \mathrm{i}\nu_2) \cdots (s + (2n - 1) - \mathrm{i}\nu_2)} \end{aligned}$$

$$\Rightarrow \frac{\Omega^n}{(n-1)!^2} \int_0^y e^{-y-i\nu_2 y'+i\nu_2(y-y')} \left(\frac{1-e^{-2y'}}{2} \times \frac{1-e^{-2(y-y')}}{2} \right)^n dy' \quad (8A.6)$$

因此 l_3 的反演对角矩阵的第一个矩阵元 $I_3 = (L_3)_{11}$ 为

$$
\begin{aligned}
I_3 = (L_3)_{11} = & \frac{\sin \nu_1 y}{\nu_1} + \int_0^y dy_1 \int_0^{y_1/2} du_1 \int_0^{(y-y_1)/2} du_2 4e^{-(y-y')} \cos(2\nu_1) \cos(2\nu_2 u_2) \\
& \times \sum_{n=1}^{\infty} \frac{\Omega^{2n}}{(n!)^2((n-1)!)^2} \left(\frac{1-e^{-2(u_1+y_1/2)}}{2} \times \frac{1-e^{-2(-u_1+y_1/2)}}{2} \right)^n \\
& \times \left(\frac{1-e^{-2(u_2+(y-y_1)/2)}}{2} \times \frac{1-e^{-2(-u_2+(y-y_1)/2)}}{2} \right)^{n-1}
\end{aligned}
\quad (8A.7)
$$

到现在为止，我们已经求得 I_3 的表示式，I_1，I_2，I_4 的计算可按上述过程进行，这里就直接给出它们的最终表示式。

$$
\begin{aligned}
I_1 = & (L_1)_{11} \\
= & \cos(\nu_1 y) + \int_0^y dy_1 \int_0^{y_1/2} du_1 \int_0^{(y-y_1)/2} du_2 4e^{-(y-y_1)} \cos(2\nu_1 u_1) \cos(2\nu_2 u_2) \\
& \times \frac{1}{2} \left(\frac{1-e^{-2(u_1+y_1/2)}}{2} + \frac{1-e^{-2(-u_1+y_1/2)}}{2} \right) \\
& \times \sum_{n=1}^{\infty} \frac{\Omega^{2n+1}}{n!((n-1)!)^3} \left(\frac{1-e^{-2(u_1+y_1/2)}}{2} \times \frac{1-e^{-2(-u_1+y_1/2)}}{2} \right)^n \\
& \times \left(\frac{1-e^{-2(u_2+(y-y_1)/2)}}{2} \times \frac{1-e^{-2(-u_2+(y-y_1)/2)}}{2} \right)^{n-1}
\end{aligned}
\quad (8A.8)
$$

$$
\begin{aligned}
I_4 = (L_4)_{11} = & -\int_0^y dy_1 \int_0^{y_1/2} du_1 \int_0^{(y-y_1)/2} du_2 4e^{-(y-y_1)} \cos(2\nu_1 u_1) \cos(2\nu_2 u_2) \\
& \times \sum_{n=0}^{\infty} \frac{\Omega^{2n+1}}{(n!)^4} \left(\frac{1-e^{-2(u_1+y_1/2)}}{2} \times \frac{1-e^{-2(-u_1+y_1/2)}}{2} \right)^n \\
& \times \left(\frac{1-e^{-2(u_2+(y-y_1)/2)}}{2} \times \frac{1-e^{-2(-u_2+(y-y_1)/2)}}{2} \right)^n
\end{aligned}
\quad (8A.9)
$$

$$
\begin{aligned}
I_2 = & (L_2)_{11} \\
= & -\frac{\Omega}{2\nu_1} \left\{ \frac{\sin(\nu_1 y) - (\nu_1+\nu_2)\cos(\nu_1 y)}{1+(\nu_1+\nu_2)^2} - e^{-y} \frac{-\sin(\nu_2 y) - (\nu_1+\nu_2)\cos(\nu_2 y)}{1+(\nu_1+\nu_2)^2} \right. \\
& \left. + \frac{\sin(\nu_1 y) - (\nu_1-\nu_2)\cos(\nu_1 y)}{1+(\nu_1-\nu_2)^2} - e^{-y} \frac{\sin(\nu_2 y) - (\nu_1-\nu_2)\cos(\nu_2 y)}{1+(\nu_1-\nu_2)^2} \right\} \\
& - \int_0^y dy_1 \int_0^{y_1/2} du_1 \int_0^{(y-y_1)/2} du_2 4e^{-(y-y_1)} \cos(2\nu_1 u_1) \cos(2\nu_2 u_2)
\end{aligned}
$$

$$\times \frac{1}{2}\left(\frac{1-\mathrm{e}^{-2(u_2+(y-y_1)/2)}}{2}+\frac{1-\mathrm{e}^{-2(-u_2+(y-y_1)/2)}}{2}\right)$$

$$\times \sum_{n=1}^{\infty}\frac{\Omega^{2n+1}}{(n!)^3(n-1)!}\left(\frac{1-\mathrm{e}^{-2(u_1+y_1/2)}}{2}\times\frac{1-\mathrm{e}^{-2(-u_1+y_1/2)}}{2}\right)^n$$

$$\times \left(\frac{1-\mathrm{e}^{-2(u_2+(y-y_1)/2)}}{2}\times\frac{1-\mathrm{e}^{-2(-u_2+(y-y_1)/2)}}{2}\right)^{n-1} \tag{8A.10}$$

附录 8B 当 y 很小时 $u_{\mathrm{g}}(y)$ 的极限解

当原子在靶面附近时，y 很小，根据 (8A.6)~ (8A.9) 式，(8.7.28) 式中的矩阵元 $I_1,\cdots,I_4$ 有极限

$$I_1 = \cos\nu_1 y + O(y^2) \simeq \cos\nu_1 y \tag{8B.1}$$

$$I_3 = \frac{\sin\nu_1 y}{\nu_1} + O(y^2) \simeq \frac{\sin\nu_1 y}{\nu_1} \tag{8B.2}$$

$$I_2 = I_4 = O(y^2) \simeq 0 \tag{8B.3}$$

根据 (8.7.31) 式，我们得到 y 很小时 $u_{\mathrm{g}}(y)$ 的极限解

$$u_{\mathrm{g}}(y) = \cos(\nu_2 y)u_{\mathrm{g}0} + \frac{\sin(\nu_2 y)}{\nu_2}v_{\mathrm{g}0} \tag{8B.4}$$

参 考 文 献

[1] Ashkin A. Acceleration and trapping of partics by radiation pressure. Phys. Rev. Lett., 1970, 24: 156; Ashkin A. Atomic beam deflection by resonance-radiation pressure. Phys. Rev. Lett., 1970, 25: 1321.

[2] Hansch T W, Schawlow A L. Cooling of gases by laser radiation. Optics Comm., 1975, 13: 68.

[3] Wineland D, Dehmelt H. Proposal $10^{14}\Delta\nu/\nu$ laser fluorescence spectroscopy on Tl$^+$ mono-ion oscillator III Side band cooling. Bull. Am. Phys. Soc., 1975, 20: 637.

[4] Balykin V I, Letokhov V S, Ovchinnikov Y B, et al. Quantum-state-selection reflections of atoms by laser light. Phys. Rev. Lett., 1988, 60: 2137.

[5] Cook R J, Hill R K. An electromagnetic mirror for neutral atoms. Opt. Commu., 1982, 43: 250.

[6] Minogin V G. Deceleration and mono-chromatization of atomic beams. Opt. Commu., 1980, 34: 265.

[7] Minogin V G, Serimaa O T. Resonant light pressure forces in a strong standing laser wave. Opt. Commu., 1979, 30: 373.

[8] Letokhov V S, Minogin V G, Pavik P D. Cooling and trapping of atoms and molecules by a resonant laser field. Opt. Commu., 1976, 19: 72.

[9] Motz H. The Physics of Laser Fusion. London: Academic Press, 1979: 104.

[10] Schiff L I. Quantum Mechanics. 3rd ed. New York: McGraw-Hill Book Company, 1968.

[11] Казацев А. Л., А. О. Ч. уъесников, В. П. Яковлев Hysteresis in a two-level system and frictional force in a standing light wave. JETP, 1986, 63: 951.

[12] 栾绍金, 谭维翰. 序列脉冲产生的光压及其对原子束的冷却与减速效应. 激光, 1982, 9: 1(1): 1.

[13] Lett P D, Phillips W D, Rolston S L, et al. Optical molasses. J. O. S. A, B, 1989, 6: 2084.

[14] Buchwald E. Ann. Phys., 1921, 66(I): 1.

[15] Chu S, Hollberg L, Bjorkholm J, et al. Three dimensional viscous confinement and cooling of atoms by resonant radiation pressure. Phys. Rev. Lett., 1985, 55(48): 48.

[16] Lett P, Watts R, Westbrook C, et al. Observation of atoms laser cooled by Doppler limit. Phys. Rev. Lett., 1988, 61: 169.

[17] Dalibard J, Cohen-Tannoudji C. Laser cooling below the Doppler limit by polarization gradients simple theoretical models. J. Opt. Soc. Am. B, 1989, 6: 2023.

[18] Phillips W, Prodan J, Metcalf H. Laser cooling and electromagnetic trapping of neutral atoms. J. Opt. Sec. Am. B, 1985, 2: 1751.

[19] Sesko D, Fan C, Wieman C. Production of a cold atomic vapor using diode laser cooling. J. Opt. Soc. Am. B, 1988, 5: 1225.

[20] Cook R J. Atomic motion in resonant radiation: An application of Ehrentfest's theorem. Phys. Rev. A, 1979, 20: 224; Cook R J, Hill K. An electromagnetic mirror for neutral atoms. Optcs. Commu., 1982, 43: 258.

[21] Hajnal J V, Opat G I. Diffraction of atoms by a standing evanescent light wave—A reflection grating for atom. Opt. Commu., 1989, 71: 119.

[22] Balykin V I, Letokhov V S, Ovchinnikov Y B, et al. Quantum state selective mirror reflection of atoms by laser light. Phys. Rev. Lett., 1988, 60: 2137.

[23] Dalilard J, Chohen-Tannoudji C. Dressed-atom approach to atomic medium in laser light. J. O. S. A. B, 1985, 2: 1707.

[24] Deutschmanm R, Entmer W, Wallis H. Reflection and diffraction of atomic de Broglie waves by an evanescent laser wave. Phys. Rev. A, 1993, 47: 2169.

[25] Tan W H, Li Q N. Exactly solvable model of two level atoms reflected by an evanescent laser wave. 第四届压缩态与测不准关系国际会议报告，Taiyuan, 1995.

[26] Tan W H, Li Q N. On the general and resonance solutions of atoms reflected by an evanescent laser wave. Chin. Phys. Lett., 1996, 13: 587.

[27] Yu I A, Doyle J M, Sandberg J C, et al. Evidence for universal quantum reflection of hydrogen from liquid. Phys. Rev. Lett., 1993, 71: 1589.

[28] Anderson M H, Ensher I R, Matthews M R, et al. Observation of Bose-Einstein condensation in a dilute atomic vapor. Science, 1995, 269: 198.

[29] Davis K B, Mewes M O, Andrews M R, et al. Bose-Einstein condensation in a gas of sodium atom. Phys. Rev. Lett., 1995, 75: 3969.

[30] Bradley C C, Sackett C A, Hulet R G. Bose-Einstein condensation of lithium: Observation of limited condensate number. Phys. Rev. Lett., 1997, 78: 985.

[31] Levi B G. At long last, a Bose-Einstein condensation is formed in hydrogen. Phys. Today. Oct., 1998: 17.

[32] 汪志诚. 热力学–统计物理. 3 版. 北京: 高等教育出版社, 2000: 299.

[33] Pitaevskii L P. Sov, Phys., JETP, 1961, 13: 451.

[34] Fetter A L. Nonuniform states of an imperfect Bose gas. Ann. Phys. (N. Y.), 1972, 70: 67. Fetter A L. Ground state and excited states of a confined condensed Bose gas. Phys. Rev. A, 1996, 53: 4245.

[35] Edwards M, Burnet K. Numerical solution of the nonlinear Schrödinger equation for small samples of trapped neutral atomes. Phys. Rev. A, 1995, 51: 1382.

[36] Ruprecht P A, Holland M, Burnett J K, et al. Time-dependent solution of the nonlinear Schrödinger equation for Bose-Condensed trapped neutral atoms. Phys. Rev. A, 1995, 51: 4704.

[37] Lifshitz E M, Pitaevskii L P. Statistical Physics Part 2. Pergamon Press Ltd, 1980.

[38] Stoof H T C. Atomic Bose gas with a negative scattering length. Phys. Rev. A, 1994, 49: 3824.

[39] 闫珂柱, 谭维翰. 简谐势阱中中性原子的非线性 Schrödinger 方程的定态解. 物理学报, 1999, 48: 1185.

[40] 谭维翰, 闫珂柱. 解有排斥相互作用中性原子的玻色–爱因斯坦凝聚的一般方法. 物理学报, 1999, 48: 1983.

[41] 闫珂柱, 谭维翰. 简谐势阱中有吸引相互作用中性原子的玻色–爱因斯坦凝聚. 物理学报, 2000, 49: 2000.

[42] 闫珂柱, 谭维翰. 箱势中有吸引相互作用中性原子的中性原子体系的非线性薛定谔方程的严格解. 量子光学学报, 2000, 6: 158.

[43] 闫珂柱. 玻色–爱因斯坦凝聚体的形成的动力学和光学性质研究. 上海大学博士学位论文, 2000: 6.

[44] Yan K Z, Tan W H. A model for macroscopic quantum tunneling of a bose condensate with attractive interaction. Chin. Phys. Lett., 2000, 17: 231.

[45] Yan K Z, Tan W H. The growth rate and statistical fluctuation of Bose-Einstein condensate formation. Chin. Phys., 2000, 16: 485.

[46] Yan K Z, Tan W H. Bose-Einstein condensate of neutral atoms with attractive interaction in a harmonic trap//Frontiers of Laser Physics and Quantum Optics (Proeedings of International Conference on Laser Physics and Quantum Optics. Springer, 2000: 595.

[47] Tan W H, Yan K Z. The enhancement of spontaneous and induced transition rate by a Bose-Einstein condensate//Frontiers of Laser Physics and Quantum Optics (Proeedings of International Conference on Laser Physics and Quantum Optics. Springer, 2000: 567.

[48] Tan W H, Yan K Z. The enhancement of spontaneous and induced transition rate by a Bose-Einstein Condensate. J. Mod. Opt., 2000, 47: 1729.

[49] Yu K G, Shlyapnikov G V, Waltraven J T M. Bose-Einstein condensation in atrapped Bose gas with negative scattering length. Phys. Rev. Lett., 1998, 80: 933.

[50] Stoof H T C. Macroscopic quantum tunneling of a Bose condensate. J. Stat. Phys., 1997, 87: 1353.

[51] Shurryak E V. Metastable Bose condensate made of atom with attractive interaction. Phys. Rev. A, 1996, 54: 3151.

[52] Ueda M, Leggtt A J. Macroscopic quantum tunneling of a Bose-Einstein condensation with attractive interaction. Phys. Rev. Lett., 1998, 80: 1576.

第9章 超短光脉冲的传播与锁定

超短光脉冲在非线性介质中的传输与锁定，是光纤通信技术与微微秒、飞秒脉冲技术中研究得很多的问题。本章将就这些问题的基础方面作一简要的叙述与讨论。

9.1 光脉冲波包

通常所说的光脉冲是指波包光脉冲，即以高载频 ω_0 传送但振幅缓慢变化的波包。若波包用复振幅 $E(x,t)$ 来描述，而光频载波为 $\mathrm{e}^{\mathrm{i}(k_0 x - \omega_0 t)}$，则电场 E 可写为

$$E = \mathrm{Re}\left\{ E(x,t)\mathrm{e}^{\mathrm{i}(k_0 x - \omega_0 t)} \right\} \tag{9.1.1}$$

如图 9.1(a) 所示，$E(t)$ 除了迅速变化的载波 (实线)，还有振幅缓慢变化的波包 (虚线)，也称之为调制波。对 $E(t)$ 进行 Fourier 分析后的频谱 $E(\omega)$，除了峰值载频 ω_0 外，还有许多旁频与载频相距为 $n\Delta\omega_0$，$\Delta\omega_0$ 即调制频率，如图 9.1(b) 所示。

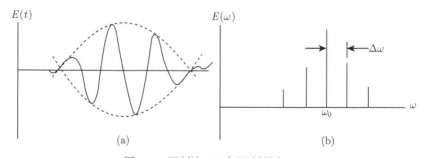

图 9.1 调制波 (a) 与调制频率 (b)

当光脉冲在色散介质中传播时，由于色散，不同频率的波，其传播速度是不一样的，亦即折射率为频率 ω 的函数 $n = n(\omega)$。若将波数 $k = \dfrac{n\omega}{c}$ 在载波 (k_0, ω_0) 附近展开 [1]

$$
\begin{aligned}
k - k_0 &= \left.\frac{\partial k}{\partial \omega}\right|_{\omega_0} (\omega - \omega_0) + \frac{1}{2}\left.\frac{\partial^2 k}{\partial \omega^2}\right|_{\omega_0} (\omega - \omega_0)^2 + \frac{1}{6}\left.\frac{\partial^3 k}{\partial \omega^3}\right|_{\omega_0} (\omega - \omega_0)^3 + \cdots \\
&= k'(\omega - \omega_0) + \frac{1}{2}k''(\omega - \omega_0)^2 + \frac{1}{6}k^{(3)}(\omega - \omega_0)^3 + \cdots
\end{aligned}
\tag{9.1.2}
$$

将 (9.1.2) 式乘在 $E(x,t)$ 的 Fourier 谱 $\tilde{E}(\Delta k, \Delta \omega)$ 上等价于用下面算子作用在 $E(x,t)$ 上:

$$-\mathrm{i}\frac{\partial}{\partial x} = \mathrm{i}k'\frac{\partial}{\partial t} - \frac{k''}{2}\frac{\partial^2}{\partial t^2} - \mathrm{i}\frac{k^{(3)}}{6}\frac{\partial^3}{\partial t^3} + \cdots \tag{9.1.3}$$

这从 $E(x,t)$ 与 $\tilde{E}(\Delta k, \Delta \omega)$ 的关系可以看出来。

$$E(x,t) = \frac{1}{(2\pi)^2}\int_{-\infty}^{\infty}\int_{-\infty}^{\infty}\tilde{E}(\Delta k, \Delta \omega)\mathrm{e}^{-\mathrm{i}(\Delta \omega t - \Delta k x)}\mathrm{d}\Delta k \mathrm{d}\omega \tag{9.1.4}$$

由上式易判明 $\frac{\partial E}{\partial t}, \frac{\partial E}{\partial x}$ 的 Fourier 谱即 $-\mathrm{i}\Delta\omega\tilde{E}$, $\mathrm{i}\Delta k\tilde{E}$, 故有 $\frac{\partial}{\partial t} \Rightarrow -\mathrm{i}\Delta\omega$, $\frac{\partial}{\partial x} \Rightarrow \mathrm{i}\Delta k$。应用这个关系，就能由 (9.1.2) 式得出 (9.1.3) 式或者相反。由 (9.1.3) 式便得波包 $E(x,t)$ 所满足的传播方程为 (暂略去展开式 (9.1.3) 中 $\frac{-\mathrm{i}k^{(3)}}{6}\frac{\partial^3}{\partial t^3}E(x,t)$ 项)

$$\mathrm{i}\left(\frac{\partial}{\partial x} + k'\frac{\partial}{\partial t}\right)E - \frac{k''}{2}\frac{\partial^2 E}{\partial t^2} = 0 \tag{9.1.5}$$

式中

$$k' = \left.\frac{\partial k}{\partial \omega}\right|_{\omega_0} = \frac{1}{v_{\mathrm{g}}} \tag{9.1.6}$$

$$k'' = \frac{\partial}{\partial \omega}\left(\frac{1}{v_{\mathrm{g}}}\right) = -\frac{1}{v_{\mathrm{g}}^2}\frac{\partial v_{\mathrm{g}}}{\partial \omega} \tag{9.1.7}$$

故调制波亦即波包运动的速度为波的群速度 v_{g}, 即 (9.1.6) 式所表明的。由于不同频率的波传播速度不一样，波包还会进一步扩散。只有当 $k'' = 0$ 时，由 (9.1.7) 式，即 $\frac{\partial v_{\mathrm{g}}}{\partial \omega} = 0$ 才是没有扩散的波。一般的 $k'' \neq 0$, (9.1.5) 式中称为波的色散项。若采用以 v_{g} 跟随光脉冲运动坐标系

$$\xi = \varepsilon^2 x, \qquad \tau = \varepsilon(t - k'x), \qquad \varepsilon = \frac{\Delta\omega_0}{\omega_0} \tag{9.1.8}$$

将 (9.1.5) 式写为

$$\mathrm{i}\frac{\partial E}{\partial \xi} - \frac{k''}{2}\frac{\partial^2 E}{\partial r^2} = 0 \tag{9.1.9}$$

　　参量 $\varepsilon = \frac{\Delta\omega_0}{\omega_0}$ 表示光脉冲的相对谱宽。色散项 $\frac{\partial^2 E}{\partial \tau^2}$ 将反比于 $(\Delta\omega_0)^2$ 而增大。当光脉冲在光纤中传播时，光纤横向尺寸与光波波长同量级。群速度的色散系数 k'' 由玻璃介质的性质决定。已经知道，当 $\lambda = 1.3\mu\mathrm{m}$ 时，$k'' = 0$. $1.3\mu\mathrm{m}$ 为零色散波长。当 $\lambda < 1.3\mu\mathrm{m}$ 时，$k'' > 0$, 为正常色散区。当 $\lambda > 1.3\mu\mathrm{m}$ 时，$k'' < 0$, 为反常色散区。又知道光脉冲在光纤中传播由 Rayleigh 散射及分子振动带来的损耗在 $\lambda = 1.5\mu\mathrm{m}$ 有极小值。若将载波波长取在损耗最小的 $1.5\mu\mathrm{m}$, 则正好是 $\lambda > 1.3\mu\mathrm{m}$

的负色散区。由于群速度的色散，光脉冲波包在传播过程中会形变。已知波包传播速度依赖于但不只依赖于玻璃的材料性质，还依赖于波导结构 [2]。通过横截面上折射率梯度的设计，将零色散波长由 $1.3\mu m$ 移至 $1.5\mu m$ 是可能的。最典型的参量是 k'' 大小在 $-10ps^2/km$ 量级。这就意味着传输 1km 后，脉冲会有几 ps 的形变。

上面所讨论光脉冲的传输方程为线性方程，介质的性质，如折射率等均为预先给定的，与光强无关。若考虑到折射率依赖于光强，像我们在 1.5 节中所做过的那样

$$n = n_0(\omega) + n_2|E|^2 \tag{9.1.10}$$

n_2 称为 Kerr 系数。对于玻璃光纤，$n_2 \simeq 1.2 \times 10^{-22} m^2/V^2$。Kerr 效应来源于在光场作用下轨道电子发生的形变。故 Kerr 效应的响应时间极短，约 $10^{-15}s$。典型的光纤数据为，横截面面积 $60\mu m^2$，通过的光功率为 100mW，则产生的场强为 $10^6 V/m$，n_2E^2 在 10^{-10} 量级。按关系 $k = \dfrac{n\omega}{c}$，$\Delta k = \dfrac{n_2E^2\omega}{c} = \dfrac{2\pi n_2E^2}{\lambda}$ 就是光脉冲在 Kerr 介质中传播的波数变化。若取 λ 为 $1.5\mu m$，则 $\Delta k \simeq 0.6km^{-1}$。将这样一个变化考虑到传播方程中去，便得

$$k - k_0 = k'(\omega - \omega_0) + \frac{k''}{2}(\omega - \omega_0)^2 + \Delta k \tag{9.1.11}$$

$$\mathrm{i}\frac{\partial E}{\partial \xi} - \frac{k''}{2}\frac{\partial^2 E}{\partial \tau^2} + g\frac{|E|^2 E}{\varepsilon^2} = 0, \quad g = \frac{2\pi n_2\alpha}{\lambda}$$

式中 α 为考虑到光强在横截面的分布不均匀而引进的因子，一般取为 1/2。(9.1.11) 式即我们在 1.5 节，1.8~1.11 节中详细研究过的非线性 Schrödinger 方程。现将方程 (9.1.11) 归一化，引进归一化参量

$$q = \frac{\sqrt{g\lambda}}{\varepsilon}E, \qquad T = \frac{\tau}{(-\lambda k'')^{1/2}}, \qquad z = \frac{\xi}{\lambda} \tag{9.1.12}$$

便得

$$\mathrm{i}\frac{\partial q}{\partial z} + \frac{1}{2}\frac{\partial^2 q}{\partial T^2} + |q|^2 q = 0 \tag{9.1.13}$$

(9.1.13) 式的孤立波解为

$$q(T, z) = \eta\, \mathrm{sech}\, (\eta(T + \kappa z - \theta_0)) \exp\left\{-\mathrm{i}\kappa T + \frac{\mathrm{i}}{2}(\eta^2 - \kappa^2)z - \mathrm{i}\sigma_0\right\} \tag{9.1.14}$$

这个解有 4 个参量，其中 η 为孤立波峰值，κ^{-1} 表示波的传播速率偏离 (即相对于群速度的偏离)，还有表示初始位置的参量 θ_0 与初相位参量 σ_0。我们注意到波的峰值 η 与波的半宽度成反比，但波的传播速率偏离 κ^{-1} 却与 η 无关。

还有重要的一点，即孤立波的存在是光波波长处于反常色散区，即 k'' 为负。若是处于正常区，$k'' > 0$，孤立波解仅在暗区成立，即所谓暗孤子。这在下面还要

讨论到。关于非线性 Schrödinger 方程 (9.1.12) 的 N 个孤立子解，可参见 1.10 节和 1.11 节。

9.2　光纤中孤子的形成 [2~5]

9.1 节只说了在无损耗情况下在 Kerr 介质中传输的光波会形成一个波包孤子，但实际光纤中，总是会有损耗的，而且电介质波导也会对孤子的形成产生影响。先讨论光纤的损耗。设单位长度的损耗为 γ，则方程 (9.1.11) 中应加上损耗项 $\dfrac{-\mathrm{i}\gamma E}{\varepsilon^2}$，即

$$\mathrm{i}\frac{\partial E}{\partial \xi} - \frac{k''}{2}\frac{\partial^2 E}{\partial \tau^2} + g\frac{|E|^2 E}{\varepsilon^2} = \frac{-\mathrm{i}\gamma E}{\varepsilon^2} \tag{9.2.1}$$

归一化后，可写为

$$\mathrm{i}\frac{\partial q}{\partial z} + \frac{1}{2}\frac{\partial^2 q}{\partial T^2} + |q|^2 q = -\mathrm{i}\Gamma q \ , \quad \Gamma = \frac{\gamma\lambda}{\varepsilon^2} \tag{9.2.2}$$

只有在非线性项 $g|E|^2 = \dfrac{2\pi n_2 \alpha |E|^2}{\lambda} > \gamma$ 的情况下，才有可能形成孤子。例如，取 $|E| = 10^6 \mathrm{V/m}$，$\lambda = 1.5\mu\mathrm{m}$，则非线性项为 $2 \times 10^{-4}\mathrm{m}^{-1}$ 量级。故损耗 γ 必须小于 $2 \times 10^{-4}\mathrm{m}^{-1}$，才可能形成孤子。这个损耗相当于 1dB/km 左右，而市场上的光纤损耗 0.2dB/km 小于此数值。

当损耗很小时，方程 (9.2.2) 的解可应用微扰法求得:

$$\begin{cases} q(T, z) = \eta(z)\mathrm{sech}[\eta(z)T]\mathrm{e}^{\mathrm{i}\sigma(z)} + O(\gamma) \\ \eta(z) = q_0 \exp(-2\Gamma z) \\ \sigma(z) = \dfrac{q_0^2}{8\Gamma}(1 - \exp(-4\Gamma z)) \end{cases} \tag{9.2.3}$$

解 (9.2.3) 表明孤子振幅随着传输距离 z 指数衰减，而宽度则按 $\exp(2\Gamma z)$ 指数增加。孤子能量 $\displaystyle\int_{-\infty}^{\infty} \eta^2 \mathrm{sech}^2(\eta T)\mathrm{d}T = \eta(z)$ 也是 $\propto \mathrm{e}^{-2\Gamma z}$ 而指数衰减的。在下面还要提到，这种损耗可通过 Ramann 散射得到补偿，以维持孤子的能量不变。

到现在为止，我们讨论的非线性孤子方程是一维的，而光纤的截面有限，电磁波在其中传播的横向效应未考虑进去。但理论已证明只要光纤的横向尺寸比波长大，一维非线性孤立波方程还是适用的。当需要考虑高阶效应时，(9.2.2) 式可推广为 [2]

$$\mathrm{i}\left(\frac{\partial q}{\partial z} + \Gamma q\right) + \frac{1}{2}\frac{\partial^2 q}{\partial T^2} + |q|^2 q + \mathrm{i}\varepsilon\left\{\beta_1\frac{\partial^3 q}{\partial T^3} + \beta_2\frac{\partial}{\partial T}(|q|^2 q) + \beta_3 q\frac{\partial}{\partial T}|q|^2\right\} = 0 \tag{9.2.4}$$

式中

$$q = \frac{\sqrt{g\lambda}}{\varepsilon}E, \qquad z = \frac{\xi}{\lambda}, \qquad \Gamma = \frac{\gamma\lambda}{\varepsilon^2}$$

$$\tag{9.2.5}$$

$$T = \frac{\tau}{T_0} = \frac{\varepsilon(t - x/v_{\mathrm{g}})}{(-\lambda k'')^{1/2}}, \qquad T_0 = (-\lambda k'')^{1/2}$$

而 $k'' = \frac{\partial^2 k}{\partial\omega^2}$，考虑到光纤波导效应后的波矢 k 又由下式确定：

$$k^2 = \frac{(\omega/c)^2 \int |\nabla_\perp\phi|^2 n_0^2 \mathrm{d}S - \int |\nabla_\perp^2\phi|^2 \mathrm{d}S}{\int |\nabla_\perp\phi|^2 \mathrm{d}S} \tag{9.2.6}$$

ϕ 为电场的横向分量的势。$E_\perp = \nabla_\perp\phi \times \hat{z}$，而 ϕ 满足如下方程：

$$\nabla_\perp^2\phi - k^{(0)2}\phi + \frac{\omega^2}{c^2}n_0^2\phi = 0 \tag{9.2.7}$$

且

$$\int |\nabla_\perp\phi|^2 \mathrm{d}S = s_0 E_0^2 \tag{9.2.8}$$

E_0 为光波导内电场的峰值强度，而非线性系数 $g \simeq \frac{\pi n_2}{\lambda}$，高阶项的系数为

$$\begin{cases} \beta_1 = \dfrac{1}{6}\dfrac{k'''\lambda}{T_0^3}, \qquad \lambda = \dfrac{2\pi}{k} \\[2mm] \beta_2 = \dfrac{1}{gT_0}\dfrac{\partial}{\partial\omega}\left[\dfrac{\omega^2}{kc^2 s_0 E_0^4}\int n_0 n_2 |\nabla\phi|^4 \mathrm{d}S\right] \\[2mm] \beta_3 = \dfrac{1}{gT_0}\dfrac{\omega^2}{kc^2 s_0 E_0^4}\int \left[n_0 n_2\dfrac{\partial|\nabla\phi|^4}{\partial\omega_0} + \dfrac{3}{4}(\chi_1^{(2)} - \chi_{-1}^{(2)})|\nabla\phi|^4\right]\mathrm{d}S \end{cases} \tag{9.2.9}$$

式中 β_1 表示高阶线性色散，β_2 为 Kerr 效应引起的非线性色散，β_3 为 Ramann 散射引起的非线性损耗。

现在估算一下在光纤中产生孤子的入射功率条件。由锁模激光输出的光脉冲峰值功率 P_0 为

$$P_0 = IS \tag{9.2.10}$$

式中 $I(\mathrm{W/m^2})$ 为光脉冲的光强,S 为有效截面，而 I 又可通过脉冲的峰值场强 $E_0(\mathrm{V/m})$ 表示 [5]：

$$I = \frac{2n_0}{z_0}|E_0|^2 \tag{9.2.11}$$

其中 n_0 为折射率，$n_0 \simeq 1.5, z_0 = 377\Omega$。参照 $N = 1$ 孤子解 $(9.1.14)q = \eta\,\mathrm{sech}(\eta T)$，取定半峰值功率即 $\eta T = 1.76$ 处为其脉宽，又参照 q, T 的表达式 $(9.2.5)$，η 即 $T = 0$ 时的 q 值。并注意到 τ 的定义 $(9.1.8)$，将 τ 写为 $\varepsilon\Delta t$ 得

$$\sqrt{\frac{\pi n_2}{\lambda}}\frac{\sqrt{\lambda}}{\varepsilon}E_0\frac{\varepsilon\Delta t}{(-\lambda k'')^{1/2}} = 1.76 \tag{9.2.12}$$

即

$$\sqrt{\pi n_2}E_0\Delta t = 1.76(-\lambda k'')^{1/2} \tag{9.2.13}$$

参照前面取 $-k''$ 为 $10\text{ps}^2/\text{km}$，$\lambda = 1.5\mu\text{m}$，$n_2 = 1.2 \times 10^{-22}\text{m}^2/\text{V}^2$，于是由 (9.2.13) 式得

$$\Delta t E_0 = 1.11 \times 10^7 (\text{ps} \cdot \text{V/m}) \tag{9.2.14}$$

根据这结果，以及 (9.2.11)，(9.2.10) 式可估算当 s 取 $60\mu\text{m}^2$，Δt 取 10ps 时，必要的脉冲功率 $P_0 = \dfrac{2n_0}{z}|E_0|^2 S = 0.57\text{W}$。如果有效截面降为 $20\mu\text{m}^2$，而光纤具有更小的色散 $-k'' = 1\text{ps}^2/\text{km}$，$\Delta t$ 仍为 10ps，必要的 P_0 可降至 19mW。上面计算未计及光纤损耗，若考虑到光纤损耗，应有非线性项 $g|E|^2 > \gamma$。由 (9.2.14) 式得 $E_0 = 1.11 \times 10^6\text{V/m}$

$$gE_0^2 = \frac{2\pi n_2 E_0^2}{\lambda} = 5.9 \times 10^4\text{m}^{-1} = 2.2\text{dB/km} \tag{9.2.15}$$

即

$$gE_0^2 \gg \gamma \simeq 0.2\text{dB/km} \tag{9.2.16}$$

如光纤损耗能通过 Ramann 增益得到补偿，对功率密度的要求 (9.2.16) 式就不必了。为了在实验上从光脉冲的传播得到孤子，一方面光脉冲的峰值功率应很高，另一方面光纤的损耗应很小 ($< 1\text{dB/km}$)，还要求光脉冲的谱宽应比脉宽窄，即 $\Delta\nu < 1/\Delta\tau$。1980 年，Mollenauer 第一次证实了通过光纤的传输获得孤子[3]。他们用 Nd:YAG 激光泵浦色心 F^{2+} 激光器，并用长 700m、截面为 10^{-6}cm^2 的光纤，短脉冲的峰值功率为 1.2W，经光纤传输后的输出，表现出周期结构，如图 9.2 所示。这与 1.10 节 $N = 1, 3$ 的数值计算结果相符。产生 $N = 1$ 孤子的阈值为 $P = 1.2\text{W}$，然后增加 P，当 $P = 11.4\text{W}$ 时，出现 $N = 3$ 孤子。

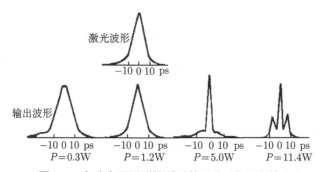

图 9.2 实验中观测到的孤子的形成 (参照文献 [3])

9.3 孤子的 Ramann 放大 [6~17]

光纤损耗使得孤子峰值在传播过程中逐渐下降, 宽度逐渐增宽, 如方程 (9.2.3) 所表述的那样。从光纤通信的目的出发, 必须对长距传输的孤子增幅与整形。用半导体激光泵浦掺铒光纤的放大作用或光纤自身的 Ramann 散射增益均是有效途径。经 Ramann 放大后的孤立波振幅增大, 而脉宽也相应压缩了。图 9.3 为实验观察到的经 Ramann 放大后的光孤子整形 [6]。Ramann 放大几乎正好抵消了损耗的减幅与增宽, 使孤子不变形地传播着。实验中的传播距离为 10km, 光纤的损耗为 1.8dB, 群速度色散 $D\left(k'' = D\dfrac{\lambda^2}{2\pi c}\right)$ 为 $-15\mathrm{ps/(nm\cdot km)}$, 波长 $\lambda = 1.56\mathrm{\mu m}$, 由色心激光器产生。而 Ramann 泵浦波长为 $1.46\mathrm{\mu m}$, 由输出端注入。图中表明, 如没有泵浦波, 孤子宽度就增加。若将泵浦波功率调至 125mW, 孤子宽度就几乎同初始的一样保持不变。孤子波 E_s 与 Ramann 泵浦波 E_p 的耦合可通过如下方程来描述:

$$\mathrm{i}\left[\frac{\partial E_\mathrm{p}}{\partial x} + (\gamma_\mathrm{p} + \alpha|E_\mathrm{s}|^2)E_\mathrm{p} - k'_\mathrm{p}\frac{\partial E_\mathrm{p}}{\partial t}\right] - \frac{k''_\mathrm{p}}{2}\frac{\partial^2 E_\mathrm{p}}{\partial t^2} + g|E_\mathrm{p}|^2 E_\mathrm{p} = 0 \tag{9.3.1}$$

$$\mathrm{i}\left[\frac{\partial E_\mathrm{s}}{\partial x} + (\gamma_\mathrm{s} - \alpha|E_\mathrm{p}|^2)E_\mathrm{s} - k'_\mathrm{s}\frac{\partial E_\mathrm{s}}{\partial t}\right] - \frac{k''_\mathrm{s}}{2}\frac{\partial^2 E_\mathrm{s}}{\partial t^2} + g|E_\mathrm{s}|^2 E_\mathrm{s} = 0 \tag{9.3.2}$$

E_p 的带宽足够大 ($>$ 或 $\simeq 15\mathrm{GHz}$) 以抑制受激布里渊散射。Ramann 散射系数 α 与自相位调制系数 g 在文献 [7] 中取为 $\alpha \simeq 0.2g$。现举一光纤孤子的 Ramann 放大实例 [7], 光纤截面 $20\mathrm{\mu m}^2$。损耗 0.2dB/km, 孤子的载波波长 $\lambda = 1.55\mathrm{\mu m}$。峰值功率 30mW, 孤子的脉宽 10.2ps, 重复周期为 100ps(10Gbit/s)。为了孤子整形, 采用 Ramann 泵浦从前向与后向注入光纤, 每 344km 注入一次。Ramann 泵浦为连续波, 功率为 40mW, 波长为 $1.45\mathrm{\mu m}$。从两个方向注入的目的, 是在光纤的任意位置均能保持相对恒定的增益, 而不受损耗的影响。为减小所需泵浦波的强度, 可采用保偏光纤, 这样 Ramann 增益可以相对地高, 只要泵浦波与孤立波取同一偏振方向。我们注意到形成孤子所必需的 Kerr 效应并不依赖于偏振方向; 而 Ramann 增益则依赖于泵浦波偏振方向与孤立波偏振方向间的夹角。偏振方向相互平行的 Ramann 增益约为互相垂直情况下 Ramann 增益的 5 倍。为避免孤子间相互作用, 孤子间的距离应大于 8 倍孤子脉宽。泵浦波是沿光纤行进中周期注入的, 故 Ramann 增益也是周期地加在孤子上。有增益时, 光纤孤子脉宽被压缩, 增益停止, 孤子脉宽又膨胀。图 9.4 给出按方程 (9.3.1) 计算机模拟传输一对孤子 (脉宽 10ps, 间隔 100ps) 的结果 [9]。每传输 344km 输出一次计算结果, 共传送 4816km, 孤子对的波形是稳定的, 未见明显变坏。实验上, 1988 年 Mollenauer 与 Smith[10] 成功地传送了一个孤子达 6000km，损耗由 Ramann 增益周期地补偿，保证了孤子波形与宽度不变。除了通过光纤自身的 Ramann 放大补偿损耗外，用激光二极管泵浦掺铒光纤使之对孤子信号产生放大也是重要途径。图 9.5 表明当泵浦铒的功率增加时，原来已相互重叠的脉冲串又逐渐分离开来，形成由孤子形成的脉冲串[11]。

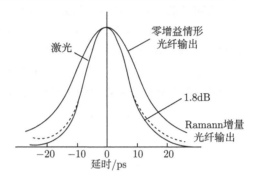

图 9.3　实验中观察到的通过 Ramann 放大后光孤子整形 (参照文献 [6])

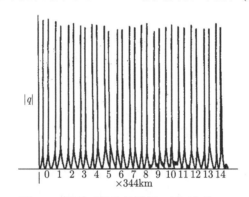

图 9.4　孤子对的传输模拟 (参照文献 [9])

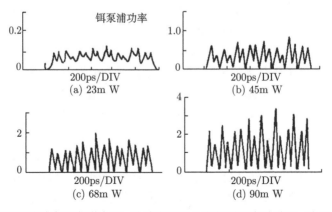

图 9.5　当铒泵浦功率逐渐增大时，脉冲串形成分离的孤子实验结果 (参照文献 [11])

孤子除用作光纤通信的信息载体外, 还可将锁模激光输出注入光纤, 待其演化形成孤子后再反馈锁模激光振荡器。多次注入反馈, 脉宽不断被压缩, 最后得出亚微微秒脉宽的孤子激光器。Mollenauer 等 [12] 就是应用如图 9.6 所示的实验装置得出 $N = 2$ 的孤子激光输出的。

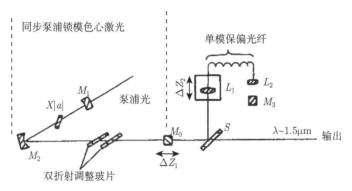

图 9.6 孤子激光器实验装置示意图 (参照文献 [12])

由同步泵浦的色心激光输出经 S 分束后进入具有反常色散的保偏光纤, 并经同一光纤反馈回激光腔。令人迷惑不解的是, 这样的孤子激光系统仅给出 $N = 2$ 的稳定孤子激光输出。Haus 等已给出这一现象的理论解释 [13]。光纤中的 Ramann 增益还可以用来做成 Ramann 光纤激光器 [14]。

9.4 暗 孤 子

若 $k'' > 0$, 则非线性 Schrödinger 方程 (9.1.11) 应用新的变量 $T = \dfrac{\tau}{(\lambda k'')^{1/2}}$ 进行归一化, 得

$$\mathrm{i}\frac{\partial q}{\partial z} - \frac{1}{2}\frac{\partial^2 q}{\partial T^2} + |q|^2 q = 0 \tag{9.4.1}$$

q 与 z 的定义仍与 (9.1.12) 式同。方程 (9.4.1) 只存在强度凹下去的暗孤子解。将 q 表示为 $q = \sqrt{\rho}\mathrm{e}^{\mathrm{i}\sigma}$, 代入 (9.4.1) 式, 并考虑到稳态解满足 $\dfrac{\partial \rho}{\partial z} = 0$, 经过一些演算便得 [14]

$$\left(\frac{\mathrm{d}\rho}{\mathrm{d}T}\right)^2 = 4(\rho - \rho_0)^2(\rho - \rho_\mathrm{s}) \tag{9.4.2}$$

积分得

$$\rho = \rho_0[1 - a^2\mathrm{sech}^2(\sqrt{\rho_0}aT)], \quad a^2 = \frac{\rho_0 - \rho_\mathrm{s}}{\rho_0} \leqslant 1 \tag{9.4.3}$$

$$\sigma = [\rho_0(1 - a^2)]^{1/2} + \arctan\left[\frac{a}{\sqrt{1 - a^2}}\tanh(\sqrt{\rho_0}aT)\right] - \frac{\rho_0(3 - a^2)}{2}z \tag{9.4.4}$$

与前面讨论过的亮孤子不一样, 暗孤子解还有一个标志孤子深度的参数 a, 只有当 $a = 1$ 时暗孤子解才过渡到

$$|q| = \sqrt{\rho} = \sqrt{\rho_0} \tanh(\sqrt{\rho_0} T) \tag{9.4.5}$$

当 T 由 $-\infty$ 至 ∞ 时, 由 (9.4.4) 式看出暗孤子相位将发生 π 的变化, 而亮孤子则没有这种变化。数学上称暗孤子为拓扑性孤子; 而亮孤子为非拓扑性孤子。方程 (9.4.1) 进行 Galilei 变换 $T = T' + uz'$, $z = z'$, $q \Rightarrow q'$ 后为

$$\mathrm{i} \left(\frac{\partial}{\partial z'} + u \frac{\partial}{\partial T'} \right) q' - \frac{1}{2} \frac{\partial^2}{\partial T'^2} q' + |q'|^2 q' = 0$$

令 $q' = \mathrm{e}^{-\mathrm{i}(u^2/2)z' + \mathrm{i}uT'} \tilde{q}$, 上式化为

$$\mathrm{i} \frac{\partial}{\partial z'} \tilde{q} - \frac{1}{2} \frac{\partial^2}{\partial T'^2} \tilde{q} + |\tilde{q}|^2 \tilde{q} = 0$$

故有 Galilei 变换后的解为 $q' = \sqrt{\rho'} \mathrm{e}^{\mathrm{i}\sigma'}$

$$\begin{aligned} \rho' &= \rho_0 \{ 1 - a^2 \mathrm{sech}^2 \{ \sqrt{\rho_0} a (T - uz) \} \} \\ \sigma' &= \sigma + uT - \frac{1}{2} u^2 z \end{aligned} \tag{9.4.6}$$

图 9.7 给出亮孤子与两种类型的暗孤子的轮廓曲线。

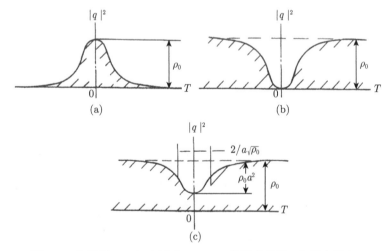

图 9.7 亮孤子 (a) 与暗孤子 (b)、(c) 的轮廓曲线 (参照文献 [1])

对暗孤子进行实验观察 [15] 是这样进行的。将 YAG 脉冲激光 (长 100ps, 中间有 0.3ps 宽的凹陷) 注入 10m 长的正常色散单模光纤中, 让其演化。图 9.8 即为测得的各种输入功率下的输出波形。(a)0.2W, (b)2W, (c)9W, (d)20W。(a)、(b) 为一个凹陷, 而 (c)、(d) 实际上已经是两个凹陷了。造成两个凹陷的原因是在 T 由

$-\infty$ 至 ∞ 变化时, 相位未发生相应变化, 而暗孤子是拓扑性孤子, 相位是应发生变化的。上面的这一实验是 Krökel 做的, 后来 Weiner 注意到这一点, 重做这一实验 [17] 时, 在微微秒脉冲中心处, 除了强度凹陷外, 还引进相位变化。实验观察到的暗孤子轮廓曲线与理论曲线完全相符。如图 9.9 所示。由图 9.9 我们看到, 当输入功率增高时, 暗孤子变得愈来愈窄; 与亮孤子不一样, 不存在高阶暗孤子。

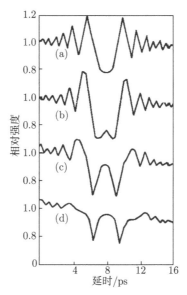

图 9.8 暗孤子形成的实验结果 (参照文献 [16])

(a) 0.2 W;(b) 2 W;(c) 9 W;(d) 20 W

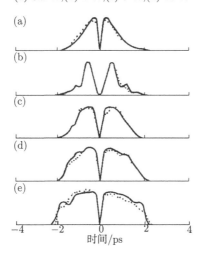

图 9.9 暗孤子的实验结果 (参照文献 [17])

(a) 为输入波形, (b)~(e) 为输出波形 (输入功率分别为 1.5W, 52.5W, 150W, 300W), 实线为理论结果

9.5　调 制 不 稳

在反常色散介质中传播连续波, 将产生调制不稳。调制可分为频率调制与振幅调制。将归一化的有损耗的非线性方程 (9.2.2) 写下来。

$$i\frac{\partial q}{\partial z} + \frac{1}{2}\frac{\partial^2 q}{\partial T^2} + |q|^2 q = -i\Gamma q \tag{9.5.1}$$

设输入波围绕振幅 q_0 有一扰动。先将 q 表示为

$$q = \sqrt{\rho}e^{i\sigma} \tag{9.5.2}$$

代入非线性方程 (9.5.1) 便得

$$\frac{\partial \rho}{\partial z} + \frac{\partial \rho}{\partial T}\frac{\partial \sigma}{\partial T} + \rho\frac{\partial^2 \sigma}{\partial T^2} + 2\Gamma\rho = 0$$
$$\rho - \frac{\partial \sigma}{\partial z} + \frac{1}{4\rho}\frac{\partial^2 \rho}{\partial T^2} - \frac{1}{2}\left(\frac{\partial \sigma}{\partial T}\right)^2 - \frac{1}{8\rho^2}\left(\frac{\partial \rho}{\partial T}\right)^2 = 0 \tag{9.5.3}$$

假定扰动很小, 并具有调频 Ω, 则 ρ 与 σ 可表示为

$$\begin{cases} \rho(T, z) = \rho_0(z) + \text{Re}\{\rho_1(z)e^{-i\Omega T}\} \\ \sigma(T, z) = \sigma_0(z) + \text{Re}\{\sigma_1(z)e^{-i\Omega T}\} \end{cases} \tag{9.5.4}$$

将 (9.5.4) 式代入 (9.5.3) 式, 并线性化, 其零次项为

$$\rho_0 - \frac{\partial \sigma_0}{\partial z} = 0, \quad \frac{\partial \rho_0}{\partial z} + 2\Gamma\rho_0 = 0 \tag{9.5.5}$$

注意到 $\sigma_0(0) = 0$, $\rho_0(0) = \bar{\rho}_0$, 积分 (9.5.5) 式得

$$\begin{cases} \rho_0(z) = \bar{\rho}_0 e^{-2\Gamma z} \\ \sigma_0(z) = \dfrac{\bar{\rho}_0}{2\Gamma}\left(1 - e^{-2\Gamma z}\right) \end{cases} \tag{9.5.6}$$

这就是 (9.5.3) 式的微扰解。它表明了载波强度按指数衰减, 而初始的载波强度为 $\bar{\rho}_0$。一次项给出边频的振幅与相位方程

$$\frac{d\rho_1}{dz} + 2\Gamma\rho_1 - \Omega^2\rho_0\sigma_1 = 0$$
$$\rho_1\left(1 - \frac{\Omega^2}{4\rho_0}\right) - \frac{d\sigma_1}{dz} = 0 \tag{9.5.7}$$

为阐明方程 (9.5.7) 的不稳定性, 可先略去光纤损耗 Γ 的影响, 并将 $\rho_1(z)$, $\sigma_1(z)$ 用 Fourier 振幅写出, $\rho_1(z) = \text{Re}\{\rho_1 e^{ikz}\}$, $\sigma_1(z) = \text{Re}\{\sigma_1 e^{ikz}\}$。于是 (9.5.7) 式给出如下的色散关系:

$$k^2 = \frac{1}{4}(\Omega^2 - 2\rho_0)^2 - \rho_0^2 \tag{9.5.8}$$

上式给出当调制频率 $\Omega = \Omega_m = \sqrt{2\rho_0} = \sqrt{2}|q_0|$ 时, 空间增率 $\mathrm{Im}\,k$ 达到极大

$$\mathrm{Im}\,k = \rho_0 = |q_0|^2 \tag{9.5.9}$$

参照 (9.1.11)、(9.1.12) 式将 $\Omega_m T$, $(\mathrm{Im}k)z$ 写为

$$
\begin{cases}
\Omega_m T = \sqrt{2}\dfrac{\sqrt{g\lambda}E_0}{\varepsilon}\dfrac{\varepsilon(t-k'x)}{(-\lambda k'')^{1/2}} = \dfrac{\sqrt{2n_2\pi}E_0}{(-\lambda k'')^{1/2}}(t-k'x) \\[3mm]
(\mathrm{Im}k)z = \left(\dfrac{\sqrt{g\lambda}E_0}{\varepsilon}\right)^2\dfrac{\varepsilon^2 x}{\lambda} = \dfrac{n_2\pi E_0^2}{\lambda}x
\end{cases}
\tag{9.5.10}
$$

不难看出调制频率 $\omega_m = \dfrac{\sqrt{2n_2\pi}E_0}{(-\lambda k'')^{1/2}}$ 的倒数恰是振幅为 E_0 的孤子的脉宽。这就给出调制不稳解与孤子解间的联系。图 9.10 为实验观察到的光纤波导的调制不稳的频谱, 它随注入光功率的不同而不同 [18]。

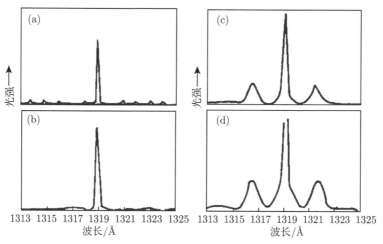

图 9.10　调制不稳频谱的实验结果 (参照文献 [18])

(a) 输入光功率水平很低; (b) 5.5W; (c) 6.1W; (d) 7.1W

实验将 Nd:YAG 的模锁激光 ($\lambda = 1.319\mu m$, 脉宽 100ps, 重复频率 100Hz) 注入光纤中, 光纤参数为群速度色散 $D = -2.4\mathrm{ps/(nm\cdot km)}$, 截面 $60\mu m^2$, 长度 1km, 在 $\lambda = 1.319\mu m$ 处的损耗 $\gamma = 0.27\mathrm{dB/km}$。若在输入信号上加一小的调制信号, 而调制信号频率 $\Omega < 2\Omega_m$, 则调制不稳将发生, 这称为感生调制不稳。应用感生调制不稳, 就能得到类孤子的脉冲串, 其重复频率由输入信号调制频率 Ω 所决定。产生感生调制最好的方法是用波长相近的两束光注入光纤, 然后在光纤的另一端观察两束光的拍频的感生调制不稳。即使输入信号仅有 0.017% 调制, 但输出端的调制已达 100%, 如图 9.11 所示。

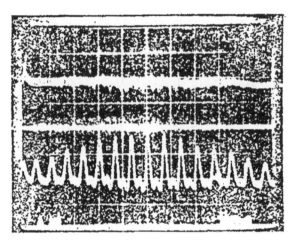

图 9.11   两束光拍频的感生调制不稳产生的脉冲串 (参照文献 [19])

9.6   强超短脉冲传输引起的超加宽

实验中早已发现高强度微微秒或亚微微秒脉冲在非线性介质中传播时会产生一种近乎连续的白光输出 [20]。这种输出的超加宽现象，曾试图用自相位调制来解释 [21, 22]，但所得谱加宽远低于实验值，而且也不能解释实验中观察到的谱的非对称性。究其原因是没有考虑 Kerr 介质的非线性折射 $n_2|E|^2$ 随时间的快变。若考虑到这一点，情况有很大的变化 [21, 22]。因 $n_2|E|^2 E$ 已不再满足 $\frac{\partial^2}{\partial t^2}(n_2|E|^2 E) \simeq n_2|E|^2 \frac{\partial^2 E}{\partial t^2}$。这样方程 (9.1.11) 已不适用，需要重新精确解 Maxwell 方程 [22]。

$$\left[\frac{\partial^2}{\partial z^2} - \frac{n_0^2}{c^2}\frac{\partial^2}{\partial t^2}\right] E = \frac{4\pi}{c^2}\frac{\partial^2}{\partial t^2}P^{(3)} \quad , \quad P^{(3)} = \chi^{(3)}|E|^2 E \tag{9.6.1}$$

令

$$\Lambda = \frac{4\pi\omega_0^2}{c^2}\chi^{(3)} = 2n_2 n_0 k_0^2, \quad E(z,t) \simeq \varepsilon(z,t)\mathrm{e}^{\mathrm{i}k_0 z - \mathrm{i}\omega_0 t}$$
$$\xi = \left(z - \frac{c}{n_0}t\right)\Big/c\tau, \qquad \eta = \frac{z}{c\tau} \tag{9.6.2}$$

则方程 (9.6.1) 可化为

$$\frac{2\mathrm{i}k_0}{c\tau}\left(1 + \frac{1}{\mathrm{i}k_0 c\tau}\frac{\partial}{\partial\xi}\right)\frac{\partial}{\partial\eta}\varepsilon + \left(\frac{1}{c\tau}\right)^2\frac{\partial^2\varepsilon}{\partial\eta^2} = -\Lambda\left(1 + \frac{1}{\mathrm{i}k_0 c\tau}\frac{\partial}{\partial\xi}\right)^2|\varepsilon|^2\varepsilon \tag{9.6.3}$$

现将 ε 的解用待定函数 $f(|\varepsilon|^2)$ 表示, $f(|\varepsilon|^2)$ 与 ε 的关系为

$$\frac{1}{c\tau}\frac{\partial\varepsilon}{\partial\eta} = -\frac{\Lambda}{2\mathrm{i}k_0}\left(1 + \frac{1}{\mathrm{i}k_0 c\tau}\frac{\partial}{\partial\xi}\right)f(|\varepsilon|^2)\varepsilon$$

$$\simeq \frac{-\Lambda}{2\mathrm{i}k_0}f(|\varepsilon|^2)\left(1 + \frac{1}{\mathrm{i}k_0 c\tau}\frac{\partial}{\partial\xi}\right)\varepsilon \tag{9.6.4}$$

在这里我们用了 $\left|\varepsilon\dfrac{\partial f(|\varepsilon|^2)}{\partial\xi}\right| \ll \left|f(|\varepsilon|^2)\dfrac{\partial\varepsilon}{\partial\xi}\right|$, 因为我们认为谱加宽主要是相位调制引起的, 而不是振幅调制。又设

$$\varepsilon = E_0 a\mathrm{e}^{\mathrm{i}\alpha} \tag{9.6.5}$$

式中 a 为归一化振幅。当 $t=0$ 时, $a=1$, $\alpha=0$, $\varepsilon=E_0$。当 $t\neq 0$ 时, 脉冲波形随时间的变化, 就体现在振幅 a 与相位 α 上。把 (9.6.4)、(9.6.5) 式代入 (9.6.3) 式, 并分离实部与虚部, 立即得

$$\begin{cases} \dfrac{1}{c\tau}\dfrac{\partial a}{\partial\eta} = \dfrac{1}{c\tau}\dfrac{\Lambda E_0^2}{2k_0^2}\dfrac{a^2}{1 + \dfrac{\Lambda}{(2k_0)^2}f(|\varepsilon|^2)}\dfrac{\partial a}{\partial\xi} \\[4mm] \dfrac{1}{c\tau}\dfrac{\partial\alpha}{\partial\eta} = \dfrac{\Lambda E_0^2}{2k_0}\dfrac{a^2}{1 + \dfrac{\Lambda}{(2k_0)^2}f(|\varepsilon|^2)} + \dfrac{1}{c\tau}\dfrac{\Lambda E_0^2}{2k_0^2}\dfrac{a^2}{1 + \dfrac{\Lambda}{(2k_0)^2}f(|\varepsilon|^2)}\dfrac{\partial\alpha}{\partial\xi} \end{cases} \tag{9.6.6}$$

同样将 (9.6.4) 式作实部和虚部分离, 则

$$\begin{cases} \dfrac{1}{c\tau}\dfrac{\partial a}{\partial\eta} = \dfrac{1}{c\tau}\dfrac{\Lambda}{2k_0^2}f(|\varepsilon|^2)\dfrac{\partial a}{\partial\xi} \\[4mm] \dfrac{1}{c\tau}\dfrac{\partial\alpha}{\partial\eta} = \dfrac{\Lambda}{2k_0}f(|\varepsilon|^2) + \dfrac{1}{c\tau}\dfrac{\Lambda}{2k_0^2}f(|\varepsilon|^2)\dfrac{\partial\alpha}{\partial\xi} \end{cases} \tag{9.6.7}$$

比较 (9.6.6) 式和 (9.6.7) 式, 可得

$$\frac{E_0^2 a^2}{1 + \dfrac{\Lambda}{(2k_0)^2}f(|\varepsilon|^2)} = f(|\varepsilon|^2)$$

于是求出

$$f(|\varepsilon|^2) = \frac{-1 \pm \sqrt{1 + \dfrac{\Lambda^2 E_0^2 a^2}{k_0^2}}}{\Lambda/2k_0^2} \tag{9.6.8}$$

最后解 (9.6.7) 式, 易得出

$$\begin{cases} a = \psi\left(\dfrac{\Lambda f(|\varepsilon|^2)}{2k_0^2}\eta + \xi\right) \\[4mm] \alpha = \Phi\left(\dfrac{\Lambda f(|\varepsilon|^2)}{2k_0^2}\eta + \xi\right) - k_0 c\tau\xi \end{cases} \tag{9.6.9}$$

其中函数 ψ 和 Φ 的具体形式由边界条件来定。若边界条件取作

$$\begin{cases} a(0,t) = \dfrac{1}{\cosh(t/\tau)} \\ \alpha(0,t) = 0 \end{cases} \tag{9.6.10}$$

则

$$\begin{aligned}
a &= \frac{1}{\cosh\left(\dfrac{\Lambda f(|\varepsilon|^2)}{2k_0^2}\eta + \xi\right)} \\
&= 1/\cosh\left(\frac{t - n_0 z/c}{\tau} - \frac{n_2 z}{c\tau}|\varepsilon|^2 + 1.7\frac{n_2^2 z}{c\tau}|\varepsilon|^4 - 0.5\frac{n_2^3 z}{c\tau}|\varepsilon|^6 + \cdots\right)
\end{aligned} \tag{9.6.11}$$

当略去括号内 $|\varepsilon|^4$ 以后高次项时, 即文献 [23] 的结果。图 9.12 给出归一化振幅平方随时间的变化曲线。

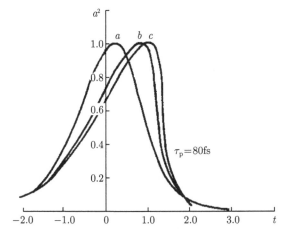

图 9.12   归一化振幅平方随时间的变化关系 (参照文献 [24])

$a.\ z = 0.2\text{mm};\quad b.\ z = 0.5\text{mm};\quad c.\ z = 0.6\text{mm}$

利用边界条件 $\alpha(0,t) = 0$, 立即可得 α 的解

$$\alpha = k_0 c\tau \frac{\Lambda}{2k_0^2}\frac{z}{c\tau} = k_0 z\left(-1 + \sqrt{1 + \frac{\Lambda E_0^2 a^2}{k_0^2}}\right) \tag{9.6.12}$$

于是相位调制

$$\frac{\partial\alpha}{\omega_0} = \frac{\Lambda E_0^2}{k_0^2 c}\frac{a\dfrac{\partial a}{\partial t}}{\sqrt{1 + \dfrac{\Lambda E_0^2 a^2}{k_0^2}}}z \tag{9.6.13}$$

参照文献 [25]，可得 $\left(\dfrac{\partial \alpha}{\partial t}\right)/\omega_0$ 的实验值，$\left(\dfrac{\partial \alpha}{\partial t}/\omega_0\right)_{\max}$ 与 $\left(\dfrac{\partial \alpha}{\partial t}/\omega_0\right)_{\min}$ 分别对应于反 Stokes 与 Stokes 展宽。图 9.13 给出 $z = 0.5\text{mm}$ 处，光强 $I = 6 \times 10^{13}\text{W/cm}^2$, $n_2 = 10^{-22}\text{m}^2/\text{V}^2$, $\lambda = 627.4\text{nm}$ 情形的相位调制随时间的变化，脉宽 $\tau = 80\text{fs}$, $n_0 \simeq 1$, 图中 $\left(\dfrac{\partial \alpha}{\partial t}/\omega_0\right)_{\max} \simeq 2.5$, $\left(\dfrac{\partial \alpha}{\partial t}/\omega_0\right)_{\min} \simeq -0.46$，与实验值 2.3, -0.6 相近 [25]。

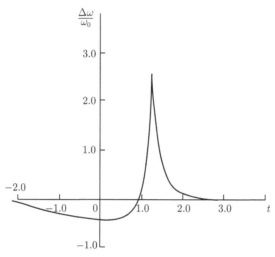

图 9.13 相位调制 $\Delta\omega/\omega_0$ 随时间的变化关系 (参照文献 [24])

$z = 0.5\text{mm}, \tau = 80\text{fs}$

9.7 超短光脉冲的小尺度自聚 [26,27]

光束除了由方程 (2.2.32) 描述的整体自聚外，还有由波面起伏导致的小尺度细丝不稳自聚，这在高功率脉冲激光器件的设计中至关重要。参照方程 (1.5.5), (2.2.32) 并使之无量纲化，便得

$$\frac{1}{k^2}\left(\frac{\partial^2}{\partial x^2} + \frac{\partial^2}{\partial y^2}\right) \Longrightarrow \nabla_\perp^2, \quad \frac{1}{k}\frac{\partial}{\partial z} \Longrightarrow \frac{\partial}{\partial z}$$

$$\left(\nabla_\perp^2 + 2\mathrm{i}\frac{\partial}{\partial z} + |\varepsilon|^2\right)\varepsilon = 0 \tag{9.7.1}$$

式中 $\varepsilon^2 = \dfrac{n_2}{n_0^2}|E|^2 = \gamma I$ 为光强感生的非线性折射率，ε 正比于波幅 E。在 (9.7.1) 式中若略去横向效应 $\nabla_\perp^2$, 则 $\varepsilon = \varepsilon_0 \mathrm{e}^{\mathrm{i}\varepsilon_0^2 z/2}$, ε_0 为未扰动波的幅度，若有扰动 e, 则包括微扰在内的波幅为 $(\varepsilon_0 + e)\mathrm{e}^{\mathrm{i}\varepsilon_0^2 z/2}$, 注意到 $e = e_1 - \mathrm{i}e_2$, 且 $|e| \ll \varepsilon_0$, 代入

(9.7.1) 式便得 [26]

$$\begin{cases} \nabla_\perp^2 e_1 + 2\dfrac{\partial e_2}{\partial z} + 2|\varepsilon|_0^2 e_1 = 0 \\ \nabla_\perp^2 e_2 - 2\dfrac{\partial e_1}{\partial z} = 0 \end{cases} \tag{9.7.2}$$

又设

$$e_{1,2} = \operatorname{Re} e_{1,2}^0 \mathrm{e}^{\mathrm{i}\chi_\perp \cdot \boldsymbol{r} - \mathrm{i}hz} \tag{9.7.3}$$

代入 (9.7.2) 式则得

$$\begin{cases} -\chi_\perp^2 e_1^0 - 2he_2^0 + 2|\varepsilon|_0^2 e_1^0 = 0 \\ -\chi_\perp^2 e_2^0 - 2he_1^0 = 0 \end{cases} \tag{9.7.4}$$

由 (9.7.4) 式容易解出

$$h^2 = \chi_\perp^2(\chi_\perp^2 - 2|\varepsilon|_0^2)/4 \tag{9.7.5}$$

当 $\chi_\perp^2 < 2\varepsilon_0^2$ 时, 扰动是不稳的, 最大不稳增率出现在

$$\chi_\perp^2 = |\varepsilon|_0^2, \quad \gamma_m = \sqrt{\chi_\perp^2(2|\varepsilon_0^2| - \chi_\perp^2)/4} = |\varepsilon|_0^2/2$$

这时扰动 $e_{1,2}$ 随 z 的增大而指数增长

$$|e_{1,2}|^2 = |\operatorname{Re} e_{1,2}^0 \mathrm{e}^{\mathrm{i}\chi_\perp \cdot \boldsymbol{r}}|^2 \mathrm{e}^{2\gamma_m z} \Longrightarrow |\operatorname{Re} e_{1,2}^0 \mathrm{e}^{\mathrm{i}\chi_\perp \cdot \boldsymbol{r}}|^2 \mathrm{e}^{\int_0^L (2\pi\gamma I/\lambda)\mathrm{d}z} \tag{9.7.6}$$

增率 $\int_0^L (2\pi\gamma I/\lambda)\mathrm{d}z = B$, 称之为 B 积分, λ 为激光波长, L 为非线性工作物质的长度, 对于铷玻璃, $\gamma = 4 \times 10^{-7} \mathrm{cm}^2/\mathrm{GW}$, 若将 I 取为 $2\mathrm{GW/cm}^2$, $\lambda = 10^{-4}\mathrm{cm}$, 则 $B = \dfrac{2\pi\gamma I}{\lambda}L \simeq 0.05\,L\mathrm{cm}^{-1}$。为了保证 B 在 1 的量级, 能允许的工作物质的长度 L 为 $20\sim30$ cm。图 9.14 给出由于小尺度的细丝不稳的实验观察结果 [27], 左右图分别为近场与远场图。图中的 "入射" 与 "出射" 分别指入射到非线性工作物质的激光束的焦斑与通过非线性工作物质后激光束的焦斑, 由上到下为入射光束功率密度渐增的各次实验。由近场图看出, 入射光束焦斑亮度分布均匀, 略有像散; 而出射光束焦斑已出现了由小尺度不稳而引起的细丝不稳现象, 光斑亮度分布不再是均匀的。随着入射激光功率密度的增加, 这一现象表现得更为严重。再看远场图, 聚焦的出射光束焦斑相对于入射光束已发生了明显的畸变, 而且聚焦在焦斑内的能量也相应下降了。

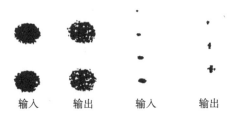

输入　　　输出　　　　　输入　　　　输出

图 9.14　小尺度自聚的近场输入与输出图 (左) 与远场输入与输出图 (右)(参照文献 [27])

9.8 超短脉冲的模式锁定与染料被动锁模激光 [28~36]

应用调 Q 脉冲激光技术 [28], 我们能得到 $10^{-6} \sim 10^{-7}$s 的脉冲激光输出. 但通过相干光的纵模锁定 [29] 就能得到超短的脉冲系列输出. 第一代以红宝石或钕玻璃为增益介质的锁模激光, 其超短脉冲宽度 < 100ps. 锁模可通过外加电子线路调制腔的损耗或频率实现主动锁模, 也可以通过插入快速响应的饱和吸收体实现被动锁模 [30, 31]. 这两种情形的锁模均是用闪光灯泵浦. 用闪光灯泵浦, 有其固有的不足之处, 即锁模时间太短 ($<$ 闪光灯泵浦时间), 不能充分使带宽内的模式达到锁定. 若锁定时间很长, 锁定脉冲宽度 Δt 就可接近于工作物质的带宽 $\Delta \nu$ 所确定的极限 $\Delta t \simeq 1/\Delta \nu$, 一直到 1970 年, Peterson 等 [32] 发明连续染料激光器才导致第二代锁模激光器的出现. 这第二代锁模激光具有很宽的增益带, 连续光泵, 短的增益弛豫时间与绕腔长一周的时间 $T = \dfrac{2L}{c}$ 可比拟, 还有大的辐射截面等. 所有这些均极大地提高锁模的性能. 染料锁模激光器虽有诸多优点, 但稳定性、可重复性、可小型化则远不如固体激光. 因此, 第三代锁模激光仍是固体激光 [33].

下面就从染料被动锁模激光说起.

如图 9.15 所示, 谐振腔内包含增益介质与饱和吸收染料, 染料的吸收系数 K 可表示为

$$K = \frac{\kappa_0}{1 + I} \tag{9.8.1}$$

I 为通过染料的光强, 以染料饱和吸收强度 $I_\mathrm{s} \sim 50$MW/cm^2 为单位, 亦即 I 是用 I_s 归一化了的. 典型的增益介质如 Nd 玻璃, 荧光带宽 ~ 200Å, 在闪光氙灯泵浦作用下, 由上能级粒子产生的自发辐射, 经增益介质放大, 染料吸收, 在腔内来回振荡着. I 很弱时, 吸收与增益均为线性的, 自发辐射带有无规性质, 在光泵作用初期以正比于光泵时间 t 逐渐增加; 介质增益 α 也是随 t 线性增加. 自发辐射脉冲带宽在放大过程中虽有所压缩, 但仍带有无规性质, 可以用无规起伏信号来描述. 这就是图 9.16 中的 I 区. 为从定量上来描述这一过程, 可采用如下的变率方程 [34, 35]:

$$\frac{\mathrm{d}I_K}{\mathrm{d}K} = I_K \left(\alpha_K - \gamma - \frac{\kappa_0}{1 + I_K} \right) + \left(\frac{\mathrm{d}I_K}{\mathrm{d}K} \right)_\mathrm{sp} \tag{9.8.2}$$

$$\frac{\mathrm{d}\alpha_K}{\mathrm{d}K} = -\alpha_K \left(\frac{2\sigma}{\hbar \nu} I_\mathrm{s} T \right) I_K + fT \tag{9.8.3}$$

式中 $KT < t < (K+1)T$. 角标 K 表示脉冲第 K 次通过腔, $T = \dfrac{2L}{c}$ 为在腔内来回一次的周期, κ_0 为染料的弱信号吸收系数, σ 为增益介质的辐射截面, γ 为腔的损耗, $\left(\dfrac{\mathrm{d}I_K}{\mathrm{d}K} \right)_\mathrm{sp}$ 为自发辐射项, fT 标志闪光灯的光泵项. 在 (9.8.2) 式中将饱和

吸收表示为 $\dfrac{\kappa_0}{1+I}$，是应用了 (9.8.1) 式，这一关系成立的条件是吸收染料的弛豫时间 T^b 远比光脉冲宽度 τ_{p} 小，即 $T^b \ll \tau_{\mathrm{p}}$。对于红宝石或 Nd 玻璃激光，最佳的饱和吸收染料的 $T^b \simeq 10^{-11}$s，故对 τ_{p} 在 100ps 的光脉冲，$T^b \ll \tau_{\mathrm{p}}$ 是成立的。

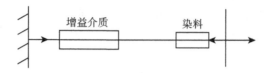

图 9.15　染料被动锁模简图

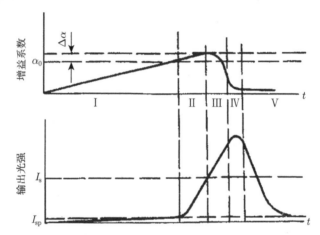

图 9.16　锁模激光的增益与输出强度随 t 的变化 (参照文献 [35])

　　如图 9.16 所示，光泵自 $t = 0$ 开始作用，在区域 I 内，光强很低，(9.8.2) 式中的自发辐射项是主要的。在 I 区终结处已达阈值，增益等于损耗

$$\alpha = \alpha_0 = \kappa_0 + \gamma \tag{9.8.4}$$

在 II 区内，光强仍在增长，且脉冲结构带有周期为 T 的脉冲结构，带宽逐渐变窄，无规起伏的时间尺度也相应增长了。到 II 区终点，光强已增至染料饱和吸收强度 I_{s}，即 (9.8.3) 式中 $I_K \simeq 1$，这样染料吸收的非线性就明显表示出来，这就是锁模的开始。腔内辐射仍具有噪声性质，可描述为 M 个脉宽为 T/M，具有无规强度分布的脉冲系综，分布概率为 $W_I(I) = \langle I \rangle^{-1} \times \exp(-I/\langle I \rangle)$。这表明噪声带有白噪声性质。又注意到在 II 区的终点，增益已由 α_0 升至 α_1

$$\alpha_1 = \alpha_0 + \Delta\alpha \tag{9.8.5}$$

$\Delta\alpha$ 的数量虽不大，但对确定激光模式锁定行为是至关重要的。III 区为模式锁定区。若模式锁定是完善的，则初始的无规脉冲系综将过渡到只有一个强度远超过其余

脉冲的脉冲, 而 (9.8.2) 式中的受激辐射也远超过自发辐射, 故可简化为

$$\frac{\mathrm{d}I_{K,i}}{\mathrm{d}K} = I_{K,i}\left(\alpha_K - \gamma - \frac{\kappa_0}{1 + I_{K,i}}\right) \tag{9.8.6}$$

式中角标 "i" 是 M 个无规脉冲的第 "i" 个。将 (9.8.6) 式的解用差分形式表示, 便是

$$\lg I_{K+1,i} = \lg I_{K,i} + \alpha_K - \gamma - \frac{\kappa_0}{1 + I_{K,i}} \tag{9.8.7}$$

而 (9.8.3) 式在略去光泵后又可写为

$$\alpha_{K+1} = \alpha_K - \frac{2\sigma\alpha_K}{\hbar\nu}I_{\mathrm{s}}T\sum_{i=1}^{M}I_{K,i} \tag{9.8.8}$$

(9.8.7)、(9.8.8) 式即由 α_K, $I_{K,i}(i = 1, \cdots, M)$ 迭代出 α_{K+1}, $I_{K+1,i}$ 的迭代式。初始的 α_1 已由 (9.8.4)、(9.8.5) 式给出, 但如何选定 $I_{\mathrm{o},i}$ $(i = 1 \sim M)$ 进行迭代才有代表性呢? 将 M 个脉冲按强度 I 的大小顺序排列, 则第 N 个脉冲取值 I 的概率密度为

$$U_N(I)\mathrm{d}I = CW(I)\left[\int_I^\infty W(I')\mathrm{d}I'\right]^{N-1}\left[\int_0^I W(I')\mathrm{d}I'\right]^{M-N}\mathrm{d}I \tag{9.8.9}$$

令 $x = \int_0^I W(I')\mathrm{d}I'$, 则上式可写为

$$U_N(I)\mathrm{d}I = C(1-x)^{N-1}x^{M-N}\mathrm{d}x \tag{9.8.10}$$

由归一化条件

$$\int_0^\infty U_N(I)\mathrm{d}I = C\int_0^1 (1-x)^{N-1}x^{M-N}\mathrm{d}x = C\frac{\Gamma(N)\Gamma(M-N+1)}{\Gamma(M+1)} = 1$$

得

$$C = \frac{M!}{(N-1)!(M-N)!} \tag{9.8.11}$$

将 $W(I) = \mathrm{e}^{-I}$ 代入 (9.8.9) 式 (注意这里 I 即 $I/\langle I\rangle$)

$$U_N(I)\mathrm{d}I = C\mathrm{e}^{-NI}(1 - \mathrm{e}^{-I})^{M-N}\mathrm{d}I \tag{9.8.12}$$

第 N 个脉冲最可几的强度由

$$\frac{\mathrm{d}}{\mathrm{d}I}U_N(I) = 0 \tag{9.8.13}$$

给出:

$$I_{\mathrm{mp}} = \ln(M/N) \tag{9.8.14}$$

若取 $M = 100$，则最可几的大小序列为 $\ln(100)$, $\ln(100/2)$, $\ln(100/3)$, $\ln(100/4)$, $\cdots$，即 4.6, 3.9, 3.5, 3.2, $\cdots$。第 1, 2 脉冲的幅度比 $\simeq \dfrac{4.6}{3.9} \simeq 1.18$。当第 1, 2 脉冲的幅度比定了之后，按 (9.8.12) 式 $W(I) = e^{-I}$ 也就定了。

现取定吸收介质的饱和吸收强度 $I_s = 500\text{MW/cm}^2$，增益介质的荧光截面 $\sigma/h\nu = 0.16\text{cm}^2/\text{J}$，来回一次的时间 $T = 5\text{ns}$，初始脉冲序列的平均功率 $\langle I \rangle = 0.002I_s$，激光束截面为 1cm^2。按 (9.8.7)、(9.8.8) 式进行迭代，结果由图 9.17 和图 9.18 示出。参数 $\alpha = \alpha_0 + \Delta\alpha$, κ_0, γ 均在图中给出。图 9.17 最强脉冲幅度初值为次强脉冲幅度初值的 1.18 倍，经 K 次迭代后，最强脉冲幅度 I_K 随 K 的变化曲线由图 9.17 给出。明显看出当初始增益减小时，脉冲峰值愈来愈向后移。当 $\Delta\alpha = \alpha - \gamma - \kappa_0 = 0.01$ 时，输出脉冲幅度是很低的。这是因为在 I 尚未到达 I_s 前，反转粒子已经消耗，α 就已经很小了。当稍超过此数 $\Delta\alpha = 0.015$ 时，脉冲峰值推迟出现，但增加得很快，这就是最佳锁模情形。图 9.18 为 $\Delta\alpha = 0.015$，前 5 个脉冲随 K 变化的情形。初始时 $I_1/I_2 = 1.18$，但到脉冲峰值处，$I_1/I_2 = 48428$，第 2 脉冲就可忽略不计了。图 9.19 是初始时 $I_1/I_2 = 1.02$，到峰值处 $I_1/I_2 = 9146$。这都是锁模处于最佳情况的比值。若不是这样，即 I_1/I_2 在脉冲峰值处不是很大，I_2 不可忽略。这样在输出中除 I_1 外，还会有 I_2 的亚结构出现 (图 9.20)，这正是不完善的被动锁模中观察到的现象。

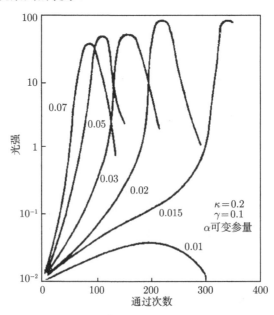

图 9.17　最大脉冲幅度随 K 的变化曲线 (参照文献 [35])

初始 $(I_1/I_2 = 1.18)$，参量为 $\triangle\alpha = 0.01, 0.015, \cdots$

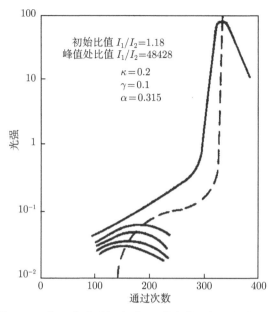

图 9.18 前 5 个脉冲幅度随 K 的变化 (参照文献 [35])

$$\triangle\alpha = 0.015$$

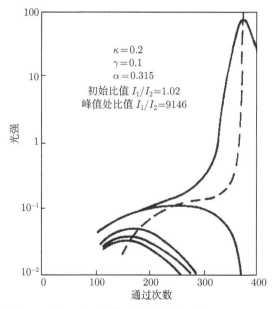

图 9.19 前 5 个脉冲幅度变化曲线 (参照文献 [35])

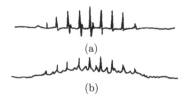

图 9.20 (a) 脉冲序列输出；(b) 含亚结构的脉冲序列输出 (参照文献 [34])

9.9 准连续被动锁模激光

9.8 节讨论了氙灯泵浦固体 (如 Nd 玻璃) 染料饱和吸收被动锁模激光，这种锁模系列输出为暂态的，而锁模的时间又较短，即图 9.16 的 III 区，锁模并未到达最佳的如图 9.18 和图 9.19 所示的状况，$\Delta\alpha$ 还可较大，如图 9.17 中的 $\Delta\alpha = 0.07$ 等，而每一锁模脉冲的脉宽差不多就是饱和吸收染料的恢复时间或者要大些，即几十至一百皮秒量级。

Peterson 等做成的染料连续激光 [32]，工作物质为罗丹明 (rhodamine) 6G。用氩离子激光泵浦，罗丹明 6G 的弛豫时间 4.8ns，增益带宽 1500cm^{-1}，与 Nd 玻璃的弛豫时间 230μs，增益带宽 200cm^{-1} 相比，有明显的优越性，更为重要的是连续激光工作条件有利于达到更为完善的锁模 [36, 37]。图 9.21 示出这种染料被动锁模的实验装置，工作物质为罗丹明 6G，氩离子激光泵浦，饱和吸收染料为 DODCI。DODCI 的弛豫时间为 250ps，但锁模输出的脉宽已达 2.5ps，峰值功率 50 ~ 100W，锁模波长范围为 5900 ~ 6100Å(图 9.22)。

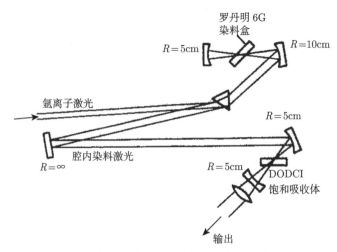

图 9.21 染料锁模激光实验装置 (参照文献 [37])

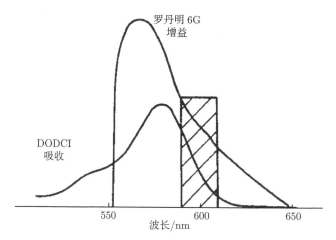

图 9.22 染料激光与 DODCI 吸收谱轮廓 (斜线区为锁模波段)(参照文献 [37])

准连续锁模的输出脉冲宽 2.5ps 远比饱和吸收染料的弛豫时间 250ps 短可以这样来理解。当宽脉冲通过增益介质时，前沿被优先放大，后沿由于增益饱和未得到大的放大，相对来说被减弱了。在通过饱和吸收染料时，前沿被吸收；后沿由于吸收饱和未被吸收，相对来说是放大了。将这两者结合起来，并经长时间的演化 (准连续激光)，前后沿均被削掉，才使得脉冲变得很窄。为实现这样的锁模，应满足条件：① 增益介质的弛豫时间 T_a 应比在腔内来回一次的时间 $T = \dfrac{2L}{c}$ 小，即 $\xi = T/T_a > 1$，保证光脉冲经端面反射回来后，增益介质已抽运到高的反转粒子数状态；② 增益介质的辐射截面 σ_a 应大于吸收染料的吸收截面 2 倍以上，即 $\sigma_a > 2\sigma_b$，保证脉冲峰值在高于饱和吸收情况下通过吸收介质，在低于增益饱和情况下通过增益介质。

9.10 碰 撞 锁 模

已知采用连续染料激光的被动锁模 [37]，可得脉宽为微微秒量级的锁模输出。若同时采用对撞锁模技术，则可得脉宽短到 90fs 的锁模输出 [38]。对撞锁模 CPM 要求腔内同时有两个或两个以上的脉冲进行对撞。对撞脉冲在吸收介质中形成一瞬态的反转粒子数栅，这个栅起到同步稳定，并使脉宽变窄多方面的作用。其实在对撞锁模方案提出以前，单个脉冲锁模实验表明，将染料吸收盒尽可能贴近腔的反射镜面，利用驻波处的强场，锁模就显得十分有效。采用双脉冲在吸收介质中对撞，不仅使得光强增加，还能起到同步作用，故能输出短而稳定的脉冲系列。CPM 要求两个脉冲几乎同时从相反方向到达吸收染料层，时间差应小于脉冲宽度，而且饱和吸收染料层应尽可能薄，在染料中的光程小于或短于脉冲宽度。图 9.23 所示的环形腔装置就是满足这些要求的。增益区的聚焦镜曲率半径 10cm，而吸收区的聚焦镜曲率半径 5cm，绕腔来回一次的时间 $T = \dfrac{2L}{c} = 10\text{ns}$。弱信号损失约 20% 的 DOCI 溶液用喷嘴射出可做到厚度约 $10\mu\text{m}$ 的一薄层。染料激光仍为氩离子激光泵浦罗丹明 6G 准连续激光，输出功率为 $3 \sim 7\text{W}$，波长为 5145Å，产生的光脉冲宽度用 KDP 自相关函数法测定为 90fs，谱宽 (50 ± 10)Å。对撞脉冲的同步作用乃是因为正好在吸收染料中对撞的脉冲损耗最小，图 9.24 示出有延迟 Δt 的对撞脉冲损耗 $W(\Delta t)$ 与 $W(\infty)$ 之比随 Δt 的变化图。$W(\infty)$ 是 Δt 很大即单个脉冲通过吸收层的损耗。显然 $\Delta t \simeq 0$ 时，$W(\Delta t)/W(\infty)$ 最小。图中参数 $\beta = 2\sigma U_0$，σ 为吸收截面，U_0 为每平方厘米的脉冲能量。$\beta = 10$ 这条曲线，当 $\Delta t = 0$ 时，能量损耗比 $W(\Delta t)/W(\infty)$ 最为明显。

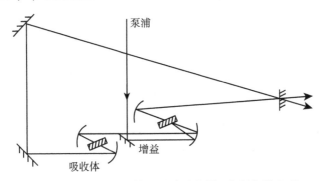

图 9.23   用于 CPM 的环形腔示意图 (参照文献 [39])

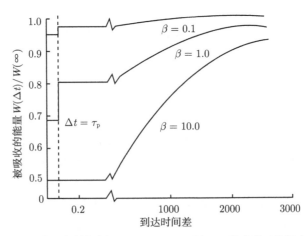

图 9.24   在吸收层中的损耗 $W(\Delta t)/W(\infty)$ 随 Δt 的变化 (参照文献 [38])

用 CPM 方法，已获得小于 0.1ps 的脉冲，平均输出功率为 50mW(每束)，增加了输出的稳定度，而且脉冲宽度不灵敏依赖于泵浦脉冲宽度。

9.11　啾啾光脉冲的放大与压缩

由于强光的自聚效应给超短光脉冲的放大带来的困难，于是雷达传送中的啾啾脉冲技术被应用到光脉冲的放大中来。首先将光脉冲通过一正色散延迟线在时域内拉开，再进行放大，然后通过一负色散延迟线压缩成脉宽很窄、功率很高的脉冲。因为是在较低功率密度情况下进行放大，可避免自聚焦的困难，更大的好处是在非均匀加宽的介质中放大啾啾脉冲，相当于增益扫描，也避免了放大脉冲时经常遇到的增益饱和效应。因为在脉冲宽度各个部分的载频是在变化的，相当于每一部分频率吃掉宽的增益谱线中的一部分，各个部分加起来，就将宽带中各个部分的增益均利用了。

图 9.25 给出放大与压缩啾啾脉冲的示意图 [39, 40]。连续锁模 Nd:YAG 激光输出宽度为 150ps 的脉冲系列，重复频率为 82MHz，平均功率为 5W 的信号耦合到 1.5km 单模非保偏光纤。在光纤输出端的平均功率为 2.3W，宽度为 300ps，略呈矩形的脉冲 (图 9.26)，脉冲带宽 50Å，再注入 Nd: 玻璃放大器中再生放大。高增益的硅玻璃的带宽 350Å，增益峰在 $1.062\mu m$ 处，放大后的脉冲能量 ~ 2mJ，然后通过光栅对进行压缩得出脉冲宽度为 1.5ps 的脉冲，如图 9.27 所示。光栅对为负色散元件，对光脉冲进行压缩。尽管单模光纤产生的啾啾脉冲具有长的线性成分，但前沿、后沿也包含了非线性成分。这样经光栅对作用后，中部得到显著压缩，前、后沿得不到压缩，表现出一噪声基底，影响了光脉冲的信噪比。在高功率激光的打

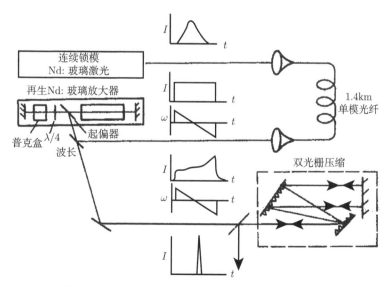

图 9.25　啾啾脉冲放大与压缩装置 (参照文献 [39])

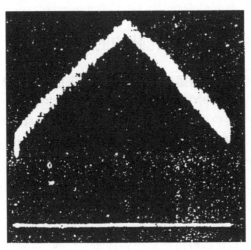

图 9.26   展开后脉冲的自相关 (参照文献 [39])

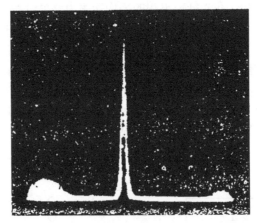

图 9.27   1.5ps 压缩脉冲的自相关 (参照文献 [39])

靶实验中要求高的信噪比, 也就不用光纤啁啾脉冲技术, 利用反平行放置的光栅对产生的正色散, 将脉冲展开, 然后利平行放置的光栅对产生的负色散, 将脉冲压缩 [45~48]。

9.12   快饱和吸收锁模激光 [41~52]

准连续锁模激光 (染料) 主要是脉冲一次又一次通过增益与吸收介质发生弱脉冲整形 (weak pulse shaping, WPS)。每通过一次产生一次弱的振幅调变 (相位调变是次要的)[37], 实质上就是对众多模式来一次甄别 (按其振幅大小与到达吸收介质

的时间)。这种甄别只能是长时间慢速地进行，故 $g_0 - \kappa_0$ 不能太大，而锁模时间又需很长，否则模锁就是不完善的，脉宽不能很窄，且很不稳定。这就是由闪光灯泵浦的固体锁模激光向准连续氩离子激光泵浦染料锁模激光发展的过程。但在孤子激光实验 [12, 13] 后，又一种崭新的锁模方式悄悄地出现了。前面已提到孤子激光实验是将色心激光器外接一光纤，色心激光器的输出在光纤中演化成孤子，再反馈回色心激光器起到同步作用，达到输出 100fs 的孤子。最初以为耦合非线性 Kerr 介质的做法，只适用于那些波长在光纤的反常色散 1.5μm 附近的激光，后来认识到将主腔耦合到非线性 Kerr 介质外腔的做法，对增强锁模是极有好处的 [42]，激光波长不限制于光纤反常色散区。事实上应用耦合光纤外腔技术已极大地改善了主动固体锁模激光器的性能，使锁模脉宽由几十 ps 压缩到小于 1ps(其中包括色心 [43, 44]、钛宝石 [45]、Nd: 玻璃 [46] 等锁模激光，在耦合的外腔中未出现类孤子整形)。耦合外腔技术上的难点，是必须严格控制外腔 (即光纤) 的腔长，其精度应在几个波长分之一，而且外在环境的干扰也是要解决的问题。这种亚微微秒锁模脉冲的形成是由于从非线性 Kerr 介质外腔经过相移反馈回来的相干光叠加到主腔脉冲上，使之变窄，这种锁模也称为叠加锁模 (additive mode locking, APM)[47, 48]。实质上就是相干叠加造成的脉冲变窄。在 Kerr 介质中除了由 $n_2|E|^2$ 表示的相位自调制 (SPM) 外，还伴随着由 $\gamma|E|^2$ 表示的快饱和吸收，这也是十分关键的。除此以外，还有群速度色散 (GVD)，这些均应在 APM 理论中得到反映。这样就可参照 (9.1.5)∼(9.1.11) 式，并考虑到下面几点写出 APM 的主方程。如图 9.28 所示。

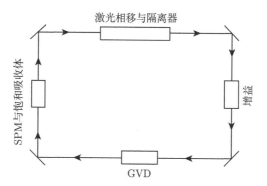

图 9.28　包含增益、增益色散、自相位调制 (SPM)、群速度色散 (GVD)、快饱和吸收、线性损耗与相移的环形腔 (参照文献 [48])

(1) 增益的带宽为 Ω_{g}，则增益与增益色散可表示为

$$\frac{g}{1 + \frac{1}{\Omega_{\mathrm{g}}^2}(\omega - \omega_0)^2} \simeq g\left(1 - \frac{(\omega - \omega_0)^2}{\Omega_{\mathrm{g}}^2}\right) \Rightarrow g\left(1 + \frac{1}{\Omega_{\mathrm{g}}^2}\frac{\partial}{\partial t^2}\right) \tag{9.12.1}$$

(2) Kerr 介质的饱和吸收。

$$\frac{\kappa_0}{1+\dfrac{|E|^2}{|E_s|^2}} \simeq \kappa_0 \left(1 - \frac{|E|^2}{|E_s|^2}\right) = \kappa_0 - \gamma|E|^2 \tag{9.12.2}$$

κ_0 可并到腔的损耗 Γ 中,将 $-\gamma|E|^2$ 并到自相位的 $n_2|E|^2$ 中,即 $n_2|E|^2 \to (n_2 - \mathrm{i}\gamma)|E|^2$。于是 (9.1.11) 式在包括增益、饱和吸收及损耗后,可推广为

$$\mathrm{i}\left(\frac{\partial}{\partial x} + \Gamma - g\left(1 + \frac{1}{\Omega_g^2}\frac{\partial^2}{\partial\tau^2}\right)\right)E - \frac{k''}{2}\frac{\partial^2 E}{\partial\tau^2} + \frac{2\pi(n_2 - \mathrm{i}\gamma)}{\lambda}|E|^2 E = 0 \tag{9.12.3}$$

式中 $\tau = t - k'x$ 为运动坐标系。

现令

$$D = \frac{k''}{2}, \quad \delta = \frac{2\pi n_2}{\lambda}, \quad \frac{2\pi}{\lambda}\gamma \to \gamma, \quad E = ae^{\mathrm{i}\xi x}$$

代入 (9.12.3) 式得

$$\frac{\partial a}{\partial x} + \left\{\mathrm{i}\xi + \Gamma - g + \left(\frac{-g}{\Omega_g^2} + \mathrm{i}D\right)\frac{\partial^2}{\partial\tau^2} - (\gamma + \mathrm{i}\delta)|a|^2\right\}a = 0 \tag{9.12.4}$$

对于稳态解,应有 $\dfrac{\partial a}{\partial x} = 0$,于是有

$$\left(\mathrm{i}\xi + \Gamma - g + \left(\frac{-g}{\Omega_g^2} + \mathrm{i}D\right)\frac{\partial^2}{\partial\tau^2} - (\gamma + \mathrm{i}\delta)|a|^2\right)a = 0 \tag{9.12.5}$$

现求方程 (9.12.5) 的解,令 $\mu = \cosh(\tau/\tau_u)$,则

$$\begin{cases} \tau_u^2\dfrac{\mathrm{d}^2}{\mathrm{d}\tau^2} = (\mu^2 - 1)\dfrac{\mathrm{d}^2}{\mathrm{d}\mu^2} + \mu\dfrac{\mathrm{d}}{\mathrm{d}\mu} \\ \tau_u^2\dfrac{\mathrm{d}^2}{\mathrm{d}\tau^2}\mu^n = (n^2 - n(n-1)\mu^{-2})\mu^n \end{cases} \tag{9.12.6}$$

故 a 的解可取为

$$a = A(\mathrm{sech}(\tau/\tau_u))^{1+\mathrm{i}\beta} = A\mu^{-(1+\mathrm{i}\beta)} \tag{9.12.7}$$

$$\tau_u^2\frac{\mathrm{d}^2}{\mathrm{d}\tau^2}a = \left((1+\mathrm{i}\beta)^2 - (2 + 3\mathrm{i}\beta - \beta^2)\mathrm{sech}^2(\tau/\tau_u)\right)a \tag{9.12.8}$$

式中 β 称为啾啾参数,A 为振幅。代入 (9.12.5) 式便得

$$\mathrm{i}\xi + \Gamma - g + \frac{1}{\tau_u^2}\left(\frac{-g}{\Omega_g^2} + \mathrm{i}D\right)(1+\mathrm{i}\beta)^2 = 0 \tag{9.12.9}$$

$$-\frac{1}{\tau_u^2}\left(-\frac{g}{\Omega_g^2} + \mathrm{i}D\right)(2 + 3\mathrm{i}\beta - \beta^2) - (\gamma + \mathrm{i}\delta)A^2 = 0 \tag{9.12.10}$$

令

$$D_n = \frac{D\Omega_g^2}{g}, \qquad \tau_n = \frac{A^2 \tau_u^2 \Omega_g^2}{g} = \frac{W\tau_u \Omega_g^2}{2g} \tag{9.12.11}$$

式中 $W = 2A^2\tau_u$ 为光脉冲能量，将 (9.12.11) 式代入 (9.12.10) 式得

$$(1 - iD_n)(2 + 3i\beta - \beta^2) = (\gamma + i\delta)\tau_n \tag{9.12.12}$$

即

$$2 - \beta^2 + 3i\beta = \frac{\tau_n}{1 + D_n^2}(\gamma - D_n\delta + i(\delta + \gamma D_n)) \tag{9.12.13}$$

$$\frac{3(-\beta)}{2 - \beta^2} = \frac{\delta + \gamma D_n}{D_n\delta - \gamma} = \frac{1}{x} \tag{9.12.14}$$

解 $-\beta$ 得

$$-\beta = -\frac{3}{2}x \pm \sqrt{\left(\frac{3}{2}x\right)^2 + 2} \tag{9.12.15}$$

根号前的 "$\pm$" 号，由 β 的大小及 x 的符号而定，见表 9.1。当 β 求得后，按 (9.12.11) 式归一化的脉宽 τ_n 的值，由 (9.12.12) 式的实部、虚部求得

$$\tau_n = \frac{2 - 3(-\beta)D_n - \beta^2}{\gamma} = \frac{-2D_n - 3(-\beta) + D_n\beta^2}{\delta} \tag{9.12.16}$$

根号前应取的符号，在表 9.1 中用 $(-)$ 或 $(+)$ 标出。

表 9.1 $\delta + \gamma D_n$

$\delta D_n - \gamma$		$+$	$-$
	$+$	$\beta^2 > 2,\ x > 0,\ -\beta < 0;\ (-)$	$\beta^2 > 2,\ x < 0,\ -\beta > 0;\ (+)$
	$-$	$\beta^2 < 2,\ x < 0,\ -\beta < 0;\ (-)$	$\beta^2 < 2,\ x > 0,\ -\beta > 0;\ (+)$

图 9.29、图 9.30 给出啁啾参数 β 及脉冲宽度 τ_n 随 D_n 的变化。图 9.29 中损耗 $\gamma = 1$ 固定，但 SPM 参量 δ 取不同值。图 9.30 中 δ 固定在 $\delta = 4$，但 γ 取不同值。

由图 9.29、图 9.30 看出，在正常色散区 $D_n > 0$，啁啾参数 β 及脉宽 τ_n 均比较大，这时由方程 (9.12.10)，啁啾以及增益色散对脉冲压缩起了重要作用。但在反常色散区 $D_n < 0$，β 与 τ_n 均较小，啁啾几乎不起作用，脉冲压缩则是靠群速度色散 (GVD)、类孤子整形作用。除了看脉宽 τ_n 外，还要看稳定性。(9.12.9) 式的实部即

$$\Gamma - g - (1 - \beta^2 - 2\beta D_n)\frac{g}{\tau_u^2 \Omega_g^2} = 0 \tag{9.12.17}$$

当 $\Gamma - g_{cw} = 0$ 已经是准连续激光的阈值时，上式可写为

$$g - g_{\mathrm{cw}} = -(1 - \beta^2 - 2\beta D_n)\frac{g}{\tau_n^2 \Omega_{\mathrm{g}}^2} \tag{9.12.18}$$

锁模激光要求的增益应比准连续激光的阈值 g_{cw} 低，才能稳定在锁模状态工作，否则在锁模前就已经是准连续状态，故稳定条件应为

$$1 - \beta^2 - 2\beta D_n > 0 \tag{9.12.19}$$

参看图 9.29、图 9.30，由曲线看出在 $D_n > 0$ 即正常色散区的稳定性有上式小于零的情形，即不稳的情形。在反常区，在 $D_n = 0$ 附近也有上式小于零即不稳的情形，变化要平稳些。在离 $D_n = 0$ 较远的地方，无论是反常区或正常区均是稳定的。

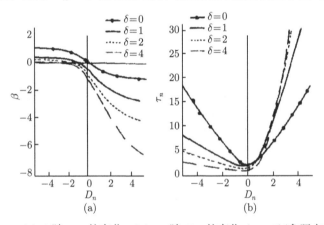

图 9.29　(a) β 随 D_n 的变化；(b) τ_n 随 D_n 的变化 $(\gamma = 1)$(参照文献 [48])

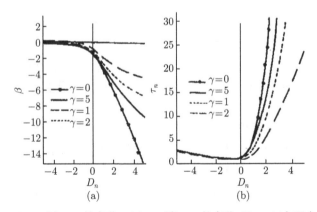

图 9.30　(a) β 随 D_n 的变化；(b) τ_n 随 D_n 的变化 $(\delta = 4)$(参照文献 [48])

9.13 光脉冲在光纤波导与光微环中的传输与相互作用

9.13.1 光脉冲通过光纤单波导与微环谐振相互作用的透过率计算

随着光通信技术的发展和对光学滤波器的研究，除了熟知的 Fabry-Perot 干涉、多层薄膜光学干涉外，也较早注意到应用光纤波导微环谐振器做成的滤波器[53]。文献 [54] 研究了波导与微环谐振相互作用对透过率的影响。图 9.31 为单波导与微环谐振相互作用示意图。左图为并行 2×2 双波导 $a_1 \to b_1$ 与 $a_2 \to b_2$，输出光场为 b_1, b_2。在波导中光场 a_1, a_2 的相互作用方程为

$$
\begin{pmatrix} \dfrac{\partial a_1}{\partial z} \\ \dfrac{\partial a_2}{\partial z} \end{pmatrix} = \begin{pmatrix} 0 & \dfrac{\mathrm{j}K\xi}{2} \\ \dfrac{\mathrm{j}K\xi}{2} & 0 \end{pmatrix} \begin{pmatrix} a_1 \\ a_2 \end{pmatrix}
\tag{9.13.1}
$$

由此解出[54] 输出 b_1, b_2 为

$$
\begin{pmatrix} b_1 \\ b_2 \end{pmatrix} = \begin{pmatrix} \cos\left(\dfrac{\tau}{\sqrt{2}}\right) & \mathrm{j}\sin\left(\dfrac{\tau}{\sqrt{2}}\right) \\ \mathrm{j}\sin\left(\dfrac{\tau}{\sqrt{2}}\right) & \cos\left(\dfrac{\tau}{\sqrt{2}}\right) \end{pmatrix} \begin{pmatrix} a_1 \\ a_2 \end{pmatrix}
\tag{9.13.2}
$$

式中 $\tau = K\xi$，若将波导 $a_1 \to b_1$ 按图 9.31 右面所示连成一个微环，则 $a_1 = \alpha \mathrm{e}^{\mathrm{j}\theta}$，代入 (9.13.2) 式求得的透过率为

$$
T(\theta) = \left| \frac{b_2}{a_2} \right|^2 = 1 - \frac{(1-t^2)(1-\alpha^2)}{(1-\alpha t)^2 + 4\alpha t \sin^2(\theta/2)}
\tag{9.13.3}
$$

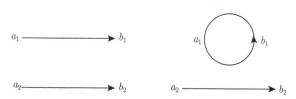

图 9.31 单波导与微环相互作用示意图

式中 $t = \cos(\tau/\sqrt{2})$。上式中的第二项为波导与微环耦合系统的吸收系数。而微环产生的相移 θ 与微环周长 L 的关系为 $\theta = \omega_0 L/c + (\omega - \omega_0)L/c = 2\pi m + (\omega - \omega_0)L/c$。微环腔的共振频率 $\omega_0 = 2\pi mc/L = 2\pi c/\lambda$。当 θ 很小时，$\sin(\theta) \simeq \theta$，上式为

$$
T(\theta) \simeq 1 - \frac{(1-t^2)(1-\alpha^2)}{(1-\alpha t)^2 + 4\alpha t \left((\omega - \omega_0)\dfrac{L}{2c}\right)^2} = 1 - \frac{S\Gamma/2}{(\omega - \omega_0)^2 + (\Gamma/2)^2}
$$

$$\Gamma/2 = \frac{c}{L}\frac{1-\alpha t}{\sqrt{(\alpha t)}}, \qquad S\omega_0\frac{\Gamma}{4} = \frac{c^2}{L^2}\frac{(1-t^2)(1-\alpha^2)}{\alpha t} \tag{9.13.4}$$

9.13.2 光脉冲通过光纤单波导与双微环谐振相互作用的透过率计算

文献 [55] 研究了并行排列的光纤多波导耦合器，并得出输出脉冲列阵与输入脉冲列阵的转换矩阵关系。后来将其中部分波导做成微环，再计算通过未做成微环的波导的透过率，便显示出前面 4.8 节探讨过的电磁自感透明特性 [56]。现从图 9.32 所示的三个并行光纤 (左) 及由此所构成的单个光纤波导及双微环 (右) 开始讨论。通过三个并行光纤 (左) 的波 a_1, a_2, a_3 的非对称耦合方程为

$$\begin{pmatrix} \dfrac{\partial a_1}{\partial z} \\[2mm] \dfrac{\partial a_2}{\partial z} \\[2mm] \dfrac{\partial a_3}{\partial z} \end{pmatrix} = \begin{pmatrix} 0 & \dfrac{\mathrm{j}K\xi}{2} & 0 \\[2mm] \dfrac{\mathrm{j}K\xi}{2} & 0 & \dfrac{\mathrm{j}K\eta}{2} \\[2mm] 0 & \dfrac{\mathrm{j}K\eta}{2} & 0 \end{pmatrix} \begin{pmatrix} a_1 \\[2mm] a_2 \\[2mm] a_3 \end{pmatrix} \tag{9.13.5}$$

式中 $\xi^2 + \eta^2 = 2, \xi = \dfrac{1+\Delta}{\sqrt{1+\Delta^2}}, \eta = \dfrac{1-\Delta}{\sqrt{1+\Delta^2}}$，$\Delta$ 即非对称参量。若 $\Delta = 0, \xi = \eta = 1$，三并行光纤便是对称耦合，而方程 (9.13.5) 便是三并行光纤的对称耦合方程了。文献 [56] 给出非对称耦合方程输出端 $(\tau = Kz)$ 的波场 (b_1, b_2, b_3) 与输入端 $(\tau = 0)$ 的波场 (a_1, a_2, a_3) 间的关联 $(b_1, b_2, b_3) = R(a_1, a_2, a_3)$

$$R(\tau) = \begin{pmatrix} \delta & \dfrac{\mathrm{j}K\xi}{2} & \gamma \\[2mm] \dfrac{\mathrm{j}K\xi}{2} & t & \dfrac{\mathrm{j}K\eta}{2} \\[2mm] \gamma & \dfrac{\mathrm{j}K\eta}{2} & \mu \end{pmatrix}$$

$$\delta = \frac{\xi^2}{2}\cos\left(\frac{\tau}{\sqrt{2}}\right) + \frac{\eta^2}{2} = \frac{\xi^2}{2}t + \frac{\eta^2}{2}$$

$$\mu = \frac{\eta^2}{2}t + \frac{\xi^2}{2}, \qquad \gamma = \frac{\xi\eta}{2}t - \frac{\xi\eta}{2}$$

$$\xi = \sqrt{\frac{2(1-\delta)}{1-t}}, \qquad \eta = \sqrt{\frac{2(1-\mu)}{1-t}} \tag{9.13.6}$$

现回到图 9.32 光纤双微环 (右)，它是由左图的光波导 a_1b_1 构成微环 a_1b_1，光束沿反时针方向传输，故有 $a_1 = \alpha \mathrm{e}^{-\mathrm{j}\theta_1 b_1} = B_1 b_1$。同样由左图的光波导 a_3b_3 构成微环 a_3b_3，光束沿顺时针方向传输，故有 $a_3 = \alpha \mathrm{e}^{\mathrm{j}\theta_3 b_3} = B_3 b_3$。相移 $\theta_1 = \omega L_1/c, \theta_3 = \omega L_3/c, L_1, L_3$ 分别表示环 1 与环 3 的周长，α 为吸收系数。这样，非对称耦合方

程 $\mu(\tau) = R(\tau)\mu(0)$ 可写为

$$
\begin{pmatrix} b_1 \\ b_2 \\ b_3 \end{pmatrix} = R(\tau) \begin{pmatrix} a_1 \\ a_2 \\ a_3 \end{pmatrix} = \begin{pmatrix} \delta & \dfrac{jK\xi}{2} & \gamma \\ \dfrac{jK\xi}{2} & t & \dfrac{jK\eta}{2} \\ \gamma & \dfrac{jK\eta}{2} & \mu \end{pmatrix} \begin{pmatrix} B_1 b_1 \\ a_2 \\ B_3 b_3 \end{pmatrix} \tag{9.13.7}
$$

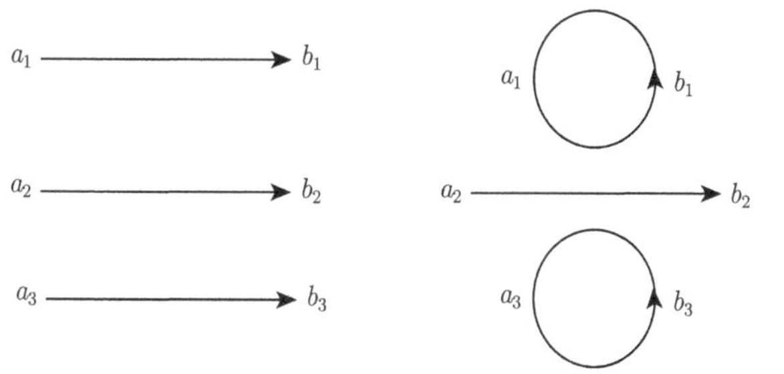

图 9.32　3×3 并行光纤 (左) 及光纤双微环 (右) 示意图 (参照文献 [56])

由 (9.13.7) 式消去 b_1, b_3 便得

$$
\frac{b_2}{a_2} = t - k^2 \left(\frac{\xi B_1 [\xi - (\mu\xi - \gamma\eta) B_3] + \eta B_3 [\eta - (\delta\eta - \gamma\xi) B_1]}{1 - \delta B_1 - \mu B_3 + (\delta\mu - \gamma^2) B_1 B_3} \right) \tag{9.13.8}
$$

应用 (9.13.6) 式，得

$$
\delta\mu - \gamma^2 = t, \quad (\mu\xi - \gamma\eta)\xi = \xi^2, \quad (\delta\eta - \gamma\xi)\eta = \eta^2
$$

$$
k^2 = \frac{1}{2}(1 - t^2), \quad t\delta + k^2\xi^2 = \mu, \quad t\mu + k^2\eta 2 = \delta \tag{9.13.9}
$$

由 (9.13.8), (9.13.9) 式最后得透过率

$$
T(\theta) = \left| \frac{b_2}{a_2} \right|^2 = \left| \frac{t - \mu B_1 - \delta B_3 + B_1 B_3}{1 - \delta B_1 - \mu B_3 + t B_1 B_3} \right|^2 \tag{9.13.10}
$$

将微环相位 θ_1, θ_3 表示为

$$
\theta_1 = \frac{2\pi\nu L_1}{c} = \theta_{10} + \theta \times r_1, \quad \theta_3 = \frac{2\pi\nu L_3}{c} = \theta_{30} + \theta \times r_3
$$

$$
\theta = \frac{2\pi(\nu - \nu_0)(L_1 + L_3)}{2c}, \quad r_1 = \frac{2L_1}{L_1 + L_3}, \quad r_3 = \frac{2L_3}{L_1 + L_3}
$$

$$
\theta_{10} = \frac{2\pi\nu_0 L_1}{c}, \quad \theta_{30} = \frac{2\pi\nu_0 L_3}{c} \tag{9.13.11}
$$

不失一般性，我们假定中心频率 ν_0 与周长 L_1, L_3 是近乎共振的，故可将 θ_{10}, θ_{20} 表示为

$$\theta_{10} == \frac{2\pi\nu_0 L_1}{c} = 2\pi m_1 + \delta_1, \quad \theta_{30} = \frac{2\pi\nu_0 L_3}{c} = 2\pi m_3 + \delta_3 \qquad (9.13.12)$$

其中 m_1, m_3 为整数，而 δ_1, δ_3 为偏离共振的少量。最后得

$$B_1 = \alpha e^{-j\theta_1} = \alpha e^{-j\delta_1 - j\theta \times r_1}, \quad B_3 = \alpha e^{j\theta_3} = \alpha e^{j\delta_3 + j\theta \times r_3} \qquad (9.13.13)$$

在实际计算中，我们取定参数 $L_1 = 122 \times 1.55\mu m + \delta_1 c/(2\pi\nu_0)$，$L_3 = 136 \times 1.55\mu m + \delta_3 c/(2\pi\nu_0)$，$\delta_1 = -\delta_3 = 0.3 \times 10^{-4}$，$t = 0.9998$，$\alpha = 0.99998$，计算结果由图 9.33 给出。由图 9.33(a) 看出，非对称参量 Δ 由零增大时，由典型的自感透明谱向单原子的 Lorentz 吸收谱过渡。图 9.33(b) 给出 $\Delta = 0$ 时的自感透明谱，其极大与极小分别位于 $\theta = 0, \pm 0.6 \times 10^{-6}$。图 9.33(c) 的 Lorentz 吸收谱的吸收系数为 $\sigma_c = \dfrac{(1 - t^2) \times (1 - \alpha^2)}{(1 - \alpha t)^2}$。

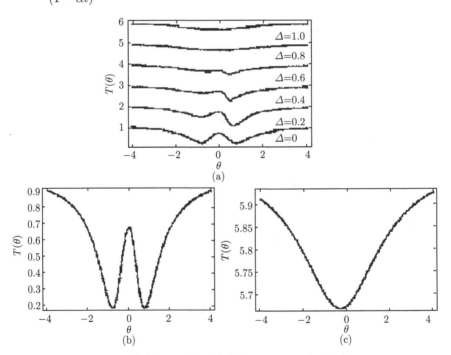

图 9.33　单波导双环的透过率谱 $(T(\theta)\text{-}\theta)$ (参照文献 [56])

单位为 GHz。(a) $m = 0, 1, 2, 3, 4, 5$ 分别对应于非对称参量 $\Delta = 0, 0.2, 0.4, 0.6, 0.8, 1.0$，曲线由下到上; (b) $\Delta = 0, m = 0$; (c) $\Delta = 1, m = 5$

9.13.3　光纤单波导–双微环系统与后向四波混频原子系统的对应关系

在 6.11 节我们研究了 ^{87}Ru 原子气体后向四波混频产生 Stokes 与反 Stokes 的物理过程。最终体现在反 Stokes 与 Stokes 的耦合系数 ((6.11.7) 式)。设原子气体腔的作用距离为 L, 由此带来的增益便是

$$-\mathrm{i}\kappa_{\mathrm{as}}(\omega)L = -\mathrm{i}\kappa_{\mathrm{s}}(\omega)L = \frac{\omega_{\mathrm{p}}}{\Delta_{\mathrm{p}}}\frac{N\sigma L\gamma_{13}}{8}\frac{\Omega_{\mathrm{c}}}{\Omega_{\mathrm{e}}}\left(\frac{1}{\omega+\mathrm{i}\gamma_{\mathrm{e}}-\frac{\Omega_{\mathrm{e}}}{2}} - \frac{1}{\omega+\mathrm{i}\gamma_{\mathrm{e}}+\frac{\Omega_{\mathrm{e}}}{2}}\right)$$

$$= a\left(\frac{1}{\omega+\mathrm{i}\gamma_{\mathrm{e}}-\frac{\Omega_{\mathrm{e}}}{2}} - \frac{1}{\omega+\mathrm{i}\gamma_{\mathrm{e}}+\frac{\Omega_{\mathrm{e}}}{2}}\right)$$

$$= \frac{1}{A+B\omega+C\omega^2} = \frac{1}{A+B\tau^{-1}\theta+C(\tau^{-1}\theta)^2} \tag{9.13.14}$$

式中 $\Delta = \frac{\omega_{\mathrm{e}}}{2}, \tau = \frac{L}{c}, a = \frac{\omega_{\mathrm{p}}}{\Delta_{\mathrm{p}}}\frac{N\sigma L\gamma_{13}}{8}\frac{\omega_{\mathrm{c}}}{\omega_{\mathrm{e}}}, A = \frac{-\Delta^2-\gamma_{\mathrm{e}}^2}{2a\Delta}, B = \frac{\gamma_{\mathrm{e}}}{a\Delta}, C = \frac{1}{2a\Delta}$。后向反 Stokes 光经过原子相互作用区后的透过率可定义为

$$T_{\mathrm{a}1} = \left|\frac{E_{\mathrm{as}}\mathrm{e}^{-\mathrm{i}\omega-\mathrm{i}kL-\mathrm{i}\kappa L}}{E_{\mathrm{as}}\mathrm{e}^{-\mathrm{i}\omega-\mathrm{i}kL}}\right|^2 = |\mathrm{e}^{-\mathrm{i}\kappa L}|^2 = \left|\mathrm{e}^{\frac{1}{A+B\tau^{-1}\theta+C(\tau^{-2}\theta)^2}}\right|^2 \tag{9.13.15}$$

若 $|-\mathrm{i}\kappa L|$ 很小, 则 (9.13.15) 式可近似为

$$T_{\mathrm{a}2} = |\mathrm{e}^{-\mathrm{i}\kappa L}|^2 = \left|1+\frac{1}{A+B\tau^{-1}\theta+C(\tau^{-1}\theta)^2}\right|^2 \tag{9.13.16}$$

现回到 (9.13.6) 式以及图 9.34 所示的 3×3 非对称耦合双环图。

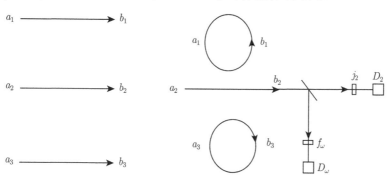

图 9.34　3×3 非对称耦合双环图

由 (9.13.10) 式得

$$T_{\mathrm{or}3} = \left|\frac{b_2}{a_2}\right|^2 = \left|\frac{t-\mu B_1-\delta B_3+B_1 B_3}{1-\delta B_1-\mu B_3+tB_1 B_3}\right|^2, \quad B_1 = \alpha\mathrm{e}^{\mathrm{i}\theta}, \quad B_3 = \alpha\mathrm{e}^{-\mathrm{i}\theta} \tag{9.13.17}$$

当 θ 很小时，$B_1 \simeq \alpha\left(1+\mathrm{i}\theta-\dfrac{1}{2}\theta^2\right)$，$B_3 \simeq \alpha\left(1-\mathrm{i}\theta-\dfrac{1}{2}\theta^2\right)$。(9.13.17) 式变成

$$\frac{b_2}{a_2} = \frac{t+\alpha^2-(\mu+\delta)\alpha-\mathrm{i}(\mu-\delta)\alpha\theta+\dfrac{1}{2}(\mu+\delta)\alpha\theta^2}{t+\alpha^2-(\mu+\delta)\alpha+\mathrm{i}(\mu+\delta)\alpha\theta+\dfrac{1}{2}(\mu+\delta)\alpha\theta^2}$$

$$=1+\frac{1-\mathrm{i}2bb\theta}{aa+\mathrm{i}bb\theta+cc\theta^2} \tag{9.13.18}$$

$$T_{\mathrm{or1}} = \left|\frac{b_2}{a_2}\right|^2 = \left|1+\frac{1-\mathrm{i}2bb\theta}{aa+\mathrm{i}bb\theta+cc\theta^2}\right|^2$$

$$aa=\frac{1+t\alpha^2-(\mu+\delta)\alpha}{(t-1)(1-\alpha^2)}, \quad bb=\frac{(\mu-\delta)\alpha}{(t-1)(1-\alpha^2)}, \quad cc=\frac{\dfrac{1}{2}(\mu+\delta)\alpha}{(t-1)(1-\alpha^2)} \tag{9.13.19}$$

实际计算表明 (9.13.18) 式分子中的 $-\mathrm{i}2bb\theta$ 对计算结果的影响不大，几乎可略去。故有

$$\frac{b_2}{a_2} \simeq 1+\frac{1}{aa+\mathrm{i}bb\theta+cc\theta^2}, \qquad T_{\mathrm{or2}} \simeq \left|1+\frac{1}{aa+\mathrm{i}bb\theta+cc\theta^2}\right|^2 \tag{9.13.20}$$

比较 (9.13.16) 式与 (9.13.20) 式

$$aa=A, \quad bb=B\tau^{-1}, \quad cc=C\tau^{-2} \tag{9.13.21}$$

解 (9.13.21) 式, (9.13.19) 式并代入 (9.13.6) 式得

$$\alpha=1+\frac{2A-1}{4\tau^2C}+\sqrt{\left(\frac{2A-1}{4\tau^2C}\right)^2-1}, \quad t=\frac{1+A(1+\alpha)}{\alpha+A(1+\alpha)}, \quad r=\frac{2C\tau^{-1}}{B}$$

$$\delta=\frac{(1+t)(1-r)}{2}, \quad \mu=\frac{(1+t)(1+r)}{2}, \quad \xi=\sqrt{\frac{2(1-\delta)}{1-t}}, \quad \eta=\sqrt{\frac{2(1-\mu)}{1-t}} \tag{9.13.22}$$

参照文献 [58]，我们取定四波混频系统的参数如下：^{87}Rb 原子进蒸气密度 $N=10^{11}\mathrm{cm}^{-3}$，相互作用长度 $L=0.1\mathrm{cm}$，波长 $\lambda_{13}=785\mathrm{nm}$，$\sigma_{13}=10^{-9}\mathrm{cm}^2$，$\gamma_{13}=1.79\times10^7\mathrm{rad/s}=3\mathrm{MHz}$，$\gamma_{12}=0.6\gamma_{13}$。而耦合及泵浦 Rabi 频率分别为 $\Omega_\mathrm{c}=23\gamma_{13}$，$\Omega_\mathrm{p}=0.8\gamma_{13}$，$\Delta_\mathrm{p}=7.5\gamma_{13}$。由此可算出相互作用时间 $\tau=\dfrac{L}{c}=0.33\times10^{-11}\mathrm{s}$。图 9.35 给出透过率随失谐 θ(单位为 rad) 的变化。其中 (a),(b) 分别按 (9.13.14)，(9.13.15) 式计算。$A=-9.8456$，$B\tau^{-1}=3952.57$，$C\tau^{-2}=8.23452\times10^7$。(c)$\sim$(e) 分别按 (9.13.18), (9.13.20), (9.13.17) 式计算。(f) 为 (a)$\sim$(e) 的叠加。按 (9.13.22) 式求得 $\alpha=0.99999994-0.00033688\mathrm{i}$，$t=0.999999943-0.00001802\mathrm{i}$，$\delta=0.999976-9.0117\mathrm{i}$，$\mu=1.00002-9.01213\mathrm{i}$，$\xi=1.38649-0.96039\mathrm{i}$，$\eta=1.38649+0.96039\mathrm{i}$。将这些

数值代入 (9.13.18) 式, 并计算出图 9.35 (c)~(e)。各种透过率定义 $T_{a1}, T_{a2}, T_{or1}, T_{or2}$, T_{or3} 的计算结果基本上是相同的, 但这只是 $L = 0.1$cm 亦即在相互作用区的原子数 $N\sigma L = 11$ 较少的情况下进行计算的。如果取 $L = 0.5$cm 亦即增多相互作用区的原子数到 $N\sigma L = 55$, 其他参数不变, 进行同样计算, 情况又是怎样呢? 计算结果在图 9.36 示出。可以看出由于 $|-i\kappa L|$ 的增大, T_{a1} 已远大于 $T_{a2}, T_{or1}, T_{or2}, T_{or3}$, 故 (a)~(e) 叠加后的 (f) 也不重合在一起。由图 9.35 和图 9.36 的计算结果示出:

单波导双微环系统 (图 9.32 右图) 给出了前向四波混频产生 Stokes 与反 Stokes 光子对的另一途径 (区别于 ^{87}Ru 原子系统 [58]), 亦即在中心频率 $\omega = \omega_0$ 处吸收另两个光子, 并在 $\omega = \mp\Omega_0$ 产生一对 Stokes 与反 Stokes 光子。关于光纤微环系统参数的详细计算见附录 9A。

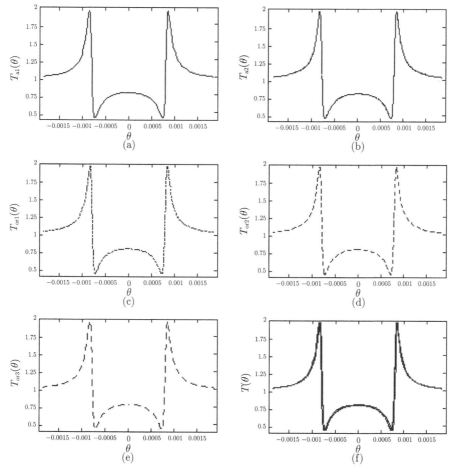

图 9.35 3×3 各种透过率谱的比较计算

$L = 0.1$cm, 其他参数在正文中给出

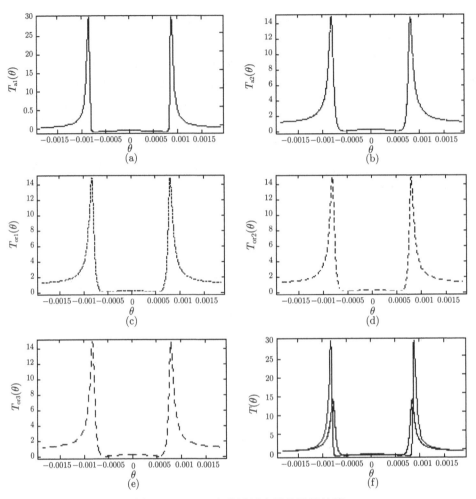

图 9.36　3×3 各种透过率谱的比较计算

$L = 0.5\text{cm}$, 其他参数在文中给出

9.13.4　光波导–微环系统参数计算

由图 9.32 所示的光纤系统。设 $1 \sim 3$ 光纤的折射率为 n, 直径为 d, 光纤间距为 l。光波导 2 中沿 z 方向传播的光的波矢为 k, 而传播常数为 β_2, 衰波波矢 h_2 方向垂直于 z, 并满足关系 $h_2 = \sqrt{n_2 k_2 - \beta_2^2}$。光波在空气中衰减系数为 $p = \sqrt{\beta_2^2 - k^2}$。参照文献 [58], 在光纤 2 内外场的传播方程为

$$E_{2y}(x, y, z) = \varepsilon_{2y}(x)\mathrm{e}^{\mathrm{j}(\omega t - \beta_2 z)}$$

$$\varepsilon_{2y} = \begin{cases} C_2 \mathrm{e}^{-p\left(x-\frac{d}{2}\right)}, & \frac{d}{2} < x < \infty \\[2mm] C_2 \dfrac{\cos h_2 x}{\cos h_2 \frac{d}{2}}, & -\frac{d}{2} < x < \frac{d}{2} \\[2mm] C_2 \mathrm{e}^{p\left(x+\frac{d}{2}\right)}, & -\frac{d}{2} < x < \frac{d}{2} \end{cases} \tag{9.13.23}$$

由边界 $x = \pm\dfrac{d}{2}$ 处 $\dfrac{\partial \varepsilon_{2y}(x)}{\partial x}$ 的连续条件

$$h_2 \tan \frac{h_2 d}{2} = p, \quad p = \sqrt{\beta_2^2 - k^2}, \quad h_2 = \sqrt{(n^2-1)k^2 - p^2} \tag{9.13.24}$$

衰波由波导 2 到达微环 1 的界面时的衰减因子为 e^{-pl}，故有

$$E_{1y}(x,y,z) = C_1 \mathrm{e}^{-\mathrm{j}(\omega t - (beta_{1r} + \mathrm{j}beta_{1i})z)}, \quad C_1 = C_2 \mathrm{e}^{-pl}$$

$$h_2 \tan \frac{h_2 d}{2} = p\mathrm{e}^{-pl}, \quad h_1^2 = \frac{2p}{d}\mathrm{e}^{-pl} \tag{9.13.25}$$

应满足条件 $\dfrac{\xi^2 + \eta^2}{2} = 2\dfrac{\xi_r^2 - \xi_i^2}{2} = \xi_r^2 - \xi_i^2 = 1$

$$\xi_r^2 = \frac{\beta_{1r}^2}{\beta_{2r}^2} = \frac{n^2 k^2 - \dfrac{2p}{d}\mathrm{e}^{-pl}}{n^2 k^2 - \dfrac{2p}{d}} = 1 + \xi_i^2, \quad \xi_i^2 = \frac{\dfrac{2p}{d}(1-\mathrm{e}^{-pl})}{n^2 k^2 - \dfrac{2p}{d}}, \quad \xi_r^2 - \xi_i^2 = 1 \tag{9.13.26}$$

根据上面算得的 ξ_r, ξ_r，并设输入的激光 $\lambda = 1.06\mu\mathrm{m}$，折射率 $n = 1.5$，便可按 (9.13.25), (9.13.26) 式算得波导微环参数，见表 9.2。

表 9.2　波导微环参数

	ξ_r	ξ_i	p	d	l
图 9.35	1.38648824	0.96039036	$2.29\mu\mathrm{m}^{-1}$	$0.1\mu\mathrm{m}$	$0.8793\mu\mathrm{m}$
图 9.36	1.02612974	0.2300918	$6.3302\mu\mathrm{m}^{-1}$	$2.8\mu\mathrm{m}$	$0.6875\mu\mathrm{m}$

参 考 文 献

[1] Hasegawa A. Optical Soliton in Fibers. 2nd ed. Berlin: Springer-Verlag, 1990.

[2] Kodama Y, Hasegawa A. Nonlinear pulse propagation inmonomode dielectric guide. IEEE J. Quant. Elect. QE, 1987, 23: 510-524.

[3]   Mollenauer L F, Stolen R H, Gordon J P. Experimental observation of picosecond pulse narrowing and solitons in optical fibers. Phys. Rev. Lett., 1980, 45: 1095.

[4]   Stolen R H, Tomlinson W J, Mollenauer L F. Observation of pulse restoration at the soliton period in optical fibers. Opt. Lett., 1983, 8: 186-188.

[5]   Boyd R W. Nonlinear Optics. Academic Press Inc., 1992: 432.

[6]   Mollenauer L F, Stolen R H. Optimization of thick lenses for singer-mode optical-fiber microcomponents. Opt. Lett., 1985, 10: 238-240.

[7]   Stolen R H, Ippen E P. Raman gain in glass optical waveguide. Appl. Phys. Lett., 1973, 22: 276.

[8]   Hasegawa A. Numerical study of optical soliton transmission amplified perodically by the stimulated Raman proces. Appl. Opt., 1984, 23: 3302.

[9]   Desurvire E, Simpson J R, Becker P C. High-gain erbium-doped traveling-wave fiber amplifier. Opt. Lett., 1987, 12: 888-890.

[10] Mollenauer L F, Smith K. Demonstration of soliton transmission over more than 4000 km infiber with loss periodically compensated by Raman gain. Opt. Lett., 1988, 13: 675-677.

[11] Nakazawa M, Kimura Y, Suzuke K. Efficient Er^{3+}-doped optical fiber amplifer by a 1. 48 InGaAsP laser diode. Appl. Phys. Lett., 1989, 54: 295.

[12] Mollenauer L F, Stolen R H, Gordon J P, et al. Extreme picosecond pulse narrowing by means of soliton effect in single-mode optical fibers. Opt. Lett., 1983, 8: 289-291.

[13] Haus H A, Islam M N. Theory of the soliton laser. IEEE J. Quant. Elect. QE, 1985, 21: 1172.

[14] Dianov E M, Prokhorov A M, Serkin V N. Dynamics of ultrashort-pulse generation by Raman fiber lasers: Cascade self-mode locking, optical pulse, and solitons. Opt. Lett., 1986, 11: 168-170.

[15] Hasegawa A, Tappert F D. Transmission of stationary nonlinear optical pulses in dispersive dielectric fibers. Ⅱ. Normal dispersion. Appl. Phys. Lett., 1973, 23: 171.

[16] Krökel D, Halas N J, Giuliani G, et al. Dark-pulse propagtion in optical fibers. Phys. Rev. Lett., 1988, 60: 29.

[17] Weiner A M, Heritage J P, Hawkins R J, et al. Experimental observation of the fundamental dark soliton in optical fibers. Phys. Rev. Lett., 1988, 60: 2445.

[18] Tai K, Hasegaw A, Tomita A. Observation of modulational instability in optical fibers. Phys. Rev. Lett., 1986, 56: 135.

[19] Tai K, Tomita A, Jewell J L, et al. Generation of subpicosecond solitonlike optical pulses at 0.3 THz/repetition rate by induced modulationa instability. Appl. Phys. Lett., 1986, 49: 236.

[20] Alfano R R, Shapiro S L. Observation of self-pulse modulation andll-scale filaments in crysals and glasses. Phys. Rev. Lett., 1970, 24: 584, 592.

[21] Shimizu F. Frequency brodening in liquids by a short light pulse. Phys. Rev. Lett., 1967, 19: 1097.

[22] Gustafson T K, Taran J P, Haus H A, et al. Self-modulation, self-steepening, and spectral development of light in small-scale trapped filaments. Phys. Rev., 1969, 177: 306.

[23] Yang G, Shen Y R. Spectral broadening of ultrashort pulses in a nonlinear medium. Optics Lett., 1984, 9: 510-512.

[24] 连合, 谭维翰. 强激光超短光脉冲在非线性介质中传输的超加宽. 中国激光, 1991, 13: 192.

[25] Fork R L, Shank C V, Hirlimannc C, et al. Femtosecond white-light continuum pulses. Opt. Lett., 1983, 8: 1-3.

[26] Bespalov V I, Talanov V I. Filamentary structure of light beams in nonlinear liquids. JETP Lett., 1996, 3: 307-312.

[27] Bliss E S. Effects of nonlinear propagation on laser focusing properties QE-12. IEEE, 1976: 402-406.

[28] Hellwarth W G.//Singer J. Advances in Quantum Electronics. New York: Columbia Univ. Press, 1961: 334.

[29] Hargrove L E, Fork R L, Pollack M A. Locking of modes induced by synchrous intra-cavity mudulation. Appl. Phys. Lett., 1964, 5: 4.

[30] Deutsch T. Mode locking effect in an internal moduration ruby laser. Appl. Phys. Lett., 1965, 7: 80.

[31] DeMaria A J, Stetser D A, Heyman H. Transmission of stationary nonlinear optical pulses in dispersive dielctric fibers. II Normal dispersion. Appl. Phys. Lett., 1966, 8: 174.

[32] Peterson O G, Tuccio S A, Snavely B B. Cw operation of organic dye solution laser. Appl. Phys. Lett., 1970, 17: 245.

[33] Krauz F, Fermann M E, Brabec T, et al. Femtosecond solid-state lasers. IEEE Journal of Quantum Electronics, 1992.

[34] Kryukov P G, Letokov V S. Fluctuation Machnism of ultrashort pulse generation by laser with saturable absorber. IEEE J. Quantum Electron. QE, 1972, 8: 766.

[35] Glenn W H. The fluctuation model of a passively mode-locked laser. IEEE J. Quantum Elect. QE, 1975, 11: 8.

[36] New C H C. Mode locked Cw dye lasers. Opt. Comm., 1972, 6: 188-192.

[37] Ippen E P, Shank C V, Dienes A. Passive mode locking of cw dye laser. Appl. Phys. Lett., 1972, 21: 348.

[38] Fork R L, Green B J, Shank C V. Generation of optical pulses shorter than 0.1 psec by colliding pulse mode locking. Appl. Phys. Lett., 1981, 38: 671.

[39] Strickland D, Mourou G. Compression of amplified chirped optical pulses. Opt. Comm., 1985, 56: 219-221.

[40] Maine P, Mourou G. Amplification of 1-nsec pulse in Nd-glass followed by compression to 1 psec. Opt. Letters, 1988, 13: 467-469.

[41] Mollenauer L F, Stolen R H. The soliton laser. Opt. Lett., 1984, 9: 13-15.

[42] Blow K J, Wood D. Mode-locked lasers with nonlinear external cavities. J. Opt. Soc. Am. B, 1988, 5: 629-632.

[43] Blow K J, Nelson B P. Improved mode locking of an F-center laser with a nonlinear nonsoliton external cavity. Opt. Lett., 1988, 13: 1026-1028.

[44] Kean P N, Zhu X, Crust D W, et al. Enhanced mode locking of color-center lasers. Opt. Lett., 1989, 14: 39-41.

[45] French P M W, Williams J A R, Tayler J R. Femtosecond pulse generation from a titanium-doped sapphire laser using nonlinear external cavity feedback. Opt. Lett., 1989, 14: 686-688.

[46] Krausz F, Spielmann C, Brabec T, et al. Subpicosecond pulse generation from a Nd glass laser using a nonlinear extremal cavity. Opt. Lett., 1990, 15: 737-739.

[47] Ippen E P, Hans H A, Liu L Y. Additive pulse mode locking. J. Opt. Soc. Am. B, 1987, 6: 1736-1745.

[48] Haus H A, Fujimoto J G, Ippen E P. Structures for additive pulse mode locking. J. Opt. Soc. Am. B, 1991, 8: 2068.

[49] Martonez O E, Gordon J P, Fork R L. Negative group-velocity dispersion using refraction. J. Opt. Soc. Am. A, 1984, 1: 1003-1006.

[50] Martinez O E. 3000 times grating compressor with positive group velocity dispersion: Application to fiber compensation in 1.3—1.6µm region. IEEE. J. Quantum Electron, 1987, 23: 59-64.

[51] Pessot M, Maine P, Mourou G. 1000 times expansion/compression of optical pulses for chirped pulse amplification. Opt. Commu., 1987, 62: 419-421.

[52] Marjoribanks R S, Budnik F W, Zhao L, et al. High-contrast terawatt chirped-pulse-amplification laser that uses a 1-ps Nd-glass oscillator. Opt. Lett., 1993, 18: 361-363.

[53] Griffel G. Synthesis of optical fibers using ring resonator arrays. IEEE Photon Technol Lett., 2000, 12(7): 810, 812.

[54] Yariv A. Universal relations for coupling of optical power between microresonators and dielectric waveguides. Electronics Letters., 2000, 36: 321.

[55] Meng Y C, Guo Q Z, Tan W H, et al. Analytical solutions of coupled-mode equations for multiwaveguide systems, obtained by use of Chebyshev and generalized Chebyshev polynomials. J. Opt. Soc. Am. A, 2004, 21: 1518-1528.

[56] Zhao C Y, Tan W H. Transmission of asymmetric coupling double-ring resonator. J. Mod. Opt., 2015, 62: 4, 313-320.

[57] Zhao C Y, Tan W H. Transmission performance of one waveguide and double micro-ring resonator using 3 × 3 optical fiber coupler. J. Mod. Opt., 2016, 10. 1080/09500340.

11711405.

[58]　Kokhin P. Electromagnetically-induced-transparency-based paired photon generation. Phys. Rev. A, 2007, 75: 038814.

[59]　Yriv A. Quantum Electronics. 2rd. New York: John Wiley, 1975: 510.

第 10 章　光学噪声、分岔和混沌

对光学分岔和混沌现象的研究，标志了非线性光学发展的一个新阶段。在光与原子相互作用的 Langevin 方程中包含各种无规力 (光学噪声) 的影响，这就使得我们有必要将观察量对无规力求统计平均后，才能与实验值联系起来。光学混沌则是另外一种情形，不需要在动力学方程中加上无规力的影响，当条件合适时，也会出现被观察量如输出光强的完全无规现象，这就是所谓光学混沌。为对这些复杂现象有统一理解，需先对随机过程理论和决定性混沌理论作简要介绍。然后分析光学中的噪声、分岔和混沌现象。

10.1　随机过程理论

10.1.1　历史的回顾 [1~10]

1827 年，Robert Brown 对悬浮于水中的花粉颗粒的无规运动进行了观察，这就是我们后来所说的布朗运动。为揭开布朗运动之谜，Einstein 于 1905 年发表关于悬浮液中小质点的分子运动理论[2]。他意识到这些小质点的运动是彼此无关的。设想 n 个小质点分布在 x 轴上，在 τ 时间间隔内，各个质点将发生不同的移位 Δ。在 Δ 至 $\Delta + \mathrm{d}\Delta$ 范围内的粒子数 $\mathrm{d}n$ 可表示为

$$\mathrm{d}n = n\phi(\Delta)\mathrm{d}\Delta, \qquad \int_{-\infty}^{\infty} \phi(\Delta)\mathrm{d}\Delta = 1 \tag{10.1.1}$$

式中 $\phi(\Delta)\mathrm{d}\Delta$ 表示移位在 Δ 至 $\Delta + \mathrm{d}\Delta$ 范围内的概率，且 $\phi(\Delta)$ 是 Δ 的偶函数，$\phi(\Delta) = \phi(-\Delta)$。因为发生 Δ, $-\Delta$ 移位的概率是一样的。又设在 x 处，t 时的质点的分布密度为 $f(x,\,t)$，则得

$$f(x,\,t+\tau)\mathrm{d}x = \mathrm{d}x \int_{-\infty}^{\infty} f(x+\Delta,\,t)\phi(\Delta)\mathrm{d}\Delta$$

$$f + \frac{\partial f}{\partial \tau}\tau = \int_{-\infty}^{\infty} \left(f(x,\,t) + \Delta\frac{\partial f(x,\,t)}{\partial x} + \frac{\Delta^2}{2}\frac{\partial^2}{\partial x^2}f(x,\,t) \right)\phi(\Delta)\mathrm{d}\Delta$$

$$= f + \frac{1}{2}\frac{\partial^2 f}{\partial x^2}\int_{-\infty}^{\infty} \Delta^2\phi(\Delta)\mathrm{d}\Delta \tag{10.1.2}$$

即

$$\frac{\partial f}{\partial \tau} = D\frac{\partial^2 f}{\partial x^2}, \qquad D = \frac{1}{2\tau}\int_{-\infty}^{\infty}\Delta^2\phi(\Delta)\mathrm{d}\Delta \tag{10.1.3}$$

这就是分布函数 $f(x, t)$ 所满足的扩散方程。D 为扩散系数。(10.1.3) 式的解为

$$f(x,\ t) = \frac{n}{\sqrt{4\pi Dt}}\exp\left(-\frac{x^2}{4Dt}\right) \tag{10.1.4}$$

应用 (10.1.4) 式可算出质点在 x 轴上的平均值 $\langle x\rangle$ 及均方值 $\langle x^2\rangle$ 分别为

$$\begin{aligned}
\langle x\rangle &= \int xf(x,\ t)\mathrm{d}x = 0\\
\langle x^2\rangle &= \int x^2 f(x,\ t)\mathrm{d}x = 2Dt
\end{aligned} \tag{10.1.5}$$

稍后 Langevin(1908 年) 用如下的运动方程来描述质点的运动 [3]:

$$m\frac{\mathrm{d}^2 x}{\mathrm{d}t^2} = -6\pi\eta a\frac{\mathrm{d}x}{\mathrm{d}t} + X \tag{10.1.6}$$

上式右端第一项为悬浮液体的黏性对质点运动的阻力, η 为黏性系数。重要的是第二项即 Langevin 引进的无规力 X。它体现了粒子间的碰撞作用。这种作用是短程的, 只在碰撞的瞬间起作用, 却是频繁的、无规的。因为粒子数很多。将 (10.1.6) 式用 x 乘, 便可写为

$$\frac{m}{2}\frac{\mathrm{d}^2}{\mathrm{d}t^2}x^2 - mv^2 = -3\pi\eta a\frac{\mathrm{d}x^2}{\mathrm{d}t} + Xx \tag{10.1.7}$$

将这个方程对大量的粒子求和, 并应用 $\left\langle\dfrac{mv^2}{2}\right\rangle = \dfrac{kT}{2}$ 以及 X 的无规性 $\langle xX\rangle = 0$, 便得

$$\frac{m}{2}\frac{\mathrm{d}^2\langle x^2\rangle}{\mathrm{d}t^2} + 3\pi\eta a\frac{\mathrm{d}\langle x^2\rangle}{\mathrm{d}t} = kT \tag{10.1.8}$$

积分上式, 便得

$$\frac{\mathrm{d}\langle x^2\rangle}{\mathrm{d}t} = \frac{kT}{3\pi\eta a} + C\exp\left(\frac{-6\pi\eta at}{m}\right) \tag{10.1.9}$$

C 为积分常数。当 t 稍大时, 这一项实际可略去。进一步积分便得

$$\langle x^2\rangle - \langle x_0^2\rangle = \frac{kT}{3\pi\eta a}t \tag{10.1.10}$$

将这一结果与 Einstein 所推导的 (10.1.5) 式进行比较, 便求得扩散系数

$$D = \frac{kT}{6\pi\eta a} \tag{10.1.11}$$

(10.1.11) 式给出了一种计算扩散系数 D 的方法。所涉及的物理参量为温度 T、黏性系数 η 及粒子直径 a 等。

将 Einstein 方法与 Langevin 方法进行比较。Einstein 得到分布函数 $f(x, t)$ 满足的扩散方程，后来发展为 Chapman-Kolmogrov 方程及 Fokker-Planck 方程。Langevin 得到的是一种包含无规力 X 作用的随机微分方程。解也是一个随机函数。Einstein 在求解时假定了在 t 时粒子位置的变化量 Δ 完全与前些时候的位置无关。在 Langevin 方程的求解中并未明显地提到这一点，但已隐含在 $\langle xX \rangle = 0$ 的假定中。因为 X 是无规的，作为时间函数的粒子的坐标 $x(t)$ 也是无规的，且 X 与 x 无关，故有 $\langle xX \rangle = 0$。导致质点发生 Δ 变化的是 X，X 与 x 无关，也就是与前些时候的 Δ 无关。故这两种方法等价。此外，Langevin 方法还具有一种物理直观，也应得到推广与应用。但只在 40 年后，Ito 正确处理了 X 与 x 间的无规计算，才使得这一问题得到解决。

10.1.2　Markov 过程

对布朗运动的分布函数描述应建立在条件概率的基础上，这一点已被 Wiener 详细研究过。将 (10.1.2) 式中的 $f(x, t)$ 写成 $f(x, t; x_0, t_0)$[4]，并通过归一化将 D 取为 $1/2$。令 $n = 1$，则解 (10.1.4) 可写为

$$f(x, t; x_0, t_0) = \frac{1}{\sqrt{2\pi(t - t_0)}} e^{-(x-x_0)^2/2(t-t_0)} \tag{10.1.12}$$

$$\langle x \rangle = \langle x - x_0 \rangle + x_0 = x_0$$
$$\langle (x - x_0)^2 \rangle = \int_{-\infty}^{\infty} f(x, t; x_0, t_0)(x - x_0)^2 \mathrm{d}x = t - t_0 \tag{10.1.13}$$

由 (10.1.12) 式看出当 $t - t_0 \to 0$ 时，$f(x, t; x_0, t_0) \to \delta(x - x_0)$。此即初始时，粒子处于 $x = x_0$ 位置。故条件概率已将初始条件包括进去了。

$x(t) - x_0$ 作为 t 的连续函数，它的平均值与均方差分别为 0 与 $t - t_0$。随着时间的增长，$t - t_0 \to \infty$，均方值发散。十分有意义的是，$x(t) - x_0$ 是 t 的连续函数，但微商 $\lim\limits_{h \to 0} \dfrac{x(t + h) - x(t)}{h}$ 却是不存在的，可证明如下。

设 k 为任意给定的正数，则粒子在 t，$t + h$ 时的位置 $x(t)$，$x(t + h)$ 满足 $|x(t + h) - x(t)| > kh$ 的概率为

$$P\{|x(t + h) - x(t)| > kh\} = \int_{-\infty}^{-kh} + \int_{kh}^{\infty} \frac{1}{\sqrt{2\pi h}} e^{-(x(t+h)-x(t))^2/2h} \mathrm{d}x(t + h)$$

$$= 2 \int_{kh}^{\infty} \frac{1}{\sqrt{2\pi h}} e^{-W^2/2h} \mathrm{d}W \tag{10.1.14}$$

$$h \to 0, \qquad P \to 2 \int_{k\sqrt{h}}^{\infty} \frac{1}{\sqrt{2\pi}} e^{-u^2/2} \mathrm{d}u = 1 \tag{10.1.15}$$

表明 $|x(t + h) - x(t)|/\hbar$ 当 $h \to 0$ 时，比任意给定的正数 k 都大，亦即微商是不存在的。

图 10.1 给出 Wiener 过程取样曲线。从中可见急剧变化的情形, 也可看出布朗运动虽然连续, 但没有一处是可微商的; 三条取样曲线, 开始时靠得很近, 但后来的变异是很大的。

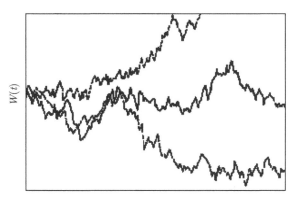

图 10.1 三条 Wiener 过程的取样曲线 (参照文献 [1])

上面我们研究的 Wiener 过程实际上是一类更一般的随机过程即 Markov 过程的一个特例。Markov 过程的含义为 "知道了现在, 便知道了将来, 而无需涉及过去"。用条件概率的话来说便是: 设 $t > \tau_1 > \tau_2$, 则条件概率

$$p(x, t | x_1, \tau_1; x_2, \tau_2) = p(x, t | x_1, \tau_1) \tag{10.1.16}$$

根据这一定义, 事件 x 在将来 t 时出现的概率仅与在当前 τ_1 时的 x_1 值有关, 与过去 τ_2 时的 x_2 值无关。根据这一定义 (也是假设) 可将条件概率 $p(x_1, t_1 | x_3, t_3)$ 表示为

$$p(x_1, t_1 | x_3, t_3) = \int dx_2 p(x_1, t_1 | x_2, t_2) p(x_2, t_2 | x_3, t_3), \quad t_1 > t_2 > t_3 \tag{10.1.17}$$

这就将已知 $t = t_3$ 时 $x = x_3$ 预测 $t = t_1$ 时 $x = x_1$ 的条件概率 $p(x_1, t_1 | x_3, t_3)$ 表示为中间时 $t = t_2$ 的两个条件概率的积分。(10.1.17) 式又称之为 Chapman-Kolmogrov 方程。这是当 x 连续变化时的方程。如 x_2 只能取离散值, 则上式应写为

$$p(x_1, t_1 | x_3, t_3) = \sum_{x_2} p(x_1, t_1 | x_2, t_2) p(x_2, t_2 | x_3, t_3), \quad t_1 > t_2 > t_3 \tag{10.1.18}$$

一特定的 Markov 过程是否连续, 可采用下面判据来检验。若在 t 时为连续, 则对所有的 x 均应满足

$$\lim_{\Delta t \to 0} \frac{1}{\Delta t} \int_{|x-z| > \varepsilon} dx \, p(x, t + \Delta t | z, t) = 0 \tag{10.1.19}$$

否则便是离散的。这就意味着 $\Delta t \to 0$ 时初始位置 z 与末了值 x 相差大于 ϵ 的概率 $P(x, t + \Delta t|z, t) \to 0$，而且比 Δt 更快地趋近于 0。很明显 Einstein 的布朗运动解

$$p(x, t + \Delta t|z, t) = \frac{1}{\sqrt{4\pi D \Delta t}} \exp\left[-\frac{(x-z)^2}{4D\Delta t}\right] \tag{10.1.20}$$

满足 (10.1.19) 式是连续的，但 Cauchy 过程

$$p_c(x, t + \Delta t|z, t) = \frac{\Delta t}{\pi} \frac{1}{(x-z)^2 + \Delta t^2} \tag{10.1.21}$$

不满足 (10.1.19) 式是离散的。图 10.2 给出两过程取样曲线，是有很明显的区别的。Cauchy 过程与 Einstein 方程均满足 Chapman-Kolmogrov 方程 (10.1.17)。

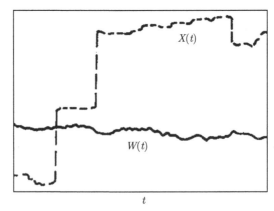

图 10.2　Cauchy 过程 $X(t)$(- - -) 与布朗运动 $W(t)$(—) 的取样曲线 (参照文献 [1])

所有 Markov 过程均满足等式

$$\lim_{\Delta t \to 0} p(x, t + \Delta t|z, t) = \delta(x - z) \tag{10.1.22}$$

在 (10.1.17) 式基础上可导出 Chapman-Kolmogorov 微分方程。为此我们计算函数 $f(x)$ 的期待值关于时间的导数。

$$\frac{\partial}{\partial t} \int \mathrm{d}x f(x) p(x, t|y, t')$$

$$= \lim_{\Delta t \to 0} \frac{\left\{ \int \mathrm{d}x f(x)[p(x, t + \Delta t|y, t') - p(x, t|y, t')] \right\}}{\Delta t}$$

$$= \lim_{\Delta t \to 0} \left\{ \int \mathrm{d}x \int \mathrm{d}z f(x) p(x, t + \Delta t|z, t) p(z, t|y, t') \right.$$

$$\left. - \int \mathrm{d}z f(z) p(z, t|y, t') \right\} / \Delta t \tag{10.1.23}$$

在上式中我们已应用了 Chapman-Kolmogorov 方程 (10.1.17)。现将 (10.1.23) 式中对 x 的积分分为 $|x-z| \geqslant \varepsilon$ 与 $|x-z| < \varepsilon$ 两个区域。又假定 x, z 为矢量，其分量用 x_i, z_i 来表示。当 $|x-z| < \varepsilon$ 时，假定 $f(z)$

$$
\begin{aligned}
f(x) =& f(z) + \sum_i \frac{\partial f(z)}{\partial z_i}(x_i - z_i) + \sum_{i,\,j} \frac{1}{2}\frac{\partial^2 f(z)}{\partial z_i \partial z_j}(x_i - z_i)(x_j - z_j) \\
& + |x-z|^2 R(x,z)
\end{aligned}
\tag{10.1.24}
$$

其中 $|R(x,z)| \to 0$ (当 $|x-z| \to 0$ 时)。

将 $f(x)$ 的展开式代入 (10.1.23) 式，便得

$$
\begin{aligned}
& \frac{\partial}{\partial t} \int \mathrm{d}x f(x) p(x,t|y,t') \\
&= \lim_{\Delta t \to 0} \frac{1}{\Delta t} \Big\{ \int\!\!\int\!\!\int_{|x-z|<\varepsilon} \mathrm{d}x\mathrm{d}z \Big[\sum_i (x_i - z_i)\frac{\partial f}{\partial z_i} + \sum_{i,\,j} \frac{1}{2}(x_i - z_i)(x_j - z_j) \\
& \quad \times \frac{\partial^2 f}{\partial z_i \partial z_j} \Big] p(x,t+\Delta t|z,t) p(z,t|y,t') \\
& \quad + \int\!\!\int_{|x-z|<\varepsilon} \mathrm{d}x\mathrm{d}z |x-z|^2 R(x,z) p(x,t+\Delta t|z,t) p(z,t|y,t') \\
& \quad + \int\!\!\int_{|x-z|\geqslant\varepsilon} \mathrm{d}x\mathrm{d}z f(x) p(x,t+\Delta t|z,t) p(z,t|y,t') \\
& \quad + \int\!\!\int_{|x-z|<\varepsilon} \mathrm{d}x\mathrm{d}z f(z) p(x,t+\Delta t|z,t) p(z,t|y,t') \\
& \quad - \int\!\!\int \mathrm{d}x\mathrm{d}z f(z) p(x,t+\Delta t|z,t) p(z,t|y,t') \Big\}
\end{aligned}
\tag{10.1.25}
$$

注意到 $\int \mathrm{d}x\, p(x,t+\Delta t|z,t) = 1$，故上式中最后一项即 (10.1.23) 式中最后一项。

下面假定

(1)

$$
\lim_{\Delta t \to 0} p(x,t+\Delta t|z,t)/\Delta t = W(x|z,t)
\tag{10.1.26}
$$

上式当 $|x-z| \geqslant \varepsilon$ 时，对所有的 x, z, t 均成立。

(2)

$$
\lim_{\Delta t \to 0} \int_{|x-z|<\varepsilon} \mathrm{d}x\ (x_i - z_i) p(x,t+\Delta|z,t) = A_i(z,t) + O(\varepsilon)
$$

(3)

$$
\lim_{\Delta t \to 0} \int_{|x-z|<\varepsilon} \mathrm{d}x\ (x_i - z_i)(x_j - z_j) p(x,t+\Delta t|z,t) = B_{ij}(z,t) + O(\varepsilon)
\tag{10.1.27}
$$

上式对所有的 z, ε, t 均成立。

应用 (10.1.26)、(10.1.27) 式，通过部分积分及函数 $f(z)$ 的任意性，于是由 (10.1.25) 式可得出 Chapman-Kolmogorov 微分方程如下：

$$\frac{\partial}{\partial t}p(z,t|y,t') = -\sum_i \frac{\partial}{\partial z_i}[A_i(z,t)p(z,t|y,t')] + \frac{1}{2}\sum_{i,j}\frac{\partial^2}{\partial z_i \partial z_j}[B_{ij}(z,t)p(z,t|y,t')]$$

$$+ \int dx\,[W(z|x,t)p(x,t|y,t') - W(x|z,t)p(z,t|y,t')] \qquad (10.1.28)$$

$p(z,t|y,t')$ 满足初始条件

$$p(z,t'|y,t') = \delta(z-y) \qquad (10.1.29)$$

根据 (10.1.28)、(10.1.29) 式可定义三种不同的过程。

(1) 跳跃过程。$A_i(z,t) = B_{ij}(z,t) = 0$，(10.1.28) 式过渡到

$$\frac{\partial}{\partial t}p(z,t|y,t') = \int dx\,[W(z|x,t)p(x,t|y,t') - W(x|z,t)p(z,t|y,t')] \qquad (10.1.30)$$

注意到初始条件 (10.1.29) 式，便得出 (10.1.30) 式包含 Δt 的一级近似解为

$$p(z,t+\Delta t|y,t) = \delta(y-z)\left[1 - \int dx\,W(x|y,t)\Delta t\right] + W(z|y,t)\Delta t \qquad (10.1.31)$$

该式的前一项表示质点仍停留于原来位置，而后一项则表示由 y 跃迁至 z 的概率。故称这一过程为跳跃过程。

如果质点的状态只能是整数，则主方程 (10.1.30) 可写为

$$\frac{\partial}{\partial t}p(n,t|n',t') = \sum_m [W(n|m,t)p(m,t|n',t') - W(m|n,t)p(n,t|n',t')] \qquad (10.1.32)$$

(2) 扩散过程 (Fokker-Planck 方程)。若假定 $W(z|x,t)$ 为零，则 Chapman-Kolmogrov 方程过渡到 Fokker-Planck 方程。

$$\frac{\partial}{\partial t}p(z,t|y,t') = -\sum_i \frac{\partial}{\partial z_i}[A_i(z,t)p(z,t|y,t')]$$

$$+ \frac{1}{2}\sum \frac{\partial^2}{\partial z_i \partial z_j}[B_{ij}(z,t)p(z,t|y,t')] \qquad (10.1.33)$$

式中 $A(z,t)$ 为驱动矢量，而 $B(z,t)$ 为扩散矩阵，按 $W(z|x,t)$ 的定义 (10.1.26) 式及连续判据 (10.1.19) 式，$W(z|x,t)$ 为零表明质点路径是连续的。

现考虑求解 Fokker-Planck(10.1.33) 式并满足初始条件

$$p(z,t|y,t) = \delta(z-y) \qquad (10.1.34)$$

当 Δt 很小时，解 $p(z, t + \Delta t | y, t)$ 会是很尖锐的。相比之下，$A(z, t)$, $B(z, t)$ 关于 z 的导数可略去不计。而 $A(z, t)$, $B(z, t)$ 可用 $A(y, t)$, $B(y, t)$ 代替，于是 (10.1.33) 式可近似写为

$$\frac{\partial}{\partial t} p(z, t | y, t') = - \sum A_i(y, t) \frac{\partial p(z, t | y, t')}{\partial z_i}$$

$$+ \sum_{ij} \frac{1}{2} B_{ij}(y, t) \frac{\partial^2 p(z, t | y, t')}{\partial z_i \partial z_j} \tag{10.1.35}$$

$$p(z, t + \Delta t | y, t) = (2\pi)^{-N/2} \{\det B(y, t)\}^{1/2} [\Delta t]^{-1/2}$$

$$\times \exp \left\{ - \frac{1}{2} \frac{[z - y - A(y, t)\Delta t]^{\mathrm{T}} B^{-1}(y, t)[z - y - A(y, t)\Delta t]}{\Delta t} \right\} \tag{10.1.36}$$

式中 $B^{-1}(y, t)$ 为 $B(y, t)$ 的逆矩阵，这是一 N 维空间的高斯分布，平均值为 $y + A(y, t)\Delta t$，方差矩阵为 $B(y, t)$，亦即

$$z(t + \Delta t) = y(t) + A(y(t), t)\Delta t + \eta(t)(\Delta t)^{1/2}$$
$$\langle \eta(t) \rangle = 0, \qquad \langle \eta(t)\eta(t)^{\mathrm{T}} \rangle = B(y, t) \tag{10.1.37}$$

由于解中包含了 $(\Delta t)^{1/2}$，故无处可微。

(3) 决定论过程 (Liouville 方程)。当只有驱动矢量 $A(z, t)$ 不为零时，得到决定论过程的 Liouville 方程

$$\frac{\partial}{\partial t} p(z, t | y, t') = - \sum \frac{\partial}{\partial z_i} [A_i(z, t) p(z, t | y, t')] \tag{10.1.38}$$

设 $x(t)$ 是如下方程的解:

$$\frac{\mathrm{d}}{\mathrm{d}t} x(t) = A(x(t), t), \qquad x(y, t') = y \tag{10.1.39}$$

则 (10.1.38) 式的解为

$$p(z, t | y, t') = \delta(z - x(y, t)) \tag{10.1.40}$$

可直接代入证明之。(10.1.38) 式的左边为

$$\frac{\partial}{\partial t} \delta[z - x(y, t)] = - \sum \frac{\partial}{\partial z_i} \delta(z - x(y, t)) \frac{\mathrm{d}x_i(y, t)}{\mathrm{d}t}$$

右边为

$$- \sum_i \frac{\partial}{\partial z_i} [A_i(z, t)\delta(z - x(y, t)] = - \sum_i A_i(x(y, t), t) \frac{\partial}{\partial z_i} \delta(z - x(y, t))$$

应用 (10.1.39) 式，得知 (10.1.38) 式的左边与右边是相等的。

解 (10.1.40) 式表明质点运动的初始值 $x(y, t') = y$ 完全确定了 $t > t'$ 的轨迹，即 $z = x(y, t)$。

一般的 Chapman-Kolmogrov 微分方程 $A(z, t)$, $B(z, t)$, $W(z|x, t)$ 均不为零。其质点轨迹为在 A 所确定的光滑曲线上，加上由 B 所标志的高斯起伏，再加上由 W 所标志的跳跃衔接 (参见图 10.2)。

现在我们讨论一类在量子光学应用中常遇到的将线性驱动 kx 加到 Wiener 过程上得出的 Ornstein-Uhlenbeck 方程 [5]

$$\frac{\partial}{\partial t}p = \frac{\partial}{\partial x}(kxp) + \frac{1}{2}D\frac{\partial^2}{\partial x^2}p, \quad p = p(x, t|x_0, 0) \tag{10.1.41}$$

求 $p(x, t|x_0, 0)$ 的 Fourier 变换

$$\phi(s, t) = \int_{-\infty}^{\infty} e^{isx}p(x, t|x_0, 0)dx \tag{10.1.42}$$

于是 (10.1.41) 式为

$$\frac{\partial\phi}{\partial t} + ks\frac{\partial}{\partial s}\phi = -\frac{D}{2}s^2\phi \tag{10.1.43}$$

由 p 的初始值条件 $p(x, 0|x_0, 0) = \delta(x - x_0)$ 得出 ϕ 的初始条件

$$\phi(s, 0) = \int_{-\infty}^{\infty} e^{isx}\delta(x - x_0)dx = e^{isx_0} \tag{10.1.44}$$

易看出 (10.1.43) 式的通解为

$$\phi(s, t) = e^{-Ds^2/4k}g(se^{-kt}) \tag{10.1.45}$$

为了满足初值 $\phi(s, 0) = e^{isx_0}$，可适当选择 $g(se^{-kt})$，最后得

$$\phi(s, t) = \exp\left(\frac{-Ds^2}{4k}(1 - e^{-2kt}) + isx_0e^{-kt}\right) \tag{10.1.46}$$

求 $\phi(s, t)$ 的反变换，便得

$$p(x, t|x_0, 0) = \frac{1}{2\pi}\int_{-\infty}^{\infty} \phi(s, t)e^{-isx}ds$$

$$= \frac{1}{\sqrt{\frac{\pi D}{k}(1 - e^{-2kt})}} \exp\left\{-\frac{(x - x_0e^{-kt})^2}{\frac{D}{k}(1 - e^{-2kt})}\right\} \tag{10.1.47}$$

此即 Ornstein-Uhlenbeck 方程的解。

10.1.3 Ito 积分与随机微分方程

由 Langevin 方程导出 Einstein 解释布朗运动的结果，方法简洁而物理意义深刻，并能将扩散系数与粒子半径、黏性系数等关联起来。Langevin 方程的标准形式为

$$\frac{\mathrm{d}x}{\mathrm{d}t} = a(x,t) + b(x,t)\xi(t) \tag{10.1.48}$$

式中 $a(x,t)$, $b(x,t)$ 为已知的函数，但 $\xi(t)$ 为快变的随机变量。不失一般性可假定

$$\langle(\xi(t)\rangle = 0, \qquad \langle\xi(t)\xi(t')\rangle = \delta(t-t') \tag{10.1.49}$$

(10.1.48) 式含有随机变量 $\xi(t)$，故称之为随机微分方程。若定义

$$W(t) = \int_0^t \xi(t')\mathrm{d}t' \tag{10.1.50}$$

而 Langevin 方程的积分至少形式上可写为

$$x(t) - x(0) = \int_0^t a(x(t'),t')\mathrm{d}t' + \int_0^t b(x(t'),t')\mathrm{d}W(t') \tag{10.1.51}$$

式中随机量 $W(t)$ 是 Wiener 型的布朗运动量，易证它具有如下的平均值及方差 [1]：

$$\langle \mathrm{d}W \rangle = 0, \qquad \langle \mathrm{d}W^2 \rangle = \mathrm{d}t \tag{10.1.52}$$

且 $N > 2$ 时，累积 (cumulant)

$$\langle \mathrm{d}W^N \rangle = 0 \tag{10.1.53}$$

但 (10.1.51) 式中的积分还需要进一步定义，否则就是不确定的。因为它属于我们以前未遇到的随机积分 $\int_{t_0}^t G(t')\mathrm{d}W(t')$。现研究与此积分相应的和式极限。

$$S_n = \sum_{i=1}^n G(\tau_i)[W(t_i) - W(t_{i-1})] \tag{10.1.54}$$
$$t_0 < t_1 < t_2 \cdots < t_{n-1} < t_1, \qquad t_{i-1} \leqslant \tau_i \leqslant t_i$$

若当 $\max \Delta t_i = \max|t_i - t_{i-1}| \to 0$ 时，S_n 的极限存在，并与 τ_i 在 $t_{i-1} \to t_i$ 内的取值无关，那么 S_n 的极限就是按一般意义下随机积分 $\int_{t_0}^{t_1} G(t')\mathrm{d}W(t')$ 的定义。但就目前情况来说并非如此，以 $G(\tau_i) = W(\tau_i)$ 为例，则有

$$\langle S_n \rangle = \left\langle \sum_{i=1}^n W(\tau_i)[W(t_i) - W(t_{i-1})] \right\rangle$$
$$= \sum_{i=1}^n [\min(\tau_i, t_i) - \min(\tau_i, t_{i-1})]$$

$$= \sum_{i=1}^{n}(\tau_i - t_{i-1}) \tag{10.1.55}$$

设

$$\tau_i = \alpha t_i + (1-\alpha)t_{i-1}, \qquad 0 < \alpha < 1$$

则有

$$\langle S_n \rangle = \sum_{i-1}^{n}(t_i - t_{i-1})\alpha = (t - t_0)\alpha \tag{10.1.56}$$

可见 $\langle S_n \rangle$ 的取值与 α 的取值有关, 亦即与 τ_i 在 (t_{i-1}, t_i) 中的取值有关。若将 α 取为零, 即 $\tau_i = t_{i-1}$, 便得 Ito 积分定义如下:

$$\int_0^t G(t')\mathrm{d}W = \sum_{i=1}^{n} G(t_{i-1})[W(t_i) - W(t_{i-1})] \tag{10.1.57}$$

现在回过来看 (10.1.51) 式, 按 Ito 意义将 $t_0 \to t$ 分为许多间节 $t_0 < t_1 < t_2 \cdots < t_{n-1} < t_n = t$, 对每一间节写出

$$x_{i+1} = x_i + a(x_i, t_i)\Delta t_i + b(x_i, t_i)\Delta W_i \tag{10.1.58}$$

式中

$$\begin{aligned} x_i = x(t_i), \qquad \Delta t_i = t_{i+1} - t_i \\ \Delta W_i = W(t_{i+1}) - W(t_i) \end{aligned} \tag{10.1.59}$$

将 (10.1.58) 式对 i 求和, 便得按 Ito 意义求极限的积分 (10.1.51) 式。一般的 $f(x(t))$ 的微分为

$$\begin{aligned} \mathrm{d}f(x(t)) &= f(x(t) + \mathrm{d}x(t)) - f(x(t)) \\ &= f'(x(t))\mathrm{d}x(t) + \frac{1}{2}f''(x(t))\mathrm{d}x(t)^2 + \cdots \\ &= f'(x(t))\{a(x(t),t)\mathrm{d}t + b(x(t),t)\mathrm{d}W(t)\} + \frac{1}{2}f''(x(t))[b(x(t),t)]^2[\mathrm{d}W(t)]^2 \\ &= \left\{a(x(t),t)f'(x(t)) + \frac{1}{2}[b(x(t),t)]^2 f''(x(t))\right\}\mathrm{d}t + b(x(t),t)f'(x(t))\mathrm{d}W(t) \end{aligned}$$

即

$$\mathrm{d}f = \left\{af' + \frac{1}{2}b^2 f''\right\}\mathrm{d}t + bf'\mathrm{d}W(t) \tag{10.1.60}$$

(10.1.60) 式是单变量情形的 Ito 微分公式, 将此公式推广到多变量即 $x(t)$ 有多个分量 $x_i(t)$ 的情形。这时 $W(t)$ 也相应地有多个分量 $W_i(t)$, 且相互独立。即

$$\begin{aligned} &\mathrm{d}W_i(t)\mathrm{d}W_j(t) = \delta_{ij}\mathrm{d}t \\ &[\mathrm{d}W_i(t)]^{N+2} = 0, \qquad N > 0 \\ &\mathrm{d}W_i(t)\mathrm{d}t = 0 \\ &\mathrm{d}t^{1+N} = 0, \qquad N > 0 \end{aligned} \tag{10.1.61}$$

便得 N 维随机微分方程

$$\mathrm{d}x(t) = A(x,t)\mathrm{d}t + B(x,t)\mathrm{d}W(t) \tag{10.1.62}$$

$$\mathrm{d}f(x) = \left\{ \sum_i A_i(x,t)\frac{\partial f(x)}{\partial x_i} + \frac{1}{2}\sum_{ij}[B(x,t)B^{\mathrm{T}}(x,t)]_{ij}\frac{\partial^2}{\partial x_j\partial x_j}f(x) \right\}\mathrm{d}t$$
$$+ \sum_{ij}B_{ij}(x,t)\frac{\partial f(x)}{\partial x_i}\mathrm{d}W_j(t) \tag{10.1.63}$$

现在来看 Fokker-Planck 方程与随机微分方程的关联. 应用 (10.1.60) 式便得

$$\frac{\mathrm{d}\langle f[x(t)]\rangle}{\mathrm{d}t} = \left\langle a(x(t),t)\frac{\partial f}{\partial x} + \frac{1}{2}(b(x(t),t))^2\frac{\partial^2 f}{\partial x^2}\right\rangle \tag{10.1.64}$$

设 $x(t)$ 具有条件概率密度 $p(x(t),t|x_0,t_0)$, 于是

$$\frac{\mathrm{d}}{\mathrm{d}t}\langle f[x(t)]\rangle = \int \mathrm{d}x f(x)\frac{\partial}{\partial t}p(x,t|x_0,t_0)$$
$$= \int \mathrm{d}x\left[a(x,t)\frac{\partial f}{\partial x} + \frac{1}{2}(b(x,t))^2\frac{\partial^2 f}{\partial x^2}\right]p(x,t|x_0,t_0) \tag{10.1.65}$$

应用部分积分及边界条件:

当 $x = \pm\infty$ 时, $af = p\dfrac{\partial f}{\partial x} = \dfrac{\partial p}{\partial x}f = 0$, 便得

$$\int \mathrm{d}x f(x)\frac{\partial p}{\partial t} = \int \mathrm{d}x f(x)\left\{-\frac{\partial}{\partial x}(a(x,t)p) + \frac{1}{2}\frac{\partial^2}{\partial x^2}[b(x,t)^2 p]\right\} \tag{10.1.66}$$

因为 $f(x)$ 是任意的, 故有

$$\frac{\partial}{\partial t}p(x,t|x_0,t_0) = -\frac{\partial}{\partial x}[a(x,t)p(x,t|x_0,t_0)] + \frac{1}{2}\frac{\partial^2}{\partial x^2}[b(x,t)^2 p(x,t|x_0,t_0)] \tag{10.1.67}$$

这就是一维的 Fokker-Planck 方程, 对于多维情形, 可按 (10.1.71) 式类似地推得

$$\frac{\partial p}{\partial t} = -\sum \frac{\partial A_i(x,t)p}{\partial x_i} + \frac{1}{2}\sum_{ij}\frac{\partial^2}{\partial x_i\partial x_j}\{[B(x,t)B^{\mathrm{T}}(x,t)]_{ij}p\} \tag{10.1.68}$$

10.2 决定性混沌

混沌一词起源于古中国与希腊的混沌初开无所不包的意思. 现在用这个词主要指一种"无序"与"无规"状态. 至于决定性一词在前面决定性过程 Liouville 方程 (10.1.38) 中已经出现过, 意即通过解动力学方程 (10.1.39) 由质点运动初值 (当 $t = t'$, $x = y$ 时) 完全决定了质点未来时 $t > t'$ 的轨迹, 亦即未来的一切完全由初

值及动力学方程所决定, 所以说是决定性的。这里还隐含着一个假定, 即由动力学方程描述的运动应是规则的 (regular) 而不是无规 (irregular) 或混沌的 (chaotic)。但在一个多世纪以前, H. Poincare(1892 年) 已经知道有些力学问题, 如不可积的三体问题会导致完全混沌的轨道解 [8]。可是, 这件事的重要意义并没有引起注意, 一直到 1963 年, E. N. Lorenz 又重新发现在求解三个一阶的非线性微分方程组时也得出运动轨迹的完全无规 [9]。这是在耗散系统中发现的第一个决定性混沌的例子。现在, 使用决定性混沌一词的含义, 即指一非线性动力学方程的解, 虽然由初值出发唯一地确定了系统在未来时的演化过程, 但表现这一演化过程的运动轨迹却是无规的、混沌的。很明显这种无规行为并不是由外在的噪声引起的, 因为动力学方程中并未包含无规力; 也不是由无穷自由度引起的, 因为 Lorenz 方程只有三个自由度; 也不是量子力学的测不准关系, 因为所讨论的方程是经典的流体力学方程。现在已经弄明白了, 产生这种无规行为的最根本原因乃是动力学方程的解很灵敏地依赖于初值。Lorenz 称此为蝴蝶效应。这种效应的存在, 已对基础物理学的可测性 (predictability) 带来了冲击。因为给出物理量的初值是建立在测量的基础上的, 而测量是有一定准确度和误差范围的。如果在误差范围内的各个初值, 在未来的发展中表现为两种或多种完全不同的结果, 这就意味着实际上我们已失去对这个物理过程或物理量进行预测的可能性。现撇开这些基础问题不说, 仍回到决定性混沌问题上来 [10]。

　　动力学方程的非线性乃是产生决定性混沌的必要条件, 当然不是所有的非线性方程均导致决定性混沌。众所周知, 非线性动力学系统可分为耗散系统与保守系统两大类。从现在已经遇到的情形来看, 光学混沌较多涉及耗散系统的混沌。在本节中我们要讨论的问题有决定性混沌的表现及判定办法、几种通向混沌的道路、奇异吸引子等, 然后再补充关于保守系统驱向混沌的分析。

10.2.1　决定性混沌的表现及判定

　　为从感官上认识决定性混沌。我们举出如下若干事例。

1. 决定性扩散映象

　　作为决定性混沌的第一个例子, 我们举出 "决定性扩散映象" 的例子。因为它与无规力推动的布朗运动很相似。参照 (10.1.6) 式, 当流体的黏性系数 η 很大, 而加速度 $m\dfrac{\mathrm{d}^2 x}{\mathrm{d}t^2}$ 可略去时, 做布朗运动的质点的 Langevin 方程可写为

$$\frac{\mathrm{d}x}{\mathrm{d}t} = \xi(t) \tag{10.2.1}$$

无规力 $\xi(t)$ 满足方程

$$\langle \xi(t) \rangle = 0, \qquad \langle \xi(t)\xi(t') \rangle = \delta(t - t') \tag{10.2.2}$$

又根据 (10.2.1) 式, 将 x 表示为

$$x = \int_0^t \xi(t')\mathrm{d}t', \qquad \langle x \rangle = 0$$
$$\langle x^2 \rangle = \left\langle \int_0^t \xi(t')\mathrm{d}t' \int_0^t \xi(t'')\mathrm{d}t'' \right\rangle = t \tag{10.2.3}$$

这个结果表明, 随扩散时间 t 的增长, 扩散距离 x 的均方值 $\langle x^2 \rangle$ 也成正比地增长, 但这个扩散完全是无规力 $\xi(t)$ 驱动的。$\langle x^2 \rangle \propto t$ 也是无规行为的一种反映。图 10.3(a) 给出分段线性周期映象, 图 10.3(b) 给出 $f(x_\tau)$ 的函数图。各次迭代映象的函数关系为 [11]

$$x_{\tau+1} = F(x_\tau) = x_\tau + f(x_\tau), \qquad \tau = 0, 1, 2, \cdots \tag{10.2.4}$$

$f(x_\tau)$ 为 x_τ 的周期函数

$$f(x_\tau + n) = f(x_\tau), \qquad n = 0, \pm 1, \pm 2, \cdots \tag{10.2.5}$$

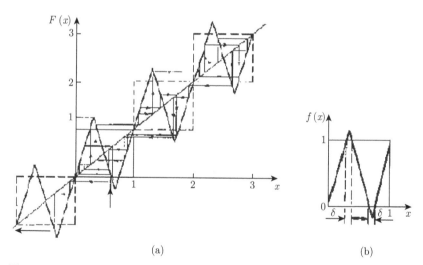

(a) (b)

图 10.3 (a) 分段线性周期映象的扩散轨道；(b) 映象函数 $f(x)$(参照文献 [11])

参看图 10.3(a) 的箭头 ↑, 迭代由第一个方框开始, 经过多次迭代后, 箭头进入上面第 2 方框, 再经多次迭代进入上面第 3 方框, 然后又回过来一直走到下面第 1 方框。不难看出, 当箭头触及 $f(x)$ 图上尖端部分时, 便转入上一方框；若触及下尖端部分便转入下一方框；若不触及上、下尖端则仍停留在原来方框。迭代箭头触及上、下尖端的概率均为 $\delta/1 = \delta$, 不触及尖端的概率为 $1 - 2\delta$, 每一次迭代均有可能跳到另一方框, 也有可能停在原来方框。设总共迭代 t 次, 迭代箭头已到

达第 N_t 方框。于是有

$$N_t = \sum_{\tau=0}^{t-1}(N_{\tau+1} - N_\tau) = \sum_{\tau=0}^{t-1}\Delta_\tau$$

$$\langle N_t^2 \rangle = \sum_{\tau,\,\tau'}^{t-1}\langle\Delta_\tau\Delta_{\tau'}\rangle \tag{10.2.6}$$

鉴于当 $\tau \neq \tau'$ 时，Δ_τ, $\Delta_{\tau'}$ 是独立的，而 Δ_τ 可能为 0, ±1，故有 $\langle\Delta_\tau\rangle = 0$。

当 $\tau \neq \tau'$ 时，

$$\langle\Delta_\tau\Delta_{\tau'}\rangle = \langle\Delta_\tau\rangle\langle\Delta_{\tau'}\rangle = 0 \tag{10.2.7}$$

$$\langle N_t^2 \rangle = \sum_{\tau=0}^{t-1}\langle\Delta_\tau^2\rangle = t\langle\Delta_\tau^2\rangle \tag{10.2.8}$$

这一结果表明，经 t 次迭代后，箭头到达的方框与原来方框的距离 N_t 的平方与迭代次数 t 成正比。这与无规力驱动导致的扩散结果 (10.2.3) 完全相似。故称 (10.2.8) 式为决定性扩散。

2. 驱动摆

驱动摆的运动方程如下:

$$\ddot{\theta} + \gamma\dot{\theta} + \sin\theta = A\cos\omega t \tag{10.2.9}$$

式中 γ 为阻尼系数，θ 为摆离开平衡位置的幅角，A 为周期驱动力振幅。对时间 t 与 A 取了适当的归一化单位。故 $\ddot{\theta}$ 与 $\sin\theta$ 的系数经归一化后为 1。摆运动方程 (10.2.9) 的参数为 $(A,\ \omega,\ \gamma)$。图 10.4 给出摆动角 θ 随时间 t 的变化 [10, 12]。当 $A < A_c$ 时，运动轨迹是规则的。相图 $\dot{\theta}$ 随 θ 的变化是一封闭的环。但当 $A \geqslant A_c$ 时，运动轨迹已变为不规则，相图看上去像是混沌的。当然单凭直观不能准确判定是不是混沌。从这个例子我们注意到，驱动摆之所以会导致混沌，主要是因为有了非线性项 $\sin\theta$；当 $A = A_c$ 时，摆可运动到 $\theta = \pi$ 位置即顶端。这时运动对初值是非常敏感的。初值 $\theta(0)$ 比零略大一点 $(\theta(0) = \epsilon)$，或略小一点 $(\theta(0) = -\epsilon)$ 就决定当摆运动到接近于顶端 π 位置后，是向右转还是向左转。

3. Benard 问题

Benard(1900 年, 1901 年) 做了这样一个实验，他将一层液体的底层均匀加热而上层则不加热，造成一温度差。当温差大于一定数值时，他观察到六角形的流体对流花样，这就是 Benard 问题。加热后的底层密度小，未加热的上层密度大，如没有黏性与扩散，这上层与底层的流体将是不稳定的，会发生对流，但由于有了黏性，在一定程度上阻止了对流。又由于有热传导与质量扩散，上、下层的温度差在一定程度上被匀化，这也间接阻止了对流的发生。但当温度差过大，不能被热传导与质量扩散所平衡时，对流也就发生了。这就是 Benard 所观察到的六角形对流花样。为对 Benard 问题进行定量分析，Lorenz 采用一简化模型。如图 10.5 所示，下层为 $T + \Delta T$，上层温度为 T，在由热传导向对流过渡附近，图示的滚动型对流是主要的对流模式。仅仅保留这种对流模式，而略去其他空间分布花样的对流模式，便得出 Benard 问题简化后的 Lorenz 方程

$$\begin{cases} \dot{X} = -\sigma X + \sigma Y \\ \dot{Y} = rX - Y - XZ \\ \dot{Z} = XY - bZ \end{cases} \tag{10.2.10}$$

式中 X 正比于环流的流速，Y 正比于上升流体元与下降流体元的温度差，而 Z 正比于垂直温度分布与平均温度分布 T_m 的偏离。T_m 为

$$T_m = T_0 + \beta x_3, \qquad \beta = \frac{\Delta T}{h} \tag{10.2.11}$$

h 为底部至上层的厚度，x_3 为中间某一层至上层的距离。参数 $\sigma = \nu/K$ 为 Prandtl 数，即黏性系数与热导系数之比。$b = 4(1 + a^2)^{-1}$，$R = (gah^3/K\nu)\Delta T$ 为 Rayleigh 数，h/a 为滚动元的长度，$R_c = \pi^4 a^{-2}(1 + a^2)^3$，$r = R/R_c$。图 10.6 给出 Benard 的功率谱 $P(\omega)$ 随 ω 的变化曲线。

$$P(\omega) = |X(\omega)|^2, \qquad X(\omega) = \lim_{T \to \infty} \int_0^T \mathrm{d}t X(t) \mathrm{e}^{\mathrm{i}\omega t} \tag{10.2.12}$$

由图看出，当 $R/R_c < 1$ 时，功率谱是线谱，但当 $r = R/R_c > 1$ 时，就变为连续谱了 [13]。

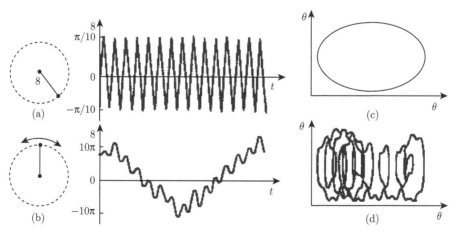

图 10.4　驱动摆向混沌运动的过渡 (参照文献 [12])

(a) 小驱动参数时的规则运动；(b) 在 $A = A_c$ 处的混沌运动；(c) 与 (d) 分别对应于 (a)、(b) 情形的相图

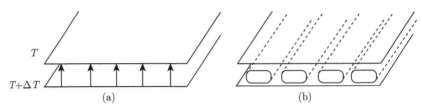

图 10.5　Benard 不稳

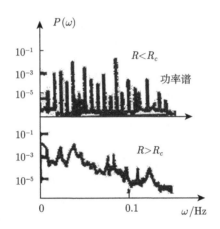

图 10.6　$R < R_c$ 与 $R > R_c$ 情形的功率谱

4. 周期撞击转子

表现出混沌行为的又一经典力学体系即图 10.7 所示的周期撞击转子。其运动方程为

$$\ddot{\varphi} + \Gamma\dot{\varphi} = F = Kf(\varphi)\sum_{n=0}^{\infty}\delta(t - nT) \tag{10.2.13}$$

式中 Γ 为阻尼系数，T 为相邻两次撞击间的周期。作代换 $x = \varphi$, $y = \dot{\varphi}$, $z = t$，方程 (10.2.13) 可写为一阶非线性自治微分方程组。

$$\begin{cases} \dot{x} = y \\ \dot{y} = -\Gamma y + Kf(x)\displaystyle\sum_{n=0}^{\infty}\delta(z - nT) \\ \dot{z} = 1 \end{cases} \tag{10.2.14}$$

若将积分时间限制在间隔 $nT - \varepsilon < t < (n+1)T - \varepsilon$, $\varepsilon \to 0$ 则 (10.2.14) 式的解可写为

$$y(t) = y_n e^{-\Gamma(t-nT)} + K \sum_{m=0}^{\infty} f(x_m) \int_{nT-\varepsilon}^{t} dt' e^{\Gamma(t'-t)} \delta(t'-nT)$$

或

$$= y_n e^{-\Gamma(t-nT)} + K f(x_n) e^{\Gamma(nT-t)} \tag{10.2.15}$$

令 $y(t) = y_{n+1} e^{-\Gamma(t-(n+1)T)}$, 则得

$$y_{n+1} = [y_n + K f(x_n)] e^{-\Gamma T} \tag{10.2.16}$$

将 (10.2.15) 式代入 (10.2.14) 式中第一方程, 同样可得

$$x_{n+1} = x_n + \frac{1 - e^{-\Gamma T}}{\Gamma}(y_n + K f(x_n)) \tag{10.2.17}$$

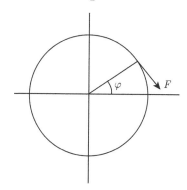

图 10.7　周期撞击转子

解 (10.2.16)、(10.2.17) 已包含了许多我们感兴趣的映象。例如, 当 $\Gamma \to \infty$, $K/\Gamma \to 1$, $f(x_n) = (r-1)x_n - rx_n^2$ 时, (10.2.17) 式给出

$$x_{n+1} = rx_n(1 - x_n) \tag{10.2.18}$$

此即下面将详细讨论的一维二次迭代映象。一维二次迭代映象也称为逻辑映象 (logistic map)。

又例如, 将 (10.2.16) 式代入 (10.2.17) 式得

$$x_{n+1} = x_n + \frac{e^{\Gamma T} - 1}{\Gamma} y_{n+1} \tag{10.2.19}$$

即

$$y_{n+1} = (x_{n+1} - x_n)\Gamma/(e^{\Gamma T} - 1) \tag{10.2.20}$$

将 (10.2.20) 式代回 (10.2.17) 式, 并选择 $f(x_n)$ 使得

$$x_{n+1} = x_n + \frac{1 - e^{-\Gamma T}}{\Gamma}\left(\frac{(x_n - x_{n-1})\Gamma}{e^{\Gamma T} - 1} + K f(x_n)\right)$$

$$=1 - ax_n^2 + bx_{n-1}, \qquad b = -\mathrm{e}^{-\Gamma T} \tag{10.2.21}$$

式中 a, b 为常数, 该式可写成 Henon 映象.

$$x_{n+1} = 1 - ax_n^2 + y_n, \qquad y_{n+1} = bx_n \tag{10.2.22}$$

Henon 映象为二维映象.

上面举的一些混沌的例子, 主要是直观判定一个方程的解是规则的还是混沌的、不准确的. 作为定量的准确判定最常用方法之一当推 Liapunov 指数法, 这个方法是混沌行为最为明显的标志 "方程的解很灵敏地依赖于初值" 的具体化. 现以一维映象为例来说明这个判定. 参照 (10.2.18) 式, 一维迭代映象的一般形式为

$$x_{n+1} = f(x_n) \tag{10.2.23}$$

设初值为 x_0, 按上式便可得出各次迭代值

$$\begin{aligned}
x_1 &= f(x_0) = f^{(1)}(x_0) \\
x_2 &= f(x_1) = f(f(x_0)) = f^{(2)}(x_0) \\
&\vdots \\
x_n &= f(f \cdots f(x_0) \cdots)) = f^{(n)}(x_0)
\end{aligned} \tag{10.2.24}$$

当初值 x_0 变为 $x_0 + \varepsilon$ 时, 各次迭代值也发生相应变化.

$$\begin{aligned}
x_1 + \varepsilon_1 &= f^{(1)}(x_0 + \varepsilon), & \varepsilon_1 &\simeq \frac{\mathrm{d}f^{(1)}(x_0)}{\mathrm{d}x_0}\varepsilon = f'(x_0)\varepsilon \\
x_2 + \varepsilon_2 &= f^{(2)}(x_0 + \varepsilon), & \varepsilon_2 &\simeq \frac{\mathrm{d}f^{(2)}(x_0)}{\mathrm{d}x_0}\varepsilon = \frac{\mathrm{d}f^{(1)}}{\mathrm{d}x_0}\frac{df^{(2)}}{df^{(1)}}\varepsilon = f'(x_1)f'(x_0)\varepsilon \\
&\vdots \\
x_n + \varepsilon_n &= f^{(n)}(x_0 + \varepsilon), & \varepsilon_n &\simeq f'(x_{n-1}) \cdots f'(x_0)\varepsilon
\end{aligned} \tag{10.2.25}$$

Liapunov 指数 λ 的定义为

$$\lambda = \lim_{n \to \infty} \frac{\ln \varepsilon_n / \varepsilon}{n} = \lim_{n \to \infty} \frac{1}{n} \sum_{i=0}^{n-1} \ln f'(x_i) \tag{10.2.26}$$

亦即当 n 很大时,

$$\frac{\varepsilon_n}{\varepsilon} \simeq \mathrm{e}^{n\lambda} \tag{10.2.27}$$

当 $\lambda < 0$ 时, 迭代次数 n 愈大, $\varepsilon_n / \varepsilon \ll 1$, 函数值 x_n 对初值 x_0 的依赖, 很不灵敏. 相反, 若 $\lambda > 0$, $\varepsilon_n / \varepsilon \simeq \mathrm{e}^{\lambda n}$ 随 n 的增大而指数增大, 即 x_n 很灵敏地依赖于初值, 前一种 $(\lambda < 0)$ 可看作规则解的判据, 而后一种 $(\lambda > 0)$ 可看作混沌解的判据. 具体举例将在下面的讨论中给出.

10.2.2　一维二次迭代映象 [14, 15]

从上面举的一些例子，我们已经看到动力学方程的解在有些情况下是有规的 (见图 10.4(c))，而在另一些情况下则是混沌的 (见图 10.4(d))。区别仅在于前者 $A < A_c$，而后者 $A = A_c$。同样图 10.6 的有规与混沌，区别也是 $R < R_c$ 与 $R > R_c$。到此，一个更一般性的问题提出来了，即由有规向混沌过渡，究竟遵循哪些规律，或者说通过什么样的途径达到混沌。已经研究并了解得较多的有如下几种途径，即倍周期分岔趋向混沌、阵发混沌，还有奇异吸引子及准周期过渡到混沌等。本小节将通过一维二次映象对倍周期分岔作较为详细的阐述。

参照 (10.2.18) 式，一维二次迭代映象的表达式为

$$x_{n+1} = rx_n(1 - x_n) \tag{10.2.28}$$

图 10.23(a) 给出以 r 为参量按 (10.2.28) 式多次迭代 $(n > 300)$ 的结果。当 $r < 1$ 时，多次迭代后收敛于一点，这个点称为迭代方程的不动点。迭代方程的一般形式为

$$x_{n+1} = f(x_n) \tag{10.2.29}$$

若 x 经过迭代后仍不变，即

$$x = f(x) \tag{10.2.30}$$

则 x 称为迭代方程的不动点。在不动点 x 的邻近点 $x' = x + \epsilon$ 经迭代后为

$$f(x') = f(x + \epsilon) \simeq f(x) + \epsilon f'(x) \tag{10.2.31}$$

则

$$|f(x') - f(x)| = |\epsilon||f'(x)| = |f'(x)||x' - x| \tag{10.2.32}$$

当满足 $|f'(x)| < 1$ 时，x 为稳定的不动点，相距为 $|\epsilon|$ 的两邻近点 x' 与 x，经迭代后，(10.2.32) 式表明距离更近了。同样当 $|f'(x)| > 1$ 时，x 为不稳定的不动点，两个邻近点 x' 与 x 经迭代后，距离更远了。$|f'(x)| = 1$ 为临界的不动点。将不稳定条件 (10.2.32) 应用于迭代方程 (10.2.28)，得出 $x = 0$，$x = 1 - 1/r$ 为迭代方程的不动点，又因 $f'(x) = r(1 - 2x)$，故 $r < 1$ 时，不动点 $x = 0$ 为稳定的。当 $1 < r < 3$ 时，$|f'(x)|_{x=1-1/r} = |2 - r| < 1$，不动点 $x = 1 - 1/r$ 也是稳定的。归结起来，当 $r < 1$ 时，经 (10.2.28) 式多次迭代，x_{n+1} 收敛于不动点 $x = 0$；当 $1 < r < 3$ 时，多次迭代后收敛于不动点 $x = 1 - 1/r$。当 r 超过 3 时，情况又会怎样呢？例如，取 $r = 3.04$，经过多次迭代后，我们发现数列 (x_n) 并不趋近于某一不动点，而是在两个点间振荡着：$\{0.7306, 0.5984, 0.7306, 0.5984, \cdots\}$，这就是通常说的倍周期点。

它是多次迭代后的结果，与初值 x_0 无关。而前面所说的不动点也可理解为一周期点。参照不动点定义 (10.2.30)，并设 $x_1 = 0.7306$, $x_2 = 0.5984$，则有

$$x_2 = f(x_1) = f(f(x_2)) = f^2(x_2) \tag{10.2.33}$$

$$x_1 = f(x_2) = f(f(x_1)) = f^2(x_1) \tag{10.2.34}$$

$$f^2(x) = r(rx(1-x))(1 - rx(1-x)) \tag{10.2.35}$$

(10.2.34) 式形式上与 (10.2.30) 式很相似，区别只在于它是倍周期即 $f^2(x)$ 的不动点，而不是一周期即 $f(x)$ 的不动点。$f(x)$ 的一个不动点分岔为两个 $f^2(x)$ 的不动点 x_1, x_2，这就是倍周期分岔。当 r 继续增大至 $r > r_2 = 1 + \sqrt{6}$ 时，类似的分岔又发生了，即 2^2 分岔。不动点由 2 个增至 $2^2 = 4$ 个，不动点函数为

$$x = f^2(f^2(x)) = f^4(x) \tag{10.2.36}$$

通过数值迭代与理论分析，Feigenbaum 已得出如下的普适结果 [14,15]：

$$\delta = \lim_{n \to \infty} (r_n - r_{n-1})/(r_{n+1} - r_n) = 4.6692016091 \cdots \tag{10.2.37}$$

数列 (r_n) 较快地收敛于

$$r_\infty = 3.5699456 \cdots \tag{10.2.38}$$

相应的 Liapunov 指数由图 10.23(a) 下面的图示出，当 $r < r_\infty$ 时，除分岔点 r_n 处 $\lambda = 0$ 外，均为 $\lambda < 0$，迭代解为规则的。但当 $r > r_\infty$ 时，较大部分已进入 $\lambda > 0$ 的混沌区。在 $r < r_\infty$ 的倍周期分岔区还有图 10.8 所示的最靠近 $x = 1/2$ 的倍周期距离 d_n 满足如下的普适关系：

$$\lim_{n \to \infty} \frac{d_n}{d_{n-1}} = -\alpha = -2.5029078750 \cdots \tag{10.2.39}$$

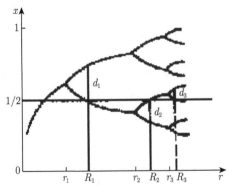

图 10.8　最靠近 $x = 1/2$ 的不动点的距离 d_n (参照文献 [15])

参见图 10.8，$d_1 = f(R_1, 1/2) - 1/2$，$d_2 = f^2(R_2, 1/2) - 1/2$，一般的

$$d_n = f^{2^{n-1}}(R_n, 1/2) - 1/2 \tag{10.2.40}$$

选择参数 $r = R_n$ 时，使 $1/2 = f^{2^n}(R_n, 1/2)$，由图 10.8 也能看出这一点。为什么要选择 $x = 1/2$，通过 (10.2.40) 式定义的 d_n，又能满足普适关系 (10.2.39) 呢？由图 10.9 看出，$x = 1/2$ 恰是 (a)、(d) 的极大点和 (b)、(c) 的极小点。参照 (10.2.25) 式，以 $n = 1$ 为例，x_1, x_2 为两个不动点，即

$$f^{2'}(R_1, x_1) = f^{2'}(R_1, x_2) = f'(R_1, x_1)f'(R_1, x_2) = 0 \tag{10.2.41}$$

这是因为两个不动点 x_1, x_2 中有一个为 $1/2$，f' 取极值。同样可证 $f^{2^n}(R_n, x)$ 在它的 2^n 个不动点 x_j 处的导数也为零。非常有意义的是在图 10.9(a)、(c) 方框内的迭代曲线很相似，经过放大与中心反演后几乎可以重叠在一起。这就是图 10.9(e) 所显示的两条曲线的叠置情况。其中实线取自图 10.9(a)，虚线取自图 10.9(c)。如将坐标平移一下，使得 $x = 1/2$ 移至 $x = 0$，则图 10.9(a)、(c) 方框中两条曲线的自相似又可表示为

$$f(R_1, x) \simeq -\alpha f^2(R_2, -x/\alpha) = -\alpha f(R_2, f(R_2, -x/\alpha)) \tag{10.2.42}$$

式中 α 为放大比 $\simeq |d_1/d_2|$，负号"–"表示中心反演。在坐标平移前的 $f(x) = rx(1-x)$，在坐标平移后的 $f(x) = r\left(\dfrac{1}{2} - x\right)\left(\dfrac{1}{2} + x\right) = r\left(\dfrac{1}{4} - x^2\right)$。图 10.8、图 10.9 是按坐标平移前的函数计算的。而 (10.2.42) 式则是按坐标平移后的函数计算的。很明显由 (10.2.42) 式表现的图形的自相似特点并不限于二次函数 $f(x) = rx(1-x)$ 映象，只要求 $f(x)$ 有极值 x_m，而且在极值 x_m 附近有凸函数特点 $f'(x_m) = 0$，$f''(x_m) \neq 0$。坐标平移即 $x - x_m \to x$ 平移变换。类似于上面的 $x - \dfrac{1}{2} \to x$ 变换。中心反演与上面 (10.2.42) 式同。由 (10.2.42) 式表示的变换，一般称之为倍周期变换 (doubling transformation) 并用 T 算子来表示。(10.2.42) 式右端可写为

$$Tf(R_1, x) = -\alpha f^2(R_2, -x/\alpha) \tag{10.2.43}$$

$$T^2 f(R_1, x) = (-\alpha)^2 f^4(R_3, x/(-\alpha)^2) \tag{10.2.44}$$

其极限函数为

$$g_1(x) = \lim_{n \to \infty} (-\alpha)^n f^{2^n}(R_{n+1}, x/(-\alpha)^n) \tag{10.2.45}$$

这对于所有具有二次极值的函数是普适的。Feigenbaum 又定义包括 $g_1(x)$ 在内的函数类

$$g_r(x) = \lim_{n \to \infty} (-\alpha)^n f^{2^n}(R_{n+r}, x/(-\alpha)^n) \tag{10.2.46}$$

易证 $g_r(x)$ 满足

$$g_{r-1}(x) = (-\alpha)g_r[g_r(-x/\alpha)] = Tg_r(x) \tag{10.2.47}$$

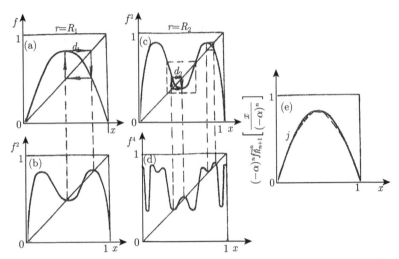

图 10.9　(a), (b) 为 $r = R_1$, f, f^2 的迭代图；(c), (d) 为 $r = R_2$, f^2, f^4 的迭代图；(e) 为 (a)、(c) 中方框经放大反演后的叠置；(a) 中的方框用实线表示，(c) 中的方框用虚线表示 (参照文献 [15])

这是因为 (10.2.46) 式可简写为

$$g_r(x) = \lim_{n \to \infty} (-\alpha)^n f_{R_{n+r}}^{2^n}(x/(-\alpha)^n) \tag{10.2.48}$$

$$
\begin{aligned}
g_{r-1}(x) &= \lim_{n \to \infty} (-\alpha)^n f_{R_{n+r-1}}^{2^n}\left(\frac{x}{(-\alpha)^n}\right) \\
&= \lim_{n \to \infty} (-\alpha)(-\alpha)^{n-1} f_{R_{n-1+r}}^{2^{n-1+1}}\left(-\frac{1}{\alpha}\frac{x}{(-\alpha)^{n-1}}\right) \\
&= \lim_{m \to \infty} (-\alpha)(-\alpha)^m f_{R_{m+r}}^{2^m}\left\{\frac{1}{(-\alpha)^m}(-\alpha)^m f_{R_{m+r}}^{2^m}\left[-\frac{1}{\alpha}\frac{x}{(-\alpha)^m}\right]\right\} \\
&= -\alpha g_r[g_r(-x/\alpha)]
\end{aligned}
\tag{10.2.49}
$$

这就证明了 (10.2.47) 式。现将 (10.2.47) 式对 $r \to \infty$ 求极限，又设极限存在

$$g(x) = \lim_{r \to \infty} g_r(x) \tag{10.2.50}$$

于是由 (10.2.47) 式得

$$g(x) = Tg(x) = -\alpha g[g(-x/\alpha)] \tag{10.2.51}$$

(10.2.51) 式表明 $g(x)$ 即倍周期算子 T 的不动点。

由 (10.2.51) 式看出，若 $g(x)$ 是该式的解，则 $\mu g(x/\mu)$ 也是该式的解，故可选择 μ 使得解满足边界条件 $g(0) = 1$。在 (10.2.51) 式中令 $x = 0$，并应用边界条件 $g(0) = 1$，便得普适常数 α 为

$$\alpha = -1/g(1) \tag{10.2.52}$$

因 $x = 0$ 是 $f^{2^n}(R_n, x)$ 的极值点，故有 $f^{2^n\prime}(R_n, 0) = 0$，亦即 $g'(0) = 0$。满足 (10.2.51) 式的解可写为

$$g(x) = 1 + Ax^z + Bx^{2z} + Cx^{3z} + \cdots \tag{10.2.53}$$

取不同的 z 值，便有不同的解。"$z = 2$"称为二次型极大的正常解。Feigenbaum 用数值计算办法给出的正常解为

$$\begin{aligned} g(x) &= 1 - 1.52763x^2 + 0.104815x^4 + 0.0267057x^6 - \cdots \\ \alpha &= -1/g(1) = 2.502807876 \end{aligned} \tag{10.2.54}$$

若取 $g(x)$ 的二次近似式

$$g(x) \simeq 1 + bx^2 \tag{10.2.55}$$

代入 (10.2.51) 式并略去高于或等于 x^4 的项，便有

$$1 + bx^2 \simeq -\alpha(1 + b) - \left(\frac{2b^2}{\alpha}\right)x^2 \tag{10.2.56}$$

由此解出

$$b = (-2 - \sqrt{12})/4 \simeq -1.366, \qquad \alpha = -2b = 2.73 \tag{10.2.57}$$

与准确解 (10.2.54) 比较，误差在 10%。

10.2.3　二分岔理论的抛物线近似 [16]

Feigenbaum 引进的函数 $g_r(x)$ 及其极限 $g(x)$ 虽能给出普适常数 α 的计算，但还有普适常数 r_∞ 与 δ。考虑到二分岔向混沌过渡是很重要的向混沌过渡道路，若能对其解析性质及普适性有进一步的了解，对应用混沌理论于具体物理问题也将是有益的。本小节我们将提出二分岔理论的抛物线近似，这样可以清楚地看出由不稳导致分岔、分岔能够致稳、分岔的极限便是混沌这样一些特点，而且这个方法提供了一个精确度很高的计算 r_∞ 的办法。

为讨论方便起见，我们将 (10.2.28) 式作如下变换：$x_n \rightarrow \dfrac{x_n}{r} + \dfrac{1}{2}$，于是有

$$x_{n+1} = \frac{r^2}{4} - \frac{r}{2} - x_n^2 = p - x_n^2 \tag{10.2.58}$$

$$\delta x_n = -2x_{n-1}\delta x_{n-1} = (-2x_{n-1}) \cdots (-2x_0)\delta x_0 \tag{10.2.59}$$

当 $\left|\dfrac{\delta x_n}{\delta x_0}\right| = 2^n |x_{n-1} \cdots x_0| > 1$ 时, 迭代是不稳定的, 当 $\left|\dfrac{\delta x_n}{\delta x_0}\right| = 2^n |x_{n-1} \cdots x_0| < 1$ 时是稳定的。根据这点可解出各次分岔点如下:

$$x_0 = p - x_0^2 \tag{10.2.60}$$

$$x_0^{\pm} = \frac{-1 \pm \sqrt{1+4p}}{2} \tag{10.2.61}$$

当 $-0.25 < p < 0.75$ 时, $|2x_0^-| = |-1-\sqrt{1+4p}| > 1$ 是不稳定的, $|2x_0^+| = |-1+\sqrt{1+4p}| < 1$ 是稳定的。但当 $p > 0.75$ 时, $|2x_0^+| > 1$ 也是不稳定的。于是可考虑在 $p > 0.75$ 的二次迭代方程

$$x_1 = p - x_0^2 = p - (p - x_1^2)^2 \tag{10.2.62}$$

即

$$(x_1^2 + x_1 - p)(x_1^2 - x_1 - p + 1) = 0$$

由 $x_1^2 - x_1 - p + 1 = 0$ 给出

$$x_1^{\pm} = \frac{1 \pm \sqrt{4p-3}}{2}, \qquad |2x_1^+ 2x_1^-| = 4|1-p| \leqslant 1 \tag{10.2.63}$$

当 $0.75 \leqslant p \leqslant 1.25$ 时是稳定的, 但当 $p > 1.25$ 时又是不稳定的了, 要进一步分岔。若称 $p = -0.25$ 是零次分岔, 则 $p = 0.75, 1.25$ 分别是迭代的第 1、第 2 次分岔点, 如图 10.10 所示。在第 1 次分岔点 $p = 0.75$, 由 $2x_0^+ = 1$ 过渡到 $2x_1^{\pm} = 2x_0^+ \pm \varepsilon$, $|(2x_0^+ + \varepsilon)(2x_0^+ - \varepsilon)| = |1 - \varepsilon^2| < 1$ 系统变为稳定的。但当 p 继续增大, 以至 $p \geqslant 1.25$, $2x_1^+ 2x_1^- = 4(1-p) \leqslant -1$ 系统又变为不稳定的。又需要进一步分岔, 亦即第 2 次分岔使系统变为稳定的。这时 x 与 p 的关系较为复杂 (见图 10.10)。但可用抛物线来近似。在 $0.75 < p < 1.25$ 间为准确抛物线, $x_1^{\pm} = 0.5 \pm \sqrt{p - 0.75}$。当 $p = 1.25$ 时, $x_1^+ = 0.5 + \sqrt{0.5} = x_a$, $x_1^- = 0.5 - \sqrt{0.5} = x_b$。当 $p > 1.25$ 时, 可用下式近似:

$$\begin{array}{ll} x_a + a\sqrt{\Delta p} + A\Delta p, & x_a - a\sqrt{\Delta p} + A\Delta p \\ x_b + b\sqrt{\Delta p} + B\Delta p, & x_b - b\sqrt{\Delta p} + B\Delta p \end{array} \tag{10.2.64}$$

将 (10.2.64) 式代入 (10.2.58) 式, 并参照图 10.10 所示的迭代 (1), 便得

$$\begin{aligned} x_b - b\sqrt{\Delta p} + B\Delta p &= p_0 + \Delta p - (x_a + a\sqrt{\Delta p} + A\Delta p)^2 \\ &\simeq p_0 + \Delta p - x_a^2 - a^2\Delta p - 2x_a a\sqrt{\Delta p} - 2x_a A\Delta p \end{aligned}$$

即

$$-b = -2x_a a, \qquad 2x_a A + B = 1 - a^2 \tag{10.2.65}$$

同样由迭代 (2) 得

$$-a = 2x_b b, \qquad 2x_b B + A = 1 - b^2 \tag{10.2.66}$$

又设这两个抛物线中, 有一个为准确抛物线[13], 如 $B = 0$, 则由 (10.2.65) 式、(10.2.66)
式并注意到 $2x_a 2x_b = -1$, 可得

$$\begin{cases} b = \dfrac{2x_a}{\sqrt{1 - 2x_a + (2x_a)^2}} = \dfrac{1}{\sqrt{1 + 2x_b + (2x_b)^2}} \\[4mm] a = \dfrac{1}{\sqrt{1 - 2x_a + (2x_a)^2}} \end{cases} \tag{10.2.67}$$

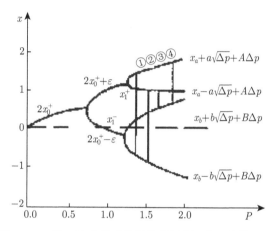

图 10.10　第二次分岔后的抛物线近似 (参照文献 [16])

重要的是, 解 (10.2.67) 推广到 n 次二分岔情形如第 3 次二分岔, 类似于方程
(10.2.65), (10.2.66) 式可写为

$$\begin{array}{l} 2x_a A + B = 1 - a^2 \\ 2x_b B + C = 1 - b^2 \\ 2x_c C + D = 1 - c^2 \\ 2x_d D + A = 1 - d^2 \end{array} \,, \qquad (2x_a)(2x_b)(2x_c)(2x_d) = -1$$

$$A = \begin{vmatrix} 1-a^2 & 1 & & \\ 1-b^2 & 2x_b & 1 & \\ 1-c^2 & & 2x_c & 1 \\ 1-d^2 & & & 2x_d \end{vmatrix} \times \begin{vmatrix} 2x_a & 1 & & \\ & 2x_b & 1 & \\ & & 2x_c & 1 \\ & & & 2x_d \end{vmatrix}^{-1}$$

$$= \frac{1}{4x_a} [1 - a^2 + 2x_a(1 - d^2)] - x_d[1 - c^2 - 2x_c(1 - b^2)]$$

$$=\frac{1}{4x_a}[1-a^2+2x_a(1-(2x_aa)^2)]-x_d[1-c^2-2x_c(1-(2x_cc)^2)]$$

$$=\frac{1}{4x_a}F(a,x_a)-x_dF(c,x_c) \tag{10.2.68}$$

同样可解得 B, C, D 等。按文献 [16] 的分析，在 a, b, c, d 中有一个为准确抛物线 (在 $\Delta p=0$ 附近)。设 a 为准确抛物线，于是有 $A=0$，且 $|x_a|\ll|x_d|$，(10.2.68) 式的主要贡献来自第一项，$A=0$ 相当于要求

$$1-a^2+2x_a(1-(2x_aa)^2)\simeq 0$$
$$a=\frac{1}{\sqrt{1-2x_a+(2x_a)^2}} \tag{10.2.69}$$

根据 (10.2.69) 式，可计算 Feigenbaum 数 r_∞。

将上面抛物线近似解写成更一般形式，便是

$$x_i=x_{i0}\pm a_i\sqrt{\Delta p}+A_i\Delta p$$
$$=x_{i0}\left(1\pm a_i\frac{\sqrt{\Delta p}}{x_{i0}}+\frac{A_i}{x_{i0}}\Delta p\right) \tag{10.2.70}$$

故有

$$\prod_{i,\pm}^{j}2x_i=\prod_{i,\pm}^{j}2x_{i0}\left(1\pm\frac{a_i\sqrt{\Delta p}}{x_{i0}}+\frac{A_i}{x_{i0}}\Delta p\right)$$
$$=\prod_{i,\pm}^{j}\left(\left(1+\frac{A_i}{x_{i0}}\Delta p\right)^2-\frac{a_i^2}{x_{i0}^2}\Delta p\right)$$
$$\simeq\prod_{i=0}^{j}\left(1+\left(\frac{2A_i}{x_i}-\frac{a_i^2}{x_{i0}^2}\right)\Delta p\right)\simeq 1+\sum_{i=0}^{j}\left(\frac{2A_i}{x_{i0}}-\frac{a_i^2}{x_{i0}^2}\right)\Delta p \tag{10.2.71}$$

$1+\sum_{i}^{j}\left(\frac{2A_i}{x_{i0}}-\frac{a_i^2}{x_{i0}^2}\right)\Delta p\simeq-1$ 便是发生下一次分岔的不稳点。于是有

$$\Delta p_j=\frac{-2}{\sum_{i=0}^{j}\left(\frac{2A_i}{x_{i0}}-\frac{a_i^2}{x_{i0}^2}\right)} \tag{10.2.72}$$

对 (10.2.72) 式作出贡献的是那些 x_{i0} 为最小的项，特别是 $A_i=0$ 的纯抛物线项。故有

$$\Delta p_j\simeq\frac{2x_{j0}^2}{a_j^2}=\frac{(2x_{j0})^2}{2}(1-2x_{j0}+(2x_{j0})^2) \tag{10.2.73}$$

(10.2.73) 式可用来计算 Feigenbaum 数 r_∞。因为根据这公式可以将分岔点逐点地计算出来 (见图 10.11)。

$$x_{j+1,0} = x_{j,0} - \text{sgn}(x_{j,0})a_j\sqrt{\Delta p_j} \simeq x_{j,0} - \text{sgn}(x_{j,0})\sqrt{2}x_{j,0}$$

$$\left|\frac{x_{j+1,0}}{x_{j,0}}\right| = \sqrt{2} - 1 = \frac{1}{1+\sqrt{2}} \tag{10.2.74}$$

由 (10.2.73) 式、(10.2.74) 式得

$$p_\infty = p_0 + \sum_j \Delta p_j = p_0 + \sum_{j=0}^\infty \frac{(2x_{j,0})^2}{2}(1 - 2x_{j,0} + (2x_{j,0})^2) \tag{10.2.75}$$

$$= p_0 + \frac{1}{2}\left[\frac{(2x_{0,0})^2}{2(\sqrt{2}-1)} - \frac{(2x_{0,0})^3}{5\sqrt{2}-6} + \frac{(2x_{0,0})^4}{12\sqrt{2}-16}\right] \tag{10.2.76}$$

取 $p_0 = 0.75$，则 $2x_0 = 1$，代入 (10.2.76) 式得

$$p_\infty = 0.75 + \frac{1}{2}\left[\frac{1}{2(\sqrt{2}-1)} - \frac{1}{5\sqrt{2}-6} + \frac{1}{12\sqrt{2}-16}\right] = 1.4019$$

若取 $p_0 = 1.25$，则 $2x_0 = 1 - \sqrt{2}$

$$p_\infty = 1.25 + \frac{1}{2}\left[\frac{3-2\sqrt{2}}{2(\sqrt{2}-1)} + \frac{5\sqrt{2}-7}{5\sqrt{2}-6} + \frac{17-12\sqrt{2}}{12\sqrt{2}-16}\right] = 1.40185 \tag{10.2.77}$$

而 p_∞ 的准确值为 $p_\infty^e = \dfrac{r_\infty^2}{4} - \dfrac{r_\infty}{2} = \dfrac{3.5699456^2}{4} - \dfrac{3.5699456}{2} = 1.401155$。将两个近似值 1.4019, 1.40185 与准确值 1.401155 相比是非常接近的，误差只在 5/10000。

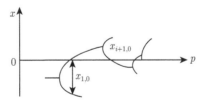

图 10.11 在 $x = 1/2$ 附近的分岔点 Δp_i (参照文献 [16])

由图 10.11 还能看出

$$d_j = x_j^+ - x_j^-, \qquad x_j^\pm = x_{j,0} \pm a_j\sqrt{\Delta p_j} \tag{10.2.78}$$

Δp_j 由 $x_j^+ = 0$ 确定，故有

$$d_j = 2a_j\sqrt{\Delta p_j} = -2x_{j,0} \tag{10.2.79}$$

$$\alpha = -\frac{d_j}{d_{j+1}} = -\frac{x_{j,0}}{x_{j+1,0}} = 1 + \sqrt{2} = 2.414 \tag{10.2.80}$$

与 α 的准确值 2.5029078750 相比，误差为 3.6%。

参照 δ 的定义 (10.2.37) 及 Δp_j 的定义 (10.2.73) 式便得

$$\delta = \lim_{j \to \infty} \frac{\Delta p_j}{\Delta p_{j+1}} \simeq \left(\frac{x_{j,0}}{x_{j+1,0}}\right)^2 = (1 + \sqrt{2})^2 = 5.827 \tag{10.2.81}$$

这与 δ 的数值计算得出的准确值 4.6692 相比，误差已达 20%，精度较差。

十分有意义的是将 (10.2.70) 式写成

$$\Delta x_i = x_i - x_{i0} = A_i \Delta p \pm a_i \sqrt{\Delta p}$$

这已经就是描述布朗运动的 Ito 随机微分方程了。A_i 是驱动矢量，而 $B_{ij} = \langle a_i a_j \rangle$ 是扩散矩阵。参见 (10.2.65) 式，(10.2.70) 式，(10.2.71) 式。

还应注意到后面图 10.23(a)，$r_\infty < r < 4$ 的 "混沌区"，并非真正的一片混沌，而是有许多周期分岔窗。其中有一个大的 3-周期窗，还有许多小的周期窗，结构是极为复杂的。

10.2.4　阵发混沌

在讨论阵发混沌以前，需先研究一下分岔类型。前面讨论的倍周期分岔，又称叉型分岔，如图 10.12 (a) 所示。当参量 r 连续增大时，在分岔点的左邻一个稳定的不动点失稳，在分岔点右邻产生两个稳定的倍周期点，即图中实线所示，而虚线则表示不稳定的不动点轨迹。除了这种分岔外，还有图 10.12(b) 所示的切分岔。在 x 的右侧有两个不动点。其中一个是稳定的 (实线)；另一个是不稳定的 (虚线)。图 10.12(c) 为 Hopf 分岔，是从一个稳定的不动点过渡到极限环。

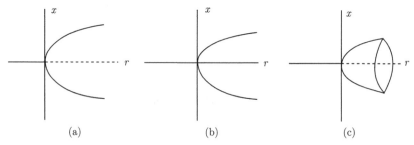

图 10.12　(a) 叉型分岔；(b) 切分岔；(c) Hopf 分岔

阵发混沌是通向混沌的重要道路之一，1979 年、1980 年由 Pomeau、Manneville 提出 [17, 18]。他们用数值方法求解了 Lorenz 方程 (10.2.10)，并研究了其中 y 分量随时间 t 的变化，结果如图 10.13 所示。当 $r < r_c$ 时，$y(t)$ 是随时间 t 的周期振

荡。但当 $r > r_c$ 时，周期振荡被一些偶发的混沌脉冲所中断。当 r 继续增大时，这种偶发混沌脉冲愈来愈频繁，以致覆盖了整个周期振荡区。为解释这种现象，可用解的轨迹 $(x(t), y(t), z(t))$ 穿过平面 $x = 0$ 的 $y(t)$ 的值 y_n, y_{n+1} 作 Poincare 图 10.14。n 表示穿过的次数，$r_c = 166$，r 稍超过 r_c，属 I 型切分岔。为对 Poincare 图 10.14 作出解释，可看图 10.15。当 $r < r_c$ (见图 10.15 (a)) 时，有一个稳定的不动点，对应于 (10.2.10) 式第一方程的稳态解，即稳定的不动点；另一不动点是不稳定的。当 $r > r_c$ (见图 10.15(c)) 时，没有稳定的不动点，迭代后 y_n 的变化剧烈，不趋向于定值。但当轨迹接近于原来的不动点时，y_n 的变化明显减慢。r 愈接近于 r_c，形成的通道愈狭窄，轨迹进入通道，并由通道逃逸出去，就需要更多次迭代。当 $r = r_c$ 相切时，有一个不动点 (见图 10.15(b))，这可看成图 10.15(a) 两个不动点的重合。这两个不动点的下侧是稳定的，而上侧是不稳定的。与图 10.12 (b) 的

图 10.13　Lorenz 方程 $y(t)$ 随时间变化 (参照文献 [18])

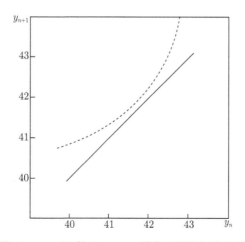

图 10.14　$y(t)$ 的 Poincare 映象 (参照文献 [18])

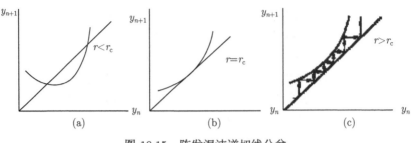

图 10.15　阵发混沌逆切线分岔

切分岔比较, 我们称图 10.15 (b) 的分岔为逆切分岔。按逆切分岔趋向混沌为 I 型阵发混沌。图 10.14 与图 10.15 (c) 表明 Lorenz 方程 Poincare 映象就是按 I 型阵发方式趋向混沌的。除了 I 型阵发混沌外, 还有 II, III 型阵发混沌。I 型阵发混沌的映象, 当参量 ε 由 $\varepsilon < 0$ 增至 $\varepsilon > 0$ 时, 本征值在 $x = 1$ 处穿过单位圆而获得不稳。II 型阵发混沌通过单位圆有两个共轭不稳根。III型阵发混沌在 $x = -1$ 穿过单位圆获得不稳。

10.2.5　二维映象与奇异吸引子 [17~30]

到此为止我们主要讨论了一维迭代映象。将这一讨论推广到二维, Henon 二维迭代映象便是很有代表意义的例子 [20, 21]。Henon 二维迭代映象方程为

$$x_{n+1} = y_n - Ax_n^2 + 1, \qquad y_{n+1} = bx_n \qquad (10.2.82)$$

与一维二次迭代相似, Henon 二维迭代映象在到达混沌以前, 也经历了一个倍周期即 2^n 分岔的过程。若 (10.2.82) 式中的 b 取为 0.3, 则发生倍周期分岔处的 $A = A_n$ 见表 10.1。有意义的是, 由这些 A_n 算出的 δ_n, 也同样以 Feigenbaum 数 $\delta = 4.6692\cdots$ 为极值。这再一次表明 δ 的普适性。

表 10.1

2^n 周期	A_n	$\delta_n = \dfrac{A_n - A_{n-1}}{A_{n+1} - A_n}$
2	0.3675	
4	0.9125	4.844
8	1.026	4.3269
16	1.051	4.696
32	1.056536	4.636
64	1.05773083	4.7748
128	1.0579808931	4.6696
256	1.05803445215	4.6691

由初值 $(x_0,\,y_0)$ 出发, 按方程 (10.2.82) 进行迭代, 可得出数列 $(x_n,\,y_n)$, $(x_n,\,y_n)$ 或趋向无限大, 或收敛于一个集合。若为后者, 则集合称为吸引子。而那些收敛于吸引子的初值 $(x_0,\,y_0)$ 集合称为吸引子盆 (basin of attractor)。

在一维迭代映象中, 那些 n-循环的不动点 $x_i = f_{r_n}^n(x_i)$, 均可看成吸引子。至于多维迭代映象的描述, 则还需增加新的概念, 奇异吸引子便是其中之一。现考虑 N 维相空间的自治动力学微分方程所描述的质点的运动

$$\dot{y}_j = F_j(y_1, y_2, \cdots y_N), \qquad j = 1, 2, \cdots, N \tag{10.2.83}$$

又设想在 N 维相空间中取一封闭的曲面 S。于是由 S 所包含的体积 V 随时间的演化为

$$\frac{\mathrm{d}V}{\mathrm{d}t} = \int_s \mathrm{d}s \boldsymbol{v} \cdot \boldsymbol{n} = \int_V \mathrm{d}^N y \sum_{j=1}^{N} \frac{\partial F_j}{\partial y_j} \tag{10.2.84}$$

式中 $\boldsymbol{v}$ 为质点运动的速度矢量, $\boldsymbol{n}$ 为垂直于面元 $\mathrm{d}s$ 的法向单位矢量。若 $\dfrac{\mathrm{d}V}{\mathrm{d}t} < 0$, 当 $t \to \infty$ 时, $V \to 0$, 这样的系统称为耗散系统, 这是对于动力学方程 (10.2.83) 的连续映象而言的。如果是分立的映象, 则相应的 Jacobi 矩阵行列式为 < 1, 也就是耗散系统了。

将 (10.2.84) 式应用于 Lorenz 方程 (10.2.10) 便得

$$\frac{\mathrm{d}V}{\mathrm{d}t} = -(\sigma + 1 + b)V < 0, \qquad \sigma > 0,\ b > 0 \tag{10.2.85}$$

故随时间的增长, 体积 V 将随 t 指数地收缩。

$$V(t) = V(0)\mathrm{e}^{-(1+\sigma+b)t} \tag{10.2.86}$$

对分立的迭代映象 (10.2.82), 当 $|b| < 1$ 时, 也是体积收缩的耗散体系, 这是因为其 Jacobi 矩阵的绝对值为

$$\left| \det \begin{pmatrix} -2Ax_n & 1 \\ b & 0 \end{pmatrix} \right| = |b| \tag{10.2.87}$$

从这两个耗散系统的例子来看, 若初值 (x_0, y_0) 形成的集合, 亦即吸引盆充满了体积 V, 则经过无限长时间的演化后的集合, 即吸引子的体积将趋近于零。因为吸引盆的极限为吸引子。但吸引子究竟是什么呢? Lanford[22] 曾对吸引子给出如下定义: 相空间的一个子集 X 若满足如下条件, 则称之为吸引子。① 在分立映象 (如 (10.2.82) 式) 或连续映象 (如 (10.2.83) 式) 情况下, 亦即经过 "流" 后, 吸引子 X 是不变的; ② X 有一邻域, 经过 "流" 后, 该邻域将收缩到 X; ③ X 的每一部分

均不是瞬变的; ④ X 不可能分割为互不交叠的部分。像上面我们已经提到的那样,可以定义 X 的吸引盆为相空间那些当 $t \to \infty$ 时趋近于 X 的集合。一个吸引子可以是一个不动点,也可以是一个极限环或 N 维环面; 但也可以是一个混沌吸引子 (chaotic attractor),也称为奇异吸引子 (strange attractor),它具有灵敏地依赖于初始条件的特点 (至少有一个 Liapunov 指数为正)。换句话说,耗散系统的相体积收缩也并不意味着所有的长度均收缩。现以 Baker 变换的二维映象为例来分析这个问题。看如下变换:

$$x_{n+1} = 2x_n \bmod 1 \tag{10.2.88}$$

$$y_{n+1} = \begin{cases} ay_n, & 0 \leqslant x_n \leqslant 1/2 \\ ay_n + 1/2, & 1/2 \leqslant x_n \leqslant 1 \end{cases} \tag{10.2.89}$$

由 x_n 至 x_{n+1} 的变换表明先将 x_n 拉长一倍,若 $2x_n > 1$,则取整仍放在单位方框内。而 y 的变换,若 $x < 1/2$,就是收缩,若 $x > 1/2$,则除了收缩外,还要加上 $1/2$ 的平移。总的来说,这个变换的相体积愈来愈减少。但 x 部分的映象又表现为原来靠得很近的两个 x 点,随着映象次数的增加,两点间沿 x 方向的距离愈来愈分离,亦即沿 x 方向的距离很灵敏地依赖于初值。但沿 y 方向的距离则明显地被压缩了。应着重指出沿 x 方向先拉长一倍,再截成两半,又叠在一起,这就是形成混沌吸引子的过程。这一过程的最大特点是“结构中有结构”。Baker 变换的混沌吸引子乃是一些水平线段的无穷集合,其吸引盆则是整个单位方块。Baker 变换沿 x 方向的 Liapunov 指数 $\lambda_x = \log 2$,沿 y 方向的 Liapunov 指数 $\lambda_y = \log a$。当 $a = 0.4$ 时,总的 Liapunov 指数 $\lambda = \log 2 + \log a = \log 2a = \log 0.8 < 0$,体积是收缩了。当 $t \to \infty$ 时,体积将收缩到零,但也不能因此说混沌吸引子 (通常称为奇异吸引子) 就是一条线或一个点。恰恰相反,奇异吸引子具有非整数维数,必须采用 Hausdorff 推广的维数概念,即分维数 (fractal dimension) 来描述 [23]。分数维数可以这样定义,设线段增加 l 倍,具有 D 维数物体大小增加 $K = l^D$ 倍,于是 $D = \log K / \log l$。将这些定义应用于 Baker 变换便有

$$D_B = D_x + D_y = \frac{\log 2}{\log 2} + \frac{\log \dfrac{1}{2}}{\log a} = 1 + \left| \frac{\log 2}{\log a} \right| = 1.75647, \quad a = 0.4$$

除此之外,分数维数还有另一种等价的定义。现考虑一单位立方体,它包含了 $N(\epsilon) = \epsilon^{-3}$ 个边长为 ϵ 的小立方体;一单位正方块,它包含 $N(\epsilon) = \epsilon^{-2}$ 个边长为 ϵ 的小正方块;一单位长的线段,包含了 $N(\epsilon) = \epsilon^{-1}$ 长度为 ϵ 的小线段。对上述每一种情形,均可按下式定义维数:

$$D_c = \lim_{\epsilon \to 0} \frac{\log N(\epsilon)}{\log \dfrac{1}{\epsilon}} \tag{10.2.90}$$

分别为整数 3, 2, 1。现将此定义应用于求 Cantor 集的维数。参见图 10.16,将线段 [0, 1] 分为三段,去掉中间一段 (开集)。对剩下的两段,又分为三段,又去掉中间一段 (开集)。如此继续下去,便得 Cantor 集。应用上面方法,先取 $\epsilon = 1$ 只需一个线段就能将 Cantor 集覆盖掉。又取 $\epsilon = 1/3$,则需两个线段才能将 Cantor 集覆盖,故有 $N(\epsilon) = 2$,同样取 $\epsilon = \left(\dfrac{1}{3}\right)^2$, $N(\epsilon) = 2^2$; $\epsilon = \left(\dfrac{1}{3}\right)^n$, $N(\epsilon) = 2^n$。于是按 (10.2.90) 式,得 Cantor 集的维数

$$D_c = \lim_{\epsilon \to 0} \frac{\log N(\epsilon)}{\log \dfrac{1}{\epsilon}} = \lim_{n \to \infty} \frac{\log 2^n}{\log 3^n} = 0.6309 \tag{10.2.91}$$

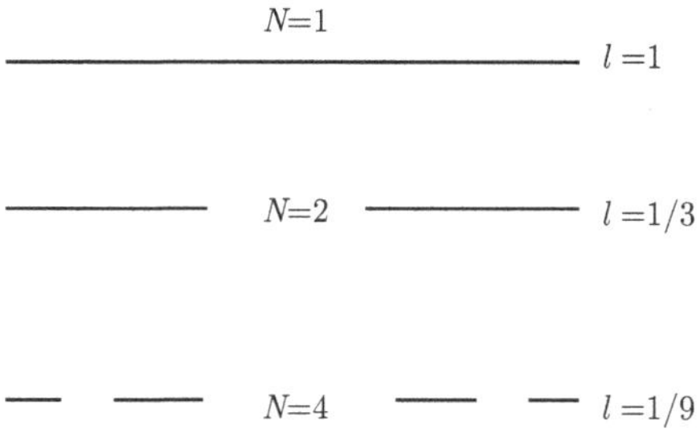

图 10.16　Cantor 集

现在我们回到由 (10.2.82) 式所表示的 Henon 映象。图 10.17 (a) 为 $b = 0.3$, $A = 1.4$, 10^4 次迭代后的结果,图中已标出迭代次数 20 ～ 25 的点。图 10.17(b) 即图 10.17(a) 中方块放大后的结果,图 10.17(c) 又是图 10.17(b) 中方块放大后的结果。由图 10.17(a)～(c) 中方块内的结构的自相似性,就明显看出前面已提到的"结构中有结构",而且是自相似的。又可用上面的方法求得 Henon 映象的维数 $D_c = 1.26$。具体来说,将图 10.17 (a) 的 10^4 个迭代点用边长为 l 的正方块去覆盖,并数出需要多少个方块将这些点覆盖掉。设这数为 $N(l)$,于是再减小 l,求出相应的方块数 $N(l)$,并求极限,便得维数 $D_c = \lim_{l \to 0} \dfrac{\log N(l)}{\log 1/l}$。

由图 10.17(c) 可看出迭代主要落在 6 条线上。图 10.17(d) 的高度即迭代点落在该线上的概率。6 个不同的相对高度,就表明 Henon 映象是非均匀的,而这一特点还不能从 Hausdorff 维数定义中反映出来。

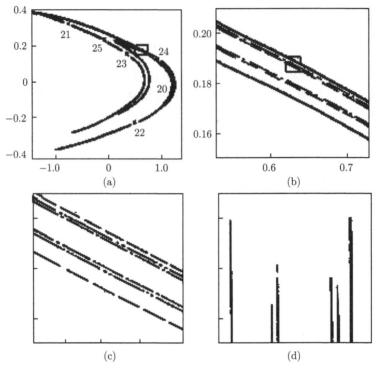

图 10.17　10^4 次迭代后的 Henon 吸引子 (参照文献 [30])

10.2.6　由准周期向混沌过渡，Ruelle-Takens-Newhouse 方案

流体力学中由片流运动向湍流运动过渡是早就注意到的混沌现象，也是与出现奇异吸引子有关。为清楚了解这一点，我们仍回到图 10.12 (c) 所示的 Hopf 分岔，这一分岔由一个不动点过渡到一极限环。我们考察如下的极坐标系的动力学方程及其解：

$$
\begin{cases}
\dfrac{\mathrm{d}r}{\mathrm{d}t} = -(\Gamma r + r^3), & \Gamma = a - a_{\mathrm{c}} \\[2mm]
\dfrac{\mathrm{d}\theta}{\mathrm{d}t} = \omega
\end{cases}
\tag{10.2.92}
$$

解为

$$
\begin{cases}
r^2(t) = \dfrac{\Gamma r_0^2 \mathrm{e}^{-2\Gamma t}}{r_0^2(1 - \mathrm{e}^{-2\Gamma t}) + \Gamma} & r = r_0, t = 0 \\[4mm]
\theta(t) = \omega t & \theta = 0, t = 0
\end{cases}
\tag{10.2.93}
$$

当 $\Gamma > 0$ 时，轨道由 $r > 0$ 趋向不动点 $r = 0$ (见图 10.18 (a))。当 $\Gamma < 0$ 时，轨道趋向极限环 $r_\infty = \sqrt{a_c - a}$ (见图 10.18 (b))。由于 Hopf 分岔，一个频率为 ω 的振动便被激发 (见图 10.18 (c))。1944 年，Landau 在此基础上便提出湍流之所以发生乃是一个、两个、$\cdots$ 无穷个 Hopf 分岔的结果。如图 10.19 (a) 所示，当参量 R 不断增加时，一个、两个、$\cdots$ 无穷个振动被激发，这就是 Landau 通向混沌的道路。从功率谱来看，最后便是一个包含无穷频率的连续谱[25]，但实际情况并非这样。图 10.20 给出 Benard 实验功率谱的测量[26]。在出现了两个不可约的 ω_1, ω_2 振动 (见图 10.20(b)) 之后便出现了连续谱 (见图 10.20(c)、(d))。这就使得 Ruelle-Taken-Newhause 提出了新的如图 10.19 (b) 所示的向混沌过渡的道路[27]。他们证明了在经历两次 Hopf 分岔，产生不可约频率 ω_1, ω_2 的振动后，规则运动将是很不稳定的。几乎不可避免地要形成一奇异吸引子的混沌运动，这就是湍流。

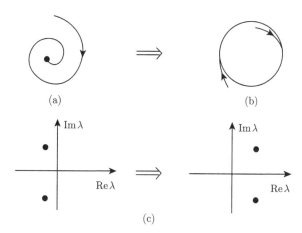

图 10.18　通过 Hopf 分岔由一个不动点趋向极限环

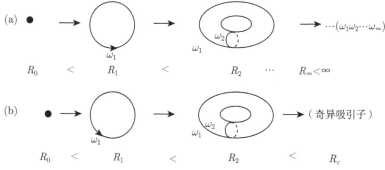

图 10.19　(a) Landau 提出的通向混沌的道路；

(b) Ruelle-Takens-Newhouse 通向混沌的道路

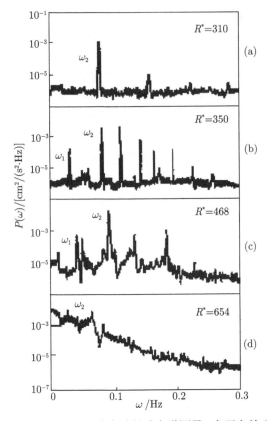

图 10.20　Benard 对流实验的功率谱测量 (参照文献 [26])

控制参量为相对 Rayleigh 数, $R^* = R/R_c$。(a) 具有频率 ω_2 及其谐波的周期运动; (b) 具有两个不可约
频率 ω_1, ω_2 的周期运动; (c) 具有锐线谱的非周期混沌运动; (d) 混沌的连续谱

10.2.7　奇异吸引子图像与分形边界

Julia 在 1918 年研究了复变量 z 的有理函数 $f(z)$ 的迭代映象 [28]。现以下面的二次函数为例:

$$z_{n+1} = f(z_n) = z_n^2 + c \tag{10.2.94}$$

形状与 (10.2.58) 式相似, 但由于 z 是复变量, 映象显得很复杂。现定义那些经多次映象被吸引到 $z^* = \infty$ 附近, 即 $z^* = \infty$ 的吸引盆的边界为 Julia 集 J_c

$$J_c = z\text{的边界}, \qquad \lim_{n \to \infty} f_c^n(z) \to \infty \tag{10.2.95}$$

图 10.21 (a), (b) 就是这样两个 Julia 集 [28]。图 10.21(a) 的参数 $c = 0.32 + 0.043i$, 图 10.21(b) 中 $c = -0.194 + 0.6557i$。

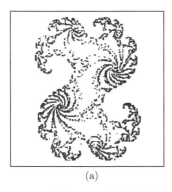 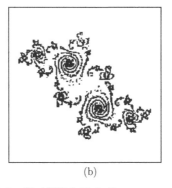

$$(a) \qquad\qquad (b)$$

图 10.21 两个典型的 Julia 集 (参照文献 [28])

$$f_c(z_n) = z_n^2 + c$$

Julia 还证明了一条定理: 只要 $\lim\limits_{n\to\infty} f_c^n(0) \nrightarrow \infty$, 则 J_c 是连通的。因 $\lim\limits_{n\to\infty} f_c^n(0)$ 是依赖于参数 c 的。B. B. Mandelbrot (1980 年) 又定义了参数 c 中那些使 J_c 连通的集为 M 集 [29, 30]。

$$M = \{c | J_c \text{是连通的}\} = \{c | \lim_{n\to\infty} f_c^n(0) \nrightarrow \infty\} \tag{10.2.96}$$

图 10.22(b) 为在 c 复平面二次函数迭代 (10.2.94) 的 M 集, 上图为按 (10.2.58) 式 $x_{n+1} = x_n^2 + c$, 沿 c 的实轴迭代的分岔结构。

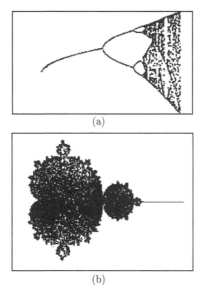

$$(a)$$

$$(b)$$

图 10.22 (10.2.94) 式在 c 平面的 M 集与沿 c 的实轴 (10.2.58) 式迭代的二分岔结构 (参照文献 [28])

10.2.8   一维迭代的功率谱与外界噪声的影响

(1) 一维迭代的功率谱 $P(k)$ 也是反映一维迭代映象 (10.2.28) 特性一个很重要的方面。2^n 周期迭代 $x^n(t) = f_{R_n}^t(0)$，$t = 1, 2, \cdots, 2^n = T_n$ 的 Fourier 谱 a_k^n 由下式定义，$P(k) = |a_k^n|^2$

$$x^n(t) = \sum_{k=0}^{2^n-1} a_k^n \exp\left\{\mathrm{i}\frac{2\pi k}{T_n}t\right\} \tag{10.2.97}$$

$x^n(t)$ 为 t 的周期函数，包含了频率 $\omega_k = \dfrac{2\pi k}{T_n}$，$k = 0, 1, \cdots, 2^n - 1$ 的各个分量。

每分岔一次，如 $n \to n+1$，便增添了新的谐波分量 $\omega_k = \dfrac{2\pi k}{2^{n+1}}$ $(k = 1, 3, 5, \cdots)$。

Fourier 谱 a_k^n 可通过 (10.2.97) 式的反变换得到，即

$$a_k^n = \frac{1}{T_n}\int_0^{T_n}\mathrm{d}t \exp\left\{-\mathrm{i}\frac{2\pi k}{T_n}t\right\}x^n(t) \tag{10.2.98}$$

现证明 a_{2k}^{n+1} 可近似表示为 a_k^n，这是因为间隔 $[0, T_{n+1}]$ 可分为两个 T_n。故有

$$a_k^{n+1} = \int_0^{T_n}\frac{\mathrm{d}t}{2T_n}[x^{n+1}(t) + (-1)^k x^{n+1}(t+T_n)]\exp\left\{-\mathrm{i}\frac{2\pi k}{2T_n}t\right\}$$

当 k 为偶数时，上式可写为

$$a_{2k}^{n+1} = \int_0^{T_n}\frac{\mathrm{d}t}{2T_n}[x^{n+1}(t) + x^{n+1}(t+T_n)]\exp\left\{-\frac{2\pi\mathrm{i}kt}{T_n}\right\}$$
$$\simeq \int_0^{T_n}\frac{\mathrm{d}t}{T_n}x^{n+1}(t)\exp\left\{-\mathrm{i}\frac{2\pi kt}{T_n}\right\} \simeq \int_0^{T_n}\frac{\mathrm{d}t}{T_n}x^n(t)\exp\left\{-\mathrm{i}\frac{2\pi kt}{T_n}\right\} = a_k^n \tag{10.2.99}$$

当 k 为奇数时，经过复杂计算最后结果为 [32]

$$|a_{2k+1}^{n+1}| \simeq 0.152|a_{(1/2)(2k+1)}^n| \tag{10.2.100}$$

(2) 现讨论外界噪声对 Fourier 谱 a_k^n 带来的影响。一维迭代包含外界噪声 ξ_n 后可写为

$$x_{n+1} = f_r(x_n) + \xi_n \tag{10.2.101}$$

式中 ξ_n 为服从高斯分布的无规变量

$$\langle\xi_n\xi_{n'}\rangle = \sigma^2\delta_{n, n'} \tag{10.2.102}$$

σ^2 为噪声的均方值。注意到当发生一次分岔新增加的谐波分量 $|a_{2k+1}^{n+1}|$ 要比分岔前的 $|a_{k+1/2}^n|$ 小若干倍，对于一维二次迭代情形，(10.2.100) 式给出小 0.152 倍，亦即高次谐波分量 a_k^n 随 n 的增大愈来愈小，而白噪声的强度 σ^2 为常数，并不因 n 增

大而下降。这就意味着 $|a_k^n|^2$ 随 n 的增大最终要被噪声掩盖掉。图 10.23 (a), (b) 分别是无外界噪声与有外界噪声一维二次迭代的数值计算结果 [31]。

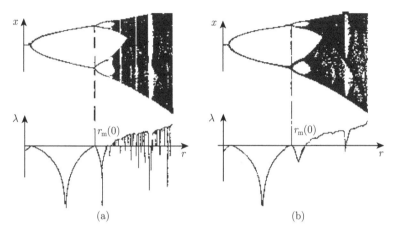

图 10.23　(a) 无噪声时二次迭代及 Liapunov 指数 λ; (b) 有噪声时二次迭代及 Liapunov 指数 λ (参照文献 [32])

10.2.9　保守系统的无规运动

保守系统的运动方程可通过 Hamilton 量 H 表示为

$$\dot{\boldsymbol{q}} = \frac{\partial H}{\partial \boldsymbol{p}}, \qquad \dot{\boldsymbol{p}} = -\frac{\partial H}{\partial \boldsymbol{q}}$$

按 Liouville 定理,相点密度 ρ 满足公式

$$\begin{aligned}
\frac{\mathrm{d}\rho}{\mathrm{d}t} &= \frac{\partial \rho}{\partial t} + \sum \left(\frac{\partial \rho}{\partial q_i} \dot{q}_i + \frac{\partial \rho}{\partial p_i} \dot{p}_i \right) \\
&= \underline{\frac{\partial \rho}{\partial t} + \sum \left(\frac{\partial}{\partial q_i}(\rho \dot{q}_i) + \frac{\partial}{\partial p_i}(\rho \dot{p}_i) \right)} - \rho \sum \left(\frac{\partial \dot{q}_i}{\partial q_i} + \frac{\partial \dot{p}_i}{\partial p_i} \right) \\
&= -\rho \sum_i \left(\frac{\partial}{\partial q_i} \frac{\partial H}{\partial p_i} - \frac{\partial}{\partial p_i} \frac{\partial H}{\partial q_i} \right) = 0
\end{aligned} \tag{10.2.103}$$

式中画线部分由流体力学的连续方程等于零。(10.2.103) 式表明保守体系的相体积 $V = 1/\rho$ 在运动过程中是不变的。保守体系也存在混沌的或奇异的相空间区域,虽然不同于耗散体系的吸引子,也不是相点被吸引到上面去。保守体系混沌区的形成较为复杂,这里只给一简要的描述。

第一个问题便是保守系统的可积问题。由 $H(\boldsymbol{q},\ \boldsymbol{p})$ 描述的保守系统被称为可积的,若能找到 Hamilton-Jacobi 方程的一个解 $S = S(q,\ J)$,满足

$$H\left(q, \frac{\partial S}{\partial q}\right) = E(J) \tag{10.2.104}$$

广义动量与坐标取为 J 与 $\theta = \dfrac{\partial S}{\partial J}$

$$\frac{\mathrm{d}J}{\mathrm{d}t} = -\frac{\partial H}{\partial \theta} = 0, \quad \frac{\mathrm{d}\theta}{\mathrm{d}t} = \frac{\partial H}{\partial J} = \omega(J) \tag{10.2.105}$$

以 $H = \dfrac{1}{2}(p^2 + \omega^2 q^2)$ 为例, 又设 $E(J) = J\omega$, 则 Hamilton-Jacobi 方程 (10.2.104) 为

$$\frac{1}{2}\left[\left(\frac{\partial S}{\partial q}\right)^2 + \omega^2 q^2\right] = J\omega$$

$$\theta = -\frac{\partial S}{\partial J} = \frac{\partial}{\partial J}\int \mathrm{d}q\sqrt{2J\omega - \omega^2 q^2} = \arccos\left(q\sqrt{\frac{\omega}{2J}}\right) \tag{10.2.106}$$

亦即

$$q = \sqrt{\frac{2J}{\omega}}\cos\theta$$

$$p = \frac{\partial S}{\partial q} = -\sqrt{2J\omega - \omega^2 q^2} = -\sqrt{2J\omega}\sin\theta \tag{10.2.107}$$

故质点的轨迹为相空间 (p, q) 内一椭圆, 按 (10.2.105) 式 $\theta = \displaystyle\int \frac{\partial H}{\partial J}\mathrm{d}t = \omega t + \theta_0$, 随着时间的推移, 质点在椭圆上不停地运动着。将这个例子推广到 $n = 2$ 即二维情形, 便有

$$H = \frac{1}{2}\sum_{i=1,\,2}(p_i^2 + \omega_i^2 q_i^2) \tag{10.2.108}$$

解为

$$q_i = \sqrt{\frac{2J_i}{\omega_i}}\cos\theta_i, \qquad p_i = -\sqrt{2J_i\omega_i}\sin\theta_i$$

$$\theta_i = \omega_i t + \theta_{i0}, \qquad i = 1,\,2 \tag{10.2.109}$$

　　一维情形的椭圆运动有一个特点: 椭圆是封闭的曲线。质点由一点出发, 经过时间 $T = 2\pi/\omega$ 后, 又回到原处。但在 $n = 2$ 即二维情况下, 质点在四维相空间运动。它有两个周期, $T_1 = \dfrac{2\pi}{\omega_1}$, $T_2 = \dfrac{2\pi}{\omega_2}$。经过 T_1 后, 质点在 (p_1, q_1) 相平面内的投影回到原处。同样经 T_2 后, 质点在 (p_2, q_2) 平面内的投影回到原处。但只有在 $\dfrac{T_1}{T_2} = \dfrac{\omega_2}{\omega_1} = $ 有理数 $\dfrac{m}{n}$, $m, n = 1, 2, 3, \cdots$ 条件下, 质点由一点出发经 $nT_1 = mT_2$ 后, 不论是在 (p_1, q_1) 平面内的投影, 还是在 (p_2, q_2) 平面内的投影, 均回到原处,

并且质点的轨迹形成一封闭的回路。否则，$\dfrac{\omega_2}{\omega_1}=$ 无理数，质点由一点出发，不论经过多长时间也不能回到原处。质点运动的轨迹形成一开路。

第二个问题，便是在可积基础上微扰展开。参照 (10.2.108) 式，设 $\varepsilon H'$ 为微扰项，则有

$$
\begin{aligned}
H &= \frac{1}{2}\sum_{1,\,2}(p_i^2+\omega_i^2 q_i^2)+\varepsilon H'\\
&= J_1\omega_1+J_2\omega_2+\varepsilon H'
\end{aligned}
\tag{10.2.110}
$$

如果可以微扰求解，则 S 也应是在原来基础上再加一微扰项，即

$$
S = \int \theta_1 \mathrm{d}J_1 + \int \theta_2 \mathrm{d}J_2 + \varepsilon S'
\tag{10.2.111}
$$

注意到 (10.2.106) 式 $\theta=\dfrac{\partial S}{\partial J}$，$\delta\theta=\dfrac{\partial \delta S}{\partial J}=\varepsilon_1\dfrac{\partial S'}{\partial J}$，即 $\delta J=\varepsilon\dfrac{\partial S'}{\partial \theta}$，可取

$$
H = (J_1+\delta J_1)\omega_1 + (J_2+\delta J_2)\omega_2
\tag{10.2.112}
$$

$$
\delta J_1 = \varepsilon\frac{\partial S'}{\partial \theta_1},\qquad \delta J_2 = \varepsilon\frac{\partial S'}{\partial \theta_2}
$$

于是由 (10.2.110) 和 (10.2.112) 式得

$$
\omega_1\frac{\partial S'}{\partial \theta_1} + \omega_2\frac{\partial S'}{\partial \theta_2} = H'
\tag{10.2.113}
$$

又设

$$
\begin{cases}
S' = \sum S'_{n_1 n_2}(J_1,J_2)\mathrm{e}^{\mathrm{i}2\pi(n_1\theta_1+n_2\theta_2)}\\
H' = \sum H'_{n_1 n_2}(J_1,J_2)\mathrm{e}^{\mathrm{i}2\pi(n_1\theta_1+n_2\theta_2)}
\end{cases}
\tag{10.2.114}
$$

将 (10.2.114) 式代入 (10.2.113) 式，便得

$$
S'_{n_1,n_2} = \frac{H'_{n_1 n_2}}{2\pi(n_1\omega_1+n_2\omega_2)}
\tag{10.2.115}
$$

(10.2.115) 式表明，只要 $n_1\omega_1+n_2\omega_2=0$，即 $\dfrac{\omega_1}{\omega_2}=-\dfrac{n_2}{n_1}=$ 有理数，展开将发散，意即 (10.2.111) 式所示的微扰展开解是不成立的。只有在 $\omega_1/\omega_2=$ 无理数的情况下，微扰展开才可能成立。KAM 定理 [33~36] 证明了只要 ω_1/ω_2 足够无理，即 $\left|\dfrac{\omega_1}{\omega_2}-\dfrac{m}{s}\right|>\dfrac{k(\varepsilon)}{s^{2.5}}$，$k(\varepsilon\to0)\to0$，$m,s$ 为互质整数，则加上 $\varepsilon H'$ 微扰后存在着如 (10.2.111) 式所示的微扰解，而且是稳定的，当 $\varepsilon\ll1$ 时，也就是在这样的情况下，

解不灵敏地依赖于初值。质点运动是规则的，也称之为稳定的环面解 (stable tori)，因质点的二维运动可通过如图 10.24 所示的环面来描写。

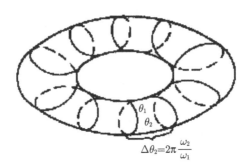

$$\Delta\theta_2 = 2\pi\frac{\omega_2}{\omega_1}$$

图 10.24　相空间的环面

现考虑 $\omega_1/\omega_2 =$ 有理数的情形。这个有理数环面，在微扰 $\varepsilon H'$ 作用下，将会被破坏，并分裂为许多小而又小的环面。这些新的小环面，如果比数 ω_1/ω_2 为无理数，按 KAM 定理将是稳定的。但稳定的小环面之间的运动则是无规的，亦即混沌的。这就是 Poincare-Birkhoff 定理的内容 [37]。

最后将导致质点的无规即混沌运动为有理数环 (ω_1/ω_2 为有理数) 蜕变为小的及更小的有理数环的过程，这一过程是自相似的。图 10.25 是蜕变环的截面图。

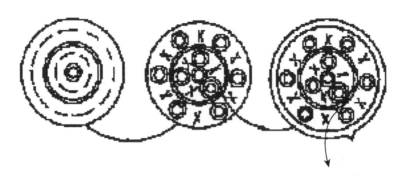

图 10.25　有理数频率环面的蜕变

作为保守系统向混沌过渡的典型例子是 Henon-Heiles 映象 [38]，其表示为

$$H = \frac{1}{2}(p_1^2 + q_1^2 + p_2^2 + q_2^2) + \left[q_1^2 q_2 - \frac{q_2^3}{2} \right] \tag{10.2.116}$$

前面括号即 $n=2$ 可积简谐振子，后面方括号为三次方不可积微扰项。当运动的总能 $E < 1/9$ 时，运动是稳定的环面。当 $E > 1/9$ 时，除稳定环面外，还有混沌轨迹的 Poincare 映象，如图 10.26[38] 所示。

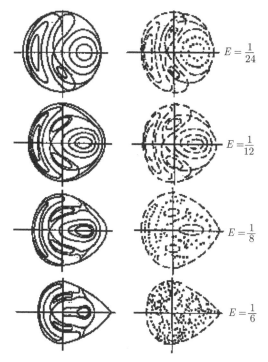

图 10.26 Henon-Heiles 系统的 Poincare 映象 (参照文献 [38])

10.3 激光单模振荡的 Lorenz 模型与实验验证

10.3.1 激光单模振荡的 Lorenz 模型 [39, 40]

参照 Bloch 方程 (3.2.1) 及 Maxwell 方程 (3.6.15) 并注意到 (3.6.15) 式的 u, v 是指 N 个原子的极化, 包括了因子 $N\mu$, 将这个因子分离出来后, 便是 (3.2.1) 式中的 u, v, 则得

$$\begin{cases} \dfrac{\partial u}{\partial t} = -\dfrac{1}{T_2}u + \left(\delta\omega - \dfrac{\partial\phi}{\partial t}\right)v \\[2mm] \dfrac{\partial v}{\partial t} = -\dfrac{1}{T_2}v - \left(\delta\omega - \dfrac{\partial\phi}{\partial t}\right)u + \dfrac{2\mu E}{\hbar}\Delta \\[2mm] \dfrac{\partial\Delta}{\partial t} = -\dfrac{\Delta - \Delta_0}{T_1} - \dfrac{2\mu E}{\hbar}v \\[2mm] \dfrac{\partial E}{\partial z} + \dfrac{n}{c}\dfrac{\partial E}{\partial t} = \dfrac{N\mu\pi\omega_0}{cn}v \\[2mm] E\left(\dfrac{\partial\phi}{\partial z} + \dfrac{n}{c}\dfrac{\partial\phi}{\partial t}\right) = \dfrac{N\mu\pi\omega_0}{cn}u \end{cases} \qquad (10.3.1)$$

对于单模情形可取近似 $\frac{\partial E}{\partial z} \simeq \frac{\partial \phi}{\partial z} \simeq \frac{\partial \phi}{\partial t} = 0$。又设单模振荡频率与原子跃迁频率为共振 $\delta\omega = 0$，故可取 $u = 0$，并加上腔的损耗 $\nu_c E$。

$$
\begin{cases}
\dfrac{\partial v}{\partial t} = -\dfrac{1}{T_2}v + \dfrac{2\mu E}{\hbar}\Delta \\[3mm]
\dfrac{\partial \Delta}{\partial t} = \dfrac{\Delta_0 - \Delta}{T_1} - \dfrac{2\mu E}{\hbar}v \\[3mm]
\dfrac{\partial E}{\partial t} = N\mu\dfrac{\pi\omega_0}{n^2}v - \nu_c E
\end{cases}
\tag{10.3.2}
$$

先令上式左边为 0 求定态值，并用 "s" 作下标表示。由上式中第一、三方程得

$$
v_{\mathrm{s}} = \frac{2\mu E_{\mathrm{s}}}{\hbar}T_2\Delta_{\mathrm{s}} = \frac{\nu_c E_{\mathrm{s}}}{N\mu\pi\omega_0}n^2
\tag{10.3.3}
$$

$$
\Delta_{\mathrm{s}} = \frac{\hbar\nu_c n^2}{2\pi\mu^2\omega_0 N T_2}
\tag{10.3.4}
$$

由第二方程得

$$
\frac{\Delta_0 - \Delta_{\mathrm{s}}}{T_1} = \frac{2\mu E_{\mathrm{s}}v_{\mathrm{s}}}{\hbar} = \left(\frac{2\mu E_{\mathrm{s}}}{\hbar}\right)^2 T_2\Delta_{\mathrm{s}}
$$

故有

$$
\left(\frac{2\mu E_{\mathrm{s}}}{\hbar}\right)^2 = \frac{1}{T_1 T_2}\left(\frac{\Delta_0}{\Delta_{\mathrm{s}}} - 1\right)
\tag{10.3.5}
$$

然后令

$$
\lambda = \frac{\Delta_0}{\Delta_{\mathrm{s}}} - 1, \qquad r = \lambda + 1 = \frac{\Delta_0}{\Delta_{\mathrm{s}}}
$$

$$
\sigma = \nu_c T_2, \qquad b = \frac{T_2}{T_1}, \qquad \tau = \frac{t}{T_2}
\tag{10.3.6}
$$

$$
X = \sqrt{b\lambda}\frac{E}{E_{\mathrm{s}}}, \qquad Y = \sqrt{b\lambda}\frac{v}{v_{\mathrm{s}}}, \qquad Z = \frac{\Delta_0 - \Delta}{\Delta_{\mathrm{s}}}
$$

则方程 (10.3.2) 可简化为

$$
\begin{cases}
\dot{X} = -\sigma(X - Y) \\
\dot{Y} = -Y - XZ + rX \\
\dot{Z} = XY - bZ
\end{cases}
\tag{10.3.7}
$$

此即 Lorenz 方程 (10.2.10)。

由 Lorenz 方程出发较容易分析其不动点与稳定性。由 (10.3.7) 式左端为零得出 X 的定态解为

$$
x_1 = 0, \quad r \leqslant 1; \qquad x_2 = \pm\sqrt{b(r-1)}, \quad r > 1
\tag{10.3.8}
$$

若将 X, Y, Z 的定态解写为 $\boldsymbol{X}(x,y,z)$，则相应地 $\boldsymbol{X}(x,y,z)$ 的解为

$$\begin{cases} \boldsymbol{X}_1(x,y,z) = (0,0,0), & r \leqslant 1 \\ \boldsymbol{X}_2(x,y,z) = (\pm\sqrt{b(r-1)}, \pm\sqrt{b(r-1)}, r-1), & r > 1 \end{cases} \quad (10.3.9)$$

在不动点 $\boldsymbol{X}_1$ 处的特征根方程为

$$\begin{vmatrix} -\lambda - \sigma & \sigma & 0 \\ r & -\lambda - 1 & \\ 0 & & -\lambda - b \end{vmatrix} = 0 \quad (10.3.10)$$

$$\lambda_{1,2} = -\frac{\sigma+1}{2} \pm \frac{1}{2}\sqrt{(\sigma+1)^2 + 4(r-1)\sigma}, \qquad \lambda_3 = -b$$

这 3 个特征根均为负，故 $\boldsymbol{X}_1$ 为稳定的不动点。另一方面，在 $\boldsymbol{X}_2$ 处的特征根方程为

$$\begin{vmatrix} -\lambda - \sigma & \sigma & 0 \\ 1 & -\lambda - 1 & -c \\ c & c & -\lambda - b \end{vmatrix} = 0, \qquad c = \pm\sqrt{b(r-1)} \quad (10.3.11)$$

$$P(\lambda) = \lambda^3 + (\sigma+b+1)\lambda^2 + b(\sigma+r)\lambda + 2b\sigma(r-1) = 0$$

图 10.27 给出 $P(\lambda)$ 随 λ 变化的定性关系。当 $r = 1$ 时，泵浦达到阈值。3 个特征根分别为 $\lambda_1 = 0$, $\lambda_2 = -b$, $\lambda_3 = -(\sigma+1)$，有一个模式开始振荡，处于介稳状态；另外两个模式为阻尼振荡。由图 10.27 还看出 $1 < r < r_1$，3 个特

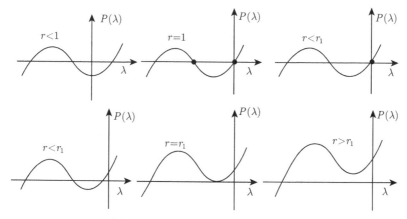

图 10.27 多项式 $P(\lambda)$ 的定性行为

征根均为负的稳定的。当 $r = r_1$ 时，3 个实根中有两个重根。当 $r > r_1$ 时有一对共轭复根，但实部仍为负的阻尼的。但当 $r = r_c$, $r_c = \sigma\dfrac{\sigma + b + 3}{\sigma - b - 1}$ 时，实部为零，$\lambda = \pm\mathrm{i}\sqrt{b(\sigma + r_c)} = \pm\mathrm{i}\sqrt{b\sigma\dfrac{2\sigma + 2}{\sigma - b - 1}}$。故在 $r_1 < r \leqslant r_c$，解为一对阻尼的极限环。这恰恰表现出前面讨论过的 Hopf 分岔。但当 $r > r_c$ 时，这一对 Hopf 分岔后的极限环失稳，质点运动轨迹绕着一个极限环运动，运动几周之后，又跳到另一极限环运动几周。而且绕极限环运动的周数及其跳动频率几乎是完全无规的，很灵敏地依赖于初值，这就是 Lorenz 说的蝴蝶效应。图 10.28 是典型的数值计算结果 [40]。图中取的参数为 $\sigma = 10$, $b = 8/3$, $r_c = \sigma\dfrac{\sigma + b + 3}{\sigma - b - 1} = 24.74$, $r = 28 > r_c$。

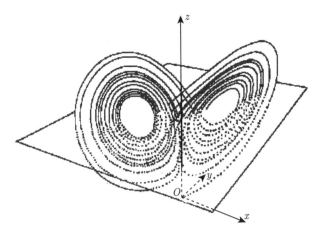

图 10.28　Lorenz 吸引子 (参照文献 [40])

10.3.2　Lorenz 模型的激光实验验证

上面分析表明有两个阈值 $r = 1$ 与 $r = r_c$，前一阈值为激光振荡阈值，当 $r = \dfrac{\Delta_0}{\Delta_\mathrm{s}} > 1$ 时，激光开始振荡了。只要 $r < r_c$ 振荡便是临界的或阻尼的，X 被吸引到不动点 X_2，只有当 $r \geqslant r_c$ 时，X 才进入不稳的极限环区，属无规的混沌运动。Lorenz 模型是研究得较好的混沌运动范例，该方程是流体中的 Benard 方程简化过来的。要在流体实验中很好地满足这些简化，并观察到理论预期的种种混沌现象，还不容易。故人们回过来求助于激光振荡实验观察混沌现象，验证理论。首先要考虑的是第二阈值 $r = r_c$，即

$$\sigma > b + 1 \tag{10.3.12}$$

$$r = \frac{\Delta_0}{\Delta_\mathrm{s}} \geqslant r_c = \sigma\frac{\sigma + b + 3}{\sigma - b - 1} \tag{10.3.13}$$

按 (10.3.6) 式定义，(10.3.12) 式也可写为 $\nu_c > \nu_1 + \nu_2$ $\left(\nu_1 = \dfrac{1}{T_1}, \nu_2 = \dfrac{1}{T_2}\right)$。

这个条件也称为 "坏腔" 条件,因通常的激光腔 ν_c 均比 ν_1, ν_2 小,属 "良腔"。在满足 (10.3.12) 式的前提下,改变 σ 使得 r_c 为最小,得

$$\sigma_{\min} = b + 1 + \sqrt{4(b+1)(b+2)}$$
$$r_{\min} = 5 + 3b + \sqrt{8(b+1)(b+2)} > 9 \tag{10.3.14}$$

(10.3.14) 式说明,就算 $b = \dfrac{\nu_1}{\nu_2} \ll 1$,泵浦的超阈度 $\dfrac{\Delta_0}{\Delta_s}$ 也必须在 9 倍以上才有可能观察到混沌现象。这个要求无疑是很苛刻的,在一般的激光器中很难满足。故 Weiss 与 Klische[41] 建议用 N_2O 激光泵浦的 NH_3 远红外激光器。NH_3 分子每一转动能级 (J, K) 均因 N 原子穿过 H_3 原子平面而产生反演分裂为 a, s 两个能级。允许跃迁为 $a \longleftrightarrow s$, $\Delta K = 0$,泵浦波长为 $10.78\mu m$,这是泵浦抽运能级波长,产生激光跃迁的激光跃迁波长为 $81.5\mu m$。跃迁谱线的加宽为近乎均匀的压力加宽,只有几兆赫。这样小的加宽与高增益就使得能实现 "坏腔" 及 "高超阈值" 两个条件,即 (10.3.14) 式。

在将激光频率准确调谐到谱线中心频率的情况下,的确观察到激光脉冲序列随时间的演化行为与 Lorenz 模型的数值模拟完全一致 [43]。这就是图 10.29(a) 所表示的激光脉冲绕一个极限环放大随机地跳到另一个极限环放大。如此反复,由一个到另一个。当参量不一样时,便是图 10.29(b),虽也包括放大与跳跃,但已是另一种脉动。关于单模均匀加宽激光振荡实验,Harison 与 Biswas 有过详细的评述 [44]。

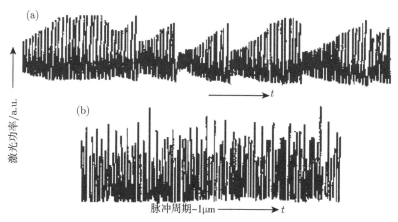

图 10.29　将腔频调谐到谱线中心频率的激光混沌行为 (参照文献 [43])

10.3.3　模式分裂与非均匀加宽

为了将失谐与非均匀加宽的影响考虑进去,我们先讨论由于失谐而产生的模式分裂。单模振荡是指腔长 L 及纵模指标 m 均给定,因而腔的本征模式频率 $\omega_m =$

$\dfrac{2\pi m}{L}c = k_m c$ 也给定情况下的激光振荡。注意到 ω_m 给定了,但激光振荡频率 ω 的解可能是一个 (ω_m 与原子谱线中心频率为共振),也可能是多个 (ω_m 与原子谱线中心频率有失谐)。设工作物质的折射率为 $n(\omega)$,长度为 l,则腔的共振条件要求

$$kln(\omega) + k(L-l) = k_m L \tag{10.3.15}$$

即

$$\frac{l}{L}(n(\omega)-1)\omega = \omega_m - \omega \tag{10.3.16}$$

又注意到 $n(\omega)-1 \simeq 2\pi\chi$,并参照色散曲线图 2.7 作图 10.30。图 10.30 中 $\omega_m - \omega$ 与色散曲线只有 1 个交点,即 $\omega_m - \omega = 0$;ω_{m+1} 与中心频率有 $\dfrac{2\pi c}{L}$ 失谐,$\omega_{m+1} - \omega$ 与色散曲线有 3 个交点,故满足共振条件的激光振荡频率有 3 个,每一个振荡频率均与中心频率有失谐 [45]。

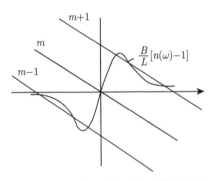

图 10.30   谱线均匀加宽情形模式分裂

上面是谱线为均匀加宽情况下由于腔的共振频率与原子谱线中心频率的失谐而出现的模式分裂。如果原子谱线是非均匀加宽的,而且中心频率处出现烧孔,色散曲线也相应地变得很复杂了。这时模式分裂如图 10.31 所示,有 3 个交点 [45]。这表明即使 ω_m 调谐到与原子谱线中心频率为共振,除了 $\omega = \omega_m$ 激光振荡频率外,还有两个旁频,旁频增益要比中心频 ($\omega - \omega_m = 0$) 的增益高,因中心已烧孔。旁频与中心频率振荡并存,就会产生拍频。在粒子数反转 Δ 及极化 v 上均会表现出来。这种中心频率与旁频振荡间的相互作用,也极易导致不稳。至少定性上可以预期,在原子谱线非均匀加宽情况下实现向混沌过渡要比均匀加宽情况下容易得多。虽然解析上更复杂,但数值模拟计算与实验观测均证实了这一点。Casperson[46] 最早做了这方面的实验。他是用低气压,放电激励的 He-Xe 激光,波长为 3.51μm,小信号增益 $g_0 \simeq 1\text{cm}^{-1}$,Doppler 加宽 $\delta\nu_D \simeq 100\text{MHz}$。由于非均匀加宽的影响,激光振荡不稳的阈值大为降低。如图 10.32 所示,当放电电流为 40mA, 50mA 时,激光为自脉动输出,称之为自脉动不稳。但当放电电流为 70mA 时,便是具有很宽的

光谱的混沌输出。关于单模激光振荡还要提到 Gioggia 与 Abraham 的实验 [47]。实验也是用的坏腔、非均匀加宽、单模 He-Xe 激光，波长为 3.51μm，通过改变失谐量，已观察到双频率及倍周期分岔通向混沌 (见图 10.33)。这些要从理论上进行分析还是很困难的，下面只就均匀加宽情形失谐的影响进行讨论。

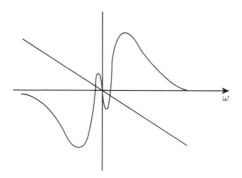

图 10.31   非均匀加宽且中心烧孔原子谱线模式分裂

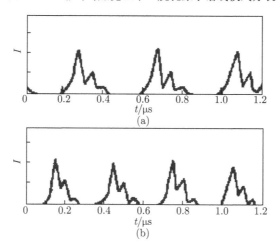

图 10.32   单模非均匀加宽激光 (SMIBL) 脉动输出 (参照文献 [46])

(a) 放电电流 40mA；(b) 放电电流 50mA

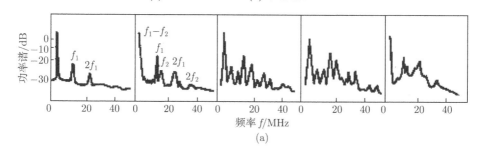

(a)

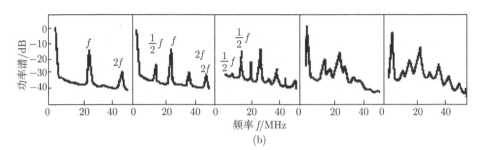

图 10.33　3.51μm He-Xe 激光通过 (a) 双频率、(b) 倍周期向混沌过渡 (参照文献 [47])

10.3.4　失谐对激光振荡第二阈值的影响 [48]

如上所述，通过激光单模振荡实验检验 Lorenz 模型，虽已得到实验与理论相符结果，但实验条件较苛刻，主要因为要满足第二阈值 $r > r_c$，对超阈值要求太高 $\dfrac{\Delta_0}{\Delta_s} > 9$，一般激光器均不满足此要求。但这一结论是在激光振荡频率 ω 与原子跃迁频率 ω_0 为共振情况下 $\delta = \omega_0 - \omega = 0$ 得到的。如果有失谐，$\delta = \omega_0 - \omega \neq 0$，影响又会怎样呢? 文献 [48] 中详细研究了这个问题，结果是在 $b = \dfrac{T_2}{T_1} = 1$ 情况下，第二阈值为

$$R_c = \frac{\sigma(\sigma + 4) - \sigma^2 \delta^2}{\sigma - 2} \tag{10.3.17}$$

很明显，随着失谐 δ 的增加，R_c 下降到与第一阈值 $1 + \delta^2$ 相等时，稳定振荡亦随之消失。由 $R_c \geqslant 1 + \delta^2$ 及 (10.3.17) 式得

$$R_c = \frac{\sigma(\sigma + 4) - \sigma^2 \delta^2}{\sigma - 2} \geqslant 1 + \delta^2 \tag{10.3.18}$$

现讨论 (10.3.18) 式的物理意义。

(1) 坏腔 $\sigma > 2$。由 (10.3.18) 式易得

$$\delta \leqslant \sqrt{\frac{\sigma^2 + 3\sigma + 2}{\sigma^2 + \sigma - 2}} = \sqrt{\frac{\sigma + 1}{\sigma - 1}} = \delta_1 \tag{10.3.19}$$

当 $\delta < \delta_1$ 时，存在稳定振荡区。但当 $\delta = \delta_1$ 时，稳定振荡区消失。

(2) 良腔 $1 < \sigma < 2$。同样由 (10.3.18) 式导出存在稳定振荡条件为 $\delta \geqslant \delta_1$。

(3) 理想腔 $\sigma < 1$。由 (10.3.19) 式看出，当 $\sigma \to 1$ 时，$\delta_1 \to \infty$。故要求 $\delta \geqslant \delta_1$，越过第二阈值已不可能。当 $\sigma < 1$ 时，δ_1 为虚数，即不存在这样的 R_c，使得 (10.3.18) 式得以满足，也不存在 r 越过 R_c 进入混沌区的问题。意即在理想腔情况下，振荡总是稳定的。图 10.34 为数值求解有失谐情况下单模激光振荡的动力学方程的结果 ($W_0 = \sqrt{b\lambda} u_0 / u_s$ 为原子极化的实部)。参数分别为 $\sigma = 4$, $b = 1$, $r = 10.64$, $\delta = 0.8$; $\sigma = 4$, $b = 1$, $r = 10.64$, $\delta = 0.9$。由这两组参数计算得的第二阈值 r_c 分别为

10.88, 9.52。$r - R_c = -0.24,\ 1.29$。故图 10.34 (a) 为稳定输出，图 10.34 (b) 已经是混沌输出了。

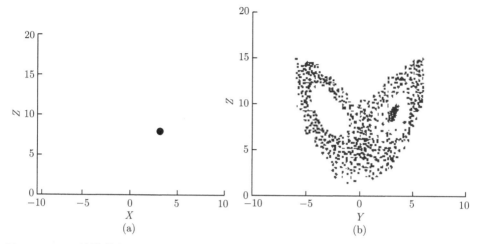

图 10.34　(a) 单模激光振荡相图 $Z\text{-}X$(初值 $X_0 = Y_0 = W_0 = 3.01,\ Z_0 = 9.01$); (b) 单模激光振荡相图 $Z\text{-}Y$(初值 $X_0 = Y_0 = W_0 = 3.01,\ Z_0 = 9.01$)(参照文献 [48])

10.4　光学双稳态中的混沌现象

10.4.1　吸收型光学双稳态

光学双稳态是指输入一个光强，输出却可能有两个光强。如图 10.35 所示，在工作物质中原子与光场的相互作用可通过 (10.3.1) 式来描写。又设光场频率与原子中心频率为共振，于是用 $\delta\omega = 0$。参照图 10.30，在中心频率处，原子色散为零，故称为吸收型。显然 $\phi = u = 0$ 是方程 (10.3.1) 的解。又略去场的损耗项 $\nu_c E$，于是有

$$\begin{cases} \dfrac{\partial v}{\partial t} = -\dfrac{1}{T_2} v + \dfrac{2\mu E}{\hbar}\Delta \\[2mm] \dfrac{\partial \Delta}{\partial t} = \dfrac{\Delta_0 - \Delta}{T_1} - \dfrac{2\mu E}{\hbar} v \\[2mm] \dfrac{\partial}{\partial t} E + \dfrac{c}{n}\dfrac{\partial E}{\partial z} = \dfrac{\pi\omega_0 N\mu}{n^2} v = \dfrac{g}{2} v \end{cases} \tag{10.4.1}$$

现求 (10.4.1) 式的稳态解 $\dfrac{\partial E}{\partial t} = \dfrac{\partial \Delta}{\partial t} = \dfrac{\partial v}{\partial t} = 0$，于是有 [49]

$$\Delta = \dfrac{v}{T_2\,\dfrac{2\mu E}{\hbar}} = \sqrt{\dfrac{\gamma_2}{\gamma_1}}\dfrac{v}{F}, \qquad F = \dfrac{2\mu E}{\hbar\sqrt{\gamma_1\gamma_2}}$$

$$v = \frac{\gamma_1 \Delta_0}{\frac{2\mu E}{\hbar} + \frac{\gamma_1 \gamma_2}{2\mu E/\hbar}} = \sqrt{\frac{\gamma_1}{\gamma_2}} \Delta_0 \frac{F}{1 + F^2} \qquad (10.4.2)$$

$$\frac{\partial F}{\partial z} = -\alpha \frac{F}{1 + F^2}, \qquad \alpha = -\frac{n \Delta_0 g}{c} \frac{\mu}{\hbar \gamma_2} \qquad (10.4.3)$$

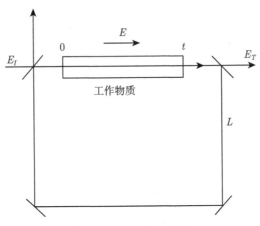

图 10.35　环行腔光路图

这里考虑吸收介质 $\alpha > 0$, $\Delta_0 < 0$。现参照图 10.35 写出环行腔的边界条件:

$$\begin{cases} E(l) = E_T/\sqrt{T} \\ E(0) = \sqrt{T} E_I + R E(l) \end{cases} \qquad (10.4.4)$$

式中 E_I, E_T 分别为入射与透射光, R、T 为反射与透射率。由 (10.4.4) 式的第二式得

$$\frac{2\mu E(0)}{\hbar \sqrt{\gamma_1 \gamma_2}} = T \frac{2\mu E_I}{\hbar \sqrt{\gamma_1 \gamma_2 T}} + R \frac{2\mu E(l)}{\hbar \sqrt{\gamma_1 \gamma_2}}$$

即

$$F(0) = Ty + Rx \qquad (10.4.5)$$

积分 (10.4.3) 式得

$$F(l) - F(0) = -\alpha \int_0^l \frac{F}{1 + F^2} \mathrm{d}z \simeq -\alpha l \frac{F(l)}{1 + F^2(l)} \qquad (10.4.6)$$

为了得到一简洁表示, 在上式中做积分时取了平均场近似。由 (10.4.5) 式、(10.4.6) 式消去 $F(0)$ 便得输入 $y = \dfrac{2\mu E_I}{\hbar \sqrt{\gamma_1 \gamma_2 T}}$ 与输出 $x = \dfrac{2\mu E(l)}{\hbar \sqrt{\gamma_1 \gamma_2}}$ 的如下关系:

$$y = x + \frac{2cx}{1 + x^2}, \qquad 2c = \frac{\alpha l}{T} \qquad (10.4.7)$$

(10.4.3) 式可分离变量准确求解。图 10.36 (a)~ (c) 即按 (10.4.3) 式的准确解及边界条件 (10.4.5) 计算的入射光 x 及透射光 y 的变化曲线[49]。图 10.36 (d) 为取平均场近似后的 (10.4.7) 式的 x 与 y 的变化曲线，$c = \dfrac{\alpha l}{2T} = 10$。可见当 T 与 αl 均很小时，其极限便是平均场近似 (10.4.6) 式。由图 10.36 (c) 和 (d) 还能看出当给定输入 y，就有 3 个 x 与之对应。除了中间那个不稳的，环行腔会给出两个可能的输出，究竟是高的还是低的输出，这要看它的发展历史了。如果 y 由零逐渐变大，则应取低输出；相反，若是由很大逐渐变小，则应取高输出。

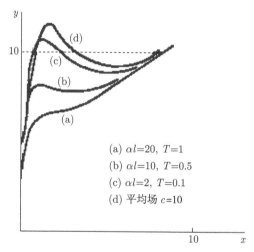

(a) $\alpha l=20$, $T=1$
(b) $\alpha l=10$, $T=0.5$
(c) $\alpha l=2$, $T=0.1$
(d) 平均场 $c=10$

图 10.36 输入 y，输出 x 的变化曲线

为了分析输出 x 的稳定性，现对 (10.4.1) 式进行变分，得

$$
\begin{cases}
\left(\dfrac{\partial}{\partial z} + \dfrac{n}{c}\dfrac{\partial}{\partial t}\right)\delta F = -\dfrac{\mu n g}{\hbar c\sqrt{\gamma_1\gamma_2}}\delta v \\[2mm]
\dfrac{\partial}{\partial t}\delta v = \sqrt{\gamma_1\gamma_2}(F\delta\Delta + \Delta\delta F) - \gamma_2\delta v \\[2mm]
\dfrac{\partial}{\partial t}\delta\Delta = -\sqrt{\gamma_1\gamma_2}(F\delta v + v\delta F) - \gamma_1\delta\Delta
\end{cases}
\tag{10.4.8}
$$

设

$$
\dfrac{\partial}{\partial t} \Rightarrow \lambda, \quad \dfrac{\partial}{\partial z} \Rightarrow \mathrm{i}k_n, \quad k_n = \dfrac{2\pi n}{L+l}
\tag{10.4.9}
$$

式中 $L+l$ 为环行腔的周长。将 (10.4.9) 式代入 (10.4.8) 式便得

$$
\delta v = \frac{\begin{vmatrix} \sqrt{\gamma_1\gamma_2}\Delta\delta F & -\sqrt{\gamma_1\gamma_2}F \\ -\sqrt{\gamma_1\gamma_2}v\delta F & \lambda + \gamma_1 \end{vmatrix}}{\begin{vmatrix} \lambda + \gamma_2 & -\sqrt{\gamma_1\gamma_2}F \\ \sqrt{\gamma_1\gamma_2}F & \lambda + \gamma_1 \end{vmatrix}} = \frac{\lambda + \gamma_1 - \gamma_1^{3/2}\gamma_2^{-1/2}F^2}{(\lambda + \gamma_1)(\lambda + \gamma_2) + \gamma_1\gamma_2 F^2}\frac{\Delta_0\delta F}{1 + F^2}
\tag{10.4.10}
$$

将 (10.4.10) 式代入 (10.4.8) 式的第一式，并考虑到环行腔在 $z = L$ 处输出的边界条件 $\delta F|_{L^-} = R\delta F|_{L^+}$，便得

$$
\begin{aligned}
\left(\frac{\partial}{\partial z} + \frac{n}{c}\frac{\partial}{\partial t}\right)\delta F &= -\frac{\mu g}{\hbar c\sqrt{\gamma_1\gamma_2}}\delta v - T\delta(z-l)\delta F \\
&= -\left[\frac{\alpha\gamma_2(\lambda + \gamma_1 - \gamma_1^{3/2}\gamma_2^{-1/2}F^2)}{(\lambda+\gamma_1)(\lambda+\gamma_2)+\gamma_1\gamma_2 F^2}\frac{1}{1+F^2} + T\delta(z-l)\right]\delta F
\end{aligned}
$$
(10.4.11)

若将输出损耗均布在整个环行腔内，则将 $T\delta(z-L)$ 写为 T/l，又将 (10.4.10) 式应用于 (10.4.11) 式，于是得出

$$
\mathrm{i}k_n + \frac{n\lambda}{c} + \frac{T}{l} + \frac{\alpha\gamma_2(\lambda+\gamma_1-\gamma_1^{3/2}\gamma_2^{-1/2}F^2)}{(\lambda+\gamma_1)(\lambda+\gamma_2)+\gamma_1\gamma_2 F^2}\frac{1}{1+F^2} = 0 \tag{10.4.12}
$$

仍采用记号 $x = F$，$\alpha_n = k_n c/n$，$k = \dfrac{cT}{nl}$，$C = \dfrac{\alpha c}{2n}$，则得

$$
(\lambda+k+\mathrm{i}\alpha_n)((\lambda+\gamma_1)(\lambda+\gamma_2)+\gamma_1\gamma_2 x^2) + \frac{2c\gamma_2(\lambda+\gamma_1-\gamma_1^{3/2}\gamma_2^{-1/2}x^2)}{1+x^2} = 0 \tag{10.4.13}
$$

对 (10.4.13) 式的不稳定性进行分析，得出不稳条件为 $C > 2(1+\sqrt{2})$[49]。

由上面的讨论可看出，含吸收型介质的环行腔系统，其输出可能呈现出双稳态现象，但还没有呈现出分岔与混沌。分析也表明由 $\dfrac{\partial v}{\partial t} = \dfrac{\partial \Delta}{\partial t} = \dfrac{\partial F}{\partial t} = 0$ 的稳态解，并非总是稳定的，也可能是不稳定的，主要决定于参数 C 的取值是否 $\geqslant 2(1+\sqrt{2})$。

10.4.2　含色散吸收介质的环行腔系统

仍从 (10.3.1) 式出发。介质为吸收介质，但含有色散，$\delta w \neq 0$。为简单计可取 $\Delta_0 = -1$，又将变量换为 $\tau = t - \dfrac{nz}{c}$ 与 z。故有

$$
\frac{\partial u}{\partial \tau} = -\gamma_2 u - \delta\omega v \tag{10.4.14}
$$

$$
\begin{cases}
\dfrac{\partial v}{\partial \tau} = -\gamma_2 v + \delta\omega u + \dfrac{2\mu\varepsilon}{\hbar}\Delta \\[2mm]
\dfrac{\partial \Delta}{\partial \tau} = -\gamma_1(\Delta+1) - \dfrac{2\mu\varepsilon}{\hbar}v \\[2mm]
\dfrac{\partial \varepsilon}{\partial z} = \dfrac{N\pi\mu\omega_0}{nc}v, \qquad \varepsilon\dfrac{\partial \bar\varphi}{\partial z} = \dfrac{N\pi\mu\omega_0}{nc}u
\end{cases} \tag{10.4.15}
$$

设弛豫 γ_2 足够大，以致 $\dfrac{\partial u}{\partial \tau}$，$\dfrac{\partial v}{\partial \tau}$ 可略去不计。于是有

$$
u \simeq -\frac{\delta\omega}{\gamma_2}v, \qquad v \simeq \frac{\delta\omega}{\gamma_2}u + \frac{2\mu\varepsilon}{\gamma_2\hbar}\Delta \tag{10.4.16}
$$

于是有

$$\begin{cases} \dfrac{\partial \Delta}{\partial \tau} = -\gamma_1 (\Delta + 1) - \dfrac{4\gamma_2 \mu^2 / \hbar^2}{\delta\omega^2 + \gamma_2^2} |E|^2 \Delta \\[3mm] \dfrac{\partial E}{\partial z} = \dfrac{\theta}{\delta\omega^2 + \gamma_2^2} (\gamma_2 + \mathrm{i}\delta\omega) E \Delta \end{cases} \tag{10.4.17}$$

式中

$$E = \varepsilon \mathrm{e}^{-\mathrm{i}\bar{\varphi}}, \qquad \theta = \frac{2\pi N \mu^2 \omega_0}{\hbar n c} \tag{10.4.18}$$

积分 (10.4.17) 式得

$$E(\tau + nz/c, z) = E(\tau, 0) \exp\left[\frac{\theta}{\delta\omega^2 + \gamma_2^2}(\gamma_2 + \mathrm{i}\delta\omega)\overline{W}(\tau, z)\right] \tag{10.4.19}$$

$$\frac{\partial \overline{W}(\tau, z)}{\partial \tau} = -\gamma_1 [\overline{W}(\tau, z) + z] - \frac{1}{\pi N \hbar k} |E(\tau, 0)|^2 \times \left\{ \exp\left[\frac{2\gamma_2 \theta}{\delta\omega^2 + \gamma_2^2} \overline{W}(\tau, z)\right] - 1 \right\} \tag{10.4.20}$$

$$\overline{W}(\tau, z) = \int_0^z \mathrm{d}z' \Delta(\tau + nz'/c, z') \tag{10.4.21}$$

腔的边界条件为

$$E(t, 0) = \sqrt{T} E_I(t) + R \exp\left(\mathrm{i}k(nl + L)\right) E(t - L/c, l) \tag{10.4.22}$$

输出为

$$E_T(t) = \sqrt{T} E(t, l) \tag{10.4.23}$$

参照 Ikeda[50] 换成无量纲变数

$$\begin{cases} \phi(t) = \dfrac{\overline{W}\left(t - \dfrac{nl + L}{c}, L\right)}{2L} \\[5mm] \epsilon(t, z) = \dfrac{\mu E(t, z)/\hbar}{\sqrt{\gamma_1 \gamma_2 (1 + \delta\omega^2/\gamma_2^2)}} \\[5mm] \epsilon_T(t) = \dfrac{\mu}{\hbar} E_T(t - L/c) \Big/ \sqrt{\gamma_1 \gamma_2 (1 + \delta\omega^2/\gamma_2^2)} \\[5mm] \epsilon_I(t) = \dfrac{\mu}{\hbar} E_I(t) \Big/ \sqrt{\gamma_1 \gamma_2 (1 + \delta\omega^2/\gamma_2^2)} \end{cases} \tag{10.4.24}$$

则边界条件 (10.4.22) 及 (10.4.19), (10.4.20) 可写为

$$\begin{cases} \epsilon(t, 0) = \sqrt{T} \epsilon_I(t) + R\epsilon(t - t_R, 0) \exp(\alpha L \phi(t)) \exp\left\{ \mathrm{i}[\alpha L \bar{\Delta}(\phi(t) + 1/2) - \delta_0] \right\} \\[3mm] \gamma^{-1} \dfrac{\mathrm{d}\phi}{\mathrm{d}t} = -[\phi(t) + 1/2] - 2|\epsilon(t - t_R, 0)|^2 \left\{ \exp[2\alpha L \phi(t)] - 1 \right\} /(\alpha L) \\[3mm] \epsilon_T(t) = \sqrt{T} \epsilon(t - t_R, 0) \exp(\alpha L \phi(t)) \exp\left\{ \mathrm{i}[\alpha L \bar{\Delta}(\phi(t) + 1/2) - \delta_0 - kl] \right\} \end{cases} \tag{10.4.25}$$

式中

$$\bar{\Delta} = \frac{\delta\omega}{\gamma_2}, \qquad t_R = \frac{nl + L}{c} \tag{10.4.26}$$

$$\alpha = 2\theta\frac{\gamma_2}{\delta\omega^2 + \gamma_2^2}, \qquad \delta_0 = \frac{\alpha L\delta\omega}{2\gamma_2} \tag{10.4.27}$$

α 为吸收系数。

若纵弛豫时间 $\gamma_1^{-1} \ll$ 绕环行腔一周的时间 $(l + L)/c$, 则 (10.4.25) 式中的 $\frac{\mathrm{d}\phi}{\mathrm{d}x} \simeq 0$。于是延时的微分方程可变为如下迭代映象:

$$\begin{cases} \epsilon_m = \sqrt{T}\epsilon_I + R\epsilon_{m-1}\exp(\alpha L\phi_m)\exp[\mathrm{i}(\alpha L\bar{\Delta}(\phi_m + 1/2) - \delta_0] \\ \left(\phi_m + \frac{1}{2}\right)/[1 - \exp(\alpha L\phi_m)] = \frac{2}{\alpha L}|\epsilon_{n-1}|^2 \\ \epsilon_{Tm} = \sqrt{T}\epsilon_{m-1}\exp(\alpha L\phi_m)\exp[\mathrm{i}(\alpha L\bar{\Delta}(\phi_m + 1/2) - \delta_0 - kl] \end{cases} \tag{10.4.28}$$

式中

$$\epsilon_n = \epsilon(t_0 + nt_R, 0) \tag{10.4.29}$$

Ikeda 用 (10.4.28) 式进行迭代, 参数取为 $\alpha L = 4$, $\delta_0 = 0$, $R = 0.95$, 而 $\alpha\bar{\Delta}L = 0.0$, (a)$\alpha\bar{\Delta}L = 2\pi$, (b)$\alpha\bar{\Delta}L = 4\pi$, (c)$\alpha\bar{\Delta}L = 6\pi$, (d) 当 $|E_I|$ 在某一范围取值时, 发现透射场按倍周期分岔道路趋于混沌 [50]。如图 10.37 所示。

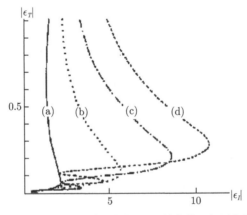

图 10.37 透射场 $|\epsilon_T|$ 随入射场 $|\epsilon_I|$ 的变化 (参照文献 [50])

(a) $\alpha\bar{\Delta}L = 0.0$; (b) $\alpha\bar{\Delta}L = 2\pi$; (c) $\alpha\bar{\Delta}L = 4\pi$; (d) $\alpha\bar{\Delta}L = 6\pi$

现考虑远离共振吸收的二能级原子系统, 由于光吸收对反转粒子数的改变不大, ϕ 仍接近于初值 $-1/2$。(10.4.25) 式的吸收项因子 $\mathrm{e}^{\alpha L\phi(t)} \simeq \mathrm{e}^{-\alpha L/2}$, 但相位因子仍准确计算。令 $\psi(t) = \alpha L\bar{\Delta}(\phi(t) + 1/2)$, 则 (10.4.25) 式可写为

$$\gamma_1^{-1}\frac{\mathrm{d}\psi}{\mathrm{d}t} = -\psi(t) + |\varepsilon(t - t_R)|^2 \tag{10.4.30}$$

式中

$$\varepsilon(t-t_R) = \sqrt{2\bar{\Delta}}(1-\mathrm{e}^{-\alpha L})^{1/2}\epsilon(t-t_R, 0) \tag{10.4.31}$$

同样 (10.4.25) 式第一式可写为

$$\varepsilon(t) = A + B\varepsilon(t-t_R)\mathrm{e}^{\mathrm{i}(\psi(t)-\delta_0)}$$
$$A = \sqrt{2T\bar{\Delta}}(1-\mathrm{e}^{-\alpha L})1/2\epsilon_I, \qquad B = R\mathrm{e}^{-\alpha L/2} \tag{10.4.32}$$

(10.4.30)、(10.4.32) 式也称为色散型双稳态系统方程。若绕环行腔一周的时间 t_R 远大于原子的纵弛豫时 γ_1^{-1}，即 $\gamma_1 t_R \gg 1$，则方程 (10.4.30) 左端可略去，于是有 $\psi(t) \simeq |e(t-t_R)|^2$，而 (10.4.32) 式可写为

$$e(t) = A + Be(t-t_R)\exp\{\mathrm{i}[|e(t-t_R)|^2 - \delta_0]\} \tag{10.4.33}$$

写成迭代形式便是

$$e_m = A + Be_{m-1}\exp\{\mathrm{i}[|e_{m-1}|^2 - \delta_0]\}$$
$$e_m = e(t_0 + mt_R) \tag{10.4.34}$$

上式的不动点 $\bar{e}$ 需要用数值计算方法求得。设 A 为实数，则 $\bar{e}$ 的绝对值 $|\bar{e}|$ 由下面方程确定：

$$A = |\bar{e}|[1 + B^2 - 2B\cos(|\bar{e}|^2 - \delta_0)]^{1/2} \tag{10.4.35}$$

图 10.38 给出 $B = 0.5$，$\delta_0 = 0$，$|\bar{e}|$ 随 A 的变化曲线 [51]。由 $A = 0 \sim 1.24775$ 解是稳定的。$A > 1.24775$ 将失稳，并出现二分岔。例如，$A = 1.5$，(10.4.34) 式迭代后的二分岔为 $|e_n| = 1.807953, 0.6226517, 1.807953, 0.6226517, \cdots$。当 $A \simeq 1.511525$

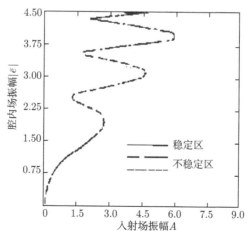

图 10.38 $|\bar{e}|$ 随 A 的变化曲线 (参照文献 [51])

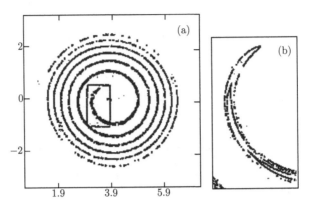

图 10.39　在 e 复平面内对 e_n 进行 5000 次迭代图 (b) 是
(a) 中矩形部分的扩大 (参照文献 [52])

时, 将出现 4 分岔、$\cdots$。为看出进入混沌后的奇异吸引子性质, 可将 5000 次迭代值 e_n 的实部 Re e_n 对虚部 Im e_n 作图 10.39[52]。参数取为 $B = 0.4$, $A = 4.39$, 将图 10.39 (a) 方框部分进行放大得图 10.39 (b)。已看出奇异吸引子自相似结构的特点。

实验上 Nakatsuka 等 [53] 采用具有非线性折射率 n_2 的单模光纤作为环行腔的色散介质, 参数 B 取为 $0.4 \sim 0.5$, A 可通过提高输入光的功率而增大。当输入功率在 $50 \sim 160\mathrm{W}$, 便观察到倍周期分岔输出。当输入功率达到 $300\mathrm{W}$ 时, 便观察到混沌输出, 实验结果与理论模型符合。另外, Gibbs 等在 "杂化" 光学双稳系统观察到混沌现象 [54]。Harison 等在含铵分子环行腔中注入 CO_2 脉冲激光也观察到混沌 [55]。

10.4.3　增益介质的分岔与混沌 [56, 57]

若不引进色散, 纯吸收介质未表现出分岔与混沌, 但增益介质却是有分岔与混沌的。参照 (10.4.21) 式, 对于增益介质 $\overline{W}(t) > 0$, 又考虑共振情形 $\delta\omega = 0$, 并引进辐射损耗 Γ', (10.4.20) 式第二式因子 $\{e^{2\alpha'\overline{W}} - 1\} \simeq 2\alpha'\overline{W}$, 于是有

$$\left\{ \begin{aligned} &E(t + t_R) = E(t)e^{(\alpha'\overline{W}(t) - \Gamma')} \\ &\frac{\mathrm{d}\overline{W}(t)}{\mathrm{d}t} = -\gamma_1(\overline{W} - 1) - \frac{4\mu^2}{\gamma_2\hbar^2}|E(t,0)|^2\overline{W}(t) \end{aligned} \right. \tag{10.4.36}$$

采用归一化

$$\gamma_1 t \to t, \qquad \left(\frac{2\mu E(t,0)}{\hbar\sqrt{\gamma_1\gamma_2}}\right)^2 = I(t) \tag{10.4.37}$$

并令 $2\alpha' = \alpha$, $2\Gamma' = \Gamma$, 于是有

$$\begin{cases} I(t+t_R) = I(t)\mathrm{e}^{(\alpha\overline{W}(t)-\Gamma)} \\ \dfrac{\mathrm{d}\overline{W}(t)}{\mathrm{d}t} = 1 - \overline{W}(t) - I(t)\overline{W}(t) \end{cases} \tag{10.4.38}$$

取稳态解 $\dfrac{\mathrm{d}\overline{W}}{\mathrm{d}t} \simeq 0$, $\overline{W}(t) = \dfrac{1}{1+I(t)}$, 则

$$I(t+t_R) = I(t)\exp\left(\frac{\alpha}{1+I(t)} - \Gamma\right) \tag{10.4.39}$$

迭代式为

$$I_{n+1} = I_n \exp\left(\frac{\alpha}{1+I_n} - \Gamma\right) \tag{10.4.40}$$

根据 $|(\delta I_{n+1}/\delta I_n)_{I_{n+1}=I_n}| > 1$ 得出不稳定性条件

$$|1 - \Gamma(1-\Gamma/\alpha)| > 1 \tag{10.4.41}$$

图 10.40 为取定 $\Gamma = 4, t_R = 10$ 对方程 (10.4.38) 进行数值计算的结果。当 α 超过 8 时,解由稳区过渡到不稳区。随 α 进一步增加,经历连续的 2^n 分叉后在 $\alpha = 14.8$ 附近进入混沌。

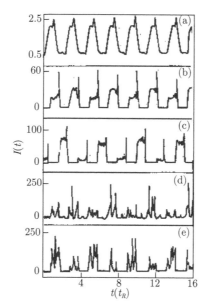

图 10.40 $t_R = 10$, $\Gamma = 4$, 光场随 α 增加经历连续 2^n 分岔进入混沌态 (取自文献 [56])

(a) $\alpha = 5.3$, 二分岔解, 周期 $T \simeq 2.2t_R$; (b) $\alpha = 13$, 四分岔解, 周期 $T \simeq 4.2t_R$, $I(t)$ 波形下平台并不

等高, 约为 0.85, 0.62 交替出现; (c) $\alpha = 14.6$, 八分岔解, 周期 $T \simeq 8.4t_R$, $I(t)$ 的下平台高约为

0.68, 1.6, 0.75, 1.3 交替出现; (d), (e) $\alpha = 16.5$, 混沌解, $I(t)$ 初值略有差别 (分别为 0.01, 0.012), 但

波形差别很大

10.5　含非线性介质 Fabry-Perot 腔的分岔与混沌 [58]

10.5.1　含非线性介质 Fabry-Perot 腔

上面已经讨论了含二能级原子非线性介质的环行腔的不稳定性、分岔、混沌行为, 得出环行腔的透射输出经历 2^n 周期分岔趋向混沌。这些已经在实验及计算机模拟中得到证实。文献 [59] 对含非线性介质 Fabry-Perot 腔 (NFP 腔) 的双稳态性质进行了研究, 但没有考虑改变介质的响应时间对 NFP 腔分岔与混沌的影响。显然 NFP 腔要比环行腔复杂。当仔细研究这一课题后, 就会发现 NFP 腔向混沌过渡有一些区别于环行腔的新特点。环行腔一般经历 2^n 周期分岔趋向混沌, 而 NFP 则主要通过阵发混沌方式向混沌过渡。

如图 10.41 所示, 入射光 I_0 经 NFP 腔后的透射光强 $I(t)$ 为

$$I(t) = \frac{I_0}{1 + F \sin^2(\phi(t))} \tag{10.5.1}$$

$I(t)$ 经过分束镜分出一部分经放大、延迟后斜入射到 NFP 腔, 延迟时间为 T。设 $GI(t - T) \gg I_0$, 又设非线性介质对光强的响应时间为 T_c, 则参照文献 [50, 54, 59, 60] 与 (10.4.30) 式可得

$$
\begin{aligned}
T_c \frac{\mathrm{d}\phi(t)}{\mathrm{d}t} + \phi(t) &= \alpha'(GI(t-T) + I_0) \\
&\simeq \alpha' GI(t-T)
\end{aligned} \tag{10.5.2}
$$

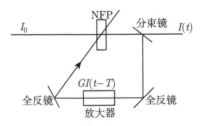

图 10.41　观察 NFP 腔混沌行为的实验装置示意图 (取自文献 [58])

上式已将非线性介质产生的相位 $\phi(t)$ 与光强 $I(t - T)$ 联系起来。若 $T \gg T_c$, 则 $T_c \dfrac{\mathrm{d}\phi}{\mathrm{d}t}$ 可略去。上式写为 $\phi(t) \simeq \alpha' GI(t - T)$, 代入 (10.5.1) 式

$$I(t) = \frac{I_0}{1 + F \sin^2(\alpha' GI(t - T))} \tag{10.5.3}$$

采用记号

$$i_{n+1} = \frac{I(t)}{I_0/F}, \qquad i_n = \frac{I(t-T)}{I_0/F}$$
$$\beta = \frac{1}{F}, \qquad \alpha = \alpha' G \frac{I_0}{F} \tag{10.5.4}$$

则 (10.5.3) 式为

$$i_{n+1} = \frac{1}{\beta + \sin^2 \alpha i_n} \tag{10.5.5}$$

该式给出了透射光强 i_{n+1} 的迭代式，通过迭代，我们计算出图 10.42 所示的透过曲线。

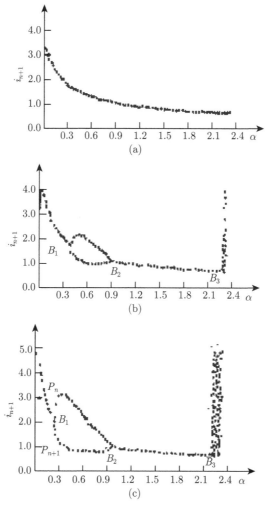

图 10.42　透射光强 i_{n+1} 随 α 变化的透过曲线 (取自文献 [58])

(a) $\beta = 0.2$; (b) $\beta = 0.25$; (c) $\beta = 0.3$

由图 10.42 (b) 看出，当 $\alpha < 0.229(\alpha i = 0.517)$ 及 $0.909(\alpha i = 1.001) < \alpha < 2.082(\alpha i = 1.884)$ 时，输出是稳定的；当 $0.229 < \alpha < 0.909$ 时，发生分岔，当 $\alpha > 2.082$ 时，便发生混沌。这样一个由分岔至混沌的方式与环行腔中的经历 2^n 周期分岔至混沌很不一样。当改变参数 α 使之逐渐增大时，输出将经过由稳态 → 分岔 → 稳态 → 混沌。比较图 10.42 (a)~(c) 还能看出 β 减小时，分岔区域缩小以致消失。分岔区消失时的 β 临界值为 0.2858，这可由方程 (10.5.5) 得出。在分岔点 B_1, B_2 附近 $\sin(2\alpha i) = \sin 2x > 0$，由迭代方程 (10.5.5) 得

$$\left|\frac{\delta i_{n+1}}{\delta i_n}\right| = \frac{\alpha \sin 2x}{(\beta + \sin^2 x)^2} = \frac{x \sin 2x}{\beta + \sin^2 x} = 1 \tag{10.5.6}$$
$$x \sin 2x - \sin^2 x = \beta$$

β 给定后，解方程 (10.5.6) 得出分岔点 $x = \alpha i$ 的值。反过来，β 也可看成 x 的函数。在临界点处，$\dfrac{\mathrm{d}\beta}{\mathrm{d}x} = 0$。于是由 (10.5.6) 式得

$$2x \cos 2x = 0, \qquad x = \frac{\pi}{4}$$
$$\beta = \frac{\pi}{4} \sin \frac{\pi}{2} - \sin^2 \frac{\pi}{4} = 0.2858 \tag{10.5.7}$$

在分岔点 $B_1(B_2)$ 附近的 P_n, P_{n+1} 点，经过一些计算，可证明

$$\frac{\delta i_{n+1}}{\delta i_n} = \frac{-\alpha \sin(2\alpha i_n)}{(\beta + \sin^2(\alpha i_n))^2} = -1, \qquad \delta i_{n+1} = -\delta i_n = \epsilon$$

于是

$$i_{n+1} = i + \epsilon, \qquad i_n = i - \epsilon \tag{10.5.8}$$

而

$$i_{n+1} = \frac{1}{\beta + \sin^2(\alpha i_n)} = \frac{1}{\beta + \sin^2\left(\dfrac{\alpha}{\beta + \sin^2 \alpha i_{n+1}}\right)^2} \tag{10.5.9}$$

由 (10.5.8)，(10.5.9) 式得

$$\frac{\delta i_{n+1}}{\delta \alpha} = \frac{i \cos(2\alpha i)}{\sin^2(2\alpha i) + 2\alpha^2 i^2} \frac{1}{\alpha \epsilon} \tag{10.5.10}$$

故当 $\epsilon \to 0$ 时，$\dfrac{\delta i_{n+1}}{\delta \alpha} \to \infty$，$P_n$, P_{n+1} 沿垂直于 α 轴的切线方向趋近 $B_1(B_2)$。

10.5.2 当 $T_c\dfrac{\mathrm{d}\phi}{\mathrm{d}t}$ 不略去时的相位 ϕ 与透过强度 I 的微分差分方程解

当 (10.5.2) 式的 $T_c\dfrac{\mathrm{d}\phi(t)}{\mathrm{d}t}$ 不能略去时, 将此方程用 T 归一化, 即 $\dfrac{t}{T} \to t$, 并令 $\gamma = \dfrac{T}{T_c}$, 则 (10.5.2) 式为

$$\frac{\mathrm{d}\phi(t)}{\mathrm{d}t} + \gamma\phi(t) = \gamma\alpha' GI(t-1) \tag{10.5.11}$$

方程的解为

$$\phi(t) = \mathrm{e}^{-\gamma t}\int_0^t \mathrm{e}^{\gamma t'}\gamma\alpha' GI(t'-1)\mathrm{d}t' \tag{10.5.12}$$

将 (10.5.12) 式代入 (10.5.1) 式, 并经变量变换, 得

$$I(t) = \frac{1}{\beta + \sin^2(\exp(-\gamma t)\displaystyle\int_0^t \exp(\gamma t')\gamma\alpha I(t'-1)\mathrm{d}t')} \tag{10.5.13}$$

对该式进行数值计算, 研究输出光强与时间的关系, 结果如图 10.43、图 10.44 所示。图 10.43 为参量 α 一定, γ 取不同值时透射光强 I 随时间 t 的变化关系。可以看出, 在 $\alpha = 0.6$ 时, 透射输出光强表现为双稳性质, 并随 γ 值的增大, 即响应时间 T_c 的减小, 激光输出波形由正弦波过渡到方波。这与上节 $\alpha = 0.6$ 时, 输出为二分岔是一致的。当 $\gamma = 10, 50$ 时, 正弦波周期分别为 1.05, 1.02, 即向 $T = 1$ 趋近。图 10.44 是 $\gamma = 5$, 改变 α 值得到的光强与时间的关系曲线。随着 α 值的增大, 输出光强由二分岔进入稳态, 并由稳态直接进入混沌, 与图 10.42 由二分岔进入稳态的临界点 B_2 的位置 $\alpha = 0.91$ 相比, 几乎没有很大的改变。图 10.44 中 $\alpha = 1$, 输出是稳定的, 但由稳态进入混沌状态的临界点已由 $B_3 = 2.08$ 前移到 $\alpha = 1.5 \sim 1.6$。当 $\alpha = 1.5$ 为稳定输出时, $\alpha = 1.6$ 便是混沌输出。

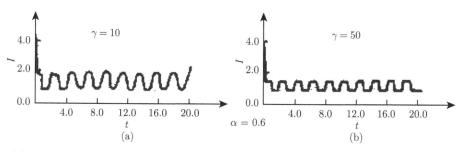

图 10.43　$\alpha = 0.6$, 透过光强 $I(t)$ 在不同 γ 时随时间的变化关系曲线 (取自文献 [58])

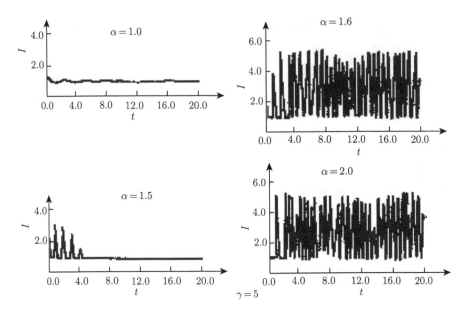

图 10.44　$\gamma = 5$，透过光强 $I(t)$ 对不同 α 时随时间的变化关系曲线 (取自文献 [58])

10.6　NFP 腔 $B_3 \sim B_5$ 点邻近混沌性分析 [61]

10.5 节研究了 NFP 腔的分岔与混沌现象，且指明在 B_3 点的左邻是稳定的；在 B_3 点的右邻是不稳定的混沌区。由稳区至混沌未经历 2^n 周期分岔的过渡。在本节我们将进一步证明在 B_3 点的右邻是不稳定的，而且不可能存在倍周期分岔。B_3 点右邻的混沌是属于切分岔的阵发混沌。最后还讨论了 $B_3 \sim B_5$ 的亚稳区，B_5 点为亚稳混沌区，即只在一较小范围内存在的混沌区。具体来说，有以下内容: ① 不具有倍周期分岔所具有的抛物线近似; ② Lyapunov 指数为正，Fourier 谱很宽，且不规则; ③ B_1 右邻的切分岔阵发混沌性质; ④ $B_4 \sim B_5$ 点为亚稳区，B_5 点后为亚稳混沌区。

10.6.1　不具有倍周期分岔的抛物线近似

现从上节的 NFP 腔迭代方程出发

$$i_{n+1} = \frac{1}{\beta + \sin^2 \alpha i_n} \tag{10.6.1}$$

或

$$x_{n+1} = \alpha i_{n+1} = \frac{\alpha}{\beta + \sin^2 x_n} \tag{10.6.2}$$

在分岔点 $(B_1,\ B_2,\ B_3)$ 附近满足

$$\left| \frac{\delta i_{n+1}}{\delta i_n} \right| = \left| \frac{\delta x_{n+1}}{\delta x_n} \right| = \frac{x \sin 2x}{\beta + \sin^2 x} = 1 \tag{10.6.3}$$

当 $\beta = 0.2$ 时，B_1，B_2 点对应的 $\alpha_0(x_0)$ 值分别为 $0.229(0.517)$，$0.909(1.001)$。B_1 左邻为稳态，右邻为二分岔；B_2 左邻为二分岔，右邻为稳态。B_3 点的 $\alpha_0 = 2.08195087$，$x_0 = 1.8841413$。B_3 点左邻是稳定的，其右邻是不稳的。若有两分岔，则按前面 (10.2.3 节) 的方法，应用抛物线近似。实际计算证明了在 B_3 的右邻不存在抛物线近似 [61]。

10.6.2 B_3 右邻的迭代输出，Fourier 谱与 Lyapunov 指数

按 Lyapunov 指数 λ 的定义

$$\lambda = \lim_{n \to \infty} \frac{1}{n} \sum_{j=0}^{n-1} \ln f'(i_j) \tag{10.6.4}$$

式中 $f'(i_j)$ 即迭代式 $i_{j+1} = f(i_j)$ 关于 i_j 的导数 $f'(i_j) = \dfrac{\mathrm{d}i_{j+1}}{\mathrm{d}i_j}$，按 (10.6.1) 式的 $f(i_j)$，得 $f'(i_j) = \dfrac{-\alpha \sin(2\alpha i_j)}{(\beta + \sin^2(\alpha i_j))^2}$。

Lyapunov 指数理论表明，如果存在稳定的 n 周期分岔，Lyapunov 指数 λ 应是负的，$\lambda < 0$；如果 $\lambda > 0$，就意味着不存在 n 周期分岔，预示着混沌的到来。现用此方法检验 B_3 点右邻的状况。取 $\alpha = 2.08196$，$i_0 = 1$，迭代 $N = 10002432$ 次，由 (10.6.4) 式计算 λ，作 λ 与 $\sqrt{N}$ 的变化曲线如图 10.45 所示。λ 最后趋近于 0.0278。这表明虽然我们取的 α 非常靠近 B_3 点，但给出的 Lyapunov 指数已为正，表明系统已进入混沌状态。

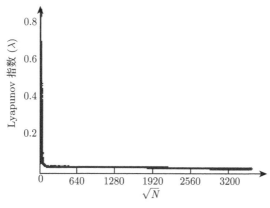

图 10.45 Lyapunov 指数 (λ) 随迭代次数 N 的变化曲线 (取自文献 [61])

图 10.46 (a) 给出迭代 $N = 10002432$ 次取最后 4096 个输出 i_{N+1} 随 N 变化的曲线及快速 Fourier 谱 F_K

$$F_K = \sum_{j=0}^{N-1} f_j (e^{-i\frac{2\pi}{N}j})^K, \qquad N = 4096 \tag{10.6.5}$$

图 10.46 (a) 中的迭代输出曲线表现出几个峰，其高度与结构，以及它的细结构均表现出复杂的无规性。图 10.46 (b) 的 Fourier 谱表现得也不规则，且很宽。

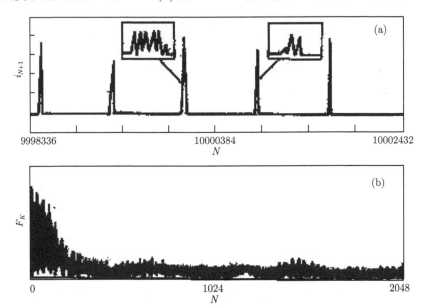

图 10.46 (a) 迭代 $N = 10002432$ 次，最后 4096 个输出 i_{N+1} 变化曲线；(b) Fourier 谱曲线 F_K (取自文献 [61])

10.6.3 B_3 右邻的切分岔混沌性质

为了更好地了解 B_3 右邻的混沌性质，我们又对各种不同的 α 值作曲线 $y = \dfrac{\alpha}{\beta + \sin^2 x}$，如图 10.47 所示。这些曲线与直线 $y = x$ 的交点便是 B_1, B_2, B_3, B_4 等分岔点。在 B_1, B_2 点 $\dfrac{dy}{dx} = -1$；在 B_3, $B_4(\alpha = 0.6251)$ 点 $\dfrac{dy}{dx} = 1$，亦即曲线与直线 $y = x$ 正交于 B_1, B_2，相切于 B_3, B_4。故对 $B_3(\alpha = 2.08195087)$ 点，当 α 稍大于 2.08195087 时，曲线与直线分离，形成很窄的间隙 (见图 10.47 左上角)，进入阵发混沌 [4]。对于 B_4 点，情况恰好相反，当 α 增大时，便进入稳区 (见图 10.47 右上角)。

图 10.48 (a) 给出迭代输出 x_{n+1} 随 α 的变化曲线，(b) 给出相应的 λ 随 α 的

变化曲线。很明显，在稳态区和二分岔区，λ 为负值。当 λ 为正时，系统便进入混沌区。

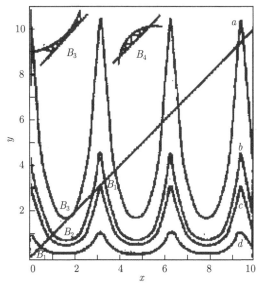

图 10.47 α 取不同值时的 $y = \dfrac{\alpha}{\beta + \sin^2 x}$ 曲线 (取自文献 [61])
(a) $\alpha = 2.08195$; (b) $\alpha = 0.909$; (c) $\alpha = 0.6251$; (d) $\alpha = 0.517$

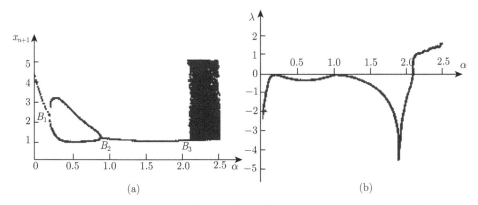

图 10.48 (a) 迭代输出 x_{n+1} 随 α 的变化曲线；(b) Lyapunov 指数 (λ) 随 α 的
变化曲线(取自文献 [61])

10.6.4 $B_4 \sim B_5$ 亚稳区，B_5 后的亚稳混沌区

$B_4 \left(x = 3.1092, \ \dfrac{\mathrm{d}y}{\mathrm{d}x} = 1 \right) \sim B_5 \left(x = 3.173, \ \dfrac{\mathrm{d}y}{\mathrm{d}x} = -1 \right)$ 为亚稳区，B_5 点后又进入二分岔，并经过倍周期分岔发展为混沌，但也带有亚稳性质。这里的亚稳是

指若迭代初值偏离稳态值稍大，迭代结果便跳到图 10.48 (a) 所示 $B_1 \sim B_2$ 的二分岔区。由 10.47 可见，B_4, B_5 所对应的 $x_4 = 3.1092$, $x_5 = 3.173(\alpha = 0.6377)$ 值均在二分岔区 $B_1 \sim B_2$ 之上。例如，x 为 $B_4 \sim B_5$ 中的一点，若初值取为 $x_0 = x + \delta$，当 δ 稍大时，则 $x_1 = \dfrac{\alpha}{\beta + \sin^2 x_0}$，$x_{n+1} = \dfrac{\alpha}{\beta + \sin^2 x_n}$ 迭代结果便回到 $B_1 \sim B_2$ 二分岔区。只有当 δ 很小时，才进入 $B_4 \sim B_5$ 的稳态区，迭代结果收敛到 $x = \dfrac{\alpha}{\beta + \sin^2 x}$，故称之为亚稳。同样，$B_5$ 点右邻的倍周期分岔与混沌，也只有在迭代初值 $x_0 = x + \delta$, δ 较小时才会表现出来。当 δ 大时，便跳到二分岔 $B_1 \sim B_2$ 区，并不表现出倍周期分岔与混沌。

图 10.49 给出了 $x = 2.9 \sim 3.5$，对应 $\alpha = x(\beta + \sin^2 x)$ 为 $0.746 \sim 1.131$，迭代初值 $x_0 = x - \delta$，取 $\delta = 0.001$ 的迭代结果，可以看出开始 a 点 $(\alpha = 0.746)$ 为二分岔点，当 α 变化到 $\alpha = 0.625(B_4$ 点$)$ 时跳到亚稳区，按亚稳态变化到 $\alpha = 0.6377(B_5$ 点$)$，再由倍周期分岔进入混沌。当 α 变化到 $0.6551(x = 3.207)$ 即图中 b 点处时又跳回到二分岔区，再进入单稳。若 δ 取较大 (0.1)，迭代结果就不出现稳倍周期分岔与混沌区，而是由二分岔进入单稳。

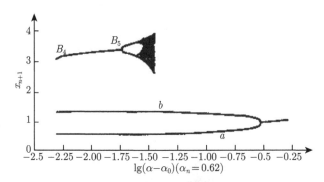

图 10.49　迭代输出 x_{n+1} 随 α 变化曲线 (取自文献 [61])

$\beta = 0.2$, 初值取 $x_0 = x - \delta$, $\delta = 0.001$。为清楚起见，图中 $B_4 \sim B_5 \sim$ 混沌的纵向坐标放大了 5 倍

10.7　光学传输横向效应

对时间、空间、时空现象的分析与研究乃非线性动力学的中心问题。在非线性光学领域中，近年对非线性光学的分岔、混沌现象已有较多研究，且在实验上已观察到远红外激光中的 Lorenz 混沌 [41, 43]，还观察到双稳态环行激光腔的混沌现象 [53~55]。这些已在上几节讨论了，但均属于时间方面的。因为我们的模型中，一般地均采用平面波近似，光场在垂直于传播方向的平面内是均匀分布的。这就使得描述光与物质相互作用的方程大为简化。伴随而来的就是有关空间横向模式的

形成,对称性的自发破缺等有趣现象也就从讨论中消失了。直到最近才逐渐有文章 [62~68] 论及光学模式的横向弛豫以及时空混沌现象。这比单一时间混沌现象要复杂得多。首先需要推广 Maxwell-Bloch 方程,使之包括有限光束截面引起的衍射损耗,在传播过程中波面曲率的变化,以及模式的跳变等。

10.7.1 模式对称的自发破缺

参照 (10.4.17) 式,并定义无量纲变量

$$\epsilon = \frac{2\mu E}{\hbar} \frac{1}{\sqrt{\gamma_1 \gamma_2}}, \qquad \delta = \frac{\delta\omega}{\gamma_2} \tag{10.7.1}$$

则放大介质的 Maxwell-Bloch 方程可写为

$$\begin{cases} \dfrac{\partial \Delta}{\partial \tau} = -\gamma_1(\Delta - \Delta_0) - \gamma_1|\epsilon|^2\Delta/(1 + \Delta^2) \\ \dfrac{\partial \epsilon}{\partial z} = \dfrac{\alpha}{1 + \delta^2}(1 + \mathrm{i}\delta)\epsilon\Delta, \qquad \alpha = \dfrac{2\pi N \mu^2 k}{\hbar\gamma_2} \end{cases} \tag{10.7.2}$$

注意到沿 z 方向传播的波可表示为慢变振幅 E 与平面波 $\mathrm{e}^{\mathrm{i}kz - \mathrm{i}\omega t}$ 之积,即 $E(x, y, z, t)\mathrm{e}^{\mathrm{i}kz - \mathrm{i}\omega t}$。将这个表达式代入波动方程中,并略去 $\dfrac{\partial^2 E}{\partial z^2}$,$\dfrac{\partial^2 E}{\partial t^2}$,则得

$$\left(\nabla^2 - \frac{1}{c^2}\frac{\partial}{\partial t}\right) E\mathrm{e}^{\mathrm{i}kz - \mathrm{i}\omega t} \simeq \left\{\left(\frac{\partial^2}{\partial x^2} + \frac{\partial^2}{\partial y^2} + 2\mathrm{i}k\frac{\partial}{\partial z} + 2\mathrm{i}\omega\frac{\partial}{\partial t} - k^2 + \frac{\omega^2}{c^2}\right) E\right\}\mathrm{e}^{\mathrm{i}kz - \mathrm{i}\omega t}$$

故考虑到横向效应后, (10.3.1) 式的左边应写为

$$\left[-\frac{\mathrm{i}}{2k}\left(\frac{\partial^2}{\partial x^2} + \frac{\partial^2}{\partial y^2}\right) + \frac{\partial}{\partial z} + \frac{1}{c}\frac{\partial}{\partial t} + \mathrm{i}\frac{\omega - kc}{c}\right] E$$

同样 (10.7.2) 式推广后应为

$$\begin{cases} \dfrac{\partial \Delta}{\partial \tau} = -\gamma_1(\Delta - \Delta_0) - \gamma_1|\epsilon|^2\Delta/(1 + \delta^2) \\ \left[-\dfrac{\mathrm{i}}{2k}\left(\dfrac{\partial^2}{\partial x^2} + \dfrac{\partial^2}{\partial y^2}\right) + \dfrac{\partial}{\partial z}\right]\epsilon = \dfrac{\alpha}{1 + \delta^2}(1 + \mathrm{i}\delta)\epsilon\Delta - \dfrac{\nu_c}{c}\epsilon + \mathrm{i}\dfrac{kc - \omega}{c}\epsilon \end{cases} \tag{10.7.3}$$

(10.7.3) 式即推广了的 Maxwell-Bloch 方程。新增的项就是由衍射而引起的扩散项。除了虚数 i 外, (10.7.3) 式就是相变理论中的 Ginzburg-Landau 方程 [62]。(10.7.3) 式中 $-\dfrac{\nu_c}{c}\epsilon$ 为腔的损耗,$\mathrm{i}\dfrac{kc - \omega}{c}$ 为失谐。如何求解推广的 Maxwell-Bloch 方程是重要的。最简单的是先求 Δ 的定态解 $\dfrac{\partial \Delta}{\partial \tau} \simeq 0$:

$$\Delta = \frac{\Delta_0}{1 + |\epsilon|^2/(1 + \delta^2)} \tag{10.7.4}$$

将 (10.7.4) 式代入 (10.7.3) 式的第 2 式消去 Δ, 并将 ϵ 用空腔的本征模式 $A_{pm}(x,y,z)$ 展开 [63]

$$\epsilon = \sum f_{pm}^{(i)}(z,\tau) A_{pm}^{(i)}(x,y,z) \tag{10.7.5}$$

$A_{pm}^{(i)}$ 满足

$$\begin{cases} \left(\dfrac{\partial^2}{\partial x^2} + \dfrac{\partial^2}{\partial y^2} + 2ik\dfrac{\partial}{\partial z} \right) A_{pm}^{(i)}(x,y,z) = 0 \\[3mm] \displaystyle\int\int A_{pm}^{(i)}(x,y,z) A_{p'm'}^{(i')}(x,y,z) \dfrac{\mathrm{d}x\mathrm{d}y}{\sigma} = \delta_{pp'}\delta_{mm'}\delta_{ii'} \end{cases} \tag{10.7.6}$$

又考虑到激光频率 ω 的牵引关系

$$\omega - \omega_c = (\omega_0 - \omega_c)\frac{\nu_c}{\gamma_2 + \gamma_c}, \qquad \omega_c = kc \tag{10.7.7}$$

故有

$$\omega_c - \omega = \frac{-\nu_c}{\gamma_2}(\omega_0 - \omega) = -\frac{\nu_c}{\gamma_2}\delta\omega = -\nu_c\delta \tag{10.7.8}$$

最后 (10.7.3) 式的第 2 式可写为

$$\frac{\partial f_{pm}^{(i)}}{\partial z} = -\frac{(1+\mathrm{i}\delta)}{c}\left[\nu_c f_{pm}^{(i)} - \alpha c \sum_{p'm'i'} f_{p'm'}^{(i')} \int \frac{A_{pm}^{(i)} A_{p'm'}^{(i')} \Delta_0}{1+\delta^2+|\epsilon|^2}\frac{\mathrm{d}x\mathrm{d}y}{\sigma} \right] \tag{10.7.9}$$

对于圆柱形对称腔, 可取 $\sigma = \dfrac{\lambda\Lambda}{\pi}$, Λ 为腔长, 又取归一化圆柱坐标, $\rho = \left(\dfrac{\pi}{\lambda\Lambda}\right)^{1/2} r$, $\eta = \dfrac{z}{\Lambda}$, φ。文献 [63] 给出 $A_{pm}^{(i)}(\rho,\varphi,\eta)$ 如下解析解:

$$A_{pm}^{(i)}(\rho,\varphi,\eta) = B_m^{(i)}(\varphi) C_{pm}(\rho,\eta)\exp(\mathrm{i}\theta_{pm}(\rho,\eta))$$

$$B_m^{(i)} = \begin{cases} \dfrac{1}{\sqrt{2\pi}}, & m=0, \quad i=1,2 \\[3mm] \dfrac{1}{\sqrt{\pi}}\sin m\varphi, & m>0, \quad i=1 \\[3mm] \dfrac{1}{\sqrt{\pi}}\cos m\varphi, & m>0, \quad i=2 \end{cases} \tag{10.7.10}$$

$$C_{pm}(\rho,\eta) = \frac{2}{v(\eta)}\left[\frac{2\rho^2}{v^2(\eta)}\right]^{m/2}\left[\frac{p!}{(p+m)!}\right]^{1/2} L_p^m\left(\frac{2\rho^2}{v^2(\eta)}\right)\exp\left[\frac{-\rho^2}{v^2(\eta)}\right]$$

$$\theta_{pm}(\rho,\eta) = \frac{\rho^2}{u(\eta)} - (2p+m+1)\arctan\frac{\eta}{\eta_1}, \qquad p=0,1,2,\cdots, \quad m=0,1,2,\cdots \tag{10.7.11}$$

$$v(\eta) = \sqrt{\eta_1}(1 + (\eta/\eta_1)^2)^{1/2}, \qquad u(\eta) = \frac{1}{\eta}(\eta_1^2 + \eta^2)$$

$$\eta_1 = \frac{1}{2}\left[\frac{(\rho_0 - f)(\rho_0 + f^2 - f)}{\rho_0 + f - 1}\right]^{1/2}, \qquad f = \frac{L}{\Lambda}, \qquad \rho_0 = \frac{R}{\Lambda} \tag{10.7.12}$$

参见图 10.50，$\sqrt{\eta_1}$ 为 (1) 区最小模斑半径，R 为镜面曲率半径，而 (2) 区的最小模斑半径为 $\sqrt{\eta_2}$。

$$\eta_2 = \frac{1}{\rho_0^2 \eta_1}\left[\eta_1^2(1 - f - \rho_0)^2 + \frac{1}{4}(\rho_0 + f^2 - f)^2\right] \tag{10.7.13}$$

环行腔的共振频率 ω_{npm} 为

$$\omega_{npm} = \frac{2\pi c}{\Lambda}n + \frac{2c}{\Lambda}(2p + m + 1)\left[\arctan\frac{1 - f}{2\eta_2} + \arctan\frac{f}{2\eta_1}\right] \tag{10.7.14}$$

当 $\rho_0 = f = 1/2$，即共焦腔情形，$\eta_1 = \eta_2 = 1/4$。

$$\omega_{npm} = \frac{2\pi c}{\Lambda}(2(n + p) + m + 1) \tag{10.7.15}$$

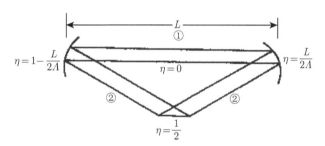

图 10.50　环行腔结构 (参照文献 [63])

对于多模情形，要求解方程 (10.7.5)、(10.7.9) 显然仍是很困难的，但这两个方程毕竟提供了进行数值计算的依据，而且依据方程 (10.7.9) 还容易得出单模振荡的阈值。设激活介质增益区主要沿光轴尺度为 ψ 的区域分布。当远离光轴时增益按高斯波形下降。故可令

$$\frac{\alpha c}{\nu_c}\Delta_0 = 2C\exp(-2\rho^2/\psi^2), \quad \psi = \frac{2r_p}{\sqrt{\eta_1}} \tag{10.7.16}$$

由 (10.7.9) 式、(10.7.10) 式、(10.7.16) 式得单纵模振荡的稳态解。

$$1 = 2C\int_0^{2\pi}\mathrm{d}\varphi\int_0^\infty \rho\mathrm{d}\rho\frac{A_i^2(\rho, \varphi - \varphi_0)\exp(-2\rho^2/\psi^2)}{1 + A_i^2(\rho, \varphi - \varphi_0)|f_i|^2} \tag{10.7.17}$$

式中 A_i 为 $A_{pm}^{(i)}$ 的简写。令 (10.7.17) 式中的 $|f_i| \to 0$，便得出激发 $A_{pm}^{(i)}$ 的阈值 $(2C)_{\mathrm{thr}}$。

由 (10.7.15) 式看出，当纵模指标 n 给定后，腔频 ω_{npm} 就有赖于横模指标 $2p+m$。现分为几种情形加以讨论。

1) $2p+m=1$

有两重简并的非对称解 (用 "A" 表示)

$$\begin{cases} A_{01}^1 = \sqrt{\dfrac{2}{\pi}}(2\rho^2)^{1/2}\mathrm{e}^{-\rho^2}\cos\varphi \\[3mm] A_{01}^2 = \sqrt{\dfrac{2}{\pi}}(2\rho^2)^{1/2}\mathrm{e}^{-\rho^2}\sin\varphi \end{cases} \tag{10.7.18}$$

将 A_{01}^1 或 A_{01}^2 代入 (10.7.17) 式中的 A_i，并令 $|f_i|\to 0$，便得定态解与阈值分别为

$$1 = (2C)^A \int_0^\infty 4\rho\frac{2\rho\mathrm{e}^{-2\rho^2}\mathrm{e}^{-2\rho^2/\psi^2}}{1+2\rho^2\mathrm{e}^{-2\rho^2}|f_i|^2}\mathrm{d}\rho \tag{10.7.19}$$

$$(2C)_{\mathrm{thr}}^A = \left(\frac{\psi^2+1}{\psi^2}\right)^2 \tag{10.7.20}$$

A_{01}^1, A_{01}^2 这一对定态解，可证明是稳定的，也可看成是双稳态。

2) $2p+m=2$

解是三重简并的，其中一个对称解用 "s" 标志

$$A_{10} = \sqrt{\frac{2}{\pi}}(1-2\rho^2)\mathrm{e}^{-\rho^2} \tag{10.7.21}$$

另两个为非对称解用 "A" 来标志。

$$\begin{cases} A_{021} = \sqrt{\dfrac{1}{\pi}}2\rho^2\mathrm{e}^{-\rho^2}\cos 2\varphi \\[3mm] A_{022} = \sqrt{\dfrac{1}{\pi}}2\rho^2\mathrm{e}^{-\rho^2}\sin 2\varphi \end{cases} \tag{10.7.22}$$

对应于对称解及非对称解的阈值分别为

$$(2C)_{\mathrm{thr}}^s = \frac{(1+\psi^2)^3}{\psi^2(1+\psi^4)}, \qquad (2C)_{\mathrm{thr}}^A = \frac{(1+\psi^2)^3}{\psi^6} \tag{10.7.23}$$

对称解阈值 $(2C)_{\mathrm{thr}}^s$ 明显比非对称解阈值 $(2C)_{\mathrm{thr}}^A$ 低

$$\frac{(2C)_{\mathrm{thr}}^s}{(2C)_{\mathrm{thr}}^A} = \frac{\psi^4}{1+\psi^4}$$

当 ψ 增大后，这个比值趋近于 1，而且当满足条件

$$1 = (2C)^1 \int_0^{2\pi}\mathrm{d}\varphi \int_0^\infty \rho\mathrm{d}\rho\frac{A_{02}^2(\rho,\varphi)\mathrm{e}^{-2\rho^2/\psi^2}}{1+A_{10}^2(\rho,\varphi)|f_{10}|^2} \tag{10.7.24}$$

时,对称解 A_{10} 已不稳定,将要出现非对称解 A_{021} 与 A_{022},最后发展为多模。(10.7.24) 式的物理意义是对称模 A_{10} 的存在,使得非对称模 A_{02} 获得的增益足以克服 A_{02} 起振时的损耗。这一由旋转对称的模 A_{10} 出发最后发展为非旋转对称的多模 (包括 A_{10}, A_{021}, A_{022}) 称为模式对称性自发破缺。当取定 $2C > (2C)^1$ 时,对称模振荡幅度 f_{10} 可按定态方程

$$1 = 2C \int_0^{2\pi} \mathrm{d}\varphi \int_0^\infty \rho\mathrm{d}\rho \frac{A_{10}^2(\rho,\varphi)\exp(-2\rho^2/\psi^2)}{1 + A_{10}^2(\rho,\varphi)|f_{10}|^2} \tag{10.7.25}$$

确定,上式中已略去小量 $|f_{021}|^2 = |f_{022}|^2$ 的影响。当 f_{10} 给定后,便可解多模定态方程 $(10.7.9)\frac{\partial f_{pm}^{(i)}}{\partial z} = 0$ 以确定 f_{021}, f_{022},并按 (10.7.10) 式数值计算多模定态解的场图 $|F(\rho,\varphi)|^2$, $F(\rho,\varphi) = f_{10}A_{10}(\rho,\varphi) + f_{021}A_{021}(\rho,\varphi) + f_{022}A_{022}(\rho,\varphi)$。

10.7.2 光场中的相位奇异点 [65, 66]

由上面的讨论,我们已认识到当泵浦参量 $2C$ 较大时,最先激发的单模简并分量 A_{10} 是不稳的,会演化为包含其他两个简并分量的多模。一般可写为 (对 $2p+m = 2$ 情形)

$$E(\rho,\varphi) = A_{10}(\rho,\varphi)g_1 + B_{021}(\rho,\varphi)g_2 + B_{022}(\rho,\varphi)g_3$$

式中 $g_1 \sim g_3$ 为复数,不失去一般性,取 g_1 为实数,则上式可写为

$$E(\rho,\varphi) = A_{10}(\rho,\varphi)g_1 + B_{021}(\rho,\varphi)|g_2|\mathrm{e}^{\mathrm{i}\theta_2} + B_{022}(\rho,\varphi)|g_3|\mathrm{e}^{\mathrm{i}\theta_3}$$

$$A_{10} = \sqrt{\frac{2}{\pi}}(1 - 2\rho^2)\mathrm{e}^{-\rho^2}$$

$$B_{021} = \sqrt{\frac{1}{\pi}}2\rho^2\mathrm{e}^{-\rho^2}\mathrm{e}^{\mathrm{i}2\varphi} \tag{10.7.26}$$

$$B_{022} = \sqrt{\frac{1}{\pi}}2\rho^2\mathrm{e}^{-\rho^2}\mathrm{e}^{-\mathrm{i}2\varphi}$$

注意到对 (10.7.26) 式施以坐标转动变换 $\varphi \to \varphi + \varphi_0$,则得

$$E(\rho,\varphi) = A_{10}g_1 + B_{021}|g_2|\mathrm{e}^{\mathrm{i}(\theta_2+2\varphi_0)} + B_{022}|g_3|\mathrm{e}^{\mathrm{i}(\theta_3-2\varphi_0)} \tag{10.7.27}$$

但新的辐角 $\theta_2' = \theta_2 + 2\varphi_0$, $\theta_3' = \theta_3 - 2\varphi_0$ 和 $\theta_2' + \theta_3' = \theta_2 + \theta_3$ 保持不变。下面将研究 $\theta_2 + \theta_3 = \pi$ 情形场的结构。首先参照 (10.7.24) 式,单模 A_{10} 的阈值与不稳条件分别为

$$1 - 2C \int_0^{2\pi} \mathrm{d}\varphi \int_0^\infty \rho\mathrm{d}\rho \frac{A_{10}^2(\rho,\varphi)\mathrm{e}^{-2\rho^2/\psi^2}}{1 + A_{10}^2(\rho,\varphi)x_1^2} = 0 \tag{10.7.28}$$

$$1 - 2C \int_0^{2\pi} \mathrm{d}\varphi \int_0^\infty \rho\mathrm{d}\rho \frac{|B_{021}(\rho,\varphi)|^2\mathrm{e}^{-2\rho^2/\psi^2}}{1 + A_{10}^2(\rho,\varphi)x_1^2} < 0 \tag{10.7.29}$$

将 (10.7.26) 式代入 (10.7.28) 式、(10.7.29) 式，二式相减便得 A_{10} 的不稳条件为

$$\int_0^\infty \rho \mathrm{d}\rho \frac{(-4\rho^4 + 8\rho^2 - 1)\mathrm{e}^{-2\rho^2 - 2\rho^2/\psi^2}}{1 + (1 - 2\rho^2)^2 \mathrm{e}^{-2\rho^2 x_1^2}} \geqslant 0 \qquad (10.7.30)$$

同样可计算出 B_{021}, B_{022} 模不稳条件为

$$\int_0^\infty \rho \mathrm{d}\rho \frac{(4\rho^4 - 8\rho^2 + 1)\mathrm{e}^{-2\rho^2 - 2\rho^2/\psi^2}}{1 + 2\rho^4 \mathrm{e}^{-2\rho^2 x_{2,3}^2}} \geqslant 0$$

$$x_2 = \sqrt{\frac{2}{\pi}}|f_{021}|, \qquad x_3 = \sqrt{\frac{2}{\pi}}|f_{022}| \qquad (10.7.31)$$

图 10.51[65] 曲线 1 为模 A_{10} 的阈值曲线 (按 (10.7.28) 式计算 $|f_{10}|^2$ 很小，可略去)，曲线 2 和 4 为按 (10.7.30)、(10.7.31) 式计算的不稳曲线。S 为模 A_{10} 稳定存在的对称模区。$4H$ 与 $O\text{-}4H$ 为三个定态解同时存在但不稳的区域。$D\text{-}4H$ 区 A_{10} 模不稳，但 B_{021}, B_{022} 是稳定的。设初始在 S 区，当 C 增加后便越过曲线 2 进入有 4 个黑点的 $4H$ 区。图 10.52 (a) 为光强 $\propto A_{10}^2$ 的空间分布，具有旋转对称性。图 10.52 (b) 也是光强分布，因为是 A_{10} 与 B_{021}, B_{022} 的混合，不再具有旋转对称，这就是上面提到的对称性的破坏。又设初始在 $D\text{-}4H$ 的圈形区，中心有一强度为零的暗点，当增大 C 越过曲线 4 就进入 $O\text{-}4H$ 卵形区 (见图 10.52 (c),(d))。圈形区为纯粹的 B_{021} 或 B_{022}，也是旋转对称的。但在 $O\text{-}4H$ 卵形区中，由于混合了少量的 A_{10}，已失去旋转对称性了。

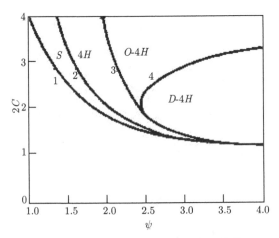

图 10.51　$2p + m = 2$ 情形的相图 (参照文献 [65])

控制参量为 C, ψ。字母 S, $4H$, O 与 D 分别标志 "对称" "4 个黑洞" "卵形" "圈形" 区，分别对应于图 10.52 的 (a)、(b)、(c)、(d)。各区字母标明产生的稳定花样

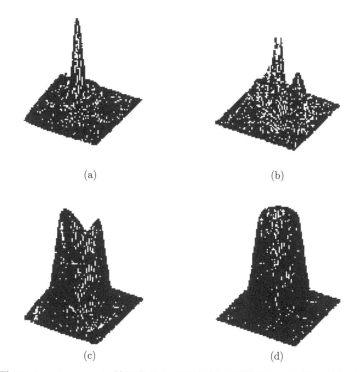

图 10.52 $2l+m=2$ 情形各稳定花样的横向强度分布 (参照文献 [65])

(a) 柱形对称的 Gauss-Laguerre 模 $p=1$, $l=0$; (b) 4 黑洞形; (c) 卵形; (d) 圈形

现在让我们回到具有 4 个暗点的 $4H$ 区。在这些暗点场强 $E(\rho, \varphi) = 0$。参照 (10.7.26) 式，并注意到 $\theta_2 = \theta$, $\theta_3 = \pi - \theta$，便得出暗点的坐标为

$$2\rho_\pm^2 = \left[1 \pm \frac{|g_2| - |g_3|}{\sqrt{2}g_1}\right]^{-1}, \qquad 2\varphi + \theta = k\pi, \quad k = 0, 1, 2, 3 \qquad (10.7.32)$$

联系暗点的等相位线由下式确定：

$$\tan\Phi = \frac{\mathrm{Im}E(\rho, \varphi)}{\mathrm{Re}E(\rho, \varphi)} = \frac{\sqrt{2}\rho^2(|g_2| + |g_3|)\sin(2\varphi + \theta)}{(1 - 2\rho^2) + \sqrt{2}\rho^2(|g_2| - |g_3|)\cos(2\varphi + \theta)} \simeq \text{常数} \qquad (10.7.33)$$

图 10.53 给出 $|g_2| = |g_3|$ 时的暗点及等相位曲线。圈绕着这些暗点的闭路积分，相位将改变 $\pm 2m\pi$，m 为整数。流体力学速度场中的涡流点也有这种性质，即此之故，称这些暗点为光场的相位奇异点。十分有意义的是用氩离子激光泵浦的钠二聚物 (Na_2) 蒸气 (三能级系统) 作为增益介质已经观察到与图 10.52 (a)~(d) 相对应的光强分布，如图 10.54 (a)~(d) 所示。图 10.55 还显示出当 ψ 固定时逐渐增加泵浦功率 I_p，光场图由 S 至 $4H$、至卵态 O-$4H$ 发展过程[65]，还能看到 $\psi = 2.1 \sim 2.4$ 时，存在双稳态，光场分布就在这两个状态间跳动着。圈态 D-$4H$，即 $\odot$，只能在 I_p 很小，而 $\psi \simeq 3.7$ 时才能观察到。

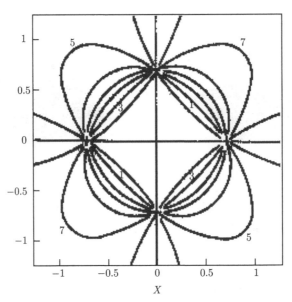

图 10.53   当 $|g_2| = |g_3|$ 时的暗点与等相位曲线 (参照文献 [65])

$1 = \pi/4,\ 3 = 3\pi/4,\ 5 = 5\pi/4,\ 7 = 7\pi/4$

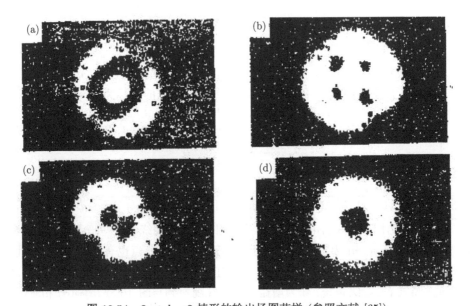

图 10.54 $2p + l = 2$ 情形的输出场图花样 (参照文献 [65])

(a) $P/P_{\text{th}} = 1.5$, $\psi = 1.0$; (b) $P/P_{\text{th}} = 4.0$, $\psi = 1.0$; (c) $P/P_{\text{th}} = 2.3$, $\psi = 2.1$, 卵形;

(d) $P/P_{\text{th}} = 2.0$, $\psi = 3.0$, 圈形

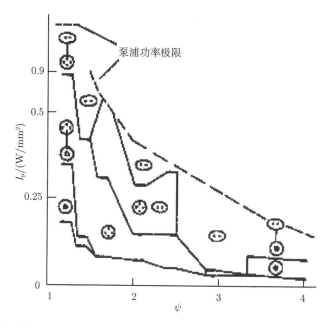

图 10.55　由实验确定的, 由控制参数泵浦峰值强度 I_{p}、泵浦光束宽度 ψ 决定的 $2p+l=2$ 情形稳定花样图 (参照文献 [65])

现继续相位奇点与速度涡流点的讨论。首先是速度场 $\boldsymbol{v}$。如果流体做涡流运动, 则速度 $\boldsymbol{v}$ 沿闭路 γ 的线积分, 亦即涡度

$$C_\gamma = \oint_\gamma \boldsymbol{v} \cdot \mathrm{d}\boldsymbol{l} \neq 0 \qquad (10.7.34)$$

设点 $z_0 = x_0 + \mathrm{i}y_0$ 为场的相位奇点, 则在奇点附近的场强 E 为 (下式中 q 为实数, $z = x + \mathrm{i}y$)

$$E(x,y) = q(z - z_0)^m = q\rho^m \mathrm{e}^{\mathrm{i}m\varphi} \qquad (10.7.35)$$

绕奇点一周, φ 将增加 2π, $\mathrm{e}^{\mathrm{i}m\varphi}$ 将增加因子 $\mathrm{e}^{\mathrm{i}2m\pi}$。场强 $E(x,y)$ 的单值性质决定了 m 只能是正负整数。又由 (10.7.35) 式, 场强的相位 Φ 为

$$\Phi = \operatorname{Im}(\ln E(x,y)) = m\varphi = m\arctan\frac{y - y_0}{x - x_0} \qquad (10.7.36)$$

现定义速度矢量 $\boldsymbol{v}$ 为垂直于等相位面 Φ 的矢量, 则涡度 C_γ 为

$$\begin{aligned} C_\gamma &= \oint_\gamma \boldsymbol{v} \cdot \mathrm{d}\boldsymbol{l} = \oint_\gamma \nabla\Phi \cdot \mathrm{d}\boldsymbol{l} \\ &= m\oint_\gamma \nabla\left(\arctan\frac{y - y_0}{x - x_0}\right) \cdot \mathrm{d}\boldsymbol{l} = 2m\pi \end{aligned} \qquad (10.7.37)$$

这就证明了沿暗点亦即相位奇异点的闭路积分场强的相位将改变 $2m\pi$，亦即速度场的涡度。

10.7.3　光学中的混沌遨游与时间混沌现象的实验观察 [67~69]

考虑到模式竞争, 横模对称破缺, 以及光场相位奇异点的形成后, 光学的分岔与混沌现象变得愈来愈复杂了, 通向混沌的道路也愈不明确了。本小节我们将从实验上探求一种通向混沌的道路, 这就是单模混沌遨游与多模同时存在的时空混沌。单模遨游是指激光在少数几个模式来回地遨游着。例如, 在 t_0 时为 TEM_{00} 模, 在 t_1 时又跳到 TEM_{01} 模, $\cdots$, t_q 时跳到 TEM_{0q} 模。但当 $t = T+t_0 (T = t_0+t_1+\cdots+t_q+\bar{t}$, $\bar{t}$ 为所有模式均停止振荡时间) 时, 又回到 TEM_{00} 模。系统的控制参量为 Fresnel 数 F。当 F 数较小 ($F = 2 \sim 5$) 时, 单模遨游基本上是周期的; 当 F 增大到超过 8, 周期性渐破坏, 便进入混沌遨游了, F 再增大, 便是多模同时激发的时间混沌了。

实验装置主要是包含增益介质 (bismuth silicon oxide, BSO) 与小孔 A 的环行腔, 如图 10.56 所示。A 的孔径为 $\phi300\mu m$, 可沿光轴移动以控制 F 数。图 10.57 给出摄像机摄得的横模光强分布 (左) 及空间自相关函数 (右)。这后一结果是通过 200 次测量的统计平均得到的。当 $F \simeq 5$ 时, 每一时刻只有一个模式振荡, 整个波面是相干的, 这就是图 10.57 (a) 的情形。但当 $F \simeq 70$ 时, 有许多模式同时振荡, 便产生了类 Specke 场图 10.57(c), 而相干长度 $\xi \simeq 0.1D$, 分幅尺度 D 与图 10.57 (a) 光斑大小相近。图 10.58 为 $F = 5$ 时, 周期地交替变换的各种单模, 亦即横模 TEM_{0q} 的遨游。

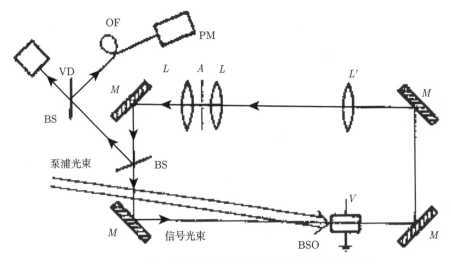

图 10.56　观察混沌遨游的实验装置简图 (参照文献 [67])

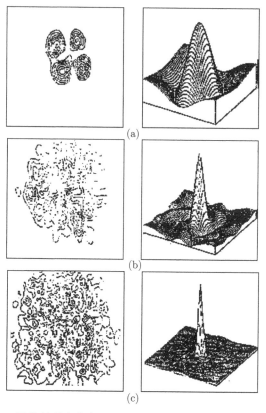

图 10.57 波前的强度分布 (左) 及自相关函数 (右)(参照文献 [67])

(a) $F = 5$，单模相干长度 ξ 与分幅尺度 D 之比 $\xi/D \simeq 1$；(b) $F = 20$, $\xi/D = 0.25$；

(c) $F = 70$, $\xi/D \simeq 0.1$

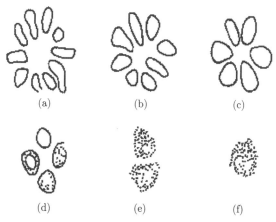

图 10.58 光强花样出现的顺序 (参照文献 [67])

10.8　含光折变晶体环行腔的时空混沌 [70~78]

10.8.1　含光折变晶体环行腔振荡器的分岔与混沌 [70,71]

如图 10.59 所示，在环行腔内传输的为信号光束。环行腔内光折变晶体，除了信号光通过外，还有很强的泵浦光倾斜地通过，两束光在折变晶体内形成场强干涉花样，并感生折射率光栅，实现两光束间的能量转移。影响这种能量转移的因素很多，除了非局域响应对相位贡献 Φ_0 外，还有两束光的频率差带来的相移。例如，将泵浦光 E_1 与信号光 E_2 分别写为

$$\begin{cases} E_1(t,\boldsymbol{r}) = A_1(t)\exp[\mathrm{i}(k_{1z}z + k_{1x}x - \omega_1 t)] \\ E_2(t,\boldsymbol{r}) = A_2(t)\exp[\mathrm{i}(k_2 z - \omega_2 t)] \end{cases} \tag{10.8.1}$$

代入 Maxwell 方程

$$\nabla^2 E(t,\boldsymbol{r}) = \frac{1}{c^2}\frac{\partial^2}{\partial t^2}[n^2 E(t,\boldsymbol{r})]$$

$$E(t,\boldsymbol{r}) = E_1(t,\boldsymbol{r}) + E_2(t,\boldsymbol{r}) \tag{10.8.2}$$

式中 $n = n_0 + \Delta n(t,\boldsymbol{r})$，$n_0$ 表示两光束发生能量交换时的折射率，$\Delta n(t,\boldsymbol{r})$ 则是光场强度花样作用下由电光效应引起的附加折射率，它是时间和空间的函数。由 Kakhtarev 等 [78] 的理论，在弱场近似下，$\Delta n(t,\boldsymbol{r})$ 的静态值

$$\Delta n(t',\boldsymbol{r}) = \Delta n_s' \mathrm{e}^{\mathrm{i}\Phi_0}\frac{A_1 A_2^*(t')}{I_0(t')}\exp\{\mathrm{i}[(\boldsymbol{k}_1 - \boldsymbol{k}_2)\cdot\boldsymbol{r} - \delta t']\} + c.c. \tag{10.8.3}$$

当场发生变化时，晶体响应非常慢，响应时间在 $10^{-3} \sim 1\mathrm{s}$，(10.8.3) 式中 $\Delta n_s'$ 即光折变饱和常数，Φ_0 就是前面提到的非局域相移。当外场为零时，$\Phi_0 = \pi/2$，可通过外加电场 E_0 来改变 Φ_0，式中 $\delta = \omega_1 - \omega_2$。最后我们得光场 E，原子极化 P 的非线性耦合方程

$$\begin{cases} \dfrac{\partial E}{\partial t} = -\nu_c[(1 - \mathrm{i}\Delta_1')E - 2CP] \\ \dfrac{\partial P}{\partial t} = -\gamma_2\left[(1 + \mathrm{i}\Delta_2')P - \dfrac{E}{1 - |E|^2}\right] \end{cases} \tag{10.8.4}$$

式中 $\Delta_1' = \Delta_1/\nu_c$，$\Delta_2' = \Delta_2/\gamma_2$，$\Delta_1 = \omega_s - \omega_2$，$\Delta_2 = \omega_1 - \omega_s$，$\omega_s$ 为信号光的工作频率，ν_c 为场的衰变系数，$C = \mathrm{i}b\mathrm{e}^{\mathrm{i}\Phi_0}$，$b = \dfrac{n_1\pi c}{\nu_c\lambda}$，当 $\Phi_0 = \pi/2$ 时，Δ_2 与 $\delta = \omega_1 - \omega_2$ 呈线性关系，当 $\Phi_0 \neq \pi/2$ 时，Δ_2 与 δ 的变化关系为非线性的，如图 10.60 所示。由 (10.8.4) 式可求出光场的定态解 E_{st} 及 $I_{st} = |E_{st}|^2$ 随参量 $\delta\tau$ 的变化，如图 10.61(a) 所示，但这个定态解是不稳定的，经过多次迭代求解，我们看到振荡输出 I 随 $\delta\tau(=(\omega_1 - \omega_2)\tau$，$\tau$ 为光折变介质的响应时间) 的增加，已经历了

一个由倍周期分岔走向混沌的过程。如图 10.61(b) 所示，只有在 $\delta\tau$ 较小与较大的两个区域才是稳定的。

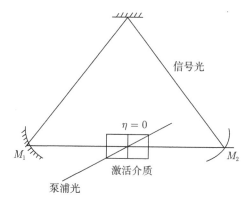

图 10.59 含折变晶体的环行腔 (取自文献 [70])

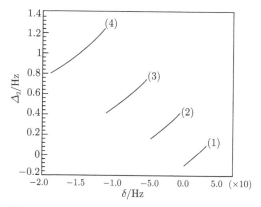

图 10.60 Δ_2 随 δ 的变化关系 (取自文献 [70])

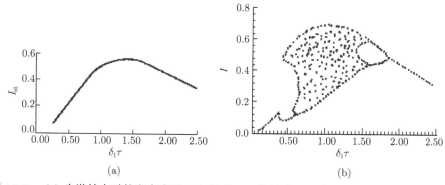

(a)　　　　　　　　　　　(b)

图 10.61 (a) 失谐较大时的定态光强 I 与频率 $\delta_1\tau$ 的关系；(b) 图 (a) 中所给出的各定态点 $(I, \delta_1\tau)$ 附近的稳定特性 (取自文献 [71])

10.8.2　光折变振荡器中光场的横向分布及时空不稳 [72,73]

我们处理时空问题的做法是将衍射效应与非线性分离开来，亦即假定非线性介质相当薄，在非线性介质薄层内的衍射可略去，光与介质的耦合用方程 (10.8.4) 描写；在非线性介质以外就用标量衍射积分描述光的传输，也不用方程 (10.8.4)。根据这个考虑我们对一维条形腔和二维正方形腔做了数值模拟，并设想非线性介质是贴在腔面上的薄层，模拟结果如下。

1) 一维条形腔

当 F 数为 1.78 时，经过多次迭代后，腔中光场分布最终趋于稳定且对称，与线性腔即只考虑衍射积分的 Fox Li 模式的基模相似，而当 F 数增到 2.08 时，经过多次迭代虽然仍趋向稳定，但已不对称，如图 10.62(a)、(b) 所示，分别为稳定后的光强与相位在条面上的分布。如果 F 数增到 2.9，随着迭代次数的增多，光场分布已不趋于稳定，而是准周期的时空振荡行为。随 F 数的继续增大，光场又重新趋于稳定，并由非对称 ($F = 4.8$) 向对称分布过渡。

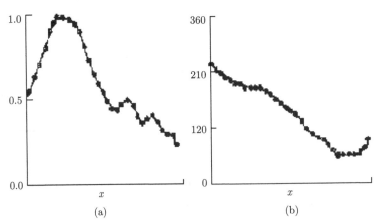

图 10.62　当 $F = 2.08$ 时，腔中稳定对称的光场分布 (取自文献 [72])

(a) 相对强度分布；(b) 相位分布 (度)

2) 二维方形腔

与一维情形相仿，随着 F 数的改变，既有稳定的对称分布与非对称光场分布，也会出现光场分布的时空不稳，而且随 F 数变化的规律也基本上与一维情形相同。例如，当 $F = 3.29$ 时，光场分布最终表现出准周期的时空振荡现象。图 10.63 给出镜面中心点的光强随迭代次数变化的曲线。图 10.64(a)、(b) 为图 10.63 中 A、B 点时刻的光强 (左) 和相位 (右) 横向空间分布，C、D 点的光强相位分布与 A、B 点相同，只是旋转了 90°。由此可以想象光场分布的时空变化过程，由于光折变的弛豫时间 τ 比较长，图 10.63 中的光场分布将随时间作缓慢变化。

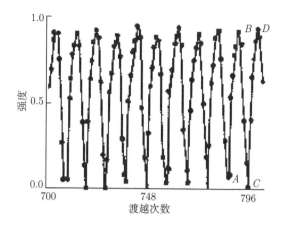

图 10.63   当 $F = 3.29$ 时，方形腔腔镜中心点处的相对光场强度随时间的
变化曲线(取自文献 [72])

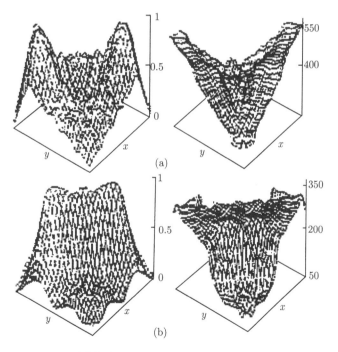

图 10.64   (a),(b) 分别是图 10.63 中 A, B 时刻的相对光场强度 (左) 和
相位(右) 分布 (取自文献 [72])

10.8.3   光折变振荡器中的模式遨游 [74,75]

当光折变振荡器中同时存在三种横模振荡时，我们也观察到模式的遨游现象，

这三种横模分别为

$$\overline{A}_{00} = \frac{2}{\sqrt{2\pi}} e^{-\rho'^2}$$

$$\overline{A}_{01} = \frac{2}{\sqrt{2\pi}} (2\rho'^{1/2})^{1/2} e^{-\rho'^2} \cos\Phi \tag{10.8.5}$$

$$\overline{A}_{02} = \frac{\sqrt{2}}{\sqrt{2\pi}} (2\rho'^{1/2}) e^{-\rho'^2} \cos 2\Phi$$

这个遨游的控制参数为 Δ'_{01}, Δ'_{02}，它直接依赖于 (10.8.4) 式的 Δ'_1, Δ'_2，并依赖于非局域响应相位 Φ_0，而 Φ_0 可通过在光折变晶体加直流电压来控制。先考虑不加直流电压情形，这时 $\Phi_0 \simeq \pi/2$，当 $\Delta'_{01} = \Delta'_{02} = 0$ 时，数值计算结果如图 10.65(a) 所示。$\overline{A}_{00}$, $\overline{A}_{01}$, $\overline{A}_{02}$ 模式的光强随时间的变化曲线表明经竞争后各自进入稳态；当 $\Delta'_{01} = 4.0 \times 10^{-3}$, $\Delta'_{02} = 8.0 \times 10^{-3}$ 时，计算结果为图 10.65(b)，三个模式表现

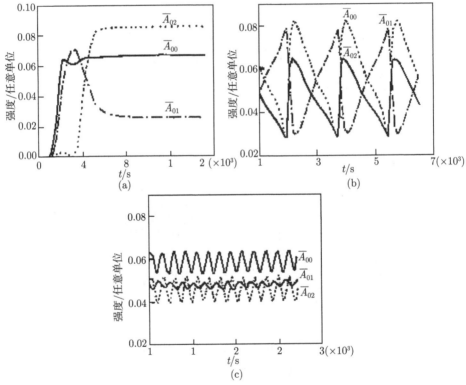

图 10.65　$\overline{A}_{00}, \overline{A}_{01}, \overline{A}_{02}$ 模式的光强随时间的变化 (取自文献 [73])

$\Phi_0 \simeq \pi/2$, (a) $\Delta'_{01} = \Delta'_{02} = 0$; (b) $\Delta'_{01} = 4 \times 10^{-3}$, $\Delta'_{02} = 8 \times 10^{-3}$; (c) $\Delta'_{01} = 3 \times 10^{-2}$,

$$\Delta'_{02} = 6 \times 10^{-2}$$

出很大的周期起伏; 继续增加模式的频率间隔 $\Delta'_{01} = 3 \times 10^{-2}$, $\Delta'_{02} = 6.0 \times 10^{-2}$, 结果如图 10.65(c) 所示, 似乎没有图 10.65(b) 那样大的模式起伏。现在考虑外加直流偏压, $\Phi_0 \neq \pi/2$ 情形, 而且加偏压到 $\Phi_0 \approx 0$, 便得图 10.66(a), $\Delta'_{01} = 1.011$, $\Delta'_{02} = 1.022$, 从图中可以看到模式遨游的次序为 $\overline{A}_{00} \longrightarrow \overline{A}_{01} \longrightarrow \overline{A}_{02} \longrightarrow \overline{A}_{00}$, 当 $\Delta'_{01} = 0.9984$, $\Delta'_{02} = 0.9968$ 时, 计算结果如图 10.66(b) 所示, 模式遨游次序变成了 $\overline{A}_{00} \longrightarrow \overline{A}_{02} \longrightarrow \overline{A}_{01} \longrightarrow \overline{A}_{00}$。

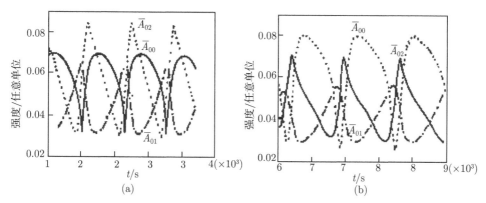

图 10.66　当 $\Phi_0 \neq \pi/2$ 时, 加偏压观察到的模式遨游现象 (取自文献 [73])

(a) $\Delta'_{01} = 1.011$, $\Delta'_{02} = 1.022$, $\overline{A}_{00} \longrightarrow \overline{A}_{01} \longrightarrow \overline{A}_{02} \longrightarrow \overline{A}_{00}$; (b) $\Delta'_{01} = 0.9984$, $\Delta'_{02} = 0.9968$,

$$\overline{A}_{00} \longrightarrow \overline{A}_{02} \longrightarrow \overline{A}_{01} \longrightarrow \overline{A}_{00}$$

参 考 文 献

[1] Gardiner C W. Handbook of Stochastic Methods. New York: Spring-Verlag, 1983.

[2] Einstein A. Uber die von der molekularkinetischen theorie der warme geforderte bewegung von in ruhenden Flussigkeiten suspendierten Teichen. Ann. Phys. (Leipzig), 1905, 17: 549.

[3] Langevin P. Sur la theorie du mouvement Brownien. Comptes Rendues, 1908, 146: 530.

[4] Wiener N. Generaliized harmonic analysis. Acta Math, 1930, 55: 117.

[5] Gihman I F, Skorohod A V. Theory of Stochastic Processes Vols Ⅰ, Ⅱ, Ⅲ. Berlin, Heidelberg, New York: Springer.

[6] Uhlenbeck G E, Ornstein L S. On the theory of the Brownian motion. Phys. Rev., 1930, 36: 823.

[7] Arnold L. Stochastic Differential Eqations. New York: Wiley-Interscience, 1974.

[8] Poincare H. Les Mithodes Nouvelles de la Mechanique Celeste. Paris: Gauthier-Villars, 1892.

[9] Lorenz E N. Deterministic nonperiodic flows. J. Atmos. Sci., 1963, 20: 130.

[10] Schuster H G. Determinative Chaos, An Introduction. Weinheim: Physik-Varlag, 1984.

[11] Grossman S, Fujisaka H. Diffusion in discrete nonlinear dynamical systems. Phys. Rev. A., 1982, 26: 1779.

[12] D'Humieres D, Beasly M R, Humberman B A, et al. Chaotic states and routes to chaos in the forced pendulum. Phys. Rev., 1982, 26A: 3483.

[13] Libchaber A, Maurer J//Riste T. Nonlinear phenomena at phase tansition and instabilitics. New York: NATO Adv. Study Inst. Plenum Press, 1982.

[14] Feigenbaum M J. Quantitative universality for a class of nonlinear transformations. Stat. Phys., 19: 25.

[15] Feigenbaum M. Universal behaviour in nonlinear system. Los. Alamos. Science, 1980, 36(1): 99-107.

[16] 谭维翰、刘仁红. 二分岔理论的抛物线近似. 物理学报, 1990, 39: 1051.

[17] Manneville P, Pomeau Y. Intermittency and the Lorenz model. Phys. Lett., 1979, 75A: 1.

[18] Manneville P, Pomeau Y. Different ways to turbulence in dissipative dynamical systens. Physica, 1980, 1D: 219.

[19] Hirsch J E, Hubermann B A, Scalapino D J. Theory of intermittency. Phys. Rev., 1981, 25A: 519.

[20] Henon M. A two-dimensional mapping with a strange attractor. Commu. Math. Phys., 1976, 50: 69.

[21] Miloni P W. Shih M L, Ackerhalt J R. Chaos in Laser—Matter Interactions. Singapore: World Scientific Publishing Co Pte Ltd.

[22] Lanford O E, Swinney H L, Golub J P. Hydrodynamical Instability and the Tansition to Chaos. New York: Springer, 1981.

[23] Grassberger P. On the Hausdorff dimension of fractal attractors. J. Stat. Phys., 1981, 19: 25.

[24] Grassber P, Procaccia I. Characterization of Strange Attractors. Phys. Rev. Lett., 1983, 50: 346.

[25] Landau L D, Lifshitz E M. Fluid Mechanics and Chaos. Oxford, 1959.

[26] Swinney H L, Gollub J P. The transition to turbulence. Phys. Today, 1978, 31: 41.

[27] Newhause S, Ruelle D, Takens F. Ocurrence of strange attractors near quasi periodic flows on T_m, $m \geqslant 3$. Commun. Math. Phys., 1978, 64: 35. Ruelle D, Takens F. On the nature of turbulence. Commun. Math. Phys., 1971, 20: 167.

[28] Julia G. Mémoire sur l'itération des applications fonctionnelles. J. Math. Pure et Appl., 1918, 4: 47. Peiten H O, Richter P H. Harmonic in Chaos und Kosmos and Morphologee Komplexer Grenzen; Bilder ans der Theoric Slynamische Systeme. 1984. Both catalogues be obtained from: Forschungssch werpunkt: Dynamische System, Universitat Bremen, D—2800 Bremen, F. R. G.

[29] Mandelbrot B. Ann. N. Y. Acad, Sci., 1980, 357: 240.

[30] Farmer J D. In evolution of order and chaos. Z. Naturforsch, 1982, 37a: 1304. Farmer J
D. Dimension, Fractal Measure and Chaotic Dynamics in Haken. Heidberg, New York:
Springer, 1982.

[31] Collet P, Eckman J P. Iterated Maps of the Interval as Dynamical Systems. Boston:
Birkhauser, 1980.

[32] Crutchfied J P, Farmer J D, Huberman B A. Fluctuations and simple chaos dynamics.
Phys. Rept., 1982, 92: 45.

[33] Arnold V I. Math. Methods of Classical Mechanics. Heidebverg, New York: Springer,
1978.

[34] Arnold V I. Proof of a theorem of A.N. Kolmogorov on the in variance of quasi-periodic
motions under small perubations of Harmitonian. Russ. Math. Surveys, 1963, 18: 5.

[35] Kolmogorov A N. On conservation of conditionally-periodic motions for a small change
in Hamilton's function. Dokl. Akad. Nauk. USSR, 1954, 98: 525.

[36] Moser J. Convergent series expansions for quasi-periodic motions. Math. Aun., 1967,
169: 163.

[37] Birkhoff G D. Mem. Pont. Acad. Sci. Novi Lyncaei, 1935, 1: 85.

[38] Berry M V. Topics in nonlinear mechanics. Am. Inst. Phys. Conf. Proc., 1978, 46.

[39] Haken I. Anlogy between higher instabilities in fluides and lasers. Phys. Lett., 1975,
53A: 77.

[40] Lanford O E. Turbulence Seminar//Bernard P, Rativ T. Lecture Notes, in Math. Hei-
delberg, New York: Springer, 1977, 65: 114.

[41] Weiss C O, Klische W, Ering P S, et al. Anlogy between higher instabilities in fluides
and lasers. Opt. Comm., 1985, 52: 405. Weiss C O, Klische W. On the observation of
Lorenz instabilities in a laserr. Opt. Commun., 1984, 51: 47.

[42] Mandel P. Influence of Dopperler broadening on the stability of monomode ring laser.
Opt. Commun., 1983, 44: 400.

[43] Weiss C O, Brock J. Evidence for Lorenz-type chaos n a lasers. Phys. Rev. Lett., 1986,
57: 2804.

[44] Harison R G, Biswas D J. Pulsating instabilities and chaos in lasers. Prog. Quantum
Elec., 1985, 10: 147.

[45] Caperson L W, Yariv A. Longitudinal modes in a high-gain lasers. Appl. Phys. Lett.,
1970, 17: 259.

[46] Caperson L W. Spontaneous coherent pu lsations in laser oscillators. IEEE J. Quantum
Elec., 1978, QE-14: 756.

[47] Gioggia R S, Abraham N B. Routes to chaotic output from a single-mode ,dc-excited
laser. Phy. Rev. Lett., 1983, 51: 650.

[48]　谭维翰. 激光振荡的蝴蝶效应. 物理, 1994, 23: 473.

　　　　Tan W H, Ma G B, Zhuang J, et al. Influence of detuning on the butterfly effect of laser oscillation. Acta Physica Sinica (Overseas Edition), 1994, 3: 884.

[49]　Bonifacio R, Lugiato L A. Lett. Nouvo Cim., 1978, 21: 505.

[50]　Ikeda K. Multiple-valued stationary state and its instability of the trasmitted light by a ring cavity system. Opt. Commun., 1979, 30: 257.

[51]　Carmichael H J, Snapp R R, Schieve W C. Oscillatory instabilities leading to "optical turbulence". Phys. Rev., 1982, A26: 3408.

[52]　Ikeda K, Daido H, Akimoto O. Optical turbulence: Chaotic-behavior of transmitted light from a ring cavity. Phys. Rev. Lett., 1980, 45: 709.

[53]　Nakatsuka H, Asaka S, Itoh H, et al. Observation of bifurcation to chaos in an all-optcal bistable system. Phys. Rev. Lett., 1983, 50: 109.

[54]　Gibbs H M, Hopf F A, Kaplan D L, et al. Observation of chaos in optical bistability. Phys. Rev. Lett., 1981, 46: 474.

[55]　Harison R G, Firth W J, Emshary C A, et al. Observation of period doubling in an all-optical resonator containing NH$_3$ gas. Phys. Rev. Lett., 1983, 51: 562.

[56]　谭维翰, 陆伟平. 激光振荡输出的分叉与混沌. 科学通报, 1988: 17.

[57]　Lu W P, Tan W H. The bifurcation and chaoe of laser oscillation output in a ring cavity. Opt. Commun., 1987, 61: 271.

[58]　谭维翰, 刘仁红. 含非线性介质 Fabry-Perot 腔分叉与混沌的新行为. 科学通报, 1991, 36: 1054.

[59]　Narburger J H, Felber F S. Theory of a losless nonlinear Fabry-Perot interferometer. Phys. Rev., 1978, 417: 335.

[60]　Gao J Y, Yuan J M, Narducci L M. Instabilities and chaotic behavior in a hybrid bistable system with a short delay. Opt. Commu., 1983, 44: 201.

[61]　Liu R H, Ma G B, Tan W H. The chaotic behavior analysis near the points $B3$-$B5$ of a nonlinear Fabry-Perot cavity. Chinese Jaun. of Laser, 1993, 4: 335.

[62]　Hakim V, Rappel W J. Dynamics of the globally coupled complex Ginburg-Landau equation. Phys. Rev., 1992, A46: R7347.

[63]　Lugiato L A, Oppo G L, Tredicce J R, et al. Instabilities and spatial complexity in a laser. J. Opt. Soc. Am. B., 1990, 7: 1019.

[64]　Lugiato L A, Prati F, Narducci L M, et al. Spontaneous breaking of the cylindrical symetry in lasers. Opt. Comm., 1989, 69: 387.

[65]　Bramlilla M, Battipede F, Lugiato L A, et al. Transverse laser patterns. 1. Phase singularity crystals. Phys. Rev. A, 1991, 43: 5090.

[66]　Coullet P, Gil L, Rocca F. Unusual modulation instability in fibers with normal and anomal dispersions. Opt. Comm., 1989, 73: 409.

[67] Arecchi F T, Giacomelli G, Ramazza P L, et al. Experimental evidence of chaotic itiinerancy and spatialtempoal chaos in optics. Phys. Rev. Lett., 1990, 65: 2531.

[68] Ikeda K, Otsuka K, Matsumoto K. Prog. Theor. Phys. Suppl., 1989, 99: 295; Otsuka K. Self-induced phase turbulence and chaotic itinerancy in coupled laser system. Phys. Rev. Lett., 1990, 65: 329.

[69] Liu R H, Tan W H. Nonlinear control of chaos. Chin. Phys. Lett., 1998, 15: 249.

[70] 庄军, 谭维翰. 单模光折变振荡器的输出及稳定特性. 中国激光, 1995, A22 (12): 930.

[71] 庄军, 谭维翰. 单向光折变振荡器的分岔与混沌行为. 物理学报, 1995, 44 (12): 1930.

[72] 庄军, 谭维翰. 光折变振荡器中光场的横向分布及时空不稳定. 科学通报, 1996, 42: 483.

[73] 庄军, 谭维翰. 光折变振荡器中模式遨游. 物理学报, 1996, 45 (10): 1659.

[74] Zhuang J, Tan W H. Instability of a multimode oscillation in a photorefractive ring oscillator. Phys. Rev. A, 1996, 54: 5201.

[75] Zhuang J, Tan W H. Transverse patterns and spatiotemporal instability of a photorefractive oscillator. Chinese Science Bulletin, 1997, 42: 724.

[76] 庄军, 谭维翰. 光折变振荡器中的模式锁定及阵发混沌. 光学学报, 1997, 17: 833.

[77] Zhuang J, Tan W H. Cooperative frquency locking and spatiotemporal chaos in a photorefractive oscillator. J. Opt. Soc. Am. B, 1998, 15: 2249.

[78] Kakhtarev N V, Markov V B, Odulov S G, et al. Horographie storage in electropic crystals. Ferroelectrics, 1979, 22: 949.